普通高等教育“十一五”国家级规划教材

高等学校食品专业系列教材

植物油料资源综合利用

（第二版）

主　　编　梁少华

参　　编　谷克仁　杨国龙　陈复生

马宇翔　于殿宇　何　健

王俊国

U0832240

东南大学出版社

·南京·

内容提要

修订后的《植物油料资源综合利用》被列为教育部"十一五"国家级规划教材，该书在原有基础上进行扩充的同时，新增植物油料资源概论、甘油一酯、甘油二酯、木糖、木糖醇、皂苷、大豆异黄酮、低聚糖、棉酚、木脂素等产品的理论和技术及其部分相关产品检测方法等内容。新编《植物油料资源综合利用》包括以油脂为原料生产油脂化工产品的理论和技术，以植物油料这一再生资源为原料生产能源产品、植物蛋白产品、植物油料及其副产物中生物活性成分或功能性成分的提取及衍生的理论和技术等主要内容。其内容涉及面广，更加适合相关高等院校的专业教材使用和科研院所师生及油料油脂加工、食品工程、医药、应用化学等行业的科技人员和决策者参考，也可供植物油料资源、天然产物开发等密切相关的生命科学、食品、医药、农产品加工、动物营养等科技工作者参考。

图书在版编目(CIP)数据

植物油料资源综合利用/梁少华主编. —2版. —南京：东南大学出版社，2009.10

ISBN 978-7-5641-1881-5

Ⅰ. 植…　Ⅱ. 梁…　Ⅲ. 植物—油料　Ⅳ. TS971

中国版本图书馆 CIP 数据核字(2009)第 304896 号

植物油料资源综合利用

出版发行：东南大学出版社
社　　址：南京四牌楼 2 号　邮编：210096
出 版 人：江　汉
网　　址：http://press.seu.edu.cn
电子邮件：press@seu.edu.cn
经　　销：全国各地新华书店
印　　刷：扬州鑫华印刷有限公司
开　　本：787mm×1092mm　1/16
印　　张：31.5
字　　数：823 千字
版　　次：2009 年 12 月第 2 版
印　　次：2009 年 12 月第 1 次印刷
书　　号：ISBN 978-7-5641-1881-5
印　　数：1～3000 册
定　　价：58.00 元

本社图书若有印装质量问题，请直接与读者服务部联系。电话(传真)：025-83792328

高等学校食品专业系列教材

编写委员会

（以姓氏笔画为序）

王晓曦　河南工业大学粮油食品学院副院长、教授
王向东　山西师范大学工程学院院长、教授
邓泽元　南昌大学生命科学学院副院长、教授，博士生导师
毛多斌　郑州轻工业学院食品与生物工程学院院长、教授
艾志录　河南农业大学食品科学技术学院副院长、副教授
刘建学　河南科技大学食品与生物工程学院副院长、教授
张　灏　江南大学食品学院院长、教授，博士生导师
孟岳成　浙江工商大学食品科学与工程系主任、教授
陆兆新　南京农业大学食品科技学院院长、教授，博士生导师
陈正行　江南大学食品学院副院长、教授，博士生导师
陈锦权　福建农林大学食品科学学院党委书记、教授，博士生导师
杜云建　淮海工学院海洋学院副教授
郑铁松　南京师范大学食品科学与营养系主任、副教授
姜绍通　合肥工业大学生物与食品工程学院院长、教授，博士生导师
赵丽芹　内蒙古农业大学食品科学与工程学院副院长、教授
赵希荣　淮阴工学院食品系主任、副教授
钱建亚　扬州大学食品科学与工程学院教授
董　英　江苏大学食品与生物工程学院总支书记、教授，博士生导师
蒋爱民　华南农业大学食品学院教授，博士生导师
熊晓辉　南京工业大学食品科学与工程系主任、教授
鞠兴荣　南京财经大学副校长、教授，博士生导师

总 序

受编辑之托，为我等所著的高等学校食品专业系列教材作序，真是诚惶诚恐，迟迟难以下笔。苏轼《与孙子思》云："……余空纸两幅，留与五百年后人跋尾也！"此一戏语道出了作序之尴尬。回想起当时来自各地高校食品院系的学者们共同讨论系列教材时认真而热烈的场景，我就勉为其难，介绍一下我们编写这套系列教材的来龙去脉和想法。

2005年11月18～20日，经东南大学出版社和江南大学食品学院的联合组织，在江苏无锡召开了"普通高等教育'十一五'国家级规划教材·食品专业系列教材"编写和申报研讨会，来自江南大学、南昌大学、南京农业大学、合肥工业大学、江苏大学、内蒙古农业大学、福建农林大学、河南工业大学、郑州轻工业学院、河南农业大学、河南科技大学、浙江工商大学、扬州大学、华南农业大学、南京工业大学、南京财经大学、南京师范大学、淮阴工学院、淮海工学院等19所大学食品院系的30余名学者参加了会议。在两天的会议中，学者们探讨了近几年来食品专业教育的得失，研讨了新形势下为进一步推进食品学科创新型人才培养的系列教材的编写要求、体例和分工，明确了31部教材的编写任务。时间过去不到一年，硕果满园的金秋季节在望，这31部教材中已有5部列入普通高等教育"十一五"国家级教材规划，第一部教材《食品添加剂》将正式付梓，其他多部教材也将孕育而生，在近期内陆续出版，真是欣慰之极。

古人曰：教人以道者，师也。作为教师，不仅要教会学生如何掌握知识，更重要的是要教会学生如何运用知识和创造知识。这套系列教材的编者们，少则有十多年、多则有二十年左右从事相应课程教学和本专业领域科研的经历。我们一致的想法是希望把多年实践中的感悟和积累融入这套教材中，使本系列教材的阅读者在理解和掌握知识的同时，也能对知识的运用和创造有所领悟。

食品工业的GDP在我国国民经济中已连续几年居首位，现已接近2万亿元，食品科技进步与产业发展在国民经济发展中越来越发挥举足轻重的作用。目前全国约有200所高校办有食品专业，每年招收学生2万多人，食品专业的教育教学在一定程度上关系到我国食品工业的健康和可持续发展，编写一套反映当今科技发展现状、符合创新创业型人才培养要求的食品专业系列教材，是我们所有编者的愿望，也是我们义不容辞的责任和义务。

愿我们的国家明天更美好，愿我们的食品工业发展更健康，愿我们在着力创建的和谐社会中享用的食品更安全。让我们所有编写和阅读本系列教材的同仁们共同为此尽绵薄之力！

张　灏

2006年8月3日晚于无锡

前言

近年来，在现代生物技术、高新工程技术、仪器分析技术及生命科学系统研究方法等的大力推动下，全球油料资源研究取得了前所未有的进展，人们对资源利用的认识亦得以进一步深化和拓展。油脂工业因加工能力大幅度提高，应运而生的大量副产物中蕴含着许多有用的成分，其中有的是我们日常生活的必需品，有的是食品、化工、日用化学品和医药等方面的重要原料，充分利用油料资源为人类创造更大的财富、为油料加工业增值成为粮食、油脂与植物蛋白工程研究的热点。为此，有必要推出一部著作，紧密联系油料资源科学、生命科学、食品科学与工程等领域的研究进展，反映当前油料资源学理论与实践中相关的研究成果、生产技术与发展态势。

修订后的《植物油料资源综合利用》被列为教育部"十一五"国家级规划教材，该书在原有基础上进行扩充的同时，新增植物油料资源概论、甘油一酯、甘油二酯、木糖、木糖醇、皂苷、大豆异黄酮、低聚糖、棉酚、木脂素等产品的理论和技术及其部分相关产品检测方法等内容。新编《植物油料资源综合利用》包括以油脂为原料生产油脂化工产品的理论和技术，以植物油料这一再生资源为原料生产能源产品、植物蛋白产品、植物油料及其副产物中生物活性成分或功能性成分的提取及衍生的理论和技术等主要内容。其内容涉及面广，更加适合相关高等院校的专业教材使用和科研院所师生及油料油脂加工、食品工程、医药、应用化学等行业的科技人员和决策者参考，也可供植物油料资源、天然产物开发等密切相关的生命科学、食品、医药、农产品加工、动物营养等科技工作者参考。

教材的编写人员均为长期工作在油脂与植物蛋白工程专业教学和科研第一线的教师，多年来他们培养的学生遍及全国乃至全世界，完成的科研成果在油脂工业企业得到应用，为油脂工业的技术进步作出了突出贡献；他们参加了国内著名油脂工程的设计和建设，在油脂行业均有较高的知名度和权威性。

本书虽以植物油料为主体，但跨越食品科学、医学、药理学、化学工程学及生命科学等领域，所以有许多内容是多学科交叉融合的展现，也正因如此，编者在现有条件下尽了最大努力，编著过程中反复修正、补充乃至重新组织等等。尽管如此，由于编者水平有限，书中肯定存在诸多不足乃至错误，除恳请读者谅解外，还热盼大力斧正，不吝赐教（来函请寄：450052 河南工业大学油脂工程系　梁少华）。同时由于篇幅所限，不可能将油料资源综合利用的全部内容包含在此，也望读者谅解。

本书共分六章，第一章的第一节、第二节，第二章的第一节、第二节由河南工业大学梁少华编写；第二章的第三节、第五节、第六节，第四章的第一节，由河南工业大学杨国龙编写；第三章的第二节，由东北农业大学的于殿宇编写；第三章的第一节、第三节、第四节，由河南工业大学何健编写；第二章的第四节，由吉林工商学院王俊国编写；第四章的第二节，由河南工业大学陈复生编写；第三章的第五节和第六章，由河南工业大学马宇翔编写；第四章的第三节、第四节、第五节、第六节、第七节和第五章，由河南工业大学谷克仁编写。

承蒙张根旺、刘景顺教授的允许，该书采用了《油脂工业副产品综合利用》的部分内容；在编写该书的过程中，还得到了 Lurgi 公司上海办事处，编者单位的领导、同事等各方面的帮助，特在此一并致谢。

编　者

2009 年 3 月于郑州

目　录

1 植物油料资源概论

1.1 植物油料资源简介

1.1.1 油料的概念、种类和形态结构

1）油料的概念

从广泛意义上来讲，凡是能够提取油脂或脂肪的原料统称为油料，包括植物性油料和动物性原料。换言之，油料是油脂制取工业的原料。但油脂工业通常将含油率高于10%的植物性原料称为油料。植物油料有植物的种子、果皮、块茎等，但大多数系植物的种子。植物油料主要来自油料作物的种子，此外还有部分纤维作物的种子和禾谷类作物种子的胚。

2）油料的种类

我国油料的种类很多，资源丰富。油料按植物学属性可分为草本油料和木本油料，按产量大小可分为大宗油料和野生油料，按含油率高低可分为高含油料和低含油料。

一年生草本油料主要有大豆、菜籽、花生、棉籽、葵花籽、芝麻、亚麻籽、大麻籽、蓖麻籽、玉米胚、小麦胚、米糠等；多年生木本油料主要有茶籽、桐籽、椰子干、棕榈果、乌桕籽等。

大宗油料如大豆、棕榈、菜籽等；野生油料如山茶籽、山胡桃、翅果、文冠果等。

高含油料主要有花生、芝麻、葵花籽等；低含油料主要有大豆、米糠等。

另外，利用生物技术研制和开发微生物油料资源，具有很大的发展潜力。

3）油料种子的形态结构

虽然油料种子的种类繁多，外部形状也各具特点，但基本结构相同，即都是由种皮、胚、胚乳等部分组成的。

种皮包在种子外面，起保护胚和胚乳的作用。根据种皮在整籽中所占比例（质量）的不同可分为皮和壳，在整籽中所占比例小的称为皮，如大豆、菜籽等. 占比例大的称为壳，如棉籽、葵花籽等；种皮含有大量的纤维物质，其颜色及厚薄随油料的品种而异，可用以鉴别各类油料及其质量。

胚是种子最重要的部分，大部分油籽的油脂储存在胚中。胚是由胚根、胚轴（胚茎）、胚芽和子叶组成。

胚乳是胚发育时营养的主要来源，内存有脂肪、糖类、蛋白质、维生素及微量元素等。但是有些种子的胚乳在发育过程中已被耗尽，因此可分为有胚乳种子和无胚乳种子两种。无胚乳种子，其营养物质储存在胚内。

4）油料种子的细胞结构

油籽和其他有机体一样，都由大量的细胞组织组成。不同油籽及油籽不同组成部分的细胞的大小及形状不同，大豆、花生的细胞最大，棉籽、亚麻籽的细胞最小。如大豆的细胞长68.4 μm，宽23.5 μm，横剖面积1 530 μm^2；而棉籽的细胞长27.7 μm，宽16.9 μm，横剖面积399 μm^2。细胞的形状可呈球形、圆柱形、纺锤形、多角形等，一般单个细胞呈球形。

组成油料种子各组织的细胞其形状、大小及所具有的生理功能虽不相同，但基本构造类似，即都是由细胞壁和填充于其内的细胞内容物构成。

（1）细胞壁

细胞壁犹如细胞的外壳，使每个细胞具有一定的特殊形状。细胞壁的厚度一般均在1 μm之内，也有个别超过1 μm的。如大豆的细胞壁为1.3 μm左右。细胞壁由纤维素、半纤维素等物质组成，这些纤维素分子呈细丝状，并互相交织成毡状结构或不规则的小网结构，在网眼中充满了水、木脂素和果胶等。细胞壁的结构使其具有一定的硬度和渗透性。用机械外力可使细胞壁破裂，水和有机溶剂能通过细胞壁渗透到细胞的内部，引起细胞内外物质的交换，细胞内物质吸水膨胀可使细胞壁破裂。

（2）细胞内容物

细胞的内容物由油体原生质、细胞核、糊粉粒及腺粒体等组成。油籽中的油脂主要存在于原生质中，通常把油料种子的原生质和油脂所组成的复合体称作油体原生质。油体原生质在细胞中占有很大体积，是由水、无机盐、有机化合物（蛋白质、脂肪、碳水化合物等）所组成。在成熟干燥的油籽中，油体原生质呈一种干凝胶状态，富有弹性。

1.1.2 植物油料资源的利用

1）油料种子化学组成

油料种子的种类繁多，不同油籽的化学成分及其含量不尽相同，但各种油籽中一般都含有油脂、蛋白质、糖类、游离脂肪酸、磷脂、色素、蜡、烃类、醛类、酮类、醇类、油溶性维生素、水分及矿物质等。此外，个别油料中还含有少量特殊的物质。几种主要油料的化学成分列于表1-1。

表1-1 几种主要油料的化学成分 单位：%

油料名称	化学成分						
	脂肪	蛋白质	糖类	粗纤维	磷脂	水分	灰分
大豆	14～21	30～50	18～25	9～14	1.5～3.0	9～15	4～6
菜籽	30～45	15～20	65～44	3～4.5	0.5～0.6	7～11	4～5
花生仁	40～50	25～30	14～3.6	27～31	0.5左右	7～11	2左右
棉籽	14～25	6～26	24～31	14～21	1.26～1.75	6～12	3～4
芝麻	50～54	19～21	24～4	6	—	7.5	4～6
油茶仁	43.56	8.6	24～63	3.26	—	2.59	—
葵花籽仁	40～67.8	21	30.4	2～6	0.5～1.0	3左右	—
麻籽	50.7～74	12～29	—	—	0.8	—	—
亚麻籽	36.8～49.5	15～28	12～26	5.8～11	1.26～1.75	13.5	—
米糠	15～20	—	—	—	—	—	—

(1) 油脂

油料种子含有大量的油脂,常在细胞原生质体内形成油体原生质。关于油脂在原生质体内的存在状态,有人曾经提出几种假说,较圆满的一种是前苏联专家高尔道夫斯基提出的理论。近年来,现代电子显微技术与微量生理生化分析对原生质体的细微结构及其功能揭示得愈来愈多,以电子显微技术所得到的细胞结构内油脂存在的图像说明,油脂的分布是不连续的。

(2) 蛋白质

按蛋白质的功能,油料种子的蛋白质可分为结构蛋白、储藏蛋白和酶蛋白三类。例如细胞质、细胞核及各种细胞器都有膜结构。在细胞原生质体中,膜占有很大的比例,而构成膜的基本化学成分之一的膜蛋白质即属于"结构蛋白"。酶蛋白是细胞中含量很丰富的蛋白质,它们是细胞中各种生化反应的催化剂。油料种子中含有的储藏蛋白没有酶的活性,专供种子萌发时利用,它们大部分存在于原生质凝胶中。

蛋白质中的核蛋白主要存在于细胞核和细胞质中;脂蛋白存在于原生质体膜质结构中糖蛋白存在于细胞壁蛋白、酶及豆科油料种子的储藏蛋白中。油料中蛋白质的含量与油脂含量成反比(负相关)关系。

(3) 糖类

糖类是油料细胞的重要构成部分和储藏物质之一。油料种子中含有单糖、低聚糖和多糖。单糖含量一般不大,主要是戊糖和己糖。戊糖常以结合态存在;己糖以D-葡萄糖、D-半乳糖和D-果糖最为重要,它们有的以自由(游离)形式存在,有的以结合形式存在。

油料种子中含有少量的低聚糖,如RE糖和棉籽糖等。

油料种子中的多糖有淀粉、纤维素和半纤维素,制油时都留在饼粕中。纤维素主要存在于种子外壳、种皮中,种仁中含量很少。半纤维素和纤维素共存,两者都是细胞壁的组成成分,半纤维素也存在于皮壳中,种仁中含量很少。壳中的半纤维素主要是多缩戊糖,种仁中主要是多缩半乳糖。

(4) 类脂物及脂肪伴随物

油料种子中含有少量的类脂物及脂肪伴随物,它们包括磷脂、甘一酯、甘二酯、游离脂肪酸、甾醇、蜡酯、色素、维生素、烃类和黏液质等。

类脂物及脂肪伴随物,有的存在于原生质体的膜质结构中,例如磷脂、甾醇和少量脂肪酸参与生物膜的构成;有的存在于油脂中,例如维生素等;有的存在于凝胶体中,例如色素等。这些物质在制油过程中常与油脂一起被提取出来。

(5) 水分及矿物质

① 水分

油料种子的含水率与种子的成熟程度密切相关,一般未成熟的种子含水率较高,成熟后则较低。

成熟种子中的水分以自由水和结合水两种状态存在。"自由水"以游离态存在于细胞毛细管及细胞间的孔隙中,它有普通水的物理性质,能参与物质代谢过程。"结合水"是与蛋白质、糖类及其他亲水物质以氢键相结合而成的胶态水分,成为细胞原生质体结构的一部分,这种水分不容易蒸发,0℃时不会冻结,不能溶解酸和糖等物质。细胞原生质体中的结合水约占全部水分的4.5%。自由水、结合水与细胞内其他组分联合在一起构成了原生质体的胶体状态，形成一种密不可分的体系。油料中含有较多疏水性的脂肪，因此干燥种子中的水分几乎全部集中在蛋白质、糖类等亲水物质里。

② 矿物质

成熟而干燥的油料种子中矿物质（灰分）含量不多，一般油料种子含 P、K、Ca、Mg 为多，约占灰分总数的 90%（以其氧化物计），其中又以 K、P 为最多，其量达总灰分的 70%～75%。

油料种子中灰分含量常常是种仁大于外壳。例如棉籽壳、棉籽仁的灰分含量分别为其重量的 2.6%和 6.9%左右。

成熟的油料种子中，矿物质与有机化合物相结合成为复杂的化合物。例如磷以磷酸残基的形式存在于磷酯及磷酸酯中；硫以硫代葡萄苷盐的形式存在于油菜籽中；钙镁大多以植酸盐的形式存在于原生质凝胶部分或固定在构成生物膜的酶（蛋白）成分中。所有盐离子均可供给生理平衡，它们可维持许多细胞的完整性或成为酶促反应中的辅助因子，而某些金属则是许多酶的主要组成成分。制油时，矿物质几乎全部被保留在饼粕中。

(6) 植酸盐

在许多油料种子中含有植酸钙（镁）盐。它们是环己六醇磷酸酯与钙（镁）所形成的盐。在葵花籽、棉籽和大豆中的含量分别约为 2%，2.2%～2.7%和 1.4%；在米糠中含量高达 8%以上。品种不同的油料种子中含量各异，就是同一品种也因产地不同而不同。

(7) 特殊成分

① 芥子苷

在菜籽、芥子和萝卜子等十字花科种子及叶、茎、根中，含有数量不等的芥子苷（也称硫代葡萄糖苷）。菜籽中芥子苷是混合物，是辛辣味与气味的主要来源。分为油菜芥子苷、黑芥子苷和白介子苷等三类。它们本身毒性较小，但在湿热条件下受芥子酶的作用而分解，其分解物的毒性大。

② 棉酚

棉酚是棉籽色素的特殊成分，主要存在于棉仁中，壳中含量很少。随品种不同棉籽中棉酚含量有很大的差异。干燥的脱脂棉仁中含棉酚 0.15%～1.8%，它存在于棉仁内部的棉酚腺中。纯棉酚是黄色结晶体，有毒性。近年来世界各国都在大力培养和推广种植“无棉酚”棉花。

③ 芝麻酚林

芝麻酚林（也称芝麻素）是芝麻的特殊成分，是一种优良的天然抗氧化剂，加热时由芝麻酚林分解成芝麻酚，后者是芝麻香油耐储存的有效成分。

④ 皂素

皂素（皂苷）是苷类化合物的一种，由于它在水溶液中振摇时产生大量泡沫，与肥皂相似，所以称为“皂苷”。在植物界皂苷广泛存在且品种繁多。油茶籽中含有较多皂素，是油茶籽中的特殊成分。制油时，皂素留在饼粕中，有毒性。茶籽饼粕经提取皂苷或脱毒后，不仅能提高营养价值，而且提出的皂素还是医药和日用化工原料。

⑤ 蓖麻碱

蓖麻碱是蓖麻籽中的一种毒素。

2）油脂制取

(1) 油料预处理

就每一种油脂而言，它的制备都有其特殊性，尤其在预处理阶段。动物性油料的预处理主要是在熬制之前要进行仔细的清理和洗涤，为了缩短熬制时间，还要进行切碎辊轧，这里就不再赘述。植物性油料预处理即是在油料取油之前对油料进行的清理、剥壳、脱皮、破碎、软化、轧胚、膨化、湿热、干燥等处理，其目的是除去杂质将其制成具有一定结构性能的物料，以符合不同取油工艺的要求。

① 油料的清理

油料的清理就是清除油料中夹带的泥沙、金属、茎叶等杂质，分离出混在油料中的杂籽、瘪籽。

油料在收获、干燥、运输和贮藏的过程中难免混进一些像石子、泥沙、茎叶、麻绳之类的杂质。这些杂质不外乎有无机杂质、有机杂质和含油杂质三类。无机杂质主要是灰尘、泥沙、石子、瓦块、金属等，有机杂质主要是茎叶、皮壳、蒿草、麻绳、各种粮粒等，含油杂质主要是病虫害粒、不实粒和异种油料等。

清理的目的：减少油分损失，提高出油率，提高油脂、饼粕和副产物的质量，提高设备的处理量，减轻对设备的磨损，延长设备的使用寿命，避免生产事故，保证生产的安全，减少和消除车间的尘土飞扬，改善操作环境等。

清理的方法：根据油料与杂质在粒度、比重、形状、表面状态、硬度、磁性、气体动力学等物理性质上的差异，采用筛选、磁选、风选、比重去石等方法和设备，将油料中的杂质去除。

② 油料的剥壳及脱皮

剥壳是带壳油料在取油之前的一道重要工序，对花生、棉籽、葵花籽等一些带壳油料必须经过剥壳才能用于制油。对于大豆、菜籽等油料，当饼粕用作提取大蛋白或生产蛋白质含量不同的等级粕时，需要预先脱皮再取油。

(a) 油料的剥壳及其分离

剥壳的目的：提高出油率，提高毛油和饼粕的质量，减轻对设备的磨损，增加设备的有效生产量，利于轧坯等后续工序的进行及皮壳的综合利用等。

常用的剥壳方法：利用粗糙面的碾搓作用使油料皮壳破碎进行剥壳；利用打板的撞击作用使油料皮壳破碎进行剥壳；利用锐利面的剪切作用使油料皮壳破碎进行剥壳；利用轧辊的挤压作用使油料皮壳破碎剥壳。

剥壳方法和设备应根据各种油料皮壳的不同特性、油料的形状和大小、壳仁之间的附着情况等进行选取。

油料经剥壳后成为含有整仁、壳、碎仁、碎壳及未剥壳的整籽的混合物。必须将这些混合物有效地分成仁、壳及整籽三部分。生产上常根据仁、壳、籽等组分的线性大小以及气体动力学性质方面的差别采用筛选和风选的方法将其分离。大多数剥壳设备本身就带有筛选和风选系统，组成联合设备，以简化工艺，同时完成剥壳和分离过程。

(b) 油料的脱皮及其分离

脱皮的目的：大豆脱皮是生产低温食用豆粕和高蛋白饲用豆粕制油工艺中所必需的，其目的是提高豆粕中的蛋白质含量和减少纤维素含量，增加浸出设备的处理量，降低豆粕的残油量，减少生产过程中的能量消耗及提高浸出毛油的质量。

脱皮的方法：大豆的种皮较薄，与籽仁的结合附着力也较强，特别是当大豆含水量较高时，种皮韧性增大，使脱皮难以进行，即使是籽仁在外力的作用下破碎后，种皮也可能仍然附着在破碎的仁粒上。因此，油料的含水量高低是去皮工艺中非常关键的因素。在生产中首先调节大豆水分,然后利用搓碾、挤压、剪切和撞击的方法,使大豆破碎成若干瓣,籽仁外边的种皮也同时被破碎并从籽仁上脱落,然后用风选或筛选的方法将仁、皮分离。大豆脱皮方法分冷脱皮和热脱皮。

对不同品种的油料进行脱皮或剥壳后得到一类副产品——皮壳。

③ 油料生坯的制备

在提取油脂前,油料必须先被制成适合于取油的料坯。料坯的制备通常包括油料的破碎、软化和轧坯等工序。

(a) 油料的破碎

破碎的目的:使油料具有一定的粒度以符合轧坯条件;油料破碎后表面积增大,利于软化时温度和水分的传递,软化效果好;对于颗粒较大的压榨饼块,也必须将其破碎成为较小的饼块,才更利于浸出取油。

油料破碎的方法有撞击、剪切、挤压及碾磨等几种形式。油厂常用的破碎设备主要是齿辊破碎机,此外还有锤式破碎机、圆盘剥壳机等。

(b) 油料的软化

软化是通过对油料水分和温度的调节,使油料塑性增加的工序,主要应用于含油量低和含水分低的油料。

软化的目的:通过对油料温度和水分的调节,使油料具有适宜的弹塑性,减少轧坯时的粉末度和黏辊现象,以保证坯片的质量;软化还可以减少轧坯时轧辊的磨损和机器的振动,以利于轧坯操作的正常进行。

软化的要求:应根据油料的种类和所含水分的不同制定软化温度,确定软化是进行加热去水操作还是加热湿润操作。当油料含水量高时,软化温度要低一些;反之,软化温度可高一些。同时还应根据轧坯效果调整软化条件。要求软化后的料粒有适宜的弹塑性及均匀透彻等。

常用的软化设备有层式软化锅和滚筒软化锅。

(c) 油料的轧坯

轧坯的目的:利用机械外力破坏油料的细胞组织,并使油料由粒状变成片状,表面积增加,利于提高浸出或压榨时的出油率,并保证料坯蒸炒的效果。

轧坯的要求:料坯薄而均匀,粉末度小,不露油。料坯的厚度为大豆 0.3 mm 以下,棉仁 0.4 mm 以下,菜籽 0.35 mm 以下,花生仁 0.5 mm 以下。粉末度要求控制在孔径 20 目筛下物不超过 3%。

油厂使用的轧坯设备可分为平列式轧坯机和直列式轧坯机两类。

(d) 生坯干燥

生坯干燥的目的是为了满足浸出取油对入浸物料水分的要求。生坯干燥的设备多用平板干燥机和气流干燥机。

④ 油料生坯的挤压膨化

油料生坯的挤压膨化即是利用挤压膨化设备将生坯制成膨化状颗粒物料的过程。生坯经挤压膨化后可直接进行浸出取油。

含有一定水分的油料生坯由喂料螺旋输送机送入挤压膨化机,在挤压膨化机内,料坯被螺旋轴向前推进的同时受到强烈的挤压、揉搓、剪切等机械作用,物料密度不断增大,并由于物料与螺旋轴和机膛内壁的摩擦发热以及直接蒸汽的注入，使物料受到充分的混合、加热、加压、胶合、糊化作用，而产生组织结构上的变化。物料呈连续的绳条状从膨化机末端的模板槽孔中挤出，并立即被切割器切割成尺寸一定的颗粒物料。物料被挤出膨化机的模板槽孔时，压力瞬间从高压转变为常压，压力的突然降低，造成水分迅速地从物料组织结构中蒸发出来，物料受到强烈的膨化作用，形成具有无数个微小孔道的膨化料粒。

油料生坯经挤压膨化后，其容重增大，多孔性增加，油料细胞组织被彻底破坏，酶类被钝化。这使得膨化物料浸出时，溶剂对料层的渗透性和排泄性都大为改善，浸出溶剂比减小，浸出速率提高，混合油浓度增大，湿粕含溶降低，浸出设备和湿粕脱溶设备的产量增加，浸出毛油的品质提高，并能明显降低浸出生产的溶剂损耗以及蒸汽消耗。

⑤ 油料熟坯的制备

油料生坯经过湿润、蒸坯、炒坯等处理转变为熟坯的过程称作蒸炒。

蒸炒的目的在于通过温度和水分的作用，使料坯在微观生态、化学组成以及物理状态等方面发生变化，以提高压榨出油率及改善油脂和饼粕的质量。蒸炒使油料细胞受到彻底破坏，使蛋白质变性，油脂聚集，油脂黏度和表面张力降低，料坯的弹性和塑性得到调整，酶类被钝化。

蒸炒方法随油料品种和用途的不同而有所不同，可分为干蒸炒和湿润蒸炒两种。

干蒸炒只对料坯或油籽进行加热和干燥，不进行湿润。这种蒸炒方法仅用于特种油料的蒸炒，如制取小磨香油时对芝麻的炒籽，制取浓香花生油时对部分花生仁的炒籽，可可籽榨油时对可可籽的炒籽等。

湿润蒸炒是指在蒸炒开始时利用添加水分或直接喷入蒸汽的方法使生坯达到最优的蒸炒开始水分，再将湿润过的料坯进行蒸炒，使蒸炒后熟坯中的水分、温度及结构性能最适宜压榨取油的要求。这是油厂普遍采用的一种蒸炒方法。

湿润蒸炒设备称作蒸炒锅，有立式和卧式两种型式。国内油厂常用的是立式的层式蒸炒锅，而卧式蒸炒锅一般在国外大型螺旋榨油机上作为调整炒锅使用。

(2) 油脂制取

目前，油脂制取方法有压榨法、浸出法、水代法等工业化生产方法。

① 压榨法制油

借助机械外力的作用，将油脂从油料中挤压出来的取油方法称为压榨法取油。按照压榨的生产方式，可以分为间歇作用的方式和连续作用的方式两类。根据压榨设备的种类分为土法榨油、水压机榨油和螺旋榨油三类。其中土法榨油采用的压榨设备主要有杠杆榨、锤榨和撞榨等，目前国内油厂已不多见，这里就不作介绍；水压机榨油采用的压榨设备主要有板式水压机（俗称旧方车）和盒式水压机（俗称方车），它们的饼都是方形的，且均属开式水压机，另外，我国以前经常采用的还有一种圆形水压机（俗称圆车），其压力约为9.5～28 MPa，还有一种属闭式的笼式水压机，其最高压力为42 MPa，我国使用比较广泛的则是一种90型榨油机。

到了20世纪初，从第一批“安迪生”榨油机的出现开始，至今螺旋榨油机仍是我国主要的制油设备。由于螺旋榨油机在生产中的采用，我国的制油工业进入了一个新阶段。螺旋榨油机是近代国际上普遍采用的较先进的连续压榨制油设备，与间歇式压榨法相比，其显著的特点是：适合加工各种油料，生产连续化，单机处理量幅度大，出油效果良好，饼薄易粉碎，有利于综合利用，劳动强度低等；但也存在着动力消耗较大，维修成本较高等问题。随着压榨理论研究工作的日趋完善，工艺与设备的进一步改进以及现代技术的广泛应用，必将使压榨工艺和设备不断更新和合理。

② 浸出法制油

浸出法制油是目前世界上普遍采用的一种先进的制油方法。主要是利用选定的溶剂溶解油脂，把经过处理的油料浸在溶剂中使油脂溶解于溶剂而组成一种溶液（混合油），然后和油料中的固体残渣（粕）分离。所得混合油中油脂和溶剂的挥发性差异甚大，且溶剂的沸点较低，利用此特性可进行蒸发、汽提，使溶剂汽化与油脂分离。溶剂蒸汽经冷凝回收后可以继续循环使用，制得的油脂称为浸出毛油。

浸出法制油主要优点是出油率高，干粕残油率一般只有1%左右，而压榨法残油率均在4.0%～8.0%，浸出法所得粕的质量较好。由于浸出法各工序操作温度可以控制，使温度较低，粕中蛋白质变性较小而提高了使用价值。浸出法制油可以实现生产大型化，从而可以降低煤、电的消耗和减少操作人员的数量，降低了加工成本，提高了劳动生产率，改善劳动条件，减轻了工人的劳动强度。浸出法制油的缺点是毛油质量较差，采用的溶剂是易燃易爆的有毒物质，对安全性要求较高。目前国内浸出油厂一般选用正己烷或以正己烷为主要成分的6号溶剂油作溶剂。

制油方法国内油厂比较广泛采用的分类方法是按浸出的操作过程来分，可分为一次浸出制油（直接浸出制油）及预榨浸出制油。所谓一次浸出制油，是指油料经预处理后直接用溶剂把其中的油脂提取出来，一次浸出就可以基本上取尽油脂。这种生产方式适用于含油量较低的油料，如大豆、米糠等。预榨浸出制油是指油料经预处理后先用202型预榨机（国内多数采用）把其中的大部分油脂压榨出来，余下的油脂则用溶剂浸出的方法提取出来。预榨浸出制油适用于含油量较高的油料，如油菜籽、花生仁、棉籽等。

压榨制油得到油和饼，浸出制油得到油和粕。无论是压榨制油，还是浸出制油，所得油脂均为粗油，俗称毛油，毛油经精炼后才可进行进一步的利用。

(3) 油脂精炼

① 油脂脱胶

毛油属于胶体体系，其中的磷脂、蛋白质、黏液质和糖基甘油二酯等，因与甘三酯组成溶胶体系而得名为油脂的胶溶性杂质。油脂胶溶性杂质不仅影响油脂的稳定性，而且影响油脂精炼和深度加工的工艺效果。例如油脂在碱炼过程中，会促使乳化，增加操作困难，增大炼耗和辅助剂的耗用量，并使皂脚的质量降低；在脱色工艺过程中，会增大吸附剂的耗用量，降低脱色效果；未脱胶的油脂无法进行物理精炼和脱臭操作，也无法进行深加工。因此，毛油精制首先必须脱除胶溶性杂质。

脱胶的具体方法可分为水化脱胶、酸炼脱胶、吸附脱胶、热聚脱胶及化学试剂脱胶等。油脂工业上应用最为普遍的是水化和酸炼脱胶。水化脱胶多用于食用油脂的精制，而强酸则很少用于食用油的脱胶。

水化脱胶是利用磷脂等胶溶性杂质的亲水性，将一定量的热水或稀碱、食盐、磷酸等电解质水溶液，在搅拌下加入热的毛油中，使其中的胶溶性杂质吸水凝聚沉降分离的一种脱胶法。在水化脱胶过程中，得到以磷脂、油脂等成分为主的精炼副产品——水化油脚，脱胶油根据油脂产品的质量要求去进行进一步的精炼。

② 油脂脱酸

未经精炼的各种粗油中，均含有一定数量的游离脂肪酸。脱除游离脂肪酸的过程称之为脱酸。

游离脂肪酸存在于油脂中，还会使磷脂、糖脂、蛋白质等胶溶性物质和脂溶性物质在油中的溶解度增加，它本身还是油脂、磷脂水解的催化剂。水在油脂中溶解度亦随油中含游离脂肪酸的增加而增加。总之，游离脂肪酸存在于油脂中会导致油脂的物理化学稳定性削弱，必须尽力除去。

脱酸的方法有碱炼、蒸馏、溶剂萃取及酯化等方法。其中应用最广泛的为碱炼和蒸馏法。蒸馏脱酸也称物理脱酸，实际生产中和油脂脱臭一起进行。碱炼脱酸是利用碱中和的方法将油脂中的游离脂肪酸脱除的过程，在这一过程中得到精炼副产品——碱炼皂脚，脱酸油去进行进一步的精炼。

③ 油脂脱色

油脂中含有数量和品种各不相同的色素。有些是天然色素，有些是油料在贮藏、制油过程中新生成的色素。所以要生产较高品级的油脂，如高级烹调油、色拉油、人造奶油的原料油以及某些化妆品原料油等，就必须进行脱色处理。

工业生产最常采用的油脂脱色方法是吸附脱色，即利用某些对色素具有较强选择性吸附作用的物质（如漂土、活性白土、活性炭等），在一定条件下吸附油脂中的色素及其他杂质，从而达到脱色的目的。这一过程中得到精炼副产品——废白土（或废漂土、废活性炭等），脱色油同样去进行进一步的精炼。

④ 油脂脱臭

纯净的甘油三酸酯是没有气味的，但用不同方法制取的天然油脂都具有不同程度的气味，有些为人们所喜爱，如芝麻油香味，花生油香味等，有些则不受人们欢迎，如菜油味、糠油异味。油脂中把各种气味统称为臭味，其中有些是天然的，有些是制油和加工中新生的，引起油脂臭味的主要组分有低级的醛、酮、游离脂肪酸、不饱和碳氢化合物等。因此，油脂脱臭和脱酸可同时进行（物理脱酸）。

油脂脱臭是利用油脂中的臭味物质和甘油三酸酯的挥发度有很大的差异，在高温高真空条件下，借助水蒸气蒸馏脱除臭味物质的工艺过程。在这一过程中得到精炼副产品——脱臭馏出物，脱臭油对于不同品种的油脂可得到相应的一级油或二级油。

⑤ 油脂脱蜡

动植物蜡是高级一元羧酸与高级一元醇所形成的酯。植物油料中的蜡质主要存在于皮壳的角膜中，其次存在于细胞壁中。米糠、葵花籽、棉籽、菜籽、玉米胚芽等均含有一定量的蜡质，蜡在40℃以上的温度下溶于油脂，因此，无论是以压榨法制取的原油中，还是以浸出法制取的混合油中，均混入了一定量的蜡质。

脱除油脂中蜡质的工艺过程称为油脂的脱蜡。尽管脱蜡的工艺方法很多，但其基本原理都是根据蜡与油脂凝固点的不同采用冷冻结晶的方法将油脂中蜡脱除。脱蜡这一过程中得到副产品——蜡糊。

3）油脂的利用

植物油脂是人类赖以生存和发展的最基本生活资料之一，也是食品、烹饪、化工、油漆等行业最重要的基础原料。油脂工业在国民经济中具有十分重要的地位和作用。油脂工业的发展，不但能够提高人民的物质生活水平，而且还能够带动相关的产业、诸如饲料工业、种植业、养殖业、机电设备制造业、食品工业以及油化学工业的发展和进步。

(1) 食用油脂

随着食品工业和饲料工业的发展，油脂的用途更为广泛。但最主要的用途还是经进一步精炼加工后作为食用油脂(或食品工业用油脂)和饲料用油脂，各类食品对油脂性能的要求是不相同的，有的还有特殊的要求。例如色拉油要求不含有高熔点组分，以免在冷藏下会固化结晶。用于巧克力的油脂要求在室温下不熔化，并具有脆性，但又必须入口即熔。焙烤食品用油的要求是有很好的起酥性。大多数天然油脂满足不了各种用途的需要，必须通过不同程度的改良和加工，混合制成不同用途的油脂产品，才能满足各类食品加工的要求。

食用油脂制品主要有烹饪油、煎炸油、色拉油、起酥油、人造奶油等。这里就不再详细讲述。

(2) 工业用油脂

近年来，随着石油资源危机(或短缺)的加剧和人们环保意识的提高，以油脂作为化工产品的原料来源的重要性逐渐被人们所认识。尽管当前精细化工产品以石油为基料占据了领先地位，但随着石油资源的减少，加上油脂化学品原料取之天然可再生、可生物降解、对环境更友好的特点，可以预计以油脂为基料的化工、精细化工产品将上升到重要的地位。

① 日用化学品原料

动植物油脂是食品和饲料的主要原料，也是一种重要的化工原料。目前，世界上油脂生产能力超过 1 亿吨，其中约 85%用在食品和饲料工业中，约 15%用于油脂化工上，在这 15%中约有一半用于制皂，另外一半则加工成各种油脂化学品。

以油脂为基础原料，生产日用化学品。大宗油脂化工产品是肥皂，肥皂是最基本的油脂化工产品，可分为：(a) 碱金属皂，主要有钠皂(包括香皂、洗衣皂、皂片、肥皂粉、工业皂、药皂和软皂等)；(b) 有机碱皂(包括干洗皂、纺织用皂、化妆品皂、家用洗净剂及擦亮剂等)；(c) 金属皂(包括铝、钡、钙、镁等的脂肪酸盐)。

② 脂肪酸和甘油的原料

油脂是一大类天然有机化合物，它的定义为混脂肪酸甘油酯的混合物(the mixtures of mixed triglycerides)。所以，以油脂为基础原料，还可以生产脂肪酸和甘油等基本油脂化学品。

脂肪酸工业利用几乎涉及脂肪酸化学的各个方面，使用油脂和脂肪酸数量最多的是表面活性剂、油漆和增塑剂，其次是橡胶、纺织、化妆品、润滑剂、食品、矿物浮选、金属削洗和加工，再次是石油、塑料、农业、药物、皮革、造纸等。

产量最大、用途最广的脂肪酸有硬脂酸、油酸、亚油酸、月桂酸、棕榈酸等。

甘油是油脂的主要组成之一，它是以油脂为原料制备脂肪酸、肥皂和生物柴油的副产品，它的生产方法主要有化学合成法、油脂制皂废水回收法、油脂水解废水回收法等。产品主要分为药用甘油和工业用甘油两种。

甘油主要用做食品工业改良剂，造纸工业用增塑剂和吸湿剂，烟草工业香料溶剂，纺织工业润滑剂，医药工业的溶剂、吸湿剂、防冻剂、制药原料等。

③ 脂肪駿衍生产品的原料

可直接以油脂或油脂制得的脂肪酸为主要原料制取许多脂肪酸衍生产品，如脂肪酸酯

(生物柴油)、脂肪醇、脂肪胺和脂肪酰胺等。其品种多达3 000多种，几乎各个工业部门都不同程度地使用脂肪酸及其衍生物。

④ 油脂基表面活性剂

油脂基表面活性剂主要包括阳离子表面活性剂、阴离子表面活性剂、两性表面活性剂和非离子表面活性剂等。阳离子表面活性剂约88%是以天然油脂为原料，以天然油脂为疏水链原料的阴离子表面活性剂除了肥皂以外，最典型的是脂肪酸的磺烷基酚(Igepon-A)、脂肪酸的磺烷基酰胺(Igepon T)和脂肪酸甲酯磺酸盐(MES)。1997年西欧两性表面活性剂其疏水链90%以上来自天然油脂，我国两性表面活性剂20世纪六七十年代开始研究开发，当前我国两性表面活性剂的产量尽管不大，但研究开发十分活跃。我国当前以油脂为主要原料的非离子表面活性剂主要有烷醇酰胺与酰胺醚、脂肪酸多元醇酯、烷基多苷、聚乙二醇脂肪酸酯或脂肪酸聚氧乙烯醚等。

⑤ 其他油脂化工产品

除了上述应用外，还有用于塑料制品的一种无毒增塑剂环氧大豆油。用于合成纤维、橡胶、涂料、农药、医药、润滑油、刹车油及各种日用化学品等工业领域的太古油(蓖麻油硫酸化产品)，脱水蓖麻油(DCO)，甲基己酮和10-羟基癸酸或2-辛醇和癸二酸，蓖麻醇酸，庚醛和十一烯酸，12-羟基硬脂酸、蓖麻醇和蓖麻蜡，氧化聚合油等蓖麻油系列产品。以动植物油脂为基础油，加入复合添加剂调配而成油脂化工产品——润滑油和润滑剂等。

4) 油料皮壳的利用

油料作物种类很多，其种子也形形色色，形态、结构各不相同。油料种子均由籽仁和皮壳两部分组成，一些油料种子种皮很薄(如大豆、花生、油菜籽等)，可不去皮加工制油，也有去皮后加工制油。也有一些种子(如葵花籽、棉籽、茶籽、蓖麻籽、桐籽等)，外层皮壳较厚形成硬壳，加工中需将皮壳脱除，以提高出油率和改善油品质量。

油料皮壳系由有机物和无机物组成。在有机物中主要是半纤维素、纤维素、木脂素及蜡、树脂、蛋白质、色素、油脂、单宁等成分，无机物中主要是无机盐类。从皮壳成分的组成比例来看，主要的还是半纤维素、纤维素和木脂素。其中半纤维素约占15%～40%，纤维素约占30%～45%，木脂素约占12%～30%，其他成分含量一般很少。

(1) 半纤维素的利用

半纤维素主要成分是聚戊糖、聚己糖、聚糖醛酸化合物的复杂混合物，聚合度在80～150之间，其中聚戊糖含量较高。半纤维素在酸催化和一定的温度条件下，部分水解成单糖，部分水解成低聚合度的聚糖，低聚合度的聚糖可溶解在蒸煮液中。半纤维素在碱性条件下也可以降解。

棉籽壳和葵花籽壳等含聚戊糖较多，聚戊糖水解可生成木糖和阿拉伯糖等戊糖。戊糖脱水可制得糠醛，在生产糠醛的同时又可得到其他副产品醋酸钠(钙)、甲醇、木糖，在高压条件下氢化木糖可制得木糖醇。

(2) 纤维素的利用

纤维素$(C_6H_{10}O_5)_n$是由葡萄单糖所构成的直链状高分子化合物，其聚合度一般为1 500～3 000。采用稀酸加压强化水解的方法水解纤维素可制得乙酰丙酸、葡萄糖等。葡萄糖水解后还可制得酒精、丙酮、丁醇、甘油、味精、抗生素等，同时还可以用纤维素制取羧甲基纤维素等多种产品。

(3) 木脂素的利用

木脂素是存在于植物纤维素中的一种具有芳香族结构的高分子化合物。水解木脂素经不同工艺处理,用途广泛,国内对水解木脂素的利用也在作进一步研究。以糠醛渣为原料,现已试制和生产多种产品,有邻醌植物激素、活性炭、焦木素、甲硫醚等,也可直接作肥料和燃料。

(4) 其他方面的利用

除上述利用油料皮壳主要成分纤维素和木脂素制取一系列产品外,还可以从油料皮壳灰中提取钾盐,如碳酸钾、硫酸钾和氯化钾;利用花生红衣制止血药物,血宁片、止血宁糖浆和注射液;用葵花籽和棉籽壳等为原料生产各种纤维板;用油料皮壳作培养基,培养各种食用菌,如平菇、蘑菇、银耳等;此外茶蒲、茶籽壳含有皂素和单宁等,可提出皂素作织物的洗涤剂及工业用乳化剂,单宁可用于鞣革;利用大豆皮作原料生产膳食纤维;也有用花生壳、向日葵壳、棉籽壳粉碎后作为家禽家畜的混合饲料,但用棉籽壳作混合饲料,使其用量及使用对象受到一定限制。

5) 油料饼粕的利用

一般油料在除去皮壳取出油脂之后,所得饼粕的重量约占剥壳籽仁重量的50%~85%。除了部分油溶性的成分随油脂进入毛油以外,油籽中所含的许多天然成分仍然存在于油籽的饼粕之中。这些成分,有的是人类生活中的必需品,有的是发展工农业生产的宝贵原料。

油籽饼粕的成分由于油籽品种、取油工艺条件的不同而有差异,但油籽饼粕所含的主要成分则是大体相同的。一般饼粕中含有丰富的蛋白质(15%~50%)、较多的纤维素(4%~20%)和无氮抽取物(包括糖类、色素、维生素、无机盐等,计20%~25%)、较少的粗脂肪(0.5%~6%)和水分(10%左右)。

(1) 饲料工业的原料

由于饼粕中含有较多的蛋白质、残存油脂、部分淀粉、纤维素、维生素、矿物质等,故作为家畜家禽饲料,其营养价值是相当高的。无毒饼粕(如大豆、花生、米糠、葵花籽等饼粕)可以直接作饲料,有毒饼粕(如菜籽、棉籽、蓖麻籽、茶籽等饼粕)一般需预先脱毒才能作为饲料。油饼作饲料一般应预先将粗块粉碎,用水浸泡,拌入其他饲料进行饲喂。夏天蛋白质容易腐臭,浸泡时间以1~2 h为宜,不可过长。溶剂浸出粕中残存的溶剂应尽量除去,以免溶剂的气味影响畜禽的食欲,或引起中毒。

(2) 食用蛋白质的原料

对于蛋白质含量高、品质好的油料饼粕,可作为食用蛋白质的生产原料。但油料加工时必须是采用低温压榨或低温脱溶的方法制取油脂,得到低变性饼粕(即饼粕中的蛋白质是低变性的),这样有利于从饼粕中提取蛋白质,并且确保蛋白质产品的品质。利用低变性饼粕可以制取一系列的蛋白质产品。

不同品种的饼粕以及采用不同的方法制得的蛋白质产品种类很多。目前,利用最多的是低变性大豆粕作原料,生产脱脂大豆蛋白粉、大豆浓缩蛋白、大豆分离蛋白等产品。利用这些单一产品或不同的产品经配方后作原料,可生产一系列的组织蛋白,也可以利用上述蛋白质产品经酶解等方法制取大豆肽、氨基酸等产品。

(3) 饼粕中特种成分的利用

利用低变性大豆粕作原料采用乙醇萃取或酸沉法生产大豆浓缩蛋白的过程中可得到副

产品糖蜜。以糖蜜为原料可提取大豆低聚糖、大豆异黄酮和大豆皂苷等产品，还可从中回收醇溶蛋白。

利用低变性大豆粕作原料采用碱溶酸沉淀的方法生产大豆分离蛋白的过程中可得到副产品豆渣和乳清废液。以豆渣为原料可生产大豆膳食纤维，从乳清废液中可回收乳清蛋白和低聚糖等。

另外不同的油料饼粕中还含有一些特种成分。如从大豆粕中可提取大豆皂苷和大豆异黄酮。脱脂茶粕中含有10%～15%的茶皂素，采用浸出方法可将茶皂素提取出来。茶皂素是一种天然非离子型表面活性剂，具有良好的乳化、分散、发泡、润湿等活性作用，具有消炎、抗渗透、镇痛等药理作用，广泛应用在毛纺、针织、日用化工、医药等生产行业上。目前茶皂浸出可采用的溶剂有两种类型：醇类和水。

脱脂米糠中含有较多的植酸盐，可从中提取植酸钙，利用植酸钙作原料可进一步生产肌醇和植酸；脱脂米糠还含有30%～40%的膳食纤维，以工业脱脂米糠为原料提取米糠水溶性半纤维素及碱溶性半纤维素，是米糠综合利用的又一有效途径；另外，脱脂米糠在食品工业中的应用还有制取饴糖、糖浆、干酪素、液体香料、米糠酒、米糠乳酸饮料、米糠醋及酱油等。在饲料工业中，往往利用米糠作为菌体培养基、饲料添加剂、配合饲料的原料、猪鸡饲料等。

6）油脂精炼副产品的利用

油料无论采用压榨制油，还是溶剂浸出制油，所得到的油脂习惯上都被称作毛油（原油），不同品种的毛油中或多或少含有影响人体健康以及油脂储藏和品质的成分，需要进一步精炼加工成油脂成品。不同品种的油脂根据原料油脂的不同品质和所确定的产品质量的要求，会有不同的精炼方法，在精炼加工过程中得到的许多有用的副产品可以加以利用。

（1）水化油脚

水化油脚是油脂采用水化脱胶所得到的一种副产品。其主要组成成分是磷脂、油脂、水分和其他少量杂质，其中磷脂含量一般在60%以上（干基），是生产磷脂很好的原料。

首先，利用水化油脚可制得浓缩磷脂（也称粗磷脂），然后利用浓缩磷脂作原料采用萃取、分离、纯化和改性等方法可制得不同的磷脂产品。

磷脂作为重要的天然表面活性剂具有乳化、分散、润湿、速溶、脱模、分离等表面活性，被广泛应用于化工、食品、医药、石油、轻工、橡胶、油漆、涂料、皮革、农药、植物保护、饲料以及日用化工等行业中。

发达国家十分重视磷脂的开发与应用，美国现有大豆磷脂的专业公司三十多家，如美国中央大豆公司（Central Soya Company）、美国稻田食品公司（Riceland Foods）、ADM（Archer Daniels Midland）等公司，现已开发出上百种大豆磷脂产品，用于食品、医药、饲料、日用化工等行业。我国在20世纪60年代就开始生产和研制浓缩大豆磷脂、粉末大豆磷脂，由于种种原因，一直未达到商品化。直至20世纪80年代，由河南工业大学（原郑州粮食学院）承担的“七五”、“八五”、“九五”等国家在大豆磷脂方面的重点科技攻关专题取得成果，他们以独具的自主知识产权，采用国产化设备建立了浓缩大豆磷脂、粉末大豆磷脂、卵磷脂及卵磷脂软胶囊中试生产线。

我国作为大豆生产大国，大豆磷脂产业近年来也发展较快，但与国外相比，无论在产量还是在质量方面都相差很大。在产量方面，我国各磷脂企业生产规模小、品种单一，尚未形成强有力的龙头企业和集团化生产经营；在质量方面，主要表现为浓缩磷脂这种基础原料质量不过关、色泽深、滋气味重、流动性差、透明度欠佳。因此我国磷脂产业的发展方向应是大力进行浓缩大豆磷脂的生产，改进工艺，提高质量，应用高新技术精制和分离磷脂；同时应加强基础应用技术研究，开发新品种，逐步形成产业化，不断改变磷脂的产品结构，开拓新的应用领域。

(2) 碱炼皂脚

碱炼皂脚是油脂采用碱炼脱酸所得到的一种副产品。其主要组成成分是肥皂、油脂、水分和其他少量杂质，其中肥皂含量一般在60%以上（干基），是很好的化工原料。

皂脚的主要成分是肥皂和油脂，是生产脂肪酸很好的原料，根据生产方法可考虑回收甘油。脂肪酸和甘油的利用在油脂利用中已经涉及，这里就不再介绍。另外，碱炼皂脚还可以用作生物柴油的原料。

不同品种的油脂碱炼脱酸所得到的皂脚质量不同，对于质量好的皂脚，可以直接生产油脚皂，或者直接添加在生产肥皂的生产过程中；对于质量差的皂脚，可以先将其转化为皂脚脂肪酸，再作为肥皂工业的原料。

在油脂碱炼皂脚中含有一些特种成分，如在米糠油碱炼皂脚中富含谷维素、植物甾醇等，可从中提取谷维素和植物甾醇；从茶籽油碱炼皂脚中可提取茶皂素；从棉油皂脚中可提取棉酚等。

(3) 脱色废白土

脱色废白土是油脂吸附脱色所得到的一种副产品，主要组成成分是油脂、天然色素、矿物质等。它可用作家禽饲料补充添加物，但应限量添加，一般控制在0.5%～2.0%；也可回收其中油脂，经简单精炼后用作混合饲料添加剂等。

(4) 脱臭馏出物

脱臭馏出物是油脂脱臭所得到的一种副产品。油脂精炼方法不同，脱臭馏出物量和组成成分的比例会有所不同，但主要成分是脂肪酸、油脂、维生素E、植物甾醇等。

从量上来看，脱臭馏出物组成中脂肪酸含量最高，一般在70%以上，其次是油脂，其总脂肪酸含量达85%以上，因此，可用来生产脂肪酸、脂肪酸甲酯（生物柴油）或其他脂肪酸衍生产品；又因为脱臭馏出物中含有较多的维生素E和植物甾醇，工业上常用作提取维生素E和植物甾醇的原料。维生素E具有很多的特殊生理功能，具有抗衰老、抗肿瘤、抗心血管病、保护肝脏等作用。植物甾醇可有效降低血清中胆固醇水平，起到预防和治疗高血压、冠心病等心血管疾病的作用，还具有消炎、抗癌和保护皮肤等作用。

(5) 蜡糊

蜡糊是油脂脱蜡工艺过程中的副产品。蜡糊主要组成成分是植物蜡和脂，蜡是一种混合物，是由高级脂肪酸与高级一元醇所组成的酯类化合物。蜡糊是制取植物蜡的原料。

用植物蜡为原料可开发高附加值的功能性产品二十八烷醇和三十烷醇。二十八烷醇是一种天然的抗疲劳物质，具有可增进体能、提高人体耐力、改进新陈代谢比率、减少必要的需氧量及刺激性激素等多种功能。在美国、日本等国家，二十八烷醇已广泛应用于功能性食品、各种营养补助品、医药、化妆品、高档饲料中；三十烷醇是近年来为世界上许多国家，同时也为我国所重视的一种新型天然植物生长调节剂，它与已知的五大类植物激素不同，对动植物的生长和发育具有特殊的调节和控制作用，具有用量少、成本低、作用大、无公害等特点，广泛用于玉米、水稻、高粱、小麦、花生、茶叶、蘑菇等作物上。

1.2 植物油料资源综合利用意义

1.2.1 植物油料资源综合利用现状

目前国际油脂工业发展迅速，大宗油料加工规模扩大化，有效降低了加工成本，提高了生产效率；油厂自动化日趋完善，减少了劳动力成本，油脂产品质量进一步得到保证；副产品综合利用初显规模，高附加值产品初见成效；加速和扩展了油脂与植物蛋白的工业利用。

我国的油脂加工业在生产规模、工艺技术和设备等方面都有了显著进步，缩小了与国际先进水平的差距。但也存在不少问题，首先油脂工业的发展水平不平衡，在我国沿海地区，油脂企业规模大，其技术接近国际水平；而内地的一些较大型企业虽然生产规模扩大，生产技术水平较高，但大多仍然采用传统的制油工艺；大多数的小型油厂，生产技术水平低，产品无竞争力；综合开发利用水平不高和深度加工增值能力不强，丰富的油料资源还只是一种潜在的经济优势，功能性油脂产品、低聚糖、膳食纤维、异黄酮、皂苷、天然 VE、蛋白肽等深加工产品在国内仍处在工艺中试和中试成果熟化的技术水平，产业化的条件、生产工艺技术和装备方面与发达国家相比还有较大的差距；大豆蛋白加工业以分离蛋白为主，品种少、功能性单一，大豆蛋白系列产品的结构不合理，产品质量不稳定，且在加工关键技术和装备、功能性的研究与开发及大豆蛋白的应用等方面与国外还存在较大的差距。

1.2.2 植物油料资源综合利用的意义

1）充分利用油料资源

特种油料资源。随着经济的发展和科技的进步，世界食用油产品逐渐向安全、营养、保健型发展。我国有丰富的特色油料资源，如茶籽油、红花籽油、月见草油、葡萄籽油、沙棘油、南瓜子油、紫苏油、翅果油、胡麻油、核桃油、芝麻油和杏仁油等食用油以及营养调和油，市场前景广阔。

微生物油脂。利用生物技术制备特殊功能和微生物油脂，如富含 PUFA 的油脂。PUFA 主要包括亚油酸、γ-亚麻酸、双高 γ-亚麻酸、α-亚麻酸、花生四烯酸、廿碳五烯酸（EPA）、廿二碳六烯酸（DHA）等。

谷物油脂。如米糠油、玉米油和小麦胚芽油都是上乘的功能性营养保健油，同时在其精深加工中还可以提取维生素 E、谷维素、牙周宁、甾醇、糠蜡等副产品。加强对谷类油脂深加工的研究与应用，还可用米糠中的糠蜡制备二十八烷醇、三十烷醇等。

油料中除了含有油脂之外，还含有丰富的蛋白质、糖及其他有用成分，油料加工中的副产品如皮壳、饼粕以及油脂精炼过程中产生的皂脚、馏出物等，其中含有许多有用成分，大多含有丰富的营养物质、多种微量元素和生物活性物质，但多年来由于我国加工企业规模小，资源集中困难以及提取技术的限制，这些宝贵资源没有得到充分的开发利用。今后，随着粮油加工企业的大型化、规模化、集团化以及提取技术的不断成熟，油料资源综合利将会不断有新的发展。

2）开发附加值高的产品

随着粮油行业的发展，越来越多的高新技术被应用于油脂产品开发及生产中，例如利用膜分离、分子蒸馏、脲素包合法、超临界流体浸出、柱层析、微胶囊化、酯交换、挤压膨化、冷冻干燥、化学及生物改性、生物分离、高压、冷榨和现代生物工程等技术，使油脂加工的产品质量不断提高，逐步满足为消费者提供“安全、营养、健康、方便”食用油的要求。同时可利用高新技术研究开发油料中高附加值的活性物质，充分利用油料资源，改变油脂工业产品初级单一格局，提高综合效益。

2 油脂化学品

2.1 肥皂

2.1.1 肥皂概述

肥皂(soap)是最古老的一种化学物质,很早的文献记录里,就有肥皂的报道。到了中世纪,在意大利、法国和英国的某些城市里,出现了制皂手工业。到18世纪,路布兰制碱法问世后,由于能得到大量廉价的碳酸钠,推进了制皂工业的进一步发展。19世纪末,制皂采用了开口蒸汽的沸煮法,使肥皂工业由手工的作坊变为工业化的生产。

制皂工业约在1850年开始使用松香,1870年左右首先在英国使用硅酸钠,在20世纪初开始使用氢化油脂。

肥皂传入我国,大约在19世纪。我国1903年开始建立肥皂工业,但由于当时技术和经济落后,我国的肥皂工业发展极为缓慢,规模很小。到了19世纪中叶,我国肥皂工业也同其他工业一样,得到了很大的发展。开辟了很多的新的油源,采用了不少的新工艺。1961年开始用石蜡氧化制取合成脂肪酸。目前,我国肥皂工业已经能生产各种各样的肥皂,满足了我国人民的需要。

1) 肥皂的定义和分类

从广义上讲,油脂、蜡、松香或脂肪酸与有机碱或无机碱起皂化反应,所得的产品皆可称为肥皂。但不是所有的肥皂都具有洗涤作用,只有水溶性的脂肪酸的钾、钠、铵和某些有机碱所成的盐类才有洗涤作用。肥皂工业所指的肥皂即这一类。非碱金属所成的脂肪酸盐类是非水溶性的,没有洗涤作用,称为金属皂。

绝大部分用于洗涤的肥皂为钠肥皂,还有一部分是钾肥皂。由于同样油脂所制成的钠皂硬于钾皂,因此前者称为硬皂,后者称为软皂。

铵、乙醇胺、三乙醇胺和其他的有机碱也可制成肥皂,用以制造干洗皂、纺织用皂、化妆品、家用洗净剂及擦亮剂等。

由铝、钙、镁、锌和其他金属所制成的无洗涤作用的金属皂,主要用于制造擦亮剂、油墨、油漆、织物的防水剂及润滑油的增稠剂等。

肥皂通常可分为以下几类:

- 肥皂
  - 碱金属皂
    - 钠皂
      - 香皂
        - 一般香皂
        - 多脂皂
        - 药物皂
      - 洗衣皂
        - 不同规格的洗衣皂
        - 海水皂
      - 皂片
      - 肥皂粉
      - 工业皂
      - 药皂
    - 钾皂
      - 软皂
      - 液体皂
  - 有机碱皂
  - 金属皂

2）肥皂的性质

(1) 肥皂的物理性质

① 密度　无水肥皂的密度接近于1 000 kg/m^3，低分子酸肥皂(碳原子数在14个以下的酸制成的肥皂)，具有较大的密度；其余酸的肥皂密度小于1 000 kg/m^3。肥皂的密度取决于肥皂的性质、冷却条件和温度(除金属皂外)，一般在960～1 020 kg/m^3内变动。

② 熔点　纯的无水肥皂的熔点为225～270℃。肥皂的熔点随着肥皂内水分含量的提高而降低。

③ 肥皂的吸水性　肥皂分子 RCOOMe 由两个极性不同的基团组成，R是疏水基团，COOMe是亲水基团。亲水基团使肥皂具有亲水性，有吸水能力。肥皂吸水时放出水化热。大量堆积的皂粉、皂片如果存放不善，有可能发热自燃，应引起注意。

肥皂吸水性的大小，取决于碱和脂肪酸。其中钾皂的吸水性较钠皂大；不饱和脂肪酸皂的吸水性较饱和脂肪酸皂大；脂肪酸的碳链越长吸水性越弱；羟基越多，则吸水性越强。

在干燥空气中，肥皂能放出水分，故肥皂经长时间存放后，会收缩变轻。在工厂中往往利用适度干燥的皂片的吸水性与干燥不足较为潮湿的皂片混合，经一定的时间后，一部分水分就会从干燥不足的皂片转入过度干燥的皂片中，从而使整个皂料的水分均匀分布。

④ 溶解度　肥皂的溶解度，一般是指肥皂在指定条件下可溶于水的数量。它与肥皂的化学成分及物理性质有关。

肥皂能溶于水和酒精，不溶于乙醚、苯、汽油和丙酮之类的有机溶剂，也不溶于浓的食盐、苛性钠等电解质溶液，因而在制皂操作中，可进行盐析及碱析。而酸性皂则易溶于有机溶剂，难溶于水。

肥皂能溶于水，是由于肥皂分子中具有亲水的羧基，水进入肥皂晶粒间，先使肥皂膨化变成凝胶体，然后肥皂分散于水中，温度低时通常为混浊液，只有在加热时才得到透明的溶液。

肥皂要溶于水后才具有去污能力，因而肥皂的溶解度在一定程度上影响其去污力。溶解度太大，使用时不经济，所以肥皂的溶解度应该适当，它可根据制皂原料的配方加以调节。

肥皂在水中的溶解度主要受以下几个因素影响：

(a) 肥皂中脂肪酸的组成　低分子脂肪酸皂较高分子脂肪酸皂易溶于水(见表2-1)；不饱和脂肪酸皂较饱和脂肪酸皂易溶于水。

表 2－1　脂肪酸钠盐常温(20℃)下在水中的溶解度

脂肪酸钠	脂肪酸熔点/℃	溶解度/mol·L^{-1}
C_{14}脂肪酸钠	53.8	4.3×10^{-3}
C_{16}脂肪酸钠	62.6	$(4.8\sim5.2)\times10^{-4}$
C_{18}脂肪酸钠	71.5	$(0.9\sim1.4)\times10^{-4}$
C_{20}脂肪酸钠	77.0	$(1.3\sim1.4)\times10^{-4}$

(b) 混合脂肪酸的溶解度有相互制约作用　高级脂肪酸皂在常温下，如有低级脂肪酸皂共存，其溶解度会增大；高级脂肪酸皂中加入不饱和脂肪酸皂，溶解度也会增大。

(c) 构成的金属离子　碱金属皂在水中溶解性很好，钾皂比钠皂易溶于水。重金属皂和碱土金属皂不溶于水，所以在洗衣皂中不允许存在。

(d) 温度　随着温度的升高，肥皂的溶解度增大。(见图 2－1)

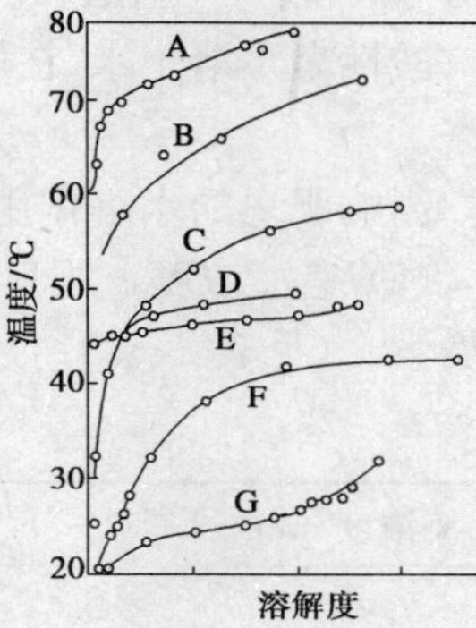

图 2－1　各种脂肪酸钠皂在水中的溶解度关系图

A—硬脂酸钠；B—棕榈酸钠；C—豆蔻酸钠；D—商品牛油皂；E—商品牛油椰子油家用皂；F—月硅酸钠；G—油酸钠

⑤ 硬度与耐磨度

Ⅰ. 肥皂的硬度　肥皂的硬度是指肥皂表面及内部的坚实程度。肥皂的硬度与下列因素有关：

(a) 水分　水分越少，硬度越高。

(b) 脂肪酸的饱和性　饱和脂肪酸含量高，则肥皂的硬度高；不饱和脂肪酸含量高，硬度则低。

(c) 金属离子　钠皂比钾皂硬度高。

(d) 制造方法　脂肪酸组分及其含量相同的研磨皂比冷板皂硬度高。

(e) 填料　加入填料(如泡花碱、白土等)可以增加肥皂的硬度。

Ⅱ. 肥皂的耐磨度

肥皂的耐磨度与下列因素有关：

(a) 水分　含水分较高的肥皂，其耐磨度低，反之则高。

(b) 脂肪酸的结构　高级或饱和脂肪酸含量高，耐磨度高；低级或不饱和脂肪酸含量高，耐磨度低。

(c) 脂肪酸的种类　单一脂肪酸组成的肥皂耐磨度低，多种脂肪酸组成的肥皂耐磨度高。

(d) 金属离子　脂肪酸种类及含量相同时，钠皂比钾皂耐磨度高。

(e) 填料　在不影响肥皂泡沫的条件下，加适量的非脂肪质的无机盐如硅酸钠等，可以提高肥皂的耐磨度。

⑥ 肥皂的黏度

肥皂的黏度与下列因素有关：

(a) 温度　温度升高，皂液的黏度降低。

(b) 浓度　皂液浓度升高，黏度增大。

(c) 脂肪酸　不饱和脂肪酸皂的黏度小于同碳原子数的饱和脂肪酸皂的黏度；脂肪酸皂相对分子质量增大，黏度明显上升。

(d) 电解质　在浓的皂液中，加入少量电解质，黏度就降低。但当皂液达到最低黏度时，再加入少量电解质，皂液黏度就显著升高，并接近于凝固时的黏度，如再加入电解质，在开始凝结前，往往出现极大的黏度，以后黏度就降低。

（2）肥皂的化学性质

① 肥皂的水解

肥皂在水溶液中能进行水解，因为肥皂是弱酸和强碱的盐，其化学反应方程式为：

$$RCOONa + H_2O \xlongequal{} RCOOH + NaOH$$

离子反应方程式为：

$$RCOO^- + H_2O \xlongequal{} RCOOH + OH^-$$

肥皂的水解作用，使肥皂的水溶液呈碱性。当肥皂溶液的浓度降低时，水解作用增强，游离脂肪酸积累在体系内，有可能与未水解的肥皂结合而形成酸性皂：

$$RCOOH + RCOONa \xlongequal{} RCOOH \cdot RCOONa$$

酸性皂不溶于水，在肥皂溶液中以胶质状态存在，所以常温下肥皂水呈乳白色的混浊状态。

影响肥皂的水解作用的因素有下列几点：

（a）皂液浓度　肥皂溶液的水解作用取决于溶液的浓度，其水解度随溶液的浓度减小而增大。（见表 2－2）

表 2－2　C_{16}脂肪酸皂水解度与浓度的关系

浓度/mol·L^{-1}	水解度/%	浓度/mol·L^{-1}	水解度/%
1	0.20	0.05	2.22
0.5	0.37	0.01	6.60
0.1	1.28		

（b）脂肪酸　随着肥皂中脂肪酸的相对分子质量的增大，皂液的水解度增大。（见表 2－3）

表 2－3　90℃时 0.5 mol/L 不同酸钾皂溶液的水解度

种　类	水解度/%	种　类	水解度/%
棕榈酸钾	0.63	辛酸钾	0.08
豆蔻酸钾	0.53	乙酸钾	0.03
月桂酸钾	0.35		

油酸和其他不饱和脂肪酸皂液的水解度略小于碳原子数相同的饱和脂肪酸皂，这是因为具有双键的不饱和脂肪酸比相应的饱和脂肪酸的酸性大，所以不饱和脂肪酸皂水溶液的水解度较小。蓖麻酸除了双键外，还有极性的羟基，所以它的皂溶液水解度更小。树脂酸皂水溶液的水解度比一般脂肪酸皂大。

（c）温度　随着温度的提高，肥皂的水解作用增大。0.25%的肥皂溶液，温度从 20℃提高到 90℃时，游离碱含量提高 20 倍以上。

（d）外加物质　皂液中加入水解反应的产物苛性钠或脂肪酸，以及加入碱性电解质（如碳酸钠、碳酸钾、硅酸钠等），可以降低肥皂的水解作用。这是因为水解反应是可逆反应，加入同离子后影响反应平衡，使肥皂的水解作用减小。在肥皂溶液中加入乙醇能达到抑制甚至完全消除水解。加入乙醇的量由肥皂的性质决定，对于倾向水解的高分子肥皂需要较大量的乙醇。为了消除水解作用，在溶液中最常用的是不少于 60%的乙醇。

② 肥皂与硬水的作用

一般把含有钙、镁盐类的水叫硬水。水中含有的钙、镁离子的总量称为水的硬度。各地的工业和生活用水均含有不同数量的钙、镁离子，都属于硬水。不同地区水的硬度不同。肥皂在硬水中使用时，钙、镁离子会与肥皂反应生成不溶于水的钙皂和镁皂。

$$2RCOONa + Ca^{2+} \longrightarrow (RCOO)_2Ca\downarrow + 2Na^+$$

$$2RCOONa + Mg^{2+} \longrightarrow (RCOO)_2Mg\downarrow + 2Na^+$$

由于钙皂和镁皂既不溶于水又无去污能力，从而显著降低肥皂的洗涤效果及起泡性，致使大量的肥皂白白浪费。钙、镁皂易附着在织物上，阻碍洗涤液渗入织物内部，使织物上的污垢难以洗掉。附着在织物上的钙、镁皂会吸附污垢，再加上其自身的氧化、酸败，使织物发硬、变脆、泛黄。钙、镁皂与污物一起黏附在脸盆、浴缸和水池的四周，形成令人讨厌的污垢。为了克服肥皂在硬水中形成钙、镁皂，肥皂工业上主要采取的方法是软化硬水以及在肥皂中加入各种抗硬水剂或钙皂分散剂。

③ 肥皂的表面活性和去污作用

物体在相的界面上都具有一种张力，统称为界面张力。液体的界面张力一般又称为表面张力。肥皂具有降低物质间的表面张力或界面张力的特性，有表面活性，是一种表面活性剂。肥皂溶液的表面活性是去污力所依据的最重要的性质之一。

当肥皂溶于水中时，肥皂分子在水的表面上排列成紧密的单分子层，它的亲水基团(COONa)伸入水中，而疏水基团(R)则垂直于水相，从而使水表面的自由能降低，使水更易润湿固体或形成泡沫；在液体界面上的表面张力，亦因肥皂分子的存在而降低，从而形成乳化。

肥皂的表面活性与组成肥皂的脂肪酸的碳链长短和饱和程度、皂液浓度、皂液温度、皂液中电解质含量等因素有关。

肥皂的去污作用是由于产生泡沫，泡沫将污垢吸附除去，以及乳化油脂和矿物油的性能。其实泡沫及乳化性能只是肥皂溶液在去污过程中发生影响的许多重要性质之一，用来解释肥皂的去污作用是片面的。实际上，去污作用是肥皂水溶液对污垢的溶解、润湿、渗透、乳化、分散、起泡及机械搓揉等综合作用的结果。

④ 肥皂的晶相性能

无水或含水极少的肥皂是结晶体。经电子显微镜观察，知道肥皂结晶类似于脂肪酸的结晶，其晶格长度约为脂肪酸的 2 倍。如棕榈酸的晶格长为 2.4 nm，棕榈酸钠的晶格长则为 4.35 nm；硬脂酸的晶格长为 2.5 nm，硬脂酸钠的晶格长为 4.4 nm。

肥皂随着含水量、冷却方法及机械加工方式的不同，会产生不同的晶体。肥皂的结晶形式称为晶型。固态肥皂外观和性能上的差异，可以归因于肥皂晶型的不同。固态肥皂的晶型可以用 X 射线衍射法测定，有 α、β、ω、δ 四种晶型，其性能各不相同。它们的晶格间隙为：α 晶型 0.245～0.465 nm；β 晶型 0.275 nm；ω 晶型 0.295 nm；δ 晶型 0.285～0.355 nm。

Ⅰ. 肥皂晶型的特性

(a) α 晶型　实际晶格中含有极少量水的肥皂晶型。普通肥皂中因水分较多，因而实际

生产中 α 晶型几乎不存在。

(b) β 晶型　质较硬，泡沫较丰富，透明度好，在水中较易膨胀和软化，溶解度大。在水中浸泡时容易糊烂及开裂。当含水皂冷却并搅拌、碾磨时，即有 β 型晶体生成。该晶型主要存在于经碾磨、压条成型工艺所生产的香皂以及真空冷却生产的洗衣皂中。

(c) ω 晶型　硬度比 β 型皂低，但高于 δ 型皂。溶解度小，泡沫性较差，不透明，在水中浸泡不易糊烂和开裂。温度高，水分含量低，相对分子质量低时产生 ω 型皂。缓慢冷却的冷框肥皂和冷板肥皂都是以 ω 晶型为主。

(d) δ 晶型　质较 β、ω 晶型均软，起泡程度在 β 与 ω 型皂之间，在水中浸泡也会糊烂和开裂，但较 β 型皂好。在低温、高水分及高分子皂条件下容易生成。水分含量高的肥皂冷却、碾磨时，以及 β 型皂在低温(10～15℃)加工时，均生成 δ 型皂。

上述四种晶型中，以 β、ω 晶型最常见，β 晶型肥皂的性能最好，ω 晶型肥皂的性能次之。

表 2－4　各种晶型的特性表

晶　型	坚硬度	在水中皂块被擦去的比例/%	吸水后的反应
β	8.0	2.4	膨胀和开裂
δ	3.0	1.7	少有膨胀和开裂
ω	7.2	0.5	不膨胀和开裂

Ⅱ. 影响晶型的因素

(a) 脂肪酸组成　对于单斜 FA 制成的肥皂，碳链越长越易形成 β 相；其次，饱和 FA 易形成 β 相，不饱和 FA 不易形成 β 相；此外，含有反式异构体的直链 FA 易形成 β 相。

(b) 水分　肥皂的晶型与肥皂的含水量有关，按 α、ω、β、δ 的顺序肥皂的含水量递增。肥皂在储存的过程中，由于水分的散失，会引起肥皂晶型的改变。

(c) 电解质　在工艺要求范围内，电解质含量高，易形成 β 相肥皂。

(d) 温度

$$\delta\text{晶型} \underset{\text{加热}}{\overset{\text{冷却}}{\rightleftarrows}} \beta\text{晶型} \underset{\text{加热}}{\overset{\text{冷却}}{\rightleftarrows}} \omega\text{晶型}$$

随着温度的升高，肥皂由 δ 晶型逐步转变成 β 晶型直至 ω 晶型；反之 ω 晶型冷却后会变成 β 晶型，直至 δ 晶型。

(e) 机械加工　研磨及压条等机械加工，也会影响肥皂的晶型。多次研磨和压条 ω 型皂转变为 β 型皂，此时纤维排列得更紧密，光亮也少一些，其中研磨的影响较挤压的影响大。

⑤ 肥皂的相和相变

相图和相律是制皂的重要理论基础。熟悉肥皂相图，对掌握制皂工艺具有很大的意义。制皂过程是一种复杂的物理化学过程，在皂化、洗涤、整理各个阶段都会发生相的形成和相的变化等热力学过程，而工艺操作条件则又根据相变的规律加以确定，因此研究制皂过程中的相变规律，即明确各相的性质、存在条件及相互转变的条件，能帮助我们正确理解和掌握制皂工艺，使制皂操作建立在严密的科学基础上。

油脂皂化后在皂化锅中是一个三组分体系，肥皂为一个组分，水及溶于水的甘油为一个组分，氢氧化钠和氯化钠两种电解质合并为一个组分，以氯化钠含量表示。在皂化反应中所存在的油脂，并不改变水、盐和肥皂之间的相关系，残留的油脂可作为一个分离的相，或部分溶解于肥皂相中。肥皂—水—盐三组分体系的相图，一般可以画成等边三角形，三角形的三个顶点分别代表100%肥皂、100%水和100%盐。但在肥皂生产中盐的浓度不大，故只使用等边三角形中的一小部分，为了作图和使用的方便，特将肥皂的相图画成直角三角形。

图2-2表示在101.325 kPa和100℃下皂化油脂时，肥皂—电解质—水三组分体系的相图。

图中纵坐标表示无水皂的质量分数，其顶点代表100%肥皂，横坐标表示盐(氯化钠)的质量分数，图中只画出12% NaCl的一段。坐标原点代表100%水，显然水的质量分数等于100%减去肥皂和盐的质量分数。

图中共有六个单相区。图中左上角为皂粒相，A、B、D、J分别代表净皂相、中间皂相、皂脚相和锅蜡相。横坐标代表一个无肥皂的电解质溶液组成的单相区——废液相。

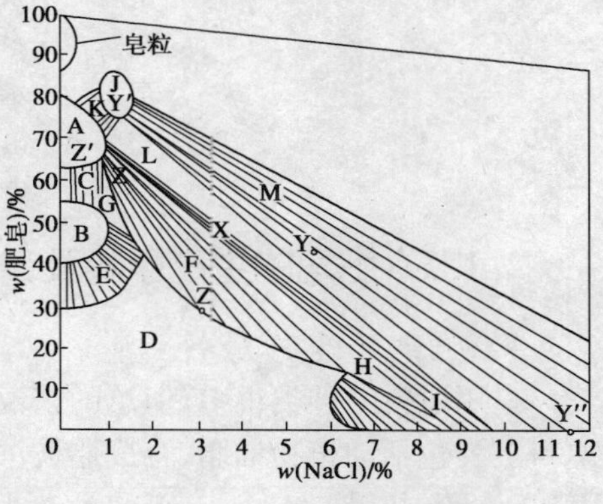

图2-2　表示煮皂过程中相关系的相图

净皂相中的肥皂是一种均匀的液晶皂，杂质含量较少，具有高度的均匀性和可塑性，组织坚韧细致，色泽光亮浅淡，碾磨性和出条性也较好。从理论上讲，皂基应达到净皂相，所以净皂相也称为皂基相。但在实际生产中，由于各种条件的限制，皂基达不到净皂相，而只能是净皂和皂脚两个相的混合物。

中间皂相的特点是非常黏稠，透明，流动性很差，而且一旦形成就难以立即消除。所以，在整个皂基制造过程中应尽量避免形成中间皂相。

皂脚相是一种无定形的肥皂溶液，其中含有大量的污垢、有色物质、金属盐等杂质。肥皂整理静置后的下层即为皂脚。碱析水由于含有肥皂，也属于皂脚相。

皂粒相也称为皂粒纤维相或酪状皂相，呈纤维状晶体结构，是硬的、不透明的固体。

锅蜡相的硬度比皂粒相低，透明度比皂粒相好，锅蜡相是一种软皂粒，皂粒相则是冷却后形成的硬皂粒，肥皂经碱析或盐析后，其上层应达到锅蜡相。

废液相是不含肥皂的电解质溶液。

在皂基制造过程中皂料以均一状态出现时，我们称之为"闭合"。闭合的肥皂称皂胶。闭合状的肥皂不一定是单一的相，也可能是多相混合的暂时的均一状态。

图中共有六个二相区，以C、E、F、I、K及M代表。在图中这些区域皆以阴影表示，画有连接线。当体系的组分进入这六个二相区之一时，将分别析出两个单独的相，这两个相的成分由阴影线与两个单相相界的交点决定，其数量可以从连接线上测得的长度，根据"杠杆原理"计算。如果系统进入锅蜡和废液二相区的Y点，静置后则分离成锅蜡和废液两相，这两相的组成各以Y′、Y″表示，锅蜡的数量等于YY″/Y′Y″，废液数量等于YY′/Y′Y″，锅蜡/废液＝YY″/YY′。

最后有三个三角形的三柜区：G、H和L，在这些区域中分出三个相的组成在全区中均相同，以三角形三个顶点坐标代表，而三相的数量关系需用三角坐标来表示。

上述一些相的关系，可以作如下表示：

皂胶　＋电解质(盐、较多量)→皂粒＋废液
皂胶　＋电解质(碱、较多量)→皂粒＋碱析水
皂胶　＋电解质(适量)　　　→皂基＋皂脚
皂粒　＋水　　　　　　　　→皂胶
皂基　＋水　　　　　　　　→中间皂
皂基　＋水＋电解质(适量)　→皂胶
中间皂＋电解质(适量)　　　→皂胶
皂脚　＋电解质(碱)　　　　→皂粒＋碱析水

2.1.2 肥皂的生产原料及调配

1）肥皂的生产原料

皂用原料的种类很多，但总的来说可以划分为油脂原料和化工原料两大类。其中，油脂原料主要包括动植物油脂、合成脂肪酸、松香、木浆浮油、皂脚及其脂肪酸等；化工原料包括无机碱、酸、盐等。

(1) 油脂原料

肥皂工业根据所成肥皂的性质将有机原料分为四类：固体油脂、月桂酸类油脂、软性油脂和油脂代用品。

① 固体油脂

固体油脂：常用的有牛油、羊油、棕榈油和硬化油等，另外还有柏油、漆油和木油等，这类油脂在配方中的作用主要是保证肥皂的硬度和凝固点。

牛油、羊油是肥皂工业的主要原料，特别是在制造香皂时，油脂配方中最高用量达85%。牛羊油随所取牛羊体内部位以及制油条件的不同，质量有所差别。一般靠近动物皮肤的油不饱和程度较高，在动物内脏附近的油饱和程度较高；制油的温度越高，所得到的油质量越差。动物所处的环境对油的组成也有影响，气候温暖，油的不饱和程度减少，据报道印度牛油的碘值一般低于26～31。

羊油通常较牛油硬而碘值低，一部分原因是羊油制油时有较多的较硬的内部油组织。

非食用的牛羊油根据它们的色泽、游离油酸含量及水分、杂质和不皂化物的总量可以分成很多的级别。由于牛羊油在制造工业中大部分用于生产香皂，因此对色泽及气味的要求较高。

制香皂用的牛羊油一般要求脱胶、脱色，脱色后的油脂，用罗维朋比色计比色，生产高级香皂不应大于红0.1、黄1.0，必要时还要进行脱臭；生产一般白色香皂不应大于红0.5、黄5.0。

骨油是骨胶的副产品，由萃取动物的骨骼而得。骨油色泽很差，呈深黄色至棕褐色，且带有不良气味。用一般的碱炼和脱色的方法对骨油色泽的改善不很显著，如将它制成脂肪酸后再进行蒸馏，则可解决色泽问题，但大多数制皂厂为了方便起见，直接用于色泽要求不高的药皂和工业皂中。

棕榈油得自油棕的果肉，油棕果肉含油45%～60%。

毛棕榈油呈橙红色，主要含有多量(0.05%～0.20%)的类胡萝卜素。类胡萝卜素是高度不饱和的聚异戊二烯碳氢化合物以及它们的氧化衍生物，可以用氢化的方法来降低它的不饱和程度，从而大大地改善油脂的色泽。毛棕榈油普遍采用空气氧化和活性白土脱色。

脱色的棕榈油色泽很不稳定，有时色泽会复现，油中羟基脂肪酸含量增加，一般仅用以生产洗衣皂。用于香皂的棕榈油一般都用活性白土脱色。

棕榈油制成的肥皂泡沫丰富，气味适合于加香，虽然是制造香皂的好原料，但是由于其色泽较难去除，因此不宜生产白色香皂。

由于棕榈油含有多量(40%～48%)的棕榈酸，因此与牛羊油或硬化油混用于油脂配方中时，也会使混合油脂的脂肪酸凝固点降低，这一点在油脂配方时应予以注意。

硬化油是制皂工业中重要的固体油脂，目前国内绝大多数肥皂厂生产洗衣皂时都用硬化油作为固体油脂，用量为28%～38%。硬化油所用的液体油脂根据各地油源情况而异，大多用棉籽油、糠油及菜油，东北有用豆油的，南方有用桐油的。用于制皂的硬化油，脂肪酸凝固点都在52℃以上，棉籽油及豆油氢化者可达56℃以上。

香皂也用硬化油，一般在牛羊油脂肪酸凝固点低时少加一些以调节凝固点；也有用到25%～30%，而在油脂配方中完全不用牛羊油的。香皂中使用的硬化油色泽要求较高，而硬化油的色泽不易为碱炼和脱色所去除，因此一般都是选用色泽好的油脂经碱炼和活性白土脱色达到色泽要求后进行氢化。香皂用的硬化油大多为猪油、茶油等氢化而来。

柏油也称皮油，从乌柏树果肉榨取，果肉含油量在35%左右。由于柏油脂肪酸凝固点一般高达52～53℃，制成的肥皂很硬，因此有很多肥皂厂把它作为洗衣皂配方中的主要固体油脂，用量在50%左右。柏油中的棕榈酸含量高达58%～72%，因此在油脂配方中不宜与硬化油混作固体油脂，否则有使混合油脂脂肪酸凝固点下降的情况。柏油也可用于香皂，但常常与硬化油一起使用，以凑成牛羊油的组分。

乌柏树的种仁含油量比果肉要高，达65%左右，种仁榨得的油称为梓油，其碘值高达170～187，是一种干性油，主要用作油漆的原料，在肥皂中不用。

乌柏树的果肉与种仁常常混在一起榨油，这样榨得的油脂称为木油，其脂肪酸凝固点低于柏油，一般在40～44℃，碘值高于柏油。木油用于洗衣皂中，有一些肥皂厂用木油作为油脂配方中的固体油脂，用量高达95%。由于木油中含有梓油的成分，梓油中含有亚油酸25%～30%，亚麻酸49%左右，因此不宜用于肥皂。

漆蜡是一种俗称，实为一种脂肪酸凝固点比柏油还高的固体油脂，由野漆树的果肉榨得，果肉含油量达40%～65%。漆蜡的性质与柏油相近，它的脂肪酸组分也是以棕榈酸为主，达67.5%左右，但带灰绿色，不宜直接制造肥皂，一般油脂需用次氯酸钠溶液脱色后再使用。虽经脱色，色泽尚差于柏油，因此都用于洗衣皂中，而不用于香皂中。

鱼油含有高度不饱和的脂肪酸，使成皂极易氧化酸败，并且带有强烈的腥臭味，因此不能直接用于制皂。但鱼油经氢化到一定程度，腥味便消失，如秘鲁的一种鱼油，碘值为178左右，氢化到碘值33，脂肪酸凝固点在46℃左右，腥味消失，可用于洗衣皂中。欲使碘值再降低，尚可继续进行氢化，但碘值下降较慢，时间拖得很长，一般至此为止。挪威的氢化鱼油，碘值为40左右，脂肪酸凝固点在45℃左右，已无腥味，色泽洁白，不仅能使用于洗衣皂中，而且尚可用于一般的香皂中。硬化鱼油的用量一般控制在20%以下，由于其中存在高于20个碳原子的脂肪酸，过多加入后，对成皂的泡沫及去污皆有显著影响。

② 月桂酸类油脂

月桂酸类油脂：常用的有椰子油、棕榈仁油等。这类油脂在配方中的作用主要是增加肥皂的泡沫和溶解度。

椰子油和其他月桂酸类油在很多性能上与普通油脂不同,都是由于低相对分子质量脂肪酸含量高所引起的。椰子油中月桂酸占46.75%~54.1%,肉豆蔻酸占20%~25.65%。

椰子油的脂肪酸凝固点虽然较低,仅21~25℃,但由于其饱和脂肪酸含量占90%以上,也即碘值甚低(7.5~10.5),因此制成的肥皂坚硬发脆。

由于椰子油所成皂硬度高、泡沫迅速以及溶解度好,因此是制造香皂的良好原料,它的合适用量为15%~20%,也有用到25%者,用量再高,会使所成香皂发脆、塑性降低,同时溶解度变得过大。在椰子油中含有10%左右的己酸、辛酸及癸酸,使所成肥皂对皮肤的刺激性较其他油脂大。椰子油比棕榈仁油易于脱色,气味较温和,因此香皂制造者都愿选用椰子油。根据资源条件,洗衣皂中可以适量(5%~15%)加入椰子油,以增加成皂的泡沫及填充的容纳量。纯粹的椰子油皂盐析困难,因此很少生产,所生产者都是不盐析的。

棕榈仁油得自油棕的核仁,干的核仁含油44%~55%。棕榈仁油的成分及性能与椰子油相似,因此可以在油脂配方中与椰子油互相替代,如精确一些,按辛酸、癸酸、月桂酸及肉豆蔻酸等的总量来替代,则100份棕榈仁油等于89.1份椰子油。

棕榈仁油中月桂酸占45.2%~51.8%,肉豆蔻酸占17.9%~20.3%,比椰子油稍低,六至十碳饱和脂肪酸含量也低,但油酸和亚油酸的含量比椰子油高。棕榈仁油的脂肪酸凝固点及碘值都较椰子油高。

棕榈仁油也是制造香皂的良好原料,但它的色泽不如椰子油易于脱除,又带有一些辛辣味,不如椰子油温和,因此不用以生产白色香皂。纯粹的棕榈仁油皂盐析也很困难。

③ 软性油脂

软性油脂:如猪油、棉籽油、米糠油、花生油、茶油和蓖麻油等,这类油脂在配方中的作用主要是提高肥皂的塑性和韧性,调整肥皂的凝固点和硬度。

猪油分为食用和工业用。食用猪油色泽洁白,游离脂肪酸含量低,脂肪酸凝固点较高;工业用猪油色泽较差,幅度变化较大,游离脂肪酸含量高,脂肪酸凝固点低。猪油的组成和特性与猪的饲料和提取油脂的部位有很大的关系。据报道,美国南部用花生作为猪的饲料,所得的猪油很软,碘值达85或更高;猪的较外层的皮下脂肪的不饱和程度较内层的高,肾脏周围的脂肪较饱和,含有硬脂酸的量较高。

猪油的脂肪酸凝固点一般在36~38℃左右,所以较液体油高,单独制皂,成皂硬。但实际生产上在油脂配方中是很少使用猪油作为固体油脂的,一般只是适量加用一些调节肥皂的塑性,如在冷板车工艺生产的含63%脂肪酸的药皂,冬天时必须在油脂配方中加以15%猪油,否则成品皂打印后,会使肥皂表面产生裂口,因此把它列入软性油脂。

在白色及浅色香皂中所用的猪油,要求色泽洁白,大多为食用猪油。色泽较白的工业猪油可用于二、三级有色香皂中。猪油在香皂油脂配方中的用量一般在30%以下。黄棕色的工业猪油用于洗衣皂中;色泽更差的棕褐色的工业猪油只能用于色泽要求不高的药皂及工业皂中。

植物油脂也是制皂的原料,大宗油料如豆油、菜油、玉米油等属于液体油脂,在肥皂中不宜多用。下面列出一些可用于制皂的油脂,以供参考。(见表2-5)

表 2－5 可用于制皂的油脂

品名	脂肪酸凝固点/℃	皂化值/(mg KOH/g)	碘价	脂肪酸组分	备注
海棠油	32.8	188～192	87～89	棕榈酸 16.8%，硬脂酸 9.7%，油酸 49.7%，亚油酸 23.8%	油呈深蓝色，成皂呈褐色
山苍子核油	12.2～16.8	212～240	64～76	癸酸 13.5%，月桂酸 63.46%，肉豆蔻酸 1.99% 棕榈酸 1.78% 硬脂酸 0.49%，十烯酸 1.56%，十二烯酸 7.95%，十四烯酸 1.72%，油酸 5.82%，亚油酸 1.71%	又称荜澄茄油。油呈黑褐色，必须处理后才能用于皂中。脱色较为困难，目前较为有效的处理方法：碱炼、水解、蒸馏。制成蒸馏脂肪酸后使用。有芳香味
胡萝卜籽油	17	171～179.4	112～122	棕榈酸 4%，油酸 14%，岩芹酸 58%，亚油酸 24%	油色灰绿，成皂也带绿色。油脂需经过浓硫酸处理后，才可用于皂中
杏仁油	48	193.5	102～106	棕榈酸和硬脂酸 3%，油酸 77%，亚油酸 20%	油色较好
漆树籽油	33～35	191～195	100～110		油色绿，宜制成皂后，用次氯酸钠溶液脱色，再掺入肥皂中。在制皂中有不愉快气味
苍耳籽油	16.8	192.6	131.2	肉豆蔻酸 1%，棕榈酸 1.9%，硬脂酸 4%，花生酸、山嵛酸和二十四烷酸少量，油酸 26.2%，亚油酸 64.4%	
樟树籽油	54	207.92	74.2		油色黑褐，与山苍子核油相似，但皂色比后者稍好，也宜蒸馏成脂肪酸后使用。有芳香味
橡胶籽油	26～31	192～196	125～139	棕榈酸 10.6%，硬脂酸 11.5%，花生酸 1.0%，油酸 17.2%，亚油酸 35.8%，亚麻酸 23.9%	油色较好
小桐籽油	27.5	196.85	98.19	肉豆蔻酸 0～0.5%，棕榈酸 12%～17%，硬脂酸 5%～6%，花生酸 0～0.3%，油酸 37%～67%，亚油酸 19%～40%	又称麻风籽油
巴豆油	26～31	192～201	102	肉豆蔻酸 11.3%，棕榈酸 1.3%，硬脂酸 0.5%，花生酸 2.3%，油酸 56%，亚油酸 29%，另有巴豆酸和顺芷酸	

续表

品　　名	脂肪酸凝固点/℃	皂化值/(mg KOH/g)	碘　价	脂肪酸组分	备　　注
茴香籽油	3.8	182.43	139.34	棕榈酸 4%，油酸 22%，亚油酸 14%，岩芹酸 60%	
烟草籽油	15	194	130～140	棕榈酸和硬脂酸 9.8%～13.1%，油酸 7.8%～20.1%，亚油酸 68.2%～73.8%	
苦楝籽油		203.4	146.9	肉豆蔻酸 0.1%，棕榈酸 8.1%，硬脂酸 1.2%，花生酸 0.6%，油酸 20.8%，亚油酸 67.7%，十六烯酸 1.5%	
红花籽油	13.5	188.3	134.3	肉豆蔻酸 0～1.5%，棕榈酸 2.1%～8.4%，硬脂酸 1%～6.5%，花生酸 0.4%～1.2%，山嵛酸 0～1.2%，油酸 7%～37.6%，亚油酸 56.7%～80%，亚麻酸 0～3%	
南瓜子油		190.1～197.2	104	棕榈酸 17%～19%，硬脂酸 7%，油酸 40%～50%，亚油酸 26%～34%，亚麻酸微量	
花椒籽油	10.6	195.34	121.64		
香果油	15.5～16	220～227	61～65		
狗骨头树籽油	18.2	219.1	75.79		又称白骨木树籽油

④ 油脂代用品

油脂代用品：主要包括皂脚或皂脚脂肪酸、合成脂肪酸、木浆浮油和松香。其一般作用是代替油脂，降低成本，保证质量。

Ⅰ. 皂脚或皂脚脂肪酸

一般油脂碱炼皂脚中，肥皂含量约在 60%～75%（干基），中性油约 25%～40%（干基），其余为少量类脂物、游离碱、饼屑及粕末等。由于油脂品种、油脂品质、碱炼操作工艺和分离方法的不同，油脂碱炼皂脚的组成和质量会有较大的差异。因此，对于质量好的皂脚可以直接按一定比例添加在肥皂的生产过程中，质量差的皂脚可以先将其转变成脂肪酸，脂肪酸再用作肥皂的生产原料。

Ⅱ. 木浆浮油

木浆浮油又称妥尔油，是木材制浆造纸生产过程中的主要副产品之一。木浆浮油含有脂肪酸、树脂酸和不皂化物，其组分随产地而异，变化的幅度较大，表 2－6 列出的为其大概的组成。

表 2－6　木浆浮油的组成

组成成分	含　量
脂肪酸	30%～60%
树脂酸	40%～60%
不皂化物	5%～10%
水分及灰分	1%
酸　价	145～175
皂化值	145～179
碘　价	120～188

木浆浮油中的脂肪酸主要是油酸(18%～45%)、亚油酸(50%～80%)、亚麻酸(5%～15%)以及少量的硬脂酸和棕榈酸等饱和脂肪酸(5%～11%)；木浆浮油中的树脂酸主要是松香酸、焦松香酸和右旋海松酸；木浆浮油中的不皂化物主要是碳水化合物、高碳醇类和甾醇类等。

粗制木浆浮油系黑褐色稠厚的油状物，具有一种令人不愉快的气味，不能直接用于制皂，必须预先经过精制处理。木浆浮油的精制方法很多，但是真正有效的方法还是蒸馏。精制后的脂肪酸主要是不饱和脂肪酸，可少量使用。

Ⅲ．皂用合成脂肪酸

皂用合成脂肪酸是石蜡氧化、精馏分离的一种产物，碳链长度在10～20，其皂化值为220～260，碘值为12.5～15。用其制成的肥皂对电解质甚为迟钝，性质与椰子油皂相接近。由于皂用酸是脂肪酸，因此都是单独皂化，在调和时加入或直接在调和时皂化。

皂用合成脂肪酸在洗衣皂中的用量一般为10%～30%，过多，不但使成皂的泡沫及去污能力降低，而且气味也差，因此，皂用酸基本上不用于香皂。

Ⅳ．松香

松香来源于松脂。松树分泌出的树脂称为松脂，主要含有松节油和松香(松香占75%左右)，通过蒸馏，蒸出松节油，剩下来的就是松香。松香中含有90%左右的树脂酸(分子式为 $C_{20}H_{30}O_2$)和10%左右的非酸部分，包括碳氢化合物、高分子的仲醇和酯等；含酸部分包括松香酸、左旋海松酸、右旋海松酸和其他树脂酸。树脂酸属于芳香族(环状的结构)，与脂肪族的脂肪酸不同。下面是松香酸与左旋海松酸的结构式：

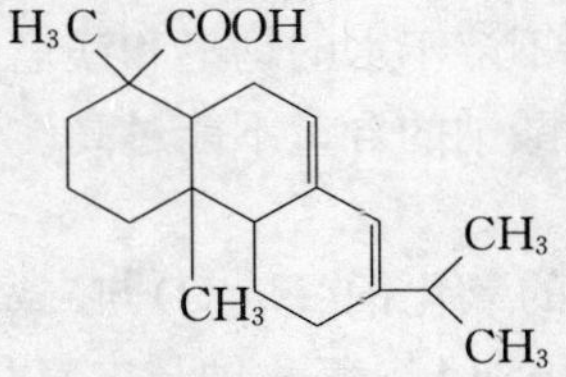

松香酸结构式

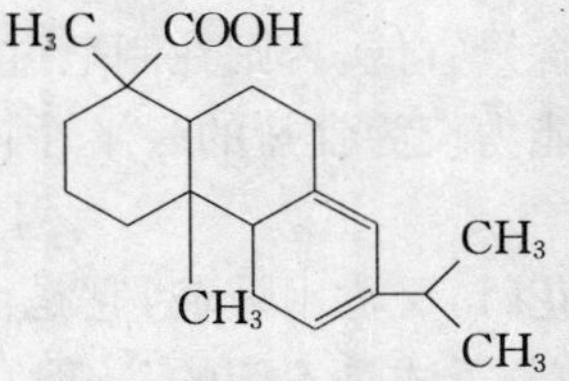

左旋海松酸结构式

松香中不含有甘油，同一般脂肪酸一样，可用纯碱皂化，为不影响其他油脂的甘油回收，因此都单独皂化，在整理工序加入。纯粹的松香皂泡沫性能及去污能力均很差，反而使被洗涤物发黏，但在其他油脂适当配合下制得的肥皂较不加松香的肥皂有如下优点：

(a) 增大肥皂在水中的溶解度；

(b) 减小皂液的表面张力，增加肥皂的泡沫及去污能力；

(c) 防止肥皂氧化；

(d) 防止肥皂冒霜现象，能加入多量的填料；

(e) 价格便宜，可降低肥皂成本。

一般在洗衣皂中用15%～25%的松香，如果过量会使衣物发黏，在香皂中加入2%～4%的松香，有防止香皂酸败的现象。但由于色泽差，而且目前已有更有效的香皂抗氧剂，香皂中一般均不加松香。

松香的碘值在185～260，计算油脂配方的脂肪酸凝固点时，松香的凝固点为26℃。

(2) 化工原料

① 氢氧化钠

氢氧化钠(NaOH)是制皂工业的重要原料。纯品是无色透明的晶体，相对密度2.130，熔点318.4℃；工业品含有少量的氯化钠和碳酸钠，是白色不透明的固体。固体氢氧化钠吸湿性强，宜溶于水，同时放出大量的热。肥皂工业一般用一定浓度的氢氧化钠溶液。氢氧化钠溶液具有强碱性，对皮肤、织物等有极强的腐蚀性。氢氧化钠极易从空气中吸收二氧化碳而变成碳酸钠，因此宜将其存放在密闭的容器中。

② 氢氧化钾

氢氧化钾(KOH)俗称苛性钾，是白色半透明晶体，相对密度2.044，熔点360℃，是制钾皂不可缺少的原料。氢氧化钾比氢氧化钠更易吸潮，更易溶解于水，因此氢氧化钾水溶液的浓度可高于氢氧化钠水溶液。氢氧化钾同氢氧化钠一样，易吸收空气中的二氧化碳，变成碳酸钾，因此也宜贮放在密闭的容器中。氢氧化钾溶液也呈强碱性，有极强的腐蚀性。

③ 碳酸钠

碳酸钠(Na_2CO_3)俗称纯碱或苏打。它能部分代替氢氧化钠或氢氧化钾来皂化脂肪酸或松香，但不用于油脂的皂化反应。无水碳酸钠的纯品是白色粉末或细粒，相对密度2.532，熔点851℃；工业品含有少量氯化物、硫酸盐和碳酸氢钠等杂质。碳酸钠有多种化合物，如一水物($Na_2CO_3 \cdot H_2O$)、七水物($Na_2CO_3 \cdot 7H_2O$)和十水物($Na_2CO_3 \cdot 10H_2O$)。碳酸钠宜溶于水，水溶液呈碱性，但不及氢氧化钠和氢氧化钾碱性强，会因吸湿而结成硬块，并且能从潮湿空气中逐渐吸收二氧化碳而成碳酸氢钠。

④ 氯化钠

食盐(NaCl)，相对密度2.161，熔点804℃。在制皂工业中用作盐析剂，是重要的原料之一，其钙、镁等盐的含量宜低，否则在制皂过程中会形成不溶于水的钙皂和镁皂。

硫酸钠的盐析能力仅为食盐的一半，因此食盐中硫酸钠的含量不能过高。

⑤ 硅酸钠

硅酸钠俗称泡花碱，又称水玻璃，它是由不同比例的氧化钠(Na_2O)与二氧化硅(SiO_2)结合而成，因此它的分子式是不定的，一般写成$Na_2O \cdot nSiO_2$。氧化钠与二氧化硅的比例称作模数。氧化钠与二氧化硅比例在1∶1.8～2.0之间的，称作重碱型硅酸钠；氧化钠与二氧化硅比例在1∶2.4的，称作轻碱型硅酸钠；氧化钠与二氧化硅比例在1∶3.36～3.6之间的，称作中性硅酸钠。肥皂工业中用作填充剂的一般是轻碱型硅酸钠；在某些特殊品种的洗衣皂中也有用碱性较重的；香皂中用作抗氧剂的及粘糊纸箱的都是中性的硅酸钠。中性硅酸钠实际上还是偏碱性的，只不过氧化钠的含量低些。

硅酸钠的比例，可以根据需要自行用调节。

⑥ 着色剂

(a) 红色

红色着色剂一般用碱性玫瑰精，旧称盐基玫瑰精 B，宜溶于水和乙醇，带有强的荧光，色泽鲜艳，但是不耐光。其结构式为：

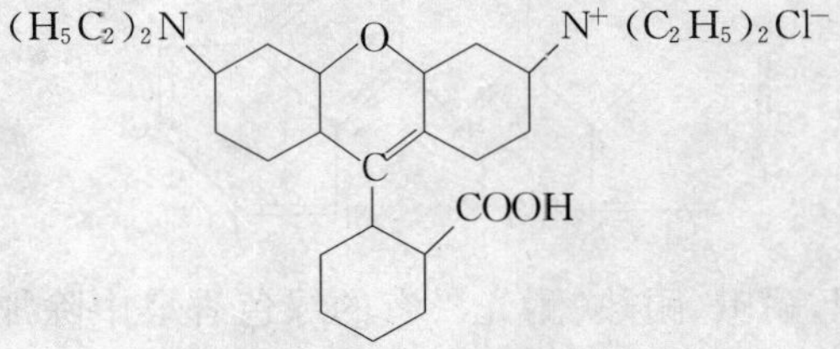

(b) 黄色

黄色一般用酸性金黄 G、耐晒黄 G、耐晒黄 10G。

酸性金黄 G　俗称酸性皂黄或皂黄，为单偶氮酸性染料，其结构式为：

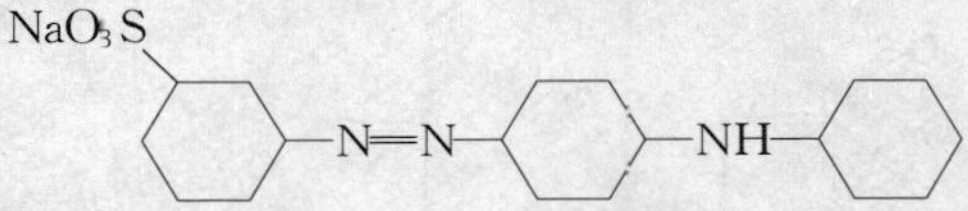

酸性皂黄耐碱、耐热、耐光，在水中及乙醇中溶解度较好，在乙醚、苯及 2 -乙氧基乙醇中溶解度中等，在丙酮中溶解度较差。

耐晒黄 G　为单偶氮类颜料，其结构式为：

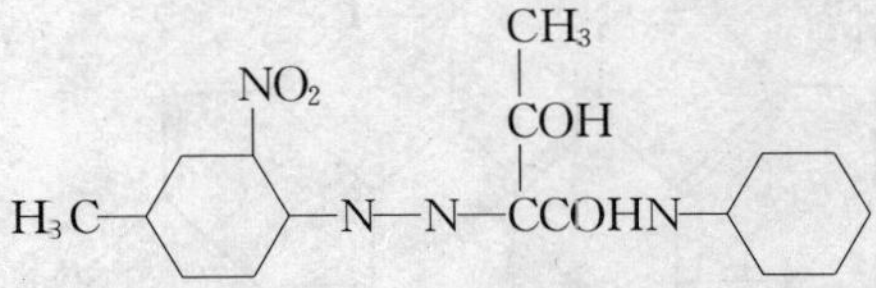

耐晒黄熔点 256℃，不溶于水，微溶于乙醇、丙酮和苯。耐碱、耐热、耐光。印花涂料色浆嫩黄 8202，其中的主要成分就是耐晒黄 G，另加分散剂等制成。

耐晒黄 10G　单偶氮类颜料，结构式为：

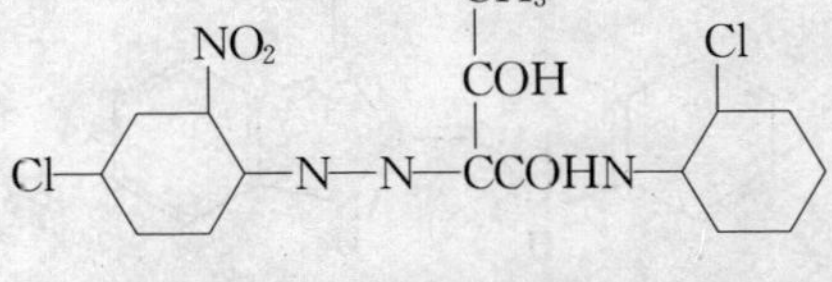

熔点 258℃，不溶于水，微溶于乙醇、丙酮和苯。耐光、耐热、耐酸及耐碱性均好。色彩黄中带绿，较为鲜艳。印花涂料色浆嫩黄 8221，其中的主要成分就是耐晒黄 10G，另加分散剂等制成。

(c) 绿色

印花涂料色浆绿 8601，它的主要成分为酞菁绿，另加分散剂等制成。酞菁绿为酞菁绿类颜料，结构式为：

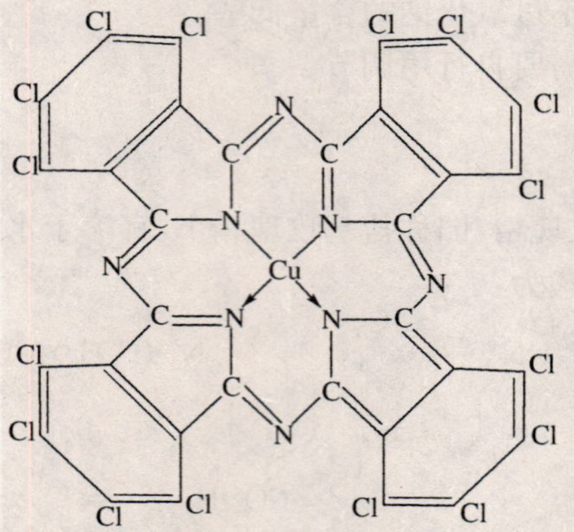

它不溶于水，绿色鲜明，耐碱、耐热、耐光。有的绿色香皂中除加此绿外，尚适量加入印花涂料色浆嫩黄 8202，以调节色度。

(d) 蓝色

直接耐晒翠蓝 GL　也称锡利翠蓝，属酞菁类的直接性染料。水溶性较差。耐碱、耐热，但耐光稍差。其结构式为：

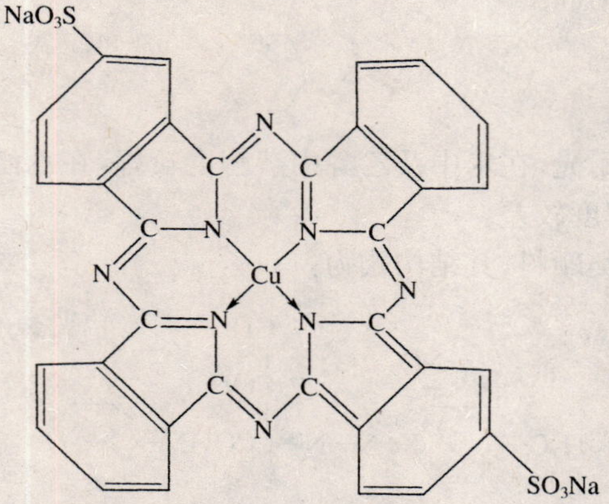

靛蓝　靛蓝俗称靛青，是靛类着色剂的一种，不溶于水和乙醇。过去得自靛蓝植物，现在多为合成法制得。一般不作为有色香皂的着色剂，而在白色香皂中加入少量，以抵消肥皂中的黄色，使之显白。其结构式为：

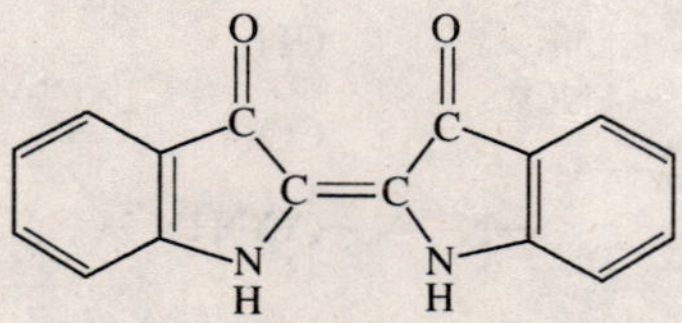

(e) 棕色

无单一的着色剂，由两种或两种以上的着色剂配制而成。

⑦ 荧光增白剂

荧光增白剂是一种染料，本身是无色的，但它能吸收日光中的紫外线，而产生明亮的蓝紫色的荧光，使被加物显得特别洁白。荧光增白剂种类繁多，目前已达数百种之多，广泛地应用于造纸、纺织、塑料、皮革、涂料、肥皂、合成洗涤剂及食品等工业。

在洗涤剂工业中使用的荧光增白剂品种也很多，有棉织物增白剂、羊毛织物增白剂、尼龙织物增白剂、聚酯织物增白剂及耐漂白的增白剂等。

肥皂工业中使用的增白剂有两种，一种是棉织物增白剂，另一种是白色香皂增白剂。前者加于洗衣皂中，使洗后的棉织物增白，较常用的有增白剂 BSL：

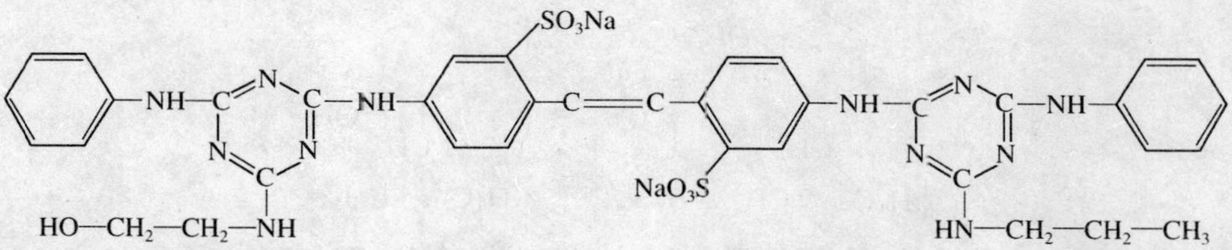

⑧ 抗氧化剂及螯合剂

2，6-二特丁基-对甲基苯酚 BHT，又称丁基化羟基甲苯，BHT 是丁基化羟基甲苯的英文名称的缩写。结构式为：

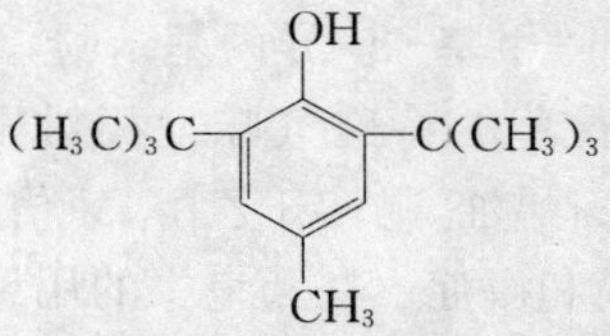

BHT 是白色结晶体，凝固点为 70℃，相对密度 1.048(20/4℃)，折射率(n_d^{75})1.485 9。溶于甲醇、乙醇、异丙醇、石油醚、苯、丁酮和亚麻仁油；不溶于水和10%氢氧化钠溶液。它是石油制品、喷气式发动机燃料，是橡胶、塑料、食品和肥皂等的抗氧剂。由对甲酚丁基化而得，其毒性低，在食品中的限量是 0.02%。

乙二胺四醋酸　又称 EDTA，是英文名称的缩写，是一种有机的螯合剂。分子式为：

$$(HOOCCH_2)_2NCH_2CH_2N(CH_2COOH)_2$$

EDTA 是无色晶体，加温至 240℃会分解。微溶于水；不溶于普通的有机溶剂；用氢氧化钠中和，能生成水溶性的乙二胺四醋酸一钠、二钠、三钠或四钠。毒性低。在肥皂中用作螯合剂时，都是它的钠盐。

⑨ 杀菌剂

酚类主要使用的为甲酚（包括间甲酚、对甲酚和邻甲酚）、香芹酚和百里酚几种。

(a) 甲酚　结构式为：

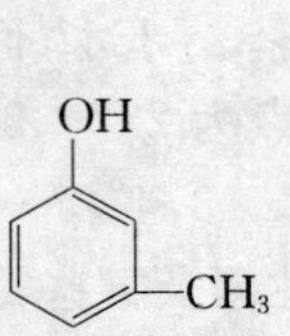

间甲酚

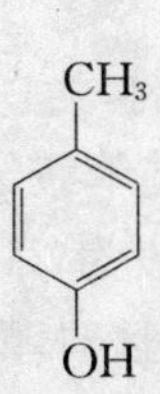

对甲酚

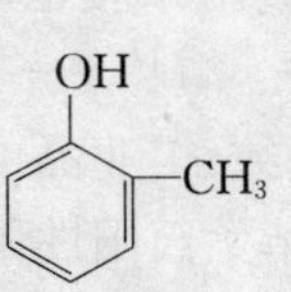

邻甲酚

间甲酚为无色或淡黄色液体，有苯酚气味，相对密度 1.034(20/4℃)，熔点 10.9℃，沸点 202.8℃。稍溶于水，溶于乙醇、乙醚和氢氧化钠溶液。

对甲酚是无色晶体，有苯酚气味，相对密度 1.035(20/4℃)，熔点 35～36℃，沸点 202℃，稍溶于乙醇、乙醚和氢氧化钠溶液。

邻甲酚是无色晶体，有苯酚气味，相对密度 1.046 5(20/4℃)，熔点 30℃，沸点 191℃。稍溶于水，溶于乙醇、乙醚和氢氧化钠溶液。

(b) 2-羟基对异丙基甲苯或 2-甲基-5-异丙基苯酚，又称香芹酚，结构式为：

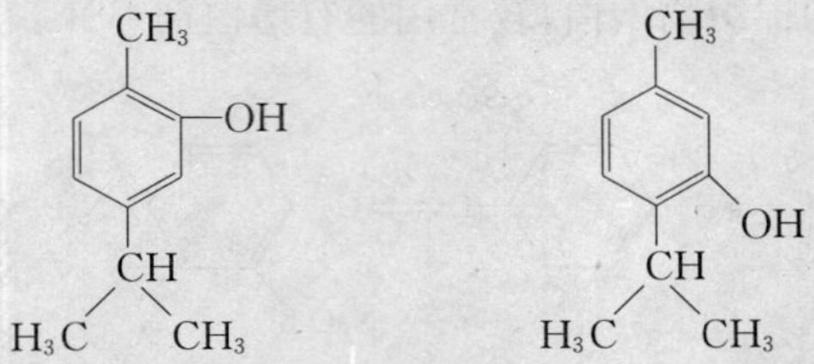

香芹酚为无色油状液体，有百里酚的气味，相对密度 0.976 0(20/4℃)，熔点 0℃，沸点 237～238℃。溶于乙醇、乙醚和碱溶液，不溶于水。存在于百里香油中。用于配制香精，也用作杀菌剂和消毒剂。在药皂中的用量一般为 1%。可由百里香油等中分出，或由对甲基异丙基苯经磺化和碱熔而制得。

(c) 3-羟基对异丙基甲苯或 5-甲基-2-异丙基苯酚，又称百里酚或麝香草酚，无色晶体或白色结晶粉末，有百里酚或麝香草的特殊气味。相对密度 0.979，熔点 48～51℃，沸点 233℃。微溶于水，溶于冰醋酸和石蜡油，易溶于乙醇、氯仿、乙醚和橄榄油。用于制香料、药物和指示剂，也常用于皮肤霉菌病和癣症。在药皂中的用量一般为 1%。可由百里香油等中分出，或由间甲酚与异丙基氯在 -10℃时作用而制得。

(d) 其他杀菌剂　比较早的有 2,2′-二羟基-3,5,6,3′,5′,6′-六氯-二苯基甲烷和四甲基秋兰姆化二硫。

2,2′-二羟基-3,5,6,3′,5′,6′-六氯-二苯基甲烷为白色结晶粉末，无臭或微带酚味，熔点 160.5℃以上，不溶于水、矿物油、甘油、凡士林和石蜡，加热可溶于植物油及脂肪酸中。它的石炭酸系数为 125，对葡萄糖菌及革兰氏阳性菌有很大的杀菌力，因此是有效的杀菌剂和除臭剂。在药皂中的用量一般为 2%。可由三氯酚与甲醛缩合而成。

四甲基秋兰姆化二硫，又称 TMTD，为白色或灰白色结晶粉末，有特殊臭味和刺激作用。TMTD 纯品相对密度 1.29(20℃)，熔点 155～156℃；工业品相对密度 1.29～1.46，熔点 135～148℃。TMTD 几乎不溶于水、稀的氢氧化钠溶液和许多普通溶液。在橡胶工业中用作硫化促进剂，农业上用作杀菌剂和杀虫剂，也可用作药皂的杀菌剂和除臭剂等。TMTD 由甲二胺与二硫化碳在氢氧化钠溶液中作用生成二甲胺基磺酸钠后，再用过氧化氢或次氯酸钠氧化制得。

3,4′,5-三溴水杨酰苯胺也用作杀菌剂，为白色粉末，不溶于水，而溶于热的丙酮中，易溶解于二甲替甲酰胺。3,4′,5-三溴水杨酰苯胺纯品的熔点为 227～228℃，可先从氯苯，再从丙酮中重结晶来提纯；工业品的熔点一般为 210～220℃。3,4′,5-三溴水杨酰苯胺的抗菌范围较广，不仅对革兰氏阳性菌有效，而且对革兰氏阴性菌及某些霉菌有效；由于它的毒性低，对皮肤刺激性小，无光敏性，对热较稳定，因此适宜于制杀菌皂和除臭皂。在药皂中 3,4′,5-三溴水杨酰苯胺的用量一般为 0.5%～1.0%。可由水杨酰苯胺溴化或由 3,5-溴代水杨酸与对溴苯胺反应而得。

⑩ 二氧化钛

二氧化钛俗称钛白或钛白粉，分子式为 TiO_2，是白色粉末。二氧化钛的化学性质相当稳定，在一般情况下不与大部分化学试剂起作用，折射率很高，是一种重要的白色颜料和瓷器釉药。二氧化钛在肥皂中用以遮盖肥皂的透明度，而使之显白，用量一般为 0.2%左右。香皂要求较高，用的是颜料用的规格，用量一般为 0.025%～0.20%。二氧化钛的质量好坏，关键在于着色力指标的高低。二氧化钛可由钛铁矿用硫酸分解和除铁后，经水解制得。

2）皂用油脂的选择和调配

（1）油脂配方的意义

一般说来，动、植物油脂都可用作生产肥皂的原料，但不是随便单用一种油脂就可以生产出合乎要求的产品。固体油脂制得的肥皂具有脆性且溶解度差、洗涤去污性能不太好；液体油脂制得的肥皂，一般比较软烂、溶解度大、质量较差。偶碳饱和脂肪酸钠皂随相对分子质量的增加，其表面活性增强、溶解度减小。有人认为相对分子质量适中的豆蔻酸钠的一般性能最理想，但是天然油脂中含量很少。事实上合适的脂肪酸钠皂为月桂酸钠、豆蔻酸钠、棕榈酸钠、硬脂酸钠、油酸钠。硬脂酸钠有很好的表面活性，但常温下在水中的溶解度很低；月桂酸钠的溶解度相当好，泡沫也多，但表面活性较差。所以高于 C_{18} 和低于 C_{12} 的饱和酸都不宜列为肥皂的基本部分。油酸钠的溶解度很好，表面活性也不差，可作为洗衣皂配方的一种原料；亚油酸钠和亚麻酸钠的溶解度都很好，但表面活性较差，且容易氧化，因此在制皂时应尽量避免使用。蓖麻酸钠由于含有羟基，对电解质的敏感性很低，能减少椰子油皂对皮肤的刺激性，增进肥皂的“可洗性”，可适量掺用；松香有接近于不饱和脂肪酸的性能，松香皂的表面活性并不可取，但溶解度不差，也能稍稍增进肥皂对电解质的容纳性，并略有防止不饱和酸酸败的效果。

综上所述，肥皂组成中脂肪酸的饱和程度和碳链长短直接影响到肥皂的质量（如表面活性、溶解度和硬度等）和生产操作（如盐析、皂基与填料的调和等）。因此，皂用油脂的选择和调配（即油脂配方）对肥皂生产具有重要的意义。

（2）油脂配方

① 油脂配方的要求

（a）能保证达到肥皂的质量要求，如成皂硬度高，色泽溶解度正常，泡沫丰富，去污力强。

（b）制皂加工容易进行，如盐析易进行，泡花碱易加入，肥皂易成型等。

（c）油脂来源方便，价格便宜。

② 油脂配方的依据

（a）混合脂肪酸的凝固点。这是肥皂厂在拟定配方时的主要参考依据，它和肥皂的硬度有关。一般洗衣皂，脂肪酸凝固点控制在 38～43℃，冬季可低一点（38～40℃），夏季则要高一点（40～43℃）。

各种油脂的脂肪酸凝固点不是直接测定的，而是取一般经验数据，然后用算术平均的方法近似地计算出混合油脂的混合脂肪酸凝固点。

$$T=t_1C_1+t_2C_2+\cdots+t_nC_n$$

式中：T——混合脂肪酸凝固点；

$t_1,t_2,\cdots,t_n$——配方中各组分油脂的脂肪酸凝固点；

$C_1,C_2,\cdots,C_n$——配方中各组分油脂的百分比。

几种油脂的脂肪酸凝固点经验数据见表2-7。

表2-7 几种油脂的脂肪酸凝固点经验数据

油脂名称	脂肪酸凝固点/℃	油脂名称	脂肪酸凝固点/℃
牛　油	45	米糠油	25
羊　油	45	蓖麻油	3
猪　油	36	海棠油	35
硬化油	58	茶　油	18
柏　油	53	梓　油	4～12
漆　油	55～57	向日葵油	18
木　油	40～42	骨　油	38
椰子油	25	棕榈油	44
棉　油	32～35	蛹　油	10
花生油	30	鱼　油	23
豆　油	23	松　香	25
菜　油	14	山苍子油	15

(b) 过去的配方记录。过去的配方记录，是最重要、最可靠的参考依据，每一个肥皂厂的生产人员对于他们过去用的配方生产出来的肥皂质量和操作过程积累了丰富的材料可资参考，兄弟厂的先进经验可以互相借鉴。

(c) 小样试验。为了保证肥皂的质量，在首次配方或调换配方时，根据混合油脂的脂肪酸凝固点定下配方后，有的厂还进行小样试验，投料量100～150 kg就有代表性，操作程序与大生产一样。制得肥皂后进行感官及理化检验，作为最后决定配方的依据。

表2-8为肥皂配方实例。

表2-8 以硬化油为主的肥皂配方实例　　单位：%(质量分数)

油脂名称	配方实例							
	例一	例二	例三	例四	例五	例六	例七	例八
60°硬化油	38	35	35	39	25	34		
猪　油		7	15			10	23	37
羊　油						3	32	20
牛　油				10				
椰子油		10		15				
棉清油	8	12		6				
棉油酸		10				25		10
棕榈油					40			
糠　油	18							
木　油		3	17					
桐　油		3						

续表

油脂名称	配方实例							
	例一	例二	例三	例四	例五	例六	例七	例八
麻　油					5			
棉油皂			8		10		10	
豆　油				10				5
蓖麻油	6							
梓　油							10	3
鱼　油						6		
蚕蛹油	5							
松　香	25	20	25	20	20	22	25	25

3）油脂的精炼

制皂用的动植物油脂，由于原料本身及加工、包装、贮藏等过程中氧化、分解的作用，使油脂含有不同种类及数量的杂质，大概有如下几种：

(1) 机械杂质，如混入油中的油料壳屑、铁质、泥沙等；

(2) 磷脂、蛋白质及其分解物、黏液质等；

(3) 色素，包括天然色素(如棉酚、类胡萝卜素等)和油料在贮藏、制油过程中新生成的色素；

(4) 游离脂肪酸。

油脂中的杂质如不除去，既影响了肥皂的外观色泽和质量，又影响到盐析废液的颜色，直至精甘油的颜色，因此制皂用的动植物油脂必须经过精炼。制皂油脂的精炼应根据毛油内所含杂质的性质、数量及精炼后油脂的用途而采用不同的方法，如用于生产白色香皂的油脂与生产普通洗衣皂的油脂精炼的程度不同，用于生产白色香皂的油脂精炼需要脱胶、脱色和脱臭；而用于生产普通洗衣皂的油脂只需要简单精炼即可。

油脂精炼的方法可根据炼油时的操作特点及炼油时用的材料和杂质相互作用的不同而分为：① 机械方法，包括沉降、过滤等，主要用以分离悬浮在油脂中的机械杂质。② 化学方法，主要包括酸炼、碱炼、氧化等；酸炼是用酸处理，除去胶溶性杂质、色素；碱炼是用碱处理，除去游离脂肪酸、色素；氧化主要用于脱色。③ 物理化学方法，主要包括水化、吸附、水蒸气蒸馏等；水化主要是除去磷脂、黏液质；吸附是除去色素并进一步除去残留的胶体杂质；水蒸气蒸馏用于脱除臭味物质和游离脂肪酸，同时在高温高真空中分解热敏感色素使油脂褪色。

2.1.3　皂基的制备

1）皂基制备方法

肥皂的生产方法主要体现在皂基制备方法上，皂基制备方法根据原料、工艺操作的不同有很多种，概括起来主要有沸煮法制皂、半沸煮法制皂、冷法制皂、连续法制皂、脂肪酸中和制皂等。

2）沸煮法制皂

(1) 皂基制备工艺流程

油脂→熔油→皂化→盐析→碱析→整理→皂基

(2) 皂基制备工艺过程的原理及方法

① 熔油

用于制取普通洗衣皂的油脂，一般不进行精制处理，仅将油脂按比例熔化混合，熔油设备包括熔油锅、储油缸和输油泵等。熔油锅的形状可方可圆，大小根据产量而定，锅内装有蒸汽蛇管或直接蒸汽管。熔油锅一般装在地坑内，当熔化小口桶装固体油脂时，用喷头或软管插入桶内熔化；熔化散装固体油脂时，应先在锅内放一部分液体油，开蒸汽加热，再投入固体油脂。当全部油脂熔化后，加入油量1%的工业盐，以破坏蒸汽冷凝水所造成的乳化现象，同时脱除胶体杂质。

② 松香的皂化

松香除作为油脂代用品能降低成本外，还能增加肥皂的泡沫性和溶解度，对皮肤有润滑作用，还可防止肥皂的氧化酸败和冒霜。松香对电解质敏感性差，可多容纳填料，有抑制肥皂层裂的作用。在洗衣皂的配方中，松香最多可用至30%，超过则使织物发黏，而肥皂颜色亦因松香容易吸收氧气而变暗。

松香中不含甘油，在洗衣皂中使用量较大，为了不影响盐析废水中甘油的含量，先在专用锅中将松香皂化，在煮皂的整理时加入。松香皂化的设备与油脂皂化相同。松香的主要成分是松香酸，与脂肪酸一样可用碳酸钠皂化。松香的皂化率可控制在70%～75%，如皂化率过高，松香皂稠厚，使输送及过滤发生困难。

松香皂化时，先向锅内徐徐加入碳酸钠溶液，溶液浓度22%～24%，开启直接蒸汽，同时把松香敲碎卸入锅中，充分翻动，使松香与碱液反应后放出的二氧化碳能及时排出，而不致溢锅。根据松香70%～75%的皂化率计算，碳酸钠的加入量应为松香重的11%～12%。实际上，碳酸钠加入量达不到此量，这是因为松香在皂化后期，很易溢锅。因此，生产上最后加用一部分氢氧化钠碱液来代替碳酸钠皂化。松香皂化到透明发黑，松香块全部溶化为止。

③ 油脂的皂化

(a) 加碱量的计算

目前，制皂厂所用的碱大部分是氢氧化钠，其用量可根据下式计算：

$$k = 0.713 \times \frac{s}{n}$$

式中：s——混合油脂平均皂化值(用分析法测定，或算术平均法近似计算)；

n——固体烧碱的纯度(%)；

k——吨油所需固体碱的千克数。

油脂皂化时，固体氢氧化钠一般配成36～49°Bè的液体使用。

固体氢氧化钠配制的设备包括溶碱罐、储碱罐和输送泵。

溶碱罐一般以钢板制成，形状为正方形或长方形，大小视产量而定。罐中间装置有排列均匀小孔的铁板假底或铁棍制成的栅板，罐中有蒸汽加热管及进水管，溶碱罐上装有起重葫芦。桶装固体氢氧化钠吊入罐中放在假底或栅板上，以免固体碱沉于罐底而难于溶化。

储碱罐一般以钢板制成正方形或长方形，安装在皂化锅的高处，其上装有计量标尺，便于碱液放入皂化锅内。

输送泵一般用齿轮泵。

(b) 油脂皂化原理

油脂皂化也称碱化,是油脂与碱液起反应生成肥皂及甘油的过程。其化学反应式是:

$$
\begin{array}{lclcl}
CH_2OCOR_1 & & R_1COONa & & CH_2OH \\
| & & & & | \\
CHOCOR_2 & +3NaOH \rightleftharpoons & R_2COONa & + & CHOH \\
| & & & & | \\
CH_2OCOR_3 & & R_3COONa & & CH_2OH
\end{array}
$$

油脂皂化反应实际上是油脂先在碱性的条件下水解生成脂肪酸,脂肪酸再与碱反应生成肥皂。油脂在碱性条件下水解是决定油脂皂化反应速度的反应.其反应机制是属于亲核加成消除机制,这个机制在反应过程中形成一个四面体中间物的负离子。

(c) 皂化工艺

油脂皂化反应开始时油脂和碱液是互不相溶的,当在皂化锅中加入油脂和碱液时,它们的分散度都很低,反应仅在有限的接触面上进行。特别是目前大多数工厂采用逆流洗涤制皂法操作,皂化都套用碱析水,由于碱析水中含有较多的盐,更使油与碱液分离,所以皂化速度很慢。这时候生成的少量肥皂使物料处在乳化阶段,即所谓诱导期。

当过了皂化反应很慢的诱导期,锅中大约有 20%的肥皂形成时,这时的皂化是以已经形成的肥皂来加速以后皂化的自动催化反应,即皂化进入到速度很快的加速期。催化作用是由于肥皂的胶束(肥皂分子聚集而成)能溶解油脂和碱液,使之以溶解状态存在于已形成的肥皂中,参与反应的油脂和碱液接触面非常大,以至反应能在均相中进行。

当皂化率达 95%以上时,在反应介质(肥皂胶束)中的油脂及碱液的浓度显著降低,因此快速反应衰退为慢速的完成期。还有很少量油脂被肥皂包围以及因油脂水解的可逆反应等原因,故皂化不易进行到底。皂化反应曲线如图 2-3 所示。

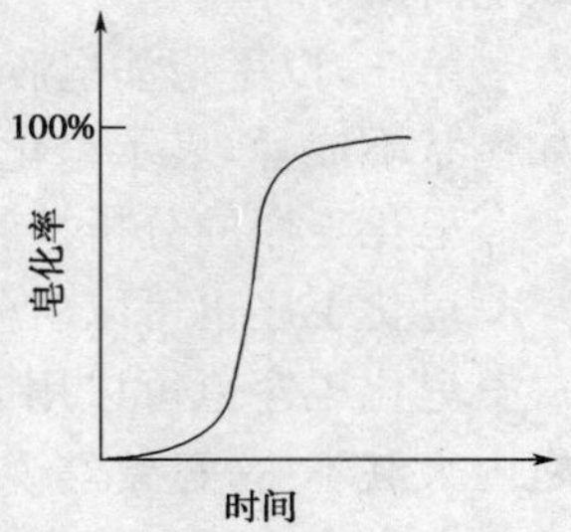

图 2-3　油脂皂化反应曲线

皂化开始阶段,为提高反应速度,缩短诱导期,可以采用加乳化剂和增加搅拌的方法,以加大油水乳化,增加反应接触面积。在皂化的加速期,要开大直接蒸汽不断搅拌,促进油和碱的乳化。加速期反应速度很快,应及时加入大量较浓的碱液。由于皂化反应放出大量的热(皂化 1 kg 油脂约释放 65 cal 热量),致使水迅速汽化,皂胶突然上升,要注意适时关闭蒸汽,并翻动散热,以免造成溢锅。若此时仍有溢锅危险,则可加少量清水降温或加少量盐部分破坏皂化。皂化后期要开蒸汽进行充分翻煮。

在整个皂化过程中要注意保持皂胶充分乳化,使反应在均匀闭合状态下进行。这就对加碱速度提出较严格的要求。加碱量要控制两头小中间大。皂化初期碱多会破坏乳化,加速期时碱量不足皂胶变稠,翻动困难,严重时造成结瘤现象,即形成软蜡状态的透明胶体。这种现象在用椰子油等易皂化的油脂皂化时容易发生。出现了这种现象,要及时解决,否则皂化不完全会使肥皂酸败变质。解决办法是及时加入碱液或食盐而不能加水。当然在这个阶段碱液加入过快,造成皂胶结粒,翻煮不透,也不好。总之,在皂化过程中要经常保持微过量的游离碱(0.3%~0.5%)。在皂化后期,加碱要慢,至皂化完毕时,皂胶含游离碱应在 0.05%左右。这样既抑制了油脂水解的可逆反应,又不至于因废液中碱量多了造成损失肥皂和增加甘油回收费用。

为使皂化一开始就处于反应的加速期，以缩短反应时间，可以使皂化反应在有乳化剂的条件下进行。采用两种方法：一种是有锅脚的皂化，即上一锅整理后的锅底皂留在锅内作为乳化剂，再投入油脂及碱液进行皂化；另一种是空锅皂化，即将锅底皂出空，投入油脂及碱液进行皂化。后一种方法的好处是设备利用率高，便于皂化翻动，皂化完全，且不至于因锅底皂污染甘油，能提高甘油回收率。所以，实行逆流洗涤法的制皂厂，都采用空锅皂化。但因缺少乳化剂，皂化反应慢，也比较容易造成溢锅或结瘤现象。为了克服这个矛盾，一般采用预制锅底皂的方法，投油量根据各厂情况占全部投油量的1/3～1/2，甚至达70%。但也有的工厂不预制锅底皂。

皂化操作时间为2～4 h，皂化终了时皂化率要求在95%以上。皂化过程的完善与否，可以用感官来检验，也可以用分析方法来检验。在制皂的其他工序中也是这样。

皂化工序的感官检验：

第一，看皂胶表面情况。皂胶稠厚，如皂面呈灰白色发暗无光泽，说明缺碱，要及时补充碱液；若皂胶溅起拉长丝、架空，要及时加点回收盐（折合1 kg油脂加20～30 g）；如系缺水稠厚，则翻动圈外显皱纹，皂胶溅起不起丝。如皂胶呈析离状，则因加碱过快或是套用一析水盐分较多（此时皂色灰白不透明），则需区分情况处理。随着皂化过程的进行，锅面泡沫消失，皂胶变成透明金黄色缓缓翻动，加入蒸汽量的变化对皂面升降无显著影响，表示皂化差不多了。

第二，用铁铲取热皂胶，观察皂胶从铲面下滑情况。成整片缓慢下滑，不透明，说明要继续加碱皂化；皂胶呈鳞片状，大片下滑较快，透明能拉丝，说明皂化差不多了；丝过长表明还缺电解质。

第三，以手指沾皂胶少许，两指轻捏。如成硬片状，表示皂化正常；如成碎片，表示碱多；如糊状不成片，表示皂化要继续进行。

皂化工序的分析检验：

皂化工序也可以由分析滴定或自动分析技术检验。

皂化工序也可以用pH试纸结合检验。控制pH 8～9为宜。若以酚酞试，应在半小时之内大红不变，显紫红说明碱多，显淡红即示碱不足。

以上方法可以结合起来使用。

④ 盐析及洗涤

(a) 盐析及洗涤的目的

皂化完成以后所得到的皂胶中含有甘油、色素、蛋白质、黏液物等杂质，其中甘油可溶解在一定浓度的盐溶液中，肥皂则不能溶解。为了得到较纯的皂胶，并回收副产品甘油，必须用干盐或饱和盐水使肥皂和甘油分离，这一过程叫做盐析。同时，通过盐析尚可去除一部分色素及杂质。皂胶经盐析、静置后，浮于盐水上面的肥皂一般为皂粒，下层为废液水。废液水中除含有甘油及盐外，还含有少量的碱、肥皂、色素等杂质。

(b) 盐析的原理

盐析的基本原理是在皂胶中加入少量电解质，皂胶的黏度就降低。继续加入电解质，皂胶黏度在降低到一定限度以后，突然增大，及至电解质达到一定量时，皂粒析开和溶液分离。使皂胶完全盐析所需的电解质最低浓度，称为盐析剂极限浓度（即废液中电解质浓度）。油脂品种不同，所成肥皂废液的极限浓度也不同，各种油脂所成肥皂废液的极限浓度见表2-9。

表 2-9 各种油脂所成肥皂废液的极限浓度

油脂名称	废液中盐/%	油脂名称	废液中盐/%
向日葵油	5	棕榈油	5
豆　油	6	猪　油	6～6.3
玉米油	5	牛羊油	5～7.0
棉籽油	5.5～6.9	椰子油	20～25
菜籽油	3.5～4.8	棕榈仁油	18
花生油	5.5～6.7		

皂胶乃是当肥皂溶液浓度很大时，肥皂的脂肪酸根离子凝聚为带高电荷的粒子并具有强烈吸水作用，使外层带一很厚的水膜而构成的稳定胶体系统。当加入少量电解质(食盐等)以后，由于离子的吸水作用，使肥皂粒子外层水膜的一部分水“游离”出来，因而降低了皂胶黏度。随着电解质量的增加，到一定量时，大量离子发生聚集作用与水分开，肥皂的比重轻即浮于上层，而盐水重在下层。

(c) 盐析工艺

在盐析时，盐量的多少可根据极限浓度来确定。而极限浓度又与皂用油脂中脂肪酸的成分、皂脚中的水分、甘油的含量等有关。最主要的还是决定于前者。低分子脂肪酸、羟基脂肪酸、不饱和程度大的脂肪酸、氧化脂肪酸所生成的肥皂所需极限浓度大；而高分子脂肪酸、饱和脂肪酸所生成肥皂所需极限浓度小。如椰子油皂盐析困难，而菜籽油皂、牛油皂容易盐析。

实际操作中极限浓度作为决定投盐量的参考，根据油脂配方的不同，投盐量大约占油脂的 10%～20%。

盐析操作的要点：

第一，盐析前皂胶的稠度要适当。皂胶稀薄，耗盐量大，废液中甘油含量低，增加回收费用；皂胶太稠厚，盐析后皂粒翻动困难，甘油水等杂质等排不出。一般要求废液量为油脂的 1～1.3 倍，甘油含量 5%以上，游离碱含量 0.04%以下(pH 8～9)，脂肪含量 0.20%以下。

第二，分批加盐，使皂胶逐步析开，皂粒由细到粗，开始多加盐，后期要细心控制。有多次碱析工序的，盐析可适当做大一些，以提高脂肪酸的含量。盐析大，皂粒粗，包住的甘油和盐水较多，不仅使碱析不易闭合，而且影响进一步的皂化。

第三，保持锅内均匀翻动，不间断加热。

盐析工序的检验：

第一，当看到皂胶表面呈析离状态，即表面不窜动，皂胶分离成不规则鳞片状，裂纹中析出水，即表示盐析基本完成。

第二，以铁铲取皂胶，剔除皂粒，废液冷后透明不浑浊，即表示盐析完成。若发现废液冷后凝聚，即表示盐量不足，尚须继续加盐。

第三，取盐析水观察，如杂质下沉不上浮，表示盐析完成；若杂质悬浮，再经煮沸能下沉亦表示盐量已经加够；如经煮沸杂质不下沉，即表示要继续加盐进行盐析。

盐析操作一般要 2 h 左右，静置 2～4 h。

⑤ 碱析

(a) 碱析的目的

皂化工序中，物料中尚有少量油脂没有皂化，需要补充碱液使皂化接近完全，盐析所成皂粒粗糙，不透明，可塑性差，是商品盐析皂的半成品，通过碱析将皂粒中的甘油、色素、盐等杂质进一步洗出，以提高皂胶的纯度和改善色泽。

碱析是用碱代替盐进行析开，用碱析开皂胶的原理同盐析一样，碱析的极限浓度一般在4%～6%(指碱析水中 NaOH 含量)。

(b) 碱析工艺

碱析要求皂化率达 99.8%以上，最后皂胶含甘油 0.4%以下，碱析水(半废液)含盐量4%以下。

碱析时，首先加入清水或碱析水(逆流洗涤)用蒸汽煮沸闭合使皂粒中甘油、色素、盐分溶入水中，然后加入少量碱液，补充皂化以后逐步加碱，逐步析开，使皂胶的结粒由细到粗，一般碱析结粒要比盐析结粒小，使碱析水呈污黑的薄皂浆，这样可使皂胶结粒纯净，减少甘油、色素和盐分等杂质的含量。

逆流洗涤法碱析，注意转碱析水时从皂面以下进，不要冲击，否则皂胶松虚，组织不细致；另外注意一面转碱析水一面煮沸翻动，让泡沫及时消失并起洗涤作用；碱析最好在闭合状态下多煮沸一些时候，这样可以充分皂化，使套用碱析水冲击的空气泡得以充分破坏，同时有利于改善皂胶色泽。一析时需补充少量碱液，因为三析水虽含有 6%左右的电解质，但一析时冷凝水降低了电解质浓度；二析时如套用初整、整理的锅脚因呈半析离状态，电解质含量仅 3%左右，所以需补充较多的碱液；三析完全加清水，再用碱析开。碱析时的所谓析开，实际上只要皂胶与半废液分离就行了，不需要分离得很清，否则碱多，碱析水重，有的杂质、色素不易沉下去，而在皂胶与碱析水中形成中间层，不利于肥皂色泽。

碱析工序的检验：

进行碱析后，当用铲刀试验，皂胶在铲面呈鳞片状，较快下滑，不黏附铲刀，并析出深色碱析水，冷却后没有结冻状，即表示碱析完成。如皂胶在铲面整块下滑，并粘铲，表示还要继续加碱(实验时，铲刀要在热皂胶中烫几分钟，慢慢提起，再观察)。

棉油皂脚和锅底皂在碱析的适当工序加入皂化锅。

碱析操作 2～4 h，静置 2～4 h。

⑥ 整理

(a) 整理的目的

调整皂胶中的电解质含量，使皂胶呈半析离状态，将皂胶中所含的杂质、色素、电解质及低级脂肪酸皂沉于锅底，成为皂脚(锅底皂)，而使纯净皂基浮于上层，使其中脂肪酸、电解质、水分含量调整合适，组织坚韧细致，具有高度均匀性与可塑性，色泽光亮、浅淡，其化学指标为：

脂肪酸含量	61%以上	未皂化油脂	0.2%以下
游离碱含量	0.3%以下	氯根含量	0.3%以下
甘油含量	0.3%以下		

整理以后，皂基与皂脚比例要适当。皂脚太多，则皂基得率低，皂脚太少，皂基质量差。一般应控制皂基的量为皂胶总容量的 70%～75%。

(b) 整理工艺

整理开始时，先开蒸汽加热煮沸碱析后的皂胶。如松香皂在整理段加入，则在此时抽入松香皂，使翻滚闭合，根据皂胶的稠度适当加入清水和补充碱液，使松香完全皂化。调节皂胶的稀稠和电解质含量，以期达到皂基的产率与质量都比较满意。

在煮皂整理时，皂胶太稀则皂基产率减少，但色泽好，甘油含量少；皂胶太稠，皂基产率可以高一些，但静置分层较慢，使皂脚难以完全分离，皂基质量将受到一定影响。一般要求整理阶段皂胶稠稀以达到脂肪酸含量(55±1)%最适宜。

控制电解质含量的多少(指在可以分为皂基和皂脚的范围内)是整理段决定皂基与皂脚分离是否完全的主要因素。电解质含量过低，皂基产率少；电解质含量过高，皂基得率高一些，但质量粗糙，颜色较深。一般整理时皂胶电解质含量控制为1%左右为宜。

在整理操作中，肥皂和水按上述方法闭合煮沸，调节肥皂的含水量和电解质含量，静止时，皂锅中将分为两层，上层为皂基，下层为比较稀薄的皂脚。

整理操作是否完全，即皂胶厚薄和电解质含量是否恰当，在实际生产中还是凭经验来判断控制的。

皂面应光泽透亮，现出"活"的龟壳状(或云块状)。裂块大，说明黏度大，电解质少，反之亦然。裂块间的断线既阔又深，说明电解质多；反之，窄线说明电解质少。

样铲试验，将样铲在热皂胶中烫2～3 min，然后以与皂面成80°角提铲，便有一薄层皂胶附着在铲面上，倒竖起样铲来看皂胶滑动情况。成整片缓缓下滑，铲面上不留皂迹，表示整理适当；皂胶不往下滑或粘皂，表示电解质少；皂片滑下呈锯齿状，表示电解质未煮均匀；皂胶虽然下滑不粘皂但显水印，说明皂基稀，缺电解质；皂胶呈碎片下滑是电解质多，可加清水，继续翻煮，如还不行则静止2 h，放掉一点锅脚加清水重新整理。

有的工厂为保证皂基质量，将整理分两次进行，第一次称为初步整理。

整理操作时间一般为2 h。

整理完毕后要保温静置，温度在90℃时对分层最有利。温度过高，皂基内脂肪酸含量会降低；温度过低，会妨碍皂胶的分层。一般静置时间在20 h(间歇制皂)。

⑦ 制皂工序的安排和逆流洗涤法

皂化、盐析、碱析、整理是沸煮法制皂的四个主要工序，这些工序有的可以多做，有的可以不做。整个制皂过程工序的合理安排及对操作上提出的要求应根据具体情况，围绕提高皂基的质量和产量、甘油回收率、节约原材料、降低成本及提高设备利用率等项的目的而进行。

Ⅰ. 多次洗涤法与多次碱析法

多次洗涤法是指两次或两次以上盐析洗涤法，它能改善皂基色泽，降低皂基甘油含量，但增加了废液水量，使甘油浓度降低。在制棉油油脚皂时常用这种方法。

多次碱析法是指两次或两次以上的碱析，对改善皂基色泽与降低皂基含甘油量比多次洗涤法好，但增加了碱析水量，若设备跟不上，要用掉这些碱析水是有困难的，有的厂在制高级香皂时采用这种方法。

Ⅱ. 逆流洗涤法

在生产普通洗涤皂的过程中，针对上述的缺点，创造了一种先进的逆流洗涤法制皂法。这种方法可以用最少的水洗出最多的甘油，既能减少废液量，提高甘油浓度和甘油回收率，降低甘油回收费用，又能改善皂基的色泽和纯度。其主要原理是浓度相差合理，即清水洗含甘油少的肥皂，而含甘油的水洗含甘油更多的肥皂；同时洗涤液的多次重复利用，使洗液和皂胶的接触机会比一般制皂法为多。其基本操作内容为：多次碱析和碱析水的逆流洗涤，割去锅底皂，进行空锅皂化，松香皂投入整理工序。油脚皂及锅底皂视色泽好坏在碱析适当工序投入，色泽好，往后面投，既减少甘油夹带又不影响皂基色泽；反之，可考虑往前加。

逆流洗涤法常用的有三次碱析全逆流与四次碱析半逆流两种。

(a) 三次碱析全逆流

三次碱析全逆流工艺流程示意：

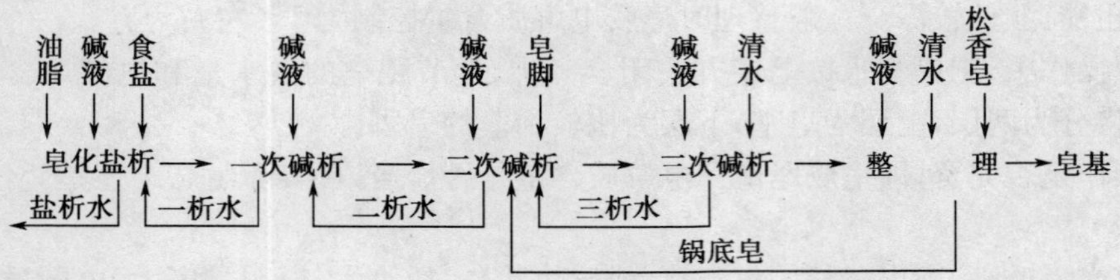

工序安排时间(小时)：

	操作	静置	共计
皂化盐析	6	4	10
一次碱析	4	4	8
二次碱析	4	4	8
三次碱析	4	4	8
整　　理	2	6	8

以上时间未将进油和出皂基时间计算在内。

这种工序的安排，从理论上讲，是一种最合理的制皂操作法。清水只在最后一次碱析时加入，碱析水逆流套用洗涤，至皂化盐析后放出。因此油脂与废液之重量比可达 1∶1.0 以下，废液中的甘油含量可达 8.0%以上。但是操作不易控制，洗涤次数少，甘油回收率可能低些，皂基色泽和纯度较差。

(b) 四次碱析半逆流

四次碱析半逆流工艺流程示意：

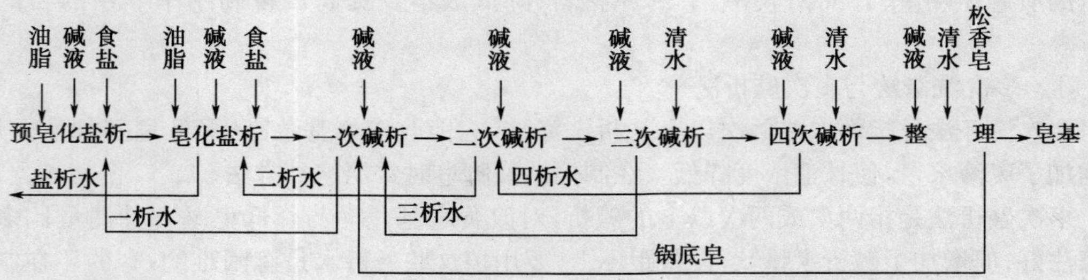

工序安排时间(小时)：

	操作	静置	共计
预皂化盐析	1.5	2	3.5
皂化盐析	2.5	2	4.5

一次碱析	2	2	4
二次碱析	2	2	4
三次碱析	2	2	4
四次碱析	2	2	4
整　理	2	20	22

⑧ 设备

(a) 皂化锅　皂化锅一般都是以碳钢材料制成，也有用不锈钢制造。形状大都是圆锥形，也有方形尖底。锅内装有放废液及半废液的管道，有直接蒸汽管与锅底多孔环管或十字接头相接，一般大型、中型皂化锅装 2～3 圈环管，小型皂化锅装 1～2 圈环管，各有一控制阀门。环管上有排列适当的小孔，小孔分两排，一里一外的顺次排开。小孔数目须使孔眼的总面积略小于蒸汽管横截面的面积。直接蒸汽在皂化时起加热及搅拌作用。皂锅容量按充满系数 30～40 计。圆锅的直径与高度比，大锅一般采用 1∶1.1，小锅采用 1∶1.2。锅体圆柱部分与锥体部分高之比，大锅为(5.8～6)∶1，小锅为(6.8～7)∶1。皂化锅内装有摇头管，供上下移动，抽出锅内肥皂或压入碱析水。皂化锅上附有油、碱液、水、进入管。

(b) 皂基储存锅　皂基储存锅一般为圆形锥底，容量约为皂化锅的 3/5，有蒸汽或热水夹层。

(c) 输送设备　输送皂基、皂脚、松香皂用旋转泵。输送稀的液体如水、废液或碱析水等，可用离心泵或齿轮泵。

3) 半沸煮法制皂

半沸煮法制皂可在一般的皂化锅中制备，亦可在搅拌器中小批量生产。在这两种情况下，油脂原料与所需数量的氢氧化钠溶液(25～35°Bè)简单加热，在皂化反应完成之后，加入硅酸钠或其他填充料或非皂组分。如果在皂化锅中进行操作，锅中皂料可加热至沸，但若在搅拌器中制备肥皂，温度必须保持在略低于沸点温度之下，并必须进行搅拌，以确保反应时充分混合。但是，为了使成品皂质量均匀，皂化锅必须缓慢冷却，在肥皂凝固之前，用泵由锅底到顶部循环肥皂，以充分混合。

半沸煮法制皂通常由脂肪酸制得，同样亦可由油脂制备。

4) 冷法制皂

冷法与半沸煮法制皂略有不同，冷法在搅拌器中反应，但采用的皂化温度不同于半沸煮法。冷法制皂基本上在室温进行混合，因此，需在搅拌器内产生充分乳化作用。皂化通常采用很浓的碱液(43～45°Bè)。据报道，在冷法中浓碱和油脂皂化反应形成的乳化液为油包水型，与沸煮法制皂中浓碱和油脂皂化反应形成的乳状液不同。反应结束后，肥皂注入成型设备(冷皂箱等)，在适宜的温度下保存几天，以完成反应。

由于在冷法制皂过程中没有可能按照油脂和碱液的反应情况调节两者的比例，因此，使用的原料量必须十分小心地计算准确。但是，不管怎样，这种肥皂通常或者含有相当过量的碱液，或者含有未反应的油脂。往冷法皂或半沸煮法皂中加入填充料、香料或颜料等物质，必须在搅拌器中进行。

冷法制皂通常由脂肪酸制得，同样亦可由油脂制备。

5) 连续制皂

沸煮法制皂是传统的热制皂法。沸煮法制皂虽然工艺过程比较简单，投资较省，可以根据需要生产好几种皂基。但生产周期长，产品质量不易稳定，占地面积大，蒸汽耗量大，无法进行连续生产操作。

近几十年来，发展了很多连续制皂法。连续法可分为两大类，第一类方法建立在油脂的连续皂化基础上，最重要的方法有 Delaval 法、Sharples 法、Mechaniche Moderne 法和 Mazzoni SCN-LR 法。第二类方法基于油脂连续裂解成脂肪酸，接着进行连续蒸馏和脂肪酸中和反应，主要的方法是 Mills 法、Mazzoni SC 法和 Armour 法。

在工业上采用的有 Sharples 法、De-Laval 法、Monsavon 法、Mazzoni 法等。这里我们主要介绍 De-Laval 法。

De-Laval 油脂连续皂化是一种密闭的连续制皂法，其洗涤和整理操作采用自动控制系统。

De-Laval 法可以分为皂化、洗涤、整理三个工段。De-Laval 法工艺流程如图 2-4：

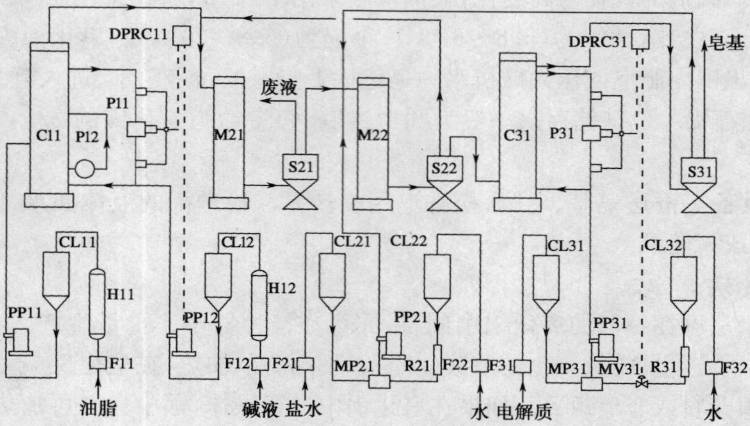

图 2-4 De-Laval 油脂连续皂化工艺流程图

(1) 皂化

油脂及一定浓度的碱液分别通过过滤器 F11 和 F12 及加热器 H11 和 H12，进入油脂恒压槽 CL11 和碱液恒压槽 CL12，由定量泵 PP11、PP12 输入皂化塔 C11。加热器 H11 和 H12 装有温度控制器，进入皂化塔的物料温度是恒定的。皂化塔的物料出口装有恒压阀，以保持塔中压力的稳定。皂化塔的结构见图 2-5。

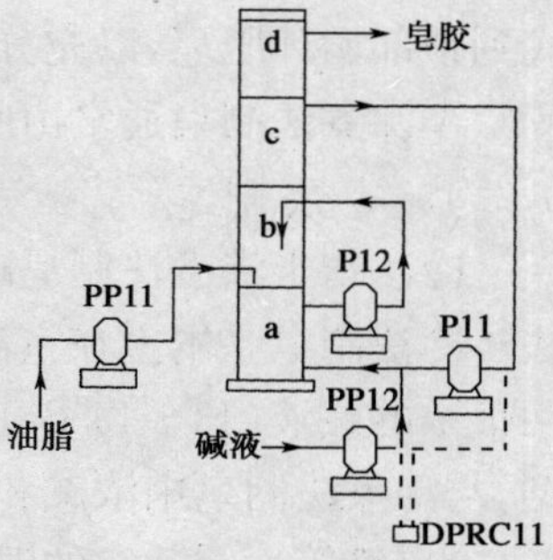

图 2-5 连续皂化塔的结构示意图

皂化塔由两个具有再循环装置的内部挡板塔所组成，可以促进油脂和碱液拌和均匀。油脂原料以恒定速度加入皂化塔，而氢氧化钠通过安装在再循环泵两侧上压力计所显示出来的压力差来调节。该控制系统是 De-Laval 法的核心。皂化温度保持在 90～120℃，过量的废液避免了形成中间皂和酸性皂。生产的肥皂进入第二阶段(即洗涤工段)，在此处盐析出肥皂或分两步进行逆流洗涤。

皂化开始时，塔中充满了肥皂，肥皂从皂化塔的 c 段用循环泵 P11 打入皂化塔的 a 段。皂化油脂所需碱液由碱液定量泵 PP12 打入皂化塔循环管的下部，在此与已形成的肥皂混合，使塔 a 段的肥皂含有一定量的过量碱。从塔 a 段出来的碱性肥皂经过混合泵 P12 进入塔 b 段，混合泵的输送量比循环泵的大几倍，因为混合泵环需要从塔 b 段抽取物料，塔 b 段、混合泵 P12 和有关的管道形成一个密闭的循环系统，它具有很大的循环量，油脂经定量泵 PP11 打入塔 b 段，从而进入混合泵形成的循环流中。

从塔 b 段，有相当于循环泵 P11 输送量的和所加油脂量的物料上升到塔 c 段。由此，大部分物料再循环，而一部分相当于所加油脂和碱液量的肥皂进入皂化塔的 d 段，要再进一步皂化，然后经过塔顶恒压阀通向洗涤工段。

皂化塔充分利用了皂能加速皂化反应的特性，皂化反应始终在反应曲线的中间陡峭部分进行，从而消除了开始阶段，缩短了反应时间。油脂皂化反应曲线如图 2-6。

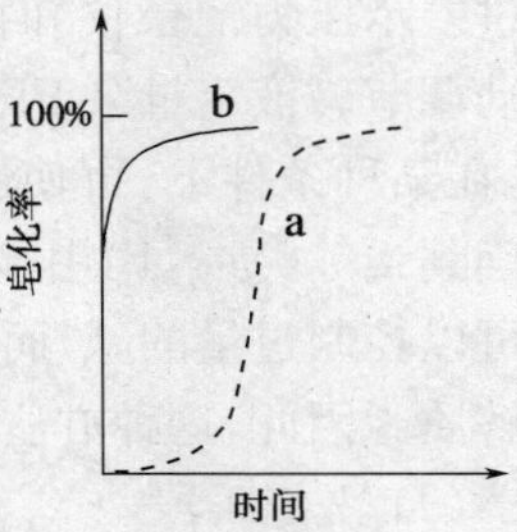

图 2-6　油脂皂化反应曲线

油脂进入塔 b 段，遇到了大量的肥皂，其中含有皂化油脂所需的碱液，油脂溶于肥皂中，呈均相迅速皂化。皂化时间与皂化率的关系如图 2-6 中曲线 b 所示，即循曲线 a 的陡峭部分进行。曲线 b 起始点的皂化率（即曲线 b 与纵坐标的交点）是设计皂化塔的一个重要参数，它取决于循环泵输送的肥皂量。例如，循环泵循环的肥皂量之比为 4∶1 时，曲线 b 开始时皂化程度达 80%。

正确选定循环比和混合比是设计连续皂化塔的一个关键问题，循环比是指循环泵循环的肥皂与进塔油脂和碱液的数量之比；混合比是混合泵输送的肥皂量与进塔油脂和碱液的数量之比。

物料在连续皂化塔中停留时间不到 20 min，而且没有碱析工序，无法进行补充皂化。因此，油脂和碱液必须在连续皂化塔中一次皂化完全。连续皂化塔的设计采取正确选定循环比来保证浓碱皂化这一工艺要求的实现。如果循环比定得太低，就意味着在塔的 a 段碱液加到少量的肥皂中去，由于碱液浓度很高，就会产生较强的析离现象，使皂化反应无法或很难进行，而且一旦产生析离，很难消除。当然循环比与碱液数量和浓度有关，碱液浓，循环比要求大，同时加碱要均匀，尽量避免局部不均匀现象。循环比定得大也无必要，只会增加设备的动力消耗，混合泵也相应很大。一般循环比为 9∶1，即进塔油脂和碱液形成的肥皂 90%进行循环。

混合比必须比循环比大，这样经循环泵加入皂化塔 a 段的物料将被混合泵全部打到 b 段，由于混合泵进口在塔的 a 段和 b 段之间，塔 b 段的容积又相对较小，所以混合泵也从塔 b 段下部抽取物料，当碱量相适应的油脂通过塔 b 段进入这高浓度的液流中，马上就十分均匀地分散到肥皂中，在循环过程中与碱作用，生成肥皂。如果混合比定得太低，即便有足够的碱液使皂胶中含有相当高的电解质，当加入油脂时，由于液流速度小，加料不均匀，有可能在局部的地方积累过多的油脂，从而局部产生黏稠的酸性皂，致使皂化反应无法进行下去，故一定要保证较高的混合比，使进塔油脂立即均匀地分散至肥皂中，避免局部不均匀性。皂化塔的混合比约为 20∶1。在 b 段的皂化停留时间虽然只有 2 min，而皂化率可达到 93.8%。当肥皂离开塔顶时，皂化率可达 99.95%，其中游离碱的含量约在 0.2%左右。

碱液的进入是通过恒组分控制系统来控制的。这个控制系统主要是利用肥皂中电解质含量的变化所引起的黏度变化，当肥皂电解质含量低时，肥皂非常稠厚；随着电解质的增加，黏度下降；当过了最低点后，黏度又迅速上升，如图 2-7 所示。

肥皂的黏度由循环两端的差示压力来表示。油脂按所需的产量由定量泵固定一定量，然后根据肥皂因缺碱或多碱引起的黏度变化，通过差示压力记录仪和控制器 DPRC11 不断自动调节碱液定量泵 PP12。上述种种调节方法，在某种条件下，可使肥皂中过量碱的含量精确到±0.01%，比用 pH 计控制为优；它不仅可以控制过量的碱，而且可以控制盐等其他电解质。因此，这种方法也可以用于整理阶段。

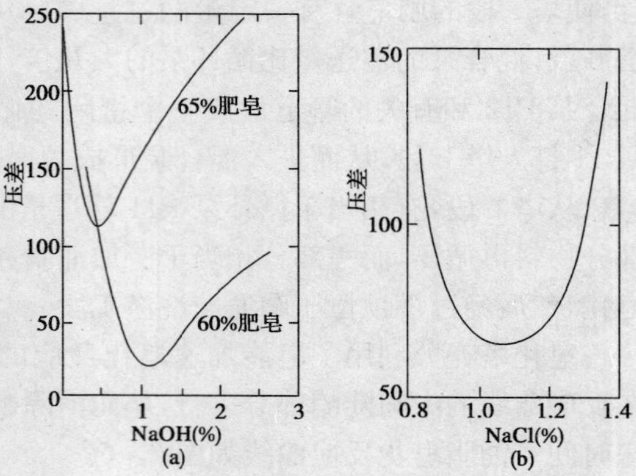

图 2-7　肥皂中电解质含量与黏度关系

(2) 洗涤工段

洗涤主要是利用一定浓度的盐水逆流洗涤皂中的甘油及其他杂质。根据不同的要求，可进行 2～4 次的洗涤。新鲜的浓盐水在洗涤工段第二次洗涤工序加入，当甘油溶解后，用高效密闭分离机将带有各种杂质的盐水从净皂中分离出来，所得废液套入第一次工序，在溶解较多量甘油后，再次进行离心分离，除去较多杂质，废液则送至甘油回收车间。

盐水通过过滤器 F22 及恒压槽 CL21 而至混合装置 MP21，在此同时加入一定量的水，将盐水调节到所需浓度。水通过过滤器 F22、恒压槽 CL22 及转子流量计 R21 而至混合装置与水混合，水量可通过转子流量计调节。配成所需浓度的新盐水通过定量泵 PP21 加到最后一次洗涤混合器 M22 中，逆流而到第一洗涤混合器 M21 中，与皂化塔中流出的皂胶混合，经离心机 S21 分离出废液。经离心机分离出的肥皂再经洗涤，由最后一次洗涤的离心机 S22 分出的皂，进入整理塔。

(3) 整理工段

为了得到高质量的香皂，在整理工段即加入适量盐水和碱水进行整理操作，使肥皂分成皂基和皂脚两相。

整理在整理塔 C31 中进行。一定量的整理电解质经过过滤器 F31，恒压槽 CL31 而至混合装置 MP31，同时加入一定量水，调整到所需浓度。水通过过滤器 F31 恒压槽 CL32、转子流量计 R31 及薄膜调节阀 MV31 加入。整理与皂化相同，也用恒组分控制系统来自动控制。在此加入的整理电解质液量不变。由循环泵 P31 两端的差示压力记录仪和控制器 DPRC31 来自动控制水的薄膜调节，调节整理电解质的浓度。然后通过离心机 S31 将其分离成皂基和皂脚两相。皂脚回洗涤工序的最后洗涤混合器中。为了改善成皂的色泽，可放出一部分皂脚，必要时也可以全部放出。皂基至调和工序。

6) 脂肪酸中和制皂

除以油脂为原料之外，也可以用脂肪酸为原料制取肥皂。当以脂肪酸作为原料时，可用碳酸钠进行皂化。将几乎饱和的碳酸钠溶液放入皂化锅煮沸，然后逐渐加入脂肪酸，每次加入脂肪酸后，要等足够时间，让生成的二氧化碳逸出，又不至于使皂化锅溢出，然后再加脂肪酸。

脂肪酸的中和反应可以不在皂化锅中进行，而在各种型式的搅拌器、捏合机中进行。脂肪酸也可以用连续制皂法制皂。这种方法可以包括组合的油脂高压水解、脂肪酸蒸馏、脂肪酸皂化和皂基的加工等工段。

脂肪酸制皂法具有很多优点，尤其在原料选择、混合及配方上比较灵活，故此法用于生产固体或液体特种皂、糊状或膏状皂、无水洗手皂以及粉状家用皂。

2.1.4 皂基与填料的调和

普通洗衣皂分成很多型号，如53型、47型等，数字表示肥皂中脂肪酸百分含量。这样，剩下的部分如果完全是水，当然对肥皂质量不利。所以需要填充既能增重又能改善肥皂品质的物质。

1）硅酸钠

硅酸钠是洗涤皂的主要填料，同时也是一种助洗剂，它能够促进肥皂的去污，使泡沫稳定，增加肥皂的硬度，使肥皂光滑细致，增加肥皂中的固体物，防止收缩变形；且能作肥皂中游离碱的缓冲剂，软化硬水，防止肥皂酸败。

硅酸钠一般配成40°Bè的浓度。其加入量及浓度与下列因素有关：

(1) 皂基内脂肪酸含量及性质

为了调整到一定的成品规格，皂基脂肪酸含量高时，就必须多加硅酸钠，但浓度要低一些，如果硅酸钠对脂肪酸的比例提高了，则不易容纳，易引起三夹板现象；皂基脂肪酸含量低时，硅酸钠要少加，浓度可高一些。

油脂配方中有椰子油、蓖麻油、松香等对电解质敏感性小的油脂，硅酸钠可多加；固体油脂用的多，混合脂肪酸凝固点较高，要少加。

(2) 皂基电解质含量

皂基中电解质含量高(尤其是氯化钠)，硅酸钠宜少加，反之多加。一般硅酸钠加入量按下式计算：

$$\text{硅酸钠加入量}=\frac{\text{皂基含脂肪酸量}\times\text{皂基数量}}{\text{成品脂肪酸质量标准}}-\text{皂基数量}$$

例如，现有皂基1 000 kg，其中脂肪酸的含量为61%。计算生产53型肥皂(脂肪酸含量53%)硅酸钠的加入量？

$$\text{硅酸钠加入量}=\frac{61\%\times 1\,000}{53\%}-1\,000=1\,151-1\,000=151(\text{kg})$$

一般供应的硅酸钠都是40°Bè。如填充40°Bè硅酸钠，则不必稀释，可直接按计算数量加入；如需要填充36°Bè硅酸钠，则在40°Bè硅酸钠中加水稀释。

2）纯碱

纯碱在肥皂中可增加硬度和去污能力，减少肥皂酸败。但是，多加易引起刺激性大、结硬、冒霜等缺陷，一般加入量为0.5%～1%，配成溶液加入。

为改善肥皂气味，常加0.1%的香草油，有时为改善肥皂色泽，还加入酸性皂黄等。

(1) 调和工艺

在调和锅中加入皂基，开动搅拌(70 r/min)，再加入部分重熔皂及皂头，同时逐渐加入预先计算好的填料。锅内的物料量以搅拌时液面应在搅拌器之上为宜，以免产生气泡。锅内温度保持在75～85℃。温度太低肥皂的流动性降低，调和效果不好，同时有进皂速度太慢的缺点；温度太高，硅酸钠容易析出。调和时间约为15～30 min。

(2) 调和设备

调和在调和锅内进行。调和锅示意图见图2-8。

调和锅一般是由钢板制成的密闭圆筒，有蒸汽夹层，外壁有保温，锅底有出料阀与成型设备连通，锅内装有套筒式或桨式搅拌器，顶部有进料口。调和锅与空气压缩机相连接，调和完成后，肥皂用压缩空气压入成型设备。

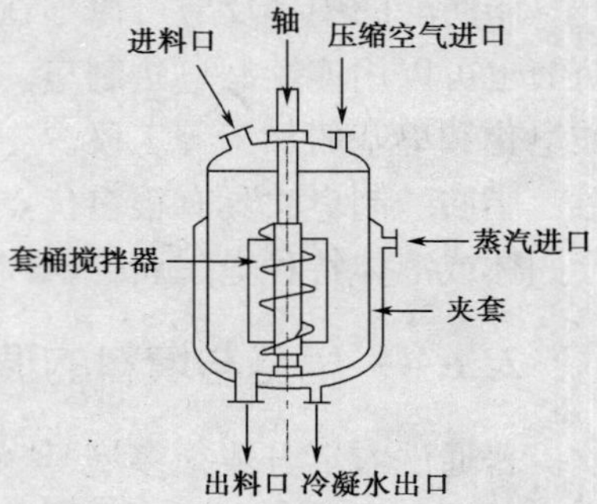

图2-8 调和锅结构示意图

2.1.5 肥皂的干燥与成型

1) 肥皂的干燥

各种不同皂化法产生的皂基，约含水分30%～35%，需要进行干燥，或经过干燥后转变成水分含量为5%～15%的皂片。皂片可以直接销售，或进一步经过研磨、压条加工成块状肥皂或香皂。有很多方法来实现。

(1) 冷却滚筒干燥

肥皂固化成皂片历史上主要是采用冷却滚筒法。冷却滚筒的直径约1.28～1.52 m，长度为直径的2～3倍，滚筒内部有冷却循环水冷却。熔化的肥皂可以是纯粹的皂基，也可以是皂基和填充料的混合物，这些物料输送到冷却滚筒的表面上，靠滚筒上部一套较小的进料辊的作用，散布成均匀的薄层。当滚筒缓慢地转动时，固化的肥皂借助于一系列伸向滚筒表面的钉状划刀的作用，将固化的肥皂划成多根狭长的皂条，然后用刮刀将它们从滚筒表面刮下来。

从冷却滚筒落下来的皂条进入金属丝输送机，输送机带着皂条缓慢地回旋着经过干燥器通道，干燥器借助于蒸汽加热，并装有空气强制循环装置，调节干燥器内的温度和输送机运转速度，可非常精确地控制物料的水分。冷却滚筒刮下的皂条经充分干燥后，会自然地碎裂成皂片。干燥操作要小心进行，以免过分加热皂片，引起皂片局部熔化并可能黏结在一起或黏附在输送机上。干燥器出来的热皂片不能立即堆放或储藏，因此，干燥操作的最后一步是将冷空气循环通过物料，以降低温度。冷却滚筒干燥示意图见图2-9。

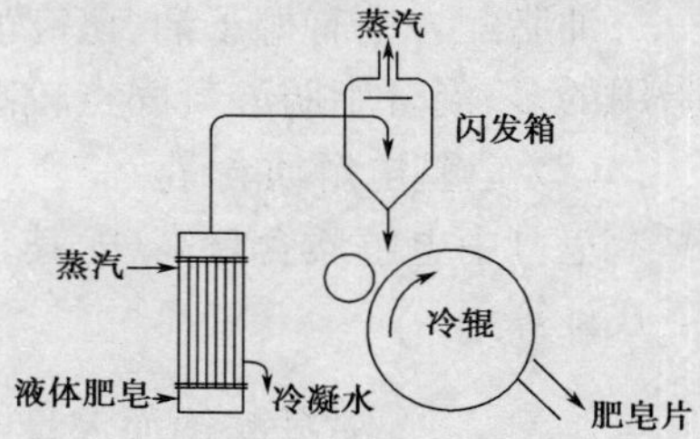

图2-9 冷却滚筒干燥示意图

(2) 喷雾干燥

喷雾干燥就是强迫熔化的肥皂通过喷雾塔顶部的喷嘴进入塔体，喷嘴喷出的小颗粒当通过并流或逆流的热空气流下落时，得到了干燥。

最先采用喷雾干燥方法的是Mazzoni公司。典型的Mazzoni"C"型单级真空喷雾干燥器见图2-10。

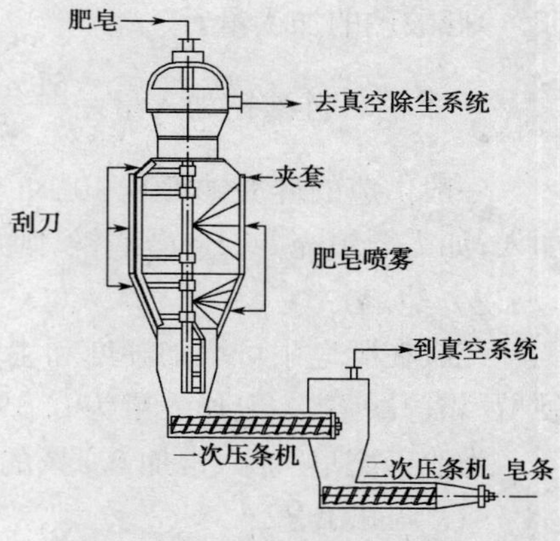

图2-10 Mazzoni"C"型真空喷雾干燥流程

生产时，皂基经泵输送通过过滤器进入给料罐，再经泵将通过热交换器加热的肥皂由旋转的喷嘴喷入真空喷雾干燥塔，以薄层固体沉积在塔内壁上。干燥程度和肥皂温度取决于真空度和热交换器加热的程度。干燥和冷却的皂膜从壁上刮下，落入压条机。被气流带走的微细皂粉，通过两级旋风分离器收集在旋风分离器的底部，收集的皂粉用螺旋输送机送入压条机。

系统中的气流在除去了大部分皂粉以后，进入大气冷凝器或表面冷凝器，整个系统的真空是由真空泵实现的。

(3) 多级喷雾干燥器

多级喷雾干燥也称大气膨胀干燥，它全部采用了单级真空喷雾干燥的关键设备，但在真空喷雾塔之前，增加了一个大气膨胀干燥单元。在此方法中，预热的肥皂喷雾至装有混合器的膨胀塔。为了使膨胀塔中的肥皂料面保持恒定，设备的一条腿装在传感器上，使传感器的信号输入控制系统，从而调节初级进料泵和肥皂的流量。当需要肥皂高度干燥时，多级喷雾干燥法尤其合适。

大气膨胀干燥法已进一步扩展，采用了串联的几个膨胀塔，可省去真空干燥步骤。

低水分含量肥皂吸收水分时，伴随着放出相当数量的热量，这种热量能使皂片或皂粉在大量堆垛储存时引起自燃，当不同水分含量的肥皂批次混合及储存时，也会产生发热现象。

2) 肥皂的成型

(1) 冷板成型

皂基和其他热的液体皂转变成适宜的固体皂块的最简单的方法，通常称为冷板(冷桶)法。该法将57～63℃的液体皂简单地注入能脱出的冷板框(冷桶)中，并让它自然凝固成大块的肥皂。在欧洲，相当广泛地采用具有水冷装置，可使肥皂迅速固化成薄块的冷板车。

冷桶由装在轮子上的底板和四个可活动的边框所组成，冷桶边框加紧在一起，形成了一个液体密闭室，冷桶边框亦可从固化的皂块上迅速拆卸，以取出凝固的皂块(见图2-11)。一车冷桶皂块通常重450～544 kg，呈高的、狭长的长方块，使后续的切皂操作得以最方便和最省力地进行。皂基的固化需要3～7天时间，冷制皂需要再延长一些时间，因为要在冷桶中完成皂化反应。

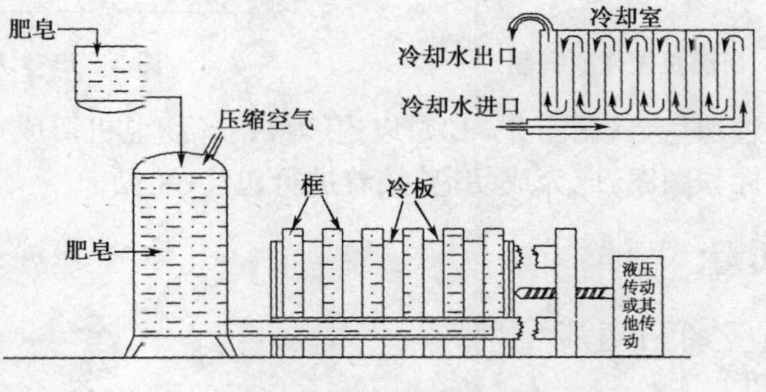

图2-11　冷板成型示意图

冷板(冷桶)皂块会被强制通过绷紧金属细丝组成的冷板切皂台切成条，然后再切成块。该操作生成的皂块或毛坯在打印和包装之前，必须进行一定程度的干燥。将毛坯通过干燥室通道，使它受到热的、干燥的循环空气的作用而得到干燥。干燥作用主要在皂块的表面，因此，整个皂块减少的水分含量通常不会大于5%。

添加的物质(如填充料、抗氧化剂、稳定剂和香料等)在冷板成型前调和在肥皂中。

(2) 近代肥皂成型技术

近代肥皂成型生产线,速度可达 300～400 块/min。成型操作包括将干燥得到的皂粒转变为成品皂并包装。关键的操作单元是:搅拌器、液体和固体加入物的计量装置、单级和多级压条机、真空压条机、切块机、烘房、打印机、包装机以及装箱机。

高质量的肥皂通常需要经过研磨。将皂片研磨并压条,皂粒纤维结晶将产生一定程度的定位作用,从而使产品具有明显不同的物理性能。这样的加工也使肥皂大部分转变为人们所希望的 β 相晶型。而在冷板皂中,主要存在着 ω 相肥皂晶型。在肥皂冷却之后进行研磨时,允许加入各种香料、杀菌剂和色素等。因此,相对易挥发的香料或其他物料,可在冷却研磨时加入。

较好的研磨皂片水分应在 13%～14%之间,水分含量过高的皂片太黏、太软,有时甚至无法研磨,或无法进行压条、切块或打印操作;水分含量太低,皂片也难以研磨。

肥皂成型的第一步,是将计量好的皂料与香料、色素、抗氧化剂等在搅拌器中混合,然后物料通过 3～5 个串联的辊筒所组成的研磨机。物料通过辊筒,被压制成薄片状。各个辊筒以不同的速度转动,以致肥皂薄片在通过相邻的两只辊筒时,不仅受到挤压作用,而且受到强烈的剪切作用。在最后一只辊筒上,肥皂以薄片状的形式被刮下,与皂片制皂方法相同。

研磨机的辊筒是中空的,能通过循环水进行冷却带走研磨肥皂时所产生的热。见图 2-12。

研磨皂在压条机中压缩成致密的、适于形成皂块的形状。压条机与料斗相连接,皂料在转动的螺旋型压缩螺杆的作用下,强制通过带有多孔板的压缩圆柱体室,然后在高压下通过末端的出口,以连续皂条的方式出条。压缩室装有夹套,夹套通循环冷水,末端出口则有加热装置。

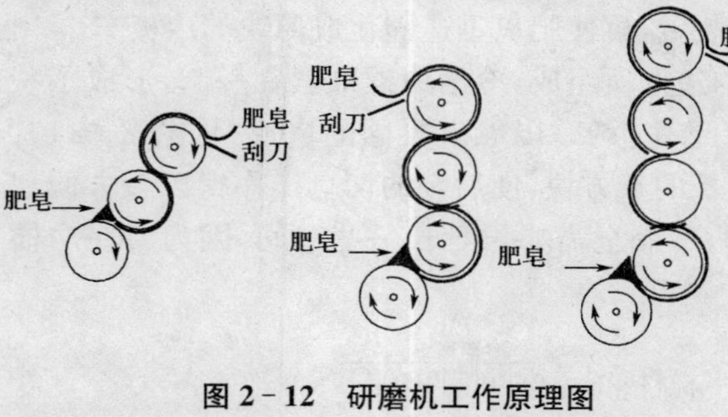

图 2-12　研磨机工作原理图

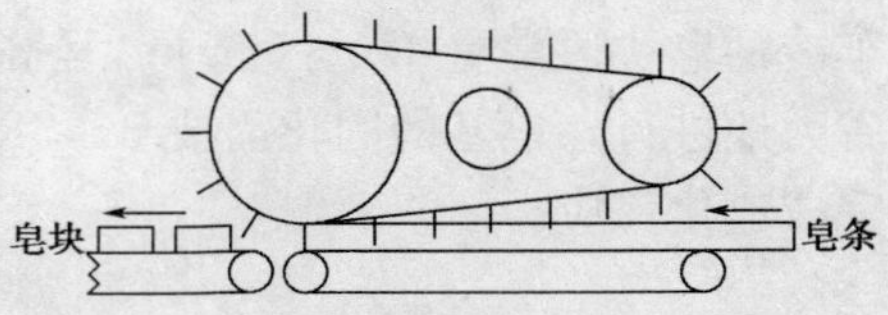

图 2-13　切皂台示意图

压出来的皂条通过切皂台(见图 2-13),以连续或钢丝切皂机切成空白皂坯。空白皂坯在打印机上被打上商标和图案,成为成品皂,接着进行包装、装箱。

2.1.6 肥皂质量

1) 有关肥皂质量的问题

(1) 肥皂的溶解度

肥皂的分子中有亲水的羧基(—COONa)部分,使它能溶于水。肥皂的溶解度过小,去污作用差,但溶解度太大时,使用不经济。一般洗衣皂溶解度要求大于 20～30 mg/cm^2 (40±1℃)。

肥皂的溶解度与温度有关,在进行油脂配方时必须考虑到使用肥皂的实际情况,以求肥皂在冷水中都有一定的溶解度。

肥皂中的混合脂肪酸凝固点高,溶解度大;混合脂肪酸凝固点低,溶解度小。

制皂时，油脂配方中脂肪酸成分不同，生产出的肥皂溶解度有所差异。一般来说，16 碳以下的脂肪酸（椰子油中含量高）、羟基脂肪酸（蓖麻油中含量高）、氧化脂肪酸、松香、异油酸（低熔点硬化油中）所成的肥皂，溶解度较大；硬脂酸（60°硬化油、牛羊油中含量较大）、花生酸（花生油中含量较大）、芥酸（菜籽油中含量较大）等所成的肥皂，溶解度小。在相同的配方中，肥皂含水量大，溶解度较大。

硬水中含钙、镁等离子，在硬水中使用肥皂，肥皂的溶解度小；在调和时加入填料，其中的碱性化合物有助于软化硬水，增加溶解度。

(2) 肥皂的硬度与耐磨度

肥皂软烂，不耐用；但硬度太高，不易溶解。硬度与耐磨度没有一定的规律，不同硬度、不同组成的肥皂所表现的耐磨度也不同。同样配方，增加填料，肥皂硬度高，耐磨度好。

影响肥皂硬度和耐磨度的因素有油脂配方、水分、生产工艺等。脂肪酸凝固点高（即高分子饱和脂肪酸含量高），肥皂的硬度越大。由低分子饱和脂肪酸制成的肥皂耐磨度高，高分子不饱和脂肪酸制成的肥皂耐磨度低；水分高的肥皂，硬度和耐磨度低一些。反之则高一些。肥皂中添入无机盐，如硅酸钠、碳酸钠，增加其硬度和耐磨度。

普通洗衣皂的硬度要求在 2 000 g/cm^2 左右，耐磨度要求在 110 dm^2/g 左右。

(3) 肥皂溶液的泡沫度

肥皂溶液的发泡能力往往是使用者衡量肥皂质量的主要依据。实际上发泡能力的大小，并不说明肥皂的去污能力的优劣。不过，泡沫丰富的肥皂，其去污能力总是强一些。

肥皂溶液泡沫度的大小与肥皂中脂肪酸的成分有关，由低分子脂肪酸（C_{10}～C_{12}）皂生成的泡沫大而丰富，但不持久；高分子脂肪酸（C_{13}～C_{19}）皂生成的泡沫细小而持久。

温度对肥皂溶液泡沫度的影响决定于肥皂溶液是否趋近或远离最适宜的胶体性。椰子油皂在温度升高时泡沫度很小，而牛油皂在高温时泡沫度大，温度这种影响也是对油脂配方提出的要求之一。

肥皂水溶液中有少量电解质能增大泡沫度，而较多量的电解质则减少泡沫度。

普通洗衣皂的泡沫度要求最高点不少于 170 mm，5 min 后不少于 160 mm(40±1℃)。

(4) 肥皂的层裂

肥皂裁切后，在其侧面出现明显的界限，严重时用手轻扭即成三片或使用时自动分成三片，有时裂面析出液体。这种现象称肥皂的层裂或俗称“三夹板”。造成这种现象的原因大致如下：第一，肥皂中混合脂肪酸的平均相对分子质量过大，凝固点较高，对无机盐的容纳性差，调和不易均匀；第二，皂基中游离电解质含量高；第三，调和操作不当，如硅酸钠加入量过大或浓度过高，调和温度低，搅拌速度慢，使填料调和不易均匀等。

为此，应控制混合脂肪酸凝固点在 38～43℃，固体油脂不宜加多，使月桂酸类油脂有适当含量，松香、椰子油、漆油、蓖麻油的加入有利于防止“三夹板”，控制皂基中总游离电解质在 0.6%以下，特别是食盐的含量要在 0.3%以下；调和时注意保持硅酸钠对脂肪酸油一定比例；调和温度在 75～85℃，搅拌速度在 70 r/min 以上。

(5) 肥皂的酸败

肥皂在储存期间，有变暗，出现斑点，有难闻气味等现象发生，即谓酸败。

引起肥皂酸败的主要原因是肥皂的混合脂肪酸中含有多量的高度不饱和脂肪酸以及肥皂中含有多量的未皂化的油脂，它们长时间接触空气、光线、水分引起氧化或分解，产生游离脂肪酸和甘油等。

微量金属如铜、钴、铁、镍等会加速肥皂的酸败。肥皂中有硅酸钠、游离碱、松香等能防止肥皂的酸败。

(6) 肥皂的冒汗

肥皂冒汗有冒油汗和冒水汗两种。

冒油汗时肥皂表面冒出一种黄色的油珠，是严重的酸败所致。主要原因是肥皂中所含的多量的高度不饱和脂肪酸氧化生成低分子游离酸和二元酸；多量未皂化中性油长时间接触空气、光线、水分，慢慢分解生成游离酸和甘油，多量的甘油在肥皂中大量水分挥发后被带到分子表面，长时间接触空气、光线生成多种氧化物。防止油汗的产生，应考虑配方中液态油的比例不应太大，加入适量松香；尽可能地皂化完全和析出甘油，加入一定量的硅酸钠和碳酸钠。

冒水汗的主要原因是空气湿度与肥皂中游离水分不平衡，同时肥皂中含有多量的电解质、高度不饱和脂肪酸和甘油而促进冒水汗。故应注意肥皂箱的干燥，控制电解质含量及混合脂肪酸碘值在 85 以下，保持肥皂存放在空气流通处。

(7) 肥皂的冒霜

普通洗衣皂允许有轻微的冒霜，但较严重的冒霜则是质量事故。

冒霜是指肥皂表面聚集着颗粒无机盐如 $NaCl$、Na_2CO_3、Na_2SO_4、SiO_2等，及有机盐如氧化的不饱和脂肪酸皂。

当水和其他挥发物向肥皂表面移动时，游离碱、硅酸钠被带到肥皂表面，水分及挥发物被蒸发，游离碱与空气中的 CO_2结合生成碳酸钠，SiO_2呈游离状态聚集于肥皂表面。有机霜中脂肪酸熔点一般在 32℃以下，有可能是在肥皂中水分向外移动时被带到肥皂的表面。

要防止肥皂冒霜，应注意皂用油脂的选择，同时控制游离碱在 0.3%以下，在油脂配方中加入 15%的松香。

(8) 肥皂的冻裂和收缩

冻裂和收缩均系肥皂含水太多所致，前者是在温度很低时游离水分结冰造成的，后者是在空气干燥时造成的。这就要求控制水分含量，最好是脂肪酸含量不低于 47%，加入硅酸钠等填料代替水分。

2) 肥皂的质量指标

表 2-10　洗衣皂物理化学指标(GB 8112—87)

指标名称		指标	
		A型	B型
干皂含量/%	≥	43	54
氯化物(NaCl)/%	≤	0.7	1.0
游离苛性碱(NaOH)/%	≤	0.3	0.3
乙醇不溶物/%		2～11	2～11
发泡力(5 min/mL)	≤	400	269

注：(1) 测定发泡力用 1.5 mmol/L 钙硬水配制的 0.3%干皂溶液。

(2) 油脂洗衣皂执行 A 型技术指标。

2.2 天然脂肪酸

2.2.1 天然脂肪酸概述

1）脂肪酸的种类

脂肪酸可分为天然脂肪酸和合成脂肪酸。天然脂肪酸主要是以甘三酯的形式广泛分布于动植物界；合成脂肪酸主要是利用化学合成的方法制得。后者主要是以石油化工产品为原料通过化学合成的方法合成脂肪酸，就不再讲述，这里主要介绍天然脂肪酸原料、生产方法和产品种类。

2）天然脂肪酸的原料

天然脂肪酸的原料来源主要有动物脂、植物油、油脂精炼副产品、废弃油脂以及木浆浮油（妥尔油）等。

（1）动物脂和植物油

动物脂包括陆地动物脂和海生动物脂。陆地动物脂如乳脂、猪脂及牛脂等。乳脂和猪脂仅供食用，一般不作为脂肪酸原料，同样，高质量的牛脂也不作为脂肪酸原料。通常情况下，只有质量较差的牛脂、猪脂和羊脂以及煎炸食品以后的废脂等才作为生产脂肪酸的原料。海生动物油主要是鱼油，目前，鱼油脂肪酸产量很小，通常是氢化鱼油脂肪酸，绝大部分鱼油经部分氢化后，生产人造奶油及起酥油类食用产品和皂、润滑脂及脂肪酸等非食用产品。

植物油是生产脂肪酸的重要原料之一，世界上油脂中约85%用在食品和饲料工业中，约15%用于油脂化工上。一般品质好，且有益于人体健康的油脂用来食用，如大豆油、葵花籽油、花生油、菜籽油、大部分棕榈油及玉米胚芽油等。品质差或不利于身体健康的油脂，如蓖麻油、桐油、漆油、椰子油、棕榈仁油及小部分棕榈油分提得到的棕榈硬脂等。

（2）油脂精炼副产品

食用油脂精炼过程中，采用化学时可得副产品皂脚、脱色废白土回收的油脂和脱臭馏出物等，皂脚中有较高含量的肥皂和油脂，脱臭馏出物中主要组成成分是脂肪酸和油脂；采用物理精炼时所得副产品蒸馏馏分与脱臭馏出物有着极相似的组成成分，这些都是生产脂肪酸很好的原料。

（3）废弃油脂

废弃油脂主要是食品工业废油、严重变质的油脂、餐饮废油以及地沟油等。

食品工业废油是来自食品厂的煎炸油，如煎炸方便面、油炸鸡、油炸排骨等废油；严重变质的油脂是由于储存条件不当或储存时间过长等造成的油脂酸值过高、过氧化值过高、颜色过深，且经精炼后无法达到食用油脂质量标准，或虽能达到食用油脂质量标准，但已无经济价值的油脂；餐饮废油主要来自宾馆、饭店的废弃油脂；地沟油是从城市排放的污水中回收的油脂。这些油脂往往用作生产脂肪酸的原料。

（4）木浆浮油（妥尔油）

木浆浮油（妥尔油）是工业脂肪酸的第二大原料来源，在脂肪酸工业中占有重要地位。和大多数用于生产工业脂肪酸的原料一样，妥尔油也是一种副产物。因而受主产品加工过程的影响。其质量变化主要是由硫酸盐制浆工艺的木材种类以及树木的生产地不同造成的。妥尔油是木材制浆造纸生产过程中的主要副产品之一，其中总脂肪酸含量一般在5%以上，是工业脂肪酸的重要原料。

随着生命科学，能源产业的进展，微生物、原生动物、藻类等生命体用作新油脂原料正在成为现实，如丝状菌中的卵菌类(Comgcetes)、接合菌类(Zygomycetes)、藻类中的隐藻纲藻类(Chrysophcetes)、涡鞭毛藻类(Dinophycetes)、黄菌色藻类(Chrysophycetes)等是生产二十二碳六烯酸(DHA)的菌体，由微生物培养的单细胞油脂是特种脂肪酸DHA的原料。随着生物工程的进步，脂肪酸的组成将会根据人类社会的需要进行调节，新脂肪酸原料的开发，将会有广阔前景。

3) 天然脂肪酸产品及用途

利用上述原料可以生产出不同种类的脂肪酸产品，目前，主要有混合脂肪酸、粗油酸、高碘值油酸、亚油酸、粗硬脂酸、氢化硬脂酸、棕榈酸、月桂酸、豆蔻酸、芥酸等。

脂肪酸的用途十分广泛。它用于制皂、合成洗涤剂、油漆和涂料、塑料、化妆品、食品乳化剂、润滑脂、矿物浮选剂、橡胶配料、脂肪醇、高聚物乳化剂、医药制剂、直链脂肪酸、纺织助剂，等等。

本章中，主要就以动植物油和皂脚为原料生产工业脂肪酸的基本理论、工艺和主要生产设备加以叙述。

2.2.2 天然脂肪酸的生产

天然脂肪酸的制取依据原料的不同以及油脂水解条件的不同，可以有许多种生产方法。

1) 动植物油脂制取天然脂肪酸

非食用牛脂、椰子油和棕榈仁油(月桂酸类)及大豆油是这一领域的主要油脂。

油脂是甘油三酸酯(triglycerides)，即甘油和混合脂肪酸的酯类混合物，是由一分子甘油和三分子脂肪酸经反应生成的。油脂通常包括固态的脂肪和液态的油。脂肪酸在以动植物油脂为原料生产时，一般是采用水解的方法获得。所得脂肪酸产品占油脂质量的95%左右(见表2-11)，甘油产品占10%左右。

表2-11 油脂水解所得脂肪酸、甘油的理论量

油脂	皂化值(平均)	甘油/%	理论需水量/%	脂肪酸/%	油脂	皂化值(平均)	甘油/%	理论需水量/%	脂肪酸/%
亚麻仁油	192.5	10.57	6.20	95.63	棕榈油	199	10.90	6.40	95.50
大麻籽油	192.5	10.57	6.20	95.63	棕榈仁油	248	13.58	7.97	94.39
玉米油	191	10.46	6.14	95.68	椰子油	253	13.86	8.13	94.27
大豆油	192	10.51	6.17	95.66	氢化棉籽油	195	10.68	6.04	95.36
棉籽油	194	10.63	6.24	95.61	木蜡	200	10.95	6.43	95.48
花生油	193.5	10.60	6.22	95.62	猪油	195.5	10.70	6.30	95.60
芝麻油	190.5	10.43	6.12	95.69	骨油	191	10.46	6.14	95.68
蓖麻油	181.5	9.94	5.83	95.89	牛油	198	10.84	6.36	95.52
菜籽油	179	9.86	5.75	95.95	鱼油	191	10.46	6.14	95.68
橄榄油	192	10.51	6.17	95.66	鲸油	188	10.30	6.04	95.74
茶油	191	10.46	6.14	95.68					

(1) 动植物油脂制取脂肪酸的方法及原理

各种油脂水解方法的工艺差异很大，从室温的酶法水解到 300℃的催化过热蒸汽水解，从常压到近 20 MPa 的高压。普通油脂常用各种直接水解法来生产脂肪酸。另一种方法是先使油脂皂化分出甘油，再使皂酸化即得脂肪酸。后者目前仍用于生产热敏性脂肪酸和特种脂肪酸。例如：在 70～100℃时用 9.7%氢氧化钠溶液使可可脂皂化，并于 pH 6.6～6.8 下酸化，结果比传统法更完全，而且所得脂肪酸的碘值普遍较高。但皂化与酸化过程中易形成胶体，酸化时又会引起乳化，还需消耗大量盐水进行处理，因此，水解法一般更为合适。

油脂水解反应机理是油脂与水在一定条件下发生反应生成脂肪酸和甘油的过程。其理论上的总化学方程式如下：

$$
\begin{array}{l}
CH_2OCOR_1 \\
| \\
CHCCOR_2 \\
| \\
CH_2OCOR_3
\end{array}
+ 3H_2O \rightleftharpoons
\begin{array}{l}
R_1COOH \\
\\
R_2COOH \\
\\
R_3COOH
\end{array}
+
\begin{array}{l}
CH_2OH \\
| \\
CHOH \\
| \\
CH_2OH
\end{array}
$$

油脂水解是一个极为复杂的平衡反应。其反应是分步进行的，油脂与水发生反应首先生成一分子的游离脂肪酸和一分子二甘油酯的中间体；二甘油酯继续水解再生成一分子游离脂肪酸和一分子单甘油酯的中间体；单甘油酯最后水解成一分子游离脂肪酸和一分子游离的甘油。其分步反应过程如下：

$$
\begin{array}{l}
CH_2OCOR_1 \\
| \\
CHOCOR_2 \\
| \\
CH_2OCOR_3
\end{array}
+ H_2O \rightleftharpoons
\begin{array}{l}
CH_2OH \\
| \\
CHOCOR_2 \\
| \\
CH_2OCOR_3 \\
+R_1COOH
\end{array}
+ H_2O \rightleftharpoons
\begin{array}{l}
CH_2OH \\
| \\
CHOCOR_2 \\
| \\
CH_2OH \\
+R_3COOH
\end{array}
+ H_2O \rightleftharpoons
\begin{array}{l}
CH_2OH \\
| \\
CHOH \\
| \\
CH_2OH \\
+R_2COOH
\end{array}
$$

或

$$
\begin{array}{l}
CH_2OCOR_1 \\
| \\
CHOCOR_2 \\
| \\
CH_2OCOR_3
\end{array}
+ H_2O \rightleftharpoons
\begin{array}{l}
CH_2OCOR_1 \\
| \\
CHOH \\
| \\
CH_2OCOR_3 \\
+R_2COOH
\end{array}
+ H_2O \rightleftharpoons
\begin{array}{l}
CH_2OH \\
| \\
CHOH \\
| \\
CH_2OCOR_3 \\
+R_1COOH
\end{array}
+ H_2O \rightleftharpoons
\begin{array}{l}
CH_2OH \\
| \\
CHOH \\
| \\
CH_2OH \\
+R_3COOH
\end{array}
$$

油脂的热水解实际上主要是溶解于油相中的水与油脂的均相反应，并非是油脂和水的界面上的非均相反应。在低温状态下，水在油脂中的溶解度很小，油脂的水解速度很慢或者几乎不发生水解作用。升高温度和压力可以增加水在油脂中的溶解度，使油脂发生水解，水解开始后产生少量的脂肪酸、二甘油酯和单甘油酯，又会进一步增加水在油相中的溶解度，从而使水解反应速度逐渐加快。此外，油脂水解还可通过使用催化剂、酸、碱和特种金属氧化物（在起始和反应过程中增加水在油脂中的溶解度）的办法来加速。

由于油脂水解是一个平衡反应，其反应的可逆性决定了油脂水解不能进行到底，所以，如何提高油脂的水解度对脂肪酸的生产有着重要的意义。一般来说，提高反应物（油脂和水）的浓度，或者降低生成物（脂肪酸和甘油）的浓度，都可提高油脂的水解度。

动、植物油脂水解生产脂肪酸时，根据水解操作的不同可分为间歇水解法和连续水解法；根据水解压力（水解温度）的不同和是否采用催化剂（或酶）又可分为常压（或低压）催化水解法、催化或非催化中压水解法、连续非催化高压逆流水解法、甚高压脂肪并流水解法、催化低压高温水解法、油脂的酶促水解。

(2) 动、植物油脂制取脂肪酸工艺

① 油脂的预处理

用于油化学工业的动、植物油脂，总的来说，质量要求不高。优质油脂(包括动物油和植物油)主要用于食品工业。高酸值或含有诸如蛋白质降解物、金属皂、色素及黏液质的油脂是油化学产品的主要原料。不过，这一规律已被逐步打破，在以往的50年中，提高油化原料的质量已显然成为一种趋势。

天然油脂的种类、加工方法不同，其杂质种类和含量就不同，如牛油、羊油和猪油等动物油脂中含有胆固醇、蛋白质及其降解产物等杂质。而椰子油和棕榈仁油(月桂酸类)及大豆油等植物油脂中存在油磷脂、胡萝卜素、叶绿素等有机杂质，此外还含有树脂状物质和少量无机物等杂质。

在动物油脂提炼厂需先用过滤法除去从饭店、肉联厂和其他部门收集来的低级油脂中可能有的聚乙烯膜。实践证明，如果要生产符合食品和化妆品工业严格要求的优质、低碘值、洁白硬脂酸或色泽稳定的油酸，动物脂在水解前的预处理是必不可少的。一般来说，动物脂的净化要用硫酸进行酸炼处理，以除去其中的蛋白质类物质、胶质、微量骨屑及黏液质等杂质。如果这些杂质不预先除去，就会给后序操作带来麻烦：可能堵塞和糊住脂肪水解塔中的分布器孔道，也可能使镍氢化催化剂中毒或限制极低不饱和度的达到，而它们的分解物可能会沉积到脂肪酸的塔盘(或填料)上和再沸器中，影响蒸馏的分离效果，降低设备的传热作用，增加设备的洗涤次数，使工业脂肪酸的生产成本增加，产品质量降低。所以，动物脂在水解之前要用硫酸酸炼处理。

动物脂的硫酸酸炼处理是在耐酸腐蚀的酸炼罐(如图2-14)中进行的。外购原料动物脂，在常温下一般为固态，在酸炼之前，首先要在熔油锅中进行熔油，使固态的动物脂在受热后成为具有流动性的液态。然后，将原料送入酸炼罐，加入浓度为30%～50%的稀硫酸，加入量为油重的2%～4%；在温度60℃下有效搅拌1 h左右，然后通入蒸汽加热至90～95℃，静置分层，放出下面水层，用清水充分洗涤物料以除去无机酸，再用酸性白土处理，既可除去大部分带色物质，又可除去氧化酸和其他杂质。

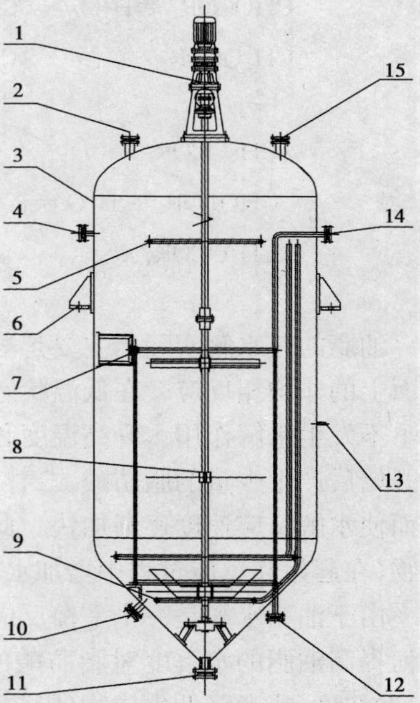

图2-14 动物脂酸炼罐

1. 传动装置；2. 白土接管；3. 罐体；4. 进油管；5. 酸(水)喷淋管；6. 支座；7. 加热笼管；8. 搅拌装置；9. 直接汽喷管；10. 净油出口管；11. 胶杂出口管；12. 冷凝水接管；13. 温度计接管；14. 间接汽接管；15. 真空接管

这种酸炼油脂再补充硫酸和加入磺酸催化剂，就可以进行常压(或低压)催化水解；如果将酸炼油中的硫酸全部除去，该油脂可用于连续非催化高压逆流水解。

植物油作原料生产脂肪酸时，水解前是否需要预处理，取决于其胶质(磷脂)、蜡及其他有害的非三甘酸污染物的含量。这些杂质的存在使油脂水解不能顺利地进行，也不能正常地氢化(会使氢化催化剂中毒)，甚至最初几步操作也难以进行。因而，对正常的高质量、脱胶、含蜡量低的植物油，则不需要预处理，其中的游离脂肪酸有助于引发油脂水解，故也不需要碱炼脱酸，而是直接进行油脂水解生产脂肪酸。对于质量低的植物油原料水解生产脂肪酸时,则需要进行预处理,以保证水解与蒸馏脂肪酸的操作和产品质量要求。

对于磷脂含量较高的植物油,如豆油、棉籽油等,一般采用水化脱胶(加水与添加剂,控制一定的温度和混合强度,使磷脂等胶体杂质吸水并絮凝沉淀,经过滤或离心分离除去水合胶质)、脱色法进行预处理。其一般方法是在油中加入 0.01%~0.03% $Al_2(SO_4)_3$ 或 0.001%~0.002%的 NaOH 等添加剂,再加入 1.5~3.0 倍于油脂重量的水在 40~60℃温度下进行脱胶,并除去大部分黏液质,由于过程使用了具有絮凝作用的添加剂,因而也不会发生乳化现象。对于既含亲水性磷脂,又含有非亲水性磷脂的植物油原料,则需用磷酸作添加剂进行水化脱胶,以确保植物油原料的质量。有时为了进一步脱除胶体杂质和色素,还要对脱胶油脂进行吸附脱色。

对于磷脂含量很低的植物油,如棕榈油、棕榈仁油、椰子油等,一般采用干法脱胶进行预处理。其一般方法是在油中加入 0.005%~0.02%的磷酸或柠檬酸等添加剂,反应一定时间后再进行吸附脱胶,同时脱除油脂中的大部分色素。

蜡含量比其他植物油高的葵花油,要使操作能够顺利进行,对蜡含量也有一定要求。蜡是长链醇及甾醇与长链脂肪酸所成的酯,在一般操作条件下不能完全水解。因此,葵花油和新开发的遗传工程培植的高油酸葵花油,除了正常的水化脱胶外,有时还需要对原料进行脱蜡处理。

绝大多数植物衍生原料仍然是价格便宜的皂脚以及脱臭、蒸馏馏出物。这些原料的利用将在后面进行详细叙述。

动、植物油脂的预处理一般可分为间歇法和连续法两种工艺。

(a) 间歇法:动物脂在熔油锅熔油后由换热器升温到指定的温度,然后与稀硫酸经一强烈混合器混合后由泵输送到一只混合反应器中,在此,在较高温度下搅拌一段时间,最后保温静置澄清。油脂层经几次洗涤,直到无游离硫酸存在为止。将乳化层分离,循环到下一次物料处理中。洗涤水中的微量油脂在另一容器中进行分离回收并循环使用。

废酸水泵入中和罐,经中和后排入废水处理系统。为实用起见,配备两台搅拌反应器,可交替使用,使生产更合理。间歇法动植物油脂酸炼设备工艺流程如图 2-15 所示。

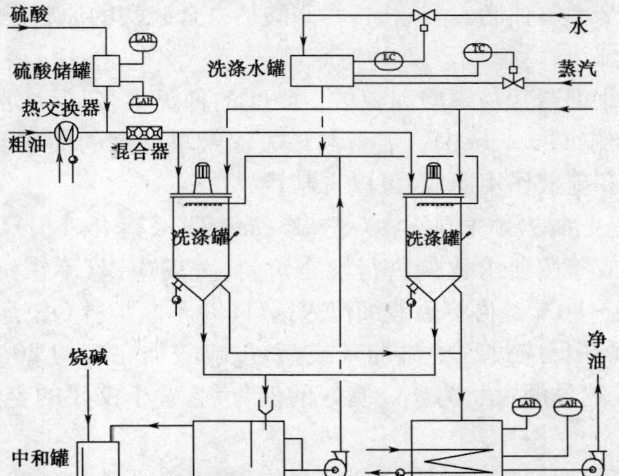

图 2-15 间歇法动植物油脂酸炼工艺设备流程

植物油原料的预处理是将油脂升温到一定的温度，经板框压滤机过滤除去其中固体杂质（主要是纤维素物质），然后，将其送入脱胶反应罐中，控制温度在指定的脱胶温度，并在不断搅拌下依次加入磷酸（或铝盐、氢氧化钠溶液）和热水，在搅拌下反应一段时间，最后保温静置分层。油脂层要用水洗涤，洗出残存的磷酸或其他添加剂。下层油脚中油脂含量较高，在另一容器中回收油脂后进行再利用。其工艺流程与植物油间歇法水化脱胶基本相同。

(b) 连续法：该净化法可以连续地进行，适用于动、植物油脂的预处理。它是由几个在线强烈混合器与相应的静置澄清贮罐串联而成；水相中的油脂用离心机或倾析器进行分离，并循环使用。或者是由两个在线强烈混合器、一台向心混合器与相应的滞流罐串联而成；反应后的混合物料用离心机进行分离。一般来说，前者比较适合于动物脂原料的预处理，后者更适合于植物油的预处理。动物脂净化过程中的脂酸水经中和后在废水处理系统中进行生化处理。

连续法设备投资大，只有在年处理量超 20 000 t 时才建议采用。连续法动植物油脂酸炼设备工艺流程如图 2-16。

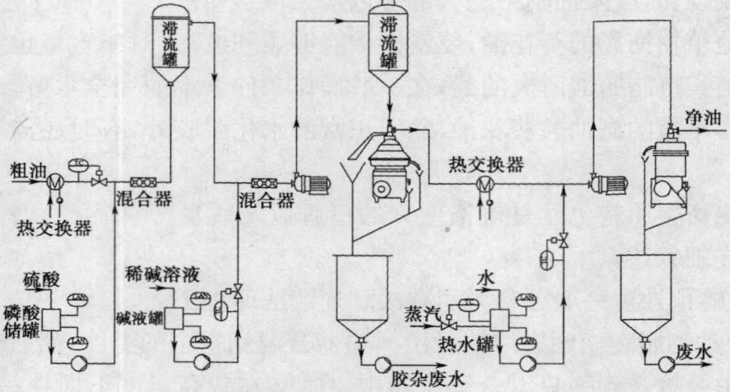

图 2-16　动植物油脂连续酸炼工艺设备流程

② 油脂水解

(a) 常压（或低压）催化水解法（Twitchell 水解法）

常压催化水解法是在常压下使用酸性催化剂，加新鲜水（有时也用低浓度的甘油废水），用直接蒸汽分级蒸煮来水解油脂。开始时，将磺酸加入含硫酸的原料中，以后只需要在每次加入的水中补加硫酸即可。

该法所使用的催化剂通常是磺酸和硫酸。磺酸的种类很多，但最常使用的是烷基苯磺酸、烷基磺酸和特维契尔（Twitchell）。后者是该方法最早使用的催化剂，它是以油酸（或饱和脂肪酸）、苯（或萘）和硫酸作用而成，可以自制。

制备时酸料比例是：油酸（预先制备）100 份，苯 25.5 份（或萘 45.4 份），硫酸（98%）35.5 份。

先将脂肪酸与苯或萘按要求比例进行混合溶解，置反应锅（不锈钢或其他耐酸材料制成）中，控制温度在 25～30℃。再将硫酸细流入锅，同时不断搅拌（由于温度升高，苯或萘易于挥发或升华，有时须在反应过程中添加苯或萘）。硫酸加完后约 20 min，可升温到 75～85℃，继续搅拌至反应物呈沥青状为止。制好的催化剂，置于密闭的容器内放在阴凉处，以防分解而降低活性。

在油脂水解时，硫酸通常与上述乳化剂一起使用，以降低乳化剂在水相中的溶解度，并增加其在发生酸性催化水解反应的油相中的溶解度，使水解反应速度加快。人们还发现用上述磺酸所对应的盐类物质衍生而得到的磺酸是最佳的水解反应催化剂。

最初的常压催化水解是在水解罐(如图 2－17)中一次完成的。其方法是每批加料的组成是 50%油脂、1%催化剂和 49%的含有 1%硫酸的水溶液。然后用直接蒸汽将混合物料加热煮沸，这样连续进行 36～48 h，停止加热，静置 30～40 min，放出下层含甘油的废水(甜水)，废水中的少量脂肪酸在分水箱中回收后送至甘油车间；脂肪酸层要用适量(一般为脂肪酸重量的 10%～30%)的新鲜水进行煮沸以洗出水解产物脂肪酸中残存的无机酸、甘油等水溶性杂质，分出的洗涤水循环到下一批物料中再利用。

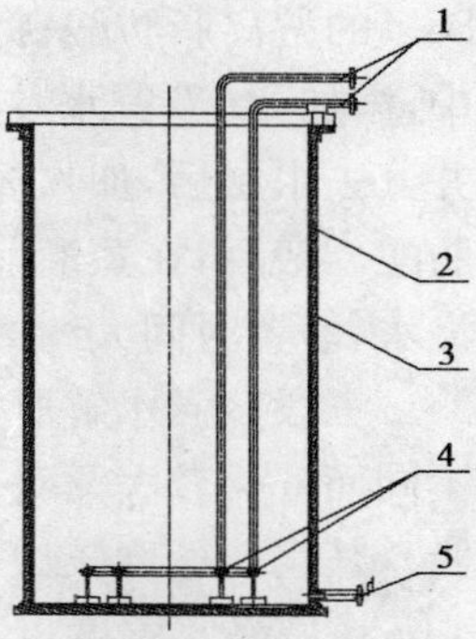

图 2－17　常压水解罐

1. 直接蒸汽接管；2. 衬里；3. 罐体；4. 直接蒸汽喷管；5. 出料管

采用一级水解的方法生产脂肪酸时，其水解度最高只能达到 90%～92%，水解度较低，影响了脂肪酸的产率。

在长期的生产实践过程中，人们将油脂水解反应发展为由至少两个通常是三个甚至四个阶段来完成。在每一个阶段的终了都排放出含有反应产生的甘油的油脂水解废水即甜水，这种甜水在随后的阶段中被新鲜水所置换，加快了反应速度，提高了油脂的水解度，但所得油脂水解废水量增大，降低了废水中甘油的浓度，相应地增大了甘油的回收成本；为此，更普遍采用的是使常压催化水解罐体系保持逆流操作，即原料油脂与水解废水呈相反方向流动，用后一阶段水解罐里的淡甘油废水置换前一阶段水解罐里的浓甘油废水，这样既节约了工艺水和硫酸的用量，保证了油脂的水解速度，提高了油脂的水解度；同时，又确保了水解废水中有较高浓度的甘油，有利于降低甘油的回收成本。在采用两段水解的场合，大约 85%～90%的水解反应发生在第一阶段，其余发生在第二阶段。采用四段水解时，其水解反应程度在四个阶段的比例分配约为 60%、25%、10%及 5%。实际上，水解反应程度(即水解度大小)取决于反应阶段数、加水量以及其操作时间，通常其水解度在 95%左右。如果要进一步提高油脂的水解度，则需要过分长的水解时间并产生过稀的甘油水溶液，这样无疑会增加水蒸气和水的用量，降低了产量，也增加了甘油的回收成本，从经济角度来看已没有实际价值。下面介绍一个典型的牛脂常压催化水解法，其生产工艺设备流程见图 2－18。

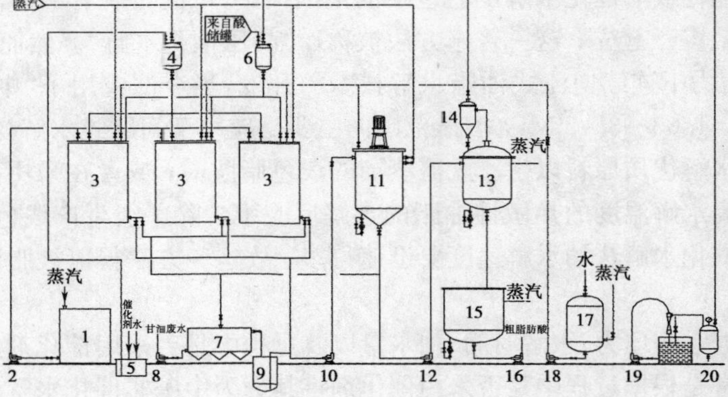

图 2－18　动植物油脂常压水解工艺设备流程

1. 酸炼油储罐；2. 油泵；3. 水解罐；4. 催化剂高位计量罐；5. 催化剂配备池；6. 硫酸计量罐；7. 撇油罐；8. 泵；9. 脂肪酸暂存罐；10. 泵；11. 洗涤罐；12. 泵；13. 干燥器；14. 捕集器；15. 粗脂肪酸暂存罐；16. 泵；17. 热水罐；18. 热水泵；19. 真空装置；20. 真空平衡罐

将 25 t 油脂、10 t 水、90 kg 硫酸和大约 1%的磺酸催化剂与直接蒸汽煮沸直至水解产生 88%的游离脂肪酸；将乳化的混合物静置分成两相，并放出下层废水。分离后的上层混合物中，添加 3 t 新鲜水及 27 kg 硫酸，再煮沸混合物直至水解产生 92%的游离脂肪酸。在静置并分去水层后，加入 2 t 水及 18 kg 硫酸，并煮沸混合物直至水解产生 94%～95%的游离脂肪酸。最后，在蒸馏前再用 1 t 新鲜水煮沸以洗出水解产物脂肪酸中的无机酸，静置分出洗涤水，静置时间大约 2 h。

三段蒸煮水解所需时间随油脂质量、油脂中脂肪酸的组成成分及催化剂的类型和用量不同而变化较大。对一般中性高质量的油脂（即实质上不含使反应催化剂失活的杂质的油脂），其水解速度较快，反之，水解速度则较慢，典型的各段蒸煮时间分别为 20～24 h、12 h 和 4 h，其最终水解度可达 95%左右；反应催化剂用量较少时，所需时间较长；原料油脂中短碳链的饱和脂肪酸含量较高时（如椰子油、棕榈仁油等），水解时间较短；原料中含有部分游离脂肪酸可使第一段水解时间减少。

三段逆流常压催化水解法（见图 2－19），其生产工艺设备流程与普通三段水解基本相同，只是水解罐的台数有所要求，即最少需要三台水解罐才能保证水解操作的连续性。该法油脂在各自独立的反应罐中连续地经过 3 台串联的反应罐，油脂在反应罐中的流向是 1＃→2＃→3＃；在反应罐 3＃中加入 1%～2%的磺酸和 25%～50%浓度为 1%左右的硫酸水溶液，反应得到的不同浓度的甘油水则逆向流动，即以 3＃→2＃→1＃进行。如果三段逆流水解法不是在常压 100℃而是在低压 120℃下进行，反应时间可更加缩短。

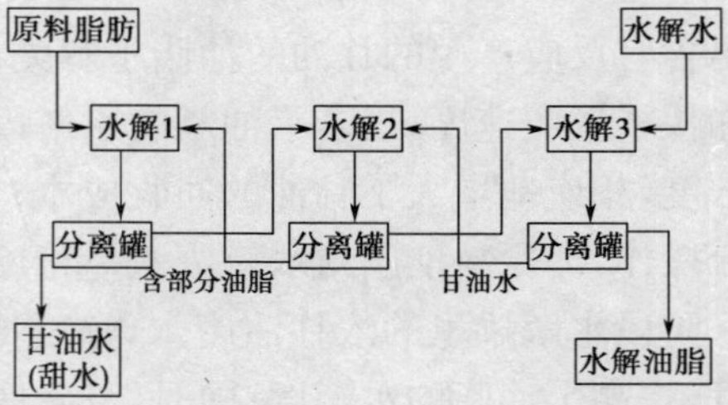

图 2－19 三段逆流催化水解工艺示意图

常压水解法的优点是所需设备简单，投资小，其缺点是由于极少量的硫酸化或磺化使水解产生脂肪酸色泽加深，蒸汽消耗量大，水解反应时间长；水解废水中甘油含量低，同时有磺酸和硫酸，增加了甘油的回收成本。

(b) 催化或非催化中压水解法

油脂的压热催化或非催化水解工艺包括的范围很广，可能是所有的方法中最古老的一组，文献、报道也最多。起先，这一普遍方法被称作“高压催化水解”。然而，随着在 3.43～5.0 MPa（表压）压力下连续逆流式油脂水解技术的开发，当今便应用了“中压”水解法这一更为适宜的名称。1.03～3.43 MPa 表压范围内主要是应用于间歇式水解操作中，间歇式水解操作更适用于水解优质原料以生产无需蒸馏的浅色脂肪酸，或者在采用高压连续逆流水解中不能经受较高水解温度的热敏性油脂的水解反应中。除了能生产浅色脂肪酸之外，中压水解法比常压催化水解法的水解速度要迅速得多，故这一方法得以被脂肪酸生产厂家广泛采用。

中压水解依据水解压力、水解时间、加水量以及过程中是否采用催化剂的不同可以有许多种方法。但通常是根据过程中是否采用催化剂将其分为中压非催化水解法和中压催化水解法两种。

中压非催化水解是依靠控制一定压力、温度、加水量以及水解时间使油脂发生水解，并保证有一定的水解度。

中压催化水解除了需要具备一定的压力、温度、加水量等条件外，还要添加一定量的催化剂来增加反应过程中水在油相中的溶解度，提高水解反应速率，同时保证油脂的水解度。

中压催化水解所用催化剂可以是酸性催化剂，即硫酸与磺酸类的催化剂，该类催化剂的催化活性相对来说普遍较高，有利于提高油脂的水解反应速率，但这类催化剂在较高温度下对设备的腐蚀性大，所以中压水解时，一般不予采用。中压水解常采用的催化剂是碱性催化剂，即金属氧化物。不同催化剂其催化活性不同，根据经验排列如下表 2－12。

表 2－12　不同催化剂的活性

260℃	ZnO	MgO	CaO	LiOH	NaOH	H_2O
催化剂活性	6.0	3.1	2.3	2.0	1.7	1.0

从表 2－12 中可以看出，在相同的压力条件下，与单独用水相比较，使用氧化锌作为催化剂对油脂进行水解时，可使水解反应速度加快，速度为其 6 倍，但是该法所得的脂肪酸含有金属皂，可用蒸馏的方法除去，这样在一定程度上降低了脂肪酸的得率；为此，也可采用加少量硫酸酸化的方法来解决。

在中压催化水解反应中使用的催化剂通常是锌、镁和钙的氧化物，而氧化锌活性最强，使用最广泛。催化剂的用量主要与油脂原料的品种、品质以及相应的水解压力、温度有关。油脂原料的品种不同，即油脂中脂肪酸组成成分不同，其水解的难易程度就不相同，以短碳链饱和脂肪酸成分为主的油脂原料容易发生水解，催化剂用量可以相对少一些，如椰子油、棕榈仁油等；低品质油脂原料如果含有使催化剂失活的杂质，则其用量相对增大一些，反之，高品质油脂原料水解时催化剂用量可适当少一些；随着水解所用蒸汽压力和温度的增加，催化剂的用量可成比例减少。一般情况下在中压水解压力范围内较低水解压力（1.03～2.5 MPa）的脂肪酸生产工艺，其催化剂用量大约为油重的 2%～4%（实际生产中也有低于此量的）；较高水解压力（2.6～3.43 MPa）的脂肪酸生产工艺，其催化剂用量大约为油脂重量的 0.5%～2.0%。另外，在水解过程中使用少量（油重的 0.1%～0.2%）锌粉能改善脂肪酸的色泽。

目前，有人认为使用或不使用催化剂的分界线可定在 215℃（2.0 MPa）左右，但仍有一些高于上述条件时还照常使用催化剂的例子，而低于上述条件时不用催化剂也很普遍。

中压水解反应器是竖直的圆柱形罐（如图 2－20），根据处理量的大小，其直径和高度分别为 1.2～1.8 m 和 6～12 m，通常由耐腐蚀的镍铬合金材料制成。油脂水解反应器附有隔热层，并设有直接水蒸气喷射器，以确保反应物料有一定的混合强度和较为恒定的水解压力，使水解操作能够正常进行。水解罐一般不设机械搅拌器。油脂中压水解可以是间歇式工艺，如图 2－21；也可以是连续式工艺，如图 2－22。

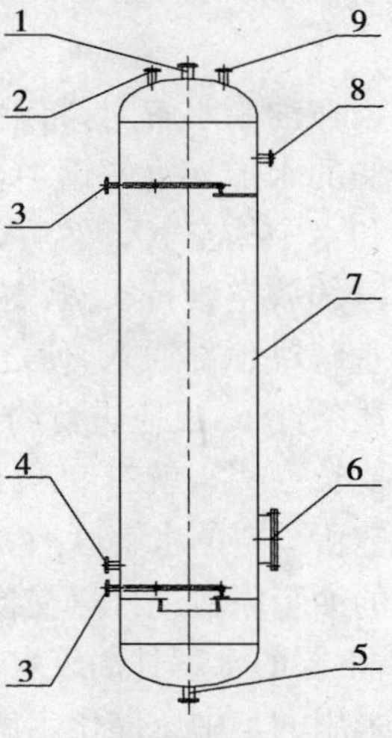

图 2－20　中压水解反应器

1. 串联接管；2. 安全阀接管；3. 进油管；4. 直接蒸汽接管；5. 出料管；6. 检修孔；7. 罐体；8. 串联接管；9. 压力表接管

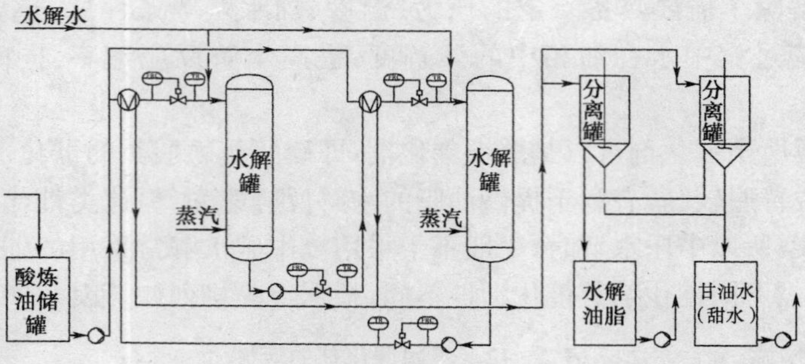

图 2-21　动植物油脂中压间歇水解工艺设备流程

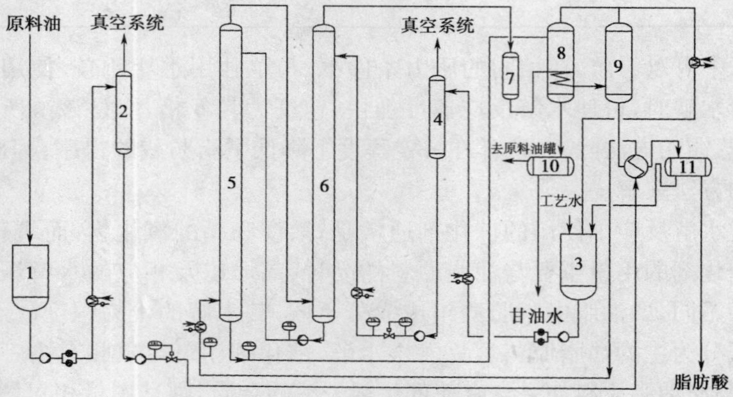

图 2-22　动植物油脂中压连续水解工艺设备流程

1. 原料油储罐；2. 析气器；3. 水质软化罐；4. 析气器；5. 水解塔；6. 水解塔；7. 平衡罐；8. 甘油闪发箱；9. 脂肪酸闪发箱；10. 甜水储罐；11. 分层罐

在油脂水解时，将油脂、催化剂（中压催化水解时），以及大约相当于油脂重量 30%～60%的水加入水解罐中，通入蒸汽于物料中以置换出水解罐顶部空间的空气以及溶解于油脂和水中的空气。然后，关闭水解罐出口阀门并继续通入蒸汽由水解反应罐的底部喷入，即蒸汽的放空维持了蒸汽的流通，足可使水解罐内混合物料充分搅动。油脂原料一般是从靠近水解罐顶部通入，使之开始时与直接水蒸气呈逆流方向，有利于油脂水解速度的提高。在上述条件下，反应进行约 6～10 h 后（非催化中压水解时间要长一些），就有 95%或更多的油脂被水解。在达到工艺所预定的水解度后，水解罐内高温物料在通过与低温的油脂原料进行热交换后被送入沉降罐，进行静置分层，下层的水解甘油废水在经过净化处理后回收甘油；如果采用的是中压催化水解，上层脂肪酸中含有一定量的金属皂，要用硫酸或其他无机酸处理脂肪酸，以分解其中的金属皂，然后，洗涤脂肪酸以除去过量的无机酸和无机盐等水溶性杂质，最后将所得脂肪酸送往蒸馏工段进行精制，如果采用的是中压非催化水解，上层脂肪酸则可直接送往蒸馏工段进行精制。图 2-23 表明了

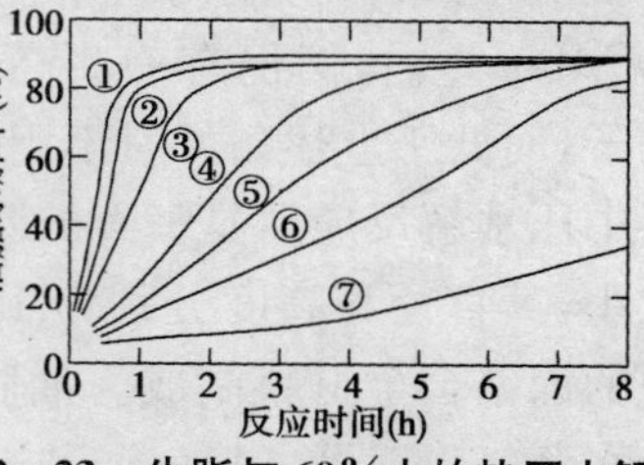

图 2-23　牛脂与 60%水的热压水解

① 220℃（表压 2.22×10^{6} Pa），0.5% NaOH 催化剂；
②185℃（表压 1.02×10^{6} Pa），0.51%ZnO 催化剂；
③ 200℃（表压 1.448×10^{6} Pa），0.5%NaOH 催化剂；
④ 185℃（表压 1.02×10^{6} Pa），0.5%NaOH 催化剂；
⑤ 185℃（表压 1.02×10^{6} Pa），无催化剂；
⑥ 170℃（表压 6.89×10^{5} Pa），0.5%NaOH 催化剂；
⑦ 140℃（表压 2.62×10^{5} Pa），0.5%NaOH 催化剂

采用 60%的水并用 0.5%氢氧化钠作催化剂、在不同温度下牛脂的一系列水解反应试验的结果，也表明了在 185℃下采用 0.51%氧化锌作催化剂的相应试验结果以及在同一温度下不用催化剂的相应试验结果。

中压催化或非催化水解法与常压催化水解法相比较，具有生产周期短，蒸汽消耗量少，工艺用水少，生产成本低，操作简单等优点；其不足的是，设备投资较大。该方法适用于较大规模的脂肪酸生产厂家。

(c) 连续非催化高压逆流水解法

自从 Ittner 和 Mills 在 1939～1942 年期间申请了各自的专利以来，这一工艺得到了稳步的发展。在现行的油脂水解方法中，连续高压逆流水解方法是目前所有水解方法中最复杂的一种，但效率很高。该方法的水解压力为 4.8～5.2 MPa。毫无疑问，对于大规模生产饱和脂肪酸及碘值小于 120 的不饱和脂肪酸而言，它是最经济的方法。

如前所述，油脂水解反应是一个平衡反应，达到反应平衡时油脂水解度的大小取决于溶解在油相中水的浓度和在反应温度下有效地利用水。连续高压逆流水解是使反应物料在高压下产生较高的反应温度，即增加水在油相中的溶解度，提高油脂水解的反应速率和水解度；同时，将反应过程中产生的脂肪酸和甘油两组分及时地连续不断地分离出去，以避免再发生酯化反应(水解的逆反应)而降低油脂的最终水解度。由于甘油组分是以甘油水溶液的形式分离出来的，因此，水解过程中需要连续不断地补充新鲜水和油脂原料，以确保反应过程中油、水保持较为恒定的比例，使水解能够连续地进行。该法与本节后面的甚高压下的并流式裂解法不同，连续高压逆流水解法并非乳化法，相反，只有当该体系不被乳化时，才能通过静置重力分离，把轻相层的脂肪酸与重相层的甘油水分开。

连续高压逆流油脂水解法所用水通常是蒸汽冷凝水(无溶解物)、去离子(无氯离子)和脱气水。氯离子的存在特别有害，当体系中氯离子达到一定浓度时，对不锈钢也有腐蚀作用，易导致压力容器的破裂而发生事故。空气的存在会导致脂肪酸(尤其是不饱和脂肪酸)的氧化分解等副反应的发生，同时，由于惰性气体的存在也会降低油脂水解的反应速率。

该法所用主要设备是一个细长的圆形水解塔(如图 2－24)。根据脂肪酸产量的不同，水解塔的直径一般为 500～1 200 mm，高为 18～24 m，所用材质为铬镍不锈钢或衬以高抗腐蚀合金。通常情况下，要求水解塔能承受 5.2 MPa 以上的操作压力，并设有良好的保温措施。国外最常见的是用内衬铬镍不锈钢的碳钢体材质(即复合型钢板)，这样的材质既具有抗腐蚀性能，同时碳钢耐高压性能又好。一般的铬镍不锈钢适用于牛脂水解，但对低相对分子质量脂肪酸组成的油脂，如椰子油、棕榈仁油等，则不太适用，原因是其脂肪酸的腐蚀性比高相对分子质量脂肪酸强。所以，对富含低相对分子质量的油，最好采用抗酸腐蚀性更好的材料。

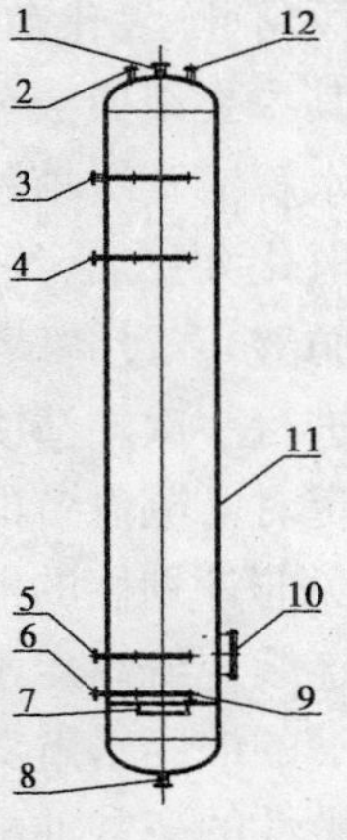

图 2－24　连续高压逆流水解塔

1. 出料接管；2. 安全阀接管；3. 工艺水接管；4. 直接蒸汽接管；5. 直接蒸汽接管；6. 进油接管；7. 挡板；8. 甜水出口管；9. 油脂喷管；10. 检修孔；11. 罐体；12. 压力表接管

水解时，油脂由高压进料泵输送到离水解塔底大约 0.9 m 的分布环并喷入塔内，占油重 40%～50%的水由接近塔顶的地方在与脂肪酸液相层进行热交换后进入塔内。油脂上升过程中先通过与塔底的高压高温甘油水收集区进行热交换后，经油—水界面进入连续相，处于连续相中的油水混合层受高温高压作用发生水解反应。高压水蒸气的直接喷入迅速地使温度上升至 260℃，压力维持在 4.8～5.2 MPa，大约 2～3 h 即可获得高的水解度。图 2－25 是油脂连续高压逆流水解装置的工艺流程示意图。

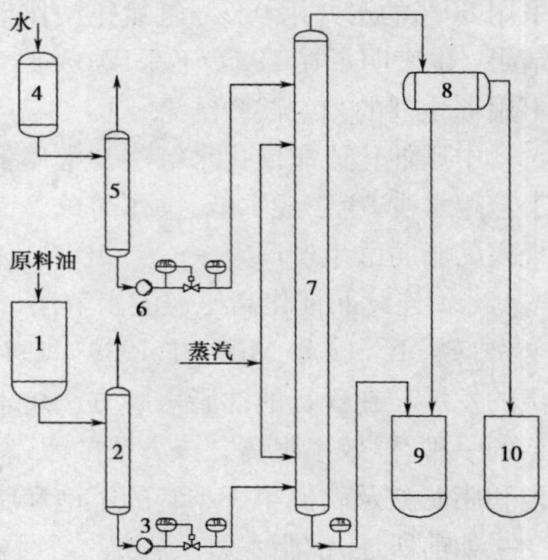

图 2－25　油脂连续高压逆流水解工艺流程图

1. 酸炼油储罐；2. 析气器；3. 高压油泵；4. 水质软化罐；5. 析气器；6. 高压水泵；7. 水解罐；8. 分层罐；9. 甜水储罐；10. 粗脂肪酸储罐

塔内压力通过脂肪酸出料管上的减压（back-pressure）控制阀来维持，通过控制水相的出料量来保持塔内界面高度，两种液相（塔上端脂肪酸液相层和塔下端水相层）分别与由塔两端逆流进入的工艺水、原料油脂进行热交换后排入闪蒸罐。由于高温高压的油脂（或油脂脂肪酸混合物）与最低浓度的甘油水进行逆相接触，所以油脂的水解度容易达到 98%，通常为 99.5%。在极高的操作温度下，水在脂肪酸及脂肪酸在甘油水中溶解度较大，要达到有效分离必须严格控制塔两端的热交换，即在塔两端配置加热段和冷却段，这样脂肪酸和甘油水的出料温度就较低，水在脂肪酸中及脂肪酸在水中的溶解度都很小，几乎使所有的水都富集在甘油水混合物中。

在大规模工业生产过程中，连续高压逆流油脂水解操作应尽量长期保持使用同一种原料，因为开车和停车都需要精心操作，也浪费时间，因而费用很高。当要改变原料时，采用水置换塔内的脂肪物，这样的切换，就可能几乎不出现等外品，费时也很少。为了使不同种类的原料在加工时获得最佳的水解条件，就需要在对关键设备设计时加以考虑。虽然由不同油脂原料（除氢化鱼油外）所得的甘油水通常情况下是不分开的，但不同原料生产的脂肪酸，由于其主要组成成分的不同，必须分开，以利于后序加工时分馏操作的稳定。比如，最好不要在水解清真级植物油后水解动物脂；水解牛脂后不要改换成椰子油或其他月桂酸类油脂；水解氢化大豆油（约 89%的十八碳饱和脂肪酸）后不要改换成氢化牛脂（约 68%的十八碳饱和脂肪酸）。设备清洗周期取决于原料油脂的洁净度及其预处理的净化效果，通常 12 到 18 个月进行一次。清洗时，必须疏通筛孔，清除塔壁和内部构件上的碎渣和沉积物。要按规定要求定时监测设备的腐蚀率，测量喷射孔及所有壁厚。脂肪酸生产厂还应配有备用高压泵，以避免非计划性的停车，确保安全生产。

连续逆流高压水解并非适用于所有的油脂。尽管在 4.8～5.2 MPa 压力及 240～260℃温度下的油脂水解对于一般油脂来说无疑是最迅速、最经济的方法，然而高温并不适合于下列热敏性的三甘油酯的水解，如含有共轭双键的油脂（桐油等）、易发生热共轭作用的非共轭体系油脂（许多鱼油等）、易发生脱水作用的羟基油脂（蓖麻油、氢化蓖麻油等）以及高不饱和度的油脂（碘值在 130 以上的高碘值大豆油等）。碘值为 130 或更高、亚麻酸含量约为 7%～9%的醇酸树脂型大豆油的连续逆流高压水解，因接近热聚合的温度范围，而会干扰水解的进行，以至降低水解产量和产品质量。因此，上述热敏性三甘油酯水解时，一般采用中压催化（或非催化）水解法或者采用常压催化水解法。

总之，连续非催化高压逆流水解法是当代脂肪酸工业生产中最先进的水解技术。其显著优点是实现连续化工业生产，生产周期短，热能利用率高，蒸汽消耗少，生产成本低；不足的是对水解原料有其适应范围，操作难度大，设备投资费用高。

(d) 甚高压脂肪并流水解法

1939年，Eisenlohr提出，如果在3.4～4.8 MPa压力下能使油脂有效水解，那么在17.2～24.1 MPa压力下可能会更好。虽然在压力约24.1 MPa和温度250～320℃的操作条件下对油脂水解来说有些长处，但是制造这样高压力的设备所需的费用几乎是难以负担的。与连续高压逆流水解法正好相反，该法是水和油脂并流进料，不能完全分出甘油，水解度只有约90%。因此，该法没有做很大努力进行商业化。

(e) 催化低压高温水解法

常规的工业油脂水解，首先必须使液态水尽可能多地溶于起始的油相中，使用高压饱和水蒸气可以同时获得高温与高压(使水保持液态)而达到这一目的。该水解法是用ZnO作催化剂，在较低压力下，以过热蒸汽水解油脂，这样可以避免使用高压设备。据资料报道，如果让牛脂在200～280℃的高温(低压)下穿过特别设计装有ZnO催化剂的管道反应器，并保持牛脂与过热蒸汽的流动呈“团状或环形湍流”，仅10～30 s的停留时间，水解度就达16%。如果油相再次穿过这一体系，其水解度可达70%。

该法是试图通过高速蒸汽使油脂水解体系中的蒸汽相与油相的非均相接触最佳化，此法的确大大增加了液相与气相之间的界面。但除非能有办法把副产物甘油从液态油脂相中蒸出(常压下甘油沸点是290℃)，否则，很难使油脂水解达到完全。由于1970～1984年期间热能价格的大幅度增加，这一未被证实的水解法，也就失去了商业化的可能性。

(f) 油脂的酶促水解

油脂通过解脂酶水解已应用于热敏性油脂，但是当今它并无显著的工业应用价值。过去曾大量使用过由蓖麻籽制取的酶，即将蓖麻籽与水一起研磨，再离心分离以除去固体，将所得的水、油、蛋白质等组成的乳浊液在室温下发酵48 h后备用。

这种类型水解反应的工艺流程如下：水解反应是在开口、底部为锥形、内衬耐腐蚀材料的罐体中进行的。油脂与分别大约占油重30%～40%和6%的水及发酵剂(酶)混合，加入足够量的醋酸或其他酸使体系的pH值调节到5左右，也可加入相当于油重的0.15%～0.20%(干基)的硫酸锰溶液来调节。氯化钡是水解反应的活化剂，而氯化汞、氯化铜、硝酸银及硫酸铜则是抑制剂。虽然在低至15℃、高至40℃的温度范围内都可获得快速的水解反应，但35℃更为适宜。超出上述范围，酶的活性迅速下降。因此，该方法不适用于高熔点的油脂。

水解罐内的物料经搅拌形成乳浊液，并在上述温度下保温约24～48 h，时而加以搅拌。正如其他的油脂水解方法一样，该水解反应开始速度很快，但随后就慢得多，最后达到平衡点。据称，大约90%水解反应程度是适宜的。水解反应完成后，加热破乳并加入少量硫酸，经静置分层后，将下层废水层放出，上层脂肪酸用清水洗涤，并以通常的方式进一步加工。

对含有多不饱和脂肪酸的油脂(如鱼油等)的水解来说，酶促水解具有潜在的实用价值。该方法在工业上尚未被开发，主要是由于其反应程度不完全，速度缓慢以及作为单元操作处置一般比较困难。对于稳定性很差的油脂(如含共轭结构的油等)，酶促水解方法是由其制取脂肪酸的为数不多的方法之一，而且把过程中发生的分子结构变化降低在最低限度。过去曾用此方法生产过某些蓖麻油脂肪酸，但至今这一工艺仍没能达到较好的应用。其主要原因是水解缓慢，水解率低，甘油回收困难，还有待于进一步研究和实验。

胰酶也可应于油脂的酶促水解。胰酶在对甘油三酯水解时，具有选择性和专一性，在胰酶催化作用下，三甘油酯2位（β位）上的脂肪酸与甘油成酯的键优先发生水解，然后再水解三甘油酯的1,3位上的脂肪酸与甘油成酯的键。可以调整相应的条件使这一情况占据优势，而且这种专一性是绝对的。这种水解技术已广泛应用于测定三甘油酯的结构。

近几年来，不少国内外学者投入较多的精力和物力从事酶学方面的研究和实验，期望在不久的将来酶学在油化学工业这一领域会有更大的发展。

2）油脂精炼副产品制取天然脂肪酸

可以用作天然脂肪酸生产原料的油脂精炼副产品主要有皂脚、脱色废白土回收的油脂和脱臭馏出物。脱色废白土回收的油脂和脱臭馏出物的主要组成成分是脂肪酸和油脂（即含量最多），而在作为天然脂肪酸生产原料使用时，主要是利用这两种成分。在制取方法和原理上与劣质的植物油脂相类似，就不再详细叙述。这里主要介绍以皂脚为原料制取脂肪酸的方法和原理。

皂脚是植物油精制过程中碱炼脱酸后所得的副产品。在碱炼过程中，油脂中游离脂肪酸在与碱发生中和反应生成肥皂的同时，难免使一部分中性油也被皂化而转入皂脚中，在油皂分离时又不可避免地要夹带一部分来皂化的中性油。当然，油中的杂质也会进入皂脚，特别是棉籽油中的全部棉酚进到皂脚，在碱性介质中很不稳定，会很快转化成各种深色化合物，使皂脚变成深褐色至黑色。

油脂碱炼皂脚的组成，由于操作工艺和分离方法的不同，其中肥皂含量约在60%～75%（干基），中性油约25%～40%（干基），其余为少量类脂物、游离碱、饼屑及粕末等。

由于皂脚中含有多量的脂质，长期以来被用作制皂的原料，而提取脂肪酸开辟其他用途，在我国主要还是近三十年才开展起来的。

（1）植物油皂脚制取脂肪酸的方法

脂肪酸在皂脚中主要是以肥皂和中性油的形式存在。以肥皂形式存在的脂肪酸可通过硫酸分解出来；中性油可以先皂化后再用硫酸分解，也可以直接水解得到脂肪酸。这样就形成三种提取方法：皂化酸解法、酸化水解法及水解酸化法。

比较可行的是前两种方法，后一种方法欠妥。这是因为：植物油皂脚中杂质的存在会影响其油脂的水解速度和油、水两相的分离；若采用酸性催化剂进行常压催化水解时，皂脚中大量肥皂的存在会降低硫酸的浓度，同时因与催化剂是相反类型的乳化剂，所以破坏乳状液的稳定，从而影响油脂水解的正常进行；水一般不易溶解于中性油，但当油脂中含有游离脂肪酸时可增大水在油相的溶解度，也就是说无游离脂肪酸存在对油脂水解不利。

（2）植物油皂脚制取脂肪酸的原理和工艺

① 皂化酸解法

生产原理：皂脚先用碱液补充皂化，使其中的中性油转化为肥皂和甘油；然后将所得皂胶用硫酸进行酸解，使肥皂转变为脂肪酸。其过程可以用下列反应式表示：

$$\begin{array}{l} CH_2OCOR_1 \\ | \\ CHOCOR_2 \\ | \\ CH_2OCOR_3 \end{array} + 3NaOH \rightleftharpoons \begin{array}{l} R_1COONa \\ \\ R_2COONa \\ \\ R_3COONa \end{array} + \begin{array}{l} CH_2OH \\ | \\ CHOH \\ | \\ CH_2OH \end{array}$$

$$2RCOONa + H_2SO_4 \xlongequal{} 2RCOOH + Na_2SO_4$$

生产工艺：皂化酸解法制取脂肪酸的生产工艺设备流程如图 2－26 所示。该法生产工艺流程示意图如下：

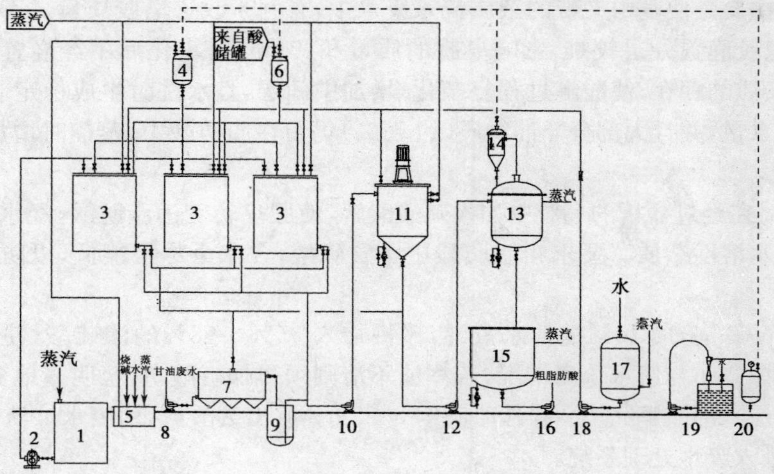

图 2－26　皂化酸解法制取脂肪酸工艺设备流程

1. 皂脚储罐；2. 皂脚泵；3. 皂化酸解罐；4. 碱液高位计量罐；5. 碱液配备池；6. 硫酸计量罐；7. 撇油罐；8. 泵；9. 脂肪酸暂存罐；10. 泵；11. 洗涤罐；12. 泵；13. 干燥器；14. 捕集器；15. 粗脂肪酸暂存罐；16. 泵；17. 热水罐；18. 热水泵；19. 真空装置；20. 真空平衡罐

碱液　盐　硫酸　清水
↓　↓　↓　↓
皂脚→皂化盐析→酸解→水洗→粗脂肪酸
↓　↓　↓
废水　废酸水　洗涤废水

(a) 补充皂化及盐析：其目的是皂化皂脚中的中性油，使其转变成肥皂和甘油，并将蛋白质、色素及其他胶杂排出，要求皂化率达 97%左右。

皂化时，采用浓度为 36°Bė 的烧碱溶液，理论加碱量根据皂脚的皂化值来计算，计算公式如下：

$$固体烧碱量 = 0.713 \times 10^{-3} \times 皂脚皂化值 \times 皂脚重量$$

考虑到实际生产过程中原料中杂质对碱液的额外消耗，以及工艺要求皂化过程和终了时应保持体系的微碱性，防止逆反应的发生而影响最终皂化率，因此，实际加碱量要多于理论计算量，即要有一定的超量碱，超碱量一般为理论加碱量的 5%～10%。

皂化操作时，皂脚用齿轮泵(或螺杆泵)送入皂化罐，用直接蒸汽翻煮 1 h 左右，使其成均匀的闭合状态。然后，逐步加入计算好浓度为 36°Bė 的碱液，用直接蒸汽充分翻煮，并随时用铲刀挑起皂胶。如皂胶和黑水不分，在铲面下滑很慢，说明碱量不足，需要逐步补加碱液；如皂胶从铲口上挂下起片、透明、与黑水明显分离，则皂化恰到好处；如皂胶变成稀薄离析状，碎片与黑水很快从铲口下滑，说明碱已过量。还可以在皂胶中滴加 1 滴酚酞指示剂，根据呈红色或 pH 8～10 保持不变，来判断加碱量。

经验判断带有主观性，有时会不准确，造成加碱过多，致使皂胶析离，影响皂化的正常进行，同时碱耗高，酸解时硫酸用量也增多，增加水洗次数。所以操作时必须细心控制。

完成皂化后，开始分批均匀地将盐撒于皂胶中(投盐量约为皂脚的 8%～12%)，不断用直接蒸汽翻动进行盐析。盐加到 70%时，看废水离析情况再补加，直至废水不结冻，继续翻煮半小时，关闭直接蒸汽静置 2～4 h，放出盐析废水(皂化盐析时间为 4～4 h)。

皂胶盐析主要是使其中夹带的杂质排入废水中，有利于改进皂胶质量。不经盐析虽然节省了盐，但皂胶静置分层较难，影响皂胶的质量和产量。若皂化后不经静置直接加酸酸解，则因多量杂质的存在，使酸解过程复杂化，增加中间层，且水洗时生成稳定乳状液，提高了脂肪酸的含水量，并且大部分非油物质(约 78%)仍留在脂肪酸中，蒸馏时增加残渣量，影响脂肪酸质量。

(b) 酸解：在经过盐析的皂胶中加入硫酸酸解，使肥皂转变为脂肪酸，经水洗除去残存的硫酸和其他水溶性杂质。要求粗脂肪酸中不含硫酸，含水量尽可能低，以防后续设备被腐蚀。

皂胶泵入酸解锅，加 40%的清水煮沸，慢慢加入 95%～98%的浓硫酸，使结块渐渐消失。取样观察黑脂肪与废水分离情况，若浑浊不清则须再加硫酸，直至明显地分为三层(油层、中间层、水层)，即酸解完毕。操作时间约 2～3 h。放出废酸液，用废水冲淡或用 10%石灰乳中和后，排入废水处理系统。

在实际生产过程中，一般都是根据分层情况来判定加酸量的，但因皂脚(特别是棉、糠、油皂脚)含杂质较多，酸解时脂肪酸与水不易分层，往往造成硫酸过量。因此，可用直接滴定法测皂胶酸解时所需硫酸的量。

准确称取皂胶 10 g(精确到 0.000 2 g)，置于 150 mL 的锥形瓶中，加入 25 mL 的水，置于电炉上加热煮沸，使之全部溶解。加入几滴 1%甲基橙指示剂趁热以 10%浓度的硫酸滴定，直至皂液分层，水溶液呈红色。再置电炉上加热煮沸几分钟如析出的黑脂肪分层不好，需继续滴加硫酸，最后记录硫酸耗用的毫升数。

每吨皂胶酸解时所需的硫酸数量(kg)，可按下式计算：

$$X=\frac{V\times 1.840}{W\times 10}\times 1\,000$$

式中：V——滴定时耗用硫酸的毫升数；

1.840——工业硫酸的比重；

W——皂胶试样重(g)。

(c) 水洗：经酸解得到的脂肪酸中还残存有少量的硫酸、硫酸盐等水溶性杂质，需要用等温的热水进行洗涤，加水量一般为脂肪酸重的 50%。加水后煮沸半小时左右，取样观察，如浑浊不清，可酌加适量食盐续煮，至黑脂肪酸与水分离明显为止。静置 1 h 放去废水，进行第二次洗涤，直至洗水呈中性为止。水洗操作约需 3 h，所得脂肪酸送蒸馏工段进行精制处理。

皂化酸解法生产脂肪酸时，所用主要设备是一竖直的圆柱形罐体设备，其材质最好是耐腐蚀的铬镍不锈钢(如图 2－27)；为了节约设备投资，也可采用罐体为钢筋混凝土内衬耐腐蚀材料的简易设备(如图 2－28)，其耐腐蚀材料一般为辉绿岩板、耐酸瓷砖或其他耐酸腐蚀材质。这样的设备既可用作补充皂化，又可用作酸解反应，有时还兼作水洗罐。

除了上述主要设备之外，该工艺还设有碱液计量罐、酸计量罐、热水罐及其相应的输送设备等。

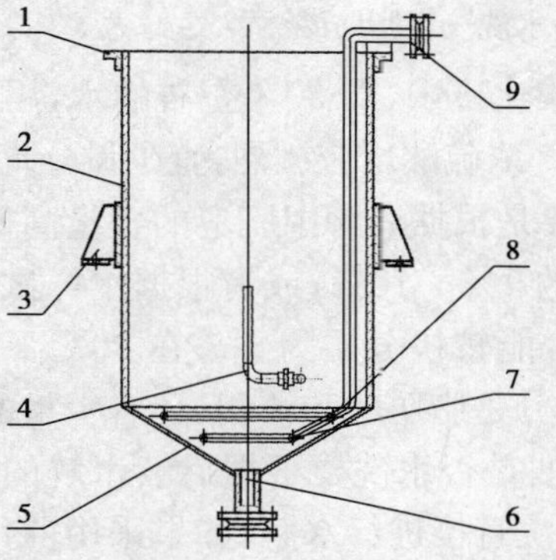

图 2-27 皂化酸解罐

1. 罐耳；2. 罐体；3. 支座；4. 摇头管；5. 底封头；6. 废水出口接管；7. 直接汽喷管；8. 直接汽喷管；9. 蒸汽接管

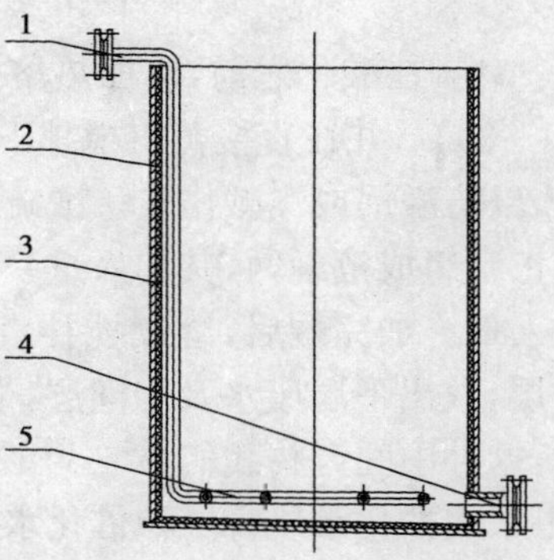

图 2-28 皂化酸解罐

1. 蒸汽接管；2. 罐体；3. 衬里；4. 出料管；5. 直接汽喷管

皂脚采用该种方法生产脂肪酸时，其优点是设备简单，操作方便，生产周期短，水蒸气消耗少，同时由于工艺中进行了补充皂化和盐析操作，确保了产品质量和产率。不足的是该方法酸、碱消耗多，生产成本较高。该方法适合于皂脚质量差、规模小的脂肪酸生产厂家采用。

② 酸化水解法

生产原理：酸化水解法是将皂脚中的肥皂先经硫酸分解，得到脂肪酸与中性油的混合物，这种混合物通常被称为酸化油，然后再水解其中的中性油得到粗脂肪酸。其化学反应式是：

$$2RCOONa + H_2SO_4 = 2RCOOH + Na_2SO_4$$

$$\begin{array}{lcll} CH_2OCOR_1 & & R_1COOH & CH_2OH \\ | & & & | \\ CHOCOR_2 + 3H_2O & \rightleftharpoons & R_2COOH + & CHOH \\ | & & & | \\ CH_2OCOR_3 & & R_3COOH & CH_2OH \end{array}$$

生产工艺：酸化水解法制取脂肪酸的生产工艺设备流程如图 2-29 所示。该法生产工艺流程示意图如下：

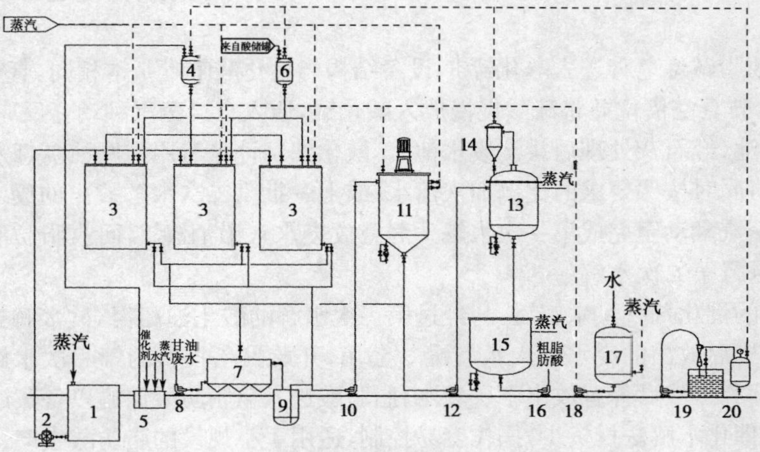

图 2-29 植物油皂脚常压水解工艺设备流程

1. 皂脚储罐；2. 皂脚泵；3. 水解罐；4. 催化剂高位计量罐；5. 催化剂配备池；6. 硫酸计量罐；7. 撇油罐；8. 泵；9. 脂肪酸暂存罐；10. 泵；11. 洗涤罐；12. 泵；13. 干燥器；14. 捕集器；15. 粗脂肪酸暂存罐；16. 泵；17. 热水罐；18. 热水泵；19. 真空装置；20. 真空平衡罐

皂脚→酸化→(水洗)→水解→水洗→粗脂肪酸

酸化：皂脚在酸化之前，应加热熔化后再送入酸化罐中，加20%左右的水，用直接蒸汽加热至80～85℃，并在直接蒸汽搅拌下用硫酸处理。浓硫酸反应激烈，宜少量分批或适当稀释后加入，以防溢锅或飞溅伤人。浓硫酸的用量主要是根据皂脚中肥皂的含量高低来控制，在皂脚的正常组成范围内，其加入量一般为皂脚重的7%～10%；或者根据水样试验估算浓硫酸的加入量。加完酸后，继续搅拌直至起油泡沫，能较快分层为止。在90℃下保温静置1～2 h分层，放出下层废水及中间层，油相层主要成分是脂肪酸和油脂，还有少量的色素、硫酸等杂质，这种中间产物我们称它为酸化油。酸化油是否水洗要根据后续水解的方法进行确定，如果采用酸化常压(低压)催化水解，可不经水洗直接进行水解；如果采用催化(或非催化)中压水解或连续非催化高压逆流水解，则需要用热水洗涤1～2次，并分别静置放出洗涤水，将得到的酸化油再进行水解。

水解：酸化油中的油脂在一定条件下加水即分解为脂肪酸和甘油。

(a) 常压(低压)催化水解：酸化油中油脂的水解方法与动、植物油脂的水解基本相同，可采用常压催化水解，也可采用催化、非催化中压水解，或者是连续非催化高压逆流水解。

植物油副产品皂脚制得的酸化油在作为油脂水解原料时较动、植物油脂原料差，而且原料分散，实际生产中多采用常压催化水解法，即酸性催化剂水解法，其生产工艺设备流程见图2-29。

水解分两次进行。第一次在皂脚酸解得到的酸化油中加30%的清水，用直接蒸汽加热煮沸。在沸腾的情况下，加入酸化油重约3%的催化剂及1%～2%的浓硫酸，经过8～10 h的水解，停止加热，静置30～40 min放出下层废水。第二次在留存于水解罐的油相中，再加入30%的清水、3%左右的催化剂、0.5%～3%的浓硫酸，按上述同样操作，经过大约8 h的水解，至酸值符合要求为止。静置放出废水，油层用20%的清水多次洗涤至洗液干净清亮呈中性为止。然后入储罐以备干燥蒸馏。

水解中有甘油生成，目前各厂都未回收而随废水排去，是很可惜的。若从皂脚酸化油的油脂水解废水中回收甘油，则在第一次水解时不是加清水，而是加上一批第二次水解放出的废水，以提高甘油水中甘油的浓度；同时，如果第二次废水中硫酸含量超过2%，则水解时可不加硫酸。

操作时，油脂碱炼皂脚送入酸化罐3，设备结构与皂化酸解罐基本相同，真空吸入硫酸至硫酸计量罐6，破真空借位差将硫酸慢慢放入酸化罐，通入直接蒸汽翻动。反应完毕后，静置放废水入废水池(经石灰处理后排至废水池)。酸化油经计量后用耐腐蚀泵打入水解罐3，通直接蒸汽加热，同时按照要求的比例加入清水(或上一批第二次水解放出的废水)、催化剂和硫酸，用直接蒸汽翻动至完成第一次水解。静置放废水入撇油罐7，回收脂肪酸后送甘油回收车间，然后进行第二次水解。

将计量好的催化剂打入水解罐，与经过第一次水解的酸化油相混合，水解操作与第一次一样。水解完毕后放出的废水抽入水解罐3套用，开始另一批料的第一次水解。粗脂肪酸加水进行水洗两次，然后静置放出下层废水，脂肪酸送入粗脂肪酸储罐以备蒸馏用。

酸化常压催化水解法投资少，操作容易控制，适用于小规模的脂肪酸生产。

(b) 催化或非催化中压水解和连续非催化高压逆流水解法：目前，国内有一些生产厂家以皂脚酸化油或脱臭馏出物为原料生产脂肪酸，使其具有一定的规模，使酸化油水解采用催化或非催化中压水解和连续非催化高压逆流水解成为可能。而酸化油原料中本身含有较多的脂肪酸，提高了水在油相中的溶解度，有利于酸化油中油脂的水解。但是，由于酸化油作为生产脂肪酸原料其质量上较动、植物油脂差，其中的一部分杂质容易使催化剂失去活性，影响水解速度，所以在采用催化中压水解时，催化剂用量要稍大一些。另外，在采用连续非催化高压逆流水解工艺时，对水解原料要求高，需要进行专门处理后再进行水解。

催化或非催化中压水解和连续非催化高压逆流水解工艺投资巨大，但可以节省水蒸气和其他辅料的用量，降低了生产成本，缩短了生产周期；同时，酸化油水解度高，水解废水中甘油浓度较高（一般在5%以上，甚至更高），有利于从水解废水中回收甘油。

③ 皂脚脂肪酸的其他提取方法

(a) 皂脚脂肪酸的溶剂皂化酸解提取法

一些植物油皂脚中含有较多的胶质、不皂化物及夹杂物（如米糠油皂脚等），虽然中性油很容易被烧碱皂化，但由于杂质的存在，使得分解时生成的酸化油与水不易分层。这种情况可以通过添加少量或微量低级芳基磺酸盐、非离子型表面活性剂、乙基羟基纤维素、羧甲基纤维素钠及酪朊等而得以改善，同时也可采用溶剂提取法。溶剂可用丁酮，它能与脂肪酸相溶，又能与水相溶，从而消除由胶质与不皂化物引起的脂肪酸与水之间的乳化层，使之互相分层充分，杂质沉于酸性水层中。

溶剂皂化酸解生产皂脚脂肪酸的过程如下：

由皂脚罐用泵定量打入皂化酸解罐，然后计量加入浓度为48%的碱液，同时由溶剂罐加入溶剂，溶剂量为皂脚的30%～50%，边快速搅拌边升温至60～70℃，溶剂受热汽化，经加热回流60～90 min。

皂化结束后，在约30 min内缓缓加入50°Bè的硫酸，充分搅拌，加热回流进行酸解。酸量是否适当，酸解是否完全，可根据测定酸水的pH值来判断。终了时pH应保持3左右不变。酸解结束，停止搅拌，静置约60 min，使之充分分层。上层酸化油混合物和中间层经分离槽分去酸水后，送入混合油罐，用泵通过计量器进入连续蒸发器，经蒸发并冷凝回收大部分溶剂后，送至汽提塔进一步回收溶剂，即得粗脂肪酸。粗脂肪酸送蒸馏工段。

下层的废酸水经酸水罐入间歇蒸发罐，用碱液中和，加热蒸发回收溶剂，溶剂蒸汽至冷凝冷却器冷凝冷却后循环使用。

此法与一般皂化酸解法相比，具有静置时间短，油水分层好，粗脂肪酸得率高等优点；但设备投资大，生产成本高，要求防火、防爆。故该方法没有得到广泛应用。

(b) 皂脚脂肪酸的连续提取法

连续地提取皂脚脂肪酸，即意味着连续皂化皂脚中的中性油，并将皂胶（包括油脂碱炼及皂脚补充皂化生成的肥皂）连续分解；或者连续分解皂脚中的肥皂，再连续水解其中的油脂。因油脂连续水解需要较高质量的原料以及较高的设备条件和操作条件，所以连续生产皂脚脂肪酸一般采用前一种方法。

下面介绍一种连续皂化和酸解的工艺流程（图2-30）。

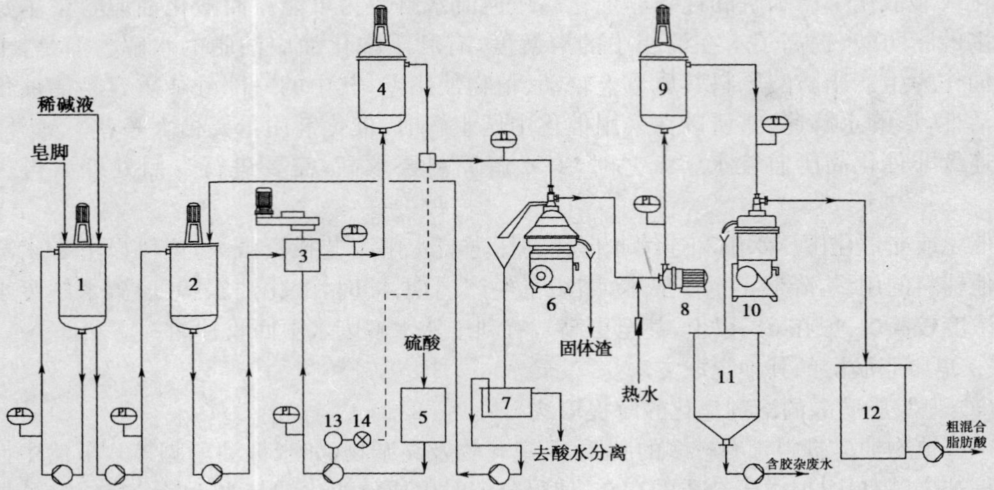

图 2-30 植物油皂脚连续皂化酸解工艺设备流程

1. 皂化罐;2. 稀释罐;3. 混合器;4. 反应罐;5. 碱液储罐;6. 离心机;7. 浮沫罐;8. 混合器;9. 滞留罐;10. 离心机;11. 含胶杂废水储罐;12. 粗混合脂肪酸储罐;13. pH 记录器;14. 电功率转换器

工艺过程包括加热、pH 值控制、混合及分离等基本单元操作。

皂脚直接由碱炼离心机流过来,同稀碱液混合,pH 值升到 10.5,在皂化皂脚中油脂的同时,还部分地皂化了磷脂。

加碱处理后,用从水洗离心机来的热洗涤水稀释皂胶,使得总脂肪含量在 10%~20%的稀释皂胶可以降低被处理物料的黏度,因而易于输送、加热和混合。同时可以调节不同批次物料中的总脂肪酸含量,使其恒定在某一水平,有利于稳定操作和使酸比例泵的调节变得容易。如用碱炼洗涤水作稀释剂,还可免去废水的处理,同时可以回收洗涤水中的热量、少量肥皂和微量油脂。

稀释后的皂胶同定量供给的浓硫酸混合,在短时间内完成酸解反应,然后离心分离为三种组成:油相、水相和杂质相(固体杂质)。

从含有油、磷脂的皂脚中得到的黑脂肪酸,总脂肪酸的含量为 89%~91%。进一步用 5%的热水同黑脂肪酸混合,进行脱胶操作,使磷脂吸水沉淀后离心分离。经第二次分离得到的粗脂肪酸,其中脂肪酸含量在 93%~95%。整个皂化、酸解过程可回收原料皂脚中可利用的总脂肪酸的 90%。粗脂肪酸送去蒸馏。

上述方法,优点是明显的,但其连续补充皂化和酸解的实施,都是基于很稀的皂脚或皂胶(脂肪酸含量百分之十几)和采用维修费用高、结构复杂的分离器和离心机。由此出现了避免这种缺陷的另一类型皂脚脂肪酸的连续提取法,经生产性实验是可行的。这种方法的连续补充皂化见图 2-31。

皂脚在集存罐中用直接蒸汽预热到 80~90℃,并用废水稀释至适宜浓度(总脂肪酸含量 30%~35%)。用齿轮泵打到二级汽—液型反应器,同直接蒸汽混合。进料混合室中汽液混合物被高度分散,并在高速汽流的作用下进入快速扩散器而至第二级喷射器的喷嘴。

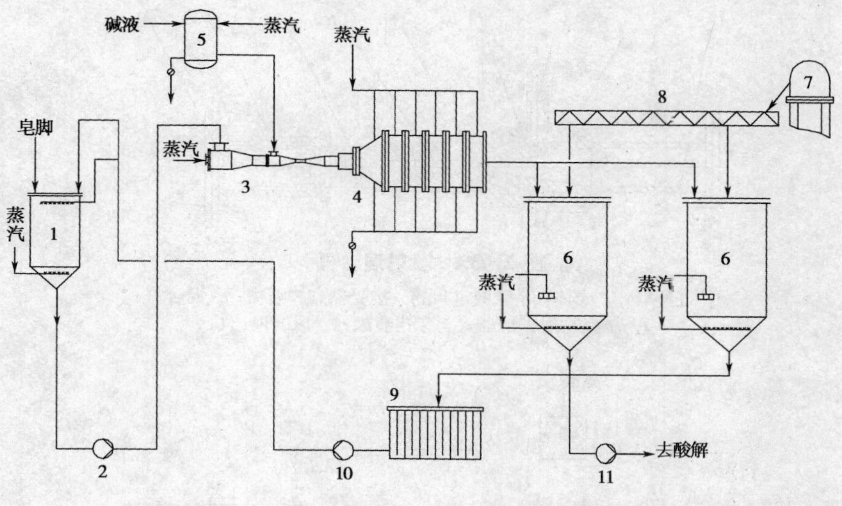

图 2-31　植物油皂脚连续补充皂化工艺设备流程

1. 皂化罐；2. 皂脚泵；3. 二级汽-液反应器；4. 螺旋状喷罐；5. 碱液储罐；6. 沉降罐；7. 盐提升机；8. 螺旋输送机；9. 油脂捕集器；10. 离心泵；11. 皂粒输送泵

在第二级喷射器内，以 0.1～0.15 MPa 的压力被强制送入过热至 105～110℃的碱液。在进料混合室中由于压差和孔板的存在，部分碱液瞬间即变成汽化状态，同时剩余液体变为高度分散状态。当碱液从第一级喷射器出来的汽液混合物混合并通过扩散器时，中性油被强烈地皂化。而后物料转入螺旋状喷管，以确保混合时间及补充加热。

补充皂化好的皂胶，进入两个沉降器中的一个，当充满容积的一半后，通入直接蒸汽使料液沸腾，投入固体食盐进行盐析。待物料充满后，停止通直接蒸汽，静置 3～4 h。下层废液水放入油脂捕集器，一部分打到皂脚集存罐稀释皂脚，剩余部分送去净化处理。皂粒送至连续分解工段。

补充皂化时，烧碱的供给量视进入沉降器中的皂胶含游离碱的分析结果来调节。皂胶超碱量对补充皂化后皂胶中残余中性油量的影响见图 2-32。从图中可以看出，最优超碱量为 0.6%～1.0%，此时补充皂化产物中中性油的含量降到 1.2%～1.4%。

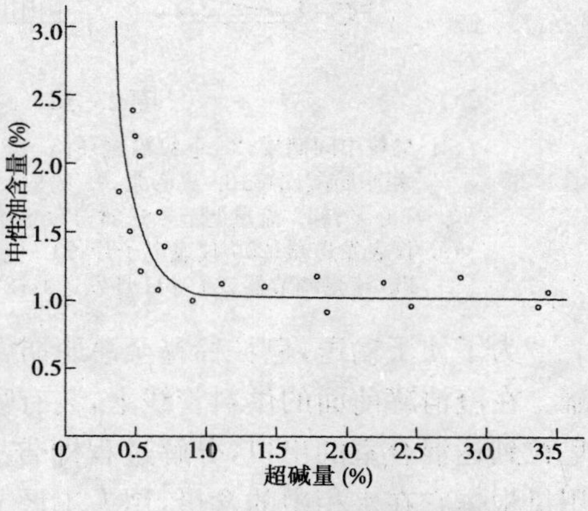

图 2-32　补充皂化超碱量和皂胶中残余中性油量的关系

皂脚中中性油含量在 4.29%～16.24%范围内，中性油的皂化速度及完成度与其含量无关。选择最优超碱量时，皂胶中残存的中性油量可降低至 1.0%。

皂脚的连续补充皂化能稳定粗脂肪酸的质量，创造中性油深度皂化的条件，同时比间歇法的碱耗低，设备外形尺寸小，生产能力大，维修方便。

补充皂化生成的皂粒要达到完全分解，必须创造硫酸同皂液密切相混的条件，为此可采用喷射混合器(图 2-33)。附有喷射混合器的皂粒连续酸解流程见图 2-34。

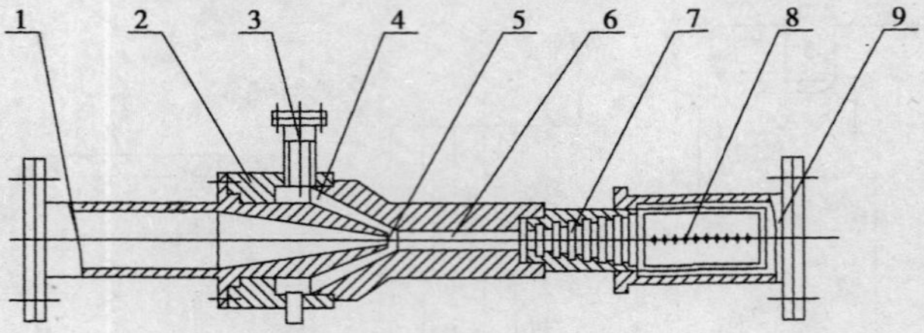

图 2-33　喷射混合器

1. 进料口；2. 壳体；3. 碱液进口；4. 接受器；5. 喷嘴；6. 混合室；
7. 涡流喷射扩散器；8. 穿孔喷罐；9. 混合液出口

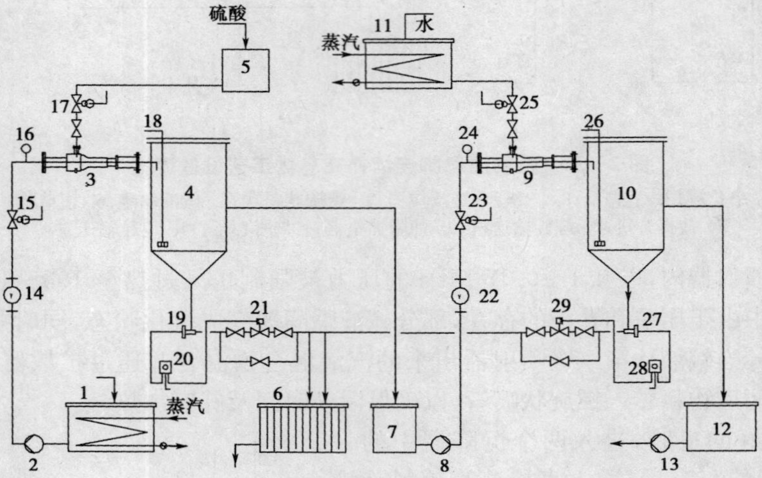

图 2-34　皂粒连续酸解工艺设备流程

1. 皂粒中间储罐；2. 皂粒输送泵；3. 喷射混合器；4. 澄清罐；5. 硫酸储罐；6. 粗脂肪酸捕集器；
7. 粗脂肪酸储罐；8. 离心泵；9. 喷射混合器；10. 澄清罐；11. 热水罐；12. 洗涤粗脂肪酸储罐；
13. 离心泵；14. 流量调节发送器；15. 流量调节器；16. 止逆阀；17. 流量调节器；18. pH 计发送器；
19. 仪表发送器；20. 仪表电子片；21. 电磁阀；22. 流量调节发送器；23. 流量调节器；24. 止逆阀；
25. 流量调节器；26. pH 计发送器；27. 仪表发送器；28. 仪表电子片；29. 流量调节发送器

为了便于输送，皂粒稀释至总脂肪含量 20%～30%，用泵打入皂粒中间罐，再打入澄清罐。在澄清罐前面的供料管线上，装有喷射混合器，使皂粒瞬间即同定量的浓硫酸相混。当皂粒到达混合室的出口，分解过程即告完成。物料进入澄清罐暂存并进行相的分离。硫酸用量根据它在水相中的含量，用人工调节，当水相 pH 4～5 时，就达到皂粒的充分分解和相的良好分离。

物料在罐中分成两相，下层酸水通过油脂捕集器捕集脂肪酸后并入储罐，用废碱液中和后排入下水道。上层粗脂肪酸同热水在喷射器中混合，洗涤后入澄清罐。

在进行生产试验期间，分解近 250 t 含总脂肪酸约 30%的皂脚，得到近 75 t 粗脂肪酸。

由于皂粒同浓硫酸接触得好，脂肪物的裂解深度 2.5%～3.0%，达到 95.0%～99.3%。为获得脂肪酸的最高裂解度，废酸水中的硫酸过剩量为 0.1%～0.2%是最适宜的，废酸水中类脂物的含量随无机酸的增加而降低，在上述过量硫酸条件下，类脂物量为 0.07～0.48 g/L。同时，肥皂和其他表面活性物（磷脂）被完全分解，这就排除了在最后洗去粗脂肪酸中微量无机酸时形成乳化现象。

使用喷射混合器洗去粗脂肪酸中微量无机酸时所得的数据见表 2－13。

表 2－13　喷射混合器洗去粗脂肪酸实验结果

实验编号	粗脂肪酸量/kg	粗脂肪酸温度/℃	粗脂肪酸中硫酸含量/(g/L)		洗涤水对脂肪酸量比/%	洗涤水温/℃	在洗涤水中的含量/(g/L)	
			洗涤前	洗涤后			硫酸	溶解于石油醚的类脂物
1	8 400	90	0.13	无	23.8	65～70		0.35
2	8 000	90	0.10	无	25.0	40		0.47
3	8 000	90	0.13	无	45.0	60		0.52
4	8 000	90	0.10	无	45.0	50		0.47
5	8 000	90	4.50	0.20	50.0	35	0.46	0.26
6	8 000	90	5.00	0.23	52.4	60	0.74	0.18
7	9 000	90	0.02	无	35.5	50	无	0.98
8	6 000	90	0.18	无	53.5	60	0.21	0.26
9	10 200	90	0.04	无	31.3	80	无	0.04
10	9 000	90	0.05	无	33.3	60	无	0.64
11	7 200	90	0.03	无	41.6	45	无	0.34
12	7 800	90	0.09	无	25.6	75	无	1.25

从表 2－13 看出，当硫酸的含量在 0.1%～0.18%时，从粗脂肪酸中洗去硫酸进行得快而有效；而用间歇法时，达到这一要求则需洗涤 2～3 次，且每次洗涤耗水量为粗脂肪酸的 30%以上。经过洗涤的粗脂肪酸送去蒸馏。

3）废弃油脂制取天然脂肪酸

废弃油脂主要是食品工业废油、严重变质的油脂、餐饮废油以及地沟油等。在利用这类原料制取天然脂肪酸时与动植物油制取天然脂肪酸相类似，只是在原料预处理时有一定的差异。

4）木浆浮油制取天然脂肪酸

妥尔油(CTO)是工业脂肪酸原料之一，和油脂精炼皂脚和脱臭馏出物用于生产工业脂肪酸的原料一样，妥尔油也是一种副产物，因而受主产品加工过程的影响。妥尔油质量变化主要是由硫酸盐制浆工艺的木材种类以及树木的生长地不同造成的。美国东南部生产的高质量妥尔油及典型的加拿大和北欧妥尔油的组成见表 2－14。

表 2－14　妥尔油的典型组成分析值

组成(酸值)	产　地		
	美国东南部	加拿大	北　欧
酸值	167	128	138
松香酸/%	40	28	29
脂肪酸/%	46	38	43
油酸/%	16.3	9.1	9.2
亚油酸/%	13.6	10.9	14.4

续表

组成(酸值)	产地		
	美国东南部	加拿大	北　欧
共轭亚油酸/%	6.9	13.1	17.9
棕榈酸/%	2.5	1.6	1.2
硬脂酸/%	0.7	0.3	0.3
海松酸类/%	8.2	4.7	4.8
枞酸类/%	19.2	11.1	12.3
脱氢枞酸/%	4.4	4.3	3.6
新枞酸/%	5.4	1.9	3.7

妥尔油是脂肪酸、树脂酸、树脂、烃、蜡醇、甾醇、酯等的混合物，不同组分其沸点的差异性很大，可直接采用蒸馏的方法将脂肪酸与其他物质进行分离。若需将不同脂肪酸进一步分离，可采用多塔精馏的方法进行。

5）影响脂肪酸生产的因素

(1) 原料、脂肪酸得率和质量的高低与原料的品种、组成及其纯度有关

① 不同种类的脂肪酸原料，在相同的生产方法和生产工艺条件下，脂肪酸的得率和质量有所差异。一般来说，以动、植物油脂作原料生产脂肪酸时得率较高，所得脂肪酸质量较好；以皂脚为原料生产脂肪酸时得率低，质量差。

② 原料中脂肪酸的组成不同对脂肪酸得率有一定程度的影响。以长碳链脂肪酸为主要组成成分的油脂为原料生产脂肪酸时得率要高一些，而且这些油脂在水中溶解度相对较小，水解速度慢，如菜籽油等；以短碳链脂肪酸为主要组成成分的油脂为原料生产脂肪酸时得率要低一些，而且这些油脂在水中溶解度相对较大，水解速度快，如椰子油、棕榈仁油等。即在原料杂质相当的前提下，原料的组成中脂肪酸平均相对分子质量大的，脂肪酸得率高；脂肪酸平均相对分子质量小的，脂肪酸得率低。

③ 相同品种和组成的原料，其杂质含量高的脂肪酸得率低，杂质含量低的脂肪酸得率高。而脂肪原料中含有蛋白类物质和胶体杂质时，这些物质会使特维契尔等酸性催化剂失去活性，影响(常压)催化水解的正常进行，因此必须除去。

(2) 油脂水解工艺对脂肪酸生产的影响

① 水分　油脂水解是一个化学平衡反应，从理论上讲，增加水量可以提高反应物水分在体系中的浓度，使反应生成的甘油得到稀释，即降低体系中甘油的浓度，并且在高温下水本身离解为 H^+ 及 OH^-。前两者还破坏反应平衡，提高油脂的水解度，后者则可提高油脂水解的反应速度，所以水对油脂的比例是油脂水解的极限因素。就是说，在平衡时油脂水解度的大小完全由水量所控制，而同温度和催化剂条件无关。

由以上分析可知，加水量越大，越有利于提高油脂的水解度，即脂肪酸得率越高；但加水量过大，会降低油脂水解废水中甘油的浓度，增大甘油的回收成本，同时，也会使热能消耗增大。因此，水解时的加水量，除保证足够起化学反应的水量外，还应考虑达到分解度并获得适当甘油浓度水解废水所需的水量，以获得较好的综合经济效益。

② 甘油　甘油作为油脂水解这一平衡反应的生成物，其浓度的高低直接影响油脂水解

反应的水解度。根据质量作用定律，体系中甘油浓度的下降或上升时，平衡向水解度增大或减小方向移动。所以，除通过控制适当的加水量来控制甘油在体系中的浓度外，从反应体系中引出甘油，重新加入新鲜水或低浓度的甘油水进行水解，可避免或减小再酯化反应产生，有利于提高油脂的水解度。生产上施行的多段水解或多段逆流水解等，其目的就是如此。

③ 温度(压力)　油脂水解反应如图 2-35 所示。温度是油脂水解反应速度的函数。升高温度可降低油水两相的界面张力，增加水在油中的溶解度，并能加剧分子运动，提高反应速度。

油脂水解反应，因受很慢的物理扩散过程限制，其反应速度的系数为 1.2～1.5，反应速度很慢。一般情况下，温度每升高 10℃，反应加速约 33%。当然，在油脂水解过程中温度的升高或降低必须始终伴随着压力的升高或降低而进行。也就是说，油脂水解体系中必须保证有足够的液态水，才能保证此条件下正常的水解速度，使生成的甘油溶解在液态水中；如果是高压连续水解，水在较高的压力和温度(240～260℃)下绝不能发生汽化，水必须保持液态，使其溶解向上运动着的油脂、脂肪酸相中的甘油，以形成甘油水向下运动。只有这样，生产中才能采取措施把较高浓度的甘油水移出，以降低体系中甘油的浓度，从而确保此条件下油脂水解有较高的水解度。

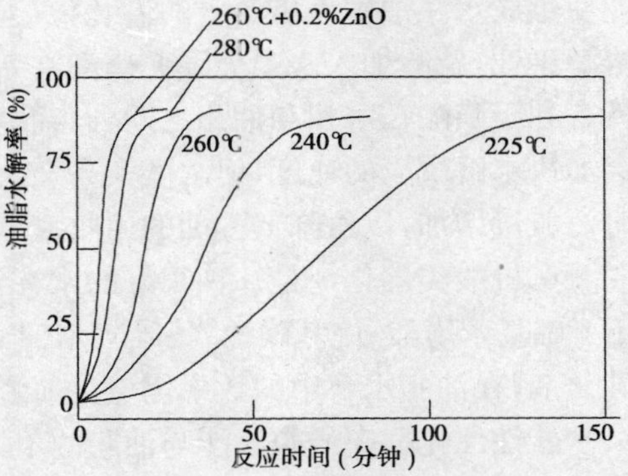

图 2-35　牛脂水解曲线

油脂水解反应是吸热反应，平衡系统中温度的升高对吸热反应有促进作用，升温有利于水解反应进行。

在高温时，水离解生成 H^+ 和 OH^-，H^+ 和 OH^- 是油脂水解反应的催化剂，有利于提高反应速度，而且随着温度的升高，水离解而产生的 H^+ 和 OH^- 浓度增加，见表 2-15。

表 2-15　不同温度时水的离子积($K_B = a_{H^+} \cdot a_{OH^-}$)

温度/℃	$K_B/\times10^{14}$ mol/L	温度/℃	$K_B/\times10^{14}$ mol/L	温度/℃	$K_B/\times10^{14}$ mol/L
0	0.113 9	30	1.469	100	59.0
10	0.292 0	40	2.919	156	223
20	0.680 9	50	5.474	218	461
25	1.040	60	9.619		

由表 2-15 可知，水在 25℃时离子积浓度积为 1.040×10^{14} mol/L，在 218℃时为 461×10^{14} mol/L，几乎增大了 460 倍。高浓度 H^+ 和 OH^- 大大加快了油脂水解反应的速度。故在工业生产上达一定高温时，可不使用催化剂，即能进行油脂水解，生产脂肪酸。

④ 催化剂的种类和浓度

催化剂之所以能够加快反应速度，是由于它能在水溶液中释放出 H^+ 或 OH^-，提高水在油脂中的溶解度和增加溶解在油脂中的水的电离作用。

酸性催化剂　在水溶液中能释放出 H^+ 的无机酸(H_2SO_4)及有机酸(烷基苯磺酸、烷基磺酸、硬脂奈磺酸等)皆属于酸性催化剂。由于酸性催化剂通常是好的酯化催化剂，所以实际生产中并非所有的无机酸和有机酸都能用作油脂水解反应的催化剂，只有油溶性较好的有机酸才能对油脂水解反应有催化作用。磺酸不仅是氢离子的来源，而且也是很好的乳化剂，可增大水在油相中的溶解度，从而加快水解反应速度。但是由于磺酸离解生成氢离子的浓度太低，不足以保证油脂水解的反应速度，因此就有必要加入硫酸或其他容易离解的酸以供给氢离子。硫酸的作用还不完全在于能释放出氢离子而有催化作用，它在很大程度上还促使生成水在油中型更稳定的乳化液。其原因就是磺酸很容易溶解于水，相对来说极不易溶解于油，硫酸加入水中会降低磺酸在水中的溶解度，而把部分磺酸从水相挤入油相，这样就有利于磺酸在水相和油相之间分布而生成乳浊液。所以油脂水解时适当增加硫酸的浓度会加快水解反应的速度，但浓度太高又会使逆反应（酯化反应）速度加快，同时使甘油水中和时污渣量增加，以致降低甘油的回收率，增大生产成本。

有机酸类催化剂是一种很好的水在油中型的乳化剂，依其催化适性递降的顺序排列如下：烷基苯磺酸、烷基磺酸、特维契尔（Twitchell）催化剂（苯或萘硬脂磺酸）。如用其盐类作乳化剂，在油脂水解中的效果仍然是前者优于后者。

酸性催化剂中的硫酸能与油脂的不饱和脂肪酸作用生成硫酸酯，它与特维契尔催化剂、烷基苯磺酸钠、烷基磺酸钠等的作用相同，在催化油脂水解反应时都是良好的乳化剂。

酸性催化剂有腐蚀作用，催化效率高，用于常压水解，设备和操作简单，投资费用少，但蒸汽用量大，反应时间长，物料颜色易变深，生产出的甘油废水质量低，甘油回收困难或根本无法有效回收。

碱性催化剂　碱性催化剂主要是碱性氧化物，适用于高温油脂水解，在常压下对油脂水解不起作用。其催化活性如以纯水为 1，则氧化锌为 6.0，氧化镁为 3.1，氧化钙为 2.3，氢氧化锂为 2.0，氢氧化钠为 1.7，氢氧化钾为 1.4，氨水为 1.1。图 2－23 是 Lascaray 用 60% 水于水解釜中，在一定温度和压力下，以 ZnO、NaOH 和无催化剂水解牛脂的研究结果。表 2－16 是氧化锌在 0.6 MPa 压力、不同反应时间下对油脂水解反应的作用。

表 2－16　氧化锌在油脂水解反应中的作用

0.6 MPa 压力下油脂水解反应时间/h	油脂水解度		备　注
	不加入 ZnO	加入 0.6%ZnO	
0	4.6	4.6	加水量为油脂的 60%，反应温度 164℃，原料为棕榈油
1	6.5	47.2	
2	10.1	76.5	
3	12.5	83.4	
4	15.3	86.4	
5	18.2	88.5	
6	20.5	89.1	
7	22.1	90.2	
8	24.0	91.3	

从表 2－16 可知，不加氧化锌，在 0.6 MPa 压力下水解 8 h 的水解度为 24.0%，而同样条件下加入 0.6%的氧化锌水解度则为 91.3%，提高反应速度约 3.8 倍。

催化剂是油脂水解反应速度的函数。即催化剂不会改变反应平衡的极限，且与加入量无关，它仅起到加速反应的作用。在相同条件下，增加催化剂的量，反应达到平衡的时间就会缩短，不同种类的催化剂对水解速度的影响见表 2 - 17。

表 2 - 17　在 185℃ 时不同种类的催化剂对水解速度的影响

催化剂	用量/%（以油计）	水解度/%		说　明
		1 h	3 h	
无	0	11.4	43.3	1. 催化剂用量按质量分数计不同，但按摩尔分数计是相同的； 2. 用水量为油重的 60%
NaOH	0.5	14.7	77.5	
KOH	0.7	11.2	58.3	
CaO	0.35	39.6	82.9	
MgO	0.25	56.0	—	
ZnO	0.51	79.7	89.0	

由此看来，二价的金属比一价金属催化活性高，故 ZnO 常被采用。这些金属氧化物在油脂水解时容易生成金属皂，溶解在油脂介质中，起着乳化剂的作用，且属于水在油中型的乳化剂，在水解时能形成水在油中型的乳化液；二价的金属皂在高温下易于水解而释出 OH^-，加快水解反应的速度。水解后产生的金属氢氧化物重新和油脂作用生成金属皂，金属皂又重新水解，如此循环不已。这样所加入的金属氧化物迅速地结合，但催化剂又不断地产生出来保证水解反应仍有足够的速度。

油脂经水解后所得到的脂肪酸中含有水解时生成的油溶性金属皂，须经硫酸处理除去金属皂才能利用，然而硫酸分解钙皂后所得硫酸钙不能被水洗去，会影响脂肪酸的质量。只有硫酸锌可溶于水，容易被水洗除去；若脂肪酸仅供制皂用，允许不经硫酸处理，因脂肪酸中和时生成的锌酸钠（Na_2ZnO_2），在盐析皂内不影响其质量。所以氧化锌应用最广。

另外，在上述条件一定的情况下，水解时间要能够保证，以获得较为满意的水解度；高压连续水解比间歇水解时水解度要高一些，且蒸汽消耗低，但高压连续水解投资要大一些。

6）天然脂肪酸的精制

以动、植物油脂或植物油皂脚为原料采用间歇连续水解或皂化酸解等方法生产的粗脂肪酸，其脂肪酸纯度据原料品种、质量及生产方法的不同一般在 90%～98%，其中含有一定量的水分、烃、酮与使产品带色的醛等低沸点杂质，含有一定量的色素、甘油酯、氧化脂肪酸、不皂化物、部分聚合脂肪酸等高沸点杂质，同时还含有少量的游离甘油。由于上述杂质的存在，使得粗脂肪酸的颜色从黄色到深棕色不等，严重影响脂肪酸的使用范围。因此，必须对粗脂肪酸进行精制。精制方法一般是采用简单蒸馏的方法。

（1）脂肪酸蒸馏的基本原理

脂肪酸蒸馏的基本原理是根据脂肪酸与杂质混合物沸点的不同，控制一定的蒸馏温度，将低沸点杂质和高沸点杂质与脂肪酸分离，从而达到精制的目的。

各种脂肪酸在不同压力下的沸点见表 2 - 18。由表中所列数据可以看到，一般植物油的主要脂肪酸在常压下的沸点达 300 多度，在这样高的温度下，脂肪酸基本上都分解了。在低真空（如残压 5.333 kPa）时，主要天然脂肪酸的沸点也超过了 240℃。这样的蒸馏条件，将引起脂肪酸的部分分解，生成酸酐、酮、烃、C_5～C_{12} 脂肪酸等，同时，不饱和脂肪酸还部分发生聚合作用生成聚合脂肪酸、含氧酸、内酯、醇、烃及其他产物，从而降低产品的质量，减少得率。这是我们在脂肪酸精制过程中所不希望的。为此采用高真空蒸馏的方法对粗脂肪酸进行精制是必要的。但蒸馏时的真空度过高，能源消耗会急剧增加，这样看来脂肪酸蒸馏时真空度的升高是有限的。工业生产中为了进一步降低蒸馏温度，常采用减压水蒸气蒸馏的方法。根据蒸馏的原理，在蒸馏液体中通入水蒸气，那么液体上方的水蒸气压等于水蒸气分压和蒸馏液体的蒸汽分压之和，因此，蒸馏液体（脂肪酸）就可以在较低温度下沸腾，从而达到降低蒸馏温度的目的，确保脂肪酸的产品质量和得率。

表 2-18　各种脂肪酸在不同压力下的沸点* /℃

酸　名	压　力/kPa									
	0.133	0.667	1.333	2.666	5.333	7.999	13.332	26.664	53.329	101.325
癸　酸	125.0	142.0	152.2	165.0	179.9	189.8	200.0	217.1	240.3	268.4
月桂酸	121.0	150.6	166.0	183.6	201.4	212.7	227.5	249.8	273.8	299.2
豆蔻酸	142.0	174.1	190.8	207.6	223.5	237.2	250.5	272.8	294.6	318.0
棕榈酸	153.6	188.1	205.8	223.8	244.4	256.0	271.5	298.7	326.0	353.8
硬脂酸	173.7	209.0	225.0	243.4	263.3	275.5	291.0	316.5	343.0	370.0
花生酸	204.0									
山嵛酸						306				
油　酸	176.5	208.5	223.0	240.0	257.2	269.8	286.0	309.8	334.7	360.0
芥　酸	206.7	239.7	254.5	270.6	289.1	300.2	314.4	336.5	358.8	381.5
亚油酸	202									
亚麻酸	157～158									

* 压力单位为 kPa。亚油酸为 0.187 kPa，亚麻酸为 0.133 3 Pa。

目前，脂肪酸的蒸馏虽然可用多级蒸汽喷射泵抽真空，使蒸馏在高真空低温下进行，但在实际生产上，仍采用通入少量直接水蒸气进行蒸馏的方法。这样不但可以降低蒸馏釜中脂肪酸的蒸汽分压，使之在较低温度下汽化，而且可以借助蒸汽的搅拌作用提高加热装置的传热效率。

现行的脂肪酸蒸馏工艺分间歇和连续蒸馏两种，由于半连续蒸馏工艺设备投资少，操作简单，适合小规模的脂肪酸生产；连续蒸馏工艺设备投资虽大，但实现连续化生产，可更加合理地利用工艺过程中的能源，生产成本低，适合脂肪酸的规模化生产，所以被国内大多数脂肪酸生产厂家所采用。

(2) 脂肪酸的蒸馏精制工艺

粗脂肪酸的精制采用的是蒸馏单元操作，所以，无论是半连续蒸馏精制工艺，还是连续蒸馏精制工艺，其主要工序设计是相同的，只是主要设备的结构不同而已。粗脂肪酸的蒸馏精制工艺流程示意图如下：

粗脂肪酸→预热→析气→真空蒸馏→冷凝冷却→精制混合脂肪酸

① 粗脂肪酸的半连续蒸馏精制工艺

粗脂肪酸的半连续蒸馏精制工艺设备流程如图 2-36 所示。

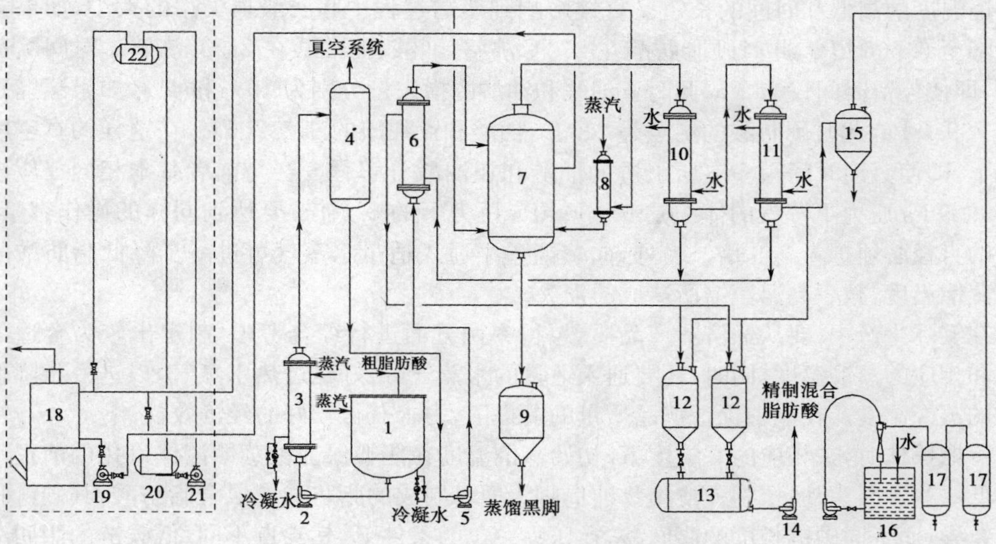

图 2-36　蒸馏工艺设备流程

1. 粗脂肪酸储罐；2. 离心泵；3. 预热器；4. 析气器；5. 抽出泵；6. 换热器；7. 蒸馏釜；8. 蒸汽过热器；9. 黑脚罐；10. 第一冷凝器；11. 第二冷凝器；12. 接受罐；13. 蒸馏脂肪酸暂存罐；14. 离心泵；15. 捕集器；16. 真空装置；17. 真空平衡罐；18. 导热油炉；19. 热油输送泵；20. 低位油槽；21. 注油泵；22. 高位油槽

(a) 预热。预热的目的是为了保证粗脂肪酸中溶解的空气能够在析气时较好地被脱除，同时使粗脂肪酸中的低沸点组分（如水分等）在蒸馏之前大部分被分离出来，以减少蒸馏过程中不必要的副反应，确保产品质量和得率。

脂肪酸预热温度依据整个蒸馏系统真空度的大小来确定，一般情况下，预热温度应控制在 80～95℃。加热介质采用压力为 0.2 MPa 左右的水蒸气，采用间接加热形式进行加热。预热后的粗脂肪酸，转入析气工序。

(b) 析气。析气的目的是为了将溶解在粗脂肪酸中的空气与脂肪酸进行分离，尽可能地减少蒸馏过程中发生的氧化分解等副反应；同时将原料粗脂肪酸中的大部分低沸点组分脱除。

析气时，应尽可能地在较高真空下进行，并且应尽可能增大原料液（粗脂肪酸）在析气装置中的表面积，以利于在热与真空的作用下空气及其他低沸点组分的脱除。析气时的真空度控制在 0.09 MPa 以上，温度为 80～95℃。

(c) 油-油热交换。所谓油-油热交换就是将高温脂肪酸蒸馏冷凝液与经过析气以后的低温原料液（粗脂肪酸）通过具有一定面积的热交换装置进行热交换。其目的是充分利用过程中的热能，降低消耗，提高经济效益。

热交换后，原料液、成品脂肪酸的温度取决于蒸馏温度和初次冷凝温度。

(d) 真空蒸馏。蒸馏的目的主要是将粗脂肪酸的高沸点杂质与脂肪酸进行分离；同时，进一步脱除低沸点杂质。

粗脂肪酸中高沸点杂质的分离主要是通过蒸馏时的真空度和温度得以实现，低沸点杂质与脂肪酸的分离则主要是通过控制系统真空度和最终冷凝温度来实现。

蒸馏时，一般要求真空在 0.093 MPa 以上，蒸馏温度应控制在 215～270℃。实际上，蒸馏温度的高低主要取决于真空度的高低，真空度越高，蒸馏温度越低；反之，蒸馏温度越高。

而蒸馏温度的高低和时间的长短又直接影响到蒸馏过程中脂肪酸损失率的大小，如果蒸馏压力降至 6.666 kPa，此时硬脂肪酸在 270℃沸腾，油酸、亚油酸在 263℃沸腾。对间歇蒸馏而言，即使停留时间仅为 2 h，此时亚油酸和油酸的损失量分别为 15%和 4%，如果蒸馏压力降至 799.9 Pa，此时硬脂酸的沸点是 213℃，油酸和亚油酸的沸点 206℃，在这样的真空度和温度下，即使蒸馏时间为 6 h，所引进的油酸和亚油酸分解程度会与前者基本相同。应该看到，799.9 Pa 压力下蒸汽的体积是 6.666 kPa 压力下的 8.3 倍，要达到同样的操作容量，蒸馏釜的直径必须扩大 2.9 倍。另外，向蒸馏釜中通入适量水蒸气可进一步降低脂肪酸的分压和蒸馏温度，减少高温蒸馏所造成的损失。

在实际生产中，要从经济和产品质量、得率两方面进行综合考虑，制定出较为合适的真空度和相应的蒸馏温度，同时，还要通入适量的水蒸气(最好是过热水蒸气)以进一步降低脂肪酸的蒸馏温度。在能够保证产品质量的前提下，力求获得较好的经济效益。

蒸馏操作时，在相应的真空度下，初始蒸馏温度在能够保证被蒸馏液体汽化的前提下可适当低一些。因为动、植物油或植物油皂脚为原料制成的脂肪酸属混合脂肪酸，其碳链长度有所差异，而不同碳链长度的脂肪酸，在压力一定的条件下，其沸点不同，低碳链的脂肪酸沸点比长碳链脂肪酸的沸点低，所以，由较低的初始蒸馏温度逐渐升高，可以在工艺条件一定的情况下，尽可能地降低因分解和聚合所造成的损失。在蒸馏后期，即排出蒸馏黑脚之前，要在较高温度下多蒸馏一段时间，以进一步蒸出少量长碳链的脂肪酸，确保脂肪酸产品得率。

由于脂肪酸蒸馏黑脚黏度较大，很难自行排出，在实际生产中，常采用压力法排渣，即用具有一定压力的直接水蒸气将蒸馏黑脚压出，切忌在高温下用压缩空气排渣，以防引起火灾。

间歇蒸馏釜的结构如图 2-37 所示。

(e) 冷凝。混合脂肪酸气体的冷凝可采用一次冷凝，也可采用分步冷凝。一次冷凝时，热量利用率低，热量消耗大，同时冷却水用量也大，生产成本较高。分步冷凝分二次冷凝和三次冷凝，生产精制混合脂肪酸时一般采用二次冷凝。第一次冷凝可以通过控制冷却水的温度和用量以获得较高温度的冷凝液，高温冷凝液再通过热交换装置对被蒸馏的原料液进行升温，以充分利用热能，热交换后的高温冷凝液再经进一步冷却后即为主馏分；由于不同碳链长度的脂肪酸在一定压力下其沸点不同，低碳链脂肪酸汽体经第二次冷凝后所得冷凝液为轻馏分；主馏分和轻馏分均为精制混合脂肪酸，只是其组分(或沸程)不同。

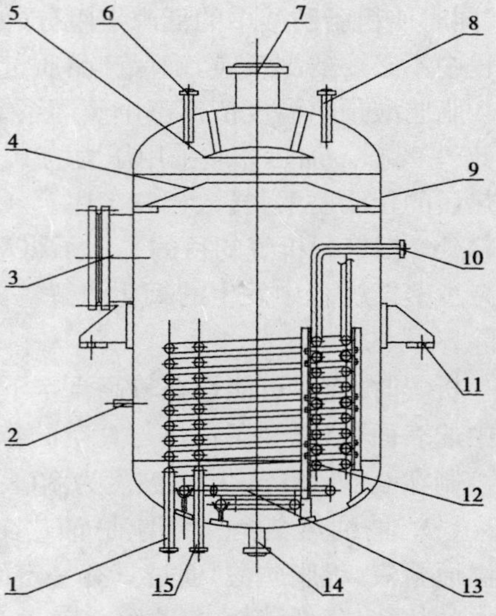

图 2-37 蒸馏釜

1. 导热油进口管；2. 温度计接管；3. 检修孔；4. 挡板；5. 挡板；6. 压力真空表接管；7. 脂肪酸气体出口管；8. 备用管；9. 罐体；10. 导热油出口管；11. 支座；12. 加热盘管；13. 直接蒸汽喷管；14. 黑脚出口管；15. 导热油进口管

冷凝时的工艺条件，即冷凝温度的控制由蒸馏系统的压力(表压)及原料脂肪酸的组成决定。如果蒸馏压力(表压)为 6.666 kPa，则第一次冷凝温度要控制在 200℃以下，第二次冷凝温度要尽可能地低一些，一般为 60～70℃。随着蒸馏压力(表压)的降低，一次冷凝温度应相变地低一些，具体情况根据工艺操作确定。

上述方法精制脂肪酸时，工艺设备简单，投资少，操作容易控制，但物料在蒸馏釜中停留时间较长，不饱和脂肪酸的分解损失量较大，而且热能消耗增大，一般适合于小规模脂肪酸的生产。

② 粗脂肪酸的连续蒸馏精制

粗脂肪酸的连续蒸馏精制工艺设备流程如图 2－38 所示。该法的工艺中蒸馏设备采用了连续蒸馏塔。

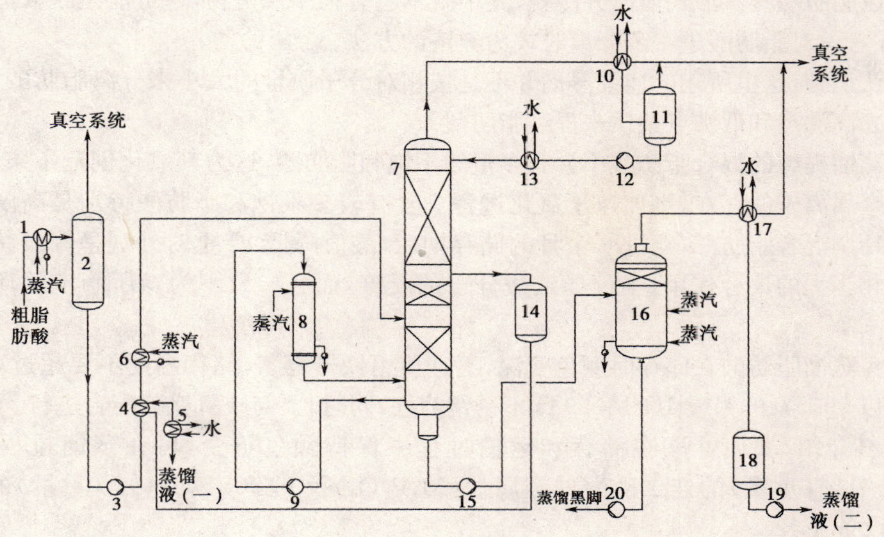

图 2－38　连续蒸馏工艺设备流程

1. 预热器；2. 析气器；3. 析气器抽出泵；4. 热交换器；5. 冷却器；6. 加热器；7. 蒸馏塔；8. 再沸器；9. 循环泵；10. 蒸馏冷凝器；11. 冷凝液接受罐；12. 回流泵；13. 冷却器；14. 馏出液接受罐；15. 高沸物抽出泵；16. 蒸馏釜；17. 冷凝器；18. 馏出液接受罐；19. 输送泵；20. 蒸馏黑脚泵

连续蒸馏时，如果采用一般的蒸馏设备（例如筛板塔、泡罩塔或填料塔），可将物料在塔和再沸器中的停留时间缩短到约 30 min。此法虽可很好地分离高沸物，但却不可能从残留物中回收所有的脂肪酸。再沸器必须有一定比例脂肪酸才能保持沸腾，此比例由防止明显分解而允许的再沸器最高操作温度所决定。

脂肪酸可在进料塔板上方以侧线馏分加以收集，这就可将欲除去的、含有色味物质的低沸物的限量限制在一定范围内。整个塔中的物料平衡要求从进料到侧线馏分，低沸物的减少量与一块理论塔板的分离效果相当，这与蒸馏塔中进料板和侧线出料板间实际存在的塔板数无关。实际上，这意味着侧线馏分中低沸物的含量是进料含量的一半。

侧线以上是塔的精馏段，用来分离轻馏分，换句话说，精馏段可防止侧线馏分脂肪酸的损失。上段的塔板数越多，脂肪酸得率越高。但精馏段的尺寸（高度）并不影响侧线馏分的纯度，该尺寸由允许的压降和成本/效益分析确定。

通常还喷入蒸汽以控制再沸器的温度，使普通蒸馏塔（塔板数为 26，每块塔板压降为 266.6 Pa）的脂肪酸回收率最大。塔的精馏段可有两个循环冷凝器，液体从收集板取出并循环到更高的塔板上（通常循环到上面第三块板）。循环冷凝器的优点是可以安放在地面，无需使用昂贵的支撑结构。

粗脂肪酸原料通常经过预热，再经过一个真空脱气、脱水的干燥脱气器。脱气的物料进一步被加热到所需温度，然后在蒸馏塔中闪蒸。因此，如果原料中带色和有味杂质的低沸物含量不高，一个连续的蒸馏塔就可以得到满意的蒸馏产品。

如果粗脂肪酸中低沸物含量较多，就应使用双塔蒸馏系统。第一个塔分离低沸物。脂肪酸和残留物（高沸点杂质）由塔底流出后进入第二个塔，将残留物与脂肪酸分开。

仅用一个塔，以进料板以下的提馏段以侧线馏分回收脂肪酸也是可能的。此外，如果侧线馏分是以脂肪酸蒸汽形式馏出并冷凝，其中就不会有很多残留物，这可能是获取蒸馏脂肪酸，尤其在考虑对脂肪酸进一步分离时较为经济的方法。

应该认识到，这里所述的连续蒸馏并不是按相对分子质量的大小来分离脂肪酸，而是通过蒸馏除去高沸点和低沸点杂质来提纯脂肪酸。

经过蒸馏提纯的混合脂肪酸中含有多量的不饱和脂肪酸，这为其氧化创造了条件，而温度升高和金属离子的存在，更加速了氧化过程。含有较多不饱和脂肪酸特别是高度不饱和脂肪酸的精制混合脂肪酸，经过 6 个月的储存期后，酸值降低，严重时外观呈橡胶状。这说明产生了相当大的聚合作用，不仅导致酸分子的凝聚，而且导致不为碱所滴定的环状物的生成。

为避免蒸馏脂肪酸在储存时颜色变深，不宜使用铁器盛装，储存温度不要超过 80℃，盛器的材料以 99.5%的铅或 1Cr18Ni9Ti 不锈钢为好，同时，要与缺氧盛装配合进行。

据资料介绍，要使油酸在储存和运输过程中保持颜色不变，可在蒸馏过程中加入 0.005%～1%（重量）的连二磷酸碱金属盐（$M_4P_2O_6$）及 0.005%～1%（重量）的硼酸。

(3) 设备要求

根据脂肪酸的理化性质和质量要求，粗脂肪酸的蒸馏精制工艺对设备提出较高的要求。

① 耐腐蚀。由于脂肪酸属酸性物料，所以在采用蒸馏法精制脂肪酸时，凡是与物料直接接触的设备，管路及管件都必须采用耐酸腐蚀材料（如 1Cr18Ni9Ti 等）制成。同时，又可避免或缓解因金属离子存在而造成的加速氧化问题，减少损失，保证产品质量。

② 真空度高。粗脂肪酸蒸馏精制时需要较高的真空度，这是由于脂肪酸的沸点较高所决定的。在理论上，蒸馏时真空度越高，蒸馏温度就越低，脂肪酸氧化和聚合所造成的损失越小，但在实际生产中，考虑到生产成本（即经济效益），往往要根据具体情况对真空设备进行选择。一般 W 型真空泵和水喷射真空泵极限真空度较低，不适于热不稳定性脂肪酸的蒸馏操作，而水汽串联喷射泵，多级（三级以上）蒸汽喷射泵等能达到 0.098 MPa 以上的真空度，使脂肪酸沸点降到 250℃以下，大大降低氧化分解和聚合所引起的损失，因而基本上是适用的。

③ 加热方式。对于高沸点的脂肪酸蒸馏，除要求较高的真空度外，还必须选择合适的加热方式。目前加热的方式有多种，各有利弊，应根据具体条件给予选择。

饱和水蒸气是很好的传热介质，但通常只在 200℃以下使用，因 250℃的水蒸气饱和蒸汽压已相当于 40 大气压，这样高压力的锅炉比普通低压锅炉的投资要昂贵得多，在国内一般的油脂厂或油脂化工厂是不可能具备的。因此脂肪酸蒸馏就遇到了用什么来加热的问题。

用烟道气加热虽然设备简单，投资少，但给热系数低（约 10～15 kcal/m^2 · h · ℃），而且容易造成局部过热，温度难以控制。

水银在 400℃时，饱和蒸汽压力仅 2 个大气压，且热稳定性好。但蒸汽有剧毒，必须严加密闭，且价格昂贵，操作控制不易掌握，几乎不被生产厂家采用。

熔盐混合物（KNO_3 53%，$NaNO_2$ 40%，$NaNO_3$ 7%）的最大优点是常压下即可得到高温，应用限度可达 540℃。但其熔点也高（142℃），循环使用时需要具有一定压力的蒸汽伴随保温。

联苯混合物（又称道生）是联苯（265℃）及联苯醚的低共熔和共沸混合物。常压下沸点是 258℃，凝固点 12.3℃，临界温度为 528℃，临界压力为 41 大气压。加热时可使用道生蒸汽或液体道生，最高使用温度是 370℃。道生作为热载体的主要优点是：在低压下达到高温，能均匀而方便地调节温度，装置费用较小，便于管理。道生渗透性强，管道用无缝碳素钢管，管道连接最好用气焊或用凹凸面焊接法兰及金属衬垫，阀门宜用波形管密封阀。自然循环时，道生炉蒸汽室与被加热设备底部要有 4 米左右的位差。强制循环时，泵的密封是个关键，最好选用屏蔽泵，也可用液下泵增加一回流槽。道生有刺鼻性臭味，对人体组织有一定的毒作用。

电棒加热可达较高温度，它可以直接插于受热物料内或通过热载体（如机油等）传热。此法控制方便，干净利落，但耗电多，成本较高。

高沸点矿物油加热，即导热油加热。对于大多数脂肪酸蒸馏装置来说，蒸汽是主要的热源，在近 20 年中，已越来越多地采用导热油系统作为加热热源，一般情况下，作为热载体的矿物油温度应控制在 350℃以下，加热时可循环使用。导热油加热炉分燃煤、燃油、燃气和电四个系列，其特点是：能在较低的温度下获得较高的工作温度，降低用热设备的压力等级，有利于减少设备的投资费用；闭路循环供热，热量损失小，节能效果显著，并且可以满足不同使用温度的多台用热设备。但矿物油热稳定性较差，对过热现象敏感，如果循环泵短期停车，就会造成过热和分解。使用时间久后，由于热聚合作用，使矿物油黏度急剧上升，变成胶质玷污换热面。开始操作时如油中含水分，往往会产生震动。

2.2.3　天然脂肪酸的分离

1）天然脂肪酸的分类及分离方法

（1）天然脂肪酸的分类

油脂是一种脂类混合物，其中的甘油酯也并非单一的化合物，而是多种脂肪酸的混三甘油酯。相应地，动、植物油脂（包括食品工业废油、严重变质的油脂、餐饮废油以及地沟油等）制得的脂肪酸是多种脂肪酸的混合物。

皂脚脂肪酸与同种油脂脂肪酸相比较，其饱和脂肪酸含量要略高一些。如有人用氧铝柱的色谱法研究了棉籽油皂脚脂肪酸，从皂脚非甘油酯部分离析出棕榈酸、硬脂酸、花生酸，皂脚甘油酯部分在皂化分解后，用气液色谱法证明为豆蔻酸、棕榈酸、硬脂酸、花生酸和油酸、亚油酸。虽然如此，皂脚脂肪酸毕竟还是近似于其油脂脂肪酸，而不同的油脂脂肪酸，其组成的差异往往很大，见表 2-19。

表 2-19　不同油脂脂肪酸组成/%

品种	组成								
	月桂酸	豆蔻酸	棕榈酸	硬脂酸	油酸	亚油酸	亚麻酸	芥酸	其他
牛油		2.0～7.8	24～32.5	14.1～28.6	38.9～49.5	0.5～5.0	0～5.0		
猪油		1.0～2.0	20～30	12～20	42.0～46.0	8.0～11.0	0～2.0		
大豆油	0.1～0.2	0.1～0.4	2.3～10.6	2.4～7	23.5～30.8	49.2～51.2	1.9～10.7		
棉籽油		约 0.9	约 24.7	约 2.3	15.3～36.0	34.0～54.8	约 0.3		
菜籽油		痕量	1.0～3.0	0.2～3.0	12.0～18.0	12.0～16.0	12.0～16.0	45.0～55.0	11.5～22.5
葵花籽油		约 0.2	3.6～6.4	1.3～2.9	14.6～43.0	44.0～68.0			0.6～5.2
茶籽油		1.0	9.9	1.1	70.2	16.5			0.3
亚麻油			6.9	2.0～8.0	13.0～37.6	4.5～29.1	25.8～53.0		0.2～1.4
棕榈油	痕量	1.1～2.5	40.0～46.0	2.6～4.7	39.0～45.0	7.0～11.0			0～1.2
棕榈仁油	46.9～52.0	14.1～17.5	6.5～8.8	1.3～2.5	10.5～18.5	0.7～1.3			5.4～11.3
椰子油	44.0～52.0	13.0～19.0	7.5～10.5	1.0～3.0	5.0～8.0	1.5～2.5			10.0～21.1

由表 2-19 可知，不同种类的油脂其脂肪酸组成和含量有所差异。总的来看，天然脂肪酸可以分为饱和脂肪酸和不饱和脂肪酸。

① 饱和脂肪酸

天然脂肪酸几乎都是碳原子数为偶数的直链一元酸。天然油脂中的脂肪酸碳原子数在 16 以下的大部分为饱和脂肪酸，碳原子数在 18 以上的有很少一部分是饱和脂肪酸，而且含量很低。如棕榈油中 16 碳饱和脂肪酸含量较高，其他大多数油脂中 16 碳饱和脂肪酸含量也高于 18 碳饱和脂肪酸；椰子油、棕榈仁油中 16 碳饱和脂肪酸含量较高，其次是 14 碳饱和脂肪酸；大多数油脂中 C_6～C_{10} 和 C_{20} 以上脂肪酸含量很少。

天然饱和脂肪酸相对于不饱和脂肪酸熔点和凝固点较高，氧化稳定性好。

② 不饱和脂肪酸

天然油脂中也存在不饱和脂肪酸，天然油脂中的脂肪酸碳原子数在 18 以上的大部分为不饱和脂肪酸，碳原子数在 16 以下的有很少一部分是不饱和脂肪酸，而且含量很低，如大豆油、葵花籽油、茶籽油、棉籽油中 18 碳不饱和脂肪酸含量很高，而 16 以下的不饱和脂肪酸含量很低，大多数油脂中不饱和脂肪酸含量往往高于饱和脂肪酸。

不饱和脂肪酸按照分子结构中双键的多少又可进一步分为单烯酸、二烯酸和多烯酸。天然油脂中脂肪酸以单烯酸、二烯酸居多，多烯酸含量相对较少，只有少部分油脂中有相对较多的多烯酸，如亚麻油、苏子油、梓油、乌桕油等含有较高的亚麻酸。

不饱和脂肪酸的不饱和程度一般用碘值来表示，碘值越高，脂肪酸的不饱和程度越高，反之就越低。

天然不饱和脂肪酸相对于饱和脂肪酸熔点和凝固点较低，氧化稳定性较差，易氧化酸败，在一定条件下可发生聚合、异构化（如反式异构和共轭异构等）。

③ 特殊脂肪酸

在自然界存在着具有支链、羟基、酮基的极性很强的脂肪酸及环状脂肪酸。由于自然界存在很少，这里就不再赘述。

(2) 天然脂肪酸的分离方法

混合脂肪酸主要作为植物油的代用品用于制皂、制润滑脂等，不能满足特殊需要的产品。而油脂化学品工业用途增加的主要原因之一，是它能制备满足特殊需要的产品，这就要求将天然混合脂肪酸分离成较纯的馏分。如从富含月桂酸（椰子油、棕榈仁油、山苍子仁油等）、棕榈酸（柏脂、棕榈油、棉籽油等）、油酸（茶籽油、橄榄油等）、亚油酸（红花籽油、苦楝籽仁油、豆油等）、亚麻酸（亚麻仁油等）、芥酸（菜籽油等）的油脂或皂脚原料中将它们分离提纯出来，则可大大扩展其用途。

目前，油脂化工厂、油厂从天然混合脂肪酸中主要分离出两种产品——硬脂酸和油酸。所谓硬脂酸（或固体脂肪酸），主要是含棕榈酸，同时含有部分硬脂酸及不饱和酸的混合物；所谓油酸（或液体酸）也是以油酸、亚油酸为主，同时含少量其他不饱和酸和少量饱和酸的混合物。有的油厂也从豆油、红花籽油或其碱炼皂脚中制取亚油酸制品。分离后其产品的纯度主要与分离方法和分离技术有关。

目前，在工业上分离脂肪酸的方法，有分盘冷冻压榨法、水媒分离法（又称表面活性剂分离法）、精馏分离法、溶剂结晶分离法、尿素分离法、酸性皂分离法，另外还有温控容器结晶法（TCTC）、分子蒸馏法、超临界液相萃取法、层析法等。水媒分离法和精馏分离法是工业脂肪酸分离经常采用的方法，分子蒸馏法、超临界液相萃取法、层析法等更是适用于多烯酸的精制分离。现就上述主要方法分别加以介绍。

2）天然脂肪酸的分离

(1) 分盘冷冻压榨法

① 分盘冷冻压榨法分离脂肪酸的基本原理

分盘冷冻压榨法是工业脂肪酸分离最早的一种方法，其分离原理是根据混合脂肪酸中的饱和酸与不饱和酸的凝固点不同（见表 2-20），在一定温度下，使饱和脂肪酸从体系中逐步结晶析出，而不饱和脂肪酸在体系中仍为液体状态，通过加压而得以分离。

表 2-20　各种脂肪酸的熔点与凝固点

脂肪酸	熔点/℃	凝固点/℃	脂肪酸	熔点/℃	凝固点/℃
己　酸	−4.0	−3.6	花生酸	75.3	
庚　酸	−7.0	−7.5	山嵛酸	79.1	
辛　酸	16.0	16.3	二十四酸	84.2	
壬　酸	12.52	12.4	岩芹酸	30.0	
癸　酸	31.6	31.2	油　酸	13.4	
十一酸	28.7	28.3	反油酸	43.7	
月桂酸	44.2	43.8	芥　酸	33.5	
豆蔻酸	54.4	53.8	亚油酸	−5.1	
棕榈酸	62.9	62.4	亚麻酸	−11.2	
硬脂酸	69.6	69.4			

这种方法原则上适用于动物脂肪酸的分离，以生产商品硬脂酸和商品油酸（又称红油）。商品硬脂酸是由将近 45%的硬脂酸和 55%的棕榈酸并带有少量低碳链饱和脂肪酸和不饱和脂肪酸所组成的结晶产品，这样的组成不仅具有良好的晶体结构，而且便于压榨分离，实际上商品硬脂酸的组成是由其原料脂肪酸的组成所决定的。固体产物的结晶性，对于成功地压出液相组成的酸是必需的。脂肪酸的晶体结构不好，虽然也可以压榨分离，但分离效果

不好，而且所需的分离时间很长。

在生产上，操作条件(温度、压力、时间)的控制视原料酸的组成及对产品质量的要求而定。

② 分盘冷冻压榨法分离脂肪酸的生产工艺

目前，国内多数油厂用此法从棉籽油、米糠油及其皂脚制取的混合脂肪酸中分离固体酸(或硬脂酸)和液体酸(或油酸)两种产品。其工艺设备流程如图 2－39 所示。该法生产工艺流程示意图如下：

精制混合脂肪酸→冷冻→装袋→压榨→固体酸 / 液体酸

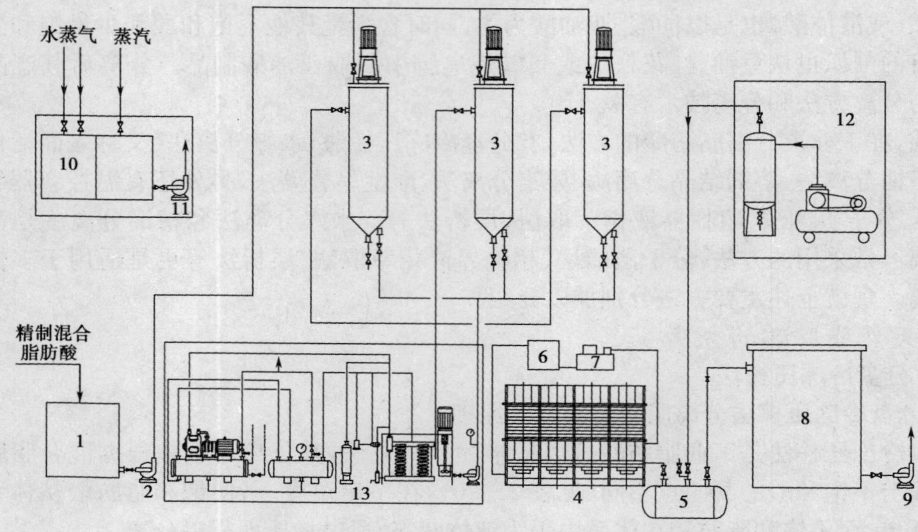

图 2－39　分盘冷冻压榨法分离脂肪酸工艺设备流程

1. 精制混合脂肪酸储罐；2. 离心泵；3. 冷冻结晶罐；4. 压榨机；5. 液体酸暂存罐；6. 液压油循环槽；7. 高压泵；8. 液体酸储罐；9. 输送泵；10. 洗袋池；11. 饱和酸输送泵；12. 空气压缩机；13. 制冷系统

分盘冷冻压榨法分离脂肪酸的工艺操作及质量标准：

将混合脂肪酸泵入冷冻罐，不断搅拌，夹套内通冷冻盐水，使混合脂肪酸冷却到 0～5℃，灌入弹性较好的袋子平整地分层叠放在油压机上进行压榨。升压时根据轻压勤压的原则，使压力缓慢上升，保持液体酸细流不断，至终压 10～15 MPa，液体酸差不多滴干为止。然后松机取出布袋内的固体酸，熔化装桶或成型入库；布袋放入热水池，熔出残余的固体酸，加以收集。液体酸直接装桶或泵入成品库。

这类酸的质量现在没有统一的国家标准，而且不同的工业对产品质量有不同的要求，生产厂家可根据用户要求协商产品规格。例如：出口糠油固体酸，酸值 190 以上，凝固点 38～42℃，可皂化物 95％以上，色泽次白；出口糠油酸，酸值 190～205，皂化值 190～207，碘值 120～125，水分 0.2％以下，色泽淡黄，凝固点在 8℃以下。棉油固体酸，酸值 202～215，皂化值在 205～220，碘值 25～35，凝固点 50～51℃，可皂化物 98℃以上，色泽次白；棉油酸酸值 195～202，皂化值 190～205，碘值 132～140，凝固点在 8℃以下，水分 0.5％以下，色泽淡黄红色。

③ 影响脂肪酸分离效果的因素

分离温度　所谓分离温度是指冷冻时的终温和压榨分离时的温度。它与分离效果有着直接的影响，在其他操作条件一定的前提下，分离温度越低，固体酸得率越高，凝固点越低，碘值越高，饱和酸在固体酸中的含量越低；而液体酸得率越低，凝固点越低，碘值越高，不饱和酸在液体酸中的含量越高。反之，分离温度越高，其分离后所得产品固体酸和液体酸的各项技术与前者正好相反。实际生产时，要根据用户对产品质量的要求来适当地调整分离温度的高低。

分离压力　即指压榨分离时的最终压力。在其他操作条件一定的前提下，压榨时的终压越高，固体酸的得率越低，凝固点越高，碘值越低，饱和脂肪酸在固体酸中的含量越高；而液体酸得率越高，凝固点越高，碘值越低，不饱和脂肪酸在液体酸中的含量越低。反之，压榨分离时的终压越低，固体酸和液体酸的各项技术指标与前者相反。

降温速度和升压速度　所谓降温速度和升压速度是指将混合脂肪酸冷冻时冷却到工艺要求的终温所需时间和压榨分离时升压到工艺要求的终压所需时间。两者在其他工艺操作条件一定的情况下，对脂肪酸的分离效果有着不可忽略的影响。升温速度过快，饱和脂肪酸结晶析出的速度较快，晶粒松虚，易包络不饱和脂肪酸而导致结晶体外硬内软现象，而且也不利于压榨分离，影响分离效果和产品质量。从分离效果以及经济性上考虑，合适的降温速度一般为每小时降温 6℃左右。若升压速度过快，在开始时，虽然液体酸流出的速度较快，但后期液体酸压出的速度较慢，不易分离彻底，也影响到脂肪酸的分离效果。适宜的升压速度一般为每小时升压 1.0～1.5 MPa，保证压榨时体系中液体酸有较畅的流出通道，使液体酸在整个压榨分离过程中保持细流不断，以确保脂肪酸的分离效果和产品质量。

此外，为了进一步保证分离效果，要考虑对生产环境温度的控制，特别是夏季生产环境温度较高的情况下，更要采取对环境降温的措施，以免被冷冻后的物料在分离时温度回升速度过快而影响脂肪酸的分离效果。

④ 分盘冷冻压榨分离脂肪酸的主要生产设备及主要辅助设备

其主要生产设备为冷冻罐（如图 2-40 所示）和油压机（如图 2-41 所示）。其中油压机属定型设备，可直接选型外购；冷冻罐属非标化工设备，需自行设计。冷冻罐的材质要求是既能耐酸腐蚀，同时又能耐电解质腐蚀的优质合金钢，外形为带夹套冷却的罐体结构，直径与高度之比一般为 1∶(3～4)，搅拌装置为带刮刀的框式搅拌器和桨叶式搅拌器的级全结构。保温材料用石棉灰，厚度为 30～50 mm。

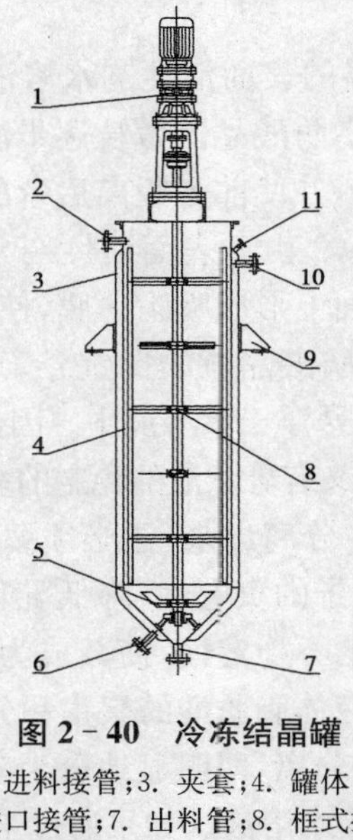

图 2-40　冷冻结晶罐

1. 传动装置；2. 进料接管；3. 夹套；4. 罐体；5. 异形搅拌器；6. 盐水进口接管；7. 出料管；8. 框式搅拌装置；9. 支座；10. 盐水出口接管；11. 排气管

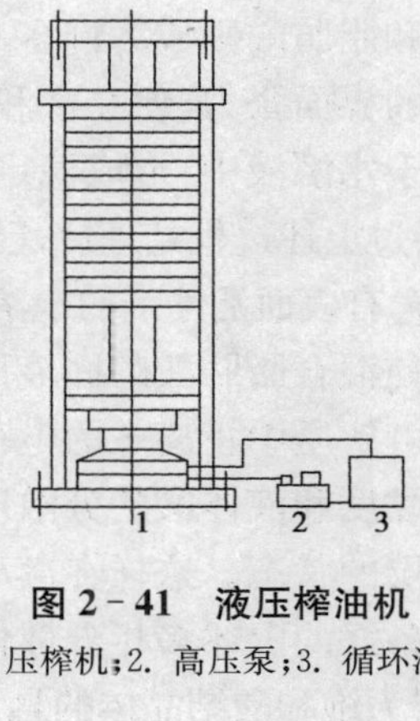

图 2-41　液压榨油机

1. 压榨机；2. 高压泵；3. 循环油箱

此法所使用的主要辅助设备是一套制冷机组。冷冻机中发生的冷效应，通常不是直接应用于被冷物体，而是以一种盐类的水溶液为载体传给被冷物体。此冷载体循环于冷冻系统和被冷物体之间，自被冷物体中取热，然后传递给冷冻剂，使冷载体的温度降低，重复回到被冷物体以取热，如此周而复始，循环不已。

常用的冷载体为氯化钠、氯化钙及氯化镁等盐的溶液，亦常称为冷冻盐水。冷冻盐水的种类和浓度不同，其凝固点、比热和导热系数也不同。选用的最低测试应在－55℃以上若干度，一般实际应用温度不低于－45℃，氯化钠水溶液的最低凝固点为－21.2℃，实际应用不宜低于－18℃。在混合脂肪酸分离过程中，常用18°Bè左右的氯化钙溶液作为冷载体，该溶液的凝固点在－11℃左右，有时也采用饱和食盐水作为冷载体。

工业上广泛采用的冷冻剂有：氨、二氧化硫、二氧化碳、氟利昂11(CCl_3F)，氟利昂12(CCl_2F_2)、氟利昂13($CClF_3$)以及乙烷、丁烷等。

分盘冷冻压榨法虽可达一定的分离效果，但其操作繁杂，劳动强度大，近年来，在工业上已陆续应用其他较先进的方法来分离脂肪酸。

(2) 水媒分离法(又称表面活性剂分离法)

水媒分离法是近二三十年发展起来的一种新方法，这种方法适用于脂肪酸、脂肪醇、脂肪酸酯等脂肪物质的分离。

① 水媒分离法分离脂肪酸的基本原理

水媒分离脂肪酸的基本原理，系基于饱和脂肪酸与不饱和脂肪酸熔点的不同，使其在一定温度下分别呈结晶的固体和液体两相。这种不同物相的混合脂肪酸分散于含有表面活性剂和电解质的水溶液中，形成多相分散体系。然后再根据体系中比重大小的不同，借助于离心机分离出其中的轻相和重相，即可分别得到不饱和脂肪酸和饱和脂肪酸。

混合脂肪酸中饱和脂肪酸熔点较高，不饱和脂肪酸的熔点较低。在低于饱和脂肪酸的熔点高于不饱和脂肪酸熔点的温度下冷冻，饱和脂肪酸结晶，结晶体在机械搅拌的作用下呈分散的晶体微粒状，此时不饱和脂肪酸仍是液态，依附在饱和脂肪酸晶体表面上，使整个混合脂肪酸呈一种粥状物。

冷冻后的粥状混合脂肪酸在机械搅拌下加入同温的表面活性剂水溶液，由于不断地剧烈搅拌增加了粥状物与表面活性剂的接触面，使饱和脂肪酸晶体微粒逐步润湿，降低了液态的不饱和脂肪酸对饱和脂肪酸晶体微粒表面的附着力，并使前者脱离后者的表面。这时，液态的不饱和脂肪酸则成为许多小液滴分散于水溶液中。由于表面活性剂是双亲分子，它能降低两相的界面张力，便在水和不饱和脂肪酸两相界面上形成吸附薄膜，使不饱和脂肪酸均匀地分散于水溶液中，形成稳定的乳状液。而饱和脂肪酸晶粒的比重介于水和不饱和酸之间，所以通过上述过程处理后，已被充分地润湿，并分散悬浮于水溶液中。因此，冷冻后的混合脂肪酸在含有表面活性剂的水溶液中，形成既有悬浮液又有乳状液的稳定的多相分散体系。

为了使混合脂肪酸的固液两相从多相分散体系中分离出来，还必须添加一定量的电解质。依靠电解质中正离子的电荷来削弱表面活性剂分子的负电性，降低乳化能力，同时也降低系统的黏度和液体酸的分散度，从而增加分散体系的不稳定性，使其成为既不稳定又不立即破乳分层的状态。这样在离心力的作用下，有利于液体脂肪酸的聚集和分离。

把制备好的上述多相分散体系放入试管进行离心分离，即明显地分为三层，上层为液体酸，中间层为饱和酸结晶体的悬浮液，下层为含电解质的水溶液。如果通过工业离心机连续分离，由于多相分散体系在离心机中停留时间短，则被分为由液体酸组成的轻相部分和由饱和脂肪酸晶体微粒、表面活性剂水溶液组成的重相部分（见图 2－42），后者经加热后即可分出饱和脂肪酸，从而达到混合脂肪酸分离的目的。

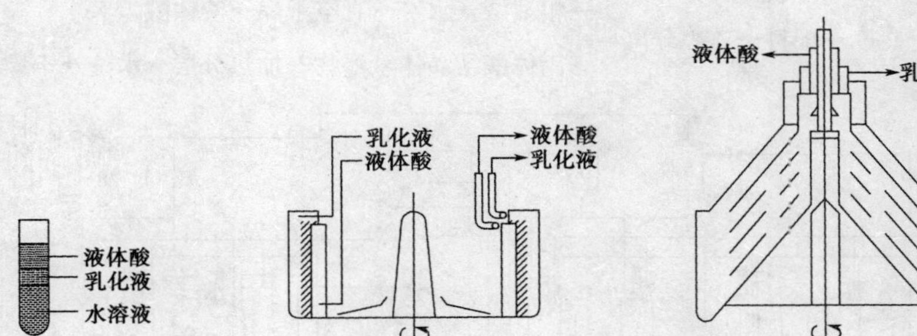

图 2－42　混合脂肪酸离心分离

② 水媒分离法分离混合脂肪酸工艺

一般情况下，乳状液经一次离心分离即可得到固体酸和液体酸两种产品，但重复分离可以改善脂肪酸的固体馏分或液体馏分的质量指标。

动物混合脂肪酸（凝固点 40℃，碘值 52～58）的分离过程可以分为三个阶段（见图 2－43）：

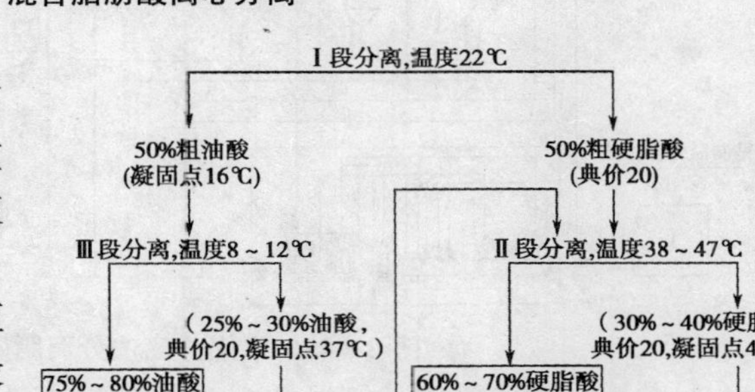

图 2－43　动物混合脂肪酸分离过程

第一阶段在 20～30℃下离心分离乳状液；第二阶段把第一阶段分离所得硬脂酸悬浮体，重新在 38～47℃下分离，这样做是为了制取较低碘值的硬脂酸；第三阶段是从第一阶段分离所得粗油酸中，分离出凝固点低至 6℃的油酸。

国内以柏油混合脂肪酸为原料，采用重复分离的方法（见图 2－44），制取一级硬脂酸和精油酸，取得了较好的效果。在分离过程中采用三段分离、一次温压及一次蒸馏的方法。与分盘冷冻压榨法相比，改善了劳动条件，提高了劳动生产率，使生产能够连续化、机械化。

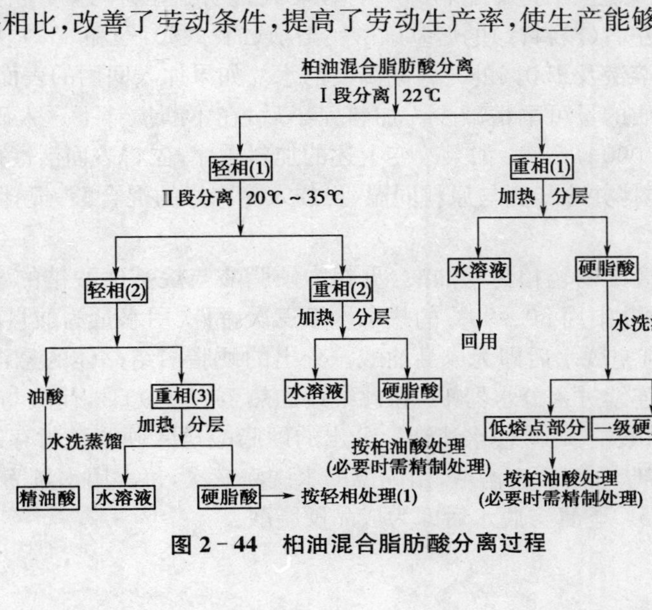

图 2－44　柏油混合脂肪酸分离过程

混合脂肪酸经水媒分离法分离后，可以分别得到以棕榈酸和硬脂酸为主体的固体酸（称硬脂酸）以及油酸和亚油酸为主体的液体酸（称油酸）。工艺设备流程图见 2-45。该法的生产工艺流程示意图如下：

精制混合脂肪酸→冷冻→配料→离心分离—→粗油酸→水洗→真空干燥→液体酸
　　　　　　　　　　　　　　　　　　　　└→固体酸结晶体悬浮物→加热分层→水洗→干燥→固体酸

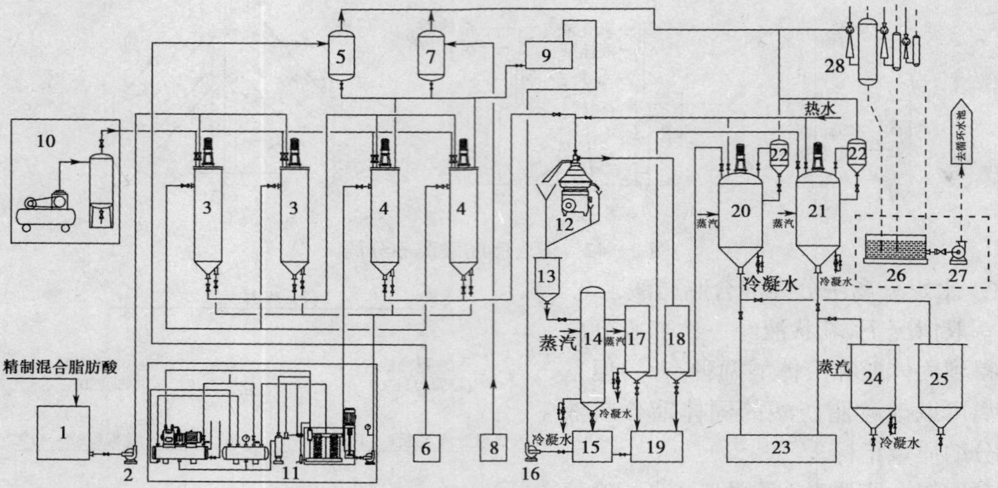

图 2-45　水媒分离法分离脂肪酸工艺设备流程

1. 精制混合脂肪酸储罐；2. 离心泵；3. 冷冻结晶罐；4. 配料罐；5. 硫酸镁计量罐；6. 硫酸镁配料池；7. “601”计量；8. “601”配料池；9. 回用水高位储罐；10. 空气压缩机；11. 制冷系统；12. 离心机；13. 预热罐；14. 分离罐；15. 回用水池；16. 耐酸水泵；17. 饱和酸暂存罐；18. 液体酸暂存罐；19. 回用水池；20. 液体酸脱水罐；21. 饱和酸脱水罐；22. 捕集器；23. 水洗废水池；24. 饱和酸成品罐；25. 液体酸成品罐；26. 水封池；27. 离心泵；28. 真空装置

操作时，将蒸馏的精制混合脂肪酸由储罐 1 泵入冷罐 3，夹套内通入 -10℃左右的氯化钙溶液（氯化钙溶液浓度为 18°Bè 左右），开动框式搅拌器，搅拌速度 20～30 r/min，缓慢冷冻至 10～12℃。

冷冻的物料用压缩空气压入配料罐，开动桨式搅拌器搅拌速度搅拌速度为 60～70 r/min。加入 6.5%左右（按料计）的熔基磺酸钠溶液（简称“601”）和 3%左右的由硫酸镁溶解池溶解好的硫酸镁溶液及 150%的与料同温度的水。如果加入回用的表面活性剂水溶液，则表面活性剂和电解质的量可酌情减少。加料完毕后，在不断搅拌下送入碟式离心机进行分离，离心机转速为 6 000 r/min。如果改变上述的加料顺序，先将表面活性剂和硫酸镁的水溶和水送入配料罐，搅拌并冷却到与原料同温，再加入冷冻好的混合酸，搅拌后分离，可以达到同样的分离效果。

经碟式离心机分离出的轻相为粗油酸，重相为硬脂酸与烷基磺酸钠的水溶液。粗油酸在粗油酸水洗脱水罐 20 中用 80～90℃的热水洗涤三次，每次用水量为酸量的 50%，洗好的油酸在 90～100℃下真空脱水后即为成品油酸。分出的硬脂酸结晶体的悬浮液进入预热罐 13 预热至 30～40℃，连续进入分水器 14，在此继续加热至 80～90℃，使酸与水分层，上层为硬脂酸，下层为烷基磺酸钠、硫酸镁水溶液。分出的硬脂酸送入硬脂酸暂存罐 17，为了除去硬脂酸中的表面活性剂、电解质水溶液，用同温的水洗涤三次，每次用水量为酸量的 50%，洗过的硬脂酸在 90～105℃下真空脱水后即为成品硬脂酸。

根据我国有关工厂的实际经验，混合脂肪酸采用该项分离工艺，所得产品质量与得率分别列于表 2 - 21 和表 2 - 22。

表 2 - 21　产品质量

品　　种	酸　价	皂化价	碘　价	凝固点/℃	水杂/%
(猪油)油酸	190～200	190～200	90～105	<8	<0.5
(猪油)硬脂酸	195～205	195～205	<40	40～45	<0.5
(菜油)油酸	180～195	180～190	100～110	<8	<0.5
(菜油)硬脂酸	175～185	175～185	90～100	25～35	<0.5
(糖油)油酸	185～190	185～190	110～135	<8	<0.5
(糖油)硬脂酸	190～200	190～200	80～90	40	<0.5

表 2 - 22　产品得率

品　　种	油酸/%	硬脂酸/%	合计/%
糠、豆油皂脚	22.57	17.67	45.24
糠油皂脚	26.46	19.29	45.75
猪油皂脚	18	19.2	37.2
糠、菜油皂脚	28.91	12.9	41.81

水媒分离法分离过程简单，并能实现连续化生产，劳动强度小，易实现规模化生产。其主要设备为冷冻罐（如图 2 - 40）、配料罐（如图 2 - 46）、离心机等。由于管式离心机进料喷头容易阻塞，轴承易损坏等缺点，因而常采用碟式离心机。

③ 影响水媒分离法分离混合脂肪酸的质量和产率的因素

(a) 温度　欲使混合脂肪酸中的饱和酸和不饱和酸得以分离，必须使其中的饱和酸冷却结晶，这是乳化分离的前提，因此分离温度的高低直接影响混合脂肪酸的分离效果。温度对分离效果的影响可通过图 2 - 47 固体酸-液体酸相图加以说明。

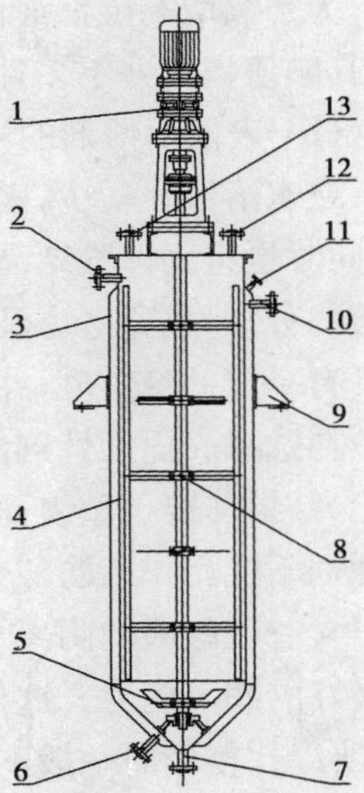

图 2 - 46　配料罐

1. 传动装置；2. 进料接管；3. 夹套；4. 罐体；5. 异形搅拌器；6. 盐水进口接管；7. 出料接管；8. 框式搅拌装置；9. 支座；10. 盐水出口接管；11. 排气接管；12. 辅料接管；13. 压缩空气接管

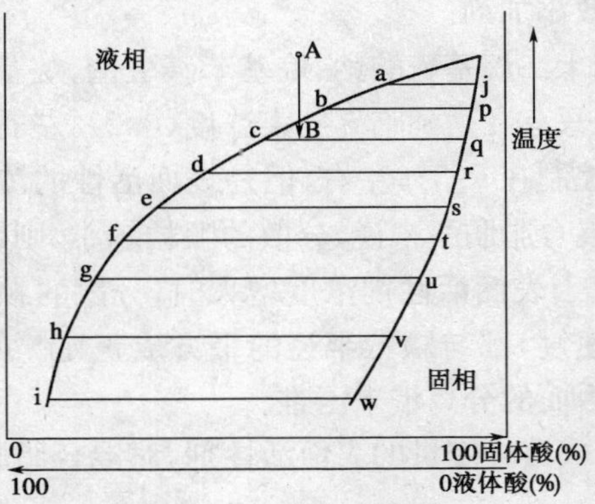

图 2 - 47　固体酸-液体酸相图

从图中可看出，处于 A 点的液体状态的混合脂肪酸逐步冷却到两相区，混合脂肪酸开始结晶，冷却到B点时，析出的固体酸的量相当于q点的量，液相中固体酸的量相当于c点的量。所以，结晶出来的固相中固体酸的成分比原料混合酸中的多。温度继续下降，固溶体继续析出，但所含固体酸的成分随qw曲线下降，而相应的液相中的液体酸成分随ci曲线增加。由此可知，冷却结晶所得固体酸与液体酸的纯度与冷却结晶的温度有密切的关系。一般来说，分离温度高，所得固体酸结晶较纯，熔点高，碘值小，而相应的液体酸则不纯。反之，当分离温度低时，则分离所得的固体酸结晶就不纯，熔点低，碘值大，而相应的液体酸较纯。因而当以分离固体酸为主时，应尽量选择较高的分离温度，而以分离液体酸为主时，则应选择较低的分离温度。不同分离温度对产品质量和产率的影响见表2-23。

表2-23　不同分离温度对产品质量和产率的影响

序号	温度/℃		凝固点/℃			碘　价			对试样脂肪酸的产率/%	
	制备乳状液时	离心分离时	试样脂肪酸	液体酸	固体酸	试样脂肪酸	液体酸	固体酸	液体酸	固体酸
1	37.0	19	36.8	11.5	53.8	99.4	122.2	44.6	63.3	30.7
2	33.5	14.3	30.3	5.5	51.8	107.4	127.9	57.4	67.0	33.0
3	34.0	12.1	36.6	4.0	50.5	99.7	130.0	59.1	57.0	42.9
4	37.0	11.0	32.6	2.6	49.4	105.6	133.7	60.7	60.7	39.3

为了制取高碘值液体脂肪酸，将已分离出的液体馏分冷却至5℃，进行再一次的离心分离，其碘值提高并不多，因而使液体馏分冷至5～6℃，再次分离的操作是不适宜的。

(b) 表面活性剂的种类和浓度

在水溶液介质中，表面活性剂的作用是将固体酸结晶体表面的液体酸润湿乳化分散下来，同时也将固体酸结晶体表面润湿，悬浮分散在水溶液中。在这里既要考虑到固体酸和液体酸的分散，也要考虑到后面离心分离时液体酸能迅速地聚结起来，所以应控制这种分散体系具有一定的稳定度，并不是越稳定越好。

在选择表面活性剂的种类时，有人曾用某些非离子型和阴离子型两类表面活性剂进行实验，结果非离子型表面活性剂在所有实验中未见到乳状液的生成，因而认为非离子型表面活性剂不能用作脂肪酸分离过程中的有效添加剂。

含有硫酸根的阴离子表面活性剂，如十二烷基硫酸钠、烷基苯磺酸钠、烷基磺酸钠等，具有最好的润湿能力。这种润湿乳化能力，只有在达到临界胶束浓度(0.2%左右)时才变得明显，所以在使用时一般不低于这个浓度，控制在0.3%左右，但是表面活性的浓度过大，则又会使分散体系的稳定度增加。对同量的混合脂肪酸来说，分散的颗粒越小，则颗粒的总表面就越大，需要的表面活性剂就越多。所以当表面活性剂浓度增大时，分散的颗粒就会变小。根据Stokes定律，一个分散颗粒的沉降速度，都与颗粒半径的平方成正比。所以表面活性剂的浓度过大，分散的颗粒也就越小，给后面的分离带来困难。

在乳化液的水相中，用羧甲基纤维素代替一定量的表面活性剂，对混合脂肪酸的分离是有利的。

(c) 加水量

加水量的多少也直接影响乳化分散及分离效果。加入一定量的水，可使脂肪酸得到充分的润湿，有利于液体酸从固体酸结晶体表面充分分散开来，而在离心分离时，液体酸又能迅速聚结起来。在制备乳状液时，水的加入量可为混合脂肪酸的2～4倍，一般采用2倍左右的脂肪酸量的水。对不同原料而言，有的生产厂家采用分步稀释的方法，即先用较高浓度的表面活性剂溶液使固体酸结晶体表面的液体酸较好地乳化分散，然后在离心分离前再加一部分水稀释，并保持一定的稀释时间，得到了较好的分离效果。

(d) 电解质的种类和浓度

在水溶液中，电解质能影响分散体的稳定度。随着电解质浓度的增加，单位体积内乳化分散的颗粒数就减少，增加了分散体系的不稳定性，有利于液体酸在分离时较快地聚结起来。但是过量的电解质会导致破乳分层，影响离心分离时的效果。所以应该适量加入电解质，使其在水溶液中的含量为0.5%～1.0%。

在电解质的种类选择上，高价的正离子比低价的好，因此在工业生产上皆采用硫酸镁。

另外，适量的电解质还可以降低表面活性剂的临界胶束浓度，有利于液体酸从结晶的固体酸表面分散开。同时，加入电解质后增加了水溶液的比重，增大了水相(重相)与油相(轻相)之间的比重差，也有利于离心分离。

总之，上述诸因素以及制备乳状液时的加料顺序等直接影响混合脂肪酸的分离效果。但是这些影响因素并不是完全孤立的，而是相互影响的。如表面活性剂和电解质必须选择适宜的浓度比。就不同的原料而言，要达到同样分离效果，各种影响因素也会不同程度地发生变化。这样就应因料制宜，以提高分离效果。

(3) 精馏分离法

早在20世纪50年代就已建立了高效的工业脂肪酸工厂，以满足市场的需求。几乎同时，单碳链的高纯度脂肪酸的新市场也发展了起来，首先是C_8、C_{10}、C_{12}、C_{14}酸，随后是C_{16}、C_{18}、C_{20}和C_{22}酸。

上一节所述的简单蒸馏——无论是间歇的还是连续的，并不是按相对分子质量的大小来分离脂肪酸，而是通过简单蒸馏除去高沸点和低沸点杂质来提纯脂肪酸。

在20世纪30年代和40年代，多组分混合物的分馏一般是通过分级冷凝来达到，如石蜡氧化法合成脂肪酸的分馏就是一例。

今天，现代化脂肪酸分馏常用特殊形式的压降很小的填料塔或板式塔。

① 脂肪酸精馏分离原理

在植物油或植物油皂脚制得的脂肪酸中，不同原料品种的脂肪酸，其组成都有所差异，在天然脂肪酸中，主要是C_{18}、C_{16}、C_{14}、C_{12}的偶数碳链的脂肪酸，其中以C_{18}和C_{16}的脂肪酸为最多，其次是C_{12}和C_{14}的脂肪酸，并且不同碳链长度的脂肪酸在相同压力下其沸点有较大的差异。换言之，在同一温度下不同组分的脂肪酸蒸汽压力不同。因此，通过精馏，就可以将混合脂肪酸中不同碳链长度的脂肪酸加以分离。

② 脂肪酸精馏分离工艺

由于粗脂肪酸含有不纯物较多，需预先进行简单蒸馏，将不纯物(蒸馏残渣)除去，以减少或避免精馏时使塔内玷污，然后再进行精馏分离，其精馏分离工艺流程示意图如下：

精制混合脂肪酸→预热→析气→换热→加热→真空精馏→轻馏分

↓

重馏分

众所周知，无论是何种原料制得的混合脂肪酸，其组成往往比较复杂。因此，如果要把每一种碳链长度的脂肪酸加以分离，并具较高的纯度，那么精馏塔所需理论塔板数就要很多，也就是说，精馏塔的高度要很高才能实现。使用多塔精馏分离可将混合脂肪酸分馏成单碳链长度的高纯度脂肪酸，这些塔在整个精馏过程中起着多种作用，因此要求有更多的中间产物存储器，当然，这与昂贵的精馏塔相比投资较小。

在工业脂肪酸的实际生产中，往往是根据产品的工业应用来分馏出能够满足其要求的脂肪酸产品，产品的质量用碘值、凝固点等指标表征。如用于生产油漆和涂料的脂肪酸通常只需要除去棕榈酸和其他轻馏分酸。下面是一些精馏分离脂肪酸的示意图（图 2－48）：

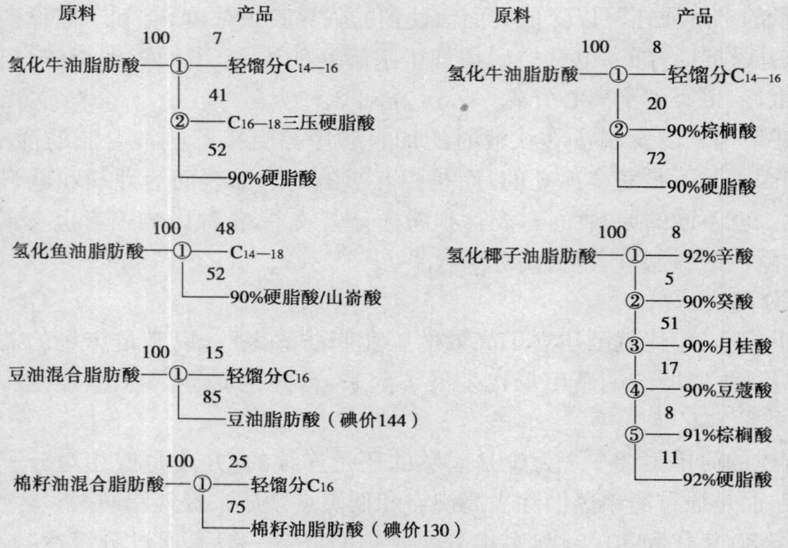

图 2－48　精馏分离脂肪酸实例示意

由此可知，不同原料的混合脂肪酸以及不同产品要求的精馏分离工艺过程、操作就有所差异，这样脂肪酸的精馏分离工艺就有很多，为此这里只介绍一种制取棕榈酸或其他窄馏分脂肪酸（初馏分的数量与质量同混合脂肪酸的组分有关）的脂肪酸连续精馏工艺过程（图 2－49）及主要设备精馏塔（图 2－50）。

在连续精馏工艺中，混合脂肪酸由储槽 1 通过真空（96.658～39.997 kPa）吸到预热器 2 的第一格，用0.3 MPa 压力的蒸汽加热到 100℃左右，以使脂肪酸干燥和脱气。然后脂肪酸相继续通过预热器的第二格和第三格，用 2.0 MPa 压力的蒸汽（或导热油）逐步加热到 180℃，以便蒸出 C_{12} 以下的脂肪酸。预热器的三格都装有可拆卸的加热管和直接蒸汽喷管。第二、三格蒸出的脂肪酸，在通过冷凝器 3 时被冷凝，冷凝液入真空酸受器 23，按需要用泵 11 送去包装。

预热器中的脂肪酸用泵 4 打到精馏塔 5，塔中喷直接蒸汽（最好是过饱和蒸汽），精馏温度 200～230℃，塔顶部真空由蒸汽喷射泵组 15 抽到残压 399.96～533.29 Pa。脂肪酸

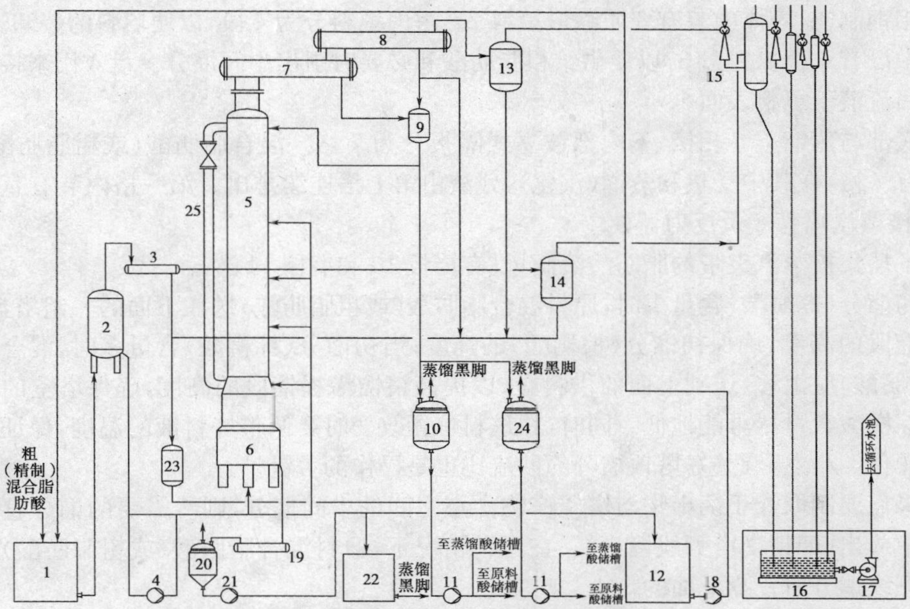

图 2-49　精馏法分离脂肪酸工艺设备流程

1. 粗（精制）脂肪酸储罐；2. 预热器；3. 低分子酸冷凝器；4. 粗脂肪酸泵；5. 精馏塔；6. 蒸馏釜；7. 蒸馏冷凝器；8. 蒸馏冷凝冷却器；9. 分配器；10. 真空收集器；11. 蒸馏酸泵；12. 脂肪酸储槽；13. 液滴捕集器；14. 捕集器；15. 真空装置；16. 水封池；17. 循环水泵；18. 脂肪酸泵；19. 表面冷凝器；20. 残渣收集器；21. 泵；22. 残渣储槽；23. 低分子酸受器；24. 真空收集器；25. 旁通管

蒸汽在冷凝器 7、8 中冷凝，通过分配器 9，一部分冷凝液回流至塔内作回流液用，一部分馏出液作为成品流入真空收集器 10 和 24，由泵 11 抽出。冷凝器 7、8 中的水蒸气经捕集器 13 捕集其中的脂肪酸后由蒸汽喷射泵排入大气冷凝器去冷凝。

高沸点脂肪酸从蒸馏釜 6 第七格，经表面冷凝器 19 冷却后连续地排到残渣收集器 20，再用泵 21 抽到储槽 12，供作重复精馏或简单蒸馏用，或抽到外面储槽。

另外，由于精馏塔的特殊设计，利用此工艺也可进行脂肪酸的简单蒸馏。为此，粗脂肪酸由预热器加热到 100℃后自动流入蒸馏釜的第一格，并相继通过其他各格而受到加热与蒸汽蒸馏。蒸馏釜中的蒸汽沿旁通管 25 不通过塔而进入冷凝器 7、8，脂肪酸蒸汽冷凝液流入真空收集器 10 或 24。残渣同样从釜的第七格连续排出到残渣收集器 20，按需要由泵 21 送到储罐 22 储存。

精馏塔由塔釜 5 和塔体 1 组成，塔体用耐

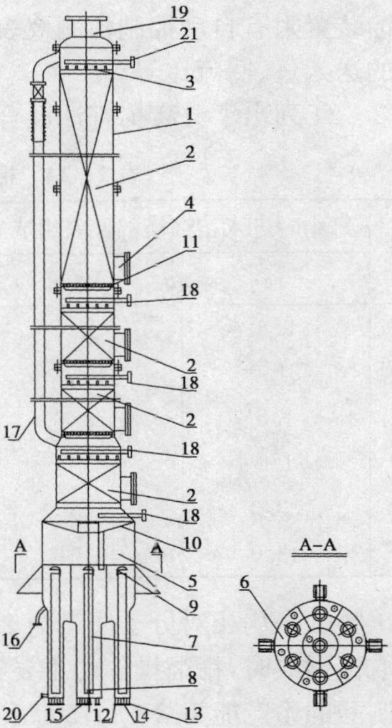

图 2-50　精馏塔

1. 塔体；2. 鞍形填料；3. 供料盘；4. 入孔；5. 蒸馏釜；6. 蒸馏釜格；7. 加热管；8. 直接蒸汽管；9. 反射器；10. 挡板；11. 搁栅；12. 加热蒸汽；13. 冷凝水出口；14. 直接蒸汽；15. 简单蒸馏；16. 残渣出口；17. 旁通管；18. 精馏进料；19. 蒸汽出口；20. 重相出口；21. 回流接管

酸铬镍钼钢制成，塔体内装有瓷质鞍形填料2。塔内填料分为4段，以便填料的装卸。

塔中设有4个供料盘3，以便供给粗脂肪酸和必要时引出中间馏分。盘4用来接受和均衡分布回流液于填料表面。

塔底部与蒸馏釜5相接，釜内部被立式隔板分为7格。混合脂肪酸（或粗脂肪酸）相继通过所有7格，在其中受热和蒸馏（汽化），残渣由第七格连续排出。第一格内装有直立加热管7、直接蒸汽喷管8及反射器9。

为了捕集被蒸汽夹带的脂肪酸液滴，设有挡板10和搁栅11。

当初馏分（棕榈酸）含量少时，原料混合脂肪酸（或粗脂肪酸）送往下面的一组塔盘上，以提高精馏段的高度，确保初馏分（棕榈酸）的纯度；当初馏分（棕榈酸）含量多时，混合脂肪酸（或粗脂肪酸）应上移，送到上面的供料盘，以提高精馏塔提馏段的高度，确保塔釜的高沸点组分中棕榈酸含量尽可能地低。同时，在进料位置改变时要调整好料液的温度，保证精馏塔的正常操作。当然，调整好塔顶馏分的回流比也是操作的关键。

如果需要制取介于馏出物与塔釜产物沸点之间的中间馏分，则将需要的馏分直接从适当的盘中放出（即精馏塔侧线馏出）。在这种情况下，原料混合脂肪酸（或粗脂肪酸）的进口应位于侧线馏分所在盘下面的盘中。

为了提取高纯度的高沸点脂肪酸混合物，可通过蒸馏釜供料，而从侧线取得成品，此法一般用于要求分去少量初馏分以提高脂肪酸碘值的场合。

成品高沸点酸连续从蒸馏釜第七格排出，这种酸的组成一般是以不饱和脂肪酸（油酸、亚油酸等）为主体，可供油漆、涂料工业使用。

精馏装置附有自动控制检测仪表，可以调节进料速度、加热和冷却温度、真空度、每格直接蒸汽的送入量、回流比等。

表2-24列出了分离棉籽油混合脂肪酸以制取棕榈酸的计算数据。

表2-24　棉籽油混合脂肪酸精馏产物的组成

脂肪酸	每小时进入精馏塔的原料组成		馏出物组成		精馏釜出来的残余物组成	
	%	kg	%	kg	%	kg
亚寇酸	0.4	2	—	—	2	2
棕榈酸	21.0	105	4.0	16	89	89
硬脂酸	1.6	8	1.0	4	4	4
花生酸	1.0	5	1.25	5	—	—
油　酸	33.0	165	40.5	162	3	3
亚油酸	43.0	215	53.25	213	2	2

馏出物的平均相对分子质量为257，残渣为280。

制取棕榈酸时，精馏操作的主要指标如下：

棕榈酸的生产能力2～3.75 t/d(与原料中棕榈酸含量有关)；棕榈酸产率85%；棕榈酸纯度88%～90%；精馏回流比2～6；加热蒸汽消耗量800 kg/h(包括预热及蒸馏高、低压用汽)；耗水量(初温20℃)30 m^3/h。

设备简单蒸馏能力（对粗脂肪酸）15 t/d；简单蒸馏时蒸汽与水的消耗量与精馏时基本相同。

天然混合脂肪酸的分离除了可采用填料塔进行精馏分离外，也可采用板式塔。下面介绍三种两塔分离的典型工艺。

(a) 两塔均为板式塔的两塔分离工艺(Lurgi)(如图 2-51)。从分解工厂来的精脂肪酸连续地经过脱气、脱水以及真空汽塔中除去低沸点组分后进入精馏塔一，分离出轻馏分 C_6、C_8、C_{10}，塔底部的产物暂时储存起来。

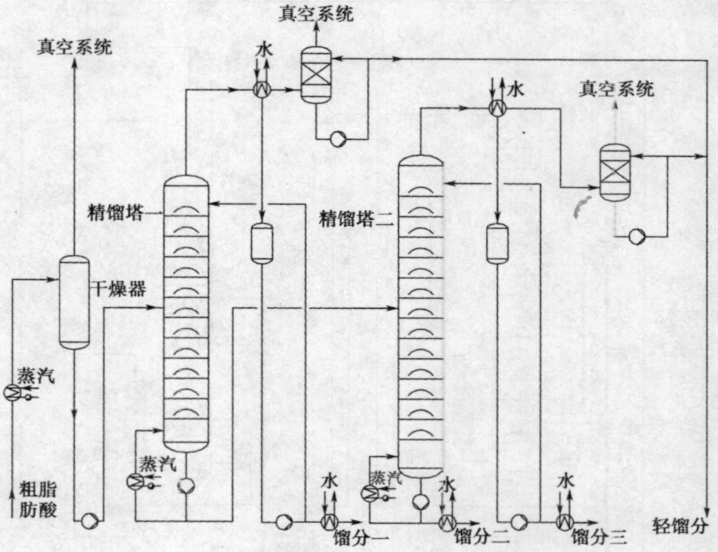

图 2-51　两塔均为板式塔的两塔分离工艺

需要的单体馏分可以一个接一个地精馏分离。其残留部分即 C_{16}/C_{18} 或 C_{18} 馏分一般是在直馏蒸馏装置(简单蒸馏装置)中分离出来。

(b) 两塔均为填料塔的两塔分离工艺(Schmidding)(如图 2-52)。其工艺过程与上述工艺基本相同，不同的是第一主塔的塔顶馏分不是用水冷凝而是与原料脂肪酸进行热交换，以充分利用热能。热交换后的原料脂肪酸进入脱水、脱气器并分离出低沸点组分得到前馏分一，第一主塔的塔顶馏分为前馏分二，第一主塔的侧线馏分为主馏分一，第二主塔的塔顶馏分为主馏分二，第二主塔的塔底馏分经简单蒸馏后得到主馏分三。

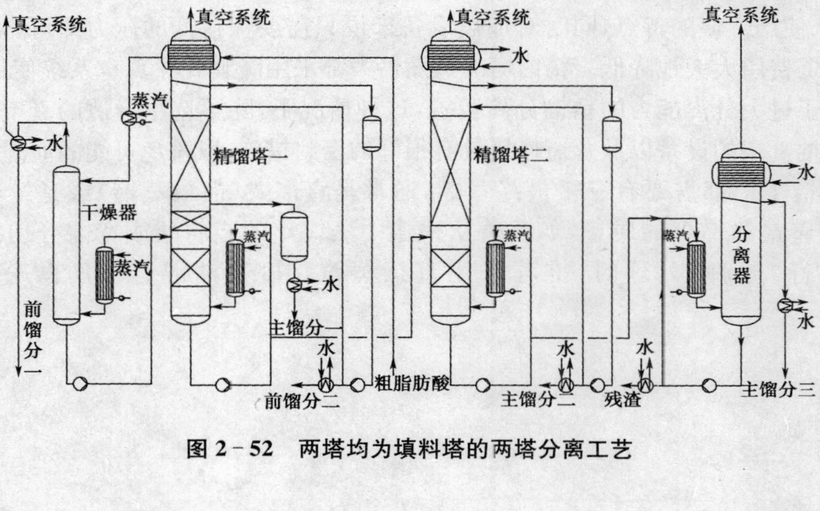

图 2-52　两塔均为填料塔的两塔分离工艺

(c) 一个板式塔和一个填料塔组成的两塔分离工艺(Sulzer)(如图 2-53)。原料脂肪酸在经过与第二主塔(填料塔)塔顶馏分热交换后进入真空干燥、脱气器，干燥脱气后的原料加热到所需温度后被送入第一主塔(板式塔)，从板式塔的塔顶得到前馏分，塔底产物用泵送到填料塔，从填料塔的塔顶得主馏分，塔底产物为重馏分。

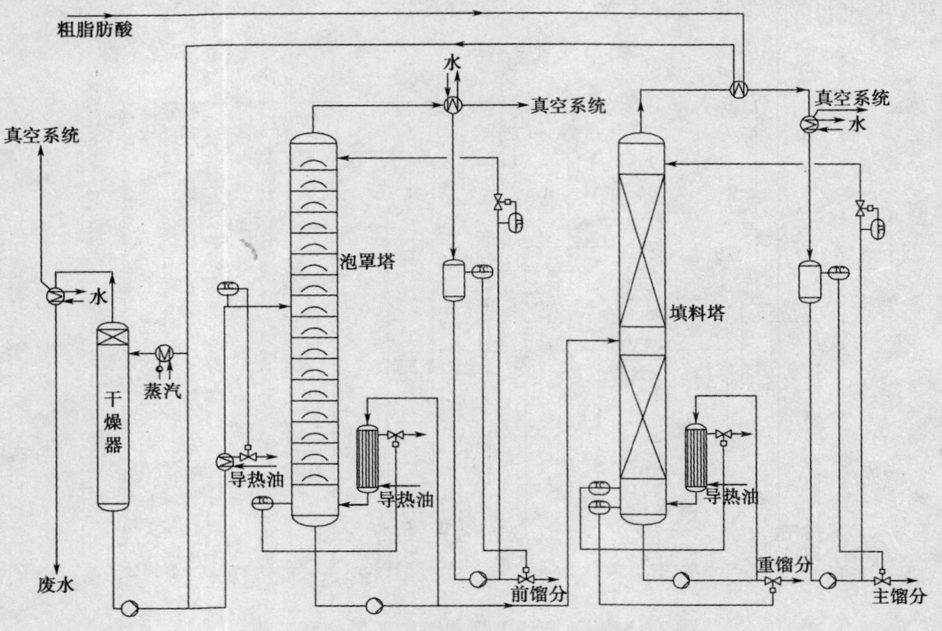

图 2-53　板式塔和填料塔的两塔分离工艺

两塔操作工艺既灵活又经济，轻馏分在第一塔中完成，第一塔中得到的重馏分的分馏在第二塔中进行，分馏后一般能得到纯度 95%以上的产品。如果蒸发器和精馏塔的操作条件更精确的话，对于月桂酸型混合脂肪酸就可获得无色、无味、纯度在 98%以上的产品。

对于所有可供选用的分馏方法而言，其可比性在于塔内部的结构形式、汽化和冷凝系统以及热的回收方式等。

不过，大多数方法还是偏爱于导热油加热方式，该方式的设备装置与高压蒸汽锅炉相比具有投资小、使用方便的特点，同时对加热设备来说只需要保持低的压力即可，从而使不锈钢结构的投资费用大大地降低。精馏塔的蒸发器大都采用降膜式。真空系统使用的蒸汽喷射器不适用于过大分离能力的精馏分离装置，这种情况下，除了选用合适的真空设备外，还要力求使被抽真空的设备以及管道连接具有很好的密封措施，以避免可能的泄漏。

每个分馏工厂都需要有一个最终蒸馏，通常是直馏式(简单蒸馏)或是第三分馏段。其目的是改善最终馏分的质量，如改善从残渣中蒸馏出的脂肪酸或宽馏分切割的质量。当对残渣进行"熬脚"处理时，推荐采用直接蒸汽。椰子油混合脂肪酸分馏实例见表2-25。

表 2-25　椰子油混合脂肪酸分馏实例(表中数据均是重量百分比)

流程号	原料成分	原料组成/%	脱水段顶产品/%	第1塔顶产品组成/%	第2塔顶产品组成/%	最后段塔顶产品组成/%	最后段塔底产品组成/%
流程 NO_1	H_2O	3.1	74.2	—	—	—	—
	C_6	0.4	3.0	0.3	—	—	—
	C_8	6.4	12.9	52.1	—	—	—
	C_{10}	5.4	2.8	47.4	0.3	—	—
	C_{12}	43.4	6.2	0.2	99.4	0.4	—
	C_{14}	16.7	0.7	—	0.3	45.8	0.1
	C_{16}	9.2	0.1	—	—	24.8	2.8
	C_{18}	11.7	0.1	—	—	29.0	20.2
	油脂	3.7	—	—	—	—	70.0
	残渣	—	—	—	—	—	6.9
流程 NO_2	H_2O	1.9	87.7	—	—	—	—
	C_6	—	—	—	—	—	—
	C_8	—	—	—	—	—	—
	C_{10}	—	—	—	—	—	—
	C_{12}	0.4	0.7	0.5	—	—	—
	C_{14}	44.9	10.4	98.8	1.1	—	—
	C_{16}	24.3	0.6	0.7	97.8	2.4	—
	C_{18}	28.5	0.6	—	1.1	97.6	9.1
	油脂	—	—	—	—	—	—
	残渣	—	—	—	—	—	90.9
流程 NO_3	H_2O	2.0	28.5	—	—	—	—
	C_6	0.3	0.8	0.4	—	—	—
	C_8	51.5	31.6	99.5	99.4	0.2	—
	C_{10}	46.0	39.1	0.1	0.6	99.6	70.0
	C_{12}	0.2	—	—	—	0.2	30.0
	C_{14}	—	—	—	—	—	—
	C_{16}	—	—	—	—	—	—
	C_{18}	—	—	—	—	—	—
	油脂	—	—	—	—	—	—
	残渣	—	—	—	—	—	—

③ 精馏塔的内部结构及各类塔的分析

天然混合脂肪酸中高沸点酸大部分是不饱和脂肪酸,如油酸、亚油酸等,它们都是热敏性物质,因此,需要研究发明不但能保证非常有效地分离,并且具有高的得率的精馏系统。

蒸馏釜要求有低的温度和高的真空条件,以避免或减少脂肪酸的分解或聚合。这只有在分馏塔内部压降保持很小的情况下才能达到。换句话说,只有压降尽可能地低与传质效果尽可能地高的情况下蒸馏条件才越好。

可以说,精馏塔的特性取决于它的压降、塔板或填料的类型和数量。

正确的结构设计下仅可以用理论塔板数或理论分离级数与它的压降特性关系来表示,这种表示法可以评价各种塔内部设计的优劣。

对每一个分离级来说,压降要求越低越好,这样才可能使塔底与冷凝器之间的压差保持很小。内部结构材料必须耐腐蚀、抗污垢(结焦)以及不太昂贵。

在大接触面上保持良好的气-液传质、低沸点和高沸点之间保持浓度梯度以及避免返混都是很重要的因素。传质是在具有大表面的薄层上发生的，另一方面，上升气体的通道面积越大，压降就越小。塔内结构原理见图 2-54。

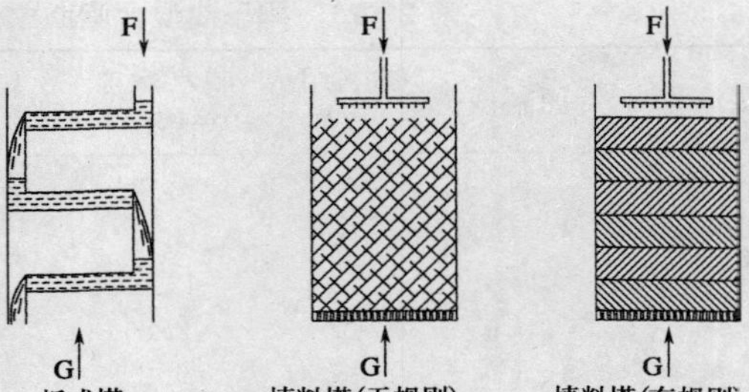

图 2-54　塔内结构原理

无论是板式塔还是填料塔，在各分离板(塔盘)或填料上传质都是在逆流状态下连续发生的。根据设计和流体条件，汽-液之间的传质主要发生在液膜、液滴或气泡上。

板式塔操作稳定，适应性大，即使生产能力仅在正常生产能力的 50%～60%或更低时也能操作，但这与板的类型有关；另外，除筛板塔之外的大多数板式塔对结焦并不敏感，因大多数污垢物能被洗到塔底；板式塔适合于大规模的脂肪酸分离。板式塔的缺点是压降较大，塔釜真空度较低，温度较高。脂肪酸的氧化分解和聚合损失较大。

填料塔的优点是压降小，塔釜真空相对较高，相应的蒸馏温度较低，脂肪酸的氧化分解和聚合损失较低。由于填料塔可以按预定关系精确地进行放大，因此就有可能设计出具有所需理论板数的塔，而不是像泡罩塔和浮阀塔等板式塔放大那样，装入塔板后才发现原设想的 85%Murphree 塔板效率在实际中降为 50%(过去泡罩塔设计时，经过繁琐的计算以确定某种程度的分离所需要的理论塔板数，一切就绪后，还需乘以 2 以求安全)。填料塔的另一个重要优点是，每块理论塔板上的液体滞留量仅为泡罩塔板的 5%～10%，这可使蒸馏过程中脂肪酸的分解减小到 1%～2%，结构填料允许宽范围的液流量。填料塔的缺点是不适宜于易结焦和含有污垢物物质较多或腐蚀性很强的物料。填料塔一般应用于较小规模的脂肪酸分离。

在实际生产中，废水的处理应视具体情况而定，冷却水经降温处理后循环使用或排入正常的下水道；生产过程中排出的废水经分油之后，要经过生物污水处理厂的处理，绝大多数的有机废料可被微生物所降解。由于有效的冷凝，只有少量的气体物质从真空系统和储罐等处排放出来，在正常情况下，它们不需要处理可直接排放，但可能会发生气味问题，这主要取决于排放地点和所用油脂的质量。

(4) 溶剂分离法

溶剂分离法是利用混合脂肪酸中饱和酸及不饱和酸在有机溶剂中的溶解度的差异(见表 2-26)及其凝固点的高低不同，来分离混合脂肪酸。

表 2-26　脂肪酸在机溶剂中的溶解度　　(单位：g 酸/100 g 溶剂)

脂肪酸	温度/℃	正乙烷	苯	氯仿	醋酸乙酯	丙酮	甲醇	95%乙醇	糠醛	氯苯
油酸	20	∞	∞	∞	∞	∞	∞	∞	27.0	∞
	10	720	910	760	750	870	1 820	1 470	14.5	900
	0	160	253	205	185	159	250	235	4.7	220
	−10	44.4		92	44.0	27.4	31.6	47.5	1.3	85
	−20	9.1		46.0	12.2	5.1	1.0	9.5	0.3	27.0
	−30	1.2		23.3	4.5	1.4	0.9	2.2	0.1	6.2
	−40	0.1		11.5	1.6	0.5	0.3	0.7		2.5

续表

脂肪酸	温度/℃	正乙烷	苯	氯仿	醋酸乙酯	丙酮	甲醇	95%乙醇	糠醛	氯苯
亚油酸	20									
	10									
	0	∞	∞	∞	∞	∞	∞	∞		
	−10	990	1 250	770	1 300	1 200	1 850	1 150		
	−20	170	320	210	200	147	233	208		
	−30	53	88	58	27.2	48.1	42.5			
	−40	14.3	40	14.7	8.6	9.9	11.1			
棕榈酸	50								15.9	
	40					1.60	1.30		1.6	
	20				0.52	0.66	0.46			7.8
	10				0.18	0.27	0.16			1.6
	0				0.060	0.10	0.050			0.1
	−10				0.018	0.038				
	−20									
	−30									
	−40									
硬脂酸	50								2.6	
	40									2.2
	20				0.58	0.54	0.26			0.1
	10				0.13	0.11	0.090			
	0				0.027	0.023	0.031			
	−10				0.006	0.005	0.011			
	−20									
	−30									
	−40									

该法在实行时有两种方案。一种是使用选择性溶剂，根据脂肪酸分子中有无双键或双键多少以及它们相对分子质量的大小所呈现出的不同极性，以及在糠醛等有机溶剂中所具有的不同溶解度，使混合脂肪酸分离为固体酸和液体酸两种馏分。另一种是使混合脂肪酸溶解于有机溶剂中，然后冷却至一定温度，饱和脂肪酸逐步结晶析出，而不饱和脂肪酸则留在溶液中，经过滤得到滤渣与滤液。滤渣经溶剂洗涤后加热溶解，蒸去溶剂即得固体脂肪酸；滤液与洗液分别去溶剂，则得液体脂肪酸。后一种方法多为工业上采用，所用溶剂有丙酮、甲醇、丁醇或丙酮∶苯＝9∶1的混合溶剂。最近也有采用轻汽油作溶剂的，与表面活性剂（水媒分离）法相比较，溶剂法虽然需要使用大量易燃，有的甚至是较贵重的溶剂，损耗较大，且要求冷冻温度低，但分离效果好，产率较高，分离设备较简单，故国内有关工厂也曾采用此项分离技术。

① 甲醇低温结晶分离法

采用甲醇低温结晶分离法分离脂肪酸的基本过程见图 2－55。

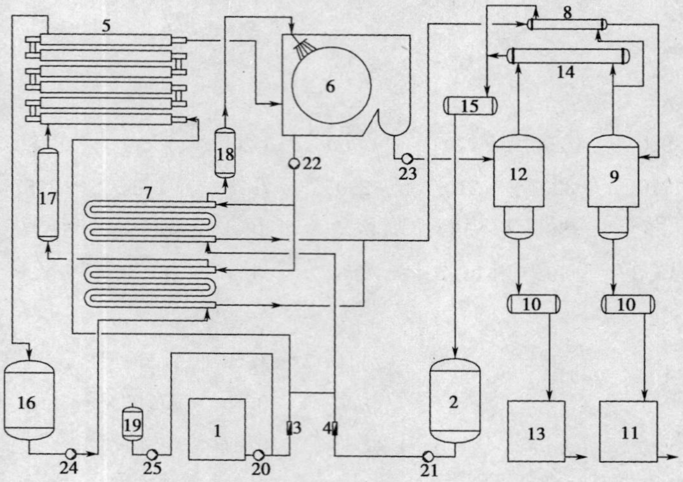

图 2－55　脂肪酸甲醇溶液低温分离流程图

1. 精制混合脂肪酸储罐；2. 甲醇储罐；3. 流量计；4. 流量计；5. 多管结晶器；6. 转鼓真空过滤机；7. 省热器；8. 预热器；9. 油酸蒸馏器；10. 接受器；11. 油酸暂存罐；12. 硬脂酸蒸馏器；13. 硬脂酸暂存罐；14. 冷凝器；15. 辅助冷却器；16. 循环冷甲醇储罐；17. 冷却剂制冷器；18. 冲洗用甲醇制冷器；19. 结晶促进剂罐；20. 泵；21. 泵；22. 泵；23. 泵；24. 泵；25. 泵

混合脂肪酸由储罐 1、90％甲醇由储罐 2 分别用泵通过流量计后，混合打到多管结晶器 5。脂肪酸在甲醇中的浓度一般保持在 25％～30％，当酸同甲醇混合时，可由结晶促进剂罐 19 泵入少量的结晶促进剂。多管结晶器的每根不锈钢管装有旋转的不锈钢刮板，用以清除管壁的结晶脂肪酸，以便促进热量的均匀传递和调节。

进入结晶器管内的脂肪酸——甲醇溶液冷至－10℃左右，在该温度下大部分固体酸从溶液中结晶出来，这种温度可随着要求从混合酸中除去多少固体酸而变更。得到的浆状结晶酸流至密闭转鼓真空过滤机 6，分离出固体酸，并用 90％冷甲醇冲洗。含有液体酸的滤液通过省热器 7 与循环冻甲醇及冲洗固体酸用的甲醇进行热交换，可回收其总制冷量的 50％～65％。

滤饼含有大约 35％的固体酸和 65％的甲醇，熔化后泵入硬脂酸蒸馏器 12 蒸去溶剂入硬脂酸暂存罐 13。含液体酸的滤液经省热器 7 和预热器 8 泵入独特设计的油酸蒸馏器 9，在低温下溶解于酸的大部分溶剂被除去，而同时高浓度(92％～94％)甲醇得以回收。

酸和低浓度甲醇往下通过蒸馏器 9 的泡罩塔部分，甲醇借来自塔底再沸器的上升蒸汽而从酸中被汽提出来。酸与很稀的甲醇两相混合液进入再沸器，在其中受到适当的折流作用，以便沉降分离出水，并使之再沸，供给塔所用的蒸汽。

制冷作用由一台二级压缩机产生，压缩机具有可变的调速装置，使温度能够控制到在结晶中的脂肪酸溶液冷却，并适应固体酸与液体酸之间分离程度变更的需要。

此法可以分离各种类型的混合脂肪酸。用动物油混合酸可生产碘值 5.0～6.0 的商品硬脂酸或固体酸以及冻点 2～5℃的液体酸。用植物油(棉籽油、豆油)脂肪酸可生产常常是含高浓度棕榈酸的碘值 5～10 的固体酸以及富含多不饱和酸、碘值 13～160 的液体酸。

② 丙酮低温结晶分离法

大豆、棉籽、米糠油或具相应的皂脚的混合脂肪酸用三倍量丙酮溶解，在 15 min 内从 25℃冷却至 15℃，饱和脂肪酸结晶析出，不饱和脂肪酸留在溶液中。过滤以后，用冷溶剂洗涤固体酸，以提取被它夹带的液体酸。熔化固体脂肪酸并经闪急蒸发器脱去溶剂，同样方法蒸去滤液中的溶剂，即得产品液体酸和固体酸，其结果见表 2－27。

表 2－27 皂脚酸丙酮低温分离结果

皂脚酸种类	性状			滤液部分＋洗液部分脂肪酸		滤渣部分脂肪酸		洗液部分脂肪酸		总产率/%
	中和值	碘值	不皂化物/%	产率/%	碘值	产率/%	碘值	产率/%	碘值	
大豆油	200	124	1.5	78.3	146.5	20.9	36.5	19.1	145.5	99.2
棉籽油	203	110	1.0	67.4	142.5	32.5	37.3	22.2	141.5	99.9
米糠油	202	98		69.2	130.7	30.5	27.5	15.5	130.2	99.7

混合脂肪酸在甲醇、含水甲醇或丙酮中，当溶剂比为 3，从 20℃经 10 min 以上冷却至－11℃以下的低温，进行溶剂结晶分离，可以从半干性油或者干性油的皂脚回收脂肪酸中得到产率较好的、适用于制合成树脂涂料等用的液体脂肪酸。但丙酮、甲醇毕竟是比较贵而短缺的溶剂，冷冻温度要求较低，因此也可采用轻汽油结晶分离法。

③ 轻汽油结晶分离法

这种方法的工艺流程见图 2－56。

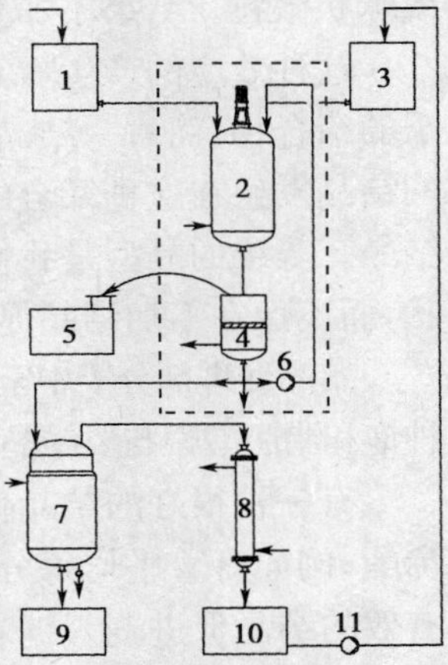

图 2－56 脂肪酸轻汽油结晶分离工艺流程图

1. 精制混合脂肪酸储罐；2. 结晶罐；3. 轻汽油储罐；4. 过滤器；5. 收集罐；6. 泵；7. 真空蒸馏釜；8. 热交换器；9. 收集罐；10. 收集罐；11. 泵

熔化的脂肪酸和浸出汽油以 1∶2 的比例分别从储罐 1 和 3 流入结晶罐 2，搅拌 10～15 min 后溶液在 0～7℃冷冻 2～3 h。放出冷冻的混合液，在过滤器 4 上分离。固体部分进入收集罐 5，滤液用泵 6 抽到罐 2，重新在 0～7℃冷冻 2～3 h。此过程重复至液体馏分的碘值达 120～125。

然后，滤液进入真空蒸馏釜 7，在真空下于 80～90℃蒸出溶剂。同时汽油蒸汽在热交换器 8 中冷凝并进入收集罐 10。蒸馏釜蒸出轻汽油以后，留在其中的液体酸收集于收集罐 9。根据需要回收的汽油经过泵 11 再打到轻汽油的储罐 3，重新用于结晶分离脂肪酸。

棉油皂脚混合酸经此法分离得到的固体及液体酸分析结果如表 2－28。

表 2－28 棉油皂脚轻汽油分离结果

指标	脂肪酸		
	混合酸	液体酸	固体酸
碘值	90～100	120～125	24～33
馏分产率/%		68～70	30～32

续表

指　　标	脂　肪　酸		
	混合酸	液体酸	固体酸
个别脂肪酸的含量/%			
豆蔻酸	0.6～0.8	微量	微量
棕榈酸	28.7～29.9	0.1～0.15	86.03～87.0
棕榈油酸	0.9～1.0	2.3～2.5	微量
硬脂酸	2.7～2.8	1.4～1.5	4.07～4.9
油　酸	28.8～29.6	48.3～49.2	0.9～1.0
亚油酸	38.8～39.0	47.8～47.9	6.8～7.05

在溶剂分离法中，如果将糖脂等一类物质加于脂肪酸的有机溶剂溶液，则有促进或控制饱和脂肪酸晶体成长的功效。然后溶液冷至稍低于饱和脂肪酸在溶剂中的沉淀温度，饱和脂肪酸急速分离，可得到易于过滤的沉淀。采用这一技术，可以做到脂肪酸溶液的快速冷却和使用较低的溶剂比。

在促进剂作用下生成的晶体，置显微镜下观察，有像砂粒的结构，通常为不规则的粒状或球状微粒。结果不加结晶促进剂，则晶体呈现黏糊糊的板状结构，从而使过滤极端困难。

这种效应的产生，乃是由于结晶促进剂的饱和脂肪酸链由核向外延伸，成为与脂肪酸分子的缔合物，而每一结晶促进剂的分子在溶液中同几个脂肪酸的分子相缔合。饱和脂肪酸的结晶发生在这种缔合的过程中，从而形成接近于等维的晶粒，而不是通常出现的那种平板结晶。等维的晶型是我们所特别希望的，因为这种晶型便于过滤，并且在溶剂中呈悬浮流动状，而不像在不加结晶促进剂的普通溶液中那样发黏。

结晶促进剂分子中至少有 4～700 个饱和脂肪酸根，每个酸根有 16～22 个碳原子。最好是这种饱和脂肪酸根与要结晶的脂肪酸根一致。溶剂对脂肪酸的重量比最好是 1∶1～2∶1。

有一种很好的结晶促进剂为含有 16～22 个碳原子脂肪酸的聚乙烯酯，例如有着平均每分子大约 50 个酯基的聚乙烯硬脂酸酯是一种极有效的结晶促进剂。糖和糖衍生物这样的多羟基物的脂肪酸酯，只要它们含 4 个或 4 个以上 16～22 个碳原子脂肪酸的酯基，通常就是有效的结晶促进剂。例如在浓度 0.2%时，蔗糖的大部分羟基同硬脂酸的酯化物是很有效的，而二棕榈酸蔗糖酯就无效。这说明每个分子的脂肪酸基的数目是重要的。含 5 个羟基的甲基糖苷在同硬脂酸充分酯化时，生成较有效的晶体促进剂。

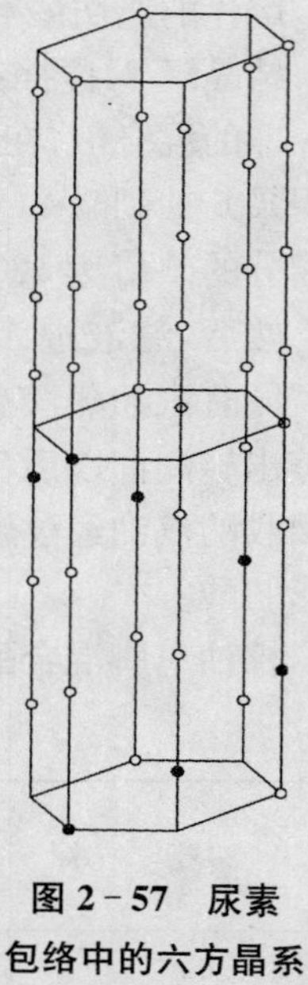

图 2-57　尿素包络中的六方晶系

(图中圆球代表尿素分子)

此外，硬脂酸铝一般只含三个硬脂酸根，但悬浮于油中形成一种类似于聚合物纤维胶束结构，因此含有大量的基团，呈现出所希望的促进特性。

(5) 尿素包络分离法

尿素是具有四方晶系的充实结晶，不具有可让它种分子包入的自由空间。但尿素溶解于溶剂，遇有直链脂肪酸、酯、醇、酮等有机物时，尿素分子以氢键结合的方式，在有机物分子的周围沿着六棱柱的棱边螺旋上升，形成宽大中空的六方晶系(图 2-57)，可选择性地包藏脂肪酸等分子。

溶剂对于包络物的形成是必要的条件。

在尿素包络各脂肪酸时，它们之间存在着如下的平衡：

尿素＋脂肪酸＝脂肪酸包络物

通常，脂肪酸分子的形状近似直链。直链越长，平衡越向右移动，即越易生成包络物，并且稳定性也增加。饱和度不同的脂肪酸具有不同的包络能力，饱和脂肪酸先于不饱和酸生成包络物，含有一个双键的不饱和脂肪酸不易生成包络物，含有两个或两个以上双键的不饱和脂肪酸则不产生尿素包络物。因此，混合脂肪酸中以饱和酸为主体的馏分，能作为尿素包络物同以亚油酸为主体的不饱和酸相分离。

尿素包络法按反应类型可分为均相反应与非均相反应两种，前者系选择能溶解被包络物料与尿素的适当溶剂（如甲醇、乙醇、异丙醇、丙酮等），使物料与尿素在均一体系中进行反应；后者则使物料与尿素水溶液于非均一相体系中反应。

工业上尚未应用尿素包络法分离皂脚脂肪酸，但曾用此法从苦楝籽核仁油分离亚油酸，并已推广到工业生产中。

考虑到甲醇毒性较大，丙酮对从苦楝籽核仁油提取亚油酸的效果不理想。湖南省轻工业研究所在从苦楝籽核仁油提取亚油酸的试验研究中，对均相反应类型选用乙醇为溶剂，而非均相反应以水为溶剂。试验结果，认为“水法”比“乙醇法”具有较多的优点，但由于“水法”尿素中包含部分亚油酸，需用乙醇洗涤，回收乙醇又跟乙醇法相似，故投产时仍采用乙醇法。现将该法扩大试验主要情况介绍于下。

① 主要设备。包络设备系 500 L 带有涡轮减速搅拌装置的夹套加热搪瓷反应釜，并配有冷凝面积 1 m^2 的列管式回流冷凝器和锚式搅拌桨（转速 60 r/min），进料口连接高位槽，并与真空泵接通。

压滤机为 BAS4/32－25 型，工作压力 1 MPa，过滤面积 4 m^2，滤布为 3# 帆布，配有 V－0.518 型空气压缩机送料。

洗涤桶为 300 升耐酸碱的皂化锅，附有直接蒸汽搅拌装置。上部装有与高位槽连接的管道阀门，以便送入预先加热至 90℃左右的热水。

脱水锅为 100 升敞口锅，附有间接蒸汽加热蛇管。

② 工艺条件。影响尿素包络反应的因素较多，除选用 84％乙醇作溶剂外，根据小型试验确定的最优工艺条件，混合脂肪酸与尿素重量比为 1∶0.706，混合脂肪酸与尿素乙醇液比为 1∶2，反应温度为 60～65℃，反应时间为 2～3 h。扩大试验投料量为小型试验的 120 倍（投未经蒸馏的混合脂肪酸 60 kg），试验获得了与小型试验同等的效果。

③ 操作过程。按投料比先加乙醇和尿素于反应釜中，进行搅拌与加热，使乙醇处于明显回流，尿素溶解过程应控制在 80～85℃以下，时间约 2 h。待全部尿素溶解后，于 15～30 min 内投完混合脂肪酸，降温至 60～65℃，反应 3 h，静置过夜。压滤后，滤液蒸去乙醇，于室温下再静置过夜，并滤去沉淀物。滤液抽入洗涤桶，用 90℃左右热水反复洗涤干净（如出现乳化现象，可采用 10％氯化钠或 10％硫酸热溶液破乳，并继续用热水洗至无氯根或硫酸根离子为止）。最后在 110～120℃下脱水，并进一步作真空分馏处理。

尿素包络物加少量水加热即分层得到以饱和脂肪酸为主的混合脂肪酸，可作为制皂的原料，尿素水溶液作为肥料。

用苦楝籽核仁油制得脂肪酸平均碘值为 132，亚油酸含量 62.71％。经尿素包络处理后碘值可达 150，再经真空分馏，碘值提高到 156，亚油酸含量达到 86％，可作为制取“脉通”的原料。

我们曾在实验室用米糠油皂脚蒸馏脂肪酸，做了尿素包络分离法的小型试验，其操作过程为：按投料量比，首先将尿素、95%乙醇加于蒸馏瓶中，同时加热并开始搅拌，使乙醇处于明显回流状态。尿素溶解温度约85℃，时间约1 h。待尿素完全溶解于乙醇后，缓缓将混合酸加入瓶中，投料时间控制在5 min左右。而后降温至60～75℃，反应时间1.5～3.5 h，停止加热搅拌静置过夜。经过滤或离心分离，滤渣用热水熔化分出固体酸，以95℃左右热水洗涤；滤液蒸馏回收乙醇，液体酸同样用热水洗涤，洗涤过程中若出现乳化现象，可采用与洗液同量的90℃盐水破乳，继续洗至无氯根存在为止，然后置烘箱内在115～120℃下脱水（其间经几次搅和），便可得到较纯净的液体和固体酸。实验结果见表2-29。

表2-29 糠油皂脚酸尿素包络分离实验结果

实验编号	混合酸碘值	混合酸与尿素比	混合酸与尿素乙醇液比	反应温度/℃	反应时间/h	冷却方式	液体酸碘值	固体酸碘值	液体酸对混合盐产率/%
1	94	1∶1	1∶2.5	75	2.5	自然	119.2	56.9	56
2	94	1∶1	1∶2.5	75	3.5	自然	107	58	75
3	94	1∶1	1∶2.5	75	1.5	自然	124	42	72
4	91	1∶1	1∶2.5	55	1.5	自然	123	65	63
5	94	1∶1	1∶2.5	60	1.5	自然	123.3	51.8	67
6	91	1∶1	1∶3.5	57	1.5	自然	119	47.8	71
7	91	1∶1	1∶2.5	75	1.5	自然	123.5	47.1	65
8	94	1∶0.8	1∶2.0	75	1.5	自然	114.1	46.5	71.5
9	94	1∶0.5	1∶2.0	75	1.5	自然	107.2	37.6	78
10	94	1∶0.4	1∶2.0	75	1.5	自然	102.5	27.2	86

从实验情况看，影响分离的因素有以下五个方面：

第一，尿素的投加量（混合酸与尿素比）。尿素的投加量与所包络的固体酸的多少有密切的关系。一般说来，如果尿素投加量大，所能包络的固体酸就多，但因为夹入水量包络的液体酸，故固体酸的质量低，而液体酸的纯度高。反之，尿素投加量少，包络固体酸的数量少，质量高，而液体酸的纯度差。从实验结果看，混合酸与尿素比在1∶0.6左右，产品质量即可达到目前一般冷冻压榨法或表面活性剂法的水平。

第二，尿素在乙醇中的溶解程度。尿素在乙醇中完全溶解后方能投加混合脂肪酸，若溶解不完全，或因温度降低溶解了的尿素重新析出，此时投入混合酸，则包络效果不佳。

第三，乙醇的加入量。乙醇加入量对尿素的包络作用影响不大，但量过少不易使尿素得到完全溶解，过多又给回收乙醇带来麻烦，一般尿素与乙醇比以1∶(1.5～2)为宜。

第四，反应温度。反应温度对包络分离影响不大，从试验温度55～75℃的结果看（表2-29中实验编号3、4、5），随着反应温度的升高，包络分离效果稍有改善。

第五，反应时间。反应时间对分离有影响，从试验反应时间1.5～3.5 h的结果看（表2-29中实验编号1、2、3），1.5 h即可，随着反应时间的延长，分离效果逐渐变差。

总之，尿素包络分离法的操作条件和使用设备都比较简单，产品质量易于控制，应用于皂脚脂肪酸的分离也是可行的。但尿素使用量较大，水溶液是作为肥料使用还是回收结晶，应予考虑。

(6) 酸性皂分离法

除了上述分离脂肪酸的方法外，近年来利用脂肪酸在水或有机溶剂水溶液中生成酸性皂以分离混合脂肪酸的方法也受到重视。

将脂肪酸部分中和，由于肥皂水解生成了酸性皂：

$$2RCOONa + H_2O \fallingdotseq RCOONa \cdot RCOOH + NaOH$$

如果在反应范围内通过用酸中和或在一定温度下通 CO_2 于肥皂溶液中，不断地除掉游离碱，则在一定条件下平衡向右移动，随之酸性皂的量也就增多。

由于饱和酸的酸性皂不溶于水溶液而结晶析出，不饱和酸的酸性皂留在溶液中，由此得以分离。

为了改善结晶和沉降，必须在慢搅拌下逐渐降低系统的温度，骤然冷却会引起凝胶化。

实验证明，酸性皂溶液 pH 值在 6.9～7.3 范围内能得到良好的结果，溶液 pH 值增高则变得发黏，阻碍酸性皂的沉降。

皂脚脂肪酸皂溶液浓度的增加，基本上不影响所分出液体馏分的纯度，但却明显地减少产率。随着结晶温度的降低，液体馏分的碘值增加。

生成结晶沉淀后，通过过滤或离心分离，得到沉淀与溶液，然后分别以稀硫酸处理，以离析脂肪酸。

有人用此法以碘值 103 的粗棉油皂脚酸，在结晶温度 5℃时制得了碘值 132、产率 67％的液体馏分和碘值 41.6 的固体馏分。用碘值 96 蒸馏棉油脚酸制得了碘值 122、产率 73％的液体馏分和碘值 24.4 的固体馏分。

3）脂肪酸的质量指标

表 2-30　工业硬脂酸的物理化学指标(GB 9103—88)

项目名称	型号		
	800 型	200 型	400 型
凝固点/℃	54～57	≥54	≥52
碘值/g I_2/100 g	≤2	≤4	≤8
皂化值/mg KOH/g	206～211	203～214	193～220
酸值/mg KOH/g	205～210	202～212	192～218
水分/％	≤0.20	≤0.20	≤0.20
色泽/Hazen	200	400	400*
无机酸/％	≤0.001	≤0.001	≤0.001

* 样品配制成 15％无水乙醇溶液。

表 2-31　工业油酸的物理化学指标(QB/T 2153—95)

项目名称	型号		
	Y-4 型	Y-8 型	Y-10 型
凝固点/℃	≤4.0	≤8.0	≤10.0
碘值/g I_2/100 g	80～95	80～100	80～100
皂化值/mg KOH/g	190～205	190～205	185～205
酸值/mg KOH/g	190～203	190～203	185～203
水分/％	≤0.5	≤0.5	≤0.5
色泽/Hazen		≤400	

2.3 脂肪酸衍生物

天然脂肪酸衍生物是指以天然油脂为原料，经过化学或生物化学反应得到的脂肪酸酯、脂肪酰胺、脂肪胺、脂肪酸盐、脂肪酸乙氧基化合物和脂肪醇等。脂肪酸衍生物的生产途径见图 2－58。由表 2－32 可以看出，脂肪酸衍生物需求量是仅次于脂肪酸的油脂化学品。天然脂肪酸衍生物在化学、染料和食品中广泛应用；因其天然可降解、可再生，脂肪酸衍生物已经受到广泛关注，并取代一部分石化产品的衍生物。本章主要论述脂肪酸酯、脂肪酰胺、脂肪胺和脂肪酸乙氧基化合物。脂肪酸的无机盐称为皂，在本书的其他章节已有叙述；脂肪醇将在“脂肪酸氢化与脂肪醇”一章中叙述。

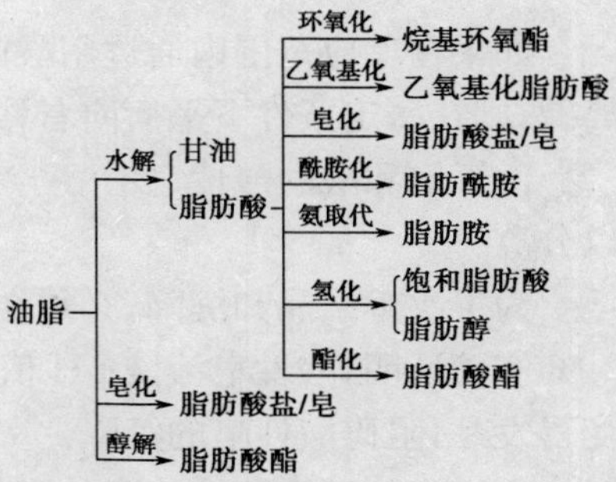

图 2－58 生产脂肪酸衍生物的一般途径

表 2－32 2000、2005 及 2010 年不同地区和种类的油脂化学品的大致需求量

单位：百万吨

地　区	2000	2005	2010	种　类	2000	2005	2010
世界总量*	5.76	6.69	7.75	脂肪酸	3.05	3.50	4.00
西　欧	1.76	1.87	1.96	脂肪酸甲酯	0.66	0.73	0.80
北　美	1.36	1.52	1.66	脂肪醇	1.44	1.73	2.07
亚　洲	2.27	2.79	3.54	脂肪胺	0.57	0.62	0.70
其　他	0.37	0.51	0.59	甘　油	0.75	0.86	1.00

* 甘油不计在内。

2.3.1 脂肪酸酯

脂肪酸酯是脂肪酸与醇发生酯化反应生成的一类物质的总称。自然界存在各种类型的脂肪酸酯类化合物，其中分布最广的是甘油三脂肪酸酯，其次是一元长链脂肪酸与一元长链脂肪醇形成的蜡。低相对分子质量和中等相对分子质量的脂肪酸酯有类似于水果花香的气味，有些可以做香料和香气的组分。脂肪酸碳链在 14 碳到 16 碳的脂肪酸的低分子醇的酯是无色的液体，碳链大于 18 碳的脂肪酸的低级醇酯外观类似蜡状。脂肪酸碳链长度在 14 碳到 16 碳的脂肪酸异丙基酯是药物和香料的制备成分，具有较强的皮肤穿透能力，并且不留脂肪薄膜，保持皮肤柔软光滑。

脂肪酸酯主要用于食品、纺织、化妆品，还可用于化学化工、金属处理、合成润滑剂等。脂肪酸酯可以进一步转化为其他酯、酰胺、酯磺酸盐和脂肪醇等。

脂肪酸酯中用量大、用途广的是脂肪酸低级醇酯、二酰基甘油酯（甘二酯）、单酰基甘油酯（甘一酯或单甘酯）和蔗糖酯，在此主要对它们进行论述。

1）脂肪酸低级醇酯

脂肪酸低级醇酯指脂肪酸与低级醇（4 个碳原子以下的脂肪醇）发生酯化反应或油脂与

低级醇发生醇解反应生成的酯。脂肪酸低级醇酯作为化工原料和发动机燃料替代品使用。目前,它作为生物柴油用于机车发动机燃料取代石油成为政府、企业家和科研工作者的新宠。本部分主要对脂肪酸甲酯进行讨论。部分脂肪甲酯和乙酯的熔点和沸点如表 2-33 所示。

表 2-33 部分脂肪酸甲酯和乙酯的熔点和沸点

名　称	熔点 /℃	沸点 / ℃			
		266.6	533.2	1 333.2	2 666.4
月桂酸甲酯	5	100	118	134	149
月桂酸乙酯	−1.8	114	—	146	161
豆蔻酸甲酯	18.5	126	141	160	175
豆蔻酸乙酯	12.3	135	—	169	185
棕榈酸甲酯	30.5	148	162	182	202
棕榈酸乙酯	19.3	156	—	193	—
硬脂酸甲酯	39	168	181	204	223
硬脂酸乙酯	31~33.4	181	—	—	—
油酸甲酯	−20	166	182	203	218
亚油酸甲酯	−35	163	182	202	220
亚麻酸甲酯	−52	—	—	—	—

(1) 生产原理

脂肪酸甲酯的生产原理有两种:甘油酯与甲醇的酯交换反应(即醇解反应)和脂肪酸与甲醇的酯化(图 2-59)。就反应体系的复杂程度来说,油脂与甲醇进行的酯交换反应过程较为简单,没有水的生成。从过程上看,脂肪酸与甲醇进行的酯化反应较复杂,先将油脂水解成脂肪酸,然后脂肪酸与甲醇进行酯化反应,同时甘油甜水需要进行浓缩、甘油蒸馏或精馏处理等。由于有水生成,降低了反应物甲醇的浓度,从而降低反应速度以及甲酯得率。

$$\begin{matrix} CH_2OCOR_1 \\ | \\ CHOCOR_2 \\ | \\ CH_2OCOR_3 \end{matrix} + 3(CH_3OH) \xrightarrow{\text{催化剂}} \begin{matrix} CH_2OH \\ | \\ CHOH \\ | \\ CH_2OH \end{matrix} + \begin{matrix} R_1COOCH_3 \\ | \\ R_2COOCH_3 \\ | \\ R_3COOCH_3 \end{matrix}$$

$$R\text{-}COOH + CH_3OH \xrightarrow{\text{催化剂}} R\text{-}COOCH_3 + H_2O$$

图 2-59 脂肪酸甲酯的生产原理

在甲酯化反应中,要保持反应速度,甲醇浓度是非常重要的。甲醇浓度降低,会使反应速度大大降低,反应时间大大延长,并导致甲酯产量大大降低。因此在反应中应保持甲醇浓度在 98%以上是很重要的。

(2) 原料与催化剂

可作为生产脂肪酸甲酯的原料有精炼动植物油、毛油、油脂精炼过程中的副产物(水化油脚、皂脚、脱色白土吸附的油、脱臭馏出物)、餐饮废油(地沟油或泔水油)。

可用于催化合成脂肪酸甲酯的催化剂有以下几类:

① 适用于液相反应的强酸强碱催化剂

强碱(如 NaOH、KOH、$NaOCH_3$等)或强酸(如 HNO_3、H_2SO_4等)都能催化油脂与甲醇反应生成脂肪酸甲酯。其中,强酸(如 HNO_3、H_2SO_4等)还能催化脂肪酸与甲醇反应生成脂肪酸甲酯。由于这些催化剂都能溶于甲醇,反应在液相中进行,故称为用于液相反应的强酸强碱催化剂。

碱催化油脂与甲醇间醇解的效率高于酸催化的效率,但碱催化的效果除受底物比、反应温度、反应时间的影响外,还受醇的含水量、原料油的水分及游离脂肪酸含量的影响。要得到较好的碱催化效果,醇要求无水或水分含量极低,原料油要求无水或水分含量很低,游离脂肪酸含量小于 0.5%(有的碱催化工艺可做到游离脂肪酸含量小于 3.0%)。

酸、碱催化各有优缺点,选择何种催化剂,取决于原料的品质。当采用脂肪酸含量较高的原料时,酸催化法工艺更简单;而采用精炼油为原料时,碱催化法则更有优越性。不论是采用液体酸还是液体碱作为催化剂,后处理过程都包括中和工序,会排出一定量的污水,造成环境污染。在人类越来越注重自身可持续发展的今天,开发对环境友好的绿色催化剂已成为当务之急。

② 用于固液相反应的固体酸或碱催化剂

这类催化剂有 WO_3-ZrO_2-Al_2O_3、CaO/MgO、ZnO/MgO、Mg-Al 复合氧化物、阳离子交换树脂、NaX 八面沸石分子筛,以 MgO、Al_2O_3、SiO_2为载体的 CaO、K_2CO_3、Na_2CO_3、Fe_2O_3、$NaAlO_2$、Zn、Cu、Sn、Pb 等也可作为催化剂。

固体碱催化的酯交换反应具有独特的优点,但固体碱催化的醇解反应对原料要求高,微量的水和游离酸都会严重减弱催化剂的活性。即使原料经过严格处理,催化剂的稳定性也不够令人满意。

③ 生物催化剂——脂肪酶

用于催化合成生物柴油的脂肪酶主要是酵母脂肪酶、根霉脂肪酶、毛霉脂肪酶、猪胰脂肪酶等。由于脂肪酶的来源不同,其催化特性也存在很大差异。游离脂肪酶在有机溶剂中容易聚集,不易分散,导致催化效率较低。因此,通常把脂肪酶固定在载体上。脂肪酶固定化技术在工业规模生产中极具吸引力,因其稳定性高,可重复使用;保留酶活性,并有获得超活性的可能;容易从产品中分离。

酶催化合成生物柴油具有条件温和,醇用量小、无污染排放的优点。但目前存在的主要问题有:对甲醇及乙醇的转化率低,一般仅为 40%～60%。由于脂肪酶对长链脂肪醇的酯化或酯交换有效,而对短链脂肪醇如甲醇或乙醇等转化率低;短链醇对酶结构有一定的破坏作用,缩短酶的使用寿命;廉价、易于活化和制备的固定化酶的载体很难得到;副产物甘油难以回收,不但对产物形成抑制,而且其对固定化酶结构有破坏作用,会缩短固定化酶使用寿命,因此,酶催化酯化制备生物柴油的技术需要较长的一段时间才可能工业化。

(3) 生产工艺

按生产的连续性,脂肪酸甲酯的生产工艺可分为连续式和间歇式;按甲酯化的步骤多少,脂肪酸甲酯的生产工艺可分为一步法和两步法。具体生产工艺的选择视投资多少、原料品质而定。一般来说,如果原料的酸值较低、杂质含量少,多采用碱催化酯交换工艺(一步法),工艺流程见图 2-60;酸值较高、杂质含量高,多采用酸催化酯化-碱催化酯交换工艺(两步法),酸催化酯化预处理的工艺流程见图 2-61。

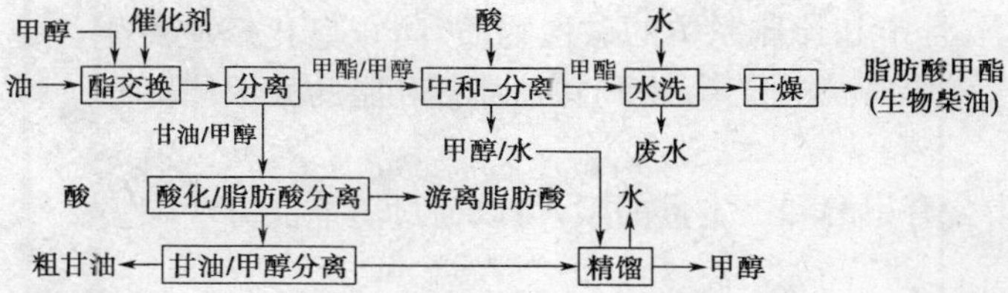

图 2-60　碱催化酯交换工艺流程

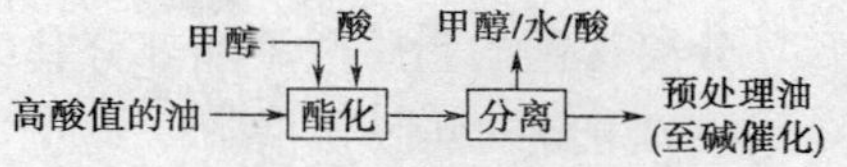

图 2-61　酸催化预处理工艺流程

投资较多时选用连续式生产工艺，投资较少时采用间歇式生产工艺。无论连续式还是间歇式，设计时最好都能满足一步法和两步法的要求，以便能根据原料质量调整具体工艺流程。

① 间歇式反应

间歇式甲酯化分为甲酯化、分离、甲醇的回收、甘油的回收，工艺流程图见图 2-62。

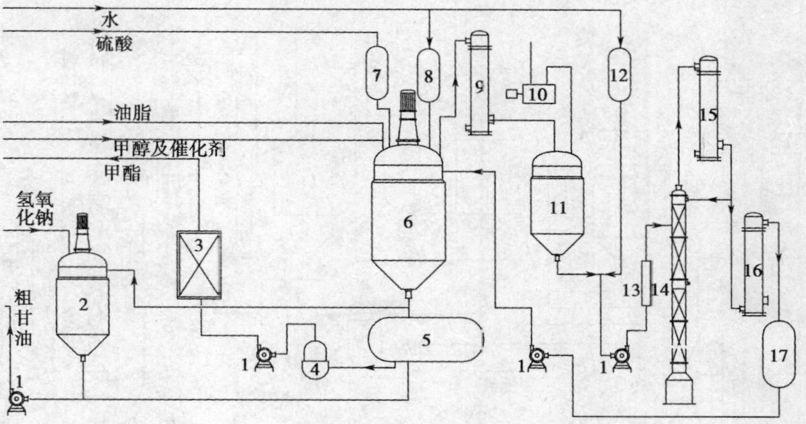

图 2-62　间歇甲酯化工艺流程图

1. 泵；2. 中和罐；3. 过滤器；4. 过滤器；5. 沉淀罐；6. 反应罐；7. 计量罐；8. 计量罐；9. 计量罐；10. 真空泵；11. 甲醇罐；12. 计量罐；13. 加热器；14. 精馏塔；15. 冷凝器；16. 冷凝器；17. 甲醇罐

(a) 甲酯化

经过计量的油脂、甲醇、催化剂进入反应罐。甲醇用量为油脂重量的 12%～15%；催化剂的用量根据具体情况确定，化学催化剂用量为油脂重量 0.5%～2%，脂肪酶用量为 10%左右；物料在搅拌下加热，常压下反应温度为 60℃，高压下反应温度与压力有关；反应 1 h 左右，总操作时间 2～3 h。

根据油脂质量不同，可采用一步或两步完成甲酯化。如果原料油的质量较好(酸值低，杂质含量低)可采用一步法，即采用碱催化(或酶催化)酯交换；如原料油的质量较差(酸值高，杂质含量高)可采用两步法，即先采用酸催化游离脂肪酸和甲醇反应降低油脂酸值，采用合适的方法除去其中的杂质，再采用碱催化(或酶催化)酯交换。

(b) 分离

分离操作涉及甘油与脂肪酸甲酯的分离，分离后的产品中都含有一定量的甲醇，脂肪酸甲酯和甘油要进行精制，甲醇要回收利用。甘油与脂肪酸甲酯分离的原理是甘油溶于水而甲酯不溶。分离过程中要向体系中加入一定量的水加速甘油和脂肪酸甲酯的分离，故加入水之前要保证体系处于非碱性条件下，且中和掉体系中的碱性物质，防止皂化反应发生；反应混合物进入沉降罐静置分层或进入高速离心机分离，得到甘油部分和脂肪酸甲酯部分。

(c) 脂肪酸甲酯的精制

分离得到的脂肪酸甲酯部分其中含有甲醇和一定量的水，可以通过蒸馏的方法除去。

(d) 甲醇的回收与精制

打开真空，使反应罐中的甲醇蒸发，甲醇蒸汽在冷凝器中冷凝后回收入甲醇储罐，加入油脂重量0.3%～0.4%的氢氧化钠中和甲醇中的酸性，然后甲醇用泵送到甲醇精馏塔精馏。从精馏塔出来的甲醇蒸汽，部分冷凝回到精馏塔，部分冷凝后到甲醇储罐重新使用。分离出的水由精馏塔底部排出。

(e) 甘油的回收与精制

甘油的回收方法同其他甘油的回收精制，这里不作介绍。

② 连续式反应

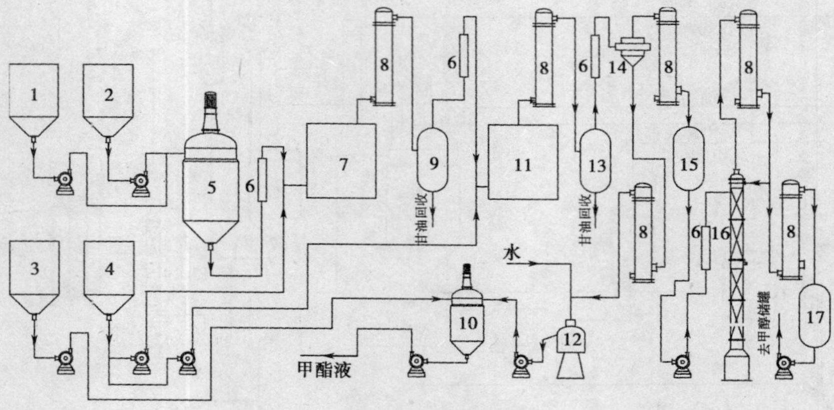

图 2-63 连续甲酯化工艺流程图

1. 油脂储罐；2. 甲醇储罐；3. 盐酸储罐；4. 氢氧化钠储罐；5. 混合罐；6. 加热器；7. 第一反应器；8. 冷凝冷却器；9. 分离器；10. 中和罐；11. 第二反应器；12. 离心机；13. 分离器；14. 闪发箱；15. 分离器；16. 精馏塔；17. 甲醇罐

从油脂储罐出来的油脂与甲醇储罐出来的甲醇用泵打入混合器中混合，然后送到加热器加热到120℃。从氢氧化钠储罐出来的经过计量的氢氧化钠与上述物料一同送入第一反应器，进行第一次甲酯化反应。

经过第一次甲酯化反应的物料从第一反应器出来冷却到40℃，然后进入分离机分离。物料在这里被分离为两部分，上层分出的为反应不完全的甲酯物料，下层为粗甘油。反应不完全的甲酯物料通过加热器加热，温度升到60℃，然后进入第二反应器，同时从催化剂储罐抽出一定量催化剂送入第二反应器。在第二反应器中完成甲酯化反应。

完成甲酯化的物料经过冷却器冷却后进入分离器分离，粗甘油从底部排出，甲酯从顶部排出到闪发箱进行急蒸闪发，甲醇蒸汽进入冷凝器回收甲醇。从汽液分离器分离得到的甲酯液体进入冷却器冷却后入离心机，在离心机里用软水洗去甲酯中可能带的肥皂。经过水洗的甲酯到中和罐用盐酸中和甲酯的碱性。

③ 无催化剂的高温高压反应

对这个工艺研究比较多的主要是日本住友化学公司和京都大学。

用植物油与超临界甲醇反应制备生物柴油的原理也是基于酯交换反应，在超临界甲醇中，油脂的溶解度增加，有利于反应进行。日本 Shiro Saka 的研究表明，菜籽油与甲醇在 350℃下按醇油摩尔比 42∶1 进行反应，4 min 的转化率为 95%；土耳其的 Ayhan Demirbas 的实验结果也表明，榛子油与超临界甲醇在摩尔比 41∶1 反应 200 秒后甲酯收率超过 90%。Shiro Saka 和 Ayhan Demirbas 的研究还表明，醇油摩尔比越大，酯交换反应进行得越完全。美国 Dasari 也研究了无催化剂存在下的油脂醇解反应，认为提高醇的比例并不能显著增加反应速率，但是当转化率达到 20%左右时，醇解反应的中间产物可能使体系呈均相。Shiro Saka 还研究了反应温度对酯交换活性的影响，在甲醇的临界温度以下反应活性较低，当温度达到 300℃以上时，反应速率明显提高，但当温度超过 400℃后，会发生分解反应。另外 Shiro Saka 还研究了水及游离脂肪酸对酯交换反应活性的影响。在有催化剂的酯交换反应中，水和游离脂肪酸都会降低反应活性，而在超临界甲醇的反应体系中，水和游离脂肪酸几乎不影响酯交换活性，甚至水的存在对反应活性还略有促进作用。含有水的超临界甲醇反应更有利于产品的分离，这是因为甘油溶解于水中比在甲醇中稳定。

此法采用的多是金属反应器，其壁面可能对醇解反应有一定的催化作用。美国 Galen J. Suppes 研究了金属对酯交换反应的催化活性。120℃反应 24 h，无催化剂时甲酯的收率为 0.13%，镍(大小为 100 目)作催化剂的甲酯收率为 53%，钯(100 目)作催化剂的甲酯收率为 29%，铸铁(25 目)作催化剂的甲酯收率为 3.1%，不锈钢(25 目)作催化剂时甲酯的收率为 3.9%。

此项技术可适应多种原料，废水及废渣排放少，甘油相浓度高且容易处理，但由于采用高温高压工艺，对装置要求严格，且能耗较高。目前，日本住友化学公司已开发出基于此项技术的生物柴油生产工艺。

表 2-34　国内部分已建成和待建的生物柴油厂家概况

企业名称	地址	规模	原料
海南正和生物能源公司	河北武安	1 万吨/年	地沟油、榨油废渣和林木油果
四川古杉油脂化学有限公司	绵阳三台县	14 万吨/年	高芥酸菜籽油、大豆油油脚、废动植物油和地沟油
福建龙岩卓越新能源开发有限公司	福建龙岩	2 万吨/年	地沟油及其他原料废动植物油脂
无锡华宏生物燃料有限公司	无锡新区	10 万吨/年	地沟油、废动植物油(废棕榈油)
福建源华能源科技有限公司	杭州箫山区	5 万吨/年	地沟油、动植物油下脚料、工业废油脂
福建源华能源科技有限公司	福建福清	3 万吨/年	地沟油、动植物油下脚料、工业废油脂
联美实业(美国)闻仁德环保能源有限公司	上海金山区	10 万吨/年	低档菜籽油和废动植物油脂
碧路(奥地利 BIOLUX)生物能源有限公司	威　海	25 万吨/年	当地菜籽油
湖南天源生物清洁能源有限公司	湖南常德	2 万吨/年	植物油脂、餐饮废油
湖南海纳百川生物工程有限公司	湖南益阳市	1 万吨/年	
荣利(香港)新能源有限公司	江苏太仓	20 万吨/年	菜籽油

(4) 脂肪酸甲酯(生物柴油)的质量标准

表 2-35 生物柴油国外的一些相关标准要求

指标	澳大利亚脂肪酸甲酯	法国植物油甲酯	德国脂肪酸甲酯	意大利植物油甲酯	瑞典植物油甲酯	美国脂肪酸甲酯
密度(15℃)/g·cm^{-3}	0.85～0.89	0.87～0.90	0.875～0.90	0.86～0.90	0.87～0.90	—
黏度(40℃)/mm^2·s^{-1}	3.5～5.0	3.5～5.0	3.5～5.0	3.5～5.0	3.5～5.0	1.9～6.0
馏程(95%)/℃	—	<360	—	<360	—	—
闪点/℃	>100	>100	>110	>100	>100	>130
冷滤点/℃	<0/−15	—	<0/−10/−20	<0/−15	<−5	—
倾点(夏季)/℃	—	<10	—	—	—	—
总硫含量/%(*m*/*m*)	<0.02	—	<0.01	<0.01	<0.001	—
康拉孙残炭(100%)/%(*m*/*m*)	<0.05	—	<0.05	—	—	<0.050
康拉孙残炭(10%)/%(*m*/*m*)	—	<0.3	—	<0.5	—	—
灰分(以硫酸盐计)/%(*m*/*m*)	<0.02	—	<0.03	—	—	<0.02
灰分(以氧化物计)/%(*m*/*m*)	—	—	—	<0.01	<0.01	—
水分含量/mg·kg^{-1}	—	<200	<300	<700	<300	<500
总杂质/mg·kg^{-1}	—	—	<20	—	<20	—
十六烷值	>49	>49	>49	—	>48	>47
酸值/mg KOH·g^{-1}	<0.8	<0.5	<0.5	<0.5	<0.6	<0.80
甲醇含量/%(*m*/*m*)	<0.20	<0.1	<0.3	<0.2	<0.2	—
酯含量/%(*m*/*m*)	—	>96.5	—	>98	>98	—
甘一酯/%(*m*/*m*)	—	<0.8	<0.8	<0.8	<0.8	—
甘二酯/%(*m*/*m*)	—	<0.2	<0.4	<0.2	<0.1	—
甘三酯/%(*m*/*m*)	—	<0.2	<0.4	<0.1	<0.1	—
游离甘油/%(*m*/*m*)	<0.02	<0.02	<0.02	<0.05	<0.02	<0.020
总甘油/%(*m*/*m*)	<0.24	<0.25	<0.25	—	—	<0.240
碘值/mg I_2·100 g^{-1}	<120	<115	<115	—	<125	—
磷含量/mg·kg^{-1}	<20	<10	<10	<10	<10	<10
碱金属(Na/K)/mg·kg^{-1}	—	<5/5	<5	—	<10/10	—

2) 甘二酯和甘一酯

甘二酯是二酰基甘油酯(Diacylglycerol, DG 或 DAG)的简称,甘二酯是甘油三酯(Triacylglycerol, TG 或 TAG)分子中一个羧基被水解生成的结构脂,它有 1,3-甘二酯和 1,2(或 2,3)-甘二酯两种异构体。甘二酯是天然植物油脂的微量成分及体内脂肪代谢的内源中间产物,它是公认安全(GRAS)的食品成分。DAG 油已获美国食品和药物管理局批准,由美国 ADM 公司与日本花王公司联合生产投放市场,商品名 Enova™。甘一酯是单酰基甘油酯(Monoacylglycerol, MG 或 MAG)的简称,也称单甘酯,是甘油三酯分子中两个羧基被水解生成的结构酯,它有 1-甘一酯和 2-甘一酯两种异构体。甘一酯一般为油状、脂状或蜡状,色泽为淡黄或象牙色,有油脂味或无味,这与脂肪酸基团的大小及不饱和程度有关。甘一酯不溶于水和甘油,但在热水中能形成稳定的水合分散体,14 个碳以上的甘一酯可以和水形成凝胶型水合物,HLB 值为 2～3,是 W/O 型乳化剂。HLB 值可以通过改变甘一酯的脂肪酸碳链长度和不饱和程度而改变。甘一酯以多种晶型或变晶型而存在，因此同一种甘一酯可出现不同熔点。甘二酯和甘一酯都是常用的乳化剂。

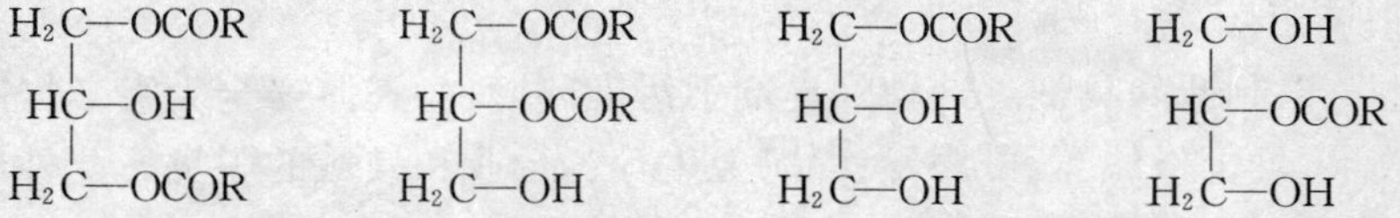

sn-1,3-甘二酯　sn-1,2-甘二酯　sn-1-甘一酯　sn-2-甘一酯

图2-64　甘二酯和甘一酯的分子式

(1) 甘二酯和甘一酯的应用

甘二酯和甘一酯具有安全、营养、加工适性好、人体相容性高等诸多优点，是一类多功能添加剂，在食品、医药、化妆品等行业已有广泛的应用。

① 甘二酯的应用

Ⅰ. 食品工业中的应用

用富含甘二酯的油脂加入面糊中制成的蛋糕等焙烤制品极易脱模，产品不粘盘且口感柔软、润滑。添加含有甘二酯的起酥油可使面团持油性变好，辊压、分割容易。成品口感良好、风味特殊，在纸膜上放置一夜几乎不留油痕。用甘二酯、卵磷脂及其他添加剂研制的促溶剂，能加速固体饮品的溶解，使产品更加润滑、丰满，并具有期望的泡沫。用富含甘二酯的油脂涂层的预蒸煮米饭，可大大延长即食米饭的货架期，不仅米饭的组织完好、外观晶莹透亮，而且可保持大米的自然香气。用甘油酯混合物(DG 5%～50% ,MG 35%～75%)在1～16℃下浸泡保藏鲜肉，能降低干耗、防止褪色、不改变肉的自然状态。在果蔬保鲜常用的涂膜剂中添加塑性良好的甘二酯，可弥补现有涂膜剂的不足，并增加抑菌功能。在食品中用甘二酯替代普通油脂，不仅不影响食欲，而且可以抑制体重增加，可利用甘二酯生产具有减肥作用的功能食品，如低热量的人造奶油、糖果、巧克力、焙烤制品、涂抹黄油、蛋黄酱、冰淇淋，等等。

Ⅱ. 医药工业中的应用

研究表明，甘二酯在降血脂、减少内脏脂肪、抑制体重增加等方面有重要功能。此功能主要是通过抑制甘三酯在体内合成、积累实现的。甘三酯在肠道中受体内脂肪酶的作用，sn-1,3位脂肪酸被水解，生成2-甘一酯(MG)与游离脂肪酸，并在小肠上皮细胞被吸收。在小肠壁的上皮细胞中，游离脂肪酸与2-MG再次被迅速合成为甘三酯，作为血中的脂肪在全身运动，那些未被作为能量利用的中性脂肪便作为体内脂肪而蓄积。DG和TG的消化和代谢途径明显不同，DG大多都被分解为不能再合成脂肪的1-MG与脂肪酸，由于1-MG与2-MG中脂肪酸与甘油结合的位置不同，因此作为中性脂肪合成的原料有很大差别，在小肠内再合成中性脂肪的速率极其小。细胞内游离脂肪酸浓度变高，并通过β-氧化途径最终被分解为水和二氧化碳释放，这样使得DG在小肠脂质分解和能量利用率提高，同时使食用DG后血液中的中性脂肪难以上升。这样，若长期食用DG，便可减少体内脂肪积累，防止脂肪肝的发生。

甘二酯能够降低人和小鼠血清甘油三酯，可用于预防和治疗高脂血症以及与高脂血症密切相关的心脑血管疾病，如动脉硬化、冠心病、中风、脑血栓等。制药工业中，甘二酯除了用作乳剂、粉剂的辅助成分之外，还可直接与药品结合，加速药品吸收，控制药物释放。

Ⅲ. 化工工业中的应用

化工行业中，1,3-DG是极有吸引力的合成起始原料，可用于树脂、磷脂、糖脂、脂蛋白、结构酯(structured lipids)等多种化合物的合成,也可用于生物工业合成酶激活剂、抑制剂等,化妆品行业中 DG 是优良的乳化剂、稳定剂、润湿剂等。

Ⅳ. 其他应用

甘二酯也可以制造除臭剂。这种除臭剂不污染环境,对人体安全无害,对各种臭味均有较好的去除效果,且价格低廉,可用于食品、卫生等各行业和领域的脱臭。此外,根据甘二酯的性能,它还可用于食品涂料、消泡剂、皮革加脂剂等。

② 甘一酯的应用

甘一酯是一种用途广泛的油脂化工产品,为食品、日用化工行业中应用最广泛、用量最大的一种乳化剂。甘一酯完全无毒无害,人体摄入量没有限制,是安全优质的食品添加剂。

Ⅰ. 食品工业中的应用

(a) 面制品

甘一酯应用在蛋糕、面包等焙烤食品中,起到乳化剂作用。在蛋糕生产中允许加入高比例的甘一酯,由油、水、蛋和糖形成稳定的乳化液来改善蛋糕的硬度或粒感。典型的甘一酯支配着蛋糕的结构或密度,但如果混合其他的配料,蛋糕将有非常好的粒感。饱和甘一酯有助于形成轻的蛋糕,是制作海绵状蛋糕很好的乳化剂,而不饱和甘一酯用于组织致密的产品。

甘一酯也可用作面包心软化剂或焙烤食品货架寿命的延长剂。焙烤食品的不新鲜经常伴随着面包心结构的变硬,这是由于焙烤食品中淀粉的再结晶或退减作用而导致的。蒸馏甘一酯可在焙烤食品中有效阻止淀粉的再结晶。大多数有效的软化剂是饱和甘一酯,不饱和成分越低,面包心软化剂效果越好。甘一酯主要通过减慢变味的过程来延长蛋糕的货架寿命。

此外,甘一酯还可作为面团增强剂用在酵母发酵产品、面包中,以增强面团的可塑特性,减少产品加工中的某些变化,改善产品振动耐性、增强加工过程中混合的耐久性。脂肪酸甘一酯对面团增强无功能,但其衍生物通常作为面团的增强剂,有丁二酰甘一酯(SMG)、乙氧化单甘油酯(EOM)和二乙酰酒石酸甘一酯(DATEM)。SMG 不仅是面团增强剂,也具有很好的面包心软化的特性,EOM 是具有少量软化特性的极好的增强剂,DATEM 是一种使用范围很广的普通增强剂,也有一些面包心软化的作用。

甘一酯无吸潮性,它能增加生面团的紧密性、提高面条的弹性,改善其品质。甘一酯能使饼干中的油脂(起酥油等)与面粉易于搅拌,缩短面团搅打时间,并可改良饼干的组织结构,防止油脂渗出,提高成品率,口感更酥脆,延长保质期。

(b) 肉类制品方面

它可使肉类制品中脂肪类物质更好地分散和稳定,易于加工,且能明显抑制产品析水、收缩和硬化现象。肉制品罐头,油脂常常会浮到上面而凝结。在罐头中加入分子蒸馏单甘酯可使脂肪以细球型分散而不分出。在制作香肠、午餐肉等肉类制品时,可有效防止淀粉回生、老化,改善制品的食感,提高制品的保质期。

(c) 挤压食品

甘一酯可用在谷物食品、通心面和宠物食品等挤压食品中,在产品加工中增加润滑作用,增加挤压机的速度,提高生产速度,且可以挤压出较好的形状,保证产品形状和大小的相同性,特别是对特殊形状谷物食品和宠物食品的加工非常重要。甘一酯也可添加到通心面中，在挤压中与淀粉起复合作用，从而减少蒸煮食品中淀粉溶于水的损失，使淀粉保留在通心面中，形成一种较硬的通心面产品。如果放在盘中、滤器中或在蒸汽管道中，能减小黏性，不结块。

(d) 糖果及巧克力制品

在糖果及巧克力制品中，脂肪析出是易出现的问题，它是一种其他配料脂肪的迁移现象，脂肪聚集则易形成结晶，使得产品表面无光泽，或出现灰色斑点，而且灰色斑点可能随时间而变大，这是消费者不能接受的。

甘一酯作为一种结晶改良剂通常用在糖果及巧克力制品中，不仅可使糖和脂肪类原料迅速均匀混合，而且冷却后也不分离，从而防止起纹、起霜和走油等现象，改善产品表面光泽；同时，还能防止制品粘牙、黏附和变形，提高制品的防潮性。

(e) 乳化液

甘一酯通常与卵磷脂结合一起用作人造奶油和涂抹食品的稳定剂，可改善人造奶油在室温范围内的稳定性和涂抹性；也可用于乳品搅打拨顶中，甘一酯通常形成乳状液，并有助于搅打拨顶的充气性；还可使产品稳定地冷冻熔化，防止新鲜产品脱水收缩。

在食品加工中经常会出现油水分离现象，加入乳化稳定剂可使混合相形成均匀的乳状液，避免和防止食品、饮料油水分离、分层、沉淀现象，提高产品质量，延长货架期。

(f) 油脂产品

甘一酯能在油脂表面定向排列，能起到控制和稳定油脂结晶的作用。

应用于人造奶油、黄油、起酥油、花生酱、椰子酱、蚝油等产品，可以调整油脂结晶作用，改善塑性和延展性，防止析油分层现象发生，提高制品质量；应用于炼奶、麦乳精、乳酪、速溶全脂奶粉等乳制品，可提高速溶性，防止制品沉淀、结块结粒；用于油脂分提可以促进甘三酯结晶；同时也可以应用于粉末油脂制品。

(g) 其他食品

甘一酯低水分散能力可以改善分散混合物，减少集结物的数量。如作为咖啡伴侣作乳化剂，改善产品的分散性。

分子蒸馏单甘酯是制作优质冰淇淋最理想的乳化剂和稳定剂，可改进脂肪分散性，使脂肪粒子微细均匀；可促进脂肪和蛋白质的互相作用；可防止和控制粗大冰晶形成，使组织细腻嫩滑；可提高产品保型性和储存性；可改善口融性。

Ⅱ. 化工工业中的应用

甘一酯在塑料工业中主要用作脱模剂、增塑剂、抗静电剂，特别适用于塑料发泡制品的抗缩剂。在 PVC 制品生产中作为内润滑剂，且可作为醇酸树脂的改性剂，硝酸纤维素的增塑剂。在农用大棚膜的生产中，甘一酯是流滴剂的主要原料。可用于生产聚氯乙烯透明颗粒的润滑剂，作为聚氯乙烯内润滑剂，具有与聚氯乙烯树脂较好的相容性，可改善聚氯乙烯分子自由流动性及不黏性，提高表面光洁度。

(2) 甘二酯和甘一酯的生产

天然存在的 MG、DG 很少(见表 2-36)，主要是通过油脂改性的方法获得的，可以通过酶法、化学法改性得到，制备甘二酯和甘一酯的原理如图 2-65 所示。化学法生产 DG，具有成本低、运行经济，容易实现规模生产的优点。早期人们多用此法生产 DG。然而由于反应缺乏专一性，所得产品是 1,2-DG、1,3-DG 的混合物，比例通常为 7∶3～6∶4。虽然通过特异的化学反应也可生产结构特殊的1,3-DG,但需保护剂,反应步骤繁杂冗长,且需大量的化学试剂或有机溶剂,这对于食品、医药行业是不期望的,从清洁生产、绿色环保的要求来看也是不适合的。由于脂肪酶具有较好的选择性,使得反应更有效,副反应少,产品纯度高,既可降低纯化费用,又可减少环境污染。酶法反应条件温和,所得产品质量好(如色泽等),而且能耗低。酶催化生产DG和MG最大的问题是脂肪酶价格昂贵。

表2-36 一些油脂中甘一酯、甘二酯和甘三酯的相对含量

质量百分含量/%

	甘一酯	甘二酯	甘三酯	其他
大豆油	—	1.0	97.9	1.1
棉籽油	0.2	9.5	87.0	3.3
棕榈油	—	5.8	93.1	1.1
玉米胚芽油	—	2.8	95.8	1.4
红花籽油	—	2.1	96.0	1.9
橄榄油	0.2	5.5	93.3	2.3
菜籽油	0.1	0.8	96.8	2.3
猪　油	—	1.3	97.9	0.8

甘二酯和甘一酯可以通过化学催化或酶催化甘油解(图2-65a)来生产,也可通过化学催化或酶催化酯化(图2-65b)来生产。酶催化虽然有很多优点,但酶的使用费用限制了酶法生产甘二酯和甘一酯的实际应用,化学催化酯化因温度高、产品色泽深、反应条件要求较高而很少应用。

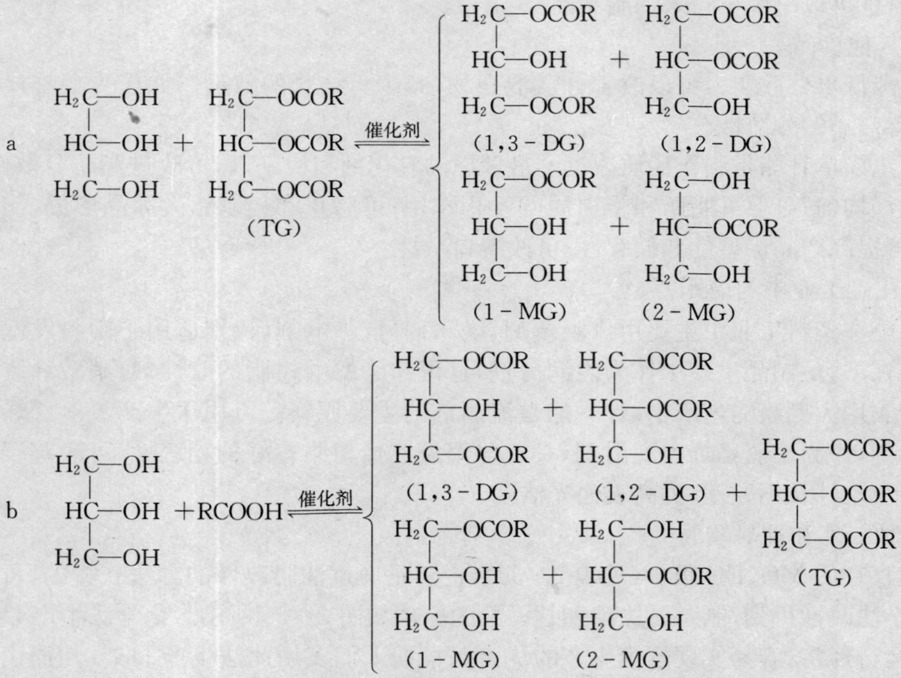

图2-65 制备甘二酯和甘一酯的原理

生产甘二酯和甘一酯通常采用化学催化油脂甘油解的方法，工艺流程如图 2-66 所示。催化剂有均相催化剂和非均相催化剂。由于均相催化剂具有易分离的特点，在实际生产中较多采用，如 KOH、NaOH、K_2CO_3、Na_2CO_3、CH_3OK、CH_3ONa、CH_3CH_2ONa、CH_3CH_2OK 或它们的混合物，这类催化剂活性高、成本低、利用性高，但存在环境污染问题。一些非均相催化剂，如 Cs-MCM-41、水滑石、氧化镁等，对催化油脂甘油解反应非常有效，尤其是氧化镁，这类催化剂较为环保且保存、使用方法简单。

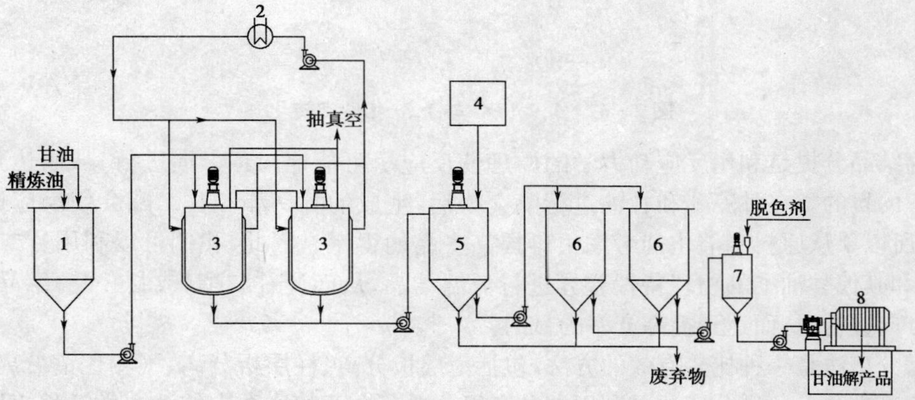

图 2-66　化学法油脂甘油解生产甘一酯或甘二酯的工艺流程

1. 原料预混罐；2. 加热器；3. 反应罐；4. 中和剂储罐；5. 中和罐；6. 沉降罐；7. 脱色罐；8. 过滤机

将精炼油和甘油按一定比例泵入原料混合罐中进行充分混合，而后泵入反应罐中，100～120℃真空脱水 30～60 min。真空条件下，将反应罐温度调整到 150～180℃，加入催化剂(用量为油脂重量的 2‰～5‰)，反应 2～4 h。反应结束后，温度降到 100℃以下，然后加入中和剂中和反应催化剂。产物颜色较深时需要对产物进行脱色处理，方法同油脂精炼脱色，过滤后得到甘油解粗产品。粗产品是甘二酯、甘一酯、甘三酯、甘油和少量脂肪酸的混合物，要得到甘一酯和甘二酯产品需要对粗产品进行精制。

甘二酯和甘一酯的精制方法主要有分子蒸馏、低温结晶分提和色谱分离法。

分子蒸馏(Molecular distillation)是一种在高真空度下进行的液液分离操作的连续蒸馏过程。传统蒸馏依靠沸点差实现分离，而分子蒸馏分离原理是基于在一定的温度和真空度下不同物质的分子平均自由程差异，在一定条件下轻相分子的平均自由程较短不断逸出，而重分子的平均自由程较长达不到冷凝面而被留下，从而实现平均自由程不同的物质分离。分子蒸馏应用于甘一酯和甘二酯的提纯分离，其工艺过程为：精炼油与甘油进行酯交换得到的反应混合物被送入分子蒸馏装置，第一级 140℃、500 Pa 的条件下进行脱水、脱气，除去部分甘油；第二级 175℃、75 Pa 的条件下除去剩余甘油和游离脂肪酸；第三级 200～210℃、0.5 Pa 的条件下蒸馏出甘一酯；第四级，分离出甘二酯。经过反应和分子蒸馏后，1,3-甘二酯和 1,2-甘二酯两大类的比例大概为 7∶3。因为在高温作用下，1,3-甘二酯和 1,2-甘二酯可以达到一个平衡(见图 2-67)，比例通常为 7∶3～6∶4。

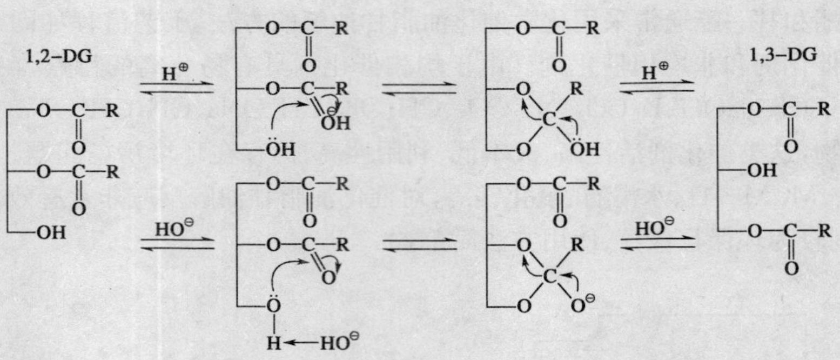

图 2-67　1,2-DG 与 1,3-DG 间转化

低温结晶分提是利用反应动力学的原理使反应尽可能地向正方向进行，从而达到提高产品产率的目的。在甘三酯和甘油进行酯交换后，生成的甘一酯和甘二酯会使反应达到反应平衡，所以单从原料和催化剂考虑很难提高产品的得率。因此，我们可以利用甘二酯（或甘一酯）和其他甘油酯的物理特性差异进行低温结晶，从而使甘二酯（或甘一酯）结晶，使反应向正方向进行，从而达到提高产率的目的。

色谱分离法是一种比较有效的方法，包括薄层板分离、柱层析分离、气相色谱分离、高压液相分离等方法。色谱分离法是利用被分离组分在一个两相体系中的动力学迁移速度的差异进行分离的方法，色谱分离法一般应用于实验室分离分析，工业化生产较少应用。

目前，市场上有甘二酯油脂销售，但没有专用于甘二酯油脂的标准，但有作为食品乳化剂用甘二酯和甘一酯的标准（表 2-37）。

表 2-37　甘一酯和甘二酯产品的相关标准

项　目	欧盟、美国 FDA
甘一酯、甘二酯/%	≥70
总甘油/%	16～33
游离甘油/%	≤7
聚甘油/%	≤4
硫酸盐/%	≤0.5
酸值/%	≤6
水分/%	≤2
砷/$mg \cdot kg^{-1}$	≤3
重金属（以铅计）/$mg \cdot kg^{-1}$	≤10
铅/$mg \cdot kg^{-1}$	≤5
汞/$mg \cdot kg^{-1}$	≤1
镉/$mg \cdot kg^{-1}$	≤1

3）蔗糖酯

蔗糖酯（sucrose ester，SE），是蔗糖脂肪酸酯（sucrose fatty acid ester）的简称，是蔗糖与脂肪酸发生酯化反应而生成的一大类有机化合物的总称。其分子（结构式如图 2-68）由亲水的蔗糖残

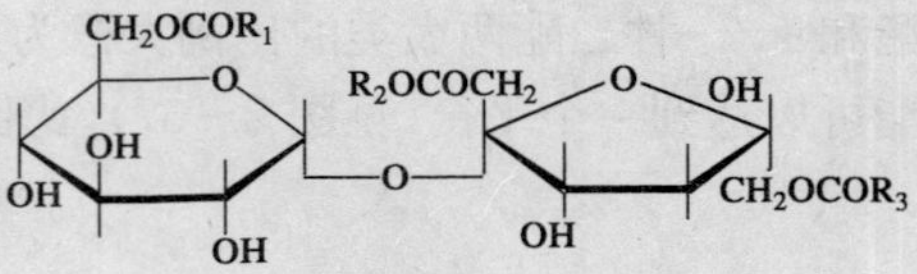

图 2-68　蔗糖酯的结构式

基和亲油的脂肪酸残基组成，表现出良好的双亲性，是一种性能优良的高效非离子表面活性剂。

习惯上，取代度（degree of subsitute，DS，又称酯化度）在 1～4 之间的蔗糖脂肪酸酯，称为蔗糖酯；取代度在 5～8 之间的蔗糖脂肪酸酯称为蔗糖多酯（sucrose polyester，SPE，又称蔗糖聚酯）。SPE 是一种抗消化脂肪代用品，目前主要用于减肥食品，适用于特殊人群。与其他表面活性剂相比，SE 具有许多优点。

SE 无毒，天然可降解。SE 可通过人体表面吸附或体内吸收，进入体内能被体内的脂肪酶水解为蔗糖和脂肪酸，蔗糖又能进一步水解为果糖和葡萄糖，易于被人体吸收、利用。在食品工业中，SE 可作为人造乳制品的乳化剂、食品保鲜剂。SE 能进入直链淀粉螺旋结构的内部形成 SE-直链淀粉复合物，复合物的水溶性下降，使淀粉难溶和沉淀；能提高淀粉的糊化温度和抑制淀粉结晶；能提高淀粉的黏度，改变其流变学性质；能提高淀粉的保水性，防止脱水；能防止淀粉老化。用于制作糕点、馒头、面包等食品，能增大比容，强化面团，使食品柔软、膨松，延缓老化。

SE 无毒、无异味，对人体无任何刺激和副作用，并能与常规的阴离子、非离子和季铵盐表面活性剂相配伍，从而降低这些化合物的刺激性；SE 有充分的油溶性，同其他油溶性成分和香料有良好的亲和性。SE 是优良的皮肤润滑剂和保湿剂，特别适于作脸部、眼部化妆品的乳化剂和乳化剂稳定剂，在化妆品（如洗发液、美容霜、口红等）中起乳化、增溶等作用，还能防止化妆品中的油脂沉淀，改善其水洗性能。SE 作为化妆品的润肤剂和保湿剂，它不完全除去皮肤的脂肪膜，也不会改变皮肤的 pH 值，而是形成与皮肤表面的天然皮脂相似的有渗透性的皮脂膜，它几乎不影响皮肤的天然皮脂层，具有合并和增加皮肤的天然皮脂的特性，保护皮脂层，从而防止皮肤干燥和失去弹性，保证皮肤的防御机能。SE 不影响皮肤的天然保湿因子（natural moisture factor，NMF），而是软化皮肤，促进润滑和提供令人愉悦的皮肤感。用 SE 配制的化妆品不仅具有良好的扩展性、稠度低、流变性强和形成抗水皮肤膜等特点，而且在皮肤学和毒理学方面有良好的性能。

作为一种天然可降解的非离子表面活性剂，SE 还可作为脂溶性维生素和抗菌素的增溶剂、内服药和外用药的助剂，可用于制药业，使药品具有良好的防水性能。SE 还有杀虫、抗肿瘤、抗细菌、抗霉菌作用和增强免疫力的功效。近年来 SE 作为生理活性物质的研究已引起科学界的广泛关注。

（1）蔗糖酯的合成方法

① 酰氯酯化法

在极性非质子化有机溶剂（多为含氮有机溶剂，如吡啶、吡咯、喹啉等）中，利用活性高的酰基供体——酰氯，将蔗糖酰基化，得到 SE。

$$R-\overset{\overset{\displaystyle O}{\|}}{C}-Cl + C_{12}H_{22}O_{11} \xrightarrow{\text{溶剂}} C_{12}H_{21}O_{10}-O-\overset{\overset{\displaystyle O}{\|}}{C}-R + HCl$$

在该法生成的产品中，单酯成分高，可以防止多酯的生成，适于低级脂肪酸蔗糖酯的合成。但该法存在溶剂毒性大，成本高的缺点。

② 直接脱水法

以强酸（如对甲苯磺酸）为催化剂，极性非质子有机溶剂为溶剂，使蔗糖与脂肪酸直接反应,脱水生成 SE。

$$R-\overset{\overset{\displaystyle O}{\|}}{C}-OH + C_{12}H_{22}O_{11} \xrightarrow[\text{催化剂}]{\text{溶剂}} C_{12}H_{21}O_{10}-O-\overset{\overset{\displaystyle O}{\|}}{C}-R + H_2O$$

该法过程简单,易于操作,但溶剂毒性大,产品难于纯化,且酸性条件下蔗糖容易分解,导致产率低。

③ 酯交换法

目前,国内外生产 C_{12}～C_{20}的脂肪酸均采用此法。根据工艺条件的不同又可分为溶剂法、微乳化法和无溶剂法。

(a) 溶剂法

以碱性物质作催化剂,在极性非质子化有机溶剂(如 DMF、DMSO 等)中,蔗糖同脂肪酸低级醇酯进行酯交换,反应结束后,除去有机溶剂、未反应的原料酯和蔗糖、催化剂,再以共沉淀、结晶等方法进行精制。此法工艺成熟,反应条件比较温和,蔗糖不易焦化,产率高,但所用溶剂有毒,易燃,有致癌危险,且产品难以纯化。

(b) 微乳化法

以丙二醇、水代替极性非质子化有机溶剂,借助脂肪酸皂的乳化作用,高速搅拌下,使蔗糖和脂肪酸皂在一定温度下形成微乳化状态,而后减压升温,不断蒸出丙二醇(或水),待丙二醇(或水)基本蒸出后,再加入脂肪酸低级醇酯和碱性催化剂(如 K_2CO_3、KOH 等),再减压升温至所需的反应条件。反应的关键是保持反应的压力和温度,反应过程中不能破坏反应混合物的乳化体系,一旦破乳,将导致产率显著降低。

(c) 无溶剂法

为了消除极性非质子化有机溶剂的弊端,美国人 Feuge R. O. 于 1970 年首创了无溶剂法。该法不用有机溶剂,将蔗糖粉碎至 120～150 目,以增大其表面积和减小比重。而后将蔗糖、脂肪酸低级醇酯、促进剂、催化剂等直接加到反应器中,高速搅拌,使蔗糖和脂肪酸低级醇酯充分混合,形成均一的一相;同时减压、升温。此法操作简便,没有有毒溶剂;但反应时间长,产品得率低。它又可分为熔融法和相转移催化法。

④ 生物法合成

生物法合成的 SE 具有增强免疫力、抗肿瘤、抗细菌、抗霉菌等特性。

(a) 微生物法

微生物在代谢过程中常分泌一些具有表面活性的代谢产物,如糖脂、脂质肽、脂蛋白等。这类表面活性剂由于无毒、天然可降解、增强免疫力、抗肿瘤等优点,备受关注。可用控制代谢及固相细胞培养等方法进行发酵生产。

用肠杆菌、曲霉菌、假单胞菌、念珠菌、根霉菌和青霉菌等属的脂肪酶,使蔗糖与脂肪酸(如硬脂酸、油酸、亚麻酸等)反应。将上述细菌、加缓冲液的培养基在 40℃条件下培养,冷冻干燥,萃取产品,经 TLC、^{1}H-NMR、^{13}C-NMR 和 HPLC 分析,证明均生成了蔗糖酯。这种方法能克服化学合成法所带来的许多麻烦问题,如不饱和脂肪酸酰基的破坏,产物的提纯困难等;反应条件温和,无有机溶剂参加反应,产品易于纯化,是一种很有前途的方法。生物转化的蔗糖酯是一种很好的生物表面活性剂。

(b) 酶法合成

酶法合成所用的酶主要是脂肪酶(Lipase),脂肪酶虽然具有催化脂肪水解的能力,但也有催化酯交换、酯化的能力。Tulay Polat 等以吡啶作溶剂,固定化脂肪酶为催化剂,催化蔗糖与脂肪酸乙烯酰反应生成 1′-O-酰基蔗糖衍生物(1′-O-蔗糖酯)。酶法合成糖脂有两种途径:直接酯化法和酯交换法。

糖与脂肪酸(或脂肪酸低级醇酯)的相溶性很差,要增加两者的相溶性,提高其反应速度,有两种方法:一是选择合适的溶剂,使糖与脂肪酸(或脂肪酸低级醇酯)在其中都有一定的溶解度,而糖脂在其中的溶解度很小,这种理想溶剂到现在尚未找到。目前,所选的溶剂为极性非质子化有机溶剂(如 DMF、DMOX、吡啶、二氧六环等)。虽然糖和脂肪酸(或脂肪酸低级醇酯)在其中都有一定的溶解度,但糖脂在其中的溶解度也很大;而且在极性非质子化有机溶剂中,酶易失活。为了防止或减轻酶的失活,可采用混合有机溶剂,如 DMOX 和叔丁醇(t-butanol)的混合物。二是先用化学的方法对糖进行修饰以增加其亲油性,从而能与脂肪酸(或脂肪酸低级醇酯)有更好的相溶性,因而可以不用有机溶剂而顺利地实现酯交换。(如图 2-69,以单糖为例)

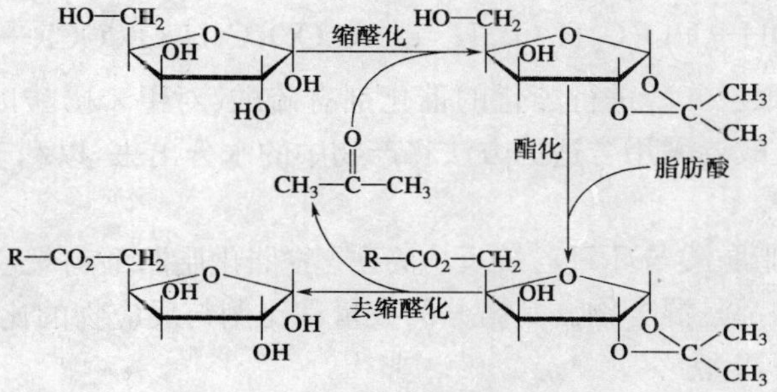

图 2-69 化学-酶法合成蔗糖酯

2.3.2 脂肪酸的乙氧基化合物

脂肪酸的乙氧基衍生物是非离子型表面活性剂,它含有两性集团,疏水基团和亲水基团。脂肪酸链为疏水基团,它的强度取决于脂肪酸碳链中亚甲基的个数。含氧乙烯链为亲水基团。

1) 反应机理

$$RCOOH + nC_2H_4O \xrightarrow{OH^-} RCOO(C_2H_4O)_nH \tag{2-1}$$

$$RCOOH + HO(C_2H_4O)_nH \xrightarrow{H^+} RCOO(C_2H_4O)_nH + H_2O \tag{2-2}$$

反应式(2-1)是强碱催化下的脂肪酸与环氧乙烷反应;反应式(2-2)是强酸催化下脂肪酸与聚乙二醇的酯化反应。

强碱催化脂肪酸与环氧乙烷反应可分为以下历程:

$$RCOOH + OH^- \longrightarrow RCOO^- + H_2O \tag{2-3}$$

$$RCOO^- + CH_2CH_2O \longrightarrow RCOOCH_2CH_2O^- \tag{2-4}$$

$$RCOOCH_2CH_2O^- + RCOOH \longrightarrow RCOOCH_2CH_2OH + RCOO^- \tag{2-5}$$

$$RCOOCH_2CH_2O^- + CH_2CH_2O \longrightarrow RCOOCH_2CH_2OCH_2CH_2O^- \qquad (2-6)$$

在强碱的作用下，游离脂肪酸成为羧酸根（式 2－3），羧酸根与环氧乙烷发生加成反应生成脂肪酸的烷氧基离子（式 2－4）。脂肪酸烷氧基离子的碱性很强，与游离脂肪酸反应生成新的羧酸根和脂肪酸乙氧基化合物（式 2－5）。由于游离脂肪酸（RCOOH）的酸性比脂肪酸乙氧基化合物（$RCOOCH_2CH_2OH$）的酸性强，故在脂肪酸完全消耗之前，脂肪酸乙氧基化合物（$RCOOCH_2CH_2OH$）不会发生进一步的乙氧基化反应，或者说脂肪酸与环氧乙烷的反应是有选择性的。当脂肪酸完全耗尽之后，脂肪酸的烷氧基离子（$RCOOCH_2CH_2O^-$）与环氧乙烷发生快速加成反应（式 2－6），生成脂肪酸的聚乙二醇衍生物［$RCOO(C_2H_4O)_nH$ 或 $RCOOCH_2CH_2OCH_2CH_2OH$］。

可用于脂肪酸乙氧基化的碱性催化剂有碱金属的氢氧化物、低级醇化物、碳酸盐、低碳羧酸盐以及碱金属。

脂肪酸与聚乙二醇的酯化反应可在硫酸等强酸催化下进行，也可在高温下（180～250℃）自发进行。脂肪酸与聚乙二醇的酯化反应为可逆反应。

$$RCOOH + HO(C_2H_4O)_nH \rightleftharpoons RCOO(C_2H_4O)_nH + H_2O$$

$$2RCOOH + HO(C_2H_4O)_nH \rightleftharpoons RCOO(C_2H_4O)_nOCR + 2H_2O$$

可用于脂肪酸与聚乙二醇进行酯化的催化剂有硫酸、对甲苯磺酸以及阳离子交换树脂等。反应中有水生成，故要采用合适的方法将产物中的水分出去，以利于脂肪酸乙氧基化合物的生成。

无论是以碱催化脂肪酸与环氧乙烷反应，还是酸催化脂肪酸与聚乙二醇反应生产脂肪酸乙氧基化合物，产物都是混合物。其组分的数量和比例与反应物的比例有关，产物中有聚乙二醇单酯、聚乙二醇双酯。

2）脂肪酸乙氧基化合物的生产

工业上一般通过碱催化脂肪酸与环氧乙烷反应生产乙氧基化合物。此种方法获得的乙氧基化合物比较纯。

环氧乙烷是非常活泼的物质，在与脂肪酸反应初时释放非常高的热量，反应激烈，因此，有可能产生热聚并伴随爆炸现象。这种反应一般是在惰性气体保护并在冷却的条件下进行。乙氧基化反应一般采用间歇式，在反应罐内分批进行，工艺流程见图 2－70。

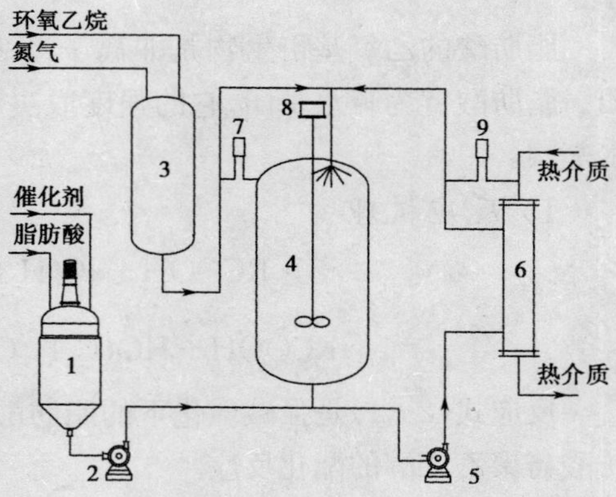

图 2－70　间歇式乙氧基化合物生产工艺流程图

1. 脂肪酸储罐；2. 输送泵；3. 环氧乙烷储罐；4. 反应罐；5. 泵；6. 加热器；7. 氢气流量控制器；8. 搅拌器；9. 温度控制器

将一定量的液体脂肪酸与一定量的催化剂在混合罐内混合，用泵将它们送入反应罐内，用泵循环物料通过热交换器，加热温度到 140～160℃，温度由自动控制器调节。物料通过反应罐顶部的喷头喷下。同时，位于氮气保护下的液体环氧乙烷也送入反应罐，环氧乙烷的流量用比配装置调节。反应罐内压力为 30～60 Pa，反应罐内装有搅拌器。催化剂一般为氢氧化钠、氢氧化钾、醋酸钾等。当环氧乙烷消耗完毕时,反应完成。

利用上述设备,可以生产另外的乙氧基化合物,如利用脂肪酸甲酯和二乙醇胺,在甲醇钠的存在下,改变条件,可以生产酰胺。

2.3.3 脂肪酸的含氮衍生物

脂肪酸含氮衍生物在洗涤剂、涂料等的生产中占有相当重要的地位。脂肪酸含氮衍生物主要包括在脂肪胺、脂肪酰胺、脂肪腈、烷醇酰胺。其中,脂肪腈不具有很大的工业价值,但它被用作生产脂肪胺的中间产物。

1) 脂肪酰胺

生产脂肪酰胺的最原始方法是裂解脂肪酸铵盐,目前,多采用脂肪酸与胺气反应。

$$RCOOH + NH_3 \longrightarrow RCOONH_4 \longrightarrow RCONH_2 + H_2O$$

不锈钢反应釜中,脂肪酸与干燥胺气在高温高压(180～200℃,0.34～0.69 MPa)下反应(10～12 h)生成脂肪酰胺,反应生成的水和用于反应的胺气从反应器中连续排出,胺气回收处理并循环利用。反应的催化剂有硼酸、Al_2O_3、钛和锌的烷氧化物。

高温高压(220℃,1.24 MPa)下,脂肪酸甲酯与干燥的胺气反应也可生成脂肪酰胺,反应时间比脂肪酸与胺气反应短,只需1 h。

$$RCOOCH_3 + NH_3 \longrightarrow RCONH_2 + CH_3OH$$

酰胺的溶解性决定了它们的用途,部分饱和脂肪酸酰胺的溶解性见表2-38。脂肪酰胺主要作为防滑剂和防黏结剂用于聚乙烯薄膜的制造,常用的是油酸酰胺和芥酸酰胺。

表2-38 部分饱和脂肪酰胺的溶解性

g/100 g

脂肪酰胺	苯	四氯化碳	丙酮	甲醇	95%乙醇	乙腈
辛酰胺	0.6	0.4	7.8	53.0	32.8	5.4
癸酰胺	0.8	0.2	3.8	15.2	12.0	1.4
月桂酰胺	1.0	0.4	3.4	12.4	11.4	0.9
豆蔻酰胺	0.4	0.1	1.0	2.7	3.8	0.6
棕榈酰胺	0.4	0.1	0.8	1.2	1.5	0.3
硬脂酰胺	0.4	0.1	0.5	0.7	0.8	0.2

2) 脂肪胺

脂肪胺及其衍生物是目前广泛使用的阳离子表面活性剂和其他表面活性剂的原料,主要用作纤维柔软剂。胺是吸湿材料防止吸湿的配方材料之一,可用于粒状复合肥料及硝酸铵、硝酸钠、硫酸铵等单组分盐和尿素的抗结。饱和长碳链伯胺常用作橡胶脱模剂,十二烷基胺用于合成橡胶与天然橡胶的再生。伯胺及其盐类作为浮选剂用于浓缩低品味磷矿,也可作为云母、长石和硅石的浮选捕集剂。在石油工业中,脂肪胺从钻井到炼油都有重要应用。脂肪胺固有的油溶性,对金属表面的亲和力、润滑性、碱性和杀菌性,使得其可作为润滑添加剂、缓蚀剂以及汽油和柴油添加剂使用。胺也是生产各类铵盐、季铵类化合物、乙氧基化合物和异氰酸酯的原料。

工业生产脂肪胺大部分来自天然脂肪酸原料，国内除采用天然脂肪酸和脂肪醇，还有合成脂肪酸和脂肪醇。

(1) 脂肪腈

目前，工业上采用高温(280～360℃)条件下金属氧化物催化脂肪与干燥胺气反应生产脂肪腈，总反应式如下：

$$RCO_2H + NH_3 \longrightarrow RC \equiv N + H_2O \tag{2-7}$$

反应式(2-7)看似十分简单，但应该考虑以下几个平衡反应(式2-8)。必须及时有效地除去反应体系中生成的水，以减少非目标产物的生成，主要的副产物是脂肪酰胺。

$$RCO_2H + NH_3 \rightleftharpoons RCO_2NH_4 \rightleftharpoons RCONH_2 + H_2O \rightleftharpoons RC \equiv N + H_2O \tag{2-8}$$

(2) 脂肪伯胺

制备伯胺的方法很多，有脂肪腈还原法、脂肪醇胺解法和卤代烷的胺解法，工业上多采用脂肪腈的催化还原法，催化剂多为镍、钴或它们的复合物，也可用 Ni-Cu-Co，Co-Zn-Al。

$$RC \equiv N + H_2 \longrightarrow RCH = NH + H_2 \longrightarrow RCH_2NH_2 \tag{2-9}$$

(3) 脂肪仲胺

目前，生产脂肪仲胺多采用 Shapiro 开发的两步法工艺，即先在低温中压下将腈加氢为伯胺(式2-9)，而后在高温低压下进行脱胺(式2-10)、还原(式2-11)。

$$RN = NH + RCH_2NH_2 \longrightarrow RCH = NCH_2R + NH_3 \uparrow \tag{2-10}$$

$$RCH = NCH_2R + H_2 \longrightarrow RCH_2NHCH_2R \tag{2-11}$$

合成仲胺可用钴或镍作催化剂，脱胺可用 Co-Cr、Cu-Cr 为催化剂，加氢汽液反应在加热180～230℃下进行，催化剂采用 Ni-Cu 或 Cu-Cr，用量为0.5%。有报道采用 Cu-SiO_2-Na 催化剂，氢化在200℃和10 MPa 下进行，仲胺得率90%以上。

(4) 脂肪叔胺

叔胺有三种类型：对称叔胺(R_3N)，不对称甲基二烷基胺(R_2NCH_3)和二甲基烷基胺[$RN(CH_3)_2$]，伯胺或仲胺与环氧乙烷加成的产物。

叔胺的生产方法有以下几种：

① 经典 Leuckart 反应法：伯胺或仲胺的甲醛、甲酸还原烷基化反应

$$RNH_2 + 2HCHO + 2HCOOH \longrightarrow RN(CH_3)_2 + 2CO_2 + 2H_2O \tag{2-12}$$

$$R_2NH + HCHO + HCOOH \longrightarrow R_2NCH_3 + CO_2 + H_2O \tag{2-13}$$

② 伯胺或仲胺与甲醛在镍催化下的还原烷基化反应

$$RNH_2 + 3HCHO \longrightarrow RN(CH_3)_2 + CO_2 + H_2O \tag{2-14}$$

$$R_2NH + 2HCHO \longrightarrow R_2NCH_3 + HCOOH \tag{2-15}$$

③ 脂肪腈的催化加氢还原法

$$RC \equiv N + H_2 \longrightarrow (RCH_2)_3N + NH_3 \tag{2-16}$$

由于反应条件不同，反应产物可能有伯胺、仲胺和叔胺，如果希望得到更多的叔胺，可不停地除去体系中生成的胺气，使反应向生成叔胺的方向移动。胺气的存在有利于伯胺和仲胺的生成。

④ 以脂肪醇为原料

脂肪醇在浓卤化氢的作用下转化为卤代烃(式 2－17),卤代烃再与二甲胺反应生成叔胺(式 2－18)。

$$RCH_2OH + HCl \longrightarrow RCH_2Cl + H_2O \tag{2-17}$$

$$RCH_2Cl + HN(CH_3)_2 + NaOH \longrightarrow RCH_2N(CH_3)_2 + NaCl + H_2O \tag{2-18}$$

在催化剂的作用下,长链脂肪醇与二甲胺反应可生成叔胺。低温下可用 $Th(SO_4)_2$ 为催化剂,高温高压通氢气下以 Cu-Cr 为催化剂。

$$RCH_2OH + HN(CH_3)_2 \longrightarrow RCH_2N(CH_3)_2 + H_2O \tag{2-19}$$

(5) 烷醇酰胺的制备

烷醇酰胺可由脂肪酸与乙醇胺反应制取,这种工艺有水生成。烷醇酰胺也可以用脂肪酸酯与乙醇胺反应制取,这种工艺无水生成,而是生成醇,较容易回收。当使用单乙醇胺与相应的物料反应时,得到单烷醇酰胺,用双乙醇胺反应则得到双乙醇酰胺。双乙醇酰胺是活跃的脂肪族衍生物,使用广泛。工业上一般用脂肪酸甲酯与双乙醇胺制备双乙醇酰胺。

$$RCOOCH_3 + HN(CH_2CH_2OH)_2 \longrightarrow RCON(CH_2CH_2OH)_2 + CH_3OH \tag{2-20}$$

使用脂肪酸酯的优点是可以避免设备被脂肪酸腐蚀,反应中生成甲醇而不是水,而甲醇较易回收。

2.4 甘油

2.4.1 概述

1) 甘油的主要理化性质

纯净的甘油[$C_3H_5(OH)_3$]是一种无色有甜味的黏稠液体;比重为 1.261 1(20℃),测定甘油水溶液的比重,即可知其甘油的含量;常压下甘油的沸点为 290℃;甘油的黏度很大,如纯甘油的黏度为水黏度的 777 倍,50%甘油水溶液的黏度为水黏度的 5.41 倍;甘油可以任何比例与水、甲醇、苯胺相混合,溶于丙酮、乙醇及乙醚的混合液,或一定重量比的氯仿、乙醇混合液,难溶于无水乙醚,不溶于油脂、汽油、苯、氯仿、二硫化碳等有机溶剂;甘油是许多有机化合物、无机盐、烧碱和重金属皂的优良溶剂。

甘油系三元醇,具有三元醇类物质的一般化学性质,可以参与许多化学反应,能参与醇类物质发生的各类反应形成酯、醚、胺和卤化物。甘油极易氧化,热稳定性好。水不与甘油反应并且能抑制甘油溶液的脱水,但在空气中由于受到微生物的作用而极吸水,甘油能进行酯化反应、醚化反应、环化反应、成盐反应和酯交换反应,产生各种衍生物。

2) 甘油的主要用途

由于甘油具有许多重要的物理化学性质,使它成为重要的化工原料。目前主要用于生产油漆、食品、医药、炸药、牙膏、玻璃纸、绝缘材料等方面。

甘油具有吸水性强的特性,对皮肤无刺激作用,可直接涂在皮肤上用以滋润皮肤,也可以甘油为原料加工成护肤品。

甘油有甜味、无毒,在食品工业上可作为甜味添加剂。甘油具有很强吸水性,烟草、皮革用甘油处理后可以防霉、不变硬，使皮革柔软。还可以在许多软膏制品（如牙膏、香脂、医用软膏等）中加入一定量的甘油以防止干结。由于甘油的水溶液的冰点很低，其水溶液可以作防冻剂和制冷剂。此外在油漆工业中用它来制作醇酸树脂。在医药工业上，用甘油制作硝化甘油，有扩张心脏冠状动脉的作用，可用做治疗心绞痛的药物；用甘油、杏树上的粘胶、甘草和酒精配制的药物可治冻裂；用甘油可做通便剂“开塞露”等。国防工业上，甘油的重要用途是制取三硝酸甘油脂（硝化甘油）等。

3）天然甘油的种类及生产原料

甘油产品分为化学合成甘油和天然甘油。合成甘油主要是由石油化工产品利用化学合成的方法制得，如丙烯氧化法、丙烯过乙酸法等。天然甘油是以甘油三脂肪酸酯（即植物油脂和动物脂肪）的形式广泛存在于自然界，其来源主要有三种：油脂直接制皂、油脂水解及油脂醇解。以油脂为工业原料制取脂肪酸及肥皂的过程中，有大量的废水产生，这些废水中含有甘油等多种有用的物质，若将其直接排放，既污染了环境又浪费了资源，如果将其中的甘油等有用物质加以回收利用，则具有较大的经济效益和社会效益。

近几年来，科学技术的发展使得油脂工业规模经营成为可能，也促进了油脂化工和油脂工业副产品综合利用技术的发展，不少厂家以皂脚为原料生产脂肪酸，在其生产过程中得到的酸化油水解废水也含有一定量的甘油等有用物质，若加以回收，虽然甘油产品在质量上稍有逊色，但从因地制宜、废物利用的角度来看，仍具有一定的意义。

2.4.2 甘油的生产

目前，天然甘油的生产原料主要是油脂水解废水、油脂制皂废水和油脂醇解废水。在这些原料废水中除了含有甘油之外，由于原料废水来源的不同，还含有不同种类和数量的无机杂质和有机杂质。从这些原料废水回收甘油的工艺过程如下：

原料废水→废水净化→稀甘油水溶液的浓缩→粗甘油→精制→成品甘油

1）原料废水的净化及其净化方法

油脂水解废水、油脂制皂废水和油脂醇解废水中，除了含有甘油之外，还含有多种其他杂质。原料废水在浓缩之前必须进行净化处理，以除去其中的杂质。这样可以避免溶液发酵造成甘油损失，尽可能降低甘油水溶液对蒸发设备的腐蚀，减少设备积垢，增加传热效率，有利于蒸发、蒸馏操作，同时也有利于提高甘油的质量和回收率。

随着甘油制取方法的不同，油脂水解废水和制皂废水中杂质特性及数量也不相同，因而净化的方法就有所差异，一般可分为：化学净化法、离子交换净化法和电净化法。

化学净化法是国内外本行业常规的净化方法，如美国的 Emery、Lonza、Procter & Gamble、Sherex 等，德国的 Lurgi、Henkel、Feld & Hahn 等和国内的上海制皂公司、四川泸天化公司、贵阳日化厂等。这种方法操作简单，生产成本低，工艺过程本身不会产生废水，有利于环境保护；但过程需加入化学药品，一般会使甘油溶液的灰分增加，是这种净化方法的不足之处。

离子交换净化法净化稀甘油溶液，是一种很好的方法，已在工业上得到应用。其基本原理是使含有电离性杂质如氯化钠、硫酸钠、其他盐类以及脂肪酸、肥皂、色素等的溶液，通过被串联的阳离子、阴离子交换设备，利用交换与吸附作用而除去杂质。甘油为非电解质，不起变化，所以只要处理得当，除了蒸发浓缩外，不需要其他处理，即可得到精甘油。但这种方法适合于电离性杂质以及色素等有机杂质含量较少的原料废水（如质量较好的动、植物油脂的水解废水等），这些杂质含量多时，会使设备投资增大，阳离子交换树脂、阴离子交换树脂的再生次数增多，缩短离子交换树脂的使用寿命，且离子交换树脂再生的酸、碱性废水自身无法完全消化，会产生较多量的废水，不利于环境保护。

电净化法是借助直流电场净化甘油废水，实质上是在电场作用下，甘油废水的乳化状态被破坏，分散相粒子以“泡帽”状浮到溶液的表面，而在下层得到透明的净甘油溶液；电净化法容易在阳极上粘有膏状铝皂和其他脏物，需要定期清洗，这是该净化法的缺点，而且在实验室研究后未能真正工业化。

（1）化学净化法

① 油脂制皂废水的净化

油脂经皂化、盐析后所得废水中，含盐为10%～15%，甘油5%～10%，总碱（氢氧化钠、碳酸钠）0.1%～0.5%，肥皂一般低于0.25%，还有少量的蛋白质、黏液物、树脂、烃类、色素、发酵产物和沉淀物等，必须先经过净化处理以确保甘油产品的质量，同时最大限度地改善蒸发、蒸馏的操作条件。

油脂制皂废水的净化，主要分酸处理、脱胶和碱处理三个步骤。其工艺设备流程图如图2－71所示，工艺流程如下：

肥皂废水→酸处理→脱胶→过滤→碱处理→过滤→稀甘油水溶液

↓胶杂　　↓杂质

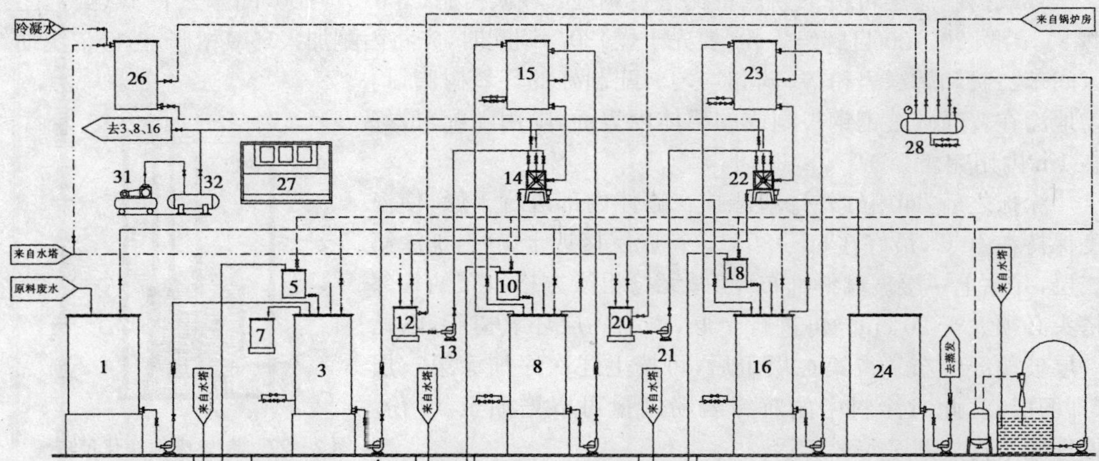

图2－71　肥皂废水净化处理工艺流程图

1. 粗废液储罐；2. 泵；3. 酸处理罐；4. 泵；5. 盐酸高位计量罐；6. 盐酸储池；7. 黑脂酸回收罐；8. 脱胶罐；9. 泵；10. 絮凝剂高位计量罐；11. 絮凝剂配备槽；12. 酸性回笼水罐；13. 泵；14. 压滤机；15. 高位储罐；16. 碱处理罐；17. 泵；18. 碱液高位计量罐；19. 配碱池；20. 碱性回笼水罐；21. 泵；22. 压滤机；23. 高位储罐；24. 净废液储罐；25. 泵；26. 高位水储罐；27. 工业洗衣机；28. 蒸汽分配器；29. 真空泵；30. 平衡罐；31. 空气压缩机；32. 储气罐

Ⅰ. 酸处理：即在肥皂废水中加入无机酸。加酸的目的是中和游离碱，同时将少量肥皂分解成脂肪酸，使之浮于液面撇去(但由于析出的脂肪酸部分呈胶体状态，分散在溶液中，所以仅能撇出一部分)，以减少后续工序的过滤泥渣。

所用无机酸可以是盐酸，也可以是硫酸，最好用盐酸。盐酸与肥皂或游离碱作用生成氯化钠，与废液中原有的食盐混在一起保证了浓缩工段回收盐的纯度。回收盐在返回皂基制备工段作为盐析剂使用时，确保了盐析的操作和盐析效果；同时也减少了蒸发设备结垢。如果用硫酸则生成硫酸钠，在浓缩工段回收的盐中含有硫酸钠，这种混合盐在返回皂基制备工段作为盐析剂使用时，将会使盐析操作发生困难，因为硫酸钠的盐析效能比食盐差；同时溶液中的硫酸钠，在蒸发时会在蒸发器的加热管内壁生成难以清洗的垢，影响传热效率和蒸发操作，从这种混合盐中洗出甘油也比较困难，会使甘油的回收率降低。但盐酸的价格较硫酸贵，它对设备的腐蚀作用也比较强。

酸处理的操作如下：

(a) 先捞出经静置 3～4 h 浮于废液液面上的肥皂泡沫，废液取小样作加酸试验，在搅拌下慢慢加入盐酸至废液 pH 5～6，处理温度在 50℃左右，然后停止搅拌，静置 2～3 h，撇出上浮的黑脂酸。

(b) 将经酸处理的粗废液由耐腐蚀离心泵送入脱胶处理罐，以备脱胶处理。

肥皂废水的酸处理设备，如用 8～10 mm 的普通碳素钢钢板制成，由于酸液和盐的腐蚀，一般使用寿命只有三四年。为解决腐蚀问题，延长设备的使用寿命，可采用耐酸、耐盐腐蚀的不锈钢钢板制成，但设备投资费用较大，为此用普通碳素钢钢板为基本材料，制成设备的内表面用环氧玻璃钢抹面，既节约设备投资，同时又能满足工艺需要。

环氧树脂涂层可按下列重量比进行调配：环氧树脂(＃6101)100，间苯二胺 15(或乙二胺 8)，丙酮 20，100 目辉绿岩粉(要先干燥)20。调配时，先将丙酮加入环氧树脂，然后依次加入间苯二胺和辉绿岩粉等，调和均匀。配制好的环氧树脂，均匀地涂在普通碳素钢钢板制成的罐体内表面，随用随配，最好在 1 h 内用完。

涂抹之后，即用红外灯泡悬挂在罐体内部进行干燥，使温度保持在 40℃，最好在 60～80℃。待底层接近干燥时，加涂第二层，并贴上一层玻璃纤维布(无碱无捻粗纱方格)，布的相邻搭头必须大于 20 cm。再进行干燥，再涂一层环氧树脂，随贴一层玻璃纤维布。待第二层干后，可按上述次序加涂第三层(即面层)。此时涂料中的辉绿岩粉用量可以增加至 40 份。处理罐结构如图 2－72 所示。

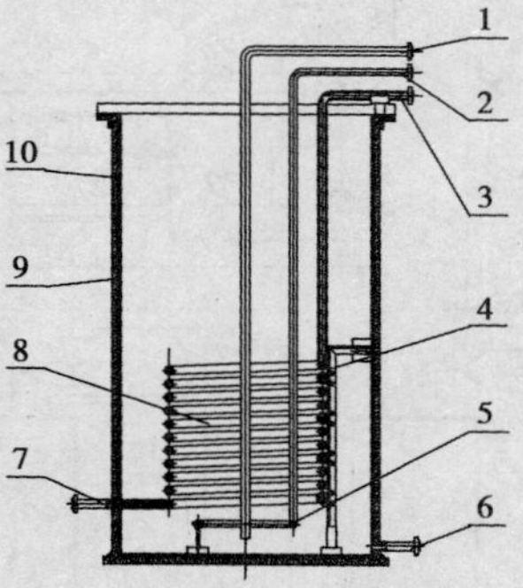

图 2－72　制皂废水净化反应罐

1. 压缩空气喷管；2. 直接蒸汽接管；3. 间接蒸汽接管；4. 盘管支架；5. 直接蒸汽喷管；6. 出料管 7. 乏汽接管；8. 加热盘管；9. 衬里；10. 罐体

Ⅱ. 脱胶：即在粗废液中加入絮凝剂。目的是使水溶性的钠皂变为不溶于水的金属皂，这种金属皂以及絮凝剂在溶液中水解生成氢氧化物溶胶，还吸附其他杂质一起沉淀。同时，少量呈胶体分散的肥皂及其他带电荷的杂质，在絮凝剂金属离子的作用下，产生电中和而聚沉。此外废液中所含蛋白质及其分解物氨基酸，是两性化合物，它们一般在偏酸性溶液中达到等电点而从废液中沉淀出来。

所用絮凝剂可为铝盐(硫酸铝、明矾)或三氯化铁。铝盐能使钠皂变为不溶性铝皂，同时在溶液中水解生成氢氧化铝溶胶。铝盐价格较低，铝离子对带负电荷胶体的聚沉能力比铁离子强，但会产生硫酸钠，其结果同酸处理时一样，会对蒸发和回收盐重新利用时产生不利的影响，甘油损失较多。所以总的来说，以使用三氯化铁为好。目前，一般工厂中多使用三氯化铁来进行脱胶处理。

脱胶处理的操作如下：

(a) 根据粗废液和净化要求，作加三氯化铁小样试验。根据小样试验结果，在搅拌下慢慢加入三氯化铁溶液至 pH 4 左右，取小样过滤，在滤液中加 5%的三氯化铁溶液 2 滴，放置几分钟应无沉淀。否则应用碱调整 pH 值，继续加三氯化铁至 pH 4 左右，无沉淀时为止。

(b) 处理好的酸性废液经压滤后送入碱处理罐中，初始的浑浊液应回流重滤，最后滤渣要洗涤吹干，以回收滤渣中残存的甘油。

脱胶处理的主要设备与酸处理设备相同。

Ⅲ. 碱处理：经脱胶过滤后所得到的酸性滤液中还含有过量的三氯化铁，通过碱处理中和酸性，减少对蒸发器的腐蚀，并将三氯化铁转变为氢氧化铁沉淀，同时吸附杂质，通过过滤除去。

所用碱液通常为烧碱溶液。碱处理过程中加入碱液的多少，对甘油的质量、回收率以及蒸发操作有很大的关系。由于酸性废液中还含有少量的低级脂肪酸皂，加碱不要过量，以利于肥皂水解成脂肪酸，减少蒸发时产生泡沫。否则，肥皂在蒸发时发泡，易于跑料，造成甘油额外损失，并使加热管迅速结盐，降低蒸发设备的生产率和增加洗锅次数。同时，低碳链的脂肪酸可在蒸发时随蒸汽逸出一部分，有利于提高甘油质量。此外，碱过量还会造成蒸馏时甘油聚合而损失甘油。当然，碱量不足，以致溶液呈酸性也不行，应严格控制碱处理时 pH 8～9，以不大于 9 为宜。

碱处理的操作如下：

(a) 将经过脱胶过滤后的滤液加热至温度 70℃左右，在搅拌下缓缓加入碱液至 pH 8～9，取小样过滤，在滤液中加 5%的氢氧化钠溶液 2 滴，放置几分钟后应无沉淀，否则继续加碱至无沉淀。

(b) 碱处理后的废液通过压滤机过滤，初始的浑浊液回流重滤，清液送蒸发工段，滤渣须洗涤吹干，以回收滤渣中残存的甘油。

碱处理主要设备与酸处理或脱胶处理设备基本相同，只是加热装置的面积要较前者大一些。

② 油脂水解废水的净化

油脂水解所得废水中甘油浓度一般在 10%～15%，其杂质成分和杂质含量的多少与油脂水解的方法有关。但无论采用何种油脂水解方法所得废水中杂质的存在都会影响到浓缩和蒸馏的正常操作以及甘油的质量，同时也会降低甘油的回收率。所以，油脂水解废水也必须经过净化处理。

油脂水解采用分解剂法所得废水中含杂质较多，如硫酸、磺酸、低分子有机酸以及胶体杂质等。其净化工艺设备流程图如图 2－73 所示，净化工艺流程如下：

原料废水→石灰乳处理→过滤→脱胶→过滤→碱处理→过滤→稀甘油水溶液

过滤↓滤渣；过滤↓滤渣；过滤↓滤渣

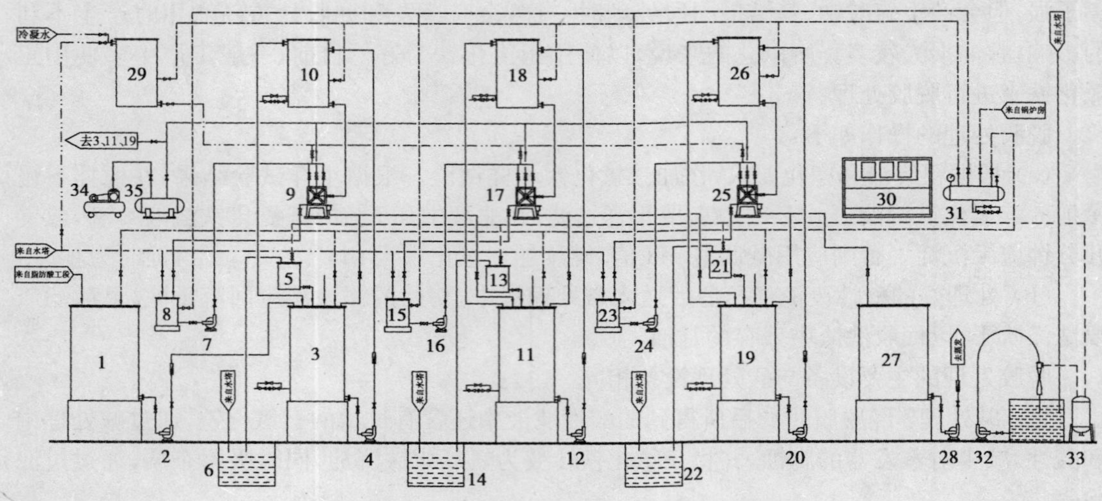

图 2-73　油脂水解废水净化处理工艺流程图

1. 粗废液储罐；2. 泵；3. 脱酸罐；4. 泵；5. 脱酸剂高位计量罐；6. 脱酸剂配备池；7. 泵；8. 碱性回笼水罐；9. 压滤机；10. 高位储罐；11. 脱胶罐；12. 泵；13. 絮凝剂高位计量罐；14. 絮凝剂配备槽；15. 酸性回笼水罐；16. 泵；17. 压滤机；18. 高位储罐；19. 碱处理罐；20. 泵；21. 高位计量罐；22. 配碱池；23. 碱性回笼水罐；24. 泵；25. 压滤机；26. 高位储罐；27. 净废液储罐；28. 泵；29. 高位水储罐；30. 工业洗衣机；31. 蒸汽分配器；32. 真空泵；33. 平衡罐；34. 空气压缩机；35. 储气罐

Ⅰ. 石灰乳处理：加石灰乳的目的是通过中和酸性使氢氧化钙与废液中的脂肪酸、硫酸等作用生成钙皂、钙盐等沉淀物；同时，在电解质氢氧化钙的作用下使一部分胶体杂质絮凝沉淀。以减少对蒸发设备的腐蚀，有利于蒸发操作，确保甘油质量。

石灰乳通常是用含 80%以上 CaO 的石灰制成的新鲜氢氧化钙水溶液进行中和处理，中和时注意使甘油废水呈弱碱性为止，否则会增大整个净化工段的生产成本，同时也不利于后续工序的正常操作和甘油的回收率。

石灰乳处理操作如下：

(a) 将采用分解剂法所得到的油脂水解废水送入石灰乳处理罐，取小样作加石灰乳试验，根据试验结果，在搅拌下将预先配制好的石灰乳慢慢加入废液至 pH 8 左右，处理温度在 80℃以上，应力求使其反应充分。

(b) 石灰乳处理后的废液通过压滤机过滤，初始的浑浊液回流重滤，清液送脱胶处理罐，最后的滤渣要洗涤吹干，以回收滤渣中残存的甘油。

Ⅱ. 脱胶：即在经石灰乳处理后的清滤液中加入絮凝剂。目的与制皂废水的脱胶工序一样，使其中的胶体杂质絮凝沉淀。

所用絮凝剂同样可以是铝盐（硫酸铝、明矾），也可以是三氯化铁。脱胶原理与制皂废水的脱胶原理基本相同。所不同的是，如果油脂水解所用分解剂中含有低分子的石油磺酸，则经石灰乳处理后所得钙盐易溶于甘油水中，不能除去，所以在脱胶处理时最好用三氯化铁，使之生成易沉淀的磺酸铁，虽然三氯化铁的聚沉能力比铝盐要稍弱一些，但从总的净化效果来看，三氯化铁要比铝盐要好。

采用分解剂法对油脂进行水解所得废水的脱胶处理操作与制皂废水的脱胶处理操作相同，这里就不再介绍。

Ⅲ. 碱处理：在经过脱胶过滤后的甘油废液中仍然含有少量的硫酸钙（0.15%～0.40%）以及少量的铁盐，在浓缩时会从溶液中析出，沉积于设备的内壁，降低传热效率和蒸发效能，影响甘油质量和回收率，需要作进一步的净化处理。

甘油废液的最后净化处理可用纯碱、草酸钠和碳酸钡三种化合物中的一种来完成。

甘油废液中加入纯碱（Na_2CO_3）或草酸钠（$Na_2C_2O_4$），开始时首先中和废液的酸性；随着其加入量的增加，待甘油废液呈中性或微碱性时，纯碱或草酸钠与废液中的硫酸钙作用生成相应的碳酸钙或草酸钙沉淀和易溶于水的硫酸钠，同时，在微碱性条件下，三氯化铁转变为氢氧化铁沉淀或草酸铁沉淀，氢氧化铁进一步吸附杂质，通过过滤除去。

碳酸钡（$BaCO_3$）的水溶液呈碱性，甘油废液中加入碳酸钡，开始时中和废液的酸性，并与硫酸钙作用，首先生成硫酸钡沉淀；随着碳酸钙加入量的增大，待溶液呈中性或微碱性后，碳酸钡与废液中的钙离子作用生成碳酸钙沉淀，同时三氯化铁转变为氢氧化铁沉淀，进一步吸附杂质，最后经过滤除去。

用纯碱或草酸钠作最后净化处理后，净废液中都含有水溶性的硫酸钠，硫酸钠虽不会在蒸发器内生成坚固的沉淀，但并不降低甘油的灰分，所以最好用碳酸钡，既可除去硫酸钙，又可降低甘油中的灰分，但碳酸钡价格较贵。因此，一般工厂中多采用纯碱进行最后的净化处理。

碱处理的操作如下：

(a) 经过脱胶过滤的滤液，先在低温和搅拌下缓缓加入纯碱溶液，待废液接近中性时，加热甘油废液温度至80℃左右，控制 pH 8 左右，取小样过滤，在滤液中加5%纯碱溶液2滴，放置几分钟后应无沉淀，否则继续加碱反应至无沉淀。

(b) 碱处理后的废液通过压滤机过滤，初始的浑浊液回流重滤，滤渣须洗涤吹干。

压热法油脂水解所得废水中，含有低分子和高分子脂肪酸及其盐类，同样要用石灰乳处理，然后滤去沉淀物；或先用铝盐（或者是三氯化铁）处理。撇去上浮的脂肪酸，然后用石灰乳处理。甘油水中残存的硫酸钙也用前述的方法加以处理。

油脂水解废水的净化设备与制皂废水基本相同。

油脂醇解废水的净化方法和工艺与油脂水解废水基本相同。

(2) 离子交换净化法

用离子交换树脂净化稀甘油溶液，是一种很好的方法，已在工业上得到应用。

离子交换树脂是具有网状结构的复杂的有机物质，它对酸、碱、一般溶剂都很稳定，上面有许多可以被交换的活性基团。根据分子中含有酸性基团或碱性基团，又根据酸性或碱性基团的强弱不同，分为强酸、弱酸、强碱和弱碱，并分别编号。离子交换树脂可分为阳离子型与阴离子型两大类，前者以强酸性的磺酸型应用最广，在酸性、碱性及中性溶液中都可应用；简单的、复杂的、无机的和有机的阳离子全都可以交换。常用的阳离子交换树脂是磺化媒、磺化苯乙烯-二乙烯苯共聚体、磺化酚醛树脂等。后者以强碱性应用最广，在酸性、碱性和中性溶液中都能应用，对强酸和弱酸根阴离子都能交换。常用的阴离子交换树脂是分子中含有季铵基——$N(CH_3)_3OH^-$的树脂，如苯乙烯-二乙烯苯-氯甲醚-三甲胺树脂。

离子交换树脂净化稀甘油溶液的基本原理是使含有电离性杂质如氯化钠、硫酸钠、其他盐类以及脂肪酸、肥皂、色素等的溶液，通过被串联的阳离子、阴离子交换设备，利用交换与吸附作用而除去杂质。甘油为非电解质，不起变化；有些杂质如聚合甘油或酯类，虽不能除去，但甘油中含量极少。所以只要处理得当，除了蒸发浓缩外，不需要其他处理，即可得到精甘油。

裂解油脂所得的甜水，可直接通过离子交换设备，然后蒸发得到化学纯甘油；肥皂废液则通常蒸发至80%粗甘油，除去大部分盐，然后稀释至25%～30%的浓度，再通过离子交换设备，最后经蒸发可得化学纯甘油，这样既可延长离子交换树脂的使用寿命，又可保证甘油的质量和回收率。

所用离子交换设备的套数，视提纯的甘油溶液的质量而定。对含杂较少的甜水而言，可用一套或两套设备再加一只“混合床”；而对含杂较多的粗甘油废液，则需三套设备加一只“混合床”。“混合床”是充分混合的阳离子和阴离子交换树脂层，可除去最后的微量杂质。通常使用一份阳离子型对二份阴离子型交换树脂。

泵送35℃的甘油溶液按规定的流速通过离子交换设备，开始的稀溶液作下批粗甘油的稀释液用。当甘油含量达到一定浓度时，转入产品罐，操作完毕后，再用水（最好是加热蒸汽冷凝水）在交换设备内代出甘油溶液。

阳离子交换树脂用稀硫酸（12%）或稀盐酸再生，并以水（蒸馏水或加热蒸汽冷凝水）漂洗；阴离子交换树脂用5%的氢氧化钠溶液再生，并用水漂洗；“混合床”首先用水倒洗，使两种树脂分开，阴离子交换树脂比重较小，浮于上层，阳离子交换树脂沉于底部，各按单独床同样的方法再生，碱液从上口进入，酸液从下口进入，两种溶液在树脂交界处流出，经漂洗后，用空气搅拌来混合树脂。

经过离子交换净化的甘油溶液，浓缩到一定规格，如果蒸发设备为不锈钢材质制成，就不需要进行最后的漂白。否则需进行最后脱色处理。

（3）电净化法

化学净化法不一定破坏甘油水中的乳浊液，加入化学药品，一般会使甘油溶液的灰分增加，造成甘油的损失。

借助直流电场净化甘油废水，实质上是在电场作用下，甘油废水的乳化状态被破坏，分散相粒子以“泡帽”状浮到溶液的表面，而在下层得到透明的净甘油溶液。

在实验室装置上研究了下列因素对甘油溶液净化过程的影响，结果确定为：

电场强度：不小于30 V/cm；

电极材料：铝-铝；

电极间距：距离要最小而又要注意接触危险；

温度：不低于70℃；

甘油水液层高度：70厘米。

在工厂中间装置上进行试验，结果良好。对1 t含量10%～12%的甘油废水，平均耗电18.6 kW·h，铝0.23 kg。阳极上粘有膏状铝皂和其他脏物，需要定期清洗，这是该净化法的缺点。必须找到预防沉积的方法或设法加以清洗。

2）净化甘油废水的浓缩

甘油溶液经过净化处理后，杂质已大部分除去，但甘油的浓度并未提高，其中含有大量的水分，以油脂制皂和油脂水解所得废水经净化处理后的稀甘油水溶液中还含有很多盐分，必须经过脱水浓缩，使盐分逐渐结晶析出，至溶液中甘油含量达80%左右，便成为粗甘油。

(1) 浓缩理论

稀甘油水溶液的浓缩主要是基于蒸发理论。蒸发是将其水溶液加热至沸腾，使其中的部分水汽化并被移出，以提高溶液中甘油浓度的操作。实际上，在对稀甘油水溶液蒸发时，水分被汽化的同时，也有极少量的甘油汽化移出，只是由于甘油的沸点远高于水的沸点，在蒸发时被汽化移出组分中甘油忽略不计，即视甘油为不挥发组分来对稀甘油水溶液进行蒸发浓缩。同时，随着水分不断挥发，盐分也逐渐结晶析出，最终使稀甘油水溶液达到浓缩的目的。

(2) 浓缩方法及工艺

甘油溶液的浓缩可以采用常压蒸发或真空蒸发。

① 常压蒸发

常压蒸发通常是把溶液置于大铁锅中，用来自炉灶内的直接火加热或闭口蒸汽加热进行蒸发。铁锅最好采用组合的形式(如图 2-74)，不但能节约燃料，而且能进行连续性生产。甘油溶液的添加是从靠烟囱的一口锅开始，浓缩到一定程度，用勺子移入下一口锅，最后一口锅移出的即为成品粗甘油。锅组要有一定的位差，便于半成品的输送。

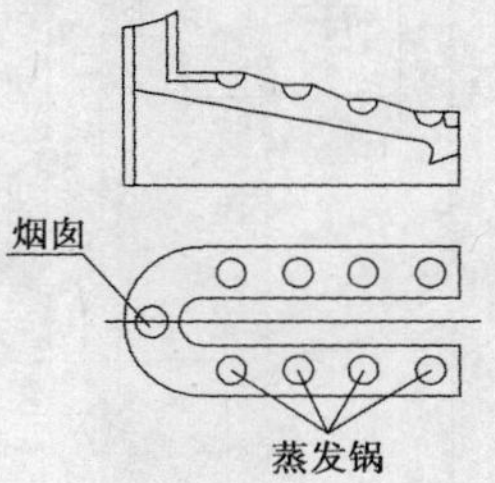

图 2-74 常压蒸发装置

在操作过程中，各锅的半成品是以温度来控制的。最后一口锅的温度要求在 125℃左右，此时甘油浓度在 65%～70%。前面几口锅的温度控制依次递减 4～5℃。锅的数量多，可以提高热的利用率，但以烟道气温度不低于 100℃的位置为限。

在蒸发过程中，甘油溶液中的盐分会逐渐结晶析出。为了减少结晶盐对蒸发的影响，可用薄铁皮做成圆盘，悬于蒸发锅中，在溶液翻煮时，结晶盐即能沉积于盘中，可不时移出。

常压蒸发所需设备简单，操作简便。但敞口蒸发会造成甘油损失，尤其是甘油浓度高时，损失较大。如甘油浓度达 60%时，损失 3%；浓度达 88%时，损失 6.5%。同时，甘油浓度大时，蒸发所需温度高，会引起甘油聚合，对甘油色泽产生不良影响。此外，消耗燃料也过多(如甘油浓度由 6%浓缩到 65%时，每吨甘油以废液水计约需煤 1.3～1.7 t)，蒸发速度很慢。所以这一方法只适用于一般条件较差的小厂进行甘油溶液的预浓缩。因为甘油是一项贵重的物资，希望它的损失越小越好，所以目前较普遍地采用的是真空蒸发。

② 真空蒸发

真空蒸发可分为单效蒸发和多效蒸发。就甘油溶液的浓缩工艺而言，分为单效蒸发、多效蒸发以及单效蒸发与多效蒸发相结合三种工艺。

单效蒸发，设备投资小，但蒸发时二次蒸汽的再利用难以实现，热能消耗大，同时二次蒸汽的冷凝要消耗大量的冷却水，生产成本大。

多效蒸发由于利用了二次蒸汽，提高了热的利用率，因而可以节省很多燃料，同时也可节约大量的冷却水。多效蒸发的蒸发量大体上与单效蒸发相同，因为在同一温度差下，多效蒸发器的工作能力，即每平方米的加热面积在单位时间内蒸发出的蒸汽量，要比单效蒸发器为小。但总的生产成本低。

多效蒸发需要几个蒸发器，设备投资大。同时，要提高粗甘油的浓度，靠多效蒸发器实际上是不可能的。因为在甘油浓度越来越高的时候，甘油溶液的沸点也相应地升高，蒸发所需热量也相应增大，而单靠二次蒸汽的热量是不够的，势必要用很高的真空，否则，蒸发速度就会很慢，与第一效（采用顺加料操作时）蒸发操作不能平衡。

目前甘油工厂在实际生产上，是先进行双效蒸发，使甘油溶液达到一定浓度，然后在较高的浓度下三效蒸发，采用新鲜蒸汽加热。（见图 2－75）

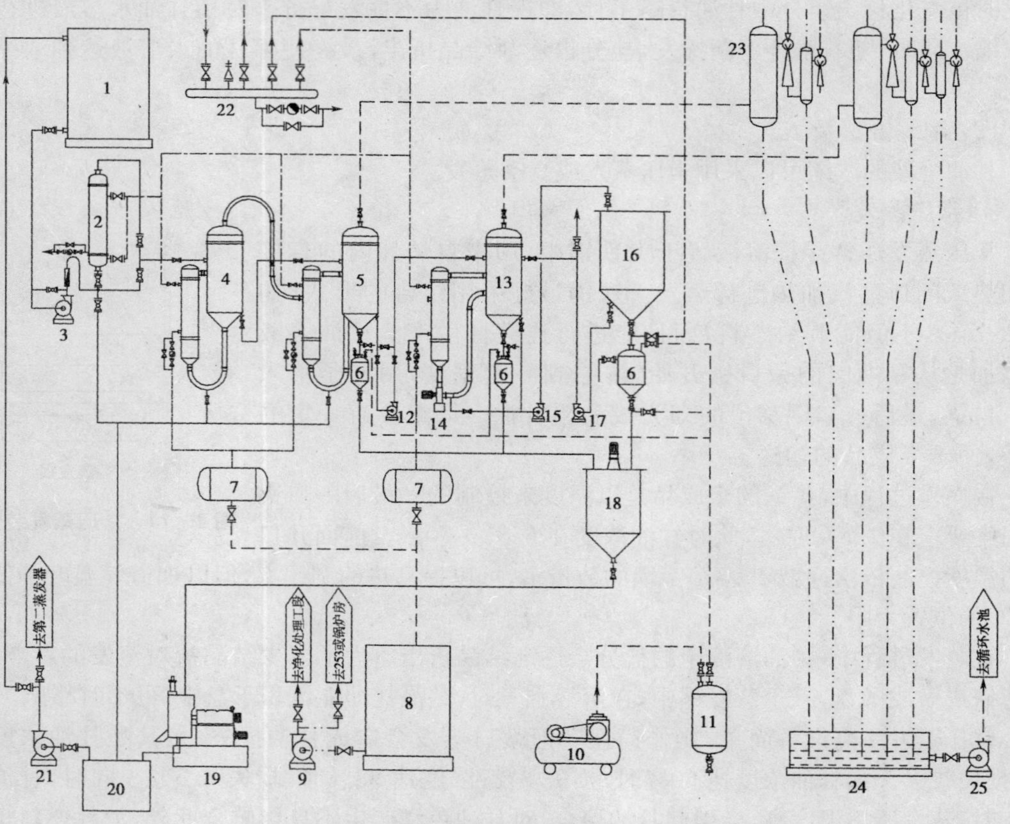

图 2－75 稀甘油溶液蒸发工艺流程图

1. 净废液高位槽；2. 预热器；3. 进料泵；4. 一效蒸发器；5. 二效蒸发器；6. 集盐罐；7. 乏汽包；8. 冷凝水储罐；9. 离心泵；10. 空气压缩机；11. 储气罐；12. 泵；13. 三效蒸发器；14. 循环泵；15. 泵；16. 沉盐罐；17. 泵；18. 洗盐罐；19. 刮刀卸料离心机；20. 洗液回收池；21. 泵；22. 蒸汽分配器；23. 真空系统；24. 水封池；25. 循环水泵

在进行双效蒸发操作时，由于物料的流动方向与蒸汽的流动方向不同，可有顺加料和逆加料两种方式。

顺加料（如图 2－76）是指物料与加热蒸汽流动方向相同，即从压力较高的一效（第一效）自行流到压力较低的一效（第二效）。由于一效蒸发器的温度高于二效蒸发的沸点，当溶液从第一效进入第二效时即产生自动蒸发。

逆加料（如图 2－77）是指物料与加热蒸汽流动方向相反，即从温度低的第二效进入用新鲜蒸汽加热的第一效。因为第一效的压力比第二效高，在逆加料时，物料的转移要靠泵来进行，而且到了第一效，溶液不能自动蒸发，需要外加热源。

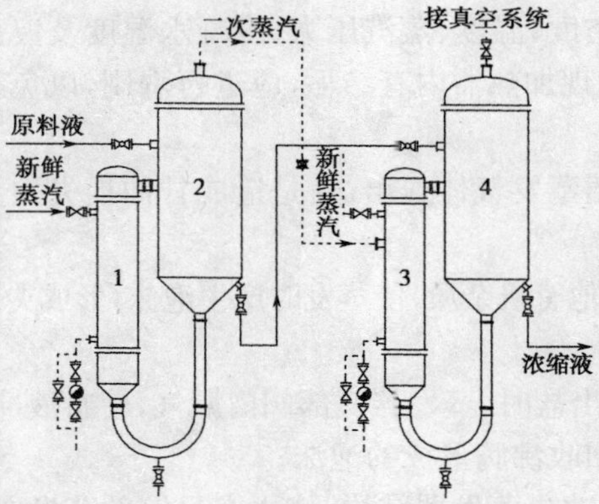

图 2-76　顺加料双效蒸发示意图

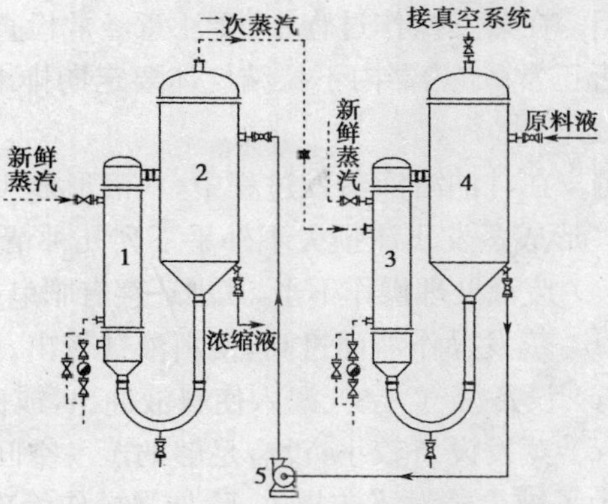

图 2-77　逆加料双效蒸发示意图

两者比较，以逆加料的方式较好。因为一效用新鲜蒸汽加热浓的料液，加热温度较高，溶液的黏度小，传热效果好；同时，二效用二次蒸汽加热稀溶液，真空度高，沸点低，因此两效温差大，蒸发能力高。

甘油稀溶液在双效蒸发器中浓缩到一定浓度时，改成单效蒸发，其操作可以在双效蒸发器中的一个蒸发器内进行，也可以把双效装置分开，使每一效独立操作，好像单效蒸发器一样；或者除了采用双效蒸发器外，专门设置一个单效蒸发器。

双效与单效相结合的蒸发操作要点：

Ⅰ. 先开冷却水，然后启动真空泵。

Ⅱ. 当一效真空度达到 0.06 MPa 左右时，开始进料，待液面稍高于加热器出口能维持正常循环后，开启蒸汽加热，然后二效吸入稀甘油溶液，液面高度与一效相似，二效用一效产生的二次蒸汽加热。

Ⅲ. 待二效料液接近结盐浓度时，放入存料罐，供一效使用；二效继续吸入淡甘油溶液，进行正常蒸发。

Ⅳ. 正常运转时，一效真空度为 0.065 MPa 左右，二效真空度在 0.092 MPa 以上，以两效真空度差保持在 0.033 MPa 左右为宜。

Ⅴ. 调节冷却水量，使大气冷凝器的回水温度不超过 40℃。

Ⅵ. 随时补充一、二效内的料液，一效沸腾面到上部视孔为准，二效以下面的视孔为准。

Ⅶ. 一效蒸发到快要积盐时，开启盐箱上的大闸门，使盐浆沉入箱内，同时立即进料，维持正常液面。

Ⅷ. 盐箱积盐到 4/5 时，关闭大闸门，使盐箱内的料液经过与蒸发室相连的真空管抽干，再用蒸汽压盐，或把料液直接吹到离心机，进行离心分离。如盐中含甘油超过指标要求，还需用水淋洗，以回收其中的甘油。

Ⅸ. 当一效加热蒸汽压力达 0.10～0.15 MPa，料液浓度达 40%～50%时，停止加热，关闭通往真空系统的阀门，破除真空。待常压后，将料液放入中间贮罐，沉盐 6 h 以上，然后料液改单效蒸发，继续蒸发到粗甘油规定的浓度。

Ⅹ. 进行单效蒸发时，蒸发终点由单效蒸发时的液温和真空度来确定。当温度达 88℃、真空度达 0.092 MPa 或温度达 110℃、真空度达 0.08 MPa 时，表示甘油浓度接近 80%，即可着手出粗甘油，不宜再继续加热浓缩，否则会增加甘油损失。

Ⅺ. 在蒸发操作过程中，要注意经常检查真空度、温度、蒸汽压力，冷凝水温度及液面位置是否正常；加热器内不凝结气体要定期排出；发现加热器内有结垢，应进行洗刷，以免影响蒸发效率。

Ⅻ. 在甘油溶液蒸发过程中，料液形成飞沫随蒸发气体逸出，这是造成甘油损失的主要原因。形成蒸发飞沫损失不外乎下列几种情况：

(a) 废液处理操作不当，其中还存有肥皂或其他有机杂质，使蒸发时产生泡沫，形成夹带。

(b) 蒸发操作液面过高，使料液被带出。

(c) 设备漏气，空气漏入使料液冲出，或由于出盐时，蒸发器底部阀门漏气，使料液冲出。

(d) 蒸发设备较小，没有足够的蒸发空间以回收沸腾形成的泡沫。

为了减少蒸发飞沫损失，除加强操作管理外，改进蒸发器结构，使之有足够的蒸发空间，也是重要的办法。

(3) 稀甘油水溶液浓缩的主要设备

① 蒸发设备

真空蒸发系统的设备主要由三个部分组成：附有捕集器的真空蒸发器、冷凝器和真空泵。

真空蒸发器：甘油溶液的蒸发采用循环型蒸发器。这类蒸发器的特点是溶液在蒸发器中循环流动，因而可以提高传热效果。目前甘油工厂使用的基本上有中央循环式(标准式)蒸发器、悬筐式蒸发器和外加热式蒸发器，以后者应用最普遍。

(a) 中央循环式(标准式)蒸发器

中央循环式蒸发器的结构如图 2－78 所示。加热室由直立的加热管(又称沸腾管)束所组成。在管束中间有一根直径较大的管子，称为中央循环管。由于中央循环管的截面积较大，单位体积溶液所占有的传热面积相应地较其余沸腾管中溶液所占有的传热面积小，因此加热时，中央循环管和沸腾管内溶液受热程度不同；同时因沸腾管内蒸汽上升的抽吸作用，使溶液产生由中央循环管下降，而由沸腾管上升的不断循环流动，从而提高了蒸发器的传热系数，强化了蒸发过程。

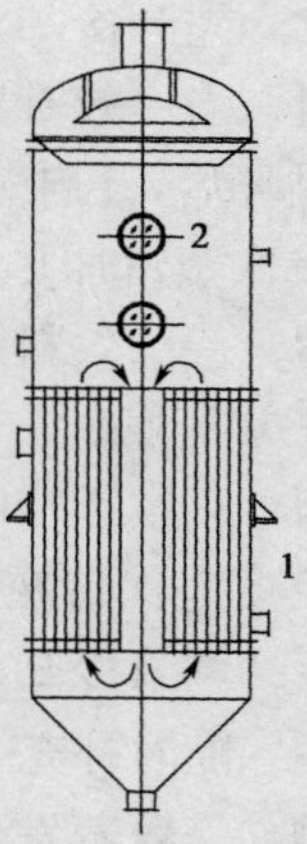

图 2－78　标准式蒸发器

为了使溶液在蒸发器中有良好的自然循环，中央循环管的截面积一般为沸腾管总截面积的 40%～100%。沸腾管的高度 0.6～2 m，直径为 25～75 mm，管长和管径之比为(20～40)：1。

这种类型蒸发器的优点是：结构简单，操作可靠，传热效果较好，投资费用较少。其缺点是：清洗和检修较慢，溶液的循环速度较慢，一般在 0.5 m/s 以下，且因溶液的循环使蒸发器中溶液浓度总是接近于完成液的浓度，黏度较大，溶液的沸点高，传热温度差减小，影响了传热效果。

中央循环管式蒸发器在化学工业中应用十分广泛，故又称为标准式蒸发器。

(b) 悬筐式蒸发器

悬筐式蒸发器的结构如图 2－79 所示。因加热室像个筐，悬挂在蒸发器壳体内的下部，故名为悬筐式。该蒸发器中溶液循环的原因与标准蒸发器相同，但循环的通道是沿加热室与壳体所形成的环隙下降，而沿沸腾管上升，不断循环流动。环形截面积约为沸腾管总截面积的 100%～150%，因而该蒸发器中溶液的循环速度较标准式蒸发器的要快，为 1～1.5 m/s。

因为与蒸发器外壳接触的是温度较低的沸腾液体，所以蒸发器的热损失较少。此外，因加热室可由蒸发器的顶部取出，故便于清洗、检修和更换。这种蒸发器的缺点是结构较复杂，单位传热面积的金属材料耗量较多等。它适用于蒸发易结垢或有结晶析出的溶液。

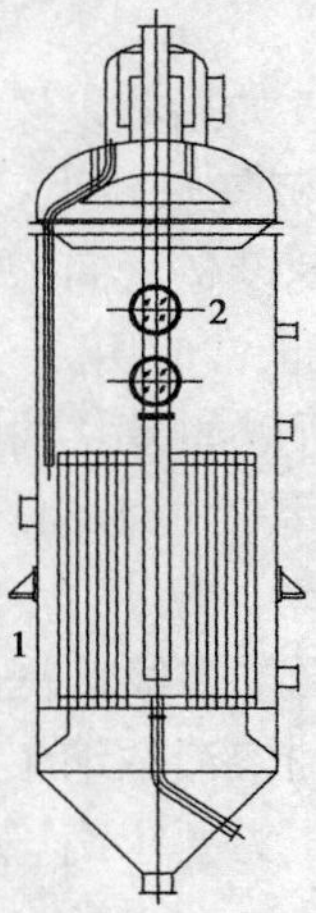

图 2-79　悬框式蒸发器

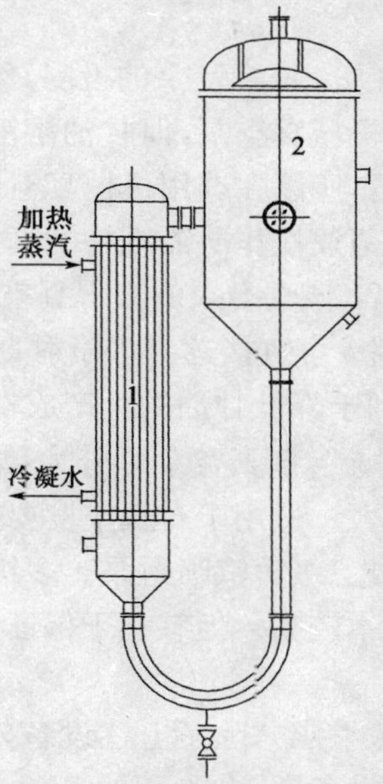

图 2-80　自然循环外加热式蒸发器

(c) 外加热式蒸发器如图 2-80 所示。加热室安装在分离室的外面，因此不仅便于清洗和更换，而且可降低蒸发器的总高度。这种蒸发器的加热管较长，循环管又没有受到蒸汽的加热，因此溶液的循环速度较快。甘油溶液蒸发时从加热室的下部进入，受热以后比重减轻，沿加热管上升进入分离室中，溶液处在真空和体积突然膨胀状态下，水分迅速蒸发，变成较浓溶液，冷却下来比重较大，又由连接管流入加热室，把较热较轻的溶液排入分离室中，如此循环。

由于这种蒸发器溶液的循环速度快，因而生产能力较上述两种蒸发器大，加热管子的清洗也方便，所以为甘油厂广泛采用。

但是，对于处理像甘油这类热不稳定性物质，如果产品在受热区停留很长时间，会产生不良影响，这是上述设备的主要缺点。尤其是当浓缩的甘油溶液事先已经用离子交换树脂提纯时，其缺点尤为明显，因为这种先进的提纯法可以得到比蒸馏甘油质量好的产品，而一经上述三种蒸发设备处理，甘油质量就要降低。应用离心式和薄膜转子式蒸发器，可以缩短蒸发过程的时间，使加工产品的热转化减少到最低程度。

捕集器：是用来回收被分离室出来的蒸汽夹带的液滴，借以降低甘油损失。捕集器的作用原理，在于使进入其中的蒸汽改变运动速度和运动方向，或者使之受离心力的作用而达到汽液分离的目的。

简单的捕集器就是一个圆筒体内设一个或多个挡板，使进入的蒸汽发生碰撞，从而改变运动方向和速度，使蒸汽中夹带的液滴达到捕集。如果蒸汽以切线方向进入捕集器(如图 2-81)，并通过螺旋导板使之受离心力的作用，则汽液分离的效果就更好。

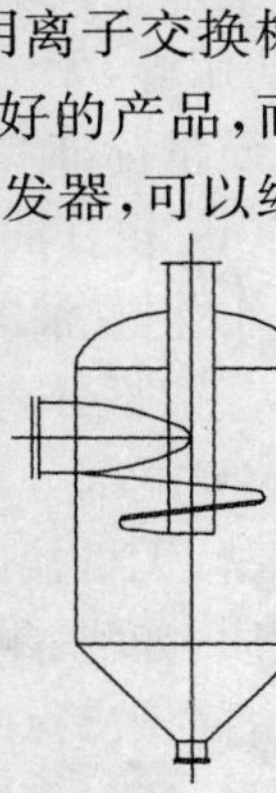

图 2-81　捕集器

② 真空设备

真空蒸发工艺的真空由真空泵来实现。可以用于甘油溶液蒸发的真空泵有机械真空泵、水喷射泵和蒸汽喷射泵等。根据蒸发操作所需要维持的真空度及排气量的大小,依照具体条件进行选择。

(a) 机械真空泵：该真空泵的极限真空度较低,抽气量小。如果蒸发操作所要求的真空度不高时,可选用机械真空泵,但甘油溶液的蒸发一般产生水蒸气量较大,要求真空泵必须具备较大的抽气量,所以在选用机械真空泵时,必须在泵与蒸发设备之间配以一定冷凝量的冷凝器,才能确保蒸发操作所需维持的真空度和机械真空泵的正常使用。

(b) 水喷射泵：该真空泵的极限真空度低,但抽气量大,所以如果甘油溶液蒸发操作所要求真空度不高时, 可直接选用水喷射真空泵,而且该真空设备对能源消耗少,设备投资也少,不易损坏,有利于降低甘油的生产成本。

(c) 蒸汽喷射泵：该真空泵可分为单级和多级蒸汽喷射泵。多级蒸汽喷射泵的极限真空度高,抽气量较大。适用于对真空度要求高、抽气量大的甘油溶液浓缩工艺。甘油溶液的蒸发多采用二级或三级蒸汽喷射泵。多级蒸汽喷射泵对蒸汽压力要求高,蒸汽消耗大,设备投资也大,生产成本较高。但有利于保证甘油的质量和回收率。

③ 其他设备

甘油溶液的浓缩工艺除了上述设备外,还需要沉盐罐、洗盐罐、分离机和蒸汽冷凝水储罐、捕集器等辅助设备。

3) 粗甘油的精制

制皂废液经净化处理和浓缩得到的粗甘油,甘油浓度一般为80%左右,其中含有大量的杂质,主要有8%左右的 NaCl、1%～2%的 Na_2SO_4、1.5%～3%的有机杂质(大部分为肥皂)、7%左右的水分以及少量的易挥发性杂质。油脂水解废水经净化和浓缩制得的粗甘油质量较制皂废液制得的好,甘油含量一般在88%左右,也含有少量水分以及2%～3%的有机和无机杂质。而食用、药用、化妆用和其他工业用甘油都对其质量提出了较高的要求,因此,粗甘油必须进行精制。

根据甘油的用途不同以及生产过程中对经济消耗的不同,可有不同的精制方法。一般情况下甘油的精制可分为蒸馏、脱色精制法,精馏、脱色精制法和离子交换与排斥精制法。工业生产中多采用蒸馏、脱色精制法制得工业用甘油。如果甘油作为特殊用途使用时,如食用、药用等,无论采用哪一种精制方法,其工艺过程中都要有离子交换工序才能保证甘油能符合质量标准要求。

(1) 粗甘油的蒸馏、脱色精制法

① 粗甘油的蒸馏

蒸馏是分离液体混合物的典型单元操作,简单蒸馏是仅进行一次部分汽化和冷凝的过程,故只能部分地分离液体混合物。而粗甘油溶液属多相混合物系,蒸馏时可视粗甘油中的有机盐、无机盐以及难挥发的其他杂质为高沸点组分,视粗甘油中的甘油、水及其他易挥发性杂质(如醛、酮等)为低沸点组分。蒸馏过程中高沸点组分留在蒸馏釜中,从粗甘油中分离出来,而低沸点组分在汽化后成为以甘油和水蒸气为主体的混合气体。利用甘油与水沸点的差异,通过多次部分冷凝后即可得到纯度较高的精甘油和甘油浓度较低的甜水(淡甘油)。精甘油根据蒸馏工艺和操作条件的不同往往呈淡黄色甚至黄色,需要经过脱色处理后才能得到成品甘油。

甘油在常压下沸点是290℃，在205℃或稍高温度时，甘油随着受热时间的长短而有一定程度的聚合和分解，所以在常压或低真空度下，高温蒸馏甘油是不适宜的，必须采用真空蒸馏，以使甘油蒸馏在较低温度下进行，以保证甘油的质量和产率。

降低蒸馏时的外界压力可以降低甘油沸点，因为各种物料的蒸汽压是根据温度不同而不同的，当物料的蒸汽压达到外界压力时即开始沸腾，纯甘油在不同压力下的沸点见表2－39。如果蒸馏时残压达到5.333～7.999 kPa时，则纯甘油沸点为197.96～208.40℃，蒸馏温度仍比较高，继续升高蒸馏时的真空度可进一步降低蒸馏温度，但能源消耗急剧增大，这样看来蒸馏时真空度的升高是有限的。工业生产中为了进一步降低蒸馏温度，常采用减压水蒸气蒸馏的方式。根据蒸馏的原理，在蒸馏液体中通入水蒸气，那么液体上方的总蒸汽压等于水蒸气分压和蒸馏液体的蒸汽分压之和，因此蒸馏液体就可在较低温度下沸腾，从而达到降低蒸馏温度的目的。

表2－39　甘油在不同压力下的沸点

压力/kPa	温度/℃	压力/kPa	温度/℃
106.66	292.01	8.00	208.40
101.32	290.00	6.67	203.62
93.33	286.79	5.33	197.96
79.99	280.91	4.00	190.87
66.66	274.23	2.67	181.34
53.33	266.20	2.00	174.86
40.00	256.32	1.33	166.11
26.66	243.16	1.07	161.49
13.33	222.41	0.80	155.69
12.00	219.44	0.67	152.03
10.67	216.17	0.53	141.87
9.33	212.52		

目前，甘油溶液的蒸馏虽然可用多级蒸汽喷射泵（多采用三级蒸汽喷射泵）抽真空，使蒸馏在高真空低温下进行，但在实际生产上，仍采用通入少量直接蒸汽进行蒸馏的方法。这样不但可以降低蒸馏釜中甘油的蒸汽分压，使之在较低温度下汽化，而且可以借蒸汽的搅拌作用，提高加热蛇管的传热效率。

粗甘油在蒸馏前首先要调整其中的含碱量（一般要求总碱量在0.05%～0.15%范围内），以便在蒸馏过程中将脂肪酸以脂肪酸盐的形式固定下来，不让它们挥发到精甘油中去；同时要防止碱性过重，以免在蒸馏时产生大量泡沫及促使甘油聚合与分解，造成甘油的损失。粗甘油在进入蒸馏锅前还要进行预热和析气，这样不仅可使甘油的黏度降低，便于进料，而且可以防止甘油进入温度很高的蒸馏釜发生氧化分解和影响蒸馏速度，可以提高甘油质量和回收率。

现行的甘油蒸馏设备系统，主要有带8个空气冷凝器与水冷凝器相结合的分步冷凝和用 2～3 只水冷凝器的分步冷凝两种形式。

(a) 带空气冷凝器的甘油蒸馏系统(如图 2－82)：

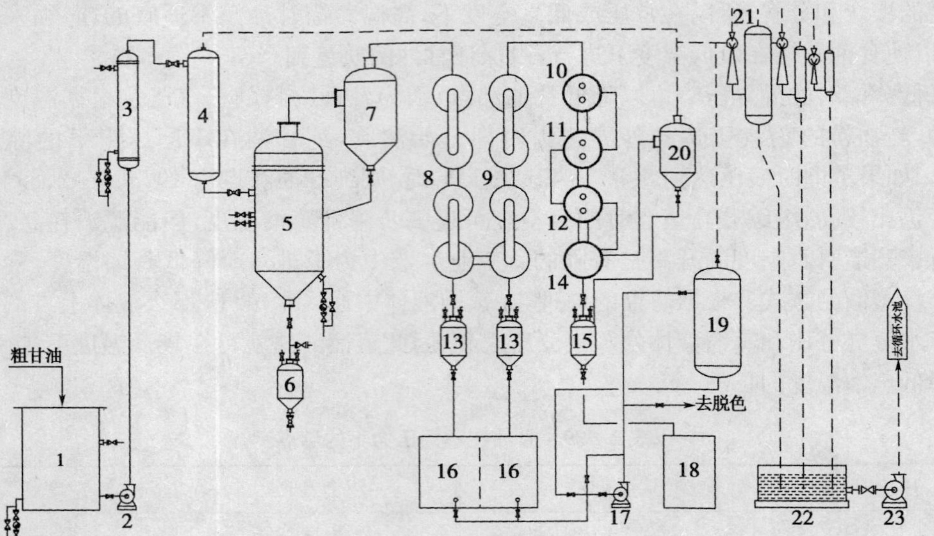

图 2－82　粗甘油蒸馏精制工艺流程图

1. 粗甘油储罐；2. 泵；3. 预热器；4. 析气器；5. 蒸馏釜；6. 蒸馏残渣收集罐；7. 捕集器；8. 第一组空气冷凝器；9. 第二组空气冷凝器；10. 第一水冷凝器；11. 第二水冷凝器；12. 第三水冷凝器；13. 蒸馏甘油中间受器；14. 甜水中间储罐；15. 甜水受器；16. 蒸馏甘油储罐；17. 泵；18. 甜水储罐；19. 脱臭器；20. 捕集器；21. 真空系统；22. 水封池；23. 循环水泵

这种蒸馏方法的操作过程基本如下：

开放冷却水和开动真空泵，待真空度达到 0.053～0.066 MPa 时，将粗甘油渐渐吸入预热器，使甘油预热到 90℃左右时进入析气器，脱除粗甘油中溶解的空气然后进入蒸馏釜，开始加热，逐步升高温度，在 150℃时通入过热蒸汽进行蒸馏。在正常操作情况下，应维持真空度不低于 0.095 MPa，液相温度 165～180℃；液面稍高于加热蛇管，真空系统的冷凝水(回水管中的水)温度不高于 30℃。

从蒸馏釜馏出的混合蒸汽，先经分离器分去其中夹带的雾沫，混合蒸汽依次通过 8 个空气冷凝器，大部分甘油蒸汽冷凝下来进入精甘油收集器。未冷凝的甘油蒸汽和水蒸气再经过三个列管冷凝器逐步被冷凝下来，进入甜水收集器，另行蒸发浓缩。尚未冷凝下来的少量水蒸气通过大气冷凝器与冷水一起排入水封池，经冷却降温后循环使用，不凝结气体则经真空泵排出。

蒸馏时，连续进料的投料量应根据具体情况决定。在停止加料后约 2～3 h，逐步升高液温，并加大开口蒸汽蒸馏残渣，温度控制在 180～200℃，蒸馏时间为 8 h 左右。

残渣放出后，注水入蒸馏釜内至能够淹没加热蛇管以上，加热溶化，并用开口蒸汽翻动，进行洗锅，然后放出洗涤水。

这套设备的特点是冷凝器数量多，可以分别收集纯度不同的甘油，操作较简便。但因用空气冷却，冷凝温度受气候变化影响，较难控制。

(b) 用水冷凝器的甘油蒸馏系统(如图 2－83)：

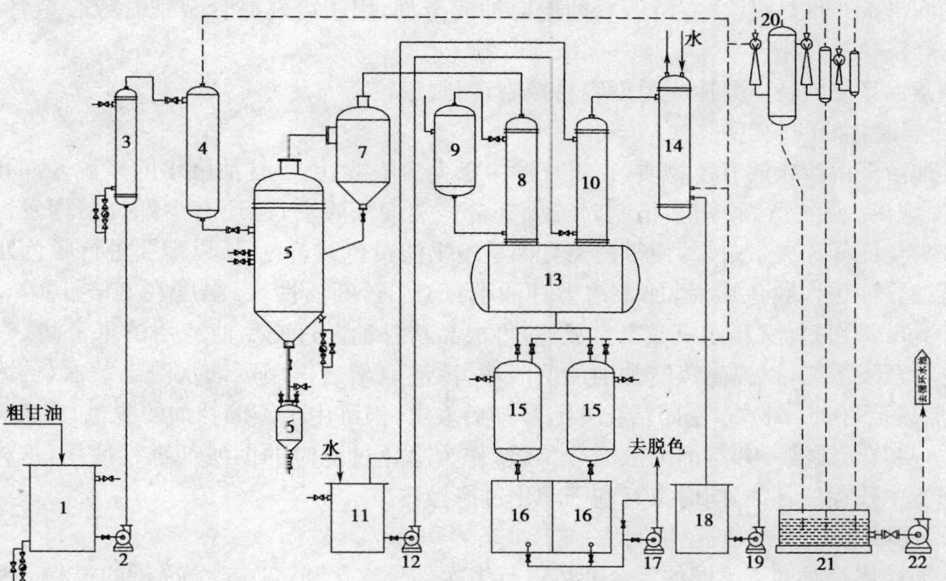

图 2-83 粗甘油蒸馏精制工艺流程图

1. 粗甘油储罐；2. 泵；3. 预热器；4. 析气器；5. 蒸馏釜；6. 蒸馏残渣收集罐；7. 捕集器；8. 第一冷凝器；9. 过热水包；10. 第二冷凝器；11. 热水循环罐；12. 热水循环泵；13. 蒸馏甘油中间受器；14. 第三冷凝器；15. 脱臭器；16. 蒸馏甘油储罐 17. 泵；18. 甜水储罐；19. 泵；20. 真空系统；21. 水封池；22. 循环水泵

这种蒸馏方法的生产过程大体上与前者相同，正常蒸馏条件为液温 157～165℃，残压 0.80～1.60 kPa，甘油蒸汽的温度为 148～152℃。甘油蒸汽和水蒸气从蒸馏釜出来后，经分离器分去雾沫，进入以过热水为冷却介质的第一冷凝器，冷凝温度 130℃左右。所得冷凝液甘油含量在 99.9%；未被冷凝下来的甘油蒸汽和水蒸气的混合气体进入以热水为冷却介质的第二冷凝器，冷凝温度 95℃左右。所得冷凝液甘油含量在 99.6%左右；少量未被冷凝的混合气体最后由以冷水为冷却介质的第三冷凝器进行冷凝，冷凝温度控制在 34℃左右，所得冷凝液为甜水，甘油含量在 51%左右，要重新浓缩回收。前两台冷凝器冷凝下来的液体流入脱臭罐。

两台脱臭罐可交替使用，当装满一定量的蒸馏甘油后，即加热至 126℃，并通入少量直接蒸汽，脱除其中的异味，脱臭时间一般为 3 h 左右。经脱臭的蒸馏甘油再送入脱色罐。

在蒸馏过程中蒸馏釜内的甘油脚的排放有两种方式：一种是周期式，即根据蒸馏的具体情况，在蒸馏一段时间后，关上蒸馏釜的加热蒸汽，破除真空，将釜内的甘油脚放入甘油脚罐，用水进行洗涤回收甘油，洗涤液送回蒸发工段重新进行浓缩；另一种是连续式，即在不停止蒸馏的情况下，定时排出釜内的甘油脚，甘油脚排出后应及时补加粗甘油，以保证蒸馏釜内液面在规定位置，使蒸馏操作正常进行。

甘油蒸馏残渣中含 40%以上的甘油和具有醇基的类似甘油的物质，可用清水洗涤，回收其中的甘油，但洗涤液中杂质含量很高，质量很差；也可将蒸馏残渣用于制取轧管机轧制钢管时所用的润滑剂。方法大致如下：将蓖麻油高温分解的脂肪酸废料，在具有搅拌器的敞口锅中脱水，然后在 130～140℃下加入 20%的甘油蒸馏残渣，以残渣量 5%的浓硫酸作催化剂，保持该温度直至混合物的酯化反应进行至酸值达 65～75 时为止。工业试验证明，这样制得的润滑剂，可以取代含有滑石粉的蓖麻油润滑剂，用于冷轧高合金钢管或合金管，具有较大的经济效益。

该蒸馏系统的特点是冷凝温度容易控制，回收率较高等。

② 蒸馏甘油的脱色

甘油溶液内所含的有色物质，在粗甘油中已大为浓缩，由于甘油废水的来源及净化方法不同，呈现出淡黄色至深棕色，精制时绝大部分经蒸馏而除去，但还有少部分易挥发性有色物质极少量随雾沫夹带过来，使得蒸馏甘油呈现出淡黄色或黄色，所以需要进行脱色处理。

蒸馏甘油送入脱色罐后，加入约为甘油重量 0.3%的活性炭，温度在 90～100℃，搅拌 30～60 min 即可过滤(压滤机或真空吸滤)得成品精甘油。过滤后滤渣用清水套滤1～2 次，洗液进行蒸发浓缩，以提高蒸馏甘油的回收率，滤渣取出后再用蒸馏水洗涤数次，放入活化炉中，加热至 700～800℃，密闭活化 6 h，冷却后取出，仍可用于蒸馏甘油的脱色，或者将滤渣洗涤后，与其悬浮液一并送回废液净化工段，作为净化过滤时的助滤剂进行使用，这样既回收了滤渣中残存的甘油，同时又有利于净化过滤操作。

(2) 粗甘油的精馏、脱色精制法

精馏操作是对沸点不同的混合液体进行多次部分汽化和多次部分冷凝的过程。粗甘油是由多种成分组成的混合液体，要使粗甘油中的组分得到几乎完全的分离，必须进行多次部分汽化和部分冷凝的操作过程。

粗甘油的精馏分离工艺的主要生产设备是一个精馏塔，精馏塔最常用的是板式塔和填料塔，粗甘油的精馏多采用填料塔。这种分离方法在国外一些经济发达国家已得到广泛的应用，国内此方法的应用技术比较薄弱，仅有极少数甘油生产厂家应用了这一技术。现就国外三种典型的粗甘油精馏分离工艺作以下简单的介绍。

一种是 Lurgi 公司的粗甘油精馏与脱色工艺(如图 2－84)。粗甘油在蒸馏釜加热器的加热作用下部分汽化，得到以甘油气体和水蒸气为主体的混合气体进入第一填料塔，分出主馏分精馏甘油，经活性炭脱色漂白后即为成品精甘油；从塔顶出来的混合气体进入第二填料塔进行再分离，得到质量较低的馏出物，将其单独分开收集，作二级品。

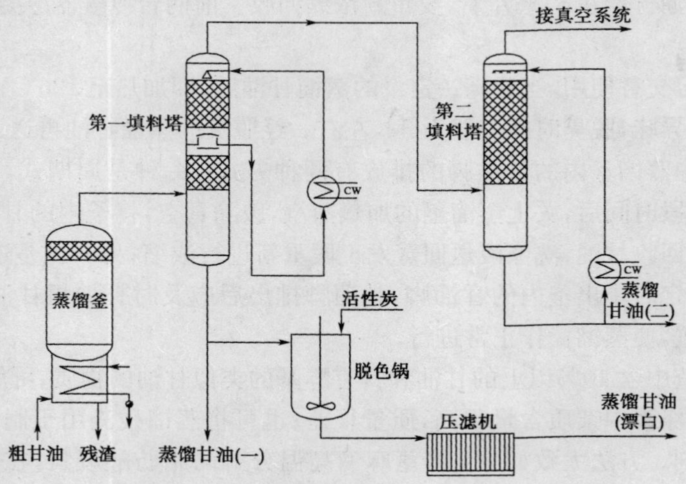

图 2－84　甘油蒸馏与脱色工艺流程图

另一种是已在许多国家应用的精馏方法，是由 Wurster & Sanger 公司开发的（如图 2－85）。粗甘油预热后进入类似于升膜蒸发器的精馏塔底部，主馏分从塔的第一内冷凝区的侧流引出，水和轻馏分则穿过冷凝区在外冷凝器中冷凝，主馏分经过脱臭塔脱臭后即得纯度为 99.5%的精甘油。

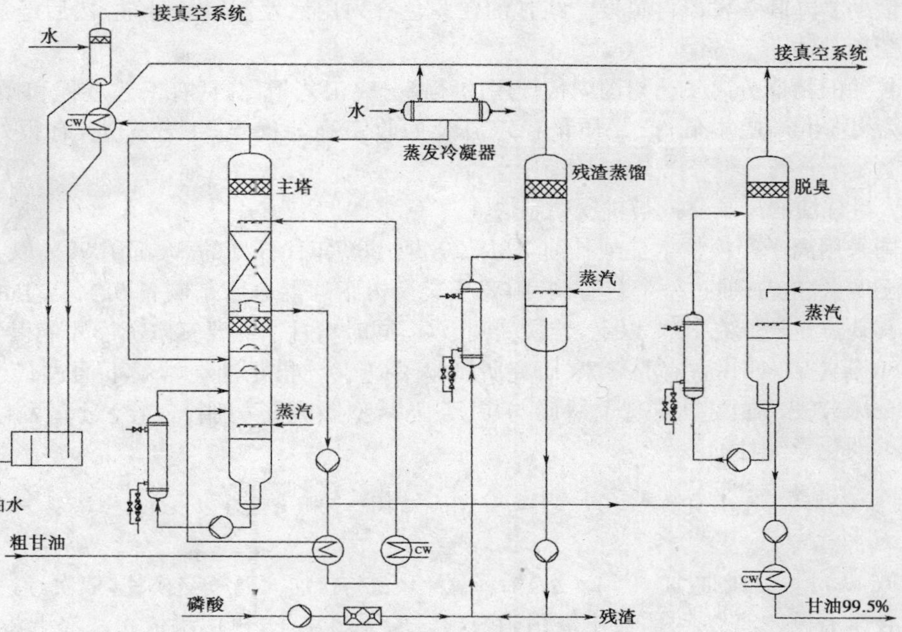

图 2－85　粗甘油蒸馏工艺流程图

第一次的蒸馏残渣在混合器中用磷酸处理，然后蒸发，并在单独的蒸馏塔中蒸出浅黄色的甘油，此甘油可返回到第一精馏塔的内冷凝区中，再次进行精馏升级。

第三种粗甘油的精馏方法是由 Herkel 公司所开发的（如图 2－86）。它能使用较低级粗甘油直接生产出药用甘油。与 Wurster & Sanger 法比较，它只需要一个精馏塔。粗甘油在

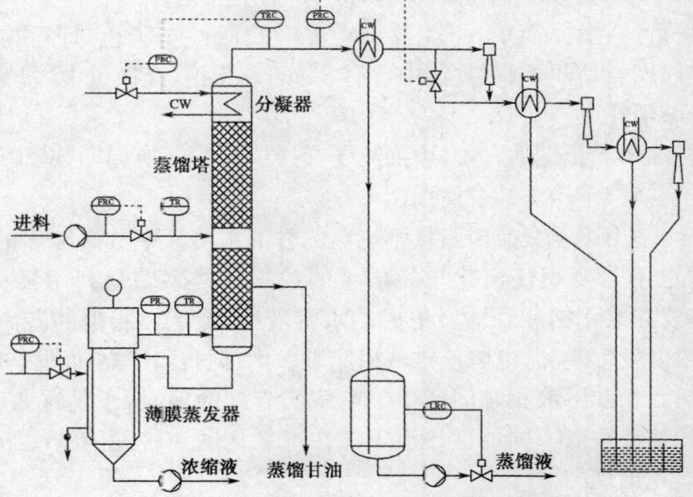

图 2－86　甘油蒸馏工艺流程图

常压下加碱碱化，混合物在160～180℃(1～2 kPa)的薄膜蒸发器中蒸发。蒸发器是机械传动的刮板式。残渣排入相应的容器中，甘油蒸汽进入精馏塔的汽提部分，以排除高沸点杂质和影响甘油的色泽的物质。在塔顶预切割馏分被部分冷凝，回流液由内冷凝器冷却下来。

纯甘油由内冷凝器所冷凝，经塔的精馏段后从侧体排出，这样可从甘油中排出低沸物。回流液借助于降膜蒸发器再蒸发。纯甘油在脱色罐内用活性炭脱色处理，然后经过滤器过滤即得药用甘油。

粗甘油的精馏分离工艺与国内传统用的蒸馏分离工艺相比，具有工艺过程和操作简单，能源消耗小，生产成本低，产品质量稳定以及回收率高等优点，工艺先进，有很好的推广价值。

(3) 粗甘油的离子交换与排斥精制法

我国采用离子交换技术提纯甘油，是从20世纪60年代开始的，大都用95%以上的精甘油加热至80℃左右，通过一个装有阴、阳离子交换树脂的混合床来制备98%以上的化学纯甘油。其缺点是树脂在80℃以上，容易受到破坏，同时精甘油需要真空蒸馏才能得到。

1970年左右，四川省有关厂家、研究所试验了以80%粗甘油在常温下通过三组复床和一个混合床(732#强酸型阳离子树脂与717#强碱型阴离子树脂)，再经过蒸发浓缩制得98%以上的化学纯甘油。

粗甘油$\xrightarrow{水}$35%～40%甘油→一阳→一阴→二阳→二阴→三阳→混合床→过滤→浓缩→98%以上的精甘油

称取1.5 kg粗甘油，加1.5 kg水，稀释至40%左右，加入离子交换柱，依次经过三套阴、阳及混合床七根玻璃交换柱，流出液用硝酸银试验无氯离子，再用水依次洗涤七根柱，截取4°Bè以上的流出液，混合流出液浓度在7°Bè，经过滤后待浓缩。4°Bè以下的流出液作下次交换时稀释甘油用。一般说，每交换一次，三组复床的树脂已经失效，下一次交换前需用6%～8%盐酸及4%～5%氢氧化钠溶液分别对阳、阴离子交换树脂进行再生。混合床用硝酸银试剂试验，若有氯离子则需要再生。

净化混合液加于用油浴加热的500 mL克氏支管烧瓶中，保持残压14.665 kPa，待温度上升至120℃，继续保持30 min，停止蒸发，即得98%以上纯甘油。

这种工艺是可行的，操作简单，不需要真空蒸馏及活性炭脱色，即可得到高纯度甘油。但产率不高，操作周期长，同时因粗甘油中含有8%的氯化钠，交换量大，每交换一次，树脂就需要再生，所以酸碱消耗大。

为了降低粗甘油中氯化钠的含量，增加离子交换树脂的交换周期，减少再生次数和酸碱用量，最好将离子交换与排斥法结合使用。

所谓离子排斥，是用离子交换树脂从不电离的甘油水溶液中分离电离的盐，而不需要实际上的离子交换，也不需要用任何化学品再生的过程。其原理是利用某种离子交换树脂(如钠型磺化媒)，放在氯化钠和甘油所组成的水溶液中，由于树脂内的游离物浓度较高，促使树脂内外溶液浓度发生差异，电解质被从树脂颗粒内部排斥出来，而非电解质(甘油)并不受排斥，这样，在树脂相和溶液相之间产生了电解质分配的差异，于是这两种溶质在离子排斥塔中将按不同的速率和以不同的次序流下。在有氯化钠和甘油的情况下，在流出液中电解质将比非电解质先出现。

其操作方法是将离子交换树脂加入塔中至所需求的高度(据实验，以1.5 m为宜)，并用水浸满。将已稀释的粗甘油倒入排斥柱,同时打开柱底阀门,让柱内溶液慢慢下流,最先出来的是水,弃去;继后是盐水,待一有咸味即从柱顶加水冲洗,不要间断,同时在柱底截取流出液。第一段流出液主要是氯化钠,含有少量甘油,外观无色透明,味咸;第二段是甘油和氯化钠的混合液,外观呈淡黄色,味咸甜;第三段主要含甘油,有少量的氯化钠,外观呈微黄色,味甜;第四段含有少量的甘油和氯化钠,外观呈微黄色,味甜。截取完毕,用清水冲洗排斥柱,并保持柱内充水浸没树脂。

单柱排斥只能得到50%的半成品(指第三段流出液为加入粗甘油的50%),另一半就需要用多柱循环排斥,这样比较经济。

通过排斥法,粗甘油含盐量可以从8%降到0.3%,再经过离子交换,就可增加树脂的使用周期,减少再生次数,相应地节约了酸碱用量。

4) 甘油质量标准(GB 13206—1991)

(1) 性状:甘油为无色或微黄色透明黏稠状液体。

(2) 物理化学指标(见表2-40)。

表2-40 甘油物理化学指标

项目	指标		
	优等品	一等品	二等品
外观	透明无悬浮物	透明无悬浮物	透明无悬浮物
气味	无异味	无异味	无异味
色泽/Hazen≤	20	30	70
甘油含量/%≥	98.5	98.0	95.0
密度(20℃)/g·mL^{-1}≥	1.257 2	1.255 9	1.248 1
氯化物含量(Cl^-计)/%≤	0.001	0.01	
硫酸化灰分/%≤	0.01	0.01	0.05
酸度或碱度/mmol·(100 g)$^{-1}$≤	0.064	0.10	0.30
皂化当量/mmol·(100 g)$^{-1}$≤	0.64	1.0	3.0
砷含量(以As计)/mg·kg^{-1}	2	2	
重金属含量(以Pb计)/mg·kg^{-1}	5	5	
还原性物质	无沉淀或银镜	无沉淀或银镜	

2.5 脂肪酸氢化与脂肪醇

脂肪酸的氢化是在催化剂作用下脂肪酸的不饱和键与氢气发生的加成反应。在食用油脂工业中,为了提高油脂的稳定性、改善油脂感观性质和扩展油脂用途,将油脂进行氢化。在非食用油脂工业中,通过氢化可以得到更多的化工产品,氢化的原料是油脂或脂肪酸。食用油脂工业中,脂肪酸的氢化,即油脂氢化,是脂肪酸分子中碳碳双键的加氢。而非食用油脂工业中,脂肪酸的氢化则不仅仅是碳碳双键的加氢,还有羧基或羰基上碳氧双键的加氢。本章将对脂肪酸分子中碳碳双键和碳氧双键的加氢分别进行论述。

2.5.1 脂肪酸的氢化

脂肪酸的氢化可分为脂肪酸分子中碳碳双键的加氢和脂肪酸分子中碳氧双键的加氢，本节所讲的脂肪酸的氢化指脂肪酸分子中碳碳双键的加氢，脂肪酸分子中碳氧双键的加氢将在本章第二节脂肪醇中讲述。

1）氢化机理

脂肪酸的氢化油脂氢化理论在很多论著中已有详尽的论述，这些理论可以直接适用于脂肪酸的氢化。最简单的氢化反应形式可以理想地表达为：

$$-HC{=}CH- + H-H \xrightarrow{\text{催化剂}} -H_2C-CH_2-$$

实际上，在脂肪物质氢化时，反应要复杂得多，中间有许多的副反应发生。目前，人们一般接受 Bailey 提出的液相加氢与催化剂作用的假设：

（1）氢从气相转入液相溶于油中；

（2）液相中的氢吸附于镍催化剂表面的活性中心上；

（3）不饱和脂肪酸吸附于催化剂表面临近氢的部位上；

（4）氢、催化剂和不饱和基团反应，形成不稳定的氢-催化剂-油络合物；

（5）络合物分解，成为催化剂及吸附于其上的氢化酸；

（6）酸从催化剂上解吸，游离出催化剂再进行新的反应。

在以上的过程中，有些步骤是可逆的，有些可能同时发生。脂肪酸双键的氢化是放热反应；脂肪物质的双键氢化时放出 121 kJ/mol 热量。为了使脂肪酸氢化，在一定的条件下，使气态氢、液体脂肪酸和固体催化剂充分接触，给予良好的机械搅拌，必须配备有效的加热和冷却系统。

2）氢化工艺

（1）间歇氢化

氢化是在带搅拌的高压反应釜中进行的。反应原料（脂肪酸或油脂）泵入高压反应釜中，在真空（4.8 kPa～5.5 kPa）加热（1.0 MPa 的蒸汽）搅拌条件下干燥脱水，而后加入催化剂，再通入高压氢气，氢气和反应原料进行反应。当反应达到预定值（碘值或饱和脂肪含量达到一定值）时，停止氢气供应，卸压并用氮气置换反应器内的氢气，同时冷却反应产物，也可将反应产品泵入中间储罐中进行冷却。反应产物冷却到合适的温度后，通过压滤除去催化剂，得到产品。如果原料是脂肪酸，得到的是氢化脂肪酸；如果原料是油脂，产品是氢化油，要得到氢化脂肪酸，需进一步处理，详细见本书的“工业脂肪”章节。Lurgi 脂肪酸间歇氢化工艺如图 2-87。

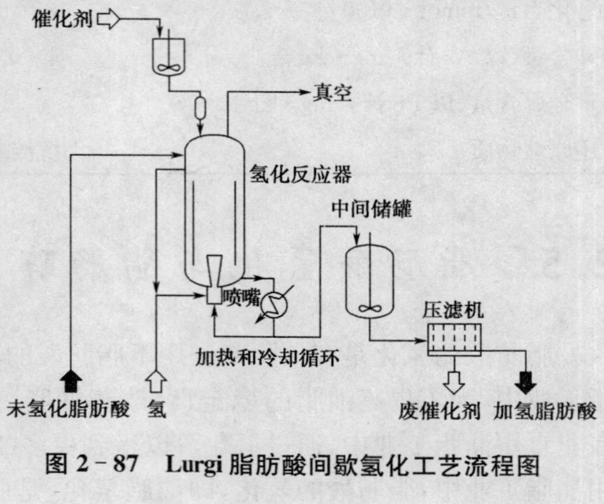

图 2-87 Lurgi 脂肪酸间歇氢化工艺流程图

（2）连续氢化

氢化脂肪酸对流程的改进主要在连续操作方面。1928 年 Technical Research Works

Ltd. 就提出了这样一种设想：在氢存在时，脂肪酸滴在固定的催化剂上。在氢气流中，加热的进料流有序地溢过装有催化剂的塔。用过的催化剂容易移出、清洗，用氢还原重用。

Procter & Gamble 的 V. Mills 开发了更加成功的方法，用脂肪酸分散催化剂的浆料，将物料引入加热到一个高 3～4 m 的立式塔（直径 0.5 m）中，塔内部由一系列搅拌叶片和其他的内部零件组成。在大于 0.14～1.0 MPa 压力下，浆料向下流动，保证了氢气和浆料间的充分混合。为了选择最佳效果，可将数塔串联作业。Lurgi 公司脂肪酸连续氢化工艺见图 2－88。

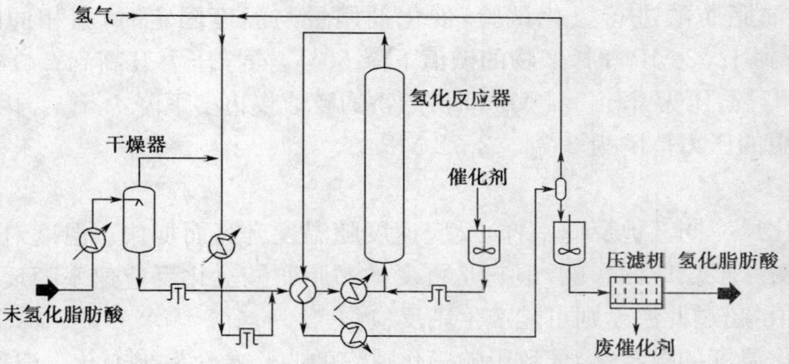

图 2－88　Lurgi 脂肪酸连续氢化工艺流程图

进来的物料在热交换器中加热，并在真空下干燥，与催化剂一起达到所需的温度，氢化反应器的压力为 2.5 MPa。物料送到反应器的底部，在向上升的过程中，脂肪酸的双键被饱和，其饱和程度可受不同停留时间的影响。氢化脂肪酸产品与未反应的氢气一起，进入反应器顶部的分离器中，氢气循环到反应器中。当过多的惰性气体和氮气聚集在反应器中时，可卸出部分气体到大气或气体储罐。成品经热交换器和冷却器，然后在大约 100℃时，经过压滤机除去催化剂。

Lurgi 公司脂肪酸氢化方法，适宜于脂肪酸极度氢化制备完全饱和脂肪酸的生产，但它们不适宜用作人造奶油和起酥油的选择性氢化。

瑞士的 Buss 公司采用了 Loop 反应器进行脂肪酸的氢化。该系统的核心是环路（Loop）。它的主要组成为氢化釜、特制的循环泵、外部热交换器和混合喷嘴。用循环泵将脂肪酸-催化剂浆料送到氢化釜中，通过热交换器和混合喷嘴的喷射器，形成吸入浆料的喷射流，并加速氢气流。第二个喷嘴、扩散器则减慢速度和增大压力，与带搅拌器的氢化釜相比，相交换多一倍，使反应时间缩短并减少催化剂的消耗。外部的热交换器提供了非常短的加热和冷却时间。反应主要发生在混合喷嘴中，因喷嘴外无局部过热机会，没有因为聚合和催化失活而造成的损失。此项技术的限制条件是进料必须用泵送，压力低于 10 MPa 且温度低于 300℃。Buss 脂肪酸氢化见图 2－89。

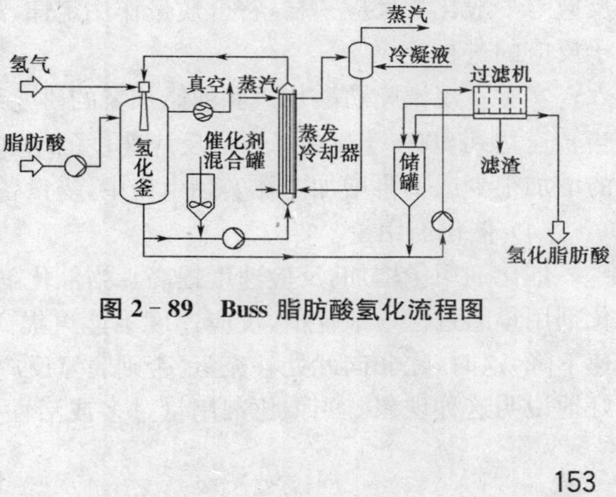

图 2－89　Buss 脂肪酸氢化流程图

3）影响氢化的因素

脂肪酸催化加氢是多相反应(固相/催化剂,液相/脂肪酸,气相/氢气),影响氢化反应的因素很多,且各因素间彼此影响,使其他因素也受到不同程度的影响。

(1) 压力

脂肪酸氢化时的压力直接影响氢化反应速度。在一定压力范围内,增加压力,反应速度加快。压力达一定值后,压力升高,反应速度增加很少,甚至不再增加。如压力低于3.4 MPa时,增加压力,反应速度加快。压力超过3.4 MPa,随着压力升高,反应速度基本不再增加。用牛油脂肪酸进行氢化试验,催化剂用量与温度固定时,在相同时间内压力由0.34 MPa上升到1.02 MPa时,产物的碘值下降50%,同样压力升高到2.04 MPa时,产物的碘值再下降37%,压力升至3.4 MPa时,产物的碘值仅再多下降7.5%。因此,可以认为,脂肪酸加氢理想的压力范围为2.04～2.72 MPa。

(2) 温度

脂肪酸氢化反应同其他反应一样,反应速度随温度升高而加快。温度对氢化反应速率的影响略小于对一般反应的影响,但它是可变的。脂肪酸氢化反应速率随反应温度的提高增至一个最大值,超过此温度则可能产生副反应。

脂肪酸氢化温度的提高,会导致影响氢化速率的一些参数发生变化。温度升高,氢在脂肪酸中溶解度增加,脂肪酸黏度也随温度升高而降低,这样增加了有效的搅拌速度。随着氢在脂肪酸中溶解度的增加和有效速度的增加,氢就更容易有效地到达催化剂表面,使反应能更快进行。

然而,超过一定的温度,尽管可能到达催化剂表面的氢量增加了,但催化剂表面上氢的吸附速率受催化剂有效活性中心数目限制,吸附量受到限制,反应速率最终趋于稳定。一般称这一温度为适宜温度。超过"适宜"温度,脂肪酸的降解产物会沉积在催化剂表面微孔中,封闭催化剂活性中心,而使反应速率下降。

在脂肪酸氢化时,只有还原镍才能催化加氢反应。在典型的商品催化剂中,还原镍含量约40%～60%。一般认为,此含量的还原镍的催化效果最好。还原镍含量高于或低于这一范围,催化剂总体性能会有不同程度的改变。随着温度升高,催化剂中剩余的氧化镍会被还原,可能使催化活性下降。

(3) 搅拌速度

搅拌有助于控制温度,保持催化剂悬浮,并可促进氢、脂肪酸及催化剂充分接触。氢化反应与一般化学反应一样,符合质量作用定律,加快搅拌,可改善分散状况及扩散速率,有利于反应的进行。

实验室规模脂肪酸加氢和油脂加氢的研究结果发现,反应速度随搅拌速率增加而增加,当转速达到900～1 000 r/min,反应速度的增加趋于平稳,转速大于1 000 r/min,反应速度的增加很少或不再增加。在实际生产中,受设备的限制,搅拌速率不可能这么高。

(4) 催化剂用量

催化剂用量增加,反应速度提高。当催化剂用量达到某一定值时,反应速度最高。若催化剂用量超过这一最佳值,反应速度不能再提高,反而因催化剂量过大,油相中氢的浓度迅速下降,这时,除非向此处补充氢,否则脱氢反应就会发生,且处于优势。蓖麻油氢化就能很好地说明这种现象。当催化剂用量过多或活性太高时,会导致羟基脱氢成酮的反应比双键加氢反应更易进行。

（5）催化剂加入方法

理论上，应在脂肪酸接近反应温度时将催化剂加入反应系统，并立即通氢气进行反应。若延长催化剂在热脂肪酸中的时间，杂质和物料的分解会导致催化剂失活，热脂肪酸还可能将催化剂从载体上溶下，生成无活性的催化剂。

加入干的催化剂（非悬浮式）可防止催化剂失活与溶解。如果催化剂采用悬浮式加入，应该在悬浮油的最低液化温度下将催化剂悬浮分散于氢化油中。这种做法可以防止催化剂与分解产物或未氢化油中可能存在的有毒物质接触。

实验证明，当将催化剂加入热油时，反应立即开始，其活性几乎是加入冷油的两倍。

（6）脂肪酸质量

脂肪酸原料中的杂质有水、硫、卤化物、聚乙烯和磷化物等。这些杂质都会影响脂肪酸的氢化反应，应尽量除去。水解得到的脂肪酸，不经蒸馏，用0.06%镍催化剂加氢8小时，碘值降低40，而经蒸馏的该脂肪酸用同量的催化剂加氢，2小时内碘值下降50～55。

在多数的工业操作中，脂肪酸在氢化前要在真空下加热，脱除脂肪酸中的水分。脂肪酸中的水分对催化剂有很大影响。Klimmek指出，脂肪酸中每增加0.1%的水，回收需要增加0.008%的催化剂（镍）。因为催化剂中的高活性镍晶格容易与水反应或吸附水。当然，水的影响很复杂，与整个加氢系统条件有关。

（7）氢气

工业加氢所用氢气来源有三种：钢瓶氢、电解氢、烃重整氢。

钢瓶氢可以是液态或气态。液态氢相对成本高，用量在总用量的5%左右。气态氢有时也称压缩氢，来自烃重整，高压压入钢瓶。气态氢成本较液态氢低，用量较大，占市场的15%。

很多油脂加工厂采用烃重整氢（或称蒸汽烃），此种氢的成本低，操作简单，适应性强，占市场的50%左右。

电解氢是制备氢气最古老的一种工业方法。此法用直流电分解电解质水溶液产生氢气及氧气，现在还在一定范围内使用。

氢气中如果含有CO、CO_2、CH_4，可能会造成催化剂中毒。CH_4和CO_2对催化剂无直接作用，而是通过降低氢的浓度来影响反应速度。

（8）催化剂

用于脂肪酸加氢的催化剂很多，通常采用镍催化剂。含有受阻双键或含有一定长度取代基的脂肪酸加氢，有时采用载于碳或氧化铝上的铂或钯。脂肪酸工业中有时也使用Raney催化剂，但用量有限。这类催化剂广泛用于伯脂肪胺领域，在双键加氢中不使用。

镍催化剂常用湿式还原法（甲酸镍法）和干式还原法制备。

① 湿式还原法制备镍催化剂

湿法还原的标准方法是使甲酸与镍盐反应，通常选用的镍盐为$Ni(OH)_2$或$NiO \cdot xH_2O$和$NiCO_3$。$NiCO_3$可向碳酸钠溶液加入硫酸镍溶液生成沉淀而得。氢氧化镍由硫酸镍与氢氧化钠反应而得。

$$Ni(OH)_2 + HCOOH \longrightarrow (HCOO)_2Ni + H_2O$$

$$NiCO_3 + HCOOH \longrightarrow (HCOO)_2Ni + H_2O + CO_2$$

碳酸镍或氢氧化镍溶于甲酸，得到结晶状的甲酸镍。生成的甲酸镍经洗涤，除去残留的甲酸和氢氧化物或碳酸盐。甲酸镍置于油（一般为氢化油）中，快速加热至 190℃以上，甲酸镍分解为镍、氧化碳、氢和水。

$$(HCOO)_2Ni + H_2O \xrightarrow[\text{油介质}]{>190℃} Ni + CO + H_2 + H_2O$$

为了改善活性，在加热分解的同时，常在介质中通氢，既活化催化剂，又可使油氢化。湿式还原法制得的催化剂常为胶态的镍粒子，易形成可溶性镍盐，很难从加氢后的脂肪酸中过滤除去。但因催化剂颗粒极细，故反应活性很高，反应速度快，具有强的抗毒性。

② 干式还原法制备催化剂

干式还原法制备镍催化剂是由载体上的镍盐分解制成。常用的载体为氢氧化硅与氧化硅，经高温氢气还原后，再浸入油中。镍的还原常在 900～1 000℃进行。这类催化剂也可以加入其他金属组分来改善整体性能。许多生产厂家在其中加入锆。加锆的目的是提高食用油催化剂的活性，但发现锆也能用作脂肪酸和某些化合物加氢催化剂的稳定剂。干法还原是比较新的方法，生产厂家对还原温度、盐的分解方式、载体的类型等数据、技术资料均是保密的。

工业上使用的另一种催化剂为干粉镍。这种催化剂类似于油脂稳定的干法还原镍，所不同的是干粉镍用氮气或二氧化碳保护镍，避免镍自燃。这类镍粉用于需要大量镍进行完全加氢的场合。缺点是粉末大。

③ Raney 型催化剂

Raney 型催化剂广泛用于伯脂肪胺领域，而在双键加氢中不常用。

Raney 镍催化剂由镍-铝合金制成粉末，将其投入 NaOH 溶液中使铝溶解，再经多次洗涤除去氯酸钠，所得活性镍与等量的水装入容器中待用。这类催化剂暴露于空气中反应性极强，因此需要特殊对待。用于脂肪酸加氢时，它的最大缺点是在向反应器中加催化剂的同时，也加入了水，因而很难确定镍的实际用量。与其他类型的催化剂比较，Raney 镍催化剂过滤速度快，抗水性好，强度高。

(9) 氢化反应器

氢化反应器根据脂肪酸类型、产量等有很大的差别。小到几百毫升的实验室仪器，大到容量为几十立方米的工业化装置，操作压力范围在 0.7～3.4 MPa，反应温度 120～260℃。

氢化反应器的结构必须满足使油、氢和催化剂充分接触，否则反应就不能进行或反应速度很慢。氢化反应器基本结构包括搅拌器、氢气入口、进油口、放空阀、加热冷却盘管、放料系统。

① 釜式反应器

釜式反应器的基本结构包括氢气循环装置。有的反应器没有氢气的外循环而有氢气补充氢气补加系统。

在反应器中，氢经过加入装置以极小的气泡进入反应器，溶于油中。不溶气体升至反应器上部空间，借助于搅拌器搅拌产生的涡流真空或使用空心搅拌轴，将上部空间的氢送回浆液下边，再分散到油中，从而使氢气进行内部循环。搅拌起推动作用，循环氢气，保证催化剂悬浮及在系统内传递反应或产物。

无论是循环加氢还是简单补氢，系统都应周期性放空，减少油中的挥发物及可能存在于氢气中的甲烷、氯气等。据报道,循环法的最大优点是氢和油的接触很好,这时氢的分散不只是靠搅拌产生的涡流作用。这种釜式反应器装配有 2～4 个搅拌器,高/径比＝1.75～2.25,盛料高度/直径约为 1.5～2.0。

脂肪酸加氢反应是放热反应。氢化热与其他液相脂肪酸族化合物无很大不同。反应产生的热量必须移走或控制,从而防止脂肪酸温度升高裂解或造成设备损坏事故。一般催化剂引发温度为 120～150℃。开始操作时,反应器要加热使脂肪酸温度升到 140～180℃。反应一旦开始,反应就超过升温所需热量,要利用冷却水控制反应温度。

为了节约能源,可以将反应热用来预热下一批脂肪酸原料。这样既可节约加热用的蒸汽又可节约冷却水。反应完成后,将反应器中氢气放空,热氢化脂肪酸流入热回流设备,与新进脂肪酸进行热交换。

② 连续悬浮床反应器

典型的反应器为环路(Locp)反应器。它的主要组成为加压釜、循环泵、外部热交换和混合喷嘴。

脂肪酸、催化剂用循环泵送到加压釜中,通过热交换器和混合喷嘴的喷射器,形成物料的喷射流,并加速氢气流动。第二个喷嘴、扩散器则减慢速度和增大压力,与带搅拌器的加压釜的情况相比,其结果是相交换多一倍,这就可以使反应时间缩短并减少催化剂的消耗。外部的热交换器提供了非常短的加热和冷却程序,对于回收能源是有利的。反应主要发生在混合喷嘴中,因喷嘴处无局部过热,不会造成脂肪酸聚合及催化失活。

③ 固定床反应器

固定床加氢反应器,就是在这些装置中将催化剂制成各种形状,像片状、条状或球状等,力求获得最大活性和最小压降,催化剂不再生。石油化学行业已采用固定床加氢。美国人在 1964 年申请了使用固定床氢化油脂的装置,虽然是用于油脂的加氢,但也确立了脂肪酸类固定床加氢的原理。

影响固定床加氢的因素有:氢气压力、流速、加入位置和氢气与脂肪酸物料比;脂肪酸流速、纯度、流向及循环速度;催化剂类型、颗粒度、形成和寿命;固定床构造;温度。

采用固定床加氢的优点:不需要除去废催化剂的过滤设备,但需要过滤除去新鲜催化剂的粉末;充分利用能源;催化剂排放量减少,通常 1～2 年才排出一次;因催化剂排放量少,减少油脂或脂肪酸的损失。

2.5.2 脂肪醇

天然脂肪醇广泛应用于日用化工、纺织、印染、医药等行业,是制造表面活性剂的主要原料。通常所说的脂肪醇是 C_6～C_{24} 的直链一元饱和或不饱和醇,它在化工、化妆品中有广泛应用。脂肪醇可由天然油脂制得,也可由石化产品合成。

1) 脂肪醇的生产方法

已经实现工业化生产的脂肪醇制备方法有:水解天然油脂中的蜡——长链脂肪酸和长链脂肪醇的酯类;天然脂肪酸或其低级醇酯的氢化;钠还原油脂或脂肪低级醇酯;直接氢化油脂;Ziegler 法:乙烯(三乙基铝为催化剂)通过氧化、水解成偶碳数伯醇;Roelen 法:石蜡氧化法。

以石化产品为原料生产脂肪醇在本书中不作讲述,但是需要指出的是当前世界市场上的脂肪醇有约 50%是以石化产品为原料生产的。本书简单介绍天然蜡的水解、钠还原油脂或脂肪低级醇酯和直接氢化油脂制备脂肪醇，详细叙述氢化天然脂肪酸或其低级醇酯制备脂肪醇。以天然油脂为原料生产脂肪醇的工艺路线如图 2－90 所示。

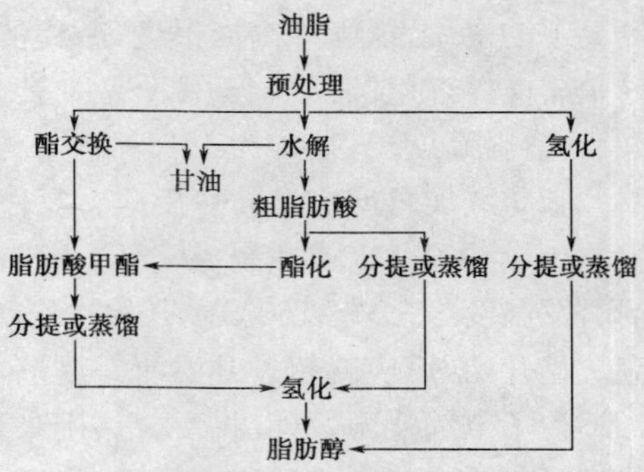

图 2－90　天然油脂生产脂肪醇工艺路线

(1) 石蜡水解制备脂肪醇

脂肪醇最早是由蜡(wax)水解得到，原料主要是动物蜡。高温下(300℃以上)，蜡在浓氢氧化钠溶液中水解成脂肪醇、皂，再经真空蒸馏得到脂肪醇。这种方法的弊端是脂肪醇的得率不高，一般在 50%以下。以鲸蜡(spermaceti wax)为原料经水解、蒸馏得到的脂肪醇有十六烷醇、十八烷醇以及二十烷醇。

(2) 钠还原脂肪酸酯制备脂肪醇

Beauvault 和 Blanc 于 1909 年发明了这种方法，1930 年这种方法实现了工业化。这种方法的过程简单，但是其反应条件控制和产物分离十分复杂，故很少应用。

(3) 直接氢化法制备脂肪醇

Kreutzer 发明了这种方法并申请了专利，直接氢化天然油脂或甘三酯得到脂肪醇。这种方法由于操作条件苛刻、价值较高的甘油被氢化成丙二醇或丙醇导致甘油损失、氢气消耗大以及催化剂用量大等限制了其商业应用。

(4) 天然脂肪酸或其低级醇酯制备脂肪醇

一般情况下，先将脂肪酸转变成相应的低级醇酯(通常为甲酯)，再进行氢化得到脂肪醇，而不直接氢化游离脂肪酸得到脂肪醇。这是因为与氢化脂肪酸酯相比，直接氢化脂肪酸的温度更高，这样会导致催化剂失活、产品得率低，而且游离脂肪酸与生成的醇发生酯化反应，生成物是蜡(长链脂肪酸与长链脂肪醇形成的酯)，有别于脂肪酸的低级醇酯，会干扰氢化反应的进行。目前，C_{12}～C_{18}的脂肪醇基本上都是用相应的脂肪酸甲酯在高温高压下加氢制备的。

$$RC(=O)\text{—}OCH_2R' + H_2 \xrightarrow{\text{催化剂}} RCH_2OH + R'CH_2OH \qquad (2-21)$$

反应机理为：

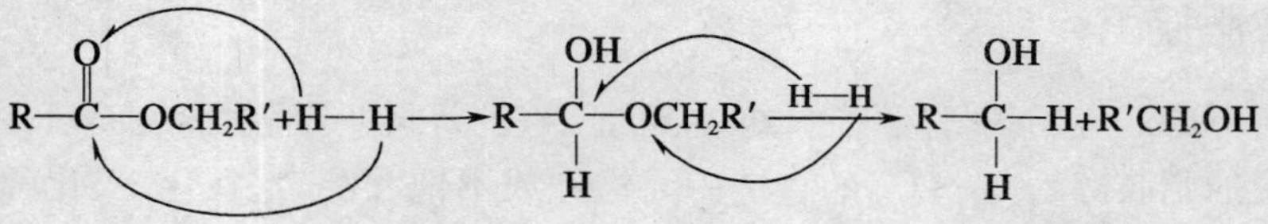

$$RC(=O)\text{—}OH + H_2 \xrightarrow{\text{催化剂}} RCH_2OH + H_2O \qquad (2-22)$$

反应机理为：

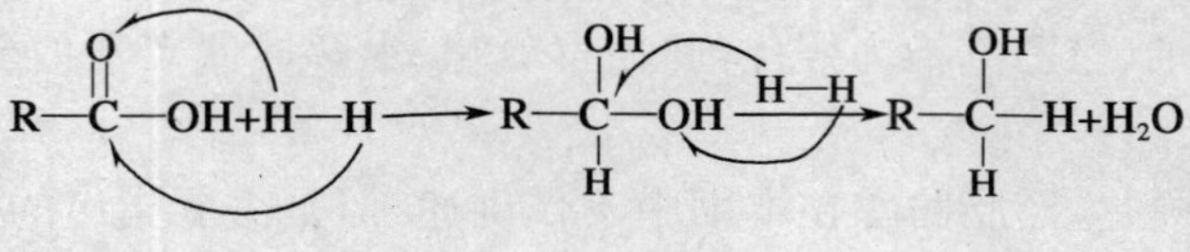

脂肪酸甲酯氢化制备脂肪醇时也会伴随一定量的副反应发生：

$$CH_3(CH_2)_mCH{=}CH(CH_2)_nCOOCH_3+H_2\longrightarrow CH_3(CH_2)_mCH_2CH_2(CH_2)_nCOOCH_3$$

$$RCH_2COOCH_3+RCH_2CH_2OH\longrightarrow RCH_2COOCH_2CH_2R+CH_3OH$$

$$RCH_2CH_2OH\longrightarrow RCH{=}CH_2$$

$$RCH{=}CH_2\longrightarrow RCH_2CH_3$$

2）催化剂种类

脂肪酸及其酯类加氢生产脂肪醇的催化剂主要有两大类：铜系催化剂和锌系催化剂，还有皂类催化剂和其他稀有金属催化剂。铜系催化剂是以铜为基础，将铜与其他过渡族金属相结合形成的催化剂。这类催化剂的特点是活性高，使用温度相对较低（大多数在280℃以下，有的甚至在200℃左右），醇的得率高。锌系催化剂是以锌为基础，将锌与其他过渡族金属相结合形成的催化剂。这类催化剂的特点是使用温度相对较高（大多数要在300℃以上），使用寿命较长，醇的得率相对较低。

（1）铜系催化剂

铜系催化剂有Cu-Cr、Cu-Cr-Ba或其他碱土金属催化剂、Cu-Cr-Cd、Cu-Cr-Ba-Cd、Cu-Cr-Fe、Cu-Zn-Cr/Cu-Zn、Cu-Fe-Al和Cu-Zn-Al。

（2）锌系催化剂

锌系催化剂有Zn-Cr、Zn-Cr-Al、Zn-Cu-Cd、Zn-Cr-Cd、Zn-Al。Zn-Cr催化剂可用于催化脂肪酸酯加氢制备脂肪醇，也可直接催化脂肪酸加氢制备脂肪醇，但催化活性远比不上铜系催化剂的高。Zn-Cr-Al催化剂催化脂肪酸及其酯加氢制备脂肪醇时，与Zn-Cr相比，对—C=C—的氢化程度较小，还能降低底物或产物的裂解程度，提高脂肪醇的得率。Zn-Cu-Cd催化剂是制备不饱和脂肪醇的良好催化剂。Zn-Cr-Cd催化剂是以油酸丁酯、毛棉油丁酯和妥尔油丁酯为原料制取不饱和脂肪醇的优良催化剂。

（3）金属皂催化剂

金属皂类催化剂有铅皂、铜皂-镉皂、固体催化剂-金属皂。铅皂法中，被氢化物料须全部是铅皂，反应后要回收铅。铜皂-镉皂法中加入的铜皂-镉皂是以催化剂的形式加入。

（4）其他催化剂

可用于催化脂肪酸及其酯制备脂肪醇的催化剂还有Fe-Al、氧化铼以及镍、钴催化剂。Fe-Al催化剂多用于不饱和脂肪酸酯加氢制备相应的不饱和脂肪醇。氧化铼（Re_2O_7和ReO_2）是羧酸加氢生产醇的最有效催化剂，而且反应时加入少量的水，可降低酯的生成，显著提高醇的得率。

3）脂肪醇的生产

（1）脂肪酸酯氢化

脂肪酸甲酯转变成脂肪醇是高温高压下的催化氢化反应，温度为250～300℃，压力为25～30 MPa，常用的催化剂是亚铬酸铜，这种催化剂能催化不饱和碳碳双键的加氢，故得到饱和脂肪醇。根据催化剂的不同分布状态，氢化反应器可分为悬浮反应器和固定床式反应器。

悬浮反应器的氢化过程如图2-91所示。氢气和脂肪酸甲酯经预热后从反应器底部进入反应器，催化剂与少量脂肪酸甲酯混合后从反应器底部进入反应器。催化剂用量在2%

(m%,以脂肪酸甲酯计)以上,氢气用量为脂肪酸甲酯的20倍(物质量计)以上,氢气在此还能起到搅拌作用。操作温度和压力分别为250~300℃、25~30 MPa,氢化反应是放热反应,要控制反应器温度,减少副反应发生。反应结束后,混合物从反应器顶部流出;冷却、减压,氢气(可循环利用)从混合物(脂肪醇-甲醇混合物)中分离;脂肪醇-甲醇混合物经蒸发处理分离出甲醇,得到含有催化剂的粗脂肪醇;经过滤除去催化剂,得到粗脂肪醇;催化剂可重复利用,催化剂损耗为0.5%~0.7%。粗脂肪醇经碱炼、蒸发处理,脱除未反应的脂肪酸甲酯和反应中生成的烃类,得到精制脂肪醇。

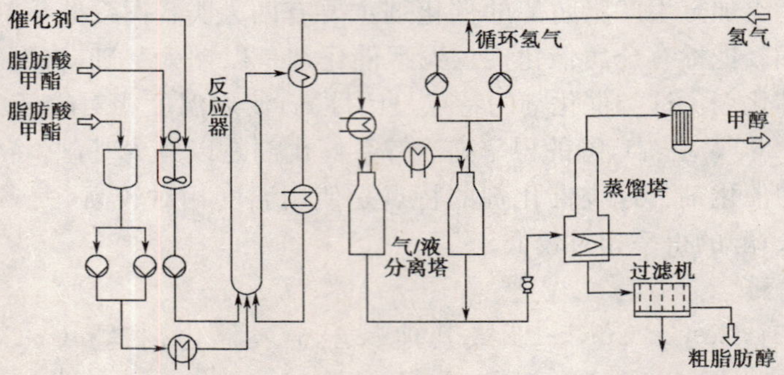

图2-91 脂肪酸甲酯的高压氢化工艺(悬浮反应器)

固定床式反应器的氢化过程如图2-92所示。与悬浮反应器不同,在固定床式反应器中,催化剂固定于反应器内部的载体或支撑介质上,这样催化剂可以直接重复利用,减少催化剂的分离设备。脂肪酸甲酯和高压氢气一起进入加热器,加热到一定温度后从反应器顶端进入反应器,在催化剂的作用下发生氢化反应,操作温度和压力分别为250~300℃、25~30 MPa。反应混合物从反应器底部流出,经冷却后,减压分成气相和液相。气相主要是氢气,可重复利用;液相部分经蒸馏除去甲醇,得到粗脂肪醇。与悬浮反应器相比,此法反应条件相对比较温和,产物精制过程简单,得率高(能达到99%),未反应脂肪酸甲酯小于1%,催化剂消耗少(0.3%以下)。

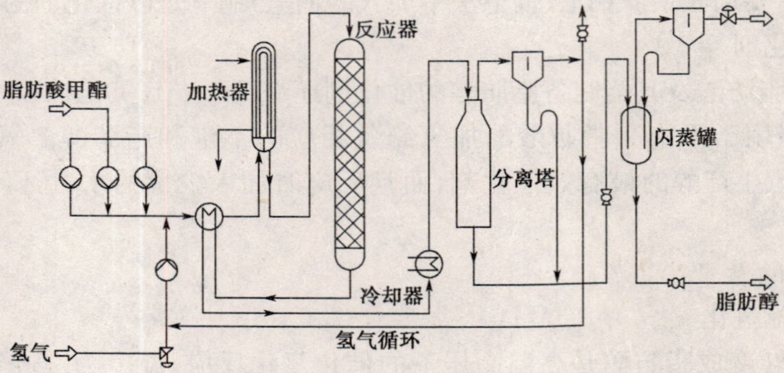

图2-92 脂肪酸甲酯的高压氢化工艺(固定床式反应器)

(2) Lurgi脂肪酸氢化

Lurgi脂肪酸氢化也是一个悬浮床氢化过程,该工艺在克服脂肪酸对含铜催化剂破坏的基础上,实现脂肪酸直接氢化成脂肪醇。Lurgi法将脂肪酸转变为脂肪醇的简单工艺流程图如图 2-93 所示。此法可分为两步：脂肪酸与脂肪醇发生酯化反应生成酯和水；生成的酯被氢化生成 2 摩尔脂肪醇。这两个反应在同一反应器中同时发生，反应器中有大量的脂肪醇（脂肪酸的 250 多倍）以保证脂肪酸快速彻底酯化。

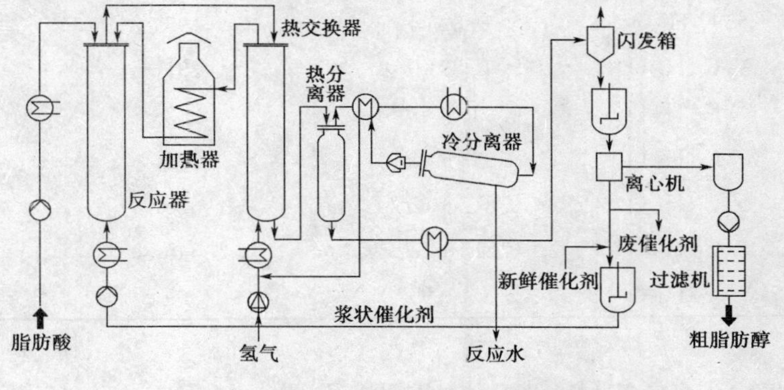

图 2-93　Lurgi 脂肪酸氢化生产脂肪醇

反应在高压反应器中进行，脂肪酸原料和含有浆状催化剂的脂肪醇经过预热后一起连续泵入反应器，在 280℃、30 MPa 下反应。产物混合物离开反应器时，其中的热量用来加热反应物，以实现热量的充分利用，而后经过蒸发-冷却分离实现分离。在蒸发器里，液体醇中的气体从体系中分离出去，产生的混合气体中含有过量的氢气、少量的低沸点醇和反应生成的水。混合气体经过冷凝器，低沸点醇和水被冷凝得到分离，氢气继续循环使用。蒸发器出来的液体脂肪醇泵入闪发箱，溶解于醇中的氢气释放出来重新利用。催化剂采用离心分离的方法从粗脂肪醇中除去，浊相（含有催化剂和粗脂肪醇）添加一定量新鲜催化剂（补偿部分催化失活或损失）后重新循环利用；清相经过微孔过滤器除去悬浮的催化剂，得到的粗脂肪醇可进行蒸馏除去烃类，必要时还可进行分提处理。

(3) 脂肪醇的精馏

经过上述方法得到的脂肪醇为多种脂肪醇的混合物，要得到纯度较高的脂肪醇需要对这些混合物进行精制，常用的精制方法是精馏，即利用脂肪醇沸点的不同，通过多次蒸馏，将其分成不同的产品。如图 2-94 所示。

高级脂肪醇为无色液体或固体，由于存在分子间氢键，故沸点和熔点比相应的烷烃高。脂肪醇的沸点比相应的脂肪酸的低，且脂肪醇间沸点差也比相应脂肪酸间沸点差大，精馏操作较脂肪酸容易。常见伯醇的物理性质见表 2-41。脂肪醇的沸点随碳链长度的增加而升高，每增加一个—CH_2—，沸点升高约 20℃。常温下，碳原子数小于 12 的脂肪醇为液体（十二烷醇在稍低于室温时呈固体状态）；碳原子数大于 12 的脂肪醇为固体，呈片状结晶或蜡状结晶。脂肪醇在水中的溶解性随碳链长度的增加而变差，在有机溶剂中的溶解性随碳链长度的增加而增加。

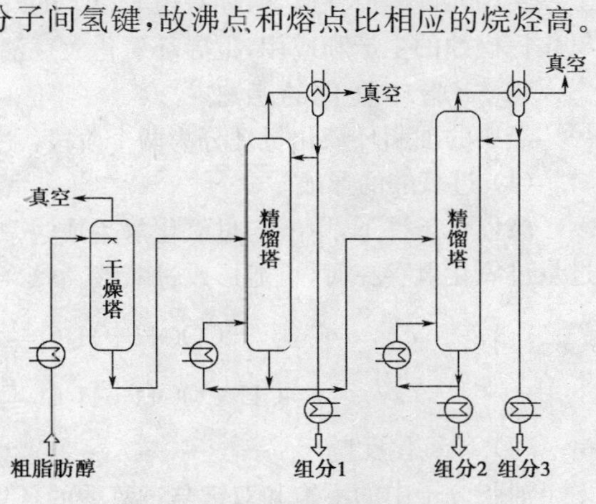

图 2-94　脂肪醇的精馏

表 2-41　一些脂肪醇的物理性质

名　称	分子式	相对密度(d_{20}^{20})	沸点/℃(0.1 MPa)	熔点/℃
己　醇	$C_6H_{14}O$	0.819 1	157	−44.6
辛　醇	$C_8H_{18}O$	0.825 4	195	−14.9
癸　醇	$C_{10}H_{22}O$	0.831 0	231	6.9
十二烷醇	$C_{12}H_{26}O$	0.830 9 (d_4^{21})	263	23
十四烷醇	$C_{14}H_{30}O$	0.832 6 (d_4^{38})	292	37.9
十六烷醇	$C_{16}H_{34}O$	0.817 6 (d_4^{59})	320	49.3
十八烷醇	$C_{18}H_{38}O$	0.812 4 (d_4^{95})	345	58
二十烷醇	$C_{20}H_{42}O$	—	369	65.5

2.6　油脂的环氧化

环氧化油脂是一种广泛使用于耐热、耐低温、无毒的食品和医药包装材料聚氟乙烯的增塑剂和稳定剂,有良好的热、光稳定作用。与聚氯乙烯的相溶性好,挥发性小,迁移性小,无毒,几乎可以用于所有的聚氯乙烯制品。

聚乙烯材料制成的物品,在使用时受光和热的作用,会释放出氯化氢,使塑料制品的质量发生劣化。环氧化油脂可以迅速吸收释放的氯化氢,减少不稳定的羟基氯代烯丙基共轭双键的形成,从而阻止聚氯乙烯塑料的连续分解,起到稳定作用。而且,环氧化油脂与聚酯塑料增塑剂联用,对抑制聚酯的迁移有显著的协同效果。环氧化油脂还与有机金属盐稳定剂有协同作用,从而降低其他助剂的用量,进一步降低产品成本。

环氧化油脂的环氧值在 6%左右时,可作为聚氯乙烯塑料的增塑剂;环氧值在 3%~5%时,则是聚乙烯塑料的优良稳定剂。

世界上,环氧油脂类增塑剂是产量及消耗量仅次于邻苯二甲酸酯和氯化石蜡的第三大类增塑剂,消费量已占增塑剂总量 9%~10%,环氧油脂占环氧类增塑剂总产量的 70%以上。美国允许碘值 6 以下、环氧值 6 以上的环氧大豆油用于食品包装材料,马来西亚已有环氧化棕榈油的生产和应用,世界环氧化大豆油的年产量在 10 万吨左右。

1) 油脂环氧化的原理

经典的油脂环氧化机理分为两个阶段:过氧酸的形成和不饱和双键的环氧化反应。

(1) 过氧酸的形成

酸催化条件下,甲酸与过氧化氢生成过氧甲酸,乙酸与过氧化氢反应也生成过氧乙酸。过量过氧化氢存在时,也能形成过氧酸。

$$HCOOH + H_2O_2 \xrightarrow{H^+} HCOOOH + H_2O$$

$$CH_3COOH + H_2O_2 \xrightarrow{H^+} CH_3COOOH + H_2O$$

(2) 环氧化反应

油脂分子中的不饱和双键与过氧酸的环氧化反应:

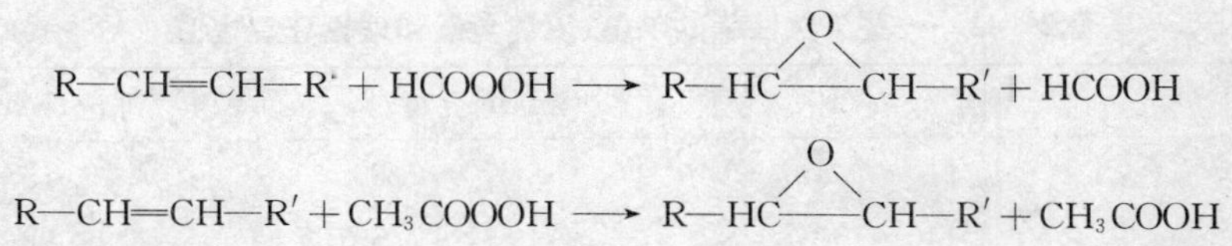

在环氧化形成含氧三元环时会发生以下副反应：

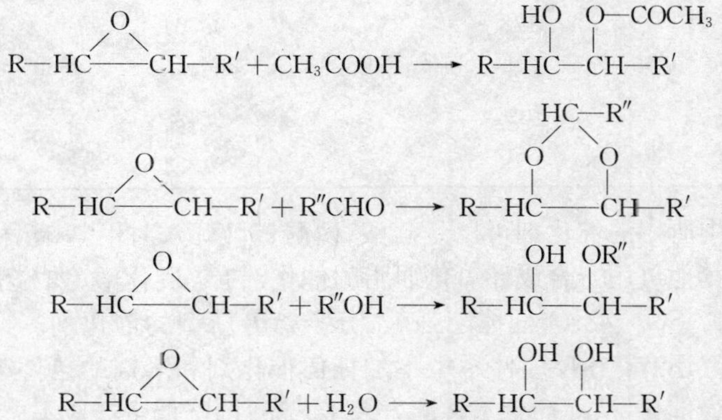

2）环氧化油脂的生产方法

目前，环氧化油脂的生产方法主要有溶剂法和无溶剂法。溶剂法由于所用溶剂为苯及苯的同系物，易造成环境污染，且生产流程长，设备多，三废处理量大，产品质量差，因此基本被淘汰。工业化的无溶剂法合成环氧化油脂的方法有：甲酸或乙酸法、离子交换树脂催化环氧化法、二羧酸法和二糖或多糖法。常用的是前两种方法。

（1）甲酸法或乙酸法

甲酸或乙酸法是甲酸或乙酸在催化剂作用下与双氧水反应生成环氧化剂，在某一温度范围内将环氧剂滴加到油脂中，反应完毕后经碱洗、水洗，减压蒸馏，最后得到产品。该法生产流程短，反应温度低，反应时间短，副产物少，产品质量高，已基本代替溶剂法的生产工艺。

$$HCOOH + H_2O_2 \xrightarrow{H^+} HCOOOH + H_2O$$

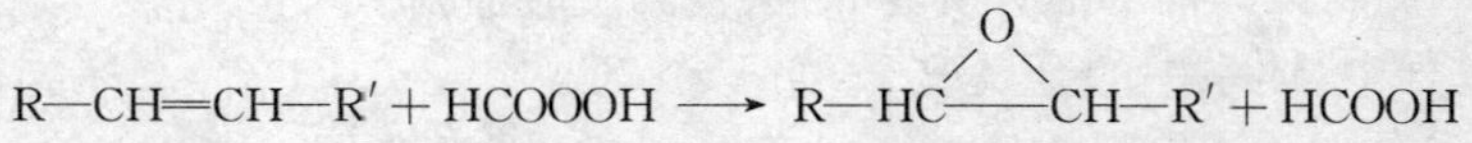

$$CH_3COOH + H_2O_2 \xrightarrow{H^+} CH_3COOOH + H_2O$$

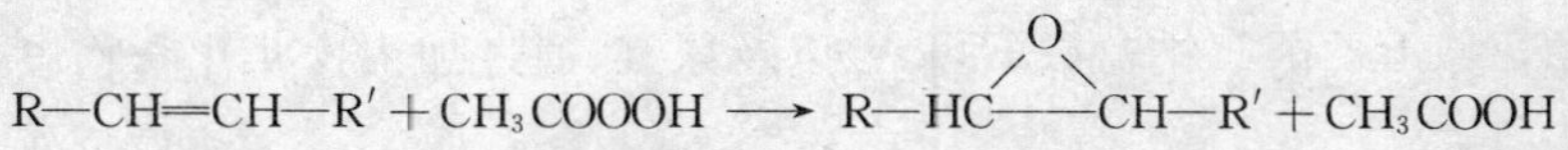

甲酸法的反应温度为 40～60℃，过氧化氢/甲酸为 1.2～1.5（mol/mol），甲酸/双键为（0.05～0.5）：1（mol/mol）；如果甲酸/双键比低于 0.25，可加入痕量硫酸作为催化剂，提高反应速率。国内的无溶剂法合成环氧大豆油时，主要是用硫酸作催化剂，用 27%～50%的双氧水作为供氧体，用甲酸作为活性氧载体进行环氧化反应，产品的环氧化值可在 6.0%～6.3%之间。采用乙酸法时，如没有催化剂，反应速度很慢。在同样的条件下甲酸法的速率较乙酸法的高得多，这说明在反应过程中过氧甲酸的活性比过氧乙酸高得多。一些天然油脂的理论环氧化值见表 2-42。

表 2-42 一些天然油脂的碘值、双键含量和理论环氧化值

	碘值/g I_2/100 g	双键含量/%	理论环氧化值/%
亚麻籽油	170～204	0.670～0.800	9.67～11.9
红花油	140～150	0.552～0.591	8.11～8.63
大豆油	120～141	0.474～0.556	7.03～8.16
玉米油	102～128	0.406～0.504	6.09～7.44
棉籽油	99～113	0.390～0.445	5.87～6.65
菜籽油	97～103	0.382～0.426	5.76～6.37
花生油	84～100	0.331～0.394	5.03～5.93

甲酸或乙酸法中所用的催化剂可以是硫酸、磷酸、苯磺酸、对甲基苯磺酸或带有强酸性阳离子交换树脂。其他可用于合成环氧化油脂的催化剂有：固体酸(如硫酸铝、硫酸铁等)，杂多酸，SO_4^{2-}/Fe_2O_3、SO_4^{2-}/ZrO_2固体超强酸，分子筛等新型的催化剂。目前，对环氧型增塑剂生产工艺的研究还有：在反应体系中不加任何催化剂和溶剂的条件下，通过改变有机酸的品种来实现自身催化，从而简化工艺配方及工艺条件，降低生产成本。

虽然用双氧水为环氧剂有生产易控制、操作简便之优点，但也发现其生产工艺技术中存在许多的技术问题。具体表现是色泽差、环氧值低、反应稳定性差、设备腐蚀和环境污染严重、产品的热稳定性不佳和生成的环氧基已开环等缺点。

工业化生产环氧化油脂的过程中，由于受原料、加工等条件的影响，工业原料都会有少量的杂质，这些杂质主要是：磷脂、色素、水分、游离脂肪酸和泥沙等。这些杂质的存在会影响环氧化反应和产品的质量，应尽可能地将其除去，主要处理方法为采用碱炼精制原料，降低原料杂质含量。

由于环氧化反应是可逆过程，双氧水在反应中遇热要分解，实际工业操作中双氧水应大于理论量，否则会使产品的环氧值降低。双氧水用量在60%左右，加入过程中应控制速度，使体系的温度不超过设定温度2～5℃。提高环氧化反应温度有利于反应速度加快，但双氧水、过氧化剂会因温度过高而加速分解，同时会使副反应加剧。

在环氧化过程中，体系中的金属离子，如Fe^{3+}、Cu^{2+}、Mg^{2+}、Ca^{2+}对环氧化反应的影响较大，为提高体系中的过氧化剂在反应条件下的稳定性，需要加入适当的络合剂作为稳定剂，以缩短反应时间，降低生产成本。常用的络合剂和稳定剂主要有乙二胺四乙酸钠(EDTA)、二乙三胺五乙酸三钠盐(DETPA)以及尿素，通过加入这些化合物以提高环氧大豆油的环氧值。

(2) 离子交换树脂催化环氧化法

一些离子交换树脂的孔径允许过氧化氢和甲酸(或乙酸)分子自由进入，而油脂分子不能进入。在离子交换树脂孔径内活性基团的催化作用下过氧化氢与甲酸(或乙酸)反应生成过氧酸，生成的过氧酸离开树脂并使油脂发生环氧化，生成的乙酸再返回离子交换树脂孔内。与非离子交换树脂催化法相比，此法可以避免结构开环。

3) 环氧化油脂的生产

虽然对油脂或脂肪酸衍生物的连续环氧化研究较多，但用于工业生产的不多。Kenkel公司开发的交叉逆流环氧化具有一定的优点。其特点是油相和水相在一个混合器-分离器

中逆流流动，部分反应的油相和水相（过氧化氢/甲酸）自反应器中进入相分离器中分离，这样通过分离实现了交叉逆流过程。与间歇式相比，其他条件相同时，环氧化油脂的环氧化效果较好。图 2 - 95 为豆油制环氧脂肪酸辛酯的生产工艺流程。

离子交换树脂催化连续环氧化是使含有酸、过氧化氢和预生成的过氧酸的水相自反应器顶部进入，以微小液滴形式非连续下降，通过连续的油相分出水相，经过合适的离子交换树脂再生以提高酸的浓度。酸水相再生前需冷却，再生后的酸水相再进入环氧化反应器重复利用。

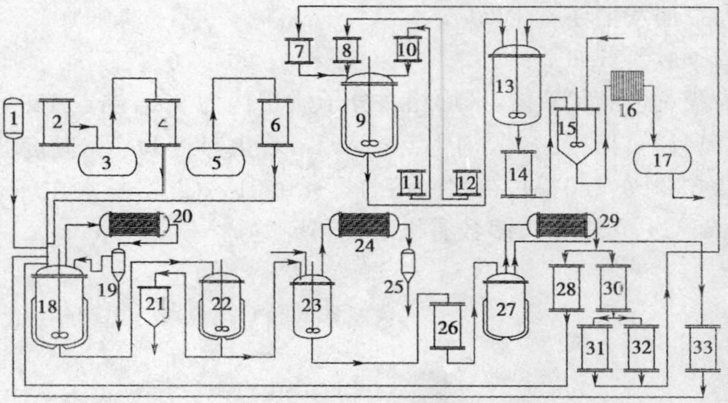

图 2 - 95　豆油制环氧脂肪酸辛酯的生产工艺流程

1. 硫酸计量罐；2. 豆油储罐；3. 豆油储罐；4. 豆油计量罐；5. 辛醇储罐；6. 辛醇计量罐；7. 辛酯计量罐；8. 甲酸计量罐；9. 环氧化反应罐；10. 过氧化氢计量罐；11. 过氧化氢储罐；12. 甲酸储罐；13. 水洗中和罐；14. 环氧酯储罐；15. 脱色罐；16. 过滤机；17. 环氧酯储罐；18. 醇解釜；19. 分离器；20. 醇解冷凝器；21. 甘油储罐；22. 甘油沉降罐；23. 脱醇罐；24. 脱醇冷凝器；25. 回收醇接收罐；26. 蒸馏储罐；27. 蒸馏釜；28. 低馏分罐；29. 蒸馏冷凝器；30. 辛酯接收罐；31. 辛酯储罐；32. 辛酯储罐；33. 辛醇接受罐

4）油脂环氧化新技术

（1）相转移催化环氧化

2001 年诺贝尔化学奖得主之一的 Noyri 以过氧化氢为氧化剂，钨的配合物为催化剂，甲基三辛基硫酸氢铵为相转移催化剂，开发了包括碳-碳双键环氧化在内的多种基本有机化合物的环境友好型生产方法。

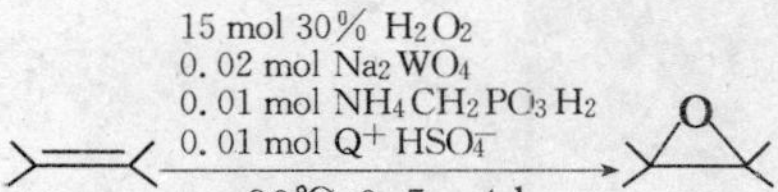

该反应不采用危险性高的过氧酸和强腐蚀性的硫酸，得到产品的色泽浅、环氧化值高、质量好，但过氧化物配合物的回收再利用还有待进一步研究。目前，工业上所用催化剂的固定化方法有两种：一种是将钨的负离子置换到一些具有层状结构的物质中；另一种则是将多元金属含氧化合物固定在有机高分子材料上。

（2）杂多酸环氧化

Kamata 等介绍了在烯烃环氧过程中，一种 Keggin 型杂多酸$[\gamma-SiW_{10}O_{34}(H_2O)_2]^{4-}$对烯烃环氧化具有广泛的催化氧化性。

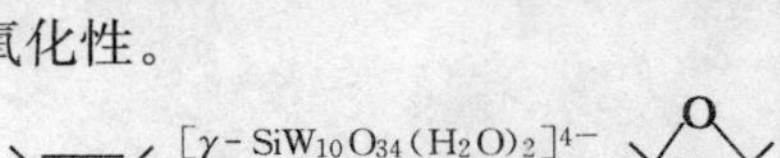

Abdillahi 等将甲基铼过氧化物固定到 Nb_2O_5 上，以尿素-双氧水的氯仿溶液为氧源，在 50℃下进行大豆油环氧化，成功合成了环氧化大豆油、环氧大豆油脂肪酸及其甲酯。

Guidotti 等将 $Ti(Cp)_2Cl_2$ 烧结到多孔硅藻土(MCM-41)上，实现了十八碳不饱和脂肪酸甲酯的选择性环氧化。

(3) 化学酶法环氧化

Piazza 等采用固定化的燕麦过氧激酶实现了脂肪酸和脂肪酸甲酯的环氧化。Vlček 等将脂肪酶 *Candida Antarctica*(Novozyme 435)固定到丙烯酸树脂上，在溶剂体系(甲苯)中催化过氧化氢与大豆油发生环氧化反应。

环氧大豆油的一般要求如下：

环氧大豆油为浅黄色油状液体，平均相对分子质量约为 950，沸点 150℃(4 mmHg)，流动点－9℃，凝固点－15℃，浊点＜2℃，闪点≥280℃，着火点＞304℃，黏度 3 250.325 Pa·s(25℃)，蒸汽压 13.332 Pa(150℃)，在水中溶解度＜0.01%(25℃)，水在环氧化大豆油中的溶解度为 0.55%(25℃)，可溶于大多数有机溶剂和烃类。

质量标准：

色泽	≤200(Fe-C 比色)或≤100(铂钴比色)
环氧值	≥6.2%
碘值	≤6.0 g I_2/100 g
酸值	≤0.5 mg KOH/g
比重	0.985—0.995(20℃)
折光指数	1.471—1.475(20℃)
加热减量(125℃ 2 h)	≤0.3%
热稳定性(环氧保留率 177℃ 3 h)	≥95%(或环氧值≥5.7%)
重金属(以 Pb 计)	≤10 mg/kg
砷(As)	≤10 mg/kg

3 油料皮壳的利用

3.1 油料皮壳利用概述

所有的油料种子都由籽仁及皮壳两部分组成。某些油料种子，如大豆、花生、油菜籽等，外层的种皮很薄，其种皮部分仅占种子总重量的很小比例，因此，往往不经去皮即可加工取油。但有些油料种子，如棉籽，蓖麻籽、向日葵籽、茶籽、桐籽等，其外层种皮很厚，形成硬壳，在加工取油之前，必须先将皮壳脱除，而后再行加工。这样既可提高出油率，又可以改善油品的质量。几种油料的皮壳和籽仁的重量百分比列于表 3-1。

表 3-1 几种油料的皮壳与籽仁的重量百分比

油料种类	果实种籽			
	果壳	种籽	种皮	籽仁
大豆	—	—	5～10	90～95
棉籽	—	—	35.4～43.9	56.1～64
向日葵	22～42	—	—	58～78
茶果	60.00～61.31	38.69～40.00	30.57～34.00	66.00～67.44
桐果	54.77～56.84	43.14～45.32	40.18～41.80	58.19～59.86
蓖麻籽	—	—	19～20	74～81

从表 3-1 中可以看出，大豆的种皮很薄，仅占种子总重量的 5%～10%；而棉籽的种皮则较厚，占种子总重量的 35.4%～43.9%。过去把脱除的皮壳仅作为饲料和燃料，没有得到合理利用。近几年来，我国在开展皮壳综合利用方面取得了较好成绩。

图 3-1 描述了油料皮壳综合利用的基本概况。

棉籽壳、向日葵壳、油茶壳以及其他农副产废料如玉米芯、稻壳、甘蔗渣等皆属植物纤维原料，这些植物纤维原料在自然界极为丰富，数量十分可观。合理利用上述原料，对于生产节粮、代粮的化工产品及其他产品，具有重要的经济意义。

油料皮壳系由有机物和无机物组成。在有机物中主要是半纤维素、纤维素、木脂素及蜡、树脂、蛋白质、色素、油脂、单宁等成分，无机物中主要是无机盐类。从皮壳成分的组成比例来看，主要的还是半纤维素、纤维素和木脂素。其中半纤维素约占 15%～40%，纤维素约占 30%～45%，木脂素约占 12%～30%，其他成分含量一般很少。所谓油料皮壳的利用，主要指上述成分的合理利用，以及某些皮壳中特殊成分的合理利用。

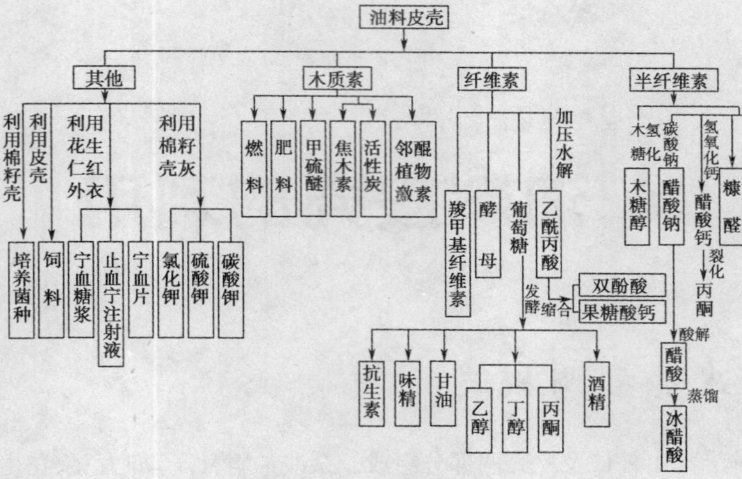

图 3-1　油料皮壳综合利用总览图

半纤维素是一类与纤维素相似的多糖，具有溶于碱溶液和容易被酸水解的特性。纤维原料在20℃下浸于17.5％或18％的氢氧化钠溶液，经过45 min，溶解的部分称为半纤维素。半纤维素是聚戊糖、聚己糖、聚糖醛酸化合物的复杂混合物，其分解产物主要是木糖、甘露糖及半乳糖等。一般的油料皮壳及农副产植物纤维原料如棉籽壳、向日葵壳、玉米芯等，含聚戊糖较多，聚戊糖水解可生成木糖和阿拉伯糖等戊糖，戊糖脱水可制得糠醛；在制取糠醛的同时，又可以得到其他副产品，如醋酸钠(钙)、甲醇、木糖等。木糖在高压条件下氢化，可制得木糖醇。

纤维素($C_6H_{10}O_5$)是一种天然的有机高分子，又是复杂的多糖化合物，分子结构和淀粉相似。纤维素是由葡萄单糖所构成的直链状高分子化合物，其聚合度一般为1 500～3 000。它不溶于水、乙醇、乙醚、苯等普通溶剂，但能溶于氧化铜的氨溶液、氯化锌的浓溶液、硫氰酸钙和某些其他盐类的饱和溶液。对于稀酸、稀碱和弱氧化剂都稳定。纤维素在油料皮壳中约占30％～45％，如将原料中的纤维素采用稀酸加压水解，可制得乙酰丙酸、葡萄糖等；葡萄糖经发酵后还可以制得酒精、丙酮、丁醇、甘油、味精、抗生素等；纤维素经纤维素酶水解制得葡萄糖，进而发酵可以培养酵母；同时还可以利用纤维素制取羧甲基纤维素等多种产品。

木脂素是存在于植物纤维素中的一种具有芳香族结构的高分子化合物。棉籽壳等植物纤维原料，经两次水解后所剩下的水解木素，不仅成分复杂，而且其主要成分之间的比例也随原料种类和加工方法的不同而有很大波动。在水解木素中，一般包含有木素(包括变化了的木素)、多聚糖、木素果胶综合物、单糖、有机酸、无机酸、灰分和其他物质。对生产糠醛后的残渣(纤维木素)来说，除多聚糖所占比例较大外，其他成分与水解木素大体相同。目前，大部分水解木素尚未用于生产成品，而是排往废料场作燃料处理。国外对水解木素的研究和利用已有很大进展。据介绍，可将水解木素(湿态、干燥、压块和造粒)直接用于各个工业部门。如在黑色冶金工业中作为焦炭的代用品；在有色冶金工业作为木炭、油焦、煤炭的代用品；在轻质耐火材料制件生产中作烧掉填料的燃料用；在建材工业中用于生产砖、绝热砌面材料和水泥，并可以制取生活用燃料等；水解木素用氨活化并经热压处理，能改进未加胶粘剂塑料的物理-机械性能；水解木素高温炭化可制取工业用的活性炭；木素经化学加工后还可以生产焦木素、硝化木素及改性产品多元酸铵盐、木素激素肥料等。近几年来，国内对水解木素的利用也正在逐步深入。以糠醛渣为原料，现已生产和试制了多种产品，如邻醌植物激素、活性炭、焦木素、甲硫醚等；也可以直接用作肥料和燃料。下面将分别叙述邻醌植物激素、活性炭和甲硫醚的生产和试制简要工艺以及用糖醛渣作肥料。

除上述利用油料皮壳的主要成分半纤维素、纤维素和木脂素制取一系列的化工产品之外，还可以从棉籽壳灰中提取钾盐——碳酸钾、硫酸钾和氯化钾；利用花生仁红外衣制宁血片、止血宁注射液和宁血糖浆；以向日葵、棉籽壳等为原料生产各种型号的纤维板；用棉籽壳作培养基，可培养出各种食用和药用的真菌，如蘑菇、平菇、草菇、猴头菇、银耳、灵芝、茯苓、密环菌、鬼毛针、五四〇六菌等，与用锯木屑作培养基相比较，可简化工序，节约大量的麸、食糖、石膏及木材；也有用花生壳、向日葵壳、棉籽壳粉碎后作为家禽家畜的混合饲料，但用棉籽壳作混合饲料，使其用量及使用对象受到一定限制。

3.2 糠醛

糠醛生产适用于各种富含戊聚糖的植物纤维原料，地区限制少、设备比较简单、容易上马，已经成为植物纤维原料水解工业中比较发达的一个门类。目前，大部分工厂同时生产醋酸钠，一部分厂采用纤维木素生产乙酰丙酸，有的则直接用其作燃料和肥料，也有的用木素制造植物生长激素、活性炭等。

3.2.1 糠醛的理化性质及用途

1）糠醛的理化性质

（1）糠醛的物理性质

糠醛又称呋喃甲醛，它的分子式为 $C_5H_4O_2$，相对分子质量 96.08，分子结构式为：

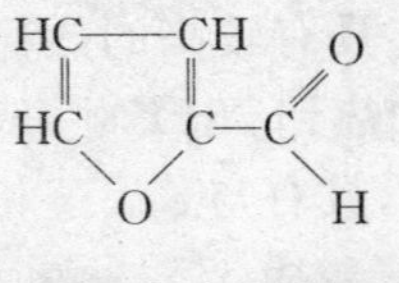

纯糠醛是一种透明无色油状液体，实际生产的糠醛一般为淡黄色或黄色，具有类似苦杏仁油的气味，糠醛的比重 $d_4^{20}=1.159\,8$，凝固点 36.5℃，常压下沸点 161.7℃，闪点 56℃，折光指数 $n_D^{20}=1.526\,1$，介电常数在 25℃时为 38.0，黏度 1.494 mPa·s(25℃)，比热(20～100℃)0.416 cal/g·℃，传热系数 0.227 cal/℃·h·m，汽化潜热 9.22 kcal/mol，与水的最低共沸点 97.9℃。

常压下，糠醛与水具有较小的溶解度，如在 20℃时，水中可溶解 5.9%～8.5%的糠醛，而糠醛中可溶解 4.5%～4.8%的水。温度升高，糠醛与水的相互溶解度都将增加，在临界溶解温度 120.9℃以上时，糠醛可溶解于任何比例的水中。

不同温度下糠醛水溶液的浓度和黏度的关系，如表 3-2。

表 3-2 不同温度下糠醛水溶液的浓度和黏度的关系

糠醛浓度/%	黏 度(mPa·s)							
	20℃	30℃	40℃	50℃	60℃	70℃	80℃	90℃
0	1.005	0.801	0.656	0.549	0.469	0.406	0.356	0.316
2	1.028	0.826	0.669	0.568	0.486	0.417	0.366	0.320
6	1.100	0.868	0.703	0.590	0.498	0.423	0.371	0.326
8	1.177	0.915	0.741	0.618	0.516	0.434	0.376	0.330
12						0.462	0.396	0.345
15.2								0.360
96	1.597	1.342	1.135	0.983	0.855	0.749	0.668	0.596
98	1.630	1.361	1.150	0.994	0.866	0.756	0.678	0.605
99.5	1.649	1.393	1.180	1.013	0.892	0.788	0.696	0.612
100	1.750	1.520	1.310	1.150	1.020	0.910	0.820	0.740

糠醛是良好的有机溶剂，易溶于甲醇、蚁酸、乙醚、醋酸、丙酸、油酸、丙酮、丁醇苯、氯仿、醋酸乙酯、四氯化碳等。糠醛还易溶于芳香族烃、不饱和烃，而难溶于饱和烃，故作为选择性溶剂被广泛应用。无机盐中除氧化锌、氯化铁、氢氧化钡能少量溶解外，其他不溶于糠醛。

(2) 糠醛的化学性质

糠醛在接触空气存放时，特别是其中夹有酸类等杂质时，会自动氧化和树脂化，使其逐渐变黄、变暗，甚至变成黑褐色树脂状物质，但在密闭的条件下，储存在阴凉避光场所，氧化和树脂化速度缓慢。为了防止糠醛的氧化和树脂化，一般存放在温度25℃以下密闭的容器中。由于铁会促进糠醛的自动氧化反应，一般装糠醛的铁桶最好镀锌。为了长期储存，还可用抽真空、充氮或加入微量的抗氧剂(如叔胺、β萘酚、对苯二酚)等方法防止糠醛的自动氧化和树脂化。

糠醛为易燃物(自燃点393℃)，它具有较高的热稳定性，如在230℃时，加热75 h，仅分解5%。在没有催化剂和氧存在时，加热到565℃才开始分解成二氧化碳等。

糠醛有一个呋喃环基和一个醛基，具有与苯甲醛相似的化学反应特点。在强碱作用下，糠醛能起卡尼查罗反应，生成糠醇和糠酸盐。

糠醛的分子结构中，有两个不饱和的双键、一个羰基和一个醚型氧原子，因此其化学性质活泼，可通过氢化、氧化、氯化、硝化和缩合等反应，生成很多有用的化工产品。

(3) 糠醛的毒性

糠醛具有与苯甲醛相似的特殊刺激性气味，杀菌能力相当于苯酚的1/4，浓度超过2%时，就会终止酒精发酵。它具有不饱和醛类所共有的刺激黏膜的作用，特别对眼的角膜刺激较大。空气中浓度即使在0.1%，也能刺激催泪。

2) 糠醛的主要用途

糠醛是具有双键的杂环醛，化学性质活泼，在有机合成工业中占有很重要的地位。糠醛及其液态衍生物的用途很广泛，除了在工业上用作选择性溶剂外，还可以用来制造合成树脂及塑料、合成纤维、合成橡胶、合成医药和农药、合成染料，在食品工业、国防工业等其他部门也有应用。

（1）工业溶剂

糠醛及其液态衍生物有特殊的溶剂性能，是一种很重要的工业溶剂。可用作精制润滑油、松香、植物油和提取石油裂解气中 C_4 馏分中丁二烯的选择性溶剂，也可用来从鱼肝油中提取维生素 A。多数国家用糠醛精炼石油。利用糠醛精炼石油产品，具有很大优点，精炼率高，糠醛损耗少，操作比较安全，精炼设备比较简单，不需要特种材料，经济效果也较好，随着我国石油化学工业的发展，糠醛在炼油方面的需要量将有所增长。

（2）合成树脂及塑料

合成树脂及塑料的应用，从日常生活到工农业生产和国防工业，已经深入到每一个角落。它的生产已有较久的历史，其生产方法比较成熟，品种和产量也较大。下面仅介绍一些主要产品。

① 糠醛苯酚树脂。它可以糠醛、苯酚为原料，以盐酸或硫酸作催化剂，采用常压法制取；或以苛性钠作催化剂在高压的条件下制取；也可以糠醛的粗焦油为原料，在氢氧化钠的催化作用下制得糠醛苯酚树脂，亦称为酚醛树脂。酚醛塑料是世界塑料生产中产量最大的一种，得到广泛应用。

② 糠醛树脂。糠醛由于在分子结构上有共轭双键的存在，所以在加热和以无机盐作催化剂的条件下，糠醛聚合制得糠醛树脂。如 P－1 树脂是用 3～8 mol 的糠醛和 1 mol 乌洛托品反应 5～12 h，制得可溶、可熔的固态树脂，用于制造精密铸造壳模。P－2 树脂有用15 mol 糠醛和 1 mol 乌洛托品反应 8～12 h 制得，主要用于制压塑粉、玻璃纤维，增强塑料的黏结性、壳模树脂等。

③ 糠醇树脂。糠醛加氢制得糠醇，糠醇在以无机酸作催化剂的条件下缩聚反应制得糠醇树脂。糠醇树脂具有耐强酸、强碱的性能。因此是一种良好的防腐蚀材料。

④ 糠醇甲醛树脂。以糠醇和甲醛水溶液为原料，在无机酸作催化剂的条件下反应制得。其性能与糠醇树脂相似。

⑤ 糠醛丙酮树脂。糠醛与丙酮进行缩聚反应而制得。其树脂主要用于制造电器绝缘设备、塑料混凝土、耐酸胶泥及层压制品等。

除此以外，还可合成糠醛糠醇树脂、糠醛间苯二酚树脂等，因而得到广泛的应用。

（3）合成纤维

合成纤维在国民经济中占着十分重要的地位。它除了以石油为原料以外，还可以以糠醛为原料合成纤维，为糠醛的综合利用开辟了新的道路。

① 尼龙 66。以糠醛为原料，在锌锰催化剂的存在下，脱羰得呋喃在镍催化剂作用下，通入氢气，生成四氢呋喃。把四氢呋喃、盐酸或硫酸一起通入反应器，即转变为 1，4－二氯丁烷，其后于酒精溶液中用氰化钠处理生成己二腈。己二腈在兰尼镍催化剂的作用下，进行加氢反应生成己二胺。再将己二胺与己二酸进行缩聚反应，生成尼龙 66 树脂。后经纺丝、冷延伸及后处理，可得到尼龙 66 纤维。它被广泛地用来制作衣料、袜子、轮胎帘子线、渔网、绳索等。

② 尼龙 6。尼龙 6 是一种坚固美观的合成纤维，它的性能和用途与尼龙 66 基本相同。其单体己内酰胺目前仍主要以苯或苯酚来制得。虽然可用糠醛为原料制得，但由于过程比较复杂，故目前尚未实现工业化生产。

③ 尼龙 7。尼龙 7 是一种具有良好性能的合成纤维，尤其是在对光和热的稳定性方面都较尼龙 6 和尼龙 66 为好，因此有着广阔的发展前途。它是以糠醛为原料，用镍作催化剂，

直接加氢制成四氢糠醇。四氢糠醇以活性氧化铝为催化剂，加热生成二氢呋喃。二氢呋喃用骨架镍作催化剂，在加压加热的条件下生成四氢呋喃，当四氢呋喃和盐酸及硫酸在分子比为1∶3.93∶1.2的条件下，反应制得1,5二氯戊烷。将1,5二氯戊烷与等相对分子质量的氰化钾的水-酒精混合加热及在4%克分子碘化钾的存在下，生成庚二腈。庚二腈在骨架镍催化剂的存在下，加氢生成ω-氨基庚腈。再将ω-氨基庚腈用氢氧化钼水悬浮体水解，即转化为ω-氨基庚酸。将其进一步聚合得到尼龙7。

除上述各种尼龙以外，以糠醛为原料，还可制得尼龙77、76、410和610等合成纤维。但由于制造过程较复杂，因而未能实现工业化生产。

(4) 合成橡胶

以糠醛为原料合成橡胶，具有耐寒、耐磨、耐油等一系列优点。丁二烯是生产丁钠橡胶、丁苯橡胶、氯丁橡胶和丁腈橡胶等的基本原料。用糠醛可制得丁二烯。首先用糠醛制取四氢呋喃，然后四氢呋喃在有水蒸气和磷酸催化剂的条件下进而脱水制得丁二烯。除此以外，以糠醛为原料还可以制造聚脲酯橡胶、丁二烯呋喃橡胶、异戊二烯橡胶等。

(5) 合成医药和农药

糠醛及基衍生物是药物生产中的一种重要原料。糠醛本身就是一种良好的杀虫剂，在医药上，它对足部皮肤癣菌有治疗作用；在农药上，糠醛的水溶液可抑制小麦的黑穗病，并能阻止细菌在淀粉胶及其他类似物质的水溶液里发霉和繁殖。据统计，以糠醛为基本原料，可以合成200多种药物。如在医药上，它可合成呋喃西林、呋喃妥因、磺胺吡啶、人造血浆、维生素B_1、麻醉剂等；在农药上，它可合成甲基马拉松(杀虫杀螨剂)、杀枯定(防治水稻稻瘟病的白叶枯病)、顺丁烯二酰肼(植物生长调节剂)、棉花脱叶剂、驱蚊剂、糠醛250(杀虫剂)、糠醛除莠剂等。

(6) 合成染料

糠醛可作为染料的色基，它和单宁酸、硫化碱及芳香族化合物作用可制得一系列的染料。如糠醛与芳香伯胺结合可得杂环多甲炔染料；糠醛与芳香族化合物的重氮盐作用，并以无机酸处理，可得新偶氮染料罗明SG等。

(7) 其他方面

糠醛除了以上的用途外，在其他部门也得到广泛的应用。如在食品工业中，用作甜味剂、香料等；在电子工业中，可制造一系列的绝缘材料，同时糠醛和丙酮反应加入固化剂后还可以制成玻璃炭，被应用于原子能及其他尖端工业中；在国防工业中，可合成炸药、火箭燃料点火添加剂、火箭容器涂料的萃取剂等；在皮革工业中，用糠醛可合成鞣料。

糠醛与腐植酸反应可制得阳离子交换树脂，用来净化工业废水和污水；另外还可用于分析化学试剂、抗氧化剂、防腐蚀剂、塑料和橡胶防老化剂等。

3.2.2 糠醛的生产原料

1) 主要原料

糠醛是多缩戊糖在一定条件下水解生成的戊糖进而脱水所得到的。因此，凡是富含多缩戊糖的物质，如自然界的大多数植物，尤其是农作物的下脚料，都可以用来生产糠醛。

生产糠醛的主要原料有棉籽壳、玉米芯、稻壳、油茶壳、向日葵壳等。在这些原料中，除了其中所含的多缩戊糖能制得糠醛外，还含有大量的纤维素、木脂素及少量的灰分、树脂、单宁等。其中的纤维素和木脂素还可用来生产其他化工产品。

现将几种植物纤维原料的主要成分和理论含醛量分别列于表 3-3 和表 3-4。

表 3-3　几种植物纤维原料的主要成分(按干基计)

原料名称	多缩戊糖/%	纤维素/%	木脂素/%	灰　分/%
玉米芯	38～47	32～36	17～20	1.2～1.8
棉籽壳	22～25	37～48	29～32	2.0～3.5
向日葵壳	26～28	30～40	27～29	1.8～2.0
稻　壳	16～22	35.5～45	21～26	11.4～22
油茶壳	24～27			2～5

表 3-4　几种植物纤维原料的理论含醛量(按干基计)

原料名称	糠醛含量/%	原料名称	糠醛含量/%
玉米芯	20～24	油茶壳	17～19
棉籽壳	17～20	花生壳	10～12
稻　壳	10～14	甘蔗渣	17～20
向日葵壳	16～18	芦　苇	13～16

从表 3-3 和表 3-4 中可以看出，玉米芯中多缩戊糖的含量 38%～47%，理论含醛量 20%～24%；棉籽壳中多缩戊糖的含量为 22%～25%，理论含醛量为 17%～20%；油茶壳中多缩戊糖含量为 24%～27%，理论含醛量为 17%～19%。所以它们都是生产糠醛的很好原料。

植物纤维原料比重小、体积大，收集具有季节性。因此，生产糠醛的厂子应当距离原料产地近，交通运输方便，以便于原料的集中，并有一定规模的原料储场，否则就难以维持连续生产。原料在储存期间必须保持清洁干燥，并符合防火要求。原料如储存不当，就会发热自燃或霉烂变质，多缩戊糖的含量就会降低，影响糠醛产率，增加生产成本。

2）辅助材料

生产糠醛一般用硫酸作催化剂，要求不含铁和硝酸，否则对糠醛的得率有一定影响，而且硝酸对设备的腐蚀性大，回收副产品醋酸钠和精制糠醛，要使用碳酸钠。此外，在糠醛的生产过程中还需要供给蒸汽、水和电。

3）主辅原料的消耗

生产糠醛的原材料消耗定额，随采用生产设备和工艺操作的不同而异。表 3-5 所列生产糠醛的主要原材料消耗定额，仅供参考。

表 3-5　生产糠醛的主要原材料消耗

原材料	每吨糠醛消耗			
	棉籽壳	玉米芯	油茶壳	稻　壳
植物纤维原料/t	15～18	10～13	20	22
工业硫酸/t	0.45～0.6	0.32～0.4	0.8	0.45
蒸汽/t	38～50	30～45	45	45
电力/kW·h	250～400	500～600	450	1 050

由表3-5可以看出，在糠醛的生产成本中，植物纤维原料和蒸汽所占的比重最大。因此，要降低糠醛的生产成本，必须首先提高原料出醛率，降低原料消耗；其次是节约蒸汽，减少蒸汽的消耗。

3.2.3 糠醛的生产

1）糠醛生产方法

糠醛生产工艺路线的选择应做到：最大限度地利用原料；最低的蒸汽和酸耗定额；尽可能实现自动化的连续生产。糠醛的生产方法根据具体情况可分为多种。

按糠醛是否是工艺过程中的主产品可分为两种：一种是利用植物纤维原料制取纤维、酒精等其他产品时，糠醛作为副产品加以回收；另一种是将含多缩戊糖的原料，在一定条件下水解成戊糖，戊糖脱水直接制得糠醛。

按水解工艺特征，可分直接（一步）法和间接（二步）法两种。

直接法是植物纤维原料在一台水解锅中，在催化剂和热的作用下，使多缩戊糖水解成戊糖，戊糖又接着脱水生成糠醛，其反应式：

$$(C_5H_8O_4)_n \xrightarrow{\text{水解}} nC_5H_{10}O_5 \xrightarrow{\text{脱水}} nC_5H_4O_2$$

间接法是水解和脱水两个反应，不是在一台水解锅中进行的。植物纤维原料先在一台水解锅中水解成戊糖，它与残渣——纤维木素分离后，在另一台反应锅里脱水生成糠醛。

按水解反应过程中所用催化剂的种类（如硫酸、盐酸或过磷酸钙等），水解方法有许多种。另外按水解方式又可分间歇或连续两种。总之，糠醛生产方法很多，但常用的是硫酸为催化剂的直接法间歇式的生产方法，即稀酸加压水解法。下面重点介绍这种方法生产糠醛的工艺过程及主要设备。对于连续水解制糠醛只作简单介绍。

2）糠醛生产工艺及主要设备

稀酸加压水解法生产糠醛的工艺设备流程见图3-2，其工艺流程示意图如下：

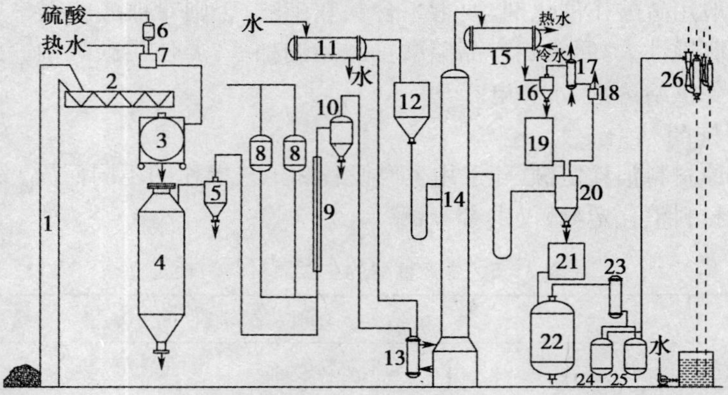

图3-2 生产糠醛的工艺设备流程图

1. 斗式提升机；2. 螺旋输送机；3. 混酸机；4. 水解锅；5. 旋风分离器；6. 硫酸计量罐；7. 配酸槽；8. 压碱罐；9. 汽相中和罐；10. 汽渣分离器；11. 醛汽冷凝器；12. 原液高位储槽；13. 再沸器；14. 蒸馏塔；15. 蒸馏冷凝器；16. 气液分离器；17. 补充冷凝器；18. 接收器；19. 冷却器；20. 分醛罐；21. 粗醛储罐；22. 精制锅；23. 冷凝器；24. 头馏分储槽；25. 成品糠醛储槽；26. 真空装置

稀酸 ↓（混合）；碱液 ↓（中和）

植物纤维原料→预处理→混合（拌料）→蒸煮水解→中和→冷凝冷却→蒸馏→冷凝冷却（分层）

↓纤维木素（蒸煮水解）；↓醋酸盐溶液（中和）；↓废水（蒸馏）

→补充中和→精制→糠醛

↓上层水溶液

从糠醛生产工艺流程图可以看出，整个流程可分为蒸煮、中和、蒸馏和精制四个工段，现将这四个工段的主要工序分述于后。

（1）蒸煮水解

① 蒸煮反应

植物原料中的多缩戊糖制取糠醛的化学反应过程分为两个阶段：第一阶段是多缩戊糖水解生成戊糖；第二阶段是戊糖脱水转变为糠醛。

多缩戊糖是由戊糖基形成的长链所构成，一般聚合度过 80～150，它是由戊糖苷键中的氧相连结起来的。多缩戊糖最主要的代表是多缩阿拉伯糖和多缩木糖，在水解时生成相应的 L-阿拉伯糖和 D-木糖。

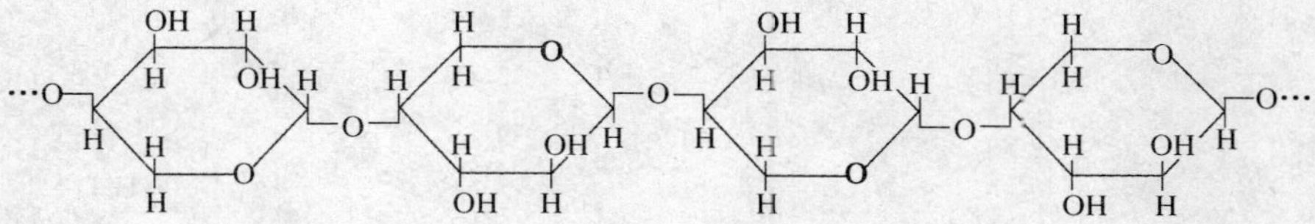

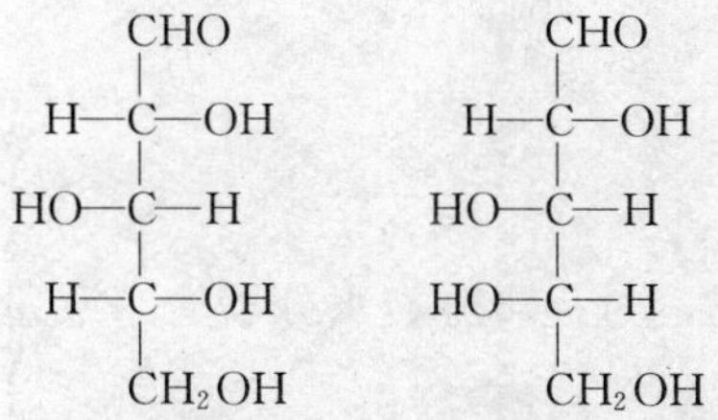

D-木糖　　L-阿拉伯糖

在水溶液中，催化剂的氢离子（不是以游离状态，而是以 H_3O^+ 离子存在着）靠孤对电子与氧键结合，C—O 极性键结合的质子进一步极化。在不同温度下以不同的速度破坏了各单糖基间的键（C—O 键断裂），同时与水中的 OH^- 结合而成为戊糖。

多缩戊糖水解的难易程度即反应速度的快慢除了与原料中多缩戊糖的性质（如某些原料中，其多缩戊糖包含在难水解的纤维素部分，即难水解）有关外，主要与温度及酸的浓度有关。

多缩戊糖在冷水中不能水解，提高温度可促使水解反应加快。但单靠提高温度是有限的，水解效果不好。如将植物原料在净水中热至 220～250℃，虽然水解反应可以进行，但因糖受到破坏，其最后产物不是糖而是碳。

在工业上，为加快水解反应速度，一般可采用无机酸、有机酸或酸性盐类作催化剂。对于糠醛生产，除常用硫酸作催化剂外，也有用盐酸、明矾及过磷酸钙等的。催化剂的电离度越大，即形成氢离子越多，对多糖水解的催化作用越强。在其他因素不变时，反应速度与酸的有效浓度成正比。

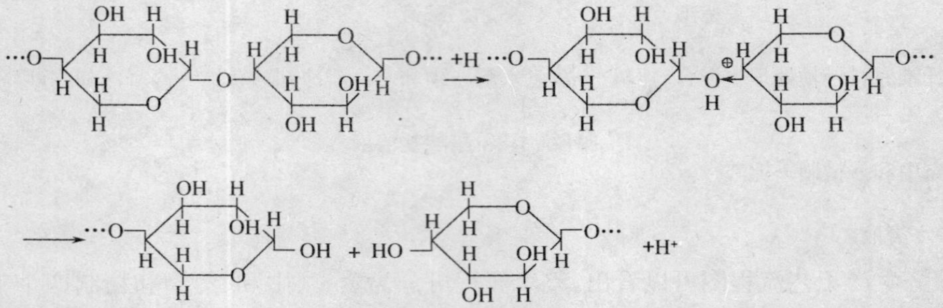

当制定糠醛的生产工艺时，要综合考虑原材料及产品的供求情况、设备条件、投资大小、降低成本及消耗定额等。

当多缩戊糖水解成戊糖后，戊糖与酸共热时就转化为糠醛。

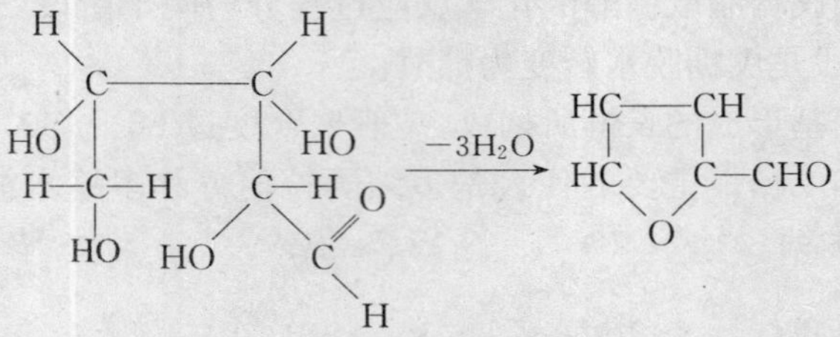

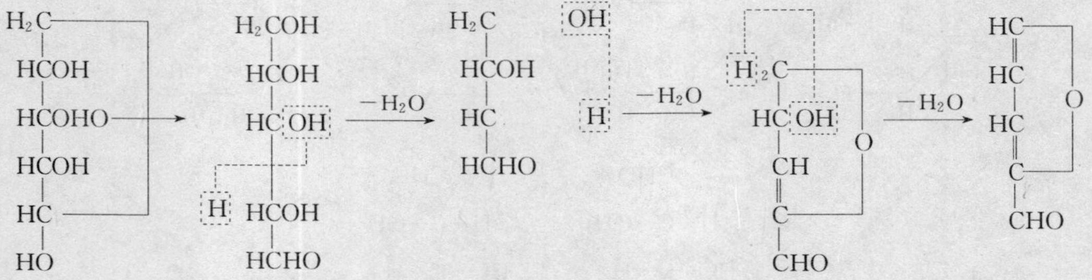

戊糖转变为糠醛的过程，是经过逐步分裂水分子的一系列阶段，并形成戊糖失去一分子水和两分子的中间产物。

多缩戊糖水解和脱水制取糠醛的过程中，易产生一些副反应。如糠醛在热的酸性介质，易分解成甲酸及腐植质，糠醛本身也可起聚合反应生成树脂产物，同时糠醛与戊糖或戊糖脱水时生成的中间产物起反应形成缩合物等。产生副反应的示意图如下：

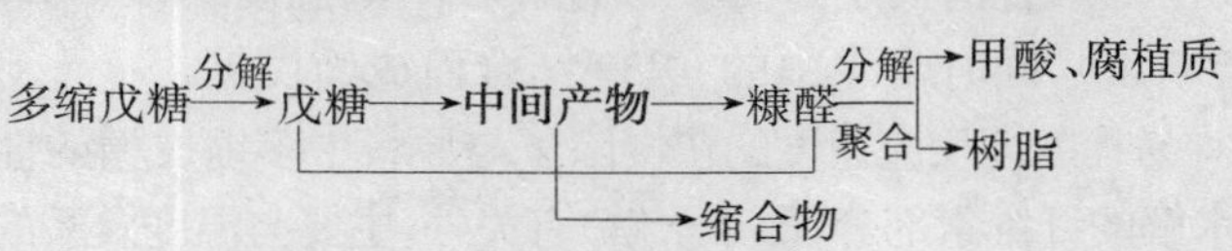

多缩戊糖(以多缩木糖为例)转化成糠醛的反应过程是复杂的，各阶段都有副反应并存，都会损失部分糠醛。由于中间产物的脱水反应速度常数远远大于戊糖(木糖)脱水反应速度常数，尽管有中间产物生成，但一经生成又很快脱水成糠醛。因此，中间产物对整个反应过程影响不大，影响较大的是糠醛自身的分解、聚合以及糠醛与戊糖的缩合的副反应。由于这些副反应的影响，糠醛实际产率仅为原料理论含醛量的50%左右。

半纤维素组成中，除戊糖外，还有甲基戊糖、己糖等。在戊糖脱水的同时，甲基戊糖脱水生成甲基糠醛，己糖脱水生成羟甲基糠醛。甲基糠醛随水蒸气一起从水解锅逸出，羟甲基糠醛仍残留在水解锅中进一步分解成乙酰丙酸。

此外，植物纤维原料中木脂素所含的乙酰基（$CH_3CO—$）和甲氧基（$—OCH_3$）等也在水解反应条件下生成醋酸和甲酸，成为糠醛生产过程中的主要副产品，可加以回收。

② 影响糠醛得率的因素

Ⅰ. 原料质量　糠醛的得率直接与原料中多缩戊糖的含量有关。多缩戊糖除与原料种类有关外，还与原料的储存保管有关。糠醛生产的原料一般是秋冬季节收购，一年内用完。原料应该妥善保管，力求通风良好，防止雨淋霉烂。

原料中的糠醛理论得率和实际得率：常用植物原料的糠醛理论得率和实际得率见表3-6，油茶壳的化学组成见表3-7。

表3-6　常用植物原料的糠醛理论得率和实际得率

原　料	糠醛理论得率/%	糠醛实际得率/%
油茶壳	17～19	7
玉米芯	20～24	9～11
棉籽壳	17～20	7～10
稻　壳	10～14	5～6
甘蔗渣	17～20	9
花生壳	10～12	6
向日葵籽壳	16～18	6～7

表3-7　油茶壳的化学组成

组　成	含　量/%	组　成	含　量/%
水　分	15～20	单　宁	7～9
多缩戊糖	28	皂　素	8.7
纤维素	21	油　分	0.3～0.4
木脂素	4～5	灰　分	2～4

Ⅱ. 催化剂的种类和浓度

(a) 催化剂的种类：常用的催化剂是硫酸，有用过磷酸钙和不加催化剂的，也有用盐酸的。糠醛生产对硫酸质量要求不高。过磷酸钙是酸性盐类，生产上有单用过磷酸钙为催化剂的，也有用硫酸加过磷酸钙一起使用的。不加任何催化剂的方法称无酸水解法，实际上是利用植物纤维原料中的乙酰基，在高温下裂解生成的醋酸作为催化剂。盐酸的催化能力虽强，又较易取得，但对设备的耐腐蚀要求较高，水解速度快，要求机械化、自动化程度较高，目前正在试验中。

(b) 催化剂的浓度：常用硫酸作催化剂，硫酸浓度对水解有一定影响。在一定的反应条件（如温度、液比等）下，对硫酸浓度有一定要求。硫酸浓度低了，水解反应速度慢，水解不完全，糠醛得率低；硫酸浓度过高，反应剧烈，原料焦化，糠醛易受破坏，糠醛得率同样也会降低。根据木糖脱水生成糠醛的反应情况，在0.05 mol/L硫酸浓度以下，随着酸浓度的增加，得率增大；超过0.05 mol/L硫酸浓度，提高酸浓度对糠醛得率影响不大。

生产上，通常采用料液比1∶(0.3～0.5)（即100 kg风干植物原料用稀硫酸30～

50 kg)，硫酸浓度是 5%～8%。用油茶壳为原料生产糠醛时，由于水解残渣易胶结，难于排渣。如果硫酸浓度提高到 9%～10%，残渣清放较为顺利。

Ⅲ. 反应温度　反应温度是最主要的因素。它不仅影响糠醛得率，也影响反应速度。

用 1%稀盐酸处理稀木糖溶液，在温度 140～160℃范围内，测定和计算各种反应速度常数和温度的关系，结果如图 3－3。

由图 3－3 可见，由于木糖分解速度常数(k_1)随温度增高的倾向比糠醛树脂化速度常数(k_3)大，因此，提高水解温度对糠醛生产是有利的。

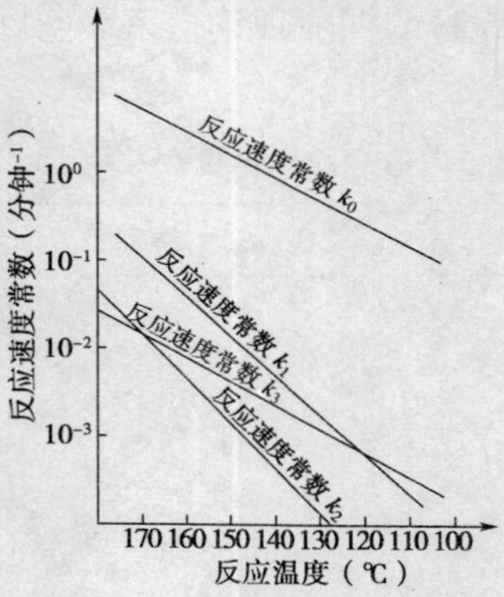

图 3－3　各种反应速度常数和温度关系

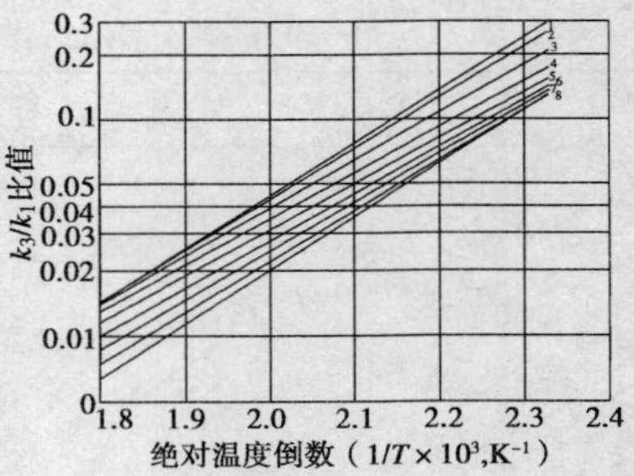

图 3－4　k_3/k_1 比值和温度的关系

用稀硫酸作为催化剂时，反应温度对木糖制糠醛的反应速度常数的影响也是一样的。温度越高，k_3/k_1 比值越小。在不同浓度的木糖溶液(c_{x_0})中，温度对 k_3/k_1 比值的影响，见图 3－4。

上述分析结果证明，随着反应温度的提高，木糖脱水生成糠醛的反应速度常数(k_1)增长的速度大于糠醛树脂化速度常数(k_3)的增长速度。这样，提高反应温度，既可缩短反应时间，又可提高糠醛的得率。但是最适宜的反应温度是随原料的种类而变化的。如以油茶壳制取糠醛时，在 0.2 m^3 的水解锅中，反应温度从 158℃(相应压力是 0.5 MPa)提高到 164℃(相应压力是 0.6 MPa)，糠醛得率由 8.8%可提高到 10.8%。又从 164℃(相应压力是 0.6 MPa)提高到 170～175℃(相应压力是 0.7～0.8 MPa)，糠醛得率并无明显提高，但是有机酸的得率仍随温度(压力)提高而上升。

棉籽壳制取糠醛在 5 m^3 的水解锅中进行，硫酸浓度 6.6%，料液比为 1∶0.45，反应过程按其尾气中糠醛浓度 0.4%为终点，不同水解压力(温度)对糠醛得率和生产操作周期的影响如表 3－8。

表 3－8　不同水解压力(温度)对糠醛得率和生产周期的影响

水解压力 /MPa	水解温度 /℃	原料含醛量 /%	糠醛得率 /%	糠醛得率占理论量 /%	出醛时间 /min	生产周期 /min
0.50	158	18.54	9.25～9.66	50～52	240	280
0.75	172	15.50	9.51～9.05	54.9～58.4	105～110	145～150
1.0	183	15.50	8.38～8.90	54.1～57.4	60～75	100～115

从油茶壳和棉籽壳水解结果可见，不同的原料的适宜水解压力（温度）是不同的，但一般都在 180℃附近。

Ⅳ．醛汽抽出速度　糠醛在水解锅中生成以后，即使它尽快地脱离反应区域，也总有一部分糠醛残留下来遭受树脂化和分解而损失，如果加快糠醛的引出速度，就可减少糠醛的损失，提高糠醛得率。增加水蒸气的通入量可加快糠醛的引出速度。因此，醛汽抽出速度对糠醛得率的影响，就是水解用水蒸气量对糠醛得率的影响。但水蒸气通入量应该控制恰当，用汽量过多，醛汽浓度下降，又会增加蒸馏用水蒸气量。

此外，减少水解锅中积水量也是降低糠醛残留量的有效方法。因此，操作时应注意保持水解锅的温度（避免冷锅装料等），控制原料中的水分，以减少水解锅内的液体量。

Ⅴ．氧化反应　糠醛与氧气接触，在室温下也会被氧化，这是一种自动氧化反应。如果有酸等杂质存在，同时温度较高，自动氧化反应更会加剧，最终生成甲酸等有机酸和酸性聚合物。

在间歇水解锅装料过程中，必然会带有空气。糠醛生成后，在水解锅中发生汽相氧化，同时，水解生成的木糖也会被氧化，木糖的氧化速度是糠醛的一倍半。糠醛因氧化而分解的损失约占糠醛生成量的 30%～50%。如果说惰性气体取代空气，就可降低糠醛的分解量，提高糠醛得率。生产上可用先抽真空，后吹水蒸气的办法排除原料颗粒间和毛细管里（不包括吸附在原料中的分子氧）的氧气，也可达到同样的结果。

③ 蒸煮工艺

Ⅰ．原材料的预处理　包括原料的粉碎和干燥以及酸液的配制，目的是为原料的蒸煮水解创造良好的条件。

（a）原料的粉碎：原料颗粒的大小，对酸液的混合和渗透以及糠醛从生成区的引出，影响较大，一般以 5 mm 左右为宜。生产上，棉籽壳不粉碎。稻壳虽小，但籼稻壳蒸煮后的纤维木素在水解锅内容易产生“搭桥”的现象，影响排渣，为了提高排渣效果，一般粉碎一次就可以了。玉米芯需要粉碎，但颗粒度控制较大，因为粉碎得太细，生成粉末很多，易随醛汽一起带到冷凝器等设备，造成管道和设备的堵塞，同时会影响冷凝器的传热效果，粉碎太细，电力消耗也多。生产上常用锤式粉碎机。

（b）原料的干燥：糠醛生成反应过程要求反应区域里水分少些为好，一方面有利于木糖的脱水，同时又减少糠醛溶解在水中，降低糠醛在水解锅中遭受破坏所造成的损失。因此，要求原料中的水分和混酸时用的酸液量越少越好。原料中的水分一般控制在 20%左右，这对于一般风干植物纤维原料是完全可以达到的，但栲胶残渣含水太多，生产糠醛时应设法降低原料中的水分，或者采用连续水解法，减少水分对糠醛得率的影响。

（c）配制酸液时的注意事项：浓硫酸是腐蚀性很强的酸，操作人员应穿戴好劳动保护用品，检查运输工具和管道是否安全可靠。通常用酸蛋从酸库输送到高位计量槽。

配制稀酸时，应根据工艺要求的浓度，计算硫酸和温水用量。先将温水放入配酸槽内，然后将所需的硫酸缓缓加入温水中，同时用压缩空气搅拌，用比重表测定浓度，并进行适当的调整。

Ⅱ．蒸煮工艺过程　蒸煮工艺过程包括装料、升压、出醛、降压、排渣。混酸是在装料过程中进行的。

植物纤维原料的蒸煮（水解和脱水反应）过程是在水解锅中进行。原料与稀酸溶液拌匀后，由拌料机出口直接装入水解锅。为了缩短水解周期，增加装料量、提高出醛率，通常采用带汽装锅的办法，即一面装料，一面微开进汽阀门，进入少量蒸汽，直到锅口有汽冒出即可。

装料结束后，上盖升压，升压到 0.1 MPa 时，打开排气阀排出锅内空气一次；升压至 0.3 MPa 时，再排出空气一次，每次约半分钟；然后继续升压至规定的水解操作压力。升压不宜过快，升压时间一般为 15 min。

在蒸煮反应过程中，糠醛浓度是按一定的规律变化的。糠醛浓度变化曲线（以油茶壳的蒸煮反应为例）如图 3-5 所示。从图中可以看出，蒸煮反应可分为以下四个阶段：

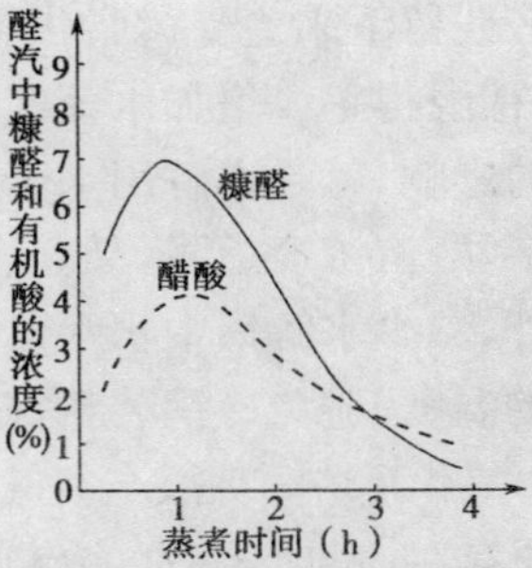

图 3-5　油茶壳生产糠醛时的蒸煮曲线

增浓阶段：指加料后升压至反应压力，开始蒸煮到高峰阶段前的一段时间，此时醛汽浓度上升很快。

高峰阶段：有一个较长时间，醛汽浓度慢慢上升，维持一个短时间的最高浓度后，慢慢下降，这段时间保持着较高的醛汽浓度。

降浓阶段：这个阶段醛汽浓度逐渐缓慢下降，直至浓度为 0.5%左右。

尾浓阶段：醛汽浓度很低，一般在 0.5%以下，浓度下降十分缓慢，维持一个很长时间。

这种反应特征，在单锅操作时，各种原料基本相同，但曲线的形状，如各阶段所占时间的长短，可能达到的糠醛浓度等，是随原料的种类和蒸煮条件变化而改变的，如棉籽壳水解时，高峰阶段比油茶壳的出现要早些。总之，在不同的阶段，蒸汽的通入量是不相同的。在高峰阶段，要开大蒸汽阀门，把产生的较浓醛汽很快引出去以减少糠醛的分解；在增浓、降浓的低峰阶段，要关小蒸汽阀门，这样既可提高醛汽浓度，又能降低蒸汽消耗；尾浓阶段不进行蒸煮而排渣出料。另外，原料中所含多缩戊糖，有的容易水解，有的难以水解，其性质不同，往往使蒸煮工艺有显著不同。如棉籽壳所含易水解的多缩戊糖占其总量的 95%，而向日葵籽壳仅达 50%～60%。原料的性质不同，蒸煮时的工艺要求和时间长短就有所差异。原料一定时，提高反应温度（压力）和硫酸浓度，都可使高峰阶段提前，但温度的影响较为明显。

反应温度（压力）、催化剂浓度和蒸煮时间，这三者是互相影响、互相联系的。在一定的蒸煮时间条件下，温度（压力）高，催化剂浓度可以低些；反之，催化剂浓度高，温度（压力）可以低些。如果温度和催化剂浓度得不到适当的配合，则蒸煮时间要延长。温度（压力）高，反应快，产量大，醛汽浓度高，成本低。但对设备要求高，水解锅强度要大，钢材消耗多。

生产时，对于某一种原料和某一蒸煮工艺条件，都应绘制这样的操作曲线，选择适宜的蒸煮时间，以求达到糠醛得率高，蒸煮时间适宜、水解锅生产能力大、糠醛浓度大和水蒸气耗量低的最适宜工艺条件。

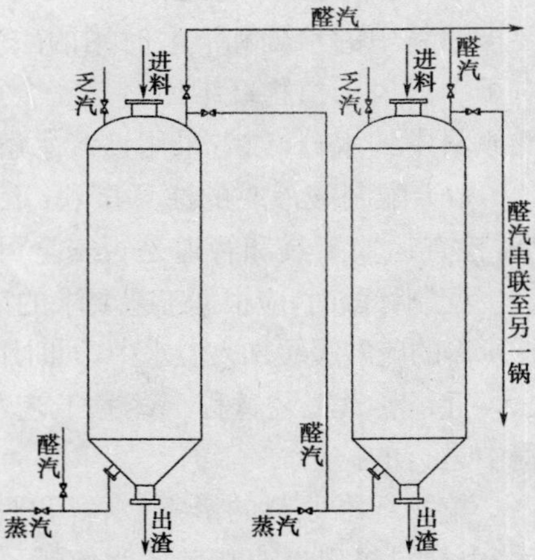

图 3-6　双锅串联蒸煮示意图

总之，单锅操作时，糠醛平均浓度低，蒸煮和蒸馏时水蒸气耗量大；而且水蒸气用量又不平稳，高峰阶段出醛多而加大用汽量，低峰阶段为保证糠醛浓度而减少水蒸气用量，这样就影响到锅炉车间的正常操作，加上糠醛和有机酸浓度波动较大，影响到蒸馏和汽相中和等操作。

生产上，通常采用双锅串联，如图 3-6，即将前一台水解锅后半期（降浓阶段）抽出的含醛较少的水蒸气通到第二台水解锅，作为该水解锅出醛时的加热蒸汽用，各锅依次串联，形成串联组的汽相连续操作。采用双锅串联可以提高并稳定糠醛的浓度（见图 3－7），一般平均可由4%提高到 5%～6%。这样，蒸煮工序生产每吨糠醛蒸汽用量由 25 t 降到 17 t，同时也可节省蒸馏用加热蒸汽。此外，又可提高并稳定有机酸（以醋酸为主）的浓度，一方面可以发挥有机酸的催化作用，另一方面又为管道汽相中和创造了良好的条件。采用双锅串联，还可改进锅炉车间的生产操作和适当延长出醛时间，增加一部分糠醛得率。醛汽中糠醛浓度提高后，串联锅数多了，糠醛分解量会增加。而且，串联操作每一锅压力降约为 0.05～0.1 MPa。串联锅数越多，压力降也越大，反应温度随压力降的增大而下降，影响到正常的蒸煮操作所需的温度条件。因此，一般采用双锅串联，对于有机酸得率较高的原料和煤价较高的地区，可考虑增加串联的锅数，如改用三锅串联。

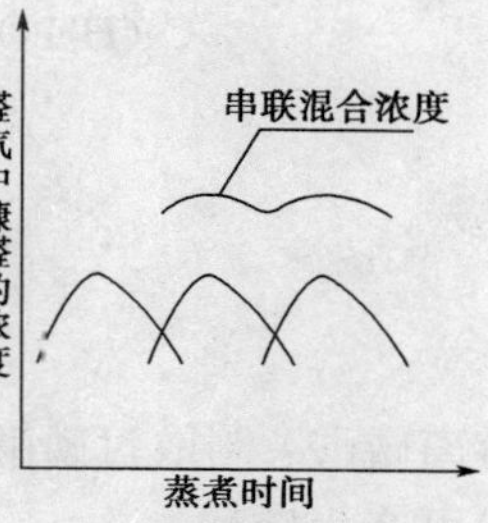

图 3－7　双锅串联的混合浓度曲线

Ⅲ．蒸煮工艺条件　常用的工艺条件如表 3－9。

表 3－9　蒸煮常用工艺条件

控制项目	工艺要求	
	油茶壳	其他原料
水解压力/MPa	0.5～0.7	0.4～0.8
水解温度/℃	150～160	140～170
硫酸浓度/%	9～10	5～8
液比（气干原料计）	1∶0.4	1∶(0.3～0.5)
（绝干原料计）	1∶0.5	1∶(0.4～0.6)
水解周期/min	240	240～480
其中：		
装锅/min	30	
升温/min	40	
出醛/min	160	
排渣和检查/min	10	
排渣时锅内压力/MPa	0.3	
快开阀开启压力/MPa	0.4	

蒸煮时间随原料种类、蒸煮条件和水解锅的容积而变化：如以棉籽壳为原料，12～15 m^3 的水解锅，水解压力是 0.4 MPa，蒸煮时间约需 6～8 h；而 7 m^3 的水解锅，水解压力 0.7 MPa，蒸煮时间约需 4 h。蒸煮用的水蒸气，一般用饱和蒸汽。为了降低锅底积水，也可用过热度较低的水蒸气，以防蒸汽温度过高而使锅底原料焦化。

Ⅳ．过磷酸钙蒸煮工艺

(a) 过磷酸钙的性质：过磷酸钙呈灰白色，具有酸性，它的酸性来源有两方面：

磷酸一钙的解离：磷酸一钙属酸性盐，按下列方式解离，产生氢离子；

$$Ca(H_2PO_4) \rightleftharpoons Ca^{2+} + 2H_2PO_4^- \\ \updownarrow \\ 2H^+ + 2HPO_4^{2-} \\ \updownarrow \\ 2H^+ + 2PO_4^{3-}$$

游离磷酸：制取过磷酸钙时所加的硫酸一般比理论需要量稍高，这一部分硫酸作用于磷矿粉可产生磷酸。

过磷酸钙法和硫酸法一样，都是利用氢离子的催化作用。

(b) 过磷酸钙法蒸煮工艺：过磷酸钙法生产糠醛时，一般是每 100 kg 玉米芯加过磷酸钙 40～50 kg，水 40～50 kg。生产上核定时一共用玉米芯 11 000 kg，过磷酸钙 4 480 kg，清水 4 800 kg，水解压力 0.5 MPa，每锅蒸煮时间 320 min，共得粗糠醛 1 270 kg，平均粗糠醛得率为 11.5%（同样条件，硫酸法一般为 11%），共得糠醛渣（腐植酸磷肥）25～30 t。

④ 蒸煮工段主要设备

蒸煮工段又称水解工段，主要设备有酸料搅拌机和水解锅。

Ⅰ. 酸料搅拌机　酸料搅拌机又称混酸机，生产上常用的液比是 1∶(0.3～0.5)。由于植物纤维原料比重小，体积大，酸液量又比较少，为了保证混酸效果，对酸料搅拌机的要求较高，希望酸液能均匀分布在植物原料表面，并能渗透到原料内部。

酸料搅拌机，如图 3-8。其机身为圆筒形，用木板或塑料板制作，内设酸液分配装置（一般用喷淋方式）和搅拌器，搅拌器全长约 2 m。上部有进料口，下部有出料口。

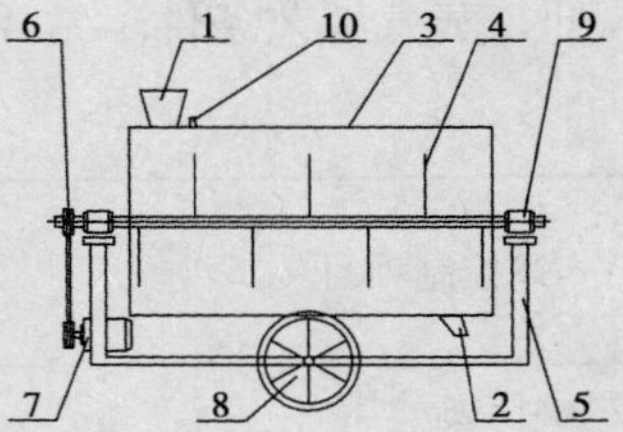

图 3-8　酸料搅拌器

1. 原料入口；2. 酸料出口；3. 机壳；4. 拨棍；5. 机架；6. 皮带轮；7. 电动机；8. 车轮；9. 轴瓦；10. 稀硫酸喷头

Ⅱ. 水解锅

(a) 立式间歇水解锅：水解锅是糠醛生产的最重要设备。根据工艺操作特点，要求水解锅能承受操作压力下高温时浓度5%～10%硫酸的腐蚀，结构上有利于水解残渣的顺利排放，使排放后锅内的残渣量越少越好。普遍采用直立圆筒式，其一般结构见图 3-9。

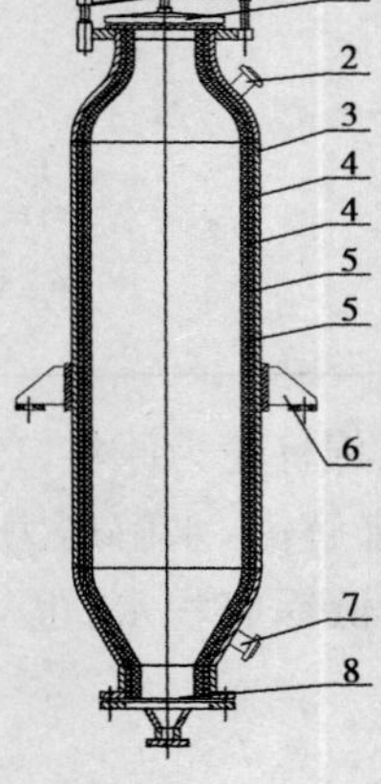

图 3-9　水解锅

1. 锅盖；2. 上接管；3. 锅体；4. 耐酸砖；5. 灰缝；6. 支座；7. 下接管；8. 下料接口

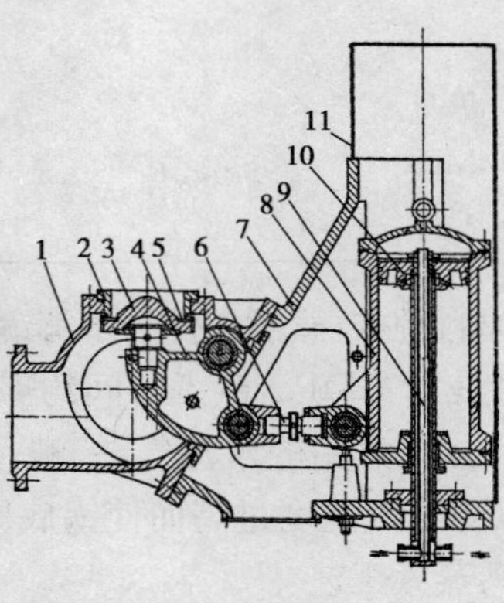

图 3-10　气动蘑菇形快开阀

1. 阀体；2. 阀座；3. 阀芯；4. 扇形体；5. 垫圈；6. 拉杆；7. 机架；8. 汽缸体；9. 活塞杆；10. 活塞；11. 保护罩

间歇水解锅通常是用 A_3 钢板卷制、焊接而成的圆筒形受压容器，上下都有锥体相连，上锥角常用 90°或者做成球面形，这样可以降低水解锅的总高；下锥角一般用 60°，以利于水解残渣——木素或纤维木素的排放。锅内设有耐酸耐热的衬里。水解锅上口除用作加料口外，还可用作锅内施工和维修时的入孔。上有锅盖 1，借螺栓和上口法兰连接，盖的内壁也衬耐酸材料，一般用紫铜或耐酸钢板。上锥部设上接管 2 供排醛汽用，下锥部设下接管 7 供通入加热蒸汽和串联用。水解锅卸料接口 8 供接快开阀用。快开阀可使间歇水解锅安全快速排渣。

间歇水解锅一般采用气动蘑菇形快开阀，如图 3-10。它由气动和阀体两部分构成。气动部分由活塞、活塞杆、气缸体等组成；阀体部分由阀体、阀座和蘑菇形阀芯所组成。排渣后通过手孔用热水冲洗掉阀芯垫圈上的残渣，就能保持良好的密封。

由于气动蘑菇形快开阀结构复杂、价格较贵，现开始采用简化快开球阀，它具有结构简单、操作方便的特点。

糠醛生产所用水解锅，一般是小型的，既便于制造，又可串联操作，高径比一般用 1：(3～4)。年产 500 t 左右的糠醛厂，一般用 5～6 m^3 容积的水解锅 5 台。

(b) 立式连续水解锅：最早用在以栲胶残渣为原料，水解时不加任何催化剂，压力为 1.3 MPa，温度为 180～190℃的糠醛生产。有机酸得率可达绝干原料的 2%～6%，利用这些有机酸作为催化剂。立式连续水解锅的结构，如图 3-11 所示。它是由 12 mm厚耐酸钢板焊接成的立式容器，高 12 m，外形好像是圆柱体，实际上部直径是 1.4 m，下部直径是 1.6 m。水解锅外设保温层。上顶设有螺旋进料器 4，下部设有“S”形排料阀 15。有四个进水蒸气的管接头均匀分布在圆柱体的不同高度。含糠醛的水蒸气由顶上排出。圆柱体上、下部在同一平面位置与方向各设一个检修孔。锅内下部设有搅拌装置，以利于排渣。水解锅靠三根 1.5 m 支柱支撑。

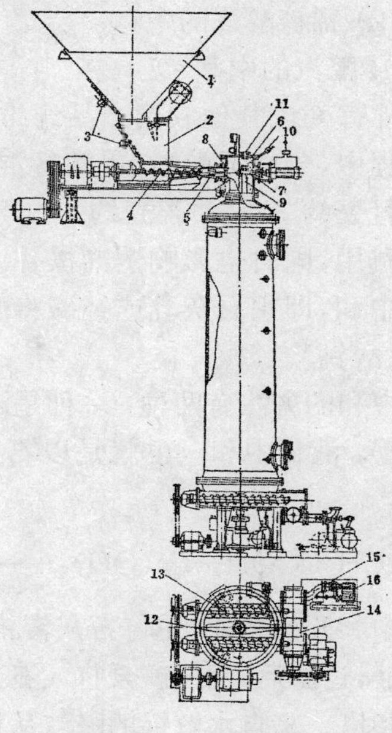

图 3-11 立式连续水解锅

1. 料仓；2. 装料斗；3. 振荡器；4. 螺旋进料器；5. 密封挤套；6. 顶盖；7. 浮动密封进料阀；8. 填料函；9. 隔板；10. 杠杆平衡锤；11. 安全阀；12. 搅拌器；13. 螺旋输送器；14. 横向螺旋输送器；15. “S”形排料阀；16. 连杆传动装置

螺旋时料器是卧式的。螺旋装在可拆卸的铸件外壳中。在圆柱体上设有方形的进料口，直接与料仓 1 和装料斗 2 相连。在料仓和装料斗上都装有振荡器 3，以帮助原料从料仓通过装料斗落入螺旋壳体。螺旋壳体的另一端与圆柱和圆锥形连接管所组成的密封挤套 5 靠螺栓相连接。密封挤套的圆锥部伸进水解器上顶口侧管内，依靠填料函 8 密封。密封挤套是使原料形成一个坚实的不断向前推进的密封塞，以保证水解器内维持在需要的压力。

在顶颈口与密封挤套同一水平轴线上设有浮动密封进料阀 7。它装在与气缸活塞相连的拉杆上。拉杆依靠装在水解锅项颈的另一根连接管的填料函伸进水解锅。在顶颈口另下侧通过填料函伸进一根水平轴，轴上装有垂直的隔板 9，以分隔开向下落的原料和向上升的含糠醛的水蒸气。隔板保持在一定的位置，并依靠装在隔板轴上的杠杆平衡锤 10 来防止因原料的负荷变化所产生的位移。

卸料由若干作用不同的相互关联的部件所组成。按照水解残渣——纤维木素的杆程来看，首先遇到的是锅内搅拌器。搅拌器 12 是装在立轴上的水平桨叶，在靠近底部的平面上转动。立轴能过填料函伸入水解锅底，靠专用的电动机通过涡轮螺杆来传动。

水解锅底设有两个平列的方窗，物料通过方窗下落到两台等螺距的螺旋输送器，螺旋输送器一端穿过外壳上的滚动轴承与链轮相连接，另一端装入设在外壳顶端的滑动轴承中，两台螺旋输送器由同一台电动机通过变速箱传动，并与一台横放的同样结构的横向螺旋输送器 14 连接，横放的螺旋输送器一端与摇杆传动的“S”形排料阀 15 相连接。物料依靠本身压力通过“S”形排料阀喷放到常压贮槽。“S”形排料阀的结构如图 3－12。

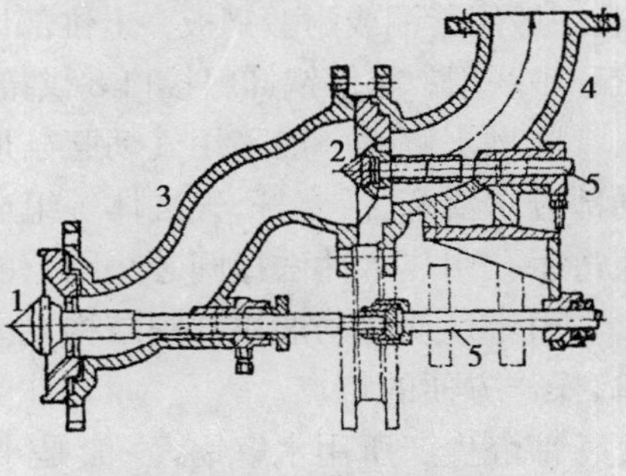

图 3－12 “S”形排料阀

1，2. 锥形阀；3.“S”形管；4. 排料管；5. 阀门传动轴

（2）稀糠醛汽的中和

① 醛汽的中和

棉籽壳或其他农副产品纤维原料中的木脂素含有乙酰基、甲氧基等，在水解生成糠醛的过程中，分解成醋酸、甲酸等混在醛汽中，其得率随原料种类和水解条件而变化，玉米芯和棉籽壳约 2％，油茶壳约 4％。处理这类稀溶液，不仅要用耐腐蚀的蒸馏设备，增加设备投资费用，同时也影响蒸馏操作。因此，较好的方法是在糠醛蒸汽进入蒸馏塔之前，预先加以中和，即用石灰乳或纯碱将醛汽中的醋酸等有机酸中和，同时可以回收副产品醋酸钠（或醋酸钙）。

中和的方法有两种：一种是液相中和，另一种是汽相中和。

Ⅰ．液相中和　也就是以石灰乳作中和剂的塔式中和。有机酸（以醋酸为例）的中和反应：

$$2CH_3COOH+Ca(OH)_2 \longrightarrow Ca(CH_3COO)_2+2H_2O$$

中和开始之前，先将石灰浸泡，配成浓度为 8～12°Bè 的溶液，过滤后，用压碱泵打入石灰罐，再利用蒸汽压力压入中和塔。来自水解锅的醛汽从塔的下部进入，通过泡罩一层层上升除去醋酸等有机酸，醛汽从塔的顶部出去，进入汽渣分离器。石灰乳在塔内循环使用。当 pH 值达到 6 时，即可重新换入新鲜石灰乳。此种方法使用石灰乳作中和剂，虽然价格便宜，但容易产生堵塞和带泡沫现象，中和效果不太理想，而且糠醛在中和时的破坏损失也较多，所以国内一般很少采用。塔式中和如图 3－13 所示。

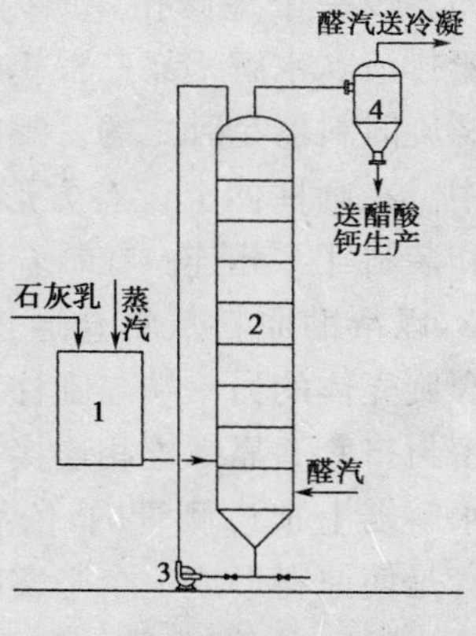

图 3－13 糠醛液相中和工艺流程图

1. 储碱罐；2. 中和塔；3. 循环泵；4. 汽渣分离器

Ⅱ．汽相中和　也就是用纯碱或石灰乳作中和剂的管道汽相中和。在实际生产中常采用纯碱溶液作中和剂。其化学反应（以醋酸为例）如下：

$$2CH_3COOH+Na_2CO_3 \longrightarrow 2CH_3COONa+H_2O+CO_2\uparrow$$

汽相中和的流程如图 3－14 所示。其过程是，在化碱锅内配好的 10%～2%碳酸钠溶液，通过滤网流到压碱罐 2，压碱罐一般设置两台，轮换使用。压碱罐依靠空气压缩机送来的压缩空气或具有一定压力的蒸汽将碱液送到汽相中和管 4，碱液经套管预热器预热后，用针形阀控制流量，高速送入反应管，管内醛汽中的有机酸与碱液产生瞬间的中和反应，形成醋酸钠液雾，以切线方向流入气液分离器，中和后的醛汽流入热交换设备或冷凝器，分离出来的醋酸钠溶液放入储槽，进一步制取醋酸钠。

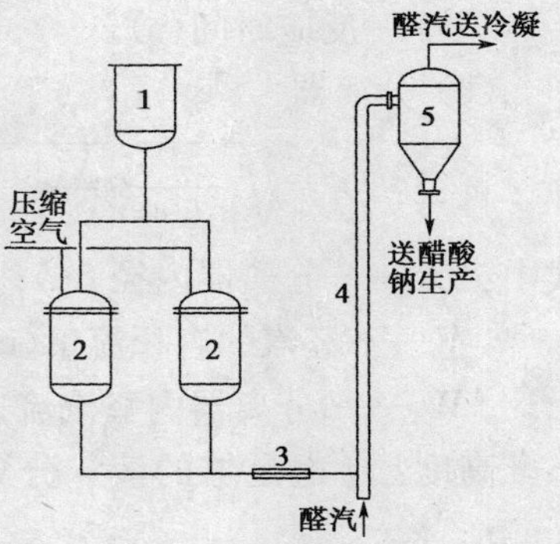

图 3－14　糠醛汽相中和工艺流程图
1. 化碱罐；2. 压碱罐；3. 预热器；4. 汽相中和管；5. 汽渣分离器

在中和操作过程中，醛汽含酸量、压力等经常变动，又难以自动控制，操作人员应经常用 pH 试纸检查中和液，一般控制 pH 值在 7～7.5。熟练的操作工人可凭中和液的色泽和混浊情况调节，一般情况下，黑色偏碱，黄色偏酸，乳白色适中。

汽相中和设备是受压容器，在汽液混合物流速大的部位，由于腐蚀和磨损同时存在，设计时，应适当加大壁厚裕量。汽相中和管中，醛汽流速取 40～50 m/s，中和反应时间取0.1～0.15 s，一般中和管长度是 6 m 左右。

管道汽相中和设备结构简单、投资少、中和效率高（醋酸浓度平均从 2.74%降到 0.077%），基本上可以解决醛汽中和以后的设备腐蚀问题，节约耐酸的有色金属，减少设备维护和基建投资费用；糠醛的破坏损失小，中和液色淡，有利于醋酸钠的回收，故为一般糠醛厂所采用。

经过中和（特别是汽相中和）以后的醛汽中混有醋酸钠（或醋酸钙）等残液，它的存在影响蒸馏操作，同时也不利于醋酸盐的回收。因此，中和后的混合气体要经过汽渣分离。汽渣分离一般采用旋风分离器的结构形式，见图 3－15，分离器内套筒的长度要求为分离器器身主体长度的 2/3，进气管必须从切线方向进入，排渣管变成"U"形，以免醛汽逸出。

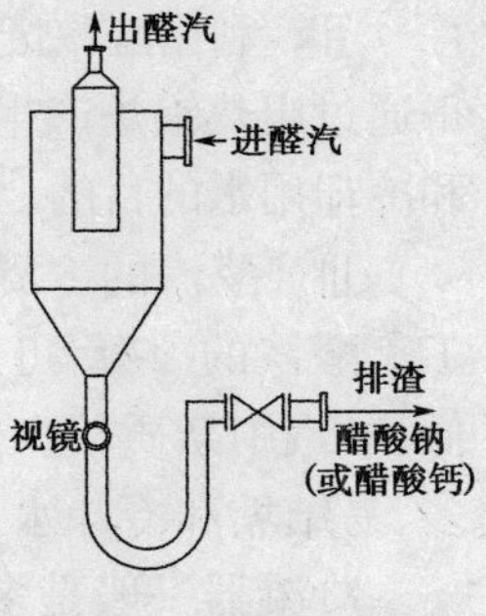

图 3－15　汽渣分离器

经中和后的醛汽从切线方向进入旋风分离器，在分离器内急速旋转，残液（或残渣）从上往下降，醋酸钠及其残渣落到锥形底部，由于内部压力，把它们排出。醛汽从分离器的内套筒往上吹出，进入热交换器或冷凝器。

汽相中和时的主要设备如下：

（a）汽相中和管

直径：$D=\sqrt{\dfrac{V}{3\ 600\times 0.785\ W}}$

式中：D——反应管的内径（m）；

V——醛汽容积流量（m^3/h）；

W——醛汽在管内的平均流速（m/s）。

反应管长度：$L=W\,t$

式中：L——反应管长度（m）；

t——反应时间(s)。

(b) 分离器

直径：$D_1=\sqrt{\dfrac{V}{3\ 600\times 0.785\ W_1}}$

式中：D_1——分离器内径(m)；

V——醛汽的容积流量(m^3/h)；

W_1——分离器内醛汽流速(m/s)，一般取1～1.5 m/s。

高度：考虑足够的液沫分离时间，反应管切线入口向上取1.5 m，向下取1 m，总高度2.5 m。

壁厚：按一般受压容器计算公式计算，但在液沫切线方向进入区域须进行加强。

② 热能的利用

生产1 t的糠醛大约需要40 t水蒸气，其中一半用于蒸煮水解，压力要求0.8～1.0 MPa，另一半用于蒸馏、精制，压力0.3 MPa。从水解锅引出的醛汽带有大量的热能，过去有人曾用汽相直接入塔蒸馏，因浓度波动大、操作不稳定，蒸馏设备庞大等原因，现仍用液相入塔，醛汽冷凝冷却耗用大量水。如果利用醛汽的热能可以节省大量水蒸气和冷却用水，这是节约用煤和解决锅炉生产能力不足的有力措施。

Ⅰ. 利用醛汽废热产生二次蒸汽：水解锅中排出的压力在0.8～1.0 MPa的醛汽，在废热锅炉内可以产生压力0.3 MPa二次蒸汽，供糠醛蒸馏和精制时用。

废热锅炉由换热器和汽包两部分组成，亦可用外加热式蒸发器结构。换热部分因醋酸关系，应用耐酸材料，一般管内走醛汽，管间走软水。

Ⅱ. 利用醛汽废热作为蒸馏塔釜的热源：水解压力为0.4～0.6 MPa时所得的醛汽，不值得通过废热锅炉产生二次蒸汽，可直接送往蒸馏塔底作为加热用蒸汽，同样可以达到节约蒸汽和冷却用水的目的。由于醛汽含酸，又易堵塞，用醛汽加热时，往往采用外加热釜式蒸馏塔。

Ⅲ. 醛汽的冷凝：醛汽无论是否进行热能回收，都需要冷凝成原液，才能送入蒸馏塔加工。醛汽的冷凝，可用列管式冷凝器。醛汽可走管间，也可走管内。前者适用于醛汽压力低、醛汽中杂质较少、结垢不多和冷却水比较脏的情况；后者适用于醛汽压力高，醛汽中杂质多、易结垢和冷却水比较清洁的情况。

冷凝器一般是多程的，以加速醛汽的流速，提高传热效率，又可防止悬浮颗粒的沉降。不论汽相中和与否，凡与醛汽接触的部件，都采用耐酸材料。糠醛原液，特别是汽相中和后，含有树脂状杂质较多，经常堵塞，难于清洗，最好改用便于清洗和修理的结构，如浮头式列管换热器或平板式换热器等。

(3) 稀糠醛液的蒸馏

醛汽中和后的冷凝液，称为原液，其中含水90%以上，糠醛4%～6%、低沸点物占糠醛量5%～15%(主要是甲醇，还有丙酮、乙醛等)和残余有机酸(醋酸和甲酸等)。因此，生产时一般采用连续蒸馏的方法，以除去原液中的杂质，提高糠醛的浓度。

① 蒸馏原理

液体混合物的蒸馏是根据组成混合物的液体具有不同的挥发度，即在同一温度下各自的蒸汽压不同。因此，对液体混合物加热，使之部分汽化，其蒸汽的组成与原来液体的组成不同，蒸汽中所含易挥发组分的比例总是大于原来液体混合物中该组分的比例，将此蒸汽冷凝，再把冷凝液加热，使之部分汽化，然后再将其蒸汽冷凝，如此重复操作，最后可将液体混合物中的纯组分分离出来。其分离方法与原液混合物的各组分性质有关，它们的主要性质，如表 3-10。

表 3-10 糖醛及其伴生物的主要性质

组　成	相对分子质量	沸点/℃ (0.1 MPa)	冰点/℃	闪点/℃	比重/d_4^{20}	折射率/n_D^{20}	比热/cal·(g·℃)$^{-1}$	汽化潜热/cal·(g·℃)$^{-1}$
甲　醇	32.04	64.7	−97.6	−1	0.793	1.331 2	0.600	269.76
甲　酸	46.03	100.8	8.6	66	1.220	1.371 4	0.509	118.0
醋　酸	60.5	118.1	16.7	38	1.046	1.371 5	0.488	96.75
乙　醛	44.05	20.2	−123.5	−38	0.783	1.339 2		136.2
丙　酮	58.08	56.5	−94.6	−18	0.791	1.359 1	0.514	125.0
糠　醛	98.06	161.7	−36.5	60	1.159 8	1.526 1	0.416	107.5
甲基糠醛	110.05	187.0			1.109 0	1.530 0		

注：1 cal=4.186 8 J

由表 3-10 可见，除甲基糠醛的沸点高于糠醛，是尾馏分外，其他杂质的沸点都低于糠醛，是头馏分。但实际上，有机酸（如醋酸）的蒸馏情况随着糠醛浓度而变化，醋酸在稀糠醛液中是尾馏分，在浓糠醛液中是头馏分。

糠醛-水溶液的沸点，随着混合液中两组分的变化而改变。混合液的沸点低于该两组分中任一纯组分的沸点。当糠醛重量浓度达到 35.2%（相当于摩尔浓度 9.2%）时，混合物即形成共沸物。因此，糠醛-水溶液有最低沸点的共沸物。

当糠醛原液（浓度 5%～6%醛汽冷凝液）蒸馏时，汽相中糠醛浓度较液相中高，得到具有最低沸点（97.8℃或 97.9℃）的共沸物，摩尔浓度为 9.2%，重量浓度为 35.2%（或 35.0%）。当摩尔浓度超过 9.2%（或重量浓度超过 35.2%）的糠醛溶液蒸馏时，汽相中糠醛浓度低于液相中的浓度，糠醛比水难于挥发。因此，糠醛蒸馏是分两步进行的，先得到粗糠醛，再得到精糠醛。

糠醛-水溶液的汽液平衡关系，如表 3-11、3-12。

表 3-11 0.1 MPa 压力下糠醛-水溶液的汽液相平衡组成

单位：%（摩尔分数）

沸点/℃	糠醛浓度/mol%		沸点/℃	糠醛浓度/mol%	
	液相	汽相		液相	汽相
100	0	0	100.6	80.0	11.0
98.56	1	5.5	109.5	90.0	19.0
98.07	2	8.0	122.5	92.0	32.0
97.90	4	9.2	146.0	94.0	64.0
97.90	9.2	9.2	154.8	96.0	81.0
97.90	50.0	9.2	158.8	98.0	90.0
98.70	70.0	9.5	161.7	100	100

表 3-12　0.1 MPa 压力下糠醛-水溶液的汽液相平衡组成

单位：%(质量分数)

沸点/℃	糠醛浓度		沸点/℃	糠醛浓度	
	液相	汽相		液相	汽相
99.90	0.2	1.5	98.13	9.0	30.5
99.82	0.4	3.0	98.07	10.0	31.7
99.74	0.6	4.4	98.02	11.0	32.6
99.67	0.8	5.8	97.98	12.0	33.3
99.60	1.0	7.0	97.95	13.0	33.9
99.42	1.5	10.0	97.93	14.0	34.4
99.25	2.0	12.7	97.92	15.0	34.7
99.11	2.5	15.0	97.91	16.0	34.8
98.99	3.0	17.1	97.91	17.0	34.9
98.87	3.5	19.0	97.90	18.0	35.0
98.76	4.0	20.7	97.80	18.4	35.2
98.66	4.5	22.2	97.80	18.4～84.2	35.2
98.58	5.0	23.6	98.70	92.5	35.8
98.50	5.5	24.8	100.60	95.5	39.7
98.43	6.0	25.8	109.50	97.7	55.6
98.37	6.5	26.8	122.50	98.4	71.7
98.31	7.0	27.7	146.00	98.8	90.5
98.26	7.5	28.5	154.80	99.2	95.7
98.21	8.0	29.2	158.80	99.6	97.7
98.17	8.5	29.9	161.70	100.0	100.0

实际上，糠醛原液是含有水、糠醛、甲醇、醋酸等的多元混合物。多元混合物的蒸馏问题是非常复杂的，一般拆成若干组三元混合物来剖析其蒸馏规律。这里按原液的主要成分，拆成甲醇-糠醛-水和醋酸-糠醛-水两组三元混合物。

甲醇-糠醛-水三元混合物蒸馏的特点是：可以得到甲醇馏分、糠醛-水共沸物和水三个组分。甲醇在 0.1 MPa 压力下的沸点是 64.7℃，是头馏分，水是尾馏分，而糠醛-水共沸物的沸点是 97.8℃，介于两者之间。共沸组成与溶液中甲醇浓度有关，甲醇的浓度越高，共沸物中糠醛浓度越低。

醋酸-糠醛-水三元混合物蒸馏的特点是：当蒸馏稀糠醛液时，醋酸是尾馏分，随水一起从塔釜排出；蒸馏浓糠醛液时，醋酸是头馏分，先随水等一起蒸出。

糠醛-水溶液的蒸馏是属于部分互溶的二元以上组分的共沸蒸馏，计算较为复杂：一种是按互溶的二元组分计算；另一种是按三元组分逐板计算。

② 糠醛蒸馏工艺

糠醛蒸馏工艺设备流程如图 3-16。

含糠醛 4%～6%的水溶液，控制一定的温度，连续从蒸馏塔的进料口加入，在塔内不断沿塔板向下流，同时受热变成蒸汽上升，在途中被浓缩。由于反复冷凝和蒸发，低沸点恒沸液的浓度在塔内自下而上逐步提高，而高沸点水的纯度自上而下逐步提高。最后，恒沸液在塔顶馏出，此时糠醛的浓度一般不大于 35%；大部分水则由塔底排走，其中糠醛含量不超过 0.05%。在正常蒸馏操作时，塔顶和塔底温度应保持稳定。塔顶温度不能过高，否则达不到馏出物的浓度，过低则塔顶馏出量减少，最好保持醛水恒沸温度 97.8℃或 97.9℃。塔底加热釜的温度应保持在 102～104℃，温度如过高容易产生“托塔”现象，过低又达不到加热的要求。

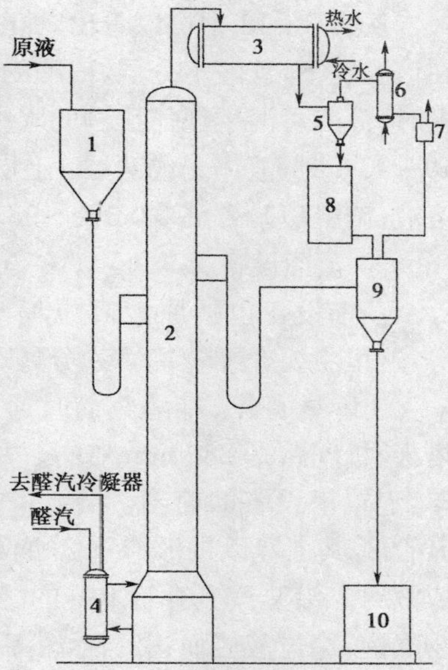

图 3-16　糠醛蒸馏工艺流程图

1. 原液高位储槽；2. 蒸馏塔；
3. 蒸馏醛汽冷凝器；4. 再沸器；
5. 气液分离器；6. 补充冷凝器；
7. 接收器；8. 冷却器；
9. 分醛罐；10. 粗醛储罐

从表 3-12 可以看出，塔顶温度控制在共沸点的温度(97.8℃或 97.9℃)时，馏出的醛汽浓度最高(即 35%)。塔顶温度如超过共沸点时的温度，则馏出物的醛浓度一定降低。塔顶温度如接近 100℃，则馏出的醛汽浓度太低，有时不能分层，所得粗糠醛很少。一般塔顶温度在 99.4℃以上时，馏出的醛水便不能分层。

为了维持糠醛-水溶液连续进行正常的蒸馏操作，进料温度应控制在 60℃左右，而且必须有回流，即从塔顶将沸点产物的一部分回流到塔内，使之与上升蒸汽接触，进行充分的热交换和质量交换。使蒸馏塔内各层塔板上的组成和温度稳定下来。回流液的温度一般控制在 40～50℃，否则会影响塔内蒸馏的正常进行。

总之，正常操作时要控制好原液的进料量、塔顶温度、塔釜温度、荅釜中液位和塔底废水中糠醛含量等，以保证在得到接近共沸组成的情况下，节约蒸汽和减少塔底废水中的跑醛损失。

由蒸馏塔顶部馏出的气体，经冷凝器(四程列管式)冷凝成液体，再经冷却器(沉浸式蛇管热交换器或套管式热交换器)冷却到 40～50℃，而后进入分醛罐，分离出粗糠醛。

糠醛和水是部分互溶物，基相互之间的溶解度，随温度的不同而变化。现将不同温度下糠醛与水相互间的溶解度列于表 3-13。

表 3-13　不同温度下糠醛与水相互溶解关系

温度/℃	水层中糠醛/%	醛层中糠醛/%	温度/℃	水层中糠醛/%	醛层中糠醛/%
10	7.9	96.1	80	14.2	88.8
20	8.3	95.2	90	16.2	86.5
30	8.8	94.3	97.9	18.4	84.1
40	9.1	93.4	100	19.2	83.5
50	9.8	92.6	110	24	78.5
60	10.8	91.6	115	28	74.6
70	12.4	90.4	120.9	50.7	50.7

从表 3-13 中可以看出，糠醛在水中的溶解度随温度上升而增加，临界温度为 120.9℃。在该温度下，糠醛不分层，糠醛的浓度是 50.7%（重量）。当温度增加到临界温度 120.9℃以上时，糠醛可溶于任何比例的水中。因此，当蒸馏所得的共沸组成（含醛约 35%）冷凝冷却到 40～50℃时，液体分成两层：上层是糠醛的水溶液（稀醛液），含醛 9%左右；下层是水的糠醛溶液（浓醛液），含醛 92.6%～93.4%，即粗糠醛。

③ 蒸馏设备

蒸馏设备包括原液高位槽、蒸馏塔、冷凝冷却器和分醛罐等，这里主要介绍蒸馏塔和分醛罐。

Ⅰ. 蒸馏塔：糠醛蒸馏时通常用泡罩塔，塔内有 20～30 块塔板，板间距是 280 mm 左右。每块塔板有 8、10 或者说 3 个泡罩，泡罩塔设备的简图，如图 3-17。每层塔板上都有醛蒸汽上升管 3，其上覆以钟形泡罩 2，泡罩底缘浸没在塔板上液层中，形成液封。沿蒸汽上升管上升的醛蒸汽经泡罩底缘的齿缝分散成小气泡，穿过液层而达液面，然后又继续升到上一层塔板。这样汽液接触面积较大，有利于传质。塔板上的液体，经溢流管 4 逐板下流。溢流管高出塔板一定距离，以维持一定的液位。由于糠醛原液中夹带着细颗粒原料和糠醛次生反应生成的树脂状杂质，在蒸馏塔结构上应考虑设置除垢、修理用的手孔。进料塔板随原液浓度、塔顶共沸物浓度和塔底废水中糠醛浓度而定，一般是自下数起第 10 层左右。

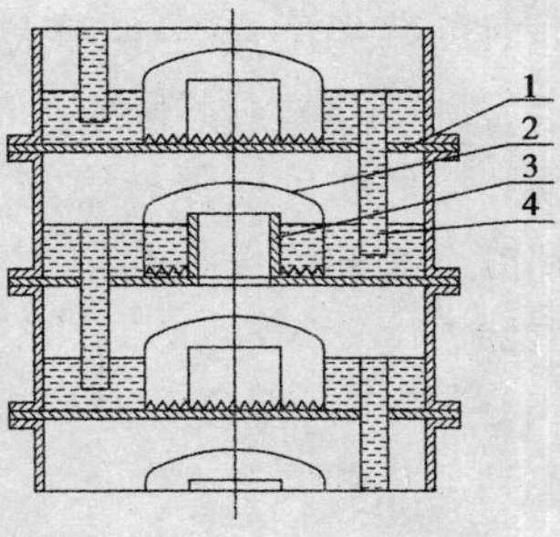

图 3-17 泡罩塔设备简图

1. 塔板；2. 泡罩；
3. 醛汽上升管；4. 溢流管

上述为一般用来浓缩糠醛稀溶液的泡罩塔的大体结构和尺寸，这些尺寸实际上应根据一般泡罩塔设计计算公式进行详细的计算。

在糠醛水沉沦中的醋酸不能很好地预先被中和的情况下，就要考虑蒸馏塔的耐腐蚀性问题，一般采用复合钢板，塔板及泡罩等全用黄铜或不锈钢制成，如果醋酸预先经管道汽相中和，即可用铸铁、陶瓷等代替，以节约贵重金属材料。

蒸馏事故及处理方法。在蒸馏过程中，如操作条件控制不当，就会造成托塔、淹塔等事故，影响糠醛稀溶液的正常蒸馏。

托塔（托水）：主要原因是塔底加热蒸汽量过大，塔内液体气体汽化太快，使溢流管上压力加大，阻碍溢流管液体往下流，不上去也不下来，致使塔顶馏出物减少，塔底水位下降，造成托塔。发生托塔事故之后，应及时关小加热蒸汽，使其恢复正常后，再进行蒸馏。

淹塔：塔板上的液面高度要求不能超过泡盖的 1/2，否则就会造成淹塔事故。其原因有下列几种：糠醛与水的共沸点是 97.9℃，如塔内温度不够，则液体不能汽化，而糠醛淡溶液又不断进塔，这样塔板上的液体越来越多，蒸不出去，于是塔板上的泡盖被淹没，造成淹塔；发生托塔后，塔板上的液体下不来也易造成淹塔；如塔内气压大于糠醛淡溶液储醛盖液体压力，使之不能进料，当塔内气压突然下降时，会导致进料突然增加，因而造成淹塔；此外，废水管堵塞，塔底水位过高，也会造成淹塔事故。

为了防止发生淹塔事故，开汽蒸馏时，必须严格控制加热釜的蒸汽阀，保持塔内的正常温度和压力；控制进料量和回流量不能过大或过小，变化不定；防止塔底的废水管被垢块堵塞等。一旦发生淹塔事故，应立即停止糠醛稀溶液继续入塔，查明原因，加以处理。

糠醛生产中也有不采用浮阀塔的，效果较好。浮阀塔和泡罩塔的主要技术性能比较，如

表 3－14。

表 3－14　浮阀塔和泡罩塔的主要技术性能比较

指标名称	技术性能		
	泡罩塔	V－1 型盘式浮阀塔	V－2 型盘式浮阀塔
生产能力/$t \cdot y^{-1}$	1 200	1 200	800
塔径/mm	1 000	1 000	800
塔板数/块	28～30	26	22
板间距/mm	280～290	330	370
塔总高/mm	11 400	11 000	10 000
塔截面积/m^2	0.785	0.785	0.503
塔有效截面积/m^2	0.578	0.593	0.375
泡罩或浮阀数/个	27	86	51
塔板开孔率/%	13.5	13.1	12.1
塔板材料	紫铜(T_4)	不锈钢 1Cr18Ni9Ti	铝(L_2)
每块板重量/kg	20.6	18.7	3.25
塔体材料	铜或铸铁	铸铁衬铝	铸铁 HT20－40 衬铝(L_2)
溢流管形状	圆形	弓形	弓形
溢流管堰高/mm	100	50	45
溢流管堰长/mm	650	700	425
溢流管堰寒宽/mm	125	140	104
溢流管面积	0.058 3	0.066 5	0.017 8
受液盘宽/mm	175	150	无
受液盘深/mm	平	80	平
塔板效率/%	30	45	45
塔釜加热面积 m^2	10～15	14	13
进料板位置(自上数起)	12、13、14	9	11
回流板位置	6、7、8	6	4

Ⅱ. 分醛罐：分醛罐是用来分离粗醛和醛水的设备。现已由人工控制分醛改为自动分醛，这样不仅简化了操作，而且稳定可靠。

分醛罐设有进料管，醛水回流管和粗醛引出管(见分醛罐结构示意图 3－18)。当分醛罐的容积和醛水回流管的位置确定时，粗醛引出管的高度，粗醛和醛水分界面的位置，进料管的位置，应根据不同物质的比重差和静压原理进行设计计算，否则就达不到自动分醛的目的。

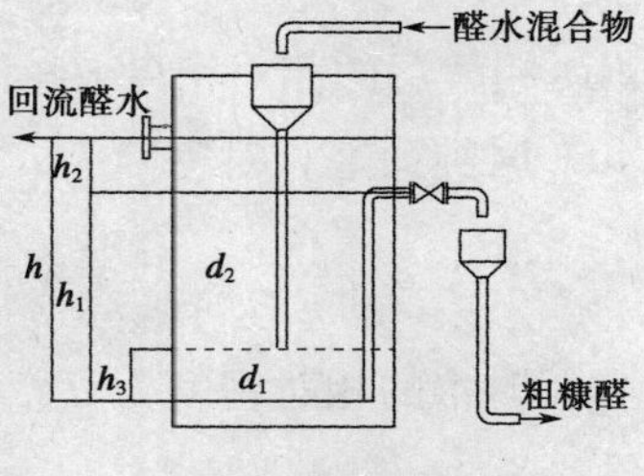

图 3－18　分醛罐

h—醛水溢流管的高度
h_1—粗醛引出管的高度
h_2—粗醛引出管与醛水溢流管的相对高度
h_3—粗醛层与醛水层界面平衡时的高度
d_1—在操作温度下粗醛的相对密度
d_2—在操作温度下醛水的相对密度

粗醛引出管的高度计算：

为了保证醛水层和粗醛层界面下降，醛水层不至于从粗醛引出管中压出，粗醛引出管的高度应满足下列条件：

$$d_1h_1 \geqslant d_2h \quad h_1 \geqslant \frac{d_2h}{d_1}$$

因为
$$h = h_1 + h_2$$

所以
$$d_1h_1 \geqslant d_2(h_1 + h_2)$$

$$h_1 \geqslant \frac{d_2h_2}{d_1 - d_2}$$

令
$$\Delta d = d_1 - d_2$$

$$h_1 = \frac{d_2h_2}{\Delta d}$$

粗醛层与醛水层界面平衡时高度计算：

$$d_1h_3 + d_2(h - h_3) = d_1h_1$$

$$d_1h_3 + d_2h - d_2h_3 = d_1h_1$$

$$(d_1 - d_2)h_3 = d_1h_1 - d_2h$$

$$h_3 = \frac{d_1h_1 - d_2h}{d_1 - d_2} = \frac{d_1h_1 - d_2h}{\Delta d}$$

进入分醛罐经冷凝冷却后的醛水，在正常情况下，几秒钟即可分层，为了保证分离效果，应使进料管插入深度在粗醛层和醛水层水界面以上的附近区域较合适。

粗醛引出管和醛水溢流管口径的选取，应根据物料平衡和静压下的流速、流量来计算。粗醛引出管应和其相接管道断开，以免产生虹吸，破坏自动平衡。

计算举例：如选用Φ800×1 500分醛罐，醛水溢流管的高度 h 为 1 300 mm，操作温度为40℃，计算粗醛引出管的高度 h_1 和平衡后的界面高度 h_3。

解：(a) 查表 3－13 可知，在 40℃的条件下，醛水层中糠醛含量为 9.1%，粗醛层中糠醛含量为 93.4%。

(b) 粗醛层的相对密度 d_1

40℃时纯糠醛相对密度为 d_4^{40}

$$d_4^{40} = 1.181 \times (1 - 0.000\,895 \times 40) = 1.139$$

40℃时水的相对密度为 $d_{水}^{40} = 0.992$

$$d_1 = 1.139 \times 93.4\% + 0.992 \times 6.6\% = 1.129$$

(c) 醛水层的相对密度 d_2

$$d_2 = 1.139 \times 9.1\% + 0.992 \times 90.9\% = 1.005$$

(d) 粗醛引出管的高度 h_1

$$\begin{cases} h_1 \geqslant \dfrac{1.005 \times 1\,300}{1.129} \\ h_1 \geqslant 1\,157\ \text{mm 取 } h_1 = 1\,200\ \text{mm} \\ h_2 = h - h_1 = 1\,300 - 1\,200 = 100(\text{mm}) \end{cases}$$

(e) 平衡时分界面高度 h_3

$$h_3 = \frac{d_1 h_1 - d_2 h}{\Delta d} = \frac{1.129 \times 1\,200 - 1.005 \times 1\,300}{1.129 - 1.005} = 389.5(\text{mm})$$

(4) 粗糠醛的精制

从分醛罐分出的粗糠醛，糠醛含量约 92%～93%，其余大部分是水，少部分是有机酸、低沸点物质（甲醇、醋酸、丙酮等）和高沸点物质（树脂产物、甲基糠醛等）。粗糠醛中含有上述杂质，不仅储存中容易变质，也不适于用来制取其他产品。因此，粗糠醛必须精制提纯。

粗糠醛的精制方法有多种，如间歇减压蒸馏精制法、连续减压精馏精制法及溶剂萃取法。

① 间歇减压蒸馏精制法

间歇减压蒸馏精制法是目前国内糠醛厂普遍采用的方法。其工艺设备流程如图 3-19 所示。

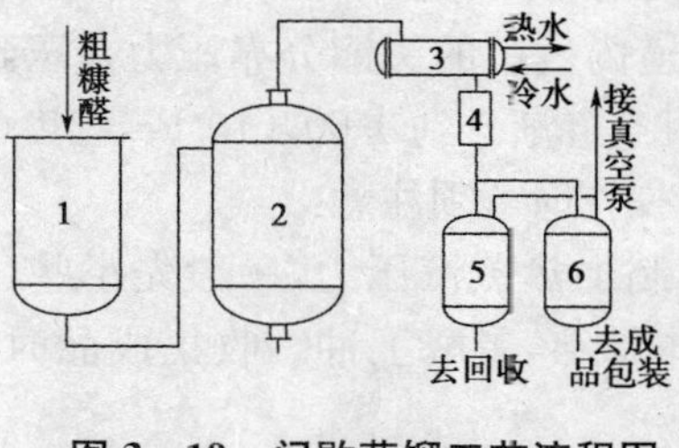

图 3-19　间歇蒸馏工艺流程图

1. 粗醛储罐；2. 精制锅；3. 冷凝器；4. 冷却器；5. 头馏分储槽；6. 成品糠醛储槽

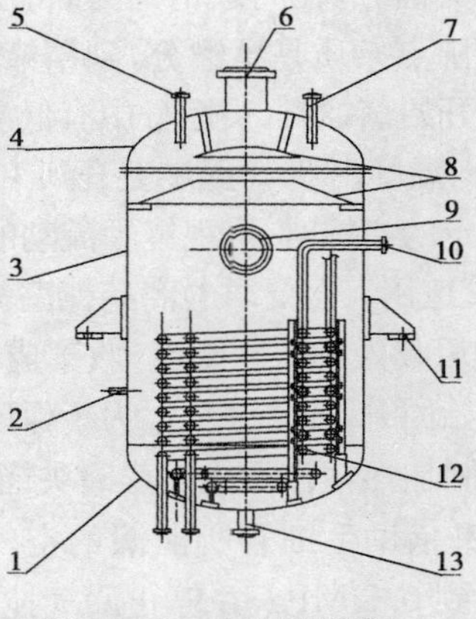

图 3-20　真空蒸馏锅

1. 下封头；2. 液相温度计；3. 筒体；4. 上封头；5. 真空接管；6. 气体出口；7. 汽相温度计；8. 挡板；9. 视镜；10. 进汽管；11. 支座；12. 加热盘管；13. 蒸馏残渣出口

Ⅰ. 补充中和：粗糠醛中含有有机酸 0.2%～0.4%（以醋酸计）。为了保证成品糠醛中酸含量低于 0.03%～0.04%，应用 10%～12%碳酸钠溶液在粗糠醛补充中和槽 1 中补充中和，用机械搅拌，中和终点是糠醛层 pH 值为 7 左右。中和完毕后，粗糠醛液静置 20 min，让中和污物上浮，撇去上浮含醋酸钠的碱性溶液后，利用真空将粗糠醛层抽入真空精制锅 2（见图 3-20）。

表 3-15 纯糠醛的沸点与真空度(或绝对压力)的关系

绝对压力/kPa	糠醛沸点/℃	绝对压力/kPa	糠醛沸点/℃
1.067	39.9	12.060	96.76
1.633	55.86	17.012	105.08
2.786	64.57	24.731	116.24
3.320	67.67	34.144	124.74
4.680	75.04	41.330	131.6
5.866	81.5	83.326	154.4
6.933	84.3	94.259	159.0
7.466	86.2	99.192	160.9
8.133	88.9	101.325	161.9
9.199	92.1	108.257	163.8
10.799	95.1		

Ⅱ. 真空蒸馏：由于常压下糠醛的沸点是 161.7℃，在 0.82×10^4 Pa 压力下，则沸点是 88.9℃。实际生产上采用 8.40×10^4～9.73×10^4 Pa 的真空度，相应的沸点是 99～100℃。

根据糠醛-水-甲醇和糠醛-水-醋酸三元混合物的蒸馏特点，可知精馏过程中，甲醇、醋酸和水都是头馏分，在间歇精馏时，待头馏分取出后，得到主馏分纯糠醛，而树脂状物质、甲基糠醛等高沸点杂质是尾馏分，到精馏末尾才出来。

粗糠醛开始蒸馏时，头馏分中有低沸点物，溶液容易沸腾，真空度从 6.67×10^4 Pa 逐步升到 8.40×10^4 Pa，温度由 60℃逐步上升到 100℃左右。此时，真空度和温度没有稳定的关系。待两者都达到规定的指标时，窥视镜中流动的液体是澄清透明的，一般是 10 min 后再开罐取成品。开罐前，将管道用符合要求的商品糠醛冲洗 2～3 次，管道内残留的头馏分靠压力差压到头馏分储槽 5，然后收入成品储槽 6。收集成品的过程中，当真空逐渐升到 9.60×10^4 Pa，温度(汽相)下降后又开始回升，即告停止。为了保证产品质量，生产操作时就须注意：

(a) 控制加热蒸汽压力：蒸馏头馏分醛水时，应控制加热蒸汽压力，一般先小些(0.1～0.2 MPa)，并借助毛细管所泄漏的空气搅拌，以防液体暴沸，黑醛上冲。收集成品时，可加大蒸汽压力到 0.3 MPa，并停止漏气搅拌。

(b) 清洗精制锅：为了保证成品质量，防止树脂状物质积累过多而被醛气带进成品，真空精制锅应定期放渣清洗，一般是每精制七锅，出醛泥一次，每精制十四锅，清洗精制锅一次。

(c) 严格清洗盛醛铁桶：一般用铁链摩擦，另外每桶加 30%烧碱 0.25 kg 和热水 2.5～3.0 kg，在洗桶机上翻洗，然后用清水洗数次，倒净擦干后，再用精糠醛洗两次后待用。

间歇减压蒸馏精制法的设备包括中和罐、精制锅、冷凝器、真空装置、储存罐等。

上述间歇减压蒸馏精制法虽然采用较广，但精糠醛的得率较低，一般为 85%～86%，糠醛纯度为 98.5%以上，而且是间歇操作，动力和热能损耗大，清理精馏锅内的高沸点树脂状物质也很麻烦。近来，一些糠醛厂对原有工艺和设备进行了革新，将糠醛的补充中和工序改为连续中和蒸馏塔塔顶的冷凝液，这样既达到了降低粗糠醛酸分的目的，又降低了塔釜排出的废水酸分，加速了醛的分层，减少了蒸馏塔内的积垢，并且便于操作。

② 连续减压精馏精制法

鉴于间歇减压蒸馏精制时存在糠醛得率低，质量不稳定，动力和热能消耗又较大等缺点，大、中型糠醛厂采用连续精制法为好。粗糠醛连续减压精馏精制工艺设备流程，如图 3－21 所示。

精馏塔是泡罩塔，也可用筛板塔或填料塔。

来自高位计量槽 1 的粗糠醛，通过预热器 2 和流量计 3，从精馏塔 4 的第 15 块塔板进料，塔用外加热器 12 加热。塔内低沸点物、水和糠醛形成共沸物——头馏分，上升到塔顶，入冷凝器 5 和辅助冷凝器 6，全部回流入塔，从塔顶的塔板上液相取出醛水混合物，经醛水冷却器 7，入醛水储罐 8，冷却分层后，粗糠醛送回高位计量罐 1。醛水送原液蒸馏塔的高位槽。精糠醛从塔的下部第 4、6、8 块塔板上液相取出，经过精糠醛冷却器 9 入精糠醛储罐 10。从塔釜外加热器的循环管道中取出高沸点物（包括树脂杂质等）入高沸点物储罐 13。

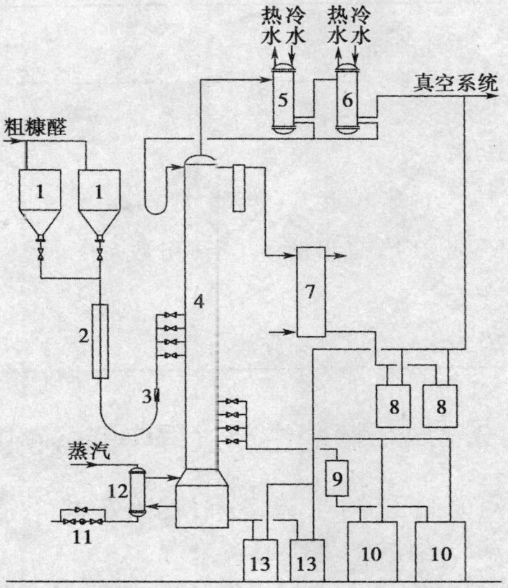

图 3－21 粗糠醛精馏精制工艺流程图

1. 粗糠醛高位储槽；2. 预热器；3. 流量计；4. 精馏塔；5. 低沸点物冷凝器；6. 低沸点物辅助冷凝器；7. 醛水冷却器；8. 醛水储罐；9. 精糠醛冷却器；10. 精糠醛储罐；11. 疏水器；12. 塔釜外加热器；13. 高沸点物储罐

本系统控制真空度在 7.07×10^4～8.40×10^4 Pa，塔顶汽相温度为 52～53℃，取糠醛处温度为113～114℃，塔釜温度为 115～116℃。塔底高沸点物量约占粗糠醛量 10%，基中含糠醛 60%～70%，可用糠醛原液或水稀释，除去树脂状物质后，再回收利用。

粗糠醛精制时，树脂化损失约 1%。设备要求严密，操作时，上、下各处真空度和温度应控制稳定。

③ 溶剂萃取法

溶剂萃取法即用溶剂（苯、三氯甲烷、四氢萘等）来抽取糠醛，因糠醛能溶解在上述溶剂中，而得到溶剂与糠醛的混合物，然后再将溶剂蒸馏出来，即可得到精制的糠醛。此种方法得到的糠醛纯度不高，最高只能得到 98%，故很少采用。

3）糠醛质量标准

糠醛产品质量标准见表 3－16。

表 3－16 糠醛产品质量标准

指标名称	规格	
	优级品	一级品
比重（d_{20}^{20}）	1.160～1.161	1.160～1.161
折射率（n_D^{20}）	1.524～1.527	1.524～1.527
酸度（当量/升）≤	0.008	0.008
水分/%≤	0.05	0.20
糠醛含量/%≥	99.0	98.5

续表

指标名称	规格	
	优级品	一级品
馏程		
初馏点/℃≥	155	150
158℃前馏出量/%(容积分数)≤	3	
158～164℃馏出量/%(容积分数)≤	94.0	92.0
干点/℃≤	170	170
总馏出量/%(容积分数)≥	99	99.5

3.2.4 糠醛生产过程中醋酸钠的回收

1）醋酸钠生产原料来源及其用途

（1）醋酸钠生产原料来源

醋酸钠可由木材干馏的副产品——醋石与碳酸钠作用制得。这里主要介绍用植物纤维原料生产糠醛过程中，回收副产品醋酸钠的工艺。

（2）醋酸钠的用途

醋酸钠是一种化工原料，应用于印染、医药等工业部门；也可以用来制取其他化工产品，如冰醋酸、丙酮、呋喃丙烯酸、醋酸酯、氯乙酸、氨三乙酸等。

2）醋酸钠的生产工艺

精制结晶醋酸钠($CH_3COOH \cdot H_2O$)是糠醛生产的关联产品，以油茶壳为原料，生产每吨糠醛的同时，大约可得 0.8～1.0 t 结晶醋酸钠；以玉米芯和棉籽壳为原料，生产每吨糠醛的同时，大约可得 0.5 t 结晶醋酸钠。

（1）精制结晶醋酸钠生产工艺

精制结晶醋酸钠的生产工艺设备流程如图 3－22 所示，其生产工艺流程示意图如下：

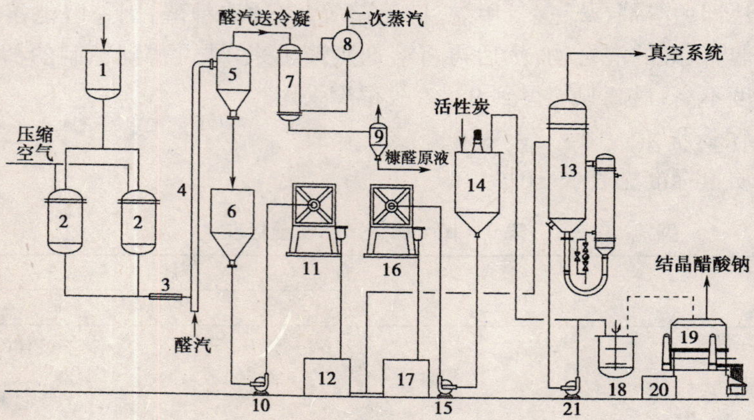

图 3－22 醋酸钠生产的工艺流程图

1. 化碱罐；2. 压碱罐；3. 预热器；4. 汽相中和管；5. 汽渣分离器；6. 醋酸钠原液储罐；7. 热交换器；8. 汽包；9. 气液分离器；10. 泵；11. 压滤机；12. 清液槽；13. 真空蒸发器；14. 脱色罐；15. 泵；16. 压滤机；17. 脱色液储槽；18. 结晶缸；19. 离心机；20. 母液缸；21. 泵

中和剂 → 醛汽 → 汽相中和（→ 醛汽）→ 中和液 → 过滤（→ 树脂状物质）→ 第一次蒸发 → 调节酸度（← 稀醋酸）→ 脱色（← 活性炭）→ 过滤（→ 滤渣）

→ 第二次蒸发 → 结晶离心分离（→ 母液）→ 精制结晶醋酸钠

由图中看出，在生产醋酸钠的过程中，首先在化碱锅 1 中将纯碱配成 12%～13%的纯碱液，送入压碱罐 2，用压缩空气将碱液通过预热器 3 加热后，经针形阀流往汽相中和管 4，在汽渣旋风分离器 5 中将醋酸钠原液分出，送入醋酸钠原液储罐 6，中和后的醛汽则入废热锅炉的热交换器 7，在汽包 8 中发生二次蒸汽。在热交换器中冷凝的糠水则通过气液分离器 9 送往醛水储罐，供糠醛蒸馏用。醋酸钠原液用泵 10 送入压滤机 11 过滤后，流入清液槽 12，吸入真空蒸发器 13 浓缩后，送往脱色罐 14，加入活性炭，其用量约为醛酸钠重量的 1%～2%，并用稀醋酸调节 pH 值 6.5～7.0，经泵 15 送入压滤机 16 过滤，滤液流入脱色液储槽 17，吸入真空蒸发器 13 二次浓缩到 28°Bè 左右，放在结晶缸 18，在搅拌下慢慢冷却结晶，得三水结晶体，取出入离心机 19 中甩水，母液回收再用，所得醋酸钠晶体送成品车间包装。

（2）醋酸钠生产的操作方法

① 汽相中和。汽相中和法生产醋酸钠，要求中和液（醋酸钠原液）的 pH 值为7.0～8.0。其操作步骤如下：

Ⅰ. 先在化碱锅内放入溶解纯碱所需的 2/3 水量，开蒸汽阀加热至 70～80℃。

Ⅱ. 纯碱粉要缓慢倒入，不可太猛，以免碱粉堆积在下锥体部分，不易溶化。

Ⅲ. 待纯碱溶解后，再补充一些水，并继续加热搅拌，当温度约在 100℃时，除去上层悬浮杂质，检查下锥体确无纯碱沉淀后，加水调节至 8°Bè。

Ⅳ. 经常清除碱液过滤器内的杂质。开压碱罐放空阀降压至常压后，把配好的碱液放入压碱罐，关闭放空阀。

Ⅴ. 压碱罐内的压力要比水解蒸煮压力高 0.5 kg/cm^2 左右，打开碱液预热管进行中和。

Ⅵ. 经常控制中和液的酸碱度，pH 值严格控制在 7.0～8.0 范围内。pH 值太小会腐蚀设备，太高又会使糠醛遭受破坏，导致醋酸钠原液颜色加深。

② 结晶醋酸钠的生产操作

Ⅰ. 在分批精制之前，先计量好原液，测定其°Bè，经板杠压滤机过滤，把浮在液面上的褐色树脂状物及泡沫杂质之类过滤除掉。

Ⅱ. 检查蒸发器管道阀门以及加热釜等，一切都正常后，进行第一次浓缩（真空浓缩或常压浓缩均可）。浓缩到 18°Bè 左右，从蒸发器放入脱色罐内。

Ⅲ. 脱色前，用稀醋酸调整 pH 值至 6.5，加热至 80℃左右，加入约为结晶醋酸钠总量 2%左右的活性炭，搅拌半小时，进行脱色。

Ⅳ. 脱色后用压滤机或真空吸滤器除去活性炭，再将脱色液进行第二次浓缩至 28～30°Bè，趁热真空吸滤，滤液送入结晶缸（或结晶槽），在搅拌下冷却结晶，结晶时间为 10 h 左右。

Ⅴ. 结晶结束后，进行离心分离，待母液甩净后用清水冲洗数次，直至结晶洁白为止。母液放回脱色罐，再次脱色、浓缩、结晶。

Ⅵ. 从离心机内取出结晶，取样化验合格后，随即称重包装入库。

3）醋酸的质量标准

纯度：58%～60%；

水分：40%～42%(包括结晶水)；

氯化物：<0.04%；

水不溶物：<0.03%；

铁离子：<0.000 3%；

外观：无色透明晶体。

3.3 棉籽壳灰中钾盐的提取

1）钾盐的主要用途及生产原理

(1) 钾盐的主要用途

油料皮壳除可制取上述一系列化工产品之外，在煤炭供应不足的情况下，还可以代替煤作为锅炉燃料。油料皮壳作燃料，不但能节约大量煤炭，而且可以从皮壳灰中提取碳钾盐——酸钾、硫酸钾和少量的氯化钾。

碳酸钾(K_2CO_3)又称钾碱，俗名草碱或珠灰。一般用于印染、玻璃、肥皂等工业，也可以用作肥料或分析试剂等。硫酸钾(K_2SO_4)可用作药物(缓泻剂)和肥料，还可用它制明矾、玻璃和碳酸钾等。氯化钾(KCl)在农业上用作肥料(钾肥)，工业上用作制造其他钾盐的原料，医药上用以防治缺钾症等。

(2) 提取钾盐的生产原理

油料皮壳的种类不同，其钾盐的含量也不同。一般棉籽壳灰中的钾盐含量较高(约为1.5%)，所以从棉籽壳灰中提取钾盐，具有重要的经济意义。

提取钾盐的原理，是利用它在水中溶解度很大的特性，采取溶灰浸取的方法，使灰中所含钾盐全部溶入水中，然后再根据碳酸钾、硫酸钾和氯化钾于不同的温度下在水中溶解度不同的物理性质，进行分步结晶，得到粗制品，最后加以精制即可得到钾盐成品。三种钾盐在不同温度下的溶解度见表3-17。

表3-17　三种钾盐在不同温度下的溶解度

温度/℃	氯化钾/g·(100 mL 水)$^{-1}$	硫酸钾/g·(100 mL 水)$^{-1}$	碳酸钾/g·(100 mL 水)$^{-1}$
0	27.6	7.35	
10	31.0	9.22	
20	34.0	11.11	112
30	37.0	12.79	
40	40.0	14.76	
50	42.6	16.50	
60	45.5	18.17	
70	48.3	19.75	
80	51.1	21.40	
90	54.0	22.80	
100	56.7	24.10	156

当溶液中含有共同离子的其他盐类时，上述钾盐的溶解度将比表 3－17 所列数据低。在生产中，常以°Bè 或比重表示溶液中钾盐的百分浓度。上述三种钾盐的水溶液浓度与比重的关系见表 3－18、3－19、3－20。

表 3－18　碳酸钾溶液浓度与比重的关系(20℃/4℃)

碳酸钾/%	比　重	波 美 度
1	1.007 2	1.0
10	1.090 4	12.0
20	1.189 8	23.1
30	1.297 9	33.3
40	1.414 1	42.5
50	1.540 4	50.9

表 3－19　硫酸钾溶液浓度与比重的关系(20℃/4℃)

硫酸钾/%	比　重	波 美 度
1	1.006 3	0.9
4	1.031 0	4.4
8	1.064 6	0.8
10	1.081 7	11.0

表 3－20　氯化钾溶液浓度与比重的关系(20℃/4℃)

氯化钾/%	比　重	波 美 度
1	1.004 6	0.7
10	1.063 3	8.6
21	1.132 8	17.0
24	1.162 3	20.2

2) 钾盐的提取方法

(1) 提取钾盐的工艺流程见图 3－23。

(2) 工艺操作如下：

① 溶灰

把棉籽壳燃烧后得到的灰放入溶灰池（或桶）中，先抽入低浓度的浸渍液，再补充加水。总水量约为灰量的 2 倍。用蒸汽加热至 90℃，并用压缩空气搅拌（或人工搅拌）约 20 min，使钾盐溶解于水中（也可直接用水浸渍）。溶解钾盐的水溶液经池下层的芦席等过滤，放出水溶液，如此连续 3～4 次，使灰中的钾盐全部溶解在水中。最后一次浸渍液的浓度如低于 10°Bè，可将其作为第一次溶灰水，供浸渍新灰用。这样可以得到约 20°Bè 以上的钾盐水溶液。

② 过滤

将上述所得的全部钾盐水溶液，使用压滤机过滤，除去其中的杂质。

③ 浓缩结晶

将已过滤的浸渍液，用齿轮泵打入蒸发锅内，浓缩到 30～40°Bè，再移至缸内冷却至 50℃，使硫酸钾结晶析出，即得粗制硫酸钾。将母液第二次浓缩至约 52～53°Bè，再移至缸内冷却至 20℃，使氯化钾结晶析出（针形棕灰色），得粗制氯化钾。剩余的母液继续浓缩至 64°Bè 左右，使其中的

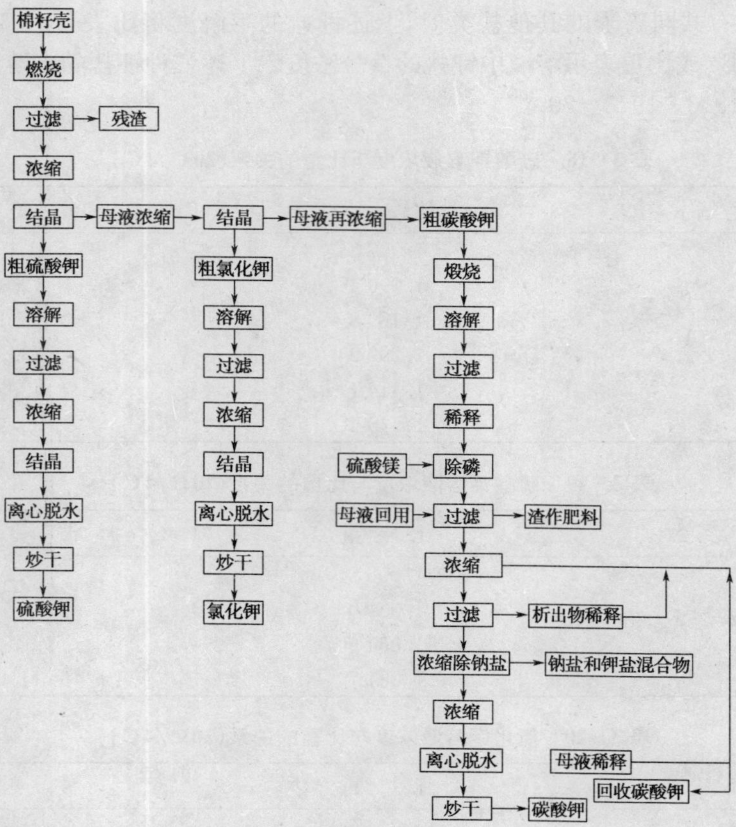

图 3-23　从棉籽壳中提取钾盐的工艺流程图

大部分水蒸发，然后冷却结晶，即得粗制碳酸钾(也有的直接浓缩至干，得灰褐色的粗制品)。

用铁锅浓缩时，温度不宜过高，以防液体溅出。在浓缩提取硫酸钾和氯化钾的过程中，必须严格控制温度和浓度，否则将影响碳酸钾的纯度。

据试验，以棉籽壳灰 1 250 kg，用分子结晶的方法所得的结果，见表 3-21。这一试验在第二次结晶时，因温度控制不好，氯化钾的纯度极低，所以此表仅供参考。

表 3-21　棉籽壳灰浸渍液分结晶情况

项　目	第一次结晶	第二次结晶	第三次结晶	说　明
结晶温度/℃	50	20	室温	
结晶浓度/°Bè	30	50	60 以下	
产品收获量/kg	70	163	780	
硫酸钾/%	90.63	45.13	3.254	
氯化钾/%	1.116	16.42	3.879	第一次产品是结晶体，第二次和第三次都是脱水物
碳酸钾/%	2.760	36.49	75.36	
碳酸氢钾/%	1.749	0.400		
氢氧化钾/%			3.164	
不溶物/%	1.064	1.480	1.600	
水分/%	3.820	2.206	10.65	

试验用棉籽壳灰 2 882 kg，从表 3－22 所列产量的统计数据，可以看出棉籽壳灰中三种钾盐的含量。

表 3－22　棉籽壳灰中三种钾盐的含量

项　　目	硫酸钾	氯化钾	碳酸钾
第一次结晶产量/kg	63.44	0.781 2	2.812
第二次结晶产量/kg	73.56	26.77	40.27
第三次结晶产量/kg	25.38	30.26	618.8
得纯净产量总和/kg	162.38	57.81	661.88
棉籽壳灰中含有百分率/%	5.628	2.005	22.92

④ 粗制品的精制

Ⅰ. 碳酸钾的精制

(a) 煅烧。将粗制的碳酸钾先放入预热锅内炒干，然后置于反射炉内高温煅烧，加热温度约为 800～850℃，一般不能低于 700～750℃，以除去粗制品中的有机杂质，得到白色块状物。

(b) 溶解。把煅烧后得到的白色块状物用清洁水趁热溶解，此时水可少加一些，只要使白色块状物能全部溶解即可。水溶液的浓度约为 50°Bè 左右，然后冷却到室温，使其中部分氯化钾等杂质析出。

(c) 除磷。上述的冷却液加水稀释到 31～32°Bè(过滤)后，放除磷锅内，加入碳酸镁，搅拌 2～3 h，搅拌速度为 70 r/min，然后静置沉淀，过滤除去沉淀物，滤渣可作肥料。

(d) 除氯化物。将除磷后的清液再泵入浓缩锅内，浓缩至 50°Bè 左右后，放出冷却。此时析出白色的氯化钾等混合物，将其稀释至 47°Bè 后重新放入浓缩工序，以回收其中的碳酸钾。经冷却除去氯化物后的清液中，氯化钾的含量在 0.5%左右，符合国家规定的二级品标准。

(e) 除钠盐。将上述浓缩液泵入锅内，继续浓缩到 54°Bè(135℃左右)，此时溶液变浑浊，说明有碳酸钠析出，应立即停火，使其沉淀。因沉淀物是碳酸钠和碳酸钾的混合物，仍需溶解煮沸。当浓缩至 54°Bè 时，回收其中的碳酸钾。

(f) 离心脱水。将除去钠盐的上层清液浓缩到干粥状，然后采用离心机脱除其中的母液(母液中含有碳酸钾，可套用)，在 270～300℃的温度下炒干，即得成品碳酸钾。

(g) 包装。由于碳酸钾易于吸水潮解，炒干后应立即包装，并注意密封。

国家规定的碳酸钾质量指标见表 3－23。

表 3－23　碳酸钾质量指标

指标名称	指　标		
	一级品	二级品	三级品
碳酸钾含量/%≥	98.50	98.00	92.00
氯化钾含量/%≤	0.20	0.50	1.50
硫化物含量/%≤	0.15	0.25	0.50

续表

指标名称	指标		
	一级品	二级品	三级品
磷含量/%≤	0.05	0.05	
铁含量/%	0.004	0.02	0.05
水不溶物含量/%≤	0.05	0.10	
灼烧失量/%≤	0.50	1.00	1.00

Ⅱ. 硫酸钾的精制

把粗制的硫酸钾用少量冷水淋洗,除去其中的碳酸钾(洗液可并入浸渍液中浓缩),然后倒入沸腾的水中溶解,使成饱和溶液,再翻入另一锅,稍静置除去粗杂质。用布袋过滤,过滤液倒入锅内浓缩,用铅皮勺子置锅中收集晶体,将晶体炒干成粉末状小颗粒,得精制硫酸钾,立即包装。

Ⅲ. 氯化钾的精制

将粗制的氯化钾溶解水中,使水溶液的浓度约在44°Bè,过滤除杂后,再浓缩至约49°Bè,然后冷却、结晶、分离、炒干,即可提到精制的氯化钾。分离后的母液送至浓缩工序,回收其中的碳酸钾。

3.4 花生红外衣制止血药物

用花生果制取食用油或制作食品时,需先脱除外壳和红外衣,这样既可以提高出油率和食品的质量,又可以综合利用外壳和红外衣。花生壳属油料皮壳的一部分,其合理的利用前面已作了简要介绍。花生仁红外衣可用来提制宁血片、止血宁注射液、宁血糖浆等止血药物。下面分别以叙述。

1) 宁血片

(1) 生产工艺流程

清水(→水洗)　清水(→煎煮)

花生仁红外衣→筛选→水洗→煎煮→过滤→浓缩→烘干→粉碎→配料→造粒→轧片→检验→包装→宁血片成品

(水洗→)废水　(煎煮→)废水　(过滤→)涂渣

(2) 生产工艺及操作方法

在宁血片的生产中,首先要选用没有霉坏变质的花生仁,经低温烘干脱皮即得红外衣。为了防止红外衣中的有效成分受到破坏,烘干温度以不超过85℃为宜。将所得红外衣用30目筛网筛选除杂,再用清水洗涤,以除去尘土等杂质。然后将清洁干净的红外衣放入煎煮,其目的都是使原料中的有效成分尽可能多地溶解在水溶液中。将煎煮后的溶液放出,用50目筛过滤,滤液沉淀2~3 h,取上层清液,放入浓缩锅进行浓缩,温度保持在100℃,浓缩成黏稠液体。取出后放入烘干室,低温烘干,烘干温度不超过85℃,以免破坏药物的有效成分。已烘干的块状浸膏(得率约为原料的4%~5%),经粉碎成粉,药粉细度应能通过64目筛孔,然后进行配料,配料的比例各厂略有差异,有的厂采用的配比是:药粉1 000 g,白糖160 g

（食用白糖粉碎到细度与药粉相同），药用酒精 10～15 kg，以增强黏度，保证药片质量。要边加酒精边搅拌，随时观察，注意掌握粒度适中，过 30 目筛，使颗粒均匀适当，装入密闭的容器里，放在阴凉的干燥处，随用随取，以免酒精挥发，药品过干，影响轧片质量。造粒完毕，进行轧片，轧出的药片要求结实、光滑，保证质量。最后检验包装，每瓶 100 片，每片含花生仁红外衣浸膏 0.25 g。

(3) 宁血片质量标准

水分：8%以下。

重量差异限度：宁血片每片重 0.35 g，每片重量差异限度不得超过 5%。

崩解时限：取药片 5 片置崩解仪器中，调节水温 37℃（±2℃），按规定速度上下移动，各片均应在 60 min 内全部崩解或碎粒。

硬度检查：取 10 片药品，在 1 m 高处平落在松木板上，碎片不得超过 2 片。

(4) 生产设备

宁血片生产的主要设备有蒸煮锅、浓缩罐、沉淀缸、粉碎机、烘干室、锅炉等。现将日产 40 万片宁血片车间所需主要设备的型号规格及材料要求等列于表 3-24，供参考。

表 3-24　日产 40 万片宁血片车间的主要设备

设备名称	型号规格	数　量	材　料
蒸煮罐	Φ950×3 000	2	外层一般钢板，内层不锈钢板
浓缩罐	Φ950×3 400	1	不锈钢板
沉淀缸	1 800×1 300×1 200	1	瓷砖砌成
粉碎机	红旗 270 型	1	
轧片机	T-A 型	2	
烘干机	4 m×4 m	1	无缝钢管
锅　炉	0.5 t/h	1	

2）止血宁注射液

(1) 制取过程

花生仁红外衣→浸泡→初蒸馏 —馏液→ 复蒸馏 —馏液→ 等渗调节→灌封→灭菌→止血宁→注射液
（初蒸馏、复蒸馏↓）残渣残存液制止血糖浆

(2) 制取工艺

① 浸泡。每百千克花生仁红外衣加净水约 700 kg，浸泡 10 h（夏天为 5 h）。

② 初蒸馏。将浸泡后的花生仁红外衣连同水溶液一起置于蒸馏锅中，用 1～1.5 kg/cm² 间接蒸汽加热，进行蒸馏，通过不锈钢冷凝器收集蒸馏液，蒸馏液最初呈透明白色，后为无色。收集到 2 000 kg 为止。蒸馏锅内的残存液可作制止血糖浆的原料。

③ 复蒸馏。把上述蒸馏液放入搪瓷蒸馏釜中进行复蒸馏。用以加热的间接蒸汽压力为 2 kg/cm²，当收集 100 kg 冷凝液后即可停止蒸馏，锅内的残存液也作为制止血糖浆的原料。

④ 等渗调节。于复蒸馏液中加入 0.9%的药用氯化钠，使成为等渗液，并调节 pH 近中性，再加入 0.01%的活性炭脱脂。

⑤ 灌封。将调节好的等渗液经漏斗抽滤至透明度合格，然后灌于洁净无菌安瓿内。

⑥ 灭菌。灌封后的安瓿还要用 1 kg/cm^2 蒸汽灭菌 30 min，并做漏斗试验检查。

本工艺所用设备均应采用不锈钢或搪瓷缸等。成品包装规格为 10 mL、20 mL 安瓿或 100 mL 盐水瓶。用于静脉注射，每日 1～2 次，每次 10～30 mL；静脉滴注每日一次，每次 30～50 mL。储存时应放在阴暗、避光处，以防药品变质。

3）宁血糖浆

宁血糖浆是止血宁注射液制取过程中的另一项产品，制取的主要工序是：

（1）浓缩。将制止血宁注射液的初蒸馏及复蒸馏两项残存液（除去花生仁红外衣），一并置于锅中进行浓缩，浓缩至 100 kg 时为止。

（2）配制。在 100 kg 浓缩液中配加下列物质并混合均匀：白糖 10 kg，糖精 0.015 kg，苯甲酸 0.2 kg，香精适量。

（3）装瓶。配制成的糖浆封于洁净的瓶内，并应符合无菌要求。

本品储存应放在凉爽避光处，使用时视病情口服适量。

3.5 木糖 木糖醇

3.5.1 木糖和木糖醇的性质及用途

1）木糖

（1）木糖的物理性质

木糖（Xylose），其化学式为 $C_5H_{10}O_5$，相对分子质量 150.14。在自然界，绝大多数木糖以缩聚状态存在于植物半纤维素中，即以大分子木聚糖的形式含在植物体内。用酸或酶使木聚糖降解，获得木糖。虽然木糖是单糖的一种，但和日常食用的六碳糖（葡萄糖及果糖）不同，木糖不能为人体提供热量，但具有增加肠道双歧杆菌等的某些特殊功能。工业生产的木糖为 D-木糖，为细针状晶体，外观白色细小结晶或粉末，相对密度 1.525；味甜，甜度相当于蔗糖的 0.7；熔点为 153～154℃，有变旋现象，比旋光度 +18.6°～+92°；20℃ 时溶解度为 100 g 水中可溶解木糖 51.24 g，在同等温度条件下，其饱和溶液的黏度比木糖醇、葡萄糖均小。结构式如图 3-24 所示。

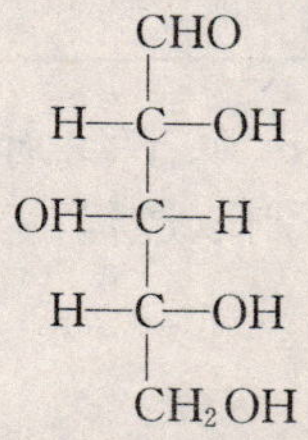

图 3-24 D-木糖的结构式

（2）木糖的化学性质

木糖独特的结构，决定了其独特的化学性能：

① 木糖最末端碳原子上有醛基，所以属于还原糖；

② 木糖和稀无机酸加热，木糖脱水生成糖醛 $C_5H_4O_2$，可作精炼熔剂和医药工业原料；

③ 木糖一般不被微生物利用，但能被热带假丝酵母等特殊微生物代谢利用；

④ 木糖氢化还原生成木糖醇，目前商品木糖主要用作木糖醇的原料。

（3）木糖的生理活性

木糖是所有食用糖醇中，生理活性比较好的品种。它在不增加血糖值、增殖双歧杆菌作用方面，都显示了比其他糖醇的优越性。

① 由于人体内没有代谢木糖的酶系，所以木糖进入体内，在肠部吸收，但它不代谢，也不产生能量，90％不被利用而排出体外，但不会导致腹泻。近年来，Renee 的木糖吸收试验报告指出，摄入木糖后，自由木糖 2 h 达最高值，但经 5 h 后，几乎所有木糖从尿中排出。

② 木糖具有双歧杆菌增殖作用，并调整肠道功能。受全国木糖醇协会委托，北京联大保健食品功能检测中心，进行了木糖调节肠道功能实验。结果表明，服用木糖连续 14 天，双歧杆菌增加，大肠杆菌减少。

（4）木糖在食品工业中的应用

① 无热量甜味剂

长期以来，国内外无糖食品均用木糖醇、山梨醇、麦芽糖醇等糖醇作原料。这些糖醇虽是营养性甜味剂，但其缺点是耐受性差，吃多了会腹胀、腹泻，所以糖醇在饮料中难以采用，原因是摄入量较难控制，常因为觉得好喝而过量，导致腹泻。因而发达国家研究开发耐受性较好的赤藓糖醇，作为无糖食品代糖品，一次性摄入 50 g，也不致肠鸣腹泻。但赤藓糖醇价格昂贵，而木糖价格低廉，作为耐受性好的无热量甜味剂，木糖具有较强的竞争力。综合起来，木糖作为无热量甜味剂，突出特点有：

（a）甜度和风味与葡萄糖类似，当和其他甜味料混合使用时，能改善口感，抑制异味；

（b）和葡萄糖有相近的物理性质，几乎可完全代替葡萄糖，生产各种适合于糖尿病人和肥胖病人使用的低热量食品，而且口感良好，且吃多了也不会导致腹泻。

② 风味改良剂

凡制取熟食品，在经过煮、蒸、炸、烤等加热过程，会产生愉快的香味，其中主要原因之一是食品中所含糖醛类和氨基酸在加热过程中，产生了美拉德反应。而在所有糖类中，木糖具有最敏感的反应能力，只要在食品加热过程中添加少量木糖，就能起到增香效果。木糖作为加热食品增香剂，可用于焙烤食品、火腿、香肠、腊肉、人造肉等。

③ 肉类香精原料

近年来，国内外研发的肉类香精主要是利用肉类酶解提取物为基料，然后配以氨基酸和木糖，加热进行美拉德反应。这样，能得到逼真的各种天然肉类香料。

④ 食品抗氧剂

国外研究表明，木糖和氨基酸美拉德反应产物 MRPs，含有类黑精、羰胺聚合物杂环化合物等。其中类黑精具有螯合金属抗氧化活性，是一种含酚基相对分子质量 10 000 以上物质。MRPs 能抑制脂类的氧化。对用果糖、葡萄糖、木糖和六种不同氨基酸制 MRPs，并测定其抗氧化性能，测定结果显示不同的糖和不同的氨基酸进行美拉德反应，获得不同抗氧化活性的 MRPs；要获得较高抗氧化活性的 MRPs，原料中糖类以木糖最优，氨基酸以赖氨酸最佳。

2）木糖醇

（1）木糖醇的物理性质

木糖醇（Xylitol）是自然界广泛存在的天然物质，是一种具有营养价值的甜味物质，也是人体糖类代谢的正常中间体。一个健康的人，即使不吃任何含有木糖醇的食物，血液中也含有 0.03～0.06 mg/100 mg 的木糖醇。木糖醇和通常的山梨醇、麦芽糖醇等六元醇不同，它只有五个碳原子，五个羟基，所以是五元醇。分子式 $C_5H_{12}O_5$，相对分子质量 152.15，其结构式如图3-25所示。性状为白色结晶或结晶性粉末，味甜，甜度相当于蔗糖，极易溶于水（约160 g/100 mL），微溶于乙醇和甲醇，熔点 92～96℃，沸点 216℃，热值为 16.72 kJ/g（与蔗糖相同），溶于水时吸热，故以固体形式食用时在口中会产生愉快的清凉感，10%水溶液 pH 5.0～7.0。木糖醇在人体体温附近时，比蔗糖更易溶解。

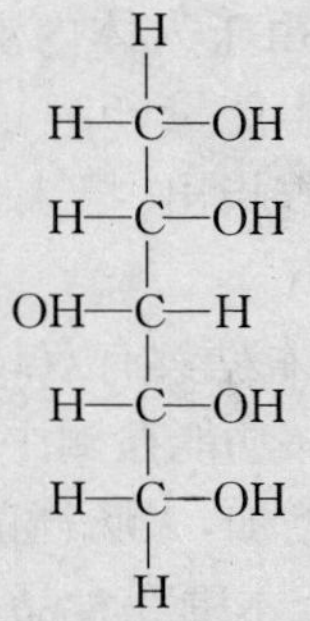

图3-25 木糖醇的结构式

在自然界中，木糖醇广泛存在于各种水果、蔬菜中，但含量很低。下列每 100 g 干物质中木糖醇的毫克数为：香蕉 21，草莓 362，菠萝 21，青梅 935，苣菜 258，胡萝卜 86.5，洋葱 89，莴苣 131，菠菜 107，白蘑菇 128，韭菜 53。

由于自然界中木糖醇含量太低，从天然物中提取木糖醇成本昂贵，因此国内外商品木糖醇的生产方法均是采用含木聚糖的植物原料，如玉米芯、甘蔗渣、桦木等，首先将植物原料中的木聚糖水解，获得木糖，然后将木糖氢化还原，获得结晶木糖醇，其化学结构和自然界完全相同。国际上欧、美、日等几十个国家，均批准合成木糖醇为安全的食品添加剂。

(2) 木糖醇的化学性质

① 木糖醇由木糖氢化获得，不再含有羰基，常温下在食品中不会和其他成分反应，即使在加热过程，木糖醇作为食糖替代品，不会和甜食品中的蛋白质氨基酸产生美拉德反应。

② 木糖醇和单糖能反应生成糖苷。

③ 木糖醇和脂肪酸反应能生成类似司盘、吐温的糖醇酯乳化剂。

④ 木糖醇能和硝酸反应生成爆炸性硝基本糖醇。

⑤ 本糖醇和硼砂反应能生成络合物，具有螯合结构，影响溶液的旋光度和电导率。

(3) 木糖醇的主要生理功能

木糖醇是所有食用糖醇中生理活性最好的品种。它在防龋齿、不增加血糖值、作为糖尿病人食品方面，均显示了木糖醇比山梨醇、麦芽糖醇、甘露醇等六碳醇特别的优越性。

① 糖尿病人的甜味剂、营养补充剂和辅助治疗剂

木糖醇能参与人体代谢，进入血液后，不需胰岛素便能透入细胞，而且代谢速度快，不会引起血糖值升高。木糖醇是五元醇，和八元醇比，是所有糖醇中甜度最高（和蔗糖相仿）的，热量也最高。应是糖尿病人首选的营养性甜味剂，而且是唯一为医药主管部门批准为糖尿病人辅助治疗剂的品种。

② 木糖醇的防龋特性

吃糖太多会产生龋齿。我国城市里的儿童龋齿率达 70%以上。木糖醇所以有防龋功能，是由于木糖醇不被产生龋齿的变性链球菌所利用；木糖醇在口腔中不产生酸，而是在口腔中 pH 提高，防止牙齿被酸蚀。芬兰试验结果说明，木糖醇能比蔗糖减少龋齿发生率 90%，果糖能比蔗糖减少 30%，果糖能减轻龋齿，而木糖醇能防止龋齿。

③ 木糖醇改善肝功能

木糖醇能促进肝糖的合成，对肝病患者有改善肝功能和抗脂肝的作用，这是糖醇中独有的品种。

④ 木糖醇的双歧杆菌增殖作用

动物试验表明，木糖醇和低聚糖类相似，也有明显改善小鼠胃肠功能的效果。木糖醇在

动物体内肠道中滞留，具有缓慢吸收作用，可促进肠道内有益菌群的增殖，即双歧杆菌的增殖作用。按测算，每人每天服用 15 g 左右木糖醇，即可达到调节肠道功能的作用。

（4）木糖醇在食品工业中的应用

作为一种功能性甜味剂，木糖醇主要用在防龋齿性糖果和糖尿病人专用食品中，也可代替葡萄糖作浸渍液。由于木糖醇会抑制酵母的生长及其发酵活性，因此不适用于需用酵母发酵的食品。

① 在糖果中的应用

普通的硬糖通常含有蔗糖和葡萄糖浆，后者能阻止结晶的出现而使产品成为一种非结晶透明的固体。低能量糖果已成为当今国际糖果市场的消费热点和开发重点，用木糖醇作为填充型甜味剂代替蔗糖生产糖果，无需另外添加阿斯巴甜和糖精类强力甜味剂，制造过程中不会产生沸腾现象，且重结晶所需的空间、设备、时间和能量少；制成的糖果比其他“非蔗糖”糖果的口感好，甜味纯正、清爽冰凉、无不良口味；由于特殊的分子结构，不会发生美拉德反应，熬糖时糖体色泽稳定，不易发生分解，木糖醇储存性能良好，即使暴露在大气中也不会吸水潮湿，延长了产品货架寿命。

② 在口香糖中的应用

口香糖中含有 50%～70%的蔗糖，蔗糖既是甜味剂又是填充剂，用木糖醇代替蔗糖制作口香糖，甜味相同，有明显的清凉感，但木糖醇黏度小于蔗糖，会使产品体积减小，故需要加入阿拉伯胶来调整。所用的木糖醇必须是粉末状的，要求颗粒大小均匀一致，与通常粉末状蔗糖粒度大致相同。由于木糖醇的熔点较低，在无冷却装置的粉碎机中粉碎时会出现结块现象。

③ 在巧克力制品中的应用

用木糖醇制造的巧克力适合糖尿病患者食用，与果糖、山梨醇或甘露醇一样，木糖醇可以代替巧克力制品中的蔗糖。但木糖醇必须是经过精磨的粉末料，在生产过程中要调节好空气的相对湿度。若空气相对湿度超过 85%，制出的产品储存一段时间后会出现粗糙的“沙质”结构。

④ 在酸奶中的应用

木糖醇作为一种新型可改善胃肠功能的功能因子，具有很高的功能特性，是一种很有前途的功能性添加因子。用木糖醇制成的无糖酸奶，由于具有奶的营养价值和促进双歧杆菌增殖、促进营养物质的消化吸收、提高人体免疫力等保健功能，越来越成为中老年人及儿童喜爱的乳制品。由于有减肥作用，还备受女士青睐。若添加果酱、果块、天然色素和香精制成不同口味的酸奶，可满足不同消费者对营养和保健功能型酸奶的需求。

⑤ 在饮料中的应用

无糖饮料可以在低温条件下用木糖醇和麦芽糖醇以 1∶1 的比例复配联用，实现饮料成品柔和醇厚的味质，无需添加任何高倍甜味剂，成品口味清爽宜人。木糖醇可以和其他糖醇、果糖复合配制，也可以单独使用于无糖茶饮料、果汁饮料和保健饮料中，木糖醇可以控制热量值，稳定和保护营养成分不受破坏，改善饮料口味、质体和清凉感受。

⑥ 在焙烤食品中的应用

无糖焙烤甜味剂木糖醇的添加，不仅改善产品的口味，而且可提高产品的综合品质。其热量值比蔗糖小，属于低热量原料；木糖醇的热稳定性好，不与可溶性氨基化合物发生美拉德褐变反应，以其为原料制成的奶油类焙烤制品色泽更洁白。但若要加工无糖深色的焙烤食品，必须与果糖配合使用来完成上色。

3.5.2 木糖和木糖醇的生产

1）木糖和木糖醇的生产原料

木糖醇是用农业植物纤维废料中含有的多缩戊糖，经水解、氢化而得。所以，从技术可能性来讲，只要含多缩戊糖的植物，均可以作为木糖醇的原料。植物中均含有半纤维素（主要是多缩戊糖）、纤维素、木脂素，含多缩戊糖较多的植物主要是农业植物，如各种禾秆（稻草、麦秆、高粱秆、甘蔗渣等）和各种种子皮壳（棉籽壳、花生壳、椰子壳等）。我国生产木糖原料较广泛采用玉米芯、蔗渣、稻壳等（见表3－25），这些原料具有半纤维素含量高、来源广、产量大、易集中、收率高的优点，是比较理想的生产原料。

表3－25　几种主要植物纤维原料的成分

原　料	纤维素含量/%	多缩戊糖含量/%	木脂素含量/%
玉米芯	32～36	35～40	17～20
甘蔗渣	40～45	24～25	18～20
棉籽壳	37～48	24～25	28
稻　壳	35.5～43	16～22	21～26
麦　秆	26～40	17～20	14～15
油茶壳	38～43	25～28	24～32

2）木糖和木糖醇的生产原理

木糖和木糖醇的生产基本原理为多缩戊糖（如木聚糖）经酸（HCl，H_2SO_4）水解可得木糖，木糖在镍催化剂的作用下加氢制得木糖醇。

3）木糖和木糖醇的生产工艺

木糖和木糖醇的生产工艺根据脱酸工艺不同可分为中和脱酸工艺和离子交换脱酸工艺，两种工艺各有优缺点。现分别介绍。

(1) 中和脱酸工艺

中和脱酸工艺就是在净化水解液时采用中和法。此法的工艺路线如下：

原料→水解→中和→浓缩→脱色→离子交换→ { 浓缩→结晶→分离→包装→木糖
　　　　　　　　　　　　　　　　　　　　　　{ 加氢→浓缩→结晶→分离→包装→木糖醇

① 水解：水解工序是木糖醇生产的第一道工序，是关系到木糖醇的质量和后续工序加工难易的关键。如果把握不住水解液的质量，就会给后续工序带来很多麻烦，最终会影响产品的质量。

水解工序首要注意的问题是原料净化问题，原料要经筛选、洗涤、清除杂质，不要人为地把杂质引入水解液中，造成水解液质量的先天不足。水解工序参数三要素就是催化剂、水解温度和时间。其中催化剂只是一个量的问题，卡住催化剂的用量就行了；水解温度是值得关注的问题，温度低会造成水解不完全，而温度过高会使水解液中的木糖继续脱水生成糠醛或深度水解生成低级的碳水化合物，如醋酸、丙酮等，也会使大量蛋白质水解，生成有机色素和胶体，这会对后续的净化工序带来很大困难，为了确保水解温度适当，可引进温度自动控制系统。同样水解时间也不能不足或过长，否则会造成同水解温度一样的后果。

经净化后的原料通过皮带送入水解锅，然后添加硫酸作为催化剂，硫酸浓度为 0.7%～0.8%，用直接蒸汽加热至 125℃，水解 3 小时。水解液进入后续工序提取木糖醇，残渣经挤压脱水并烘干后送到烧渣锅炉，与煤混合焚烧，以获得生产所需蒸汽。

② 中和脱酸：在水解戊糖时要加催化剂——硫酸，而水解后，硫酸就存在于水解液中，但在生产过程中，这部分硫酸必须除去。另外，在水解过程中，因副反应也会产生杂质色素、胶体、糖分解物、有机酸等，统称有机非糖分。这些物质，在结晶前必须清除出去，特别是要除去色素和酸类，以提高水解液的纯度，保证得到好的产品和设备不受腐蚀损坏。要脱去这些非糖分，经典的办法就是采用碱或盐中和，所使用的碱或盐必须来源充足、价格便宜、沉淀完全，且沉淀物有一定的吸附能力，所以一般采用石灰乳或碳酸钙。硫酸被中和成硫酸钙，硫酸钙在水中的溶解度很小，绝大部分硫酸钙都成为沉淀物，经过滤除去。

中和效果的优劣要用 pH 值控制，水解液的 pH 值一般在 1～1.5，当中和到 pH=4 时，无机酸绝大部分被中和掉，且有机酸也开始中和，当 pH 值为 5 时，约有 70% 的醋酸、甲酸、乙酰丙酸等有机酸被中和掉，要想使全部有机酸被中和掉，pH 需要为 10。但是当 pH 值 4～5时就会破坏糖，生成色素，中和时局部过碱也会造成还原糖分解。中和 pH 值通常为 3.5，温度 70～80℃。中和时是把硫酸中和成石膏沉淀，此时会生成两种石膏，一种是二水石膏($CaSO_4 \cdot 2H_2O$)，另一种是半水石膏($2CaSO_4 \cdot H_2O$)。这两种石膏在不同温度下溶解度不一样，在 80℃以下时二水石膏生成量大而溶解度比半水石膏小，但温度过高生成的二水石膏量小，且溶解度增大，在中和时希望生成二水石膏越多越好。但沉淀和溶解是可逆的，为了使石膏生成的多，且结晶颗粒大，往往要沉降养晶，但时间不能过长，以免沉淀再次溶解。

中和脱酸工艺的优缺点：中和脱酸工艺比较简单，酸碱消耗低，可降低成本，设备也比较简单，易操作，投资少。其缺点主要来自工艺本身。硫酸钙虽然在水中的溶解度小，但也不是绝对不溶解(一般在 0.2%左右)，在进入下个浓缩工序时，随着水解液变浓，硫酸钙在水解液中浓度也变大，呈过饱和状态，此时就有一部分硫酸钙又沉淀出来，沉积在蒸发器的管壁上，形成隔热层，降低蒸发效力，浪费蒸汽，降低设备利用率。由于这层结垢很难除去，特别是很难用化学方法除去，不得不用机械法清除结垢，不但麻烦，而且劳动强度很大，对设备也有不同程度的损伤，降低设备的使用寿命，所以又产生了另一方法——离子交换树脂脱酸法。

③ 蒸发浓缩：经中和后的水解液浓度(木糖质量百分比浓度)较低，只有 6%左右，通过三效真空板式蒸发系统将其中的部分水分蒸发除去，使木糖浓度上升到 25%左右。第二次蒸发是通过双效真空板式蒸发系统将清木糖浆或清氢化液中的大部分水分蒸发除去，使浓度上升到 80%左右，以达到后续冷却结晶工序所需的浓度。

④ 脱色：脱色工序是木糖醇生产的主要工序。水解液中的色素包括原料中的天然色素和在生产中生成的色素，天然色素如花色素是以配糖体存在的，在酸性介质中可以水解成一个糖和一个非糖体，在碱性中呈绿色；蛋白质和氨基酸水解时也产生含氮的有色物质；糖类在碱性中也分解生成色素；糖加热时也可出现焦糖色。这些因素都会使水解液的色泽加深，影响木糖醇产品的质量，必须进行脱色处理。

木糖醇水解液的脱色基本属于吸附脱色。吸附剂是多孔、比表面积很大的物质。吸附剂的种类较多，如白土、磺化煤、焦木素和活性炭，其中活性炭应用比较广泛。脱色的原理既然是吸附，那就有吸附和解吸同时存在，为了让脱色向正方向进行，脱色速度要快，温度不要过高。

⑤ 离子交换：水解液（也可称为木糖浆）纯度比较低，含有各式各样的色素、灰分（石膏等）、各种酸（硫酸、醋酸等）、含氮物（蛋白质、氨基酸等）、胶体等。这样杂质复杂的木糖浆不经净化是很难进行氢化生产出合格的木糖醇产品的。所以必须将木糖浆进行净化，不然会使加氢催化剂中毒、失效。要使其纯度达到95%以上，通过两次交换以后，木糖浆的色泽接进无色，不带酸性，以保证氢化反应的顺利进行，提高产品的质量和收率。

⑥ 氢化：木糖氢化是制取木糖醇的一个关键步骤。氢化反应效果的好坏，既决定木糖醇的质量，也影响木糖醇的产量。木糖是含有四个羟基和一个醛基的五碳糖，木糖氢化实际上是木糖的醛基在有催化剂的存在下，加温加压、氢化还原成羟基的反应。理论上每 150 g 木糖需要加氢 2 g，在标准情况下，每 1 L 氢气的质量为 0.09 g，故 150 g 木糖需要 22.22 L 的氢气。亦即每 1 t 木糖转化成木糖醇，理论上需要氢气 148.7 m^3。

氢化时，首先往含木糖 12%～15%的木糖液中添加 NaOH 调节至 pH 8，用高压(7 MPa)进料泵泵入混合器中，将混合物料通入预热器，升温至 90℃，再送到高压(6～7 MPa)反应器(二套)，于 115～130℃进行氢化反应。所得氢化液流进冷却器中，降温至30℃，再送进高压分离器(二套)中，分离出的剩余氢气经滴液分离器，靠循环压缩机再送入混合器中。分离出的氢化液(含木糖醇 12%～15%)经常压分离器进一步驱除剩余的氢后得氢化液。此液无色或淡黄透明，透光率 80%以上，折光率 12%～15%。

研究表明，木糖氢化的较好条件是：反应压力 6～7 MPa，氢液比 10～12，反应温度 130～138℃，相对于木糖的催化剂使用量 1.5%，进料速度 0.4～0.5 L/h。在这种条件下，24 h 的平均氢化率达 96%～97%，最高则达 99%。

往氢化所得的木糖醇溶液中添加 3%活性炭，在 80℃下脱色处理 30 min。经阳离子交换树脂脱镍精制后，可进行浓缩。

⑦ 结晶：经真空浓缩后的糖液浓度达到了 80%，将其送入结晶机中，通过调节冷却水流量使糖液温度缓慢下降，因溶解度水随温度下降，木糖或木糖醇晶体析出。降温速率控制在每小时降温 1℃，经过 40 h 左右的结晶过程，物料由原来的透明状转变为不透明状的糊状物，此时温度降为 20～30℃。

⑧ 离心和干燥：木糖或木糖醇膏（以下简称糖膏）属于非均一相体，其分离都是用过滤式离心机。离心机筛篮壁上开有小孔，再衬上金属滤网或筛网，即过滤介质。当离心机筛篮转动时，产生很大的离心力，糖膏向筛网挤压，晶粒被网截住，母液则通过筛网孔流出，从而达到母液和晶粒的分离。

离心分离后得到的木糖或木糖醇晶体仍然含有约 2%的水分，为使产品符合质量标准和能够长时间储存，需要通过干燥将其水分降低到 0.5%以下。可以采用气流干燥和高频震动流化床干燥机来完成干燥。

(2) 离子交换脱酸工艺

为了解决中和脱酸带来的问题，科技工作者和生产厂家的科技人员研究开发了离子交换脱酸新工艺。离子交换脱酸工艺就是采用离子交换树脂利用离子交换的方法将硫酸根除去。此工艺也有两次交换和三次交换之分，但不管是两次交换还是三次交换，都有属于离子交换的范畴。此法的工艺的路线如下：

原料→水解→脱色→离子交换→浓缩→离子交换→ { 浓缩→结晶→分离→包装→木糖
加氢→离子交换→浓缩→结晶→分离→包装→木糖醇 }

离子交换脱酸工艺，工艺比较复杂，树脂用量较多，设备较多，投资大，增加了酸碱消耗，加大了成本。但离子交换脱酸工艺还有它不可替代的优点，它解决了中和脱酸工艺中设备结垢的缺点，提高了设备的利用率和使用寿命，减少了水解液中的灰分和酸的含量，提高了水解液的质量，相应地提高了产品质量。

3.5.3 木糖醇质量标准

食品添加剂 木糖醇(GB 13509—2005)规定了木糖醇的技术要求：

(1) 外观和感官

本品为白色结晶或晶状粉末，味甜、无异味，易溶于水，微溶于乙醇和甲醇。

(2) 理化指标

应符合表 3-26 的规定。

表 3-26 理化指标

项　目		指　标
含量(以干基计)/%		98.5～101.0
熔点/℃		92.0～96.0
其他多元醇/%	≤	2.0
干燥失重/%	≤	0.50
灼烧残渣/%	≤	0.50
还原糖(以葡萄糖计)/%	≤	0.20
砷(以 As 计)/%	≤	0.000 3
重金属(以 Pb 计)/%	≤	0.001 0
铅/%	≤	0.000 1
镍/%	≤	0.000 2

4 油料饼粕的利用

植物油料在去除皮壳、取出油脂之后，所得饼粕的重量约占剥壳籽仁重量的50%～85%。除部分油溶性成分随油脂一起提取外，油籽中的许多天然成分仍然留在饼粕中。这些成分经适当的工艺处理，可以加工成多种产品，应用于食品、医药、饲料以及工业生产。

饼粕的成分随油籽品种、取油工艺条件的不同而有差异，但油籽饼粕的主要成分则是大致相同的。一般饼粕中含有丰富的蛋白质(15%～50%)、较多的淀粉或纤维素(4%～20%)和无氮提取物(包括糖类、色素、维生素、无机盐等，20%～25%)、少量的脂质(或粗脂肪，0.1%～15%)和10%左右的水分。部分油料饼粕的成分见表4-1。

表4-1 部分油料饼粕的成分

饼粕种类	粗蛋白/%	粗纤维/%	无氮提取物/%	灰分/%
大　豆	40～50	3～7	25～30	5～6
花　生	30～51	4～7	18～27	4～6
棉　籽	39～50	7～16	23～36	5～7
芝　麻	43～48	5～6	21～25	9～11
葵花籽	29～43	7～23	—	7～10
菜　籽	35～40	7～10	20～30	12～15
米　糠	15～18	6～11	40～53	8～10
茶　籽	12～17	3～10	38～45	5～8
蓖麻籽	30～34	25～32	2～6	6～8
亚麻籽	32～34	5～9	28～32	6～7

油料饼粕是重要的植物蛋白来源，也作为生产低聚糖、淀粉或膳食纤维的原料。优质的大豆、花生、葵花籽和米糠饼粕可直接用于饲料或食用蛋白的生产，而菜籽、棉籽、蓖麻籽和茶籽饼粕则需要作脱毒处理才能进一步利用。

4.1 饼粕脱毒

4.1.1 菜籽饼粕脱毒

1）菜籽饼粕中的有毒物质及其毒性

油菜、芥菜、白菜、萝卜等十字花科的种子统称为菜籽。其中含有 2%～10%的芥子苷（或称硫代葡萄糖苷）及少量（约 0.5%～1%）的芥子碱和单宁。虽然已经培育并广泛种植双低（低芥酸、低硫代葡萄糖苷）菜籽，但在我国仍然有一定量的传统菜籽（高芥酸、高硫代葡萄糖苷），同时由于我国独特的种植方式，也使双低菜籽品种的种子受到影响，其中的芥酸和芥子苷含量增加。

芥子苷是菜籽饼粕中毒素的主要来源，它是一类复杂的烃基硫代葡萄糖苷，芥子苷本身是无毒的，但通过催化水解后的产物是毒性物质。菜籽饼粕中少量的芥子碱和单宁也会影响适口性。

芥子苷是一类复杂的烃基硫代葡萄糖苷，其分子结构式为：

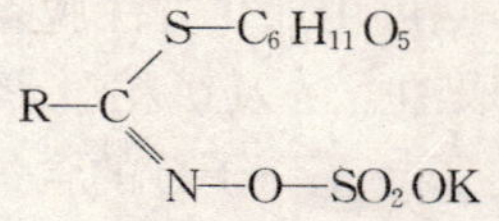

其中，R 为烃基。

根据烃基取代基中有无羟基，芥子苷又可以分为带羟基和不带羟基两类，如黑芥子苷、油菜芥子苷、白芥子苷等，其中含量最多的是油菜芥子苷（45%～47%），其次是黑芥子苷，白芥子苷含量较少。它们的结构式分别为：

黑芥子苷：

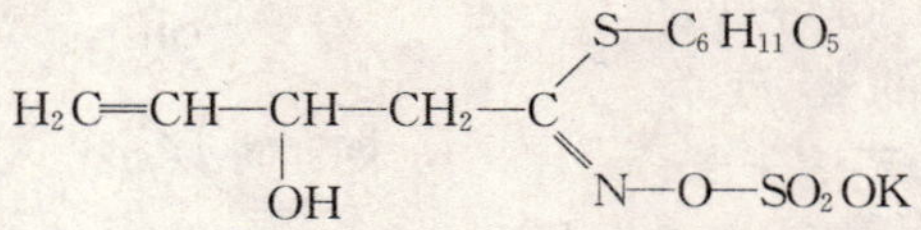

油菜芥子苷：

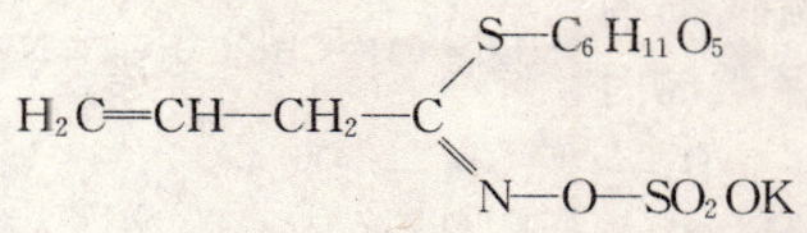

白芥子苷：

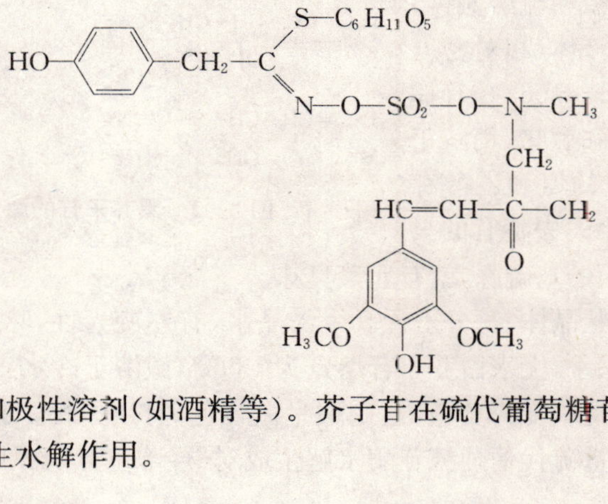

芥子苷易溶于水和极性溶剂（如酒精等）。芥子苷在硫代葡萄糖苷酶（或称芥子酶）、酸、碱或 Fe^{2+} 作用下可发生水解作用。

菜籽中存在硫代葡萄糖苷酶，菜籽在收获、储存、运输和加工过程中，如种皮有损伤，细胞中的硫代葡萄糖酶就释放出来，在一定条件（温度和湿度）下，活性迅速增加，分解芥子苷，过程见图 4－1。分解产物有葡萄糖、硫酸根、硫氰酸酯、异硫氰酸酯、腈和硫。

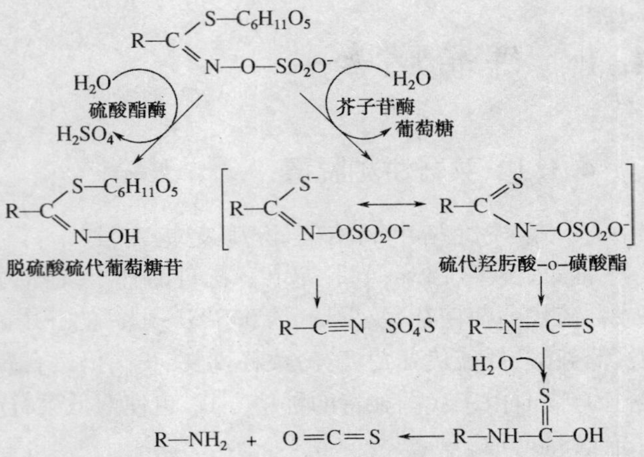

图 4－1　芥子苷的酶催化分解过程

芥子苷的酶水解产物腈、硫氰酸酯、异硫氰酸酯和噁唑烷硫酮等是有毒物质，其毒性各不相同。腈类物质能够随血液到动物的肝脏和肾脏，造成肝脏和肾脏的病理性损伤，严重的会造成肝脏和肾脏出血，甚至死亡。腈类物质（通式为 R—C≡N，R 为烃基）中烃基的碳链长度越长，毒性越小；反之，毒性越大。菜籽饼粕中的芥子苷分解会产生一定量的腈，其烃基碳链长度一般为 3～4 个碳原子不等。腈易挥发，脱毒过程中一旦转化为腈，则可用加热方法脱除（用含水丙酮吸收）。

芥子苷的分解产物与油料种类、取油方法及饼粕脱毒方法有关。油菜籽芥子苷中一般以烯丙基、3－丁烯基和 2－羟基－3－羟丁烯基芥子苷的含量较多，烯丙基和 3－丁烯基芥子苷水解的主要产物是异硫氰酸酯；2－羟基－3－羟丁烯基芥子苷根据加工条件不同，可水解成不饱和腈或噁唑烷硫酮。高温、酸性条件下水解产物以噁唑烷硫酮为主，低温、碱性条件下水解产物以不饱和氰为主。

黑芥子苷为无色斜方晶体或针状晶体，每分子含 2 分子结晶水，熔点为 127～129℃，无水固体的熔点为 179℃。极易溶于水和乙醇，不溶于苯、氯仿和乙醚。黑芥子苷易被硫代葡萄糖苷酶水解，产生挥发性异硫氰酸烯丙酯（$CH_2=CH-CH_2-N=C=S$，一种常见的芥子油）、葡萄糖和硫酸氢钾。异硫氰酸烯丙酯为无色液体，相对密度 1.014～1.025，沸点 148～156℃，有挥发性及强烈的特殊臭味和辣味，稍溶于水和乙醇溶液。在过量的氨和乙醇存在下，异硫氰酸烯丙酯会失去特有的臭味，转变为斜方晶体的丙烯基硫脲，就有韭菜臭味。

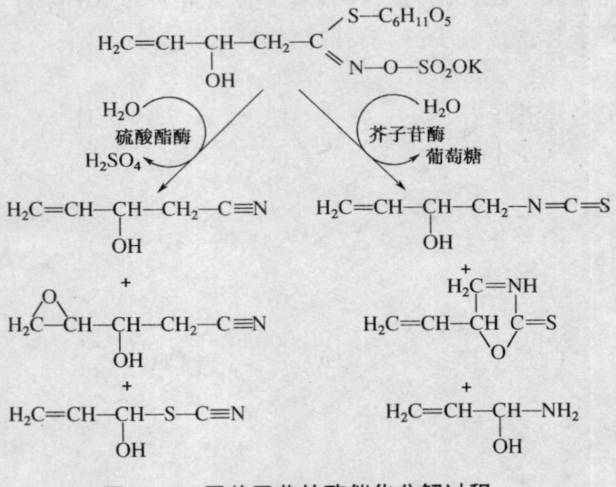

图 4－2　黑芥子苷的酶催化分解过程

白芥子苷为黄色针状晶体，每分子含 5 个结晶水，有左旋光性，味极苦，熔点 83～84℃，100℃时会全部失去结晶水，无水白芥子苷熔点为 139℃，微溶于冷水，易溶于热水及热乙醇，不溶于乙醚、二硫化碳，遇碱变为黄色，遇硝酸呈白红色，有还原性，与氢氧化钠相混煮沸可生成硫酸钠、硫氰酸钠，被硫代葡萄糖苷酶水解生成对-羟苄基异硫氰酸酯（白芥子油）、葡萄糖和硫酸氢钾。对-羟苄基异硫氰酸酯与异硫氰酸烯丙酯不同，为不挥发性的黄色油状液体，有辣味。

硫氰酸酯(R—S—C≡N)的危害主要是对甲状腺的影响。甲状腺具有吸收硫氰酸酯的能力，这样相对减少了甲状腺对碘的吸收，从而引起甲状腺肿大；同时，也会引起血压降低。硫氰酸酯不稳定，易发生罗森重排转化为异硫氰酸酯。

异硫氰酸酯(R—N＝C＝S)具有辛辣气味，严重影响动物的适口性。含量高时，具有糜烂发泡作用，对消化器官的表层黏膜有破坏作用，同时，也会引起甲状腺肿大。异硫氰酸酯大部分易挥发，也可用加热方法脱除。

噁唑烷硫酮会阻止甲状腺对碘的吸收，并干扰甲状腺素的正常分泌，最终导致甲状腺肿大。如噁唑烷硫酮造成的甲状腺肿大，补充KI不能缓解病情；补充有机碘(碘化酪蛋白)，可缓解病情。

腈的毒性是异硫氰酸酯(硫氰酸酯)的近100倍，噁唑烷硫酮的毒性是异硫氰酸酯(硫氰酸酯)的5～10倍。

菜籽饼粕中的芥子碱是芥子酸的胆碱酯，它是一种苦味物质，菜籽饼粕中含量为0.5%～1.0%。芥子碱在动物体内的内源细菌作用下，先水解成芥子酸和胆碱，胆碱继续水解得到乙醇和三甲胺(Trimethylamine，TMA)，三甲胺有鱼腥味，影响动物的适口性。菜籽饼粕中的单宁含量在3%左右，具有苦涩味，影响动物的适口性。

2) 菜籽饼粕脱毒

菜籽饼粕脱毒的方法，基本上可分为化学法、生物法和综合法等。

(1) 化学法

化学法是在一定的条件下，采用化学试剂催化芥子苷降解，变为无毒物质。常用的化学试剂主要是碱性物，常用的是烧碱、纯碱、石灰和氨。其中脱毒效果较好的是纯碱，其次为烧碱。

化学法脱毒的工艺流程如下：

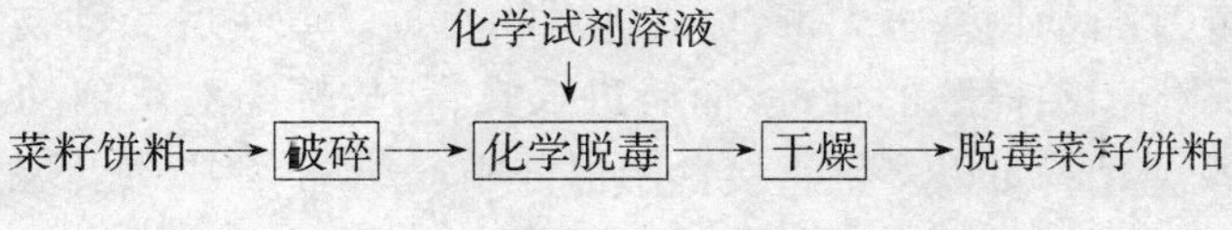

(2) 生物法

生物法也称生物降解法，常用的是微生物发酵降解，是在一定温度、湿度下，通过生物发酵降解的方法破坏饼粕中的有毒物质——芥子苷。在合适的条件下，芥子苷受大肠杆菌和芥子苷酶的共同作用而降解，其中，挥发性部分在搅拌过程中排出，不挥发部分由水带走。

生物发酵法可采用湿法发酵降解和干法发酵降解。

湿法发酵是将破碎的菜籽饼粕投入清水中[饼粕∶水＝3∶(3.7～4)，m/m]，加热到一定温度(一般为40℃左右)后，加入扩大培养后的菌种在适当条件(恒温、缓慢搅拌)下发酵(湿法深层液态发酵)。发酵结束后，滤去发酵水(过滤要充分)，除去有毒物质。湿法发酵脱毒效果较好，但营养物质流失严重。

干法发酵降解的主要过程是先将菌种扩大培养，而后转移至破碎的菜籽饼粕中(料层高度要小)，在合适的条件下，经过一定时间的发酵(干法浅层固态发酵)即可脱除部分芥子苷。干法发酵脱毒效果不是很理想。

(3) 综合法

综合法主要是将化学法和生物法相结合破坏饼粕中的有毒物质。在生物发酵后的物料中添加碱性添加剂,使得少部分难挥发或不挥发的降解产物在碱性条件下发生氧化反应,生成胺、无机盐、硫脲等无毒物质。

4.1.2 棉籽饼粕脱毒

1) 棉酚的毒性

我国是世界上主要的产棉大国,年产棉籽 800 多万吨。棉仁含量为棉籽的 50%~55%,棉仁蛋白质含量为 35%~38%,脱油后蛋白质含量可达 40%或更高。但由于含有棉酚(尤其是游离棉酚)影响其中蛋白质的利用。

棉酚是一种多羟基化合物,占棉籽重量的 0.7%~4.8%,按其存在形式可分为游离棉酚和结合棉酚,它也是一种色素。结合棉酚一般是在高温蒸炒过程中,游离棉酚与棉仁中的蛋白质、游离氨基酸和磷脂结合而生成的,它在消化系统中不被吸收,可很快随粪便排出体外。游离棉酚(Free Gossypol, FG)具有活性羟基及醛基的棉酚称为游离棉酚,多以脂腺体或树胶状存在于棉籽色素腺体中,通常占棉仁总重的 0.8%~0.9%,分子式 $C_{30}H_{30}O_8$,相对分子质量 518.5,熔点 181~185℃。棉酚的结构式中含有醛基和羧基,化学性质很活泼,极易被氧化而变质。此外棉酚分子中具有—CHO,可以生成稳定的二肟二腙;棉酚是多元酚,也可生成酯和醚。游离棉酚能被氧化成变性棉酚,或同蛋白质、磷脂、糖类结合,生成深红色、褐色、蓝绿色甚至黑色的结合棉酚,结合棉酚的结构更为复杂。变性棉酚和结合棉酚的毒性较小或不具有毒性。

棉酚特别集中于棉仁的色腺体中,在制油过程中,一部分棉酚会进入毛油中。随生产方法与工艺条件不同,棉酚进入毛油与留在饼粕中的量也不同。浸出粕中的游离棉酚含量较低,约为 0.006 5%;机榨饼中游离棉酚含量稍高,约为 0.08%;土榨饼中含量最高,约为 0.2%~0.4%。棉酚的毒性随动物种类、生长阶段、摄入量、棉酚/蛋白质的比值不同而不同。

游离棉酚对成年反刍动物基本无毒,对其他动物有毒。成年反刍动物食入棉籽粕,瘤胃中的微生物发酵作用能消除棉酚的毒性,而后进入真胃,故棉酚对反刍动物无毒,或反刍动物对棉酚不敏感。反刍动物可以多量直接食用棉籽粕,一般不会中毒。但也有研究表明,牛的日粮中,游离棉酚含量在 0.8~2.0 g 时,会引起轻度中毒;6.0~8.0 g 时会严重中毒。也有人认为,在牛的日粮中可添加 3~4 kg 棉饼,绵羊的日粮中可添加 100~150 g 棉饼。

非反刍动物摄入未脱毒棉籽饼粕时会中毒。轻则食欲减退,便秘,增重缓慢或体重下降,重则周身水肿,虚弱,呼吸困难,血红蛋白尿,出血性肠炎,肺水肿,肝脏和心肌变形坏死,生殖系统发生障碍,抽搐甚至死亡。对棉酚的忍耐量随动物种类、生长阶段、摄入量、棉酚/蛋白质的比值不同而不同。

猪对棉酚特别敏感,日粮中游离棉酚的最大量是 0.4%~0.8%;日粮中总游离棉酚含量小于 0.01%时,生长正常,无中毒反应;在 0.02%以上时,内脏发生病变,并有不同程度的中毒症状;达到 0.03%时,会中毒死亡。对肉用仔鸡而言,日粮中游离棉酚不超过 0.016%对生长无害。产蛋鸡日粮中游离棉酚含量不超过 0.02%,对产蛋率、单个蛋重和采食量无明显影响,但棉酚含量在 0.001%~0.005%时,即可引起鸡蛋储存过程中蛋黄变色。日粮中的游离棉酚浓度高于 100 mg/kg 时,可导致公鸡睾丸严重损伤,母鸡成熟的卵泡分泌雌二醇和孕酮受阻，造成卵巢萎缩，卵子破裂，严重者可丧失排卵功能而失去繁殖能力。

研究表明，动物对棉酚的累积中毒与日粮中的蛋白质含量有关，在同一棉酚水平下，随蛋白质含量增加中毒率降低。

结合棉酚的毒性虽小，但日粮中含量较高时，对动物生长也是不利的。这是因为棉酚同蛋白质结合形成复合物，会使蛋白质的氢氧化钠溶解性降低；棉酚可能和蛋白质中的赖氨酸结合，降低赖氨酸的利用率，导致棉籽饼粕的营养价值降低。

除棉酚外，棉籽饼粕中还含有环丙烯酸，此物质能使禽类卵的蛋白在储存过程中颜色由无色或白色变为粉红色，改变蛋黄和蛋白的 pH 值，降低卵的孵化率和延缓鸡的性成熟期。

总之，如果棉籽饼粕作饲料使用时，既要考虑它有毒的一面，也要根据饼粕的来源、饲养的对象、饲料结构与组成、喂养方式等具体情况分别对待。

国家标准（GB 13078—2001）规定了 FG 在各种饲料中的安全使用限量（见表 4－2）。联合国食品及粮农组织规定 FG＜125 mg/kg；世界卫生组织建议标准规定 FG＜400 mg/kg。

表 4－2　单胃动物游离棉酚的允许量

饲　料	棉籽饼（原料）	肉用仔鸡、生长鸡（配合饲料）	产蛋鸡（配合饲料）	生长肥育猪（配合饲料）
$FG/mg \cdot kg^{-1}$	≤1 200	≤100	≤20	≤60

2）棉籽饼粕的脱毒

棉籽饼粕的脱毒方法很多，常见的有化学法、物理法和生物发酵法。

（1）化学法

化学法是向棉籽饼粕中添加化学试剂，在一定条件下使有毒棉酚被破坏或结合，以达到脱毒或减度的效果。可用的试剂有硫酸亚铁、碱、尿素、钙盐、氨、硫酸铵等，常用的是硫酸亚铁和碱。

① 硫酸亚铁处理法

硫酸亚铁本身无毒，Fe^{2+} 与游离棉酚结合生成棉酚铁，使棉酚的活性羟基失活，并且不被动物吸收，从而降低棉酚对动物的毒性。硫酸亚铁的用量以与棉酚等量为宜，如以 $FeSO_4 \cdot 7H_2O$ 计约为 5∶1。处理方式分为以下几种：

在制油时，将硫酸亚铁溶液直接喷洒在出榨机的破碎棉籽饼粕上或出烘干机的粕上，注意控制饼粕的安全水分。

在油厂或饲料厂直接将硫酸亚铁干粉加入饼粕或饲料中，搅拌均匀即可。

使用单位或使用者将饼粕用硫酸亚铁溶液处理，浸泡一昼夜即可。

② 碱处理法

向棉籽饼粕中加入适量烧碱、纯碱或石灰乳等碱性溶液，并加热蒸炒，在碱性条件下羟基与碱金属离子结合生成相应的盐类，达到进一步破坏饼粕中游离棉酚的目的。

化学脱毒法投入少，操作简便，脱毒效果也较好，适于农村个体养殖户或小型养殖场使用；缺点是所形成的络合物仍保留在饼粕中，使得饼粕的适口性差，不易消化，色泽深，暗淡无光泽；且化学法因具体方法不同，脱毒效果差异也很大，难以形成规模化生产。

（2）物理法

物理法是采用物理或机械方法降低饼粕中的游离棉酚含量。有湿热处理法、膨化脱毒法和溶剂浸出法。

① 湿热处理法

一般结合制油工艺进行，在料坯蒸炒压榨的工艺上，采用“高水分蒸炒法”(含水18%，温度130～135℃)能使饼粕中游离棉酚变为结合棉酚，减少游离棉酚的含量，可使游离棉酚的脱除率达70%。此法必须在高温、高压条件下进行，故蛋白质的变性程度大大增加，蛋白质的氢氧化钠溶解性和赖氨酸含量会明显降低，导致蛋白质消化率和营养价值降低。目前，物理法在生产中已较少使用。

② 膨化脱毒法

该法利用膨化的高温、高压使腺体色素破裂释放出游离棉酚，与赖氨酸发生美拉德反应，成为结合棉酚，从而达到脱毒目的。

膨化棉籽饲喂牛的试验结果表明，用膨化棉籽部分或全部替代精料中的豆粕不会影响公牛的肥育性能。

膨化脱毒法具有以下优缺点：是一种高效的脱毒方法，其生产连续化、工艺简单，且没有废水问题，但它在降低毒性的同时也降低了赖氨酸的有效性和氨基酸的利用率，并且需要特殊设备，成本较高。为了改善膨化脱毒棉籽产品某些氨基酸不平衡的缺陷，可用棉籽与大豆按1∶1进行膨化试验制取大豆棉籽膨化粉，产品中各种氨基酸全面平衡，弥补了棉籽中蛋氨酸含量不足的缺陷，FG从0.91%下降至0.021%。用该产品1.5～2.3 kg/(d·头)饲喂奶牛，产奶量明显高于用大豆粉饲喂的试验组，且饲料利用率高。直接用棉籽进行膨化，粗纤维含量较高，不利于在畜禽饲料中应用。若用棉仁或制油后的棉籽粕与大豆以合适比例进行膨化，并对氨基酸进行有效保护，探索最佳工艺条件，以达到更好的脱毒效果和经济效益。借鉴对全脂大豆的膨化工艺，因而棉籽与大豆混合膨化脱毒有广阔的工业开发前景。

③ 溶剂浸出法

采用合适的溶剂溶解棉籽饼粕中的棉酚，而不溶解蛋白质、糖类物质。此法不经过高温处理，可以避免蛋白质变性和部分氨基酸的损失，饼粕的营养价值没有降低。萃取棉酚的常用溶剂是丙酮、乙醇和异丙醇等。

以丙酮浸出棉籽，油脂和棉籽一起被浸出，棉籽粕中游离棉酚含量在0.03%以下。丙酮水溶液浸出棉酚的速率比纯丙酮快，且可以浸出全部棉酚和大部分磷脂、糖类和游离脂肪酸，但不能浸出油脂。因此，可以首先用丙酮水溶液浸出棉酚，料坯干燥后再用己烷浸出油脂；或先用己烷浸出油脂，再用丙酮水溶液浸出棉酚。后一工艺的优点是棉籽粕中己烷比较容易除去。

也可采用叔丁醇同时浸出油和棉酚，得到棉酚含量较低的棉籽粕。

还有人采用混合溶剂浸出法同时浸出油和棉酚，低温脱溶得到棉酚含量低、变性程度低的棉籽粕。

采用两步法即采用两种溶剂分步萃取棉籽油和棉酚，保证棉籽油的质量和脱酚彻底，同时能去除棉籽在储藏过程中产生的黄曲霉毒素。在制取过程中保持低温，尽可能地避免了蛋白质的破坏，保证了产品的营养效价，提高了蛋白质及氨基酸的利用率。在浸出提油后，对含溶剂的湿粕不进行脱溶剂处理而直接萃取脱酚，降低了能耗，又避免了蛋白质的热变性，保证了产品的营养价值不受损失。

但是该法的缺点在于蛋白和糖分等营养物质溶于脱酚溶剂(85%甲醇溶液)中，造成部分流失。低温蛋白没有高温蛋白香，适口性也差。另外，该工艺采用两种溶剂分步萃取，能耗大，成本高。

(3) 生物发酵法

即微生物降解法。

微生物发酵脱毒法是通过微生物发酵过程以实现对棉酚的转化、降解作用而脱毒。该法成功的关键是选择合适的菌种。目前国内已有一些科研单位在脱毒菌种的培养与筛选方面取得了较显著的成果。施安辉等用筛选的霉菌和酵母菌进行脱毒试验，高效降解棉酚的菌株总脱毒率在80%以上。微生物发酵脱毒工艺的一般流程如下：棉籽饼粉碎—筛分除杂—配料计量—底物混合—灭菌处理—底物接种—发酵—烘干—包装。

中国农业工程研究设计院筛选出适合棉籽饼脱毒生产蛋白饲料的一系列菌种，经45 d的饲养试验表明：该发酵品也可全部替代豆粕，部分替代豆饼，对生产性能无明显影响，显著降低了饲料成本。采用固态厌氧发酵对棉籽粕的脱毒发酵的研究表明：在温度为30℃，pH值为6、接种量6%的条件下进行固态厌氧发酵，时间为4 d时脱毒率达到最高，平均脱毒率为84.33，棉酚含量最低下降至0.018 8%(国家饲料用棉籽饼粕的安全卫生标准为棉酚含量在0.04%以下)，同时总氨基酸、粗蛋白等营养成分也有所提高。

与物理化学方法相比，利用生物发酵技术进行脱毒具有以下优点：① 处理效率高，尤其是酶技术应用的处理效率很高、成本低；② 没有残留，应用比较安全；③ 适口性大大改善，对饲料营养成分的破坏和影响较少。

微生物发酵法需要选择合适的菌种，菌种的提纯复杂、生产工艺的投资大、成本高，致使微生物降解棉酚技术实行规模化生产较难。总之，微生物脱毒处理的整个过程比较温和，真菌发酵产生的香味和发酵过程中产生的维生素、氨基酸使得饲料的营养价值有了很大的提高。其工艺没有废水污染问题，是一条可大力发展的绿色途径。

4.1.3 蓖麻籽饼粕脱毒

1) 蓖麻籽饼粕的营养成分与有毒物质

蓖麻籽饼中的蛋白质含量较高，全籽脱脂饼粕约为33%～35%，脱壳饼粕约为69%，但因含有一定量的有毒成分，使其不能直接作为饲料使用。蓖麻籽蛋白质氨基酸组成相对较为合理，与大豆蛋白相比，大豆蛋白中赖氨酸含量比蓖麻籽蛋白高40%左右，而蓖麻籽蛋白的蛋氨酸比大豆蛋白高出40%，如果脱毒蓖麻籽粕和大豆粕混合，可起到氨基酸互补的作用。

蓖麻籽饼粕中的有毒成分有蓖麻碱(0.3%～0.4%)、变应原(5%～9%)、蓖麻毒蛋白(0.5%～1.5%)和血球凝集素(0.005%～0.015%)。

蓖麻碱属高毒性物质，可引起呕吐，呼吸抑制，肝和肾受损。饲喂试验表明，饲料中蓖麻碱含量超过0.01%，能抑制鸡的生长；含量超过0.1%，鸡将中毒麻痹死亡。蓖麻碱系统命名是3-氰基-4-甲氧基-1-甲基-2-吡啶酮，分子式为$C_8H_8H_2O_2$，相对分子质量164.17，结构式见图4-3。蓖麻碱为针状或柱状晶体，熔点201.5℃，易溶于水、三氯甲烷和热乙醇等极性溶剂，难溶于乙醚、石油醚和苯等非极性溶剂。其水溶液呈中性，碱溶液能被高锰酸钾还原，同时生成氢氰酸。

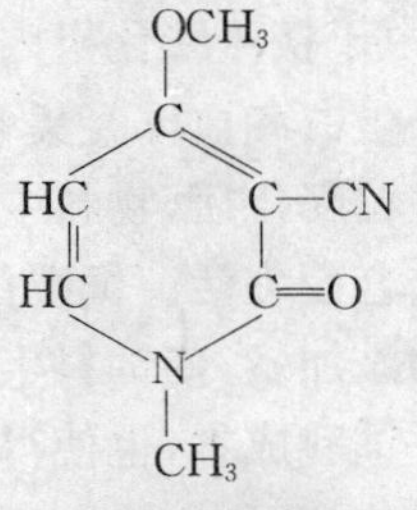

图4-3 蓖麻碱的结构式

变应原是由多糖与蛋白质形成的糖蛋白，其纯净物为白色粉末状固体，具有渗析性，具有糖类和蛋白质的特征反应；溶于水（但在沸水中不稳定），不溶于非极性溶剂，在乙醇溶液中的溶解性与乙醇浓度有关。变应原存在于蓖麻仁中不含油的胚乳部分，具有强烈的过敏活性及抗原性，其毒性对人只过敏不致死，对动物相对重些但也不会致死。

蓖麻毒蛋白是高分子蛋白毒素，它存在于蓖麻籽蛋白质中，是一种蛋白合成抑制剂，在蓖麻毒素中是毒性最剧烈的一种，1 kg 毒蛋白可毒死 360 万人，连眼镜蛇毒、氢氰酸都无法与它比拟。毒蛋白对动物毒性极大，兔肌肉注射半致死量 LD 50 为 4.1 μg/kg。毒蛋白在水中煮沸或加压蒸汽处理即凝固变性，失去毒性。蓖麻毒蛋白具有蛋白质的特征，在极端条件下易变性，成为无毒的变性蛋白。

血球凝集素是高分子蛋白质，对一定的糖分子有特异亲和力，它与蓖麻毒素蛋白同时存在于籽仁中。血球凝集素的等电点为 pH 7.8，遇热不稳定，100℃加热 30 min 被破坏，所以在机榨饼或预榨浸油饼粕中，血球凝集素和毒蛋白同时变性而失去活性。

2）蓖麻籽饼粕的脱毒方法

(1) 化学法

化学法是将水、饼粕、化学药剂按比例加入到耐腐蚀的反应罐中，在一定的温度、压力下，通（或不通）蒸汽搅拌一定时间。结束后进行分离，将饼粕进行干燥冷却即可。化学法可分为酸处理法、碱处理法、石灰法、氨处理法等。

(2) 物理法

物理法脱毒工艺是通过加热、加压、水洗等过程，将毒素从饼粕中转移到水溶液中，在通过分离、洗涤将粗蛋白洗净。物理法中主要有沸水洗涤法、加压蒸煮、热喷及膨爆法等。

(3) 微生物法

微生物法是利用特定的微生物菌株对蓖麻毒素进行分解，从而达到脱毒的目的。该法投资较大、周期长，难以实施工业化生产。

(4) 挤压膨化法

也称化学-物理法或物化联合法。脱脂的蓖麻饼粕经粉碎、筛分后，与定量的碱性化合物进行混合，并调节湿度，将混合物送入挤压膨化机进行高温、高压的瞬间反应，再经干燥、冷却、筛分，即得脱毒蓖麻粕成品。

20 世纪 90 年代初，美国得克萨斯的 A&M 的食品蛋白开发研究中心将挤压膨化用于蓖麻粕脱毒。该方法对蓖麻毒蛋白的去除率为 100%，对变应原的去除率为 98%。研究表明，由于挤压膨化机内的高热高压及剪切作用，加之碱液的存在可以破坏蓖麻毒素，使其中的毒蛋白和血球凝集素失活，并大大降低变应原及蓖麻碱的含量，从而达到脱毒的目的。蓖麻饼粕膨化后，物料中所含毒素一方面由于分子变化而降解，另一方面与物料中的碱液脱毒剂结合而失活。饲喂试验证明，脱毒效果和饲养效果都很好。膨化提高了蓖麻饼粕在饲料中的添加量，使饲料生产商可以尽可能地选用比较便宜的蓖麻饼粕替代大豆及豆粕，大大降低了饲料成本，也使得蓖麻粕这一难以利用的原料成为优质的蛋白饲料。膨化脱毒蓖麻粕的工艺如下：

料饼粕→除杂→粉碎→喷洒碱液→混合→调质

↓

产品←粉碎←冷却干燥←膨化

脱毒方法的选择应当遵循以下原则：残毒量降至安全水平以下，营养成分损失小，适口性好，生产工艺及设备简单，操作方便，投资少，成本低，适于工业化生产，尽量不用或少用化学药剂，避免重复污染。

4.1.4 葵花籽饼粕脱绿原酸

向日葵是俄罗斯和欧洲一些国家重要的油脂原料，我国的葵花籽年总产量居世界第六位，主要种植在内蒙古。向日葵脱脂饼粕的加工利用，关键是去除向日葵中的石炭酸、绿原酸以及高效率地去除种子的外皮。

1）绿原酸的性质及其对葵花籽饼粕性能的影响

绿原酸主要存在于忍冬科忍冬属、菊科蒿属植物中，其中包括杜仲、金银花、向日葵、菊花、咖啡、可可树等。绿原酸在葵花籽壳和仁中都存在。在葵花籽仁中，绿原酸主要分布在葵花籽仁的糊粉层或细胞蛋白质颗粒中。据测定，葵花籽中绿原酸含量为 1.5%～3.3%，葵花籽仁中含绿原酸 2.1%～3.5%。

1897 年，Osbome 和 Campbell 发现葵花籽中引起葵花蛋白变黑的物质，取名为 helianthotannic Acid。1909 年，Gorter 等人证实该化合物是绿原酸（Chlorogenic Acid，CGA 或 CHA），1947 年，Rudkin 和 Nelson 首次确定了绿原酸的化学结构——咖啡酸（Caffeic Acid，CA）和奎尼酸（Quinic Acid，QA）形成的一种酯（图 4-4）。葵花籽中的酚酸类化合物 70%是绿原酸。绿原酸分子式为 $C_{16}H_{18}O_9$，相对分子质量为 354.30，熔点 208℃，半水合物为针状晶体，110℃变为无水化合物，25℃时在水中的溶解度约为 4%，$[\alpha]_D^{26}$ 为 35.2（C=2.8），K（27℃）为 2.2×10^{-3}。绿原酸易溶于乙醇、丙酮，微溶于乙酸乙酯，是淡黄色的固体。过去一直认为绿原酸只是一种抗营养成分。随着科技的进步和研究的逐步深入，人们发现，绿原酸具有多种生理功能，绿原酸具有抗菌、抗病毒、止血、增高白血球，缩短血凝和出血时间等功效，对急性咽喉炎症和化脓性皮肤疾病疗效显著；绿原酸通过其抗氧化作用可有效地预防和减少现代文明病（如心血管疾病、糖尿病以及癌症等慢性疾病）的发生。

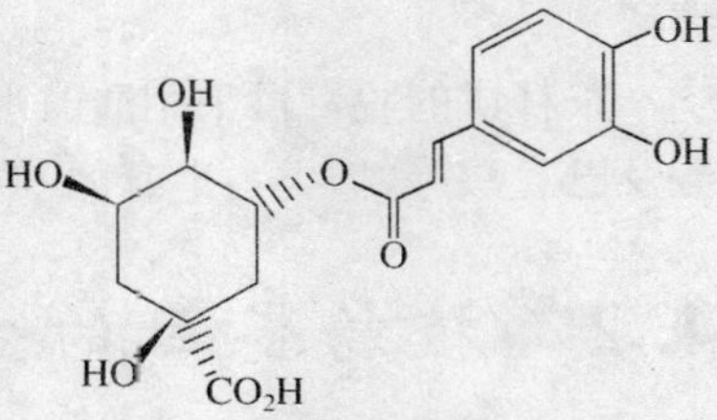

图 4-4 绿原酸的结构式

向日葵中 70%～80%蛋白质由具有盐溶性的球蛋白构成。从营养角度来看，向日葵蛋白的赖氨酸含量少，是营养上的限制因子。向日葵蛋白质不易形成凝胶，但具有优良的起泡性和发泡稳定性，并且向日葵的脱脂物具有很好的组织形成性，利用挤压成型机，能制成组织状向日葵蛋白制品，不足之处是产品的外观颜色较灰暗。在加工过程中，向日葵脱脂饼粕中的绿原酸会因 pH 值的不同产生黄绿色色变，影响饼粕的感观和应用。

2）葵花籽饼粕中绿原酸的脱除方法

可利用绿原酸易溶于一些极性有机溶剂的特性将绿原酸从葵花籽饼粕中萃取出来，既提高饼粕的质量，也可进一步对绿原酸进行加工利用，工艺如图 4-5 所示。

```
                    溶剂
                     ↓
葵花籽饼粕——→破碎——→浸出——→脱溶——→干燥冷却——→冷碎——→产品
```

图 4-5　葵花籽饼粕脱绿原酸工艺

葵花籽饼粕破碎后进入浸出器(或萃取罐),在此进行浸出(或萃取),饼粕中的绿原酸进入溶剂相,脱绿原酸的饼粕脱溶后进行干燥、冷却,粉碎后即是产品。常用的溶剂有甲醇(或甲醇水溶液)、乙醇(或乙醇水溶液)、丁醇和丙酮等。

4.1.5　茶籽饼粕脱毒

油茶籽饼或茶籽仁饼中一般含蛋白质 12%～16%,可消化糖类 35%以上,皂苷 6%～10%。茶籽饼中的溶血性皂苷不被动物肠胃吸收且易于分解,作饲料是无毒的,但多数皂苷具有苦味和辛辣味,影响饼粕的适口性。茶籽饼粕中除含皂苷外,还有 2%以上的单宁、0.4%以上的咖啡因,这些成分都会影响饼粕的适口性和可消化性。

皂苷具有溶血性,静脉注射毒性较大,古代曾作为毒药使用。有甾醇时,皂苷即失去溶血能力。皂苷还有强心作用,进入胃中能催吐,还能促进支气管黏液分泌,故皂苷可作为祛痰剂和利尿剂。皂苷对冷血动物(如鱼、蛙)毒性特别大,ppm 数量级就能使鱼类麻痹致死。

茶籽饼的脱毒可采用酸碱水解来进行。皂苷水解生成阿拉伯糖、半乳糖、葡萄糖、糖醛酸及巴豆酸等,糖类占皂苷的 60%左右,这使茶籽饼的营养价值有一定程度的提高。

4.2　植物蛋白的生产与应用

植物蛋白广泛地存在于自然界,种类繁多,涉及单细胞和藻类蛋白以及高等植物的根、茎、叶、果肉和种子蛋白等。不同种类的蛋白质由不同的氨基酸以不同的方式组成,它们有不同的结构和功能特性。随着世界人口的增加和食品工业的快速发展,人类正在不断地对食品营养和食品加工形态、功能进行研究,而且从营养学角度分析,植物蛋白不含胆固醇,对血管病患者尤为有益,另外植物蛋白比动物蛋白产量大、价格便宜;同时,植物蛋白在人们膳食构成中的比例越来越大,在食品及相关工业中的地位愈显重要,同时世界植物蛋白工业发生着日新月异地变化,因此,研究和开发植物蛋白具有特别重要的意义。

4.2.1　大豆蛋白的生产与应用

1) 大豆组成成分及大豆蛋白理化特性

大豆蛋白不仅可以补充人体内所需要的蛋白质,因而在人口不断增长、食品资源紧张的今天,开发和利用大豆蛋白具有重要的意义。

(1) 大豆组成

① 大豆一般组成成分

中国是大豆的故乡,大豆的加工和利用历史悠久。大豆化学成分的特点是蛋白质和脂肪含量高,因此从大豆中不仅可提取食用油脂,而且其中的大豆蛋白是一种安全可靠而又经济的食用蛋白资源。从氨基酸组成以及必需氨基酸的含量来分析,大豆蛋白是为数不多的可取代动物蛋白的营养佳品之一，因此有“植物肉”之称。大豆一般约含40%蛋白质、20%脂肪和25%碳水化合物(这些成分随品种与栽培条件而异)。但与米、面不同，几乎不含淀粉，纤维和灰分各含4～5%。我国部分地区的大豆成分含量见表4-3。

表4-3 我国部分地区的大豆成分含量

地区	食部/%	水分/g	蛋白质/g	脂肪/g	碳水化合物/g	热量/kcal*	粗纤维/g	灰分/g
北京	100	10.2	36.3	18.4	25.3	412	4.8	5.0
陕西	100	10.0	39.2	17.1	23.9	408	5.2	4.2
新疆	100	7.0	35.0	17.3	31.1	420	4.9	4.7
江苏	100	8.7	40.5	20.2	21.0	428	4.6	5.0
湖南	100	10.0	37.8	17.2	24.6	404	5.0	5.4
贵州	100	10.1	36.8	15.8	28.4	403	4.5	4.4
福建	100	20.1	36.4	12.1	23.3	344	4.6	4.6
四川	100	12.0	36.6	18.2	24.5	407	4.6	4.4

*注：1 cal=4.18 J。

② 大豆种子组成

大豆的籽粒由种皮、胚和子叶三部分组成。大豆不同部位的组成如表4-4所示。

表4-4 大豆各部位的化学组成 单位：%

大豆中各部分名称	水分	粗蛋白质(N×6.25)	碳水化合物	粗脂肪	灰分
整粒	9(5～17)	40(36～50)	17(14～24)	18(13～24)	4.6(3～60)
子叶	10.6	41.3	14.6	20.7	4.4
种皮	15.2	7.0	21.0	0.6	3.8
胚	12.0	36.9	17.3	10.5	4.1

注：主要是蔗糖、棉籽糖、水苏糖、多缩戊糖。

③ 大豆的组成成分

Ⅰ. 大豆脂肪

大豆脂肪的主要成分是由脂肪酸与甘油所形成的酯类。构成大豆油脂的脂肪酸种类很多，达10种以上，见表4-5所示。从表中可以看出，大豆油脂中的不饱和脂肪酸的含量很高，达80%以上，而饱和脂肪酸的含量则较低。这种特定的脂肪酸组成，决定了大豆油脂在常温下是液态的，属于半干性油脂。

表 4-5 大豆油脂的脂肪酸组成

脂肪酸种类		比例范围/%	平均值/%
饱和脂肪酸	月硅酸(C_{12})	—	0.1
	豆蔻酸(C_{14})	<0.5	0.2
	棕榈酸(C_{16})	7～12	10.7
	硬脂酸(C_{18})	2～5.5	3.9
	花生酸(C_{20})	<1.0	0.2
	山芋酸(C_{22})	<0.5	
	总 计	10～19	15.0
不饱和脂肪酸	棕榈油酸(C_{16})	<0.5	0.3
	油酸(C_{18})	20～50	22.8
	亚油酸(C_{18})	35～60	50.8
	亚麻油酸(C_{18})	2～13	6.8
	二十碳烯酸(C_{20})	<1.0	—
	总 计	—	80.7

大豆油脂中含有大量的亚油酸，它是人体的必需脂肪酸，在人体内起着重要的生理作用。幼儿缺乏亚油酸皮肤会变得干燥，生长发育迟缓；老年人缺乏亚油酸会得白内障。大豆脂肪人体内的消化率高达 97.5%，且有阻止胆固醇在血管中沉积、防止动脉粥样硬化的作用。因此它是一种优质食用植物油，并具有较高的营养价值。

除脂肪酸甘油酯外，大豆脂肪中还含有约 1.1%～3.2%的磷脂及 0.5%～1.6%的不皂化物，不皂化物主要为甾醇类、类胡萝卜素、植物色素及生育酚类物质。生育酚具有维生素 E 的效用，还有使维生素 A 或油脂具有抗氧化性的作用。

Ⅱ. 碳水化合物

大豆中的碳水化合物含量约为 25%。其组成比较复杂，主要是由蔗糖、棉子糖、水苏糖、毛蕊花糖等低糖类和阿拉伯半乳聚糖等多糖类组成。

大豆中的碳水化合物可分为可溶性与不溶性两大类。在所有碳水化合物中，除蔗糖外，都难以被人体所消化，其中有些在人体大肠内还会成为肠内菌类的营养基，伴随在肠内产生气体，使人有胀气感。所以，大豆用于食品时，往往要设法除去这些不消化的碳水化合物。

Ⅲ. 无机物

大豆中的无机物大约有十余种，其含量因大豆的品种及种植条件差异极大。其无机元素多为钾、钠、钙、镁、磷、硫、氯、铁、铜、锰、锌、铝等，它们的总含量一般为 4.5%～5%，对人体骨骼、肌肉等发育有一定的益处。

Ⅳ. 维生素

大豆中的维生素含量较少，而且种类也不全，以水溶性维生素为主，脂溶性维生素则更少。大豆中维生素的含量如下：胡萝卜素约为 0.08 毫克/100 g(其中 β-胡萝卜素占总含量的 80%)，维生素 B_1 为 0.9～1.6 毫克/100 g，维生素 B_2 为 0.2～0.3 毫克/100 g，烟碱酸为 0.2～2.1 毫克/100 g，维生素 B_6 为 0.6～1.2 毫克/100 g，泛酸为 1.2～2.1 毫克/100 g，维生素 C 为 21 毫克/100 g，维生素 H 为 0.061 毫克/100 g，肌醇为 229 毫克/100 g。大豆中的维生素在大豆加热处理时绝大多数已被破坏，转移到制品中去的很少。

Ⅴ．异黄酮

大豆中发现有两种异黄酮。异黄酮呈淡黄色，具有酚的性质，难溶于水，对湿热稳定。它们的含量为异黄酮苷 0.007%，染料木苷 0.15%，染料木苷占大豆异黄酮的大部分。

Ⅵ．皂苷

皂苷是类固醇或三萜系化合物的低聚配糖体的总称，因其水溶液能形成持久泡沫，像肥皂一样而得名。大豆中约占干基的 2%，脱脂大豆中的含量约为 0.6%。经研究发现，大豆皂苷共有 5 个配基。目前从大豆皂苷中分离出的糖类有半乳糖、葡萄糖、鼠李糖、木糖、阿拉伯糖、葡萄糖酸，这些糖的含量在 24%～27%之间。皂苷对湿热表现稳定。

Ⅶ．凝血素

大豆中含有凝血素，其相对分子质量为 89 000～105 000，分子的 N－末端是 2 个丙氨酸，C－末端是丝氨酸和丙氨酸。它具有凝固红血球的作用，但通过人体内的消化作用、蛋白质分解酶作用或湿热作用都可能丧失活性，即使部分残留物进入肠壁也不被吸收。

Ⅷ．有机酸

大豆中含有多种有机酸，主要有醋酸、延胡索酸、酮戊二酸、琥珀酸、焦性麸氨酸、乙醇酸、苹果酸、柠檬酸，其中柠檬酸含量最高，其次是焦性麸氨酸、苹果酸和醋酸等。

Ⅸ．胰蛋白酶抑制素

大豆中含有一种毒性物质，叫作胰蛋白酶抑制素，等电点为 4.5，与球蛋白相似，相对分子质量 21 500，氨基酸残基数为 194，N－末端是天冬氨酸，C－末端是亮氨酸，含有两个胱氨酸而不含半胱氨酸基的链状蛋白质。其毒性可引起胰脏肥大。在湿热条件下加热时，胰蛋白酶阻碍因子容易被破坏，所以在食品加工的实际问题上，它的毒性并不重要。

Ⅹ．酶类

大豆中含有淀粉酶、蛋白酶、脂肪酸氢化酶、尿素酶等。这些酶易被热破坏。

Ⅺ．磷酸酯类

大豆中的大部分磷酸酯类是植酸钙镁。大豆有机磷中磷脂（卵磷脂和脑磷脂）含量相当多。它是脂肪酸的甘油酯和磷以及胺类物的结合体，其量为大豆油的 1.8%～3.2%。另外，磷脂质具有乳化作用。

Ⅻ．大豆的有味成分

大豆具有特殊的气味，被称为豆腥味，不受人们欢迎。除去这些豆腥成分，已成为大豆新产品开发利用的一大课题。大豆的腥味成分十分复杂，到目前为止还没有真正搞清楚，但可以肯定大豆的腥味并不是起因于某一特定的物质，而是几种甚至几十种味成分对人嗅觉产生的综合效应。下面列举一些，仅供参考。

(a) 芳香族羰基化合物：如苯甲醛、儿茶醛等。

(b) 脂肪族羰基化合物：如乙醛、丙酮、正己酸酐等，正己酸酐有特殊的生臭味。

(c) 挥发性脂肪酸：如醋酸、丙酸、正戊酸、异戊酸、正己酸、脘己酸、正辛酸、正壬酸、正癸酸等。

(d) 挥发性脂肪族醇：如甲醇、乙醇、2－戊醇、异戊醇、正己醇、正庚醇等。其中异戊醇及正己醇有明显青臭味。

(e) 挥发性胺：如氨、甲胺、二甲胺、呱啶等。

(f) 酚酸：如丁香酸、香辛酸、阿魏酸、龙胆酸、水杨酸、富马酸、羟基苯酸等，它们具有类似的青臭味。

另外，2-正戊基呋喃也是产生豆腥味的重要物质。

(2) 大豆蛋白及其特性

① 大豆蛋白的分类

自然界中存在的蛋白质种类繁多，而且结构复杂，如果对其进行系统的分类是比较困难的。一般从研究蛋白质的不同出发点，对蛋白质进行分类。常用的分类方法有：根据溶解度不同进行分类法、根据构成蛋白质的最基本单位进行分类法、根据其生理功能的不同进行分类法等。

大豆蛋白并不是指某一种蛋白质，而是指存在于大豆种子中诸多蛋白质的总称。

Ⅰ. 根据蛋白质的溶解性进行分类。大豆蛋白可分为两大类，即清蛋白和球蛋白，二者在大豆中因品种及栽培条件不同其比例有所差异。清蛋白一般占大豆蛋白的5%(以粗蛋白计)左右，球蛋白约占90%左右。大豆球蛋白是由奥斯本(Osborn)和丹皮鲍尔(Dampball)将低温脱脂大豆用食盐溶液萃取，再用透析方法使其沉淀，将沉淀出来的蛋白质再溶于食盐水溶液中经过反复透析而得到的，这种蛋白质也溶于水或碱溶液，加酸调pH值至等电点4.5或加硫酸铵(55%)至饱和，则沉淀析出，故又称为酸沉蛋白质。而清蛋白没有这种特性，因而又称其为非酸沉蛋白。

Ⅱ. 按照免疫学法分类。大豆球蛋白又可分成以下几种：大豆球蛋白(占40.0%)、α-伴大豆球蛋白(占13.8%)、β-伴大豆球蛋白(占27.9%)、γ-伴大豆球蛋白(占3.0%)。

Ⅲ. 根据构成蛋白质的最基本单位的方法来分类。大豆蛋白基本上属于结合蛋白，即水解后所得产物不只是氨基酸，还含有一些配体，如糖等。可以说大豆蛋白绝大部分都是糖蛋白，只是含糖多少不同而已。

Ⅳ. 根据生理功能分类。大豆蛋白可分为贮藏蛋白和生物活性蛋白两大类。贮藏蛋白(如11S球蛋白、7S球蛋白等)是主体，约占蛋白质的70%左右，它与大豆制品的加工性质关系比较密切；而生物活性蛋白包括的较多，主要有胰蛋白酶抑制剂、β-淀粉酶、血球凝集素、脂肪氧化酶等，它们在总蛋白质中所占的比例虽不多，但对大豆制品的质量却起着重要的作用。

Ⅴ. 按照超速离心法分类。大豆蛋白大约有90%是以脱水蛋白质储积形式存在的，其中多半是球朊、各种酶、凝血素、隔膜脱朊等。它主要存在于细胞中的蛋白体内，其直径约为5~1微米，根据蛋白质分子大小，用超离心沉降法对水解浸出脱脂粕所得的蛋白进行测定，得到一个特性曲线，如图4-6所示。

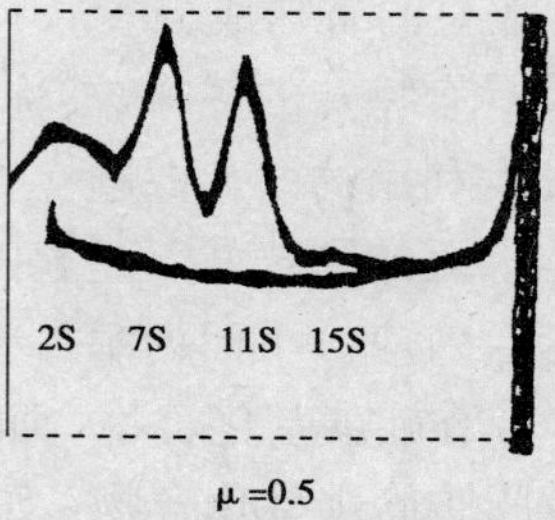

图4-6 水溶性大豆蛋白超速离心分离图

按溶液在离心机中沉降速度来分，可分为四个组分，即2S、7S、11S、15S(S为沉降系数，S=10^{-13}秒=1 Svedberg单位)，这每一组分是一些重量接近的分子混合物，如果将每个组分的蛋白质进一步分离，可以获得蛋白质单体或相类似的蛋白质。大豆蛋白的组成如表4-6所示。

表 4-6 大豆蛋白组成

组 分	占蛋白质总量/%	成 分	相对分子质量	
			A	B
2S	22	胰蛋白酶抑制素	8 000～21 500	15 000～30 000
		细胞色素 C	12 000	
7S	37	血球凝集素	110 000	100 000～200 000
		解脂酶	102 000	
		β-淀粉酶	61 700	
		7S 球蛋白	180 000～210 000	
11S	31	11S 球蛋白	35 000～350 000	350 000
15S	11		600 000	～600 000

注：主要成分为 7S 和 11S。其总量约占全部蛋白质的 70%，约有 80%的蛋白质相对分子质量在 10 万以上。

② 大豆蛋白的组成及其特性

Ⅰ. 2S 组分

低相对分子质量的 2S 组分，占大豆蛋白的 22%左右，相对分子质量范围约为 8 000～21 000，其含有胰蛋白酶抑制素、细胞色素 C、尿素酶和两种局部检定的球蛋白等，在 N-末端结合有天冬氨酸，这些低相对分子质量蛋白通常存在于乳清中，常常需要进行加热以消除不良作用而有利于消化。

Ⅱ. 7S 组分

7S 组分占大豆蛋白 37%左右，相对分子质量范围约为 60 000～210 000，由四种不同种类的蛋白质组成，即血球凝集素、脂肪氧化酶、β-淀粉酶及 7S 球蛋白，其中 7S 球蛋白所占比例最大，约占 7S 组分的三分之一，占大豆蛋白总量的四分之一。

7S 球蛋白是一种糖蛋白，含糖量约为 5.0%，其中含有 3.8%的甘露糖，1.2%的氨基葡萄糖的糖蛋白质。与 11S 球蛋白相比，7S 球蛋白中色氨酸、蛋氨酸、胱氨酸含量略低，而赖氨酸含量则较高。由此可以说，7S 球蛋白更能代表大豆蛋白的氨基酸组成。

据分析，7S 蛋白质是一个具有 9 个亚基的四元结构。7S 多肽是紧密地折叠起来的，其中 α-螺旋形、β-型结构和不定型绕圈状等亚基结构，分别占 5%、35%和 60%，在三级结构中，1 个分子只有 3 个色氨酸残基侧链，全部处于分子表面，35 个酪氨酸残基侧链几乎全部处于分子内部的疏水区，4 个胱氨酸残基侧链中每 2 个结合在一起，形成 S—S—结合。

Ⅲ. 11S 组分

11S 组分占大豆蛋白的 31%左右，相对分子质量为 350 000 左右，其组分比较单一，到目前为止仅发现一种 11S 球蛋白。11S 球蛋白也是一种糖蛋白，只不过糖的含量要比 7S 组分少得多，只有 0.8%。11S 球蛋白含有较多的谷氨酸、天冬酰胺的残基以及少量的组氨酸、色氨酸和胱氨酸。它的二级结构与 7S 球蛋白几乎没什么区别。在三级结构中，一个分子有 86 个酪氨酸残基侧链和 23 个色氨酸残基侧链，其中有 34～37 个酪氨酸、10 个色氨酸处于分子立体结构的表面，其余的则处于分子内部的疏水区域。另外，在 1 个分子中，大约有 44 个胱氨酸残基侧链，其中一部分以—SH 基形式存在，一部分以—S—S—形式存在。

11S 组分有一个特性，即冷沉性。脱脂大豆的水浸出蛋白液在 0～2℃水中放置后，约有

86%的11S组分沉淀出来，利用这一特征，可以分离浓缩11S组分。

11S组分和7S组分在食品加工中性质有很大的不同。7S和11S组分加热后均能形成冻胶，或钙质诱导冻胶；但从11S部分形成的冻胶呈乳酪状，有较高的拉力和剪力以及较大的吸水能力，而从7S球朊和分离的大豆蛋白形成的均较低。此外从11S部分制得的碱性亚基在酸性的饮料中的pH值范围内甚易溶解。

Ⅳ. 15S组分

15S组分占蛋白质的11%，相对分子质量范围在600 000以上，它并不是单纯蛋白质，而是由多种分子构成的，在酶沉淀、透析间沉淀时，15S首先沉淀。目前，对这一组分研究得还很不透彻，未能单独提取其组成。

③ 大豆蛋白的氨基酸组成

不同的大豆蛋白产品，其氨基酸组成也不相同，它分为必需氨基酸和非必需氨基酸。见表4-7所列的大豆蛋白的氨基酸成分。

表4-7　大豆蛋白的氨基酸组成

氨基酸	氨基酸克数/16克氮		
	粕粉	浓缩蛋白	分离蛋白
必需氨基酸	—	—	—
赖氨酸	6.9	6.3	6.1
蛋氨酸	1.6	1.4	1.1
胱氨酸	1.6	1.6	1.0
色氨酸	1.3	1.5	1.4
苏氨酸	4.3	4.2	3.7
异亮氨酸	5.1	4.8	4.9
亮氨酸	7.7	7.8	7.7
苯基丙氨酸	5.0	5.2	5.4
缬氨酸	5.4	4.9	4.8
非必需氨基酸(一般氨基酸)	—	—	—
精氨酸	8.4	7.5	7.8
组氨酸	2.6	2.7	2.5
酪氨酸	3.9	3.9	3.7
丝氨酸	5.6	5.5	5.7
谷氨酸	21.0	19.8	20.5
天门冬氨酸	12.0	12.0	11.9
甘氨酸	4.5	4.4	4.0
丙氨酸	4.5	4.4	3.9
脯氨酸	6.3	5.2	5.3
氨	2.1	1.9	2.0

④ 大豆蛋白理化性质

Ⅰ. 大豆蛋白的溶解度　大豆蛋白的溶解度与抽提液的 pH 值、抽提液中盐浓度和温度有关，对大豆蛋白溶解度的研究将有利于大豆食品的加工和利用。

通常用氮溶解指数（Nitrogen Solubility Index, NSI）表示蛋白质的溶解度，它表示浸取液中可溶性蛋（或水溶性蛋白）占总蛋（或总蛋白）的百分率，即：

$$\text{NSI}\% = \frac{\text{可溶性蛋含量}}{\text{总蛋量}} \times 100 \tag{4-1}$$

或采用蛋白质分散指数（Protein Disperse Index, PDI）来表示，即：

$$\text{PDI}\% = \frac{\text{水分散蛋白质}}{\text{总蛋白质}} \times 100 \tag{4-2}$$

Ⅱ. 大豆蛋白溶解度与抽提液 pH 值的关系　将大豆或低温脱脂大豆经粉碎后，用足量的溶剂溶出可溶物质，并将不溶物滤掉，测定滤液中的含氮量，就可以知道它的溶出程度。用水可以溶出原料中氮含量的 80%～90%，但用酸或用碱溶出时，与用水溶出时的情况有很大差异。以横轴为溶出液的 pH 值，纵轴为氮的溶出率，可绘出一条大豆蛋白溶解度与 pH 值的关系曲线，如图 4－7，这条曲线即为大豆蛋白的溶解特性曲线。从图中可以看出，当溶液 pH 值为 0.5 时，有 50%左右的蛋白质被溶解，当溶液 pH 为 2.0 时，约 80%的蛋白质被溶解。其后随着 pH 值的增加，蛋白质的溶解度降低，直至 pH 为 4～5 的等电点范围内，蛋白质溶解度趋于最小值，约为 10%左右。大豆蛋白这时基本不溶解，分离蛋白制取就是依据此原理进行的。

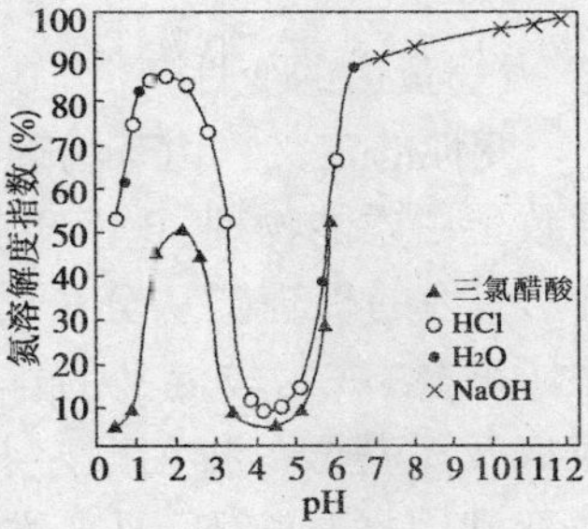

图 4－7　蛋白质溶液溶解度与 pH 值的变化

随着溶液 pH 值的逐渐增加，蛋白质的溶解度再次迅速增加，在 pH 值为 6.5 时，蛋白质的溶解度可达 80%以上，而在 pH 值为 12 时，达到最大值，可达到 90%以上。

上述情况是以盐酸和氢氧化钠为酸碱剂调节溶液的 pH 值得到的。以磷酸、草酸、硫酸代替盐酸时，蛋白质的溶解度变化不大，但以三氯醋酸代替盐酸时，当 pH 值小于 4.3 时，则蛋白质溶解度要低得多，因此可利用这一特性先除去蛋白态氮，以测定大豆中的非蛋白态氮的含量。

Ⅲ. 大豆蛋白的溶解度与共存盐的关系　一般来说，中性盐影响蛋白质溶解度的能力是它们离子强度的函数，离子强度（μ）计算公式：

$$\mu = (1/2)\sum c_i Z_i^2 \tag{4-3}$$

式中：c_i 表示离子浓度，mol/L；Z_i 表示离子的价电子数。

当离子强度比较小时可以促进蛋白质的溶解，即蛋白质的盐溶作用；当离子强度比较大时可以促使蛋白质沉淀，即蛋白质的盐析作用。

植酸盐除了可以采用透析法除去外，还可以根据蛋白质和植酸盐的溶解差异性，将植酸盐有效地除去。当 pH 值为 4～5.5 时，蛋白质的溶解度变化不大，而植酸盐的溶解度在 pH 值 4.0 时为 25%，pH 值 5.0 时为 45%，其两者溶解度差异较大。当 pH 值为 10 时，蛋白质溶解度继续增加，而植酸盐的溶解度则下降；当 pH 值为 4.0 时，大部分植酸盐与蛋白质由于产生较强的电吸引力的影响而不易分离；当 pH 值为 5.0 时，则比较容易分离。因此，可以在 pH 值为 9.0 时浸提，而在 pH 值为 4.0、5.0、5.5 沉析时，其蛋白质中含植酸盐的量分别为 6.5%、0.4%、0.6%，可利用这种特性除去植酸盐。

Ⅳ. 大豆蛋白溶解度与温度的关系　在蛋白质热变性温度的范围界限外，适当地提高温度，可以提高抽提速率，有助于抽提过程的进行。但当温度到达变性温度区域后，大豆蛋白的溶解度则随着温度的升高和加热时间的延长而迅速下降。在大豆蛋白食品加工中，为了灭菌或钝化抗营养因子或改善风味与去臭目的，必须对大豆蛋白进行加热处理。为了达到上述加工目的，同时又要防止经过过热处理导致蛋白质溶解度降低，可采用瞬间超高温进行处理，即在高于 100℃ 的温度下对蛋白质溶液进行数秒钟处理。例如 135℃ 下处理 2 秒钟。

⑤ 大豆蛋白的变性

Ⅰ. 变性的定义　由于物理的和化学的条件改变而引起了大豆蛋白内部结构的改变，从而导致蛋白质的物理、化学和功能特性的改变，这种现象称为大豆蛋白的变性。

Ⅱ. 变性的机理　从分子结构来看，变性作用是蛋白质分子多肽链特有的有规则排列发生了变化，成为较混乱的排列。变性作用不包括蛋白质的分解。变性前后蛋白质的化学组成及氨基酸的排列顺序并未改变，它仅涉及蛋白质的二、三、四级结构的变化。蛋白质在变性因素影响下，原来维持蛋白质分子的空间构象——二、三、四级结构的次级键被破坏，双硫键转化为巯基，使紧缩的肽键充分舒展，形成新的构型。大豆蛋白的许多特性都是由它特殊的空间构象决定的，因此发生变性作用后，蛋白质的许多性质发生了改变，包括溶解度降低、发生凝结、形成不可逆凝胶、—SH 等反应基团暴露、对酶水解的敏感性提高、失去生理活性等。在某些情况下，变性过程是可逆的，当变性因素被除去之后，蛋白质可恢复原状。一般说来，在温和条件下，比较容易发生可逆的变性，而在比较强烈的条件下，如高温、强酸、强碱等，则蛋白质分子的三维结构改变大时，结构和性质难以恢复，趋向于不可逆性。可逆变性一般只涉及蛋白质分子的四级和三级结构，不可逆变性则包括二级结构的变化。

在大豆蛋白食品的加工过程中，许多工艺都涉及大豆蛋白的变性问题，只有很好地控制大豆蛋白的变性，掌握其变性的机理和因素，才能生产出理想的大豆蛋白制品。

Ⅲ. 影响蛋白质变性的因素　能够导致大豆蛋白变性的主要因素有物理因素和化学因素。物理因素有过度加热、剧烈振荡、冷冻、高压、辐射、过分干燥、超声波处理等。化学因素有极端的 pH、与水混溶的某些有机溶剂、重金属盐、尿素、2-巯基乙醇、亚硫酸钠、十二烷基磺酸钠等。

(a) 热变性　在大豆进行加工时，几乎都需要进行加热。因此，大豆中所含的蛋白质自然也就发生了变性。所以热变性是大豆和大豆制品加工中最常见的一种变性形式。热变性主要是在较高温度下，肽链受过分的热振荡，保持蛋白质空间结构的次级键（主要是氢键）受到破坏，蛋白质分子内部的有序排列被解除，原来在分子内部的一些非极性基团暴露于分子的表面，因而改变了大豆蛋白的一些物化特性及生物活性。如尿素酶、脂肪氧化酶、胰蛋白酶阻碍因子、血球凝集素等具有生理活性的蛋白质，变性以后表现为活性下降，而大豆蛋白的主要成分其变性后溶解度降低。所以，在实际应用中，常常通过测定产品（或原料）中蛋白质的溶解度（如氮溶解指数 NSI 或蛋白质分散指数 PDI）来考察其变性程度。影响热变性因素：

● 加热时间　大豆或低温脱脂大豆粉中的蛋白质在水或碱性溶液中，溶出量为80%～90%。若将低温脱脂大豆粉利用蒸汽进行加热，可发现大豆蛋白的溶出率会随加热时间的延长而迅速降低，仅10分钟时间，可溶性氮从原来的80%以上降到20%～25%。

● 加热温度　一般认为，大豆蛋白的开始变性温度在55～60℃之间，在此基础上，温度每提高10℃，变性作用的速度约提高600倍左右。

● 含水量　若用干空气代替蒸汽加热脱脂豆粉时，可以发现，虽经较长时间加热，蛋白质不会发生明显的变性，必须注意的是：大豆粉含水量应相当低，否则，即使干热处理，蛋白质也会发生较大程度的变性。对于整粒大豆（含水量在13%），水分影响也是类似的。

大豆粉加热时，只要有少量水存在，蛋白质的溶解度会显著降低。但当水量增多时，蛋白质可在水中溶出一部分。当水量充足时，则大部分蛋白质溶出，看不到不溶现象，不过这种蛋白质已发生了热变性。因为在高浓度下加热，发生变性的同时，蛋白质分子间进行相互反应，导致不溶化；而在低浓度下加热时，由于分子间相互反应的可能性小，所以，即使蛋白质变性，仍能保持其分散性。

上面所说的大豆加热，指粉末状态下，整粒大豆即使与水混合加热，蛋白质也不溶出，水溶性的降低与水量无关。生产发酵豆时，将大豆在水中浸泡加热，这时大部分蛋白质已经丧失了水溶性，即使将其粉碎，用水萃取，也不能使蛋白质溶出。而水量对于压扁或粗碎的大豆影响是中等程度的。

(b) 冷冻变性　生产冻豆腐时，可以观察到大豆蛋白冷冻变性。将由氯化钙凝固的蛋白质进行冷冻，再于−1～−3℃下放置三周，解冻后成海绵状，容易脱水。随着冷藏时间的延长，脱水性变好，但对氢氧化钠的溶解度下降，这表明蛋白质在继续发生变性。

将大豆的加热萃取液或大豆蛋白的加热溶液进行冷冻，并在−1～−3℃下进行冷藏时，解冻后，一部分蛋白质变成不溶解，并有聚合体存在。不溶解的程度受溶液的蛋白质浓度、加热条件、冷藏时间的影响。蛋白质浓度越高，加热条件越激烈，冷藏时间越长，不溶程度越显著。巯基乙醇等解离剂则有缓解冷冻变性的作用。

冷冻变性主要是分子间—S—S—键的形成；在不太低的温度下，水慢慢地结成冰，蛋白质随着冰晶的成长，慢慢地被浓缩，这种高度浓缩的蛋白质分子有更多的机会将分子内的—S—S—键，转换为分子间的—S—S—键，从而发生结聚，解冻后，增加了不溶性。但有巯基乙醇等存在时，—S—S—键被破坏，故解冻时，显示不出不溶性，亦可以认为没有发生冷冻变性。

上述蛋白质溶液在−20℃冷存，解冻后，蛋白质冷冻变性并不明显，这很可能是由于在此条件下分子几乎处于干燥状态，这种状态不利于反应进行。

(c) 化学因素与蛋白质变性

许多化学因素能引起大豆蛋白的变性，最常见的有酸碱变性和有机溶剂变性。

● 溶液pH值对蛋白质变性的影响　在常温下，蛋白质在一定的pH值范围内保持天然状态，超出这一范围，将促使蛋白质发生变性。酸碱变性可为可逆变性，也可为不可逆变性。在强酸、强碱条件下发生不可逆的变性，在较温和的酸碱条件下则可引起可逆变性。在极端pH值下，能使7S、11S和其他球蛋白的次单体结构破坏，大分子蛋白质分裂为较低相对分子质量的蛋白质，即使加热或将pH值调到中性，其过程也不会逆转。在碱性pH情况下，大豆蛋白黏度会增加，而且随着溶液中蛋白质浓度的增高，黏度也增大，甚至使大豆蛋白溶液逐渐转变形成凝胶。

● 有机溶剂对蛋白质变性的影响　用各种溶剂处理大豆或未变性脱脂大豆粉，除掉溶剂后观察蛋白质的水溶性，发现用醇类等亲水性溶剂，蛋白质的水溶性降低，蛋白质发生变性，并受温度的影响显著；而用疏水性溶剂，如正乙烷、苯、三氯乙烯、三氯甲烷、四氯化碳等，即使在高温下，变性的影响很少。亲水性溶剂，如甲醇、乙醇、丙醇等醇类和丙酮、二氧杂环乙烷等对蛋白质变性影响较大。按容量百分比，以甲醇 70%～90%、乙醇 40%～60%、异丙醇 30%～60%左右影响尤为显著。这种情况主要是由于在蛋白质分子的内部，存在由疏水性氨基酸残基紧密聚集的疏水性区域，其周围被亲水性的氨基酸残基包围；在醇类分子内部，疏水基和亲水基两者都存在。因此，不仅能侵入分子外侧，也能侵入到内部的疏水性区域，从而破坏其结构。另一方面，由于大豆蛋白分子的外侧有亲水基，所以疏水性溶剂不能侵入到内部，因此不能使其发生变性。

⑥ 大豆蛋白营养特性

蛋白质是营造人体组织的物质基础，人类在生活与活动中亦需要消耗一部分蛋白质物质和能量，特别是婴儿和小孩成长中更需要大量的蛋白质补充。人类从其他食物中摄取一定量基酸自行合成一部分，以供人体营养的需要，但还需补充一部分必需氨基酸。大豆蛋白中富含各种氨基酸，从其氨基酸组成和必需氨基酸的含量来看，是为数不多的能取代动物蛋白的理想营养佳品之一。因而经常食用大豆蛋白，不仅价格低，而且可以补充人体所需的各种氨基酸。研究发现：同样 100 克当量的食品，大豆的发热量及其蛋白质含量，均高于其他植物食品。

Ⅰ．蛋白质消化率(True Digestibility，TD)

大豆蛋白消化率比动物蛋白低，但大豆蛋白消化率与大豆食品粗纤维含量、生熟程度、烹调方式等许多因素有关。整粒熟大豆的消化率仅为 65.3%，加工成豆腐后其消化率可提高到 92%～96%，豆浆中蛋白质消化率可达 84.9%，膨化蛋白质消化率为 92%。

Ⅱ．蛋白质生物价(Biological Value，BV)

蛋白质生物价表示蛋白质吸收后体内的利用程度。测定蛋白质生物价受很多因素的影响。各种大豆蛋白食品的生物价见表 4－8。

Ⅲ．蛋白质功效比值(Protein Efficiency Ratio，PER)

蛋白质功效比值表示动物每摄取 1 克蛋白质所增加的体重，以此来表示蛋白质在体内的利用，又称为吸取效率。大豆各种食品的功效比值见表 4－8。

表 4－8　大豆及其制品的生物价

项　目	BV		PER	
	范　围	平均值	范　围	平均值
成熟毛豆	41～74	58	0～1.5	0.7
蒸汽加热毛豆			1.2～1.4	1.3
消毒毛豆	64～67	64	0.4～2.0	1.3
发芽豆				1.4

续表

项目	BV		PER	
	范围	平均值	范围	平均值
烘烤碎豆				2.4
未烘烤粕	50～53	52	0.3～0.6	0.5
消毒粕	61～68	65	1.1～2.9	1.9
脱脂粉	60～75	69	1.5～2.4	1.8
全脂粉				1.6
豆乳		79	1.6～2.3	2.0
豆腐	65～69	68	1.7～1.9	1.8
浓缩蛋白			0.3～2.5	1.7
分离蛋白			0.9～1.6	1.3

Ⅳ. 大豆维生素

大豆中含有人类不可缺少的维生素。以大豆作食品，不仅提供了蛋白质，而且提供了必要的维生素物质，这些维生素又分为水溶性和油溶性，其中以水溶性 B 族维生素含量为最多。

(a) 水溶性维生素

B 族维生素　大豆产品中含有较多的维生素 B 复合物，由于易受热影响，在加热过程中损失一部分。

维生素 C　大豆中含有极少量的维生素 C，但大豆发芽时，可在胚芽中合成维生素 C。一粒大豆在发芽的第三天维生素 C 含量高达 1 280 微克，发芽第五天突增到 2 060 微克，因此豆芽是维生素 C 的很好来源。

(b) 油溶性维生素

维生素 A　维生素 A 广泛存在于动物食品中，植物食品尚未发现维生素 A。但 β-胡萝卜素存在于植物组织中，在吸收过程中，它在小肠内转化为维生素 A。在成熟大豆中 β-胡萝卜素含量为 0.2～2.4 μg/mg。豆乳中约有相当于牛奶含量一半的维生素 A。

维生素 D　维生素 D 主要来源于鱼肝油和动物肝脏中，植物中只含有维生素 D 的前身——维生素 D 元。食用大豆及大豆蛋白食品，需适量加入维生素 D。

维生素 E　维生素 E 是以油溶性状态存在于大豆及其产品中。大豆油富含维生素 E。所以一般说来大豆制品和豆油作为食用，不会缺乏维生素 E。每克油约含 1.4 μg。

Ⅴ. 大豆食品的微量元素

大豆及其产品中所含微量金属元素，对于人类营养有很重要的意义。大豆食品微量元素多为钾、钠、钙、镁、磷、硫、氯、铁、铜、锌、铝等。这些微量元素和维生素 E 在人体骨骼、肌肉等发育中有重要的作用，其含量见表 4-9。

表 4-9 大豆及分离蛋白中痕量元素 单位：ppm

名 称	脱脂大豆	大豆蛋白
铁	137	160
锌	52	40
铜	20	12
锰	38	17
铬	0.35	1
钼	2	3
碘	0.84	—
氟	1.9	—
硒	0.065	0.137
硅	140	—
镍	6	2.5
钒	0.04	10
砷	0.04	—
铌	0.1	0.023
钴	0.24	—

由于大豆中存在植酸，某些元素如钙、锌、铁等和植酸形成不溶物，而影响这些元素的消化作用，所以以大豆蛋白作食品，可在必要时对微量元素进行强化。

⑦ 大豆蛋白的功能特性

由于大豆蛋白的营养价值高，资源丰富，原料成本低，容易加工，因而大豆蛋白制品越来越广泛地应用于食品加工各个领域。大豆蛋白的功能特性有很多种，不同的功能特性有不同的用途，只有充分掌握蛋白质的功能特性，才能有利于大豆蛋白的利用和开发。

Ⅰ．乳化作用

大豆蛋白在乳化作用中，起着促进油-水型乳胶液的形成的作用，一旦形成，它可以起着稳定乳状液的作用。由于蛋白质是表面活性剂，它聚集在油-水界面，使其表面张力降低，因而，容易形成乳状液。乳化的油滴，被聚集在油表面的蛋白质所稳定，形成一种保护层，这个保护层，就可以防止油滴聚积和乳化状态破坏。

在实际应用中，大豆粉、浓缩大豆蛋白和分离大豆蛋白，在碎肉制品中，广泛地用作乳化剂，醇提大豆浓缩蛋白的溶解度低，作香肠乳化剂不理想，而分离蛋白作用则好得多。分离蛋白的乳化作用，取决于它的 NSI 值，分离蛋白的 NSI 值在 32％的时候，对午餐肉不能起稳定乳化作用，只有当它的 NSI 值接近 80％时，分离蛋白才能起到良好的作用。

Ⅱ．吸油性

使用大豆蛋白作食品时，对肉类制品的吸油性表现在促进脂肪吸收及脂肪结合，从而可以减少蒸煮时脂肪的损失，并且在蒸煮食品中有助于维持外形的稳定。

大豆蛋白制品的吸油性，与蛋白含量有密切关系，大豆粉、浓缩蛋白和分离蛋白的吸油率分别为 84％、133％、154％。组织大豆粉的吸油率在 60％～130％之间，最大吸油率发生在15～20分钟以内，而且粉越细吸油率越高。

在其他食品中，如薄煎饼和面包中添加大豆粉，可以帮助防止煎炸时过多地吸收油脂，但大豆粉添加过多，会使油炸面包中出现大豆气味，所以应添加适量。高NSI豆粉比低NSI豆粉好用，这是由于低NSI豆粉中的蛋白质已经变性的原因。表4-10列出了油炸面食时，大豆粉对脂肪吸收的作用。

表4-10　在油炸面食时添加大豆粉对脂肪吸收的作用

	大豆粉的NSI	煎炸时脂肪吸收作用（克脂肪/100克干混合物）
小麦粉混合物	—	27.6
添加4%大豆粉的小麦粉混合物	60	22.8
添加4%大豆粉的小麦粉混合物	80	11.1

注：以小麦粉重量为基准。

Ⅲ．吸水性与保水性

吸水性是指干燥蛋白质在一定湿度中达到水分平衡时的水分含量。保水性是指离心分离后蛋白质中残留的水分含量。

大豆蛋白的吸水性和保水性对加工肉制品、面包、糕点有重大影响。在加工肉制品时，添加大豆蛋白后，即使加热肉制品，也能保持水分，只有保持肉汁，肉制品才有良好的口感和风味。在烤制食品和糕点中添加大豆蛋白，可以提高吸水性，维持食品中的水分，减少糕点收缩，使食品的保鲜时间延长。但要注意相应调整工序及吸水量，否则大豆蛋白从其他成分中夺取水分，而影响面团的工艺性能和产品质量。

一般说来，每100克分离蛋白可吸收水分约35克。蛋白质的吸水性能与水的活度a_W有关，水活度越高，吸水能力越强。蛋白质的吸水性与温度无关。

大豆蛋白具有保水能力。它与黏度、pH值、电离强度和温度有关。大豆粉、浓缩蛋白、分离蛋白与水结合能力分别为1.3、2.2和4.4克水/克固体。水分保持能力随蛋白浓度增大而增加，随着pH值增高而增大，保持水分的最佳温度为35～55℃，5%NaCl能增进大豆粉吸水能力而削弱分离蛋白作用。

Ⅳ．黏度

几种不同蛋白质制品的黏度见表4-11。由表中可知大豆分离蛋白的黏度大于浓缩蛋白，浓缩蛋白大于大豆粉。固体浓度高，黏度增大。温度对大豆分散体的黏度成正比，从80℃开始，黏度随温度增加，超过90℃时，黏度反而下降。当pH值从5上升到10.5时，黏度增加，超过11时，由于出现大豆蛋白的解聚作用，黏度大幅度降低。

表4-11　大豆蛋白制品在不同固体浓度下黏度

大豆蛋白制品	黏度/mPa·s			
	蛋白浓度5%	蛋白浓度10%	蛋白浓度15%	蛋白浓度20%
大豆粉		25	230	2 000
浓缩蛋白	10	200	330	28 300
分离蛋白A	160	10 500	783 000	783 000
分离蛋白B	1 300	3 200	7 000	25 000

Ⅴ. 凝胶性

大豆蛋白的成胶性以及通过胶体结构来保持水分、风味和糖分，对于食品制造很有利。大豆蛋白凝胶的形成，受下列因素影响，即固体物浓度、速度、温度和加热时间、制冷情况、有无盐类、巯基化合物、亚硫酸盐或脂类。用大豆分离蛋白可制成结实有强韧性的、有弹性的硬质凝胶，而用蛋白质含量小于70%的大豆制品只能制成软质脆弱的凝胶，如豆腐。蛋白质分散体至少应有8%蛋白质才有胶凝作用。蛋白质浓度增加后，就需要提高温度才能达到最大黏度，浓度从8%～16.0%，温度就需要从75℃提高到100℃以达到最高凝胶性能。凝胶的坚实性是随着蛋白质浓度而提高的。无论多大浓度的溶胶，加热可以说是胶凝的必备条件，如果加热温度达不到，同样得不到最高性能的凝胶。

大豆制品加工中，如传统的豆腐及香肠、午餐肉等肉制品就是利用了大豆蛋白的凝胶性。它赋予制品良好的凝胶组织结构，增加咀嚼感，并为肉制品保持水分和脂肪提供了基质。

Ⅵ. 起泡性

大豆蛋白具有发泡性能，而分离蛋白则具有最高的发泡性能。脱脂大豆粉经酒精处理后会有良好的发泡性，天然未变性的大豆蛋白具有一定的发泡性和泡沫性。若将大豆蛋白进行适当水解，其发泡性和泡沫稳定性会大大提高，尤以胃蛋白酶水解物的起泡性为佳。

蛋白质的发泡性与浓度、pH值、温度有关。一般以浓度为22%时，其起泡性及泡沫稳定性较好；有利于蛋白质水解的pH值，大多也有利于发泡，以偏碱性的pH值最为有利；一般大豆蛋白的最佳发泡温度为30℃左右。

制品中存有脂质时，对发泡极为有害，它使薄膜不稳定；糖类可提高黏度，增加泡沫的稳定性。一些乳制品、糖果、糕点的加工就是利用这一特性进行生产的。

Ⅶ. 调色性

大豆蛋白制品在食品加工中的调色作用主要是漂白、增色。在面包生产中，添加活性大豆粉可以起增白作用，而且由于大豆蛋白与面粉中的糖类发生了美拉德反应，可以增加其表皮的颜色。大豆蛋白的功能性，除上述这些外，还有一些如结膜性、附着性、结团性、组织性等等功能特性。这些特性从机理上看，与前所述的特性为一种表现。大豆蛋白机能特性的种类及有关的用途见表4－12。

表4－12 大豆蛋白的机能特性及其有关用途

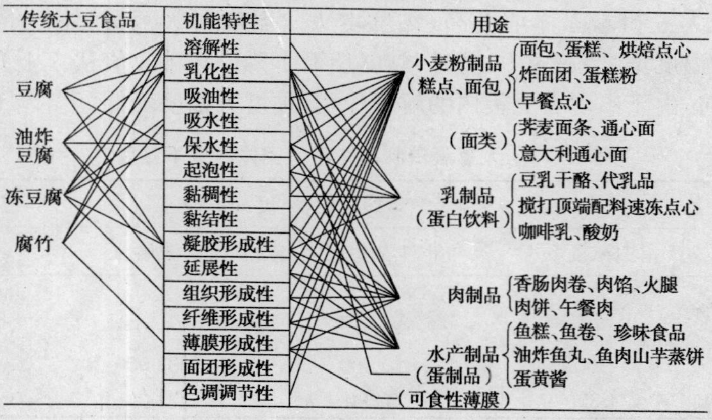

⑧ 影响大豆蛋白品质的成分

关于影响大豆蛋白品质的戍分的研究比较多的有胰蛋白酶抑制素、脂肪氧化酶、血球凝集素、尿素酶、植酸。酶是一种具有特殊功能的蛋白质，一种独特的生物催化剂。任何能使蛋白质变性的因子，也会同时破坏酶的活性。酶的主要特性是热钝化作用，在 80℃时，在合适的湿度下只要几分钟，就可以使大部分酶失去催化作用。大豆中所含酶见表 4－13。

表 4－13 大豆中发现的酶类

酶 类	中译名	酶 类	中译名
Allantoicase	尿囊酶	Lipase	脂肪酶
Amylase	淀粉酶	Lipid peroxidase	脂过氧化物酶
Arylamine N-glucosyl transferase	芳氨基 N－葡糖基转移酶	Lipoxygenase	脂氧合酶(脂肪氧化酶)
Ascorbicase	亢坏血酸酶	Malic dehydrogenase	苹果酸脱氢酶
Catalase	过氧化氢酶	X-Mannosidase	X－甘露糖苷酶
Chalcone-flavanone isomerase	苯基苯乙烯酮 黄烷酮异构酶	Peroxidase	过氧化物酶
		Phosphatase	磷酸酯酶
Coenzyme Q	辅酶 Q	Phosphorylase	磷酸化酶
Cytochrome C	细胞色素 C	Phytase	肌醇六磷酸酶
Glucan Synthase	葡聚糖合成酶	Proteinase	蛋白酶
Glucosyl transferase	葡糖基转移酶	Glucosyl transferase	糖基转移酶
Glycosidase	糖苷酶	Trans aminase	转氨基酶
Glyoxalase	乙二醛酶	Urease	脲酶
Hexokinase	己糖激酶	Uricase	尿酸酶
Invertase	蔗糖酶	Lactic dehydrogenase	乳酸脱氢酶

Ⅰ. 胰蛋白酶抑制素　胰蛋白酶抑制素是一种蛋白质，大豆中至少存在有五种胰蛋白酶抑制素，但至今为止，只有两种胰蛋白抑制素被提纯出来，并得到较详细的研究。1947 年国外有人成功地分离了一种胰蛋白酶抑制素，1961 年又有人成功地分离出了另一种胰蛋白酶抑制素。后人分别以他们的名字命名了这两种大豆胰蛋白酶抑制素，即库尼兹抑制素(Kunitz)和鲍曼－贝尔克抑制素(Bowman-Birk)，生大豆中含有 1.4%的 Kunitz 抑制素和 0.6%的 Bowman-Birk 抑制素。它们的性能见表 4－14。

表 4－14 库尼兹和鲍曼－贝尔克抑制素的特性

特 性	库尼兹抑制素	鲍曼-贝尔克抑制素
等电点	4.5	4.2
相对分子质量	21 500	7 975
氨基酸残基	197	72
胱氨酸残基数(个/摩尔)	2	7
对热、酸、胃蛋白酶的稳定性	不稳定	稳定
胰凝乳蛋白酶的抑制作用	低	高
胰的扩大	＋	＋

由表中可以看出,两种胰蛋白酶抑制素的等电点都处在偏酸性范围内,Kunitz 的相对分子质量约为 Bowman-Birk 的三倍,Bowman-Birk 对热、酸、胃蛋白酶的稳定性及对胰凝乳蛋白酶的抑制作用均强于 Kunitz,这是因为前者每摩尔具有 7 个胱氨酸残基,而后者只有 2 个,其中 7 个二硫化物有效地起着稳定分子结构的作用。据报道,这两种抑制素均能使老鼠和小鸡的胰脏肿大,但对猪的胰脏无明显影响。至今为止,尚未明确这两种抑制素是否有导致人体胰脏肿大的可能。

大豆胰蛋白酶抑制素的热稳定性是大豆加工中较为关注的问题之一。胰蛋白酶抑制素的热稳定性比较高。在 80℃时,胰蛋白酶抑制素的残存活性仍然较高。如果要进一步降低胰蛋白酶抑制素的活性,就必须提高温度。试验是将提取的胰蛋白酶抑制素置于沸水中,调节 pH 值为 2～10,上下不超过 20%,经加热到 121℃后观察胰蛋白酶抑制素钝化后的效果。

当 pH 值为 3.0 时,虽然经过加热 40 分钟,仍保留有 70%胰蛋白酶抑制素的活力,但当 pH 值为 9.0 时,胰蛋白酶抑制素经 10 分钟加热,已可以说全部钝化了。

破坏胰蛋白酶抑制素的活力,增加蛋白质的吸收效率,一般认为直接蒸汽加热比干热效果要好,直接蒸汽加热 100℃,20 分钟即可。对于大多数的大豆食品及其生产工艺来说,胰蛋白酶抑制素通过蒸汽加热大都失去了活性,从而使大豆食品的营养价值达到令人满意程度。

Ⅱ. 脂肪氧化酶　大豆中脂肪氧化酶具有很大的活性,当大豆籽粒破碎后,只需有少量水分存在,脂肪氧化酶就可以与大豆中的亚油酸、亚麻酸等底物反应,发生氧化降解。用现代分析手段,已鉴定出近百种氧化降解产物,其中许多成分与大豆的腥味有关。正己醛是具有代表性的挥发性化合物。在焙烤食品中,在面粉中加入 1%(按面粉重量计)含脂肪氧化酶活力的大豆粉,能改进面粉的颜色和质量。这是由于脂肪氧化酶催化反应的中间产物——脂肪氢过氧化物对胡萝卜素有漂白作用,因而可使面包瓤增白。这种作用,不仅仅限于面包和面粉,对许多食品加工都可以发生。大豆粉脂肪氧化酶在漂白面粉的同时,还能氧化面筋蛋白质,从而改善面团的流动性,改进面包的体积和软度。

上述作用对于食品加工都是有利的。但在另一些场合,由于脂肪氧化酶的作用,产生一些不良风味,其结果就是导致食品的质量下降。因此,破坏食品材料中脂肪氧化酶在许多情况下就显得十分必要。使脂肪氧化酶失活的主要方法有加热、调节 pH 值、使用化学抑制剂。

加热灭酶,在食品加工中简单易行。温度大于 84℃时,脂肪氧化酶彻底失活;但温度低于 80℃时,脂肪氧化酶虽有一定的活性降低,但仍能保持一定的活性。加热灭酶的原理就是通过热变性而使脂肪氧化酶失活。

加热钝化脂肪氧化酶的方法,虽然简单易行,且被生产者广泛应用,但这种方法在使脂肪氧化酶钝化的同时,其他蛋白质也随之发生变性,使大豆蛋白的功能特性降低,结果带来一系列产品质量问题。如豆乳生产中蛋白质溶出率低,产品易分层沉淀等。所以探寻一种温和的只抑制脂肪氧化酶的方法是十分必要的。经研究发现,用半胱氨酸与柠檬酸联用作抑制剂,可以使大豆脂肪氧化酶钝化。

脂肪氧化酶在 pH 值低于 4.0 时活性极低,pH 值 7～8 时,脂肪氧化酶活性最高。因此可以将含有抑制剂的浸泡液的 pH 值调至 3.5 左右,用浸泡液浸泡大豆或大豆粉,抑制剂浸入大豆内部与酶长时间接触,导致酶失活,而在这期间没有酶促反应发生,腥味强度不会增加，此后再将 pH 值调到所需要值，这样操作，可以使腥味显著降低。实际上，应用半胱氨酸和柠檬酸的组合，由于它们都是有机酸，加入后能使体系的 pH 值降低到 3.5 以下，因此在浸泡过程中可使酶处于钝化状态，没有新的氢过氧化物生成，进而不会有新的挥发性致腥物质生成。半胱氨酸不仅可以抑制脂肪氧化酶的活性，而且还可以与已经生成的挥发性物质，如醛等羰基化合物或环氧化物反应，以减弱已形成物质的致腥程度。半胱氨酸也可以与生成的脂肪酸氢过氧化物相互作用，阻断其进一步分解成致腥物质。另外，半胱氨酸的加入还可以补充大豆蛋白中含硫氨基酸的不足，提高了蛋白质的效价。

Ⅲ. 血球凝集素　血球凝集素是一种能使动物血液中红血球凝集的物质，发现大豆中至少有四种蛋白质能使兔、鼠的红色血液细胞（红血球）凝集。这些蛋白质被称为血球凝集素。四种血球凝集素都是糖蛋白，包含有甘露糖和葡糖氨，主要的血球凝集素含有 4.5%甘露糖和 1%葡糖氨，四种血球凝集素所含氨基酸基本相同，其不相同部分主要为碳水化合物含量不同，以不同等电点法可以有效地提取这几种蛋白体，这些血球凝集素一般都是浓缩于乳清中。

脱脂大豆粉含有约 3%的血球凝集素，这种血球凝集素的相对分子质量为 110 000，胃蛋白酶很容易使血球凝集素失去活性，它经过胃很难幸存下来，即使未消化的血球凝集素，由于它的相对分子质量很高，也不可能在大肠中被吸收并与红血球接触。至今仍无证据证明摄入血球凝聚素后有红血球的凝集作用发生。不过曾报道过，血球凝集素的腹腔注射可使老鼠致死；在加过热的大豆膳食中，添加 1%的纯血球凝集素，用它喂老鼠，老鼠就停止生长。其毒性的机理尚不清楚。大豆血球凝集素受热很快失去活性，甚至活性完全消失。因此，若在大豆食品的生产过程中进行加热，血球凝集素就不会对人体有什么不良影响。

Ⅳ. 尿素酶　大豆中的尿素酶能对尿素转化为氨及二氧化碳的反应起催化作用，因此对于反刍动物需要添加尿素以强化饲料时，则对尿素酶的钝化就很必要。尿素酶钝化后对动物的营养吸收和增重有明显的好处。尿素酶易受热失活，且易准确测定，所以常作为确认大豆制品湿热处理程度的指标。

Ⅴ. 植酸　植酸比较普遍地存在于一般植物中，当用大豆或大豆制品作喂养试验时，可观察到试料中植酸对于微量金属元素 Zn 的吸收的影响，Zn 在人体及动物食品中含量比较小，但是它在生化功能方面的作用是不可忽视的。

用分离蛋白作饲料时因 Zn 的影响其效果比其他饲料要差，这主要是由于形成了植酸-蛋白质-微量金属的复杂络合物。有人提出了用植酸∶锌的化学比值，来断定在高含量植酸中锌的生化活力。分子比值超过 20∶1 时，显示出锌的活力很差，而钙、铁和其他金属物质对锌会产生重大的影响。有人研究了在人类食物中增加铁/锌比值，从 0∶1 到 3∶1，当溶液中含有 25 mg 锌时，加入相当的 $FeSO_4$时，就可以降低锌的络合程度。

蛋白质和植酸的结合也能降低锌的生化活性。由于植酸与锌形成络合物，植酸、蛋白质与锌等形成络合物，从而降低了锌在人和动物营养中的生化功能，因此应设法在蛋白制取过程中减少和除去植酸。

⑨ 大豆蛋白制品中气味的产生及防止

大豆蛋白是一种很好的营养食品，但大豆固有的豆腥味及苦涩味限制了它们在食品加工中的广泛应用。多年来，一些科学工作者作了不少的研究，在对不良气味产生原因的研究、如何防止及改善大豆食品涩味等方面取得一定的进展。

Ⅰ. 蛋白质制品产生气味的根源

(a) 挥发性风味组分

科学工作者从大豆挥发性物质中测出一系列组分，在这些组分中，正己醛、异戊醛及正庚醛散发有大豆的青草豆腥味。二甲氨散发鱼腥味，但含量甚少，仅有 1.5 ppm。正己酸、异己酸、正辛酸三者略有青豆气味，含量也甚少。

(b) 不挥发性的风味组分

Arai 曾用乙醇溶液(1∶1)浸提大豆粕粉，浸出液用乙醚处理，乙醚溶解部分有强烈的酚味，目前已知有 7 种酚酸：丁香酸、香草酸、龙胆酸、水杨酸、P-羟基苯酸、阿魏酸、香豆酸，而且有人认为香豆酸是在烹调时散发大豆气味的主要物质。

水溶液浸提部分包括有绿原酸、异绿原酸、新绿原酸、隐绿原酸等。脱脂大豆磷脂经紫外线照射时可产生强烈的苦味，大豆磷脂酰胆碱(SPC)的苦味强度随氧化强度而加强，当氧化 SPC 达到 60 ppm 时，就感到有苦涩味。一般地说，脱脂豆粕中至少含有 0.08%的 SPC，氧化 SPC 可达到 80 ppm。

(c) 氧化多不饱和酸带来的风味

大豆中含有脂肪氧化酶，当这些氧化酶作用于游离的或酯化的多不饱和脂肪酸时，会产生不良的气味。这是因为脂肪的氧化作用会产生一种氢过氧化物，这种过氧化物一经分解，又会转化成为易挥发的和不挥发的化合物。在全脂和脱脂的大豆片及变质豆油中，这些化合物已被分离和鉴定出来。在这些化合物中，最可能产生青豆腥味的是正己醛，3-顺己醛，正戊基呋喃、顺式-2-呋喃、反式-2-呋喃、乙基乙烯酮。美国北方研究所中心通过对大豆及大豆蛋白制品的研究指出，大豆中亚麻酸、亚油酸经脂肪氧化酶促进氧化形成的氢过氧化物及其分裂物有青草及豆腥味。亚麻酸氢过氧化物达 10 ppm，亚油酸氢过氧化物达 50 ppm，即有青草豆腥味及霉变的苦味。

Ⅱ. 蛋白质制品气味的改善及防止

综上所述，无论气味来自何种根源，最根本的一条是，大豆含有较高的亚麻酸，存在有大量的脂肪氧化酶，如果对这两种因子进行处理和控制，会使不良气味得到改善和防止。

(a) 钝化脂肪氧化酶

将粗碎大豆或大豆粉通以蒸汽，使脂肪氧化酶钝化而失去活性，并使一部分有味物质随蒸汽而挥发。加热钝化脂肪氧化酶与加热温度、时间和含水率有关。

含水率愈高，钝化速度越快，一般用直接蒸汽、温度 100℃，钝化 3 分钟即可使酶活力降至 0.1 以下。以酸碱钝化脂肪氧化酶，在进行加热处理后的大豆中，添加酸碱，可使钝化脂肪氧化酶作用显著加快。

利用乙醇溶液浸泡大豆也能钝化及破坏脂肪氧化酶的活力。此法缺点是胰蛋白酶抑制素只能破坏 50%，另外，处理过的大豆如果再用水浸 24 小时又可恢复脂肪氧化酶的活力。

(b) 化学添加剂

采用化学药剂添加剂可以使大豆有味成分分解而除掉。所采用的药剂有过氧化氢、亚硫酸还原剂，多数化学药剂在处理后用离子交换树脂将残存的药剂除去。

(c) 气味掩盖

由于大豆食品有不良气味，在大豆食品中添加适量的香料，如谷氨酸、酱油等，可适当掩盖豆腥味，改善风味。

2) 大豆蛋白生产

(1) 大豆蛋白粉生产

① 大豆蛋白粉的分类

大豆蛋白粉的种类很多,绝大多数是以低温脱脂豆粕生产的,但近几年用全脂大豆生产的蛋白豆粉的产量也在不断扩大。区别豆粉种类的指标主要有两个,一是含脂量,二是蛋白质分散指数。根据含油脂量的不同,一般把大豆蛋白粉分成以下五种。

Ⅰ. 全脂大豆蛋白粉

全脂大豆蛋白粉是用脱皮大豆粉碎而成的。其脂肪含量一般均在18%以上,蛋白质含量不低于40%,细度在80目以上。

Ⅱ. 高含脂大豆蛋白粉

高含脂大豆蛋白粉大多是用脱脂豆粕与精炼大豆油混合制成的,脂肪含量一般在15%左右,蛋白质含量在45%以上。也有部分高含脂大豆蛋白粉是用大豆部分脱脂制成的。

Ⅲ. 低脂大豆蛋白粉

生产方法基本与高含脂大豆蛋白粉相同,脂肪含量一般在5%左右,蛋白质含量高于45%。

Ⅳ. 磷脂大豆蛋白粉

磷脂大豆蛋白粉是用脱脂大豆蛋白粉添加大豆磷脂而制成的,磷脂含量在15%左右。蛋白质含量也在45%以上。

Ⅴ. 脱脂大豆蛋白粉

脱脂大豆蛋白粉一般就是用脱脂豆粕粉碎而成的。脂肪含量一般低于1.0%,蛋白质含量高于50%。根据大豆蛋白粉中蛋白质分散指数的不同,可将其分为活性大豆蛋白粉和非活性大豆蛋白粉两类。活性大豆蛋白粉的蛋白质分散指数一般在80%以上,非活性大豆蛋白粉的蛋白质分散指数一般在15%~20%之间。大豆粉的含脂量不同,蛋白质分散指数不同,决定了大豆粉工艺性能的多样化。加工不同食品时,需根据不同的要求选择不同性能的大豆蛋白粉。

② 脱脂大豆蛋白粉生产

脱脂大豆蛋白粉通常用大豆提油后的饼粕而生产的。它可以混合在面粉中,制成面包、点心或加用于香肠中。采用混合有脱脂大豆蛋白粉的面制作的面包,有防止面包老化之功效,并可增进营养价值,改善风味。

依据原料生产方式,可以将脱脂大豆蛋白粉的生产工艺分为两类:一类是以机榨豆饼为原料的生产工艺,另一类是以浸出豆粕为原料的生产工艺。

Ⅰ. 以机榨豆饼为原料的生产工艺

以机榨豆饼为原料的工艺流程如下:

机榨豆饼 → 粉碎 → 筛分 → 脱脂大豆粉

为保证大豆蛋白粉的质量,大豆提油要做到以下几点:(a) 大豆榨油前,应经过两次筛选,除去杂质泥沙,保证豆饼磨粉后不牙碜;(b) 筛选后加水或喷以蒸汽,将大豆水分调节至12.5%~13%,这样可使大豆软化,蒸炒时脱臭,并除去苦味,减少加工损耗;(c) 为降低豆饼粉的纤维素含量,大豆应去皮榨油。大豆皮可制成酱油或作饲料;(d) 料坯蒸炒时，温度不宜超过 105℃，压榨温度也不宜太高(不超过 120℃)，这样可使制得的豆饼粉颜色较好。

按以上要求榨油后的豆饼，先粉碎成碎块，再用石磨或钢磨磨成细粉，然后进行筛分。作为掺制食用原料，热榨豆饼蛋白粉比冷榨豆饼蛋白粉好。热榨法可多出油，豆饼价格便宜，制得的食用粉掺入食品时，疏松无豆腥味，口感也较好，但蛋白质变性较多。冷榨豆饼蛋白粉宜于制豆腐。

Ⅱ. 以浸出豆粕为原料的生产工艺

以浸出豆粕为原料的工艺流程为：

浸出豆粕⟶脱溶⟶粉碎⟶筛分⟶脱脂大豆粉

粕脱溶时通常采用闪蒸式或蒸汽式脱溶剂装置，使蛋白质的变性降低到最低限度，这些装置中采用通风式或减压等方法脱除溶剂蒸汽，以抑制蛋白质变性。脱溶后进行粉碎，然后进行筛分。

Ⅲ. 典型工艺举例

脱脂大豆蛋白粉生产典型工艺如图 4－8 所示。将低温脱溶豆粕投入接料器(喂料坑)，通过双筒形吸嘴吸入风管，并被风送至下旋型刹克龙。在此低温脱溶粕与空气分离，从刹克龙底部经叶轮关风器卸至振动给料机，恒定而均匀地喂入涡轮式粉碎机。粉碎后的物料由风机经风管输送至微细分级器，被分离出的粗粒仍被送回涡轮式粉碎机重新磨碎，细粉进入下旋型刹克龙沉降，经叶轮关风器进入圆筛，筛理出少量粗粉，穿过筛网符合细度要求的细粉则被风吸起，在下旋刹克龙沉降，经关风器流入存料箱。在存料箱的进口处设有强力除铁器，以除去细粉中的微量金属杂质。最后，低变性脱脂大豆粉由存料箱卸出去包装。3 台离心通风机吸气管分别以吸式输送物料到刹克龙，使物料沉降。而含尘空气则经过风机的压气管分别压送至 3 台布袋过滤器(即除尘器)净化后排空。

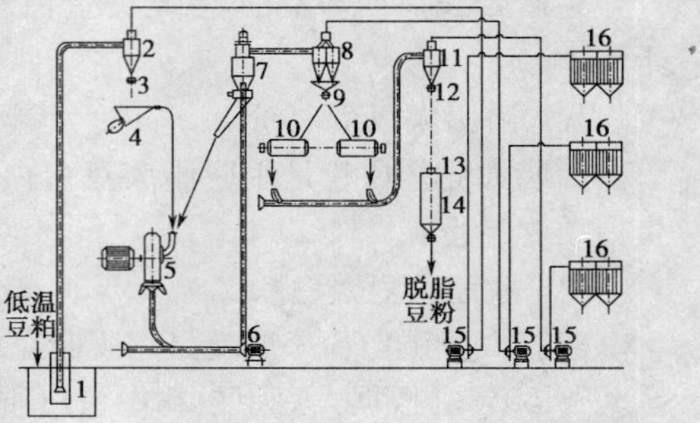

图 4－8 脱脂大豆粉工艺流程

1. 接料器；2,8,11. 刹克龙；3,9,12. 关风器；4. 振动给料机；5. 粉碎机；6,15. 风机；7. 分级器；10. 圆筛；13. 除铁器；14. 存料箱；16. 过滤器

③ 脱脂大豆蛋白粉质量标准

感官：浅黄色

水分含量：7%

蛋白质含量：≥50%

脂肪含量：0.6%

碳水化合物含量：25%～30%

粗纤维含量：2.6%

灰分含量：4%～5%

粒度：粉状要求 97%以上通过 100 目/英寸筛孔。粗粒要求通过 10～40 目/英寸筛孔。细粒要求通过 40～80 目/英寸筛孔。

其他大豆蛋白粉是在脱脂大豆蛋白粉的基础上，添加油脂或磷脂而成的。

(2) 大豆浓缩蛋白生产

大豆浓缩蛋白是从脱脂豆粉中除去低分子可溶性非蛋白质成分,主要是可溶性糖、灰分和各种气味成分等,制得的蛋白质含量在70%(以干基计)以上的大豆蛋白制品。大豆浓缩蛋白的原料以低变性脱脂豆粕为佳。

① 基本原理

生产大豆浓缩蛋白就是要除去脱脂大豆中的可溶性非蛋白质成分。除去这些成分最有效的方法是水溶法。但在低温脱脂豆粕中,大部分蛋白质是可溶的,为使可溶性蛋白质最大限度地保存下来,就必须在用水抽提水溶性非蛋白质成分时使其不溶解。可溶性蛋白质的不溶解方法大体可分为两类:一是使蛋白质变性,通常采用的有热变性和溶剂变性法,二是使蛋白质处于等电点状态。这样蛋白质的溶解度就会降低到最低点。在大豆蛋白不溶解条件下,以水抽提就可以除去大豆中的非蛋白质可溶性物质,再经分离、冲洗、干燥,即可获得蛋白质含量在70%以上的制品。

② 生产工艺

目前,工业化生产大豆浓缩蛋白的工艺主要有四类,即稀酸洗涤法、乙醇洗涤法、湿热洗涤法和水剂法。其中前三类是不溶性大豆浓缩蛋白生产,后一类是可溶性大豆浓缩蛋白生产。

Ⅰ. 稀酸洗涤法

(a) 工艺基本原理

本工艺特点是,根据大豆蛋白溶解度曲线,利用蛋白质在pH=4.5等电点时,其溶解度最低,用稀酸溶液调节pH值,将脱脂豆粕中的低分子可溶性非蛋白质成分洗涤除去,经分离干燥获得大豆浓缩蛋白。

(b) 生产工艺流程

稀酸洗涤法生产大豆浓缩蛋白工艺流程如图4-9所示。

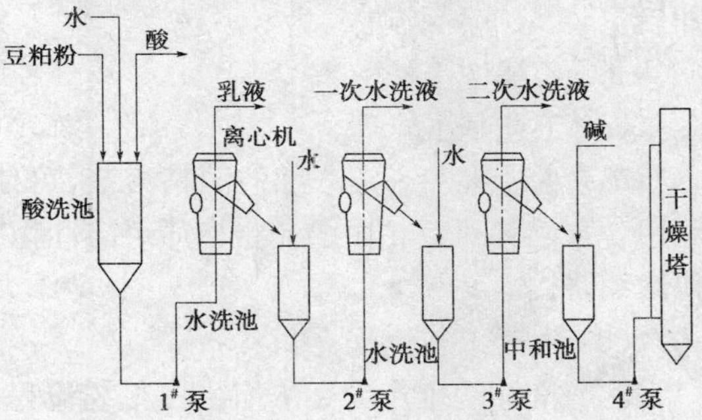

图4-9 稀酸洗涤法生产大豆浓缩蛋白工艺流程

(c) 生产工艺要点

先将低温脱溶的豆粕进行粉碎(豆粕蛋白质含量在48%左右),用100目的筛过筛,加入10倍的水,于酸洗涤池内搅拌均匀,并连续加入浓度为37%的盐酸,调节溶液的pH值为4.5,搅拌1小时。这时大部分蛋白质沉析与粗纤维物形成固体浆状物,一部分可溶性糖及低分子可溶性蛋白质形成乳清液。将混合物搅拌后,由1#泵输入碟式自清式离心机中进行分离,分离所得的固体浆状物流入一次水洗池内,在此池内连续加水洗涤搅拌。然后由2#泵输入第二台碟式自清式离心机,分离出第一次水洗废液。浆状物流入二次水洗池内,在此池内进行二次水洗。再经3#泵输入第三台碟式自清式离心机中分离,除去二次水洗废液。浆状物流入中和池内,在此池加碱进行中和处理,再由4#泵送入干燥塔中脱水干燥,即得大豆浓缩蛋白产品。

设备皆为不锈钢制。这种方法生产的大豆浓缩蛋白,色泽浅,异味小,蛋白质的NSI值高,功能性好,但需大量酸和碱,并排出大量含糖等营养物质的废水,从而造成后处理困难(浸出物中有一定的蛋白质损失)。

(d) 典型工艺举例

稀酸洗涤法生产浓缩蛋白工艺流程如图 4－10 所示。

将低温豆粕粉用输送装置送入粕料暂存仓中储存供料，然后连续流入酸洗槽中。加入适量温水浸泡，调和后的粕料由泵送入酸沉析罐中，在此加入酸液，调节 pH 为 4.5，搅拌洗涤，通过泵将料液送入缓冲罐中，连续搅拌 30 min，料液由泵送入卧式离心机(8，13)中，分离出含糖等成分的乳清溶液和浆状物。乳清液由泵送入碟式离心机(11，16)中分离回收蛋白质等固形物，液体流入暂存罐中，由泵送入蒸发器。浆状物经由泵(9)、泵(12)、泵(17)送入缓冲罐(21)，在此加水调节蛋白液浓度后，不断搅拌，不断由泵(22)抽出，同时在管道内加入碱液调节 pH，并经由静态混合器(24)、泵(25)和加热器(26)送入闪蒸给料罐(27)，在此迅速脱除部分水汽，并由冷凝器(28)冷凝回收。闪蒸给料罐中物料由泵(29)、高压均质泵(30)泵入喷雾干燥塔(31)中干燥，蛋白粉从塔底收集经烘干冷却后包装。

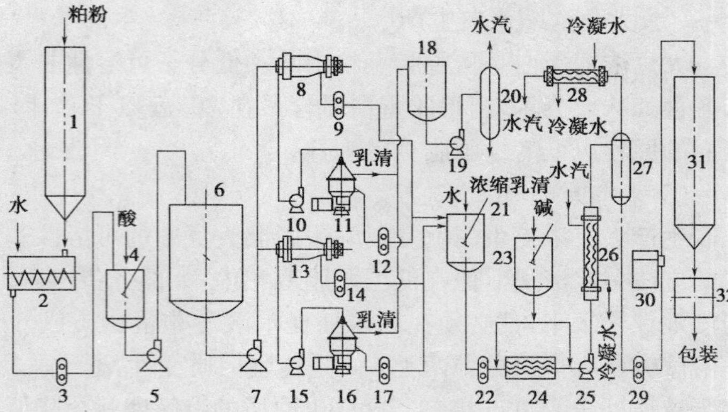

图 4－10　稀酸洗涤法生产浓缩蛋白工艺流程

1. 粕仓；2. 酸洗槽；3，9，12，14，17. 齿轮泵；4. 沉析罐；5，7. 离心泵；6，21，23. 缓冲罐；8，11，13，16. 离心机；10，15，19，22，25，29. 泵；18. 暂存罐；20. 蒸发器；24. 静态混合器；26. 加热器；27. 闪蒸给料罐；28. 冷凝器；30. 高压均质泵；31. 干燥塔；32. 产品储罐

Ⅱ. 乙醇洗涤法

(a) 工艺基本原理

工艺特点是：一定浓度的酒精溶液，可使大豆蛋白变性，失去可溶性。根据这一特性，利用含水酒精对豆粕中的非蛋白质可溶性物质进行浸出，剩下的不溶物经脱溶、干燥即可获得浓缩蛋白。

(b) 生产工艺流程

乙醇洗涤法生产大豆浓缩蛋白工艺流程如图 4－11 所示。

(c) 生产工艺要点

先将低温脱溶豆粕进行粉碎，用 100 目筛进行过筛，然后将豆粕粉由输送装置送入浸洗器中，该浸洗器是一个连续运行装置。从顶部连续喷入 60%～65%酒精溶液，在温度 50℃左右、流量按 1∶7 重量比进行洗涤，洗涤粕中可溶性糖分、灰分及部分醇溶性蛋白质，浸提约 1 h，经过浸洗的浆状物送入分离机进行分离，除去酒精溶液后，由 1＃泵输入真空干燥器中进行干燥，干燥后的浓缩蛋白即为成品。

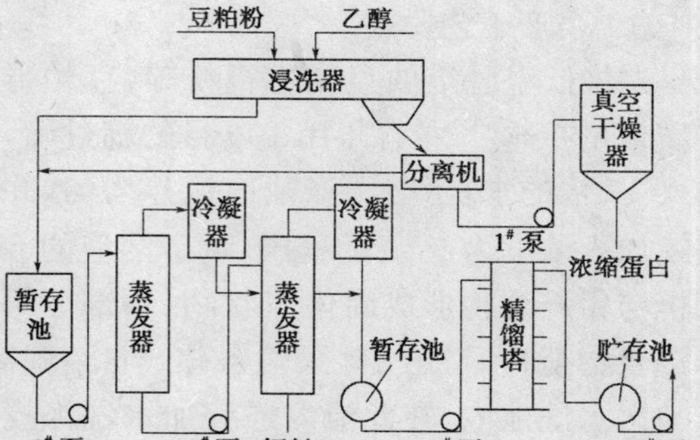

图 4－11　乙醇洗涤法生产大豆浓缩蛋白工艺流程

由浸洗器浸取出的醇溶性物质流入暂存池内，经 2＃泵送入酒精蒸发器中进行一效蒸发，蒸发出的酒精经第一个冷凝器回收。经一效蒸发后的酒精糖液，由 3＃泵送入另一个蒸

发器中进行二效蒸发，进一步除去酒精，残液为可溶性糖分，可用作饲料。二效蒸发出的酒精经第二个冷凝器回收。从两个冷凝器中回收的酒精集中到暂存池中，由4＃泵输入精馏塔中进行酒精提纯。精馏的酒精流入贮存池中，再由5＃泵送入浸洗器中，如此构成酒精循环使用系统。

这种方法生产的大豆浓缩蛋白，色泽浅，异味小，这主要是因为含水酒精不但能很好地浸提出豆粕中的呈色、呈味物质，而且有较好的浸出效果。这种浓缩蛋白由于蛋白质发生了变性，脱溶后，浓缩蛋白质仍剩有0.25%～1.0%酒精，因此，功能性差，使用范围受到一定限制。此法生产中一个突出的问题是乙醇的回收，即浸提液一般要经过两次以上的蒸发精馏，乙醇的回收率对经济效益影响很大。

(d) 典型半连续工艺举例

这种工艺主要是以日清的半连续乙醇浓缩蛋白工艺为代表，工艺流程如图4－12所示。

将低温脱溶豆粕首先经风机送入洗涤罐中进行洗涤。共有2～4只洗涤罐交替使用以实现半连续洗涤，洗涤罐内装有摆动式搅拌器，每次装低温粕400～500 kg，用乙醇泵从暂存罐内吸出浓度为60%～65%的乙醇溶液，按料液比1∶7将乙醇溶液泵入洗涤罐中。操作温度50℃，每次加入3 500 kg的乙醇溶液，搅拌30 min。每个生产周期为1 h。洗涤后，将沉降物由离心泵送入管式超速离心机中进行分离，分离出固形物和乙醇糖溶液。超速离心机的型号为Jp－Sg970型，管径Φ210 mm，转速15 000 r/min。分离出来的乙醇糖溶液首先被送入一效蒸发器中进行初步浓缩，再送入二效蒸发器中进一步蒸除乙醇，操作真空度66.8～73.5 kPa，温度80℃。最后浓缩糖浆由二效蒸发器底部排出，另作他用。

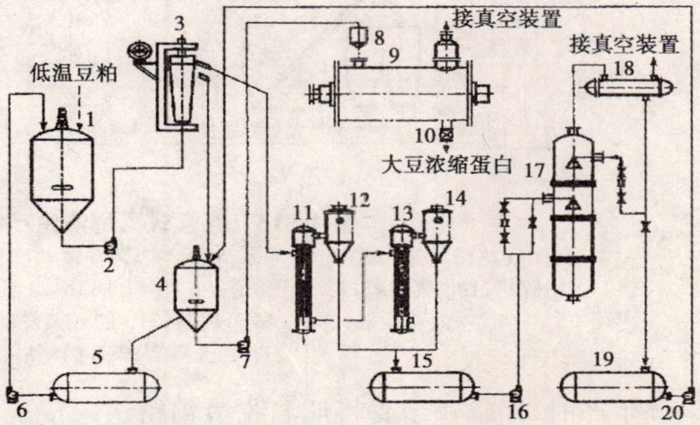

图4－12　半连续式乙醇法生产浓缩蛋白工艺流程

1. 酸洗罐；2,20. 离心泵；3. 管式超速离心机；4. 二次洗涤罐；5,8,15,19. 暂存罐；6,7,16. 泵；9. 真空干燥器；10. 封闭阀；11. 一效蒸发器；12,14. 闪发罐；13. 二效蒸发器；17. 蒸馏塔；18. 冷凝器

从一效、二效蒸发器分离排出来的乙醇溶液流入浓乙醇暂存罐中，通过泵送入乙醇蒸馏塔中蒸馏，一方面制取浓乙醇，另一方面脱除乙醇中的不良气味，工作温度82.5℃。成品流入暂存罐中，运行时由泵抽出送入二次洗涤罐中使用。

从离心机中分出的固形物入二次洗涤罐，以80%～90%的浓乙醇溶液洗涤，搅拌30 min，操作温度70℃。实验表明，用95%热乙醇洗涤，可使蛋白质具有较好的气味、氮溶解指数和色泽。处理后的浓乙醇液流入暂存罐中，稀释供一次洗涤用。

经过两次洗涤后的沉淀物，用泵送入真空干燥器上的暂存罐中准备干燥脱水。脱水时间80～100 min，真空度77.5 kPa，工作温度80℃。

洗涤罐内装搅拌器，卧式真空干燥器内装带式搅拌器。

(e) 典型连续工艺举例

目前，国内生产规模比较大的企业一般都采用连续式乙醇法生产浓缩蛋白工艺，其流程如图4－13所示。

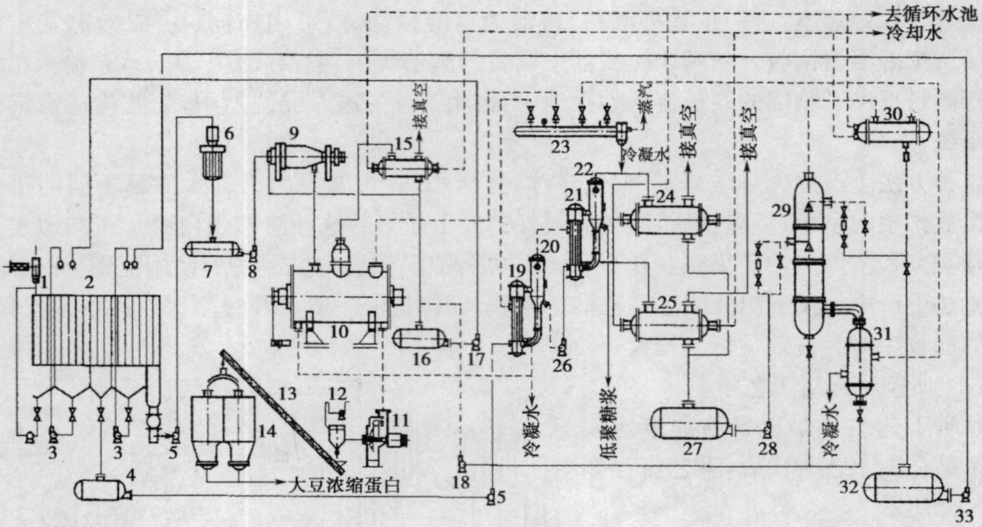

图 4-13　连续式乙醇法生产浓缩蛋白工艺流程

1. 封闭绞龙；2. 浸出器；3. 循环泵；4,7,16. 暂存罐；5,8. 高压泵；6. 胶体磨；9. 离心机；10. 干燥器；11. 粉碎机；12. 集料器；13. 斜绞龙；14. 存料斗；15,24,25,30,31. 冷凝器；17,18,26,28,33. 离心泵；19. 一效蒸发器；20. 一效分离器；21. 二效蒸发器；22. 二效分离器；23. 蒸汽分配器；27. 稀乙醇罐；29. 酒精塔；32. 浓乙醇罐

生产时，用输送装置将低温脱溶粕粉送入浸洗器中，浸洗器采用平转式浸出器（或者环形式浸出器）。浓度为 90%（体积分数）的乙醇（新鲜溶剂）从浸出器中喷淋段喷入，进行最后洗涤，中间调节乙醇浓度为 60%～65%（体积分数）进行循环喷淋，不断洗除豆粕中的可溶性糖类、灰分、微量其他组成部分以及部分醇溶蛋白。

浸出格慢速转动，将二次浸提浆状湿粕送入卧式自动排渣的离心机中，除去溶剂及水分，干物质送入真空干燥器中干燥，经粉碎等工序制成浓缩蛋白质产品。一次浸提分离出的乙醇糖溶液流入暂存罐中，经离心泵送入一效蒸发器脱除乙醇，浓溶液再经离心泵注入二效蒸发器中操作。一效蒸发的乙醇气体入分离器，二效蒸发的乙醇气体亦入分离器。两分离器中的乙醇流入暂存罐，用离心泵将其泵入蒸馏塔中提纯。成品入暂存罐中储存备用。离心分离出的乙醇糖溶液流入暂存罐中作为一次浸提溶剂使用。

采用乙醇洗涤时体积分数在 50%～70%时为好。单独使用纯乙醇时，虽然能够除去蛋白质中大部分的有不良气味的物质，但是脱溶后，浓缩蛋白质中仍残留有 0.25%～1%体积分数的乙醇。采用 50%～70%体积分数的乙醇可以克服这一缺点。乙醇脱除了浓缩蛋白的气味，但当回收乙醇时，不易除尽乙醇中的不良气味。

Ⅲ. 湿热洗涤法

(a) 基本原理

基本原理是：利用大豆蛋白对热敏感的特性，将豆粕用蒸汽加热或与水一同加热，蛋白质因受热变性而成为不溶性物质，然后用水把低分子物质浸洗出来，经分离、干燥即可获得大豆浓缩蛋白。

(b) 生产工艺流程

湿热洗涤法生产大豆浓缩蛋白的工艺流程为：

豆粕→粉碎→热处理→水洗→分离→干燥→浓缩蛋白

(c) 生产工艺要点

先将低温脱溶豆粕进行粉碎，用100目筛进行筛分。然后将粉碎后的豆粕粉用120℃左右的蒸汽处理15分钟；或将脱脂豆粉与2～3倍的水混合，边搅拌边加热，然后冻结，放在−1～−2℃温度下冷藏。这两种均可以使70%以上的蛋白质变性，而失去可溶性。

将湿热处理后的豆粕粉加10倍的温水，洗涤两次，每次搅洗10分钟。然后过滤或离心分离。干燥可以采用真空干燥，也可以采用喷雾干燥。采用真空干燥时，干燥温度最好控制在60～70℃。采用喷雾干燥时，在两次洗涤后再加水调浆，使其浓度在18%～20%左右，然后用喷雾干燥塔即可生产出浓缩大豆蛋白。

这种方法生产的浓缩大豆蛋白，由于加热处理过程中有少量糖与蛋白质反应，生成一些呈色、呈味物质，产品色泽深，异味大，且由于蛋白质发生了不可逆的热变性，部分功能特性丧失，使其用途受到一定限制。加热冷冻的方法虽然比蒸汽直接处理的方法能少生成一些呈色、呈味物质，但产品得率低，蛋白质损失大，氮溶解指数也低，因而这种方法较少用于生产中。

Ⅳ. 水剂法

(a) 工艺原理

将低温脱脂豆粕用水或稀碱液浸取蛋白质后，采用离心或过滤法除去豆渣然后再经灭菌、浓缩、干燥，即得浓缩大豆蛋白。

(b) 工艺流程

水剂法生产大豆浓缩蛋白工艺流程为：

水，碱液（加入浸取）

豆粕粉→碾磨→浸取→固-液分离→蛋白液→灭菌→浓缩→干燥→产品

固-液分离→残渣→干燥→饲料

浓缩→废水

(c) 操作要点

- 浸取：加水量1∶10；浸取温度55～60℃；pH 7.5～8.5；时间0.5 h。
- 灭菌：温度85℃；时间15 s。
- 浓缩：压力0.008～0.018 MPa；温度50～60℃。
- 干燥：进风温度120～140℃；出风温度75～85℃。

(d) 典型工艺举例

水剂法生产大豆浓缩蛋白工艺流程如图4-14所示。将低温脱溶粕粉由输送装置送入粕料暂存仓(1)中储存供料，然后连续流入预浸槽(2)中。加入适量温水浸泡调和

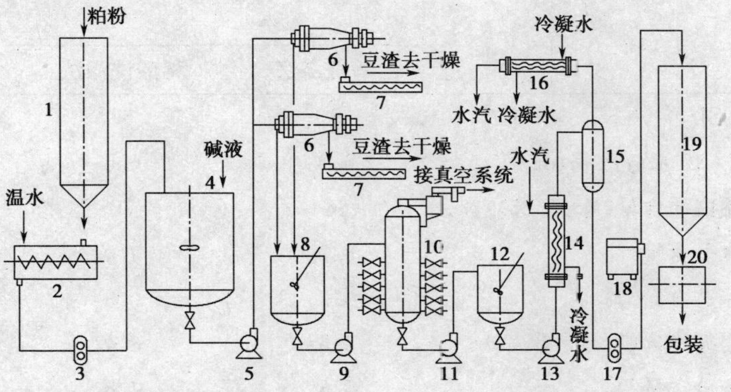

图4-14　水剂法浓缩蛋白工艺流程

1. 粕仓；2. 预浸槽；3,17. 齿轮泵；4. 浸取罐；5,9,11,13. 离心泵；6. 离心机；7. 绞龙；8,12. 暂存罐；10. 浓缩锅；14. 加热灭菌器；15. 闪蒸给料罐；16. 冷凝器；18. 高压均质泵；19. 干燥塔；20. 产品储罐

粕料，粕料由泵(3)送入浸取罐(4)中，在此加入碱液，调节 pH 值在 8.0 左右，搅拌 30 min，通过泵(5)将料液送入卧式离心机(6)中，分离出蛋白质液体和豆渣。豆渣送去干燥作饲料。

蛋白液流入暂存罐(8)中，由泵(9)送入浓缩锅(10)浓缩。浓缩完成后由泵(11)送入暂存罐(12)中，再由泵(13)送入加热灭菌器(14)、闪蒸给料罐(15)，在此迅速脱除部分水汽，并由冷凝器(16)冷凝回收。闪蒸给料罐中物料由泵(17)、高压均质泵(18)泵入喷雾干燥塔(19)中脱水。塔底物料经烘干冷却后包装即得浓缩蛋白产品。

③ 影响浓缩蛋白得率及质量的因素

Ⅰ. 豆粕质量。豆粕的质量会影响产品质量及得率，高质量的豆粕才能获得高质量、得率的产品。

Ⅱ. 洗涤量及次数。增加洗涤次数和溶剂量可以提高产品的蛋白质含量。

Ⅲ. 乙醇浓度(%)的影响。洗涤过程中，可溶性糖分、灰分及一些微量组分溶解于乙醇中。为使蛋白质损失尽量减少，乙醇浓度为 60%～65%(体积分数)，这时制出的蛋白的 NSI 值为 9%。不同乙醇浓度、pH 值对蛋白质溶解度的影响见表 4－15。

表 4－15 不同乙醇浓度、pH 值对蛋白质溶解度(NSI 值)的影响

洗涤液 pH 值	乙醇浓度/%										
	0	5	20	30	40	50	60	70	80	90	100
6.5	39.3	26.6	14.1	13.6	11.9	10.2	9.0	8.9	11.6	47.4	63.4
9.3	51.8	35.2	—	23.5	21.7	19.6	19.9	23.3	48.4	74.7	79.1

Ⅳ. 温度。提高温度，能提高萃取或洗涤速率，但温度过高时，黏度增加、分离困难，且蛋白质在较高温度下易变性，影响产品工艺性能，同时耗能太多，一般温度控制在 50～80℃。

④ 产品质量指标

浓缩蛋白由于除去了一部分糖类和有味成分，蛋白质营养价值有所提高，且口味温和，风味较好。表 4－16 是几种方法生产的浓缩蛋白的质量指标。

表 4－16 用不同方法制取的浓缩蛋白质量指标

项 目	工 艺 方 法			
	乙醇洗涤法	稀酸洗涤法	湿热洗涤法	水剂法
NSI/%	5	69	3	82.5
1∶10 水分散液 pH 值	6.9	6.6	6.9	6.8
蛋白质含量(N×6.25)/%	66	70	70	65.5
水分含量/%	6.7	7.0	3.1	8.1
脂肪含量/%	0.3	0.3	1.2	0.5
粗纤维含量/%	3.5	3.4	4.4	0.6
灰分含量/%	5.6	4.8	3.7	5.0
容重/(g/cm^3)	0.65	0.45	0.75	0.70
粒度(100 目)/%	95	90	92	98

（3）大豆分离蛋白生产

分离蛋白又名等电点蛋白粉，它是脱皮脱脂的大豆进一步去除所含非蛋白质成分后，所得到的一种精制大豆蛋白产品。与浓缩蛋白相比，分离蛋白中不仅去除了可溶性糖类，而且要求除去不溶性多聚糖，因而蛋白质含量高（不低于 90%），但其得率必然也低些。目前，国内外生产大豆分离蛋白以碱提酸沉法为主，超过滤法和离子交换法已逐步应用。

① 碱提酸沉法

Ⅰ．基本原理

低温脱脂豆粕中的蛋白质大部分能溶于稀碱溶液。将低温脱脂豆粕用稀碱液浸提后，用离心分离可以除去豆粕中的不溶性物质（主要是多糖和一些残留蛋白质），然后用酸把浸出液的 pH 值调至 4.5 左右时，蛋白质由于处于等电点状态而凝集沉淀下来，经分离可得到蛋白沉淀物，再经洗涤、中和、干燥，即得大豆分离蛋白。

Ⅱ．生产工艺

（a）生产工艺流程

碱提酸沉法生产大豆分离蛋白工艺流程如图 4-15 所示。

（b）生产工艺要点

将低温脱脂的豆粕粉（豆粕要求无霉变、含皮量低、含杂少、蛋白质含量在 45%以上，蛋白质分散指数高于 80%）加入抽提缸内进行溶解，加入重量 15 倍的水溶解，溶解温度一般控制在 15～80℃。溶解时间控制在 120 分钟以内，在抽提缸内加 NaOH 溶液，将抽提液的 pH 值调至 7～11 之间，抽提过程需不断搅拌，搅拌速度以 30～35 转/分为宜。

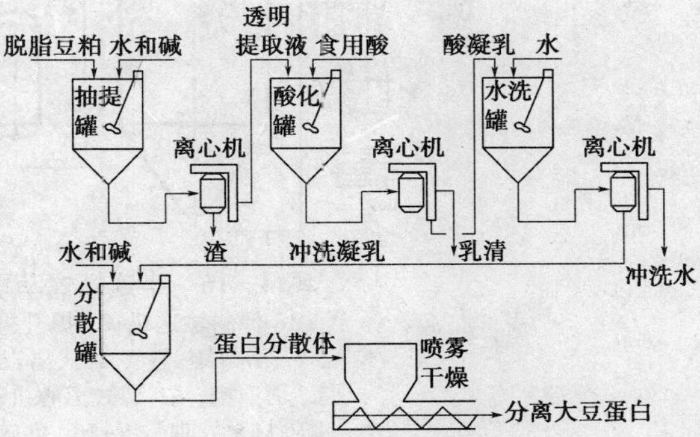

图 4-15　大豆分离蛋白工艺流程

在抽提缸中溶解后，将蛋白质溶解液送入离心分离机中，分离除去不溶性残渣。为增强离心分离机分离残渣的效果，可先将溶解液通过振动筛除去粗渣。

经分离后的蛋白质溶解液流入酸化罐内，加入盐酸溶液，调节 pH 值至 4.5，这时在等电点大量蛋白质沉析出来。加酸时，需要不断搅拌，同时要不断抽测 pH 值，当全部溶液都达到等电点时，应立即停止搅拌，静止 20～30 分钟，使蛋白质能形成较大颗粒而沉淀下来，沉淀速度越快越好，一般搅拌速度为 30～40 转/分，用离心机将酸沉下来的沉淀物离心脱水，弃去清液，固体部分流入水洗罐中，用水进行洗涤，水洗后的蛋白质溶液 pH 值在 6 左右，经洗涤的蛋白质浆状物送入离心机中除去多余的废液，固体部分流入分散罐内，加碱进行溶解，控制 pH 值在 6.5～7.0，将分离大豆蛋白浆液在 90℃加热 10 分钟或 80℃加热 15 分钟，这样不仅可以起到杀菌作用，而且可明显提高产品的凝胶性。将蛋白液用高压泵打入喷雾干燥器中进行干燥，浓度一般控制在 12%～20%之间，因浓度过高，黏度过大，易阻塞喷嘴，喷雾塔工作不稳定，浓度过低，产品颗粒小，比容过大，不利应用和运输，另外，使喷雾时间加长，增加能量消耗。上述碱提酸沉工艺，可以有效提纯蛋白质至 90%以上，而且产品质量好，色泽也浅。该工艺简单易行，但酸碱消耗较多，成本也高。分离出的乳清液随废水排放未回收，其中低分子蛋白质等有所浪费，可溶性成分除去不彻底。

(c) 典型半连续工艺举例

半连续式萃取分离蛋白的典型生产工艺主要是消化吸收日本不二制油的技术,分离蛋白生产工艺来源于美国20世纪六七十年代罗尔斯登、普尼那公司的转让技术,它是分离蛋白质生产初期阶段的代表,流程如图4-16所示。

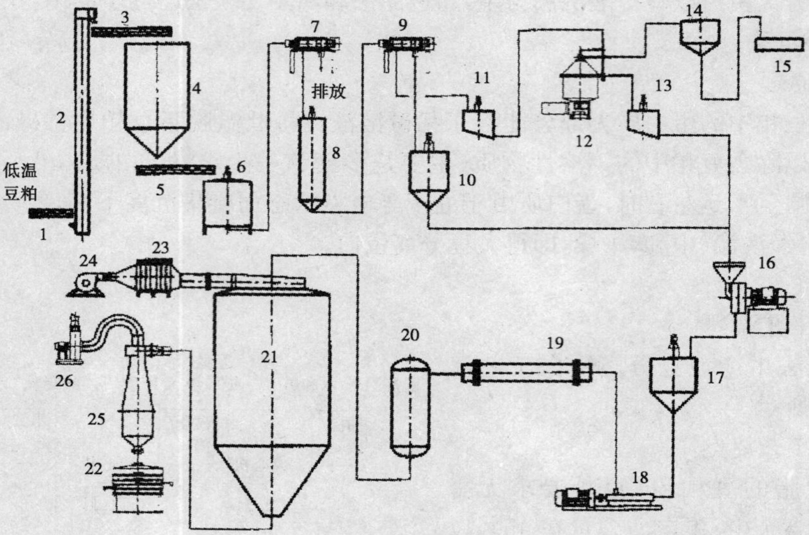

图4-16　半连续式萃取分离蛋白生产工艺流程

1. 原料输送机;2. 提升机;3,5. 输送机;4. 储料罐;
6. 溶解罐;7,9. 卧式离心机;8. 酸沉罐;10. 解碎罐;
11. 消泡槽;12. 碟式离心机;13. 搅拌槽;14. 乳清浓缩器;
15. 排水处理装置;16. 磨碎机;17. 中和槽;18. 高压泵;
19. 加热灭菌器;20. 真空闪发器;21. 喷雾干燥塔;
22. 筛分机;23. 空气加热器;24,26. 风机;
25. 旋风捕集器

生产时,将低温豆粕从储料罐(4)进入溶解罐(6)中,在此加入10倍于粕重的热水,混合搅拌以浸取蛋白质,2~4台溶解罐交替使用实现半连续浸提蛋白质。用NaOH溶液调节pH值至6.5~7.5,一般为6.8,浸提温度为50℃,总浸提时间10 min。浸提液混合物由泵送入卧式离心机(7)中,除去不溶性残渣。分出的豆渣送入流化床烘干机脱水后作饲料。而分离出的浸提液流入酸沉罐(8)中,在此加入HCl,调节pH值至4.5,这时90%以上的蛋白质从溶液中沉淀析出来,少量低分子蛋白质留在溶液中。将酸沉后的混合液送入卧式离心机(9)中,分离出的乳清溶液送入消泡槽(11)中,先加入消泡剂,然后用碟式离心机(12)回收其中约2%的蛋白质沉淀物,最后的乳清流入浓缩器(14)。从离心机(9)中出来的蛋白质沉淀物流入解碎罐(10)解碎后与从碟式离心机(12)中分离出来的蛋白质沉淀物一并送入磨碎机(16)磨碎均质,均浆物入中和槽(17),加碱中和,并加水稀释到15%的浓度。蛋白质中和液经高压泵(18)泵入加热灭菌器(19),迅速升温到135℃,在15 s内达到沸腾,再经真空闪发器(20)冷却到80℃。蛋白质液经高压泵压入喷雾干燥塔(21)中脱水干燥,使蛋白质含水在7%以下,蛋白粉经旋风捕集器(25)回收。塔内热风由风机(24,26)产生。热空气温度为150℃,风压2kPa,塔内物料温度为80℃。

(d) 典型连续工艺举例

连续式分离蛋白生产工艺流程如图 4-17(a)、(b)所示。如图 4-17(a)所示，生产时，首先将低温豆粕粉通过风运系统送入集料器(1)中，经皮带计量器(2)计量连续流入混合器(3)，在此由水泵(6)从温水罐(7)中抽出的温水与计量泵(5)从碱液罐(4)抽出的碱液一并混合后，送入浸提罐(8)中连续浸提，料水比 1∶10。保持浸提温度 45～55℃，连续浸提时间20～30 min。浸提混合液经最后的泥浆泵(9)压入卧式离心机(10)，分离出不溶性残渣。残渣一般含水分约 80%左右，可由螺旋运输机(20)送入管式烘干机(21)烘干，脱水后的豆渣粉含蛋白质 20%～25%，含水 5%。分离出来的蛋白质浸提液流入缓冲罐(11)中，经离心泵(12)送入酸沉罐(13)。在此加入适量酸液，调节 pH 值至 4.5，蛋白质沉淀析出。蛋白质沉淀混合液用泵(14)送入碟式离心机(15)中分离出乳清和蛋白质沉淀物，沉淀物入水洗罐(16)，通入温水洗涤，洗涤后经由泵(17)送入碟式离心机(15)，分离除去水洗乳清，蛋白质沉淀物(蛋白泥)入暂存罐(18)中。

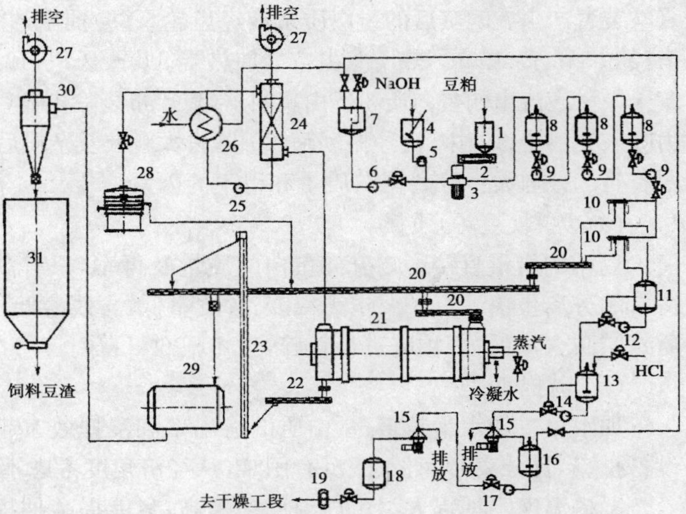

图 4-17(a)　连续式分离蛋白生产工艺流程

1,30. 集料器；2. 皮带计量器；3. 混合器；4. 碱液罐；5. 计量泵；6. 水泵；7. 温水罐；8. 浸提罐；9,14,17. 泥浆泵；10. 卧式离心机；11. 缓冲罐；12. 离心泵；13. 酸沉罐；15. 碟式离心机；16. 水洗罐；18. 暂存罐；19. 齿轮泵；20,22. 螺旋运输机；21. 烘干机(管式)；23. 斗式提升机；24. 加热除尘器；25. 热水泵；26. 热交换器；27. 风机；28. 分离筛；29. 粉磨机；31. 料仓

烘干的渣经斗式提升机(23)、螺旋运输机(20)送入粉磨机(29)磨碎，然后风运入旋风集料器(30)，经封闭阀入料仓(31)。

如图 4-17(b)所示，将蛋白质沉淀物从暂存罐中经齿轮泵送入脱色罐(1)中，调节好一定量的脱色剂由计量泵(2)压入脱色罐，搅拌并停留一定时间，脱色完成后流入暂存罐(3)。然后由泵(4)及齿轮泵(5)将蛋白质沉淀物送入混合器(6)，同时由计量泵泵入碱液进行中和，通

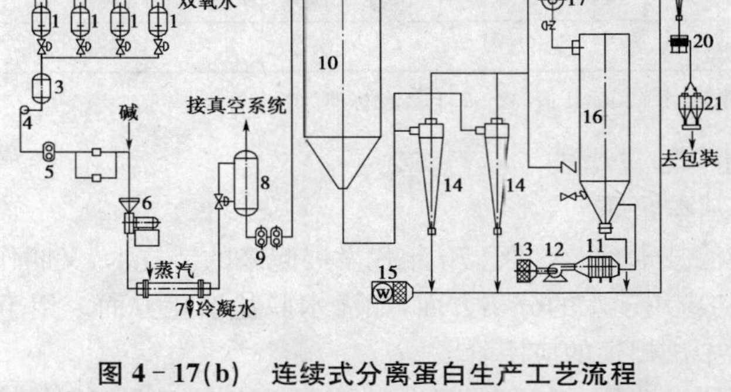

图 4-17(b)　连续式分离蛋白生产工艺流程

1. 脱色罐；2. 计量泵；3. 暂存罐；4. 浆液泵；5,9. 齿轮泵；6. 混合器；7,15. 加热器；8. 闪发器；10. 喷雾干燥塔；11. 空气加热器；12,18. 风机；13. 空气过滤器；14,19. 集料器；16. 布袋除尘器；17. 排风机；20. 振动筛；21. 包装机

过加热器(7)迅速加热灭菌，灭菌后的蛋白质料液被压入闪发器(8)中脱水降温，闪发器真空由真空装置产生。闪蒸后的蛋白质浆液经齿轮泵(9)抽出，并由高压泵压入喷雾干燥塔(10)中。塔径 3.5 m，高 10 m。热空气由空气加热器(11)及风机(12)供给，热空气温度 170～232℃。由于干燥塔底流出的蛋白质粉经由集料器(14)、布袋除尘器(16)除尘集料，流出的蛋白质粉经风力吸入集料器(19)中，流经振动筛(20)除去大颗粒及杂质后流入包装机(21)装包。

Ⅲ. 影响大豆分离蛋白质量和得率的因素

(a) 原料(豆粕)质量

豆粕的质量直接影响分离蛋白的质量及得率，只有高质量的豆粕才能获得高质量和高得率的分离蛋白。豆粕要求无霉变，含皮量低，含残溶低，蛋白质含量高(尤其是低变性蛋白质)，脂肪含量低；豆粕应进行粉碎，过 40～60 目筛。

(b) 碱提工艺

加水量　加水量越多，蛋白质的溶出率和浸提效率越高，但如果加水量过多，则需加大设备投资，且分离时间长，酸沉有困难，从经济角度考虑不适用，一般控制用水量 12～20 倍。

浸提温度　抽提大豆蛋白温度的提高，只能提高抽提速率，对大豆蛋白得率影响甚小。温度过高时，黏度增加，分离困难，且蛋白质易变性，影响产品的工艺性能，同时耗能太多，一般温度控制在 30～80℃。

浸提时间　浸提时间主要影响蛋白质溶出率，在一定条件下，时间越长，其溶出率越高，一般溶解时间从氮溶解度来看最初 30 min 比较平稳增加，最后 45 min 达到平直稳定状态，因此综合各项指标，一般浸提时间不超过 120 分钟。

溶液 pH 值　pH>7 时，未变性蛋白质的溶出率随 pH 增高而增加，但 pH 不宜太高。据资料介绍，如果大豆蛋白长时间在强碱条件下作用，会引起“胱赖反应”，使有用的氨基酸转变为有毒的化合物，因而产生质量较次且丧失食用价值的产品。因而 pH 一般控制在7.0～9.5 之间。

(c) 酸沉工艺

注意加酸速度和搅拌速度，控制不好容易出现 pH 达到等电点，但蛋白质凝集下沉极为缓慢，且含水量高，上清液混浊，这样会降低蛋白质酸沉得率，一般搅拌速度控制在 30～40 转/分为佳。

Ⅳ. 产品质量

表 4-17　大豆分离蛋白质量指标

水分含量/%	蛋白质含量/%	粗纤维含量/%	灰分含量/%	脂肪含量/%	NSI/%
6	≥90	<0.2	<3.8	0.5	85～95

注：分散液(1∶10，pH 值5.2～7.1)。此标准为参考标准。

② 超(微)过滤法

Ⅰ. 基本原理

超过滤技术是 20 世纪 70 年代发展起来的新技术，又叫作超滤膜过滤技术，简称膜过滤技术，最初应用于水的分离方面，如海水脱盐淡化方面。用于植物蛋白的制取虽起步较晚，但也进入中试规模的应用阶段。

应用膜过滤技术制取大豆蛋白，其原理是基于利用纤维质隔膜的大小不同孔径，以压差为动力使被分离的物质小于孔径者通过，大于孔径者滞流。最小孔径可达 1 μm 左右，因而有较好的分离效果。

大豆分离蛋白的超滤处理有两个作用，即浓缩与分离。由于超滤膜的截留作用。大分子蛋白质经过超滤可以得到浓缩，而低分子可溶性物质则可随超滤液进一步被滤出。国外用于蛋白质溶液超过滤的设备有管式和中空纤维式两种。管式超滤的优点是流体在膜面上流动状态好，不易造成浓差极化，便于清洗，但其安装复杂，设备体积相对较大。中空纤维式的优点是：膜面积大、体积小，工作效率高、制作成本低，但对原液要求严格，清洗相当困难。

Ⅱ. 生产工艺

(a) 工艺流程

工艺流程如图 4－18 所示。

(b) 工艺要点

该流程介绍了超滤反渗透膜技术制取大豆分离蛋白的典型流程。这种工艺包括两次微碱性溶液（pH 9）浸泡浸出、离心分离、水稀释、超滤、反渗透以及干燥等，操作条件已在图中列出。这种工艺的特点是，它不需要经过酸沉析和中和工序，利用此技术，可以除去或降低脂肪氧化酶在蛋白中的含量，可以分离出植酸等微量成分。因而产品内含植酸量少、消化率高、色泽浅而无咸味、质量较高。同时，应用超滤和反渗透技术回收浸出液中的低分子产物，且废水能够得到循环使用，这样就不存在污染的问题。目前，膜过滤技术尚处于实验阶段，有待进一步扩大到生产上应用。

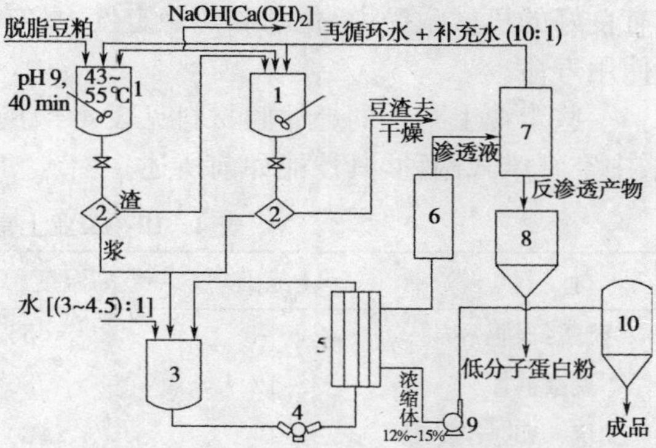

图 4－18　超滤反渗透膜技术制取分离蛋白典型流程

1. 浸出器；2. 离心机；3. 暂存、稀释罐；4. 循环泵；5. 超滤膜；6. 流量计；7. 反渗膜；8. 干燥器；9. 高压泵；10. 喷雾干燥器

Ⅲ. 影响超滤速度与超滤效果的因素

(a) 影响超滤速度的因素

溶液浓度　在超滤过程中，随着进料液总固形物含量的增加，超滤速度减慢，其原因在于物料中总固形物含量的增多，而料液的黏度随着增大，另一方面则由于超滤膜对蛋白质的吸附作用而阻碍小分子物质的渗透。因而，在处理分离大豆蛋白浸提液时，其浓度控制在13%～14%。

溶液 pH　pH 可影响蛋白质的三维结构，也影响超滤速度，但 pH 在 7.0～9.0 范围内的大豆分离蛋白的浸提液，pH 对超滤的速度影响不大。

超滤温度　超滤温度升高，其超滤速度增大，它们之间呈线性关系，其原因在于温度升高，则蛋白质的料液黏度下降，从而导致滤速加大，一般在滤膜及物料允许的情况下，采用较高的超滤温度，一般以 40～50℃为宜。

流体压力和流量　随着操作压力的增大，超滤速度呈线性提高，在达到一个极值后就不再上升，超滤时一定要选择一个合适工作压力，保持其稳定，因为当操作压力从较高值下降时，由于膜对蛋白质的吸附作用，超滤速度明显下降，而达不到升压前的效果，如图4－19

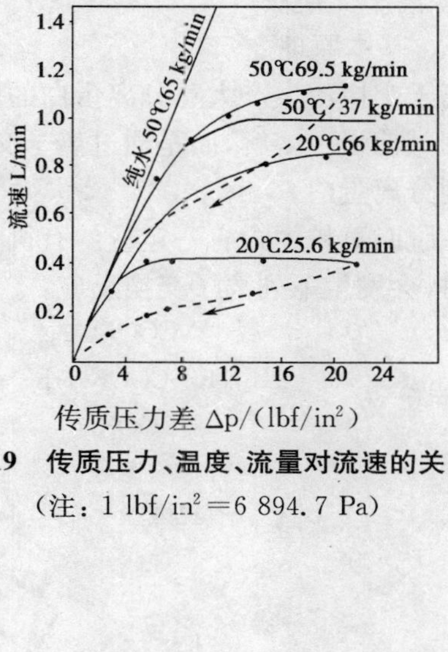

图 4－19　传质压力、温度、流量对流速的关系图

（注：1 lbf/in^2＝6 894.7 Pa）

所示的虚线。较高的流体流量，要使流体流动状态处于或者接近于湍流状态，这样可以扩大分子对流，破坏浓差极化的形成，减缓膜对蛋白质的吸附作用，因此超滤时，应尽量采用较高流量。右图为不同温度、压力、流量条件下，其滤速的变化。

(b) 影响超滤效果的因素

主要取决于滤膜的材质及其形式。膜的质量的优劣，主要从膜的特性来体现：其对溶剂的透过率越高越好；有明确的截留相对分子质量，即膜能截留一定尺寸以上的所有分子；具有良好的机械耐受力、化学和热稳定性；具有较强的抗污染能力；容易清洗和消毒；有较长的使用寿命。

一些工业上常用的超滤膜材料见表 4 - 18。一般用于蛋白溶液超过滤的形式主要有管式、中空纤维式两种，其性能如前所述。

表 4 - 18　工业上常用的超滤膜材料

材　料	pH 范围	最高温度(℃，pH 7)	耐氯性	耐溶解性
醋酸纤维	4.5～9	55	好	不好
聚酰胺	3～12	80	不好	好
聚　砜	0～14	80	好	好
聚丙烯腈	2～12	60	好	不好
聚呋喃	2～12	90	不好	好

Ⅳ. 膜过滤得到分离蛋白分析数据

膜过滤得到分离蛋白分析数据如表 4 - 19 所示。

表 4 - 19　膜过滤得到分离蛋白分析数据

浸出时料：水	浸出时溶液		氮溶解指数(%)	含　量(%)				
	碱名称	pH		蛋白质(N×6.25)	灰分	总糖	油分	粗纤维
30∶1	NaOH	5.3	99.1	94.67	3.9	6.5	0.13	—
30∶1	$Ca(OH)_2$	7.4	100	91.2	6.3	4.9	0.32	—
15∶1	NaOH	5.5	—	91.96	5.3	5.6	—	—
15∶1	$Ca(OH)_2$	5.0	97.49	3.5	6.0	5.0	—	—

③ 离子交换法

Ⅰ. 基本原理

离子交换法生产大豆分离蛋白的原理与碱提酸沉法基本相同。其区别在于离子交换法不是用碱使蛋白溶解，而是通过离子交换法来调节 pH，从而使蛋白质从饼粕中溶出及沉淀而得到分离蛋白。

在脱脂豆粕中含有一定量的有机酸盐(如柠檬酸钾等)。当用阴离子交换树脂处理大豆浆料时，会发生下列离子交换反应：

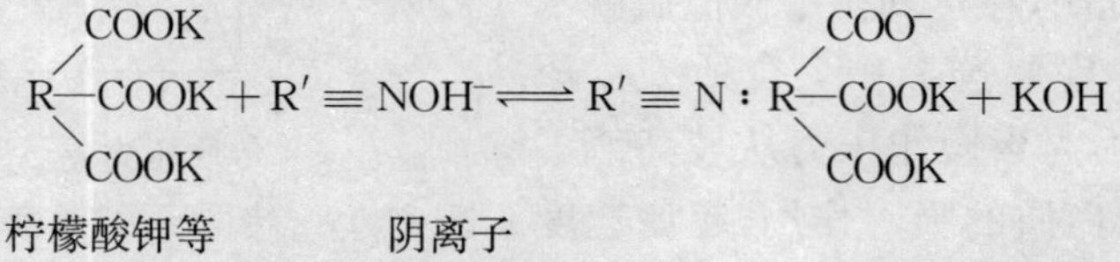

柠檬酸钾等　　阴离子
有机酸盐　　交换树脂

交换一定时间后，提取液呈碱性，则大豆中的蛋白质逐渐溶解到碱性溶液中，形成蛋白质钾盐(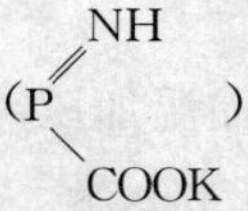)，而阴离子交换树脂将脱脂大豆中的有机酸根吸附住，这样通过固液分离就可以得到含有蛋白质的提取液。再把含有蛋白质的提取液，用阳离子交换树脂进行交换处理，又有下列的离子交换反应的发生：

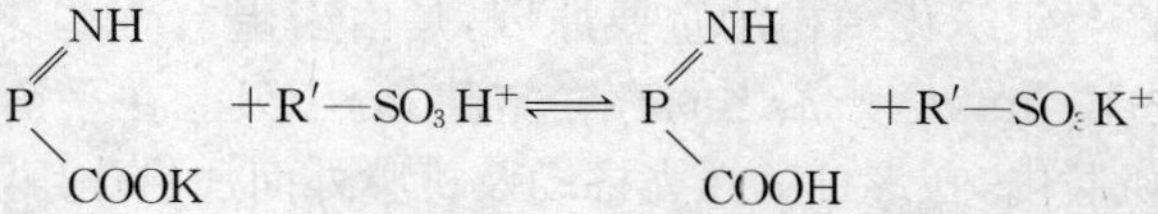

反应的结果是交换树脂吸附蛋白质钾盐中的金属离子，放出氢离子，使液体逐渐趋于中性。然后再用盐酸回调至等电点，蛋白质即可沉淀下来。

Ⅱ. 生产工艺

(a) 工艺流程如下图所示：

原料豆粕 → 粉碎 → 加水调匀 → 阴离子交换树脂提取 → 固液分离 → 阳离子交换树脂处理 → 酸沉 → 分离 → 打浆 → 回调 → 喷雾干燥 → 大豆分离蛋白

分离 ↓ 乳清

(b) 工艺要点

将粉碎的脱脂豆粕放入水抽提罐中，以 1∶(8～10)比例加水调匀，送入阴离子交换树脂罐中，抽提罐与阴离子交换树脂罐之间，其提取液循环交换，直至 pH 达到 9 以上才停止。提取一定时间后，要进行除渣。再将浸出液送入阳离子交换罐中进行交换处理，方法与阴离子交换浸提相似，待 pH 降至 6.5～7.0 时，即停止交换处理，余下工序与碱提酸沉法一样。

这种工艺生产的大豆蛋白，纯度高，灰分少，色泽浅，但其生产周期过长，目前尚处于实验阶段，有待于进一步推广开发和应用。

(4) 大豆组织蛋白生产

大豆组织蛋白又称为人造肉，它的制取是采用一种机械和化学的方法，在特殊的专用设备里改变大豆粕中蛋白质的组织形式。在脱脂大豆粉、浓缩蛋白或分离蛋白中，加入一定量的水分及添加物，搅拌使其混合均匀，强行加温、加压，使物料在水分、压力、热和机械剪切力的联合作用下，使蛋白质分子之间排列整齐且具有同方向的组织结构，再经发热膨化并凝固，形成具有空洞的丁度纤维蛋白。这种产品即为组织蛋白。

大豆组织蛋白具有较高的营养价值，食用时具有与肉类相似的咀嚼感觉。含蛋白质的原料在组织化处理的过程中，破坏或抑制了大豆粕中影响消化和吸收的有害成分，如胰蛋白酶抑制素、尿素酶、皂素和凝血素等，从而提高了蛋白质的消化吸收能力，改善了组织蛋白的营养价值。

生产组织蛋白的原料，有低温脱脂豆粕、浓缩蛋白和分离蛋白等，所用的原料不同，生产方法及所用设备也不同。目前国内外采用的方法很多，主要有挤压膨化法、水蒸气膨化法、仿丝黏结法，但普遍采用的是第一种方法，下面介绍这几种生产方法。

① 挤压膨化法

Ⅰ. 生产原理

脱脂大豆蛋白粉或浓缩蛋白加入一定量的水分，在挤压膨化机里强行加温加压，在热和机械剪切力的联合作用下，蛋白质变性，结果使大豆蛋白分子定向排列并致密起来。在物料挤出瞬间，压力降为常压，水分子迅速蒸发逸出，使大豆组织蛋白呈现层状多孔而疏松，外观显示出肉丝状。

脱脂大豆蛋白粉产生组织化结构的重要原因，是由于蛋白质本身结构发生了变化。大豆蛋白分子直径在 5～10 μm，但分子之间存在空隙，分子只能在平衡位置附近振动。当脱脂豆粉进入挤压膨化机膛内，在螺杆的强力推动及机膛外面加热作用下，蛋白质获得很大的能量，使蛋白质分子在自身位置附近作强烈的振动，并具有一定的动能，使本不连续的分子开始向空隙外互相串动，使其分子趋于定向排列，同时由于在螺杆的强力推动下，物料向前移动并被逐渐压缩，机膛内压力逐渐升高，蛋白质分子中的碳、氢、氧、氮原子获得更大的能量，由 β 折叠层而变为 α 螺旋结构，在定向挤压与蛋白质分子定向移动下，使分子排列也更加致密起来。

物料中的水，在蛋白质组织化过程中起了很重要的作用。由于蛋白质本身含有水及配料时加有水，蛋白质分子细胞因水分子的渗透而润湿膨胀，其细胞壁显示出互相聚集的胶粒性，大豆蛋白分子之间出现黏结。当物料在螺杆的推动下，温度逐渐升高，当物料温度达到 120～140℃时，由于机膛压力大，此时过热液态水分子异常活泼，大水分子串动过程中，一部分能量供给大豆蛋白分子互相排正而进行串移。当物料温度达到 150～190℃，此时水分子串动更为激烈，结果进一步导致大豆蛋白分子定向排列并致密起来。物料挤出瞬间，压力突然降为常压，则水分子急骤蒸发，使大豆组织蛋白多孔而疏松。

Ⅱ. 生产工艺

(a) 一次膨化法

一次膨化法工艺流程为：

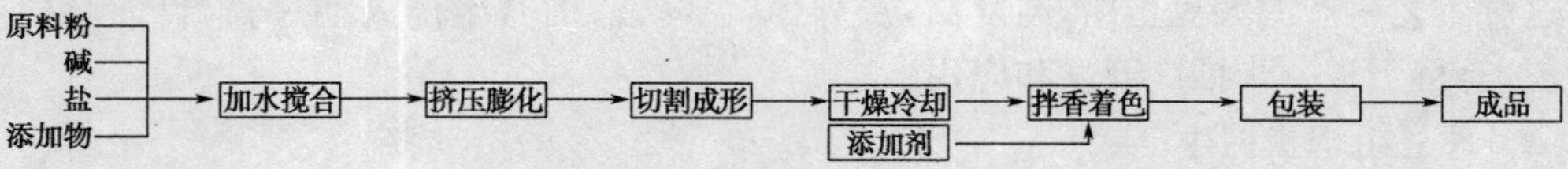

图 4－20 为生产大豆组织蛋白的典型工艺。经过粉碎的低温脱溶豆粕经过原料粉贮罐(1)、定量输送绞龙(2)、封闭喂料器(3)，由压缩机(4)送入集粉器(5)，物料由料斗(6)，喂料绞龙(7)流到膨化机(10)。必要时在绞龙(7)内加适量水分进行调节，一般加水量为 20%～30%。为改善产品的营养价值、风味及口感，在膨化前后可以适当添加一些盐、碱、磷脂、色素、漂白剂、香料及维生素 C 和 B、氨基酸等，大部分添加物，一般先溶解到溶解槽(8)内，然后由定量泵(9)打入膨化机，或先经喂料绞龙(7)再送入膨化机内。另一些添加物，如色素、香料、维生素等需在物料膨化后再加入，因为这些物料在高温条件下易发生变性或挥发。

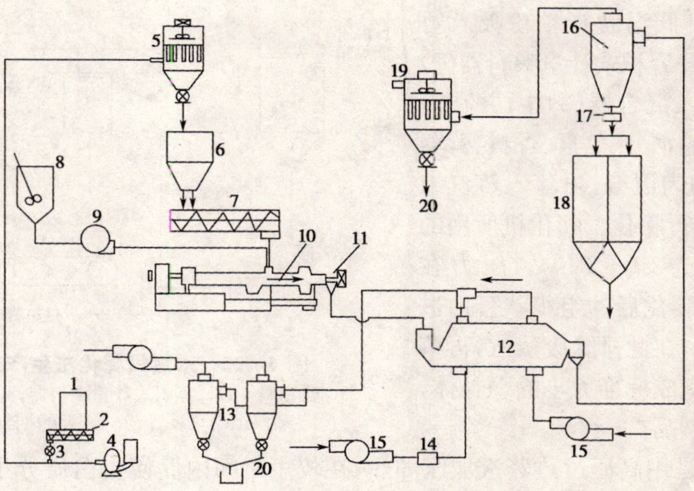

图 4-20　大豆组织蛋白生产一次膨化工艺流程

1. 原料粉贮罐；2. 绞龙；3. 封闭喂料器；4. 压缩机；5. 集粉器；6. 料斗；7. 喂料绞龙；8. 溶解槽；9. 定量泵；10. 膨化机；11. 切割刀；12. 干燥冷却器；13. 刹克龙集尘器；14. 热交换器；15. 风机；16. 成品收集器；17. 金属探测器；18. 成品罐；19. 集尘器；20. 集粉罐

(b) 二次膨化法

将经过膨化的蛋白制品再继续进行一次膨化，这样物品无论从口感还是营养上来说，更近似于肉制品，因此，此法广泛用于仿肉制品的生产。

美国温格尔膨化机制造公司研制的工艺流程如图 4-21 所示。这一工艺被命名为 Uni-Tex Process。原料经风吸入集料器(1)，流入清理机(2)进行清理，再经比重去石机(3)、吸铁器(4)，除去杂质，如果是片状物入料仓(5)，再经粉碎机(6)粉碎后经集料器(7)入料仓(8)，如果已是粉状物直接自吸铁器(4)流入料仓(8)中，由料仓(8)分别流下物料经混合器(9)吸入集料器(12)中，在混合器加入一些溶解好的盐、碱、磷脂、水等一些添加物，在此落入第一次膨化机(13)中，经膨化后立即排除水分，然后进入二次膨化机(14)中膨化，这一工艺的主要原则是 TH/Sr 高温/快速膨化制取各种不同的类肉制品，膨化后经设备(15)、(16)入烘干机(17)及冷却器(20)，脱除水分并冷却，然后再根据要求分级包装。

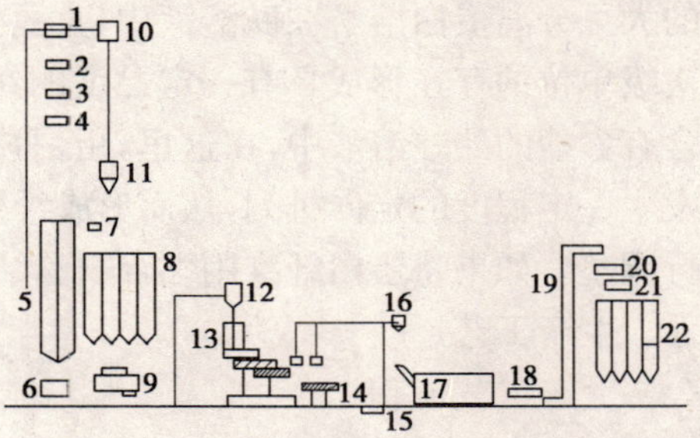

图 4-21　大豆组织蛋白生产二次膨化工艺流程图

1. 集料器；2. 清理机；3. 云石机；4. 吸铁器；5. 粗料仓；6. 粉碎机；7. 集料器；8. 料仓；9. 混合器；10. 反喷集器；11. 集料器；12. 集料器；13. 膨化机；14. 二次膨化机；15. 储存器；16. 集料器；17. 烘干机；18. 储存器；19. 输送机；20. 冷却器；21. 分级筛；22. 成品仓

② 水蒸气膨化法

Ⅰ. 生产原理

水蒸气膨化法系采用高压蒸汽，将原料在 0.5 s 时间内加热到 210～240℃，使蛋白质迅速变性组织化。

Ⅱ. 工艺流程

水蒸气膨化法大豆组织蛋白生产工艺流程如图 4-22 所示。水蒸气膨化法生产组织状蛋白，先用风机将低温脱脂粕粉吸入暂存料斗(1)，然后经容积式计量喂料器(2)把粕粉均匀地送入混合器(3)中，并在混合器内加入适量的水分、色素、香料、营养品等，使其与料均匀混合，再落入蒸汽组织化装置(4)中进行膨化。膨化机所用的过热蒸汽，温度为210～240℃，压力在10 kg/cm^{2}以上。膨化后的组织状蛋白进入旋风分离器(5)，在此排除废蒸汽，再落入切碎机(6)，切割成标准大小的颗粒体，即为组织状蛋白制品。

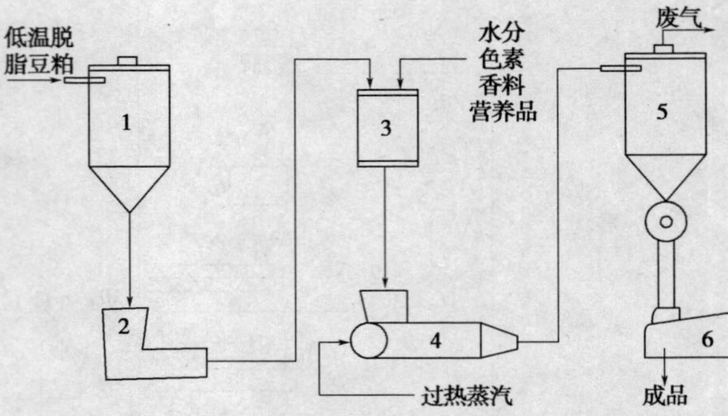

图4－22　水蒸气膨化法生产工艺流程

1. 暂存料斗；2. 容积式计量喂料器；3. 管式混合器；4. 蒸汽组织化装置；5. 旋风分离器；6. 切碎机

工艺的特点是用高压过热蒸汽加压加热，在较短时间内促使蛋白质分子变性凝固化，能明显地除去原料中的豆臭味，以保证产品质量。同时，产品水分只有7%～10%，这样就节省了干燥装置，简化了工艺过程。

③ 纺丝黏结法

Ⅰ. 基本原理

纺丝黏结法生产组织化大豆蛋白，是以大豆蛋白纤维的制作为基础的。生产原理是将高纯度的大豆分离蛋白溶解在碱溶液中，大豆蛋白分子发生变性，许多次级键断裂，大部分已伸展的次级单位的存在形成具有一定黏度的纺丝液。将这种纺丝液通过有数千个小孔的隔膜，挤入含有食盐的醋酸溶液中，在这里，蛋白质凝固析出，在形成丝状的同时，使其延伸，并使其分子发生一定程度的定向排列，从而形成纤维。纤维的粗细、软硬可以根据制造不同食品的需要进行调整。如果将蛋白纤维用黏合剂黏结压制，就得到似肉状的组织化大豆蛋白。

Ⅱ. 生产工艺

(a) 生产工艺流程

纺丝黏结法生产大豆组织蛋白工艺流程如图4－23所示。

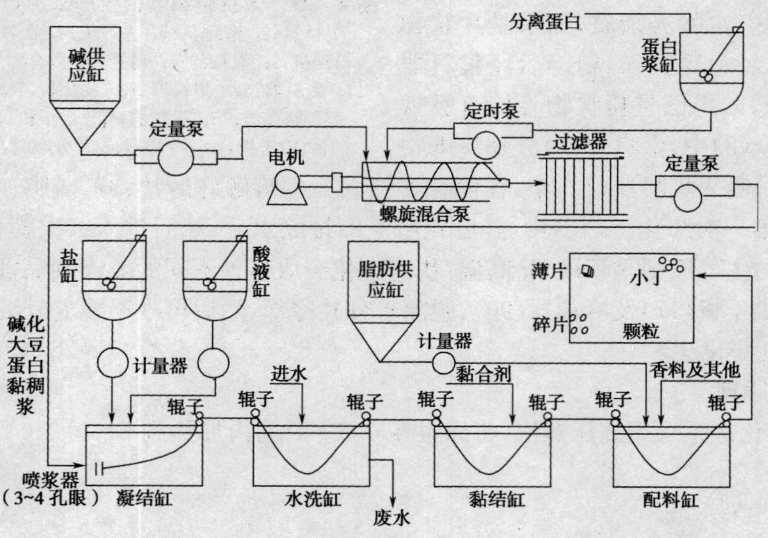

图4－23　纺丝黏结法生产大豆组织蛋白工艺流程图

(b) 生产工艺要点

工艺过程为把分离大豆蛋白用稀碱液调合成蛋白质10%～30%的浓度。pH为9～13.5的纺丝液,纺丝液黏度直接影响着产品的品质。在一定条件下,纺丝液的黏度越大,可纺丝性越好,而其黏度主要取决于蛋白质的浓度、加碱量、老化时间及温度。通常情况下,在一定温度下老化一段时间后(一般约1 h)可出现纺丝性,而纺丝液的pH一般都较高(在10以上),在这种条件下蛋白质容易发生水解,产生溶胞丙氨酸等有毒物质,一般pH越高,老化时间越长,老化温度越高,越易生成有毒物质。为了保证大豆蛋白的高营养性及安全性,应尽量缩短纺丝液的老化时间;一般情况下,纺丝操作应在调浆后1 h内完成。

另一方面,纺丝液的黏度随着老化时间延长而降低,若在1 h内完成纺丝操作,会由于纺丝液的黏度差异而影响蛋白纤维的质量,轻者出现纤维粗细不均,重者会出现断丝或不成丝。为了解决这个问题,可以在纺丝液中加入适量的二硫键阻断剂,常用的有半胱氨酸、亚硫酸钠、亚硫酸钾、巯基乙醇等。这样,纺丝液在老化过程中,黏度不仅不会降低,而且还会提高。这样黏度在1 h内变化不明显。

二硫键阻断剂的添加量,一般为半胱氨酸,添加量0.3～3.0毫克/100克蛋白质;亚硫酸钠或亚硫酸钾,添加量为5.0～50毫克/100克蛋白质;巯基乙醇,添加量为0.4～40毫克/100克蛋白质。经调浆后老化的喷丝液,经喷丝机的喷头被挤压到盛有食盐和醋酸溶液的凝结缸中,蛋白质凝固的同时进行适当的拉伸,即可得到蛋白纤维。挤压喷丝时,压力要稳定,大小要适当,否则不仅蛋白纤维粗细不均,还会降低喷丝头的使用寿命。

对蛋白纤维一定程度的拉伸,可以调节纤维的粗细和强度,在拉伸过程中,蛋白质分子发生定向排列,蛋白纤维的强度增强,在一定限度内,拉伸度越大,分子定向排列越好,纤维强度越高,另外纤维强度还受原料品质、碱的浓度、蛋白质浓度、醋酸的浓度、共存盐类的影响。黏结成型即将单一的或复合的蛋白纤维加工成各种仿肉制品,需经黏结和压制等工序来完成,常用的黏合剂有蛋清蛋白,具有热凝固性的蛋白、淀粉、糊精、海藻胶、羧甲基纤维素钠等,也有利用蛋白纤维碱处理后表面自身黏度来黏合的。

为了使仿肉制品具有良好的口感和风味,可在调制黏结剂时加入一些风味剂、着色剂及品质改良剂、植物油,使仿肉制品柔软且具有良好风味。

Ⅲ. 大豆组织蛋白的参考标准

由于大豆组织蛋白产品较多,标准不一,现列表4-20仅供参考。

表4-20 大豆组织蛋白的参考标准

项目	国内	ADM公司(美)	日清(日)	项目	国内参考标准
总蛋白/%	>51	52	51	卫生标准	
水分/%	<10	6	7	磁性金属	<0.003克/千克
脂肪/%	<1	1	1	残留溶剂	50 ppm
糖类/%	31	31.5	32	脲素酶	合格(ΔpH≤0.2)

续表

项目	国内	ADM公司（美）	日清（日）	项目	国内参考标准
纤维/%	<3	—	—	感观指标	(1) 色泽：浅黄(褐)色； (2) 气味略有豆味，无霉焦异味； (3) 脆而无硬芯，吸水呈海绵状，吸水量为干重1.5～2.5倍 无沙子，咬感好
灰分/%	6～7	6	6		
胆固醇/%	无	无	无		

(5) 大豆蛋白的利用

随着对大豆蛋白营养价值及其经济价值研究的深入，大豆蛋白在食品中的应用范围也越来越广泛，大豆蛋白可以做成婴儿食品、代乳粉、饮料、油炸面圈、肉肠黏合剂，也可以作为肉、乳、蛋、鱼等动物性食品的部分代用物和全部代用物。

大豆蛋白具有与水分子、脂肪的结合能力，乳化作用及泡沫形成能力、薄膜形成能力、凝胶作用、黏合作用等，正是利用这些特性，可以将大豆蛋白广泛用于食品加工中。由于世界各国饮食习惯的不同，对大豆蛋白在食品中的使用习惯及形式也有所不同。美国主要将大豆蛋白用于肉及肉制品中，而日本主要用于水产，有些国家还用于饮料方面。

① 在肉制品中的应用

大豆蛋白制品中的全脂大豆粉、脱脂大豆粉、浓缩大豆蛋白、分离大豆蛋白、组织化大豆蛋白都可以用于肉制品中。一些价格较低、营养价值较高的大豆蛋白制品，如大豆粉、组织状大豆蛋白可以替代一些肉，从而降低产品的成本，它们可以应用于碎肉制品中，如汉堡牛肉饼、肉丸子、肉汤、灌肠类，这些营养价值较高的大豆制品添加到肉制品中，不仅可以提高产品蛋白质的含量，而且可以降低动物脂肪及胆固醇的含量，另外由于其良好的吸水性和吸油性，可减少加工中损失和降低油腻感，对于浓缩蛋白和分离蛋白则由于它们本身价格较高，在使用时可以利用它的功能性，如乳化性、吸油性、吸水性、凝胶性和黏着性，来改善肉制品品质。近年来，对加工食品已严格限制使用防腐剂，因此，加工食品杀菌时的加热条件变得更加严格，其结果是制品因高温加热肉的组织遭到破坏，变得很柔软，失去了肉的触感。而组织状大豆蛋白不会因加热而出现以上问题，其口感使人感到仍有肉的特点和食欲。另外，在加工处理工艺中，用泵输送原料时，肉的组织易遭到破坏，从而使成品的口感遭到破坏。但如果添加机械耐性强的组织状大豆蛋白，便可以保证制品品质的稳定。由此看来，组织状大豆蛋白在碎肉制品加工中，不仅是肉的代用品，而且是一种必需的原料。

在传统的中国食品馅饼、肉包子、饺子等食品中添加适量(30%左右)的组织蛋白代替部分猪肉、牛肉、羊肉，其大豆制品不损害食品的营养性及适口性。在档次较高的肉制品中加入成本较高的浓缩大豆蛋白、分离大豆蛋白，由于其功能性较强，即使使用量在2%～5%之间，也可以起到保水、保脂、防止肉汁离析、提高品质改善口感的作用。

最近，一些资料介绍，已经开发了一种防止火腿类食品加工和流通过程中肉汁损失的方法，并开始广泛应用。这就是将分离蛋白分散液注入像火腿那样的肉块等不破坏肌肉组织的制品中。例如，将8%左右的大豆分离蛋白，分散于以往用于火腿发色及调味的浸渍液中，(见参考配方)然后将这种液体强制注入肉块中；再在一定条件下对肉块进行处理，使浸渍液完全浸透到肉组织中。通过采用这种方法，火腿得率可增加20%；同时，还可以把过去在贮藏室的浸渍作业时间由数天缩短为一天。这种明显的效果主要在于大豆蛋白的保水性和凝胶形成性。

火腿浸渍液的参考配方：

水　83.58%

食盐　6.22%

磷酸盐　1.20%

蔗糖　0.82%

赤藻糖酸钠　0.13%

亚硝酸钠　0.05%

大豆分离蛋白　8.00%

大豆分离蛋白还可以应用于牛肉、鸡肉、鱼或虾等甲壳类中，据说可使这些商品在流通过程中的损耗率降低15%～30%左右。

大豆蛋白在水产加工制品中的利用方法有3种，即粉末直接添加法，与水混合形成凝乳状的添加法，以及将水与油脂、分离蛋白混合形成乳化状凝乳的添加法。这些添加法对于一些高档产品还不能添加，它主要用于炸鱼糕、鱼卷或鱼肉香肠中，可取代20%～40%的鱼肉。

② 在面制品中的应用

我国很多地区以面制品为主，而面制品中的主要原料小麦，其蛋白质含量较低，而且必需氨基酸组成比例也不平衡，添加一些大豆蛋白，可以补充小麦的蛋白营养价值，所以虽然大豆蛋白比小麦价格高，仍有些国家以法律规定混用大豆蛋白制品，由于价格原因，在面制品中主要用大豆粉，而很少用分离蛋白和浓缩蛋白。大豆蛋白的乳化性、吸油性、吸水性和调色性在面制食品的加工、销售、贮藏中起着非常重要的作用。

Ⅰ. 大豆蛋白在面包中的应用

面包生产后，在储存销售过程中容易老化变硬，失去其特有的疏松柔软感，如果预先在面粉中添加一定量的大豆蛋白粉，由于它具有吸水、保水性，生产出的面包质地柔软，不仅提高了面包中蛋白质的营养价值，而且可以防止面包老化，延长货架期。

小麦粉含有面筋蛋白，其面筋的形成决定着面团的质量及面包的体积，由于大豆蛋白粉不含面筋蛋白，因而面团中添加大豆蛋白粉，会直接影响面筋的形成。如果面粉中添加的大豆蛋白粉不超过3%，不需添加改良剂，只需增加一些水，即可保证面包体积不缩小；如果小麦粉添加了16%的大豆蛋白粉，可加一些蔗糖酯，生产出的面包质量会令人满意。在主食面包中，如果大豆蛋白粉添加量增加到24%，则同时添加0.5%的硬脂酸钠-2-乳酰酯，有助于面筋和络合物的形成。强化面团的网状结构，不会对面包容积产生不良影响，并可制出优质面包。

添加适量(5%以下)的大豆蛋白粉生产的面包可获得以下质量改观。

(a) 容易制成光滑的面团，面团的机械耐性得到改观；

(b) 面包体积增大；

(c) 表皮的色泽好；

(d) 表皮薄而柔软；

(e) 通过测定压缩度表明，面包可保鲜2日；

(f) 风味变好。

Ⅱ. 大豆蛋白在面条加工中的应用

加工面条时，在面粉中加入适量的大豆蛋白粉，会使面团吸水性好，面条水煮后断条少，耐煮时间长。由于吸水量大，还可以提高面条的得率，而且面条色泽好，口感与强力粉面条相似。面条中大豆蛋白粉的添加量以2%～3%为宜，添加量过多时，豆腥味加重，容易煮断条，且煮后面条颜色过深。

Ⅲ．大豆蛋白在其他焙烤食品中的应用

生产饼干时，在面粉中添加15%～30%的大豆蛋白粉，可以提高蛋白质的含量，增加其营养价值，并且能够增加饼干的酥性，还有保鲜作用。在炸面圈时，加入一些脱脂大豆蛋白粉，可以防止透油，这样可以省油，另外由于其吸水性，可以调节混合面的水量，使其改善风味和色泽及组织状态。

③ 大豆蛋白在其他食品中的应用

Ⅰ．早餐食品

早餐食品中加入一些大豆蛋白粉可改进食品的氨基酸平衡和提高蛋白质的含量，有的工厂把大豆浓缩蛋白加入燕麦粉中，可使随时食用的快餐食物的蛋白质含量增高到18%。

Ⅱ．乳制品

大豆蛋白制品，尤其是粉末状分离蛋白和浸出蛋白，具有与脱脂奶粉极相似的机能特性。因此，很久以前就有人开始探讨大豆蛋白在除奶油外的几乎所有乳制品中的利用问题。在冷饮（如冰淇淋）、咖啡乳、小吃食品、糖果中，可直接利用大豆蛋白的乳化性、起泡性、黏稠性等性质。在国外，实用化进展最迅速的是咖啡乳，美国咖啡乳总产量的70%～80%，是利用植物性脂肪或蛋白质制成的组合食品。国外一些外包装上印着“植物性蛋白”的高级食品在市场上已经出现。

分离大豆蛋白和乳清结合起来使用，其乳化作用比脱脂奶粉好，且价格也较便宜，因此在许多糖果的配方中，可部分代替脱脂乳粉。另外，在巧克力制品中，加入了分离大豆蛋白和乳清的混合物后，可以减少巧克力在加工设备上的黏附，且这种巧克力食品的感官性状及物理性能俱佳。

在乳制品中利用大豆蛋白时，出现的共同的缺点是风味和色泽的变化，即乳制品特有的乳味变淡，代之而来的是豆腥味，色泽也有由明快的乳白色变成灰白色的倾向。再有干酪和酸奶，发酵过程中所产生的风味会出现差异，同时组织或口感也出现变化，这些都是有待今后解决的问题。分离蛋白用于生产冰淇淋时，可用来代替脱脂乳粉，因为陈化可以使黏度显著增加，对冷冻时气泡的稳定有效果，此外还可以起到改善冰淇淋乳化性质，推迟冰淇淋中乳糖的结晶，防止起砂现象的作用。

Ⅲ．婴儿食品

大豆蛋白可以以不同的形式存在于很多婴儿食品中，如可用谷类和脱脂大豆粉为主要配料形式，和蔬菜、肉食一起做成食品；也可用浓缩大豆蛋白和分离蛋白添加到配制食品中，如含大豆粉的小甜饼、煨牛肉、鸡肉、香糖豆软食品等。对喝牛奶不适应的婴儿，可用脱脂豆粉生产的高蛋白乳代替一部分，或用含有分离蛋白、维生素和蛋氨酸生产的其他食品。

Ⅳ．饮料生产

近年来，各种各样的大豆蛋白饮料都得到很大的发展，以大豆蛋白为原料可制作人造乳、咖啡、豆奶、豆奶酪、果汁豆奶等，并可添加一系列调味如果汁、巧克力、植物油、糖、柠檬酸等各种香精。味道及营养成分都良好。

Ⅴ．蛋黄代用品

用浓缩蛋白、分离蛋白制成的蛋黄填充剂，产品质量令人满意。蛋黄填充剂的制备是把大豆蛋白与小麦粉混合,然后添加保湿剂、卵磷脂、乳化剂和香料,进行混合、磨碎而成的。

Ⅵ. 发酵食品

用大豆或脱脂豆粉生产发酵食品,已有很久的历史。主要应用在生产酱油、酱等方面。

(a) 生产酱油:酱油是一种调味品,国内常采用发酵法进行生产。它可以用大豆、豆饼和豆粕作为生产蛋白原料,经发酵而制得。

(b) 生产豆酱:豆酱是以大豆为主要原料,经发酵而制成。

Ⅶ. 制罐头

大豆组织状蛋白又称素肉,其蛋白质含量在50%以上,含有人体所必需的八种氨基酸,是一种高蛋白营养食品。将它加工成四鲜植物蛋白肉罐头,就成为可随身携带,方便食用,具有高营养价值的食品。

Ⅷ. 作发泡剂

用胃蛋白酶使蛋白质水解,蛋白质在等电点区的不可溶性即可消失。水解大豆蛋白可用作糖蜜和发泡糕饼的起泡剂。这种水解物也可加到食品、糕饼的混合料中,以增加鸡蛋蛋白质发泡时的体积。

大豆蛋白又可作泡沫稳定剂。大豆蛋白用酸进行水解制得的产物可作酱油和与肉相似的香料、啤酒中的泡沫稳定剂。这种与肉相似的香料是这样制成的:先用盐酸将大豆浓缩蛋白进行水解,一直到35%~38%的总氮转变成为α-氨基酸或54%~89%的肽键断裂为止。然后,用氢氧化钠调节水解物pH至4.5~7.0,并进行喷雾干燥。这种水解产物赋予性能温和的材料一种与肉相似的风味,这些材料可加到肉中作为增补剂或黏结剂,也可加到人造肉中,以增添其风味。

4.2.2 花生蛋白生产

花生(peanut)又名长生果、落花生、地果。花生种子按大小分为大、中、小粒三种,长分别为16~20、13~15及10~12 mm,宽分别为9~13、8.5~11.0及7.0~9.0 mm。小粒内蛋白质的含量最高,故小粒子最香,花生种子的形状大多为椭圆形,也有圆形或圆柱形的。种皮色泽分为淡红黄、淡粉白、淡红及褐紫等五种,以淡红黄色最多,种皮的色泽不仅因品种而异,且与贮藏时间的长短有关系,只要种子饱满则种皮光泽。

在油料中,花生是仅次于大豆的主要油料之一,是我国、印度和非洲等国家均有栽种的主要油料,在植物蛋白资源中居第三位,占世界植物蛋白的11%。

花生是世界上研究较广泛的食品蛋白油料。它具有一大优点,那就是只经过烘烤便可食用。在美国有70%的花生用于直接食用,直接食用中的55%为花生酱,23%为烘烤品,另外21%用于加工糕点。

另一方面,从全脂花生粉末到浓缩花生蛋白粉或分离花生蛋白粉以及成为各种制品的可能性,也进行了试验,现在全脂花生粉、部分脱脂花生粉或这些制品的粗粉均已投放市场。由于脱脂程度的不同,制品的种类各种各样,其蛋白质含量从全脂粉末的28%至完全脱脂的57%不等。

1) 花生蛋白及其营养特性

(1) 花生的组成

花生是广大人民所喜爱的食品,不仅含有较多的蛋白质和脂肪,而且还含人体需要的多种营养素(维生素、矿物质等),其主要成分见表4-21。

表 4-21 花生的主要成分

部位	占粒重/%	水分/%	蛋白质/%	脂肪/%	粗纤维/%	碳水化合物/%	灰分/%
花生壳	28～32	9～12	5～9	1.2～4	58～79	1.1～2.4	2.8～8.8
花生仁	68～70	4～6	25～30	46～52	2.8～3.0	10～13	2.5～3.0
花生胚	4	3.5～5	26～38	42～46	1.6～2.5	14	2.7～3.1
花生红衣	3	5～9	11～18	12	37～42	12～28	8～21

花生仁中碳水化合物主要是淀粉 4%，二糖 4.5%，还原糖 0.2%，戊聚糖 2.5%。

花生仁中维生素含量比较丰富：100 克花生仁中含维生素 B_1 为 1.03 毫克，维生素 B_2 为 0.11 毫克，尼克酸 10 毫克，维生素 C 为 2 毫克，胡萝卜素 0.04 毫克以及胆碱、维生素 E 等。

花生仁中无机盐含量也较丰富，在 100 克中含钙 67 毫克，铁 1.9 毫克。

花生仁中脂肪主要是不饱和脂肪酸占 80%（油酸占 50%～70%，亚油酸占 13%～26%），饱和脂肪酸占 20%（棕榈酸占 6%～11%，硬脂酸占 2%～6%，花生酸占 5%～7%）。在油中还含有植物固醇、磷脂等。

花生也含有胰蛋白酶抑制素，其量为大豆中发现的胰蛋白酶抑制素量的 20%。动物实验表明，白鼠吸收 15%的生花生蛋白，即可以引起明显的胰腺肥大。另外，花生和其他油料一样，除含抗营养素胰蛋白酶抑制素外，还含有甲状腺肿素、植物性血球凝集素及植酸、草酸等，因而，许多研究人员指出，吃生花生会引起头痛、胃不适等症状。吃炒花生、熟花生就不存在这些问题。因为经过热加工，花生中的抗营养成分容易被破坏或失去活性。

(2) 花生蛋白的组成及其营养特性

① 花生蛋白的组成

在花生中所含的 22%～26%的蛋白质中，大约有 10%的蛋白质是水溶性蛋白质，称之为乳清蛋白质，其余的 90%为花生球蛋白和伴花生球蛋白，分别占 63%和 33%。

花生蛋白质的等电点是 pH 为 4.5 左右，在该 pH 条件下，花生蛋白质的溶解度最小。当花生蛋白质的水溶液的 pH 上升时，其黏度增加。搅拌试验时，发泡黏度 pH 6.6，是 pH 4.0 的 5 倍。

花生球蛋白为两个亚单体（亚基或亚单位）组成的二聚体，相对分子质量约为 300 000 原子质量单位，等电点为 pH 5～5.2，在 pH 5 的低浓度盐溶液中，花生球蛋白离解成为两个相对分子质量约为150 000原子质量单位的亚单体（亚基），伴花生球蛋白质的等电点为 pH 3.9～4.0，根据沉降速度分析：伴花生球蛋白是由相对分子质量为 2×10^4～2×10^6 的 6～7 个亚单体（亚基）所组成，在一定条件下，伴花生球蛋白可以离解成各种小分子，也可聚合成较大的分子，花生球蛋白和伴花生球蛋白这两部分的比例因分离方法不同，大约从 2∶1 到 4∶1 不等，这些实际上是天然的复杂聚合物。

花生蛋白质溶于水，在 10%的 NaCl 或 KCl 溶液或在 pH 7.5 的碱性溶液中溶解度亦大，利用不同饱和度的 $(NH_4)_2SO_4$ 溶液，可使花生球蛋白和伴花生球蛋白分开，如用 10%的 NaCl 溶液抽提花生蛋白质，在抽提液中加 $(NH_4)_2SO_4$ 至 20%～40%饱和度，花生球蛋白即沉淀，过滤或离心即可得花生球蛋白，在滤液中继续加 $(NH_4)_2SO_4$ 至 80%饱和度，伴花生球蛋白即沉淀出来。

② 花生蛋白营养特性

花生中的蛋白质的营养价值与动物性蛋白质差异不大，比牛奶、猪肉、鸡蛋的蛋白质含量都高，但胆固醇含量低。其营养价值在植物性蛋白质中仅次于大豆蛋白。

花生蛋白的生物价(BV)为58,功效比值(PER)为1.7(酪蛋白为2.5),比面粉、玉米高。花生蛋白中赖氨酸含量比大米、小麦、玉米高,而且花生的中度干热加工会增加有效赖氨酸及其效价。但不断上升的高温干燥会降低蛋白的可溶性及其质量。

通过对不同地区生长的八种不同的花生的研究表明,花生球蛋白的化学评分(AAS)是31%~38%(1965年FAO的专利参考资料),这是由于胱氨酸、蛋氨酸在花生蛋白中为限制性氨基酸;伴花生球蛋白的化学评分为68%~82%,这是由于苏氨酸为限制性氨基酸(见表4-22)。另外,不同的加工方法和产品种类的不同,并没有显著改变花生蛋白质的氨基酸组成(见表4-23)。

表4-22 花生蛋白质的氨基酸组成 单位:g/16gN

氨基酸	花生球蛋白	伴花生球蛋白	氨基酸	花生球蛋白	伴花生球蛋白
甘氨酸	1.8	—	胱氨酸	1.50	2.93
丙氨酸	4.11	—	蛋氨酸	0.65	2.09
缬氨酸	4.85	3.68	色氨酸	0.68	0.91
亮氨酸	7.61	6.61	精氨酸	13.58	16.53
异亮氨酸	4.46	4.00	组氨酸	2.16	2.05
丝氨酸	2.26	1.78	赖氨酸	2.72	4.69
苏氨酸	2.89	2.02	天门冬氨酸	5.3	—
酪氨酸	5.68	2.86	谷氨酸	16.7	—
苯丙氨酸	6.96	4.32	脯氨酸	1.4	—

表4-23 花生蛋白的氨基酸组成(分离和浓缩) 单位:g/16gN

氨基酸	花生[a]	分离花生蛋白	浓缩花生蛋白	FAO/WHO(1973年)
赖氨酸[b]	3.0	3.0	3.0	5.5
组氨酸	2.3	2.4	2.4	—
精氨酸	11.3	12.8	12.6	—
天门冬氨酸	14.1	12.3	12.5	—
苏氨酸[b]	2.5	2.5	2.5	4.0
丝氨酸	4.9	5.1	5.2	—
谷氨酸	19.9	21.4	20.7	—
脯氨酸	4.4	4.8	4.6	—
甘氨酸	5.6	4.1	4.2	—
丙氨酸	4.2	3.9	4.0	—
胱氨酸	1.3	1.4	1.4	—
缬氨酸[b]	4.5	4.4	4.5	5.0
蛋氨酸[b]	0.9	1.0	1.0	3.5
异青氨酸[b]	4.1	3.6	3.4	4.0
亮氨酸[b]	6.7	6.6	6.7	7.0
酪氨酸	4.1	4.3	4.4	—
苯丙氨酸[b]	5.2	5.6	5.6	6.0
色氨酸[b]	1.0	1.0	1.0	1.0
化学评分	55	55	55	—

注:a. 用己烷在低温下脱脂的花生;b. 必需氨基酸;FAO/WHO:联合国粮农组织和世界卫生组织。

③ 影响花生蛋白品质的成分

黄曲霉毒素是影响花生蛋白品质的因素之一。

通过检测分析表明：曲霉菌种（如黄曲霉）在花生里产生的黄曲霉毒素比任何其他油籽中都多，这种毒素能引起动物的肝脏病变致癌。在美国花生产品中允许的黄曲霉毒素限量是 20 ppb，现在正把其限制在 15 ppb 以下。带有过多黄曲霉毒素的花生制品是不能食用的，研究表明，用气态氨处理，在减少黄曲霉含量方面有效率达 99%。

影响花生蛋白品质的另一因素是胰蛋白酶抑制素、植物血球凝集素和甲状腺素等抗营养因子。在生花生中胰蛋白酶抑制素只相当于大豆中的 20%，但是足够引起动物的胰腺变肿。高压消毒和干热法均能大大减少胰蛋白酶抑制素的活性。

另外，花生中的棉子糖、水苏糖等胀气糖也是影响花生蛋白质品质的因素之一。

2）花生蛋白的生产

（1）水剂法生产花生蛋白

花生是一种直接可以食用加工的油料，不同的加工方法，可以生产出不同种类的产品，花生蛋白粉（包括可溶性浓缩蛋白粉，不溶性浓缩蛋白粉和分离蛋白粉）只是花生制品中的一类。生产各种花生制品的路线主要有 4 个途径，如图 4－24 所示。

花生是一种高含油料，不仅含有丰富的蛋白质，而且脂肪含量高达 45%以上。因此，在生产蛋白粉时，必须先将油脂分离出去。而传统制油方法，在制油的过程中均难保证蛋白质的质量。为此，河南工业大学的科技工作人员创造出了一种新型的，可同时制取油脂和蛋白的新方法——水剂法。十几年来，已在山东、河南、江苏、福建和四川等省相继建立起了多家蛋白厂推广使用水剂法制油制蛋白技术。这些工厂在花生加工、生产花生蛋白粉方面已显示出其独特的优越性。

- 花生
  - ① 直接制作食品
    - 干果
      - 烤花生果
      - 炒花生仁
      - 油炸花生仁
    - 糖果
      - 花生豆果子
      - 花生酥
      - 花生牛轧糖
      - 其他
    - 花生酱
      - 风味酱
      - 原汁酱
      - 稳定酱
    - 花生糕点
  - ② 制油
    - 碾磨法：浓香花生油
    - 压榨法
      - 花生油
      - 花生饼
    - 碾榨浸出法
      - 花生粕
        - 饲料
        - 肥料
        - 抗生素培养基
      - 花生油
  - ③ 综合加工
    - 水剂法
      - 花生油
      - 花生蛋白粉
        - 蛋白食品
        - 蛋白饮料（脱脂）
        - 组织蛋白
      - 渣粉
        - 糕点
        - 膨化食品
        - 配合饲料
      - 全脂饮料（全脂）
    - 低温浸出
      - 花生油
      - 花生粕
        - 花生蛋白粉
        - 食用花生粉
        - 组织蛋白
    - 部分脱脂
      - 花生油
      - 部分脱脂花生仁
        - 花生糖果
        - 酱菜花生
        - 花生粉
  - ④ 皮壳利用
    - 红衣：制药
    - 外壳
      - 纤维板
      - 黏合剂
      - 饲料
      - 制药

图 4－24　花生的加工利用途径

① 基本原理

水剂法提取油脂和蛋白的基本原理，就是借助机械的剪切力和压延力，将花生的细胞壁破坏，使蛋白质和油脂暴露出来，再利用蛋白质的亲水力和油脂的疏水作用，使蛋白质溶解在水中，同时把油脂从破碎的细胞裂缝中排挤出来。由于机械的搅拌作用，一部分油脂与蛋白质和水形成乳化油，而悬浮在浆液中；另一部分未乳化的油脂直接上浮于液面。无论是乳化油还是清油都必须采用离心分离设备，将悬浊液中的乳油和淀粉残渣分离出去，才能得到蛋白液。乳油经过加工可得到优质花生油，蛋白液按生产要求可加工成浓缩和分离蛋白。

② 生产工艺

Ⅰ. 生产工艺流程

水剂法生产花生蛋白的工艺主要分为预处理、碾磨与浸取、分离、乳油处理、蛋白液前处理和干燥六个工序，其流程如图4－25所示。

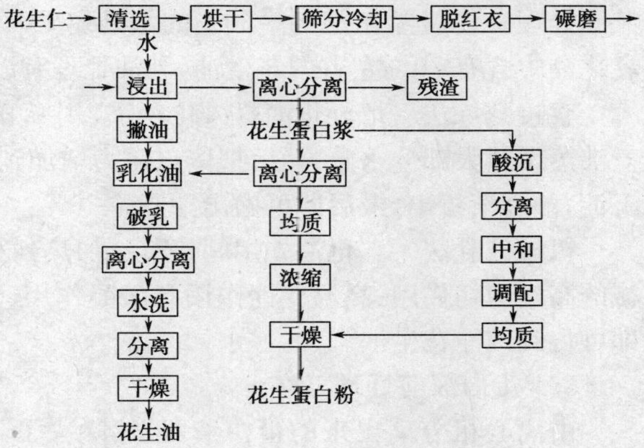

图4－25 水剂法生产花生蛋白工艺流程图

Ⅱ. 生产技术要点

(a) 预处理工序

预处理包括清选、烘干、脱红衣工段。该工序操作的好坏，对整个工艺效果和产品质量有着重要的影响。

清选　清选的目的是除去原料花生中的各种杂质，如铁块、石块、土块、植物茎叶等，清选后的原料花生杂质含量不得超过0.1%。

烘干　烘干是为了降低花生仁水分，以便将红衣脱去，因为红衣的存在对蛋白质产品的颜色和风味有重大的影响。烘干后要求花生仁水分降低到4%以下，为了减少蛋白质变性，必须采用低温烘干工艺，要求在干燥过程中原料温度不得高于60℃。为了达到这一目的，可选用远红外烘干机，由于花生在机内停留时间短，表面温度高，干燥效果比较好。

脱红衣　对干燥、冷却到40℃的花生仁进行脱红衣处理。要求脱皮后的原料含皮率在2%以下。风选出来的红衣可送去制药。脱红衣机可选用胶辊砻谷机。

(b) 碾磨与浸取工序

碾磨　碾磨就是破坏原料的组织细胞。原料可以采用湿碾磨和干碾磨。湿碾磨先把花生仁在30℃左右的温水中浸泡1.5～2.0 h，花生仁与水的比例为1∶8。然后把浸泡过的原料投入中低速磨浆机中磨成花生浆。在碾磨过程中浆温高于70℃时要采取散热措施，否则会影响蛋白质的提取率。干碾磨是使用超微磨或压延机，由于碾磨没有加水可以防止乳化，有利于提高花生油和蛋白质的得率。碾磨料浆温度不大于80℃，碾磨的粒度控制在10 μm左右。

浸取　浸取就是从破碎后的细胞组织中提取蛋白质的过程。经湿碾后的料浆放入浸取罐；干碾磨物料浸取时加水量为物料的6～7倍，浸取的原则是“少量多次”，以求用最少量的水，尽可能地将油和蛋白分散在水中，用食用纯碱调整溶液的pH为7.5～8，料温保持60℃左右。在浸取时罐内搅拌转速控制在40 r/min，使颗粒在溶液中呈悬浮状态，后期搅拌可适当降低速度，防止形成稳定的乳状液。料液在搅拌作用下，油脂自行上浮，上面油层逐渐增厚，搅拌时间为 30 min。浸取设备采用立式浸取罐，上浮油层放入乳油罐。

(c) 分离工序

分离就是将蛋白浸出液中的固体物质分离出去的过程。浸取操作完成后，90%的油可分层，蛋白液中只含有少量的油脂和大量的固体残渣(主要是纤维和淀粉等高分子碳水化合物)，先采用卧式螺旋离心机将固体残渣分出。控制残渣中油和蛋白成分，使含油量低于 7%，蛋白含量低于 10%。从卧式离心机出来的浆液，再经过碟式离心机，分离出含水分 30%左右的乳化油和蛋白溶液。

(d) 乳油处理工序

从碟式分离机出来的乳化油和浸取罐中自行上浮的大部分液体油及浮化油，合并起来共同处理。它们含有 24%～30%的水分和 1%的蛋白质及其他具有浮化作用的物质。其中乳化油中含有 70%左右的花生油，乳油处理有以下两种方法：

直接熬炼法　把乳化油打入化糖锅，用 0.05 MPa 的间接蒸汽把乳化油加热到 100℃，煮沸蒸发掉大部分水分，然后把蒸汽压力增加到 0.2 MPa，继续炼到乳化油中的蛋白质变性沉淀，油逐渐析出，最后即可撇出油脂。

机械破乳法　乳化油先用间接蒸汽加热到 95～100℃不断搅拌蒸煮半小时左右，利用机械的高速剪切作用、高温变性作用和酸凝作用，使蛋白质从乳化油中沉淀析出，经离心分离即可得到纯净花生油。

(e) 蛋白液前处理工序

由离心机分离出来的蛋白液，虽然除去了不溶性糖类物质，但仍然还含有数量可观的可溶性糖类物质，如蔗糖、葡萄糖、水苏糖和棉子糖等低聚糖，这些物质最终会影响蛋白产品的蛋白含量和风味。因此，根据不同加工目的，还需要进一步处理加工，以满足不同要求。

灭菌　花生经过前面几个工序的加工处理后，蛋白液中已含有大量微生物，这些微生物在蛋白液中非常活跃，因此，灭菌操作必须在花生仁变成蛋白液 2～4 h 之内完成。否则，蛋白液必定发生自然酸沉，导致生产事故。浸取、分离整个过程冬季控制在 4 h 之内，夏季控制在 2 h 之内。灭菌操作温度为 85～90℃，时间为 15～20 min。

均质　均质是把蛋白液中的油脂和蛋白颗粒微粒化的一个调质处理，不仅可以打碎脂肪滴，还可以打碎蛋白颗粒，使油脂和蛋白质均匀分散于溶液中，这对于提高产品质量是非常有利的。均质压力控制在 15～35 MPa 范围内。

浓缩　浓缩就是除去浸出液中溶剂的过程。从碟式分离机出来的蛋白液中含有 8%～10%的固形物，其余 90%左右都是水。这些水必须在干燥之前除去，以减少干燥设备的负荷，提高产品的粒度和质量。浓缩温度通常为 50～60℃，残压保持在 8～19 kPa，蛋白液浓缩到 12～13°Bè，即可出锅。否则浓度太高，对后面干燥不利。

酸沉　酸沉就是除去糖类物质的过程。如果要生产蛋白质含量更高、风味更好的蛋白粉，必须将蛋白液中的可溶性糖类物质分离出来。酸沉就是利用蛋白质在等电点附近溶解度最低这一物理特点。调节溶液的 pH 至花生蛋白的等电点。这时，蛋白由于失去稳定的双电层结构，分子相互碰撞，并凝聚起来，形成更大的蛋白颗粒而从溶液中沉淀出来，经自然沉降静置，分离出去可溶性糖类，或经离心机加速沉降除去糖类物质，经酸沉处理后蛋白质纯度可提高到 85%以上。

(f) 干燥

干燥是为了减少浓缩物中的水分,便于产品的储存和长途运输,同时可防止微生物的繁殖。产品水分含量越低,储存时间越长。干燥过程中,还必须尽量保持蛋白质的天然性质、功能特性,尽量降低干燥费用。

目前,常用的干燥方法有:喷雾干燥、沸腾干燥、真空干燥和冷冻升华干燥等。下面着重讲述一下喷雾干燥和沸腾干燥法。

(a) 喷雾干燥法

喷雾干燥技术是近代干燥技术之一,通过机械的作用,将需干燥的物料分散成很细的像雾一样的微粒(以增加水分蒸发面积,加速干燥过程),与热空气接触后,在一瞬间将大部分水分除去,而使物料中的固体干燥成粉末。通常喷雾干燥法热风进口温度为130~150℃,出风口温度为70~85℃。喷雾干燥目前在国内外已广泛采用,在食品工业中有奶粉、蛋白粉、奶油粉、乳清粉、蛋粉、果汁粉等等。

喷雾干燥按微粒化方法有三种:即压力喷雾、离心喷雾和气流喷雾。因气流喷雾在食品工业中较少采用,故此处从略。

压力喷雾干燥法　此法主要是采用高压泵,以7~20 MPa的压力,将浓缩后的蛋白液通过雾化器(喷枪),使之克服浓液表面张力,而雾化成直径10~200 μm的雾状微滴喷入干燥室,由于同热空气接触,进行热交换和水分传递,其表面水分迅速蒸发,在很短时间内即被干燥成球状颗粒,沉于室底。

离心喷雾干燥法　此法是利用在水平方向作高速旋转的圆盘给予溶液以离心力,使物料以高速甩出,形成薄膜、细粒或液滴,在干燥室里遇到热空气迅速地进行热交换和水分的传递作用而干燥。

(b) 沸腾干燥法

沸腾干燥又名流化干燥,是流化技术在干燥中的应用。散粒状物料(或浓缩液进行流化干燥,必须加入晶核方可进行干燥)由流化床一侧(如顶部)加料器加入,热空气通过多孔分布板与物料层接触,只要气流速度保持在颗粒(或液体)的临界流化速度与带出速度(颗粒沉降速度)之间,颗粒即能在床内流出,颗粒在热气流(液体)中上下翻腾,互相混合与碰撞,与热空气进行传热和传质而达到干燥的目的。

Ⅲ. 工艺特点

用水剂法生产花生油和蛋白粉有以下优点:

(a) 出油率大体和压榨法相当,残油在5%~7%。但水剂法能获得基本不变性的蛋白;而压榨法由于高温蒸炒和挤压而使花生饼中的蛋白质变性,使花生蛋白的食用价值降低。

(b) 水剂法出油率比溶剂浸出法低,但水剂法设备简单,操作方便,而且由于不使用易燃溶剂,保证了食品的卫生和生产上的安全。

虽然水剂法生产花生油和蛋白质是较先进的生产工艺,但由于工业化生产时间短,在工艺和设备上尚存在一些问题。该法生产过程是用水作溶剂,蛋白质溶液在加工过程中容易变质,所以必须加强卫生管理。

(2) 脱脂花生蛋白粉生产

脱脂花生蛋白粉是采用有机溶剂浸出法把花生仁中的油脂提取出来,再将花生粕加工生产花生蛋白粉,其生产工艺与大豆蛋白生产工艺类似。

① 生产工艺

生产工艺流程如图 4－26 所示。

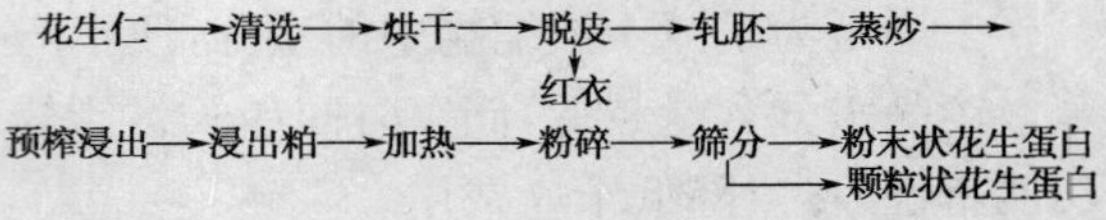

图 4－26 脱脂花生蛋白粉生产工艺

② 操作要点

Ⅰ. 清选 花生仁经清理筛除去杂质，要求含杂质低于 0.1％。

Ⅱ. 烘干 经烘干将原料水分降至 4％～5％，干燥温度不得超过 80℃。

Ⅲ. 破碎 经破碎机将花生仁破为 2～4 瓣，除去胚芽，要求 50％以上胚芽除去。

Ⅳ. 脱皮 烘干冷却后，将花生仁放在脱皮机上脱除红外衣，要求红衣脱去率在 90％以上。

Ⅴ. 蒸炒 原料在蒸炒机中蒸炒 40 min，蒸坯温度控制在 115℃。

Ⅵ. 预榨 经预榨取出大部分油脂，压榨温度不宜太高。

Ⅶ. 浸出 用浸出法提取预榨饼中残留的油脂，脱溶温度不得超过 105℃。得到的粕氮溶解指数(NSI)不得低于 62％。

Ⅷ. 花生蛋白粉 用磨粉机将花生粕磨细、筛分，要求细度 90％过 80 目筛；64％通过 100 目筛。

③ 产品质量指标

脱脂花生蛋白粉质量标准：

蛋白含量(干基)：＞49.7％～56％ 脂肪含量(干基)：＜2.5％ 粗纤维：＜2％

氮溶解指数(NSI)：39.5～41.1 灰 分：5.0％

(3) 花生浓缩蛋白生产

① 生产工艺流程

浓缩花生蛋白粉是一种蛋白含量为中等水平的蛋白制品，蛋白含量不低于 60％。按生产方法和产品可溶性，分为可溶性浓缩蛋白粉和不可溶性浓缩蛋白粉两种。其工艺流程如图 4－27 所示。

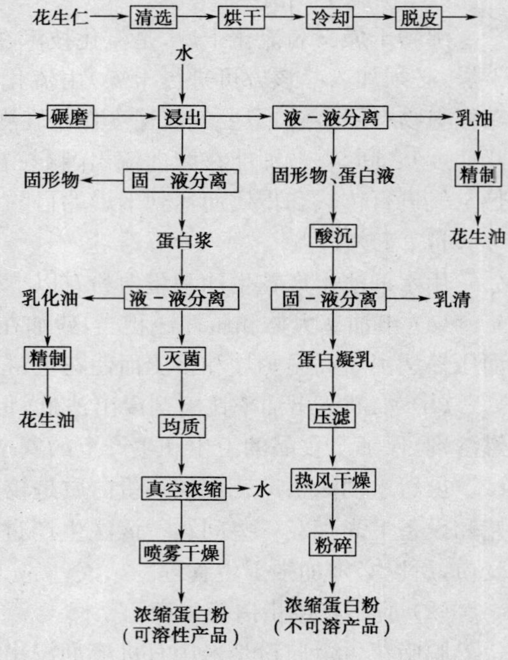

图 4－27 花生浓缩蛋白生产工艺

② 操作要点

Ⅰ. 烘干、脱皮

优质花生仁经过清选后，用远红外烘干机或热风干燥机将花生仁的红衣脱水，烘干温度为 90～100℃，时间不超过 15 min。在这种工艺条件下，花生仁水分降到 5％以下，即可冷却脱皮，脱皮率要求达到 98％以上。

Ⅱ. 碾磨、浸取

脱皮后的花生采用干法碾磨，细度要求达到 15 μm 以下，然后按 1∶6 的比例加入稀碱水，边加边搅拌，让溶液的 pH 以不超过 7.5 为最佳，浸取(抽提)时间为 30 min，这样就完成了制油制蛋白的前处理工作。

Ⅲ. 分离

如果生产可溶性浓缩蛋白粉，则需要选用卧螺离心机进行固-液分离，将淀粉残渣除去，再用碟式离心机或管式离心机进行液-液分离，即可得乳化油和蛋白液。

Ⅳ．酸沉

如果生产不溶性浓缩蛋白粉，可选用三相离心分离机或喷渣式两相分离机，将油脂分离出去，残渣和蛋白液集中在一起，用盐酸（HCl）调节溶液的 pH 为 4.5 时，蛋白和淀粉残渣即可沉淀出来，从而除去水溶性的糖类物质。

Ⅴ．灭菌、均质

由碟式离心机分离出来的不含油脂的蛋白液，送到板式杀菌器中灭菌，温度为 85℃，时间为 15 s。杀菌后的蛋白液，用高压均质机在 20 MPa 压力下进行调质处理。蛋白液再经真空吸入到浓缩锅，在温度为 55℃，残压为 8.0～10.0 kPa 的条件下，将料液浓缩到 12°Bè，蒸汽压力为 0.15～0.2 MPa。

Ⅵ．喷雾干燥

浓缩好的料液可用压力喷雾法或离心喷雾法干燥，如果要生产大颗粒产品，选用离心喷雾法是适宜的。进风温度保持在 150℃左右，出风口温度 75～85℃。如果出风口温度太低，将会影响产品的质量。

Ⅶ．热风干燥

如果生产不溶性浓缩蛋白粉，则将酸沉后的蛋白凝乳经压滤除去大部分水分后，进行热风干燥。热风干燥时，物料温度不得超过 105℃，干燥后的蛋白块经粉碎后，即可得到不溶性浓缩蛋白粉。

③ 主要设备选型

Ⅰ．烘干设备

烘干设备直接关系到后面的浸取。烘干温度过高，时间过长，都有可能使花生烘干过度，因此，选用远红外烘干机烘干花生仁，它具有去水速度快，时间短的优点，特别是电磁振动器输送均匀，速度可调，便于控制，可保证烘干质量。

Ⅱ．碾磨设备

碾磨设备是生产花生蛋白粉的关键设备。花生碾磨越细，出油出蛋白效率就越高，淀粉残渣残油就越低。轧辊压延机最适用于干法碾磨花生，它具有轧辊速度慢，温升低等特点。

Ⅲ．浸取设备

浸取设备有两类，一类是间歇式浸取罐，具有操作简单，易掌握，工艺稳定等特点。另一类是连续浸取槽，它具有占地面积小，连续化程度高，适用规模生产的特点。因此，选用设备要根据生产规模和工艺要求而定。

Ⅳ．离心设备

(a) 固-液分离　碾磨细度的增加，给淀粉残渣的分离带来了困难，根据淀粉不溶于水，而蛋白能溶解的道理，选用沉降式卧螺离心机分离淀粉残渣，效果比较好，连续化程度高。

(b) 液-液分离　由于经过浸取、分离，蛋白呈乳化状态。卧螺离心机分离出来的蛋白乳液含有脂肪和蛋白质。因此，要想从乳液中分离出脂肪，必须选用分离因素较高的分离设备。碟式分离机是近几十年发展起来的分离液-液的专用设备，它具有分离因素高，处理量大，运转平稳和出油效率高的特点。

Ⅴ．乳油处理设备

乳油破乳设备是一种立式搅拌锅，它具有高速、低速两种搅拌功能。利用高温和酸沉法破坏乳油的稳定结构，达到破乳的目的。

④ 花生浓缩蛋白生产典型工艺

对于像花生这一类含油量比较高，且蛋白质又很丰富的原料来说，采用水剂法加工方法，同时制取油脂和蛋白质，的确是一种比较好的加工方法。图 4－28 为生产浓缩花生蛋白粉的典型工艺流程。

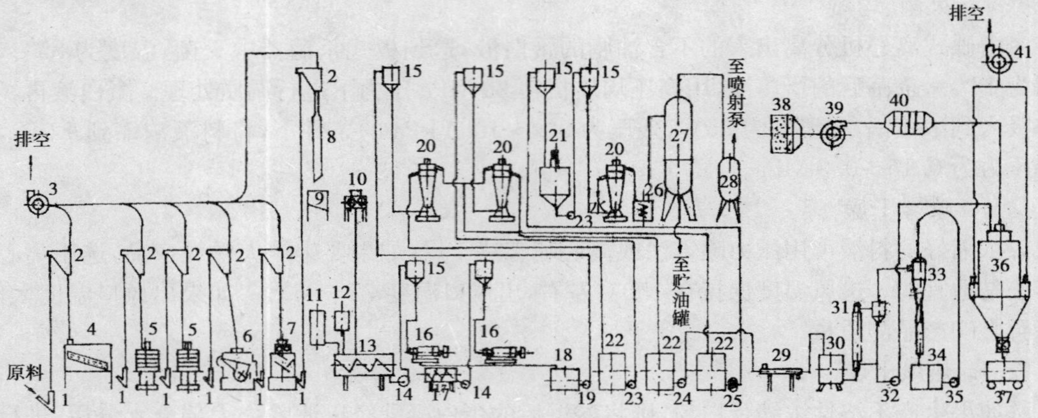

图 4－28　浓缩花生蛋白粉典型生产工艺

1. 接料器；2. 卸料器；3. 风机；4. 分级筛；5. 远红外烘干机；6. 比重去石机；7. 脱皮机；8. 重力门关风器；9. 存料箱；10. 碾磨机；11. 热水箱；12. 碱水箱；13. 连续浸取器；14. 奶泵；15. 高位槽；16. 卧式沉降离心机；17. 洗渣机；18. 贮液槽；19. 奶泵；20. 管式离心机；21. 破乳罐；22. 贮液缸；23. 奶泵；24. 奶泵；25. 齿轮泵；26. 加热器；27. 浓缩锅；28. 平衡罐；29. 灭菌器；30. 贮液缸；31. 升膜浓缩器；32. 奶泵；33. 水利喷射器；34. 水池；35. 奶泵；36. 离心干燥塔；37. 接粉车；38. 空气过滤器；39. 风机；40. 空气加热器；41. 风机

原料（花生或饼粕）下到地坑，经风运系统提升到卸料器后进入组合清理筛。除去杂质和不规则的花生，分级花生经风运系统提升后下到远红外烘干机中烘干，使花生仁表皮迅速烘干脱水，而花生内部料温不高于 60℃，这样烘干后的花生仍然保持天然花生固有的性质，即没有熟化。

表皮已脱水的花生经风运系统提升到去石机去石后送胶辊脱皮机中揉搓脱皮。由于在风运过程中花生已冷却，所以，脱皮率能够达到 98%以上，脱皮花生再经风运系统提升到卸料器落入料斗中，进入磨机碾磨，花生碾磨后自流落入连续浸取器，定量加入 1∶6 的释碱水或中性水。水温低于 85℃，边搅拌边输送到出料端，由奶泵送到高位槽，自流进入卧螺离心机，进行固-液分离，淀粉残渣经洗涤后再进入卧螺离心机进行分离，从两台离心机出来的蛋白液由奶泵送到高位槽，自流入管式离心机中进行液-液分离，得到乳化油和蛋白液，乳化油流入贮液缸，再由油泵送到破乳罐中破乳，破乳油经管式离心机分离除去残渣和水，得到的花生油含有 1%左右的水分，必须再送到真空脱水器中脱水，最后得到精制花生油。

蛋白液由奶泵送到管式灭菌器中灭菌后，暂存于贮液缸。再经真空吸入到浓缩器中，进行真空浓缩，浓缩液经泵输送到贮液缸，在离心式喷雾干燥机中干燥成粉状浓缩蛋白粉。

（4）乳香花生蛋白粉生产

① 营养特性

乳香花生蛋白粉是将上述生产工艺中得到的蛋白液（仅含有可溶性糖类物质）与鲜山羊

奶按比例混合后，通过灭菌、浓缩、喷雾干燥而成的一种复合蛋白粉。它既能解决花生蛋白本身存在的速溶性较差，又能解决酪蛋白易成凝块而影响婴儿消化等弊端。因此，该产品是一种蛋白含量高、氨基酸组成合理而速溶性又较好的营养饮料食品。

② 生产工艺和要点

生产工艺流程如图 4－29 所示。从仓库运来的花生，如果含杂量较小，经风网直接送至远红外烘干机中，使水分由 8%降至 4%以下（最高不超过 5%。否则，对以后油和蛋白的分离会造成困难）。从烘干机出来的花生经组合筛分选去石后送至脱皮机中脱红衣，要求脱皮机脱红衣效率 95%以上，脱皮花生仁经碾磨机进行碾磨，磨出的花生酱其粒子直径应小于 10 μm，这样，才有利于出油和蛋白。花生酱经计量后流到浸取锅中的分配盘上，经细小的孔道均匀洒于已盛有 65℃热水（pH＝9）的浸出锅中，（花生酱：水＝1：6）同时开动搅拌，搅速以不使料浆沉淀为准。搅拌时间为 0.5 h，然后停止搅拌，静置分层40 min后，用摇头管撇去上部乳油。下层液用泵送至离心机高位槽中，料液在重力作用下送至卧螺离心机，卧螺分出来的渣用人工推到渣烘干机中烘干后作食用或饲用。卧螺离心机分离出来的花生乳则流至贮液缸中，然后用泵抽至高位槽，再靠重力送至蝶式离心机进行液-液分离，从重相出来的蛋白液流至配料锅，从轻相出来的乳化油送至破乳罐，渣从馏管排至渣池。

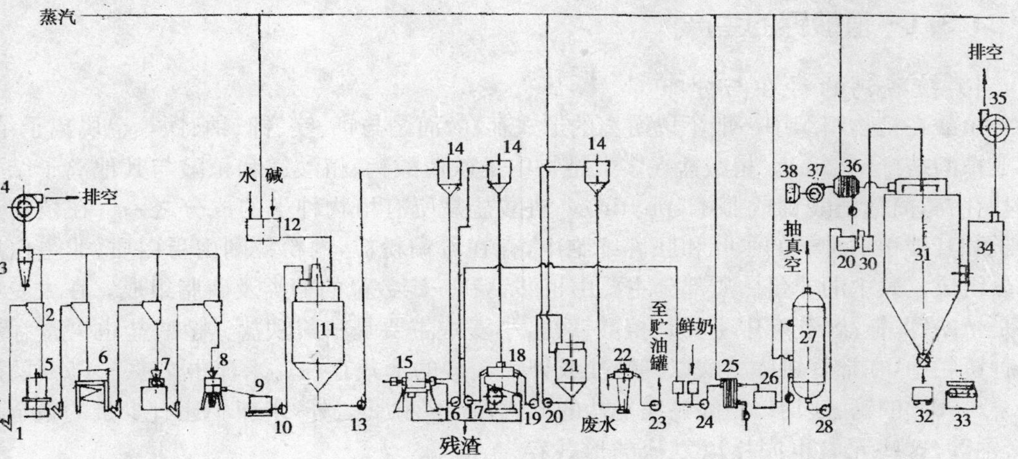

图 4－29　乳香花生蛋白粉生产工艺

1. 接料器；2. 卸料器；3. 旋风分离器；4. 风机；5. 远红外烘干机；6. 组合筛；7. 脱皮机；8. 碾磨机；9. 分散槽；10. 奶泵；11. 浸取器；12. 热水箱；13. 奶泵；14. 高位槽；15. 卧式沉降离心机；16. 奶泵；17. 奶泵；18. 碟式离心机；19. 奶泵；20. 油泵；21. 破乳罐；22. 管式离心机；23. 油泵；24. 奶泵；25. 板式灭菌器；26. 贮液缸；27. 浓缩锅；28. 奶泵；29. 贮液缸；30. 高压泵；31. 压力干燥塔；32. 接粉车；33. 包装机；34. 集粉箱；35. 风机；36. 空气加热器；37. 风机；38. 空气过滤器

从蝶式离心机出来的蛋白液汇集于配料锅中后通过计量按比例（1：1）与羊奶进行混合。（蛋白用液位计计量，羊奶用磅计量）。然后由泵送到板式灭菌器中灭菌（温度为 85℃、时间为 15 s），杀菌完毕后借本身压力送至贮液缸中，并加占粉重 20%的白糖，靠夹层的换热作用保持温度 60℃左右。在压力差的作用下，料液被吸进真空浓缩锅，在温度 55℃，残压 7.8 kPa 的条件下，将料液浓缩至干物含量 45%左右。在用泵抽至放在喷粉塔旁边的贮液缸中，然后由高压泵打入喷粉塔中进行喷雾干燥。进风温度保持在 150℃左右，排风温度在

75℃～80℃，干燥后的乳香花生蛋白粉含水分 3%以下，然后迅速包装入袋，以防吸水。

从浸取器撇出的乳油和碟式离心机分出的乳油，汇集于破乳罐中进行加热破乳，时间以蛋白凝结为准。搅拌叶搅速以不使油溅至锅外为准。破乳温度为 90～100℃，破乳后由泵打入管式离心机中进行分离，清油由泵打入到真空脱水器，在 90℃温度，残压 7.8 kPa 下脱水，使水分降至 0.1%。然后油泵抽至成品油罐，罐中有盘管，通冷水将油冷却至 25℃左右储存。

由离心机分出的各种渣，经人工送至烘干机中烘干，用 0.7 MPa 蒸汽加热脱水至渣中残水 7%，再由人工送去粉碎、包装入袋。

③ 产品质量指标

主要成分：水分＜4%，蛋白质 36.5%～39.5%，脂肪 22.5%，灰分 4%，溶解度 98%以上。用水剂法生产乳香蛋白粉时，其油脂提取率与一般花生浓缩蛋白一样，可达 92%～94%。淀粉残渣得率 12%～15%，残渣含油率 2%～4%(以干物质计算)，蛋白粉含油量在 2%以下。

4.3 植酸钙及其衍生产品

4.3.1 植酸钙的生产

1）植酸钙的存在与分布

植酸在植物组织中一般不以游离的形式存在，而是与钙、镁、钾、钠、铁等金属离子结合，形成植酸盐(phytate)。植酸盐在多数植物中是以植酸钙、植酸镁和植酸与其他离子结合的复盐存在，简称植酸钙或菲丁(phytin)。植酸盐是所有植物种子的成分之一。在植物油料种子和其他植物种子的子叶和胚乳细胞中，存在着糊粉粒，糊粉粒则由蛋白质、非蛋白质两部分组成。其中的非蛋白质部分主要由植酸钙和一定数量的糖类及磷脂组成。在大麦中主要是植酸钾、镁盐，芝麻中主要是植酸镁盐，小麦中主要是植酸铁盐。植酸盐也大量存在于各种饼粕中，在棉籽饼中植酸以钙镁盐或钾钙镁盐的形式存在。米糠中 75%～85%的磷和 80%～90%的钙、镁均以植酸钙镁复盐的形式存在。除此之外，米糠中还有少量的碱金属如钾、钠等，这些元素也同样以复盐的形式存在，其量约为植酸盐的 4%～5%。所以米糠中制取的植酸钙，实际上是植酸钙镁钾或钠的复盐。1976 年，Costgro 提出了植酸与金属离子结合的分子模型。见图 4－30。1980 年，早川利郎等人用 X 射线测微仪发现与植酸结合的 Mg、K 多于 Ca。Ogawa 于 1975 年首先从米糠脱脂粕中用酸提取获得植酸盐，Pemolett 于 1975 年发现植酸是蓖麻种子胚乳蛋白质颗粒内晶体和糠苷脂的构成成分之一。

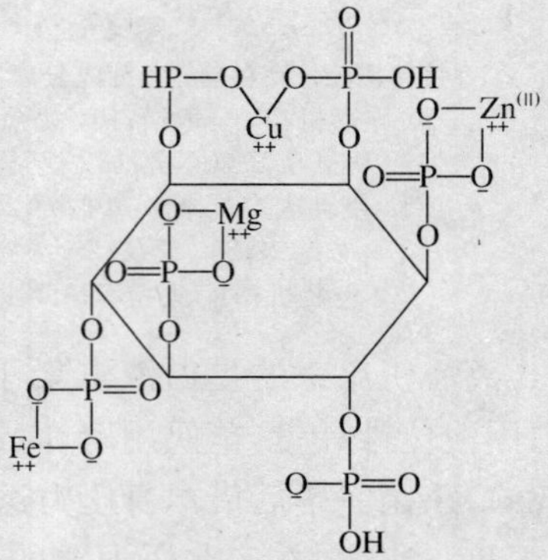

图 4－30　Costgro 1976 年提出的植酸钙分子模型

植物油料种子中磷、钙、镁元素含量见表 4－24。

表 4－24 油料种子中磷、钙、镁的含量

油料种类	各元素含量/%(以总元素计)		
	磷	钙	镁
米　糠	19.5	2.2	11.2
花　生	14.6	6.9	6.3
大　豆	18.0	9.5	6.2
菜　籽	17.6	9.6	6.7
芝　麻	18.1	2.8	9.8
可可豆	18.6	8.6	7.5
向日葵	18.0	7.8	7.1
玉　米	20.0	2.3	9.7

从表 4－24 中可以看出，大部分油料中都含有钙、镁，但一般含量偏低。米糠中含有植酸酶，在米糠储存期间或制取植酸钙过程中，植酸钙易受植酸酶的作用，产生部分分解。

从新鲜米糠中制取的植酸钙镁分子式一般为 $C_6H_8O_{24}P_6CaMg_4(Me)_2 \cdot 5H_2O$，分子式中的(Me)表示碱金属离子钾、钠等，该金属离子能被沉淀剂中的阳离子取代，因此 Me 取决于制取时使用的沉淀剂。如沉淀剂为氨水时，分子式则为 $C_6H_8O_{24}P_6CaMg_4(NH_3)_2 \cdot 5H_2O$，如用氢氧化钠作沉淀剂时，则为 $C_6H_8O_{24}P_6Mg_4Ca(Na)_2 \cdot 5H_2O$；如用石灰乳作沉淀剂，则为 $C_6H_8O_{24}P_6Mg_4Ca_2 \cdot 5H_2O$。不同植物油料的植酸钙见表 4－25。

表 4－25 不同植物油料的植酸钙含量

名　称	植酸钙含量/%
脱脂米糠	10.0～11.0
亚麻籽	1.5～1.7
蓖麻籽(脱壳)	1.7～1.9
花　生	2.2
棉　籽	2.2
向日葵	2.0

2) 植酸钙的理化性质和用途

(1) 植酸钙的理化性质

植酸钙系无色无定形粉末，无味无臭，不溶于醇类、乙醚、丙酮、苯等有机溶剂，微溶于水。在酸性水溶液中能离解成易溶于水的植酸和金属离子。原料中的植酸酶也能使植酸钙分解，其最适宜的 pH 为 5.5，最适宜的温度为 55℃。当 pH<3 或 pH>7.2 时，植酸酶的分解作用完全停止。因此，用来生产植酸钙的原料不宜久放，制取的湿植酸钙应烘干后存放或直接制取肌醇或其他产品。

(2) 植酸钙的用途

从植物油料或饼粕中制取的植酸钙，含有 20%的肌醇，工业上普遍用作生产肌醇的原料。据报道，植酸钙在发酵工业上，用于酒类酵母培养时代替磷酸钾，可以使酵母增殖，乙醇成分增加，味道变得更芳醇。植酸钙可以用于酿酒用水的加工剂、酒类和食醋等产品的除金属剂；在食品工业上，使用 0.1%浓度的植酸钙溶液热烫消毒储藏罐后，可防止盖子生锈，故用作防锈剂；在油脂工业中，用来精制大豆油等。

植酸钙精制后可用作药品，配制成内服药，服用后能促进人体的新陈代谢，恢复体内磷的平衡，有补脑、治疗神经炎、神经衰弱、小儿佝偻病等效果。

3）植酸钙的制取

(1) 植酸钙制取原理

不管是采用菜籽饼粕、玉米浸泡水或是脱脂米糠制备植酸钙，其基本原理都是相同的。在酸性溶液中，原料中的植酸钙镁离解成游离植酸及金属离子，与原料中的其他物质分开。调节溶液的 pH，加入 Ca^{++} 离子，使植酸与金属离子和 Ca^{++} 结合，经沉淀、分离，即可得到植酸钙。

(2) 植酸钙制取方法

植酸钙的制取方法很多，有醇类沉淀法、金属盐分离法、稀酸萃取加碱中和沉淀法等。工业上普遍采用后一种方法，即用稀的无机酸或有机酸浸泡原料，然后用氢氧化钙、氢氧化铵、氢氧化钠等碱性溶液中和沉淀，即可得到水膏状的植酸钙产品。如用于医药，还需要精制。

① 稀酸萃取中和沉淀制取植酸钙

在酸性溶液中，植酸对金属离子的络合作用降低，使得与之结合的金属离子呈离解状态，从而使植酸钙溶解于酸液中。中和时，随着 pH 的升高，植酸与金属离子的络合作用逐渐增强，当 pH 达到一定值时，植酸与金属离子又形成复盐而沉淀下来。利用植酸钙这个性质，我们可以先用稀酸溶液浸泡含植酸钙的原料，使原料中的植酸钙以植酸或酸式盐的形式溶出，进入浸取液，然后过滤分离出浸取液，最后用碱性沉淀剂中和，使植酸与金属离子重新络合成植酸钙沉淀。

稀酸萃取加碱中和沉淀制取植酸钙工艺路线：

水、酸（↓酸浸）；沉淀剂（↓中和）

含植酸钙原料→粉碎→酸浸→过滤→中和→过滤→含水膏状植酸钙

（过滤↓渣；过滤↓废水）

制取的含水膏状植酸钙可直接用作生产肌醇的原料，也可经 80℃左右的温度干燥后储存。如作为药用植酸钙，则需要精制处理。其工艺过程为：

HCl（↓酸化）；$CaCl_2$（↓钙化）；活性炭（↓脱色）；$NaCO_3$（↓中和沉淀）；水（↓水洗）

含水膏状植酸钙→酸化→钙化→脱色→过滤→中和沉淀→过滤→水洗→脱水→粉碎→烘干→包装

（过滤↓废活性炭；过滤↓废水；水洗↓废水）

原料粉碎　经榨油机压榨制油得到的糠饼需经粉碎，过 20 目筛，制成糠饼粉。其他饼粕直接投料。

酸浸萃取　将糠饼粉投入已配好的约 8 倍 0.1 mol/L 左右的盐酸或硫酸溶液中，保持酸浸液的 pH 在 2～3，如 pH＞3，则加酸调节，并时加搅拌。冬季气温低时，浸泡时间长一些，一般在 6～8 h。夏季气温高，浸泡时间可短一些，在 4～6 h。必要时，可加少量的水杨酸钠作防腐剂，加冰块调节温度。

过滤　酸浸萃取液，自然滤出或采用真空吸滤滤出。萃取液可经沉降处理，澄清后吸取上层清液并过滤，再将下层悬浮液压滤，滤渣用清水洗涤 1～2 次，合并滤液和洗涤液，送入中和沉淀工序。滤渣另作处理后作饲料或酿酒原料。

中和沉淀　植酸钙生产中多采用新鲜石灰乳作为中和沉淀剂，将已配好的新鲜石灰乳（生石灰：水＝1：10，石灰消化后经100目筛过筛处理），加入滤液中，边加边搅拌，一般控制pH在5.8～6.0左右，中和完毕后静置2 h，使植酸钙充分沉淀析出。

洗涤过滤　中和液经静置分层后，弃去上层清液，再注入清水洗涤2～3次，至洗液不再呈浅黄色、无酸根、pH为7时止，将下层白浆用泵打入压滤机压滤。压滤完毕后，用压缩空气除去部分水分，即得含水约为80%左右的粗制膏状植酸钙，其中有机磷的含量约为28%～32%（干基）可直接用来制取肌醇或进一步精制药用植酸钙。

精制　在中和后的沉淀物（粗制膏状植酸钙）中加入稀盐酸，调节pH为1～2，使植酸重新溶解，然后加入浓度为30%～50%的氯化钙溶液，使其钙化。搅拌后，加入适当的活性炭脱色，过滤后的清液用10%碳酸钠澄清，调节pH至4.5左右，搅拌约10 min，静置，吸去上层清液，下层沉淀即为精制植酸钙。过滤后，用清水反复洗涤滤渣，直至洗液用5%的硝酸银溶液试验，无白色氯化银沉淀为止。最后压滤去水，粉碎置于搪瓷盘中，在50～70℃的烘房中烘干24 h，即得成品药用植酸钙。

湿渣处理　制取植酸钙后的湿渣，可先用机械挤压法或真空吸滤法去除部分水分，再采用气流干燥法或其他方法将含水量为50%左右的湿渣烘干至水分13%以下。

② 超声波辅助法制取植酸钙

超声波是频率高于20 kHz，并且不引起听觉的弹性波。介质吸收超声波，分子产生剧烈振动，超声波的机械能转化为介质的内能，引起介质温度升高。控制超声强度，可使植物组织内部的温度瞬间升高，加速有效成分的溶出，并且不改变成分的性质，同时提高浸出速度和提取率。

超声波辅助法制取植酸钙工艺和稀酸萃取加碱中和沉淀制取植酸钙工艺一样，只是将含植酸钙原料和稀酸液混合，在超声波作用下浸提。

李健芳以米糠为原料，在超声波作用下稀酸萃取加碱中和沉淀制取植酸钙，研究了盐酸、硫酸和硝酸，浸提时间，溶液的pH及液料比对提取效率的影响，并与无超声波作用的酸浸提取进行了比较。结果表明：所试三种酸的种类对植酸钙提取效果影响不大；与传统的酸浸法相比，用超声波酸浸法可将浸提时间从3 h左右缩短至15 min，酸浸所需的酸度也有所降低，且所得粗植酸钙产率和其含量均明显提高。郝红英以米糠为原料利用超声波辅助提取，与传统工艺相比较，超声波辅助提取法提取时间只有传统提取法的1/4，但超声波提取法比传统方法提取率少将近4个百分点。原因与超声的强度有关。

③ 微波辅助法制取植酸钙

微波是频率300 MHz～300 GHz之间的电磁波，具有很强的穿透力。天然植物中的有效成分往往包埋在细胞内部薄壁或液泡内，微波加热时，细胞内水分子吸收微波能，产生大量的热量，使胞内温度迅速升高，液态水汽化产生的压力将细胞膜和细胞壁冲破，形成微小的孔洞，进一步加热，导致细胞内部和细胞壁水分减少，细胞收缩，细胞表面出现裂纹。孔洞或裂纹的存在使胞外液容易进入细胞内，溶解并释放胞内产物。利用微波只是减少萃取时间，提高萃取效率，其他工艺步骤和稀酸萃取中和沉淀制取植酸钙方法一样。郝红英以米糠为原料，先用微波处理米糠，再用搅拌浸提的联合方法来提取菲丁，与传统工艺相比较，浸提时间大大缩短，且产品纯度、提取率都有所提高。另外由于浸提时间缩短，后续工艺过滤也比传统方法容易。

(3) 影响植酸钙得率的主要因素

在制取植酸钙的过程中，原料的好坏、溶液的选择、浓度和倍数、浸取温度、沉淀剂的种类和浓度等是影响植酸钙得率的重要因素。

① 原料

制取植酸钙时，使用原料的好坏直接影响植酸钙得率。如以新鲜米糠取油后得到的米糠饼粕为原料，则植酸钙的得率较高；陈米糠由于植酸酶的作用，使饼粕中的植酸钙镁复盐分解，导致植酸钙得率降低。因此，用来生产植酸钙的原料，应选择新鲜米糠。

米糠饼粕中残油量直接影响植酸钙的得率。浸出米糠粕的残油量低，制植酸钙时植酸钙得率就高，其他米糠饼粕次之。

表 4-26　不同的脱脂米糠饼粕生产植酸钙的得率

名　称	浸出米糠粕	液压榨机米糠饼	螺旋榨机米糠饼
残油量/%	0.5～1	10～11	12～13
植酸钙得率/%	10～11	8～9	5～7

制备植酸钙的原料，最好是脱脂米糠，因为米糠中的植酸钙含量高，以米糠为原料，结合制取米糠油制取植酸钙的较多。玉米淀粉浸泡水、菜籽饼粕、蓖麻籽饼粕、小麦麸皮、玉米麸皮等也可作为原料制取植酸钙。

用玉米淀粉浸泡水、小麦麸皮作原料制备植酸钙时，可能由于含有较高的淀粉和可溶性蛋白，会使植酸钙质量达不到要求，因此需要在工艺上预先采取措施，控制淀粉含量。

浸取效果与饼的颗粒大小有一定关系。颗粒大，渗透慢，浸取时间增长，效率低。

康文通曾用淀粉厂浸泡玉米废水为原料，生产药用植酸钙，其产品符合药典植酸钙的要求。

钟正升研究了以麦麸为原料提取植酸钙的工艺条件。陈永对麸皮生产植酸钙传统方法中普遍存在的问题进行了分析，考察了影响植酸钙提取的工艺条件，提出了一种麸皮生产植酸钙新工艺，降低了植酸钙中淀粉和蛋白质的含量，提高了其有机磷含量。

张友飞用制玉米淀粉的浸泡液为原料，在浸泡液中加入蛋白质助沉剂，使部分可溶性蛋白沉淀，植酸钙质量和得率均可获得满意的结果。

赵学敬介绍了利用蓖麻饼粕制取植酸钙和肌醇的制取工艺、条件、参数、操作和检测方法。

② 酸浸萃取

酸浸萃取液的 pH 不得大于 3，否则植酸钙不能全部溶解在酸性溶液中，造成得率降低。在酸浸过程中，原料中的蛋白质、糖类等物质也有一部分随之溶入酸浸液中，以致影响植酸钙的质量。在操作过程中，除控制适宜的酸度条件外，在酸浸液中加入尿素、铵盐（如硫酸铵、碳酸铵、磷酸铵）或加入硫酸钠、氯化钠等盐类（其加入量为酸浸液重量的 0.05%～5%），可以使酸浸液中的蛋白质、糖类等溶入量减少至 0.1%以下（重量），这对于提高植酸钙的质量和肌醇的得率是有利的。

采用逆流多浸取工艺与一次浸取工艺相比，植酸钙的得率将提高 0.5%～1.0%。这是因为通过多次浸泡洗涤，原料中的有机物溶出完全。

③ 沉淀剂

中和沉淀使用的沉淀剂一般为石灰乳，要求洁白新鲜无块状物，中和时搅拌，严格控制中和液的 pH 在 5.8～6.0，以保证植酸钙的得率和质量。

据国外资料介绍，中和沉淀剂可选用在水中溶解度大的碱金属溶液，如氢氧化钾、氢氧化钠、氢氧化铵等。中和液的 pH 控制在 7 以上，对植酸钙的得率和质量是有益的。当中和液的 pH 在 5～6 时，将有很大一部分植酸钙不能被沉淀析出；pH 在 6～7 时，植酸钙的析出量仅为米糠粕中理论含量的 36%～60%，并且在得到的粗植酸钙中，混有 3%～16%的蛋白质和 1%～8%的糖类（干基）。这将给以后的分离和制取植酸钙造成困难，原因是 pH 为 6～7在蛋白质的等电点附近。因此，为了提高植酸钙的得率，防止蛋白质、糖类等杂质的混入，将中和液的 pH 调节到大于 7.5 是必要的。

(4) 质量指标（参考）

制肌醇用植酸钙：含磷（P_2O_5）34%以上，水分 10%以下，pH 在 6～6.5，遇碘不呈蓝色反应。

4.3.2 肌醇的生产

1850 年，Sherer 从心肌组织细胞中首次分离得到肌醇；1914 年，Wieland 和 Wishart 利用全合成法制得肌醇；1928 年 Estcott, E. 由生物体中提取了纯净态的肌醇，1941 年 Wooley, D. 发现肌醇对白鼠脱毛有治疗效果；1957 年 Eagle 发现肌醇是人体细胞生长的一种必需物质，从此人们开始关注肌醇并对其进行深入研究。

1）肌醇的存在和分布

肌醇在自然界中分布很广，它以植酸和植酸盐等形式普遍地存在于植物种子、微生物、高级动物及人体中。

2）肌醇的结构和理化性质

(1) 肌醇的结构

肌醇（Inositol）系环己六醇族的六羟基环己烷，即环己六醇。分子式 $C_6H_{12}O_6$，相对分子质量为 180，分子结构式见图 4－31。

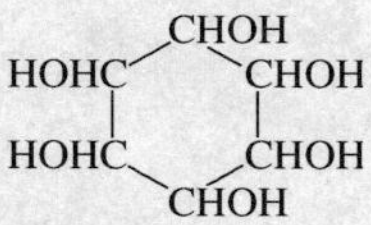

图 4－31 肌醇分子结构式

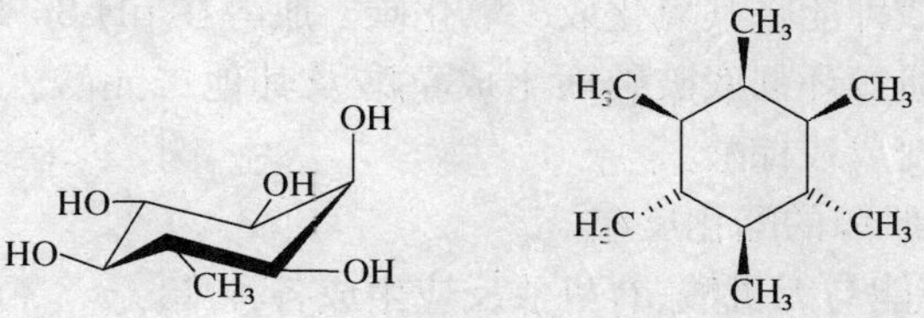

图 4－32 D-myo-inositol 的分子结构

按其立体结构而论，肌醇可能有八种顺式、反式的主体异构体，其中七种是没有旋光性，加上两种旋光体形式，共构成九种立体异构体。在肌醇的异构体中，有一种异构体占绝对优势，也是唯一有商业意义的一种肌醇，称作内消旋肌醇（D-myo-inositol），即 1α，2α，3α，4β，5α，6β-环己六醇。因最初由肌肉组织中提取，故称为肌醇。

（2）肌醇的性质

① 肌醇的物理性质

肌醇在外观上类似糖类，为白色结晶或结晶状粉末，无臭、味微甜，其甜度为蔗糖的1/2。在空气中较稳定，但易吸潮。水溶液对石蕊试纸呈中性，且无旋光性，肌醇的相对密度为d_4^{15}1.752，熔点为224～227℃，溶解热为－3.38卡/克，燃烧热为666.5 g/g，比热为1.275 J/(g·℃)，沸点为319℃。

肌醇易溶于水，微溶于酒精、冰醋酸、甘油和乙二醇，不溶于乙醚、氯仿、无水丙酮等有机溶剂。

肌醇在低于50℃温度下，可从水中结晶为无色单斜棱晶体，含有两个分子的结晶水，含结晶水肌醇在100～110℃的温度下容易脱水，成为无水结晶体。

② 肌醇的化学性质

肌醇可认为是一种糖类转变成芳香物质过程中的可能中间体。其环状结构能抵抗很多化学试剂的作用。它的化学性质比糖类更为稳定。由于肌醇属于多羟基的化合物，所以具有相邻羟基的多羟基化合物所特有的一般反应。

Ⅰ. 鉴定反应

1 mL碱式醋酸铅试液加入到4 mL含1%肌醇的水溶液中，煮沸溶解5 min，即有半透明的胶状物($2C_6H_{12}O_6 \cdot 5PbO$)生成。

把6 mL的硝酸加入1 mL含有2%肌醇水溶液中，蒸发干燥后，把0.5 mL氯化钙试剂加入到该残留物中，再在水浴上蒸发至干，残留物变成红色。这是由于玫棕酸钙生成的缘故。

把肌醇和稀硝酸的混合液在水浴上蒸发至干，将残留物溶解在水中，再加一滴醋酸锶试剂，便随着绿色的微光呈现出紫色，因为有玫棕酸锶生成的缘故。

将肌醇水溶液滴几滴于瓷制器中，蒸发后加入硝酸汞，即产生黄色沉淀物，把该沉淀物薄薄地摊开，加热即变成红色，冷却后即退色。这说明加热后有玫棕酸汞产生。

Ⅱ. 肌醇的氧化

肌醇在加热时可生成糠醛，或者在P_2O_5存在的条件下，氧化生成糠醛。肌醇与浓硫酸作用可生成草酸。肌醇用铬酸酐氧化时，生成甲酸及二氧化碳。肌醇在中性及弱酸性介质中，高锰酸钾能将其氧化成二氧化碳。肌醇在pH 8～9、温度30℃，在铂催化剂存在下，被氧氧化时，肌醇环彻底破裂而生成草酸及其他二元酸。用硝酸氧化时，肌醇转变为四羟基苯醌，然后变成玫棕酸。

Ⅲ. 肌醇的酯化反应

肌醇能与无机酸、有机酸反应生成各种酯。

Ⅳ. 肌醇的络合反应

肌醇能与盐类作用形成肌醇络合盐类。

3）肌醇的用途

（1）食品工业

肌醇可使脂肪很快转化为热能而消耗，防止脂肪在人体内特别是心血管内沉积。

肌醇参与体内新陈代谢活动，能合成肌醇磷脂、膜磷脂、鞘磷脂等前体物质，具有免疫、预防和治疗某些疾病等多种作用，为人类多种细胞生长所必需。高等动物缺乏肌醇，将会出现生长停滞和毛发脱落等现象。肌醇是肠内某些微生物的生长因子，在其他维生素缺乏时，它能刺激所缺乏维生素的微生物合成维生素。因此，在食品工业中肌醇常作为营养强化剂。

(2) 医药工业

肌醇是人体细胞生长所必需的一种物质，与脂肪酸、磷脂等结合生成肌醇酯，促进肝及其组织中脂肪代谢，从而降低血脂。肌醇可作为药物中间体，用于合成烟酸肌醇酯、脉通等药物，以治疗胆固醇过高症、动脉硬化、糖尿病、癌症等。氟代肌醇具有抗癌、治癌和提高免疫的功能。肌醇及其衍生物还可通过一种不同于血液的复合胺再吸收抑制因子治疗忧郁症和强迫性错乱症。医药行业中消费肌醇最大医药产品之一就是制造紫杉醇。化学合成抗癌药紫杉醇治疗肿瘤效果较差，但用肌醇将其改性后，抗癌、治癌效果明显提高。

(3) 饲料工业

肌醇具有与维生素 B_1 等相类似的作用。实践证明，饲料中加入肌醇，可促进牲畜生长和防止死亡。Levinc 等发现，在金鱼养殖过程中添加肌醇可明显提高金鱼游动能力；获野珍吉等研究发现，鱼类缺乏肌醇会患许多疾病；孙超等研究发现，在饲料中添加肌醇对黑白花奶牛奶成分和西农莎能奶山羊某些生产性能都有较大改善。

4) 肌醇的生产

(1) 肌醇的生产原理

目前国内外均以植酸钙镁为原料，采用加压水解、常压水解、酶解的方法生产肌醇。

植酸钙镁制取肌醇的原理为：

$$C_6H_8O_{24}P_6CaMg_4Ca_2 + H_2O \longrightarrow C_6H_{12}O_6 + Ca_3(PO_4)_2\downarrow + Mg_3(PO_4)_2\downarrow + Mg_2Ca(PO_4)_2\downarrow + Ca(H_2PO_4)_2 + CaHPO_4 + H_3PO_4$$

$$CaHPO_4 + Ca(OH)_2 \longrightarrow Ca_3(PO_4)_2\downarrow + 2H_2O$$

$$Ca(H_2PO_4)_2 + 2Ca(OH)_2 \longrightarrow Ca_3(PO_4)_2\downarrow + 4H_2O$$

$$2H_3PO_4 + 3Ca(OH)_2 \longrightarrow Ca_3(PO_4)_2\downarrow + 6H_2O$$

(2) 植酸钙水解制备肌醇

① 植酸钙加压水解制备肌醇

植酸钙加压水解法是生产肌醇的传统方法，植酸钙加压水解生产肌醇的工艺路线：

水 ↓（打浆）；中和剂 ↓（中和）；活性炭 ↓（脱色）；水 ↑（浓缩）

植酸钙→打浆→水解→中和→过滤→脱色→浓缩→冷却结晶→分离→精制→干燥→肌醇

↓ 滤渣（过滤）；↓ 废活性炭（脱色）；↓ 母液（分离）；↓ 杂质（精制）

打浆　以水膏状的植酸钙镁为原料生产肌醇时，可将原料直接送入水解锅；如以干燥的植酸钙镁为原料，送入水解工序之前需经打浆处理，即将原料放入打浆锅中，加水充分搅拌，打成糊状，以利于输送和水解。打浆时，夏天可直接注入清水，冬天要加温水，以促使植酸钙镁较快地吸收水分。加水量可按植酸钙镁：水＝1：(3～3.5)的比例。

水解　利用真空将打成浆状的植酸钙镁吸入水解锅，开动搅拌(60 r/min 左右)，用直接蒸汽或其他方法升温升压，当水解锅内压力达到要求压力时，保持锅内压力，水解

10 h 左右。当 pH 达到 3 左右时，即水解完毕，可以出料。一般水解压力在 0.5～1.0 MPa。

中和　在植酸钙镁的水解产物中，磷酸钙镁盐不溶于水，而肌醇、磷酸易溶于水，磷酸酸式盐也稍溶于水。为了将肌醇与磷酸盐分离，采用加入中和剂的方法，使磷酸及其酸式盐成为不溶性的磷酸盐，从而与其他水不溶性的磷酸盐通过过滤一并除去。操作时，将水解液压入中和锅，开动搅拌，分次将制备好的新鲜石灰乳（21°Bè 左右）压入中和锅，反复取样测定 pH 值，当 pH 达到 8～9 后，继续搅拌 15～20 min，如 pH 稳定在 8～9，即中和完毕，并可随即过滤。

过滤　中和后的溶液中，大部分杂质都已生成沉淀物，而肌醇仍然溶解在溶液中，通过压滤将沉淀物从肌醇水溶液中分出。过滤时，把中和锅内的悬浮液用压缩空气压入过滤机，待滤饼增厚，阻力增大，过滤速度减慢，压力增至一定值时，停止过滤，用压缩空气将滤饼吹干，以提高滤液的得率。

由于一次滤饼中残存一部分肌醇，必须重新加水冲洗，将过滤后的洗液并入滤液送至下道工序。二次滤渣中全部磷的含量在 30%以上，有效磷在 20%左右，因此可作为肥料。此外，据报道，滤渣经酸处理后，可制取工业用磷酸，也可经适当处理后用作饲料添加剂。

脱色　利用活性炭具有吸附色素及杂质的性质，除去中和滤液中的色素及杂质，得到较纯净的肌醇溶液。

将中和滤液分批吸入密封的脱色锅，加入溶液量 0.5%～1.5%的活性炭，加热煮沸，保温 15～30 min，然后再进行压滤，滤液送至浓缩工序。

浓缩　肌醇溶液经过前几道工序处理后，虽然大部分杂质已经除去，但因含有大量水分，故需要浓缩去除大部分水分。

用真空将滤液吸入真空蒸发器，升温抽真空进行浓缩，残压控制在 21.3～13.3 kPa。当浓缩液的比重达 1.28～1.30 时，即为浓缩终点。有的生产单位为防止蒸发器加热管壁结垢，影响传热效果，采用两步浓缩法，即先真空浓缩至比重 1.1，再送入常压浓缩锅浓缩至 1.28～1.30。但常压浓缩会使溶液的颜色加深，后处理工序麻烦。

冷却结晶　将比重为 1.28～1.30 的浓缩液放入结晶锅内，开动搅拌和夹层冷却水，待冷至 32℃，开始析出结晶，冷至 30℃时有大量结晶析出，此时即可放出进行离心分离。分离后期可用少量蒸馏水冲洗，以进一步除去杂质，提高肌醇粗制品的质量。分离以后，粗制肌醇送去精制，母液导入脱色锅套用，以回收其中的肌醇。

精制　粗制肌醇含有少量的色素、杂质等，为了进一步提高纯度，以达到要求的指标，需用活性炭、蒸馏水等进一步精制处理。

脱色及重结晶：将粗制品和蒸馏水按 1∶1.2 的配比投入精制锅中，加热使其全部溶解，加入约占粗制肌醇重 1.5%～2.0%的药用活性炭，活性炭加入量可视粗制品的颜色深浅而定。将物料加热至微沸，保温 15～20 min 后，用砂芯棒抽滤至不锈钢冷却锅，开搅拌和冷却水，当冷至 32℃左右时，进行离心分离，此时温度不宜过低，否则熔点较低的杂质容易析出混入肌醇成品中。在分离后期，母液甩干后，同样可用少量的蒸馏水冲洗，以进一步除去 Cl^-、SO_4^{2-}、Ca^{2+} 等，然后取样分别用氯化钡检验硫酸根（如用盐酸浸泡糠饼可以不做），用草酸铵检验钙离子，用硝酸银检验氯离子，检验结果若有少量沉淀生成，说明肌醇中还有少量的杂质未除去，需用蒸馏水再次冲洗至无沉淀生成为止。如经检验有较多的沉淀生成，则需要二次精制处理，至全无白色沉淀生成。最后加入少量的药用乙醇冲洗分离，即得湿精制肌醇。精制过程中分出的母液，可经浓缩结晶后送入精制工序，以尽可能减少肌醇的损失。

干燥　湿精制肌醇置烘房或烘箱中，在 60～70℃下烘干，即得成品。

② 植酸钙常压水解法制备肌醇

常压水解法需使用催化剂，常用催化剂为甘油、尿素、碳酸钙的复合物。植酸钙经常压水解，产生的不溶性和水溶性盐类经中和、过滤、水解液脱色后得到较纯净的肌醇溶液，然后利用肌醇在较低的温度可以在水中结晶的特性，精制制得肌醇产品。

工艺路线与加压水解法制备肌醇一样，区别就是反应压力的不同。

具体操作工艺：在 40%浓度的植酸钙水溶液中，常压下加入质量比 1∶5.5 的催化剂(催化剂由甘油与尿素、碳酸钙复合配制而成)，加热升温至 140℃，水解 3 h 后将水解液降至 90℃左右，趁热过滤，在室温下结晶，可采用超声波加快结晶，晶体用无水乙醇洗涤 2～3 次，在 90℃下经 50 min 烘干，即得成品肌醇。

常压水解方法优点是在常压下进行，避免了加压水解法的设备投资。而常压水解植酸钙制备肌醇，需要催化剂。水解效率和得率很大程度上取决于催化剂的催化性能的高低。因此，寻找新的高效催化剂成为关键。李静在常压及高沸点溶剂多元醇存在下，以固体超强酸作催化剂，植酸水溶液经加热水解、过滤、结晶和烘干等工序，制备肌醇。由于催化剂自身的特性，肌醇可一次性结晶而获得较高质量的成品，从而简化了除杂、脱色、浓缩等工序。

③ 植酸钙酶解制备肌醇

植酸钙可以采用磷酸化酶(phosphatase)、植酸酶(phytase)处理植酸钙镁，再进行中和沉淀及其他后处理，得到肌醇。

Agrawal 以玉米浸渍水、糖蜜和杏仁壳浸渍液为原料，经酵母液态发酵制取肌醇，日本则是用从日本米酒的发酵中得到的一种米曲霉发酵培养制取肌醇。

以上各种工艺，水解后都需要进行净化浓缩等工段。因此选用离子交换树脂进行浓缩，具有很大的优势。该工艺与传统工艺所不同的是浸出溶液采用离子交换树脂净化法，将浓缩前的水解液，通过阳、阴离子交换树脂，以净化溶液中的无机酸和无机盐。这样不仅有利于提高肌醇得率，且可减少生产环节，缩短工艺流程，降低生产成本。

采用离子交换净化新工艺生产肌醇的工艺过程如下：

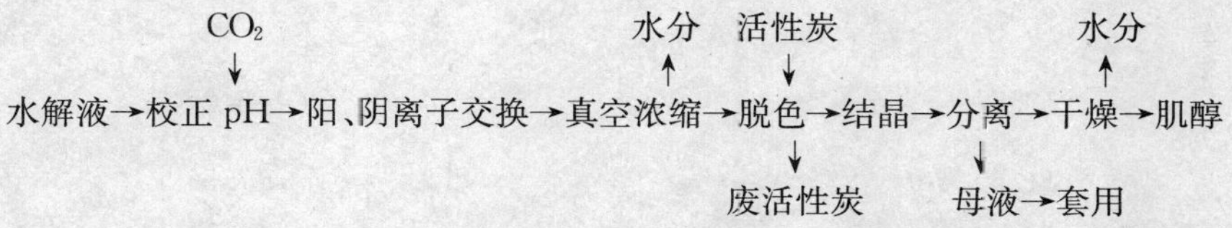

植酸钙镁经水解、中和、过滤及初步脱色等处理，得到的肌醇水溶液通入二氧化碳校正 pH 至 6.7 左右，使其中的蛋白类黏液物析出，经过滤除去。滤液则先后进入阳、阴离子交换树脂塔，分别除去其中的无机酸及无机盐类，使其成无色透明、不混浊的液体。然后以树脂的 3～5 倍蒸馏水淋洗树脂，合并交换后的水解液和树脂淋洗液，经浓缩锅浓缩至比重为

1.16 左右，再经脱色、吸滤、结晶、分离、烘干等工序，即可得到精制肌醇。

这里所用的阴离子交换树脂为磺酸型或羧酸型树脂，阳离子交换树脂为伯胺至叔胺或季铵碱型树脂。

(3) 影响肌醇得率和质量的因素

① 原料

植酸钙镁加压水解制取肌醇时，用水膏状的植酸钙镁原料比用干燥的粉末状的植酸钙镁好。因为植酸与金属离子形成的复盐系胶状沉淀，粒子极微细，干燥结成固化石膏状，经粉碎成粉末状后，仍属坚实的小粒子。这些坚实的小粒子，虽经打浆处理，水也很难渗透到粒子的内部，因而水解速度慢，水解率降低。而水膏状的植酸钙镁，其分子间本来就吸附着大量水分，有利于在较低温度、较低压力、较短时间内水解，所以用水膏状的植酸钙镁为原料，是提高水解率和肌醇得率的重要因素。另外，原料中蛋白质、糖类等杂质过多，则不易水解，即使增加水解时间，肌醇的得率仍然不高，因此，在中和沉淀植酸钙镁的过程中，严格控制 pH，以防杂质的混入，是很重要的。

② 水解

植酸钙镁的水解压力一般为 0.5～0.6 MPa，肌醇的得率仅达植酸钙镁的 7.5%左右，约为理论含量的 38%；而采用高压水解，可使水解周期缩短，水解率提高。实践证明，如采用 1.0 MPa 压力，水解率可提高 20%以上。

据报道，在水解中，加入植酸钙重量的 5%的碱土金属碳酸盐，如碳酸钠、碳酸镁等，对水解是有利的，原因是加入碳酸盐可以使水解液中可溶性的磷酸和磷酸酸式盐减少，较快较多地生成不溶性磷酸盐沉淀，促使水解速度加快，减轻中和除盐的负担；同时，加入碳酸盐可使水解后滤液 pH 在 5～7，接近于中性，减少了水解设备的腐蚀。

③ 中和

在工业生产中，现在多采用石灰乳中和的方法，以除去水解液中的磷酸和磷酸酸式盐。由于肌醇易与石灰形成肌醇一石灰络合物(沉淀)，故常造成肌醇损失，使得率降低，并且石灰乳的用量越大，pH 值越高，肌醇的损失就越大。

表 4-27 石灰乳中和时的 pH 与肌醇损失的量

石灰乳中和时的 pH	肌醇损失的重量/%
0.0	8.1
9.0	11.1
9.5	12.4
10.5	15.2
11.5	17.5
12.2	89.2
12.5	98.9

从以上数据可以看出，在中和的过程中，随着 pH 的增加，水解液中肌醇的损失也随着增加，当 pH>12 时，肌醇的损失更甚。

通过实验证明，在水解液中加入粉末状碱土金属碳酸盐，如碳酸钙、碳酸镁或碱式碳酸镁等，在常温下搅拌或煮沸 1～3 h，保持溶液的 pH 在 7～9，使可溶性的磷酸和磷酸酸式盐沉淀，然后冷至室温后或趁热过滤，测定滤液和滤渣中的肌醇含量，发现在此过程中，肌醇不与碳酸盐生成任何络合物，达到了较理想的中和效果。

在水解前后两次加入碱土金属碳酸盐与一次集中加入相比较，虽然效果基本相同，但前者除盐操作较容易，处理时间短，且碳酸盐的加入量少。

④ 滤液的处理

对水解中和后的滤液，国内生产一般采用脱色、浓缩、再结晶的处理方法，此种工艺路线容易造成肌醇损失，导致得率偏低。如果采用离子交换树脂净化的方法，在肌醇溶液浓缩之前，通入二氧化碳调节 pH，经离子交换树脂及脱色处理，除去溶液中的金属离子及游离的磷酸根等，再进行浓缩，对于提高肌醇的得率是有利的。未经净化处理或处理不完全就进行浓缩，溶液中少量的氢氧化钙易与可溶性的磷酸盐及部分肌醇结合成无机酸及络合物，要提高肌醇的纯度，需用乙醇或醋酸与乙醇的混合液再结晶，增加精制工序，造成了肌醇的流失。

(4) 肌醇质量指标

肌醇：97%以上；

熔点：224～227℃；

水分：0.5%以下；

氯化物：0.005%以下；

硫酸盐：0.006%以下；

钙盐：0.005%以下；

铁盐：0.005%以下；

重金属：0.0025%以下；

灰分：0.1%以下。

4.3.3 植酸的生产

1) 植酸的存在与分布

植酸(phytic acid)作为磷的主要储存形式几乎存在于所有植物中。植酸在植物体中与钙、镁、钾、钠、铁等金属离子结合，以植酸盐的形式存在，谷类和油料作物种子中含量丰富。谷类作物籽粒中含量为 0.5%～1.89%；豆类作物通常为 0.40%～2.06%；油料作物为 2.0%～5.20%。在所有作物籽粒中，芝麻植酸含量最高，可达 5.18%(Reddy，1982)。谷类种子中，植酸集中存在于籽粒的糊粉层与外壳，如小麦和稻谷的胚芽中几乎没有植酸的存在。玉米与其他谷物不同，其中 90%的植酸存在于胚芽部分。双子叶植物种子中，植酸分布于籽粒的亚细胞内容物中。因此，谷物加工副产品和油料加工副产品饼粕中植酸含量很高。一些植物种子植酸的含量见表 4-28。

表 4-28 植物种子植酸的含量

种 类	植酸含量/%(w/w)	种 类	植酸含量/%(w/w)
小 麦	1.1～1.4	大豆皮	0.1
小麦麸皮	4.8～5.0	大豆胚片	1.9～2.2
大 麦	1.0～1.2	脱脂大豆粕	1.5
小麦胚芽	3.9～4.1	扁 豆	2.5～2.6
玉 米	0.9～1.2	可可豆	1.4～1.7
玉米胚芽	5.0～5.1	花 生	2.0～2.1
糙 米	0.7～0.9	脱脂花生粕	1.7
脱脂米糠	7.1～7.5	棉 籽	1.4～1.6
燕 麦	0.8	蓖麻籽	1.2～1.4
大 豆	1.4～1.6	胡麻粕	5.3

表 4-29 植物种子不同部位植酸含量

种 类	植酸含量/%(w/w)	所占比例(%)	备 注
小麦	1.13		软麦
胚	3.90	12.9	
胚乳	0.01	2.2	
糊粉层	4.11	87.1	
皮	0	0	
玉米	0.89		混合
胚	6.38	88.0	
胚乳	0.04	3.2	
皮	0.07	0.4	
大米	0.89		糙米
胚	3.48	7.6	
胚乳	0.11	1.2	
皮	3.37	80.0	

2) 植酸的结构及性质

(1) 植酸的结构

植酸化学名称为 1,2,3,4,5,6-二氢磷酸肌醇(IUPAC-IUB,1968),又名肌醇六磷酸酯,分子式为 $C_6H_{18}O_{24}P_6$,相对分子质量为 660.08。

植酸在 1872 年为 Preferr 发现,为肌醇六磷酸酯;1908 年 Neuber 提出不对称水化三焦磷酸酯结构;1914 年 Anderson 提出对称正磷酸酯结构;1969 年 Johnson 和 Tate 等人通过化学分析、X-光衍射分析、光谱分析以及核磁共振测定与解析,证实了谷物中的植酸具有 Anderson 所提出的对称正磷酸酯结构。植酸分子式见图 4-33。

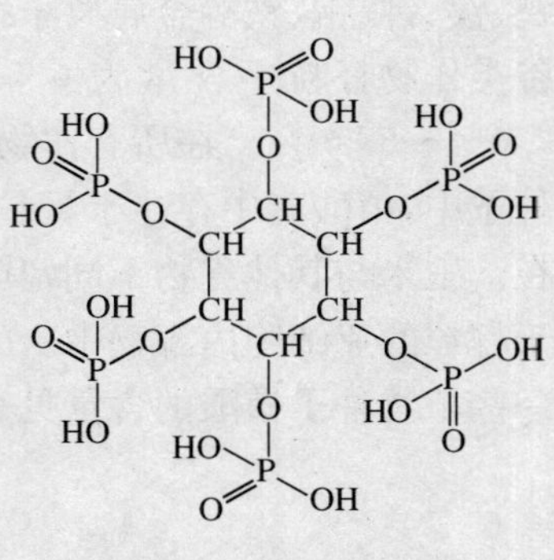

图 4-33 植酸分子式

Barrg 等人于 1964 年在对植酸滴定曲线进行解析和电导率测定时，发现 pK1.8 附近的强酸基有 6 个，pK6.3 附近的中强酸基有 2 个，pK9.7 附近的弱酸基有 4 个(共 12 个)，于是提出了如图 4-34 的植酸分子立体结构式。该结构式中，除了 C_2 位置的磷酸基是平伏外，其余都是直立键。Johnson 于 1972 年测定植酸溶液的P-NMR后提出了如图 4-35 的分子结构式。该结构式中，除了 C_2 位置磷酸基是直立键，其余都是平伏键。

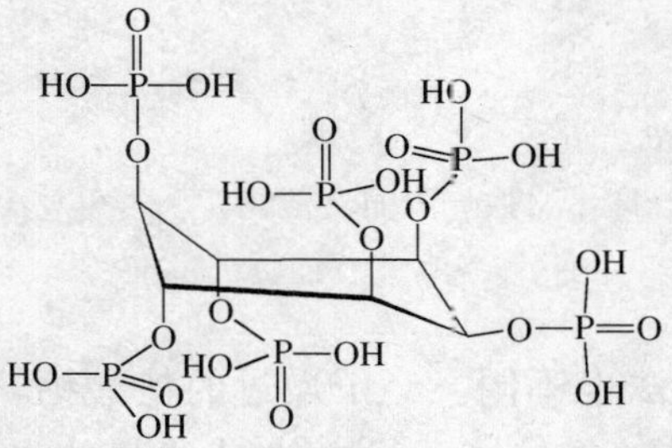

图 4-34 Barrg 等人 1964 年提出的植酸分子立体结构式

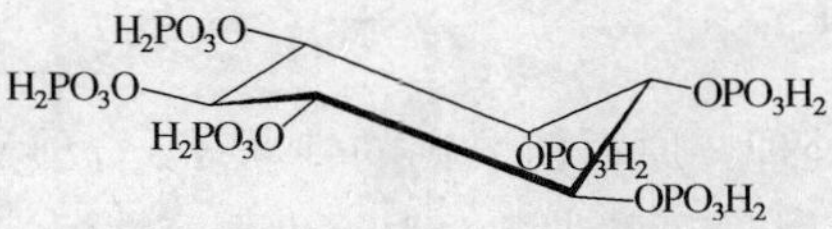

图 4-35 Johnson 1972 年提出的植酸分子立体结构式

(2) 植酸的性质

① 一般性状

植酸为淡黄色或褐色糖浆状液体。

② 溶解度

植酸溶于水、95%乙醇和丙醇，微溶于无水乙醇、甲醇，几乎不溶于无水醚、苯、己烷和氯仿。

③ 植酸水溶液的电离

植酸具有 12 个可介离的氢离子，它们可分三步电离，其介离常数与成盐时 pH 见表4-30。

表 4-30 植酸介离常数与成盐时 pH

电离常数(pK)	介离氢离子数	完全成盐时 pH
pK_1=1.84	6 个(强酸电离)	4.5～5.0
pK_2=6.30	2 个(弱酸电离)	7.5～8.0
pK_3=9.70	4 个(最弱酸电离)	>10

植酸用碱中和时 pH 不同，生成各种盐的类型也不同。

④ 热稳定性

植酸受热易分解，但在 120℃以下短时间内受热是稳定的。

⑤ 安全性

植酸的半致死量 LD_{50} 为 4.20 g/kg，与食盐的半致死量 4.0 g/kg 基本相等，使用安全性较高。人类每天从食物里摄取植酸的金属盐(植酸钙)，在体内水解成肌醇的一至三磷酸酯，而在重要脏器，如肝、肾、脑里作为磷脂质的重要构成部分大量存在，并起着重要的生理作用。

⑥ 植酸与金属离子的络合作用

植酸与金属离子具有极强的络合作用，生成的络合物稳定常数(log K)较大，并且在 pH 较大的范围内与金属离子有较强的络合作用。

3) 植酸的生产

植酸的生产方法主要有：以植酸钙镁为原料，酸解制植酸法；利用米糠等为原料，酸浸离子交换法；以环己六醇与无机磷酸为原料进行化学合成法。国内普遍采用植酸钙酸解法和酸浸离子交换法。

① 植酸钙酸解制备植酸

该法的原理是利用植酸钙的酸溶特性，使植酸钙在酸的作用下溶解，然后用强酸（草酸）或强酸性阳离子交换树脂去除其中的钙等离子，从而得到游离植酸。

以植酸钙为原料生产植酸工艺流程如下：

水（↓预处理）　酸（↓酸解）　水分（↑浓缩）

植酸钙→预处理→酸解→过滤→脱色→离子交换→浓缩→植酸

↓（过滤）废渣

预处理　原料植酸钙的性状不同，预处理的方法也不同。经干燥过的植酸钙，应先粉碎，然后用蒸馏水洗涤。为防止不溶性沉淀物将树脂交换柱堵塞，此时加入少量的强酸性阳离子交换树脂与悬浮液充分混合，调节 pH 在 2～3，使大部分不溶性沉淀物转化为可溶性物。如为未经干燥的膏状植酸钙，则可直接加蒸馏水。

酸解　可用于酸解的无机酸很多，如硫酸、硝酸、盐酸、草酸等。常用盐酸进行酸解植酸钙。由于使用了无机酸，引进了杂质，因此有人利用植酸自溶法制备植酸。

梁少华以米糠、玉米植酸钙为原料，采用自溶法和草酸置换法制取植酸。试验表明，无论是以玉米植酸钙还是以米糠植酸钙为原料，用自溶法制得植酸的质量明显优于草酸置换法。采用草酸置换法制取植酸时，米糠植酸钙比玉米植酸钙制得植酸得率高。

过滤　经预处理后的悬浮液进压滤机，过滤除去其中不溶性沉淀物。

离子交换　过滤后的滤液通过强酸性阳离子树脂交换柱，滤液中的 NH_4^+、Na^+、Ca^{2+}、Mg^{2+} 等阳离子分别与阳离子交换树脂中的 H^+ 交换，除去这些离子。通过阳离子交换树脂的收集液再通过阴离子树脂交换柱，经过树脂交换后，将 SO_4^{2-} 离子、Cl^- 离子、PO_4^{2-} 离子等除去。

浓缩　为了防止植酸受热分解，将植酸溶液在低温（70℃左右）、减压（残压 8.0 kPa 以下）的条件下浓缩至溶液呈淡黄色的黏稠状液体，其含量一般在 50%以上，高则可达 70%以上。

② 酸浸离子交换法制备植酸

该法也称作直接法，用稀酸直接浸取原料，使植酸盐从原料中溶解转移到酸水中，经过脱色、离子交换树脂脱除各种离子，浓缩得到植酸。

酸浸离子交换法制备植酸工艺过程如下：

水酸（↓↓酸浸）

原料→粉碎→酸浸→过滤→离子交换→脱色→浓缩→植酸

↓（过滤）渣

王文侠以脱脂米糠为原料，通过酸浸、离子交换吸附、洗脱、精制、浓缩过程制得植酸。孙大志以玉米淀粉生产时的附产物——玉米浸渍水为原料，离子交换树脂吸附植酸，植酸根解吸时生成植酸钠，浓缩后的植酸钠溶液经过水解生成环己六醇和磷酸氢二钠，以结晶过滤的方式除去磷酸氢二钠后得到精制水解液，再将精制水解液浓缩、结晶、干燥，最终得到环己六醇产品。任传英以米糠为原料，以硫酸钠-三氯乙酸溶液作为提取剂，滤液先经过 D201 大孔阴离子交换树脂，再经过以 D001 大孔阳离子交换树脂脱盐，经过 D101 大孔阳离子树脂进行脱色，然后继续浓缩得到高纯度植酸。王志刚实验结果表明，稀盐酸是一种比较好的植酸萃取剂，搅拌和超声作用能加速植酸的萃取平衡，但不能提高萃取率，采用 NaOH 和 $NH_3 \cdot H_2O$ 作为中和剂其中和效果最好。弱碱型阴离子交换树脂对植酸的吸附效果比强碱型阴离子交换树脂要好。何国菊以菜籽饼粕为原料，采用沉淀转换法直接从菜籽饼粕中分离植酸。结果表明：碳酸钠、磷酸钠和草酸盐等三种沉淀剂中，以草酸盐溶液提取植酸的效果最好。

③ 膜分离法制取植酸

膜分离法制取植酸的工艺流程如下所示。

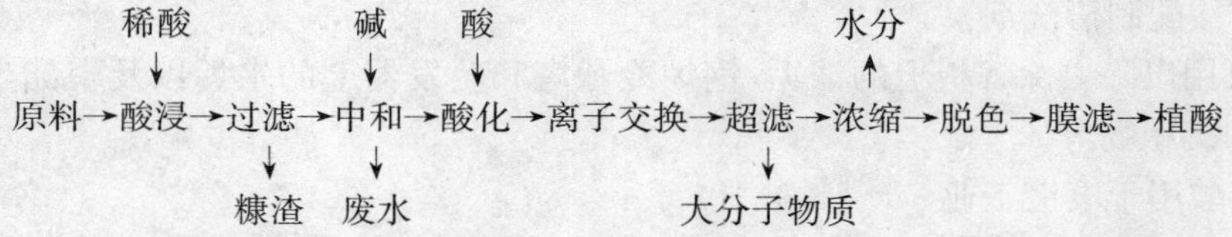

膜分离法制取植酸也可以采用直接浸取法，不经中和沉淀，直接进行膜过滤。

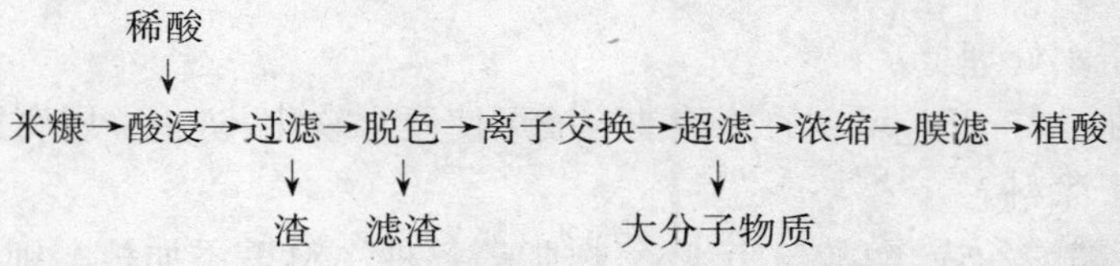

此法的缺点是离子交换后的交换液中仍含有大量的高分子物质，如蛋白质、淀粉等，在超滤过程中这些大分子物质极易使滤膜堵塞，给生产维护带来很大影响。此外，此生产工艺所要求的设备投资较高。

许金林应用离子交换与膜分离技术制备植酸，产品纯度高达 87%，产品收率从植酸盐法的 73.8%提高到 86.4%。许强以米糠为原料，加稀植酸溶液浸提，提取液采用截留相对分子质量 10 000，改性聚砜树脂(ANPS)超滤膜超滤除去蛋白质、淀粉等高分子物质，超滤液加 $Ca(OH)_2$ - NaOH 中和得植酸盐沉淀。植酸盐加稀植酸溶解，除去杂质，经阳离子交换除去金属阳离子，流出液减压薄膜浓缩制得植酸。产品植酸含量高达 90%。

④ 植酸质量标准

植酸目前尚无国家标准，以下指标仅作参考。

植酸($C_8H_{18}O_{24}P_6$)含量	≥70%
钙(Ca_{2+})	≤0.02%
无机磷(P)	≤0.02%
氯化物(Cl)	≤0.02%
硫酸根(SO_4^{2-})	≤0.02%

⑤ 植酸的用途

Ⅰ. 植酸用于食品工业

植酸可作为食品抗氧化剂与稳定剂。植酸酸性强，易与油内的游离脂肪酸或过氧化物相结合，中断或破坏油内氧化过程的连锁反应，阻止或缓解氧化过程的进行。植酸还可以作醋酸以及机油、重油等润滑油的稳定剂。在酿酒、饮料生产中作为除金属剂。

用0.01%～0.05%的植酸与微量有机酸(柠檬酸)混合配制成的水溶液处理蔬菜、瓜果、水产品,可使它们长期保存而不腐烂变质。

Ⅱ.植酸用于医药

植酸用来配制链霉素植酸注射液,可防止放射性物质进入人体的消化系统。植酸还可以用在医药上制备一种专用的植酸体,用作器官闪烁扫描剂等。植酸具有抗氧化性,可作为一些维生素的稳定性,是合成综合维生素的主要原料。植酸具有抑制自由基的作用,可促进人体体内脂肪代谢、降低血脂、抑制胆固醇的生成,对治疗肝、肾等有明显疗效,植酸的钠盐和铋盐可治疗胃炎、十二指肠溃疡、腹泻等症状。植酸还是重要的医药中间体,经加压水解、中和、过滤、洗涤、结晶、精制可得肌醇。

Ⅲ.植酸配制清洗剂

植酸可用以除去涂锌板上的油垢,钢炉冷却塔和蒸发器上的水垢以及聚酯生产中反应器器壁上的沉积物等。

Ⅳ.植酸用于电镀工业

在电镀上,用植酸配制的电镀液无毒,可以代替氰化钠电镀液,而且操作控制简单,镀层均匀,外观良好。

Ⅴ.植酸用于水处理

在硬水中添加10～250 ppm的植酸钠溶液可使硬水软化,防止金属腐蚀积垢。

Ⅵ.植酸用于涂料

在干性油、聚醋酸乙烯、醇酸树脂、环氧树脂等各种涂料里添加植酸钡盐1%,可改进涂层膜,使其硬度、柔软性、抗蚀性大大提高。

Ⅶ.植酸用于富集稀土元素

利用金属元素与植酸有较强亲和力、在酸性溶液里可定量沉淀的性质,回收稀土元素或除去稀土元素。

Ⅷ.植酸作为溶剂

浓度为50%～95%的植酸或它的碱金属、碱土金属盐是线型聚酰胺、聚氨基甲酸酯、聚吡咯烷酮在90～110℃下稳定状态的优良溶剂,且以碱性水浴液处理即凝固。制备薄膜、涂料、橡胶等均较容易,控制简单,较熔融干式纺丝更经济。

Ⅺ.植酸用于防爆剂

植酸的四级铵盐能使沸点为25～400℃的各种燃料油导电度增加,从而减少或防止由于电荷的增加而引起的爆炸事故的发生。因此可常作柴油、汽油、煤油、航空航海等高级特种油的防爆剂,通常添加量为0.01%～0.05%。

4.4 皂苷的提取

4.4.1 皂苷的性质与生物活性

1) 皂苷的结构与分布

苷是糖或糖的衍生物与另一非糖物质通过糖的端基碳原子连接而成的一类化合物,又称为配糖体。苷中的非糖部分称为苷元(genin)或配基(aglycone)。

皂苷是苷类物质的一种,是存在于植物界的一类比较复杂的苷类化合物。它的水溶液易引起肥皂样泡沫,且多数具有溶血等特性,皂苷的这些物理及生物学性质,构成了皂苷的经典含义。目前认为皂苷大多数是螺甾烷及其生源相似的甾族化合物的低聚糖苷或三萜类化合物的低聚糖苷。

皂苷是由皂苷元和糖两部分组成。组成皂苷的糖常见的有 D-葡萄糖、D-半乳糖、L-鼠李糖、L-阿拉伯糖、D-木糖、D-葡萄糖醛酸、D-半乳糖醛酸等,皂苷多数是由多分子糖或糖醛酸与苷元所组成。

皂苷按其苷元结构可以划分为两大类,甾体皂苷和三萜皂苷。甾体皂苷大部分分布于百合科、薯蓣科、石蒜科和玄参科等植物中;而三萜皂苷大部分分布于五加科、豆科、桔梗科、远志科、毛茛科和伞形科等植物中。甾体皂苷一般作为合成甾体激素及其有关药物的原料,三萜皂苷有些已证明具有药理活性成分。

中草药中皂苷广泛存在,如人参、柴胡、牛膝、桔梗、麦门冬、木通等均含有皂苷。

植物油料资源中,大豆、茶籽都含有丰富的皂苷。

(1) 大豆皂苷的结构和分布

① 大豆皂苷的结构

大豆皂苷(soyasaponins)是苷类化合物的一种,属于五环三萜类齐墩果酸型化合物,三萜皂苷元由 30 个碳原子组成,是由糖中的羟基与三萜式皂苷元的羟基脱水缩合而成。

目前已经确认的大豆皂苷约有 18 种,它们是由 5 种皂苷元和糖基中的 β-D-半乳糖、β-D-木糖、α-L-鼠李糖、α-L-阿拉伯糖或 β-D-葡萄糖醛酸等 6 种单糖组成。皂苷元结构如图 4-36 所示。大豆皂苷按官能团不同一般可分为 A 族大豆皂苷、B 族大豆皂苷、E 族大豆皂苷和 DDMP 族大豆皂苷(如图 4-37 所示)。

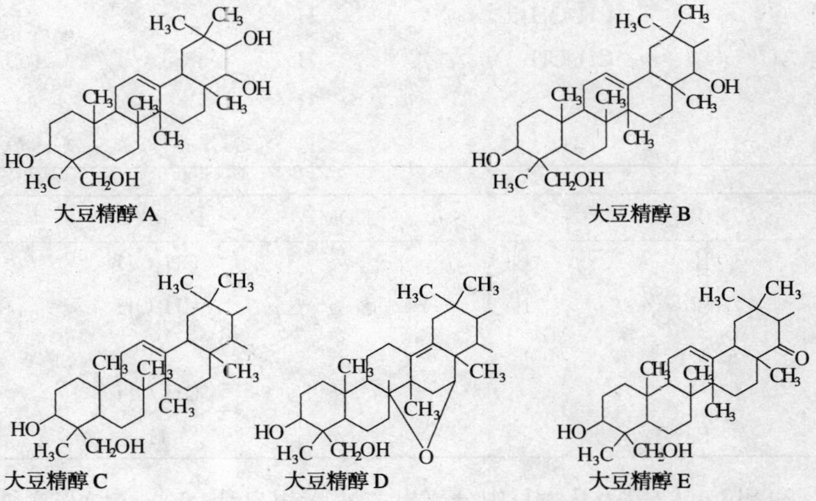

图 4-36 大豆皂苷元结构

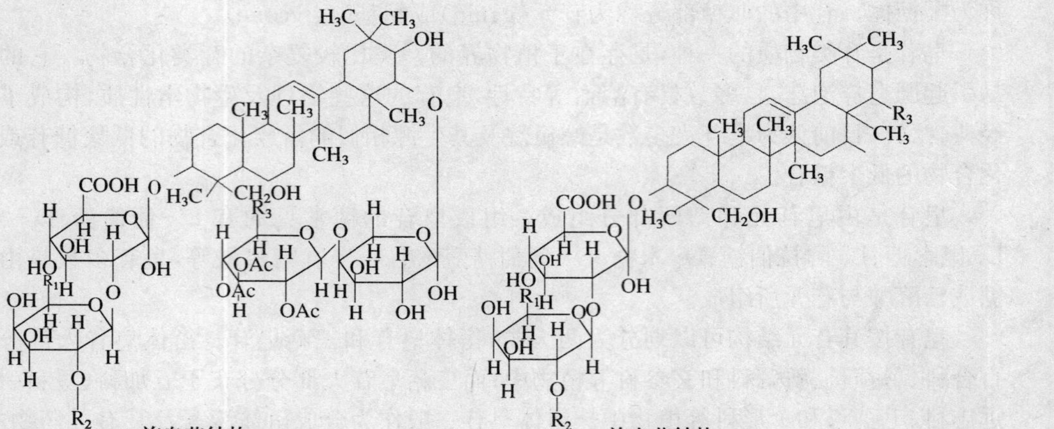

A 族皂苷结构　　　　B 族皂苷结构

图 4-37　大豆皂苷的结构类型

其中 B 族 R_3 为—OH，E 族 R_3 为═O，DDMP 族 R_3 为 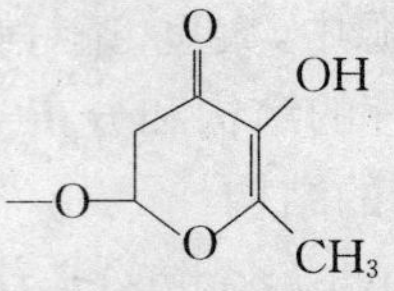

	R_1	R_2	R_3
大豆皂苷 Aa	CH_2OH	β-D-Gle	H
大豆皂苷 Ab	CH_2OH	β-D-Gle	CH_2OAc
大豆皂苷 Ac	CH_2OH	α-L-Rhn	CH_2OAc
大豆皂苷 Ad	H	β-D-Gle	CH_2OAc
大豆皂苷 Ae	CH_2OH	H	H
大豆皂苷 Af	CH_2OH	H	CH_2OAc
大豆皂苷 Ag	H	H	H
大豆皂苷 Ah	H	H	CH_2OAc

	B	E	DDMP	R_1	R_2
大豆皂苷	Ba	Bd	αg	CH_2OH	β-D-Gle
大豆皂苷	Bb	Be	βg	CH_2OH	α-L-Rhn
大豆皂苷	—	—	βa	H	α-L-Rhn
大豆皂苷	—	—	γg	CH_2OH	H
大豆皂苷	Bc	—	γa	H	H

Kitagawa 和 Shiraiwa 等人从大豆中分离出 7 种 A 组皂苷(Aa-Ah)和 5 种 B 组皂苷(Ba,Bb,Bc,Bb′,Bc′)。A 组皂苷和 B 组皂苷的皂苷元只有较小区别，但 2 组皂苷的糖链明显不同，A 组为双链，B 组为单链。完整的 A 组皂苷的 C-22 位连接的双糖的末端糖基是全乙酰化的，如果以传统的化学裂解法确定皂苷的结构，仅能得到脱去乙酰基的大豆皂苷。完整的大豆皂苷 B 的 22 位羟基上连有一种少见的糖：2,3-二氢-2,5-二羟基-6-甲氧基-

4H-吡喃-4-酮糖(DDMP),这种结构极不稳定,在储存、提取分离过程中稍遇热即分解,大部分生成脱DDMP的B组皂苷,少量生E组皂苷,DDMP自身分解为matol。大豆皂苷在不同条件下水解时皂苷元发生分子内脱水和双键的重排、转移等,生成的皂苷元有A、B、C、D、E、F、G等几种形式。

大豆皂苷糖链部分是由以下六种单糖组成:β-D-葡萄糖醛酸、β-D-葡萄糖、β-D-半乳糖、β-D-木糖、α-L-阿拉伯糖、α-L-鼠李糖。大豆皂苷糖链部分含量在24%~27%。

② 大豆皂苷的分布

A组皂苷和B组皂苷中Ba仅存在于胚中,大豆的其他部分仅有B组皂苷。以Bb的量为基准比较,大豆胚芽中皂苷的含量最高(0.5~1.9),是子叶含量的5~16倍。子叶中含量仅次于胚芽,在大豆根部皂苷含量最少。Taniyama等对来自美国、中国和日本的18种大豆的分析结果指出:大豆胚芽中A组皂苷的含量为0.62%~6.16%,B组皂苷的含量为0.42%~0.52%,子叶中B组皂苷含量为0.14%~0.18%。Shiraiwa等人分析了多达457种大豆胚芽中的皂苷含量,表明胚芽中总皂苷含量为0.62%~6.16%,其中A组皂苷0.36%~3.41%、B组皂苷0.26%~2.75%,不同品种大豆的胚芽中的A组皂苷组成变化较大,分为7种类型,90%以上的品种以Aa或Ab皂苷中的一种作为主要成分,各个品种中B组皂苷的组成比例稳定,胚中以Ba和Bb为主,二者比例约为1∶2,子叶中以Bb和Bc为主,比例约为5∶2,豆皮中几乎不含皂苷。

传统豆类食品中大豆皂苷的含量见表4-31。

表4-31 传统豆类食品中大豆皂苷的含量 单位:g/kg

黄豆	豆腐	豆干	豆奶	豆浆
0.22~0.23	0.30~0.34	0.28~0.32	0.39	0.17

一些豆科种子中皂苷含量见表4-32。

表4-32 部分豆科种子中皂苷含量 单位:g/kg

中文名称	外文名称	皂苷含量
赤　豆	Vigna angularis	2.2
黑　豆		245
蚕　豆	Vicia faba	3.5
棉　豆	Phaseolus lunatus	1.0
鹰嘴豆	Cicer arietinum	0.36~2.3
豇　豆	Vigna unguiculata	1.2
葫芦豆	Trigonella foenum graecum	17~37
田　豆	Vicia faba	0.5~3.0
绿　豆	Phaseolus vulgaris	13
小扁豆	Lens culinaris	1.1~5.1
利马豆	Phaseolus lunatus	1.1

续表

中文名称	外文名称	皂苷含量
羽扇豆	Lupinus mutabilis	0.055～0.074
豌　豆	Pisum sativum	1.5～11
花　生	Arachis hypogaea	1.0～16
大米豆	Vigna umbellata	—
红花菜豆	Phaseolus coccuneus	1.8～3.4
大　豆	Glycine max	2.4～43

一些大豆食品中皂苷的含量见表 4－33。

表 4－33　一些大豆食品中皂苷的含量　　单位：g/kg

大豆粉	分离蛋白	豆　乳	豆　腐	全大豆
4.7～5.3	8.1	2.6～3.9	3.0～3.3	0.8～5.3

（2）茶皂苷的结构和分布

① 茶皂苷的结构

青山新次郎 1931 年首次从茶籽中分离出了茶皂苷，并将其命名为“teasaponin”。后来研究证明，茶皂苷属于三萜类皂苷，其基本结构如图 4－38。茶皂苷是由皂苷元（即配基）、糖体和有机酸形成的结构复杂的混合物。从茶皂素中一共分离出 7 种皂苷配基，它们分别是茶皂苷元 A、茶皂苷元 B（玉蕊精醇 C）、茶皂苷元 C（山茶皂苷元 C）、茶皂苷元 D（山茶皂苷元 A）茶皂苷元 E、山茶皂苷元 B 及山茶皂苷元 D。见图 4－39。这七种皂苷配基，区别仅在于 A 环上 C－23、C－24 及 E 环 C－21 所接的基团不同。糖链部分包括葡萄糖醛酸、阿拉伯糖、木糖和半乳糖 4 种。

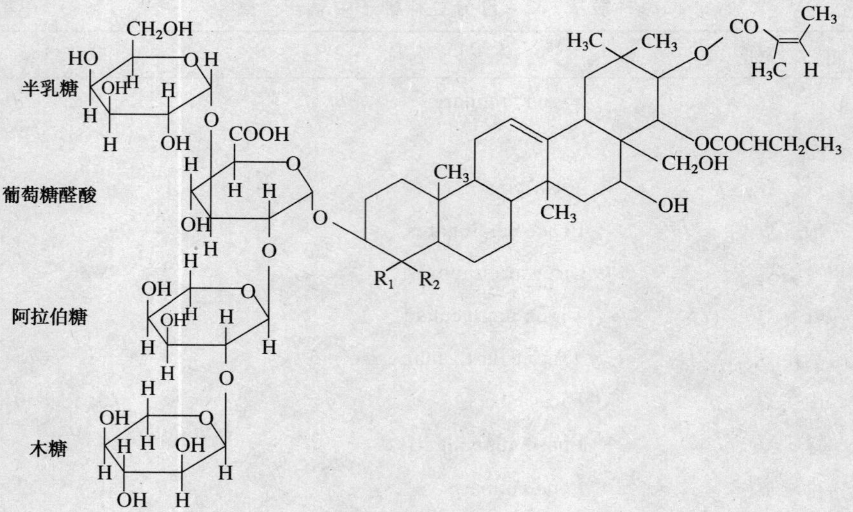

图 4－38　茶皂苷的结构

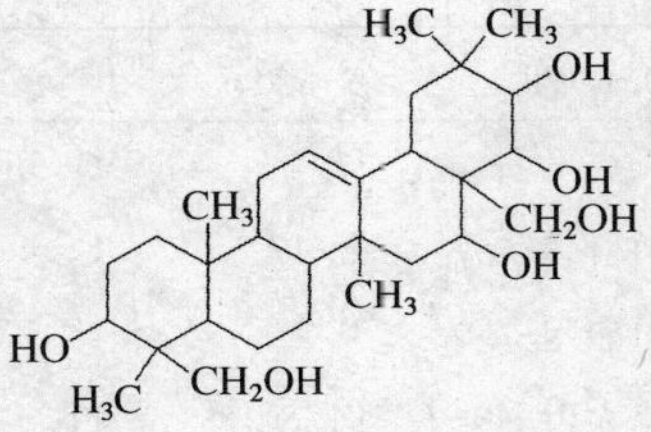

茶皂苷元 A

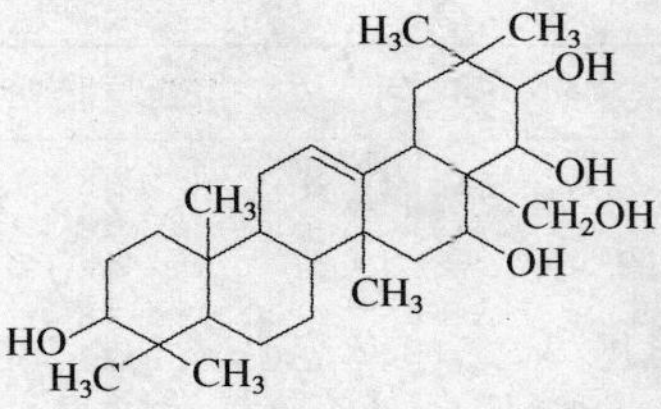

茶皂苷元 B(玉蕊精醇 C)

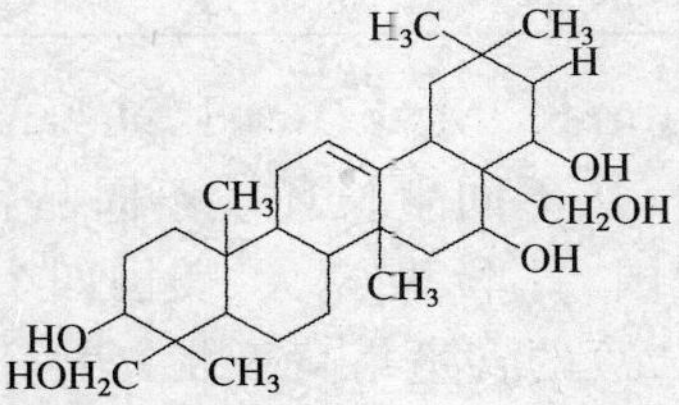

茶皂苷元 C(山茶皂苷元 C)

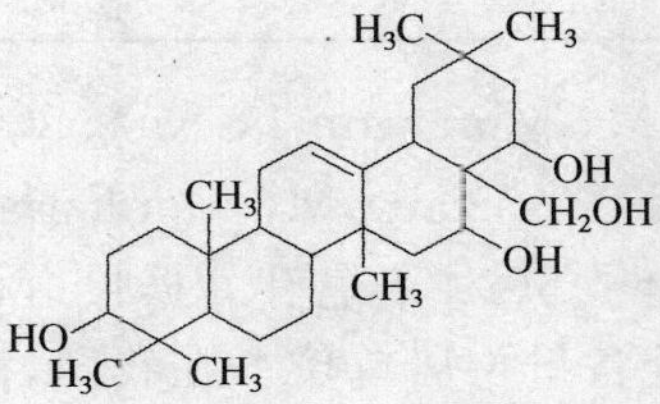

茶皂苷元 D(山茶皂苷元 A)

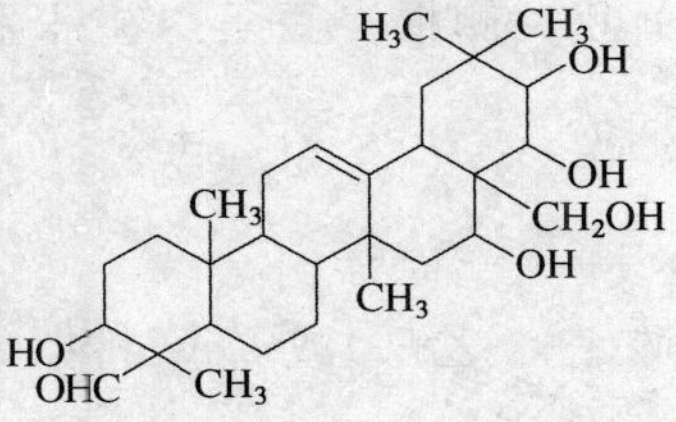

茶皂苷元 E

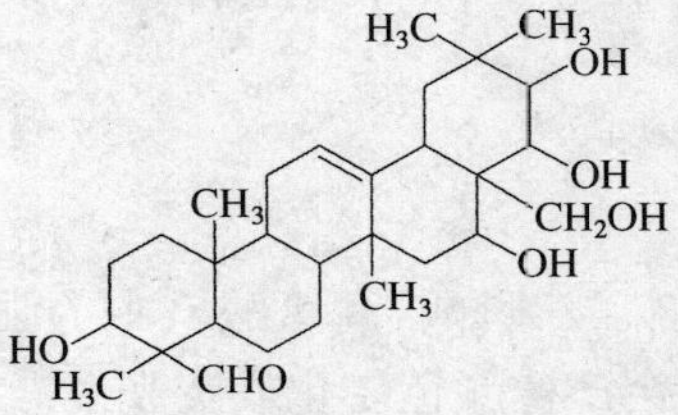

山茶皂苷元 D

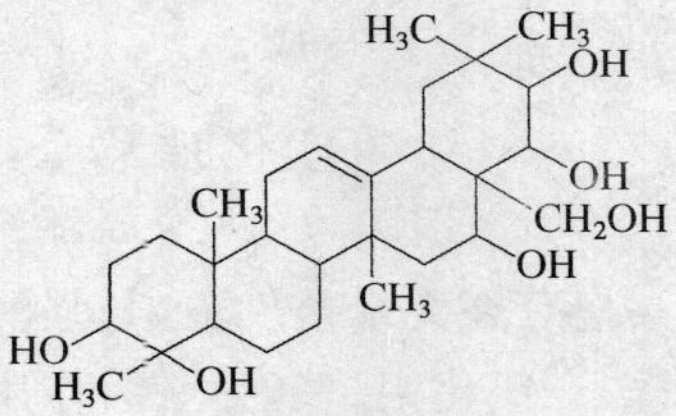

山茶皂苷元 B

图 4－39　茶皂苷元结构

茶叶皂苷的有机酸与茶籽皂苷的有机酸有所不同。茶籽皂苷所结合的有机酸为当归酸(angelie acid)，惕各酸(tiglic acid)和醋酸(acetic acid)，而茶叶皂苷的有机酸部分为当归酸、惕各酸和肉桂酸(cinnamic acid)。目前研究人员已经从不同生长环境不同品种茶树的各个部位分离纯化出了 56 种茶皂苷。

② 茶皂苷的分布

茶皂苷的种类与茶树的品种和茶树的生长环境有很大关系，并且在同一棵茶树中不同部位的茶皂，苷的种类和茶皂苷含量也有很大的区别。表 4－34 列出了中国主要茶树茶籽茶皂苷的含量。

表 4－34　中国主要茶树种子茶皂苷含量　　单位：%

品　种	全　籽	种　仁	脱脂粉	品　种	全　籽	种　仁	脱脂粉
龙井种	9.57	14.72	20.92	祁门槠叶种	13.02	21.70	29.10
鸠坑种	8.01	14.057	19.27	鳌源大叶种	9.14	14.99	20.40
碧螺春	9.32	13.51	19.74	眉潭苔茶	11.04	18.34	24.30
紫阳种	10.84	16.68	23.07	早白尖	11.05	18.34	23.70

续表

品种	全籽	种仁	脱脂粉	品种	全籽	种仁	脱脂粉
菜茶	8.77	16.87	23.60	南江大叶种	12.04	19.69	26.67
安化中叶种	12.91	19.56	26.13	钟山群体	8.47	15.40	20.93
君山群体	11.20	17.77	24.53	南山白毛茶	9.12	18.23	23.74
江华矮脚	11.27	18.95	25.50	临桂大叶种	14.32	21.53	26.30
信阳种	11.04	16.73	22.94	乐昌白毛茶	9.40	16.21	20.93
都匀毛尖	9.23	15.39	19.87	凤凰水仙	10.22	18.58	24.13

Yoshikawa M，Murakami T，Kitagawa I，Hori K，Motozawa T，Nakamura J，Yi Lu，Tatsuya Umeda，Yoshikawa M，Morikawa T 等，从不同生长环境不同品种茶树的各个部位分离纯化出了 56 种茶皂苷。据报道，在中国、日本、加拿大、美国四个国家中，中国大豆中大豆皂苷含量位居首位。在我国，南方大豆的含量略高于北方大豆。另外，生长在地上部分的种子、叶片、茎、胚等器官在秋播大豆中皂苷含量高于春播，而长于地下的根则是相反。大豆全株的各个部位中，大豆皂苷含量也有明显不同，其中大豆胚芽中皂苷的含量是最高的，顺序依次为胚芽＞绿叶＞全粒种子＞子叶＞侧根＞豆荚＞主根和豆茎＞种皮。

2）皂苷的理化性质

(1) 物理性质

皂苷在无水条件下，与强酸（硫酸、磷酸、高氯酸）、中等强酸（三氯乙酸）或 Lewis 酸（氯化锌、三氯化铝、三氯化锑）作用，会产生颜色变化或荧光。

大豆皂苷相对分子质量在 1 000 左右，分子极性较大，不易结晶，呈无色或者乳白色粉末，易溶于水、热甲醇和乙醇，难溶于丙酮乙醚等极性小的有机溶剂。大豆皂苷具有吸湿性，易潮解，常在熔前就分解，具有苦涩味和较强的表面活性。

茶皂苷（tea saponin）熔点 223～224℃。茶皂苷也具有苦辛辣味，纯品为无色微细柱状晶体，吸湿性强，对甲基红呈明显酸性，难溶于冷水、无水甲醇、无水乙醇；不溶于乙醚、丙酮、氯仿、苯、石油醚等有机溶剂，微溶于温水、二硫化碳和乙酸乙酯；易溶于含水甲醇、含水乙醇以及正丁醇等。

(2) 化学性质

皂苷水溶液中加入硫酸酐、醋酸铅或其他中性盐类可形成沉淀并呈现颜色变化，大豆皂苷也可在盐酸存在下加热与苔黑酚反应呈蓝绿色。

皂苷在水解条件下易发生脱水、环化、双键转移、取代基转移、构型转化等变化。

3）皂苷的生物学活性

(1) 溶血作用

很早以前人们认为大豆皂苷具有溶血作用，对人体健康不利，因而一直被视为抗营养因子。20 世纪 80 年代以来，国内外的大量研究结果表明，大豆皂苷的毒副作用很小并具有较多有益的生理功能。近年来的溶血实验研究得出大豆皂苷对哺乳动物的溶血指数小于 100，这表明大豆皂苷基本上不溶血。在大鼠、兔的急性毒理实验中，其 LD50 大于 3.2 g/kg。

茶皂苷的溶血作用和大豆皂苷一样，与血液中胆固醇结合成复盐改变细胞膜的通透性而对红血球产生破坏作用。Sagesaka M. Y 等利用茶皂苷作鱼毒试验，得出半致死剂量 3.8 mg/L。

(2) 抗氧化作用

大豆皂苷可以抑制血清中脂类氧化，抑制过氧化脂质的形成，且能抑制过氧化脂质对肝脏细胞的损伤。大豆皂苷能抑制玉米油的自动氧化。小鼠服用过氧化玉米油后出现肝脏损伤、血清转氨酶活力增加和高血脂症，服用皂苷后上述症状改善。靳莉等对大豆皂苷抗衰老进行了研究，发现皂苷可以抑制小鼠血浆及肝脑中过氧化脂质含量，提高老龄鼠红细胞及肝中超氧化物歧化酶活性，提高小龄鼠全血过氧化氢酶及谷光甘肽氧化酶作用。

(3) 抗病毒作用

大豆皂苷的抗病毒作用，国内外均有报道。首先日本 Nakashima 等人报道大豆皂苷对人类艾滋病病毒的感染和细胞的生物学活性均有一定的抑制作用，认为大豆皂苷对艾滋病无论是治疗还是预防都是非常有效的。国内学者李静波也对皂苷的抗病毒作用进行了研究，并用含大豆皂苷的霜剂成功地治疗了疱疹性口唇炎、口腔溃疡等症。关于大豆皂苷抗病毒的机制，多数认为是大豆皂苷对病毒的直接杀伤作用。另外，大豆皂苷有利于细胞代谢，推测大豆皂苷能够增强机体局部吞噬细胞和 NK 细胞的功能，从而增强机体细胞抵抗病毒的免疫力。

(4) 抗菌消炎作用

茶皂素的抗菌作用已在茶籽饼作为防治某些皮肤病的应用中得到体现。熊文淑研究发现，茶皂素对白色念珠菌、大肠杆菌均有抑制作用。

茶皂素粗提物对食品腐败细菌、真菌以及植物病原真菌的抗菌实验结果表明，茶皂素对各种细菌和真菌均有不同程度的抑制作用，且抑菌效果与茶皂素浓度呈正相关。茶皂素粗提物对食品腐败菌中细菌和曲霉属(aspergillus)真菌抑制能力较弱，而对青霉菌(penicillium glaueus)和单细胞真菌啤酒酵母(saccharomyces cerevisiate)的抑菌能力较强，尤其对啤酒酵母(saccharomyces cerevisiate)的抑菌效果最好。茶皂苷粗提物对植物病原真菌小麦纹枯病菌(rhizoctonia cerealisvander hoven)和棉花黄萎病菌(verticillium dahliae)有较强的抑菌作用。金继曙等研究表明，茶皂素有较好的抗菌作用，对浅表真菌感染具有治疗效果。也有报道，茶皂素对多种皮肤病瘙痒有抑制作用。金继曙等对油茶饼抗菌成分的研究表明，与茶皂素结构类似的油茶皂素，经体外和临床预试验，均证明有较强的抗菌活性，对红色毛癣菌、石膏样癣菌、断发癣菌、黄色癣菌、紫色癣菌、絮状表皮癣菌有效，对白色念珠菌的抗菌活性最强，临床试用 20 例皮肤癣菌病，取得了较好的疗效。P. Chattopadhyay 等对茶皂素抗渗、消炎作用进行了一系列不同类型发炎的动物模拟试验。Vogel G 等对茶皂素抗渗、消炎作用进行了一系列不同类型发炎动物模拟实验，实验表明茶皂素有明显抗渗与抗炎症特性，主要表现在炎症初期，使受障碍的毛细血管透过性正常化。

(5) 降脂减肥作用

大豆皂苷可以降低血中胆固醇和甘油三酯的含量，同时还可以抑制血清中脂类的氧化，抑制过氧化脂质的生成。我国学者高贵清还利用喂饲家兔实验，证明大豆皂苷对高脂肪膳食所致的高脂血症具有预防降低作用。此外，日本学者 Kawaho-Takahashi 通过临床观察研究证实，大豆皂苷对治疗肥胖症也具有一定的疗效。肖军霞通过实验发现，与高脂模型组比较，高脂饮食同时摄入大豆皂苷(10 mg/kg·d，20 mg/kg·d，30 mg/kg·d)六个星期后，这三个剂量组小鼠血清中TC、TG和LDLC的含量均分别降低达30%、50%和30%以上，HDLC含量均升高28%以上。适量的大豆皂苷能显著降低进食高脂饲料小鼠肝脏中TC、TO和MDA的含量，增强SOD和LPL活性。

(6) 抗癌作用

大豆皂苷是人们从食物中摄入的主要皂苷，它与肠上皮细胞作用引起的生理作用可降低结肠癌细胞的发病率。

细胞培养表明，大豆皂苷能抑制结肠癌细胞HCT-15的生长，对癌细胞有毒杀作用，效果与浓度正相关。大豆皂苷不能增大细胞通透性，故其抗癌机制与之无关，电子显微扫描显示，大豆皂苷使癌细胞的膜形态发生了变化。结肠癌的发生与肠道中高浓度的胆固醇代谢物和胆酸有关，体外研究表明，皂苷与胆酸形成大的混胶束，在消化道的上部减少了游离胆酸的生成，同时减少了下部肠黏膜对胆酸的吸收，起到抗癌的作用。在动物摄入大豆皂苷后，它们都存在于动物的盲肠、结肠处，皂苷可能与肠上皮黏膜细胞膜结合，因为一些癌细胞表面胆固醇的含量高于正常细胞，皂苷可能更多地与这些癌细胞结合，对它们起到破坏作用。

肖军霞首次提出大豆皂苷诱导入宫颈癌Hela细胞凋亡是其抗肿瘤活性的主要机制。

郁利平等发现大豆皂苷对S180细胞和YAC-1细胞的DNA合成有明显的抑制作用，并且对K562细胞和YAC-1细胞亦有明显的细胞毒作用。

(7) 其他作用

Kudou等以Wistar大鼠为对象进行研究，表明大豆皂苷具有抗血栓形成作用。国内王银萍等研究发现，给糖尿病大鼠肌注大豆皂苷，可以降低其血糖、血小板聚集率以及TXA_2、PGI_2值，提高胰岛素水平，从而表现出抗糖尿病的作用。

大豆总皂苷对高脂肪膳食引起的轻度肝损伤有保护作用。Soyasaponin BⅠ对CCl_4引发的肝损伤有保护作用。以免疫诱导损伤的肝细胞培养比较大豆皂苷的护肝作用表明，所有的Soyasaponin B的作用都强于甘草酸，其中双糖的B组皂苷的作用远远强于三糖的B组皂苷；BⅢ的作用与soyasaponenol B monoglucuronide相当，都强于BⅠ的作用。葡萄糖醛酸没有作用，soyasaponenol B与葡萄糖醛酸结合后护肝作用增加。

4.4.2 皂苷的生产

1) 皂苷的提取、精制

植物油料资源中提取皂苷一般是以脱脂大豆粕或脱脂茶籽粕为原料，提取制备技术与传统的皂苷类提取方法类似。提取皂苷，首先要除去可溶性的糖，大豆中还有异黄酮类物质。一般从大豆粕中提取大豆皂苷常和提取大豆异黄酮、大豆低聚糖联产生产。

(1) 溶剂提取法

溶剂提取法主要依据原料中其他各组分的极性及其在不同溶剂中溶解度的差异来分离和提取皂苷，常用的溶剂有低碳醇、酮、酯类物质，如甲醇、乙醇、丙酮、丁酮、乙酸乙酯等，也有利用皂苷苷类物质溶于水的特性以水或碱水提取皂苷的。

由于皂苷易溶于热水、热甲醇和热乙醇中，因此常以水、甲醇或乙醇作为提取剂从原料中提取皂苷。回收溶剂后将剩余的提取物溶解于水中，过滤除去不溶物，水溶液用石油醚、苯或乙醚等有机溶剂萃取除去油脂、色素等亲脂性杂质，水溶性的皂苷则保留在水层中。除去脂溶性的杂质后，水相改用亲水性较强的丁醇为溶剂继续进行两相萃取，皂苷被转移到丁醇中，而一些亲水性强的杂质仍保留在水相中，经减压蒸馏浓缩至呈褐色黏稠状时烘干，即可制得粗品皂苷，再经提纯精制，得到纯度较高的产品。

溶剂法提取皂苷工艺如下：

溶剂 溶剂 回收溶剂
↓ ↓ ↑
原料→脱脂→萃取→分离→浓缩→精制提纯→皂苷
↓ ↓
不溶固体物质 其他非皂苷物质

在溶剂提取方法中，最简单经济的溶剂是水。利用水作溶剂提取皂苷，也称作水提法。最常用的水提法是提取茶皂苷。原理是茶皂苷溶解于热水。

水提法是最早开发提取茶皂苷的方法，该方法是利用茶皂苷溶解于热水性质，热水为浸提剂提取茶皂苷的方法。该方法需要首先用无机溶剂脱出原料中的油脂，用热水浸泡得浸提液，分离除去粗渣，加入沉淀剂除去细渣，真空蒸发浓缩浸提液，得液体茶皂苷，喷雾干燥可得到粉末状茶皂苷。由于茶皂苷有很强的起泡能力，在较高温度下易变质，真空蒸发浓缩不仅难度很大，而且能耗高，生产周期长，在水提取时，还会有部分蛋白、糖类物质等溶解于水中，因此产品纯度不高，且纯化困难。因而不断有人提出新的方法，以解决其缺点。

金月庆以脱脂油茶饼粕为原料，研究了水提发酵法纯化茶皂苷的工艺，研究结果表明，水提发酵法较常规水提法所得产品纯度有很大的提高，较乙醇溶液浸提法及醇提正丁醇萃取法所得产品纯度相差不大，但提取率有所提高。

热水提取、含水乙醇和含水甲醇有机溶剂提取法是传统的皂素提取方法。醇提法与水提法基本相似，由于杂质成分在醇类溶剂中微量溶解，醇类溶剂沸点低，因而工艺相对简单，产品纯度较高。醇类溶剂主要是甲醇、乙醇、丁醇这几种工业上容易得到的醇。甲醇溶解能力强，价格较低，但由于甲醇的毒性限制，大多选用乙醇作为浸提剂。另外，由于甲醇易燃易爆，沸点低，安全生产等级高，产品带入的杂质较多，产品质量低，往往最终产品为深黄色浸膏。丁醇虽然萃取效果好，产品纯度高，但价格也高，提取成本高。而乙醇性质介于两者之间，萃取茶皂素完全，产品质量也好，溶剂价格适中。目前工业上常常用含水甲醇或含水乙醇作浸提剂。

传统的油茶籽处理方法是先用机榨或者溶剂浸提法提油后，再用水、含水甲醇或乙醇溶液等提取茶皂素的两步处理油茶籽的方法。钱仁渊考察了混合溶剂（Methanol-H_2O-Hexane）一步浸提油茶籽油的方法，即以己烷为非极性相浸提油茶籽油、以甲醇-水为极性相浸提油茶籽中茶皂素的浸出方法。得到粗油茶籽油的同时，也得到纯度较高的茶皂素。

赵斌通过对茶皂苷不同提取方法的实验和分析，考察了水、95%乙醇、75%乙醇、50%乙醇、无水乙醇、甲醇、正丁醇，得到一种能耗低、质量好、成本低的合理提取工艺，并通过精制使产品含量大于90%，且色泽良好。提取茶皂素的最佳条件为：95%乙醇于60℃下提取，用量约为物料（浸提前要进行脱脂）的9倍量（分3次加入），每次浸提时间90 min。

由于大豆皂苷和大豆异黄酮、大豆低聚糖等物质混合在一起，大豆皂苷的提取要比茶皂苷的提取复杂。

曹万新等曾对这3种提取方法进行了比较。其热水、95%甲醇和95%乙醇的收率依次为 9.2%、9.4%和 3.2%；提取物中皂苷含量依次为 19.31%、15.36%和 6.86%。热水提取法的收率约是 95%乙醇提取法的 3 倍。

许牡丹研究了以 80%的乙醇为溶剂，同时从大豆胚芽提取大豆皂苷、大豆异黄酮两种物质的工艺条件，通过实验，确定了从大豆胚芽提取大豆皂苷、大豆异黄酮两种物质的最佳工艺，异黄酮和皂苷得率分别为 1.53%和 4.07%。

李长彪以脱脂大豆粕为原料，在提取大豆异黄酮的基础上，同时将大豆蛋白、低聚糖和皂苷 3 种活性成分逐一分离。该工艺中大豆粕经乙醇浸提可得到大豆蛋白；树脂吸附后的未吸附液经处理可得到大豆低聚糖；大豆异黄酮经丙酮精制可分离出大豆皂苷。

田晶考察了大豆皂苷的有机溶剂提取方法和吸附层析提取大豆皂苷的方法，对两种方法所提取的大豆皂苷进行了比较，有机溶剂提取法的提取率略高，但实验步骤较多，有机溶剂用量相对较大，而后一种方法则相对简单些，但获得的皂苷纯度明显高于前一种方法。前一种方法提取的大豆皂苷利用 AB-8 树脂进一步纯化，可得到理想的大豆皂苷制品。

水提-有机溶剂萃取法是根据皂苷易溶于热水和乙醇，不溶于冷水性质，用热水浸提原料，然后于浸提液中加入一定比例的絮凝剂沉降除杂，冷却后，再用有机溶剂转萃其中的皂苷，然后浓缩、脱色、干燥得到皂苷。水提-有机溶剂萃取法具有工艺较简单、投资少、茶皂素的收率和纯度较高、质量好等优点。溶剂萃取-树脂吸附法用树脂吸附萃取液中的皂苷，用有机或无机的碱水溶液脱除被吸附的色素和杂质，以含水低碳醇为洗脱液，减压蒸馏洗脱液回收醇，将残留物浓缩烘干，得到高纯度的固体茶皂素产品。采用树脂法提取的茶皂素产品纯度、收率、色泽均明显优于传统工艺。

孙丽艳以榨油后的脱脂豆粕残渣为原料，采用溶剂法进行大豆皂苷提取中间试验，提取液采用大孔树脂进行吸附净化，获得的洗脱液再进行真空喷雾干燥，生产出纯度较高的大豆皂苷粉末。

吴季勤通过几种提取体系提取效果的比较，确定采用“水浸提-有机溶剂萃取”体系提取，通过 AB-8 大孔树脂柱层析分离可得到纯度高 90%的茶皂苷。胡学烟对以乙醇为溶剂提取大豆皂苷和大豆异黄酮进行了研究，对提取液中蛋白质和糖类物质的去除进行了研究，通过有机溶剂法和絮凝法的比较，认为絮凝沉淀法优于有机溶剂法，利用皂苷和异黄酮极性的微弱差异，采用选择性吸附的方法将大豆皂苷和大豆异黄酮分离开。李红权在茶皂苷的提取上，经试验比较分析，采用水浸提较乙醇浸提，浸提液和茶粕采用离心分离，在水浸提的基础上采用沉淀转化法制备茶皂苷。张嫱研究了大豆胚芽油制备过程中对异黄酮和皂苷的影响，对大豆异黄酮和皂苷同步提取的工艺进行了研究。通过比较五种不同吸附树脂的吸附特性，确立了 LSA-30 和 D101 型大孔吸附树脂分离纯化异黄酮和皂苷的工艺条件。刘红梅研究了利用经过 30%聚氯化铝、加入量 4%絮凝处理过的生产工艺水，加自来水提取的茶皂苷液体进行絮凝处理，摸索了絮凝剂的种类及加入量对絮凝效果的影响。结果表明：1%壳聚糖溶液、加入量 8.5%时絮凝效果较好。皂苷释放液采用真空抽滤分离，滤饼再用热水洗涤，用碳酸氢铵作皂素释放剂。

(2) 微波辅助提取法

微波是一种频率很高(30 万～30 万Hz)波长很短(0.001～1 m)的电磁波，它以类似于光的速度直线传播。吸收微波的各个分子能按微波的频率高速往返运动相互碰撞，彼此摩擦而产生热量，破坏微生物的生理结构而达到杀菌的目的。

微波辅助提取法是利用微波加热，加快溶剂提取皂苷的方法。

李华以大豆废渣为原料，大豆皂苷产率为评价指标，进行了微波辐射下提取大豆皂苷的工艺条件研究。结果表明：在微波条件下得到最优工艺与传统的溶剂浸提法、索氏提取法相比较，微波辅助提取具有提取时间短、效率高、节约能源、产品质量高、原料利用率高、无污染等优点，并且明显提高了大豆皂苷的含量。

(3) 超声辅助提取法

超声波为频率高于 20 kHz 以上的声波，是一种机械振动在媒质中的传播过程，在传播过程中，超声波与媒质的相互作用，可以使超声波的相位和幅度等发生变化。超声波浸提有效成分的原理是通过与媒介的作用，产生的作用效应，加速细胞壁的破裂和物料的转移，提高提取效率。

刘昌盛等利用超声波来提取脱壳油茶饼粕中的茶皂素，分别考察超声波功率、超声波提取时间、乙醇浓度、料液比及溶液温度对提取率的影响，把该法与水浸法和乙醇溶液提取法在提取时间、能耗、茶皂素含量和得率方面进行了比较，证明超声波法提取茶皂素的优点。在超声频率 20 kHz，提取时间 20 min，乙醇浓度 80%，料液比 1∶4，超声功率 800 w，提取温度为 50℃时，茶皂素的提取率为 96.1%。超声波法缩短了提取茶皂素的时间，降低了能耗，同时提高了茶皂素的得率。

许牡丹研究了用超声波法制备大豆胚芽油对异黄酮和皂苷的提取率的影响。试验表明，用超声波浸提法制备大豆胚芽油时，对脱脂大豆胚芽中异黄酮影响的因素主次顺序为：浸提时间＞超声波功率＞浸提温度＞固液比。该条件下大豆胚芽出油率高，油质色泽好；脱脂大豆胚芽中异黄酮和皂苷得率较高。

周泉城研究了超声波技术和挤压技术对大豆皂苷提取的影响。结果表明，试验挤压膨化技术处理有利于大豆皂苷的提取，超声波技术辅助提取大豆皂苷效果优于对照试验方法。

王东冬对传统溶剂浸提法进行了工艺条件改良，并引入超声波细胞破碎预处理以及大孔吸附树脂结合溶剂浸提等方法，提高了大豆皂苷的提取率，结合 HPLC 分析方法以及苷元显色定量方法，系统地研究了阳离子交换树脂对大豆皂苷纯化的作用。

魏静以脱脂豆粕为原料，超声波结合乙醇法提取大豆皂苷。AB－8 大孔树脂作为吸附剂对大豆皂苷的吸附。

陈德军考察了利用甲醇 16 号溶剂/水混合溶剂一步浸取油茶籽的方法，即以己烷为非极性相浸取茶油、以甲醇-水为极性相浸取茶皂苷的浸出工艺，以期得到粗茶油的同时，也得到粗皂苷产品，克服了传统的油茶籽处理方法的工艺复杂、生产成本高等缺点。在单级浸取实验的基础上，为了充分提取茶籽中的茶油、茶皂素，进行了多级浸取实验，结果表明，进行三级浸取，茶油提取率已稳定。探讨了超声波对混合溶剂浸取油茶籽助萃作用，表明在超声波的作用下，浸取速率大大加快，且茶油、茶皂苷提取率也有所提高。

(4) 膜分离法

膜技术是 20 世纪 60 年代初发展起来的新兴物质分离技术，它借助于人工合成的、具有选择透过性的膜，利用压力差、温度差、电位差作为推动力，基于物质能否透过膜或透过膜的速率不同，使流体中各成分得以分离、分级或富集的技术。

针对传统工艺浸提时间长、分离纯化装置能耗大、效益低，急需采用新技术来降低生产成本、提高皂苷的产品质量，曹万新提出利用膜分离技术精制茶皂苷的新工艺：先用预过滤器去除如蛋白质、糖类等大分子物质，后用超滤膜去除如水、溶剂等小分子物质，得到纯度较高的茶皂苷。

孙冀平采用超滤技术去除茶皂苷水提液中的大分子物质，用适宜的膜，在工作温度25℃时，就工作压力对膜通量的影响进行了研究分析，根据其过程特征，提出了茶皂苷水提液体系超滤过程三段传质模型。

李秋庭利用水提法提取茶皂苷，采用逆流浸提，浸提液和茶粕的分离采用离心分离。张可对水提法提取茶皂素的工艺进行研究，利用壳聚糖为絮凝剂，用超滤膜进行超滤，得到85%的茶皂素。

陈海辉发明了一种新的水提法，浸提前用化学处理抑制、消除茶饼粕中水解酶的活性，有效抑制茶皂苷的水解，用纳滤膜浓缩澄清的浸提液，减少废弃相中茶皂素含量，高速离心分离，有效除去浸提液中的糖类、蛋白质、淀粉、果胶等杂质，所得茶皂苷产品呈淡黄色，纯度超过80%，得率超过70%。

尹国研究了茶皂苷的提取和膜滤精制，研究实验得到的结果如下：茶籽饼粕中茶皂苷可用水提和醇提两种工艺提取。茶皂苷水提的提取率随温度的升高而增加，茶皂苷乙醇提取率随乙醇浓度的升高而减少，提取率随温度的变化总的趋势是随温度的升高而增加，但当温度大于70℃后，成品品质恶化。截留相对分子质量为10 000的中空纤维膜对茶皂素的截留率达91%。以乙醇为溶剂进行膜滤时明显优于以水为溶剂的膜滤。醇提膜滤具有优良的脱色效果。醇提过膜滤速为水提的3倍以上。醇提过膜产生的泡沫对实验影响较少，水提过膜时产生的泡沫异常严重，阻碍实验的进行，对醇提过膜浓缩液进行干燥所需的时间比水提的要缩短2/5，因而其干燥条件要求较低。醇提过膜得到的产品品质大大优于水提过膜。水提过膜更容易引起膜的堵塞，造成膜的使用寿命缩短。通过醇提膜滤，茶皂素纯度由精制前的41%升高到精制后的75%。

宋冰采用乙醇提取，经实验分析确定最佳的大豆异黄酮和皂苷提取工艺，再采用此提取条件使用高效液相色谱对8个有主要代表特征的大豆品种进行了异黄酮含量差异分析。采用超滤的方法对提取液进行纯化，去除蛋白质，分析纯化后的提取物中异黄酮的纯度，之后使用冷冻干燥机冻干保存。第二个提取工艺是采用热水提取，经实验分析得到最佳的大豆异黄酮和皂苷提取条件。水提取初提液中的溶出蛋白较多，采用盐析-等电点法先去除大部分粗蛋白质，之后再使用超滤纯化提取液，完全地去除掉蛋白质，再经高效液相色谱分析提取物的纯度，提取液冷冻干燥保存。

田晶以提高大豆皂苷的生物活性为目的，研究了大豆皂苷的提取、分离及酶解的方法，在大豆皂苷提取的研究中，建立了吸附层析法提取和纯化大豆皂苷的方法。大豆皂苷的分离，采用硅胶柱层析法，用抽真空的方法来给柱子加压以实现快速、有效分离大豆皂苷。为了得到低糖链、高活性的大豆皂苷，并且提高大豆蛋白的质量，研究了大豆皂苷的酶解。

田晶研究了用酶水解大豆皂苷分子上的部分糖基，使皂苷部分水解生成低糖、高活性皂苷的方法。探讨了八种霉菌菌株对七种糖苷键及对皂苷糖基的水解能力，得到三种具有较高活性的菌株，用于水解大豆皂苷。

(5) 皂苷纯化方法

在皂苷的纯化工艺中，低聚糖极性相对较大，较易溶于水而不易溶于极性较小的醇中，大豆皂苷则不易溶于乙醚、乙酸乙酯、丙酮等非极性溶剂。大豆异黄酮极性一般略大于大豆皂苷的极性。因此常用以上极性的差异来分离纯化大豆皂苷。目前大豆皂苷纯化方法主要有溶剂萃取法、结晶法、柱层析法等。

范远景以豆渣为原料，试验通过乙醇浸提、石油醚萃取、正丁醇萃取、乙酸乙酯沉淀法提取大豆皂苷、D101 型大孔吸附树脂分离纯化大豆皂苷的方法。朱翠萍比较了 5 种大孔吸附树脂对大豆皂苷的吸附等温线、吸附容量、解吸率和吸附动力学，发现 ZTC-1树脂对大豆皂苷吸附量大、解吸容易、吸附速度快，是一种良好的大豆皂苷吸附剂，AB-8 树脂次之。选择 ZTC-1树脂纯化大豆皂苷粗提液，得到大豆皂苷产品纯度为 78%（干物质），回收率为 93.1%。苏宝根为了得到高含量大豆皂苷，对 6 种大孔吸附树脂即 AB-8，XAD-2，HPD-100，ADS-7，HPD-300，HPD-600 进行优选，用柱层析法对低含量的大豆皂苷提取液进行初步分离，得到大豆皂苷粗品。后通过结晶进一步提高其纯度。考察并优化了结晶时的溶剂、大豆皂苷的初始浓度、降温速率等工艺条件。结果表明：ADS-7 树脂为合适的吸附剂，用柱层析法可使大豆皂苷的含量从原料中的 3.0%提高至 45%以上，大豆皂苷收率大于 90%。再通过结晶可得含量大于 96.0%的大豆皂苷，大豆皂苷收率大于 50%。

王东冬以大孔吸附树脂提取的大豆皂苷粗提物为研究对象，利用阳离子交换树脂进行纯化。通过实验，用 50%醇水溶液，最佳 PH 为 6，除杂率达 33%，脱色率达 52%。

肖军霞采用脱脂大豆粉为原料，用 80%乙醇溶液连续提取，大豆皂苷的提取率为 2.58%。大豆皂苷醇提液经浓缩、正丁醇萃取、乙酸乙酯沉淀和大孔树脂 D101A 柱层析等方法纯化得到了 SS-Ⅰ，SS-Ⅱ和 SS-Ⅲ三个组分，采用 HPLC-ESI/MS^2 联用技术对这三个组分进行系统分析与鉴定，发现 SS-Ⅲ中含有 Ba，Bb，Bc，Bb′和 Be 五种皂苷，SS-Ⅱ中除了含有 SS-Ⅲ中五种皂苷外还含有 A_2，与 SS-Ⅲ比较，SS-Ⅰ中还富含 A_1，A_4 和 A_2 三种皂苷。

谷利伟以玉米胚芽为原料，以乙醇为溶剂，以硅胶柱色谱制备薄层色谱和制备高效液相色中分离出二种异黄酮糖苷和四种皂苷单体，通过比较证明吸附法是纯化异黄酮和皂苷的较好方法。

马杰首先以柱层析法对大豆皂苷粗提液进行初步分离，利用静态吸附法和动态吸附法考察了 ZTC-1，HPD-100，BPD-300，BPD-600，AB-8，11#，12#，13#等树脂对大豆皂苷提取液分离纯化能力，考察了含水甲醇、乙醇、异丙醇、丙酮等试剂对柱层析所得大豆皂苷粗品结晶的影响，可得含量大于 96%的大豆皂苷，大豆皂苷收率大于 50%。

李晓霞以大豆脱脂豆粕为原料，以含水乙醇为提取溶剂，采用回流提取法，通过对五种大孔吸附树脂 HPD-100，HPD-300，HPD-600，AB-8 和 H103 的吸附性能的比较，选择 H103 树脂从豆粕乙醇提取物的水分散液中吸附异黄酮和皂苷，再在柱后串联对皂苷有良好吸附性的 HPD-600 吸附剂回收流失的皂苷。经过树脂纯化后的大豆异黄酮纯度为 37.3%，大豆皂苷纯度为 53.4%。产品中的总有效成分含量为 90.7%。

王俊伟以大豆豆渣为原料，用乙醇浸提，采用 D101 大孔吸附树脂柱层析提纯大豆皂苷。

贺国文用索氏提取法对茶籽饼中茶油和粗茶皂苷的提取进行了研究，选择石油醚和甲醇分别作为茶油和茶皂素的最佳提取剂，研究比较几种脱色剂对茶皂素脱色效果的影响，结果表明，双氧水用于茶皂素的脱色效果较好；以经过处理的茶籽饼甲醇提取物为原料，考察了 AB－8，S－8，X－5，D－4020，NAK－9 大孔吸附树脂对茶皂苷的吸附效果和解吸情况，确定了 AB－8 树脂对茶皂素的吸附和洗脱效果较理想。

2）皂苷的应用

皂苷具有众多的对人体有益的生理功能和生物学活性，这就决定了它具有广泛的开发和应用前景。

（1）食品添加剂、保健食品行业

皂苷具有发泡性和乳化性，因此它可以作为添加剂应用于食品与药品以及化妆品中。譬如王章存的研究表明，在啤酒中添加 0.002％～0.1％的大豆皂苷可以增加啤酒中泡沫的体积，不仅保持啤酒泡沫的稳定性，而且有利于改善啤酒的风味。日本已相继开发出含大豆皂苷的保健食品、减肥食品以及皂苷汁、皂苷饮料等，并分别申请了专利。国内也有人将大豆皂苷与其他食物配伍，研制和开发出新的毒副作用低的减肥保健品。

（2）医药品及新药的开发

皂苷具有降血脂、抗氧化、抗动脉粥样硬化、免疫调节以及抗心血管系统疾病等生理功能，为它在功能性食品以及医药品领域的应用奠定了基础。目前，大豆皂苷制成的胶囊、霜剂用来治疗口腔溃疡、疱疹性口唇炎和带状疱疹，均取得满意的临床效果。由于大豆皂苷具有扩冠作用和增加脑血流量的作用，可抑制血栓形成，改善心率，因而有望被开发成为一种治疗心血管疾病的新型药物。由于皂苷具有降低血中胆固醇和甘油三酯含量的特性，可用于减肥药品的开发。

（3）化妆品方面和日常生活用品开发

皂苷具有抗氧化作用，可以延缓皮肤衰老和阻止脂质过氧化而引起的皮肤疾患，减少皮肤病的发生。大豆皂苷的水溶液具有较强的表面活性，降低水的表面张力，产生泡沫丰富、发泡力强且不受水质硬度影响的性能，用于洗发剂、洗发香波及洗涤剂等有良好的效果。

4.5 大豆异黄酮的提取

4.5.1 大豆异黄酮的性质与生物活性

1）异黄酮的存在与结构

（1）异黄酮的存在

黄酮类化合物（flavones）是广泛存在于自然界的一大类化合物。数量之多列天然酚性化合物之首。黄酮类化合物在植物体内大部分与糖成苷，一部分以苷元形式存在。

异黄酮是黄酮类化合物中一类，与黄酮类化合物的广泛分布不同，异黄酮的分布很窄，几乎全部分布在豆科植物（papilionoideae）亚科的一些属中，在常见植物中仅大豆、葛根、苜蓿和三叶草中含异黄酮。在食品中，异黄酮仅限于人们食用的很少的几种植物食品中。人们从日常饮食中获得异黄酮的主要来源是大豆及豆类食品。大豆异黄酮含量的种间差异很大，也受种植时间、气候等因素的影响，不同的大豆食品中异黄酮主要存在形式和含量差异很大。这类化合物在人们体内具有微弱的雌激素活性，合称为异黄酮植物雌激素。

1930年人们发现在大豆中存在异黄酮，它是豆制品苦味的主要来源，对动物有雌激素作用，长期以来被认为是一种抗营养因子。20世纪90年代以来，对大豆异黄酮的生理与营养作用的研究和重新评价成为热点。

(2) 异黄酮的结构

黄酮类化合物是泛指两个苯环(A与B)通过三个碳原子相互联结而成的一系列化合物。基本碳架见图4-40。

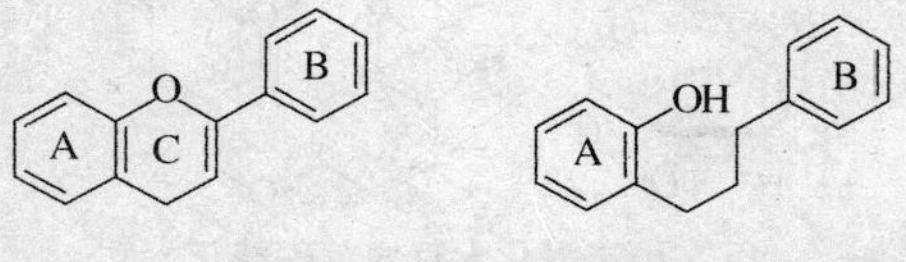

图4-40 黄酮化合物的基本碳架结构

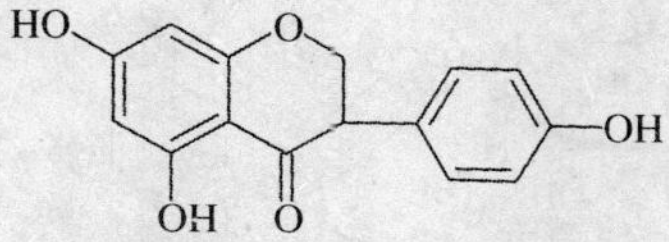

图4-41 异黄酮的基本结构

异黄酮的基本结构见图4-41。

大豆异黄酮基本骨架为3-苯基苯丙二氢吡喃，取代基不同，构成不同的异黄酮。见图4-42。

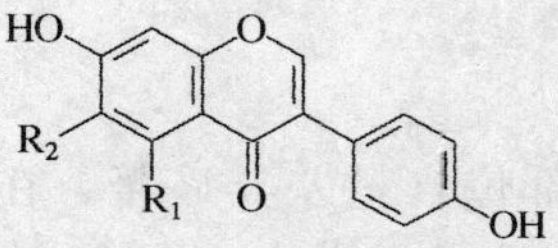

大豆异黄酮	R_1	R_2	R_3
Daidzein	—H	—H	
Genistein	—OH	—H	
Glycitein	—H	$—OCH_3$	
Daidzin	—H	—H	—H
Genistin	—OH	—H	—H
Glycitin	—H	$—OCH_3$	—H
6′-O-Acetyldaidzin	—H	—H	$—COCH_3$
6′-O-Acetylgenistin	—OH	—H	$—COCH_3$
6′-O-Acetylglycitin	—H	$—OCH_3$	$—COCH_3$
6′-O-Malonyldaidzin	—H	—H	$—COCH_2COOH$
6′-O-Malonylgenistin	—OH	—H	$—COCH_2COOH$
6′-O-Malonylglycitin	—H	$—OCH_3$	$—COCH_2COOH$

图4-42 异黄酮基本结构

大豆异黄酮主要有12种，基本可分为四种结构类型：苷元、葡萄糖苷、乙酰化糖苷和丙二酰化糖苷(见图4-43)。大豆异黄酮中存在三种苷元，分别是大豆苷元(daidzein)，染料木素(genistein)和6-甲氧大豆苷元(glycitein)。在大豆籽粒中只有少量异黄酮以游离形式存在，占总量的2%～3%，97%～98%的异黄酮是以各种糖苷形式存在，其中60%～70%是丙二酰化的异黄酮糖苷。

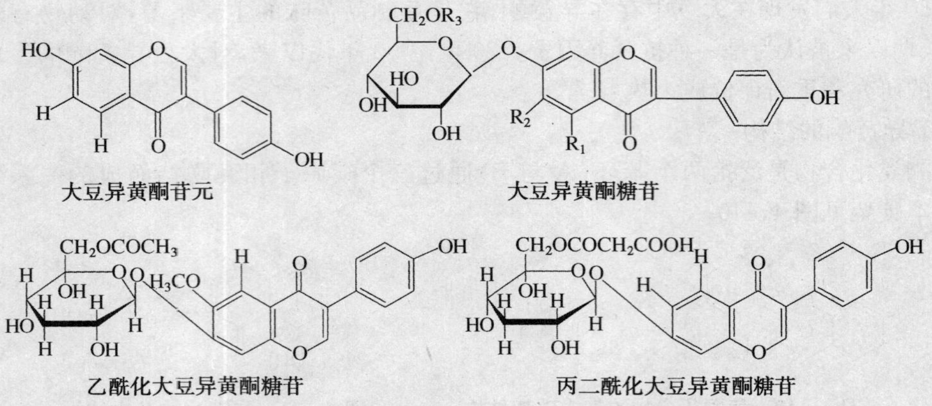

图 4-43 大豆异黄酮的四种结构形式

1999 年 Hosny M 从大豆醇法乳清中分离鉴定出三种新的异黄酮，使大豆中异黄酮的数量增加到 15 种。但由于它们不是从大豆中直接分离出来的，它们是否是大豆的特征成分还有待于进一步证明。

(3) 大豆异黄酮的分布

大豆异黄酮在植物体的不同部位含量差异显著。在嫩叶中异黄酮含量很低；在老叶中也没有特殊的积累，而在根部特别是根尖中主要含有 Daidzein 及其复合体，且光线对根部的异黄酮分布有一定影响，黑暗中根尖的异黄酮的含量有很大减少，而在子叶中却有所提高。

大豆籽粒的异黄酮含量受大豆品种、产地、生产年份的影响，其变化范围约为 0.05%～0.7%。大豆胚轴（包括胚根和胚芽）中异黄酮含量约为子叶的 6 倍，在大豆胚芽中异黄酮含量为 1.4%～1.76%，种皮中含量很少。但由于子叶占大豆籽粒重的 95%以上，因此大豆子叶中异黄酮的绝对含量远远大于胚轴。大豆各部位的异黄酮含量见表 4-35。

表 4-35 大豆各部位的异黄酮含量 单位：μg/g

名称	Daidzin	Genistin	Daidzein	Genistein	总量
全粒	963	864	20	21	1 868
子叶	530	687	25	27	1 269
胚轴	8 327	1 883	83	15	10 308
种皮	41	44	176	65	326

大豆籽粒中约 50%～60%的异黄酮苷元为染料木素（genistein），约 30%～35%的异黄酮苷元为大豆苷元（daidzein），约 5%～15%的异黄酮苷元为 6-甲氧大豆苷元（glycitein）。

Arthur C. Eldridge 等人对大豆种子中各部位异黄酮的测定结果如表 4-36 所示。

表 4-36 大豆种子中各部位异黄酮的含量 单位：mg/100 g

化合物	室温 24 h 提取		80℃15 h 提取	
	胚轴	子叶	胚轴	子叶
Daidzin	320	45	838	145
Glycitin	485	—	1 004	—
Genistin	118	80	246	210
6″-O-Malonyl daidzin	423	70	8	3
6″-O-Malonyl glycitin	445	—	11	—
6″-O-Malonyl genistin	144	117	4	—
6″-O-Acetyl daidzin	2	2	57	8
6″-O-Acetyl glycitin	6	—	89	—
6″-O-Acetyl genistin	105	1	39	1
Daidzein	102	53	35	11
Glycitein	—	—	15	—
Genistein	35	48	16	14
总量	2 185	396	2 362	392

* 大豆品种为 Suzuyutaka。

在未成熟的大豆种子中，随着种子的发育，其总的异黄酮含量逐渐升高，特别是 6-O-Malonyl genistin 和 Genistin 的含量升高特别快，成熟后的种子中 Malonyl genistin 和 Malonyl daidzin 二者含量占整个异黄酮含量的 66%。

在大豆加工中，不同的异黄酮流失程度不同，因此大豆产品中各种异黄酮所占比例与未加工的大豆有所不同。除个别产品外，大多数大豆食品中，染料木素含量最高，其次是大豆苷元，6-甲氧大豆苷元的含量相当少。

2）大豆异黄酮的理化性质

（1）大豆异黄酮的物理性质

纯大豆异黄酮是无色的、有苦涩味的晶体状物质。大豆异黄酮的苷元一般难溶或不溶于水，可溶于甲醇、乙醇、乙酸乙酯、乙醚等有机溶剂及稀酸中；大豆异黄酮糖苷一般易溶于水。大豆异黄酮的苷元不具有旋光性，但对于大豆苷及染料木苷而言，由于其结构中引入了糖基，因而具有旋光性。大豆异黄酮是一种弱酚酸，易溶于 0.05% 的 $NaHCO_3$ 等弱碱性溶液及吡啶中。

（2）大豆异黄酮的化学性质

大豆异黄酮中的配糖体在强酸、高温或酶存在的条件下可水解去掉葡萄糖基而转变成葡萄糖苷配基（aglucone）形式。异黄酮苷元在加热和酸水解过程中非常稳定，糖苷的热稳定性比苷元稍差，丙二酰糖苷热不稳定，以极性溶剂热浸时（高于 80℃），迅速脱去丙二酰基得到相应的糖苷；丙二酰基糖苷干热处理时发生脱羧反应得到天然大豆中不存在的乙酰化糖苷。各种异黄酮葡糖苷在发酵过程中可被 β-葡萄糖苷酶水解为游离的苷元，苷元的结构也可能被分解或改变。

3）异黄酮的生理功能和活性

（1）大豆异黄酮的生理功能

① 异黄酮的抗癌作用

流行病学的统计表明，相对于经常食用大豆的人群相比，不常食用大豆的女性患乳腺癌的危险性要高两倍；男性前列腺癌的危险性要高三倍；美国人两种病的发病率是日本的四倍。摄入大豆异黄酮可以降低直肠癌、胃癌和肺癌的发病率。日本科学家在1987年就已发现，染料木苷特异性地抑制蛋白酪氨酸激酶（TPK）的活性。由于TPK参与细胞生长的调节和控制，因此能够抑制TPK活性的物质一直被作为有效的抗癌物质。进一步的研究发现，除TPK外，其他几种参与调节、控制细胞生长的酶（核糖体S_6激酶、DNA拓扑异构酶）的活性也受染料木苷的抑制。此外100多个体外研究发现，染料木黄酮抑制多种癌细胞的生长，包括乳腺癌、肠癌、肺癌、白血病、前列腺癌。

1990年6月，美国国家癌症研究院组织全美著名学者研讨了大豆的抗癌效果，肯定大豆异黄酮是其最佳的天然物质。此后又证实大豆异黄酮可以防止骨质疏松症、减轻妇女更年期不适症及降低冠心病的发病率。1998年美国食品及药物管理局正式批准大豆为健康食品。1998年Wake Forest大学的Baptist医学中心发表报告，指出大豆中防癌抗癌和降低胆固醇的关键物质是大豆异黄酮，并非蛋白质。

② 异黄酮的雌激素作用

异黄酮的双羟基酚式结构与动物体内雌激素的结构类似。大豆异黄酮能与雌激素受体结合，并产生弱的雌激素效应，这种弱的雌激素作用在一定浓度下会表现出抗雌激素活性，这种生物效应主要体现在与激素相关的疾病上。药理学研究表明：大豆异黄酮可作为雌性激素治疗药物的替代品，可改善妇女更年期综合征，并具有降低血液胆固醇、防止骨质疏松及抑制癌细胞生长的作用。

③ 心血管防护作用

大豆苷元在体外对HMG-COA还原酶有抑制作用，推测大豆苷元在体内存在相似作用，可减少体内胆固醇的合成，降低血胆固醇浓度。在体外，染料木素是酪激酶活性抑制剂，能阻断增长因子如血小板源性增长因子（PDGF）、基础纤维斑块增长因子和其他增长因子作用，这些因子通过酪激酶参与粥样斑块增长。PDGF在血栓形成过程中由激活的血小板释放出来，而染料木素抑制凝血酶诱导的血小板激活和凝聚。通过干预血小板和凝血酶作用，染料木素可以减少全身与动脉粥样硬化有关的血栓形成。染料木素抑制许多血管细胞增殖和血管生成。血管生成可以扩大损伤灶。染料木素也能抑制平滑肌细胞增生，这也是动脉粥样硬化灶扩展的重要步骤。白细胞黏附分子（β-2整合蛋白）激活表达可能在损伤形成初期有重要意义。染料木素被证明能抑制细胞黏附。

（2）大豆异黄酮的生理活性

异黄酮在人体内是以苷元形式被吸收的。异黄酮主要以糖苷形式存在，人体内小肠下端和大肠中的乳酸菌和双歧杆菌能分泌β-葡萄糖苷酶，异黄酮在β-葡萄糖苷酶作用下水解成其苷元形式，才开始被吸收。

一般来说，大豆异黄酮苷元比糖苷生物活性高。在苷元中，多项资料认为染料木素活性最强。各种大豆异黄酮成分具体活性比较见表4-37。

表 4-37 异黄酮成分的生理活性比较

生理活性	效果
类雌激素活性	Genistein＞Genistin＞Daidzin
抗氧化活性	Genistein＞Daidzein＞Genistin，Glycitein
抗癌活性	Genistein＞Daidzein＞Genistin，Daidzin
抗骨质疏松	Genistein＞Genistin

4.5.2 大豆异黄酮的生产

1）大豆异黄酮的提取和精制

提取大豆总异黄酮所用的原料主要有脱脂大豆、大豆粉、大豆粕以及大豆胚芽；提取大豆异黄酮的方法很多，最基本的是溶剂萃取方法、CO_2 超临界流体萃取法及超声波和微波辅助萃取法。提取方式一般有罐式浸出、逆流萃取以及利用渗透方式提取，常规的分离方法有过滤、离心分离等；大豆异黄酮的精制方法有吸附法、柱层析法、高效液相色谱法、重结晶和正丁醇萃取等多种方法。

（1）溶剂萃取法

溶剂萃取法就是利用某些溶剂浸提，将原料中的大豆异黄酮转移到溶剂中，从而得到含有异黄酮的萃取液，再经过浓缩、精制，得到大豆异黄酮。

溶剂提取异黄酮目前常用的提取工艺：

溶剂↓（加入萃取）　回收溶剂↑（来自分离）

原料→萃取→分离→浓缩→精制→回收溶剂→异黄酮产品

分离↓湿料处理　回收溶剂↓回收溶剂

原料中含有油脂时，会对萃取效果有一定影响，萃取前需对原料进行脱脂处理，可采用所谓的系统溶剂法，先采用某些极性小溶剂对原料脱脂，再利用极性大的溶剂萃取异黄酮。

可用于提取异黄酮的提取溶剂主要有乙醇、甲醇、丙酮、乙酸乙酯和水。精制可采用硅胶柱色谱、聚酰胺柱层析、葡聚糖凝胶柱层析、高效逆流色谱等方法。

Ohshima 用丙酮为溶剂，再用 80％甲醇萃取，然后用柱层析及硅胶柱色谱和制备 HPLC 纯化出单一组分。Ohta 等人以乙醇提取脱脂豆粕，再用乙酸乙酯提取大豆异黄酮，经硅胶柱色谱或 Sephadex LH-20 分离，最后以重结晶纯化。Farmakalidis 研究认为，提取大豆异黄酮用 0.1 N HCl 的丙酮比 80％的甲醇的提取率高，然后再以 Ohta 的方法分离纯化。Walter 用甲醇提取脱脂豆粕，浓缩后加两倍体积的水，最后得到 genistin 沉淀。Pamdjaitan N 等人用三种方法提取染料木苷(genistin)和染料木素(genistein)，结果表明，酸法提取二者效果最好，采用热水萃取和乙醇萃取次之。

黄进等研究了大豆异黄酮、皂苷和低聚糖的同步提取，得出最佳乙醇溶液浓度为 50％。马亚军采用多种工艺对大豆中的异黄酮类化合物进行提取。朱仕房等研究了乙醇-水体系提取大豆异黄酮的工艺条件。李晓霞等研究了从大豆豆粕中提取大豆异黄酮和大豆皂苷的最佳提取溶剂及影响浸提效果的相关因素，对提取的大豆异黄酮、大豆皂苷用树脂纯化，纯化后大豆异黄酮纯度为 37.3％、大豆皂苷为 53.4％，产品中总有效成分含量为 90.7％。史宣明等介绍了几种适用于工业化生产的提取、精制大豆异黄酮的生产工艺，并同时介绍了几种精制方法。鞠兴荣等通过试验确定大豆异黄酮的最佳乙醇浓度为70%。朱念东等研究了大豆异黄酮提取过程中大豆蛋白的变性，得出提取大豆异黄酮的最佳条件为80%乙醇-水。于阿娟等用乙醇提取，经冷冻离心、等电点沉淀处理、大孔树脂吸附、洗脱等一系列步骤得到的大豆异黄酮制品，纯度可达到42.97%。

李文亮等以豆粕为原料，乙醇为溶剂，得出提取大豆异黄酮的最佳工艺乙醇浓度为70%，异黄酮含量22.24%。赵秀娟等以70%乙醇溶液提取豆粕中的大豆异黄酮，再用NKA－9大孔吸附树脂分离。刘大川等研究了从大豆胚芽中同时提取大豆皂苷和大豆异黄酮的最佳提取溶剂和最佳提取工艺条件。

由于异黄酮的苷元活性高，所以对原料中异黄酮糖苷进行水解，再提取异黄酮苷元也有很多学者研究。

Graham的专利中将提取与水解一步完成，最后产品的纯度为36%～70%，daidzein，genistein和glycitein的收率为75%～80.3%；PTI公司的专利设计了一种新工艺，它通过控制浸提时的液料比、酸沉蛋白，并尽量不水洗或少用水洗，最终产品中genistin和daidzin保留率提高到46%～60%。

(2) CO_2超临界流体萃取法

在诸多超临界溶剂中，CO_2无毒、非燃性和合适的临界参数（Tc＝31℃，Pc＝7.38 MPa），使其成为食品、医药及化妆品工业的优良溶剂。超临界CO_2萃取工艺流程见图4－44。

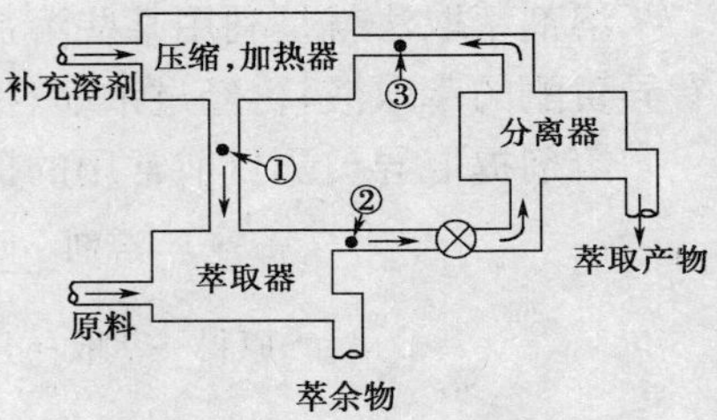

图4－44　超临界CO_2萃取工艺流程

CO_2超临界流体萃取法实际上是萃取和分离合二为一。

超临界流体萃取工艺流程的主要设备包括：萃取介质储罐、高压泵、加热器、萃取釜、减压装置、分离罐、产品罐、冷凝器和阀门等。CO_2储罐中的液体CO_2经高压泵和加热器，使其压力和温度升高到规定的操作压力和操作温度后进入萃取釜；溶有萃取目标物的CO_2超临界流体离开萃取釜，经减压装置减压后，在分离罐中分离成气体CO_2和液体萃取目标物产品；萃取目标物产品被收集于产品罐中，气体CO_2经冷凝器冷凝成液体，再由高压泵加压后循环使用。

压力和温度都可以成为调节萃取过程的参数。临界点附近，温度压力的微小变化都会引起CO_2密度显著变化，从而引起待萃物的溶解度发生变化。可通过控制温度或压力的方法达到萃取目的。压力固定，改变温度可将物质分离；反之温度固定，降低压力使萃取物分离；因此工艺流程短，耗时少。对环境无污染，萃取流体可循环使用。

在CO_2超临界下，所得到的萃取物不可能是单一的，但可以控制条件得到最佳比例的混合成分。CO_2作萃取剂时，很难萃取大豆异黄酮，因此必须加入夹带剂，目的是为了改变对大豆异黄酮的溶解性能，提高大豆异黄酮的提取率。

郁军等用超临界萃取总黄酮，最佳提取条件是：温度50℃，压力36 MPa。还有研究者对超临界萃取大豆胚芽及异黄酮作了详细研究。

黄池宝等人采用等温萃取方式，利用乙醇作夹带剂，实现了大豆苷和6－羟基染料木苷的分离。

(3) 超声波和微波辅助萃取法

超声波是利用声波辐射压强产生的强烈空化效应、机械振动、扰动效应、使物料系统产生高的加速度、乳化、扩散、击碎和搅拌等多级效应，增大物质分子运动频率和速度，增加溶剂穿透力，从而加速目标成分进入溶剂，促进和加速提取过程，能达到比常规提取更理想的效果。

微波也具有加快传质速率、提高提取率、有效缩短萃取时间的效果。

张永忠等利用微波对原料低温脱脂豆粕进行前处理，提高了大豆异黄酮的溶出率，并提高操作的选择性。谢明杰利用超声辅助萃取法从脱脂豆粕中提取大豆异黄酮，与溶剂法进行了比较，超声波辅助萃取效果好于溶剂法。潘耀明等利用超声辅助萃取大豆异黄酮，与乙醇萃取法比较，得率提高了 3.93%。王万能采用均匀设计试验优化技术方法，进行了超声波循环提取豆粕异黄酮的多因素试验。蒋磊等人在对超声波辅助酸水解大豆异黄酮的研究中，进行超声波辅助酸水解与普通酸水解对比研究，证明超声波辅助盐酸水解大豆异黄酮可以很大程度上提高水解效率和大豆苷元产量。全学军利用超声波以大豆粉末为原料，以 70%乙醇水溶液为溶剂进行了循环超声提取大豆异黄酮的实验。汪海波以低纯度商品大豆异黄酮为原料，利用超声波辅助酸水解技术制备高纯度大豆异黄酮苷元产品。实验结果表明，超声波处理对大豆异黄酮苷水解有一定促进作用，通过超声波辅助水解提取后，所得产品纯度由原来 25.3%提高至 93.20%。赵晋忠等人研究了利用超声波提取大豆种子中大豆异黄酮，建立了一种快速测定大批量大豆种子中大豆异黄酮含量的方法。许牡丹等人研究了用超声波法制备大豆胚芽油对异黄酮和皂苷的提取率的影响。

(4) 膜过滤法分离异黄酮

膜分离技术是一门新兴的分离技术，具有能耗低、设备简单、操作简便、分离时物料无相变、选择性好等优点。

黄才欢等人用 80%乙醇水溶液提取大豆异黄酮，比较孔径为 50 nm 和 10 nm 的无机陶瓷膜在 0.13 MPa 下超滤大豆乙醇提取液的效果，制备大豆异黄酮的纯度较高。超滤结果表明，超滤可以脱除 69.4%胶质和 66%蛋白质；滤过液色泽变浅，澄清度显著提高，浸提液中大豆异黄酮的组成及含量在超滤前后没有明显变化。冷冻干燥得到大豆异黄酮，纯度可达 23.6%。关海君用孔径为 20 nm、50 nm 的无机陶瓷膜超滤低温豆粕乙醇萃取液，截留大豆蛋白，提高滤过液中大豆异黄酮的含量。试验表明，20 nm 的膜超滤低温豆粕乙醇萃取液，其对大豆蛋白的截留率达 75.52%，大豆异黄酮回收率达到 84.85%。

冯建光等通过研究认为：选用孔径为 1.2 μm 的无机膜，操作压力为 0.125 MPa，料液操作温度为 80℃，澄清过程中用 3 倍体积的水分批对浓缩液进行稀释，这样大豆异黄酮的保留率最佳。

而赵彦彦等人研究了浓度、电荷和溶剂对膜通量和溶质截留率的影响。结果表明，在有机相中，溶质的截留率随浓度的增加而增加，该结果与水相纳滤的规律相反，对 MPF - 50 膜，大豆异黄酮的大豆苷元在甲醇和丙酮中的截留率反而显著高于水中的截留率。

由此看来，膜技术在提取大豆异黄酮中还有很多需要探讨的地方。

(5) 酶预处理法提取异黄酮

异黄酮在人体内是以苷元形式被吸收的。人体内小肠下端和大肠中的乳酸菌和双歧杆菌能分泌β-葡萄糖苷酶，异黄酮在β-葡萄糖苷酶作用下水解成其苷元形式，才开始被吸收。人们就试图在体外将大豆异黄酮苷水解成苷元，以利于人体的吸收。大豆异黄酮苷属于氧苷类，是酚羟基与糖缩合而成的β-D葡萄糖苷。通过水解反应使苷键断裂生成大豆异黄酮苷元和葡萄糖配基。可用来水解大豆异黄酮糖苷的酶有β-葡萄糖苷酶、α-半乳糖苷酶、乳糖酶、真菌乳糖酶等。酶水解大豆异黄酮常采用β-葡萄糖苷酶，它是水解1,6糖苷键的专用酶，可使大豆异黄酮由糖苷转化为苷元。

在异黄酮提取过程中，加入适当的酶使细胞壁的纤维素和半纤维素降解，促进异黄酮的溶出，从而增加提取得率。

陈庆庆在常规的醇提工艺前用不同微生物来源的纤维素酶对豆粕进行预处理，研究结果发现：细菌纤维素酶能使异黄酮的提取率提高1.4倍，产物以糖苷型异黄酮为主，与直接醇提得到的产物组成相类似；来自黑曲霉的纤维素酶对大豆异黄酮的提取率没有影响，但能将糖苷型异黄酮转化为苷元型异黄酮；里氏木霉纤维素酶能使醇提液中大豆异黄酮的提取率提高1.6倍，并能把以糖苷型为主的异黄酮转化为具有更高生理活性的苷元型异黄酮。用纤维素酶或木聚糖酶预处理，能明显提高大豆异黄酮的提取得率。处理后，总异黄酮含量和未经酶处理的相比，可增加1.9倍。采用木聚糖酶对豆粕进行预处理后，总异黄酮含量可增加2.2倍。纤维素酶和木聚糖酶协同作用有利于提高豆粕异黄酮的得率。有人直接从大豆中提取β-葡萄糖苷酶用于异黄酮的水解，水解后用溶剂萃取后获得大豆异黄酮苷元。

陈庆庆利用固定化β-葡萄糖苷酶把糖苷型异黄酮水解成苷元型异黄酮，糖苷型异黄酮转化率保持在90%以上。

张艳梅利用某黑曲霉β-葡萄糖苷酶水解大豆异黄酮糖苷，发现该黑曲霉β-葡萄糖苷酶有较好的水解大豆异黄酮糖苷的能力。

张炳文发现发酵处理对异黄酮的组分有较大的影响，发酵制品的游离大豆异黄酮的含量增高，而糖苷类大豆异黄酮含量降低。郭瑞华以豆豉为原料提取大豆异黄酮，总异黄酮中游离异黄酮含量较高。孙体健等先发酵豆粕，水解大豆异黄酮，然后提取，提高游离异黄酮的含量。Que-King Wei利用乳酸菌和双歧杆菌对豆奶进行发酵，发酵后豆奶的异黄酮苷元含量均有一定程度的提高。

4.6 饼粕中低聚糖的提取

4.6.1 低聚糖的种类与生物活性

1）概述

低聚糖(oligosaccharide)又称寡糖，是由2～10个单糖分子通过糖苷键连接而成的低度聚合糖类。按水解后所生成单糖分子的数目，低聚糖分为二糖、三糖、四糖、五糖等，其中以二糖最为常见，如蔗糖、麦芽糖、乳糖等。相同的单糖结合而成的低聚糖称为均低聚糖(homooligosaccharide)，如麦芽糖、异麦芽糖、环状糊精等。两种或两种以上的单糖聚合而成的低聚糖称为杂低聚糖(heterooligosaccharide)，如蔗糖、棉子糖等。

根据还原性质，低聚糖又可分为还原性低聚糖和非还原性低聚糖。

以功能性分类，在机体内可以消化吸收，转变为血液中的葡萄糖的低聚糖，称为普通低聚糖，如蔗糖、乳糖、麦芽糖、麦芽二糖和麦芽三糖属于普通低聚糖。功能性低聚糖包括低聚异麦芽糖、大豆低聚糖、低聚果糖、低聚乳果糖、低聚半乳糖、低聚木糖、低聚龙胆糖等，目前已知的功能性低聚糖有 1 000 多种。国家轻工业局批准实施的中华人民共和国轻工行业标准《功能性低聚糖通用技术规则》（QB/T 2492—2000）中，低聚糖定义为："功能性低聚糖（functional oligosaccharide）1 是由 2～10 个相同的或不同的单糖，以糖苷聚合而成的（可以是直链，也可以是支链）。2 具有糖类的特性，可直接作为食品配料，但是不被人体消化道酶和胃酸降解，不被（或难被）小肠吸收。3 具有促进人体双歧杆菌增殖等生理功能。"

2）低聚糖的结构和命名

（1）低聚糖结构和命名

低聚糖通过糖苷键结合，即醛糖 C_1（酮糖则在 C_2）上半缩醛的羟基（—OH）和其他单糖分子的羟基经脱水，通过缩醛方式结合而成。糖苷键有 α 和 β 构型之分，结合位置有 1→2、1→3、1→4、1→6 等。

低聚糖的命名通常采用系统命名法。即用规定的符号 D 或 L 和 α 或 β 分别表示单糖残基的构型；用阿拉伯数字和箭头（→）表示糖苷键连接碳原子的位置和方向，其全称为某糖基（X→Y）某醛（酮）糖苷，X、Y 分别代表糖苷键所连接的碳原子位置。如麦芽糖的系统名称为 α-D-吡喃葡萄糖基（1→4）-D-吡喃葡萄糖苷；蔗糖的系统名称为 α-D-吡喃葡萄糖基（1→2）-β-D-呋喃果糖苷；乳糖的系统名称为 β-D-吡喃半乳糖基（1→4）-D-吡喃葡萄糖苷。

根据国家轻工业局批准实施的中华人民共和国轻工行业标准《功能性低聚糖通用技术规则》（QB/T 2492—2000），功能性低聚糖命名原则为"功能性低聚糖按天然物提取或生化合成命名。1 天然物提取的功能性低聚糖，以原料名称冠为其首进行命名，也可以提取的主要功能性低聚糖直接命名。例如：大豆低聚糖、棉子糖等。2 生化合成的功能性低聚糖，前缀含'低聚'，并以结构中单糖、二糖或多糖的名称命名。例如：低聚果糖、低聚异麦芽糖、低聚木糖等"。

因此，功能性低聚糖可分为天然物提取和生成化合的低聚糖。

自然界以游离状态存在的低聚糖主要二糖有蔗糖、乳糖，三糖如棉籽糖，四糖如水苏糖等。

（2）常见的天然低聚糖

① 蔗糖（sucrose）

蔗糖（sucrose，cane sugar）是 α-D-吡喃葡萄糖的 C_1 与 β-D-呋喃果糖的 C_2 通过糖苷键结合的非还原糖，即 α-D-吡喃葡萄糖基（1→2）-β-D-呋喃果糖苷。蔗糖分子式为 $C_{12}H_{22}O_{11}$，摩尔质量为 342.3，相对密度为 1.588，熔点为 160℃。蔗糖结构式见图 4-45。

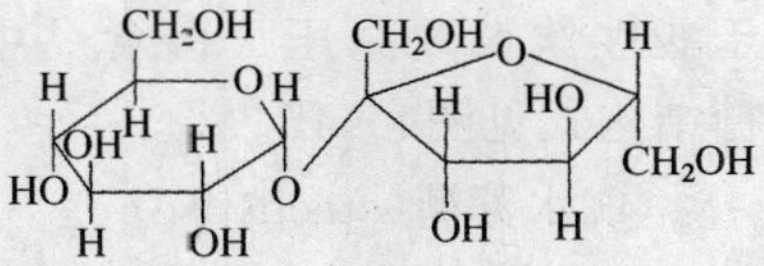

图 4-45　蔗糖结构式

纯净蔗糖为无色透明结晶，易溶于水，难溶于乙醇、氯仿、醚等有机溶剂。加热到熔点，便形成玻璃样晶体，加热到 200℃以上形成棕褐色的焦糖。蔗糖具有旋光性，蔗糖的比旋光度为 $[\alpha]_D^{20}=+66.5°$。

蔗糖容易被酸水解，水解后产生等量的D-葡萄糖和D-果糖，蔗糖无还原性，不能与苯肼作用产生糖脎，无变旋作用(因无α、β型)。蔗糖也不因弱碱的作用而引起烯醇化，但可被强碱破坏。稀酸或转化酶都能水解蔗糖。

② 乳糖[lactose]

乳糖是一种二糖，由一分子β-D-半乳糖和一分子β-D-葡萄糖在β-1,4-位形成糖苷键相连，即β-D-吡喃半乳糖基(1→4)α-D-吡喃葡萄糖苷。乳糖分子式为$C_{12}H_{22}O_{11}$，摩尔质量为342.3克。有两种端基异构体：α-乳糖和β-乳糖，在水溶液中可互相转化。α-乳糖很容易结合一分子结晶水。

纯品乳糖为白色固体，溶解度小，比甜度为0.2。

乳糖具有还原性，能形成脎，含有α和β两种立体异构体，α-型的$[\alpha]_D^{20}$为+85.0°，熔点是223℃；β-型的$[\alpha]_D^{20}$为+34.9°，熔点是252℃。乳糖最终的比旋光度$[\alpha]_D^{20}$为+55.3°。

乳糖可被乳糖酶和稀酸水解后生成葡萄糖和半乳糖，不被酵母发酵。乳酸菌可使乳糖发酵变为乳酸。乳糖结构式见图4-46。

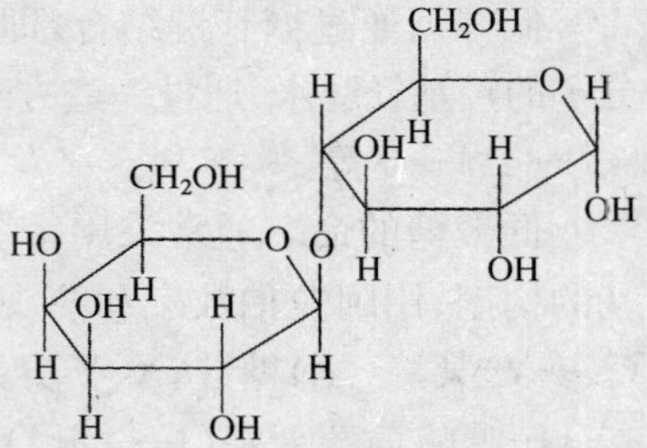

图4-46 乳糖结构式

③ 棉子糖(rafinose)

棉子糖是一分子葡萄糖、一分子果糖和一分子半乳糖构成的三分子杂低聚糖[α-D-glucopyranoside,β-D-fructofuranosyl,O-α-D-galactopyranosyl-(1→6)]，是O-α-D-吡喃半乳糖基-(1→6)-α-D-吡喃葡萄糖基-β-D-呋喃果糖苷。

棉子糖由于均以蔗糖为本体，随接入半乳糖的分子数变化而变化，它和水苏糖、毛蕊糖等统称为半乳糖族低聚糖。

棉子糖分子式为$C_{18}H_{32}O_{16}\cdot 5H_2O$，摩尔质量为594.520。纯净的棉子糖为长针状结晶，白色或浅黄色。含五分子结晶水，熔点为80℃，在100℃以上逐渐失去结晶水。棉子糖易溶于水，在20℃的水中溶解14.2%，当温度上升时，其溶解度显著增大，棉子糖水溶液比旋光度$[\alpha]_D^{20}=+105.2°$。棉子糖微溶于酒精，18.5℃时，$K_a=1.8\times 10^{-13}$，不能形成脎化物，不能还原斐林溶液，能被转化酶分解为蜜二糖及果糖。有微甜味，甜度值仅为蔗糖的20%，酸性条件下稳定性好，故可以用于酸性饮料及高压灭菌食品中。棉子糖结构式见图4-47。

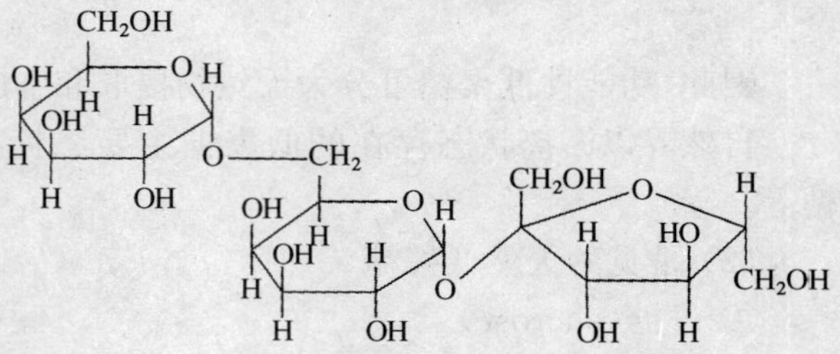

图4-47 棉子糖结构式

④ 水苏糖(stachyose)

水苏糖是天然存在的一种四糖，水苏糖的结构为O-α-D-吡喃半乳糖基-(1→6)-O-α-D-吡喃半乳糖基(1→6)-O-α-D-吡喃葡萄糖基-(1→2)-β-D-呋喃果糖苷，是棉子糖属的寡糖。是由1分子α-葡萄糖，1分子果糖和2分子α-半乳糖构成的四糖，分子式为$C_{24}H_{42}O_{21}$，相对分子质量为666.59。结晶水苏糖为含4分子水的细小晶体。在水中的溶解度为130 g(20℃)，不溶于乙醚、乙醇等有机溶剂；甜度较低，约为蔗糖的

28.3%;熔点为 101℃,在真空 115℃失水,无水物的熔点为 167～170℃。水苏糖结构式见图 4－48。

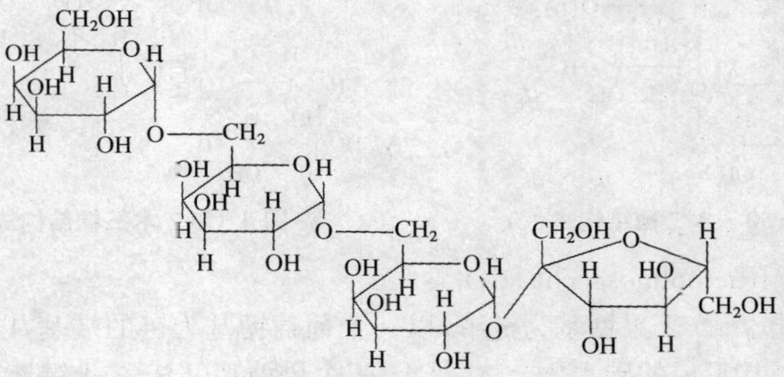

图 4－48　水苏糖结构式

(3) 常见的生化合成低聚糖

① 麦芽糖(maltose)

麦芽糖为两个葡萄糖单位经过 α－1,4 糖苷键结合的二糖[α－D－吡喃葡萄糖基(1→4)－D－吡喃葡萄糖苷],化学名称为 4－O－α－D－六环葡萄糖－D－六环葡萄糖,又称为麦芽二搪。因 C_1 羟基的位置不同,而有 α－和 β－两种异构体。自然界中游离的麦芽糖不存在。

麦芽搪分子式为 $C_{11}H_{22}O_{11}$,常温下,纯麦芽糖为透明针状晶体,易溶于水,微溶于酒精,不溶于醚。其熔点为 102℃,相对密度为 1.540。常含一分子结晶水,如果将结晶水除去,β－型麦芽糖将向 α－型麦芽糖转化,所以不容易获得无水 β－型麦芽糖。在水溶液中 α－和 β－型麦芽糖的比例为 42∶58,[α]＝1 290－1 300,不同麦芽糖异构体在水中的溶解度不同,无水 α－型麦芽糖在 20℃时的溶解度为 64 g/100 g,而一水麦芽糖的溶解度仅为 27 g/100 g。在甲醇中的溶解度,无水 β－型麦芽糖＞一水麦芽糖＞α－和 β－混合麦芽糖晶体＞无水 β－型麦芽糖。

麦芽糖有还原性,能形成糖脎,有变旋作用,比旋光度为$[\alpha]_D^{20}=+136°$。麦芽糖可被酵母发酵,水解后产生 2 分子葡萄糖。麦芽糖结构式见图 4－49。

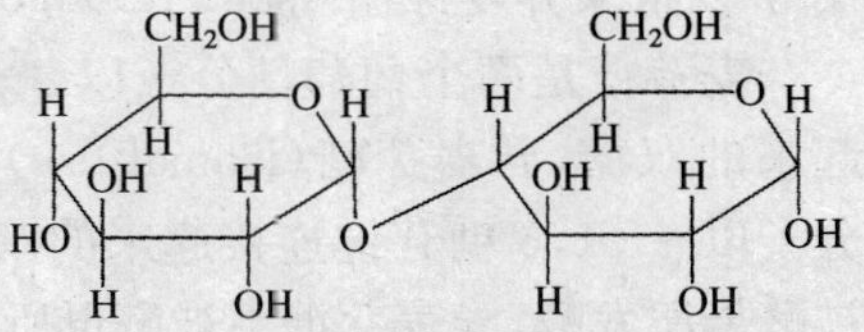

图 4－49　麦芽糖结构式

② 低聚木糖(xylooligosaccharide)

低聚木糖是由 2～8 个木糖以 β(1→4)糖苷键连接而成的低度聚合糖类的总称。中华人民共和国卫生部 2008 年第 12 号公告批准低聚木糖为新资源食品,聚合度从木二糖到木七糖,分子式为$(C_5H_{10}O_5)n$,n 为 2－7,相对分子质量为 300.28～1 050.98,以小麦秸秆为原料,采用蒸汽爆破法,经木聚糖酶酶解生产而得。木二糖结构式见图 4－50,木三糖结构式见图 4－51。

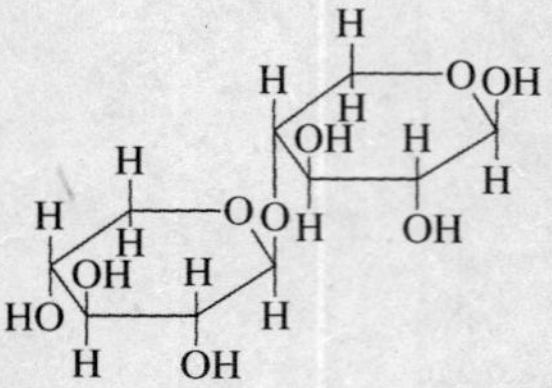

图 4-50　木二糖结构式

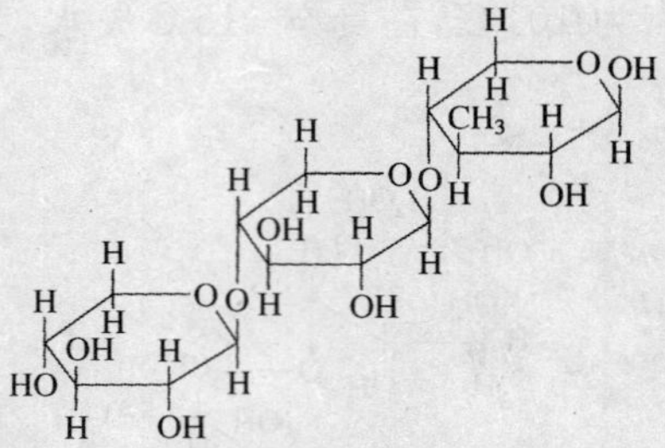

图 4-51　木三糖结构式

③ 低聚果糖(fructooligosaccharide)

低聚果糖是指 2～5 个果糖基为链节，以一个葡萄糖基为链的端基，以果糖基→果糖连接键为主体骨架连接形成的碳水化合物，是 1～4 个果糖基以 β-2,1 键连接在蔗糖的 D-果糖基上而形成的蔗果三糖(GF_2)、蔗果四糖(GF_3)、蔗果五糖(GF_4)和蔗果六糖(GF_5)的混合物。均低聚果糖结构式见图 4-52，杂低聚果糖结构式见图 4-53。

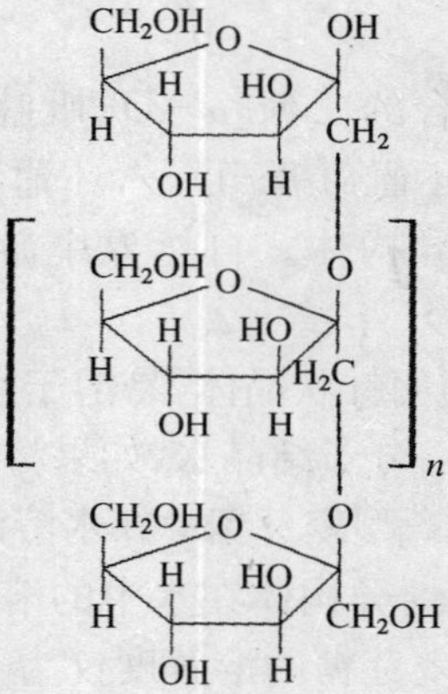

图 4-52　均低聚果糖结构式

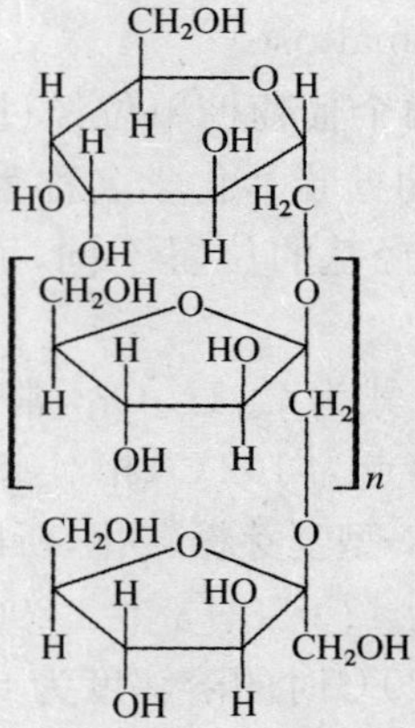

图 4-53　杂低聚果糖结构式

④ 低聚异麦芽糖(isomaltooligosaccharide)

麦芽糖是两个葡萄糖分子以 α-1,4 糖苷键连接起来的双糖，异麦芽糖(isomaltose)则是两个葡萄糖分子以 α-1,6 糖苷键连接起来的双糖。麦芽糖容易被酵母所发酵，异麦芽糖不被酵母所发酵。

低聚异麦芽糖含异麦芽糖、潘糖、异麦芽三糖及四糖以上的低聚糖。甜度约为蔗糖的 45%～50%，黏度与相同浓度蔗糖溶液相近，耐热耐酸性极好，50%的异麦芽低聚糖浆在 pH=3 和温度 120℃下长时间加热不会分解。低聚异麦芽所含糖分子末端为还原基团，与蛋白质或氨基酸共热会发生 Maillard 反应而产生褐变着色。低聚异麦芽糖(三糖)异麦芽糖、潘糖结构见图 4-54、图 4-55、图 4-56。

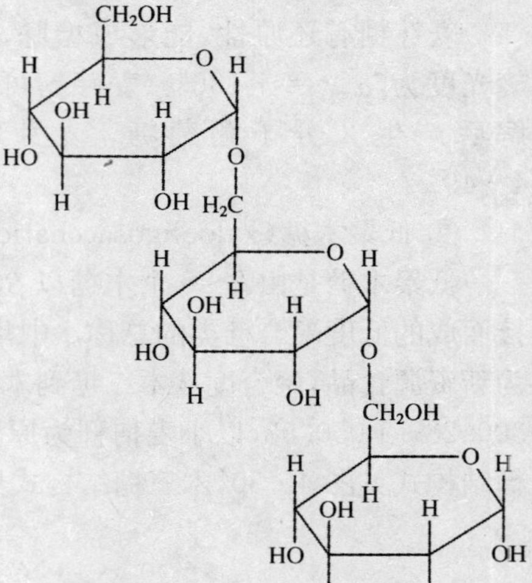

图 4-54　低聚异麦芽糖(三糖)结构式

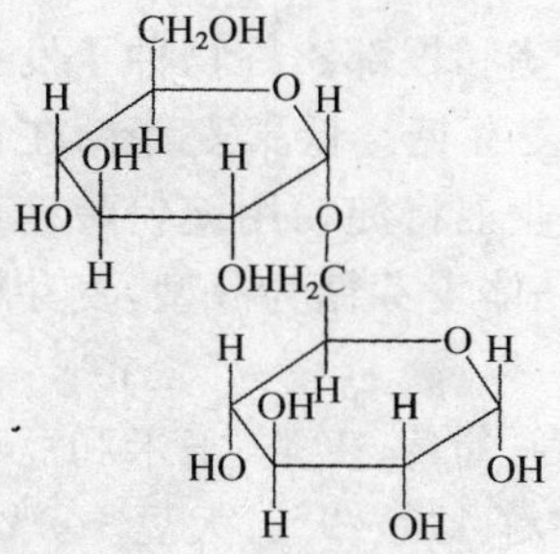

图 4-55　异麦芽糖结构式

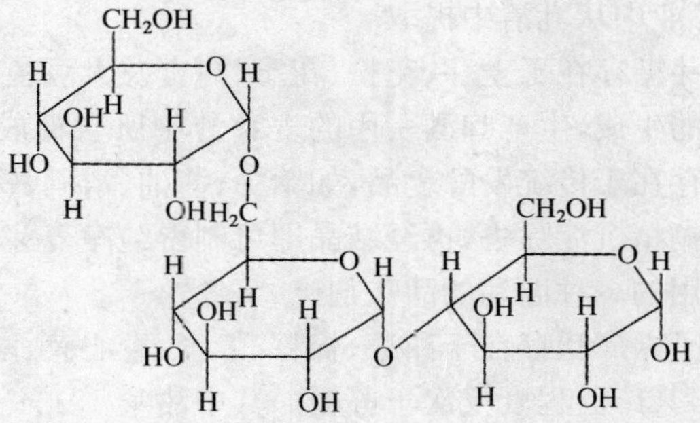

图 4-56　潘糖结构式

⑤ 低聚半乳糖(galactooligosaccharide)

低聚半乳糖结构是在乳糖分子的半乳糖一侧连接 1～4 个半乳糖，属于葡萄糖和半乳糖组成的低聚糖。低聚半乳糖的甜度约为蔗糖的 35%，水分活性与蔗糖相似，具有出色的水分保持能力，使食品具有适当湿润性。它对热、酸稳定性都很好，在中生区域加热到 160℃时仍稳定。低聚半乳糖结构式见图 4-57。

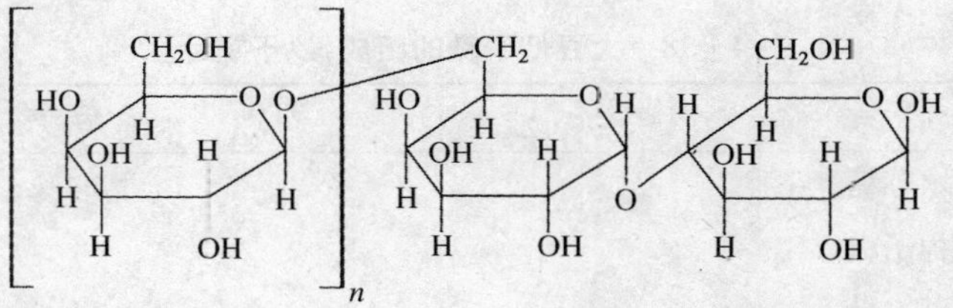

图 4-57　低聚半乳糖结构式

⑥ 低聚龙胆糖(crennooligosaccharide)

低聚龙胆糖是龙胆二糖、三糖、四糖的混合物，龙胆二糖是葡萄糖受酸和热发生复合反应的生成物，当经过 α-1,6 糖苷键时，生成异麦芽糖；当经过β-1,6糖苷键时生成龙胆二糖。低聚龙胆糖分子结构式见图 4-58。

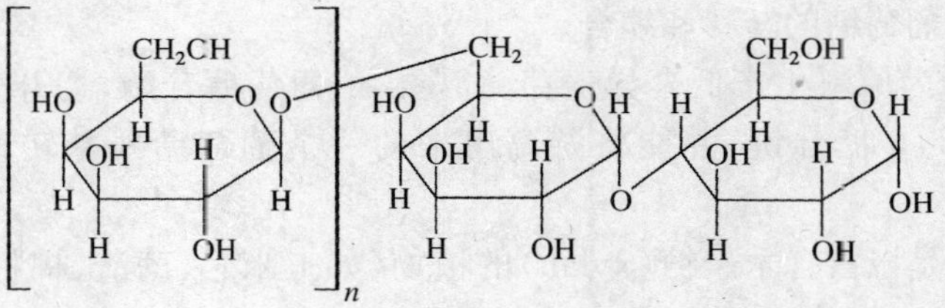

图 4-58　低聚龙胆糖分子结构式

3）低聚糖的分布

蔗糖广泛分布于植物体内，特别是甜菜、甘蔗和水果中含量极高。蔗糖是植物储藏、积累和运输糖分的主要形式。

乳糖甜度是蔗糖的五分之一，是在哺乳动物乳汁中的双糖，因此得名乳糖。乳汁中 2%～8%的固体成分为乳糖。牛乳固体成分中约含乳糖 4%。人奶中固体成分含 5%～

7%。工业中从乳清中提取。

麦芽糖存在于麦芽、花粉、花蜜、树蜜及大豆植株的叶柄、茎和根部。谷物种子发芽时有麦芽糖的生成,生产啤酒所用的麦芽汁中所含糖成分主要是麦芽糖。低聚麦芽糖在自然界中微量存在于传统发酵食品,如饴糖、酱油、清酒、蜂蜜中。工业上将淀粉用淀粉酶糖化后加酒精使糊精沉淀除去,再经结晶即可制得纯净麦芽糖。通常晶体麦芽糖为β型,麦芽糖是食品中使用的一种温和的甜味剂。

棉子糖广泛存在于甜菜、棉籽、蜂蜜、卷心菜、酵母、马铃薯、葡萄、麦类、玉米和豆科植物种子中,其广泛程度仅次于蔗糖。其中甜菜1.1%~1.0%,棉籽4%~9%,大豆1.3%左右。棉子糖在植物叶片中浓度较低,在贮藏器内,尤其是种子,只是在成熟期存在,而在萌发过程就消失。据研究,在寒冷季节和植物组织水分含量下降的条件下,棉子糖含量会大大增高。植物抗寒性会使储存淀粉减少而蔗糖增高。

成熟的棉花种子中,蔗糖均匀地分布在蛋白体和非特异细胞质中,而棉子糖、水苏糖主要在非特异细胞质中;豌豆叶中,蔗糖主要存在于细胞溶质中,但在蛋白体和淀粉体中已有发现。大豆籽粒的总碳水化合物为25%,主要含有蔗糖、棉子糖、水苏糖及少量的单糖。大豆低聚糖主要分布在大豆胚轴中,大豆低聚糖的组成如表4-38所示。

表4-38 大豆低聚糖的组成(以干重计)

名 称	含量/%
水苏糖	24
棉子糖	8
蔗 糖	39
果 糖	16
其他糖	13

在自然界中,水苏糖多存在于豆科植物中,含量约占种子干重的2%~3%。茶叶中约含0.1%,茶籽子叶中约含0.09%,茶花瓣及雄蕊中都有发现。

低聚龙胆二糖在自然界蜂蜜中有少量存在。工业生产低聚龙胆糖是用高浓度的葡萄糖液和专门的酶发生葡萄糖的转移和缩合。

工业上以淀粉为原料生产低聚异麦芽糖需要α-葡萄糖苷酶,切开麦芽糖和麦芽低聚糖分子结构中α-1,6糖苷键,并能将游离出来的一个葡萄糖残基转移到另一个葡萄糖分子。

低聚木糖一般是以富含木聚糖(xylan)的植物(如玉米芯、蔗渣、棉籽壳和麸皮等)为原料,通过木聚糖酶的水解作用,然后分离精制而获得。

在很多农作物中都含有低聚糖,产地、品种均对低聚糖的分布有影响,表4-39为各种豆科植物中低聚糖的含量。

表 4-39 豆科植物低聚糖含量(干重) 单位：%

名称	低聚糖		
	水苏糖	棉子糖	蔗糖
花生	0.01	0.3	5.9
蚕豆	2.0	0.7	2.5
青豌豆	2.2	0.9	2.0
赤豆	2.8	0.3	0.6
绿豆	1.7	0.5	1.0
四季豆	2.5	1.2	2.6
豇豆	3.5	0.5	1.0
大豆	2.7	1.3	2.6
美国大豆(6种)	3.7	1.3	4.5
日本大豆(3种)	4.1	1.1	5.7
中国大豆	3.8	1.0	5.2
毛豆	0.0	0.1	4.2

4）低聚糖的生理功能

(1) 促进肠道内双歧杆菌生长增殖，抑制消化道内腐败产物生成，阻碍消化道内病原菌存活。

双歧杆菌是人和动物肠道内的有益菌，属于嫌气性革兰氏阳性菌，可发酵低聚糖产生短链脂肪酸(主要是醋酸和乳酸以及少量的蚁酸)和一些抗菌性物质，降低肠道内 pH 值和电位。病原菌通过细胞表面或绒毛上的特异性凝集素与动物肠壁黏膜上皮细胞表面上相应的糖受体结合，黏附在肠壁上发育繁殖，低聚糖具有与此糖受体相似的结构，它可竞争性地和病原菌细胞表面外源凝集素结合，阻碍病原菌在上皮黏附，促使其随粪便排泄，减少对动物的危害。双歧杆菌发酵低聚糖产生短链脂肪酸(主要是醋酸和乳酸)和一些抗菌素，从而抑制外源致病菌和肠道内固有腐败细菌生长繁殖。双歧杆菌可通过磷脂酸与肠黏膜表面形成一层具有保护作用的生物膜屏障，从而阻止有害微生物的入侵和定殖。

刘祥试验表明，当给小鼠口服大豆低聚糖 14 天后，小鼠肠道内的乳杆菌、双歧杆菌都显著增加。

梁冰和熊德鑫试验表明，双歧杆菌产生的 α-半乳糖苷酶还可降解黏膜上皮细胞中的复杂多糖，使肠道内 pH 值大大降低，导致有害菌不能在肠腔内定殖而产生抑菌作用。

王娅芳等人探索不同膳食模式及添加大豆低聚糖对人体肠道部分有益菌群和短链脂肪酸的影响。20～25 岁健康志愿者每天加服大豆低聚糖 5 g，连服 7 天后，双歧杆菌比例和短链脂肪酸均增加。

人体消化道内腐败细菌将氨基酸转化生成氨、吲哚等有毒代谢物质。低聚糖可明显减少和缓解有毒代谢物质，同时抑制肠内生成与致癌物质有关的 β-葡萄糖醛酸酶和 A-zoledaotase 等酶的活力。

杨玉红探讨了复合低聚糖饮品对肠道菌群的调节功能。受试人群肠球菌、肠杆菌的数量无明显差异，双歧杆菌、乳杆菌的数量明显增加，产气荚膜梭菌的数量有减少的趋势。结论是复合低聚糖饮品可以促进人体肠道菌群中的有益菌的增殖。

(2) 降血脂与降血清胆固醇

低聚糖的重要作用之一是降低血脂。王素敏等对实验性高脂血症大鼠的研究表明，大豆低聚糖有降低总胆固醇。甘油三酯的作用，增加高密度脂蛋白的含量。赵亚杰选取 60 例高脂血症患者，随机分为试验组和对照组，采用双盲法，试验组每人每日服用大豆低聚糖 12 克，对照组服用安慰剂，试验期为 30 天，试验前后分别检测试验对象血清总胆固醇、甘油三酯、高密度脂蛋白胆固醇、血常规、尿常规和其他生化指标。试验组血清总胆固醇(TC)平均值(mmol/L)由试验前的 7.41±0.86 下降为 5.58±0.60，甘油三酯(TG)平均值(mmol/L)由试验前的 2.76±0.73 下降为 1.74±0.75，结论是大豆低聚糖对高脂血症患者具有降低血脂的作用。

大豆低聚糖能促进双歧杆菌影响和干扰 p-羟基-β-甲基戊二酸单酰辅酶 A 还原酶的活性，改变糖的代谢途径，阻断糖转化为脂肪，抑制胆固醇合成，从而降低血清胆固醇含量。试验证明，包括双歧杆菌在内的乳酸菌可以影响胆固醇的代谢，将其转化为人体不吸收的类固醇，降低血清胆固醇水平，从而大大降低冠心病、高血压、动脉硬化的发病几率。

(3) 提高免疫功能，抑制肿瘤细胞增生

低聚糖能与一定的毒素、病毒、真核细菌的表面结合而作为这些外抗原的佐剂，减缓抗原吸收的时间，增加抗原的效价，加强细胞免疫和体液免疫。大量动物试验研究表明，低聚糖促进双歧杆菌在肠道内大量繁殖，诱导免疫反应，增强机体免疫功能。双歧杆菌的存在能减少肠道内 β-葡聚糖苷酸酶、硝基还原酶、偶氮还原酶的含量，而这些酶能使前致癌物转变为致癌物。双歧杆菌作为抗原产生的抗体比其他免疫球蛋白能力高 7～10 倍，这些免疫球蛋白阻止有害菌附着在肠黏膜上，便于抗体清除这些细菌；双歧杆菌还能够激活巨噬细胞，使其产生大量的淋巴因子，并且通过诱导反应大大增强机体的免疫力和抗肿瘤的能力。

研究表明，大豆低聚糖可直接作用于脾淋巴细胞和 NK 细胞，促进脾淋巴细胞的转化，提高 NK 细胞的杀伤活性，从而增强机体免疫力(胡刚等，2002)。

张树清等人试验结果表明，大豆低聚糖可以显著提高小鼠血清溶血素含量，从而证明大豆低聚糖对小鼠体液免疫功能具有显著促进作用。

徐超斗、梁爱君、祝业等人研究大豆低聚糖对小鼠免疫功能的影响，采用脾细胞增殖反应及抗体生成反应等免疫学方法。试验结论表明，大豆低聚糖能够增强正常小鼠及免疫功能低下模型小鼠的免疫应答能力。赵秀红等人探讨酶法改性大豆低聚糖对小鼠免疫作用的影响，实验结果表明，酶法改性大豆低聚糖对小鼠细胞免疫、非特异性免疫、体液免疫有明显的促进作用，可以全面提高机体的免疫功能。

据报道，肠道中某些细菌可产生 β-葡萄糖苷酶、β-葡萄糖醛酸酶、硝酸还原酶等，这些酶作用于日粮或动物内源物可以产生生殖性毒物。而双歧杆菌和乳酸杆菌中这些酶的活力与梭状芽孢菌等有害菌相比活性很小，故可以通过低聚糖抑制有害菌生长而降低肠道中这些酶的活性。日粮中添加低聚糖，肠道中双歧杆菌将可发酵性糖转变为乳酸或醋酸等挥发性脂肪酸，粪便中的丙酸和丁酸等有机酸含量较大幅度提高，抵制了杂菌的滋生，因而培植有益菌的增殖，能在较大程度上保证动物的健康。

4.6.2 低聚糖的生产

1）低聚糖的制取

目前，获取低聚糖的途径三要有三个：① 化学合成；② 以淀粉或多糖为原料，利用转移酶、水解酶催化糖基转移反应合成或多糖的酶水解反应；③ 从天然原料提取。化学合成法这里不作介绍。

（1）以淀粉或多糖为原料，利用转移酶、水解酶催化糖基转移反应合成或多糖的酶水解反应制备低聚糖

① 以淀粉为原料制备低聚糖

以淀粉为原料，可以制得很多低聚糖，如低聚异麦芽糖、低聚龙胆糖等。

例如以淀粉为原料，制得高浓度葡萄糖浆，通过 α-葡萄糖转苷酶催化发生 α-葡萄糖基转移反应而得低聚异麦芽糖。工业化生产低聚异麦芽糖生产工艺路线：

水（↓调浆）；α-淀粉酶（↓液化）；α-葡萄糖转苷酶（↓糖化）；助滤剂（↓过滤）；脱色剂（↓脱色）；水分（↑真空浓缩）；其他组分（↑分离）；水分（↑喷雾干燥）

淀粉→调浆→液化→糖化→灭酶→过滤→脱色→脱盐→真空浓缩→糖浆→分离→喷雾干燥→产品

② 以蔗糖为原料制备低聚糖

以蔗糖为原料，可以制得很多低聚糖，如低聚果糖、低聚异麦芽酮糖[Isomaltulose，亦称帕拉金糖（palatinose），化学名为 6-O-α-D-吡喃葡糖基-D-果糖]、葡萄糖基蔗糖（clycosylsucrose，化学名为 α-麦芽糖基-β-D-呋喃果糖苷）、低聚乳果糖（lactosucrose）等。

例如以蔗糖为原料，采用回定化酶法进行连续反应，将高浓度蔗糖溶液在 50～60℃下以一定速率流过固定化酶柱，利用 β-果糖转移酶进行转移反应制备低聚果糖。生产工艺路线如下：

水（↓调浆）；β-果糖转移酶（↓糖化）；助滤剂（↓过滤）；脱色剂（↓脱色）；水分（↑真空浓缩）；水分（↑喷雾干燥）

蔗糖→调浆→糖化→灭酶→过滤→脱色→脱盐→真空浓缩→喷雾干燥→产品

③ 以乳糖为原料制备低聚糖

以乳糖为原料，可以制备低聚半乳糖、乳酮糖（lactulose，学名吡喃半乳糖-果糖）等。

例如工业生产中常以高浓度乳糖作原料，用 p-半乳糖昔酶催化乳糖水解，同时将催化水解出的一个半乳糖残基或葡萄糖残基转移到另一个乳糖或葡萄糖或半乳糖分子上而得产品。其生产工艺路线如下：

水（↓调浆）；β-半乳糖苷酶（↓转移反应）；助滤剂（↓过滤）；脱色剂（↓脱色）；水分（↑真空浓缩）；水分（↑喷雾干燥）

乳糖→调浆→转移反应→灭酶→过滤→脱色→真空浓缩→喷雾干燥→产品

④ 以其他原料制备低聚糖

自然界有很多原料含有多聚木糖、壳聚糖等，如玉米芯、虾、蟹和昆虫外壳及藻类，利用这些原料，可以生产低聚木糖、低聚壳聚糖。

如以玉米芯为原料，提取多聚木糖，由木聚糖酶控制多聚木糖水解，采用超滤和反渗透除去大分子和小分子糖，制取高纯度低聚木糖。

（2）从天然产物中提取低聚糖

从食品工业的角度看，低聚糖作为一种大量使用的功能性基料，必须考虑到生产成本，

因此，较好的方法是从天然原料提取或利用生物技术和酶法水解或酶法转移来生产各种低聚糖。

油料资源中，一些饼粕含有丰富的低聚糖资源，如大豆饼粕、棉籽饼粕等，可以作为提取低聚糖的原料。

① 大豆低聚糖的制备

大豆低聚糖(Soybean-oligosaccharide)是一种广泛存在于豆科植物中的碳水化合物，由水苏糖、棉子糖和蔗糖组成，其中水苏糖和棉子糖都是不消化糖，是双歧杆菌增殖因子。

大豆低聚糖生产的一种工艺是以大豆乳清液为原料，经分离提纯，精制而得。一般工艺路线是直接用大豆作原料依次提取大豆油、大豆分离蛋白，得到的乳清用来提取大豆低聚糖和其他物质。

以生产大豆分离蛋白乳清为原料生产大豆低聚糖工艺路线如下：

脱色剂（↓脱色）　水分（↑真空浓缩）　水分（↑喷雾干燥）

乳清→过滤→脱盐→脱色→真空浓缩→分离→喷雾干燥→产品

工业生产大豆分离蛋白时的副产物大豆乳清，大部分为碳水化合物，约占 62%(干基)，其中 42%为大豆低聚糖。乳清中其他各组分分别为：粗蛋白约 21%、灰分 5%、其他 12%。

大豆低聚糖生产的一种工艺是直接以大豆作原料依次提取大豆油、大豆浓缩蛋白，用得到的乙醇提取物提取大豆低聚糖和其他物质。

以生产大豆浓缩蛋白乙醇提取物为原料生产大豆低聚糖工艺路线如下：

其他组分（↑分离）　脱色剂（↓脱色）　水分（↑真空浓缩）　水分（↑喷雾干燥）

乙醇提取物→除蛋白→分离→脱色→脱盐→真空浓缩→→喷雾干燥→产品

制备大豆浓缩蛋白得到的乙醇提取物，低聚糖为其中的主要成分，主要包括蔗糖、棉子糖和水苏糖，其中单糖和蔗糖占 65%，棉子糖占 5%～7%，水苏糖占 30%～32%。

刘军等进行了大豆低聚糖、乳清蛋白的提取研究，利用膜分离技术，将乳清废水中的低聚糖、乳清蛋白同时提取出来；兰剑丽对以大豆乳清为原料，提取大豆低聚糖的生产工艺技术进行了系统的阐述。刘莉以大豆蛋白废水作为研究对象，根据其水质特征，设计了适宜的膜处理工艺，综合分析了影响工艺设计的主要因素，确定采用超滤膜分离处理工艺，并对膜污染过程机理及清洗进行了研究。凌秀菊根据乳清废水及膜的特性选择分别适用于截留低相对分子质量蛋白质、低聚糖、氨基酸等物质的 6KD 超滤膜、ZooDal 纳滤膜和 RO 膜，然后将这些膜应用于大豆乳清废水的治理工艺研究。结果表明，将膜技术应用于大豆乳清废水的治理中，既回收了废水中的蛋白、低聚糖，又使废水达到或接近纯净水的要求，能回用至大豆分离蛋白生产的碱溶工序中。王传杰以豆粕为原料，从生产大豆分离蛋白的工艺出发，提取大豆低聚糖，对大豆乳清进行预处理、树脂脱色、超滤纯化和纳滤分离浓缩等精制大豆低聚糖的过程进行了比较系统的研究。赵秀红选用碱溶酸沉法提取大豆低聚糖。伍军利用膜技术分离大豆乳清，利用超滤和纳滤技术回收利用生产豆腐时所排放的大豆乳清废水，就超滤膜的选择、溶液 pH 值、操作压力、操作温度、浓缩倍数、膜面流速等操作参数，对超滤过程的影响以及不同化学清洗剂对超滤膜的清洗效果和清洗方案进行了研究，并对纳滤膜浓缩大豆低聚糖进行了初步探讨。

Suna Kim,Wansoo Kim & InK. Hwang 等研究的最佳提取大豆低聚糖的溶剂是10%的乙醇溶液,超滤纯化在VCR为5时,超滤效果最好。

蒋丽华对超滤技术纯化乙醇提取物中的低聚糖进行了研究:选用截留相对分子质量为10 000膜,温度为20℃,pH为7的乙醇提取物,采用间断全过滤方式,在此条件超滤所得的透过液澄清透亮,大分子类蛋白可完全去除,低聚糖透过率达70%。

黄进等研究了大豆异黄酮、皂苷和低聚糖的同步提取。赵贵兴等对大豆低聚糖制备工艺进行了研究,确定了浸提、活性炭脱色和离子交换脱盐等过程的较优工艺参数,最后制得70%的大豆糖浆。金华丽等对糖液的精制工艺选用活性炭脱色和离子交换脱色相结合的方法。马莺在研究制取大豆低聚糖的同时,通过酶改性将其中非功能性蔗糖转化为功能性低聚糖,增加大豆低聚糖中功能因子的含量,提高大豆低聚糖的功能性。徐忠等对大豆低聚糖脱色的工艺条件进行研究。李晓东进行了大豆低聚糖的应用研究。胡晓荣选取截留相对分子质量为3K、5K和10K三种改性纤维超滤膜,以大豆异黄酮、皂苷及低聚糖这三种目标产物为指标,通过对比分析,最后选取10K作为截留蛋白的超滤膜,超滤除蛋白,然后选用截留相对分子质量为1K的超滤膜来截留皂苷。黄贤校用低温脱溶大豆粕为原料,用乙醇为提取剂,对乙醇浓度、提取时间、温度、液料比和提取次数进行了试验,总糖提取率为98.0%,制得浓缩蛋白产品蛋白含量65.11%。

② 棉籽低聚糖的制备

以棉籽饼粕为原料提取低聚糖,原理和工艺与大豆低聚糖一样。

罗宁刚以水为溶剂,从棉籽饼粕中回收棉子糖的工艺路线为:1%碳酸钠溶液浸提,等电点沉淀,超滤,脱盐,脱色,凝胶柱分离。产品得率为0.6%(相对于棉粕),棉子糖纯度大于99%。

③ 以其他原料提取低聚糖

日本从1977年开始研究甜菜中的棉籽糖,到1992年,日本实现从甜菜中提取棉籽糖的工业化,基本工艺路线为:

甜菜糖蜜→分离→棉籽糖溶液→浓缩→过滤→结晶→干燥→粉碎→成品

从宝塔菜中提取低聚糖混合物,主要成分是水苏糖,也有少许棉子糖被提取出来。

以干酪乳清为原料制备低聚糖的工艺为:

乳清→加入石灰乳混合加热→沉淀过滤→蒸发浓缩→冷却晶体→分除母液→洗涤结晶→干燥→粗制乳糖→溶解→压滤→结晶→分除母液→洗涤→干燥→粉碎→筛选→包装

此工艺可得到含乳糖99.9%、灰分0.025%~0.25%、水分0.5%~1%的产品。

2) 大豆低聚糖的应用

大豆低聚糖可添加到乳制品的乳酸菌饮料、碳酸饮料、粉末饮料中,制成营养型、保健型、美容型等各种饮品。

大豆低聚糖可应用于焙烤食品,由于大豆低聚糖可发生美德拉反应,所以将其应用于焙烤制品中,可使产品增色,延缓面包老化,延长货架期。

大豆低聚糖可替代蔗糖用于糖果、巧克力、饼干等制品中,并能增强产品的营养保健功能。可在挂面中添加2%~4%,这样可提高面条的弹性和韧性。

大豆低聚糖除以上应用外,还可应用于冰淇淋、雪糕、果冻、布丁、沙司、甜味奶粉等产品中。

4.7 棉酚的提取

4.7.1 棉酚的分布及性质

1）棉酚的存在与分布

棉酚是锦葵科植物棉花的根、茎和种子所含的一种多元酚类化合物，1886 年，英国化学家 Longmore 从棉籽分离出来棉酚（gossypol），1899 年俄国人 Marchlewski 从棉籽油的油渣中分离出棉酚。

棉酚在棉籽中含量较高，含量约为 0.15%～1.8%，其中在棉籽壳中含量为 0.005%～0.01%，在棉仁中含量为 0.5%～2.5%。

棉籽中色腺体是棉属及其近缘植物的特征之一。色腺体含有很多其他物质，但主要化学物质是棉酚。棉花植株所有器官都含有色腺体。不同色腺体基因的植株，其植株各组织器官上的色腺体分布有较大的差异，对各部位棉酚含量也有影响。棉籽仁中棉酚含量与色腺体密度和大小呈线性相关。无色腺体基因的棉花、棉籽仁中棉酚含量极低，称为低棉酚品种。棉籽中的色腺体，具有溶生细胞形成的腔体，直径为 100～400 μm，周围为一层或数层的扁平细胞所包围，呈卵圆形或球形。色腺体壁对水或极性溶剂十分敏感，遇水或极性溶剂就破裂，放出内含的色素微粒，其中主要是棉酚。K. S. Murti 认为，棉酚等色素在色腺体内以单相（固体或液体）的形式存在，在不与水或极性溶剂接触时，即使色腺体破裂也不会释放出其内部包含的色素。由于棉酚在水中不会溶解，因此欲从棉仁中提取棉酚大都采用极性溶剂，如丙酮、乙醇等，它们既能使腺体破裂又能把棉酚溶解，因而有利于棉酚的提取。

在制油过程中，随生产方法与工艺条件的不同，棉酚进入毛油与留在饼粕中的量也不同。浸出粕中游离棉酚含量较低，一般在 0.006 5%左右，机榨饼中游离棉酚含量较高，一般在 0.08%。

表 4-40 不同加工条件棉籽油中游离棉酚含量测定结果

生产厂家	样品份数	结果范围/%	误差($\bar{x}\pm s$)%
大型油棉厂	23	0.001～0.030	0.008±0.007
小型油棉厂	25	0.002～0.034	0.014±0.009
合　计	48	0.001～0.034	0.011±0.008

2）棉酚的结构与性质

(1) 棉酚的结构

棉酚是含有六个羟基的多环醛，其分子式为 $C_{30}H_{30}O_8$，相对分子质量为 518.562，化学名 2,2′-双-8-甲酸基 1,6,7-三羟基-5-异丙基-3-甲基萘，它具有三种互变异构体。1937 年，Campbell 确定了棉酚的三种同分异构体和熔点，熔点分别为 184℃、199℃和 214℃。

棉酚的互变异构体结构见图 4－59。

(2) 棉酚的性质

棉酚溶于甘油三酯、硫醚、氯仿、四氯化碳、二氯乙烷、甲醇、乙醇、乙二醇、异丙醇、丁醇、丙酮、丁酮、乙醚、醋酸乙酯、吡啶等有机溶剂，难溶于甘油、环已烷、苯、轻汽油等，不溶于水和低沸点的石油醚；在不同溶剂中获得的棉酚结晶折光指数也不同，如从甲醇和乙醚中得到的结晶棉酚，折射率为 1.605，在乙醚和乙醇混合溶剂中得到的结晶有 1.784 和 1.635 两个折射率，从乙醇溶液中获得的内醚式棉酚结晶，则有 1.605、1.740 和 1.830 三个折射率。

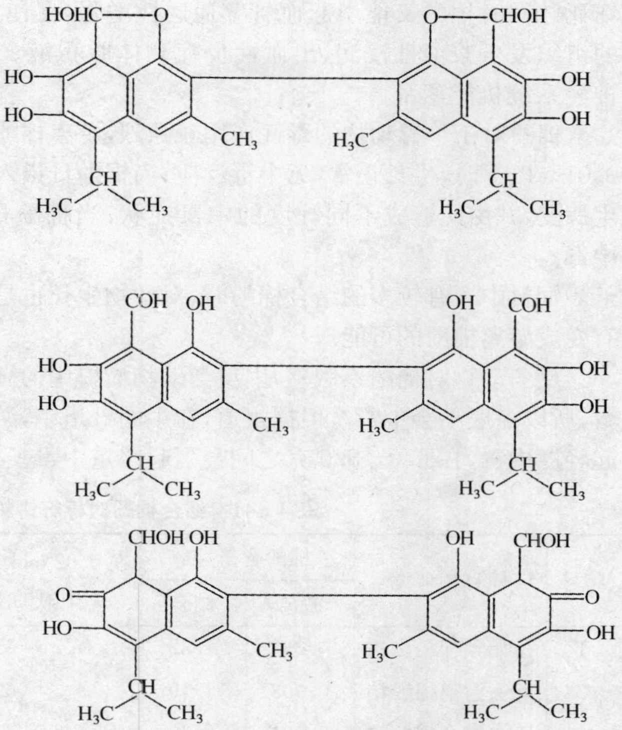

图 4－59　棉酚的互变异构体

棉酚的结构中含有醛基和羟基，因此化学性质活泼，易被氧化，氧化以后，颜色变深直至棕黑色。

棉酚的羟基可游离出少量的 H^+，显弱酸性，与 NaOH、KOH 及 Na_2CO_3 的水溶液反应，生成二钠盐和二钾盐。如遇浓 NaOH 溶液，大气中棉酚溶液的颜色将由姜黄转变为紫红色。

棉酚和苯胺、吡啶等反应可以生成非离子化合物，其化合物极其稳定。棉酚和羧酸反应生成络合物。棉酚和醋酸结合生成醋酸棉酚，和甲酸结合生成甲酸棉酚。生成的络合物在水和热的作用下又分解为原来的羧酸和棉酚。利用这一性质，可进行棉酚的提纯。棉酚分子中有醛基，具有醛基的一切性质。棉酚是多元酚，可以形成酯或耆醚。在稍高于熔点的温度下长时间加热，棉酚可以脱水生成橙色化合物失水棉酚。

具有活性羟基及醛基的棉酚称为游离棉酚(free gossypol)，游离棉酚被氧化生成变性棉酚，或者同蛋白质、磷脂、糖类结合生成结构复杂的结合棉酚(bound gossypol)。游离棉酚对动物是有毒的；变性棉酚毒性较小；结合棉酚一般不被人体和牲畜吸收，可以通过代谢排出体外，通常被人们认为是无毒的。近年来，不少专家进行了深入的研究，证明结合棉酚在人体内，在一定条件下也有部分结合棉酚又分解成游离棉酚，它同样是有毒的。

(3) 棉酚的毒性

棉酚通过与膜基质及蛋白质的分子的结合，以及通过负离子自由基机制对膜结构的破坏和对电子传递体系的干扰，从多方面干扰细胞的代谢，尤其是与 Ca^{2+} 依赖性蛋白激酶有关的代谢。Hansen 等利用圆二色性及核磁共振技术提出棉酚抑酶的模型——棉酚与氨基酸形成 Schiff 碱的非特异性结合，使棉酚成为普通酶的抑制剂，如生殖细胞特异乳酸脱氢酶 X 型异构酶、肾脏细胞(Na^+，K^+)－AT 酶、NAD^+－依赖性脱氢酶、对磷脂敏感的 Ca^{2+}－依赖蛋白激酶、精子顶体蛋白酶等。另外棉酚破坏血液对维生素 A 的吸收，加之棉酚在体内排泄缓慢，有明显的蓄积现象，长期饲喂对组织产生刺激，引起消化道及其他脏器的损伤和坏死。同时棉酚又能引起血管壁通透性增强，促使血浆和血细胞向周围组织渗透，使受害的组织发生浆液性浸润、出血性炎症和体腔积液。棉酚溶于磷脂，能在经细胞中积累，使神经系统机能紊乱。

棉酚对于单胃动物的毒性作用较强烈，游离棉酚对猪的致毒量，一般日摄入量为日粮的0.01%以下时，生长正常，无中毒反应；当棉酚日摄入量在日粮的0.02%以上，则猪的内脏发生病变，并由此造成不同程度的中毒症状；当棉酚日摄入量在日粮的0.03%时，引起严重中毒。

饲料中含有较多的结合棉酚时，对动物生长也是不利的，因为结合棉酚在一定条件下仍有变成游离棉酚的可能。

反刍动物对棉酚不敏感，因反刍动物瘤胃中的微生物发酵作用，能使棉酚解毒后进入真胃，所以一般不会中毒。但据报道，在牛的日量中，游离棉酚的含量在0.8～2.0克之间会引起轻度中毒，在6.0～8.0克之间会引起严重中毒。见表4-41。

表4-41　结合棉酚对棉籽饼粕营养价值的影响

编号	棉籽粕种类	棉酚含量/%		在0.02 mol/L NaOH溶液中氮的溶解度/%	赖氨酸有效率/%	四星期后鸡的平均重量/克
		游离	结合			
1	原始预榨浸出粕	0.033	1.32	61.0	54.9	121.7
2	除去游离棉酚粕	0.003	1.10	69.0	54.1	157.8
3	除去结合棉酚粕	0.004	0.49	77.0	70.4	222.4
4	丁酮浸出粕	0.006	0.37	89.0	89.5	233.3

Herman于1970年报道了棉酚对虹鳟有强烈的毒性作用。当饲料中棉酚含量达0.03%时，即可导致虹蹲鱼食欲下降，生长不良。研究表明，过多的棉酚会诱发鱼类疾病。Roehm报道游离棉酚与黄曲霉素在诱发虹鳟肝癌方面具有协同作用。饲料中添加过多的棉酚会对鱼类的性腺发育产生影响。

卢彤岩等报道，鲤鱼经腹腔注射乙酸棉酚进行急性毒性试验，96 h的LD 50是63.6 mg/kg体重。注射剂量高于54 mg/kg体重时，鲤腹腔红肿、体壁溃烂，甚至死亡。实验结果表明，腹腔注射大剂量棉酚可引起鲤与哺乳类相似的中毒症状。

4.7.2　棉酚的制取

1）棉酚的制取

(1) 溶剂浸出苯胺沉淀法制取棉酚

溶剂浸出法有乙醇浸出法、二氯甲烷浸出法、乙醇/己烷混合溶剂浸出法、乙醇/异己烷混合溶剂浸出法、丙酮浸出法、丙酮/己烷混合溶剂浸出法、丙酮/己烷/水混合溶剂浸出法等。

原料经粉碎，用溶剂萃取，用苯胺定量沉淀浸出液中的棉酚，生成苯胺棉酚沉淀，经精制，得到苯胺棉酚；也可以把沉淀溶解在有机溶剂中，在酸性条件下加入冰醋酸使其转化为醋酸棉酚，再进行精制。棉酚与苯胺反应原理见图4-60。

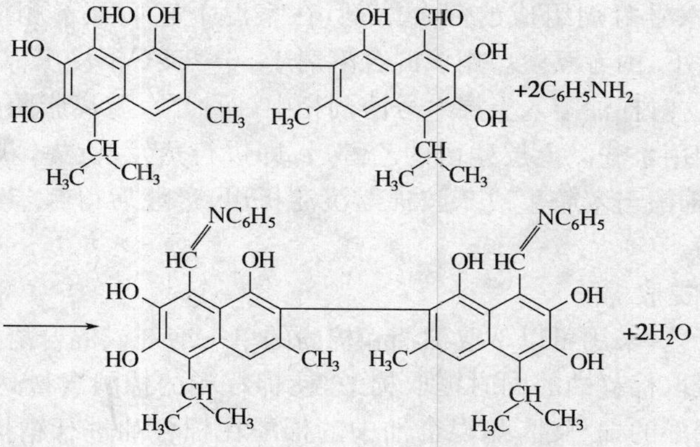

图 4-60　棉酚与苯胺反应原理

溶剂浸出苯胺沉淀法提取棉酚工艺路线为：

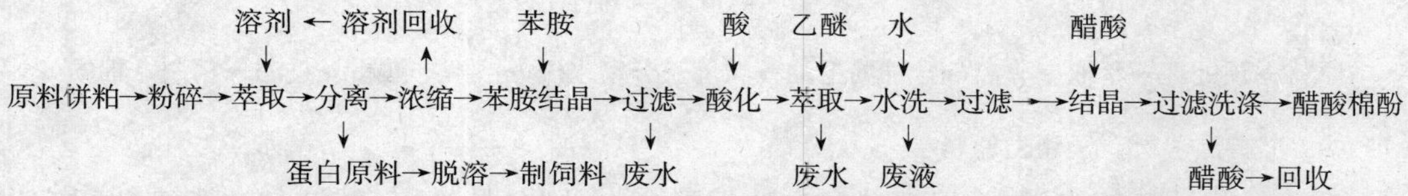

一般选用含水丙酮或含水乙醇作为萃取剂来萃取棉籽或棉籽粕中的棉酚。因为棉籽主要是作为油料来获取棉籽油，提取棉酚时应首先考虑取油的方式。

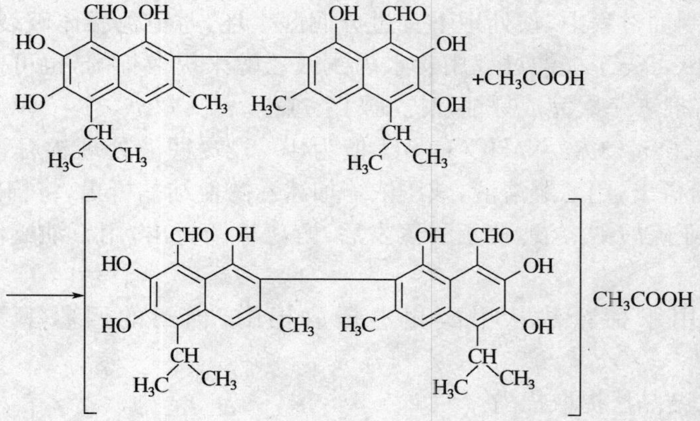

图 4-61　棉酚与乙酸反应原理

苯胺沉淀法是制备醋酸棉酚的传统方法，具有工艺稳定、得率高等优点，但工艺采用苯胺，极有可能影响醋酸棉酚的临床实验效果。服用苯胺棉酚后发现有低血钾症的副作用，一般认为是苯胺棉酚在转化为醋酸棉酚时可能因转化不完全而使部分单苯胺棉酚，甚至是二苯胺棉酚残留在醋酸棉酚中，引起了低血钾症。它是否是药品毒副作用的来源还在研究当中，并且多次重结晶也降低了醋酸棉酚的产率。余虹宇将棉籽仁用有机溶剂浸泡提取棉酚后加入苯胺，生成苯胺棉酚沉淀，在溶剂中用硫酸将苯胺棉酚转化为醋酸棉酚。杨锐利用甲醇浸出、苯胺沉淀提取棉酚，棉酚的提取收率达到 55%，棉酚含量达到 85%以上。

黄祖德采用乙醇/六号溶剂浸出棉籽饼，是利用六号溶剂浸出棉油，利用乙醇浸出棉酚的一种方法。乙醇/六号溶剂组成的混合溶剂，在室温下它们互不相溶，形成两层。但在50～55℃的浸出温度下，两者互溶。用该混合溶剂于50～55℃下浸出棉仁生坯，所得混合油冷却后又形成两层，这时棉油溶入上层六号溶剂相中，而棉酚、游离脂肪酸、磷脂等则溶于下层乙醇相中。溶剂相用水洗涤上层残留的乙醇后，即进行蒸发、汽提，获得毛棉油。乙醇相中加入苯胺，使游离棉酚与苯胺生成苯胺棉酚沉淀析出，过滤后得粗苯胺棉酚产品，可进一步加工成粗醋酸棉酚。

(2) 碱提酸析法提取棉酚

此法结合制油工艺，采用可以萃取棉油和棉酚的单一溶剂或混合溶剂，对棉仁生坯或预榨饼进行浸出。在浸取棉籽油的同时提取棉酚，使棉籽粕的棉酚含量达到饲用或食用的规定指标。得到不含棉酚的棉籽油，而混合油中的棉酚在棉籽油进行精炼时，与 NaOH 生成棉酚钠盐进入碱炼皂脚中。将皂脚溶于水中，用稀酸酸析，析出棉酚晶体，最后再精制成醋酸棉酚或棉酚。

溶剂(↓萃取)　碱液(↓碱炼)　水(↓溶解)　醋酸(↓酸析)

原料→预处理→萃取→分离→含棉酚毛油→碱炼→分离水洗→溶解→酸析→过滤→精制→棉酚

蛋白原料(分离↓)　碱炼油(分离水洗↓)　酸水(过滤↓)

对于棉籽油精炼来讲，毛棉籽油中含的棉酚愈少，则愈易精炼，碱耗和油脂炼耗相应也会减少。饼粕中结合棉酚过多，棉籽蛋白的营养价值会大大降低。研究表明，结合棉酚虽然没有游离棉酚毒性大，但在动物体内可能会由结合态转化为游离态，增加对动物体产生的毒性。因此，在棉籽制油过程中，预处理不宜过分润湿生坯，避免色腺体破裂而使棉酚和棉籽蛋白相结合。另外，可先于提油过程用含水丙酮或乙醇来提取棉酚，也可使用含水丙酮(乙醇)-轻汽油混合溶剂来一次完成提油和提酚两个过程。

徐世江用10% Na_2CO_3-$NaHCO_3$(pH 值为 10.5)缓冲液处理棉籽油，在水层中加入5%HCl 溶液，棉酚析出，用乙醚溶液，减压浓缩加冰乙酸使结晶析出，将棉酚-冰乙酸结晶经乙醚溶液溶解，加亚硫酸钠溶液，使乙醚蒸发后，游离棉酚析出，用石油醚洗涤结晶，即得纯棉酚。

包宗宏等人用水稀释法从甲醇相中提取棉酚，棉酚的回收率为 68.25%，纯度为96.89%。

(3) 溶剂萃取结晶法提取棉酚

常用的溶剂是乙醚、丙酮、丁酮等。

溶剂萃取结晶法提取棉酚工艺路线：

溶剂 ← 回收溶剂　醋酸　乙醚 $NaHSO_4$

(溶剂↓萃取；浓缩↑回收溶剂；醋酸↓结晶；乙醚↓溶解；$NaHSO_4$↓酸解)

脱脂原料→萃取→分离→浓缩→结晶→过滤→醋酸棉酚→溶解→酸解→重结晶→棉酚

蛋白原料(分离↓)　醋酸回收(过滤↓)

丙酮水稀释法是利用棉酚在低浓度的丙酮水溶液中几乎不溶的特点，加水稀释丙酮水溶液对棉仁的浸取液，降低棉酚的溶解度，使其析出。这种方法与苯胺法相比，无苯胺棉酚中间产物，没有苯胺污染。

另一种方法是含棉酚棉油皂脚用含磷酸的丁酮回流，分解棉酚钠盐，水洗静置分层，上层溶剂返回使用，下层用丁酮水溶液洗涤，对洗涤物进行蒸馏浓缩，浓缩液中加入冰醋酸结晶，减压抽滤棉酚晶体，真空干燥，即得醋酸棉酚。

傅新用双液相溶剂浸取棉仁，在甲醇中加入适量的柠檬酸提高游离棉酚在甲醇相中的溶解量，用水稀释甲醇使游离棉酚析出。把从甲醇相中提取得到的棉酚粗品制备成醋酸棉酚，再经过以丙酮、乙醚为溶剂的两次精制，醋酸棉酚产率为 58.57%。

（4）棉酚光学异构体的拆分

棉酚分子中无不对称碳，但由于联萘邻位 1，1″位有双羟基、3，3′位有双甲基的空间位阻，影响萘环自由旋转，使其不能处于同一平面上，产生了不对称因子，因此棉酚为阻转异构体。

1968 年 Bhakun 等从杨叶肖槿（thespesia populuea）中提取分离得到 Thespesin。经证明，它的分子结构与棉酚一致，但有光学活性，$[\alpha]_D=+457°$（苯）。为排除其光学活性来源于棉酚可能存在的三种同分异构体中的内醚式结构的猜想，以酸处理 Thespesia[（+）-棉酚]，使在酸性情况下内醚结构不可能存在，Thespesia 仍维持原有光学活性；在碱存在的情况下加热，失去醛基的去醛棉酚也仍有光学活性，证明其光学活性只可能是手性分子所产生。

上世纪 70 年代初，中国科学院上海药物研究所也从海南岛产的肖槿植物中分离得到（+）-棉酚。经动物试验筛选无棉酚的雄性抗生育活性。因此推测棉酚的抗生育活性来源于（±）-棉酚的（—）-棉酚的部分。杨春梅采用乙醚溶解、低沸点石油醚沉淀的方法提取棉酚，以 L-（—）-1-（对硝基苯基）-1，3-二羟基丙胺-2 作为手性衍生化试剂，与消旋棉酚缩合衍生化，用柱色谱分离棉酚两种衍生物，培养出（—）棉酚衍生物晶体。对衍生物水解，柱层析分离，经 HPLC 测定、熔点及旋光度测定，证明得到了（—）、（+）棉酚。

2）棉酚的应用

（1）棉酚的抗雄性生育作用

我国最早发现棉酚的抗生育作用，经过 9 000 人服用，证实棉酚是一个效果可靠的男性节育药。为了保持棉酚的高效杀精作用，降低副作用，现在采用直接将棉酚注入输精管的节育方法。这种方法持续、直接、有效。实验表明，左旋棉酚的有效剂量是消旋棉酚的一半，而右旋棉酚相对没有抗雄性生育能力。

（2）棉酚的治疗妇科病和泌尿系统疾病作用

棉酚在治疗某些妇科病上也有显著疗效，如子宫内膜异位症、子宫肌瘤、功能性出血等，还可以治疗某些泌尿科疾病，如前列腺增生、前列腺癌症。

（3）棉酚的抗肿瘤作用

棉酚可作为抗肿瘤药物。我国学者通过临床实验发现，棉酚对人体消化道的癌症有抑制作用，对胃癌治疗有效率为 63.4%，对肺癌治疗有效率为 50.1%，对肝癌治疗有效率为 48.1%。

（4）棉酚在其他行业的应用

由于棉酚本身是多酚类物质，所以棉酚及其衍生物具有抗氧化性质，可用于石油、橡胶、塑料工业。棉酚在筑路、机械精加工、石油钻探、防锈等行业可用作稳定剂。

棉酚还可用作灭鼠剂，特别是用于森林草原的灭鼠，通过破坏其生育能力而达到目的。

5 植物油料资源中活性成分的利用

5.1 磷脂

5.1.1 磷脂的种类与分布

1）磷脂的结构和构型

(1) 磷脂的结构

磷脂可分为两大类，鞘磷脂（sphingomyelins，神经磷脂）和磷酸甘油酯（phosphatide or phosphalipid）。

① 鞘磷脂

鞘磷脂大都存在于动植物组织中，易结晶，难溶于水、乙醚及其他有机溶剂中。鞘磷脂也称神经磷脂，它是神经酰胺（ceramide）与磷酸直接连接，然后再与胆碱或胆胺连接而成的酯。神经磷脂结构式见图 5－1。

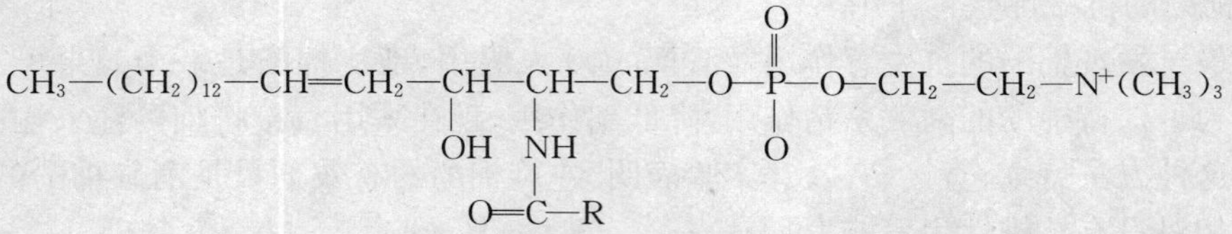

图 5－1　鞘磷脂化学结构式

神经酰胺由神经氨基醇与脂肪酸缩合而来。神经氨基醇有两种，一种存在于动物组织中，其结构见图 5－2。

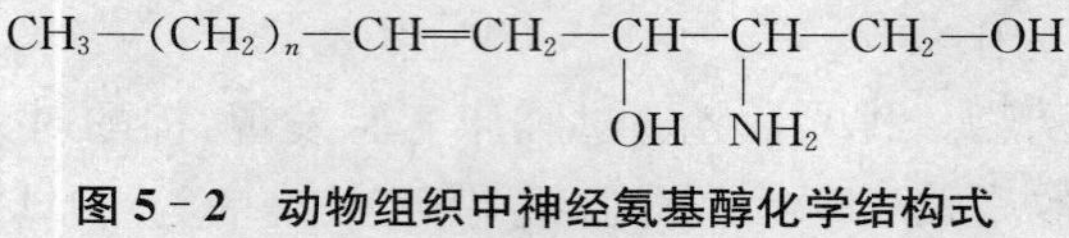

图 5－2　动物组织中神经氨基醇化学结构式

另一种存在于植物组织中，其结构见图 5－3。

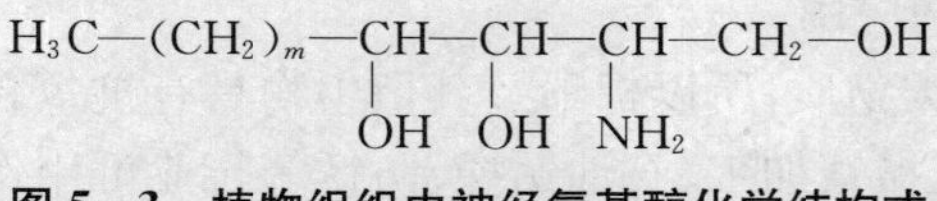

图 5－3　植物组织中神经氨基醇化学结构式

鞘磷脂中的磷也可以与糖或肌醇连接而成为糖基鞘磷脂。

② 磷酸甘油酯

磷酸甘油酯是由甘油与磷酸反应而成的酯。

磷酸甘油酯是甘三酯分子中的一个脂肪酸被磷酸取代后形成磷脂酸，由于磷酸的酸性很强，可与其他强碱物质酯化成为很多类型的酯。结构式见图 5-4。

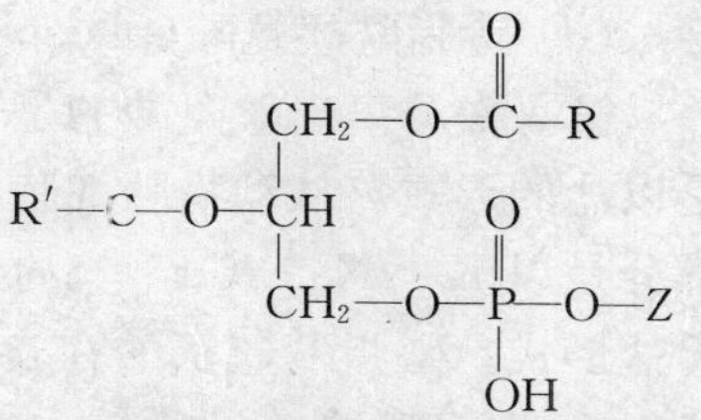

图 5-4 磷酸甘油酯化学结构通式

其中 Z 可以是胆碱、胆胺、丝氨酸或肌醇等。

(a) 磷脂酸(phosphatidic acid)

磷脂酸最早由 Chibnall 和 Channon 以钙盐的形式从植物叶子中分离出来。有人认为磷脂酸是由磷脂酰胆碱经磷脂酶 D 酶解而来。Wheeldon 从甘蓝叶子中分离得到的磷脂酸，脂肪酸主要是由棕榈酸、亚油酸、亚麻酸组成。在霜冻的豆子中也发现了磷脂酸。在动物细胞中，磷脂酸含量甚微。磷脂酸结构式见图 5-5。

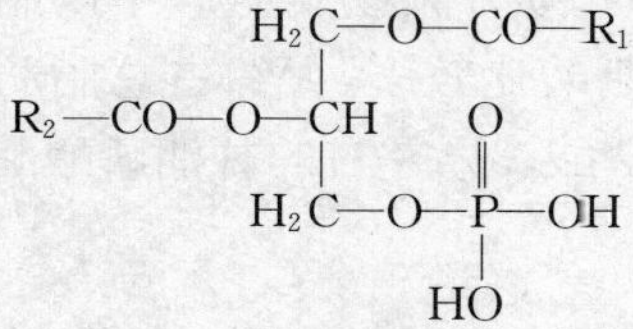

图 5-5 磷脂酸化学结构式

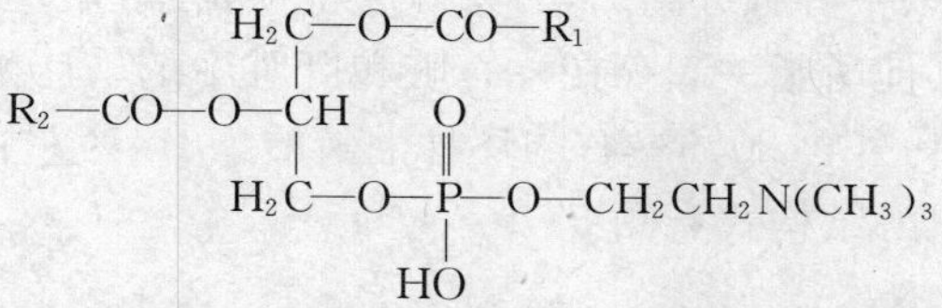

图 5-6 磷脂酰胆碱化学结构式

(b) 磷脂酰胆碱(phosphatidylcholine)

磷脂酰胆碱是广泛分布于所有磷脂的一种组分。最早磷脂酰胆碱被 Gobley 命名为 lecithin，但现在 lecithin 已经广泛应用于商品磷脂，包括了大部分商业磷脂。磷脂酰胆碱分子化学结构式见图 5-6。

如图 5-6 所示，磷脂酰胆碱和其他磷脂一样，可以命名为 L-3-磷脂酸甘油酯。曾经有一段时间，人们认为 2-磷脂酸甘油酯在自然界存在，但后来证明，这种物质在生物体细胞中不存在。造成这种误解主要是因为 L-3-磷脂酸甘油酯水解时产生 2-、3-磷脂酸甘油酯的混合物，从而给出错误的信息。

磷脂酰胆碱不是一种纯物质，它是一些结构相近的物质的混合物，这些物质的主要区别在于其脂肪酸的组成不同。从动物器官细胞中分离出的磷脂酰胆碱，含有脂肪酸并不是 1∶1的比例，而是含有各种脂肪酸。但是，至少从酶解磷脂酰胆碱得到的脂肪酸来看，磷脂酰胆碱的 2 位大部分是不饱和脂肪酸，1 位大部分是饱和脂肪酸。

(c) 磷脂酰乙醇胺(phosphatidylethanolamine)

磷脂酰乙醇胺在老的文献中被称为脑磷脂(cephalin)，主要指乙醇不溶部分，这些部分至少含有磷脂酰乙醇胺、磷脂酰丝氨酸、磷脂酰肌醇。后来研究发现，在去掉其他磷脂组分后，在乙醇中，磷脂酰乙醇胺有很好的溶解度。原先认为不溶的原因，主要是其他磷脂组分的影响。磷脂酰乙醇胺结构式见图 5-7。

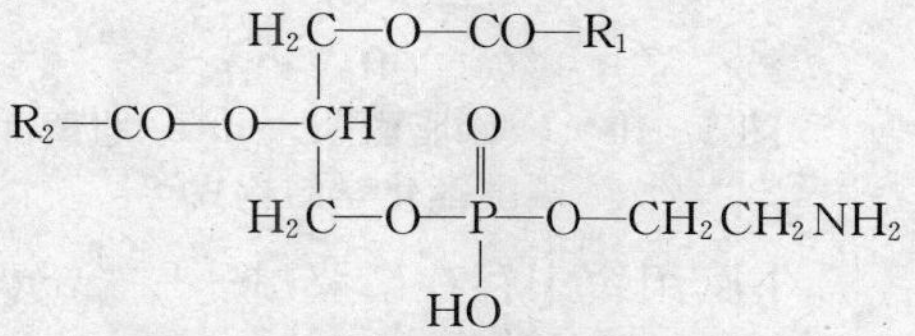

图 5-7 磷脂酰乙醇胺化学结构式

(d) 磷脂酰丝氨酸(phosphatidylserine)

第一次分离出丝氨酸的是 Folch 在 1948 年,从动物组织中分离出磷脂酰丝氨酸大部分是以盐的形式。从动物脑细胞中分离出的丝氨酸大部分是以 K^+、Na^+、Ca^{2+} 盐的形式,其中 75%是以 K 盐形式。磷脂酰丝氨酸在自然界分布很广,但含量很少,不到磷脂总量的 10%。在动物脑细胞和血红细胞壁中,磷脂酰丝氨酸含量比其他动物组织中磷脂含磷脂酰丝氨酸高。磷脂酰丝氨酸具有 L 型结构。磷脂酰丝氨酸结构式见图 5-8。

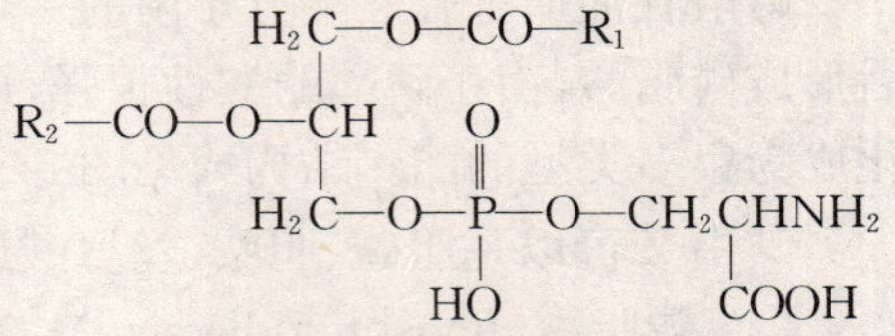

图 5-8 磷脂酰丝氨酸化学结构式

(e) 磷脂酰肌醇(phosphatidylinositol)

在肌醇的各种异构体中,只有 myo-inositol 构型在磷脂中存在。磷脂酰肌醇最早从小麦胚芽、牛心脏分离出,后来研究证明,在肝脏中也存在类似物质。动物脑组织中磷脂酰肌醇和其他磷脂一起存在。心脏和肝脏中的磷脂酰肌醇含硬脂酸比较多,大约占总脂肪酸的 50%,另外含 20%左右的环甘油磷酸酯、14%左右的肌醇三磷酸、3%左右的甘油磷酸酯。磷脂酰肌醇结构式见图 5-9。

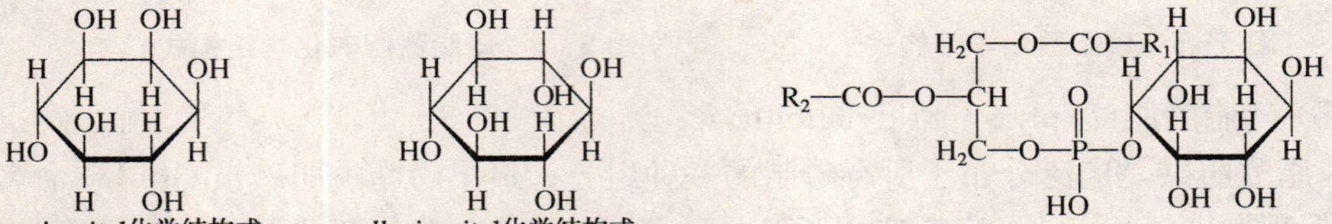

myo-inositol化学结构式 *scyllo*-inositol化学结构式

图 5-9 磷脂酰肌醇化学结构式

磷脂酰肌醇广泛存在于植物中,是已经分离出含有糖基的肌醇磷脂的复合物。

一些科学家通过对动物磷脂的研究,发现有 1-磷脂酰-L-myo-肌醇 4-磷酸酯和 1-磷脂酰-L-myo-肌醇 4,5-二磷酸酯,甚至更复杂的物质的存在。1-磷脂酰-L-myo-肌醇 4-磷酸酯化学结构式见图 5-10。1-磷脂酰-L-myo-肌醇 4,5-二磷酸酯结构式见图 5-11。

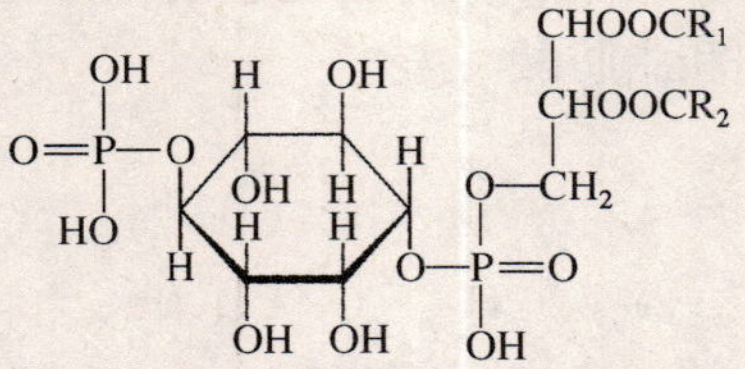

图 5-10 1-磷脂酰-L-myo-肌醇 4-磷酸酯化学结构式

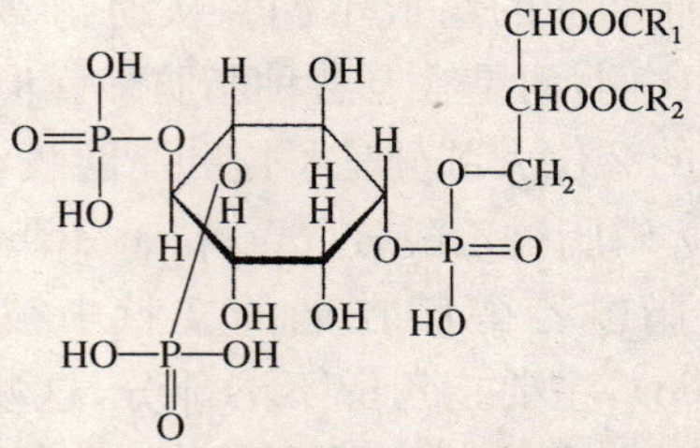

图 5-11 1-磷脂酰-L-myo-肌醇 4,5-二磷酸酯化学结构式

牛脑组织中存在磷脂酰-L-myo-肌醇 4,5-二磷酸酯。

(f) 双磷脂酰甘油(diphosphatidylglycerol cardiolipin,polyglycerophosphatide)

双磷脂酰甘油俗称心磷脂,首先从牛心脏组织中发现,在梅毒的补体固定实验中具有抗原性性质,结构式见图 5-12。

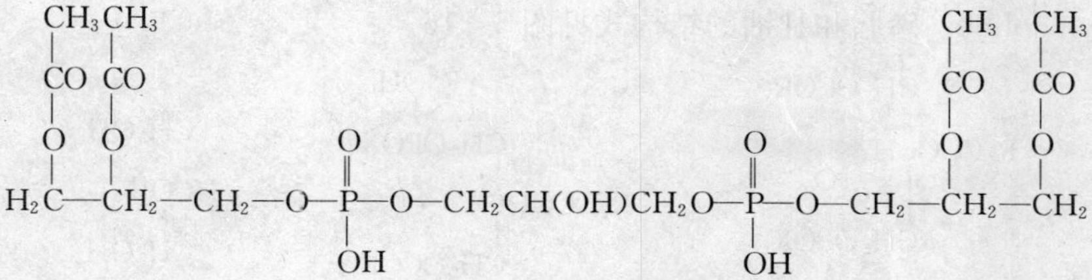

图 5-12　双磷脂酰甘油结构式

③ 缩醛磷脂(plasmalogen)

缩醛磷脂是具有乙烯醚键的磷脂酰甘油的总称。用氯化汞或盐酸处理,很容易游离出脂肪醛酸。R. J. Feulgen(1924)发现了这种有醛类性质的脂类,并进行了记载。在动物中,它含于脑组织、心肌、骨骼肌、红血球等处,也曾在发芽的大豆和专性厌氧细菌中发现。在有机溶剂中的溶解度及其他物理性质与二酰基磷酸酯类似,但很难得到纯的缩醛磷脂。组成它的脂肪酸多为不饱和脂肪酸,可溶于乙醇、氯仿,不溶于乙醚;可由磷脂酶 A 等脱去酰基生成溶血缩醛磷脂。由 1-炔基-2-酰基甘油和 CDP-胆碱或 CDP-乙醇胺可分别生物合成胆碱缩醛磷脂或乙醇胺缩醛磷脂。缩醛磷脂分子结构见图 5-13。

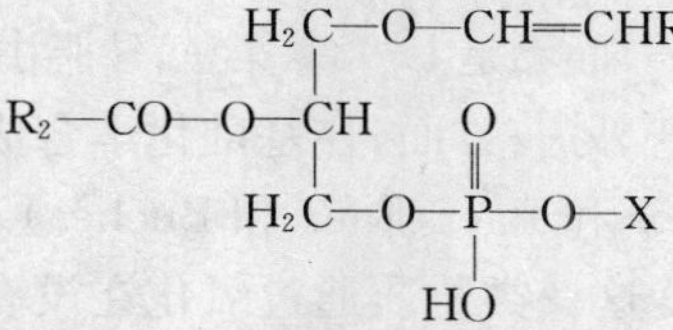

图 5-13　缩醛磷脂结构通式

其中 X 可以是胆碱、胆胺、丝氨酸或肌醇等。

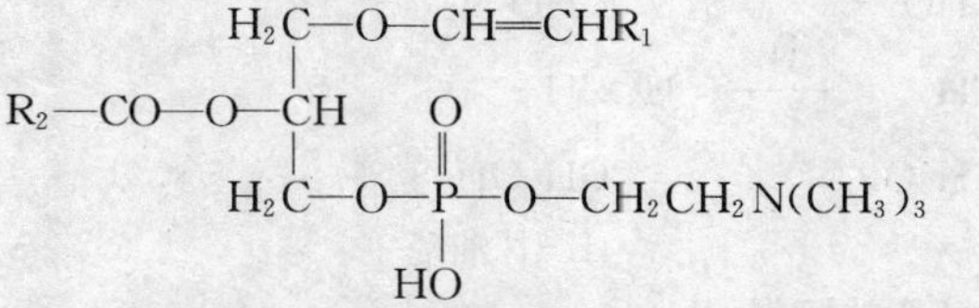

图 5-14　胆碱缩醛磷脂结构式

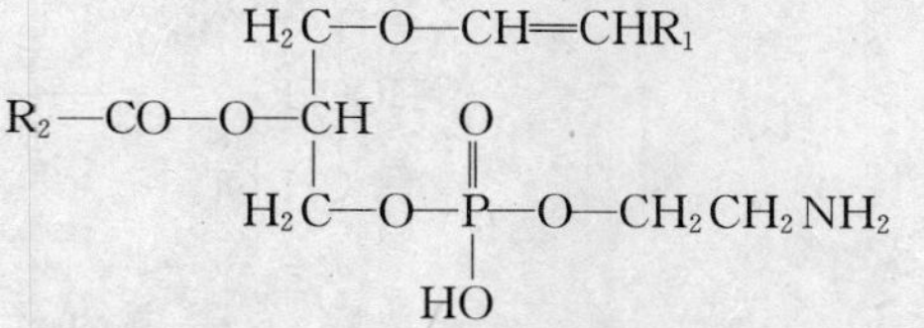

图 5-15　乙醇胺缩醛磷脂结构式

缩醛磷脂存在于细胞组织中含有酯化的脂肪酸中,这些脂肪酸可以被碱水解。氢化后水解,得到混合的 1-十六烷基甘油磷酸和十八烷基甘油磷酸。因此有人认为,醛可能与甘油一个羟基以半缩醛或 α,β-不饱和醚结构相连。进一步研究表明,利用胆碱缩醛磷脂,采用乙酸水解,可释放出溶血胆碱酰磷脂。半缩醛或不饱和醚的位置的确定,Klenk 和 Debuch 认为是在甘油的 1 位,十六烷基甘油醚,但没有直接证据。后来用磷脂酶 A 水解掉脂肪酸,得到 1 和 2 位的混合物。因为磷脂酶 A 最早被认为只水解磷脂 1 位酰基,所以在缩醛磷脂水解中,脂肪酸水解掉的在 1 位,醛基在 2 位。后来研究证明,2 位的酸也容易被水解。Marinetti 等人正确使用磷脂酶 A 水解,得到溶血缩醛磷脂,通过还原,得到 1-甘油醚,醚与高碘酸作用,证明是 1 位结构。纯粹的化学方法也证明是 1 位结构。Marinetti 和 Raport 等人得到结论,在原始缩醛磷脂中,是 α,β-不饱和醚结构,而不是半缩醛结构。后来的研究工作也证实了这种结论。Gray 用牛心脏缩醛磷脂进行温和的酸处理,得到溶血磷脂酰胆碱(lysolecithin,当时 lecithin 代表磷脂酰胆碱),从氧化研究和通过用毒液水解得到的溶血磷脂酰胆碱比较得知,缩醛磷脂在 1 位上连接有一个脂肪酸。这时提出了磷脂水解时或用硅胶净化溶血化合物时有酰基转移发生的观点。

(2) 磷酸甘油酯的构型

天然磷脂通常以 L-α 化合物来描述并由 Fischer 投影式表示。由于它无法表明 α 位是甘油的 1 位羟基还是 3 位羟基,人们更喜欢用数字来表示。如磷脂酰胆碱命名为 L-3-

phosphatidylcholine。磷脂和甘油的结构式见图 5－16。

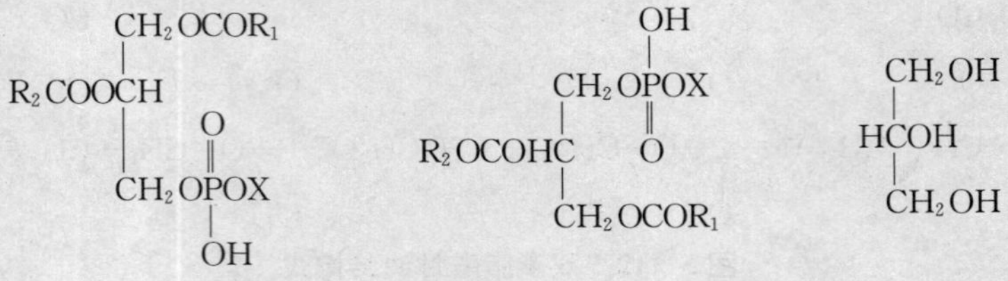

Ⅰ　　Ⅱ　　Ⅲ

图 5－16　磷脂和甘油的结构式

L－3－化合物是 D－1(Ⅱ)对应结构，因此 A. Benson 和 D. M. Brown 等人建议 D－1 命名法优先。D－1 命名有以下几个优点：第一，他们表明了与标准物质甘油醛的直接关系；第二，这种命名法符合 I. U. P. A. C. 惯例，即一个化合物在旋光系列中，取代基处于较小数字的位置上，如 D－1而不是 L－3。第三，磷脂由磷脂酶 C 水解得到的甘油二酯几乎都是 D－α，β－甘油二酯。

另一方面，在基础化学合成方面著名的化学家 Baer 使用的命名方法趋向 L 命名法（Fischer 和 Baer，Baer 和 Buchea）。Fischer 和 Baer 方法的规则是：把甘油衍生物归入一类物质，这一类物质通过氧化在没有取代基变化和消除的情况而能够转化为甘油醛。这规则对于命名一个新化合物的构型的用处是明显的。天然磷脂氧化得到 L－甘油醛。因此，Baer 把甘油磷酸酯的磷脂放入 L 系列。见图 5－17。

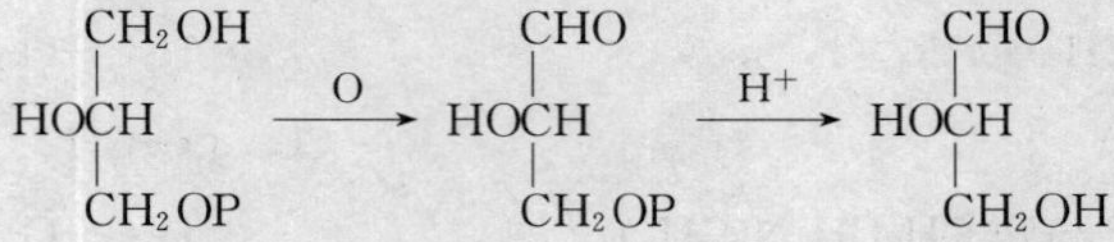

L－甘油醛

图 5－17　磷脂的氧化

1960 年，H. Hirschmann 建议，避免使用 D，L 命名法。建议也提供了对于在甘油中清楚编号的碳原子的一个规则。这对于生物化学家非常有用，因为酶能够区分甘油的两个伯羟基，例如甘油激酶（kinase）、三磷酸腺苷（ATP：glycerol phosphotransferase）。

尽管甘油具有一个镜相平面，可以和它的镜相重合，但不具有旋转平面，就是说它不能和它的旋转后的构型重合。即Ⅳa不能和Ⅳb 重合。这种旋转不对称没有对映体，但可以像前面叙述的那样，用来区分两个伯羟基。见图 5－18。

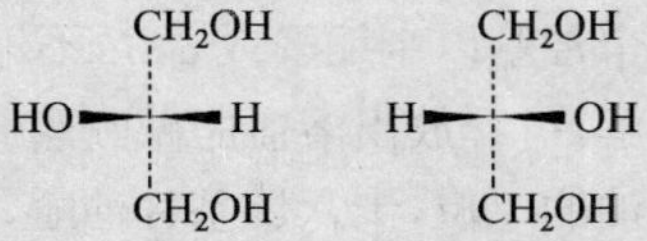

Ⅳa　　Ⅳb

图 5－18　甘油结构式的旋转

Schwartz 和 Carter 早期曾经指出，尽管甘油有一个对称平面，可以将其以中心碳原子切成两部分，各自所带的氢原子、羟基是相同的，但这两部分不能完全重叠。他们建议，一个碳原子像甘油中第二碳原子叫做，meso－碳原子（cf. meso-tartaric acid），meso－碳原子连接有 a、b、c 基团结构写做 C_{aabc}。

为了发明一种方法来命名这种结构，Horschmann 使用了 R. S 系统的一些规则来指明不对称构型。首先确定取代基的优先顺序，以原子序号为基础，分别是：OH、NH_2、COOH、CO、CHO、CR_2OH、CHROH、CH_2OH、CR_3、CHR_2、CH_2R、CH_3 和 H。为了确定一个光活性 C_{abcd} 是 R（rectus，right）或 S（sinister，left），对一个三维模型，从优先性最小取代基的对面看过去，如果剩余的三个取代基排列是顺时针旋转，化合物是 R 型，如果剩余三个取代基排列是逆时针旋转，化合物就是S型。

为了命名C_{aabc}结构中的碳原子，选用固定S型结构，因为在L-甘油醛中是S型。四个取代基的符号选定，取代基b比取代基c优先，然后从分子模型中c的对面看，从取代基b开始逆时针，第一个是a基团，最小数字表示，见图5-19，这种规则应用于甘油可以看得很清楚。

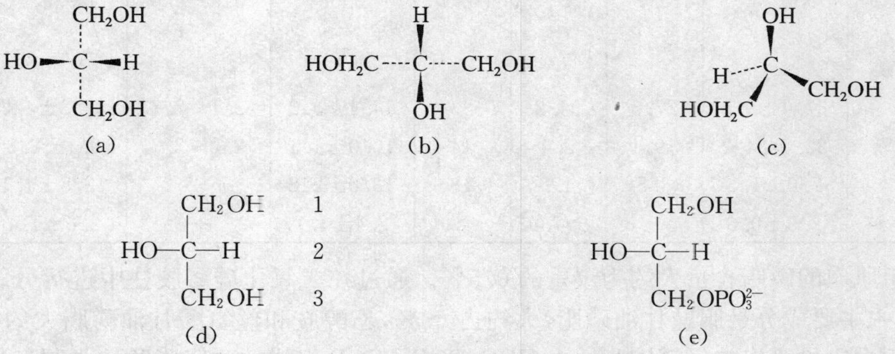

图5-19　磷脂的命名

在图5-19中，结构式a旋转90°得到b，然后旋转，使氢原子处于中心碳原子所处平面的下面，并垂直于中心碳原子(见图5-19中c)。读者在最小优先性取代基的对面看过去，从—OH逆时针开始，第一个—CH_2OH命名为1-而不是3-，这就给出了甘油碳原子的命名。(见图5-19中d)根据这个规则，在图5-19中e代表的化合物磷脂是3-甘油磷脂，而不是L-3-甘油磷脂。

使用Fischer投影式的方法表示C_{aabc}化合物，命名规则可以更简单地表示如下：如果Fischer投影式有取代基b在左边和取代基c在右边，在中心碳原子平面之上的取代基a命名为最小数字。

美国科学院和研究中心的下属委员会建议磷脂领域采用这个规则。

2）磷脂的分布

(1) 动物组织中的磷脂

磷脂存在于动物体的重要组织中，是生物膜的主要构成成分，细胞的细胞膜和线粒体内质网、微粒体及细胞核中均含有磷脂。人体具有重要功能的脑神经、肝脏、心脏、肾脏和肺等组织中有特别高的磷脂分布。见表5-1。

表5-1　动物组织中磷脂含量

磷脂种类	肝			肾				肌　肉		
	鼠	羊	牛	猪	鼠	羊	人	兔	羊	鸽
总量(mg磷/新鲜组织g)(干基)	1.16	1.94	—	0.94	1.1	1.22	7.4—8.5	0.19	0.55	0.89
%脂质磷										
PC	58.1±2.4	55.2	54.2	36	33.7±4.4	36.4	2.6—3.4	54	39.9	33
PE	20.4±1.2	26.5	9.4	17	17.6±3.3	20.0	3.6—4.0	—	14.7	—
PS	2.0±0.9	4.4	4.2	7	12.0±2.0	8.2	—	—	6.6	—
PI	1.9±0.7	>6.1	>7.9	3	2.7±1.3	>4.2	—	4	>2.6	>2

续表

磷脂种类	心脏肌肉			脾			肺	
	鼠	羊	牛	猪	鼠	人(儿童)	鼠	羊
总量(mg 磷/新鲜组织 g)(干基)	0.73	0.9	—	0.5	0.68	5.9—6.6	0.92	1.02
%脂质磷								
PC	37.0±3.8	27.5	54.2	33	44.4±3.2	2.1—2.7	34.3±4.6	48.5
PE	22.7±4.2	19.1	9.4	14	10.9±1.1	2.2—2.8	9.1±2.8	14.0
PS	7.0±1.5	3.5	4.2	13	13.0±2.8	—	12.8±1.1	9.9
PI	2.3±0.6	>3.8	>7.9	2	2.4±1.7	—	2.6±1.1	>2.6

鲱鱼肌肉的磷脂含量大约为湿重的0.5%。通过在二氧化硅凝胶柱中进行分级而使其分离，其中主要成分是胆碱甘油磷脂，大约占60%，乙醇胺和丝氨酸甘油磷脂大约占20%，检测过程中未检测出神经鞘磷脂。由CGP，EGP+SGP组成的磷脂脂肪酸与制备的甘油三酯进行比较，分离出的EGP+SGP含有20%的硬脂酸，中性的或CGP仅含2%～4%，磷脂含有30%的二十二碳六烯酸，中性部分大约含10%。

从一岁鸡的胸脯和大腿中提取的酯类，使其通过硅酸柱分离为非磷脂、磷脂酰乙醇胺、磷脂酰丝氨酸，磷脂酰胆碱(卵磷脂)和神经鞘磷脂。用薄层色谱鉴定磷脂部分，用重量分析法、含磷物分析法和红外光谱图测定各部分质量。鸡大腿肉(瘦肉)的磷脂含量大于鸡胸肉(白肉)中的酯含量。研究表明：磷脂酰胆碱、磷脂酰乙醇胺的含量比磷脂酰丝氨酸和神经鞘磷脂多。催化水解后，用气液色谱法分离游离脂肪酸。那些可溶物用来鉴别脂肪酸在磷脂甘油酯中的精确位置，聚合不饱和脂肪酸主要是β位，饱和脂肪酸多在α'位。

从猪胴体的四个部分抽提的脂类分为非磷脂类、磷脂酰乙醇胺、磷脂酰丝氨酸、卵磷脂和鞘磷脂。磷脂部分的分类和它们的定量分析通过三种方法检测：重量分析法、含磷物分析法和红外标准谱图法。猪胴体部分磷脂中存在卵磷脂和磷脂酰乙醇胺，它们分别占总磷脂的61%和31%。剩余的为磷脂酰丝氨酸和鞘磷脂，含量分别为5%和3%。猪肉中的磷脂含量只有0.5%。

(2) 植物组织中的磷脂

在植物中，磷脂则主要分布于种子、坚果及谷类中。植物油料中的磷脂主要存在于种子里，且大部分都含在油料的胶体相中，油相中含量很少。

植物油料种子胶体相内的磷脂，大都与蛋白质、糖类、脂肪酸、甾醇、生育酚、生物素等物质相结合，构成复杂的复合体。如向日葵籽中结合态磷脂占其总量的66%，棉籽中高达90%。大豆中的磷脂也同样以结合状态存在。表5-2列举了几种油料种子中磷脂的含量。

表5-2 几种油料种子中磷脂的含量 单位：%

名　称	磷脂含量	名　称	磷脂含量
大　豆	1.20～3.20	亚麻籽	0.44～0.73
棉籽仁	1.80	花　生	0.44～0.62
向日葵籽	0.60～0.84	蓖麻籽	0.25～0.30
油菜籽	1.02～1.20	大麻籽	0.85

制油的方法及工艺条件也影响毛油中磷脂的含量。同一种油料，采用不同的制油方法，毛油中磷脂的含量也将不同。如浸出毛油，由于溶剂破坏了结合键，使磷脂从复合体中游离并被溶剂溶解出来，因此浸出毛油一般磷脂含量高些；螺旋榨油机热榨时，因熟坯受高温高压作用，毛油中磷脂含量也较高；冷轧毛油中磷脂含量较少。几种毛油中磷脂含量见表5-3。

表5-3　几种毛油的磷脂含量　　单位：%

名　称	磷脂含量	名　称	磷脂含量
大豆油	1.0～3.50	花生油	0.60～1.20
菜籽油	1.50～2.50	棉籽油	1.50～1.80
米糠油	0.40～0.60	亚麻油	0.30

虽然磷脂在肉、贝类、鱼、蛋及奶与奶酪等动物制品中含量较高，在磷脂动物来源中，蛋黄磷脂是目前商业磷脂上的主要来源。而在植物来源的磷脂中主要以大豆磷脂为主。

植物豆科磷脂与蛋黄磷脂的主要区别在于：植物磷脂中不饱和脂肪酸含量较后者高，几乎不含胆固醇。

表5-4　大豆、鸡蛋磷脂的组成　　单位：%

磷　脂	大　豆	鸡　蛋
磷脂酰胆碱	20～22	68～72
磷脂酰乙醇胺	21～23	12～16
磷脂酰肌醇	18～20	0～2
磷脂酸	4～8	—
神经鞘磷脂	—	2～4
其他磷脂	15	10
甘油脂质	9～12	—

表5-5　大豆、鸡蛋磷脂脂肪酸组成[15]　　单位：%

脂肪酸	大　豆	鸡　蛋
饱和		
棕榈酸	15～18	27～29
硬脂酸	3～6	14～17
不饱和		
油酸	9～11	35～38
亚油酸	56～60	15～18
亚麻酸	6～9	0～1
花生四烯酸	0	3～5

图5-20所示为大豆磷脂、向日葵磷脂和菜籽磷脂的脂肪酸组成。图5-21所示为大豆磷脂、向日葵磷脂和菜籽磷脂的各种磷脂组分含量。

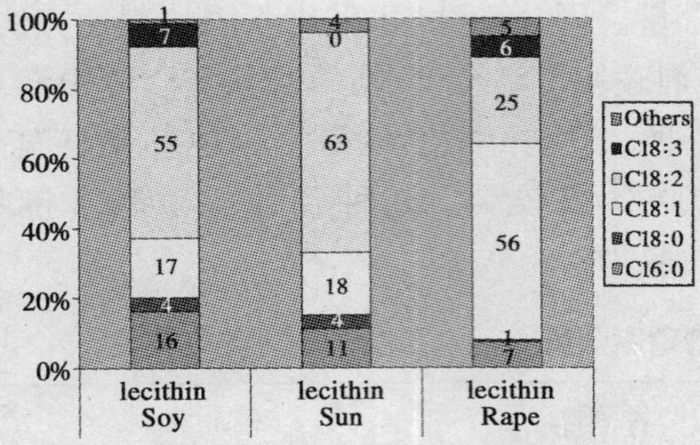

图 5－20　大豆磷脂、向日葵磷脂和菜籽磷脂的脂肪酸组成

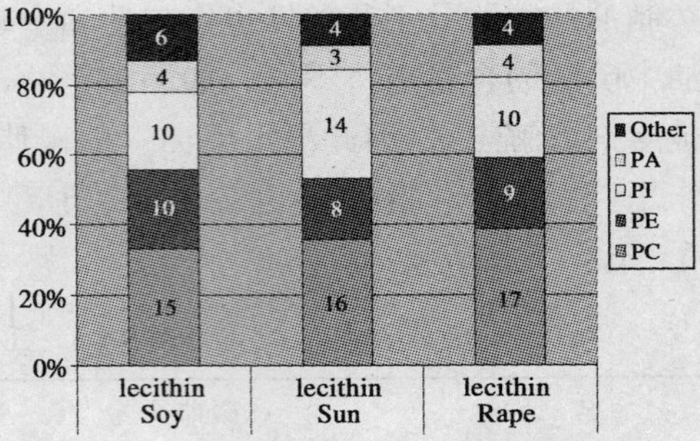

图 5－21　大豆磷脂、向日葵磷脂和菜籽磷脂的各种磷脂组分含量

大豆磷脂具有表面活性和生理活性等优良性质，是最早使用的天然乳化剂，已被美国、日本、澳大利亚、加拿大、欧共体等一些国家和联合国粮农组织（FAO）、世界卫生组织（WHO）批准作为食品添加剂使用，是公认的安全品（GRAS），不需要规定人体每日允许摄入量。

5.1.2　磷脂的理化性质及用途

1）磷脂的理化性质

（1）磷脂的物理性质

① 磷脂的外观

纯净的磷脂是无色无味的，在常温下为一种白色的固体物质。但往往由于制取的方法或精制方法、产品种类、储存条件等不同，磷脂产品有淡黄色至棕色。

② 磷脂的溶解度

磷脂可溶于脂肪烃、芳香烃、卤化烃类有机溶剂，如乙醚、苯、三氯甲烷、石油醚等。它只部分溶于脂肪族的醇类，如乙醇。像其他非极性的表面活性剂一样，不溶于极性的溶剂，如乙酸甲酯，尤其是丙酮；但在有少量油脂存在时，磷脂在丙酮和乙酸甲酯中的溶解度即增加。卵磷脂可溶解于乙醇中，而脑磷脂则不溶解。利用磷脂在上述溶剂中溶解度的差异，可作为分离、提纯及定量磷脂的依据。磷脂能溶于动植物油脂、矿物油及脂肪酸中，实际上不溶于冷的动植物油脂。磷脂中加入脂肪酸，可使塑性磷脂软化或液化，成为流体磷脂。

③ 磷脂的胶体性

在磷脂的分子中，有磷酸根与氨基醇亲水基团和碳氢键疏水基团，能使水油两个不相溶的相形成稳定的胶体，这是因为磷脂在水与油两相之间形成一个界面层，由于这个界面层的存在而降低了油与水之间的界面张力。

磷脂存在于油脂中具有明显的亲水胶体性，当与适量的水相混时，磷脂即从油脂中分离出来，特别是在 pH>8 时呈微碱性的热水中更易吸水膨胀，直至生成胶体溶液。磷脂的这种吸水膨胀产生乳化胶体的特性，是它从毛油中制取和广泛应用的基础。

（2）磷脂的化学性质

① 磷脂的分解

磷脂接触空气或在阳光照射下极不稳定，易氧化酸败而色泽变深。但在无水分的油脂中比较稳定。所以浓缩磷脂中的油脂可以防止磷脂氧化酸败，有利于磷脂的储存。磷脂在高温中不稳定，在制油及制取磷脂过程中，温度在 150℃时，油脂色泽加深，制取的磷脂气味不佳，超过 150℃时磷脂逐渐分解。

② 磷脂的水解

磷脂在碱性乙醇溶液或水溶液中加温易皂化，或者在强酸性的水溶液下高温可水解。皂化后生成肥皂、磷酸甘油的盐类、肌醇磷酸盐类各种氨基化合物及碳水化合物，进一步加热生成甘油、肌醇及磷酸；酸化水解（或加压水解）后生成游离脂肪酸及上述化合物的游离物质。

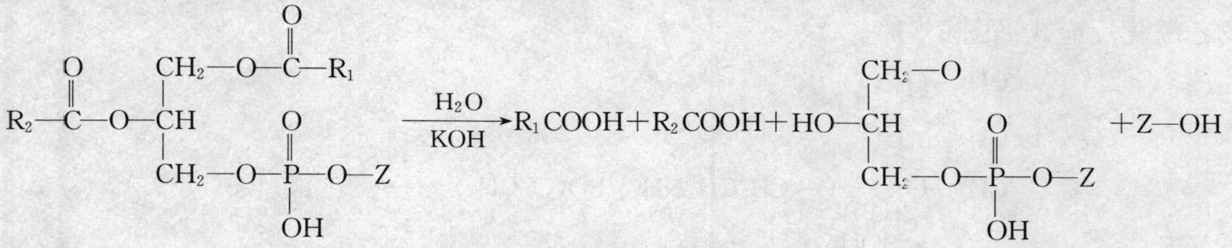

图 5-22　磷脂在碱性条件下水解

③ 磷脂的酶解

磷脂可以被酶分解，至少有四种以上的磷脂酶可用于分解羧酸及磷酸所形成的酯键。其中有的酶只可分解磷脂上的不饱和脂肪酸而对饱和脂肪酸不起作用。这种作用可生成一种具有强烈的溶血作用因而被称为“溶血磷脂”的磷脂。磷脂酶水解反应式见图 5-23。

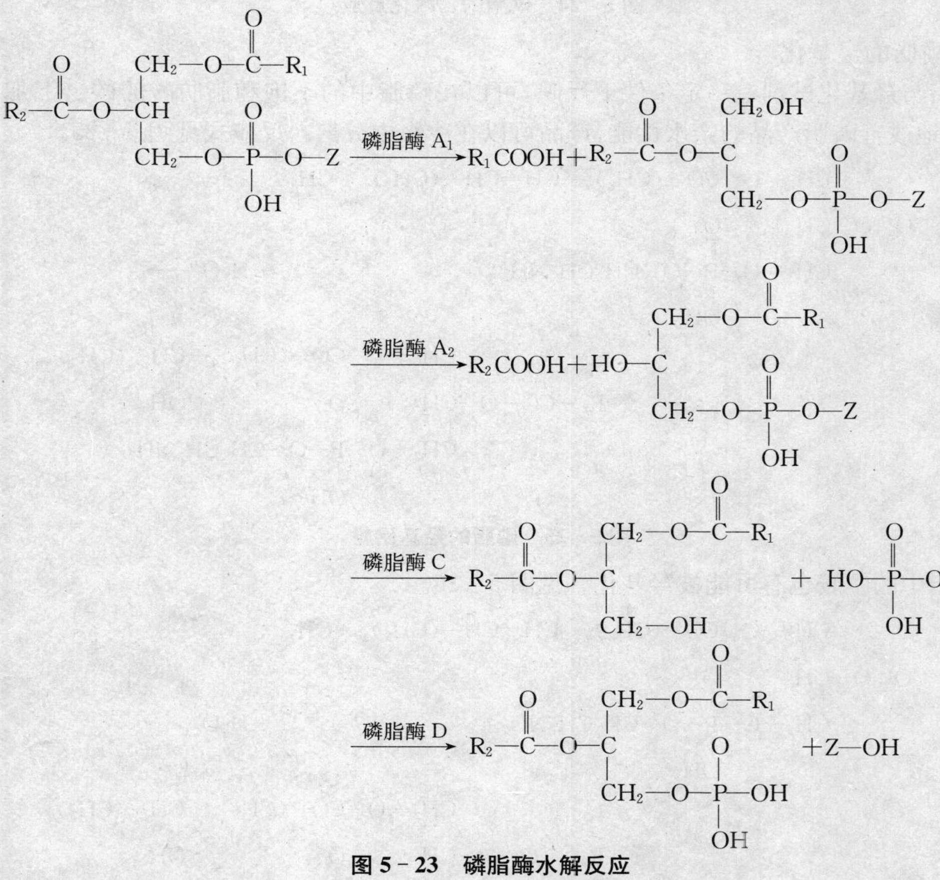

图 5-23　磷脂酶水解反应

④ 磷脂的氢化

磷脂可以用镍作催化剂在适当条件下进行氢化，氢化后生成白色固体的氢化磷脂。为了便于操作，氢化可在乙酸乙酯等溶剂中进行。氢化后的磷脂可作为润滑油的添加剂。

⑤ 磷脂的乙酰化

磷脂与乙酰化试剂在一定条件下反应，可以将磷脂中的脑磷脂上的氨基乙酰化，从而封闭了两性集团，改善了 O/W 的乳化性能。低级乙酰化可以在水化脱胶时添加乙酸酐作为脱胶剂进行。反应时间、反应温度、乙酰化试剂的量都会在不同程度上影响改性的程度。磷脂的乙酰化反应式见图 5-24。

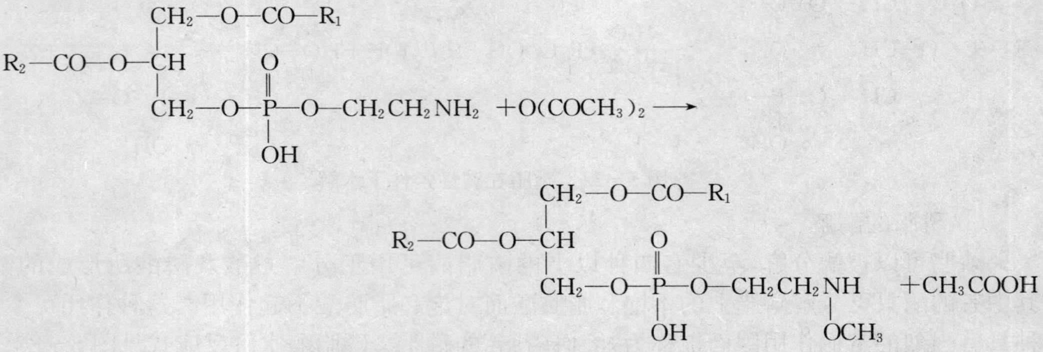

图 5-24 磷脂的乙酰化反应

⑥ 磷脂的羟基化

磷脂与羟基化试剂在一定条件下反映，可以在磷脂中的不饱和脂肪酸的碳链上加上羟基，明显地改善磷脂产品的亲水性能，产品可以在冷水中分散。反应式见图 5-25。

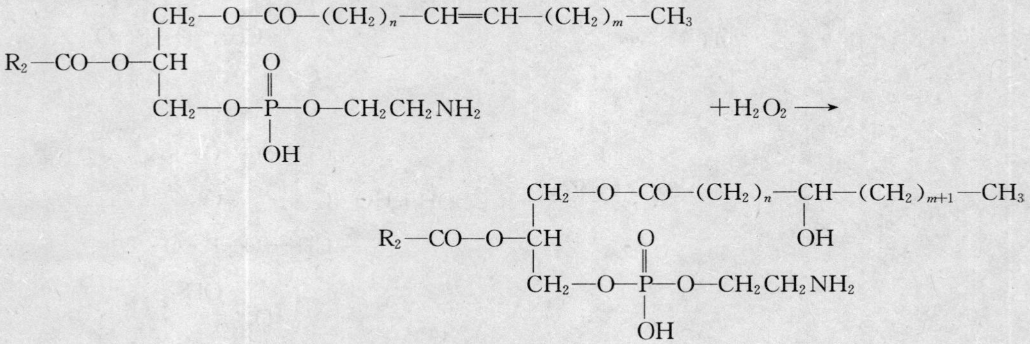

图 5-25 磷脂的羟基反应

磷脂中的胆胺也有可能被羟基化。见图 5-26。

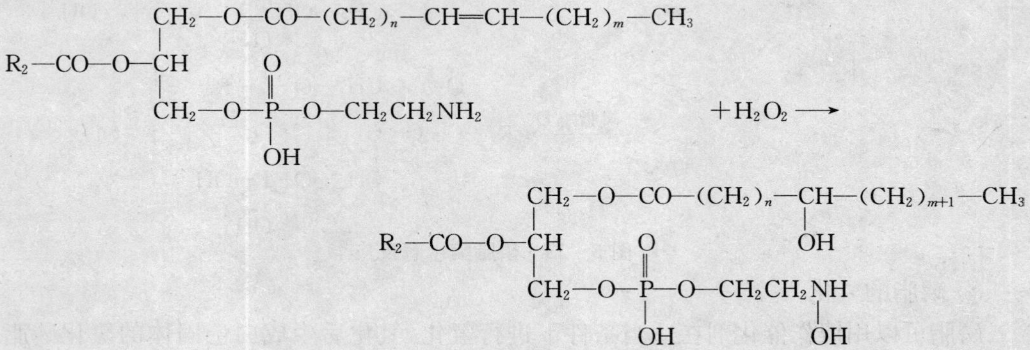

图 5-26 胆胺羟基化

⑦ 磷脂的其他反应

磷脂中的不饱和酸可以溴化而形成各种卤化磷脂质。这些物质的理化性质与磷脂相同。

磷脂用普通的方法只能勉强地加以磺酸化，因为一般所用的磺酸化剂都是强烈的脱水剂，如硫酸及氯磺酸等都会将其碳化。如在醛类、酮类、酚类等的存在下，磷脂用二氧化硫来处理很容易成为磺酸化衍生物，而醛、酮或酚都变成磷脂分子中的一部分。此种磺酸化产品可用于纺织工业也可用作制革中的鞣革用原料。

2）磷脂的用途

磷脂具有重要的理化特性，所以它在食品、医药、饲料及其他工业部门有着广泛的用途。

(1) 食品工业

磷脂是营养价值很高的物质，广泛用于食品工业，如人造奶油、烘焙食品、糖果、饮料等。

① 人造奶油和起酥油

人造奶油是油和水两相的混合物，在没有乳化剂的条件下是不相溶的。磷脂作为乳化剂，能使油相和水相形成稳定的乳胶体，在特定的工艺条件下磷脂能使人造奶油形成 W/O 型(油包水)或 O/W 型(水包油)两大类产品。早期的人造奶油生产使用的乳化剂主要是磷脂(或用鸡蛋)。目前生产人造奶油除了合成乳化剂外，磷脂还是重要的乳化剂之一。在起酥油中添加磷脂作为乳化剂，这种起酥油添加到面团中，能使食品更具有特性，如可塑性、起酥性、吸水性、乳化分散性等优点。

② 烘焙食品

在面包、饼干和糕点的面团中添加磷脂，利用其乳化性质，可改进面团吸水作用，使面粉、水、油脂易于混合均匀，增强起酥性，增大制品的体积，提高营养成分，使食品酥脆，美味可口。

③ 糖果

各种糖果制品中，加入磷脂有助于糖浆和油脂的快速乳化，可提高润湿效果，使糖果外表光滑而不黏。降低了原料的黏度，既有利于操作，增加产品的均匀度及稳定性，而且又是很好的脱模剂。例如在生产巧克力所用的可可粉、砂糖、奶粉等原料中，适量地添加磷脂，可控制黏度，更主要的是控制结晶良好，产品口溶性及口感性良好，能有效地防止巧克力在储存时或在货架上产生冒霜现象。

④ 饮料

在粉末或结晶饮料方面，添加适量磷脂，可起乳化剂和润湿剂作用。在冰淇淋生产方面，磷脂可作为乳化剂及稳定剂。在豆奶(或豆浆)升温时，磷脂可作为去沫剂防止外溢。磷脂在生产 O/W 型(水包油型)乳状液饮料时是良好的乳化剂。

(2) 医药工业

① 医药乳化剂

磷脂可作为脂肪乳剂的乳化剂。静脉注射脂肪乳输液，是一种浓缩的肠外高能量营养液。其组成为：豆油等渗剂及注射用水，用卵磷脂为乳化剂，经乳化制成 O/W 型乳化剂，用于人体静脉输液，能完全被人体所吸收，对恢复健康和增强体力有一定的作用。

制备脂质体：脂质体是药物载体，是可制备抗癌药物的新剂型；由于脂质体的化学组成和人体的细胞膜接近，故药物渗透性强。脂质体临床应用在肺癌和胃癌方面，疗效显著。

脂溶性药物乳剂：以卵磷脂作乳化剂，具有无毒性，能量高，乳化效果好的优点。在高压及灭菌下，油粒分散很细，颗粒能达到 1 μm，因而优于其他乳化剂。

② 保肝药物

大豆磷脂可提供胆碱和必需脂肪酸（如亚油酸、亚麻酸）。胆碱具有增强肝细胞及肝组织的机能及提高肝组织的再生能力的作用。磷脂对脂肪的代谢起重要作用，它是脂肪酸出入细胞的携带者，能帮助脂肪酸弥散和氧化，促进脂质的代谢。

③ 健脑及健身药物

磷脂类有促使神经细胞内部结构生长旺盛的作用。由于磷脂类有增强神经组织机能的作用，并能调整高级神经活动的过程，因此，磷脂可应用于治疗神经衰弱和减轻神经骚乱症状，在健脑方面经临床应用疗效显著。

磷脂还可应用于婴儿食品方面，以补充脑发育最旺盛时期的必需营养物质，对促进神经细胞生长有很好的作用。磷脂类在人体血浆内起着乳化剂的作用并影响胆固醇及脂肪的运输和沉积，能够使动脉粥样硬化斑块消失。故食用磷脂可降低人体内胆固醇含量。

磷脂有促进人体造血功能的作用，能使血红蛋白增高，使血细胞的线粒体和中性红体增多，因此磷脂可用来治疗再生不良性贫血。

磷脂能增强骨细胞壁的活动机能，对骨细胞的生长、骨细胞的运动有一定作用。骨折后食用磷脂，对骨折恢复有益。

④ 外用药物

磷脂有加强细胞的基本结构和促进新表皮细胞的生长的作用，故磷脂有增进伤口愈合的作用。磷脂制备皮肤药物，可用来治疗皮肤病，如脚癣、牛皮癣等。

(3) 饲料工业

磷脂可以作为畜禽动物及水产养殖的饲料营养添加剂，用于饲料工业。

在饲料中添加磷脂能促进动物的神经组织、内脏、骨髓、脑的发育，促进畜禽动物及淡水鱼类增产，可节约蛋氨酸的消耗。在饲料中添加磷脂，可补充动物机体内的能量消耗，提高饲料营养价值。在蛋鸡饲料中添加磷脂，对鸡的消化吸收有促进作用，能提高蛋鸡的产蛋量。

国内有很多研究单位在磷脂饲喂试验方面做了很多工作，北京营养源研究所、上海市油科所、上海水产所、厦门水产学院等单位研究尝试在肉猪和淡水鱼类的饲料中添加菜油磷脂。结果表明，肉猪饲料中添加磷脂，肉猪增重约 4%，节约饲料 4%左右；鱼配合颗粒料中添加菜油磷脂，可增产 10%左右。

(4) 其他方面的应用

磷脂在各行各业有着广泛的用途，对提高产品质量有一定的作用。

① 化妆品

磷脂具有 O/W 和 W/O 型的乳化性质；同时磷脂对人体细胞的正常活动和新陈代谢起着重要的作用，对皮肤有很好的协调和渗透性。在化妆品中适量添加磷脂，对滋润皮肤，防止皮肤干燥有一定的作用。

② 洗涤剂

在洗涤剂中添加磷脂，可以降低溶液的表面张力，增加润湿能力，提高洗涤效果。

③ 涂料

磷脂添加在涂料中，可作为乳化剂和分散剂，对防止颜料沉淀及稀释分层有一定的作用。可增进粉刷性能，使粉刷面平滑柔美光亮，涂膜均匀，提高油漆质量。

④ 橡胶

在天然橡胶、合成橡胶、硬橡胶和再生橡胶中添加磷脂，有软化、分散、促进硫化的作用，并在防止老化方面有一定的功能。

⑤ 皮革

磷脂使用在制革方面，能增加皮革的塑性和强度，使皮革柔软有光泽。

⑥ 纺织工业

磷脂在纺织、印染中有多种用途，如作乳化剂、渗透剂、扩散剂、抗氧剂等，也可用于纺织品的洗涤、脱胶、丝光处理、染色等工艺中。在纺织、印染中，不论是棉纺还是毛纺，它均起很大作用。

磷脂除了上述各方面的应用外，还有其他用途，如铸造金属件时作为砂子的黏结剂，在农药方面可作为制剂的乳化分散剂。粉状脂磷用于录音机、彩色胶卷、荧光屏等方面是一种很好的分散剂。

5.1.3 磷脂的制取

1）磷脂的制取

从毛油脱胶得到的水化油脚可以制取浓缩磷脂、流质磷脂、精制磷脂、分离磷脂等产品。

(1) 浓缩磷脂的制取

一般机榨毛油或浸出毛油，如水化油脚，作为制取食用磷脂，应在脱胶前将毛油脱水、过滤去杂质后，再进行水化脱胶。

① 间歇法制取浓缩磷脂

从水化脱胶得到的水化油脚，丙酮不溶物的含量以 50%左右合适。丙酮不溶物含量过高，水化油脚黏度大，生产时易焦煳、色深，并使设备负荷加重而造成损坏。此种情况可采用添加毛油的方法解决。丙酮不溶物含量过低，即水化油脚含油超过 35%，则不仅影响精炼率，还会在浓缩后期造成溢锅，云水困难。对此可采用两次浓缩的方法解决，第一次浓缩到水分在 15%～20%时停止搅拌加热，待静置分层后，将上层油去除，再继续搅拌加热，浓缩到水分符合要求。间歇法制取浓缩磷脂工艺流程见图 5-27。

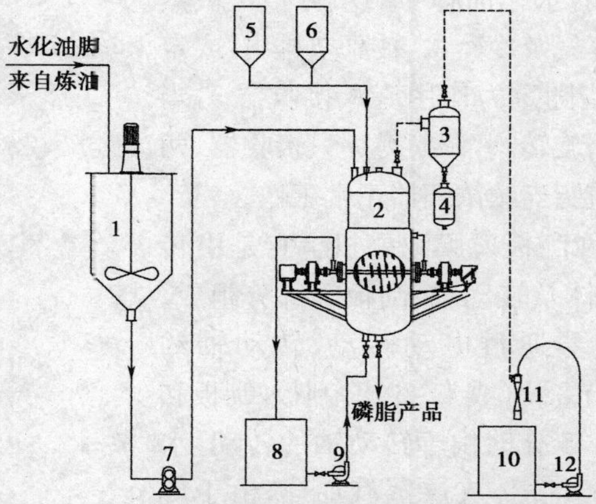

图 5-27 间歇法制取浓缩大豆磷脂工艺流程图

1. 水化油脚罐；2. 磷脂浓缩锅；3. 分离器；4. 接收器；5. 过氧化氢罐；6. 脂肪酸罐；7. 油脚泵；8. 热水箱；9. 热水泵；10. 循环水箱；11. 真空喷射泵；12. 水泵

先将热水箱 8 内的水加热，开动热水循环泵 9，在浓缩锅 2 的温度达到 70℃以上时，开动真空泵 11，在残压达 80 kPa 以下时，开始自进料管吸入水化油脚，并开动搅拌器，进料完毕，关闭进料阀门，开始浓缩脱水。浓缩时，保持夹套温度 90℃，如果超过 90℃，磷脂会颜色加深，甚至焦煳。正常操作时残压保持在 70 kPa。经 10～14 h 后检查，如从外表看物料已成流体，搅动时略有丝光，说明水分已符合要求，即停止加热，通入冷水，冷却至 80℃以下，放出装入容器。

② 连续法制取浓缩磷脂

从毛油水化脱胶得到的水化油脚，含水率一般在 50％以上，极易酸败发酵，不宜存放，特别是热天，应及时处理。

连续法制取浓缩磷脂工艺流程见图 5－29。

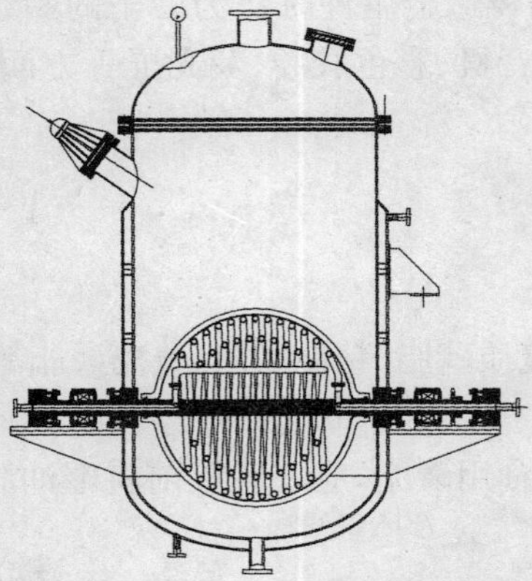

图 5－28　间歇磷脂浓缩罐示意图

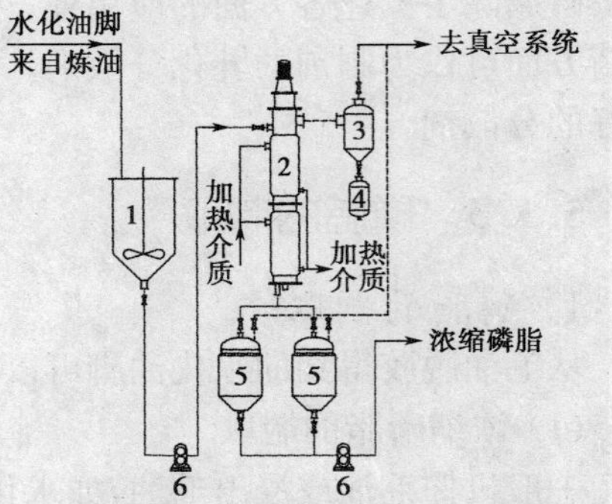

图 5－29　磷脂连续浓缩工艺流程图

1. 油脚储罐；2. 磷脂连续浓缩器；3. 分离器；4. 接收器；5. 磷脂接收器；6. 泵

水化油脚从水化脱胶工段由蒸汽往复泵或刮板泵输入水化油脚暂存罐 1 内，锅内有搅拌装置(50～60 r/min)，有边夹层和锥底夹层加热。在油脚暂存罐 1 内，可先预热，然后由真空吸进磷脂浓缩器 2 内。供料速度用开启的针线阀控制进料量。浓缩器内装有旋转轴，轴上装有刮板，将水化油脚搅拌成薄膜，在重力及新进入器内水化油脚的压力下，水化油脚成薄膜状沿着器壁向下流动，由于受热和真空的作用，水化油脚中的水分很快被蒸发，进入汽液分离器的水蒸气及冷凝水，被真空排出(或定期从气泡放出)。浓缩磷脂随重力作用流入接收器 5，当接收器内装满物料时，关闭旋转阀，调换另一只接收器，两只接收器交换使用，保证磷脂连续浓缩器正常工作。

磷脂连续浓缩器，也称刮板薄膜浓缩机。它是由传动装置、蒸发壳体、分离壳体及转动轴、刮板等部分组成。转动轴由摆线针轮减速器通过电动转动，转动轴约 460 r/min，在转动轴上装有 8 块(或 4～6 块)刮板，刮板和内壁的间隙一般在 1 mm。工作时由于转动轴的转动，水化油脚呈薄膜状向下流动。壳体夹层蒸汽加热，由于传热效果好，呈薄膜状向下流动的磷脂，在加热作用下水分很快被蒸发掉。磷脂连续浓缩器结构见图 5－30。

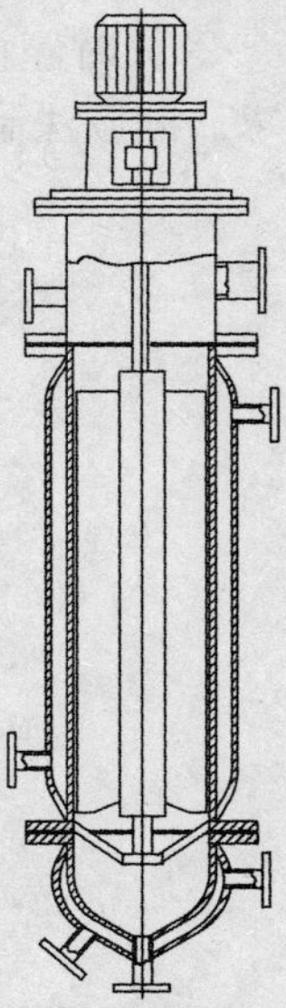

图 5－30　磷脂连续浓缩器示意图

用于制取浓缩磷脂还有一种卧式磷脂连续浓缩器，工作原理和上述相似，也有真空系统和夹层加热及转动装置，连续进、出料，去除磷脂中水分也较理想。卧式磷脂连续浓缩器结构见图 5-31。

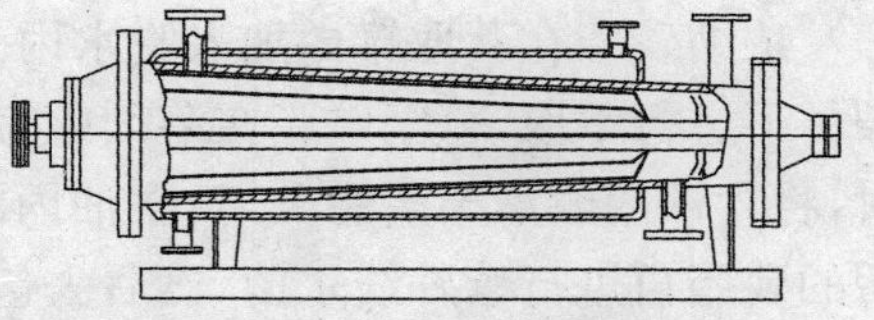

图 5-31　卧式磷脂连续浓缩器示意图

浓缩磷脂，水分<1%，丙酮不溶物>60%，苯不溶物<0.2%，酸值<35，过氧化值<10，色泽(Gardner)9。

(2) 流质磷脂的制取

为了使用磷脂时方便和增加浓缩磷脂的流动性，防止浓缩磷脂和油脂分层，保证磷脂质量的稳定，在真空浓缩时加入油或混合脂肪酸或混合脂肪乙酯作为流化剂。豆油混合脂肪酸加入量可以按下式计算：

$$\text{脂肪酸}\%=\left[\text{产品磷脂酸值}-\left(\frac{\text{产品磷脂丙酮不溶物}\%}{\text{浓缩磷脂丙酮不溶物}\%}\times\text{浓缩磷脂酸值}\right)\right]\times\frac{1}{2}$$

$$\text{油}\%=\left[100\times\left(\frac{\text{浓缩磷脂丙酮不溶物}\%}{\text{产品磷脂丙酮不溶物}\%}-1\right)\right]-\text{脂肪酸}\%$$

一般加入量为浓缩磷脂的 2.5%～3%，如果在浓缩磷脂中添加混合脂肪酸乙酯，对磷脂酸值与味道无影响，质量也好，但成本较高，用于特殊需要，加入量为浓缩磷脂量的 3%～5%。除添加流化剂外，其他工艺条件同浓缩磷脂。

加入流化剂后的磷脂，丙酮不溶物含量在 58%～60%，在 20℃时产品能够流动。

(3) 漂白流质磷脂

漂白流质磷脂是在流质磷脂的后期加入氧化剂，使磷脂颜色变淡，成为淡黄色可塑性流体。一般常用的氧化剂有两种：过氧化氢和过氧化苯甲酰。常用过氧化氢(H_2O_2)作为漂白剂。

间歇法制取漂白流质磷脂，在水分浓缩到 10%左右时，停止加热。漂白前夹套通冷却水使磷脂降温至 55～65℃，残压在 1.8 kPa 时，吸入氧化剂(H_2O_2)，量为磷脂量的 1%～5%(H_2O_2 浓度为 30%)，搅拌 40～60 min。然后开启真空系统，残压在 1 kPa 以下，加热到 90℃，在搅拌下脱除水分至 1%，停止加热、搅拌及真空，通冷水降温至 80℃以下，放出锅内磷脂。

对一些浅色的产品，对磷脂颜色的要求也相应要浅一些，有时需要二次脱色。二次脱色可以全部采用双氧水，也可以采用双氧水进行第一次脱色，再用过氧化苯甲酰进行第二次脱色。采用二次脱色，对磷脂的色泽改善较大，但相应的磷脂的过氧化值也会升高。

据报道，为了生产颜色较浅的磷脂产品，在脱胶和浓缩脱水过程中可加入各种漂白剂。在脱胶时可用 1%的双氧水溶液代替水，这样可以得到一种初步漂白的磷脂，水分含量亦低。

(4) 脱油磷脂

在浓缩磷脂中还含有较多的油脂、脂肪酸及其他物质，黏度较大。由于某些应用上需要纯度较高的精制磷脂，因而要求磷脂无异味，浅色无油。利用丙酮能溶解油脂和脂肪酸而磷脂不溶于丙酮的性质，可得到脱油磷脂。工艺过程如下：

溶剂　　　　←溶剂回收
↓　　　　　　↑
浓缩磷脂→萃取→分离→干燥→灭菌→包装→成品
　　　　　　　↓
　　　　　　混合油→蒸发→溶剂回收→溶剂去萃取罐
　　　　　　　　　　↓
　　　　　　　　　毛油

浓缩磷脂在萃取罐内加入脱水丙酮，物料和磷脂比例为 1∶5 以上，丙酮加入后在搅拌条件下进行萃取，直至磷脂在溶剂中完全分散。其中油脂溶解于丙酮，在丙酮呈棕黄色液体时，将含油丙酮液与磷脂分离，含油丙酮去蒸发回收丙酮，含溶剂的磷脂去真空干燥。干燥后的磷脂再进行紫外线杀菌，然后去包装。

丙酮使用一段时间后，应进行精制处理，脱除水分。

脱油磷脂为黄色粉粒状，其中丙酮不溶物含量在 95%以上，己烷不溶物在 0.3%以下，砷及重金属符合食品添加剂指标。

(5) 分提磷脂

分提磷脂以浓缩大豆磷脂为原料，利用磷脂酰胆碱溶解于乙醇、磷脂酰胆胺不溶解于乙醇，以及两者均不溶解于丙酮的特性，富集磷脂酰胆碱，以满足某些工业上的需要。

磷脂分提工艺：

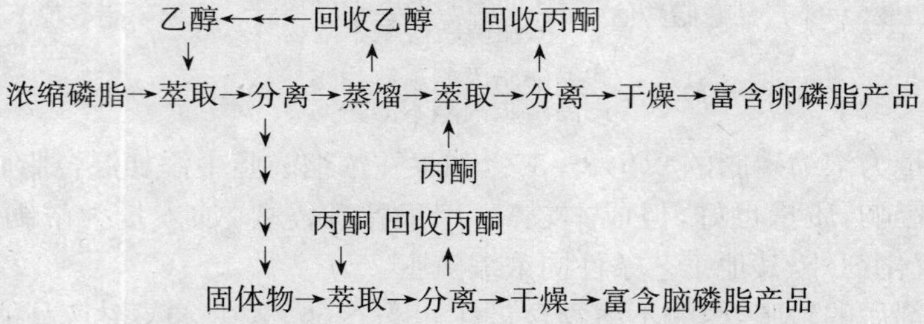

浓缩磷脂在萃取罐中与一定比例的乙醇混合，在搅拌的条件下萃取，分离后，醇溶液部分蒸去乙醇后，再用丙酮萃取油脂，分离后，回收丙酮，含丙酮的湿磷脂在真空条件下干燥，得到富含卵磷脂的产品。

乙醇萃取后得到的不溶部分，再用丙酮萃取，分离后，含丙酮的湿磷脂在真空干燥后，得到以脑磷脂、肌醇磷脂为主要成分的产品。

(6) 改性磷脂

从大豆中提取的磷脂是各种磷脂的混合物，乳化性能并不能满足所有的工业用途。为了改善磷脂的亲水或亲油性能，有时需要对磷脂进行改性，改变磷脂的亲水亲油性能。

① 磷脂水解改性

磷脂在酸碱条件下进行水解，水解掉其中某些脂肪酸，从而改变磷脂的亲水性。水解改性缺乏选择性，通常得到的产品带有较深的颜色。

② 磷脂的酶改性

目前，用于磷脂改性的酶有两类：脂肪酶类和磷脂酶类。

具 1,3 位专一性的脂肪酶可以选择性地水解磷脂上 Sn－1 位酰基，生成溶血磷脂，可以代替磷脂酶 A_1 使用。在利用脂肪酶催化获得溶血磷脂方面，Juhan Kim 等利用脂肪酶酶促甘油磷酸胆碱(GPC)酯化合成了溶血磷脂酰胆碱(LPC)，他们发现向无溶剂反应体系中添加微量含水的 DMF 溶剂，能够显著提高反应效率和得率。Haas，M. J 等利用 Lipozyme IM20 进行了有机相水解反应。结果表明，溶剂的极性对磷脂的水解具有显著的影响。酶活力在 37℃时最低，随着温度的升高，酶活力增强，而 pH 值对磷脂的水解没有影响。

1,3 位专一性的脂肪酶在有机溶剂中可以直接催化磷脂与脂肪酸或油脂的酯交换反应，生成新的磷脂。Annikka Mustanta 等利用脂肪酶以磷脂酰胆碱和油酸为底物，制备了不饱和结构化磷脂。结果表明，磷脂和油酸在无机溶剂和甲苯中的酯交换率相当，但在甲苯中水解能力比在无机溶剂中要小。同时还指出，酯交换既受加水量的影响，也受底物脂肪酸量的影响。研究发现，减少加水量，可抑制磷脂水解，但加水量过低，抑制了酶活力，会对酯交换反应产生消极影响。Gudmundur 等通过酯交换和酸解两种途径来制备富含 EPA 和 DHA 的磷脂。Yagi 等人利用 Rhizopus delemar 脂肪酶的催化作用，以磷脂酰胆碱为底物，引入油酸，合成了 25%结构化磷脂，产物里油酸占 25%。

不同的脂肪酶引入不饱和脂肪酸的能力是不一样的。Lifeng Peng 等利用 Lipozyme TL IM 脂肪酶，通过酸解反应，以大豆磷脂和辛酸为底物，制备了富含中碳链脂肪酸的结构化磷脂。通过考察五个因素对反应的影响，得出最佳反应条件，无水状态下温度 57℃，底物浓度 30%，反应时间 70 h，底物摩尔比 5.5(辛酸)，转化率可达 39%。研究表明，在利用 Lipozyme TL IM 脂肪酶的催化作用，以磷脂酰胆碱为底物，辛酸与 EPA 和 DHA 为脂肪酸供体的酸解反应里，引入辛酸的能力比引入 EPA 和 DHA 要强。研究还证实了 Lipozyme TL IM 脂肪酶本身所含的水分比较大，因而 Lipozyme TL IM 脂肪酶催化的酯交换反应可以在无水或水分较低的条件下进行，而别的脂肪酶却不能。

我们选用固定化脂肪酶 Lipozyme TL IM 为工具酶，在正己烷中进行了酶促磷脂的癸酸酸解试验。得到的优化条件为：反应时间 83 h，加酶量 19%，反应温度 59℃，底物摩尔比 4/1(癸酸/磷脂)，加水量 6%，磷脂与溶液比 20%。该条件下进行癸酸、月桂酸的磷脂酸解试验，磷脂中癸酸含量为 6.46%，月桂酸含量为 6.69%。

磷脂可以被磷脂酶酶解，且专一性高，得到的产品质量高。磷脂酶有磷脂酶 A_1、磷脂酶 A_2、磷脂酶 C、磷脂酶 D，分别水解磷脂不同部位的基团，得到不同的酶解磷脂产品。

磷脂酶 A_1 催化水解磷脂制备溶血磷脂是界面反应，磷脂在水中较难分散，磷脂酶 A_1 游离到磷脂胶束和水的界面，酶的活性部位和磷脂胶束结合后，发生水解，反应中不需要金属离子的参与。反应界面的大小直接影响到反应的速度和水解程度。

我们利用新型磷脂酶 A_1 Lecitase Ultra 进行了酶促水解浓缩磷脂的研究，以酸值为指标衡量水解程度，确定了该酶较优的反应条件：温度 51℃，时间 6 h，加酶量 3.6%，pH 值为 5.0，磷脂溶液浓度为 0.25 g/mL，得到的磷脂产物的酸值为 64.5，水解度 80%以上。

磷脂酶 A_2(EC3.1.1.4)专一催化水解磷脂 Sn－2 位酰基生成溶血磷脂和脂肪酸。Dutilh(1981)利用酶 A_2 催化水解蛋黄，研究发现水解后蛋黄的乳化性质和热稳定性得到提高，并认为这可能与水解形成的溶血磷脂、游脂肪酸与蛋白质形成复合物有关，但就具体为什么酶水解会提高蛋黄的乳化性质和热稳定性的问题并未定论。Kweon(1994)研究了在面粉和面包中添加由磷脂酶 A_2 水解产生的磷脂水解物对淀粉老化的影响。以大豆磷脂为原料用磷脂酶 A_2 水解制得含 90%溶血磷脂的磷脂水解物，能与直链淀粉和由淀粉酶产生的中等长度的支链淀粉有效形成复合物，从而大大降低了面包在常温下贮藏时发生的淀粉老化。Aura 等在无机相中，比较了磷脂酶 A_2 和 1,3 特异性 Rhizomucor miehei 脂肪酶催化酯交换反应的能力。结果表明，这种脂肪酶催化大豆磷脂和月桂酸结合的能力比磷脂酶 A_2 要强得多，而磷脂酶 A_2 的水解能力比较强。

Na 等发现，在磷脂酶 A_2 催化作用下制备富含多不饱和脂肪酸的磷脂，只能通过酯化溶血磷脂酰胆碱和多不饱和脂肪酸来生成。反应分两步，先是磷脂酶 A_2 催化水解生成溶血磷脂酰胆碱，然后是磷脂酶 A_2 催化溶血磷脂酰胆碱和多不饱和脂肪酸的酯化反应。该反应由于反应水解程度大，转化率比较低。Park 等在不同的有机溶剂体系（甲苯、正己烷、正庚烷、异辛烷、石油醚、氯仿、环己胺等）里，用磷脂酶 A_2 催化磷脂酰胆碱和 EPA 乙酯的酯交换反应。结果发现，采用甲苯反应转化率最高。Härröd 和 Elfman 的研究表明，直接用脂肪酸作酯交换反应的底物，反应速率和转化率都相应提高。

国内学者主要用磷脂酶 A_2 催化水解磷脂，制备溶血磷脂。其中有梁歧为获取溶血磷脂，以浓缩磷脂为底物，磷脂酶 A_2 为水解酶，采用静止反应方式进行的大豆磷脂酶水解改性研究，最佳反应条件为：磷脂酶 A_2 浓度为 0.14%，氯化钙 0.03%，时间 7 h，温度 70℃，在最佳条件下，FFA 的生成量可以达到 22.3 mL，转化率可达到 36.36%。汪勇等研究的磷脂酶 A_2 在水相中水解浓缩磷脂的最佳工艺条件是：底物浓度 10%，反应温度 55℃，pH 值 8.5，Ca^{2+} 浓度为 0.12 mol/L，在最佳条件下得到的产品经 HPLC 检测，PC 的转化率为92.17%；同时还研究了水解速度与时间的关系，水解得到的溶血磷脂产品的 HLB 大于 8。

国内外文献报道的磷脂酶 A_2 多是 Novo 公司产的 Lecitase，是一种由基因改性的米曲霉进行深层发酵得到的羧酸酯水解酶（EC3.1.1.3）。国内吴伟等用发酵重组变铅青链霉菌分离得到的磷脂酶 A_2（EC3.1.1.4）催化水解大豆磷脂，得到的产物经酸碱滴定法及 HPLC 检测，大豆磷脂的转化率为 86.30%。

磷脂酶 C（EC3.1.4.3）作用于磷脂酰胆碱时生成甘二酯和磷酸胆碱。微生物磷脂酶 C 有三种专一性类型：一种仅专一性地水解磷脂酰肌醇生成甘二酯和环磷酸肌醇，第二种专一性地水解鞘磷脂，第三种有较宽专一性，以磷脂酰胆碱为最适底物。Bacilluscereus 和 B. Thuringiensis能产生催化作用较强的磷脂酶。使用磷脂酰肌醇专一性的磷脂酶 C 水解磷脂酰肌醇得到 1,2 -环磷酸肌醇，产物在磷脂酶 C 的进一步催化下与伯醇反应生成 O -烷基-肌醇- 1 -磷酸。可以用这种方法制备一系列的肌醇磷酸二酯。

Takami 等用磷脂酶 C 制备了磷酸二羟基丙酮，Morigaki 等用磷脂酶 C 制备了鞘氨醇- 1 -磷酸。

由于磷脂酶 C 的水解作用是对磷脂结构的破坏，酶解产物已不属磷脂，故应用研究的较少。

早在 1947～1948 年，Hanahan 等研究发现胡萝卜的滤液能使大豆磷脂释放出胆碱，而胡萝卜片用蒸汽处理 5 分钟后得到的滤液却不能使大豆磷脂释放出胆碱。经进一步的研究发现，该酶最适宜的 pH 为 5～6，当时命名该酶为磷脂酶 D（EC3.1.4.4）。随后，研究工作者相继在洋白菜叶、菠菜、甜菜、棉子、芽甘蓝、花生、蚕豆、绿豆及大豆中分别发现了磷脂酶 D。

磷脂酶 D 可水解磷脂酰胆碱生成磷脂酸和胆碱。在醇存在的微水体系中，可催化转酰基反应，使多种含有伯、仲位羟基的分子与磷脂上的乙醇胺或胆碱基团进行交换，形成新的磷脂，这一特性称为磷脂酶 D 的磷脂酰转移特性或碱基交换反应，被用于磷脂的定向改性、药物的合成，为制备单一磷脂和稀有磷脂提供了条件。使磷脂酶 D 改性研究最为引人注目，已发表许多专利。转酰基反应的选择性与酶的来源、醇的反应性和浓度有关。转酰基反应同时伴有水解反应，最终产物是磷脂酸和一种新的磷脂。

T. D. Simpson 报道了在大豆油生产过程中，磷脂酶 D 能催化水解磷脂酰胆碱和溶血磷脂酰胆碱，生成磷脂酸和溶血磷脂酸的研究结果，而这两者都是非水合磷脂，不好除去，会影响油脱胶的效果。

磷脂与氢在催化剂的作用下，可以发生加氢反应，使脂肪酸部分的不饱和键变为饱和，这样可以增强磷脂的稳定性，同时也有脱色、脱味的效果。产品可以用在化妆品、医药等行业上。

(7) 磷脂的精制

对一些特殊要求用途的磷脂，需要进行精制处理。如用作注射脂质体的乳化剂，某些药物的载体。这样的磷脂需要进行更深一步的精制，以脱除热量物质、降压物质、农药残留等。

(8) 影响磷脂质量的因素

① 油料的生长条件

油料的质量、油料加工条件、磷脂产品加工工艺，都会影响磷脂的质量。

在油料中，尽管磷脂与油的比例基本上是不变的，但油料的生长条件对油料的脂肪酸组成仍然有一定的影响。生长在北方地区的油料比生长在南方较暖和地区的油料的亚油酸含量高。

土壤的组成对油料中油与蛋白的比例以及油料磷脂中微量矿物质的含量有影响。美国南方种植的大豆与北方的大豆相比，有较高的钙含量。

② 油料成熟程度

油料收获是否成熟、是否受到霜冻，将直接对磷脂的质量有影响。未成熟的油料，不仅影响磷脂的颜色，而且影响磷脂的产量和组成。当加工新的大豆时，尤其是加工比较青的大豆时，油色发绿，即使在脱色时，也很难将其绿色脱去。Privert 的研究表明，在开花后 67 天收获的大豆中磷脂酸的含量较高而磷脂酰胆碱含量较低。而开花后 97 天收获的大豆中磷脂组成有了明显变化，与前者相比，磷脂酰胆碱含量增加了 3 倍，磷脂酰胆胺增加了 7 倍，但大豆中油量基本上没有变化。

遭霜冻的大豆，游离的脂肪酸含量增高，磷脂产率降低。其结果是，在水化脱胶时，得到的水化油脚丙酮不溶物含量降低，油脚稠度不均匀，影响离心分离的效果，给调节油的丙酮不溶物含量和酸值带来困难，使产量和质量降低。

③ 油料收获后的储藏

油料是一种生命体，油料的组成随着储藏时间和储藏条件而发生变化。

大豆可以保存 1～2 年。储存期延长能改变大豆油中丙酮不溶物的含量。储存时间长，大豆中磷脂酸和游离脂肪酸的含量增加，使磷脂的黏度和丙酮不溶物降低。遭霜冻的大豆叶绿素含量较高，磷脂含量低，储存时间越长，磷脂含量越低，游离脂肪酸和磷脂酸的含量越高。

大豆在低湿度、能进行适时翻动的条件下保存最好，这样能保持大豆在储存时不至于发生局部过热。局部过热使大豆发生变质，产生一种焦糊味和酸味。这种情况对油脂含量没有太大的影响，但对磷脂的含量有影响。

破损的大豆对油脂和磷脂都有不利的影响。一旦种皮破裂，大豆暴露在空气和光线下，会导致磷脂的氧化分解。

④ 油料的预处理

大豆中带有含铁元素的土、外来的有机杂质、农药残留等直接影响磷脂和油的质量，应在预处理阶段清除，因为在后来的工序去掉这些物质是困难的。清除外来的杂质可以加强清选设备，而去掉农药残留最有效的办法是脱皮。脱皮还可以改善磷脂以及油的色泽，因为种皮中含有较多的色素物质。

植物油料种子中的磷脂存在于油籽的凝胶相内，大部分与蛋白质、糖类、脂肪酸、甾醇、生育酚、生物素等物质相结合，构成复杂的复合体。如向日葵籽中结合磷脂占其总量的66%，棉籽中结合磷脂占其总量的90%，大豆中磷脂也同样以结合状态存在。

磷脂是一类油脂伴随物，在取油过程中，磷脂在一定程度上随油脂而溶出。毛油中磷脂含量的多少取决于油脂制取工艺条件。

轧坯的目的是尽可能破坏油料细胞，以形成一定的外部结构，为充分提取油脂提供条件。轧坯时，大量细胞的细胞壁由于受到挤压和撕裂作用而遭到破坏，内容物从破裂的细胞中脱落，油原生质也不可避免地发生部分破坏作用，浸润在油原生质中的糊粉粒游离出来，同时糊粉粒也会受到一些破坏。坯片越薄，越有利于蒸炒时水分、热量从表面传导到坯片内部，有利于破坏磷脂与其他物质形成的复合体，有利于磷脂随油一起溶出。

生坯凝胶部分进行水的吸收和膨胀是生坯润湿时的主要目的。生坯中结合磷脂在润湿前稳定，在水分的润湿作用下，磷脂吸水膨胀聚集，使其在油中的溶解度降低，同时，在润湿过程中随着蛋白质结构的破坏，部分与蛋白质结合的磷脂从结合态释放出来，处于物质的表面，如果润湿水分较高，则释放出的磷脂吸水膨胀聚集，取油后留在饼粕中。

加热蒸炒时，料坯中的水分大幅度降低，被磷脂吸收的水分也逐渐减少，使磷脂的溶解度又逐渐回升。温度越高，毛油中磷脂含量也越高。同时，在加热时，料坯中原有形成的磷脂与蛋白质结合物，随着水分的降低和温度的升高，将导致蛋白质变性程度加深，磷脂与蛋白质的结合也因变性而分解；温度越高，磷脂结合物的分解越剧烈，其毛油中磷脂含量也越高。

但磷脂在受热时易与空气中的氧作用，发生氧化反应，生成褐色甚至黑色的氧化物。蒸炒时，温度越高，磷脂颜色越深。

螺旋机榨制油时，因料坯受高温高压的作用，使磷脂从复合体中游离出来，毛油中磷脂含量高。冷榨过程只受压力作用，对磷脂与其他物质结合程度破坏小，磷脂随油溶出量少，毛油中磷脂含量低。

⑤ 油料的浸出

油料磷脂的颜色主要来自两部分：一部分为油料原料带入，像类胡萝卜素、叶绿素等；另一部分为油料在加工过程中生成的褐色物质。Scholfield 将大豆油脚分别在减压 80℃ 和 100℃下干燥三小时与冷冻干燥和工业生产得到浓缩磷脂以及未干燥油脚利用分光光度法进行分析，得到图 5-32 曲线。

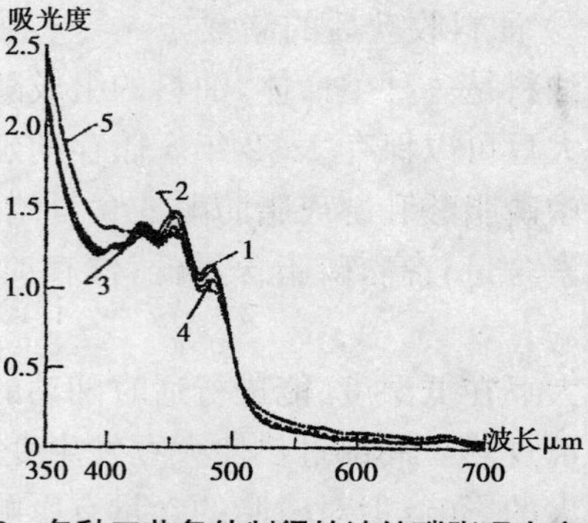

图 5-32　各种工艺条件制得的浓缩磷脂吸光度曲线

曲线 1—商品浓缩磷脂；曲线 2—未经干燥的水化油脚；曲线 3—冷冻干燥得到的浓缩磷脂；曲线 4—油脚 80℃干燥 3 小时；曲线 5—油脚 100℃干燥 3 小时

从曲线可以看出，大量的褐色物质已经存在于工业生产的浓缩磷脂中。这些褐色物质在工业生产的条件下、在冷冻干燥过程中、在减压条件下 80℃ 干燥得到的浓缩磷脂中都没有明显的增加。但是，在 100℃下加热 3 h，则引起颜色的进一步加深。

Scholfield 将混合油(20%油在己烷溶剂中)在室温下减压蒸发，得到的毛油加 3%的水在室温下水化，得到浅色、未经加热的油脚。将这种油脚与在 100℃、80℃减压干燥得到的浓缩磷脂进行比色分析，得到图 5－33 曲线。

将这些曲线和上述曲线比较可以得出结论，大量的褐色物质在毛油水化之前已经形成，这些颜色的形成很可能是毛油在汽提过程中形成的。这些褐色物质具有类似于在一些食品中生成的醛胺缩合反应物。

发生褐变反应中的氨基可能是磷脂中的磷脂酰胆胺，磷脂中游离的糖类物质、结合的糖类物质可能提供了褐变反应所需要的醛基。磷脂中的不饱和脂肪酸在氧化时形成的醛基也可能是形成醛胺缩合反应的因素。

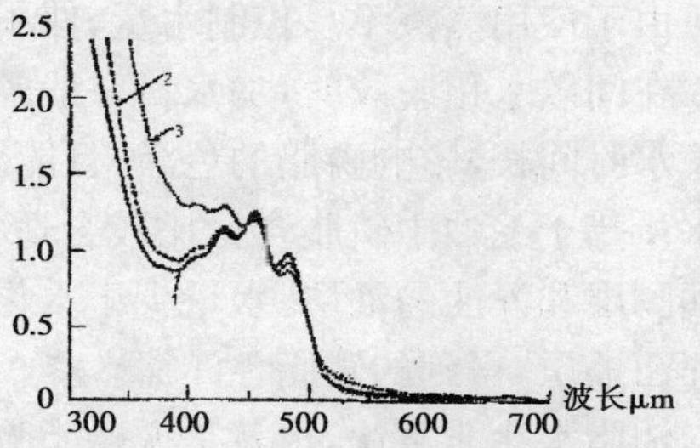

图 5－33　大豆毛油负压蒸发制备磷脂吸光度曲线

曲线 1—未干燥油脚；曲线 2—油脚 80℃干燥 3 小时；曲线 3—油脚 100℃干燥 3 小时

Tomioka 认为，磷脂的褐变反应是醛胺缩合反应，以碱性物质作为缩合催化剂，而磷脂中的磷脂酰胆碱是缩合催化剂。

这些褐色物质具有食品中醛胺缩合产物的特征。例如，磷脂在紫外光照射下发出的荧光随褐色物质的增加而增加；在紫外光 270 mm 处有一个较明显的吸收峰。

为了得到好的大豆磷脂，有必要对大豆浸出的工艺条件仔细控制。在我国植物油厂中，过去大多采用常压蒸发混合油，为了降低毛油中的残溶，在二蒸、汽提操作中，往往采用较高的温度。在这样的工艺条件下，导致了磷脂的部分褐变。我们曾将国产设备采用常压蒸发生产方法制油得到的水化油脚和引进的设备采用减压蒸发生产方法制油得到的水化油脚放在同样的浓缩条件下制取浓缩磷脂，得到的浓缩产品色泽，第一种产品色泽平均要比第二种产品色泽高出一到二个色标(加特纳比色)。

⑥ 毛油的过滤

毛油中含有磷脂、蛋白质、黏液物、粕末及其他杂质。这些杂质一般在毛油加工过程中将其除去。

生产磷脂的毛油应在水化脱胶前进行过滤，以除去杂质。仔细地过滤有利于生产已烷不溶物(hexane insoluble)含量低、透明度好的磷脂。如果在水化之前没有将细小的杂质去除，在浓缩后要除去这些杂质是比较困难的。

过滤可以采用混合油过滤或毛油过滤。为了提高过滤效果，在过滤时可以使用助滤剂。

⑦ 水化

水化是磷脂产品制备中具有实际意义的一步。水化目的是将磷脂与油脂分开，既有利于油脂的后续加工，又便于磷脂产品的制备。为了得到较高质量的磷脂，很多人对水化时的加水量、温度、搅拌及水化时间作了大量的研究。

蒸汽、蒸汽冷凝水、去离子水及普通水都可以作为水化用水使用。水化用水为普通自来水时，需要考虑水的硬度。水中含有 Ca^{2+}、Mg^{2+}，在毛油水化时，Ca^{2+}、Mg^{2+} 与水竞争磷脂分子上的结合点，与部分磷脂形成钙镁磷脂，减少磷脂与水接触几率，使磷脂中的磷脂酰乙醇胺和磷脂酸钝化，部分磷脂转化为非水化磷脂(nonhydratable phosphatides)。这些生成的非水化的钙镁磷脂将会抑制毛油中磷脂的水化，显著降低脱胶效果，造成磷脂得率低，脱胶油中含磷量高。如果水化用水中含 $CaCO_3$－$MgCO_3$ 超过 150 mg/L，这样的水不宜作为毛油水化用水。

由于使用蒸汽不易控制水量，使用水或蒸汽冷凝水是常用的方法。

在间歇水化脱胶时，加水量一般较大，得到的水化油脚丙酮不溶物含量低，水化油脚浓缩脱水时间长，影响磷脂的色泽，且能源消耗大。连续水化脱胶时，加水量较少。一般认为，加水量等于毛油中磷脂含量比较合适。过多的水会导致整个物相分成游离水层、黄褐色流体油脚层和浑浊的油层；水量少于水化需求量时，会形成深色黏稠的油脚和含有未水化磷脂的浑浊油层，得到的磷脂色泽深。

油脂水化非常快，也就是说磷脂吸水速度很快。在对大豆油水化脱胶进行系统试验时，选取水化时间 5、15、25 min 作为三个试验水平，结合其他因素和水平进行考察，结果是过长的时间对水化效果无明显的改善，优化条件为 5～15 min。水化时间对水化油脚中的丙酮不溶物含量影响较大，从而也间接影响到磷脂丙酮不溶物的含量。出现这种现象可能解释的原因是，时间太短会影响磷脂吸水的程度。List G R 对不同的时间作了研究，结果见表 5－6。

表 5－6　不同水化时间对磷脂质量的影响

时间 /min	温度 /℃	水量 /%	搅拌 /(r/min)	油中含磷量 /(mg/kg^{-1})	脱磷效率 /%	磷脂色泽 (Gardner－Hellige)	丙酮不溶物 /%
5	90	2	300	55	91.0	16^{+}	58
30	90	2	300	55	91.0	17^{-}	58
45	90	2	300	54	91.0	17^{+}	58
60	90	2	300	53	91.2	17^{-}	64

很多研究证明，水化温度对脱胶无明显影响。试验表明，温度对于磷脂色泽来说，影响最大。温度对水化油脚的丙酮不溶物含量也有影响，在其他条件相同的情况下，在 49℃ 水化，磷脂丙酮不溶物含量为 63%～65%；在 60℃ 水化，磷脂丙酮不溶物含量上升到 68%～73%。List. G R 在 15 min、40℃、2% 水、400 r/min 的条件下，得到的磷脂色泽为 17^{-}（加特纳比色 Gardner-Hellige scale），在相同时间、相同搅拌速度、相同加水量的情况下，改变温度到 60℃、90℃，得到的磷脂色泽分别为 16、17^{+}（加特纳比色 Gardner-Hellige scale），说明温度确实对磷脂色泽有着重要作用。但并不是温度越低，磷脂色泽越浅，其中原因尚未弄明。

搅拌对水化脱胶效果没有明显的影响。一般在 300～500 r/min 之间。

能用来改善脱胶效果的物质很多，像无机酸、有机酸、碱、各种盐类、表面活性剂等，但能够适用于制取食用油及食用磷脂的并不多。使用脱胶剂时，首先考虑的是无毒，与油脂及磷脂没有不良反应，不影响油脂及磷脂的质量；其次是易除去，价格低廉。

以蒸汽冷凝水、氯化钠、氢氧化钠、磷酸、柠檬酸、过氧化氢、乙酸、乙酸酐作脱胶剂对大豆毛油进行水化脱胶，发现与蒸馏水相比，所有脱胶剂对脱胶效果都有改善。脱胶效果最好的是乙酸酐，柠檬酸次之。

脱胶剂能够改善脱胶效果的原因是脱胶剂都是电解质，在水存在时，这些物质以离子形态存在，这些带电荷的离子能够中和磷脂分子本身所带表面电荷，使其质点的 ξ 电位或水合度降低，促使胶体质点凝聚，降低油中磷脂含量。电解质离子的存在，还可以与水中的 Ca^{2+}、Mg^{2+} 作用，减少这些离子与磷脂的作用，从而减少非水化磷脂的生成，提高脱胶效果。

在脱胶剂中，磷酸、氢氧化钠加入毛油中不易除去，会改变水化油脚的 pH 值，由此制得的磷脂色泽深，对磷脂质量不利。柠檬酸虽然没有报道说其对磷脂有不利影响，但其不易除去，留在水化油脚中，会使酸值升高。

乙酸酐是一种乙酰化试剂（acetylating agent），在水化过程中，乙酸酐与磷脂中的 PE（phosphatidylethanolamine）上的氨基反应，在 PE 的基上引入乙酰基，成为乙酰化 PE，会改变 PE 中的两性集团（zwitter radical）的性质，增加 PE 的亲水能力，使磷脂易吸水，水化油脚中丙酮不溶物含量高，水化脱胶油中含磷量低，使制得的磷脂色泽浅，得率高。

过氧化氢的作用类似于乙酸酐，但过氧化氢是一种羟基化试剂（hydroxylating agent），在 H^+ 的作用下，可以在磷脂中脂肪酸的双键上引进羟基，增加了磷脂的亲水性。但水化时的条件并不是适宜的羟基化条件，羟基化的几率很低，生成羟基化磷脂的量小，脱胶效果不明显，水化油脚中丙酮不溶物含量低，磷脂中的丙酮不溶物含量也相应低。但加过氧化氢，用水化油脚制得的磷脂色泽较浅。

⑧ 水化油脚与水化毛油的分离

随着离心机技术的发展，水化油脚与水化毛油的分离变得越来越简单。可以用来分离水化油脚与水化毛油的离心机有管式离心机、碟式离心机等。这些离心机密封越来越好，减少了毛油和水化油脚与空气接触，对磷脂与油脂产品质量都是有利的，且这些离心机的处理量也越来越大。

尽管在水进入磷脂与油脂以 30∶70 的比例形成的流体相时，会形成一种稳定的双层，这种稳定的双层具有最大的结合力。但仔细控制水化条件，利用国产离心机分离水化油脚与水化毛油，得到的水化油脚制浓缩磷脂，丙酮不溶物含量曾达到 73%。Frank J. Flider 也报道过在优化的水化脱胶条件下，粗磷脂中丙酮不溶物含量达到 73%～75%。

用离心机分离水化油脚与水化毛油时，在一定的离心压力差（centrifugal pressure differential）下，高分离温度会导致水化油脚的丙酮不溶物含量增高，相应制得的磷脂丙酮不溶物含量也高。在离心分离操作中，重点应放在离心压力差上，而不是离心机的背压。通过控制阀门调节水化油出口压力可以控制粗磷脂的丙酮不溶物含量。粗磷脂中丙酮不溶物含量（65%～72%）高，会使水化油中含磷量上升。流量的变化对压力差的影响要大于背压的变化对压力差的影响。流量的经常变化会导致粗磷脂中丙酮不溶物的波动。Frank J. Flider 曾经报道过压力差与丙酮不溶物之间的关系，见图 5-34。图中 AI 为丙酮不溶物（acetone insoluble）含量，ΔP 为离心压力差（centrifugal pressure differential）。

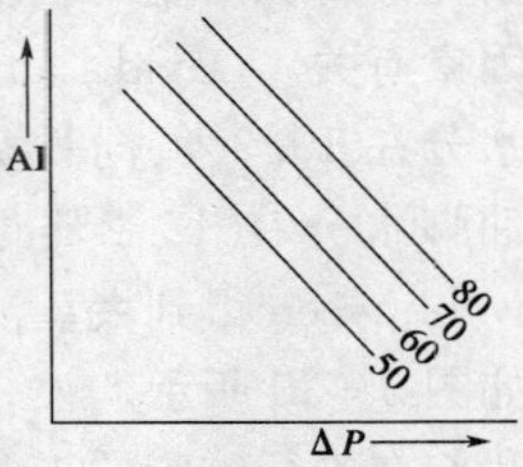

图 5-34 给定温度下，丙酮不溶物和离心压力差关系图

⑨ 油脚浓缩

油脚的浓缩可以分为两大类：间歇浓缩与连续浓缩。

间歇浓缩工艺简单，容易操作。间歇浓缩时间长，处理量小，动力消耗大，磷脂的颜色受到一定的影响。但在脱色操作时较容易掌握。

连续浓缩正在逐渐取代间歇浓缩制取浓缩磷脂。连续浓缩的关键设备是连续浓缩机。连续浓缩机有两种形式：立式和卧式。

立式浓缩机根据刮板不同形式，也分为三类：固定刮板式、活动刮板式、弹簧刮板式。

磷脂即使以很低浓度存在于水中，其溶液显现出相当大的黏弹性（viscoelastic）和非牛顿型流体特性（non-Newtonian behavior）。主要原因是磷脂分子极性部分的静电性质、磷脂胶束的带电性质、分子瞬间偶极电性和水分子的氢键形成的静电凝胶引起的。水在形成静电凝胶中的作用是非常突出的。这一点可以通过磷脂在烃类溶剂中显现出的牛顿型流体特性和这类溶液遵从修正的 Einstain 方程得到证明。

David Lambourne 通过实验得出：水化油脚在浓缩脱水时，随着水分的减少，物料特性从 Bingham 流体（水连续相）转化为假塑性（pseudoplastic）流体（油连续相）。即水分高时遵从 Bingham 方程：

$$\sum = A + B\Gamma$$

随着水分的降低，水化油脚可以越来越准确地被幂律方程（Power Law equation）所描述。对磷脂-水系统能进行最好描述的是 Herschel-Bulkey 方程式：

$$\sum\nolimits_2 = K\Gamma^H$$

水化油脚流体特性的变化是由于分子间的作用力在高水分时的静电引力转化为低水分时的范德华力（Van der Waals Forces）引起的。Bingham 常数 A 可以看作是流体克服黏弹力和使流体流动所需的屈服应力（yield stress）。当水化油脚中的胶束和液体介晶间的氢键相互作用最大时水分最低，导致系统出现最大屈服应力，即此水分使系统黏度最大。在水化油脚脱水浓缩过程中，水分在 9%～19%时屈服应力达到最大。此时的水分称为油连续相和水连续相之间的边界点。进一步减少水分，将减少氢键作用和减少油水两相界面的表面积；而在系统中增加水分，将增加水连续相，降低流体流动的阻力。这都将会降低系统的黏度。

水化油脚和磷脂的黏度还与系统中的丙酮不溶物含量、温度等因素有关。David Lambourne 通过实验得出：大豆油水化油脚水分在 19.3%、向日葵油水化油脚水分在 8.8%、菜籽油水化油脚水分在 12.2%时，整个系统黏度最大。而 W. Van Nieuwenhuyzen 得到大豆油磷脂在 70℃时与水分含量的关系曲线如图 5-35 所示。

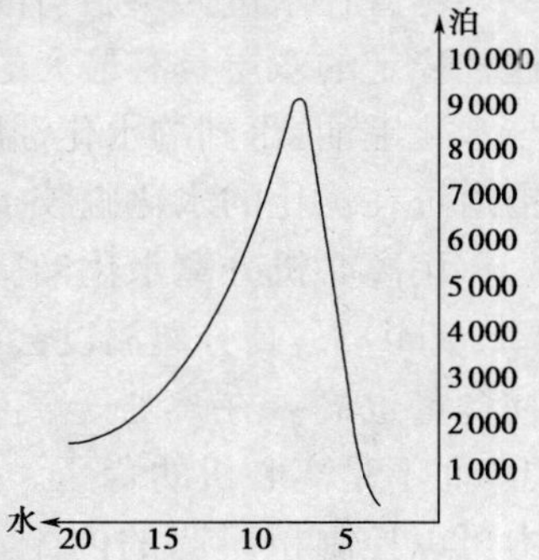

图 5-35 不同水分含量大豆浓缩磷脂黏度变化曲线

我们在进行磷脂的工业化实验中，当压力为 0.01 MPa，水分在 10%～18%之间，温度在 110℃时，磷脂黏度有一个最大值，这时，磷脂呈现非流体状态，为半固体状态。

根据 W. Van Nieuwenhuyzen 的数据，温度在 70℃，水分 5%～10%之间时，磷脂的黏度有一个最大值，水分低于 8%时，黏度会迅速下降。

磷脂黏度的变化是非常重要的，它直接关系到油脚的浓缩操作。立式浓缩机工作性能很好，但由于磷脂的黏度变化大，而立式浓缩机的敏感性强，因此容易在浓缩机的器壁上使膜不连续，造成浓缩效果不好。卧式浓缩机具有处理量大，物料停留时间短，且可以调节膜的厚度，操作较容易控制的特点，是比较合适的浓缩设备。

5.2 天然维生素 E

5.2.1 维生素 E 的组成及分布

1）维生素 E 的结构及组成

生育酚和生育三烯酚，又名抗不育维生素（antisterility vitamin），俗名维生素 E。1921 年由美国 California 大学 H. M. Evans 和 Bishop 等人在白鼠饲养实验中首次发现，经研究表明其有恢复生育功能，生育酚因此得名。其英文名称为 tocopherol，取自希腊词 Tokol（后代）和 Pherein（生育），即生育后代的意思。之后由 Akenth 大学 Sure 正式改名为维生素 E。1936 年 Evans 又从小麦胚芽中分离得到天然维生素 E 的结晶并命名为 α-生育酚，1938 年瑞士化学家 Kaurr 首次人工合成了 α-生育酚。从此生育酚出现了天然与合成之分。20 世纪 40 年代初期相继发现了 β-、γ-生育酚同系物；1945 年报道又发现了 δ-生育酚；20 世纪 50 年代末期又发现在天然生育酚中还含有生育三烯酚（Tocotrienol），而且生育三烯酚也具有与生育酚相对应的 α、β、γ 和 δ 同系物。迄今为止，生育酚已经发现有十多种，被 IUPAC-IUB 认可的只有八种，即 α-、β-、γ-和 δ-生育酚及其相应的生育三烯酚。

生育酚的母体是二氢苯并吡喃-6-醇（又称色满酚，Chroman），由于其连接在芳环上的基团改变而形成了不同异构体。已发现的天然生育酚在色满环 C_5、C_7、C_8（R_1、R_2、R_3）位分布有不同数量（≥1）取代的甲基，这些取代基的位置和数量决定着所形成的生育酚的性质。生育酚和生育三烯酚的差别在于连接在 C_2 位上的 R_4 不同，生育三烯酚在 C_2 上的 R'_4 具有一个不饱和的侧链，在侧链的 C_3'、C_7'、C_{11}' 位上有双键。生育酚和生育三烯酚的结构和命名见图 5-36 和表 5-7。

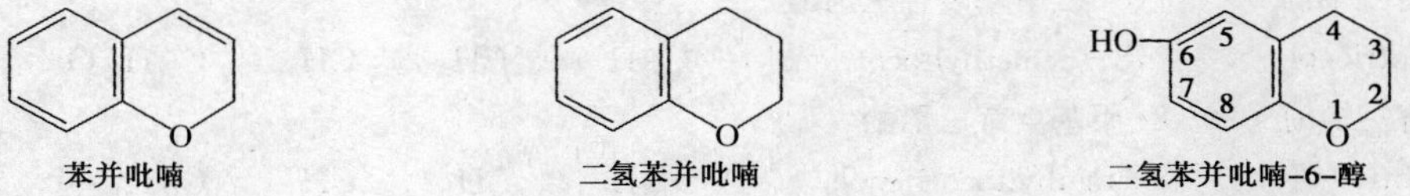

苯并吡喃　　二氢苯并吡喃　　二氢苯并吡喃-6-醇

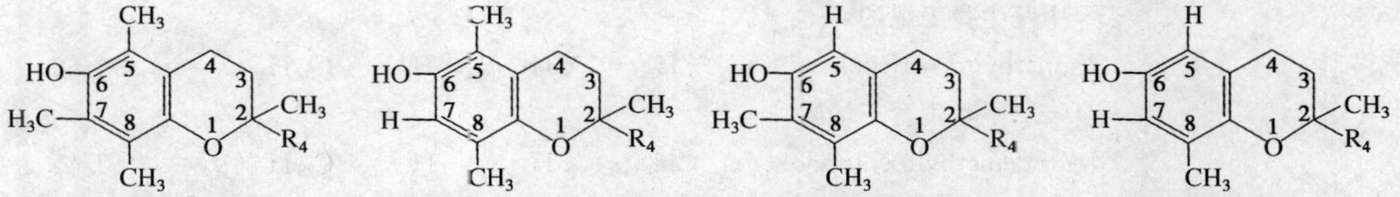

α-生育酚的化学结构　　β-生育酚的化学结构　　γ-生育酚的化学结构　　δ-生育酚的化学结构

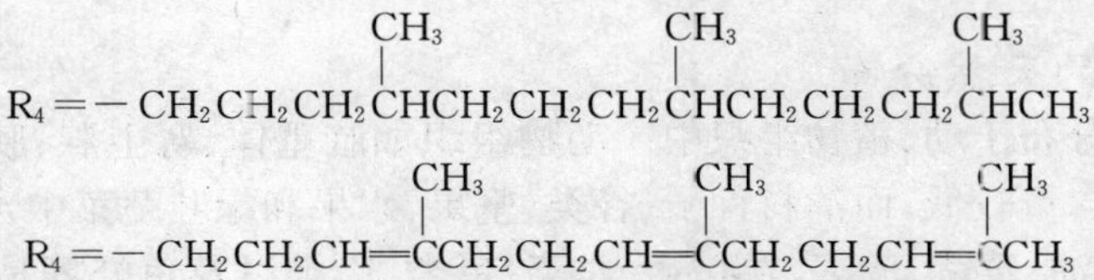

图 5-36 生育酚和生育三烯酚的化学结构

注：生育酚在 C_2 位上连接的是 R_4，而生育三烯酚在 C_2 位上连接的则是 R_4'。

表 5-7 生育酚和生育三烯酚的命名和结构

生育酚和生育三烯酚	IUPACIUB 命名	基团 R_1	基团 R_2	基团 R_3	化学分子式	相对分子质量
α-生育酚 α-tocopherol	5,7,8-三甲基生育酚 5,7,8-trimethyltocol	CH_3	CH_3	CH_3	$C_{29}H_{50}O_2$	430.72
β-生育酚 β-tocopherol	5,8-二甲基生育酚 5,8-dimethytocol	CH_3	H	CH_3	$C_{28}H_{48}O_2$	416.69
γ-生育酚 γ-tocopherol	7,8-二甲基生育酚 7,8-dimethytocol	H	CH_3	CH_3	$C_{28}H_{48}O_2$	416.69
δ-生育酚 δ-tocopherol	8-甲基生育酚 8-methyltocol	H	H	CH_3	$C_{27}H_{46}O_2$	402.67
η-生育酚 η-tocopherol	7-甲基生育酚 7-methyltocol	H	CH_3	H	$C_{27}H_{46}O_2$	402.67
ξ_2-生育酚 ξ_2-tocopherol	5,7-二甲基生育酚 5,7-dimethytocol	CH_3	CH_3	H	$C_{28}H_{48}O_2$	416.69
	5-甲基生育酚 5-methyltocol	CH_3	H	H	$C_{27}H_{46}O_2$	402.67
α-生育三烯酚 α-tocotrienol (ξ_1-tocopherol)	5,7,8-三甲基生育三烯酚 5,7,8-trimethyltocotrienol	CH_3	CH_3	CH_3	$C_{29}H_{44}O_2$	424.67
β-生育三烯酚 β-tocotrienol (ε-tocotrienol)	5,8-二甲基生育三烯酚 5,8-demethyltocotrienol	CH_3	H	CH_3	$C_{28}H_{42}O_2$	410.65
γ-生育三烯酚 γ-tocotrienol	7,8-二甲基生育三烯酚 7,8-demethyltocotrienol	H	CH_3	CH_3	$C_{28}H_{42}O_2$	410.65
δ-生育三烯酚 δ-tocotrienol	8-甲基生育三烯酚 8-methyltocotrienol	H	H	CH_3	$C_{27}H_{40}O_2$	396.62
	7-甲基生育三烯酚 7-methyltocotrienol	H	CH_3	H	$C_{27}H_{40}O_2$	396.62
	5,7-二甲基生育三烯酚 5,7-demethyltocotrienol	CH_3	CH_3	H	$C_{28}H_{42}O_2$	410.65
	5-甲基生育三烯酚 5-methyltocotrienol	CH_3	H	H	$C_{27}H_{40}O_2$	396.62

2) 维生素 E 的天然分布

维生素 E 广泛分布于动、植物组织中。动物组织如脑垂体、肾上腺、胰脏、脾脏、肝脏等脏器中维生素 E 的含量较低，而油料种子、谷类、坚果、水果和绿叶蔬菜中含量较多。小麦胚芽、玉米、葵花籽、豆油、莴苣、菠菜、卷心菜、韭菜、蛋类、肉类以及鱼虾等是维生素 E 的丰富来源。植物油脂中小麦胚芽油中维生素 E 的含量最高(1 800～4 500 mg/kg)，其次是大豆油(800～1 100 mg/kg)、玉米油、棕榈油、棉籽油、葵花籽油、花生油、菜籽油、芝麻油，含量最低的是椰子油、橄榄油(50～350 mg/kg)等。天然维生素 E 的提取原料主要是植物油脂的精炼皂脚(refining sludge)和脱臭馏出物(deodorizer distillate)。除了维生素 E 以外,油脂脱臭馏出物主要由甘油一酯、甘油二酯、甘油三酯、游离脂肪酸、甾醇、甾醇酯和色素组成,另外还含有少量高级烃类、蜡质、氧化副产物、水分及少量杂质等组成。维生素 E 在脱臭馏出物中的含量主要跟油料生长的自然条件、油脂的脂肪酸组成、制油和油脂深加工条件等紧密相关。表 5-8 是几种文献给出的人造奶油和几种植物油脂及其脱臭馏出物中的维生素 E 含量以及维生素 E 各异构体组成的参考范围。

表 5-8 几种植物油脂和脱臭馏出物中维生素 E 及其异构体的含量

名称	维生素 E 含量/(mg/kg 油)	脱臭馏出物中维生素 E 各异构体组成/(mg/kg 油)		
		α	$\beta+\gamma$	δ
人造奶油(软)	490~810	180~450	30~450	7~166
大豆油	870~2 800	4~20	45~66	18~30
棉籽油	776~3 500	48~50	50~52	—
菜籽油	510~710	30	—	—
花生油	136~590	80~330	35~200	85
米糠油	410~2 500	62	37	1
棕榈油	130~390	20~60	113	33
橄榄油	30~300	120	13	
葵花籽油	510~740	96	4	0
小麦胚芽油	1 800~5 200	560~1 500	850	
玉米胚芽油	840~2 500	10~15	85~90	
红花籽油	377	84	14.5	1.5

表 5-9 大豆油、菜籽油、米糠油脱臭馏出物组成 单位:%

组成成分	脱臭馏出物来源		
	大豆油	菜籽油	米糠油
脂肪酸	23~35	—	20~30
甘油酯	3~16	—	15~25
甾醇	17~43	30~35	10~15
生育酚	3~20	7~10	2~5

表 5-10 脱臭馏出物中脂肪酸组成 单位:%

脂肪酸	油脂名称			
	棉籽油	米糠油	菜籽油	大豆油
肉豆蔻酸	0.5~1.5	0.4~1.0	—	微量~0.5
棕榈酸	20~23	12~18	1~3	7~11
硬脂酸	1~3	1~3	0.4~3.5	2~6
花生酸	0.2~1.5	—	0.5~2.4	—
山嵛酸	—	—	0.6~2.1	—

续表

脂肪酸	油脂名称			
	棉籽油	米糠油	菜籽油	大豆油
棕榈油酸	—	0.2～0.4	0.2～3	—
油　酸	23～35	40～50	12～24	15～33
亚油酸	42～54	29～42	12～26	43～56
二十碳烯酸	—	—	3.5～11.6	—
芥　酸	—	—	40～55	—
二十碳二烯酸	—	—	0.6～2	—
亚麻酸	—	微量～1	7～10	5～11

5.2.2 维生素E的性质及其生理活性

1）维生素E的理化性质

(1) 维生素E的物理性质

常温下，天然维生素E是一种淡黄色黏稠状透明液体，无臭，无味。天然维生素E不溶于水，可溶于乙醇、丙酮、氯仿。其密度为0.947～0.955 g/m^3(25℃)，熔点为2.5～3.5℃，66.7 Pa下沸点为200～220℃。对热稳定，即使加热到120℃也不分解。但易被氧化，在有氧存在的情况下，会缓慢氧化成暗红色。尤其在碱性条件下极易氧化分解，紫外线可促进其分解。

天然维生素E八种异构体均具有旋光性。其中(RRR)-α-生育酚的光学活性很小。比旋光度(2,2,4-三甲基戊烷中)仅为+0.16°，乙醇中比旋光度$[\alpha]_{546.1}^{25}$为+0.32°。β-生育酚比旋光度$[\alpha]_{546.1}^{25}$为+2.9°(c=7.15，乙醇中)。γ-生育酚比旋光度$[\alpha]_{546.1}^{25}$为+2.2°(c=9.32，乙醇中)。δ-生育酚比旋光度$[\alpha]_{546.1}^{25}$为+3.4°(c=15.5，乙醇中)。

(2) 维生素E的化学性质

维生素E性质非常活泼。它们的酯类衍生物如乙酸酯、琥珀酸酯则稳定得多。维生素E是强抗氧化剂，本身很容易被氧化。这是在维生素E提取、纯化和储存过程中必须要注意的。在温和的条件下，如在过氧化物、单线态氧、氧气等存在下，维生素E的氧化途径和产物非常复杂。不同维生素E氧化途径和产物不同。氧化过程还受光照、金属离子、底物、溶剂、维生素E浓度、温度、pH值等影响。维生素E对热较稳定，在200℃高温下不会分解，在酸性环境中稳定，碱性条件下容易被氧化，高锰酸钾、重金属离子、苯甲酸、臭氧、硝酸、氢过氧化物、漂白粉、紫外线等都能使其氧化或分解。

维生素E可被氢化或与醋酸、丙酸、棕榈酸、硬脂酸、磷酸等作用形成酯。口服维生素E一般都是生育酚的醋酸酯，维生素E醋酸酯稳定性较维生素E好，它在胃酸环境下分解成维生素E和醋酸。

(3) 维生素E的氧化

生育酚被氧化后生成生育醌(Tocoperylquinone)或生育醌的二聚体和三聚体，生育醌类化合物都有颜色，对位醌显黄色，邻位醌多显红色。以α-生育酚为例，α-生育酚在脂质体系中的氧化产物是α-生育醌的二聚体和三聚体、环氧α-生育醌，而α-生育醌是生物体系的主要氧化产物。α-生育酚在脂质体系中的氧化产物的化学结构见图5-37。

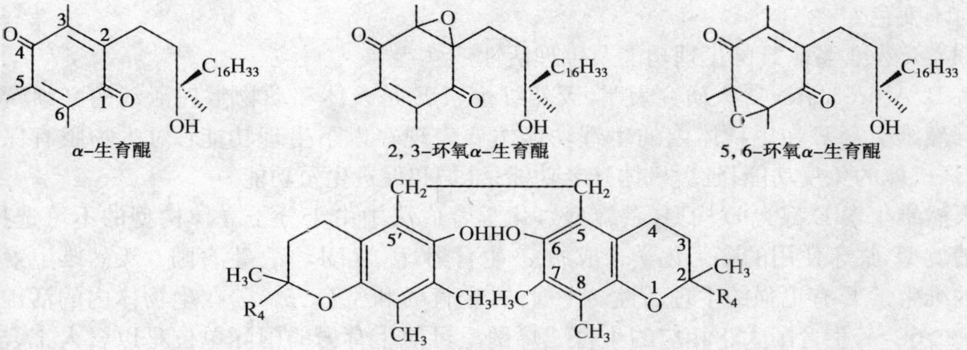

α-生育醌　2, 3-环氧α-生育醌　5, 6-环氧α-生育醌

α-生育醌的二聚体

图 5-37　α-生育酚氧化产物的化学结构

2）维生素生理功能

(1) 维生素 E 的抗氧化活性

天然维生素 E 可保护某些酶中的巯基、维生素 A、胡萝卜素、不饱和脂肪酸等对氧敏感的物质免被氧化。主要应用于油脂和相关食品的抗氧化。油脂在贮藏期，其中的水分、氧气、金属离子、叶绿素以及杂质的存在为单线态氧和自由基的产生提供了条件，从而导致甘油三酯和其他脂质的氧化酸败。维生素 E 本身具有产生酚氧基的结构，酚氧基能够淬灭并能同单线态氧反应，保护不饱和脂质免受单线态氧损伤，还可以被超氧阴离子自由基和羟基自由基氧化，使不饱和脂质免受自由基进攻，从而抑制油脂的自动氧化。大部分情况下，维生素 E 的抗氧化作用是与脂氧自由基或脂过氧自由基反应，向它们提供 H，使脂质过氧化链式反应中断，从而实现抗氧化。

脂过氧自由基与维生素 E 反应的机理可概括如下：

$$ROO\cdot + AH_2 \longrightarrow ROOH + AH\cdot \text{（抗氧化剂破坏自由基）}$$

$$ROO\cdot + AH\cdot \longrightarrow ROOH + A\text{（氧化）}$$

$$AH\cdot + AH\cdot \longrightarrow AA\text{（偶合）}$$

$$AH\cdot + AH\cdot \longrightarrow AH_2 + A\text{（歧化）}$$

$$ROO\cdot + AH\cdot \longrightarrow ROOA\text{（加成）}$$

其中：AH_2——维生素 E；ROOH——氢过氧化物；ROO·——脂过氧自由基；AH·——抗氧化剂自由基。

各天然生育酚和生育三烯酚异构体的结构和构形上的差异，导致它们的抗氧化活性也有所不同。在植物油脂中，维生素 E 的抗氧化性的影响因素主要跟生育酚种类和浓度、自由基含量、温度、微波处理、增效剂等条件有关。研究表明，各种生育酚和生育三烯酚的抗氧化活性 37℃下活性顺序为 $\alpha>\beta>\gamma>\delta$，而当在超过 100℃的高温情况下，则为 $\delta>\gamma>\beta>\alpha$。添加柠檬酸、抗坏血酸、磷脂等增效剂有助于提高抗氧化效果，一般的天然生育酚（D 构型）的抗氧化能力要大于合成生育酚（DL 构型）。生育三烯酚的抗氧化性要强于相应的生育酚。

天然维生素 E 的抗氧化性略强于 BHT，微弱于 TBHQ。除了优良的抗氧化性和安全性，天然维生素 E 与其他的抗氧化剂相比还具有很多优点：与 BHT 和 BHA 相比，天然维生素 E 不易挥发；与 TBHQ 相比，天然维生素 E 不会产生臭味；与磷脂相比，天然维生素 E

高温时不变色。

(2) 天然维生素 E 的生理功能及生理活性

R. B. Alfin-Slater 等人研究表明，天然维生素 E 是人体和动物生理活动的必须营养要素。天然维生素 E 在生物体内的生理功能主要表现在以下生理功能：对生物膜有保护作用；增强机体的免疫功能；延缓机体衰老功能；维护和促进生殖功能。

天然维生素 E 都为 D 构型(右旋型)，化学合成法中由于分子立体构型的不可选择性，均为消旋型，临床使用的多为化学合成的 α-生育酚，称为 DL-α-生育酚。天然维生素 E 比合成的维生素 E 有更强的生理活性。一般的，生育酚和生育三烯酚在生物体内的活性顺序是 $\alpha>\beta>\gamma>\delta$，生育酚大于相应的生育三烯酚。目前生育酚的国际单位是以含人工合成的 DL-α-生育酚乙酸酯 1 mg 为一个国际单位。

以 DL-α-生育酚乙酸酯的活性为 100%，则其他各生育酚和生育三烯酚的活性见表 5-11。

表 5-11 各种生育酚和生育三烯酚的生物活性相对值

名　称	相对生物活性/%	名　称	相对生物活性/%
D-α-生育酚	149	D-γ-生育酚	15
D-α-生育酚乙酸酯	136	DL-γ-生育酚	1.5
DL-α-生育酚	110	D-δ-生育酚	5
DL-α-生育酚乙酸酯	100	D-α-生育三烯酚	45
DL-α-生育酚丁酸酯	89	D-β-生育三烯酚	8
D-β-生育酚	75	D-γ-生育三烯酚	1.5
DL-β-生育酚	30	D-δ-生育三烯酚	—

3) 维生素 E 的应用

维生素 E 由于其重要的抗氧化和生理功能已经受到人们的重视并被广泛应用于生产实践，主要包括食品行业、医药行业、饲料行业、化妆品行业、塑料行业等。

(1) 在食品工业的应用

天然维生素 E 与合成品在组分、结构、生理特性及活性上均有差别，天然维生素 E 不仅营养丰富，安全性高，而且更易于人体吸收。维生素 E 主要用作脂肪和含油食品的抗氧化剂，保持加工食品稳定持久的新鲜风味。在鱼肉加工中添加 0.04%维生素 E 可改善鱼味。采用注射的方法使牦牛肉组织中的维生素 E 浓度增加 4.4 mg/kg，在 5℃下保存，可以延长其货架期。维生素 E 是一种良好的除臭剂，在口香糖中加入 1%的维生素 E 可以快速去除口中臭味。维生素 E 更适用于生产各种功能保健强化食品，特别是用作婴幼儿食品的抗氧化剂、营养强化剂等。作为食用油脂抗氧剂使用，维生素 E 有着很多优点，比如沸点高，对热稳定。因此，很适用于需经加热保存的食品，如方便面、人造奶油、奶粉等。

(2) 医药业的应用

维生素 E 的效能与作用的研究近年来进展迅速。维生素 E 是细胞内抗氧化剂，能够抑制有毒的脂类过氧化物的形成，使不饱和脂肪酸稳定。提高刺激性辅酶 Q 的免疫性反应，影响核酸和多烯酸的代谢。对脑垂体——中脑系统有调节作用，促进腺激素的产生，预防细胞生理衰老，防止致癌物游离基的生成。它对动脉硬化、腹腔疾病、囊性纤维化、慢性胆汁郁积性肝病、无β-脂蛋白血症、血栓、习惯性流产、妇女不育症、月经失调、内分泌机能衰退、肌肉萎缩、贫血、脑软化、癌症等许多方面，均有很好的医用价值，从而需求量日增。

(3) 饲料业的应用

维生素 E 作为饲料添加剂，既是一种抗氧化剂，又是动物生长必需的生物催化剂。它的作用首先表现在能显著提高动物的繁殖力和免疫力，同时能防止饲料脂质氧化变劣；此外，可以防治动物的诸多疾病、改善肉质和提高畜禽产品质量。研究表明，在肉猪饲养过程中，在饲料中添加维生素 E 可以促进肉猪生长，改善猪肉品质，保持猪肉的新鲜度。饲料一般是将合成维生素 E 经过吸附、喷雾包埋、固化等预处理后再与其他成分混合而成，由于供应、经济、动物生理代谢等方面的原因，这类饲料较多地被用于母畜、幼畜、宠物、观赏鱼等的饲养。

(4) 在化妆品业的应用

天然维生素 E 易被皮肤吸收，能促进皮肤的新陈代谢和防止色素沉积，改善皮肤弹性，具有美容、护肤防衰老的特殊功能。用维生素 E 作为营养添加剂的化妆品，已成为国际市场上营养性系列化妆品的主流。

(5) 在塑料制品及其他方面的应用

维生素 E 作为食品工业塑料薄膜等制品的抗氧化剂，不仅克服了其易氧化变脆不耐用的缺陷，更重要的是消除了目前大多数工业氧化及对人体的伤害，将维生素 E 添加到感光材料中，能提高材料的应用性能，近些年来，塑料制品中也开始使用维生素 E 取代 BHA、BHT 等传统抗氧化剂，以满足日益严格的对食品等包装用薄膜的安全要求，维生素 E 作为无毒代用塑料抗氧化剂，已被证明有效、稳定，克服了现有薄膜易氧化变脆不耐用的缺陷，对食品的色、香、味无影响，而且可延长食品的货架期。

5.2.3 维生素 E 的提取

1) 维生素 E 的提取方法

国内外许多学者对从油脂脱臭馏出物中提取维生素 E 进行了综述和探讨，也有人因此研究了怎样提高油脂脱臭馏出物中的维生素 E 含量。不同的脱臭馏出物组成以及其中不同的维生素 E 含量，会采用不同的提取工艺，从目前的发展来看，主要涉及皂化、脲包、酯化、溶剂萃取（包括超临界萃取）、蒸馏、分子蒸馏、薄层色谱、硅胶法、液相色谱、离子交换、酶催化等物理、化学及生物过程。以下就维生素 E 的提取方法作一些介绍。

(1) 酯化—分子蒸馏法

酯化—分子蒸馏原理：原料中(大豆油脱臭馏出物)脂肪酸和甘油酯与低碳醇发生酯化反应生成脂肪酸酯，通过分子蒸馏可以将脂肪酸酯、维生素 E、甾醇、色素等不皂化物分离出来，从而达到浓缩维生素 E 的目的。

工艺流程如下：

甲醇 ↓（加入酯化）；甲醇 ↑（蒸除甲醇）；脂肪酸甲酯 ↑（分子蒸馏）

物料→酯化→蒸除甲醇→分子蒸馏→维生素 E

酯化原理：酯化反应是在催化剂的催化下脂肪酸与过量醇相互作用失去一分子水生成酯。酯化反应通式如下：

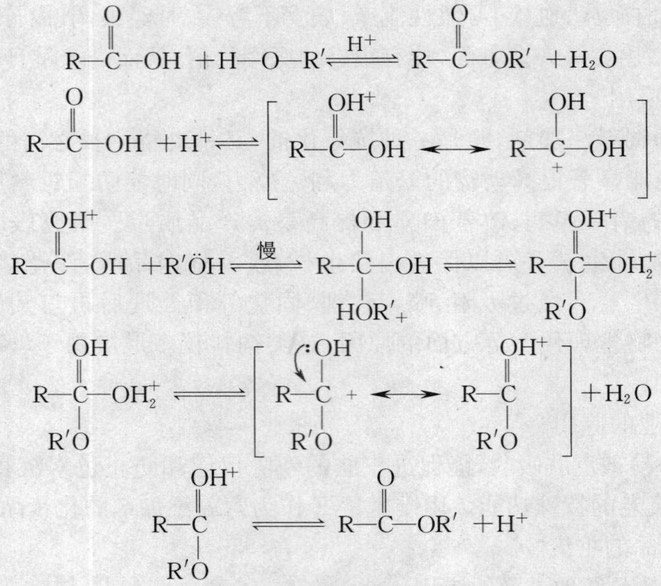

图 5－38　酯化的反应历程

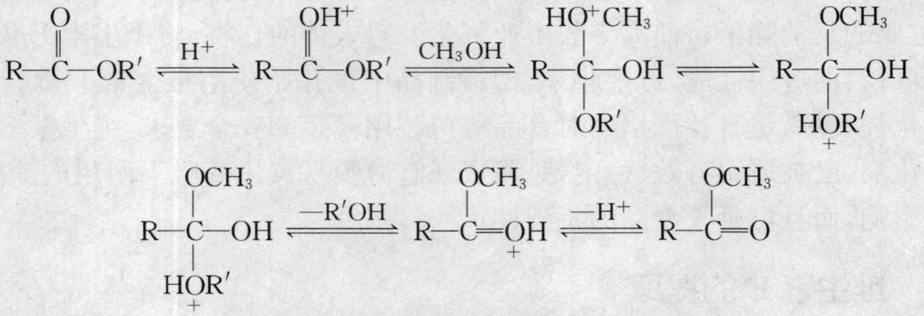

图 5－39　油脂酸催化醇解的反应历程

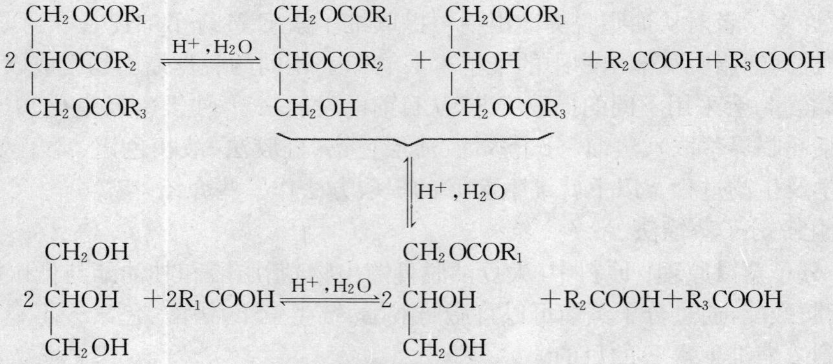

图 5－40　油脂水解的反应历程

酯化过程是提取维生素 E 的关键步骤之一，酯化的完全程度直接影响到最终产品的纯度和得率。

酯化反应是可逆反应，本身进行得很慢，通常需要加催化剂来加速其反应，酯化反应一般采用酸性催化剂。作为酯化催化剂通常有无机酸如浓硫酸和有机酸如对甲苯磺酸等。但会产生废酸水，对环境有一定污染。

碱可以作为催化剂催化酯化反应，但碱对维生素 E 有一定的破坏作用。维生素 E 与碱的反应，其机理可概述为：维生素 E 的酚羟基由于强碱的作用脱去羟基上的 H，转变成维生素 E 游离基，维生素 E 游离基再与空气中的氧气反应生成生育醌。γ-和 δ-生育酚的反应历程比 α-生育酚复杂得多，其氧化后生成的二聚体也具有抗氧化能力。

酯化剂用的醇一般有一元醇如甲醇、乙醇，二元酸如 1,4-丁二醇、乙二醇等。三元醇如丙三醇有时也用作酯化剂。

近来，开始试验强酸性树脂催化脱臭馏出物中的脂肪酸甲酯化反应，通常采用固定床操作，将离子交换树脂装入交换栏，形成一固定树脂床层，然后用蒸馏水淋洗树脂接近中性后烘干。利用溶胀的离子交换树脂促进酯化反应的进行。常用的离子交换树脂有 DH 树脂、CR 树脂和 732 型树脂等。其中 DH 树脂的甲酯化效果较好。离子交换树脂法由于树脂的亲水性而有利于甲酯化反应的进行，但含水树脂的重复使用将大大降低甲酯化的效果，树脂的去水处理麻烦，并不利于大规模的工业推广。

随着酶工程技术的发展，一些脂肪酶可以用来催化脂肪酸和低碳醇的反应，一些学者用各种酶进行了一系列的研究实验。

Yomin Watanabe 等先将大豆脱臭馏出物短程蒸馏，得到生育酚和甾醇的浓缩物，再用 Candida rugosa 脂肪酶将其中的甾醇转化为甾醇脂肪酸酯，而甘油酯则先转化为游离脂肪酸，再转化为脂肪酸甲酯，用分子蒸馏将甲酯及甾醇脂肪酸酯蒸出，得到的生育酚浓度为 76.4%（收率为 89.6%），甾醇酯为 97.2%（收率为 86.3%）。与 Yomin Watanabe 等类似，Toshihiro Nagao 等先用 Candida rugosa 脂肪酶将原料中的甾醇与脂肪酸酯化，再用 Alcaligenes SP. 脂肪酶将脂肪酸与甲醇酯化，最后经短程蒸馏分离。甾醇酯的纯度是 97%（收率为 97%），生育酚的纯度为 72%（收率为 88%）。P. F. Martins 等用分子蒸馏蒸出游离脂肪酸，条件是 160℃，10.4 g/min，使游离脂肪酸分离达 96.16%，生育酚的收率达 81.23%。Yuji Shimada 等先用 Candida lipase 催化甾醇和游离脂肪酸发生酯化反应，约 80%甾醇被酯化，而其中的生育酚没有反应，通过分子蒸馏将生育酚和游离脂肪酸回收，再用 Candida lipase 在上述相同条件下，催化蒸馏产品中残留的甾醇，至少有 95%的甾醇酯化，最后经四次蒸馏，得到 65%的生育酚，同时得到高纯度的甾醇酯。Ghosh 和 D. K. Bhattacharyya 研究了以葵花籽油脱臭馏出物作为原料分离生育酚和甾醇，首先采用 Candida cylindracea lipase 催化脱臭馏出物中的中性甘油酯水解成游离脂肪酸，再用 Macor Miehei lipase 催化游离脂肪酸转化为丁基酯。酯化后的产品再分级蒸馏。第一级蒸馏：1.00 mmHg，180～230℃，45 min，蒸出大部分的丁基酯、烃类、氧化产物以及一定量的游离脂肪酸。第二级蒸馏 1.00 mmHg，230～260℃，15 min，富集生育酚的纯度达 30%，甾醇的纯度可达 36%。整个工艺经过水解、酯化、蒸馏后可得到生育酚的纯度为 42%～70%。Bartok 等以油脂及其衍生物的混合物为原料，先水解脂肪酸甘油酯，得到游离脂肪酸、甘油和水，去除含有水的甘油，蒸馏游离脂肪酸、至少含有生育酚和甾醇一种酯的易挥发的不皂化物，水解蒸馏残留物和水解产生的水，最后蒸除游离脂肪酸，得到 90%的游离甾醇和 95%的生育酚。

Suresh 等用低芥酸、混合油和大豆油的脱臭馏出物为原料，先用 SP-382 酶催化游离脂肪酸甲酯化 5 h，酯化率分别为 96.5%、83.5%和 89.4%。用纯油酸和 DL-α-生育酚混合物研究在酯化反应中降低生育酚含量的潜在副反应，结果发现上述酯化条件生育酚损失率小于 5%。用简单的真空蒸馏去除酯化后原料中的易挥发成分，留下生育酚、甾醇酯及甾醇，其收率达 95%。Bamicki 等先用挥发性醇酯化脂肪酸，然后经过一系列的蒸馏分离，脱色浓缩，制备成生育酚/生育三烯酚的浓缩物，其中含 20%～80%生育酚/生育三烯酚，总收率达 72%～97%。Bamicki 等先将植物油副产品加热，并在酸性条件下持续除水，再经过一系列的蒸馏除去游离脂肪酸和其他物质，得到生育酚纯度约 30%，回收生育酚为 72%～91%。Wolfgang 等以脱臭馏出物为原料，先用多羟基醇将原料酯化，除去游离脂肪酸，后经蒸馏除去酯化物，收集残留物，从而达到浓缩生育酚的目的。以含 13.8%生育酚的大豆油脱臭馏出物为原料，经酯化，两次分子蒸馏（压力 0.002Torr，150～220℃）（1 Torr=133.322 37 Pa），得到残留物中含生育酚 51%，收率为 46.2%。Fizet 等以脱臭馏出物为原料，先进行酯化，得到残留的游离脂肪酸和生育酚，由于甾醇形成酯类化合物存在于馏出物中，在分离它们的酯后，生育酚从馏出物和甾醇中分离出来，最终生育酚的收率为 93.6%，纯度为 96.5%。

鲁志成以浓硫酸作催化剂催化脱臭馏出物与甲醇的酯化反应，采用短程蒸馏法提取维生素 E，结果得到纯度为 30%的维生素 E 产品。姜守霞同样采用浓硫酸作催化剂进行甲酯化反应，采用刮膜式分子蒸馏提取维生素 E，最终得到纯度为 50%的维生素 E。王秀华采用 Novozym435 酶作为催化剂对原料进行预处理，再经分子蒸馏及溶剂萃取分离，生育酚浓缩物的含量可达 55.5%。栾礼侠等用短程蒸馏技术提取天然维生素 E，在系统压力 0.1 Pa，搅拌速度为 130 r/min，进料速度为 250 mL/h，蒸馏温度为 130～160℃的工艺条件下，经三级蒸馏，使维生素 E 的纯度由 3%提高到 80%。

范友灵等先将原料中的游离脂肪酸酯化分离，预酯化油皂化、酯化、甾醇分离，脂肪酸甲酯分离，吸附分离，产品得率高，纯度达到 95%。姜绍通等采用动态直接结晶分离脱臭馏出物中的甾醇，运用脂肪酶技术将油脂中的脂肪酸和中性油脂转化为脂肪酸甲酯，通过分子蒸馏，得到 50%的维生素 E、90%的脂肪酸甲酯和 95%的甾醇。刘云等以大豆油脱臭馏出物为原料，在温度 40～60℃，压力 9～17 MPa 的范围内，用单柱萃取所得天然维生素 E 总相对分率为 53.22%，萃取+精馏工艺所得天然维生素 E 总相对分率为 55.99%，双柱萃取工艺所得天然维生素 E 总相对分率为 61.15%。

(2) 酯化—膜分离法

膜分离作为一项高新技术在近 40 年来迅速发展为产业化的高效节能分离过程。40 年来，电渗析、反渗透、微滤、超滤、纳滤、渗透汽化、膜接触和膜反应等过程相继发展起来，在能源、电子、石化、医药卫生、重工、轻工、食品、饮料行业和人民日常生活及环保等领域均获得广泛的应用，产生了显著的经济和社会效益。

膜是具有选择性分离功能的材料。利用膜的选择性分离实现料液的不同组分的分离、纯化、浓缩。与传统过滤的不同在于，膜可以在分子范围内进行分离，并且这过程是一种物理过程，不需发生相的变化和添加助剂。

酯化—膜分离原理：利用密集膜扩散溶解机制，原料中（植物油脱臭馏出物）脂肪酸和甘油酯与低碳醇发生酯化反应生成脂肪酸酯，生育酚的极性比油酸弱，它优先透过疏水性膜，由于酯化后的料液流动性和溶解性较好，可以提高生育酚的选择性。通过这种密集膜可以将维生素 E、甾醇、色素等不皂化物分离出来，从而达到浓缩维生素 E 的目的。

工艺流程如下：

甲醇　　　　甲醇 脂肪酸甲酯
↓　　　　　　↑　　↑
物料→酯化→蒸除甲醇→膜分离→维生素 E

Nagesha 等采用一种无孔密集聚合膜分离生育酚。经试验表明，生育酚浓缩物含有 71.2%总生育酚。

(3) 超临界流体分离法

超临界流体分离法原理：超临界流体萃取分离过程是利用超临界流体的溶解能力与其密度的关系，即利用压力和温度对超临界流体溶解能力的影响而进行的。在超临界状态下，将超临界流体与待分离的物质接触，使其有选择性地把极性大小、沸点高低和相对分子质量大小的成分依次萃取出来。控制条件得到最佳比例的混合成分，然后借助减压、升温的方法使超临界流体变成普通气体，被萃取物质则完全或基本析出，从而达到分离提纯的目的。

超临界流体萃取过程是由萃取和分离组合而成的。

① 超临界流体萃取(SFE)

Hongtao 等以超临界二氧化碳作为反应媒介，在一定压力下，以 ODS 作为吸附剂，使含 20%原料经解吸后达 60%，使含角鲨烯 80%的原料吸附后达 98%。H. Lee 等利用超临界二氧化碳溶解生育酚的性能是酯化的大豆脱臭馏出物的 4～6 倍，在 20～40 MPa 的压力，30～70℃的温度条件下，使原料中含生育酚 13%～14%浓缩达到 40%。小野寺峻等用萃取法和分子蒸馏法从大豆油脱臭馏出物中初步浓缩得到含量为 55.3%的天然维生素 E 浓缩油，然后将该浓缩油以 10 kg/h 的速度从塔顶，超临界 CO_2 (250 atm，60℃) (1 atm＝101.325 kPa) 以80 kg/h的速度自塔底进入塔内进行逆流萃取，得到纯度为 80.8%的天然维生素 E。Mendes 等用超临界萃取从大豆油脱臭馏出物中提取生育酚，90 atm，313 ℃时生育酚收率最高，约为 65%。葛发欢等以菜子油脱臭馏出物为原料，采用超临界二氧化碳萃取的方法，在萃取温度 40～45℃、萃取压力 20～25 MPa，二级分离的情况下，可使萃取物中天然维生素 E 的浓度提高到原来的 5 倍，回收率可以达到 95%。赵亚平等将脱臭馏出物中的游离脂肪酸甲酯化后再进行超临界二氧化碳萃取和精馏。葛毅强等从麦胚中用 SFE 提取天然维生素 E，适宜的萃取条件是压力 28～35 MPa，温度是 40～45℃，萃取时间约 90 分钟，由于原料中维生素 E 含量低，萃取后的产品含维生素 E 约 2%。姚忠等用超临界萃取从豆油脱臭馏出物中萃取、浓缩 α-生育酚，豆油脱臭馏出物(α-生育酚含量为 0.27%)400 克，加入 4 倍量的甲醇，在浓硫酸催化下，于 60℃水浴中反应，用氢氧化钠-甲醇溶液中和，除甾醇晶体，进精馏柱，操作压力为 13 MPa 和 15 MPa，结果表明 13 MPa 下的萃取物中 α-生育酚含量及收率都较高。

② 超临界流体色谱(SFC)

超临界流体色谱是利用维生素 E 组分与杂质在保留值上的差异来分离提纯维生素 E。M. Saito 等将 SFE 和制备 SFC 耦合，从麦胚粉中提取维生素 E，生育酚含量从 0.05%提高到 0.2%，0.2%的生育酚再用 20 mmL. D×200 mm 的硅胶柱进行超临界色谱分离，得到的麦胚油的维生素 E 含量达到 4.8%，纯化倍数达到 100 倍。Saito 等利用半制备色谱对麦胚油中的维生素 E 进行纯化，麦胚油经三根 250 mm×10 mmL. D 硅胶柱分离后，得到了 85%的 α-生育酚和 70%的 β-生育酚，生育酚的收率在 30%～50%。Wunsche 等用 SFC 配合薄层色谱(TLC)从咖啡提取物中分离生育酚。色谱柱用 C_{18} 柱，α、γ 和 δ-生育酚在色谱柱上均达到了基线分离。将半制备柱上的洗脱液收集，再转移到制备型的 TLC 上进行第二次分离，得到毫克级的生育酚。Chao 等用半制备的 SFC 从棕榈油中分离维生素 E，用乙醇作为夹带剂，原料被分为 4 个峰，第 2 个峰收集 8.5 mg，经鉴定，含 α、δ-生育酚和 α、δ-生育三烯酚。蒋崇文用分析型的超临界流体色谱收集到了 0.1 克级的天然维生素 E，维生素 E 中总生育酚含量从 49.95%提高到 82.33%，生育酚收率为 54.2%，并从理论上估算了用 SFC 法制备维生素 E 的可行性。

(4) 离子交换吸附法

吸附法提取天然维生素 E 是利用天然维生素 E 的弱酸性，能与碱性阴离子交换树脂上的功能基团进行离子交换吸附，从而达到维生素 E 与甾醇、脂肪酸酯等非酸性物质分离的目的。基于以上原理，整个交换吸附过程要求是在无水状态下进行，因为维生素 E 是脂溶性的，若体系中含有水分，会对提取效果有影响；由于游离脂肪酸中官能团是羧基，酸性比维生素 E 的强，因此在吸附过程中与维生素 E 形成竞争关系，对提取效果也有很大的影响，因此必须尽可能地降低原料的酸值。在离子交换提取天然维生素 E 的过程中，脱臭馏出物的黏性较大，而且天然维生素 E 的分子尺寸也较大，因此树脂相扩散就显得非常重要，所选择的树脂必须有良好的传质扩散性能。另外还要求具有良好的稳定性。

工艺路线：

甲醇 ↓ 脂肪酸甲酯 ↑ 其他杂质 ↑

物料→酯化→ 树脂吸附 → 解吸→维生素 E

Top 等先对棕榈油的副产品进行预处理，用酯化和蒸馏的方法去除大量的游离脂肪酸，冷却析出甾醇晶体，用阴离子交换树脂对预处理后的原料进行提取，最后经分子蒸馏和脱臭得到纯度达 95%、收率为 70%的生育酚产品。Takagi 等制备高含量的 γ-生育酚，一是用非离子交换树脂(含二氧化硅)与原料接触吸附，用来分离生育酚同系物，即含 80%的 γ-生育酚；二是用强碱阴离子交换树脂对第一部分的产品进行进一步的分离，得到约 90%的 γ-生育酚；三是再经非离子吸附剂树脂进行最后的分离，最终的产品 α-生育酚含量小于 3%，而 γ-生育酚则在 90%以上。McCurry 等人用含有至少一种生育酚和甾醇的混合物和含有 10～30 个碳的醇为原料，再通过加热去除低沸点物质。

Albiez 等人分离甾醇和维生素 E，水解分离甘油，接着蒸馏出游离脂肪酸，甾醇酯在水解中成为游离甾醇，最终得到 90%的游离甾醇和 95%的生育酚。Shizumasa 等人以植物和动物油脱臭馏出物为原料，对其进行预处理，即通过碱炼等方法去除游离脂肪酸，然后经强碱性阴离子交换树脂吸附维生素 E，通过酸性洗脱剂解吸吸附的维生素 E，最终得到 88%的生育酚产品，生育酚收率达 97.3%。Binder 等用乙烯聚合物为骨架，吡啶为官能团的弱碱性离子交换树脂分离生育酚。这种树脂选择吸收生育酚，其他杂质可以通过过柱液流出，从而达到分离的目的，树脂吸附的生育酚再通过酸性解吸液解吸下来，可得到纯度高达 90%以上，并且对于富集 α-生育酚有很明显的效果。

浙江大学的杨亦文用自制的阴离子交换改性树脂吸附维生素 E，纯度为 90%以上，收率也在 90%以上。湘潭大学的余剑等用强碱性离子交换树脂吸附法精制天然维生素 E，使浓度为 52.3%的维生素 E 浓缩液经吸附解吸后得到 92.5%的高纯度天然维生素 E 产品。

(5) 皂化分子蒸馏法

皂化分子蒸馏法是首先将物料用碱补充皂化，用极性溶剂萃取，得到的不皂化溶液冷却后分离出蜡及部分甾醇，溶液脱色后再分子蒸馏。

工艺流程如下：

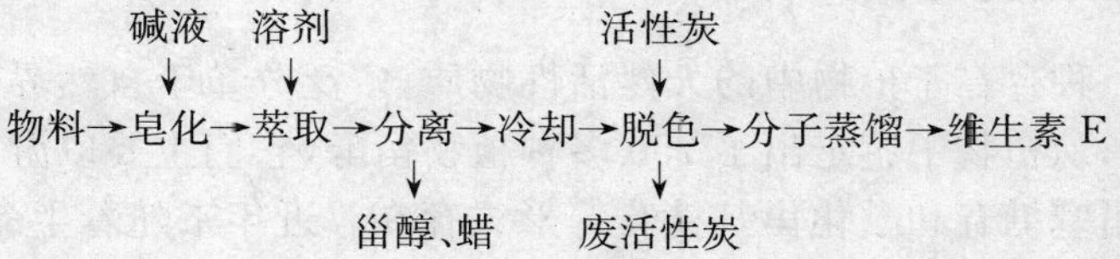

实验结果表明，长时间的碱处理使维生素 E 产生巨大损失。所以在实验过程中应尽量避免碱的使用。皂化过程中维生素 E 的损失率见表 5－12。

表 5－12 皂化对维生素 E 含量的影响 单位：%

批次	水相		50%乙醇		95%乙醇	
	维生素 E 含量	损失率	维生素 E 含量	损失率	维生素 E 含量	损失率
1	0.80	95.5	1.05	94.2	1.13	93.8
2	1.02	94.5	1.19	93.8	0.93	94.9
3	0.92	94.9	1.12	94.0	1.39	92.5
平均	0.91	95.0	1.12	94.0	1.15	93.7

长时间的碱处理工艺过程中，α－，β－生育酚几乎全部被消耗，随着时间的延长，γ－和 δ－生育酚也依次被破坏，δ－生育酚保存最好。这跟报道中的维生素 E 各异构体在低于 100℃时活性次序是一致的，它们的前后次序是 $\alpha>\beta>\gamma>\delta$。还有，水相中的维生素 E 各异构体的消耗和有机醇相相比消耗程度不一样，溶剂中有机溶剂比例越大，α－，β－生育酚消耗就越彻底。

(6) 脲包—皂化法

该法首先利用尿素将脂肪酸包络，经结晶除去，再利用皂化将部分油脂转化为肥皂，维生素 E 不皂化留在有机相而得到浓缩。

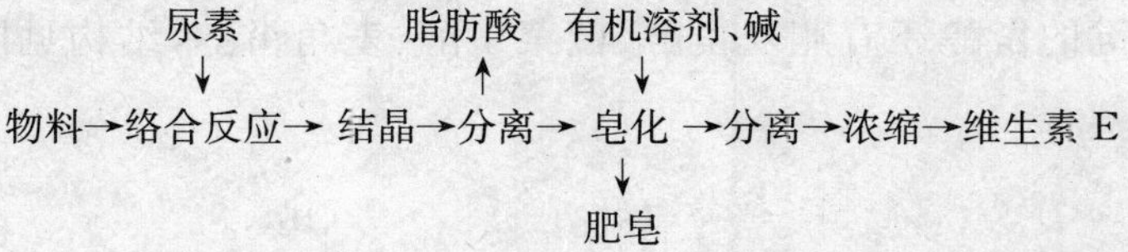

单纯的脲包法将尿素-甲醇溶液包合原料中的脂肪酸和甘油酯，该方法操作简单，成本较低，对维生素 E 的破坏也较小，而且能回收脂肪酸、甾醇等副产品。但该方法对甘油酯和脂肪酸的包合不完全，浓缩物中的维生素 E 含量不高。

将脲包法与皂化法结合形成脲包—皂化法，先通过脲包反应去除大部分甾醇、脂肪酸和甘油酯，随后进行的皂化反应，可将脂肪酸较为彻底地除去，维生素 E 的破坏由于碱量的减少而有所缓解，但维生素 E 的损失量仍然达到 15%～20%。

吴侯用 50 g 脱臭馏出物先进行脲包、分层，去除脂肪层，余下的溶液进行皂化、分层，取有机层，得到富含生育酚的混合物，最终维生素 E 纯度为 48.8%，收率为 86.1%。

5.3 植物甾醇的提取

5.3.1 植物甾醇的种类和分布

植物甾醇是一种存在于植物中的天然活性物质，广泛分布于自然界中。天然植物甾醇的种类繁多，目前，从植物中鉴定出了250多种植物甾醇，它们主要以游离态、甾醇酯（脂肪酸酯和酚酸酯）、甾基糖苷和酰化甾基糖苷等形式存在。近年来随着生命科学，油脂科学与工程技术的迅速发展，植物甾醇在医药、食品、化工和饲料等领域得到了重视和关注。植物甾醇作为油脂中一种功能性成分，已是油脂工程研究的重要内容之一。

1）植物甾醇的结构

甾醇是甾族化合物中的一种，是高碳环形一元仲醇。甾醇分子的基本骨架（主体甾核称为环戊烷多氢菲核）有三个六元环和一个五元环组成。C－3位上连有一个羟基，C－17位连有由8～10个碳原子构成的侧链，多数甾醇C－5位为双键。由于C－17位上的R不同，甾醇的种类也不同，图5－41为几种常见甾醇的结构式：

胆甾醇 R：$CH(CH_3)CH_2CH_2CH_2CH(CH_3)_2$

β-谷甾醇 R：$CH(CH_3)CH_2CH_2CH(C_2H_5)CH(CH_3)_2$

豆甾醇 R：$CH(CH_3)CH{=}CHCH(C_2H_5)CH(CH_3)_2$

菜油甾醇 R：$CH(CH_3)CH{=}CHCH(CH_3)CH(CH_3)_2$

菜籽甾醇 R：$CH(CH_3)CH{=}CHCH_2CH_2CH(CH_3)_2$

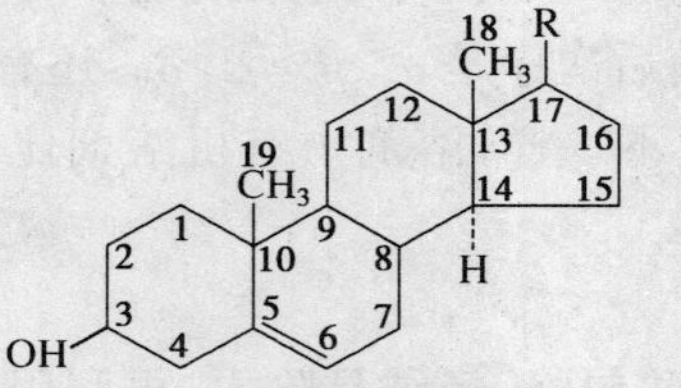

图5－41 几种常见甾醇的结构式

R支链上具有双键的甾醇还有燕麦甾醇、菠菜甾醇、麦角甾醇，结构见图5－42、图5－43、图5－44。

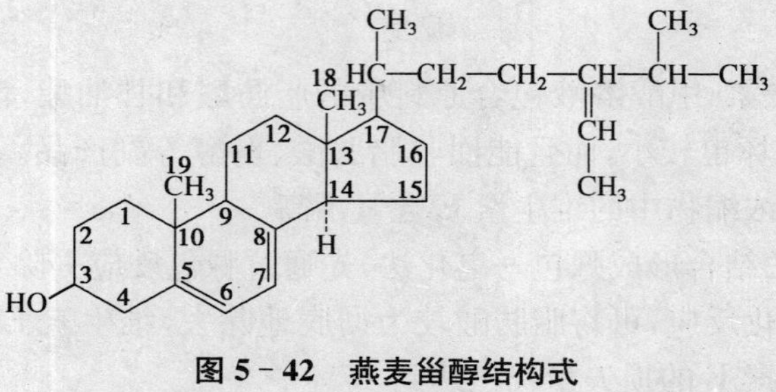

图5－42 燕麦甾醇结构式

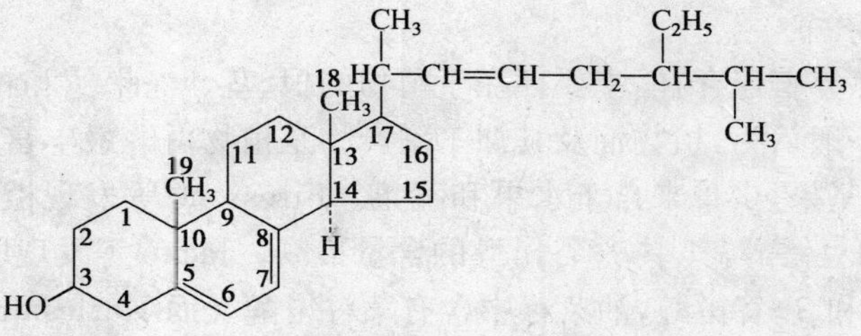

图 5-43　菠菜甾醇结构式

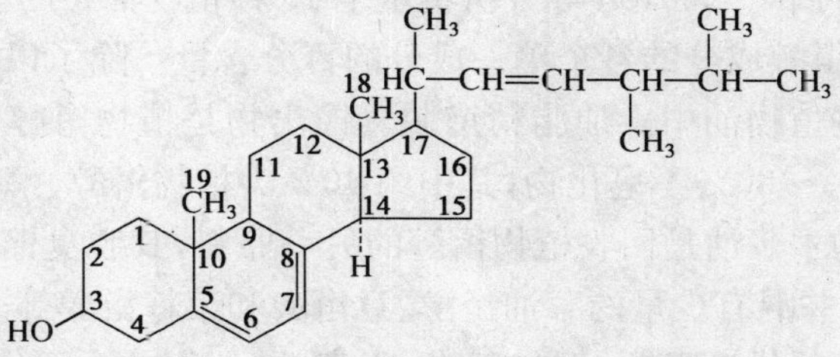

图 5-44　麦角甾醇结构式

甾醇酯类物质如甾醇类阿魏酸酯物质结构见图 5-45、图 5-46、图 5-47。

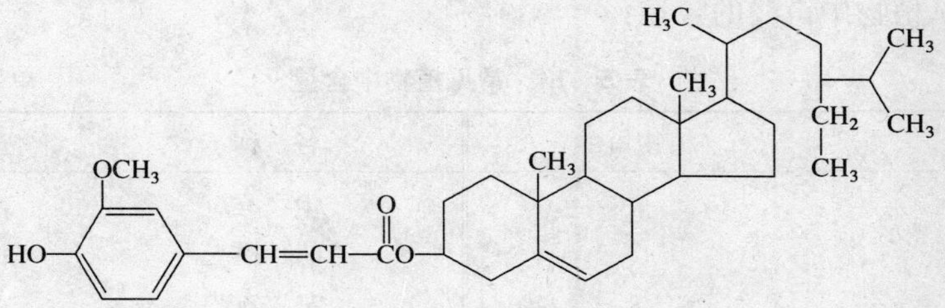

图 5-45　*β*-谷甾醇阿魏酸酯结构式

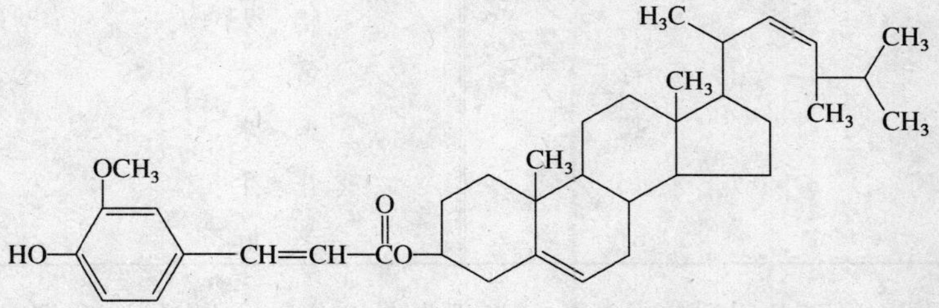

图 5-46　菜油甾醇阿魏酸酯结构式

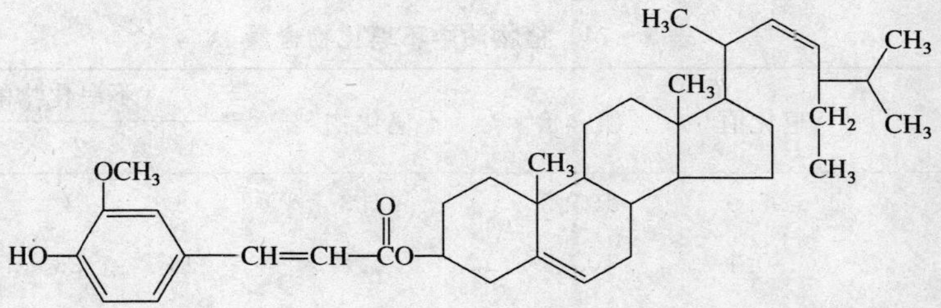

图 5-47　豆甾醇阿魏酸酯结构式

2）植物甾醇分布

植物甾醇在自然界普遍存在，主要存在于植物的根、茎、叶、果实和种子中。不同的植物种类，其含量不同，一般认为，植物油及其加工副产物是植物甾醇最丰富的自然来源，其次是谷物、谷物副产物和坚果，少量来自于水果和蔬菜。Firestone 等发现植物油中主要含有 β-谷甾醇、γ-谷甾醇和豆甾醇，其中 β-谷甾醇的含量最高。Jacini 等发现所有的植物油中均含有菜油甾醇、豆甾醇和 β-谷甾醇，油菜籽中含有菜籽甾醇。而 Karleskind 等也发现 16 种植物油中大多含有菜油甾醇、豆甾醇和 β-谷甾醇。Markel 等鉴定了 12 种植物油中的甾醇成分，结果和以上发现相符和。T. Itoh 等分析鉴定了 19 种植物油中的甾醇成分，通过比较，得到 16 种常见植物油中甾醇成分的各个单一成分的百分含量。除了以上三种主要甾醇外，其他甾醇只是存在于某些植物油中。油脂精炼脱臭馏出物是植物甾醇主要的工业来源，植物油脱臭馏出物中含 10%～30%不皂化物，其中约 40%为植物甾醇。

造纸工业的副产物木浆油是回收植物甾醇的另一原料，其脱臭馏出物主要由 β-谷甾醇组成（占 50%～60%），并混有少量的菜油甾醇、豆甾醇和菜籽甾醇等。

谷物也是植物甾醇的优良来源，例如玉米、小麦等，他们的主要甾醇成分是谷甾烷醇和菜油甾醇。植物根茎中的主要成分是 β-谷甾醇，例如牛奶子根、三叶委陵菜根、无花果根、菝葜的根茎等。一些中草药中主要成分也多为 β-谷甾醇。

以下是常见植物中甾醇的含量：

表 5－13　常见植物中含量　　单位：mg/100 g

名　称	植物甾醇	名　称	植物甾醇
马铃薯	5	小　麦	69
番　茄	7	胡　桃	108
梨	8	菜　豆	127
莴　苣	10	杏仁果	143
胡萝卜	12	腰　果	158
苹　果	12	黄　豆	163
洋　葱	15	玉　米	178
香　蕉	16	花　生	220
无花果	31	芝　麻	714

在油料种子中，甾醇几乎平均分配在油相及胶体相内。在制油中，甾醇则从胶体相转入油相。植物油中不皂化物含量见表 5－14。

表 5－14　植物油中不皂化物含量

植物油	皂化值	碘　价	不皂化物/%	不皂化物的成分/%			
				1*	2*	3*	4*
玉米胚芽油	195.9	105.3	1.3	8	1	1	90
米糠油	180.1	103.9	4.2	19	28	10	43
小麦胚芽油	184.7	134.4	3.2	7	7	5	81

续表

植物油	皂化值	碘　价	不皂化物/%	不皂化物的成分/%			
				1*	2*	3*	4*
椰子油	256.4	9.9	0.4	22	17	4	57
棕榈油	200.0	56.9	0.4	19	8	9	64
棕榈仁油	246.4	20.7	0.4	48	18	1	33
花生油	188.8	90.7	0.4	27	9	4	60
大豆油	190.7	134.6	0.6	15	14	11	60
向日葵油	190.6	135.4	0.7	18	10	16	56
红花油(富含亚油酸)	190.3	143.6	0.6	27	11	4	58
红花油(富含油酸)	189.3	93.2	0.6	21	10	5	64
橄榄油	192.0	84.9	0.8	62	18	2	18
蓖麻油	181.1	87.4	0.5	27	9	4	57
棉籽油	195.2	105.0	0.6	14	8	7	71
亚麻油	189.6	188.0	0.7	11	22	7	60
菜籽油	179.0	109.9	0.9	23	6	3	68
芝麻油	188.0	109.2	1.4	14	13	29	44

注：1* 弱极性化合物(烃、脂肪醇)；2* 三萜(烯)醇：3* 4-甲基甾醇；4* 甾醇。

5.3.2 植物甾醇的性质和用途

1）植物甾醇的性质

甾醇的结构特点决定了它多方面的生理特性和广泛的用途。甾醇通常为片状或粉末状白色固体，经溶剂结晶处理的甾醇为白色鳞片状或针状晶体，其中在乙醇溶剂中结晶形成针状或菱片状，在二氯乙烷溶剂中形成针刺状或长棱晶。甾醇分子中，碳原子数一般为27～31，相对分子质量约为386～456。甾醇熔点较高，都在100℃以上，最高达215℃。甾醇的相对密度略大于水，不溶于水，可溶于多种有机溶剂。

2）植物甾醇的用途

植物甾醇属于天然物质，本身无毒性，具有抗炎和退热、降胆甾醇、皮肤保健和美容、促进动物生长、增进健康及抗氧化等作用，因此被广泛应用于甾体药物合成、食品、化妆品、饲料、动物生长剂、植物生长激素等行业中。

(1) 甾醇作为药物中间体

胆甾醇、β-谷甾醇通过生物降解，C-17位侧链切断，生成甾体药物半合成的重要中间体雄甾-4-烯-3,17-二酮(4AD)或雄甾-1,4-二烯-3,17-二酮(ADD)。由此通过几步合成，可制得当今药物市场上几乎所有的甾体药物。国外多将植物甾醇分离成β-谷甾醇和豆甾醇两部分，β-谷甾醇(含菜油甾醇)用于发酵法生产4AD和ADD，豆甾醇通过化学法从C-22双键处切断，再进行结构改造，可制出多种甾体皮质激素药物。当今用作发酵法生产4AD和ADD的原料，已不要求高纯度，可用甾醇浓缩物，其伴随脂质通过发酵过程的完全分解而排除。

(2) 甾醇作为抗炎退热药物

β-谷甾醇、豆甾醇、菠菜甾醇、环木菠萝甾醇、24-亚甲基环木菠萝烷醇都具有显著的抗炎、退热和抗溃疡作用，有较大的安全系数，具有治疗牙周脓肿、牙龈出血、牙龈炎、牙周炎的功效，“牙周宁”就是含有β-谷甾醇的药物。

(3) 甾醇作为医治高胆甾醇、高甘油三酸酯、高血压症药物

植物甾醇具有乳化性。甾醇作为游离的醇类化合物，可以与脂肪酸或酚酸发生酯化反应，也可以与烃类结合。人本身不能合成植物甾醇，需从食物中摄入，转化为甾体激素或成为细胞膜成分，并使血液中胆甾醇浓度保持恒定。植物甾醇的结构跟胆甾醇相似，在体内吸收的方式也相同。但植物甾醇的吸收率比胆甾醇低得多，一般为5%～10%。

植物甾醇能阻碍胆甾醇吸收，从而起到降低血液中胆甾醇含量的作用。

植物甾醇如β-谷甾醇、豆甾醇、菜油甾醇不仅对游离态胆甾醇，而且对胆甾醇酯都有降低作用，并且其本身的游离型和脂肪酸酯型具有相同效果。

少摄入富含胆甾醇的动物性食品，多摄入富含β-谷甾醇的植物性食品，从而降低动脉粥样硬化和冠心病等心血管病的发病率，还可以动物饲料中添加植物甾醇以间接降低人类食品胆甾醇的含量。

(4) 化妆品

皮肤因含甾醇的经常性分泌物而维持柔软和润滑，当这种机能减退，分泌物减少或消失时，皮肤会出现干燥和角质化。化妆品中添加甾醇后，会增进甾醇对皮肤渗透性和促进皮脂分泌、保持皮肤湿润和柔软的生理活性，因此甾醇具有防止皮肤干燥和硬化以及使已角质化的皮肤恢复柔软的功能，使皮肤卫生保健和美容功效更为显著。

植物甾醇、氢化植物甾醇、甾醇脂肪酸酯以及甾醇与环氧乙烷、环氧乙烯、环氧丙烯的加成物在化妆品中起着乳化剂、调稠剂、增溶剂、分散剂、软化剂和护发剂等作用。植物甾醇及其衍生物在皮肤清洁剂和护肤剂中被用作乳化剂，并能改善皮肤触感。在浴用化妆品中与阳离子或阴离子表面活性剂合用，能起到稳定泡沫的作用。植物甾醇在头发香波中起到调节剂作用，在洗发剂和护发剂中，可使头发变强劲、不易断裂，少对头皮产生静电作用。植物甾醇制成雀斑霜，起到医疗和美容的双重功效。甾醇的皮肤渗透和软化特性，还可用于治疗鸡眼等皮肤角质化病变。

(5) 生长促进剂

植物甾醇和植物生长激素与能在水中形成分子膜的脂质结合，生成植物激素-植物甾醇-核糖核蛋白，这种复合物具有促进动物性蛋白质合成的功能，且增加了原植物激素对环境温度、动物体温和体内分解的稳定性，因而是一种新型的动物生长激素。可通过注射由动物皮下吸收，或作为养殖池水添加剂，或形成表面喷雾由皮肤吸收，适用于蚕、鱼、虾、鸟、家禽和家畜，可以达到促进动物生长，提高产量，降低成本的目的。

其中植物甾醇主要指β-谷甾醇，同时也包括菜油甾醇和豆甾醇。

5.3.3 植物甾醇的制取

1) 植物甾醇的提取方法

从脱臭馏出物中提取甾醇的方法各异，但其原理一般是基于原料组成的化学性质、物理性质及生化反应方面的差异，如利用皂化、中和、酶解、溶解度、蒸气压、吸附力差异及不同温度、真空条件、表面活性剂存在下的物理、化学性质变化等以分离除去非甾醇类物质。

(1) 溶剂结晶法

此法可用于直接分离，操作较为简单。其工艺流程是：

脱臭馏出物→溶剂提取→干燥并过滤→溶剂萃取→甾醇粗制品→溶剂重结晶→甾醇精制品

所用的主要溶剂有：甲醇、乙醇、异丙醇、丙酮、甲苯、二甲苯、丁酮和乙酸乙酯等。使用单一溶剂，产品纯度通常不高，需进一步精制，甾醇收率也偏低。通常使用混合溶剂进行结晶，如芳香烃和脂肪烃的混合物，以及芳香烃加有机溶剂和适量水等。

溶剂结晶法是一种比较传统的方法，早在19世纪七八十年代就有很多人对此方法进行了研究，并申请了专利。这些专利大部分研究的是β-谷甾醇的富集。所用溶剂多为乙醇，以及乙醇、丙酮、水等的混合物.收率最高可达95%以上；甾醇纯度从70%～95%不等。

Charles等使用95%的乙醇提取玉米纤维浆中的甾醇，各种甾醇的含量分别为：胆甾醇0.01%，菜籽甾醇0.97%，菜油甾醇1.11%，菜油甾烷醇0.67%，豆甾醇4.36%，谷甾醇4.12%，谷甾烷醇11.37%，总甾醇52%。使用乙醇提取后，各种甾醇的含量分别为：菜油甾醇8.49%，菜油甾烷醇8.53%，豆甾醇4.87%，谷甾醇32.34%，谷甾烷醇24.88%，总甾醇79.11%。

此工艺的缺陷是所用溶剂较多，回收困难，因此很难实现工业化。它主要用于实验室做甾醇的定性、定量。

(2) 络合法

此法已经被使用在工业生产中，其工艺过程如下：

脱臭馏出物→皂化→酸分解→萃取→络合反应→分离→络合物→分解→甾醇粗制品→脱色→结晶→精制甾醇

此法所用的络合形成剂主要包括：有机酸、卤素、尿素和卤素碱土金属盐。一般用卤盐络合，卤盐有氯化钙、溴化钙、氯化锌、氯化镁、溴化镁、氯化亚铁等。络合反应溶剂有用石油醚的，有用异辛烷的，反应温度亦各异。此法可考虑在不严重影响收率的情况下，用水相皂化代替醇相皂化，减轻溶剂回收麻烦，适当降低成本。络合法产品纯度较高，收率也较高。

浙江大学傅小峰研究了络合法提取植物甾醇的工艺条件，脱臭馏出物经提取维生素E后，进行转酯化反应，得到转酯化产物，再用氯化钙络合提取。得到优化的操作条件为：乙酸乙酯为非质子性溶剂，其用量与转酯化产物质量比为1∶1；氯化钙/转酯化产物质量比为1∶8；甲醇为质子性溶剂，甲醇与氯化钙质量比为(1∶2)～(2∶2)；反应温度40℃；反应时间1 h。在此条件下，甾醇的纯度达到98%以上，收率达到75%以上。

(3) 蒸馏法

Huibers等使用刮膜式蒸发器分离妥尔油中的甾醇，收集290℃以下的残余物。当在1 mmHg的压力下，220℃蒸发，留在底部的残余物为总量的10%，这其中含有5%的松脂酸，17%的总谷甾醇。谷甾醇的产量为70%，30%的谷甾醇挥发，受热分解的较少，几乎没有豆甾醇。当在250℃、常压下反应，甾醇的酯化程度从40%～90%。在1 mmHg，220℃残余物中，残余物在底部的为总油量的12%，含有5%的松脂酸，19%总甾醇，甾醇总收率为95%。

(4) 皂化法

此法的工艺流程如下：

脱臭馏出物→加碱皂化→萃取(去钙皂)→浓缩→甾醇粗制品→洗涤去杂→脱水→甾醇精制品

杨锦竹等使用皂化法，对从麦胚油中提取药用植物甾醇进行了研究。他们将麦胚油在氢氧化钾乙醇溶液中皂化后，用石油醚萃取三次，回收溶剂后的枯黄色甾醇固体，纯度为57.29%。

李春荣、王三永通过在植物油沥青中加入氢氧化钙和水皂化后，用有机溶剂提取植物甾醇。他们从植物油沥青、菜籽油沥青及塔尔油沥青中提取植物甾醇的回收率分别为90%、84%、88%。

此工艺也是一种较传统的方法，被广泛使用。近年来也有人使用干式皂化工艺，即使用熟石灰或生石灰在60～90℃皂化后，直接用机器粉碎膏状物，避免了一些麻烦的干燥程序。此外，采用乙醇作为抽提剂进行低温浸出，一方面可节省大量乙醇，另一方面生产工艺安全无毒。改善其工艺条件以提高比例的试验正在进行中。

(5) 吸附法

工艺过程如下：

脱臭馏出物→吸附柱(除非甾醇杂质)→溶剂洗脱→甾醇粗制品→乙醇重结晶→甾醇精制品

如采用合成的无活性多孔碳分子筛，用含碳焦化聚合物或炭化树脂选择性吸附甾醇，洗脱剂用芳香烃；吸附剂采用活性炭分子筛，选择性吸附所有甾醇而排除其他物质，洗脱剂用芳香烃；吸附剂采用硅酸镁分子筛，则洗脱剂用甲基叔丁基醚，吸附前需要去除原料中的酸性物质，可通过液-液萃取实现。

Van Dam 等用柱色谱分离法从大规模的含甾醇的原料中进行商业化生产，提取甾醇。原料为动物或植物油脂的皂化物和重酯化物，色谱柱填充物为硅酸铝、硅酸镁或硅胶。柱色谱可分离出至少一种甾醇，溶剂和洗脱剂组成相同，主要是芳香烃或脂肪烃的混合物。对于胆甾醇，原料为羊毛脂皂化后的醇混合物或用碳数更低的醇重酯化后的酯混合物，原料量是填充剂的40%，填充剂为硅胶，室温下色谱分离后(重结晶前)纯度可达67%以上，洗脱剂为C_8～C_9脂肪烃和碳原子更少的脂肪酮或酯，其中烃类占总体积的80%～98%，如95%的庚烷和5%的丙酮，最后对洗脱物进行重结晶，可使甾醇达到药物纯度。

周玉杰和戴玲妹等利用高速逆流色谱法，并选用V(庚烷)∶V(乙腈)∶V(乙酸乙酯)=5∶5∶1溶剂体系，成功地分离了混合植物甾醇标准品中的β-谷甾醇和菜油甾醇。经过HPLC检测，一次性分离可得到质量分数为97%的β-谷甾醇和质量分数为91%的菜油甾醇产品，收率分别可达56%和50%。该方法简便、重现性好，可作为高纯度β-谷甾醇和菜油甾醇标准品的制备分离方法。

(6) 分子蒸馏法

该法特别适用于实验室精制，也可用于工厂同时提取和分离维生素E、甾醇。其工艺流程是：

脱臭馏出物→酯化→蒸出低碳醇→蒸馏(除脂肪酸酯)→残渣→分子蒸馏(去生育酚)→残渣→皂化→丙酮提取→甾醇粗制品→脱色→结晶→精制甾醇

此工艺中，分子蒸馏在1.33 Pa～0.13 Pa下可反复进行，以便更好地分离出维生素E和脂肪酸酯类，便于甾醇的萃取。

许仁溥使用分子蒸馏蒸出米糠油皂脚酸化油中的脂肪酸后，蒸馏浓缩物进一步用NaOH的乙醇溶液处理，静置2 h，母液在50℃加入磷酸一氢钠，调pH到6.5，析出谷维素过滤，用含水乙醇精制，得到谷维素纯度为99.5%，提取率为原油的40%；沉淀物用石油醚提取，回收石油醚后用乙醇精制，得到黄色糠甾醇，总甾醇含量为65%。

(7) 高压流体吸附法

工艺过程如下：

$$
\text{脱臭馏出物} \longrightarrow \underset{\uparrow\ \text{高压流体}}{\text{高压流体混合物}} \longrightarrow \text{吸附柱} \xrightarrow{\text{脱附}} \text{甾醇粗制品} \xrightarrow{\text{重结晶}} \text{精制甾醇}
$$

这种高压且适合生理活性的流体主要为一种高压液体、亚临界气体或超临界气体(50～40 MPa,30～60℃),其与原料形成的高压流体混合物通过吸附,使无脂甾醇离开高压流体,选择性地被留在吸附剂上,其中吸附剂主要为氢氧化钙、氧化钙、碳酸钙、碳酸镁或氢氧化镁,甾醇的脱附则需通过一种高压且适合生理活性的流体,或另一种高压流体,或一种有机溶剂,而从吸附后的高压流体中回收脂类则可提高温度或者降低流体压力。这样得到的甾醇纯度很高。

目前使用最多的是超临界 CO_2 法,赵亚平、丁萧霖用此方法研究了该工艺的条件,他们采取间歇式操作。萃取温度为 40～60℃,压力为 15～30 MPa,则从大豆油脱臭馏出物中提取的植物甾醇纯度达到 50%～95%,回收率达到 85%～41%。

该法可直接将植物甾醇从油脂精炼脱臭馏出物中提取出来,而且操作简单,生产费用低,无污染,提取的产品保持了植物甾醇的天然特性,是生产植物甾醇的重要发展方向。

(8) 酶催化酯化、蒸馏分离法

加拿大 Suresh Ramamurthi 和 Alan R. McCurdy 采用丹麦哥本哈根 Novo Industri A/S 生产的一种固定化非特异性脂肪酶对脱臭馏出物的酯化过程进行催化,使脂肪酸甲酯的转化率达到 96.5%。他们将大豆脱臭馏出物中的生育酚和甾醇分别浓缩为原来的 1.7 倍与 1.5倍,即生育酚由原来的 12.74%提高到 21.48%,甾醇由原来的 11.39%提高到 17.56%。其工艺流程是：

脱臭馏出物→酶催化酯化→脱溶→真空蒸馏→甾醇和维生素 E→分离

Ghosh 和 Bhattacharyya 采用 candida cylindracea 酶将葵花籽油脱臭馏出物水解,再用 Mucor miehei 酶酯化、蒸馏,在 1 mmHg 压力下收集 230～260℃的馏分,可得到纯度为 30%的维生素 E 和纯度为 36%的甾醇(原料中含有 4.8%的维生素 E 和 9.7%的甾醇)。整个过程维生素 E 和甾醇的总回收率分别为 70%和 42%。

该研究的目的就是为了克服溶剂浸出。化学处理及分子蒸馏提取维生素 E 和甾醇存在收率低的缺点,可以回收得到原料中 90%以上的甾醇和维生素 E,而且酶处理条件温和,原料也无需任何预处理,可以认为是提取甾醇和维生素 E 的一个新的发展方向。

(9) 植物甾醇的精制——重结晶法

重结晶一直是用来精制甾醇的方法,近年来,有很多学者对此进行了研究。

彭莺和刘福祯的研究中使月 7.4%的水、56.6%的二氯乙烷、36.0%的正庚烷混合溶剂系统分离植物甾醇,他们的研究结果表明此系统可以使甾醇收率提高到 95%以上。

许文林和王雅琼等将脱臭馏出物甲酯化后,冷冻结晶甾醇,用丙酮重结晶,所得植物甾醇含量大于 95%,过程总收率达 80%以上。用 90%的甲苯与 10%的丙酮为混合溶剂对混合植物甾醇进行重结晶,分离精制豆甾醇,随着重结晶次数的增加,豆甾醇的含量相应提高,经过 5 次结晶后,豆甾醇含量>70%,收率>50%。使用环己酮为溶剂,3 次分级结晶混合植物甾醇,得到 β-谷甾醇含量为 87%;以环己酮或正戊醇为溶剂,通过 5 次重结晶后,豆甾醇含量达到92%。

韩军采用结晶方法从葵花籽油中回收植物甾醇,他用乙醇将原料酯化,使用正己烷作溶剂,加入适量水和乙醇作为助溶剂,通过使用4倍于酯化物的溶剂进行一次结晶,得到甾醇的提取率为84%,纯度为36%。

Hamunen等使用烃和酮的混合物提取中性物质中的甾醇后,使用分子蒸馏,将甾醇含量从25%~30%提高到40%~60%,再使用烃和水的混合物或烃、水和低碳醇(甲醇)的混合物进行重结晶[比例为(1.5~3.5):(0.03~0.035):(0~1)],甾醇的纯度可以提高到97.5%以上。

5.4 谷维素

5.4.1 谷维素的分布和组成

1953年日本土屋知太郎发现谷类油脂中含有甾醇类和三萜醇类阿魏酸酯,并进行提取,获得成功。当时经初步动物试验,证实其有促进动物生长的作用,定名为oryzanol,意即稻谷中一种新维生素,是三萜烯醇类阿魏酸酯与甾醇类阿魏酸酯混合物的商品名称。

1)谷维素的分布

谷维素是数种阿魏酸酯的混合物,它存在于谷类植物种子中,为脂质的伴随物。在种子的皮层和胚芽处谷维素含量较高,其他部分含量极微,不论其胚和种皮,还是糊粉层,谷维素作为类脂质,均伴随脂质而存在。

稻谷精加工后,谷维素在米糠层中为0.3%~0.5%,在糙米中为0.03%~0.05%,在胚芽中为0.2%~0.3%,在白米中为0.006%~0.016%,在精白米中为0.003%~0.006%。米糠在加工制油时谷维素溶于油中,溶剂浸出时为混合油所带出,所以毛米糠油中谷维素的含量约为1.8%~3.0%。但是应该指出,毛米糠油中谷维素的含量与稻谷种植的气候条件、稻谷品种及米糠制油时的工艺条件的不同而不同。高寒地带稻谷含谷维素高于热带稻谷谷维素的含量,高温压榨与溶剂浸出制油得到的米糠油谷维素含量高于低温压榨得到的米糠油中的谷维素含量。在各种植物油中,毛米糠油中的谷维素含量最高,其他植物油如玉米胚芽油、小麦胚芽油、大麦胚芽油、稞麦胚芽油、亚麻油、菜籽油等,虽然也有阿魏酸酯存在,但其含量很低。所以谷维素都是从毛米糠油中提取。在米糠油谷维素中,环木菠萝醇类阿魏酸酯含量达到75%~80%,米糠油中谷维素的组成见表5-15所示。

表5-15 米糠油中谷维素的组成

种类	含量/%
环木菠萝醇阿魏酸酯	8~10
环木菠萝烯醇阿魏酸酯	25~30
24-亚甲基环木菠萝醇阿魏酸酯	35~40
环米糠醇阿魏酸酯	2~3
24-甲基环木菠萝醇阿魏酸酯	0.2~0.5
24-甲基环木菠萝烯醇阿魏酸酯	0.5~1.0
25-乙氧基环木菠萝醇阿魏酸酯	微量

续表

种　类	含量/%
25-羟基环木菠萝醇阿魏酸酯	微量
β-谷甾醇阿魏酸酯	6～8
菜籽甾醇阿魏酸酯	10～12
豆甾醇阿魏酸酯	1～2

2）谷维素的组成和结构

(1) 谷维素的组成

谷维素主要是由环木菠萝醇类阿魏酸酯及甾醇类阿魏酸酯组成的混合物。

(2) 谷维素的结构

谷维素是阿魏酸与三萜烯醇类和甾醇类物质所成的酯。主要成分结构式见图 5-48～图 5-58。

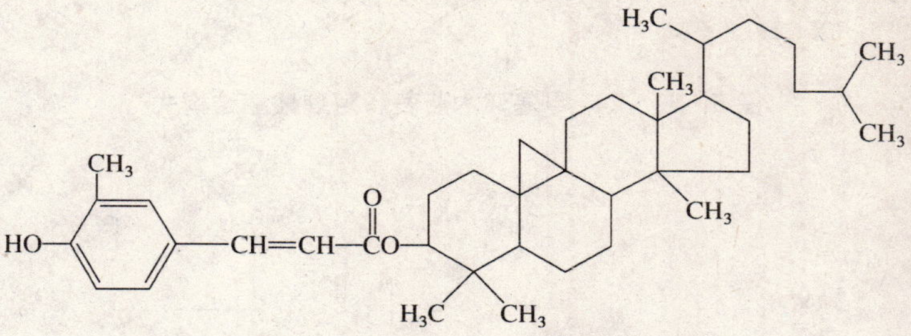

图 5-48　环木菠萝醇阿魏酸酯结构式

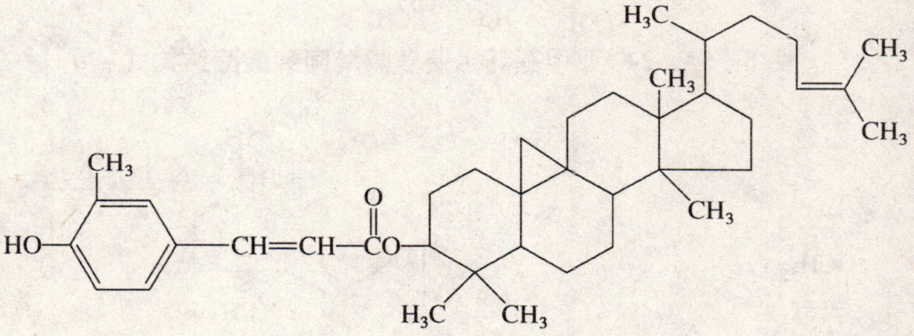

图 5-49　环木菠萝烯醇阿魏酸酯结构式

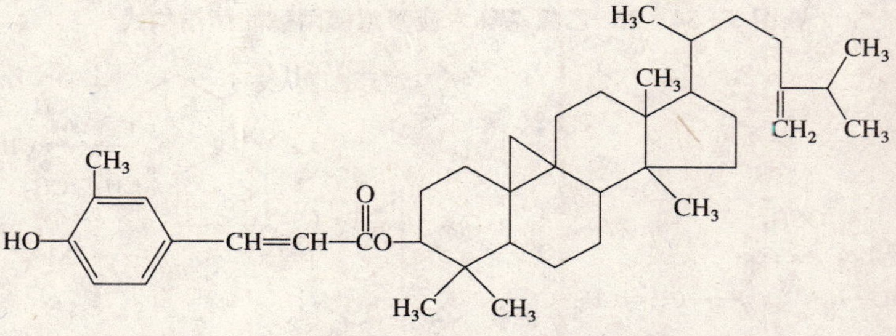

图 5-50　24-亚甲基环木菠萝醇阿魏酸酯结构式

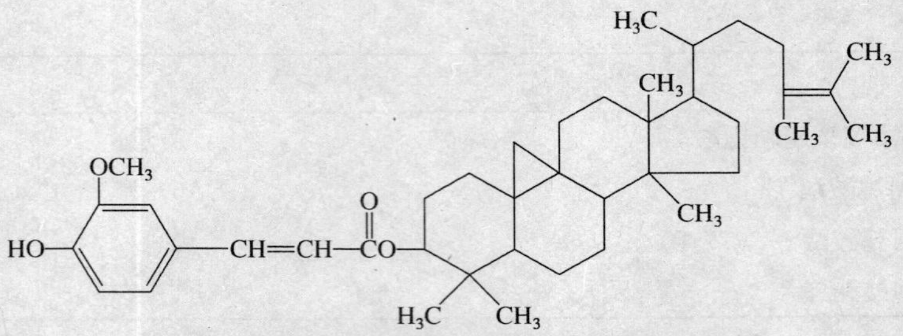

图 5-51　环米糠醇阿魏酸酯结构式

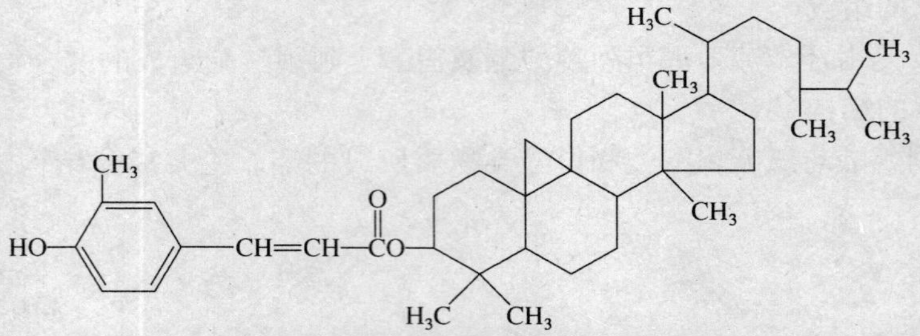

图 5-52　24-甲基环木菠萝醇阿魏酸酯结构式

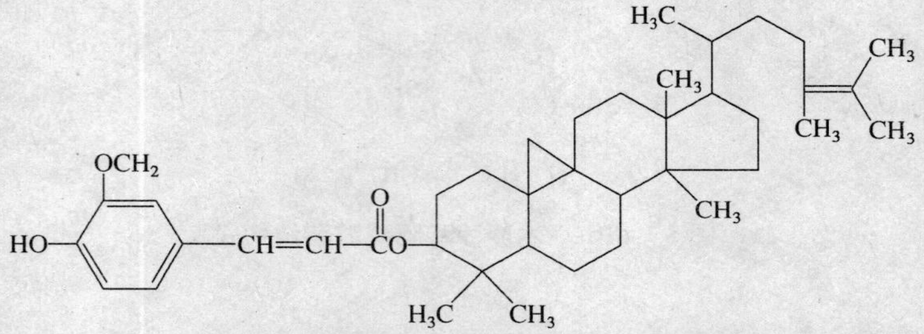

图 5-53　24-亚甲基环木菠萝烯醇阿魏酸酯结构式

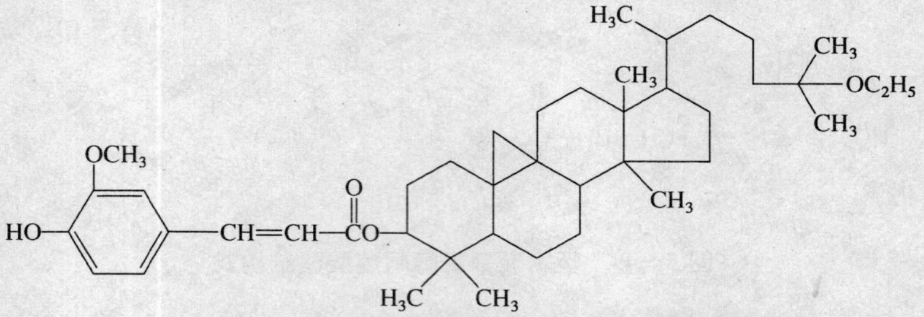

图 5-54　25-乙氧基环木菠萝烯醇阿魏酸酯结构式

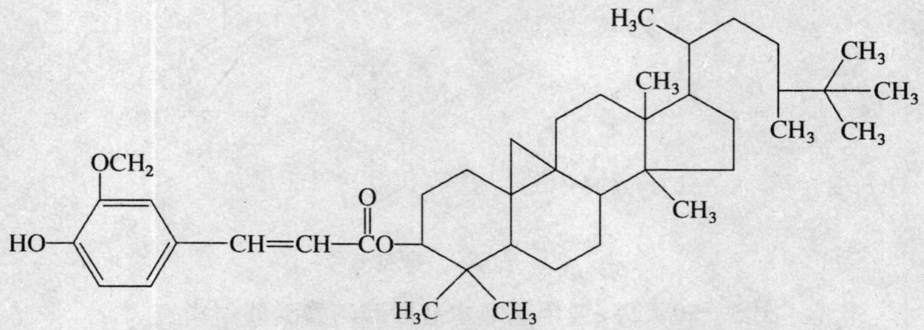

图 5-55　25-羟基环木菠萝烯醇阿魏酸酯结构式

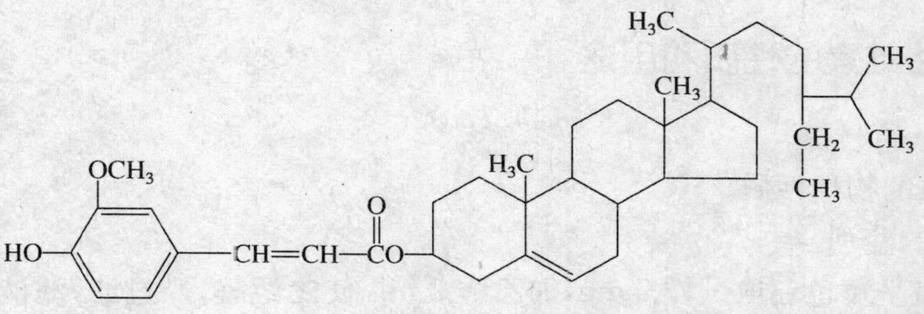

图 5－56　*β*-谷甾醇阿魏酸酯结构式

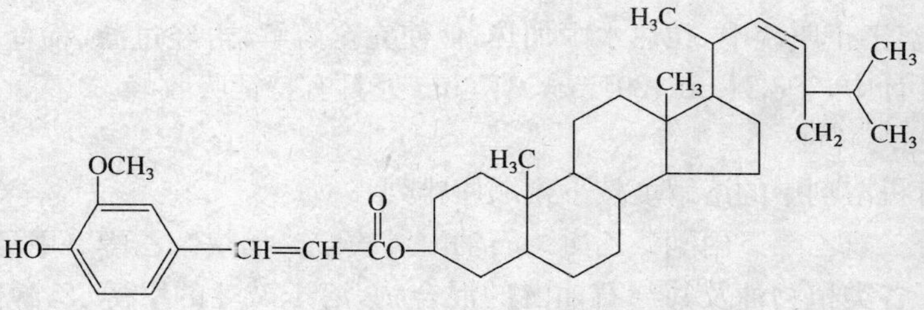

图 5－57　菜油甾醇阿魏酸酯结构式

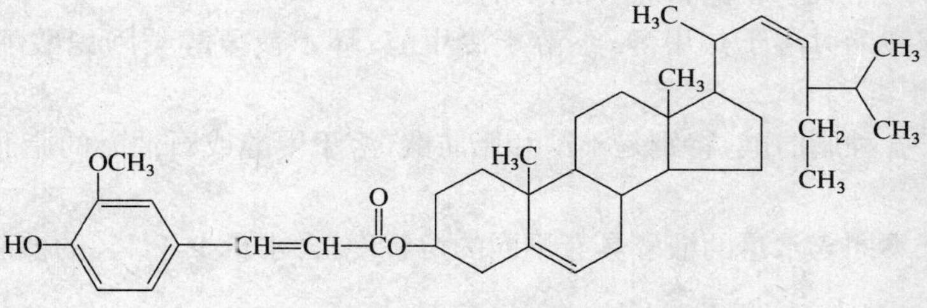

图 5－58　豆甾醇阿魏酸酯结构式

在米糠油中陆续发现的阿魏酸酯已达 15 种以上，但在制品中由于流失和量微，不能如数检出。

在大麦胚芽油中以甾醇类阿魏酸酯为主，其中主要为 *β*-谷甾醇阿魏酸酯，环木菠萝醇类阿魏酸酯含量较少。玉米胚芽油中阿魏酸酯含量约在 0.5%～1.0%，其中环木菠萝醇类阿魏酸酯占 7.6%，甾醇类阿魏酸酯占 92.4%；而甾醇类阿魏酸酯中以 *β*-谷甾醇阿魏酸酯为主，高达 89%，菜油甾醇类阿魏酸酯占 10.0%，豆甾醇类阿魏酸酯仅占 1.0%。在亚麻油和菜籽油中存在着二十(烷)醇阿魏酸酯。

由于甾醇类阿魏酸酯在米糠油中制得的阿魏酸酯含量不足 30%，且易为碱液所水解，因此在谷维素的产品中仅在 15%左右，碱处理越深，甾醇类阿魏酸酯的含量越低。由于环木菠萝醇类阿魏酸酯在加工过程中自身也遭破坏，要使产品组分中环木菠萝醇类阿魏酸酯达到 95%以上，势必造成产品的得率进一步降低。

谷维素作为药品商用名称不包括全部从谷类植物种子油中所获得的阿魏酸酯，其主要成分是环木菠萝醇类阿魏酸酯。

5.4.2 谷维素的性质和用途

1）谷维素的性质

(1) 谷维素的物理性质

① 谷维素的鉴别

谷维素遇碱呈黄色。取试样 5 mg，加乙醇 2 mL 使之溶解，经过滤，滤液滴加数滴 10% NaOH 溶液，溶液即显亮黄色，继续滴加到 1 mL 即显绿色荧光。

谷维素在波长为 231 nm、291 nm、315 nm 的紫外光下有特征吸收峰。精密称取一定量的谷维素试样，溶于正庚烷中，在热水中加热，促使完全溶解，再经过滤、稀释等处理手续后，在紫外分光光度计中，于 231 nm、291 nm、315 nm 处具有特征吸收峰。

② 谷维素的溶解度

谷维素在有机溶剂中的溶解度按下列顺序排列：

苯＞氯仿＞二氯乙烯＞丙酮＞乙醚＞石油醚＞庚烷＞己烷＞乙醇＞甲醇

谷维素溶于各类植物油及其与石油醚的混合物，溶于碱性的甲醇、乙醇，不溶于酸性的甲醇、乙醇；微溶于碱水，不溶于水；在高沸点的石油烃中比在低沸点石油烃中溶解度大；在不饱和烃中溶解度略大于在饱和烃中的溶解度。

甾醇类阿魏酸酯可溶于热甲醇，不溶于冷甲醇；环木菠萝醇类阿魏酸酯可溶于乙酸乙酯，不易溶于热甲醇。

谷维素溶于各种脂肪酸，特别是不饱和脂肪酸，溶于甲醇或石油醚的脂肪酸混合液。部分溶于丙醋酸。

谷维素对于不同含水量的糠醛具有不同的溶解度，含水量少于 1% 的糠醛对谷维素具有较大的溶解能力。

③ 谷维素的熔点

谷维素在提取过程中受碱、热、溶剂、工艺等的影响以及测定仪器与规范的不同，其熔点则有较大的差别。熔点的增高或降低，标志着谷维素制品中甾醇类阿魏酸酯的减少或增加。

④ 谷维素的色泽与结晶

谷维素色泽应为近白色至淡黄色结晶性粉末。高纯度的各种阿魏酸酯分离物均应为白色结晶。谷维素的水解产物阿魏酸和各种环醇亦为白色结晶。

谷维素的色泽一般采用罗维朋比色法测定。如黄大于 1，红大于 0.5，其外观呈微黄色。如色度出现蓝大于 0.5 以上，外观上呈类灰黄色。这些色泽的产生主要是设备管道铁壁在生产过程中形成的脂肪酸铁盐所致。

谷维素不是一种醇化合物，其结晶形式因溶剂、温度、酸碱度及组分的不同而不同。在甲醇或甲醇、丙酮混合物中为针状结晶；在酸性甲醇中为粗粒晶体；在丙酮中为板状结晶。据报道，甾醇类阿魏酸酯均为针状结晶；而环木菠萝醇混合阿魏酸酯则针状、板状以及粒状等结晶不一。

⑤ 谷维素的紫外光谱

谷维素在正丁烷溶剂中于 315 nm 处有极大消光值。

谷维素在正庚烷中于 216 nm、231 nm、291 nm、315 nm 处有特征吸收峰。

⑥ 谷维素的比旋光度

谷维素中的环木菠萝醇阿魏酸酯的比旋光度为右旋，在氯仿溶液中为$[\alpha]_D^{18}+20°$，在醇类阿魏酸酯为左旋性，为$[\alpha]_D^{18}+10°$。

⑦ 谷维素的分解温度

谷维素的起始分解温度，在真空条件下(13.3 Pa)为260℃，常压下为180℃。

⑧ 谷维素的显色非反应

甾醇类阿魏酸酯对"里般门"反应呈浅红变绿色；环木菠萝醇阿魏酸酯对"里般门"反应呈黄变红，有浅绿色荧光。

谷维素在乙醇中与三氯化铁呈黄绿色，与氯化亚铁呈黄褐色，与偶氮苯磺酸呈红紫色。在10%的乙醇氢氧化钾溶液中呈亮黄色并有浅绿色荧光，在0.1%的乙醇氢氧化钾溶液中呈浅黄色。

⑨ 谷维素的碘值

谷维素纯度不同，碘值不同。混合阿魏酸酯的碘值在95～103之间。由于阿魏酸酯具有较高的碘值，因此谷维素必须避光保存。

⑩ 谷维素的皂化值

谷维素属于难皂化物，谷维素纯度不同，皂化值不同。纯度高的谷维素，皂化值低，在91～95之间。

(2) 谷维素的化学性质

① 谷维素的水解

谷维素在浓碱水溶液中加热回流，水解为阿魏酸和相应的醇。在甲醇水溶液中水解速度加快。水解温度增高，水解速度加快。甾醇类阿魏酸酯较环木菠萝醇类阿魏酸酯易于水解，因此经碱高温长时间处理，成品中甾醇类阿魏酸酯几乎全部流失。同时说明工艺过程处理不当，会造成成品损失。见图5-59。

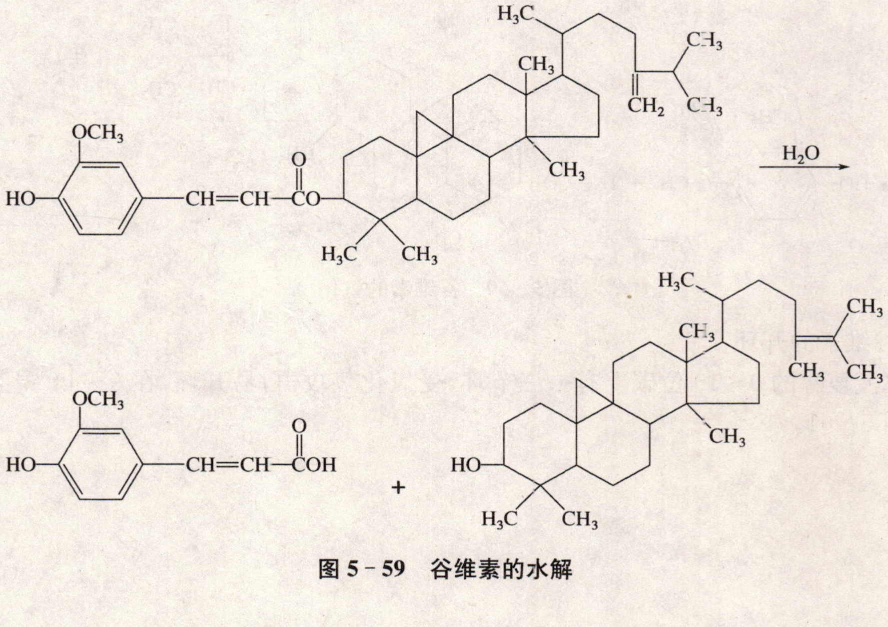

图5-59 谷维素的水解

② 谷维素的氢化

各种阿魏酸酯在阿魏酸的酯直链上的双键易被氢所饱和。而环木菠萝醇类直链上的双键较难饱和，但在铂的催化下，仍然可以氢化。见图 5－60。

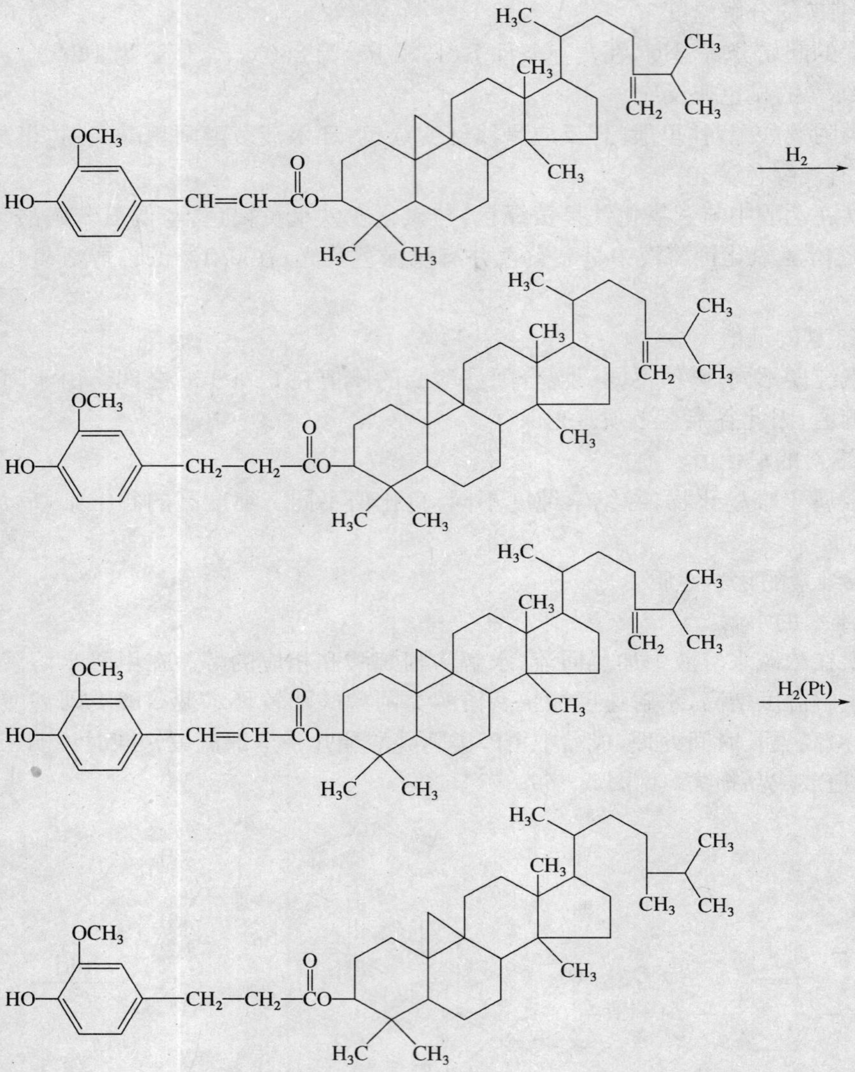

图 5－60　谷维素的氢化

③ 谷维素的开环

环木菠萝醇的 9～10 位碳上有一三节环，受氯化氢攻击，易开环，在 9～11 碳上形成双键。见图 5－61。

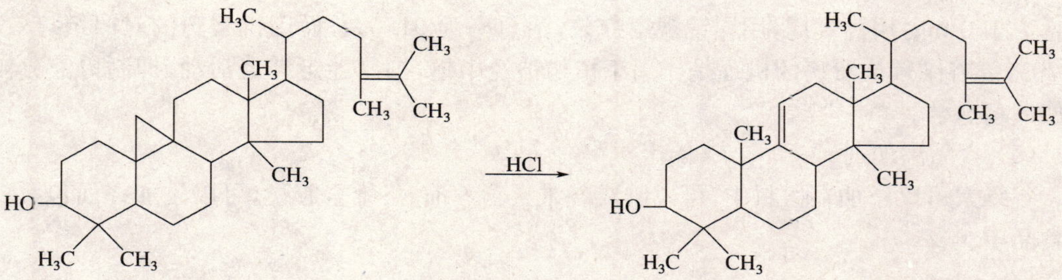

图 5-61 谷维素的开环

④ 谷维素的热裂解

各种阿魏酸酯对热的稳定性不同，环木菠萝醇阿魏酸酯的稳定性高于甾醇类阿魏酸酯。在 120℃加热 4 h，混合阿魏酸酯中的甾醇类阿魏酸酯有 5%变质；120℃加热 8 h，其变质达 10%～12%，环木菠萝醇类阿魏酸酯不受影响；在 240℃加热 4 h，混合阿魏酸酯中甾醇类阿魏酸酯 25%～30%被破坏，环木菠萝醇阿魏酸酯 3%～5%被破坏。裂解首先从阿魏酸部分开始再及于甾醇和环木菠萝醇部分，酯键、双键和甲氧基是引起分解的主要对象。热裂解的温度和时间界限，只要没有局部过热，是非常明显的。

300℃以上温度，不论阿魏酸和甾醇体及其支链部分，都将遭到迅速破坏。

⑤ 谷维素其他反应

谷维素在苯溶液中，可受一氯化硫的硫化聚合，遇碘产生卤化反应。在三氟化硼的作用下羟基可以脱水而成二聚缩合物。在高温、催化剂、空气或氧的存在下，也易引起氧化，生成各种氧化物。

2）谷维素的用途

谷维素是一种维生素类药物，临床上用来治疗植物神经功能失调（包括胃肠、心血管神经官能症）、周期性精神病、脑震荡后遗症、更年期综合征、经前期紧张症、血管神经性头痛等。

最近，国内外的医学专家发现了该药的一些新用途。

（1）降血脂

研究者发现，谷维素对高脂血症的治疗取得了较好的效果。日本医学专家用谷维素来治疗高血脂症，疗效显著。118 名高血脂症患者每次服用 100 mg，1 日 3 次，饭后服用，2 个月后检查，有效率为 82.6%，安全性为 99.2%。

（2）抗心律失常

国内医学专家用谷维素治疗心律失常取得显著的疗效。用量 150～500 mg/d，疗程为 2～6 周，用于治疗冠心病、高血压、植物神经功能性紊乱等引起的室性早搏、房早、房颤等，有效率达 85%以上。谷维素的抗心律失常作用，可能是通过调节植物神经功能，使心肌兴奋性降低而产生的，另外谷维素的降脂作用，也可改善心肌的血液供应。

（3）治细菌性痢疾

医学专家们认为，谷维素治疗菌痢其作用机制是调整或刺激了免疫系统或植物神经系统，促进了肠道炎症及早修复，因而具有疗程短，见效快，方法简单，无副作用的特点。

（4）治胃溃疡

日本用谷维素 300 mg/d（不用其他药物），治疗 9 例经 X 射线确诊为胃溃疡的病人，7 例有效，疼痛减轻，壁龛明显缩小或消失。另外用谷维素治疗 67 例胃溃疡活动期病人，每日用量为 150 mg，用药 8 周，用胃镜观察疗效，治愈率为 91.5%，而用抗酸药的对照组疗效仅为 70%。谷维素抗溃疡的机理是作用于植物神经中枢，抑制迷走神经活动，抑制胃液分泌，促使溃疡愈合。

(5) 食品添加剂

谷维素可以添加在饮料中，可以制成谷维素营养油、谷维素胶囊，可以添加在面包、饼干等食品中。

5.4.3 谷维素的制取

1) 谷维素的提取

谷维素主要是从米糠油中提取。自 1956 年日本土屋知太郎首次提出制取谷维素专利以来，其后继研究者很多。方法基本可分为 5 类，即酸化蒸馏分离法、吸附及络合法、离子交换树脂法、溶剂直接萃取法、弱酸取代法，相关的制取专利达百余篇。日本用于实际生产的主要方法仍为弱酸取代法。有关弱酸取代法专利颇多，各个专利在具体环节的处理上各有千秋，互补短长；其他方法也有很多优点，尚可借鉴。我国研制谷维素三十余年来，杂志上刊载的有关谷维素制取方法及其工艺革新的报告有很多。

目前国内提取方法有酸化蒸馏分离法、溶剂直接萃取法、弱酸取代法。

(1) 酸化蒸馏分离法

酸化蒸馏分离法是将毛糠油进行二次碱炼，把谷维素吸附到皂脚中，然后用酸分解皂脚使之成为酸化油，然后进行脂肪酸蒸馏，脂肪酸残留物中富含谷维素，含量达 20%～30%。利用谷维素"碱溶酸析"的特点，将脂肪酸残留物用甲醇碱液皂化，然后通过过滤析去肥皂、蜡、游离甾醇等伴随物，再用弱酸调节滤液 pH 值，使谷维素析出。再经精制得到谷维素产品。这种方法生产周期长，工艺过程复杂，谷维素得率低，因而逐渐被淘汰。其工艺过程如下：

碱液 ↓ 碱液 ↓ 水 ↓ 碱液 ↓ 盐酸 ↓ 水 ↑ 脂肪酸 ↑

毛糠油→一次脱酸碱炼→二次碱炼→皂脚补充皂化→酸化→脱水→蒸馏→

↓ 脱酸皂脚 ↓ 碱炼毛糠油

甲醇 ↓ 碱液 ↓ 弱酸或弱酸盐 ↓ 溶剂 ↓

皂基全皂化→冷却分离→弱酸酸析→冷却分离→洗涤干燥→谷维素产品

↓ 类脂物 ↓ 母液回收 ↓ 溶剂回收

(2) 溶剂直接萃取法

近几年来，一些厂家为了提高谷维素的得率，降低成本，在提取工艺上进行了很多探讨，如利用甲醇或混合溶剂直接萃取法，据报道谷维素得率达到 68%。其工艺过程为：

甲醇碱液 ↓ 弱酸 ↓

毛米糠油→甲醇碱液萃取→分离→弱酸酸析→分离→粗谷维素→精制→谷维素产品

↓ 米糠油 ↓ 酸性甲醇

王子涵研究了不同 pH 值条件下的甲醇溶液中谷维素的溶解性能，按照米糠油物理精炼、碱性甲醇逆流萃取工艺生产谷维素，谷维素总得率在原有基础上提高到70%以上。谷维素纯度超过99%。

（3）弱酸取代法

弱酸取代法的工艺特点是在捕集了谷维素的皂脚中直接加入甲醇碱液，使中性油及谷维素全部皂化，冷却分离出类脂物，然后加弱酸或弱酸盐调节，使谷维素钠盐分解，谷维素从溶液中析出，降温分出肥皂甲醇溶液。谷维素粗品经精制得到符合标准的产品。弱酸取代法工艺过程较少，生产周期短，设备较简单，成本低，得率较高。目前基本为国内厂家所采用。

弱酸取代法的工艺过程为：

碱 → 脱酸碱炼；碱液、水 → 捕集碱炼；碱液 → 皂脚预皂化；甲醇、碱液 → 皂基全皂化；弱酸或弱酸盐 → 弱酸酸析；溶剂 → 洗涤干燥

毛糠油→脱酸碱炼→捕集碱炼→皂脚预皂化→皂基全皂化→冷却分离→弱酸酸析→分离→洗涤干燥→谷维素产品

脱酸碱炼 → 皂脚；捕集碱炼 → 捕集碱炼油；冷却分离 → 类脂物；分离 → 母液回收；洗涤干燥 → 溶剂回收

① 脱酸碱炼

(a) 脱酸碱炼的目的

毛米糠油的酸值往往较高，通过脱酸碱炼除去一部分游离脂肪酸及杂质，以提高捕集碱炼的捕集效果。

脱酸碱炼要求保留酸值5～7（若毛油酸值超过30，可保留7～10），脱酸油中谷维素含量应保持在毛糠油水平或略高于毛糠油中谷维素含量，磷脂、胶质等杂质基本去除。

碱炼开始时，将毛糠油注入碱炼锅，搅拌片刻，取样测定酸值，计算加碱量，并根据毛油酸值的高低，将所要加的碱配成适当浓度的碱液。

固体氢氧化钠（千克）＝毛油重量（吨）×0.713×（毛油酸值－脱酸油保留酸值）

当油温预热至60℃时停止加热，在10～20 min内将计算量的碱液在搅拌下均匀加入。加完碱后继续搅拌10～15 min，使碱液与游离脂肪酸接触良好。形成皂粒时，开始用蒸汽加热，以每分钟上升1℃的速度升温至75～80℃。油皂分离时降低搅拌速度至20～30 r/min，皂粒下沉良好，停止搅拌，静置12 h以上。上层脱酸油用泵打入捕集碱炼锅，下层皂脚分出，作生产脂肪酸原料。

脱酸油在搅拌下加热到80℃以上，喷入油重10%～15%的热水漂洗一次，静置2～3 h，放尽下层水。油如不及时处理，则应在95℃左右干燥。

(b) 脱酸碱炼效果的影响因素

毛糠油酸值及杂质　放置时间长的毛糠油如储存不当，毛糠油的酸值会很高，碱炼时产生大量皂脚，不仅减少脱酸油得率，而且在碱炼过程中增加肥皂与谷维素的接触机会，造成脱酸油含谷维素偏低，降低毛糠油中谷维素的利用率及脱酸油得率。毛糠油含杂多，在碱炼时用碱量大，影响操作条件的掌握，同时糠渣与油脚、磷脂等混在一起，容易造成乳化，油脚及杂质悬浮在油中，尤其是低酸值毛糠油，因加碱量少，更容易引起油皂分离不清，因而降低脱酸油的得率与质量。为此，碱炼前应先过滤除去糠渣，加入油重0.3%～0.5%的草酸或适量的水，脱胶后再进行碱炼。

碱液浓度及加碱量　碱液浓度过大，不但使中性油皂化，油脚结粒快，质地发虚，容易上浮，而且有可能增加吸附，使脱酸油中谷维素含量降低；碱液过低，常促使乳化增加，也影响

脱酸油得率。故碱炼时应按照毛糠油的酸值高低，使用适当浓度的碱液。一般酸值 15 以下的低酸值毛糠油，用 10°Bè 的碱液；酸值 25 左右的毛糠油，碱炼时使用 18°Bè 的碱液；酸值 50 以上的毛糠油，碱炼时使用 24°Bè 的碱液。对于酸值 30 以上的毛糠油，若加计算量的碱进行碱炼，得到的脱酸油实际酸值往往低于应保留的酸值。因此，对于高酸值毛糠油，在计算加碱量时，其保留酸值可多加 2～3。

碱炼温度　加碱时的温度不宜太低，否则油的黏度大，搅拌不易均匀，造成碱液与游离脂肪酸接触不良，中性油可能局部被皂化。碱炼终温掌握得好，有利于皂脚的分离和减少皂脚对谷维素的吸附，因而能提高脱酸油得率和降低谷维素的流失。生产时，终温接近或达到 80℃为宜。终温太高，皂脚易上浮，终温太低，皂脚又不易结实，两者均影响脱酸油得率与质量。防止皂脚上浮，又能尽量提高终温，除在皂化形成皂粒后快速升温及皂粒开始从油中沉出达到终温后进行搅拌一段时间之外，还可以考虑在毛糠油升温至初温后不要忙于加碱，而是停止搅拌，静置几小时，让泵油过程中夹带的空气在油层表面形成的气泡消失后，再加碱中和。

② 捕集碱炼

(a) 捕集碱炼的目的

通过对游离脂肪酸的中和，降低谷维素在油中的溶解度，使谷维素被偏碱性皂脚吸附，达到捕集浓缩的目的。

捕集碱炼要求捕集碱炼油酸值降到 0.4 以下，捕集碱炼油中谷维素含量 0.4%以下。

开始加碱碱炼时，先调整脱酸油油温至 30～35℃，在搅拌下取样化验酸值，计算加碱量，并将碱配成 18°Bè 的碱液。

固体氢氧化钠(千克)＝油重(吨)×0.713×酸值＋油重(吨)×0.7%～08%

在快速搅拌下，将油重 10%～15%的清水注入油中，充分混合 15 min，使油碱充分接触，油色由黄逐渐变成淡黄色，以每分钟 1℃的速度加热升温，待糊状上层看到明显油线，即油皂明显分离时，降低搅拌速度。终温从低掌握，一般为 60～65℃，停止加热与搅拌，静置 20 h，上层捕集碱炼油到下一步水洗工序，皂脚去全皂化工序。

(b) 影响捕集碱炼效果的因素

酸值和超碱量　毛糠油酸值如低于 10，可以不采用二次碱炼的方法，直接进行捕集碱炼。高酸值米糠油脱酸碱炼后，脱酸油保留酸值和捕集碱炼时的超碱量直接影响到捕集碱炼油的得率及皂脚中谷维素的浓缩程度。捕集碱炼油酸值与超碱量对谷维素的捕集效果和捕集碱炼油得率见表 5-16。

表 5-16　酸值和超碱量对谷维素捕集效果及捕集碱炼油得率的影响

酸　值	9.3	7.3	6.1	4.1	4.5
谷维素含量(%)	2.3	2.4	2.3	2.3	2.4
超碱量(油重%)	0.60	0.75	0.70	0.80	0.80
捕集碱炼油得率(%)	75	77	81	82	88
酸　值	0.40	0.40	0.33	0.40	0.43
捕集碱炼油质量谷维素含量(%)	0.40	0.30	0.30	0.35	0.42
皂基酸化油中谷维素含量	7.6	9.0	10.9	13.6	16.0

一般脱酸油的酸值为 5 较合适，酸值过高时出现皂基量大，谷维素随着皂脚量的增大而含量逐步降低。同时，要使捕集碱炼油得率高，必须降低捕集碱炼时的加碱量或提高碱炼温

度，这也会直接影响捕集谷维素的效果。如果脱酸油酸值降低太多，则捕集碱炼皂脚量太少，可能造成对高温吸附不足。同时碱炼生产的皂脚既少又稀，往往使油皂混在一起，造成炼耗过高。加入油重0.7%～0.8%的超碱量，对吸附油相中的混合阿魏酸酯有极大的作用，可以迫使捕集碱炼油中谷维素含量下降到0.3%以下。而超碱量小则不易使捕集碱炼油酸值降到0.5。捕集碱炼油酸值与捕集碱炼油中谷维素含量成正比。因此，超碱量小造成谷维素流失。但超碱量大，并不能使捕集碱炼油中酸值降低到0，反而招致部分中性油皂化，增加炼耗，同时皂脚量增多，降低皂基酸化油中谷维素含量。捕集碱炼油酸值与捕集碱炼油中谷维素含量见表5-17。

表5-17　捕集碱炼油酸值对捕集碱炼油中谷维素含量的影响

项目	捕集碱炼油酸值			
	0.3	0.4	0.5～0.6	0.6～1.0
捕集碱炼油中谷维素含量/%	0.2～0.3	0.3～0.4	0.4～0.5	0.7～1.2

温度　捕集碱炼用的油，其酸值比毛糠油酸值低得多，采用同样浓度的碱液时，初温应调至适当温度。既能使碱液与游离脂肪酸作用完全，也能尽量避免中性油皂化。加碱中和过程中，保持油温稳定有利于油皂分离。终温最高不要超过65℃，温度过高将使已经捕集于皂基中的谷维素转溶到捕集碱炼油中，甚至在高浓度碱的存在下使谷维素遭到破坏。生产上有时不能正常供汽，对碱炼影响很大，不恰当的加热会使油皂分离困难。因此，在操作上选择和控制适当温度是很重要的。

水量　捕集碱炼时加入一定量的水，可以保证中和作用比较完全，也有利于提高捕集碱炼油得率。加水过多，会使油皂不易分离，捕集碱炼油中含水量高，会使油变浑浊，增加炼耗。加水过少，升至终温后，又会使捕集碱炼油中谷维素含量偏低，影响皂基中谷维素含量。

③ 皂脚预皂化

捕集碱炼皂脚中含有较多的中性油与水分，静置容易分层，影响下一个工艺投料的均匀性，使工艺不易掌握。若加适量碱进行皂化，则能改善皂脚的物理性能，获得较好的均匀性与流动性。在捕集碱炼加大超碱量的情况下，预皂化时的加碱量为皂脚中油脂补充皂化理论加碱量的40%即可满足要求。

固体氢氧化钾(千克)＝皂脚中的油量(吨)×185×0.713×40%

上式中，皂脚中的油量指捕集碱炼时油脂的炼耗量，即捕集碱炼投油量与捕集碱炼油量的差额，185是毛糠油的皂化值。

操作时，将计算量的碱配成18°Bè的碱液，注入不断搅拌的50℃左右的皂脚中，正常情况下，碱液在20 min内一次加完。逐渐升温至90℃以上，皂化两小时，至皂基基本上呈透明状时结束操作，皂基放入容器。

预皂化的结果，皂基pH值应在8.5～9.0，皂基中酸化油含量在36%～43%，皂基酸化油含谷维素8%～12%，皂基皂化值18～25。

皂基质量的好坏，直接影响谷维素的得率及质量。皂基水分一般以55%～60%为宜。皂基水分过大，会降低反应时的甲醇浓度，使谷维素不易析出。预皂化加碱量和水分应保持一定的关系，如果加碱量小，为保持一定的酸化油含量，水分应适当减少；如果加碱量大，在反应中成皂多，应适当多加清水，以免皂基含酸化油过高。

预皂化时加碱量虽不很大，但在高温下加碱或加碱后升温不宜过快。温度大于 90℃时，皂脚中大量碱液不能及时与中性油皂化，皂基碱性过强，易使谷维素受高温浓碱破坏，造成皂基谷维素含量明显下降。同时，皂胶大量碱液存在，容易引起析离现象，破坏皂胶的均匀闭合状态，致使皂化不易透彻。因此，预皂化加碱时，若温度达到 50℃，应立即停止升温，力求延长 90℃以下的皂化时间，使皂化良好，谷维素也不易被破坏。90℃以上保持皂化 2 h，使皂基皂化值及其中酸化油达到要求。

④ 甲醇碱液全皂化

预皂化得到的皂基除去水分、肥皂外，剩余部分是中性油、谷维素、类脂物等。甲醇碱液全皂化是使谷维素转变成钠盐，使预皂化时剩下的中性油全部转化为肥皂，并利用谷维素在甲醇碱液中溶解的特性，达到与难溶解、易结晶、难结晶及不皂化的类脂物相分离的目的。

谷维素能与碱作用生产钠盐，是由于谷维素中的阿魏酸根上羟基的氢离子能为钠离子所取代。

甲醇用量为皂基中酸化油含量的 12～13 倍，一般为皂基量的 5 倍。甲醇碱液的浓度按酒精比重计约为 85 左右。反应加碱量为：

固体氢氧化钠(千克)＝皂基重量(吨)×皂化值×0.713

如用碳酸氢钠，其加碱量为：

固体碳酸氢钠(千克)＝皂基重量(吨)×皂化值×1.12/0.85

操作时，将计算量的甲醇及约 40°Bè 的碱液送入皂化反应锅，开动搅拌(80 r/min)，吸入皂基，在夹套内通蒸汽或热水，慢慢加热。加热前开回流冷凝器冷却，防止甲醇汽化冲料。当甲醇有回流现象时，温度达到 65℃左右，开始计算时间，保温搅拌反应 30 min，取样测定甲醇液的 pH 值应在 8.5～9.0。停止加热，通入冷却水降温到 50℃左右。真空吸滤，滤液去下道工序，滤渣另行处理。

在反应中，掌握甲醇混合液的浓度是非常重要的。使用甲醇的倍数，可根据皂基含水分情况，控制混合液的浓度，进行适当的调整。甲醇浓度低于 83 度或高于 90 度都将影响谷维素的得率。

⑤ 酸析反应

溶于甲醇溶液中的谷维素钠盐，可以被弱酸或弱酸盐分解还原为谷维素，而谷维素可在酸析的甲醇溶液中结晶，因而能析离出来。

所用弱酸或弱酸盐为酒石酸、硼酸、柠檬酸、醋酸、磷酸二氢钾或磷酸二氢钠等。

操作时，储存在反应锅中的母液，在不断搅拌下慢慢加热。加热前开回流冷凝器冷却水。待温度升至 40～50℃时，徐徐加入稀盐酸(分析纯盐酸∶甲醇＝1∶4)。调整 pH 到 7.0～6.8，在温度升至 50℃时，慢慢加需要量的弱酸或弱酸盐，保持在 60℃左右反应 30 min，取样测 pH 值，如达到 6.7～6.5，即停止加热，通入冷却水降温至 45～50℃时真空吸滤。滤液去回收甲醇和脂肪酸，滤渣用含水热甲醇淋洗，真空吸干，得到粗谷维素。

⑥ 洗涤干燥

粗谷维素含有脂类、色素及无机盐等，根据谷维素的色泽，加入适量的石油醚浸洗，浸泡时间不少于 16 h，然后进行真空过滤。浸洗次数应以谷维素外观变白，不发黏为准，一般 1～2 次。

经石油醚浸洗的谷维素含有无机盐，在除去石油醚后粉碎，用 85℃左右的蒸馏水洗涤数次，直至谷维素无咸味为止。

经蒸馏水洗涤的谷维素滤干后，粉碎过筛，进行烘干，温度70℃左右，干燥2～3 h，再真空干燥2～3 h。

(4) 三脱合一溶剂萃取法

甲醇碱液 ↓

米糠毛油→脱蜡→脱胶→脱色→物理精炼→萃取→甲醇母液→酸析→粗谷维素→精制→真空干燥→谷维素成品

萃取 ↓ 萃取糠油→水洗→干燥→高烹米糠油

酸析 ↓ 废母液→回收甲醇→甲醇回用

产品质量指标：谷维素含量95%以上，色泽类白，挥发物1%以下，灰分0.3%以下。

5.5 糠蜡的制取

5.5.1 糠蜡的分布和性质

1) 糠蜡的存在和组成

(1) 糠蜡的存在

糠蜡是商品名称，通常是白米糠油精炼时冷冻过滤得到的粗蜡，再经溶剂或皂化等方法精制而得。

米糠油中的糠蜡含量通常为3%～5%。它在油温低时是呈结晶析出并悬浮于油中而使油发生浑浊，在油温高时则溶于油中成透明状态，影响油品质量，在人体内不能消化吸收，毫无食用价值。

(2) 糠蜡的组成

糠蜡是一种混合物，是由高级脂肪酸与高级一元醇所组成的酯类化合物。在糠蜡的酯类中以22碳和24碳饱和脂肪酸与28碳、30碳的饱和脂肪酸的酯为主，还有少量的其他酯、游离脂肪酸、游离醇及烃类、甾醇等。糠蜡中常见酯类及其性状见表5-18。米糠蜡的脂肪酸组成见表5-19。

表5-18 糠蜡常见酯类的性状

酯类名称	羧基碳链	烃基碳链	相对分子质量	熔点/℃	皂化值
蒙旦酸蜂花酯	C_{28}	C_{30}	845.51	86～87	66.7
蒙旦酸蒙旦酯	C_{28}	C_{28}	817.46	85	68.8
蜡酸虫蜡酯	C_{26}	C_{32}	845.51	89	66.7
蜡酸蜂花酯	C_{26}	C_{30}	817.46	87	68.8
蜡酸蒙旦酯	C_{26}	C_{28}	789.40	83.5	71.3
蜡酸蜡酯	C_{26}	C_{26}	761.35	75.6～81	73.6
木焦酸蜂花酯	C_{24}	C_{30}	789.40	83	71.3
木焦酸蒙旦酯	C_{24}	C_{28}	761.35	81	73.6
木焦酸蜡酯	C_{24}	C_{26}	733.30	79	76.6
山嵛酸蜡花酯	C_{22}	C_{30}	761.35	82	73.6

表 5-19 米糠蜡的脂肪酸组分

类 别	C_{18}	C_{20}	C_{22}	C_{24}	C_{26}	C_{28}	C_{30}	C_{32}	C_{34}	C_{36}	C_{38}
饱和脂肪酸	2.3	4.5	14.7	62.0	2.0						
脂肪醇				9.4	9.1	16.9	19.4	9.1	16.0	14.1	1.0
不饱和脂肪酸（一个不饱和键）	0.1～0.5	0.2	1.2～1.8	0.2～0.6	0.3～0.6	0.4～0.8	2.4～7.2	0.0～0.2			

2）糠蜡的性质和用途

（1）糠蜡的性质

纯米糠蜡的相对分子质量在 750～800 之间，皂化值 75 左右，酸值 0.5 以下，碘值 10 以下，不皂化物 55%～60%。

商品糠蜡一般为棕褐色固体（如经脱色则为浅黄色），表面光洁，性脆不黏，结晶细密。其熔点 78～82℃，比重（15℃时）0.93～0.98，酸值 2～5，碘值 8～12，皂化值 60～70。

糠蜡熔点高，在各种溶剂中的溶解度受温度的影响较大，大多随温度的上升而增加。熔点 81.5℃、酸值 0.48、皂化值 52.58、碘值 27.16 的糠蜡在各种溶剂中的溶解度如表 5-20。

表 5-20 糠蜡在各种溶剂中的溶解度

温度/℃	工业己烷	工业己烷：乙醇（2：1）	工业己烷：乙醇（1：1）	异丙醇	丁醇	乙醇
20	1	0.8	0.6	0.2	0.1	0.1
30	2	1.2	0.7	0.3	0.2	0.1
40	4.5	2.0	0.8	0.4	0.2	0.2
50	11.5	7.5	1.7	0.9	0.2	0.2
60	20.0	19.0	3.3	2.0	0.5	0.3
70	—	—	7.0	6.0	2.0	0.4
80	—	—		—	7.0	0.5

熔点 77.3～79.1℃、酸值 0.81、皂化值 70.34、碘值 20.24 的米糠蜡在各种溶剂中的溶解度见表 5-21。

表 5-21 糠蜡在各种溶剂中的溶解度

温度/℃	丙酮	丁酮	乙酸乙酯	乙酸乙酯水饱和液	石油醚（60～90℃）	轻汽油
65		13～77	18.20	16.67		
60		12～11	13.72	11.46		26.16
55	1.50	7.27	9.70	6.78		23.68
50	1.28	5.00	5.30	5.24	17.40	22.65
45	109	3.68	3.35	3.31	17.06	22.70
40	0.70	3.04	2.50	2.13	13.60	17.29
35	0.49	1.76	1.56	1.34	11.41	10.05
30	0.46	1.19	1.16	—	7.34	8.27

续表

温度/℃	丙酮	丁酮	乙酸乙酯	乙酸乙酯水饱和液	石油醚(60～90℃)	轻汽油
25	0.46	0.75	0.82	0.80	4.22	7.76
20	0.42	0.68	—	0.61	3.02	3.85
15	0.35	0.55	0.50	0.49	1.80	2.39
10	0.32	—	0.47	0.48	1.14	1.46
5	0.32	0.50	0.43	0.48	1.10	1.09
0	—	0.39	0.40	0.44	1.02	0.79

糠蜡是酯类物质,可以水解,但只能在碱性条件下进行,其水解过程比油脂的水解缓慢和困难。糠蜡在酸性介质内完全不分解。

(2) 糠蜡的用途

糠蜡的用途很广,可用作电气的绝缘材料和制造蜡纸、复写纸、蜡笔、地板蜡、皮鞋油、抛光膏及水果喷洒保鲜剂、润滑剂等的原料。

糠蜡可作为制取植物生长促进剂三十烷醇的主要原料。

5.5.2 糠蜡的制取

米糠油中的糠蜡在油温低时是呈结晶析出并悬浮于油中而使油发生浑浊,在油温高时则溶于油中成透明状态。

在毛糠油精制过程中经脱酸、脱色、脱臭等工序后,再经脱蜡工序获得的粗蜡,在油厂称为蜡糊(也称糠蜡油)。蜡糊包括糠蜡和油脂两部分,其中糠蜡含量为40%～50%,油脂含量为50%～60%。

从蜡糊中制取糠蜡就是把油脂及其他混杂物从蜡糊中分离出来,以获得纯度较高、能适应不同用途的精制糠蜡。糠蜡的制取方法一般有压榨皂化法、溶剂萃取法和袋滤法。目前,在植物油厂采用较多的是用压榨皂化法来制取糠蜡。

(1) 压榨皂化法

压榨皂化法原理:先将蜡糊先行压榨,得到毛蜡,然后利用糠蜡的难皂化性质,稀碱皂化其中的油脂,使其与糠蜡分开。

压榨皂化法的生产工艺流程:

碱液(→皂化)　次氯酸钠(→漂白)

蜡糊→压榨→熔化→皂化→水洗→漂白→脱水→成型

糠油(压榨→)　废水(水洗→)

压榨　将精炼毛糠油时得到的蜡糊装入布袋,置压榨机上压榨,终压力控制在12 MPa,温度控制在36℃,压榨时间为24 h左右。

熔化　压榨完毕后,取出布袋内之块状毛蜡,并放入熔蜡贮槽内,用间接蒸汽加热,直至块状毛蜡全部熔化成液体状态为止。

皂化　将熔化的毛糠蜡用泵抽入皂化锅内,计量(按下式计算用碱量)并配制成浓度为

7～9°Bè 的烧碱液。

碱液量(千克)＝毛蜡量(吨)×含油量×185×0.713×(1.10～1.13)

式中：含油量——指丙酮溶解物；

185——米糠油的皂化值；

1.10～1.13——即超碱量为理论碱量的 10%～13%。

将毛蜡加热到 95℃左右，在不断搅拌(60 r/min)下，加入浓度为 7～9°Bè 的碱液，使它们充分皂化。皂化时间为 2～4 h，然后停止搅拌，使它们静置分层。静置分层时间为 20～60 min。

水洗　静置分层后，先放出下层皂液，再用相当于原料体积 1/3～1/2 的沸水，喷淋洗涤数次，直至洗液不呈碱性为止。

漂白　在不断搅拌下，加入次氯酸钠液(有效氯不应低于 13%)进行漂白，加入量为原料的 5%左右。待蜡液颜色变浅以后，再用沸水洗涤 2～3 次，放出洗液。

脱水　漂洗完毕后，在不断搅拌下，将蜡液加热升温到 130℃左右进行干燥脱水，至液面无蒸汽雾状为止。

成型　脱水后的蜡液应立即趁热放出，倒入铸模做成蜡锭即可。

(2) 溶剂萃取法

溶剂萃取法主要是利用糠蜡在溶剂中与油脂溶解度的不同，将油脂与蜡分开。

溶剂萃取法使用的溶剂有乙酸乙酯、异丙醇、三氯乙烯、丁酮、苯-醇混合溶剂等。

根据原料的不同，溶剂萃取法又可分为直接萃取法和蜡糊萃取法。

① 直接萃取法

工艺过程：

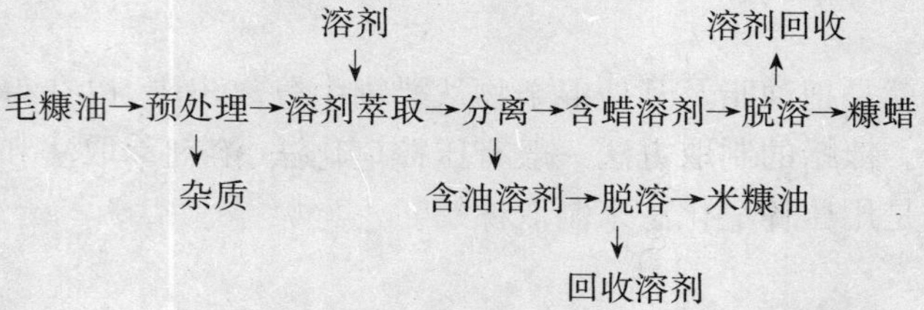

② 蜡糊萃取法

工艺过程：

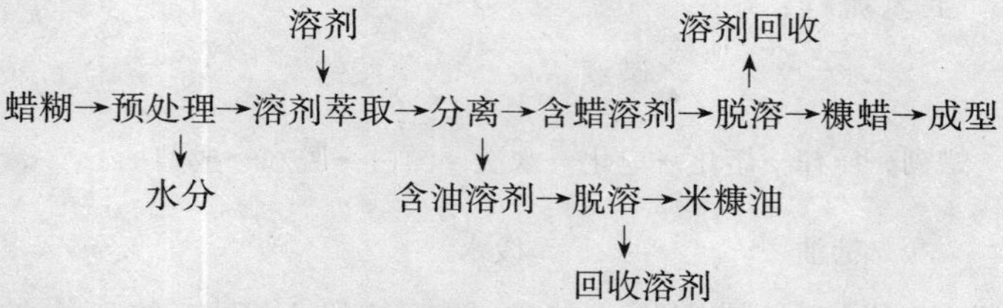

以上两类方法，根据所用溶剂的不同，工艺参数也不同。

5.6 高级脂肪醇的制取

5.6.1 高级脂肪醇的性质和用途

含有十二个碳原子以下的一元醇，称为低级烷醇，十二个碳原子以上的饱和一元醇，称为高级烷醇。这里所指高级脂肪醇(Higher aliphatic alkanol)一般为碳原子数为22到38个的脂肪伯醇，有二十二烷醇、二十四烷醇、二十六烷醇、二十七烷醇、二十八烷醇、二十九烷醇、三十烷醇、三十二烷醇和三十四烷醇。二十二烷醇可用于抑制前列腺肿瘤，二十四烷醇可增强神经因子的机能，二十六烷醇可用于降血脂，二十八烷醇具有抗疲劳降血脂和增强性功能的功效。三十烷醇是公认的植物生长调节剂，具有促进动物生长的效果。高级脂肪醇(C_{22}～C_{34})，尤其是其中的二十八烷醇和三十烷醇，主要存在于糠蜡、小麦胚芽油、蜂蜡、蔗蜡等天然产物中。由于植物油料中二十八烷醇和三十烷醇的来源广泛，本章主要介绍二十八烷醇和三十烷醇的制备。

1）高级脂肪醇的存在和性质

(1) 高级脂肪醇的存在

有关报道指出，动物脂质中含有蜡及游离脂肪醇，一般情况下，人、鱼类、甲壳类动物的内脏脂质中脂肪醇含量比皮脂中低，但有一共同点是其高级醇含量较低，几乎不存在二十八、三十等长碳链脂肪醇。动物脂质主要有羊毛蜡、蜂蜡和虫胶蜡。羊毛蜡中蜡酯占73%，水解后得到脂肪酸为碳数14～20的饱和脂肪酸，以及碳数为16、20、30的羟基脂肪酸。碳数为16、22、26、28等脂肪醇类，约占总醇类的1.6%，其中二十八烷醇含量较少。

蜂蜡中由脂肪酸与长链脂肪醇所形成的酯约占蜂蜡的70%，其中主要是棕榈酸三十醇酯。蜂蜡经过精制后脂肪醇含量约在55%～60%。

植物脂质中脂肪醇一般以结合状态存在，在自然界存在极为广泛，几乎遍及一切生物。它一般以蜡酯形式存在于自然界中。许多植物的叶、茎、果实或表皮，如苹果、葡萄、广枣 南酸枣果实、苜蓿、甘蔗、核桃楸叶、小麦和大米等食物蜡中，均含有三十烷醇。富含三十烷醇的蜡酯有米糠蜡、甘蔗蜡、亚麻杆蜡、高粱蜡、豌豆表皮蜡、虫白蜡、蜂蜡、葡萄表皮蜡、小烛树蜡、巴西棕榈蜡、向日葵蜡、虫胶蜡、鲸蜡、鱼卵脂质、羊毛蜡等，其中，以米糠蜡较佳，其次为虫白蜡、蜂蜡、甘蔗蜡等。三十烷醇即是这类高级醇典型代表，天然存在特长链脂肪族正构一元伯醇，此类高级醇游离态存在极少，绝大部分以脂肪酸酯形态出现。

日本研究者对常见植物中部分高级脂肪醇分布情况作了研究。见表5-22。

表5-22 常见植物中部分高级脂肪醇分布情况

来 源	部 位	相对含量/%		
		二十六烷醇	二十八烷醇	三十烷醇
榛 子	胚芽	39.2	60.8	
	脱胚果仁	17.0	63.6	19.3
	种皮	29.7	70.3	
	果壳	28.6	51.0	20.4

续表

来源	部位	相对含量/%		
		二十六烷醇	二十八烷醇	三十烷醇
樱桃	胚芽	25.0	35.0	40.0
花生	胚芽	18.5	50.6	30.9
	脱胚果仁	29.5	70.5	
	种皮	25.3	52.5	22.2
	果壳	10.7	23.9	65.4
杏仁	胚芽	47.3	52.7	
	脱胚果仁	21.5	65.1	13.4
	种皮	28.6	54.4	16.8
松子	脱胚果仁	25.6	74.4	
	果壳	10.7	76.1	13.2
葵花籽	胚芽	24.5	57.9	17.6
	脱胚果仁	25.9	74.1	
	种皮	29.3	60.2	15.5
玉米	胚芽	17.8	82.2	
	脱胚果仁	33.2	55.4	11.4
小麦	胚芽	17.6	20.5	61.9
大米	胚芽	13.5	35.4	51.1
梅脯	果肉	25.3	65.9	8.8
	种子	42.3	57.9	
葡萄干	果肉	16.2	41.9	41.9
榛子	油	46.4	53.6	
花生	油	35.3	50.3	14.4
杏仁	油	56.3	43.7	
松子	油		29.4	70.1

一些植物油中也含有部分的高级脂肪醇。菜籽油中约含有 0.1%～0.5%不皂化物，其蜡酯的脂肪醇组成为：脂肪醇 C_{22}醇 2.5%，C_{24}醇 15.0%、C_{26}醇 28.2%、C_{28}醇 22%、C_{30}醇 13.2%、C_{32}醇 5.1%。米糠油精炼过程中得到糠蜡，是以高级脂肪酸与高级一元醇所组成的酯的混合物。米糠蜡水解，可得 C_{24}～C_{36}长链脂肪醇，组成为：C_{24}醇6.57%，C_{26}醇10.47%，C_{28}醇 12.73%，C_{30}醇 21.47%，C_{32}醇 15.45%，C_{34}醇 16.41%。

(2) 高级脂肪醇的性质

二十八烷醇(octacosand)是由 28 个碳原子组成的长链脂肪醇，化学名二十八烷醇-1 或正二十八烷醇，也称蒙旦醇(montanyl alcohol)，日本称高粱醇(korany alcohol)。其化学式为：$CH_3(CH_2)_{26}CH_2OH$。以高级脂肪酸结合成酯的形式存在于各种植物蜡和虫蜡中，如苜蓿蜡、糠蜡、蔗蜡、棉蜡、玉米蜡、苹果蜡中存在较多的游离态二十八烷醇。纯品为白色鳞片状晶体，$d=0.7830\ g/cm^3$，熔点为83.2～83.4℃。几乎不溶于水，也难溶于冷乙醇，易溶于热乙醇、苯、乙醚、氯仿、二氯甲烷、四氢呋喃等溶剂。对光、空气、碱和还原剂稳定，不吸潮，能发生酯化、脱水和硫醇化等反应。

三十烷醇(1-Tacontanol)，是由30个碳原子组成的直链脂肪醇，分子链长6.7 nm。化学名称为三十烷醇-1或正三十烷醇，简称三十醇或TA，又称蜂花醇。其化学式为：$CH_3(CH_2)_{28}CH_2OH$。与高级脂肪酸结合成酯存在于各种植物蜡和虫蜡中，如苜蓿蜡、糠蜡、棉蜡、玉米蜡、苹果蜡、茉莉花蜡和茶叶蜡中，但也有游离存在的，例如蔗蜡。三十烷醇纯品为白色鳞片状晶体，$d=0.7770\ g/cm^3$，熔点为85.5～86.5℃。几乎不溶于水(高温时在水中溶解度为9×10^{-14} g/L)，也难溶于冷乙醇，苯；溶于乙醚、氯仿、二氯甲烷及热苯、四氢呋喃。对光、空气、碱均稳定。它具有伯醇的性质，可被氧化成高级脂肪酸，后者无活性。

2) 高级脂肪醇的用途

1937年，美国伊利诺伊大学的Cureton T. K博士发现小麦胚芽油具有显著的增强体力和耐力的作用，并在随后的工作中发现其中含有一种特殊的化学物质——二十八烷醇，猜想可能是引起这些生理作用的原因，在其后的二十年里，Cureton博士利用天然的和合成的二十八烷醇对动物和894名受试者经过42个项目的实验，得出结论：二十八烷醇是一种生物活性物质，它具有增加体力、耐力、精力，提高反应灵敏度，提高应急能力，促进激素作用，减少肌肉疼痛，改善心肌功能，降低收缩期血压，提高机体代谢率的生理功能。研究发现二十八烷醇是降血钙素形成促进剂，可用于治疗血钙过多的骨质疏松；可治疗高胆固醇和高脂蛋白血型；刺激动物及人类的性行为，有消炎、防治皮肤病(如脚气、湿疹、瘙痒、粉刺等)的功效。含二十八烷醇的化妆品有促进皮肤的血液循环和活化细胞的作用。对畜禽的作用主要表现为：提高肠胃的吸收能力；增强新陈代谢的功能；增强机体的抗寒抗病能力；降低饲料耗量；增加体重。试验表明，它是一种天然的抗疲劳物质，具有增进体能、提高人体耐力、改进新陈代谢比率、减少必要的需氧量及刺激性激素等多种功能。在美国、日本等国家，二十八烷醇已被广泛应用于功能性食品和各种营养补助品、医药、化妆品、高档饲料中。

1977年，美国密执安州立大学Rise教授等人报道了三十烷醇对植物的生理效应。作为一种新的、天然存在的植物生长促进剂，其对于植物的作用主要表现在：促进生根、发芽、开花、茎叶生长和早熟；可提高叶绿素含量、增强光合作用。在作物生长前期使用，可提高发芽率、改善秧苗素质、增加有效分蘖；在生长中、后期使用，可增加花蕾数、座果率及千粒重。三十烷醇无毒，无公害，被广泛用于玉米、水稻、高粱、小麦、花生、茶叶、蘑菇等作物上，是近年来为世界上许多国家所重视的一种新型天然植物生长调节剂。

三十烷醇对畜禽的作用与二十八烷醇一样。

5.6.2 高级脂肪醇的制备

1) 高级脂肪醇的制备方法

天然长链脂肪醇制取，一般为通过蜡分解，再利用现代方法提取脂肪醇。可以采用的分解方法有：

① 皂化分解蜡，提取脂肪醇；

② 醇解蜡，提取脂肪醇；

③ 酶催化分解蜡，提取脂肪醇。

采取的提取方法有：

① 溶剂萃取法；

② 超临界萃取法；

③ 真空蒸馏法；

④ 分子蒸馏法。

2）高级脂肪醇的制备

(1) 以米糠蜡为原料生产高级脂肪醇

以米糠蜡为原料生产三十烷醇的工艺流程示意图如下：

碱（↓皂化）　氯化钙（↓静置置换）　甲醇（↓静置置换）　丙酮（↓萃取）　酸（↓酸化水洗）　水（↓酸化水洗）　石油醚（↓结晶）

糠蜡→皂化→静置置换→萃取→冷析过滤→酸化水洗→真空分馏→结晶→高级脂肪醇

（↓静置置换）皂　（↓萃取）脂肪酸钙　（↓冷析过滤）滤液　（↓真空分馏）其他脂肪醇　（↓结晶）溶液回收

① 皂化

将米糠蜡在碱性水溶液中加热皂化，碱液用 18～20°Bè 的氢氧化钠，超碱量取 50%～100%，皂化温度 90～100℃，皂化时间 12 h，使糠蜡中的脂肪酸变成钠皂。

② 静置置换

皂化后物料缓慢搅拌，保温静置 36 h，脂肪醇游离出来。为了便于脂肪醇的溶剂萃取，加入氯化钙饱和溶液，使钠皂置换成钙皂。$CaCl_2$与 NaOH 的摩尔比为 1∶2，在 85～90℃的温度下，充分搅拌反应 2 h，然后在 90～100℃的温度下水洗至废水液呈中性透明。水洗后进行干燥，干燥温度保持在 110～120℃，时间 4～6 h，所得固体物质为脂肪醇与脂肪酸钙混合物，粉碎过筛以备下道工序使用。

③ 萃取、冷析过滤

脂肪醇和植酸钙混合物用丙酮在 45～50℃下萃取，分离出脂肪酸钙。丙酮用量为物料的 6～10 倍，萃取时间为 12～16 h，萃取后冷析 10～12 h，终温保持在 10～15℃，然后过滤，得到的粗品进行真空干燥，残压为 21.3～8.0 kPa，干燥温度 60℃，滤液加热回收溶剂。

④ 酸化水洗

将萃取后得到的粗脂肪醇在 100℃下用 36%的盐酸酸化，使 pH 值为 2～3，酸化 2 h，用 90～100℃的热水洗涤至中性，然后进行干燥。酸化水洗处理可除去少量杂质，如烃、甾醇、脂肪酸、蜡、皂及钠盐等，得到较纯净的脂肪醇。

⑤ 真空分馏

经过酸化水洗的脂肪醇含高级脂肪醇在 20%左右，为了提高三十烷醇的纯度，采用高真空蒸馏脱除其他组分，可以得到含高级脂肪醇较高的馏分，操作压力为 5.3～1.3 kPa。

⑥ 结晶

将真空分馏得到的以高级脂肪醇为主的馏分在 60～70℃下溶解于石油醚或苯，冷却结晶，终温在 10℃以下，然后在 15℃左右过滤，高级脂肪醇晶体在 60℃左右真空干燥，同时回收溶剂。得到的高级脂肪醇结晶品含三十烷醇在 75% 以上，滤液回收溶剂后得到低熔点脂肪醇。

(2) 以蜂蜡为原料提取高级脂肪醇

工艺流程如下：

蜂蜡→皂化（加碱）→静置置换（加氯化钙；分出皂）→萃取（加丙酮；分出脂肪酸钙）→真空分馏→结晶（加石油醚；分出其他脂肪醇）→高级脂肪醇（溶液回收）

① 皂化

蜂蜡熔化后加一定量的 NaOH 和水，在一定温度和压力下皂化一定时间后冷却。由于蜂蜡的主要成分为高级脂肪酸与高级脂肪醇所形成的酯，皂化反应比较困难，许多学者对皂化工艺进行了改进，俞善信等利用三相催化制取三十烷醇，使皂化时间从 36 h 缩短至4 h。黄泽兴报道了米糠蜡在氢氧化钠水溶液中皂化时，加入少量相转移催化剂，如季铵盐或冠醚(0.5%～5%)，反应在 2 h 内即可完成。不仅简化了操作，而且三十烷醇的收率也略有提高。陈红艳利用微波协助水解米糠蜡也取得了一定效果。

② 静置置换

将上述制备的产物加入氯化钙溶液，搅拌使之沉淀完全，减压过滤，滤饼用水洗涤，干燥、冷却后粉碎，得脂肪酸钙和高级脂肪醇的混合物。

③ 萃取

皂化过的蜂蜡为高级脂肪醇和高级脂肪酸的钠盐混合物，高级脂肪酸钠可溶于水，可将该混合物与不溶于水的有机溶剂混合，用水洗去高级脂肪酸钠，蒸出溶剂即可，常用的有机溶剂为苯或己烷；也可以将高级脂肪酸钠转化为水不溶的钙盐，用乙醇或丙酮提取。

(3) 混合脂肪醇的分离

蜂蜡经皂化萃取后得到碳数在 22～32 的一系列脂肪醇，由于相对分子质量相近，分离难度较大，目前分离高级脂肪醇的方法主要有重结晶法、分子蒸馏法和色谱分离法。工业上目前主要采取结晶法分离。

① 结晶法

该方法使用乙醇和碱水溶液加热，回流搅拌，皂化反应数小时使蜂蜡皂化完全。加入苯、己烷等有机溶剂，用水反复洗涤除去脂肪酸钠，将苯层溶解的高级脂肪醇冷却析出，然后用有机溶剂反复重结晶，对于三十烷醇含量较高的蜂蜡材料，经混合溶剂反复结晶 2～4 次，三十烷醇的含量可达 85%以上，总醇收率约 20%，花廷钊采用苯和庚烷混合溶剂，保温结晶纯化方法，可得正-三十烷醇含量为 95%左右的产品，得率 0.26%～5%。侯宗福利用多次重结晶得到含量为 78.46%的二十八烷醇，收率 1.65%。

② 色谱法

杨云等编的《天然药物化学成分提取分离手册》一书中就介绍过用硅胶层析的方法分离三十烷醇、三十二烷醇、二十八烷醇。色谱法分离文献报道不多，其虽然分离效果好，但分离产量低，另外，由于产物在紫外区无吸收，使产品检测也比较困难。制备色谱是一种高效的分离仪器，随着制备色谱技术的发展，用制备色谱可以制备出较大量的高纯度的产品。

③ 分子蒸馏法

分子蒸馏是指在 0.1～100 Pa 的高真空度下，利用液体混合物中各分子运动自由程的不同，在液-液状态下实现分离操作的连续蒸馏技术。分子蒸馏实现了远低于沸点下的蒸馏操作，该技术加热时间短，操作压强低，分离程度高，能大幅度降低高沸点物料的分离成本，极好地保护热敏性物质的品质，在生物活性组分的分离方面显现出强劲的优势。陈芳等利用分子蒸馏对米糠中的二十八烷醇精制工艺进行了研究，给出了较好的工艺参数；王兴国申请了利用超声处理结合分子蒸馏提纯米糠中的三十烷醇的专利；王鸿雁利用分子蒸馏法对超临界 CO_2 流体萃取出的混合高级脂肪醇进行分离，可以使二十八烷醇和三十烷醇得到初步的分离，二十八烷醇的相对含量达到 27.8。多级蒸馏对分离高碳脂肪醇有明显的作用，两次分子蒸馏，二十八烷醇的相对含量达到 31.0。对工业品三十烷醇经过三级分子蒸馏，可使样品中的杂质二十八烷醇脱除达 33.3%，收率为 54%。

5.7 木脂素的提取

5.7.1 木脂素的性质与用途

1) 木脂素的结构及分类

木脂素(lignan)是由苯丙素(C_6-C_3)单体氧化聚合而成的天然产物，通常是二聚体，少数为三聚体和四聚体。苯丙素类单体主要是肉桂酸和苯甲酸及其羟甲基衍生物。肉桂酸类有肉桂酸、咖啡酸、香豆酸、阿魏酸以及芥子酸等，而苯甲酸类包括苯甲酸、羟苯甲酸、绿原酸、香草酸以及丁香酸等。

根据国际纯粹化学和应用化学会(IUPAC)对木脂素命名的建议，以 C_6-C_3 为单体，苯环部分与丙基相连的碳原子编号为 1，苯环编号依次为 1—6，丙基部分与苯环相连的碳原子编号为 7，丙基碳原子依次编号为 7—9，第二个 C_6-C_3 单体的碳原子编号加上“′”。如果苯丙素类单体之间的连接形式为两个 C_6-C_3 单元的 8—8′连接，该木脂素类化合物为木脂素(lignan)。如果苯丙素类单体之间的连接形式为两个 C_6-C_3 单元的非 8—8′连接，该木脂素类化合物为新木脂素(neolignan)。如果苯丙素类单体之间的连接形式不是 C—C 连接，而是以 C—O—C 连结，即醚键连接，该类物质称氧新木脂素(oxyneolignan)。分子中其他附加环、取代变化和立体异构，仍以标准的有机化学命名法命名。含氧基团的位置，双分子连接的桥头碳编号均采用最小可能数。

木脂素类物质结构见图 5-62。

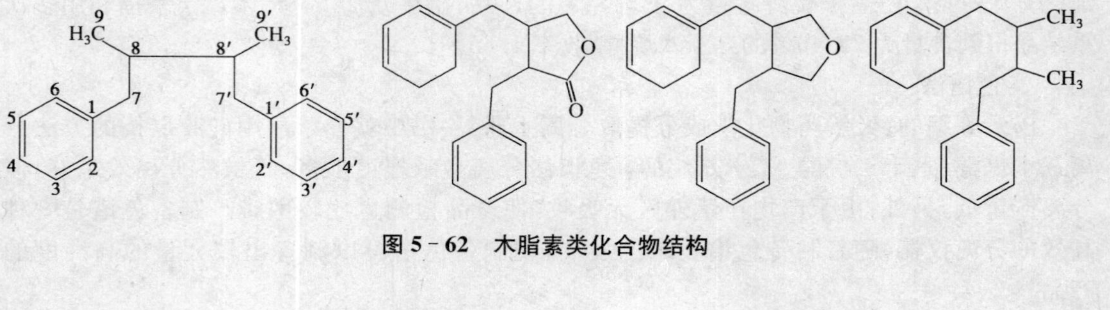

图 5-62 木脂素类化合物结构

新木脂素类化合物结构和氧新木脂素类化合物结构见图 5－63。

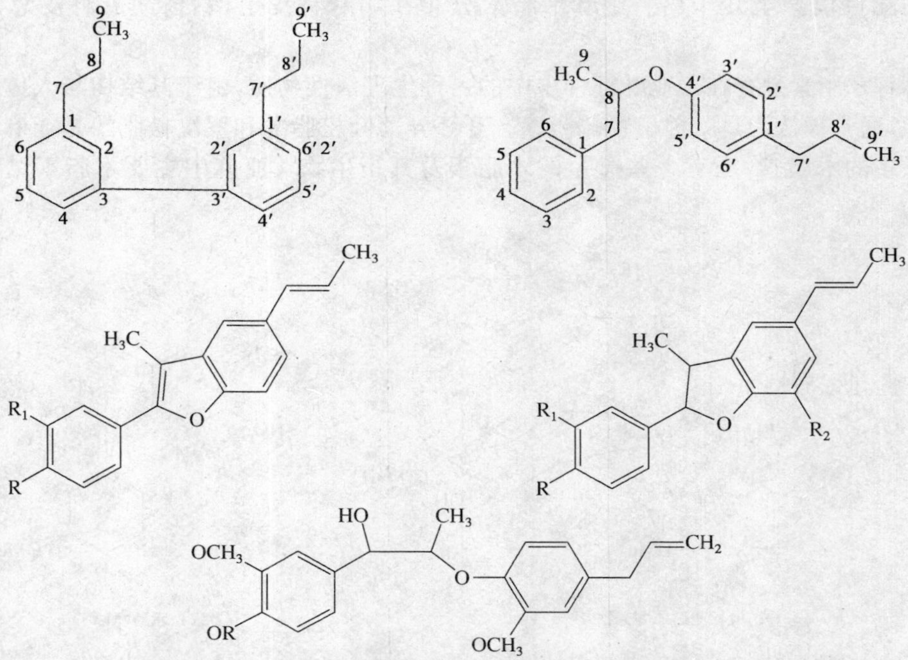

图 5－63　新木脂素类化合物结构和氧新木脂素类化合物结构

根据木脂素的来源，可以将木脂素化合物分为植物来源的木脂素和动物来源的木脂素。

植物木脂素分布于植物体内，是一类植物小相对分子质量次生代谢物，在体内大多呈游离状态，也有与糖结合成苷存在于植物的树脂状物质中。木脂素常见于夹竹桃科、爵床科、马兜铃科植物中，广泛分布于植物的根、根状茎、茎、叶、花、果实、种子以及木质部和树脂等部位。因为从木质部和树脂中发现较早，并且分布较多，故而得名木脂素。木脂素在亚麻、谷类、一些含油种子、水果和蔬菜中含量较高。木脂素的积累与物种的抗逆性息息相关。

木脂素也可分类为游离的脂溶性的木脂素（lignan）和含配糖体的水溶性的木脂素（lignan glucoside）。

油料种子、谷物和水果、蔬菜中都含木脂素，但不同的报道，差异较大。品种、产地、气候、生长期、成熟程度、加工方法、贮藏条件等都会对木脂素的含量产生影响。

开环异落叶松脂酚（secoisolariciresinol，SECO）和罗汉松脂酚（matairesinol，MAT）是植物中 2 种含量最多的木脂素。植物体中还有一些微量的木脂素及其衍生物，如松脂酚（pinoresinol，PRS），落叶松脂酚（lariciresinol，LCS），异落叶松脂酚（isolariciresinol，ILC）、紫丁香脂酚（syringaresinol，SYG）、脱水开环异落叶松脂酚（anhydrosecoisolariciresinol，ASECO）和羟基罗汉松脂酚（7－hydroxymatairesinol，HMR）。亚麻籽（linum usitatissimum）是含木脂素最高的植物种子，研究证明，胡麻籽中含有 6.1～13.3 mg/g 的开环异落叶松脂酚二葡萄糖苷（SDG），开环异落叶松脂酚（SECO）含量高达 3.23 mg/g，脱脂胡麻籽含有 11.7～24.1 mg/g 的开环异落叶松脂酚二葡萄糖苷（SDG），其他谷物的开环异落叶松脂酚二葡萄糖苷的含量仅为 2～7 mg/g。亚麻籽在植物中 SDG 含量最丰富，远远超过其他食用植物的几百倍甚至几千倍。亚麻木脂素分布在胡麻籽皮上，它占胡麻籽皮总质量的 2%以上。

亚麻籽木脂素是存在于亚麻籽种皮中的一种生理活性物质，由于其结构与人体雌激素十分相似，通常被认为是一种植物雌激素。开环异落叶松脂酚和罗汉松脂酚是亚麻籽中两种含量最多的木脂素，还有一些微量的木脂素及其衍生物。亚麻中主要木脂素结构见图 5-64。

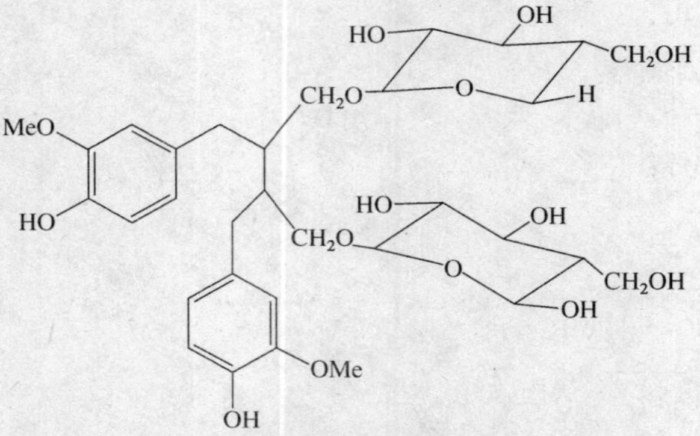

开环异落叶松脂酚二葡萄糖苷(SDG)

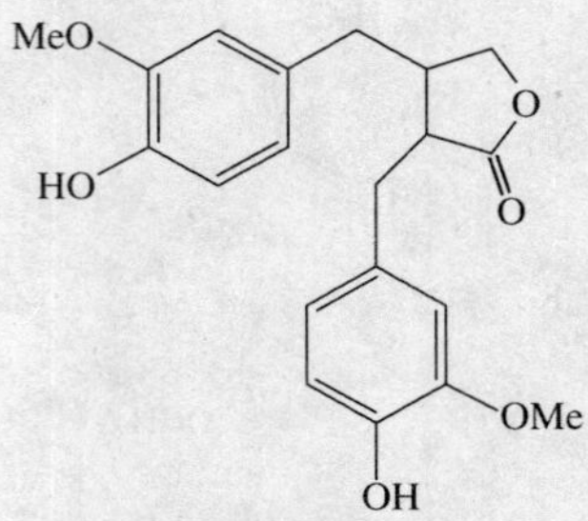

罗汉松脂酚(MAT)

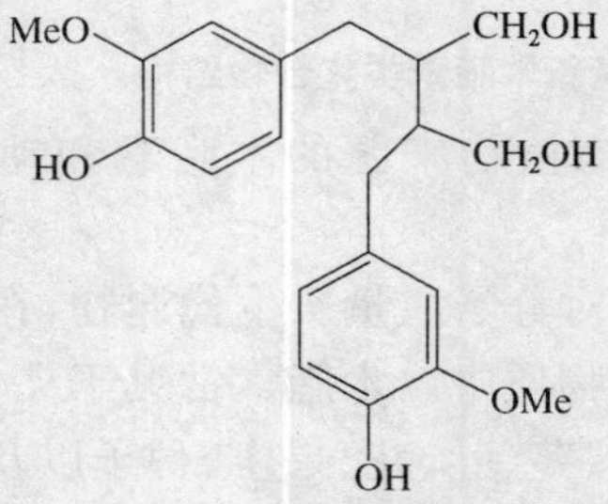

开环异落叶松脂酚(SECO)

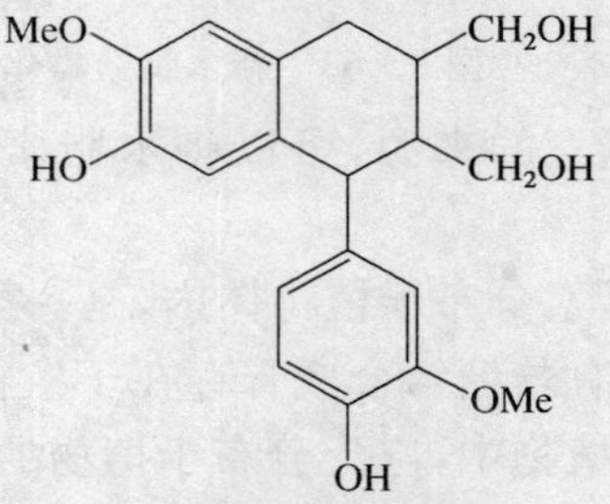

异落叶松脂酚(ILC)

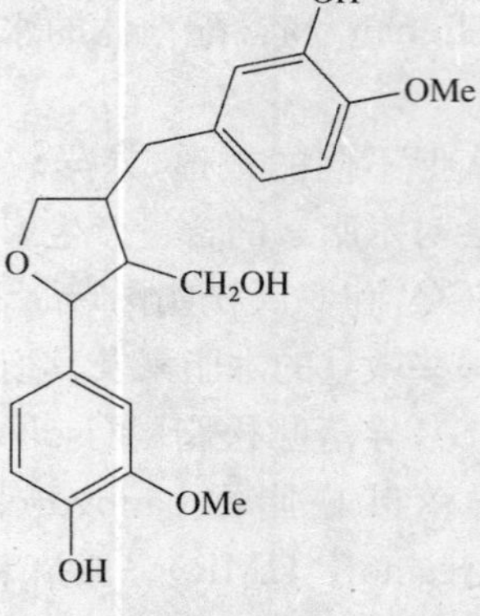

落叶松脂酚(LCS)

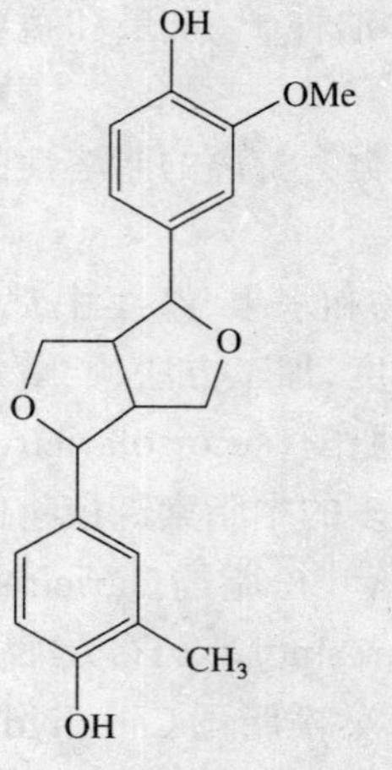

松脂酚(PRS)

图 5-64 亚麻中的主要木脂素结构式

芝麻中木脂素类物质属于呋喃骈呋喃木脂素物质。脂溶性的木脂素(lignan)包括芝麻素(sesamin)、芝麻酚(sesamol)、芝麻素酚(sesaminol)、芝麻林素(sesamolin)、芝麻林素酚(sesamolinol or P2)、P1、松脂醇(pinoresinol)及 sesangolin。而水溶性的木脂素(lignan glucoside)则是和 1～3 个葡萄糖相连形成的极性较强的糖苷,因而易溶于水,在芝麻油中含量甚微,主要包括 sesaminol glucoside、sesamolinol glucoside、pinoresinol glucoside 及 P1 glucoside 等。

芝麻中主要木脂素物质结构见图 5 - 65。

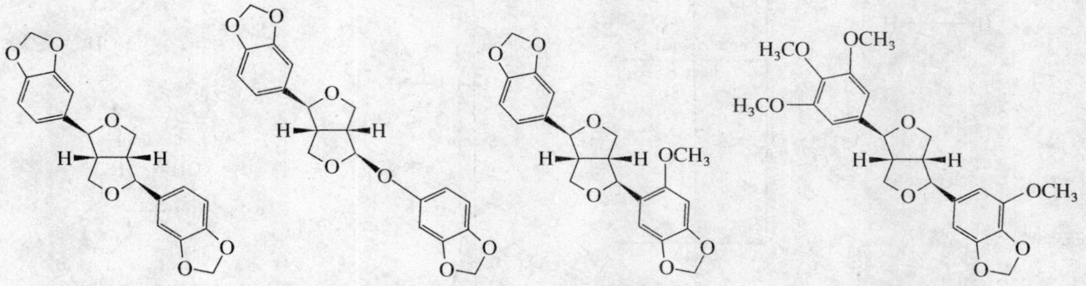

图 5 - 65 芝麻中主要木脂素结构式

芝麻油中含量较多的木脂素为芝麻素和芝麻林素,芝麻素在芝麻种子中含量为 0.2%～0.5%,在芝麻油中的含量为 0.4%～1.0%;芝麻林素在芝麻种子中约为 0.1%～0.3%,在芝麻油中的含量为 0.2%～0.4%。而芝麻中的强抗氧化成分芝麻酚在芝麻油中的含量约为 0.005%～0.01%,其他几种木脂素的含量更低,而且主要以配糖体的形式存在。

Toru 等人经过研究发现,不同品种的芝麻籽中芝麻素含量差异较大,就连同一株上的芝麻籽也有差异,生长在主干中上部的芝麻籽所含芝麻素含量最高,接近底部的最低。研究表明,芝麻素和芝麻酚在芝麻籽完全成熟之前转变成了其他物质。芝麻油具有特征的紫外(UV)吸收,这是因为芝麻油含有芝麻素、芝麻林素和芝麻酚,其含量和吸收特性见表 5 - 23。

表 5 - 23 芝麻油中芝麻素、芝麻林素、芝麻酚的浓度及其吸收特性

参 数	芝麻素	芝麻林素	芝麻酚
浓度/(mg/100 g 油)	293～885	123～459	痕量～5.6
λ_{max}/nm	287	288.5	296
ε_{max}	23.0	21.8	29.7
λ_{max}/nm	236	235	233
ε_{max}	26.0	24.9	21.2

芝麻油中的芝麻林素对热不稳定,在不同的加热条件下,会有三种转变模式,如图 5 - 66。因此,经过精炼的芝麻油,其中的芝麻林素的含量会降低,而芝麻酚的含量则会升高。

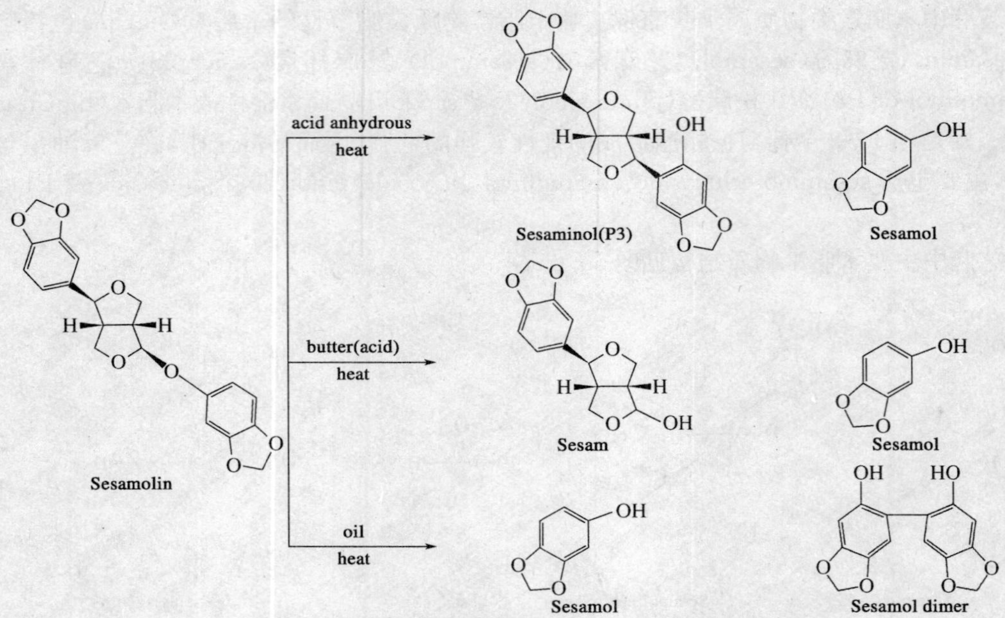

图 5 - 66　sesamolin 在不同加热条件下的转变模式

存在于植物中的木脂素化合物不是活性植物雌激素，此类物质只有经肠道代谢为所谓的哺乳动物木脂素后，才显出一定的雌激素活性。

动物木脂素是植物木脂素在动物肠道内菌落作用下的代谢产物，分布于动物的血清、血浆、尿液和粪便中，主要的哺乳动物木脂素有肠二醇和肠内脂，见图 5 - 67。

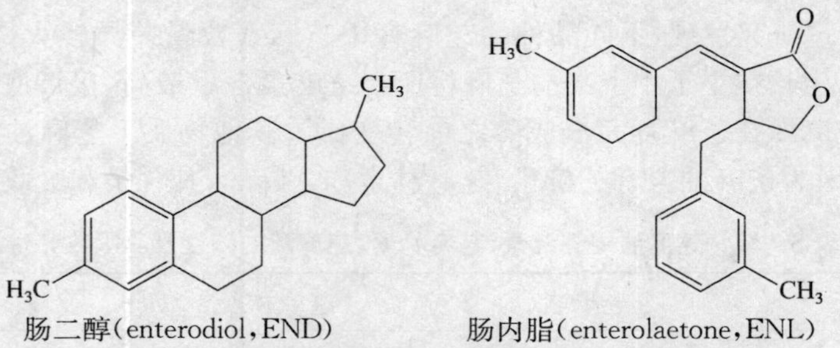

肠二醇（enterodiol，END）　　肠内脂（enterolaetone，ENL）

图 5 - 67　肠二醇和肠内酯结构式

2）木脂素的性质

一些木脂素分子中具有多个手性碳原子或手性中心结构，所以大部分都有光学活性。许多木脂素类成分在受到酸碱作用后很容易发生异构化，转变成立体异构体。此外，双环氧木脂素类常具有对称结构，在酸的作用下，呋喃环上的氧原子与苄基碳原子之间的键易于开裂，在重新闭环时构型即发生了变化。某些木脂素类遇到酸后还能引起结构的重排。

木脂素多数为无色或白色结晶，一般无挥发性，少数能升华。游离的木脂素难溶于水，能溶于苯、氯仿、乙醚、乙醇等。含配糖体的苷水溶性大，并易被酶或酸水解。木脂素分子结构中常含醇羟基、酚羟基、甲氧基、亚甲二氧基及内脂环等一些官能团，因此这些木脂素具有这些官能团所具有的化学性质。

3）木脂素的用途

木脂素类化合物具有广泛的生物活性，如抗肿瘤、抗氧化、降压、镇静和保肝等，并可用作植物萌发抑制剂、生长抑制剂和杀菌剂等。

(1) 抗病毒活性

木脂素是一大类天然存在的具有抗病毒活性的化合物，20 世纪 90 年代被发现源自天然植物体内的木脂素具有抗 HIV 的特性。Ma C J，Sung S H，Kim Y C 从日本榧树 Torreya nucifera 树皮的甲醇提取物中获得 5 个木脂素类化合物（—）- arctigenin（7c），（—）- traxillagenin（7d），（—）- 4′- demethyltraxillagenin（7e），arctiin（7f）和 traxillaside（7g），它们对小鼠皮层细胞中谷氨酸盐诱导的神经毒性具有保护作用。其 B 环具有 3，4 - 2 二甲氧基苯基的 7c，表现出对神经保护活性，而 4′-位羟基的成苷对神经保护活性的影响很小。7c 还具有抗病毒作用，能抑制 HIV 病毒反转录酶的产生，即在病毒生命周期开始前（未发生 HIV 病毒 DNA 合成及蛋白质溶解时）就起作用，抑制 HIV - 1 整合酶和拓扑异构酶Ⅱ的活性。7c、7d 和 7e 具有保肝功能，可降低一些物质对肝细胞的损伤。

(2) 抗肿瘤作用

鬼臼类木脂素（podophyllum）是一类具有显著抗肿瘤活性的天然产物。人们发现 etposide 和 teniposide 经临床测试具广谱抗癌活性，对小细胞肺癌、白细胞癌、淋巴肉瘤、神经质瘤、霍杰金氏症等多种癌症有特殊疗效。

(3) 抗肝炎作用

Akimoto 等用小白鼠研究了 sesamin 对乙醇引起的白鼠肝障碍的改善效果，结果显示，芝麻素摄取组（1%）血清中的 GOT、GPT 以及 T - BIL 等明显受到抑制，而且其脂肪的蓄积量也减少。过量地摄入乙醇往往会引起脂肪酸代谢的障碍，使肝脏内脂肪蓄积，最终导致肝功能障碍。而芝麻素可促进脂肪酸的 β 氧化，能起到抑制乙醇危害的作用。西岛等进行动物实验研究，结果表明芝麻素能促进增加肝脏的总谷胱甘肽过氧化物酶以及谷胱甘肽- S -转移酶（GST）的活性，于是推测，芝麻素抑制血浆中的 LPO 上升主要是通过诱导增加肝脏脱毒酶活性而起作用。Kanae Yamashita 等学者也发现 sesamin 可增加血液中的 α - Tocopherol 和降低肝脏中 tempol，具有很强的抗氧化和保护肝脏的作用。

来源于植物 Silvbum amarianum L 的二氧六环木脂素如 silybin 56 和 americanin A 47 有抗肝炎活性。我国临床报道，五味子能增强肝脏解毒，明显降低肝炎患者的谷丙转氨酶（SGPT），总有效率为 84%～98%。

(4) 抗氧化作用

Afaf Kamal-Eldin 等人评估了芝麻林素和芝麻酚与芝麻油稳定性之间的相互关系，含有芝麻林素和芝麻酚的食用芝麻油能抑制自动氧化，其 POV 值不增加，甚至在油活化 94 h 后其 POV 值仍小于 2.5 mmol/kg。很多学者针对 sesaminol 的抗氧化活性作了一系列探讨，得到下列主要结论：sesaminol 能抑制 ADF - Fe^{3+} /nadph 所导致的微粒体的过氧化反应。Sesaminol 对于 2，2 - azobis - amidinopropane - hydrochloride（AAPH）所诱导的过氧自由基具有优越的清除能力，其效果优于 α - Tocopherol 及 probucol。此外，sesaminol 能有效地抑制 Cu^{2+} 所诱导的 LDL 过氧化反应。Kang 等人指出喂食老鼠 1%的 sesamolin 后，以 HPLC 分析表明，sesaminol 具有强抗氧化能力。而以硫代巴比妥酸反应物质（TBARS）来评估不同的 lignan 在老鼠肝脏中抑制脂质过氧化能力，结果显示，sesamol、sesaminol、sesamolinol、pinoresinol、

BHT、probucol 及 α－Tocopherol 均能有效抑制脂质过氧化作用的发生且效果相当，而 sesamin 与 sesamolin 无法抑制肝脏中的脂质过氧化作用。

从五味子果实中分离出来的五味子乙素对原代培养的大鼠肝细胞脂质过氧化具有较好的抗氧化作用，使脂质过氧化产物丙二醛的生成和乳酸脱 MDA 氢酶及丙氨酸转氨酶的释放减少，细胞膜保持 ldhalt 的完整，明显提高了肝细胞的存活率。

(5) 调节脂质代谢

Sakayu Shimizu 等人的研究表明 sesamin 和芝麻中的其他木脂素一样是 Δ5 去饱和酶的抑制剂，Δ5 去饱和酶是 DGLA(dihomo－γ－linolenic acid or 20：3)转变 AA(arachidonic acid or 20：4)的酶催化剂，他们发现小白鼠在喂食芝麻油后，菌丝体中的 DGLA 的含量显著升高，而 AA 的含量反而降低，能够抑制微生物和动物体内多不饱和脂肪酸的生物合成。Michihiro Sugano 和 Tshutomu Inoue 的研究结果也证明有 DGLA 的升高和 AA 的降低，表明木脂素影响着亚油酸酯代谢的过程，调节着体内脂质的代谢。

(6) 雌性激素作用

木脂素是一类具有弱雌性雌激素和抗雌激素特性的植物雌激素，能双向调节人体内雌激素水平，显示弱的雌激素或抗雌激素的效应。人体缺乏雌激素时，木酚素可以与细胞上的雌激素受体起作用，减轻妇女更年期综合征；当人体内雌激素水平过高时，它能占据雌激素受体，抑制雌激素的作用，刺激肝脏合成雌激素结合蛋白(SHBG)而加速雌激素的消除。

亚麻籽中的开环异落叶松树脂酚二葡萄糖苷，临床及动物模型实验证实其具有调节雌激素水平的作用，同时还具有抗癌作用，对狼疮性肾炎、心血管疾病、糖尿病亦有治疗作用。

(7) 在农业生产上的应用

木脂素也可用于植物源农药应用与农业生产。木脂素是植物的抗毒素和昆虫的拒食剂，具有植物毒性和细胞毒性，是植物防御病虫害的化学物质。此外，木脂素还参与植物的生长调控。对脱氧鬼臼毒素和鬼臼毒素的杀虫活性测试表明，它们对菜青虫有较强的胃毒和拒食作用。作用机理可能为阻断取食信息的传入或者激活抑食信息的输入而表现出拒食活性，破坏昆虫的消化道，并抑制中肠淀粉酶而表现出上吐下泻的异常症状，最后因大量失水而使试虫呈僵直干缩状态。

5.7.2 木脂素的制取

(1) 溶剂提取法

亚麻木脂素为无色晶型，溶于水、甲醇、含水甲醇和丙醇，易在酸性条件下水解，或被酶水解。水解后得到开环异落叶松脂酚。因此为了得到高纯度的产品，从亚麻饼粕中提取木脂素，需要水解，以去处非木脂素部分物质。水解可以在碱性条件下进行。

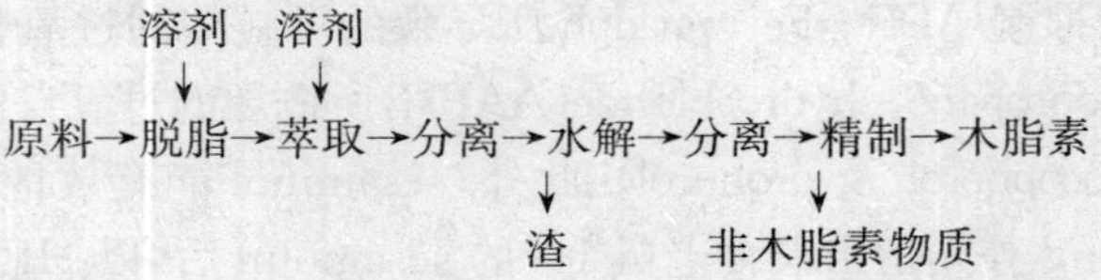

Sheng 等将脱脂亚麻籽用二氧杂环乙烷和乙醇萃取，在含有甲醇钠的无水甲醇中皂化，混合物在真空下浓缩成浆状物，再用硫酸酸化，并用 $CHCl_3$ 和水饱和的正丁醇萃取 3 次，正

丁醇层在真空浓缩，用硅胶柱层析，先用 $CHCl_3-CH_3OH-H_2O$ 洗脱再用 $CHCl_3/CH_3OH$ 梯度洗脱，得到 SDG。Westcott 等采用低级脂肪醇为溶剂，先从脱脂亚麻籽中提取木脂素，经过滤、浓缩、碱催化水解，再将得到的浓缩物分离、离子交换树脂富集和层析法分离，最后得到纯度大于 90%的木脂素。刘大川用亚麻作原料，利用含水乙醇作溶剂，在碱性条件下水解，经硅胶柱纯化，得到亚麻木脂素纯度达 90%的产品。

芝麻中的木脂素提取则不需要水解。K. P. Suja 等以芝麻饼为原料，用甲醇提取，然后用不同极性溶剂进行多次萃取，最终得到木酚素含量达 12%～15%的木酚素提取物，提取物中主要是芝麻素。K. P. Suja 等以芝麻粕为原料，以甲醇为提取剂，用索氏法提取，过滤，在真空或氮气保护下脱去溶剂，干燥得到提取物。通过高效液相分析，提取物含有15.4%的木酚素。Ananthasankaran Jayalekshmy 等采取同样的提取工艺得到芝麻素粗品。Ralph L 等以芝麻油为原料，用 γ-丁内酯提取。然后冷却，离心，分层。γ-丁内酯层减压蒸馏除去，用石油醚洗涤，静止，沉淀物再用氢氧化钙或氢氧化钠等进行皂化，加适量的水，调节 pH，用硝基甲烷萃取。萃取液减压蒸馏除去溶剂，再用异辛烷洗涤，然后再用醇溶液回流提取，冷却，得到芝麻素晶体。冯志勇以芝麻油为原料，用乙醇水溶液提取，用柱色谱对芝麻素粗提物进行分离，经高效液相色谱检测，芝麻素的纯度为 94.6%。在此条件下得到的芝麻素粗品经以氯仿-二乙醚为展开剂薄层色谱分离，可得到纯的芝麻素单体。

(2) 溶剂提取重结晶法

Mervat A 等以芝麻油为原料，用丙酮提取，提取液冷冻，分步重结晶，得到纯度在 90%以上的芝麻素。青岛幸弘、中井正晃发明了简单并且高效地精制异芝麻素的方法。将含芝麻素类混合物加热溶解于适当的水性介质中，通过缓慢冷却、重结晶，可获得纯度较高的异芝麻素。刘元法等以芝麻油为原料，乙醇萃取，上层液旋转蒸发除去溶剂后得芝麻素富集物。加入一定量洗涤溶剂，在一定温度下、密闭容器中搅拌，抽滤后滤液自然结晶，过滤、干燥，得芝麻素粗品。然后采用丙酮-异丙醇进行重结晶纯化，芝麻素相对含量达到 94%。

(3) 超临界萃取法

黄文田、梁明、谢春英、袁雨婕、宁德山和葛发欢研究了以芝麻油为原料，使用超临界二氧化碳萃取芝麻素的方法，并且研究了夹带剂对萃取芝麻素的影响，结果表明，超临界二氧化碳能较大程度萃取、浓缩芝麻素。

张令莉、郑永杰和任桂兰用超临界二氧化碳萃取芝麻油。然后用无水乙醇提取芝麻油中的芝麻素，再用石油醚洗涤自然结晶得到的芝麻素粗品，抽滤、结晶、过滤，减压干燥，得到芝麻素粗品。芝麻素的相对含量为 94.4%。

(4) 其他提取方法

张文斌等人采用微波辅助提取法，从脱脂亚麻籽壳中提取亚麻木酚素，与常规溶剂提取法和索氏提取法相比，微波辅助提取法显著提高了亚麻籽木酚素的得率，缩短了提取时间。

杨宏志利用溶剂法提取亚麻籽中木脂素，并用中空纤维超滤膜超滤木脂素提取液，建立平均渗透通量的数学模型。

6 产品检测方法

6.1 油脂化学品

6.1.1 肥皂

肥皂主要检测指标有游离苛性碱含量、总游离碱含量、总碱量和总脂肪物含量、水分和挥发物含量、乙醇不溶物含量、氯化物含量、不皂化物和未皂化物含量、磷酸盐含量等。现介绍游离苛性碱含量、总游离碱含量、总碱量和总脂肪物含量、不皂化物和未皂化物含量的测定方法。

1) 肥皂中游离苛性碱含量的测定(QB/T 2623.1—2003)

本方法适用于普通性质的脂肪酸钠皂(以 NaOH 计),不适用于钾皂,也不适用于复合皂。

(1) 原理

将肥皂溶解于中性乙醇中,然后用盐酸乙醇标准滴定溶液滴定游离苛性碱。

(2) 试剂与材料

除非另有说明,在分析中仅使用确认为分析纯的试剂和蒸馏水或去离子水或相当纯度的水。

无水乙醇;

0.1 mol/L 氢氧化钾乙醇溶液:称取 8 g 氢氧化钾,置于聚乙烯容器中,加入少量水(约 5 mL)溶解,用乙醇(95%)稀释至 1 000 mL,密闭放置 24 h,用塑料虹吸管吸上层清液至另一聚乙烯容器中;

0.1 mol/L 盐酸乙醇标准滴定溶液:按附录配制及标定;

10 g/L 酚酞指示液:称取 1 g 酚酞,溶于乙醇(95%),用乙醇(95%)稀释至 100 mL。

(3) 仪器

锥形烧瓶,配回流冷凝器,250 mL;

回流冷凝器,6 个球;

封闭电炉,配有温度调节器。

(4) 试样的制备和保存

将供试验用肥皂样品,通过每块的中间互相垂直切三刀分成八份,取斜对角的两份切成薄片、捣碎,充分混合,装入洁净、干燥、密封的容器内备用。

(5) 分析步骤

称取试样约 5 g(精确至 0.001 g)放于锥形烧瓶中。在一空锥形烧瓶中加入无水乙醇 150 mL,连接回流冷凝器。加热至微沸,并保持 5 min,驱赶二氧化碳。移去冷凝器,使其冷却至约 70℃。加入酚酞指示剂 2 滴,用氢氧化钾乙醇溶液中和至溶液呈淡粉色。

将上述处理好的乙醇倾入盛试样的锥形烧瓶中,连接锥形烧瓶与回流冷凝器。缓缓煮沸至肥皂完全溶解,使其冷却至约 70 ℃。以盐酸乙醇标准滴定溶液滴定至如同中和乙醇时呈现的淡粉色为终点,维持 30 s 不褪色。

同一样品进行双样平行测定。

(6) 结果计算

肥皂中游离苛性碱的质量百分含量,用氢氧化钠的质量百分数(NaOH,%)表示,按下式计算:

$$\text{游离苛性碱(NaOH,\%)}=\frac{0.040\times V\times c}{m}\times 100$$

式中:V——耗用盐酸乙醇标准滴定溶液的体积,mL;

c——盐酸乙醇标准滴定溶液的浓度,mol/L;

0.040——试验中以克表示的氢氧化钠的毫摩尔质量,g/mmol;

m——试样的质量,g。

以两次平行测定结果的算术平均值表示至小数点后两位作为测定结果。

在重复性条件下获得的两次独立测定结果的绝对差值不大于 0.04%,以大于 0.04%的情况不超过 5%为前提。

附录 0.1 mol/L 盐酸乙醇标准滴定溶液的配制及标定

1. 试剂

无水碳酸钠,基准试剂;盐酸;95%乙醇;溴甲酚绿-甲基红混合指示液。

2. 配制

量取盐酸 9 mL,注入 95%乙醇 1 000 mL 中,摇匀。

3. 标定

称取于 270~300℃灼烧至恒重的无水碳酸钠 0.2g(精确至 0.000 1 g)溶于 50 mL 水中,加溴甲酚绿-甲基红混合指示液 10 滴,用配制好的盐酸溶液滴定至溶液由绿色变为酒红色,煮沸 2 min,冷却后继续滴定至溶液再呈酒红色为终点。同时作空白试验。

4. 计算

盐酸乙醇标准滴定溶液浓度 $c(HCl)$,单位为摩尔每升(mol/L),按下式计算:

$$c(\mathrm{HCl})=\frac{m}{(V_1-V_2)\times 0.052\,99}$$

式中:$c(HCl)$——盐酸乙醇标准滴定溶液之物质的量浓度,mol/L;

V_1——盐酸乙醇标准滴定溶液用量,mL;

V_2——空白试验盐酸乙醇标准滴定溶液用量,mL;

0.052 99——与 1.00 mL 盐酸标准滴定溶液[$c(HCl)=1.000$ mol/L]相当的以克表示的无水碳酸钠的质量;

m——无水碳酸钠质量，g。

平行试验不得少于八次，两人各作四平行，每人四平行测定结果的极差与平均值之比不得大于0.1%。两人测定结果平均值之差不得大于0.1%，结果取平均值。浓度值取四位有效数字。

2）肥皂中总游离碱含量的测定（QB/T 2623.2—2003）

总游离碱是指游离苛性碱和游离碳酸盐类碱的总和。其结果一般对钠皂用氢氧化钠（NaOH）的质量百分数表示，对钾皂用氢氧化钾（KOH）的质量百分数表示。

（1）原理

溶解肥皂于乙醇溶液中，用已知的过量酸溶液中和游离碱，然后用氢氧化钾乙醇溶液回滴过量的酸。

（2）试剂与材料

除非另有说明，在分析中仅使用确认为分析纯的试剂和蒸馏水或去离子水或相当纯度的水。

95%乙醇，新煮沸后冷却，以碱中和至对酚酞呈现淡粉色；

硫酸，$c(1/2H_2SO_4)=0.3$ mol/L 标准滴定溶液；

氢氧化钾，$c(KOH)=0.1$ mol/L 乙醇标准滴定溶液；

酚酞，10 g/L 指示液；

百里香酚蓝，1 g/L 指示液：称取 0.1 g 百里香酚蓝，溶于乙醇（95%），用乙醇（95%）稀释至 100 mL。

（3）仪器

锥形烧瓶，250 mL，具有锥形磨口；

回流冷凝器，水冷式，下部带有锥形磨砂接头；

微量滴定管，10 mL。

（4）试样的制备和保存

同“游离苛性碱含量的测定”中试样的制备和保存。

（5）分析步骤

称取试样约 5 g（精确至 0.001 g）放至锥形烧瓶中。加乙醇 100 mL 至试样，连接回流冷凝器。徐徐加热至肥皂完全溶解，然后精确加入硫酸标准滴定溶液 10.0 mL（对有些总游离碱含量高的皂样，硫酸标准滴定溶液体积可适当增加），并微沸至少 10 min，稍冷后，趁热加入酚酞指示剂 2 滴，用氢氧化钾乙醇标准滴定溶液滴定至呈现淡粉色为终点，维持 30 s 不褪色。

注：如带色皂的颜色会干扰酚酞指示剂的终点，可采用百里香酚蓝指示剂。

同一样品进行双样平行测定。

（6）结果计算

肥皂中总游离碱的质量百分含量对钠皂而言用氢氧化钠的质量百分数（NaOH，%）表示，按下式计算：

$$总游离碱(NaOH,\%)=\frac{0.040\times(V_0\times c_0-V_1\times c_1)}{m}\times100$$

肥皂中总游离碱的质量百分含量对钾皂而言用氢氧化钾的质量百分数（KOH，%）表示，按下式计算：

$$总游离碱(KOH,\%)=\frac{0.056\times(V_0\times c_0-V_1\times c_1)}{m}\times100$$

式中：V_0——在测定中加入的硫酸标准溶液的体积，mL；

c_0——所用硫酸标准溶液的摩尔浓度，mol/L；

V_1——耗用氢氧化钾乙醇标准滴定溶液的体积，mL；

c_1——所用氢氧化钾乙醇标准滴定溶液的摩尔浓度，mol/L；

0.040——试验中以克表示的氢氧化钠的毫摩尔质量，g/mmol；

0.056——试验中以克表示的氢氧化钾的毫摩尔质量，g/mmol；

m——试样质量，g。

以两次平行测定结果的算术平均值表示至小数点后两位作为测定结果。

在重复性条件下获得的两次独立测定结果的绝对差值不大于0.05%，以大于0.05%的情况不超过5%为前提。

3) 肥皂中总碱量和总脂肪物含量的测定(QB/T 2623.3—2003)

总碱量是指在规定条件下，可滴定出的所有存在于肥皂中的各种硅酸盐、碱金属的碳酸盐和氢氧化物，以及与脂肪酸和树脂酸相结合成皂的碱量的总和。所得结果可根据是钠皂还是钾皂分别用氢氧化钠或氢氧化钾的质量百分数表示。

总脂肪物是指在规定条件下，用无机酸分解肥皂所得水不溶脂肪物。总脂肪物除脂肪酸外，还包括肥皂中不皂化物、甘油酯和一些树脂酸。

干钠皂是指总脂肪物的钠盐表示形式。

(1) 原理

用已知体积的标准无机酸分解肥皂，用石油醚萃取分离析出的脂肪物，用氢氧化钠标准滴定溶液滴定水溶液中的过量酸，测定总碱含量。蒸出萃取液中的石油醚后，将残余物溶于乙醇中，再用氢氧化钾标准滴定溶液中和脂肪酸。蒸出乙醇，称量所形成的皂来测定总脂肪物含量。

(2) 试剂和材料

除非另有说明，在分析中仅使用确认为分析纯的试剂和蒸馏水或去离子水或相当纯度的水。

丙酮；

石油醚，沸程30～60℃，无残余物；

95%乙醇，新煮沸后冷却，以碱中和至对酚酞呈中性；

硫酸或盐酸，$c(1/2H_2SO_4)$或$c(HCl)=1$ mol/L标准滴定溶液；

氢氧化钠，$c(NaOH)=1$ mol/L标准滴定溶液；

氢氧化钾，$c(KOH)=0.7$ mol/L乙醇标准滴定溶液；

甲基橙，1 g/L溶液：称取0.1 g甲基橙，溶于70℃的水中，冷却，稀释至100 mL；

酚酞，10 g/L指示液；

百里香酚蓝，1 g/L指示液。

(3) 仪器

烧杯，高型，100 mL；

分液漏斗，500 mL 或 250 mL；

萃取量筒，配有磨口玻璃塞，Φ39 mm，高 350 mm，250 mL；

水浴，可控制温度；

烘箱，可控制在(103±2)℃；

索氏抽提器。

(4) 试样的制备和保存

同上述试验中试样的制备和保存。

(5) 分析步骤

同一样品进行双样平行测定。

称取皂样(精确至 0.001 g)，参考如下：

洗衣皂：5 g；

(半)透明皂：4.5 g；

香皂：4.2 g。

溶解试样于 80 mL 热水中。用玻璃棒搅拌使试样完全溶解后，趁热移入分液漏斗或萃取量筒中，用少量热水洗涤烧杯，洗涤水加到分液漏斗或萃取量筒中。加入几滴甲基橙溶液，然后一边摇动分液漏斗或萃取量筒，一边从滴定管准确加入一定体积的硫酸或盐酸标准滴定溶液使过量约 5 mL。冷却分液漏斗或萃取量筒中物料至约 30～40℃，加入石油醚 50 mL，盖好塞子，握紧塞子缓慢地倒转分液漏斗或萃取量筒，逐渐打开分液漏斗的旋塞或萃取量筒的塞子以泄放压力，然后关住，轻轻地摇动，再泄压。重复摇动直到水层透明，静置分层。

在使用分液漏斗时，将下面水层放入第二只分液漏斗中，用石油醚 30 mL 萃取。重复上述操作，将水层收集在锥形瓶中，将三次石油醚萃取液合并在第一只分液漏斗中。

在使用萃取量筒时，利用虹吸作用将石油醚层尽可能完全地抽至分液漏斗中。用石油醚 50 mL 重复萃取两次，将三次石油醚萃取液合并于分液漏斗中。将水层尽可能完全地转移到锥形瓶中，用少量水洗涤萃取量筒，洗涤水加到锥形瓶中。

加 25 mL 水摇动洗涤石油醚萃取液多次，直至洗涤液对甲基橙溶液呈中性。一般洗涤三次即可。

注：每次洗涤后至少静置 5 min，等两液层间有清晰的分界面才能放出水层。最后一次洗涤水放出后，将分液漏斗急剧转动，但不倒转，使内容物发生旋动，以除去附在器壁上的水滴。

将石油醚萃取液的洗涤液定量地收集入已盛有水层液的锥形烧瓶中。

① 总碱量的测定

用甲基橙溶液作指示剂，用氢氧化钠标准滴定溶液滴定酸水层和洗涤水的混合液。

② 总脂肪物含量的测定

将水洗过的石油醚溶液仔细地转入已称量的平底烧瓶中，必要时经干滤纸过滤，用少量石油醚洗涤分液漏斗 2～3 次，将洗涤液过滤到烧瓶中，注意防止过滤操作时石油醚的挥发，用石油醚彻底洗净滤纸。将洗涤液收集到烧瓶中。

在水浴上使用索氏抽提器几乎抽提掉全部石油醚。将残余物溶解在乙醇 10 mL 中，加酚酞溶液 2 滴，用氢氧化钾乙醇标准滴定溶液滴定到稳定的淡粉红色为终点，记下所耗用的体积。

注：如带色皂的颜色会干扰酚酞指示剂的终点，可采用百里香酚蓝指示剂。

在水浴上蒸出乙醇，当乙醇快蒸干时，转动烧瓶使钾皂在瓶壁上形成一薄层。

转动烧瓶，加入丙酮约 5 mL，在水浴上缓缓转动蒸出丙酮，再重复操作 1～2 次，直至烧瓶口处已无明显的湿痕出现为止，使钾皂预干燥。然后在(103±2)℃烘箱中加热至恒重，即第一次加热 4 h，以后每次 1 h，于干燥器内冷却后，称量，直至连续两次称量差不大于0.003 g。

(6) 结果计算

① 总碱量

肥皂中总碱量对钠皂而言以氢氧化钠的质量百分数(NaOH，%)表示，按下式计算：

$$总碱量(NaOH,\%)=\frac{0.040\times(V_0\times c_0-V_1\times c_1)}{m}\times 100$$

肥皂中总碱量对钾皂而言用氢氧化钾的质量百分数(KOH，%)表示，按下式计算：

$$总碱量(KOH,\%)=\frac{0.056\times(V_0\times c_0-V_1\times c_1)}{m}\times 100$$

式中：V_0——在测定中加入的酸标准溶液的体积，mL；

c_0——所用酸标准溶液的摩尔浓度，mol/L；

V_1——耗用氢氧化钠标准滴定溶液的体积，mL；

c_1——所用氢氧化钠标准滴定溶液的摩尔浓度，mol/L；

0.040——试验中以克表示的氢氧化钠的毫摩尔质量，g/mmol；

0.056——试验中以克表示的氢氧化钾的毫摩尔质量，g/mmol；

m——试样质量，g。

以两次平行测定结果的算术平均值表示至小数点后一位作为测定结果。

总碱量也可用每克中的毫摩尔数(mmol/g)表示，如下式：

$$总碱量=\frac{V_0\times c_0-V_1\times c_1}{m}$$

在重复性条件下获得的两次独立测定结果的绝对差值不大于 0.2%，以大于 0.2%的情况不超过 5%为前提。

② 总脂肪物含量

肥皂中总脂肪物含量以质量百分数表示，按下式计算：

$$总脂肪物(\%)=[m_1-(V\times c\times 0.038)]\times\frac{100}{m_0}$$

肥皂中干钠皂含量以质量百分数表示，按下式计算：

$$干钠皂(\%)=[m_1-(V\times c\times 0.016)]\times\frac{100}{m_0}$$

式中：m_1——干钠皂的质量，g；

V——中和时耗用氢氧化钾乙醇标准滴定溶液的体积，mL；

c——所用氢氧化钾乙醇标准滴定溶液的摩尔浓度，mol/L；

0.038——试验中以克表示的钾、氢原子的毫摩尔质量之差(即 0.039～0.001)，g/mmol；

0.016——试验中以克表示的钾、氢原子的毫摩尔质量之差(即 0.039～0.023)，g/mmol；

m_0——试样质量，g。

以两次平行测定结果的算术平均值表示至整数个位作为测定结果。

在重复性条件下获得的两次独立测定结果的绝对差值不大于0.2%，以大于0.2%的情况不超过5%为前提。

4）肥皂中不皂化物和未皂化物的测定（QB/T 2623.7—2003）

本方法适用于测定肥皂中除游离脂肪酸外可溶解于石油醚（或正己烷）的不皂化物和未皂化物及可以皂化而未皂化物质的含量。

本方法不适用于甾醇或长链醇含量较多的肥皂，也不适用于含有香料的肥皂和复合皂。

（1）原理

萃取石油醚可溶物，然后用氢氧化钾溶液滴定萃取出的游离脂肪酸，将中和过的石油醚溶解物皂化，再用石油醚萃取不皂化物。

（2）试剂与材料

除非另有说明，在分析中仅使用确认为分析纯的试剂和蒸馏水或去离子水或相当纯度的水。

95%乙醇，新煮沸后稍冷，以氢氧化钾乙醇标准滴定溶液中和至对酚酞呈现淡粉色；

碳酸氢钠，10 g/L溶液；

石油醚，馏程30～60℃，无残余物，或正己烷（工业级）；

氢氧化钾，$c(KOH)=0.01$ mol/L乙醇标准滴定溶液，临用前，精确移取标定好的氢氧化钾乙醇溶液，稀释至10倍，必要时需重新标定；

氢氧化钾，2 mol/L乙醇溶液；

酚酞，10 g/L指示液。

（3）仪器

烧杯，250 mL；

分液漏斗，125 mL、500 mL；

磨口锥形瓶，100 mL、250 mL，带有回流冷凝器可与250 mL锥形瓶适配；

微量具塞滴定管，5 mL；

量筒，10 mL、50 mL；

移液管，10 mL；

烘箱，可控制温度在（103±2）℃。

（4）试样的制备和保存

同上述试验中试样的制备和保存。

（5）分析步骤

称取试样10 g放至250 mL烧杯中，称准至0.001 g。加入中性乙醇80 mL和碳酸氢钠溶液70 mL至试样，加热，使肥皂溶解，温度不高于70℃。

待肥皂完全溶解后，冷却溶液，将溶液定量地转移到500 mL分液漏斗中，用等体积中性乙醇和碳酸氢钠溶液的混合液冲洗烧杯数次，洗液并入分液漏斗中，每次加石油醚或正己烷70 mL剧烈振摇，萃取三次。合并萃取液，必要时过滤，再用等体积中性乙醇和水的混合液洗涤萃取液，直至对酚酞呈中性，每次用50 mL，一般洗涤三次。将萃取液定量转移到250 mL锥形瓶中，该锥形瓶已预先在（103±2）℃烘箱中干燥，在干燥器中冷却，称量。重复操作，直至两次相继称量间的质量差不大于 0.002 g。

注：皂样溶液中若有 Na_2SiO_3 析出，其萃取液混浊，在合并前应予以过滤。

在 70～80℃热水浴中蒸去溶剂，将烧瓶和残余物放在(103±2)℃烘箱中烘 1 h 后放在干燥器中冷却，称量(称准至 0.000 2 g)，再放入(103±2)℃烘箱中干燥 10 min，冷却、称量，重复操作，直至相继两次称量之差不大于 0.002 g，记录为 m_1。

用移液管移取中性乙醇 10 mL 至锥形瓶中，微热溶解残余物，以酚酞溶液作指示剂，立即用微量滴定管，以氢氧化钾乙醇标准滴定溶液滴定游离酸至溶液呈现淡粉红色为终点，记录耗用标准滴定溶液体积。

用量筒加入氢氧化钾乙醇溶液 10 mL，装上回流冷凝器，将溶液加热，回流 30 min，然后加入与溶液等体积的水，将溶液定量转移至 125 mL 分液漏斗中，用几毫升中性乙醇和水的混合液(1∶1)冲洗锥形瓶，洗涤液并入分液漏斗。每次用石油醚或正已烷 10 mL 萃取三次，合并萃取液，每次用中性乙醇和水的混合液(1∶1)10 mL 洗涤萃取液，直至对酚酞呈中性，一般洗涤三次即可。将此溶液定量地转移到已在(103±2)℃烘箱中烘干，并在干燥器中冷却后称量(称准至 0.000 2 g)的 100 mL 锥形瓶中，在 70～80℃水浴上蒸去溶剂。

如前，在(103±2)℃烘箱中干燥锥形瓶和残余物，在干燥器中冷却、称量，重复操作，直至相继两次称量之差不大于 0.002 g，记录为 m_2。

同一样品进行双样平行测定。

(6) 结果计算

① 肥皂中不皂化物和未皂化物的含量 X_1，以质量百分数表示，按下式计算：

$$X_1(\%) = \left(m_1 - \frac{c \times V \times M}{1\,000}\right) \times \frac{100}{m_0}$$

② 肥皂中不皂化物的含量 X_2，以质量百分数表示，按下式计算：

$$X_2(\%) = m_2 \times \frac{100}{m_0}$$

③ 肥皂中未皂化物的含量 X_3，以质量百分数表示，按下式计算：

$$X_3(\%) = \left(m_1 - \frac{c \times V \times M}{1\,000} - m_2\right) \times \frac{100}{m_0}$$

式中：c——滴定第一次萃取物所用的氢氧化钾乙醇标准滴定溶液摩尔浓度，mol/L；

V——滴定第一次萃取物所用的氢氧化钾乙醇标准滴定溶液体积，mL；

M——肥皂中脂肪酸的平均相对分子质量；

m_1——第一次萃取物质量，g；

m_2——第二次萃取物质量，g；

m_0——试样的质量，g。

注：肥皂中脂肪酸平均相对分子质量 M，一般用油酸相对分子质量代替，即 282；特殊需要可通过将除去不皂化物及未皂化物后的皂液，用无机酸酸化，再用标准碱溶液滴定离析出的脂肪酸来测得。两次测定结果之差应不大于 0.05%。

以两次平行测定结果的算术平均值表示至小数点后两位作为测定结果。

在重复性条件下获得的两次独立测定结果的绝对差值不大于 0.05%，以大于 0.05%的情况不超过 5%为前提。

6.1.2 工业硬脂酸

工业硬脂酸的质量指标(GB/ T 9104—2008)主要有碘值、皂化值、酸值、色泽、凝固点、水分、无机酸、灰分、组成等。现介绍碘值、皂化值、酸值、色泽、凝固点的测定方法。

1) 碘值的测定

碘值是指 100 g 硬脂酸试样所吸收的卤素,以相当量碘的克数表示。

(1) 原理

氯化碘与硬脂酸中不饱和酸起加成反应,用硫代硫酸钠标准滴定溶液滴定过剩的氯化碘和碘分子,计算出与硬脂酸中的不饱和酸反应所消耗的氯化碘相当的硫代硫酸钠标准滴定溶液的体积,再计算出碘值。反应式如下:

$$I_2+Cl_2 \longrightarrow 2ICl$$

$$RCH \cdot CHR_2+ICl \longrightarrow RCHI \cdot CHClR_2$$

$$ICl+KI \longrightarrow KCl+I_2$$

$$I_2+2Na_2S_2O_3 \longrightarrow 2NaI+Na_2S_4O_6$$

(2) 试剂

除非另有说明,在分析中仅使用确认为分析纯的试剂和蒸馏水或去离子水或纯度相当的水。

注:适用于本节所有试验。

乙酸;碘化钾,150 g/L 水溶液;盐酸,密度(ρ_{20})约 1.19 g/mL;硫酸;碘;淀粉指示液(10 g/L)。

环己烷-乙酸:(1+1)混合液(按体积)。

氯气,99.8%。或用盐酸滴加于高锰酸钾中,使生成的氯气通过盛有硫酸洗气瓶干燥的方法进行制备。

硫代硫酸钠,$c(Na_2S_2O_3)=0.1$ mol/L 标准滴定溶液。

氯化碘溶液(韦氏溶液):溶解 13 g 碘于 1 000 mL 乙酸中(溶解时略加热),然后置于 1 000 mL棕色瓶中。冷却后,倒出 100~200 mL 于另一棕色瓶中,置阴暗处供调整用。通入氯气至剩余的 800~900 mL 碘溶液中,至溶液由深色渐渐变淡直至呈橘红色透明为止。氯气通入量按校正方法校正后,用预先留存的碘溶液予以调整。校正方法:分别取碘溶液及新配制的韦氏溶液 25.0 mL,各加入碘化钾溶液 20 mL,再各加入蒸馏水 100 mL,用 0.1 mol/L硫代硫酸钠标准滴定溶液滴定至溶液呈淡黄色时,加淀粉指示剂 1 mL,继续滴定至蓝色消失为止。新配制的韦氏溶液所消耗的硫代硫酸钠标准滴定溶液的体积应接近于碘溶液的 2 倍。

(3) 仪器

碘量瓶,250 mL;具塞滴定管,25 mL,棕色;容量瓶,1 000 mL,棕色;移液管,10 mL、25 mL。

(4) 试验程序

称取干燥试样 2~3 g(称准至 0.001 g,根据碘值的高低,称量可增减),置于碘量瓶中,加入环己烷-乙酸溶液 20 mL。待试样溶解后,用移液管加入韦氏溶液 25.0 mL,充分摇匀后置于 25℃左右的暗处保存 30 min。然后将碘量瓶从暗处取出，加入碘化钾溶液20 mL，再加入蒸馏水 100 mL，用硫代硫酸钠标准滴定溶液滴定，边摇边滴定至溶液呈淡黄色时，加淀粉指示液 1 mL，继续滴定至蓝色消失为止。同时作空白试验。

(5) 结果计算

硬脂酸的碘值(IV)以克每百克(g/100g)表示，按下式计算：

$$IV = \frac{(B - S) \times c \times 0.126\,9}{m} \times 100$$

式中：B——空白试验所消耗硫代硫酸钠标准滴定溶液的体积，mL；

S——试样所消耗硫代硫酸钠标准滴定溶液的体积，mL；

0.126 9——碘原子的毫摩尔质量，g/mmol；

c——硫代硫酸钠标准滴定溶液的浓度，mol/L；

m——试样的质量，g。

以两次平行测定结果的算术平均值表示至小数点后两位作为测定结果。

在重复性条件下获得的两次独立测试结果的绝对差值不大于 0.05 g/100 g，以大于 0.05 g/100 g的情况不超过 5%为前提。

2) 皂化值的测定

皂化值是指在规定的试验条件下，皂化 1 g 硬脂酸试样所消耗的氢氧化钾毫克数。

(1) 试剂

氢氧化钾，$c(KOH)=0.5$ mol/L 乙醇溶液；

盐酸，$c(HCl)=0.5$ mol/L 标准滴定溶液；

酚酞指示液(10 g/L)。

(2) 仪器

锥形瓶，250 mL；具塞滴定管，50 mL；恒温水浴或电热板。

(3) 试验程序

称取 2 g 试样(称准至 0.001 g)放于锥形瓶中。用移液管加入氢氧化钾乙醇溶液 50.0 mL，然后装上回流冷凝管，置于水浴或电热板上维持微沸状态 1 h。勿使蒸气逸出冷凝管。取下后，加入酚酞指示液 6 滴，趁热以盐酸标准滴定溶液滴定至红色恰消失为止。同时作空白试验。

(4) 结果计算

硬脂酸的皂化值(SV)以毫克每克(mg/g)表示，按下式计算：

$$SV = \frac{(V_2 - V_1) \times c \times 56.1}{m}$$

式中：V_2——空白试验所消耗盐酸标准滴定溶液的体积，mL；

V_1——试样所消耗盐酸标准滴定溶液的体积，mL；

c——盐酸标准滴定溶液的浓度，mol/L；

56.1——试验中以克表示的氢氧化钾的摩尔质量，g/mol；

m——试样的质量，g。

以两次平行测定结果的算术平均值表示至小数点后一位作为测定结果。

在重复性条件下获得的两次独立测试结果的绝对差值不大于 1.0 mg/g，以大于

1.0 mg/g的情况不超过5%为前提。

3）酸值的测定

酸值是指中和1 g硬脂酸试样所消耗的氢氧化钾毫克数。

(1) 试剂

氢氧化钾，$c(KOH)=0.1$ mol/L乙醇标准滴定溶液；

95%乙醇，以酚酞作指示剂，用氢氧化钾溶液中和至淡粉色；

酚酞指示液(10 g/L)。

(2) 仪器

锥形瓶，200 mL；滴定管，50 mL。

(3) 试验程序

称取1 g试样(称准至0.000 1 g)放于锥形瓶中。加入乙醇约70 mL，加热使其溶解。加入酚酞指示液约6滴，立即以氢氧化钾乙醇标准滴定溶液滴定至呈淡粉色，维持30 s不褪色为止。

(4) 结果计算

硬脂酸的酸值(AV)以毫克每克(mg/g)表示，按下式计算：

$$AV=\frac{V\times c\times 56.1}{m}$$

式中：V——试样所消耗氢氧化钾标准滴定溶液的体积，mL；

c——氢氧化钾标准滴定溶液的浓度，mol/L；

56.1——试验中以克表示的氢氧化钾的摩尔质量，g/mol；

m——试样的质量，g。

以两次平行测定结果的算术平均值表示至小数点后一位作为测定结果。

在重复性条件下获得的两次独立测试结果的绝对差值不大于0.5 mg/g，以大于0.5 mg/g的情况不超过5%为前提。

4）色泽的测定

(1) 原理

根据脂肪酸与铂-钴标准色号有相似光谱吸收的特性，用分光光度计在一定波长下，测定一系列标准色度的吸光度，绘出工作曲线。在相同波长下测定试样的吸光度，对照已绘出的工作曲线，查得相应的脂肪酸色泽值。以铂-钴色度单位(Hazen)表示之。

(2) 试剂

六水合氯化钴($CoCl_2\cdot 6H_2O$)；氯铂酸钾；盐酸，密度(ρ_{20})约1.19 g/mL。

(3) 仪器

分光光度计，波长范围360～800 nm，附有10 cm比色池。

恒温水浴；烧杯，50 mL；容量瓶，1 000 mL。

(4) 程序

① 仪器使用

按使用说明书校正和操作仪器。

② 标准工作曲线

(a) 标准色度母液的制备

溶解六水合氯化钴 1.00 g 和氯铂酸钾 1.245 g 于 1 000 mL 容量瓶中，加入盐酸 100 mL，用水稀释至刻度，摇匀。

注：标准色度母液可以用分光光度计以 1 cm 比色池在波长 430 nm 处检查其吸光度。吸光度范围应为 0.110～0.120。

(b) 标准色度溶液的制备

将标准色度母液按表 6-1 所列的体积数分别移入 20 只 100 mL 容量瓶中，用蒸馏水稀释至刻度，摇匀，即成铂-钴标准色度溶液。

表 6-1 铂-钴标准色度溶液的配制

铂-钴色度单位/Hazen	5	10	15	20	25	30	35	40	50	60
吸取标准母液/mL	1	2	3	4	5	6	7	8	10	12
铂-钴色度单位/Hazen	70	100	150	200	250	300	350	400	450	500
吸取标准母液/mL	14	20	30	40	50	60	70	80	90	100

(c) 铂-钴色度单位(Hazen)—吸光度(A)标准工作曲线的绘制

将配制的 22 只铂-钴标准色度溶液，逐一置于 10 cm 比色池中。用蒸馏水作参比，以分光光度计在波长 420 nm 处测定其吸光度(A)。以铂-钴色度单位(Hazen)为纵坐标，吸光度(A)为横坐标，分两段绘制标准工作曲线，第一段色度值 0～60，第二段色度值 50～500。

③ 测定

将试样放入干燥洁净的 50 mL 的烧杯中，在水浴上加热至(75±5)℃，待全部熔化后，立即倒入预先在 75℃温热过的 10 cm 比色池中，进行测定，读出吸光度数值。以三次重复测定的平均值作为最后测定的结果。

注：因硬脂酸的凝固点较高，为保证试样的透光效果，可做一棉花布套，套在已倒入试样的比色池外，置于 75℃恒温烘箱中 10 min，取出后立即在已调节好的分光光度计上测量。

三次测定结果极差不大于 0.005。

④ 结果表示

将所测吸光度(A)平均值，在铂-钴色度单位(Hazen)—吸光度(A)标准工作曲线上查得相应的色度值；或将吸光度(A)平均值代入直线方程式，求得色度值，此值即为试样的色泽。

5) 凝固点的测定

凝固点是指按规定程序，硬脂酸冷却至熔点以下，凝固时达到的最高温度。

(1) 仪器

测定凝固点所用的仪器设备见图 6-1。

温度计，50～100℃，分度 0.1℃，需校准。

凝固管，直径约 25 mm，长 100 mm，离底部约 57 mm 处有一刻度，管口配有软木塞，软木塞有两孔，中间一孔插入温度计，另一孔插入玻璃(或不锈钢)搅拌器。

广口瓶，450 mL，瓶颈内径约 38 mm，瓶口配带有直径为 25 mm 孔的软木塞。

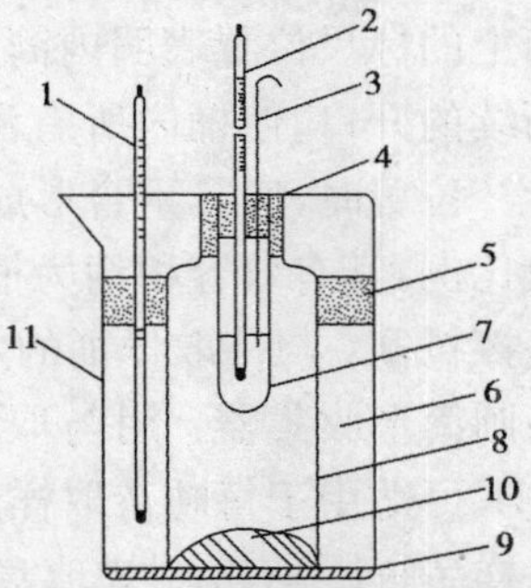

图 6-1 测定凝固点的仪器设备

1. 温度计；2. 精密温度计；3. 搅拌器；4、5、9. 软木塞(垫)；6. 水浴；7. 凝固管；8. 广口瓶；10. 重物；11. 烧杯

搅拌器,玻璃或不锈钢,下端弯成直径为 20 mm 的圆环与杆垂直。

(2) 程序

熔化约 30 g 试样,使其温度至少应高于凝固点 10℃。置于凝固管中至刻度,插入温度计和搅拌器,使温度计的水银球在刻度下约 45 mm 处。

置凝固管于有软木塞的广口瓶中,如图 6-1。保持水浴温度在 30℃左右,用套在温度计上的搅拌器以上下约 40 mm 的幅度均匀搅拌(80~100 次/min),并注意观察温度。当温度停止下降达 30 s 时,立即停止搅拌,并仔细观察温度的骤然上升。

(3) 结果表示

上升之最高温度,即为该试样的凝固点。

以两次测定结果的算术平均值表示至小数点后一位作为测定结果。

在重复性条件下获得的两次独立测试结果的绝对差值不大于 0.2℃,以大于 0.2℃的情况不超过 5%为前提。

6.1.3 甘油

甘油的主要质量指标(GB/ T 13216—2008)有外观、气味、色泽、甘油含量、密度、氯化物含量、硫酸化灰分、酸度或碱度、皂化当量、砷含量、重金属含量、还原性物质等。现介绍甘油色泽、含量、密度的测定方法。

1) 桶装甘油取样方法

本方法适用于桶内无固体沉淀或悬浮物的精制甘油。对因受冷冻结,温热后能恢复到原状的桶装精制甘油也可适用。

实验室测定用样品均按本方法制备和储存。

(1) 原理

用取样管从塞孔插入至桶底,从桶的整个深度采取样品,每个样桶采取等量样品。合并同批产品的所有样品,混合均匀,分样成需要份数的实验室样品。

(2) 仪器

取样管:由两个不锈钢或其他耐化学品材质的圆筒构成,内筒与外筒严密相配。两筒上各有两排交错断续的纵向槽,槽宽度占筒圆周长的四分之一,槽长度在筒的全长上四等分分布。内筒和外筒上的槽可由转动带有指针的内筒手柄而恰好重合或密封,指针指示配在外筒上的标尺位置表明内筒和外筒上槽的相对位置。在"灌装"位置时,内外槽形成两排交错断续的开口,使桶内所有深度的样品同时进入取样管内。内外筒底均钻有孔,当指针在"放空"位置时,底孔重合形成开口,而纵向槽保持密闭。取样管的长度应与待取样物料的深度成比例,其有效容积约为桶容积的 0.1%。

擦拭塞:与待取样桶的塞孔相配。

圆筒形收集器:用与取样管相同的材料制成,但最好是玻璃的,配备密封盖,容积约 1.5 L,可适用于每吨待取样产品。

样品瓶:具有磨砂玻璃塞或带聚乙烯垫密封盖的玻璃瓶,容积恰为制备的实验室样品注满。

(3) 程序

① 预防措施

由于甘油的吸水性很强,在取样、分析和储存样品时均应遵守如下预防措施,使样品避免湿气。

(a) 用于混合和储存样品的容器应为密封的，在灌装和采取各个样品的操作空间均应保持容器密闭；

(b) 取样时应尽可能遮蔽容器，尤其要防雨和其他意外的污染；

(c) 所有仪器和容器在使用时应清洁干燥；

(d) 由混合样分样得到的实验室样品应完全灌满样品瓶。

② 取样程序

将槽孔关闭的取样管通过擦拭塞插至桶底，旋转手柄使指针至“灌装”位置，开启纵向槽，待取样管充满后关闭槽孔，抽出取样管，借助紧靠擦拭塞擦净管外壁。

将充满甘油的取样管插入收集器，旋转手柄使指针至“放空”位置，放空取样管。以此方法从各个样桶依次采取等量样品，使总量大于需要量。两次放空操作的空间要保持收集器密闭。

将样品容器密闭，躺倒滚动，迅速混匀全部样品。立即取约 500 g（或其他需要量）样品，装入样品瓶内，如此制备需要份数的相同实验室样品。盖紧瓶塞或密封盖，用封口蜡（或胶）封口。粘贴样品标签，它包括样品名称、批号、规格、取样日期和取样人签名。

如样桶内的甘油已因受冷冻结，应先缓和加热和将桶躺倒滚动，使甘油解冻混匀后再按上述程序进行取样。

2) 色泽的测定

(1) 原理

将试样的颜色与铂-钴标准比色溶液的颜色目测比较，并以 Hazen（铂-钴色度）单位表示结果。

Hazen（铂-钴色度）单位：每升溶液含铂（以氯铂酸计）1 mg 及氯化钴六水合物 2 mg 时的色泽。

(2) 试剂

除非另有说明，在分析中仅使用确认为分析纯的试剂和蒸馏水或去离子水或纯度相当的水。

注：适用于本节所有试验。

六水合氯化钴（$CoCl_2 \cdot 6H_2O$）；氯铂酸钾（K_2PtCl_6）；盐酸，密度（ρ_{20}）约 1.19 g /mL。

(3) 仪器

分光光度计：波长范围 420～800 nm；

纳氏比色管：50 mL 或 100 mL，在底部以上 100 mm 处有刻线标记；

比色管架：通常比色管托板为白色，最好安装日光灯照明，提高观察颜色的效果。

(4) 程序

① 标准比色储备液的制备

在 1 000 mL 容量瓶中，溶解六水合氯化钴 1.00 g 和氯铂酸钾 1.245 g，加入盐酸溶液 100 mL，用水稀释至刻度，混合均匀，即为标准比色储备液。

标准比色储备液可以用分光光度计以 1 cm 的比色池按下列波长进行检查。其吸光度范围为：

波长(nm)	吸光度
430	0.110～0.120
455	0.130～0.145
480	0.105～0.120
510	0.055～0.065

② 铂-钴标准比色溶液的配制

在 15 个 100 mL 容量瓶中，分别加入如表 6－2 所示体积的标准比色储备液，用蒸馏水稀释至刻度，并摇匀。

表 6－2 标准比色储备液的配制

标准比色储备液体积/mL	1.0	2.0	3.0	4.0	5.0	6.0	7.0	8.0	9.0	10.0	12.0	14.0	16.0	18.0	20.0
Hazen 单位（铂-钴色度）	5	10	15	20	25	30	35	40	45	50	60	70	80	90	100

③ 铂-钴标准比色液的储存

标准比色储备液和标准比色溶液应放入具塞棕色玻璃瓶中，置于暗处。

储存的标准比色储备液，使用前检查溶液吸光度应在①所示的吸光度范围内，否则应重新配制。

标准比色溶液可保存一个月，但最好应用新鲜配制的。

④ 试验程序

向一支纳氏比色管中注入试样至刻度线，向一系列纳氏比色管分别注入不同的铂-钴标准比色溶液至刻度线，置于比色管架上。各管外套一黑纸筒，避免侧面光的影响。

比较试样与铂-钴标准比色溶液的颜色。比色时正对着以日光或日光灯照射的白色背景，从上往下观测，选定最接近的颜色。

⑤ 试验结果的表示

试样的色泽以最接近于试样的铂-钴标准比色溶液的 Hazen(铂-钴色度)单位表示。如果试样的色泽界于两铂-钴标准比色溶液之间，则以色泽较深的铂-钴比色溶液的 Hazen 单位表示。

3）20℃时密度的测定

(1) 原理

测量空比重瓶的质量和装满 20℃水的质量以测定比重瓶的容积，再测量比重瓶装满样品的样品质量，来计算甘油 20℃时的密度。

(2) 仪器设备

比重瓶：容量 25～50 mL，带有温度计。

恒温水浴：能保持 20℃恒温，准确至 0.1℃，容量 1 L 以上。

干燥器：内置变色硅胶。

分析天平：精度 0.2 mg。

(3) 程序

① 比重瓶校准

用重铬酸钾硫酸洗液、蒸馏水、乙醇、丙酮等依次仔细洗净比重瓶，晾干后，置于干燥器内 30 min 称量，称准至 0.000 2 g。将煮沸并冷却至温度稍低于 20℃的蒸馏水装满比重瓶，避免产生气泡。插入温度计，放入 20℃恒温水浴中，保持 30 min。用滤纸迅速吸去毛细管中溢出的水，盖上小帽，取出比重瓶，仔细擦干比重瓶的外表面，置于干燥器内 30 min 称量。由质量差计算比重瓶内装满水的表观质量(m_1)。

② 测定

用同一洁净、干燥的比重瓶按同一方法装满稍低于 20℃的甘油试样，进行测定。装注甘油试样时，应避免产生气泡。

(4) 试验结果的计算

① 计算方法

甘油在 20℃时的密度(ρ_{20})，单位为 g/mL，按下式计算：

$$\rho_{20} = \frac{m_2 + A}{m_1 + A} \times \rho_w$$

$$A = \rho_k \times m_1$$

式中：m_1——比重瓶灌满 20℃水的表观质量，g；

m_2——比重瓶灌满 20℃甘油样品的表观质量，g；

ρ_w——水在 20℃ 时密度，0.998 2 g/mL；

A——空比重瓶内充空气的质量，g；

ρ_k——在标准大气压下 20℃干燥空气的密度，0.001 2 g /mL。

以两次平行测定结果的算术平均值表示至小数点后四位作为测定结果。

② 不同温度时的密度换算

由温度 t_2 时的密度(ρ_{t_2}，g /mL)换算成温度 t_1(ρ_{t_1}，g /mL)时的密度，可按下式计算：

$$\rho_{t_1} = \rho_{t_2} + B\rho_{wt_1} \times (t_2 - t_1)$$

式中：ρ_{wt_1}——在温度 t_1 时水的密度，g/mL。(见表 6-3)

B——温度校正系数，℃$^{-1}$。甘油含量为 80%～100%时，B=0.000 615℃$^{-1}$。

表 6-3 水在不同温度时的密度

温度/℃	水的密度/(g/mL)
10	0.999 73
15	0.999 13
20	0.998 23
25	0.997 07
30	0.995 67

以两次平行测定结果的算术平均值表示至小数点后四位作为测定结果。

在重复性条件下获得的两次独立测试结果的绝对差值不大于 0.000 5 g/mL，以大于 0.000 5 g/mL情况不超过 5%为前提。

4）甘油含量的测定

测定甘油含量有密度法和滴定法。密度法适用于高含量精制甘油产品和纯甘油的水溶液；滴定法适用于各种甘油产品，但不适用于含有相邻碳原子上多于两个羟基的有机化合物的甘油产品，如糖类，因其也能氧化产生甲酸，干扰测定。

注：甘油中的非甘油有机物会使密度法结果偏高，而滴定法不受影响。

方法一　密度法

（1）原理

高含量精制甘油或纯甘油的水溶液，其甘油含量与密度呈对应关系，由测得的密度值查表或计算可得到甘油含量；在窄范围内甘油含量与密度呈线性关系，可由密度值用插入法计算确切的甘油含量。

（2）程序

按照上文密度测定方法测得甘油在20℃时的密度（ρ_{20}）。

（3）结果计算

甘油含量（C）以质量分数（%）表示，由测得的密度值（ρ_{20}）选用如下方式求得。

① 直接查表：若密度 ρ_{20} 恰为表6－4给出值，则从表6－4直接查得密度对应的甘油含量。

表6－4　甘油的密度和百分含量对照

密度（20℃）/（g/mL）	甘油/%	密度（20℃）/（g/mL）	甘油/%
1.261 10	100	1.208 50	80
1.258 50	99	1.205 75	79
1.255 90	98	1.203 05	78
1.253 35	97	1.200 30	77
1.250 80	96	1.197 60	76
1.248 10	95	1.194 85	75
1.245 60	94	1.192 15	74
1.243 00	93	1.189 40	73
1.240 35	92	1.186 70	72
1.237 70	91	1.183 95	71
1.235 10	90	1.181 25	70
1.232 45	89	1.178 50	69
1.229 90	88	1.175 75	68
1.227 10	87	1.173 00	67
1.224 45	86	1.170 25	66
1.221 80	85	1.167 50	65
1.219 15	84	1.164 75	64
1.216 50	83	1.162 05	63
1.213 80	82	1.159 30	62
1.211 15	81	1.156 55	61

② 若密度 ρ_{20} 介于表 6－4 中同温度两给出值之间，则可按下式计算确切的甘油含量。

$$C = C_1 + \frac{\rho_{20} - \rho_1}{\rho_h - \rho_1} \times (C_h - C_1)$$

式中：C_1——表 6－4 中对应于 ρ_1 的甘油含量，%；

ρ_{20}——甘油试样的密度测定值，g/mL；

ρ_1——表 6－4 中邻近测定值 ρ 的较低密度值，g/mL；

ρ_h——表 6－4 中邻近测定值 ρ 的较高密度值，g/mL；

C_h——表 6－4 中对应于 ρ_h 的甘油含量，%。

③ 若密度（ρ_{20}）在 1.229 9～1.261 1 g/mL（对应甘油含量 88.00%～100.00%）之间，可按下式计算确切的甘油含量。

$$A = 384.62\rho_{20} - 385.04$$

式中：ρ_{20}——甘油试样 20℃时的密度测定值，g/mL。

注：系数和常数由表 6－4 给出值演算而来。

以两次平行测定结果的算术平均值表示至小数点后一位作为测定结果。

方法二　滴定法（仲裁法）

（1）原理

在强酸介质中，甘油被过碘酸钠冷氧化，反应产生的甲酸以 pH 计指示，用氢氧化钠标准溶液滴定。

反应式为：$CH_2OH—CHOH—CH_2OH + 2NaIO_4 \longrightarrow HCOOH + 2HCHO + 2NaIO_3 + H_2O$

$$HCOOH + NaOH \longrightarrow HCOONa + H_2O$$

（2）试剂

蒸馏水：煮沸至少 10 min，以驱除二氧化碳。

乙二醇稀释溶液：1 体积不含甘油的乙二醇，用 1 体积水稀释。用酚酞作指示剂中和至刚好褪色。

硫酸：$c(1/2H_2SO_4)$＝0.1 mol/L 溶液。

甲酸钠（$NaCHO_2$）：68 g/L 溶液。

氢氧化钠：约 0.05 mol/L 溶液。

氢氧化钠：$c(NaOH)$＝0.125 mol/L 标准滴定溶液，无二氧化碳。

酚酞指示液：10 g/L 乙醇溶液。

高碘酸钠（$NaIO_4$）：60 g/L 酸性溶液。称取 60 g（准确至 0.1 g）高碘酸钠，溶于已加入 120 mL 硫酸溶液的约 500 mL 水中，边加入边冷却，转移到 1 000 mL 容量瓶中，用水稀释至刻度并混匀。如有必要，通过玻璃过滤器过滤。空白试验所用氢氧化钠溶液的体积，应不少于 4.5 mL，这与基本反应产生的酸度相当。溶液储存在有磨口玻璃塞的棕色玻璃瓶中。

（3）仪器

滴定管：50 mL。

pH 计：灵敏度 0.02 pH，配有玻璃测量电极和甘汞参比电极。

缓冲溶液为：

① 苯二甲酸氢钾：$c[C_6H_4(COOK)(COOH)]$＝0.05 mol/L(10.12 g/L)溶液，20℃时pH为4.00。

② 四硼酸二钠十水合物：$c(Na_2B_4O_7 \cdot 10H_2O)$＝0.01 mol/L(3.81 g/L)溶液，20℃时pH为9.22。

(4) 程序

二氧化碳的存在会引起误差，在放置时间，最好用表面皿盖住含有试液的容器，还应避免同时进行会增加实验室空气中二氧化碳含量的操作。

① 试验份：称取含甘油的量不大于0.50 g的试样，准确到0.000 1 g。如果不知甘油的大致含量，应称取0.50 g样品预测。如果甘油含量大于75%，最好称取试样(5.0±0.1) g(称准至0.000 1 g)，置于500 mL容量瓶中，用水稀释至刻度，混匀后取50.0 mL，此溶液用于测定。

② 试验溶液的制备：对碱性样品或样品酸化出现焦油沉淀物时，可将试样放入配有回流冷凝器的烧瓶中，需要时稀释到50 mL，加2滴酚酞指示液，用硫酸溶液中和至刚好褪色。再加过量5 mL，煮沸5 min，冷却。必要时过滤，并用水洗涤滤器。将溶液定量地转入600 mL烧杯中，无上述情况时，将试样直接放入600 mL烧杯中。

③ 滴定：用水稀释试验溶液至体积约为250 mL。在不断搅拌下，用pH计指示，加入氢氧化钠溶液，调节pH至7.9±0.1。加高碘酸钠溶液50.0 mL，缓和搅匀。盖上表面皿，在温度不超过35℃的暗处放置30 min。然后加乙二醇稀溶液10 mL，混合，在同样条件下再放置20 min。加甲酸钠溶液5.0 mL，用pH计指示，以氢氧化钠标准溶液滴定存在的酸至pH为7.9±0.1。

④ 空白试验：在测定的同时，在同样条件下，用相同量试剂和稀释水，用50 mL水代替样品，作空白试验。但加入碘酸钠溶液之前，空白溶液应调节至pH为6.5，加入过碘酸钠溶液之后，滴定终点至pH为6.5。

(5) 试验结果的计算

甘油含量C用质量分数(%)表示，按下式计算：

$$C = \frac{(V_1 - V_2) \times c \times 0.092\,1 \times 100}{m} = \frac{9.21 \times c \times (V_1 - V_2)}{m}$$

式中：c——所用氢氧化钠标准溶液的浓度，mol/L；

V_1——测定试样所耗用氢氧化钠标准滴定溶液的体积，mL；

V_2——空白试验所耗用氢氧化钠标准滴定溶液体积，mL；

0.092 1——甘油的毫摩尔质量，g/mmol；

m——被滴定的试验份质量，g。

以两次平行测定结果的算术平均值表示至小数点后一位作为测定结果。

在重复性条件下获得的两次独立测试结果的绝对差值不大于0.2%，以大于0.2%的情况不超过5%为前提。

6.2 油料皮壳产品：糠醛

糠醛的主要质量指标(GB/ T 1926.2—88)有密度、折光率、水分含量、酸度、糠醛含量、馏程等。现分别介绍密度、折光率、水分含量、酸度、糠醛含量的测定方法。

1）密度测定

(1) 比重瓶法(本法为仲裁方法)

在20℃恒温条件下，用蒸馏水标定比重瓶的体积，然后测定同体积样品的质量，求其密度。结果以 ρ_{20}(g/cm^3)表示。

① 仪器

比重瓶：采用GB 4472规定的25 mL附温度计的比重瓶。

恒温水浴：温度控制在(20±0.1)℃。

② 试验步骤

将冷却至约15℃的蒸馏水注满洗净的比重瓶，插入温度计，保持瓶中无气泡，置于恒温水浴中。30 min后，用滤纸吸去浸出毛细管的水并加盖。取出比重瓶擦净、称量(准确至0.000 2 g)。

把比重瓶内水倒出，先用乙醇，再用乙醚洗涤数次，干后称量。两次称量之差即为20℃时的水质量。

以糠醛代替水，同上操作，即得20℃时的糠醛质量。

③ 结果计算

糠醛密度 ρ_{20}(g/cm^3)按下式计算：

$$\rho_{20}=\frac{m_1+A}{m_2+A}\times\rho_{水}$$

式中：m_1——20℃ 充满比重瓶糠醛质量，g；

m_2——20℃充满比重瓶水质量，g；

$\rho_{水}$——20℃的水密度，0.998 2 g/cm^3；

A——浮力校正，其值为 $\rho_1\cdot V$。其中 ρ_1 是干燥空气在20℃，1 013.25 hPa(760 mmHg)时的密度；V 是所取样品的体积(cm^3)。但一般情况下，A 的影响很小，可忽略不计。

平行试验结果之差值不大于0.000 6 g/cm^3，取平均值为测定结果。

(2) 密度计法

密度计在被测液体中达到平衡状态时浸没深度所显示的刻度值，即为该液体的密度。

① 仪器

密度计(标准温度20℃)：采用GB 4472规定的分度值为0.001 g/cm^{3}的密度计，测定范围为1.150～1.200；玻璃量筒：250 mL；温度计：0～－50℃，分度值为0.1℃。

② 试验步骤

用清洁干燥的量筒取约200 mL糠醛。当糠醛温度在(20±5)℃时，缓缓放入密度计，其下端离筒底须2 cm以上，不能与筒壁接触。密度计解出液面外部分，被沾液体高度不得超过2～3分度值。待密度计在样品中稳定后，视线与糠醛液面保持同一水平，读取密度计弯月面下缘的刻度值，即为该温度下的糠醛密度(ρ_t)。

③ 结果计算

糠醛密度 ρ_{20}(g/cm^3)按下式计算：

$$\rho_{20}=\rho_t+0.001\,06(t-20)$$

式中：ρ_t——t℃时测得的糠醛密度，g/cm^3；

t——测定时糠醛温度，℃；

0.001 06——糠醛密度的温度校正值。

平行试验结果之差值不超过 0.001 分度值，取平均值为测定结果。

2) 折光率测定

折光率是指光线在空气中传播的速度与在糠醛中传播的速度之比值，以 n_D^{20} 表示。

(1) 仪器

阿贝型折光仪：测量范围为 1.300～1.700，测量精度为 0.000 3。

超级恒温水浴：温度控制在(20±0.1)℃。

(2) 试验步骤

折光仪使用前应以二次蒸馏水校正，20℃时水折光率为 1.333 0。

折光仪的校正和操作步骤按 GB 6488 中第 3.2 条和第 3.3 条的规定。

(3) 重复性

平行试验结果之差不大于 0.000 3，取平均值为测定结果。

3) 水分含量测定

糠醛水分测定采用甲苯蒸馏法，结果以重量百分含量表示。

(1) 仪器

水分测定器：采用 GB 260 规定的测定器。其接收器采用本标准所规定的最小分度值为 0.025 mL 专用接收器，该接收器的规格尺寸如图 6-2 所示。其刻度在 0.25 mL以下设有于等分的刻线；0.25～0.5 mL 之间设五等分的刻线；0.5～1.0 mL 之间设五等分的刻线；1.0～10 mL 之间每分度为 0.2 mL。

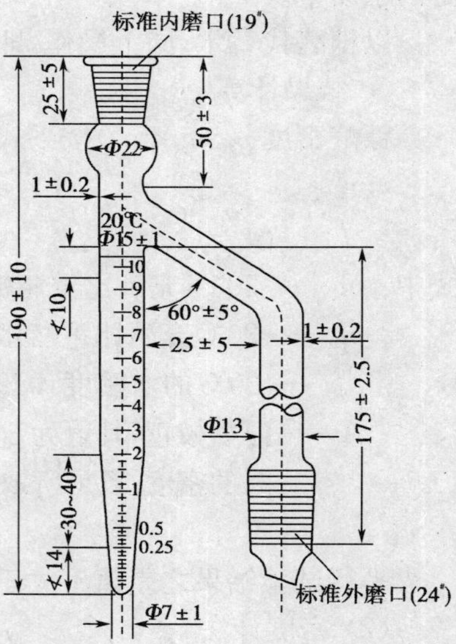

图 6-2 糠醛水分测定专用接收器

玻璃量筒：100 mL。

电热套：功率 200 W，容量 500 mL，附调压变压器。

(2) 试剂

甲苯。

(3) 试验步骤

称取糠醛样品 100 g，准确至 0.1 g，注入清洁干燥的圆底烧瓶中。再量取与样品等体积的甲苯(约 87 mL)，先将其大部分加入烧瓶，并向瓶中投入几枚清洁干燥的浮石、无釉瓷片或一端封闭的玻璃毛细管。置于电热套上，装妥预先干燥的全套测定器。再由冷凝管加入剩余甲苯，注满接收器。在冷凝管上口接干燥管或塞以棉花。接通冷却水，加热并控制蒸馏速度。蒸馏开始时，要求从冷凝管斜口每秒滴出 2 滴，待水分大部分蒸出后，每秒可增至 4 滴。当接收器内水分体积不再增加时停止加热(约需 1 h)。用甲苯彻底冲洗冷凝管。如仍有水滴黏附管壁时，可用金属丝或带橡皮头的玻璃棒将其刮入接收器中。待接收器冷至室温后，读记水分体积，视线应与水液面保持同一水平。

(4) 结果计算

糠醛水分重量百分含量 $W(\%)$ 按下式计算：

$$W(\%)=\frac{V\cdot\rho}{G}\times 100$$

式中：V——接收器中水体积，mL；

ρ——室温时的水密度，g/cm^3；

G——样品重量，g。

平行试验结果之差值不大于 0.015%，取平均值为测定结果。

4) 酸度测定

糠醛酸度测定采用以酚酞为指示剂、氢氧化钠标准溶液滴定的容量法。结果以酸度(mol/L)表示。

(1) 仪器

三角烧瓶：500 mL；移液吸管：单标记，10 mL；微量滴定管：5 mL。

(2) 试剂和溶液

氢氧化钠：0.05 mol/L 标准溶液；酚酞指示剂，10 g/L 乙醇溶液。

(3) 试验步骤

取 300 mL 蒸馏水注入三角烧瓶，加酚酞指示剂 4 滴，用氢氧化钠标准溶液调至微红色保持 10～15 s 不退色。再用移液吸管取糠醛样品 10 mL 加入三角烧瓶，振摇至全溶。用 0.05 mol/L 氢氧化钠标准溶液滴定至微红色，保持 10～15 s 不退色即为终点。如糠醛样品颜色深暗，则应采用电位滴定法确定终点。

(4) 结果计算

糠醛酸度 X(mol/L)按下式计算：

$$X(\text{mol/L})=\frac{M\cdot V\cdot\rho_{20}}{10\times\rho_1}$$

式中：M——滴定用氢氧化钠标准溶液的摩尔浓度；

V——样品消耗氢氧化钠标准溶液的体积，mL；

ρ_t——常温取样时糠醛密度，g/cm^3；

ρ_{20}——20℃时糠醛密度，g/cm^3。

平行试验结果之差值不大于 0.001 mol/L，取平均值为测定结果。

5) 糠醛含量测定

糠醛含量的测定采用盐酸羟胺肟化法，测得的总羰基化合物按糠醛计算其重量百分含量。

(1) 仪器

定碘烧瓶：100 mL；蓝线皮头滴定管：雪氏碱式，50 mL。

(2) 试剂和溶液

95%乙醇。

溴酚蓝指示剂：4 g/L 乙醇溶液。称取 0.4 g 溴酚蓝，溶于 12 mL 0.05 mol/L 氢氧化钠溶液中，用乙醇稀释至 100 mL。

氢氧化钠：0.25 mol/L 标准溶液。

盐酸羟胺：25 g/L 乙醇溶液。溶解 50 g 盐酸羟胺于 1 000 mL 蒸馏水中，加入1 000 mL 乙醇，再加溴酚蓝指示剂 2.5 mL，摇匀。以 0.25 mol/L 氢氧化钠标准溶液调到黄绿色（pH 为 3.7～3.8）。

(3) 试验步骤

减量法称取糠醛样品 0.5～0.7 g(准确至 0.000 2 g)放于已加有 30 mL 盐酸羟胺乙醇溶液的定碘烧瓶中，拧紧瓶塞，摇匀。放置 15 min(保持温度 20～25℃)，用 0.25 mol/L 氢氧化钠标准溶液滴定到与标准色(原盐酸羟胺乙醇溶液颜色)相同为止。为了便于观察滴定终点，接近终点时补加指示剂一滴。

如糠醛样品颜色深暗，则应采用电位滴定法确定终点(pH 为 3.7～3.8)。在此情况下，配制盐酸羟胺溶液不用乙醇，应以等体积的蒸馏水代替。配制及滴定中均不加指示剂。

(4) 结果计算

糠醛重量百分含量 W(%)按下式计算：

$$W = \frac{M \cdot V \times 0.09608}{G} \times 100$$

式中：M——滴定用氢氧化钠标准溶液摩尔浓度；

V——样品消耗氢氧化钠标准溶液体积，mL；

G——糠醛样品重量，g；

0.096 08——每毫摩尔糠醛的克数。

平行试验结果之差值不超过 0.20%，取平均值为测定结果。

6.3 油料饼粕产品

6.3.1 油料饼粕中抗营养和毒性成分检测

油料作物中存在一些抗营养物质和毒性成分，如大豆中的胰蛋白酶抑制剂、菜籽中硫苷的水解产物异硫氰酸酯(ITC)和噁唑烷硫酮(OZT)、花生中的黄曲霉毒素、棉籽中的棉酚等，对油料饼粕的营养特性和功能特性都会产生一定的影响。现介绍脲酶活性(胰蛋白酶抑制素)、异硫氰酸酯和噁唑烷硫酮、棉酚的测定方法。

1) 豆粕脲酶活性测定(GB/T 5009.117—2003)

方法一　pH 增值法

(1) 原理

脲酶可以使尿素分解产生氨，使体系中 pH 值增大。用 pH 计或酸碱指示剂测定其 pH 变化，以判断脲酶活性。

(2) 试剂

尿素：分析纯。

0.05 mol/L 磷酸氢二钾溶液：称取 5.070 6 g 磷酸氢二钾($K_2HPO_4 \cdot 3H_2O$)，加新煮

沸过的蒸馏水溶解，冷却后转移至500 mL容量瓶，定容至刻度。

0.05 mol/L磷酸二氢钾溶液：称取3.40 g磷酸二氢钾(KH_2PO_4)，加入新煮沸的蒸馏水溶解，冷却后转移至500 mL容量瓶中，定容至刻度。

pH 7.0磷酸缓冲液：取61.1 mL磷酸氢二钾溶液和38.9 mL磷酸二氢钾溶液混合。此溶液可保存三个月。

(3) 仪器

pH计：灵敏度应达到0.02 pH单位，并带有与其配套使用的甘汞电极和玻璃电极。

恒温水浴箱：温度(30℃±5)℃。

(4) 分析步骤

称取经粉碎(约40目，且试样粉碎过程中应避免发热)的试样10.0 g，置于带塞的锥形烧瓶中，加水100.0 mL，振摇30 min，过滤样液备用(宜当天测定)。吸取2.0 mL试样液，置于带塞比色管中。加缓冲液8 mL，加0.2 g尿素。摇匀1 min，放置在(30±50)℃水浴中保温30 min，同时作样液空白试验，即2.0 mL样液，加8.0 mL缓冲液。在水浴中同时保温。管内容物经冷却后，测定pH值。

(5) 结果计算

测定结果按下式进行计算：

$$X = pH_1 - pH_0$$

式中：X——脲酶活性指数；

pH_1——样液对尿素分解后pH值；

pH_0——样液空白管pH值。

方法二　简易判定法

(1) 原理

同pH增值法。

(2) 试剂

尿素：分析纯。

酚红指示剂：称取0.1 g酚红，加1.43 mL 0.1 mol/L氢氧化钠溶液，在研钵中研磨以促溶解，然后转移至250 mL容量瓶中，加水至刻度，摇匀备用。

(3) 分析步骤

取0.2 g粉末试样(避免粉碎时发热)，置于25 mL比色管中加0.02 g尿素，加酚红指示剂2滴，再加水20 mL，充分摇匀15 s，记录粉红色出现时间，并根据时间判断脲酶活性，颜色出现时间应少于15 min。

颜色出现时间	脲酶活性
1 min	极强
1 min～5 min	强
5 min～15 min	稍有
15 min	无

同时作空白对照试验。

试样空白(不加尿素)及试剂空白(不加试样)，只有上述空白正常时，即酚红指示剂不改变颜色，试验结果才是可靠的。

2）异硫氰酸酯的测定方法(GB 13087—1991)

测定饲料及菜籽粕中异硫氰酸酯含量的方法有气相色谱法和银量法，这里介绍气相色谱法。

(1) 原理

样品中存在的硫葡萄糖苷，在芥子酶作用下生成相应的异硫氰酸酯，用二氯甲烷提取后再用气相色谱进行测定。

(2) 试剂和溶液

除特殊规定外，本标准所用试剂均为分析纯，水为蒸馏水或相应纯度的水。

二氯甲烷或氯仿。

丙酮。

pH 7 缓冲液：市售或按下法配制。量取 35.3 mL 0.1 mol/L 柠檬酸溶液，置入 200 mL 容量瓶中，用 0.2 mol/L 磷酸氢二钠溶液稀释至刻度，配制后检查 pH 值。

无水硫酸钠。

酶制剂：将白芥(*Sinapis alba L.*)种子(72 h 内发芽率必须大于 85%，保存期不超过 2 年)粉碎后，称取 100 g，用 300 mL 丙酮分 10 次脱脂，滤纸过滤，真空干燥脱脂白芥子粉，然后用 400 mL 水分两次提取脱脂粉中的芥子酶，离心，取上层混悬液体，合并，于合并混悬液中加入 400 mL 丙酮沉淀芥子酶，弃去上清液，用丙酮洗沉淀 5 次，离心，真空干燥下层沉淀物，研磨成粉状，装入密闭容器中，低温保存备用，此制剂应不含异硫氰酸酯。

丁基异硫氰酸酯内标溶液：配制 0.100 mg/mL 丁基异硫氰酸酯、二氯甲烷或氯仿溶液，贮存于 4℃环境下，如试样中异硫氰酸酯含量较低，可将上述溶液稀释，使内标丁基异硫氰酸酯峰面积和试样中异硫氰酸酯峰面积相接近。

(3) 仪器设备

气相色谱仪：具有氢焰检测器。

氮气钢瓶：其中氮气纯度为 99.99%。

微量注射器：5 μL。

分析天平：感量 0.000 1 g。

实验室用样品粉碎机。

振荡器(往复，200 次/min)。

具塞锥形瓶：25 mL。

离心机：配 10 mL 离心试管。

(4) 测定步骤

采集具有代表性的样品，至少 2 kg，四分法缩分至约 250 g，磨碎，过 1 mm 孔筛，混匀，装入密闭容器，防止试样变质，低温保存备用。

称取约 2.2 g 试样放于具塞锥形瓶，精确到 0.001 g，加入 5 mL pH 7 缓冲液，30 mg 酶制剂，10 mL 丁基异硫氰酸酯内标溶液，振荡器振荡 2 h，将具塞锥形瓶中内容物转入离心试管中，离心机离心，用滴管吸取少量离心试管下层有机相溶液，通过铺有少量无水硫酸钠层和脱脂棉的漏斗过滤，得澄清滤液备用。

色谱条件：

色谱柱：玻璃，内径 3 mm，长 2 m；

固定液：20% FFAP(或其他效果相同的固定液)；

载体：Chromosorb W，HP，80～100 目(或其他效果相同的载体)；

柱温：100℃；

进样口及检测器温度：150℃；

载气(氮气)流速：65 mL/min；

用微量注射器吸取 1～2 L 上述澄清滤液，注入色谱仪，测量各异硫氰酸酯峰面积。

(5) 测定结果

测定结果按下式计算：

$$X=\frac{m_e}{115.19\times S_e\times m}[(4/3\times 99.15\times S_a)+(4/4\times 113.18\times S_b)+(4/5\times 127.21\times S_p)]\times 1\,000$$

$$=\frac{m_e}{S_e\times m}(1.15S_a+0.98S_b+0.88S_p)\times 1\,000$$

式中：X——试样中异硫氰酸酯的含量，mg/kg；

m——试样质量，g；

m_e——10 mL 丁基异硫氰酸酯内标溶液中丁基异硫氰酸酯的质量，mg；

S_e——丁基异硫氰酸酯的峰面积；

S_a——丙烯基异硫氰酸酯的峰面积；

S_b——丁烯基异硫氰酸酯的峰面积；

S_p——戊烯基异硫氰酸酯的峰面积。

每个试样取 2 个平行样进行测定，以其算术平均值为结果。结果表示到 1 mg/kg。

同一分析者对同一试样同时或快速连续地进行两次测定，所得结果之间的差值在异硫氰酸酯含量小于或等于 100 mg/kg 时，不超过平均值的 15%；在异硫氰酸酯含量大于 100 mg/kg时，不超过平均值的 10%。

3) 噁唑烷硫酮的测定方法(GB 13089—1991)

(1) 原理

样品中的硫葡萄糖苷被硫葡萄糖苷酶(芥子酶 EC 3.2.3.1)水解，再用乙醚萃取生成的噁唑烷硫酮，用紫外分光光度计测定。

(2) 试剂

除特殊规定外，所用试剂均为分析纯，水为蒸馏水或相应纯度的水。

乙醚：光谱纯或分析纯。

去泡剂：正辛醇($C_8H_{17}OH$)。

pH 7.0 缓冲液：取 35.3 mL 0.1 mol/L 柠檬酸($C_6H_8O_7\cdot H_2O$)溶液放于一个 200 mL 的容量瓶中，再用 0.2 mol/L 磷酸氢二钠溶液调节 pH 至 7.0。

酶源：用白芥种子(72 h 内发芽率必须大于 85%，保存期不得超过 2 年)制备。将白芥籽磨细，使 80%通过 0.28 mm 孔径筛子，用正己烷或石油醚(沸程 40～60℃)提取其中脂肪，使残油不大于 2%，操作温度保持在 30℃以下，放通风橱于室温下使溶剂挥发。此酶源置具塞玻璃瓶中 4℃下保存，可用 6 周。

(3) 仪器设备

分析天平：感量 0.000 1 g；

样品筛：孔径 0.28 mm；

样品磨；

玻璃干燥器；

恒温干燥箱：(103±2)℃；

三角烧：25 mL、100 mL、250 mL；

容量瓶：25 mL、100 mL；

烧杯：50 mL；

分液漏斗：50 mL；

移液管：2 mL；

振荡器：振荡频率 100 次/min(往复)；

分光光度计：有 10 mm 石英比色池，可在 200～300 nm 处测量吸光度。

(4) 试样制备

采集具有代表性的样品至少 500 g，四分法缩分至 50 g，再磨细，使其 80%能通过 0.28 mm筛。

(5) 测定步骤

称取试样 1～5 g 放于事先干燥称重(精确到 0.001 g)的烧杯中，放入恒温干燥箱，在(103±2)℃下烘烤至少 8 h，取出置干燥器中冷至室温，再称重，精确到 0.001 g。

将干燥称重的试样全部倒入一只 250 mL 三角烧瓶中，加入 70 mL 沸缓冲液(pH 7.0)，并用少许缓冲溶液冲洗烧杯，之后使溶液冷却至 30℃，然后加入 0.5 g 酶源和几滴去泡剂，于室温下振荡 2 h。立即将内容物定量转移至 100 mL 容量瓶中，用水洗涤三角烧瓶，并稀释至刻度，过滤至 100 mL 三角烧瓶中，滤液备用。

取上述滤液 1.0 mL 至 50 mL 分液漏斗中，每次用 10 mL 乙醚提取两次，每次小心从上面取出上层乙醚。合并乙醚层于 25 mL 容量瓶中，用乙醚定容至刻度。从 200 nm 至 280 nm测定其吸光度值，用最大吸光度值减去 280 nm 处的吸光度值，得试样测定吸光度值 A_E。

按上述步骤同样操作，只加试样不加酶源，测得值为试样空白吸光度值 A_B。

按上述步骤同样操作，不加试样只加酶源，测得值为酶源空白吸光度值 A_C。

(6) 测定结果

测定结果按下式计算：

$$X=(A_E-A_B-A_C)\times C_P\times 25\times 100\times 10^{-3}\times\frac{1}{m}=\frac{A_E-A_B-A_C}{m}\times 20.5$$

式中：X——试样中噁唑烷硫酮的含量，以每克干样中噁唑烷硫酮的毫克数表示；

A_E——试样测定吸光度值；

A_B——试样空白吸光度值；

A_C——酶源空白吸光度值；

C_P——转换因子，吸光度为 1 时，每升溶液中噁唑烷硫酮的毫克数，其值为 8.2；

m——试样干重，g。

若试样测定液经过稀释，计算时应予考虑。

每个试样取2个平行样进行测定，以其算术平均值为结果。结果表示到0.01 mg/g。

同一分析者对同一试样同时或快速连续地进行两次测定，所得结果之间的差值：在噁唑烷硫酮含量小于或等于0.20 mg/g时，不得超过平均值的20%；在噁唑烷硫酮含量大于0.20 mg/g而小于0.50 mg/g时，不得超过平均值的15%；在噁唑烷硫酮含量等于或大于0.50 mg/g时，不得超过平均值的10%。

4）游离棉酚的测定方法（GB/T 5009.148—2003）

（1）原理

植物油中的游离棉酚经无水乙醇提取，经C_{18}柱将棉酚与试样中杂质分开，在235 nm处测定。

水溶性试样中的游离棉酚经无水乙醚提取，浓缩至干，再加入乙醇溶解，用C_{18}柱将棉酚与试样中杂质分开，在235 nm处测定。根据色谱峰的保留时间定性，外标法峰高定量。

（2）试剂

磷酸。

无水乙醇。

无水乙醚。

普通氮气。

甲醇：经0.5 μm滤膜过滤。

棉酚标准储备液：精密称取0.100 0 g棉酚纯品，用无水乙醚溶解，并定容至100 mL。此溶液相当于每毫升含棉酚1.0 mg。

棉酚应用液：取1 mg/mL棉酚储备液5.0 mL于100 mL容量瓶中，用无水乙醇定容至刻度，此溶液相当于每毫升含棉酚50 μg。

磷酸溶液：取300 mL水，加6.0 mL磷酸，混匀，经0.5 μm滤膜过滤。

（3）仪器

液相色谱仪：带紫外检测器。

K-D浓缩仪。

离心机：3 000 r/min。

10 μL微量注射器。

Micropark-C_{18}(250 mm-Φ6 mm)不锈钢色谱柱。

（4）分析步骤

① 色谱条件

柱温：40.0℃；流动相：甲醇＋磷酸溶液＝85＋15；测定波长：235 nm；流量：1.0 mL/min；纸速：0.25 mm/min；衰减：1；灵敏度：0.02 AUFS；进样：10 μL。

② 试料制备

植物油：取油样1.000 g，加入5 mL无水乙醇，剧烈振摇2 min，静置分层（或冰箱过夜），取上清液过滤，离心，上清液即为试料，10 μL进液相色谱。

水溶性试样：吸取试样10.0 mL放于离心试管中，加入10 mL无水乙醚，振摇2 min，静置5 min，取上层乙醚层5 mL，用氮气吹干，用1.0 mL无水乙醇定容，过滤膜，即为试料，取10 μL进液相色谱仪。

③ 测定

标准曲线制备：准确吸取1.00、2.00、5.00、8.00 mL的50 μg/mL的棉酚标准液于

10.0 mL容量瓶中，用无水乙醇稀释至刻度，此溶液相应于5、10、25、40 μg/mL 的标准系列，进样10 μL，作标准系列，根据响应值绘制标准曲线。

色谱分析：取10 μL试样溶液注入液相色谱仪，记录色谱峰的保留时间和峰高，根据保留时间确定游离棉酚，根据峰高，从标准曲线上查出游离棉酚含量。

(5) 结果计算

测定结果按下式计算：

$$X = \frac{5 \times A}{m}$$

式中：X——试样中棉酚的含量，mg/kg；

m——试样的质量，g；

A——测定试料中棉酚的含量，μg/mL；

5—折合所用无水乙醇的体积，mL。

在重复性条件下获得的两次独立测定结果的绝对差值不得超过算术平均值的10%。

6.3.2 植物蛋白

植物蛋白主要检测指标有蛋白质含量、氮溶解指数、水分及挥发物、灰分、氨基酸组成等。现介绍蛋白质含量、氮溶解指数、氨基酸组成测定方法。

1) 蛋白质含量测定(GB/T 5009.5—2003)

本方法不适用于添加无机含氮物质、有机非蛋白质含氮物质的样品测定。

(1) 原理

蛋白质是含氮的有机化合物。样品与硫酸和硫酸铜、硫酸钾一同加热消化，使蛋白质分解，分解的氨与硫酸结合生成硫酸铵。然后碱化蒸馏使氨游离，用硼酸吸收后以硫酸或盐酸标准滴定溶液滴定，根据酸的消耗量乘以换算系数，即为蛋白质的含量。

(2) 试剂

硫酸铜($CuSO_4 \cdot 5H_2O$)；

硫酸钾；

硫酸：密度为1.841 9 g/L；

硼酸溶液：20 g/L；

氢氧化钠溶液：400 g/L；

硫酸标准滴定溶液：$c[(1/2H_2SO_4) = 0.050\,0\ mol/L]$或盐酸标准滴定溶液$[c(HCl) = 0.050\,0\ mol/L]$；

混合指示液：1份甲基红乙醇溶液(1 g/L)与5份溴甲酚绿乙醇溶液(1 g/L)临用时混合，也可用2份甲基红乙醇溶液(1 g/L)与1份亚甲基蓝乙醇溶液(1 g/L)临用时混合。

(3) 仪器及装置

定氮蒸馏装置：如图6-3所示。

(4) 分析步骤

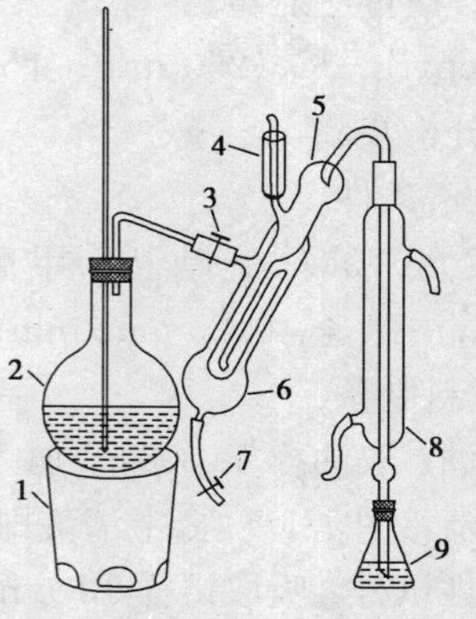

图6-3 定氮蒸馏装置

1. 电炉；2. 水蒸气发生器(2 L平底烧瓶)；3. 螺旋夹；4. 小漏斗及棒状玻塞；5. 反应室；6. 反应室外层；7. 橡皮管及螺旋夹；8. 冷凝管；9. 蒸馏液接收瓶

① 试样处理：称取 0.20～2.00 g 固体试样或2.00～5.00 g 半固体试样或吸取 10.00～25.00 mL 液体试样(约相当氮 30～40 mg)，移入干燥的 100 mL 或 500 mL 定氮瓶中，加入 0.2 g 硫酸铜，6 g 硫酸钾及 20 mL 硫酸，稍摇匀后于瓶口放一小漏斗，将瓶以 45°角斜支于有小孔的石棉网上。小心加热，待内容物全部炭化，泡沫完全停止后，加强火力，并保持瓶内液体微沸，至液体呈蓝绿色澄清透明后，再继续加热 0.5～1 h。取下放冷，小心加 20 mL 水。放冷后，移入 100 mL 容量瓶中，并用少量水洗定氮瓶，洗液并入容量瓶中，再加水至刻度，混匀备用。同时做试剂空白试验。

② 测定：按图 6-3 装好定氮装置，于水蒸气发生瓶内装水至三分之二处，加入数粒玻璃珠，加甲基红指示液数滴及数毫升硫酸，以保持水呈酸性，用调压器控制，加热煮沸水蒸气发生瓶内的水。

向接收瓶内加入 10 mL 硼酸溶液(20 g/L)及 1～2 滴混合指示液，并使冷凝管的下端插入液面下，准确吸取 10 mL 试样处理液由小漏斗流入反应室，并以 10 mL 水洗涤小烧杯使流入反应室内，棒状玻塞塞紧，将 10 mL 氢氧化钠溶液(400 g/L)倒入小玻杯，提起玻塞使其缓缓流入反应室，立即将玻塞盖紧，并加水于小玻杯，以防漏气。夹紧螺旋夹，开始蒸馏，蒸馏 5 min。移动接收瓶，液面离开冷凝管下端，再蒸馏 1 min。然后用少量水冲洗冷凝管下端外部。取下接收瓶。以硫酸或盐酸标准滴定溶液(0.05 mol/L)滴定至灰色或蓝紫色为终点。同时准确吸取 10 mL 试剂空白消化液按上述步骤进行蒸馏、滴定。

(5) 结果计算

试样中蛋白质的含量按下式计算：

$$X=\frac{(V_1-V_2)\times c\times 0.0140}{m\times\frac{10}{100}}\times F\times 100$$

式中：X——试样中蛋白质的含量，g/100 g 或 g/100 mL。

V_1——试样消耗硫酸或盐酸标准滴定液的体积，mL。

V_2——试剂空白消耗硫酸或盐酸标准滴定液的体积，mL。

C——硫酸或盐酸标准滴定溶液浓度，mol/L。

0.014 0——与 1.0 mL 硫酸[$c(1/2H_2SO_4)=1.000$ mol/L]或盐酸[$c(HCl)=1.000$ mol/L]标准滴定溶液相当的氮的质量 g。

M——试样的质量或体积，g 或 mL。

F——氮换算为蛋白质的系数。一般食物为 6.25；乳制品为 6.38；面粉为 5.70；玉米、高粱为 6.24；花生为 5.46；米为 5.95；大豆及其制品为 5.71；肉与肉制品为 6.25；大麦、小米、燕麦、裸麦为 5.83；芝麻、向日葵为 5.30。

计算结果保留三位有效数字。

在重复性条件下获得的两次独立测定结果的绝对差值不得超过算术平均值的 10%。

2) 氮溶解指数(NSI)测定(GB 5511—1985)

(1) 仪器和用具

粉碎机；磨口带塞锥形瓶：500 mL；振荡器：国际型；容量瓶：250 mL；离心机，附 50 mL 离心管；玻璃漏斗；锥形瓶、移液管；其他仪器和用具与“蛋白质含量测定”相同。

(2) 试剂

与“蛋白质含量测定”相同。

(3) 操作方法

样品粉碎使之90%过60目筛。称取粉碎试样5 g(精确至0.01 g)放于磨口带塞锥形瓶中,加水200 mL,摇混使均匀分散,然后在25～30℃温度下振荡2 h,取出后将混合液转移至250 mL容量瓶中,用水稀释至刻度,混匀后静置1～2 min,将上层清液倒入离心管中,1 500 r/min离心10 min,再将离心液用快速滤纸或纤维过滤,收集清晰滤液于锥形瓶中,即为样品水溶性蛋白质测定液。

吸取10 mL测定液放于凯氏定氮瓶中,按“蛋白质含量测定”相同的方法进行消化,消化液定容至50 mL,取5 mL蒸馏、滴定。记下滴定样品液及空白液消耗盐酸的数量。

(4) 结果计算

测定结果按下式计算:

$$\text{水溶性蛋白质}\% = \frac{(V_1 - V_0) \times C \times 0.014 \times 6.25}{M} \times \frac{250}{10} \times \frac{50}{5} \times 100$$

式中:V_1——滴定5 mL样品液消耗盐酸体积,mL;

V_0——滴定5 mL空白液消耗盐酸体积,mL;

C——盐酸溶液的摩尔浓度,mol/L;

0.014——每毫摩尔氮的克数;

10——吸收提取液进行消化的体积,mL;

250——总提取液的体积,mL;

5——吸收消化液进行蒸馏的体积,mL;

50——消化液的体积,mL;

M——试样重量,g。

$$\text{氮溶解指数}(\%) = \frac{\text{水溶性蛋白质}\%}{\text{原料中总蛋白质}\%} \times 100$$

双实验结果允许差不超过0.4%,求其平均数,即为测定结果,测定结果取小数点后第一位。

如果样品粉碎细度不符合要求,则可称取5.00 g样品于研钵中,加水5 mL,用手研磨10 min,将混合物转移至250 mL磨口瓶中,振荡30 min,然后按以上方法测定。

3) 氨基酸组成测定(GB/T 5009.124—2003)

本方法适用于样品中的天冬氨酸、苏氨酸、丝氨酸、谷氨酸、脯氨酸、甘氨酸、丙氨酸、缬氨酸、蛋氨酸、异亮氨酸、亮氨酸、酪氨酸、苯丙氨酸、组氨酸、赖氨酸和精氨酸等十六种氨基酸的测定。其最低检出限为10 pmol。

本方法不适用于蛋白质含量低的水果、蔬菜、饮料和淀粉类样品中氨基酸测定。

(1) 原理

样品中的蛋白质经盐酸水解成为游离氨基酸,经氨基酸分析仪的离子交换柱分离后,与茚三酮溶液产生颜色反应,再通过分光光度计比色测定氨基酸含量。

(2) 试剂

浓盐酸:优级纯;6 mol/L盐酸:浓盐酸与水1+1混合;苯酚:须重蒸馏;

混合氨基酸标准液:0.002 5 mol/L,仪器制造公司出售;

pH 2.2 的柠檬酸钠缓冲液：称取 19.6 g 柠檬酸钠（含有 2 个结晶水）和 16.5 mL 浓盐酸加水稀释到 1 000 mL，用浓盐酸或 500 g/L 的氢氧化钠溶液调节 pH 至 2.2。

pH 3.3 的柠檬酸钠缓冲液：称取 19.6 g 柠檬酸钠和 12 mL 浓盐酸加水稀释到 1 000 mL，用浓盐酸或 500 g/L 的氢氧化钠溶液调节 pH 至 3.3。

pH 4.0 的柠檬酸钠缓冲液：称取 19.6 g 柠檬酸钠和 9 mL 浓盐酸加水稀释到 1 000 mL，用浓盐酸或 500 g/L 的氢氧化钠溶液调节 pH 至 4.0。

pH 6.4 的柠檬酸钠缓冲液：称取 19.6 g 柠檬酸钠和 46.8 g 氯化钠（优级纯）加水稀释到 1 000 mL，用浓盐酸或 500 g/L 的氢氧化钠溶液调节 pH 至 6.4。

pH 5.2 的乙酸锂溶液：称取氢氧化锂（$LiOH \cdot H_2O$）168 g，加入冰乙酸（优级纯）279 mL，加水稀释到 1 000 mL，用浓盐酸或 500 g/L 的氢氧化钠溶液调节 pH 至 5.2。

茚三酮溶液：取 150 mL 二甲基亚砜和乙酸锂溶液 50 mL，加入 4g 水合茚三酮（$C_9H_4O_3 \cdot H_2O$）和 0.12 g 还原茚三酮（$C_{18}H_{10}O_6 \cdot 2H_2O$）搅拌至完全溶解。

高纯氮气：纯度 99.99%；冷冻剂：市售食盐与冰按 1∶3 混合。

（3）仪器和设备

真空泵。

恒温干燥箱。

水解管：耐压螺盖玻璃管或硬质玻璃管，体积 20～30 mL；用去离子水冲洗干净并烘干。

真空干燥器：温度可调节。

氨基酸自动分析仪。

（4）分析步骤

试样采集后用匀浆机打成匀浆（或者将试样尽量粉碎）于低温冰箱中冷冻保存，分析用时将其解冻后使用。

准确称取一定量均匀性好的试样，精确到 0.000 1 g（使试样蛋白质含量在 10～20 mg 范围内）；均匀性差的试样为减少误差，可适当增大称样量，测定前再稀释。将称好的试样放于水解管中。

在水解管内加 6 mol/L 盐酸 10～15 mL（视试样蛋白质含量而定），含水量高的试样（如牛奶）可加入等体积的浓盐酸，加入新蒸馏的苯酚 3～4 滴，再将水解管放入冷冻剂中，冷冻 3～5 min，再接到真空泵的抽气管上，抽真空（接近 0 Pa），然后充入高纯氮气，再抽真空充氮气，重复三次后，在充氮气状态下封口或拧紧螺丝盖，将已封口的水解管放在（110±1）℃的恒温干燥箱内，水解 22 h 后，取出冷却。

打开水解管，将水解液过滤后，用去离子水多次冲洗水解管，将水解液全部转移到50 mL 容量瓶内，用去离子水定容。吸取滤液 1 mL 放于 5 mL 容量瓶内，用真空干燥器在 40～50℃干燥，残留物用 1～2 mL 水溶解，再干燥，反复进行两次，最后蒸干，用 1 mL pH 2.2 的缓冲液溶解，供仪器测定用。

准确吸取 0.200 mL 混合氨基酸标准溶液，用 pH 2.2 的缓冲液稀释到 5 mL，此标准稀释液浓度为 5.00 nmol/50 L，作为上机测定用的氨基酸标准，用氨基酸自动分析仪以外标法测定试样测定液的氨基酸含量。

（5）结果计算

测定结果按下式计算：

$$X=\frac{c\times\frac{1}{50}\times F\times V\times M}{m\times 10^9}\times 100$$

式中：X——试样氨基酸的含量，g/100 g；

c——试样测定液中氨基酸的含量，nmol/50 L；

F——试样稀释倍数；

V——水解后试样定容体积，mL；

M——氨基酸相对分子质量；

m——试样质量，g；

1/50——折算成每毫升试样测定的氨基酸含量，μmol/L；

10^9——将试样含量由纳克(ng)折算成克(g)的系数。

十六种氨基酸相对分子质量：天冬氨酸 133.1；苏氨酸 119.1；丝氨酸 105.1；谷氨酸 147.1；脯氨酸 115.1；甘氨酸 75.1；丙氨酸 89.1；缬氨酸 117.2；蛋氨酸 149.2；异亮氨酸 131.2；亮氨酸 131.2；酪氨酸 181.2；苯丙氨酸 165.2；组氨酸 155.2；赖氨酸 146.2；精氨酸 174.2。

计算结果表示：试样氨基酸含量在 1.00 g/100 g 以下，保留两位有效数字；含量在 1.00 g /100 g以上，保留三位有效数字。

在重复性条件下获得的两次独立测定结果的绝对差值不得超过算术平均值的 12%。

(6) 标准图谱

氨基酸标准图谱见图 6－4。

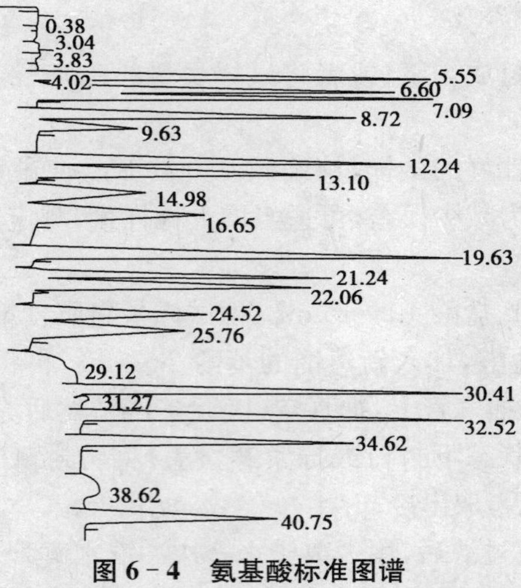

图 6－4　氨基酸标准图谱

出峰顺序	氨基酸	保留时间/min	出峰顺序	氨基酸	保留时间/min
1	天冬氨酸	5.55	9	蛋氨酸	19.63
2	苏氨酸	6.60	10	异亮氨酸	21.24
3	丝氨酸	7.09	11	亮氨酸	22.06
4	谷氨酸	8.72	12	酪氨酸	24.52
5	脯氨酸	9.63	13	苯丙氨酸	25.76
6	甘氨酸	12.24	14	组氨酸	30.41
7	丙氨酸	13.10	15	赖氨酸	32.52
8	缬氨酸	16.65	16	精氨酸	40.75

6.3.3 植酸钙

植酸钙镁的质量指标主要有总磷、钙、镁、水分及挥发物、灰分、重金属的含量等。现介绍总磷含量的测定和钙、镁含量的测定。

1）总磷含量的测定

(1) 原理

植酸钙与稀盐酸反应，析出植酸。植酸与硫酸铜反应生成植酸铜沉淀。多余硫酸铜使碘化钾反应析出游离碘，用硫代硫酸钠标准溶液滴定，根据耗用硫代硫酸钠溶液的毫升数，计算出实际耗用硫酸铜溶液的毫升数，再间接推算出植酸钙中相应磷的百分含量（以 P_2O_5 计）。

(2) 试剂

1 mol/L 盐酸；0.1 mol/L 硫酸铜溶液；16.7%的醋酸钠溶液；0.1 mol/L 硫代硫酸钠标准溶液；碘化钾；1%淀粉指示剂。

(3) 仪器

容量瓶：250 mL；碘量瓶：500 mL；移液管：10 mL、25 mL；滴定管：50 mL。

(4) 操作方法

准确称取样品约 0.3 g（精确到 0.001 g）放于小烧杯中，加入 1 mol/L 的盐酸溶液4 mL，溶解后静置 3 min，加水并转入 250 mL 的容量瓶中，准确加入 0.1 mol/L 硫酸铜溶液 50 mL 和 16.7%的醋酸钠溶液 6 mL，加水至刻度，摇匀，静置 10 min 后用干燥的滤纸过滤，弃去最初的 25 mL 滤过液，移取 100 mL 滤液于 500 mL 碘量瓶中，加入 2 g 碘化钾，摇匀，置于暗处反应 10 min，然后用 0.1 mol/L 硫代硫酸钠溶液滴定至近终点时加入 1 mL 1%淀粉指示剂，滴定至蓝色消失作为终点。同时做空白实验。

(5) 结果计算

总磷含量以 P_2O_5 计，按下式计算：

$$P_2O_5\text{含量}(\%)=\frac{(V_0-V)\times c\times 0.0782\times 2.5}{m}\times 100$$

式中：V_0——空白实验消耗的硫代硫酸钠标准溶液的体积，mL；

V——测定样品消耗的硫代硫酸钠标准溶液的体积，mL；

c——硫代硫酸钠标准溶液的浓度，mol/L；

m——试样的质量，g；

0.078 2——与 1 mL 1mol/L 硫酸铜溶液相当的 P_2O_5 的质量，g。

2）钙、镁含量的测定

(1) 试剂

1 mol/L 盐酸；0.02 mol/L EDTA 标准溶液；10% NaOH 溶液；

氨-氯化铵缓冲液（pH 为 10）：称取氯化铵 54 g 溶于 200 mL 水中，加 350 mL 氨水，用水稀释至 1 000 mL；

铬黑 T 指示剂：称取 0.1 g 铬黑 T 试剂，与 10 g NaCl 混合，置于研钵中研磨至混合均匀；

铬兰黑 R 指示剂：称取 0.1 g 铬兰黑 R 试剂，与 10 g 无水 Na_2SO_4 混合，置于研钵中研磨均匀。

(2) 仪器

容量瓶：250 mL；碘量瓶：500 mL；移液管：10 mL、25 mL；滴定管：50 mL。

(3) 操作方法

准确称取约 0.3 g(精确到 0.001 g)的样品，加入 4 mL 1 mol/L 的盐酸溶液，待样品溶解后加入蒸馏水，定容至 250 mL。

准确移取 25 mL 样品溶液，转入 250 mL 碘量瓶中，加入 20 mL 氨-氯化铵缓冲溶液(pH 为 10)，然后用 0.02 mol/L 的 EDTA 溶液滴定。接近终点时加入 0.1 g 铬黑 T 指示剂，滴定至溶液呈蓝色作为终点。记录 EDTA 用量 V_1。

准确移取 25 mL 样品溶液，转入 250 mL 碘量瓶中，加入 10 mL 10%的 NaOH 溶液，调节 pH 值大于 12。加入 0.1 g 铬兰黑 R 指示剂，用 0.02 mol/L 的 EDTA 溶液滴定至溶液呈蓝色作为滴定终点。记录 EDTA 用量 V_2。

(4) 结果计算

钙含量按下式进行计算：

$$\text{Ca 含量}(\%)=\frac{V_2\times c\times 40.08}{m\times 100}\times 100$$

镁含量按下式进行计算：

$$\text{Mg 含量}(\%)=\frac{(V_1-V_2)\times c\times 24.31}{m\times 100}\times 100$$

式中：V_1——测定钙镁含量时消耗的 EDTA 标准溶液的体积，mL；

V_2——测定钙时消耗的 EDTA 标准溶液的体积，mL；

c——EDTA 标准溶液的浓度，mol/L；

m——试样的质量，g；

40.08——钙的摩尔质量，g/mol；

24.31——镁的摩尔质量，g/mol。

6.3.4 肌醇

目前，肌醇的测定方法有重量法、高碘酸滴定法、气相色谱法和高效液相色谱法，但重量法和高碘酸滴定法会将葡萄糖的乙酰化产物一起计为肌醇含量，导致结果偏高。同时重量法中采用的三氯甲烷毒性大，有害于操作者的健康，且易挥发造成环境污染。现介绍气相色谱法。见肌醇含量的测定(GB/T 5009.196—2003)。

(1) 原理

将固体试样提取液或液体试样稀释液浓缩至干，经硅烷化处理，以正己烷提取，气相色谱氢火焰检测器定性定量检测。

(2) 试剂

无水乙醇；正己烷；无水硫酸钠；三甲基氯硅烷；六甲基二硅胺烷；二甲基甲酰胺；

肌醇标准溶液：将肌醇标准品(纯度 99%)在(100±5)℃干燥 4 h，准确称量 0.050 0 g，溶于 70%乙醇溶液，准确配成 100.0 mL 溶液，此溶液每毫升含 0.500 mg 肌醇。

硅烷化试剂：将三甲基氯硅烷、六甲基二硅胺烷、二甲基甲酰胺以 1∶2∶8 的体积比混合制成，临用时现配。

(3) 仪器

气相色谱仪：附氢火焰检测器(FID)；旋转蒸发仪；超声波清洗器。

(4) 分析步骤

① 试样预处理

取 20 粒片剂或胶囊试样研磨或混匀，称取一定量(准确至 0.001 g)放于试管中，加入 70% 乙醇溶液，使浓度为每毫升中大约含肌醇 0.5 mg，超声提取 10 min，在转速为 3 000 r/min 下离心 5 min，上液待用。液体试样如浓度过高可用 70%乙醇溶液稀释至每毫升含肌醇0.5 mg。

准确量取 1.0 mL 试样溶液放于旋转蒸发仪浓缩瓶中，加入 5 mL 无水乙醇，于 60℃旋转蒸发仪上浓缩至剩有少量液体，之后再每次加入 5 mL 无水乙醇直至浓缩瓶中液体完全除去。

向浓缩瓶中准确加入硅烷化试剂 5.0 mL，使用超声波振超至瓶中内容物完全分散。再置于 70℃水浴中加热 10 min。冷却后加入 10 mL 水，再准确加入 3.0 mL 正己烷，混摇 1 min后放置 10 min，在转速为 3 000 r/min 下离心 5 min，取出正己烷层，加入少量无水硫酸钠，轻轻混摇后放置，取上清液进样。

准确量取肌醇标准溶液 1.0 mL，并按上述步骤操作，可得肌醇标准衍生溶液。

② 气相色谱参考条件

检测器：FID。

色谱柱：BP525 m×0.32 mm(i.d.)石英弹性毛细管柱。

气体流速：	载气(N_2)	50 mL/min
	尾吹气(N_2)	50 mL/min
	氢气	44 mL/min
	空气	500 mL/min
	分流比	1∶50

柱温：190℃。

进样口温度：245℃。

衰减：4。

纸速：2。

③ 色谱分析

量取 1 μL 标准及试样衍生液注入色谱仪中，以保留时间定性，以试样峰高或峰面积与标准比较定量。

④ 标准曲线制备

配制浓度为 0.1，0.5，2.5，5.0，10.0 mg/mL 肌醇标准溶液，在给定的仪器条件下进行气相色谱分析，以峰面积对浓度作校正曲线。

(5) 结果计算

测试结果按下式计算：

$$X=\frac{h_1\times c\times V\times 100}{h_2\times m}$$

式中：X——试样中肌醇的含量，mg/100 g 或 mg/100 mL；

h_1——试样峰高或峰面积；

c——标准溶液浓度，mg/mL；

V——试样定容体积，mL；

h_2——标准溶液峰高或峰面积；

m——试样量，g 或 mL。

计算结果保留两位有效数字。

在重复性条件下获得的两次独立测定结果的绝对差值不得超过算术平均值的 10%。

6.3.5 植酸

植酸主要检测指标（HG 2683—1995）有植酸含量、无机磷、氯化物及重金属含量等，现分别进行介绍。

1）鉴别试验

（1）试剂

硫酸；过氧化氢；氨水溶液：（2+3）；氯化钙溶液：75 g/L；钼酸铵溶液：25 g/L。

（2）鉴别步骤

取试样少许，用氨水溶液中和，加氯化钙溶液数滴，即发生白色沉淀。

取试样 0.2 mL，加硫酸 1 mL，加热至完全炭化，再滴加过氧化氢至无色透明，加钼酸铵溶液即显黄色。

2）植酸含量的测定

（1）原理

植酸经高氯酸和硝酸消解生成磷酸，在硝酸介质中，磷酸与喹钼柠酮试剂反应生成磷钼酸喹啉黄色沉淀，通过过滤、洗涤、干燥后称重，即可计算出试样中的植酸含量。

（2）试剂和材料

硝酸；高氯酸；硝酸溶液：（1+1）；

喹钼柠酮试剂的配制方法：称取钼酸钠 70g 加水 150 mL 溶解，为溶液Ⅰ；称取柠檬酸 60 g 加水 150 mL 和硝酸 85 mL 溶解，在搅拌下将溶液Ⅰ倒入其中，为溶液Ⅱ；量取水 100 mL，加硝酸 35 mL 和喹啉 5 mL，将该混合液缓缓倒入溶液Ⅱ中，放置 24 h，过滤于 1 L 的容量瓶中，加丙酮 280 mL，用水稀释至刻度，混匀后贮存于塑料瓶中，有效期半年。

（3）仪器

砂芯玻璃漏斗或坩埚：G_4，40 mL。

（4）分析步骤

称取试样约 0.3 g（精确至 0.000 2 g），置于 300 mL 锥形瓶中，加硝酸 10 mL、高氯酸 5 mL，在通风橱内置于电炉上加热，逐渐升温使白烟逸出直至溶液透明近干，冷却。用少量水冲洗瓶壁，将其定量转移至 100 mL 容量瓶中，用水稀释至刻度，为溶液 A。

量取溶液 A 20.0 mL，放于 300 mL 锥形瓶中，加水 80 mL、硝酸溶液 10 mL、喹钼柠酮试剂 50 mL，于沸水中加热陈化至溶液澄清，冷却至室温。在抽滤装置上以倾泻法过滤，将沉淀定量转移至已恒重的砂芯玻璃漏斗中，用少量水多次洗涤沉淀和瓶壁。将该漏斗置于（120±2）℃烘箱内干燥 1 h，于干燥器内冷却至室温，称量。

（5）结果计算

植酸（$C_6H_{18}O_{24}P_6$）的百分含量（X）按下式计算：

$$X=\frac{m_1\times 0.014\times 3.552}{m_2\times\frac{20}{100}}\times 100=24.86\times\frac{m_1}{m_2}$$

式中：m_1——沉淀物的质量，g；

m_2——试料的质量，g；

0.014——磷钼酸喹啉与磷的换算系数：$\left(\frac{30.974}{2\ 212.74}\right)$；

3.552——磷与植酸的换算系数：$\left(\frac{660.04}{30.974\times 6}\right)$。

所得结果应表示至一位小数。

两次平行测定结果之差不大于0.3%，取其算术平均值为测定结果。

3）无机磷的测定

（1）原理

在一定酸度和还原剂存在下，植酸溶液中游离磷酸盐生成的磷钼黄被还原成磷钼蓝。用目视比色法测定无机磷的限量值。

（2）试剂和材料

氨水溶液：（2+3）；硫酸溶液：（1+6）；钼酸铵溶液：25 g/L；抗坏血酸溶液：100 g/L，现用现配；磷标准溶液：0.01 mg P/mL；

（3）分析步骤

称取试样0.1 g（精确至0.01 g），置于25 mL比色管中，加水5 mL，用氨水溶液中和至pH=7（pH试纸检验）。加硫酸溶液1 mL、钼酸铵溶液1 mL、抗坏血酸溶液1 mL，用水稀释至刻度，于冰浴（0～5℃）中放置30 min后，目视比色。试样所呈蓝色不得深于限量标准。

限量标准是取磷标准溶液（每mL相当于0.01 mg P）2.0 mL，加水至5 mL，与试液同时同样处理。

4）氯化物的测定

（1）试剂和材料

氨水溶液：（2+3）。

（2）分析步骤

称取试样0.5 g（精确至0.01 g），置于25 mL比色管中，加水20 mL，用氨水溶液中和至pH=7（pH试纸检验）。其余按GB/T 9729的规定进行。

限量标准是取氯化物标准溶液（每mL相当于0.1 mg Cl^-）1.0 mL，加水至20 mL，与试液同时同样处理。

5）硫酸盐的测定

（1）试剂和材料

氨水溶液：（2+3）。

（2）分析步骤

称取试样0.5 g（精确至0.01 g），置于25 mL比色管中，加水20 mL，用氨水溶液中和至pH=7（pH试纸检验）。其余按GB/T 9728的规定进行。

限量标准是取硫酸盐标准溶液（每mL相当于0.1 mg SO_4^{2-}）1.0 mL，加水至20 mL，与试液同时同样处理。

6）钙盐的测定

（1）原理

在乙酸介质中，微量钙离子与草酸根离子生成难溶的草酸钙悬浮体，用目视比浊法测定钙的限量值。

（2）试剂和材料

乙酸 36%；氨水溶液：（2+3）；草酸钙溶液：40 g/L；钙标准溶液：0.1 mg Ca/mL。

（3）分析步骤

称取试样 0.5 g（精确至 0.01 g），置于 25 mL 比色管中，加水 10 mL，用氨水溶液中和至 pH=7（pH 试纸检验）。加乙酸 1 mL、草酸钙溶液 5 mL，用水稀释至刻度，放置 10 min 后比浊。所呈浊度不得大于标准。

限量标准是取钙标准溶液（每 mL 相当于 0.1 mg Ca）1.0 mL，加水至 10 mL，与试液同时同样处理。

7）砷的测定

分析步骤：

称取试样 1.0 g，置于 100 mL 磨口锥形瓶中，加水 10 mL，限量标准是取砷标准溶液（每 mL 相当 0.001 mg As）3.0 mL，加水至 10 mL。其余按 GB/T 8450 中有关砷斑法的规定进行。

8）重金属含量的测定

（1）试剂和溶液

乙酸 36%。

氨水溶液：（2+3）。

硫化钠溶液：称取硫化钠 5 g，加水 10 mL 和丙三醇 30 mL 溶解，有效期三个月。

铅标准溶液：0.01 mg Pb/mL。取含 0.1 mg Pb/mL，放于 100 mL 容量瓶中，稀释至刻度。

（2）试样处理

按 GB/T 8451 中 5.2.1 湿法消解法进行。

（3）分析步骤

取消解后试样溶液 5 mL 置于 25 mL 比色管中，用水稀释至 20 mL，滴加氨水溶液中和至 pH=7～8（pH 试纸检验），加乙酸 0.2 mL，必要时过滤。加硫化钠溶液 2 滴，用水稀释至刻度，摇匀，于暗处放置 5 min 后，在白色背景下比色，所呈暗色不得大于限量标准。

限量标准是取铅标准溶液（每 mL 相当于 0.01 mg Pb）2.0 mL，加水至 20 mL，与试液同时同样处理。

6.3.6 皂苷

目前，用于大豆皂苷分析的方法主要有分光光度法、薄层色谱法（TLC）、气相色谱法（GC）、高效液相色谱法（HPLC）和现代色谱联用技术等。前四种分析方法是传统大豆皂苷分析检测方法，其可较简便地对大豆皂苷进行定性和定量；而现代色谱联用技术可通过对提取物直接扫描，快速准确地对大豆皂苷进行定性、定量，且为其新单体发现提供技术上的支持。现介绍皂苷的定性分析和分光光度法定量分析。

1）定性分析

（1）泡沫试验

取试样 1 g，加水 10 mL，煮沸 10 min 后过滤，将滤液于试管内强烈振摇，如产生持久性泡沫（15 min 以上），即为反应阳性。

（2）醋酐-硫酸反应（Liebermann-Burchard 反应）

取少量试样溶解于醋酐中，加浓硫酸-酸酐试剂，能产生颜色变化。一般由黄色转为红色、紫色、蓝色或绿色。大豆皂苷为三萜皂苷，只能转变为红、紫或蓝色，不出现绿色。

（3）三氯醋酸反应（Rosen-Heimer 反应）

取试样滴在纸上，再滴加几滴三氯醋酸试剂，加热至 100℃，生成红色并渐转紫色，即为阳性。

（4）冰醋酸-乙酰氯反应（Tshugae 反应）

取试样溶于冰醋酸中，加入乙酰氯数滴及氯化锌结晶数粒，稍加热则呈现淡红色或紫红色。

2）定量分析——分光光度法

（1）试剂

95％乙醇；齐墩果酸：标准品。

（2）仪器

紫外分光光度计。

（3）测定步骤

① 标准曲线绘制

取齐墩果酸标准品 15.0 mg，用 95％乙醇溶解并定容至 50 mL 摇匀，得浓度 0.3 mg/mL 标准品溶液。分别用微量进样器吸取标准液 0.05，0.10，0.20，0.30，0.40 mL 置于 10 mL 容量瓶中，加 95％乙醇稀释至刻度摇匀。用紫外分光光度计在 209 nm 波长下测其吸光度，以吸光度为横坐标，浓度为纵坐标绘制标准曲线。

② 样品测定

称取样品 3.0 mg，用 95％乙醇溶解后，定容至 50 mL 摇匀。取样品溶液倒入比色皿中，在 209 nm 处测定吸光度，根据回归方程计算出浓度 C。

（4）结果计算

大豆皂苷百分含量 X 按下式进行计算：

$$X=\frac{C\times 50}{m}\times 100$$

式中：C——测得样品的浓度，mg/mL；

m——试样的质量，mg。

6.3.7 大豆异黄酮

大豆异黄酮的检测方法有紫外分光光度法、高效液相色谱法、气相色谱法、毛细管电泳法、薄层扫描色谱法等。其中高效液相色谱法具有应用范围广、分离效率和灵敏度高、分析速度快、自动化程度高、样品制备步骤少、成本低、测定结果准确、重现性好等优点，目前已广泛应用于大豆异黄酮的分析检测。现对其作详细介绍。

(1) 原理

大豆及其制品经粉碎后用甲醇超声提取，提取液经离心、浓缩、定容、过滤，用液相色谱仪测定，外标法定量。

(2) 试剂与材料

除非另有说明外，所用试剂为分析纯，水为超纯水。

乙腈：色谱纯；甲醇；乙酸；

90%甲醇溶液：取 900 mL 甲醇，加入 100 mL 水，混匀；

60%甲醇溶液：取 600 mL 甲醇，加入 400 mL 水，混匀；

10%甲醇溶液：取 100 mL 甲醇，加入 900 mL 水，混匀；

0.1%乙酸溶液：取 1 mL 乙酸，转移至 1 000 mL 容量瓶中，用水溶解并定容至刻度；

0.1%乙酸乙腈溶液：取 1 mL 乙酸，转移至 1 000 mL 容量瓶中，用乙腈溶解并定容至刻度；

大豆苷(daidzin)，纯度≥98%；

染料木苷(genistin)，纯度≥99%；

大豆黄素(daidzein)，纯度≥98%；

染料木素(genistein)，纯度≥98%；

黄豆黄素(glycitin)：纯度≥98%；

黄豆黄素苷元(glycitein)：纯度≥98%。

(3) 仪器

高效液相色谱仪：附紫外检测器；电子天平：感量 0.01 mg，0.01 g；旋转蒸发器；超声波发生器；离心机：10 000 r/min；具塞三角瓶：250 mL。

(4) 试样制备与保存

取有代表性样品约 500 g，用粉碎机粉碎，过 20 目筛，混匀，装入洁净容器作为试样，密封并标明标记。试样于 4℃以下保存。在制样的操作过程中，应防止样品污染或发生物质含量的变化。

(5) 测定步骤

① 标准储备溶液配制：

(a) 标准储备溶液：准确称取大豆苷、染料木苷、大豆黄素、染料木素、黄豆黄素、黄豆黄素苷元标准品，分别用 60%甲醇(*V*/*V*)配成浓度为 1 mg/mL 的标准储备溶液。−18℃避光保存，有效期 6 个月。

(b) 中间混合标准溶液：分别移取一定量的上述标准储备液于 10 mL 容量瓶中，用 60%甲醇(*V*/*V*)定容至刻度，配制成浓度为 50 μg/mL 的中间标准溶液，0～4℃冷藏避光保存，有效期 3 个月。

(c) 混合标准工作溶液：根据需要用 10%甲醇(*V*/*V*)溶液稀释成适用浓度的标准工作溶液，0～4℃冷藏避光保存，有效期一周。

② 试样处理

称取 5 g 试样(精确到 0.01 g)置于 250 mL 具塞三角瓶中，加入 90 mL 90%甲醇溶液，60℃超声提取 30 min，以 10 000 r/min 离心 10 min，上清液转移至 250 mL 的浓缩瓶中，再加入 60 mL 90%甲醇溶液重复提取两次，合并上清液一并转移至同一 250 mL 的浓缩瓶中，

60℃旋转浓缩约 40 mL。转移浓缩液于 50 mL 容量瓶中，用 10%甲醇溶液定容至刻度。取 1 mL 提取液过 0.45 μm 滤膜，待高效液相色谱仪测定。

③ 测定

液相色谱测定条件：

色谱柱：RP18 柱(250 mm×4.6 mm，5 μm)或相当者；

流动相：0.1%乙酸水溶液和 0.1%乙酸乙腈溶液，按梯度洗脱表(表 6-5)进行；

流速：1.0 mL/min；

柱温：40℃；

波长：260 nm；

进样量：20 μL。

表 6-5 梯度洗脱表

时间/min	0.1%乙酸水溶液	0.1%乙酸乙腈溶液
0	90	10
12.5	70	30
17.5	60	40
18.5	0	100
21.0	0	100
22.5	90	10
26.0	90	10

根据样液中被测物的含量情况，选定浓度与样液相近的标准工作溶液。标准工作溶液和样液中大豆异黄酮相应值均应在仪器检测线性范围内。标准工作溶液和样液等体积参插进样测定。

④ 空白试验

除不加试样外，均按上述步骤进行。

(6) 结果计算和表达

用 LC 色谱数据处理机或按下式计算试样中大豆异黄酮含量，计算结果需扣除空白值。

$$X=\frac{A\times C\times V}{A_s\times m}$$

式中：X——试样中大豆异黄酮含量，mg/kg；

A——样液中大豆异黄酮的峰面积；

C——标准工作液中大豆异黄酮的浓度，μg/mL；

V——样液最终定容体积，mL；

A_s——标准工作液中大豆异黄酮的峰面积；

m——最终样液所代表的试样质量，g。

6.3.8 糖类产品

油料中糖类组分复杂，含有葡萄糖、蔗糖、棉籽糖、水苏糖等单糖和低聚糖，这些不同糖类很难用化学分析方法分别进行测定。色谱法是一种有效的分离与定量各种单糖、低聚糖的分析方法。气相色谱法分析糖类时需要进行衍生，将糖类转变为挥发性衍生物，而采用高效液相色谱分析时，糖类提取液可直接进样，不必衍生。高效液相色谱分析糖类时，主要使用示差折光率检测器(RID)或蒸发光散射检测器(ELSD)。

1) 糖类含量分析——气相色谱法

(1) 原理

样品经处理后，在无水条件下与六甲基二硅胺烷(HMDS)和三氟乙酸(TFA)反应，使之生成挥发性TMS衍生物，使用3%Silicone DCQF-1、Chromosorb W(AW-DMCS)柱，程序升温分析，能同时分析单糖、二糖和低聚糖。

(2) 试剂

六甲基二硅胺烷；三氟乙酸；吡啶：用氢氧化钾干燥后蒸馏；芘：作内标物。

糖混合标准溶液：精确称取在70℃下减压干燥的果糖、葡萄糖、麦芽糖、蔗糖、水苏糖、棉籽糖等目标糖各1.000 0 g，用水定容至1 000 mL。

(3) 仪器

气相色谱仪(附火焰光度离子化检测器)。

(4) 操作方法

① 样品处理

油料等脂肪含量高的样品应先用正己烷脱脂，淀粉含量较高的样品应用80%乙醇提取，一般样品用水提取。

取粉碎均匀的样品2 g，加入正己烷20 mL充分混匀，用具塞离心管离心分离后弃去正己烷，反复操作两次抽提脂肪，最后将残存的正己烷蒸发，残渣中加20 mL80%乙醇，充分混合，使其分散均匀，加入少量沸石，装上冷凝管，在70～80℃水浴中回流30 min提取糖类，用G3玻璃砂芯漏斗过滤，用80%乙醇洗涤残渣3～4次，洗液并入滤液，用80%乙醇定容至250 mL作为试样提取溶液。

② TMS衍生物制备

取适量糖混合标准溶液和试样提取液(总糖量在10 mg以下)，放入25 mL磨口圆底烧瓶内，水溶液要进行冷冻干燥，乙醇溶液在40℃以下减压干燥，或用99.5%乙醇溶液共沸脱水，用微量注射器吸取内标物芘的吡啶溶液(浓度40 mg/50 mL)500 μL。加入到干燥的提取物中，加六甲基二硅胺烷0.45 mL，再加三氟乙酸0.05 mL，加塞，充分振荡混匀，使糖溶解，在室温下放置15～60 min，即为TMS衍生物。

③ 色谱条件

色谱柱：3 mm×3 m玻璃柱；

载体：Chromosorb W(AW-DMCS)，粒径0.246～0.175 mm；

固定液：3%Silicone DCQF-1；

柱温：120～240℃(程序升温)；

升温速度：6℃/min；

进样口、检测器温度：250℃；

氮气(N_2)流量，60 mL/min；

FID；氢气流量50 mL/min；空气流量1 L/min。

④ 测定

(a) 标准工作曲线：取标准衍生物液 1 μL，注入色谱仪中，得出标准色谱图。从所得色谱图中计算糖和内标物的峰面积，以糖的量(mg)/内标物的含量(mg)为横坐标，以糖的峰面积/内标物的峰面积为纵坐标，根据最小二乘法回归直线，即为工作曲线。

(b) 样品测定：取试样衍生物溶液 1 μL，注入色谱仪中，将样品的色谱图与标准色谱图比较，根据峰保留时间定性，然后再计算峰面积与内标物峰面积之比，查标准工作曲线得出试样中各种糖类含量。

2) 糖类含量分析——高效液相色谱法

(1) 原理

样品经提取净化后，将糖类的水溶液注入反相化学键合相色谱体系，用极性的乙腈和水作为流动相，糖类分子按其相对分子质量由小到大的顺序流出，经示差折光检测器(或蒸发光散射检测器)检测，与标准比较定量，可得各种糖类的含量。

(2) 试剂

糖混合标准溶液：精确称取经 70℃减压干燥的果糖，葡萄糖、麦芽糖、乳糖、蔗糖、水苏糖、棉籽糖等目标糖，用水溶解稀释，制成 1～5 g/L 的标准溶液。

乙腈＋水：(80＋20)，用 0.45 μm 有机溶剂微孔滤膜过滤，脱气后备用。

(3) 仪器

高效液相色谱仪(附示差折光检测器或蒸发光散射检测器)。

(4) 操作方法

① 样品处理

取粉碎均匀的样品 2 g，加入正已烷 20 mL 充分混匀，用具塞离心管离心分离后弃去正已烷，反复操作两次抽提脂肪，最后将残存的正已烷蒸发，残渣中加 20 mL 80％乙醇，充分混合，使其分散均匀，加入少量沸石，装上冷凝管，在 70～80℃水浴中回流 30 min 提取糖类，用 G3 玻璃砂芯漏斗过滤，用 80％乙醇洗涤残渣 3～4 次，洗液并入滤液，用 80％乙醇定容至 250 mL 作为试样提取溶液。以 2 000 r/min 离心 10 min，取上清液用 0.45 μm 微孔滤膜过滤，滤液备用。

② 色谱条件

色谱柱：μBondapak Carbohydrate(Φ4 mm×300 mm)；

流动相：乙腈＋水(80＋20)；

流速：2.5 mL/min；

进样量：20 μL；

检测器;示差折光检测器(或蒸发光散射检测器)；

温度：30℃。

③ 标准曲线绘制

取糖混合系列标准溶液各 20 μL，依次注入色谱仪，得出糖标准溶液色谱图。以各种糖浓度(mg/mL)为横坐标，以峰面积或峰高为纵坐标，分别制作各种糖的标准曲线。用蒸发光散射检测器时，标准曲线应为浓度和峰面积的双对数曲线。

④ 样品测定

取 20 μL 样液注入色谱仪，峰面积或峰高查相应标准曲线定量。

6.4 植物油料资源中活性成分

6.4.1 磷脂

磷脂主要质量指标(SB/ T 10206—1994)为丙酮不溶物、含磷量、乙醚不溶物、水分及挥发物、色泽和酸值等,另外磷脂各组分的测定对评价大豆磷脂的功能特性有重要的意义。现分别介绍。

1) 外观、气味

打开产品外包装,观察产品表面是否发霉,色泽是否正常;嗅产品的气味是否有异味;粉状磷脂是否结块;卵磷脂表面是否有油迹。

2) 乙醚不溶物的测定

(1) 试剂

乙醚:分析纯。

(2) 仪器与设备

烧杯:50 mL;玻璃棒;玻璃砂芯过滤坩埚:30 mL(3 号);抽气泵;过滤瓶:500 mL;安全瓶;脱脂棉;电热恒温干燥箱;分析天平:感量 0.000 1 g。

(3) 分析步骤

将烧杯、玻璃棒和玻璃砂芯过滤坩埚置于(105±2)℃的电热恒温干燥箱中烘至恒重。将样品温热软化(不超过 60℃),称取混合均匀的样品 3 g 左右(精确至 0.000 2 g),置于烧杯中,加入约 50 mL 乙醚,用玻璃棒搅拌溶解后,静置片刻,将上层清液沿着玻璃棒缓缓倾入过滤坩埚内抽滤。然后将沉淀物在烧杯中以少量乙醚洗涤数次,倒入过滤坩埚内抽滤。再用少量乙醚冲洗过滤坩埚及烧杯的内壁,直至把可溶物洗净为止。用脱脂棉蘸少许乙醚擦净过滤坩埚及烧杯的外壁,将过滤坩埚和放有玻璃棒的烧杯置于(105±2)℃的电热恒温干燥箱中烘 1 h,取出冷却称量。再如上每烘 30 min 冷却称量一次,直至恒重。

(4) 结果计算

$$\text{乙醚不溶物}(\%)=\frac{W_1-W_2}{W}\times 100$$

式中:W_1——过滤坩埚、烧杯、玻璃棒和乙醚不溶物的质量,g;

W_2——空的过滤坩埚、烧杯和玻璃棒的质量,g;

W——试样质量,g。

双试验结果允许差不得超过 0.1%,取其平均值作为测试结果。测试结果取小数点后第一位。

3) 丙酮不溶物的测定

(1) 原理

用冷丙酮洗除油脂等丙酮可溶物,再扣除乙醚不溶物后表示丙酮不溶物的含量。

(2) 仪器

玻璃碾棒:直径 5 mm;烧杯:50 mL;玻璃过滤坩埚:G3;水流抽气管;抽滤瓶:500 mL;温度计:−10~50℃;0℃冰水浴。

(3) 试剂

丙酮;

磷脂饱和丙酮溶液：取经丙酮排除油脂等丙酮可溶物的磷脂 2 g，在 50 mL 烧杯中用 10 mL石油醚溶解，加 25 mL 丙酮使磷脂析出。通过 G3 玻璃过滤坩埚抽滤，用 80 mL 丙酮分四次洗涤磷脂，最后尽量抽除残留丙酮。立即将约 1 g 的粉状磷脂移入 1 000 mL 玻璃磨口瓶中，加 1 000 mL 丙酮，在 0～5℃下浸泡 2 h，每隔 15 min 剧烈摇动一次。用快速滤纸过滤上部清液，滤液于 0～5℃冷藏备用。

(4) 操作步骤

将烧杯、玻璃碾棒和过滤坩埚在 100～102℃烘箱中烘至恒重。

称取刚混合均匀的试样 1.9～2.0 g(准确至 0.000 5 g)，置于已恒重的烧杯中，(连同玻璃碾)加入 30 mL 0～5℃饱和丙酮，在冰水浴内用玻璃碾棒采取搅拌与碾压相结合的方法用力碾压试样，要在 2 min 内使油大部分溶出。将溶液迅速用已恒重的过滤坩埚轻度抽滤，不要把颗粒状的不溶物带入坩埚。用 20 mL 0～5℃饱和丙酮冲洗坩埚内壁。

在上述烧杯中再加 20 mL 0～5℃饱和丙酮，在冰水浴中用玻璃碾棒用上述方法继续碾压试样 2～3 min，待不溶物沉下，将溶液通过原坩埚抽滤。

按上述方法再重复用 0～5℃饱和丙酮碾洗两次，要将不溶物全部碾成细粉，最后一次取约0.1 mL清液滴在玻璃上快速蒸发，丙酮蒸发后如留有油迹，则再按上述方法碾洗直至检查无油残迹。

将不溶物搅起移入坩埚中抽滤，用 30 mL 0～5℃饱和丙酮分两次洗涤过滤坩埚、玻璃棒、烧杯和不溶物(尽量将不溶物移入过滤坩埚)，最后加强抽滤，尽量抽除残留丙酮。

将过滤坩埚取下，用干净纱布沾少许丙酮擦净坩埚和烧杯外部，用玻璃碾棒将过滤坩埚内不溶物搅松。将盛有不溶物的过滤坩埚和附有残留不溶物的碾棒及烧杯立即置于 100～102℃的烘箱烘 30 min，在高效的干燥器内冷却至室温，立即称重。

再如上每次烘 20 min，冷却、称重，直至恒重。

(5) 结果计算

$$P=\frac{T-B}{W}\times 100-E$$

式中：P——丙酮不溶物，%；

T——过滤坩埚、烧杯、玻璃碾棒和不溶物的质量，g；

B——空的过滤坩埚、烧杯和玻璃碾棒的质量，g；

W——试样质量，g；

E——乙醚不溶物，%。

双试验结果允许差不得超过 0.5%，取其平均值作为测试结果。测试结果取小数点后第一位。

4) 水分及挥发物的测定

(1) 试剂

石英砂：化学纯；乙醚：分析纯。

(2) 仪器与设备

玻璃称量瓶 Φ50～Φ60 mm；玻璃棒；电热恒温干燥箱；分析天平：感量 0.000 1 g。

(3) 分析步骤

在称量瓶内置玻璃棒一根及石英砂 10 g，于(105±2)℃的电热恒温干燥箱内烘至恒重后，称入 2 g 混合均匀的样品(精确至 0.000 2 g)，用玻璃棒搅拌均匀。(检验卵磷脂水分及挥发物，可加入乙醚 10 mL，用玻璃棒搅拌均匀，然后在水浴锅上蒸干乙醚。)将称量瓶放入(105±2)℃的电热恒温干燥箱内烘 2 h(每隔 40 min 用玻璃棒搅拌一次)。把称量瓶移至干燥器内冷却至室温，称量。再每烘 30 min 冷却称量一次，直至恒重。如果发现质量增加，则以前次质量为准。

(4) 结果计算

$$水分及挥发物(\%)=\frac{W_1-W_2}{W}\times 100$$

式中：W——样品质量，g；

W_1——烘前称量瓶、石英砂与样品的总质量，g；

W_2——烘后称量瓶、石英砂与样品的总质量，g。

双试验结果允许差不得超过 0.2%，取双试验的平均值作为测试结果。测试结果取小数点后第一位。

5) 酸值的测定

(1) 试剂

0.1 mol/L 氢氧化钾-乙醇标准溶液；中性乙醇：临用前用 0.1 mol/L 碱液滴定至中性；石油醚(60～90℃)：分析纯；1% 酚酞指示剂溶液。

(2) 仪器与设备

三角烧瓶 250 mL；碱式滴定管 25 mL；分析天平：感量 0.000 1 g。

(3) 分析步骤

称取混匀的试样 0.3～0.5g(精确至 0.000 2 g)，置于干燥的三角烧瓶中，加入 70 mL 石油醚，摇动使之溶解。然后加入 30 mL 中性乙醇，摇匀。

加入约 0.5 mL 酚酞指示剂溶液，用氢氧化钾-乙醇标准溶液滴定，滴至出现微红色，在 30 s 内红色不褪为终点。记下终点时消耗的标准溶液毫升数。

(4) 结果计算

$$酸值(mg\ KOH/g)=\frac{V\times M\times 56.1}{W}\times 100$$

式中：V——滴定消耗的氢氧化钾-乙醇标准溶液的体积，mL；

M——氢氧化钾-乙醇标准溶液的浓度，mol/L；

W——试样质量，g；

56.1——1 mL 1mol/L 氢氧化钾-乙醇标准溶液中含氢氧化钾的质量，mg。

双试验结果允许差不得超过 0.5 mg KOH/g，取其平均值作为测试结果。测试结果取小数点后第一位。

6) 色泽的测定

方法一　Gardner(加特纳)法(适用于浓缩磷脂与粉状磷脂)

(1) 原理

本方法是将试样配成 5%的苯溶液与加特纳(Gardner)色标进行比色，以色标号表示之。

(2) 仪器

无色玻璃比色管：内径 10.65 mm，外高 114 mm；容量瓶：100 mL。

(3) 试剂

苯：分析纯；铂氯酸钾（K_2PtCl_4）；0.1 mol/L 盐酸；重铬酸钾（$K_2Cr_2O_7$）；浓硫酸：分析纯。

盐酸(1＋17)：1 份浓盐酸与 17 份蒸馏水混合。

氯化钴溶液：按 1 g 氯化钴($CoCl_2 \cdot 6H_2O$)和 3 mL 盐酸(1＋17)的比例配制。

氯化铁溶液：按约 5 g 氯化铁($FeCl_3 \cdot 6H_2O$)和 1.2 mL 盐酸(1＋17)的比例配制。调整其色度，使相当于新配制的每 100 mL 浓硫酸中溶有 3 g 重铬酸钾的溶液。

加特纳色标溶液的配制见表 6－6。

表 6－6 加特纳色标溶液配制表

加特纳色度标准号	色度配位		1 000 mL 0.1 mol/L 盐酸中铂氯酸钾的质量/g	铁-钴溶液			每 100 mL 浓硫酸中重铬酸钾的质量/g
	X	Y		氯化铁溶液/mL	氯化钴溶液/mL	盐酸(1+17)/mL	
1	0.319 0	0.327 1	0.550				0.003 9
2	0.324 1	0.334 4	0.865				0.004 8
3	0.331 5	0.345 6	1.330				0.007 1
4	0.343 3	0.363 2	2.080				0.011 2
5	0.357 8	0.382 0	3.035				0.020 5
6	0.375 0	0.404 7	4.225				0.032 2
7	0.402 2	0.436 0	6.400				0.038 4
8	0.417 9	0.453 5	7.900				0.051 5
9	0.433 8	0.464 8		3.8	3.0	93.2	0.078 0
10	0.449 0	0.477 5		5.1	3.6	91.3	0.164
11	0.483 6	0.480 5		7.5	5.3	87.2	0.250
12	0.508 4	0.463 9		10.8	7.6	81.6	0.380
13	0.539 5	0.445 1		16.6	10.0	73.4	0.572
14	0.565 4	0.429 5		22.2	13.3	64.5	0.763
15	0.587 0	0.411 2		29.4	17.6	53.0	4.041
16	0.606 0	0.393 3		37.8	22.8	39.4	1.280
17	0.627 5	0.372 5		51.3	25.6	23.1	2.220
18	0.647 5	0.352 5		100.0	0.0	0.0	3.00

(4) 操作步骤

称取混匀试样 4.99～5.01 g(准确至 0.01 g)置于 50 mL 烧杯中。用 30 mL 苯溶解后，倾入 100 mL 容量瓶中，然后用 40～50 mL 苯分数次洗净烧杯，用苯定容，摇匀。

将配制的试样液和加特纳色标溶液注入比色管中，在相同背景下，两者紧靠相比，按相近的色标号报告。

方法二　吸收度法(适用于卵磷脂)

(1) 试剂

95%乙醇：分析纯。

(2) 仪器与设备

容量瓶：25 mL；天平：感量 0.01 g；紫外分光光度计。

(3) 分析步骤

称取样品 0.15 g(精确至 0.01g)，置于 25 mL 容量瓶中，加乙醇溶解，并稀释至刻度。用紫外分光光度计在 350 nm 的波长处测量其吸收度。

7) 水合试验

(1) 仪器与设备

离心管 10 mL；玻璃棒；天平：感量 0.5 g；离心机。

(2) 分析步骤

称取混匀的试样 3 g，置于离心管中，加入 6 mL 40℃的温水，用玻璃棒剧烈搅拌 10 min，使样品与温水混合均匀后，取出玻璃棒。将离心管置于离心机中，以 1 000 r/min 的转速离心 15 min，不加制动，待离心机自然停止转动后，取出离心管立即观察。

(3) 分析结果

观察试液是否分层。

8) 含磷量的测定

(1) 仪器和用具

瓷坩埚或石英坩埚；分光光度计或带塞的 50 mL 比色管；移液管：5、10 mL；电炉、高温炉；容量瓶：100、500、1 000 mL；表面皿、烧杯、量筒；恒温水浴锅；漏斗、坩埚钳、试剂瓶等。

(2) 试剂

50%氢氧化钾溶液。盐酸、硫酸、氧化锌、滤纸。0.015%硫酸联氨溶液。

2.5%钼酸钠稀硫酸溶液：量取 140 mL 硫酸注入 300 mL 水中，摇匀，冷却至室温，加入 12.5 g 钼酸钠，溶解后加水至 500 mL，摇匀，静置 24 h 备用。

磷标准溶液：称取无水的磷酸二氢钾 0.439 1 g 溶于 1 000 mL 水中，作为 1 号液，含磷 0.1 mg/mL；吸取 1 号液 10 mL，加水稀释至 100 mL，含磷 0.01 mg/mL，作为 2 号液，比色用。

(3) 操作方法

① 绘制标准曲线

取 5 只 50 mL 比色管，编成 1,2,4,6,8 五个号码，按号码顺序分别注入磷标准 2 号液 1,2,4,6,8 mL，再按顺序分别加水 9,8, 6,4,2 mL。接着向 5 只管内各加 0.015%硫酸联氨溶液 8.0 mL；各加钼酸钠稀硫酸溶液 2.0 mL，加塞、摇匀。去塞，将 5 只管置于正在沸腾的水浴中加热 10 min，取出冷却至室温，用水稀释至 50 mL，充分摇匀，经 10 min 后，用分光光度计，在波长 650 nm 下，用 3 cm 液槽，用水调整零点，分别测定消光值。以消光值为纵坐标，以磷量(0.01、0.02、0.04、0.06、0.08 mg)为横坐标，绘制标准曲线。

② 制备被测液

用坩埚称取试样约 10 g(准确至 0.001 g)，加氧化锌 0.5 g，先在电炉上加热炭化，然后送入 550～600℃的高温炉中灼烧至灰化(白色)，灼烧时间约 2 h，取出坩埚冷却至室温，用热盐酸(1∶1)10 mL 溶解灰分，并加热微沸 5 min，将溶解液过滤注入 100 mL 容量瓶中，用热水冲洗坩埚和滤纸，待滤液冷却至室温后，用50%氢氧化钾溶液中和至出现混浊，缓慢滴加盐酸使氧化锌沉淀全部溶解后，再滴2滴，最后加水稀释至刻度，摇匀。

③ 比色

用移液管吸取被测液10 mL注入50 mL比色管中，加入0.015%硫酸联氨8.0 mL，加2.0 mL钼酸钠稀硫酸溶液，加塞，摇匀。去塞，将比色管置于正在沸腾的水浴中加热10 min，取出冷却至室温，用水稀释至50 mL，充分摇匀，经10 min后，用分光光度计，在波长650 nm下，用3 cm液槽，用水调整零点，测定消光值。

(4) 结果计算

根据被测液的消光值，从标准曲线查得磷量(P)，按下式计算磷脂含量：

$$磷脂(\%)=P\times\frac{V_2}{V_1}\times26.31\times\frac{100}{W\times1\,000}\times100$$

式中：P——标准曲线查得的磷量，mg；

V_2——样品灰化后稀释的体积，mL；

V_1——比色时所取的被测液体积，mL；

26.31——每毫克磷相当于磷脂的质量，mg；

W——试样质量，g。

双试验结果允许差不超过0.04%，求其平均数，即为测定结果。测定结果取小数点后第二位。

9) 乙醇可溶物的测定

(1) 试剂

95%乙醇：分析纯；乙醚：分析纯。

(2) 仪器与设备

离心管：10 mL；烧杯：100 mL；玻璃棒；水浴锅；离心机；分析天平：感量0.000 1 g；脱脂棉；电热恒温干燥箱。

(3) 分析步骤

将烧杯、玻璃棒和离心管置于(105±2)℃的电热恒温干燥箱中烘至恒重。称取2 g样品(精确至0.000 2 g)，置于离心管中，加入8 mL乙醇，把离心管放在60℃水浴中，用玻璃棒搅拌样品，使之全部溶解。取出玻璃棒，把离心管放入离心机中离心沉淀，倾出上层乙醇液。反复用乙醇洗涤，直至乙醇呈无色为止。倾出乙醇液，并在水浴上蒸去残留乙醇。用脱脂棉蘸少许乙醚擦净离心管外壁。将离心管和玻璃棒一并放入烧杯中，于(105±2)℃的电热恒温干燥箱中烘30 min，取出冷却称量。直至烘到恒重。

(4) 结果计算

$$乙醇可溶物(\%)=\left(1-\frac{W_2-W_1}{W}\right)\times100$$

式中：W_2——烧杯、玻璃棒和离心管的总质量，g；

W_1——烧杯、玻璃棒、离心管和乙醇不溶物的总质量，g；

W——试样质量，g。

双试验结果允许差不得超过0.5%，取其平均值作为测试结果。测试结果取小数点后第一位。

10）乳化稳定性的测定

（1）仪器与设备

超级恒温器；控温多用高速组织捣碎机；比色管：50 mL；量筒：50 mL；天平：感量0.01 g。

（2）分析步骤

在已知质量的控温多用高速组织捣碎机的玻璃盛器中称取0.5 g样品（精确至0.01 g），加入15g一级大豆油和35 mL水。将超级恒温器的水温升至60℃恒温后，用橡皮管连接超级恒温器与捣碎机的水浴，并开启超级恒温器的泵开关，使温水在捣碎机的水浴中循环。再将玻璃盛器放入水浴中预热5 min后，打开搅拌开关，使其在6 000 r/min的转速下搅拌3 min。取出玻璃盛器，将盛器内的试液倒入比色管中，静止1 h后观察。

（3）分析结果

观察试液是否分层。

11）大豆磷脂中磷脂组分的测定（GB/T 21493—2008）

本方法适用于含油大豆磷脂、脱油大豆磷脂中磷脂酰胆碱、磷脂酰乙醇胺、磷脂酰肌醇的测定。不适用于大豆溶血磷脂酰胆碱、大豆溶血磷脂酰乙醇胺的测定。

（1）原理

用多元流动相等度洗脱分配于色谱柱两相中的磷脂酰胆碱、磷脂酰乙醇胺、磷脂酰肌醇组分，在固定相中滞留时间不同，达到分离目的。紫外检测器在线检测流出组分，与标准系列比较定量。

（2）试剂

正己烷：色谱纯。异丙醇：色谱纯。水：色谱纯。冰醋酸：色谱纯。

1%冰醋酸溶液：1 mL冰醋酸用色谱纯水定容到100 mL。

流动相：V(正己烷)$+V$(异丙醇)$+V$(1%冰醋酸溶液)$=8+1+1$。

磷脂酰胆碱：标准物质，纯度≥99%。

磷脂酰乙醇胺：标准物质，纯度≥99%。

磷脂酰肌醇：标准物质，纯度≥98%。

注：所用的磷脂酰胆碱、磷脂酰乙醇胺、磷脂酰肌醇标样来源应与所测定的样品一致，如测定的样品为大豆磷脂时，上述三种标样应来源于大豆。

（3）仪器与设备

分析天平：精度为0.000 1 g；刻度吸管：0.5 mL，1 mL，5 mL；容量瓶：5 mL，10 mL，100 mL；量筒：100 mL，500 mL，1000 mL；氮气瓶；液相色谱仪，带进样系统、紫外检测器和数据处理器；

液相色谱柱：Si－60柱子，填料粒度为5 μm，长度250 mm，内径4.6 mm。

注：柱子长度与直径可以依据实验条件作相应选择。

（4）分析步骤

① 液相系统的平衡

进样分析前，用流动相平衡液相系统，控制流速为0.5 mL/min，保证基线平稳，样品的保留时间稳定。

② 标准溶液的配制

精确称取约 20 mg 磷脂酰胆碱、20 mg 磷脂酰乙醇胺与 10 mg 磷脂酰肌醇，用 V(正己烷)+V(异丙醇)+V(1%冰醋酸溶液)=8+8+1 混合溶剂溶解并定容到 10 mL，配制磷脂酰胆碱、磷脂酰乙醇胺、磷脂酰肌醇的混合标准溶液，使溶液中磷脂酰胆碱、磷脂酰乙醇胺、磷脂酰肌醇浓度分别为 2 mg/mL、2 mg/mL、1 mg/mL。准确吸取此溶液 0.25 mL、1.25 mL、2.50 mL、3.75 mL、5.00 mL，并用 V(正己烷)+V(异丙醇)+V(1%冰醋酸溶液)=8+8+1 混合溶剂定容到 5 mL，使溶液中磷脂酰胆碱的最终浓度为 0.1 mg/mL～2.0 mg/mL，磷脂酰乙醇胺的最终浓度为 0.1 mg/mL～2.0 mg/mL，磷脂酰肌醇的最终浓度为 0.05 mg/mL～1.0 mg/mL。低于−16℃保存备用，保存时注意容器口的密封。

注：假如标样为三氯甲烷或甲醇的溶液，必须将其中的溶剂用氮气小心吹干，再用流动相溶解定容。

③ 标准工作曲线的制作

分别取不同浓度的磷脂酰胆碱、磷脂酰乙醇胺、磷脂酰肌醇混合标准溶液 10 μL 注入液相色谱中。以样品各组分浓度为横坐标，各组分峰面积为纵坐标，分别绘制磷脂酰胆碱、磷脂酰乙醇胺、磷脂酰肌醇三种组分的标准工作曲线。

④ 样品前处理

测试样品应避光放在密闭和防潮的容器内。样品在使用前需充分混匀。

依据样品中磷脂酰胆碱、磷脂酰乙醇胺、磷脂酰肌醇含量，精确称取样品 15 mg～50 mg。用 V(正己烷)+V(异丙醇)+V(1%冰醋酸溶液)=8+8+1 混合溶剂溶解并定容至 5 mL。低于−16 ℃保存备用，保存时注意容器口的密封。

⑤ 测定

(a) 色谱条件：Si-60 柱子，长 250 mm，内径 4.6 mm，填充物粒度 5 μm。流动相流速 1 mL/min，柱温 30℃，紫外检测波长 205 nm。如果采用不同型号的 Si 柱，可通过调整流速，达到最佳工作状态。

(b) 进样：准确取经 0.45 μm 微孔膜过滤的待测液 10 μL，注入液相色谱仪，比较待测液与标准样品的高效液相色谱(HPLC)图谱，取与标准样品 HPLC 图谱中磷脂酰乙醇胺、磷脂酰肌醇、磷脂酰胆碱相同时间的峰面积与标准工作曲线比较定量。对同一样品至少进行两次测定。

(5) 结果计算

试样中磷脂酰胆碱、磷脂酰乙醇胺、磷脂酰肌醇的含量以各组分的质量与试样原有质量的质量分数表示，其计算公式为：

$$X=\frac{c\times 5}{m}\times 100$$

式中：X——样品中磷脂酰胆碱(或磷脂酰乙醇胺、磷脂酰肌醇)的含量，g/100 g；

c——由磷脂酰胆碱(或磷脂酰乙醇胺、磷脂酰肌醇)标准工作曲线上查出的试样测定液中磷脂酰胆碱(或磷脂酰乙醇胺、磷脂酰肌醇)的浓度，mg/mL；

5——样品的定容体积，mL；

m——样品的总质量，mg。

同一个分析者使用同样的方法在同一个实验室内使用同样仪器设备对同一试样连续进行两次测定的结果相对偏差不得大于 5%，取两次测定的算术平均值作为结果。

6.4.2 维生素E

测定维生素E的方法有三氯化铁比色法、荧光测定法、气相色谱法及高效液相色谱法。前三种方法都需要预处理(皂化、衍生或分离纯化),对维生素E各异构体分离效果不理想。高效液相色谱法简便、迅速、准确,油脂样品不经特殊前处理就能测定各异构体的含量。现介绍采用高效液相色谱法测定维生素A和维生素E的含量的方法(见GB/T 5009.82—2003)。

(1) 原理

试样中的维生素A及维生素E经皂化提取处理后,将其从不可皂化部分提取至有机溶剂中。用高效液相色谱C_{18}反相柱将维生素A和维生素E分离,经紫外检测器检测,并用内标法定量测定。

(2) 试剂

无水乙醚:不含有过氧化物;无水乙醇:不得含有醛类物质;无水硫酸钠;甲醇:重蒸后使用;重蒸水:水中加少量高锰酸钾,临用前蒸馏;抗坏血酸溶液(100 g/L):临用前配制;氢氧化钾溶液(1+1);氢氧化钠溶液(100 g/L);硝酸银溶液(50 g/L);pH 1~14试纸。

银氨溶液:加氨水至硝酸银溶液中,直至生成的沉淀重新溶解为止,再加氢氧化钠溶液数滴,如发生沉淀,再加氨水直至溶解。

维生素A标准液:视黄醇(纯度85%)或视黄醇乙酸酚(纯度90%)经皂化处理后使用。用脱醛乙醇溶解维生素A标准品,使其浓度大约为1 mL,相当于1 mg视黄醇。临用前用紫外分光光度法标定其准确浓度。

维生素E标准液:α-生育酚(纯度95%);γ-生育酚(纯度95%);δ-生育酚(纯度95%)。用脱醛乙醇分别溶解以上三种维生素E标准品,使其浓度大约为1 mL,相当于1 mg。临用前用紫外分光光度计分别标定此三种维生素E溶液的准确浓度。

内标溶液:称取苯并[e]芘(纯度98%),用脱醛乙醇配制成每1 mL相当10 μg苯并[e]芘的内标溶液。

(3) 仪器与设备

高效液相色谱仪带紫外分光检测器;旋转蒸发器;高速离心机:具塑料盖1.5 mL~3.0 mL塑料离心管(与高速离心机配套);高纯氮气;恒温水浴锅;紫外分光光度计。

(4) 分析步骤

① 试样处理

(a) 皂化:准确称取1~10 g试样(含维生素A约3 μg,维生素E各异构体约为40 μg)置于皂化瓶中,加30 mL无水乙醇,进行搅拌,直到颗粒物分散均匀为止,加5 mL10%抗坏血酸、苯并[e]芘标准液2.00 mL,混匀。加10 mL氢氧化钾(1+1),混匀。于沸水浴回流30 min,使皂化完全,皂化后立即放入冰水中冷却。

(b) 提取:将皂化后的试样移入分液漏斗中,用50 mL水分2~3次洗皂化瓶,洗液并入分液漏斗中。用约100 mL乙醚分两次洗皂化瓶及其残渣,乙醚液并入分液漏斗中。如有残渣,可将此液通过有少许脱脂棉的漏斗滤入分液漏斗。轻轻振摇分液漏斗2 min,静置分层,弃去水层。

(c) 洗涤:用约50 mL水洗分液漏斗中的乙醚层,用pH试纸检验直至水层不显碱性

(最初水洗轻摇,逐次振摇强度可增加)。

(d) 浓缩:将乙醚提取液经过无水硅酸钠(约 5 g)滤入与旋转蒸发器配套的 250～300 mL球形蒸发瓶内,用约 100 mL 乙醚冲洗分液漏斗及无水硫酸钠 3 次,并入蒸发瓶内,并将其接至旋转蒸发器上。于 55℃水浴中减压蒸馏并回收乙醚,待瓶中剩下约 2 mL 乙醚时,取下蒸发瓶,立即用氮气吹掉乙醚。立即加入 2.00 mL 乙醇,充分混合,溶解提取物。

将乙醇液移入一小塑料离心管中离心 5 min(5 000 r/min)。上清液供色谱分析。如果试样中维生素含量过少,可用氮气将乙醇液吹干后,再用乙醇重新定容,并记下体积比。

② 标准曲线的制备

(a) 维生素 A 和维生素 E 标准浓度的标定:

取维生素 A 和各维生素 E 标准液若干微升,分别稀释至 3.0 mL 乙醇中,并分别按给定波长测定各维生素的吸光值。用比吸光系数计算出该维生素的浓度。测定条件如表 6－7 所示。

表 6－7　维生素 A 和维生素 E 浓度测定条件

标　准	加入标准液的量/(V/μL)	比吸光系数 $E_{cm}^{1\%}$	波长/(λ/nm)
视黄醇	10.00	1 835	325
α－生育酚	100.0	71	294
γ－生育酚	100.0	92.8	298
δ－生育酚	100.0	91.2	298

浓度按下式计算:

$$c_1=\frac{A}{E}\times\frac{1}{100}\times\frac{3.00}{V\times 10^{-3}}$$

式中:c_1——维生素浓度,g/mL;

A——维生素的平均紫外吸光值;

V——加入标准液的量,μL;

E——某种维生素 1%比吸光系数;

$\frac{3.00}{V\times 10^{-3}}$——标准液稀释倍数。

(b) 标准曲线的制备:

本方法采用内标法定量。把一定量的维生素 A、α－生育酚、γ－生育酚、δ－生育酚及内标苯并[e]芘液混合均匀。选择合适灵敏度,使上述物质的各峰高约为满量程 7 000,为高浓度点。高浓度的 1/2 为低浓度点(其内标苯并[e]芘的浓度值不变),用此种浓度的混合标准进行色谱分析,结果见色谱图(图 6－5)。维生素标准曲线绘制是以维生素峰面积与内标物峰面积之比为纵坐标,维生素浓度为横坐标绘制,或计算直线回归方程。如有微处理机装置,则按仪器说明用二点内标法进行定量。

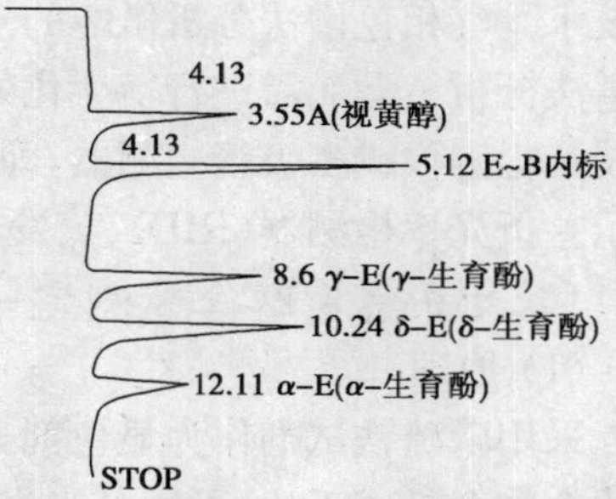

图 6－5　维生素 A 和维生素 E 的色谱图

本方法不能将 β－E 和 γ－E 分开,故 γ－E 峰中包含有 β－E 峰。

③ 高效液相色谱分析

色谱条件(参考条件)：

预柱：ultrasphere ODS 10 μm,4 mm×4.5 cm。

分析柱：ultrasphere ODS 5 μm,4 mm×4.5 cm。

流动相：甲醇＋水＝98＋2,混匀。临用前脱气。

紫外检测器波长：300 nm。量程 0.02。

进样量：20 μL。

流速：1.7 mL/min。

④ 试样分析

取试样浓缩液 20 μL,待绘制出色谱图及色谱参数后,再进行定性和定量。

(a) 定性：用标准物色谱峰的保留时间定性。

(b) 定量：根据色谱图求出某种维生素峰面积与内标物峰面积的比值,以此值在标准曲线上查到其含量。或用回归方程求出其含量。

(5) 结果计算

维生素含量按下式计算：

$$X=\frac{c}{m}\times V\times\frac{100}{1\ 000}$$

式中：X——维生素的含量,mg/100 g;

c——由标准曲线上查到的某种维生素含量,μg/mL;

V——试样浓缩定容体积,mL;

m——试样质量,g。

计算结果表示到三位有效数字。

在重复性条件下获得的两次独立测定结果的绝对差值不得超过算术平均值的 10%。

6.4.3 植物甾醇

植物甾醇的分析方法较多,如早期的关于甾醇总量的分析方法有毛地黄皂苷法、Lieberman-Burchard 比色法。这两种方法操作的安全性要求高,结果偏低,操作过程时间长,现已渐趋淘汰。薄层扫描也曾用于植物甾醇的测定,但发展最快的仍属气相色谱和高效液相色谱技术。气相色谱法分析甾醇的一个较为明显的不便是需对样品进行衍生处理,高效液相色谱法分析甾醇无需进行衍生化处理,故具有简便、快速的特点。若高效液相色谱仪配备可变波长检测仪或多极管检测器,即可克服甾醇的紫外吸收特性差异较大的缺陷,其他检测器如示差折光率检测器(RID)、蒸发光散射检测器(ELSD)等均可用于甾醇分析。

1) 大豆总甾醇含量测定——分光光度法

(1) 原理

采用磷硫铁试剂作为显色剂,甾醇及其酯与显色剂产生紫红色化合物,其吸光度与甾醇类化合物含量成正比,可用分光光度计进行定量测定。

(2) 试剂

10%$FeCl_3$溶液：称取 10 g $FeCl_3\cdot 6H_2O$ 溶于 85%浓磷酸中,用磷酸定容至 100 mL,贮于棕色瓶中,冷藏,可保存一年。

磷硫铁显色剂：取 10%$FeCl_3$液 115 mL 置于 100 mL 棕色容量瓶中,用浓硫酸定容至刻度。

豆甾醇标准溶液：准确称取豆甾醇标样 100.0 mg，溶于无水乙醇中，定容至 100 mL，豆甾醇含量为 1.00 mg/mL，贮于棕色瓶，低温保存备用。使用时吸取上述储备液 10 mL，用无水乙醇定容至 100 mL，此时豆甾醇含量为 100 μg/mL。

(3) 仪器

分光光度计。

(4) 操作方法

① 豆甾醇标准曲线的制作：取 10 mL 干燥试管 6 支编号，分别按表 6－8 添加试剂。而后在室温下显色 15 min，在 520 nm 下用分光光度计分别测定其吸光度(A)，以豆甾醇量为横坐标，吸光度(A)为纵坐标，绘制标准曲线。

表 6－8　试剂添加情况

项　目	试管编号					
	0	1	2	3	4	5
豆甾醇使用液/(mL,100μg/mL)	0.00	0.50	1.00	1.50	2.00	2.50
无水乙醇/mL	4.0	3.5	3.0	2.5	2.0	1.5
磷硫铁显色剂/mL	2.0	2.0	2.0	2.0	2.0	2.0
相应豆甾醇量/μg	0	50	100	150	200	250

② 样品中总甾醇含量测定：准确称取一定量(0.01～0.1 g) 样品，用无水乙醇溶解后定容至 25 mL。取样品液 2 mL，加入无水乙醇 2 mL，然后再加入磷硫铁显色剂 2 mL 摇匀，15 min后用分光光度计在波长 520 nm 处测其吸光度(如浓度过高应进行稀释后测定)，在标准曲线中查出相应的豆甾醇量。呈色稳定时间 1 h。

(5) 结果计算

样品总甾醇含量按下式计算：

$$\text{样品总甾醇含量}(\%)=\frac{m\times V\times B}{M}\times 100$$

式中：m——与样品吸光度(A)相对应的豆甾醇量，μg；

V——定容体积，mL；

B——稀释倍数；

M——样品质量，μg。

2) 甾醇含量测定——毛细管气相色谱法

(1) 原理

试样皂化后，用正己烷提取不皂化物，提取的不皂化物经毛细管柱色谱分离各植物甾醇组分，以胆甾醇作内标，根据试样与标样甾醇的峰面积比较定量，此方法不需复杂的前处理，能快速地测定试样中甾醇含量。

(2) 仪器

气相色谱仪：配有氢火焰离子化检测器(FID)、数据处理机或色谱工作站。

色谱条件：

检测器：氢火焰离子化检测器(FID)；

毛细管柱：0.32 mm×25 m；

固定液：SE－30，液膜厚度 0.35 μm；

柱温：从 200℃起 10℃/min 的升温速率升至 300℃，并保持 25 min；

汽化室温度：330℃；

检测器温度：330℃；

分流比：30∶1；

氮气流速：2.0 mL/min。

(3) 试剂

氢氧化钾的乙醇溶液：14.0 g 氢氧化钾溶解在 10 mL 水中，冷至室温后，用乙醇稀释至 100 mL。

无水硫酸钠：分析纯；各甾醇标样；正己烷：色谱纯；β-胆固醇：纯度>99%；2.5 mol/L 氢氧化钾乙醇溶液。

(4) 操作方法

① 样品的处理：称取 100.0 mg 样品（精确至 0.1mg）置于 10 mL 磨口锥形瓶中，加入 20.0 mg β-胆固醇标准品作内标，再加入 2 mL 浓度为 2.5 mol/L 氢氧化钾乙醇溶液后加盖密封，剧烈振摇 20 s，置于 70℃水浴中皂化 1 h，每隔 10 min 振摇一次，冷至室温后打开瓶塞，加 1 mL 去离子水和 5 mL 正己烷，密封后剧烈振摇 3 min，静置。

将上层（正己烷层）转移至 30 mL 锥形瓶中，水层用正己烷重复萃取 3 次，每次 5 mL。合并正己烷层，用 1 g 无水硫酸钠干燥，将干燥后的正己烷萃取液用正己烷定容至 50 mL，供气相色谱测定。

② 色谱分析：取 5 μL 试样溶液进样，试样中甾醇组分由相对胆固醇的保留时间定性。根据试样中甾醇组分的峰面积与内标物峰面积的比较定量。

(5) 结果计算

① 样品中单个甾醇的百分含量（W）按下式计算：

$$W=\frac{c\times A\times V\times p}{F\times M\times 1\,000}\times 100$$

② 样品中总甾醇的含量按下式计算：

$$样品总甾醇含量(\%)=\frac{\sum A\times c\times V\times p}{F\times M\times 1\,000}\times 100$$

式中：c——内标的质量浓度，g/L；

V——内标体积，μL；

A——单个甾醇的峰面积；

F——内标的峰面积；

M——样品质量，mg；

p——内标的纯度；

$\sum A$——各个甾醇的峰面积之和。

3）甾醇含量测定——高效液相色谱法

(1) 试剂

甲醇：色谱纯；无水乙醇；各甾醇标样。

(2) 仪器

高效液相色谱仪，附紫外检测器或蒸发光散射检测器(ELSD)。

色谱条件：

紫外检测器：检测波长 210 nm；

蒸发光散射检测器：氮气流速 1.6 L/min；

漂移管温度 70℃；

色谱柱：Supecol Discovery C18 (250 mm×4.6 mm，5 μm)；

流动相：甲醇；

流速：1.0 mL/min；

柱温：30℃；

进样量：20 μL。

(3) 操作方法

甾醇标样用乙醇配成相应浓度的标准工作溶液，过 0.45 μm 微孔滤膜后，进行 HPLC 测定。以甾醇浓度为横坐标，以峰面积为纵坐标，分别制作各种甾醇的标准曲线(用蒸发光散射检测器时应为双对数曲线)。

准确称取混合均匀的样品 0.100 0 mg 置于 100 mL 容量瓶中，用无水甲醇溶解，并定容至刻度，混匀，过 0.45 μm 微孔滤膜后，进行 HPLC 测定。利用甾醇标样的保留时间进行定性，甾醇的峰面积进行定量。

(4) 结果计算

从标准曲线中查峰面积对应的甾醇浓度，除以样品质量，即可得甾醇的含量。

6.4.4 谷维素

谷维素的主要质量指标为干燥失重、灼烧残渣和谷维素含量。现介绍谷维素含量的测定方法。

1) 谷维素含量的测定——紫外光谱法

准确称取一定量的样品(米糠油取 100 mg，皂脚或谷维素成品取 15 mg)，置于 50 mL 容量瓶中，加入适量正庚烷，置热水浴中使其完全溶解，经过滤、稀释后在分光光度计上测定，测定时吸光值以 0.100～0.500 为宜。观察 220～320 nm 处的紫外光谱，看是否具有 231 nm、291 nm、315 nm 处特征吸收峰，然后由下式计算含量。

$$\text{谷维素含量} = \frac{\text{吸光值} \times \text{稀释倍数}}{\text{样品质量} \times 350} \times 100\%$$

式中，350 表示谷维素纯品在 315 nm、用 1 cm 厚石英比色皿测得的、吸光值计算至浓度为 1%时的数值。

2) 谷维素含量的测定——乙醇碱液比色法

(1) 样品预处理

称取样品 20～30 mg，置于 25 mL 容量瓶中，用氯仿溶解稀释至刻度，再吸取此溶液 5 mL置于 25 mL 容量瓶中，用氯仿稀释至刻度。

注：若样品为皂脚，则宜取样 100～200 mg，稀释 25 倍。

(2) 含量测定

准确吸取上述样品溶液 1 mL 置于 25 mL 容量瓶中，加入适量 95%乙醇，摇匀；再加入0.1%氢氧化钾/乙醇溶液(必须用标准溶液标定后再准确稀释至 0.1%)1.5 mL，摇匀，得亮黄色溶液。最后用 95%乙醇稀释至刻度，在 470 nm 处进行比色，同时做空白试验。

(3) 标准曲线的绘制

称取已知含量的成品 60 mg，按"样品预处理"过程配成溶液，吸取 0.1、0.4、0.6、0.8、1.0 mL于 25 mL 容量瓶中，按"含量测定"步骤处理，进行比色。以谷维素含量(μg)为纵坐标，以吸光值为横坐标，绘制标准曲线。

(4) 结果计算

根据吸光值在标准曲线上对应的谷维素含量值 A(μg)和所取样品质量 B(μg)计算样品中谷维素的含量，计算式为：

$$\text{谷维素含量}=\frac{A\times 125}{B}\times 100\%$$

3) 谷维素含量的测定——高效液相色谱法

(1) 试剂

乙腈：色谱纯；三氯甲烷：色谱纯；乙醇：色谱纯；谷维素标准品。

(2) 仪器

超声波清洗器；

高效液相色谱仪：附紫外检测器。

色谱条件：

色谱柱：Aglient－C_{18}(4.6 mm×150 mm，5 μm)；

流动相：水＋乙腈＝55＋45；

检测波长：231 nm；

流速：1.0 mL/min；

柱温：28℃；

进样量：10 μL。

理论塔板数按谷维素峰计为 3 000。

(3) 操作方法

取谷维素标准品约 10 mg 精密称定，置 100 mL 量瓶中，加二氯甲烷 20 mL 超声处理 10 min，使溶解，放冷，加乙醇稀释至刻度，摇匀。精密量取 1、2、3、4、6、8 mL 分别置 25 mL 量瓶中，加乙醇稀释至刻度，摇匀。在上述色谱条件下进样，记录色谱图，以浓度(X)为横坐标，以峰面积(Y)为纵坐标，得到标准曲线。

取试样约相当于谷维素 10 mg 精密称定，置 100 mL 量瓶中，加二氯甲烷 10 mL 超声处理 10 min，使谷维素溶解，放冷，加乙醇稀释至刻度，摇匀。按上述色谱条件操作，通过峰面积查标准曲线，得到谷维素浓度，然后计算谷维素含量。

6.4.5 糠蜡

糠蜡的主要检测指标有酸值、碘值、皂化值、熔点、丙酮不溶物(纯度)、脂肪酸组成等，现介绍糠蜡脂肪酸组成测定方法。

(1) 仪器

气相色谱仪，附氢火焰离子化检测器。

色谱条件：

毛细管色谱柱：PEG-20M，0.32 mm×30 m；

分流比：1∶10；

检测器：FID；

载气(N_2)流速：50 mL/min，H_2：40 mL/min，空气：400 mL/min；

检测器温度：290℃；

汽化室温度：290℃；

柱温：140℃(5 min)～200℃(10 min)～260℃(15 min)。

(2) 操作方法

① 水解：称取糠蜡(或原料4g)2 g加3倍水，加热至85℃。待完全熔化后在搅拌下，加入超碱量1倍NaOH水溶液，煮沸8 h～12 h，保温36 h。加入与皂化用碱量等当量的氯化钙饱和水溶液，在80℃左右反应2～3 h，热水洗至中性，烘干得灰白色粉粒，即为脂肪醇和脂肪酸钙的混合物。

② 脂肪酸的制取：萃取脂肪醇后残留粉粒状脂肪酸钙，加4倍水搅拌，加热至70～80℃，缓慢加入浓盐酸调pH值至1～2，煮沸3 h，至固体颗粒消失，冷却后用热水洗上层固体至中性，得到脂肪酸。

③ 脂肪酸甲酯化：称取脂肪酸试样0.2 g加入10 mL甲酯化试剂(60 mL无水甲醇加0.5 mL浓硫酸)，加热回流1 h，冷却后移入分液漏斗，加入50 mL蒸馏水，用40 mL正己烷抽提，水洗至中性，经无水硫酸钠干燥脱水、过滤、浓缩后作为气相色谱分析用样品。

④ 结果计算

使用内部归一化法，测定相应峰面积对所有峰面积总和的百分数来计算给定组分的含量。

6.4.6 二十八烷醇与三十烷醇

二十八烷醇与三十烷醇的定量方法采用气相色谱法。

(1) 仪器

气相色谱仪：附氢火焰离子化检测器(FID)。

色谱条件：

色谱柱：HP-5，30 m×320 μm×0.25 μm；

柱温：230℃保持6 min，10℃/min的速度升至280℃，保持20 min，以20℃/min升至300℃保留4 min；

汽化室温度：320℃；

检测器温度：330℃；

载气(N_2)流速：45.0 mL/min，氢气流速：40.0 mL/min，空气流速：450 mL/min；

进样量：10 μL。

(2) 试剂

二十八烷醇：标准品；三十烷醇：标准品；三苯基苯(TPB)：标准品；环己烷：化学纯。

（3）测定步骤

内标溶液的配制：精确称取三苯基苯 0.06 g，置于 100 mL 容量瓶中，用环已烷溶解并定容，配成 600 mg/mL 的内标溶液备用。

标样溶液的配制：称取二十八烷醇和三十烷醇标样各约 0.05 g(精确至 0.000 1 g)，置于 25 mL 容量瓶中，用环已烷溶解并定容，作为标样母液。

准确称取一定量的样品，加入内标溶液 1.5 mL，置于 5 mL 容量瓶中，用环已烷溶解并稀释至刻度。在上述所选定的色谱操作条件下，待色谱仪稳定后，连续进样分析标准溶液，直至相邻的二十八烷醇与内标物的响应值的相对偏差≤2%，然后按标准—样品—样品—标准的顺序进样分析。

（4）结果计算

按下式计算二十八烷醇和三十烷醇的质量分数：

$$\mathrm{W}_i = \frac{R_i}{R_s} \times \frac{m_s}{m_i} \times W_s$$

式中：R_i——样品溶液中二十八烷醇或三十烷醇与内标物 TPB 的响应值之比值的平均值；

R_s——标准溶液中二十八烷醇或三十烷醇与内标物 TPB 的响应值之比值的平均值；

m_i——样品溶液中二十八烷醇或三十烷醇与内标物 TPB 的质量比；

m_s——标准溶液中二十八烷醇或三十烷醇与内标物 TPB 的质量比；

W_s——标准品中二十八烷醇或三十烷醇的质量分数。

6.4.7 木脂素类物质：芝麻素

芝麻素的分析主要有高效液相色谱、气相色谱以及通过薄层分离后用薄层扫描色谱等方法，但高效液相色谱法是常用的方法，具有灵敏度高，重现性好等特点。（见 NY/T 1595—2008）

（1）原理

样品中芝麻素经 80%乙醇水溶液提取纯化，经反相 C_{18} 柱分离后，在波长 290 nm 处检测，外标法定量。

（2）试剂

除非另有说明，在分析中仅使用符合国家标准的分析纯试剂和 GB/T 6682 规定的二级水。

甲醇：色谱纯。乙醇：色谱纯。80%乙醇水溶液(V/V)。流动相：甲醇＋水($V+V$) ＝ 80＋20。

20 μg/mL 标样储备液：准确称取 4.0 mg 芝麻素标样置于 200 mL 容量瓶中，用 80%乙醇-水溶液溶解定容。

（3）仪器和设备

分析天平：感量 0.000 1 g；离心机：转速为 17 500 r/min，可控温 6℃；组织捣碎机：转速为 15 000 r/min；高效液相色谱仪：带紫外检测器和反相 C_{18} 柱；0.45 μm 有机相滤膜。

（4）分析步骤

称取粉碎的试样约 200 mg 置于 10 mL 离心管中，加入 5 mL 80%乙醇-水溶液，组织捣碎机 15 000 r/min 匀浆 30 s。在 6℃下 17 500 r/min 离心 5 min，取上清液置于试管中；残渣中再加 5 mL 的 80%乙醇-水溶液提取，提取条件和步骤同上，合并两次上清液，混匀，经 0.45 μm 有机相滤膜过滤，滤液待液相色谱分析时用。

取芝麻素标准储备液，用 80%乙醇-水溶液稀释至 1 μg/mL，2 μg/mL，5 μg/mL，10 μg/mL，20 μg/mL 标准使用液，连同样品依次进样，进行液相色谱检测，建立工作曲线。

色谱条件：流速 0.8 mL/min，进样量 10 μL，柱温为室温，检测器波长 290 nm。

(5) 结果计算

样品中芝麻素含量测定结果数值以克每千克表示(g/kg)，按下式计算：

$$X = A \times \frac{V_1 \times D}{V_2} \times \frac{1\ 000}{M}$$

式中：X——样品中芝麻素含量的数值，g/kg；

A——将样品分析所得峰面积代入工作曲线，计算所得的进样体积样品中芝麻素含量的数值，μg；

V_1——加入流动相体积的数值，mL；

V_2——进样体积的数值，μL；

D——样液的总稀释倍数；

M——样品质量的数值，g。

取两次平行测定结果的算术平均值为测定结果，结果保留两位小数。

在重复性条件下，获得的两次独立测定结果的绝对值不得超过算术平均值的 10%，以大于这两个测定值的算术平均值的 10%的情况不超过 5%为前提。

参考文献

[1] Abbas, Charles, et al. Ethanol extraction of phytosterols from corn fiber[P]. US 20050220951 (2005)

[2] Abdillahi O. B., Espenson J. H.. Epoxidation reactions with urea-hydrogen peroxide catalyzed by methyltrioxorhenium(VII) on niobia. J. Mol. Catalysis A: Chem. [J], 2003, 200(1—2): 43-47

[3] Ab. Gapor, A. Kato, A. S. H. Ong. α-Tocopherol Content in Oil Palm Leaflet[J]. J. Am. Oil Chem. Soc., 1986, 63: 330-331

[4] Adrian A. Franke, Jean H. Hankin, Mimi C. Yu, et al. Isoflavone levels in soy foods consumed by multiethnic populations in Singapore and Hawaii[J]. J. Agric. Food Chem., 1999, 47: 977-986

[5] Afaf Kamal-Eldin, Lars Åke Appelqvist. Variations in the Composition of Sterols, Tocopherols and Lignans in Seed Oils from Four Sesamum Species[J]. J. Am. oil chem. Soc., 1994, 71(2): 149-156

[6] AH. warth. The chemicai and Technology of waes, 2nd Edition Reinbold[M], New York, 1956

[7] Akoh C. C., Awanson B. G.. Optimized synthesis of sucrose polyesters: comparison of physical properties of sucrose polyesters, Raffinose polyesters and salad oils[J]. J. Food Sci., 1990, 55(1): 236-243

[8] A. Kuksis. in Lecithins. American Oil Chemist's Society, 1985: 110

[9] Albiez, et al. Process for concentrating tocopherols and or/sterols[P]. US6815551, 2004-11-09

[10] Albiez, Wolfgang, et al. (to Cognis Corporation 2500 Renaissance Blvd., Suite 200 Gulph Mills PA19406), Method for obtaining or recovering sterols and tocopherols[P]. 20030158429, 2003-08-21

[11] Ananthasankaran Jayalekshmy, Chami Arumughan, Kizhiyedathu Polachira Suja. Process for Extraction of Antioxidants from Sesame Seed/Cake[P]. United States: 10/642, 364. 24 Jun. 2004

[12] Anderson, A. J. C.. Refing of Oils and Fats for Edible Purposes[M]. Pergamon Press, London, 1953: 31-34

[13] Anna-Maija Lampi, Anu Hopia, Vieno Piironen. Antioxidant Activity of Minor Amounts of γ-Tocopherol in Natural Triacylglycerols[J]. J. Am. Oil Chem. Soc., 1997, 74: 549-555

[14] Anna-Maija Lampi, et al. A Study on the Influence of Fucosterol on Thermal Polymerisation of Purified High Oleic Sunflower Triacylglycerols [J]. J. Sci. Food Agric., 1999, 79: 573-579

[15] Anna-Maija Lampi, Leena Kataja, Afaf Kamal-Eldin. Antioxidant Activities of α- and γ-Tocopherols in the Oxidation of Rapeseed Oil Triacylglycerols [J]. J. Am. Oil Chem. Soc., 1999, 76: 749-755

[16] Anna-Marja Aura, Pirkko Forssell, Annikka Mustranta, et al. Transteri fication of Soy Lecithin by Lipase and Phospholipase [J]. J. Am. Oil Chem. Soc., 1995(11): 1375-1379

[17] Annikka Mustanta, et al. Transesterification of Phospholipids in different reaction conditions[J]. J. Am. Oil Chem. Soc., 1994(12): 1415-1419

[18] Appelgvist L., Kamal-Eldin A.. Sesame Oil and Its Mixtures are Exceptions to AOCS Method Cd 7-58[J]. J. Am. oil chem. Soc., 1991, 68(9): 693-694

[19] Bamicki, et al. (to Eastman Chemical Company), Process for the Production of Tocotrienol/Tocopherol Blend Concentrates[P]. US5660691, 1997-08-26

[20] Barnicki, et al. (to Eastman Chemical Company), Process for the Production of Tocopherol Concentrates[P]. US5512691, 1996-04-30

[21] Bartok, et al. (to Avcher-Daniels-Midland Company), Process for Separation of Tocopherols[P]. US6867308, 2005-03-15

[22] Basha S M. Resolution of Peanut Seed Protein by High-Performance Liquid Chromatography[J]. J. Agric. Food Chem., 1988, 36: 778-781

[23] Bernardini, E. The New Oil and Fat Technology. Publishing House Technology, S. R. L., Rome 1973: 423-432

[24] B. F. Szuhaj. Lecithin Production and Utilization[J]. J. Am. Oil Chem. Soc., 1983, 60: 261

[25] Binder, Thomas, Ahmad. Process for production of high purity tocopherols[P]. WO03/040124, 2003-05-15

[26] Boyd L, et al. Complexation of Phytate with protein and Catins in Com Gem and Oilseed Meal[J]. J. Agric. Food Chem., 1978. 24(4)

[27] Bui Huy Khoi, et al. The Protein and the Amino Acid Composition of some Rice and Maize Varieties Grown in North Vietnam[J]. J. Sci. Food Agric. 1987, 39: 137-143

[28] Carr, R. Lecithin Production and Properties[J]. J. Am. Oil Chem. Soc., 1976, 53: 347

[29] Chao Y M, Ma A N, Yahaya H, et al. Sparation of crude palm oil components by semipreparative supercritical fluid chromatography [J]. J. Am. oil chem. Soc., 1996, 73(4): 523

[30] Chen daofeng, zhang shunxing, xielan, et al. Anti-Aids agents-XXVI, structure-activity correlations of gomisin-G related anti HIV-lignans from kadsura interior and of relates synthetic analogs[J]. bioorg. med. chem., 1997, 5(8): 1715

[31] Chen FuSheng, LiuJingShun, Qin Jian. Study on edible films and coatings properties from corn proteins and effects to foods perserving results. Proceedings' 94 international symposlum & exhibition on new approaches in the production of food stuffs and intermediate products from cereal grains and oil seeds, 1994: 399-407

[32] Chen J H, and Ho C T. Antioxidant activities of caffeic acid and its related hydroxycinnamic acid compounds[J] J. Agric. Food Chem., 1997, 45(7): 2374-2378

[33] Chortyk O. T., Pomonis J. G., Johnson A. W.. Syntheses and characterizations of insecticidal sucrose esters[J]. J. Agric. Food Chem., 1996, 44(6), 1551-1557

[34] Christian S., Andrea S., Michael S., et al. Enzymatic monoacylation of fructose by two procedures[J]. Enzyme Microb. Technol., 1995, 17(2), 157-162

[35] Coward L., Smith M., Kirk M. et al. Chemical modification of isoflavone in soyfoods during cooking and processing [J]. Am. J. Clin. Nutri., 1998, 68(suppl): 1486-1491

[36] Crauer, L. S. Special Technical to Optimize Vegetable Oil Refining. The Delaval Seperater Co., Poughkeepsie, New York, presented at 1st World Congress, Goteburg, Sweden, June 1972

[37] Crawford, et al. Process for separating 3-hydroxy steroids or sterols from mixtures such as lipids [P]. US 4 425 275, 1984

[38] C. R. Scholfield, Herbert J. Dutton. Souces of Color in Soybean Lecithin[J]. J. Am. Oil Chem. Soc., 1954(7)

[39] Cureton T K. The Physiological Effects of Wheat Germ Oil on Hume in Exercise. Springfield Illinois, U. S. A, C. C. Thomas Publishes. 1978

[40] C. Y. Peng, L. R. Dugan, Jr. Composition and structure of phospholipids in chicken muscle tissues [J]. J. Am. oil chem. Soc.. 1965, 42(6): 533-536

[41] Daeseok Han, Ock-Sook Yi, Hyun-Kyung Shin. Solubilization of Vitamin C in Fish Oil and Synergistic Effect with Vitamin E in Retarding Oxidation [J]. J. Am. Oil Chem. Soc. ,1991,68: 740 - 743

[42] David Lambourne, Geoff H. Covey, Eugene Chai. Lecithin gum rheology and processing implication [J]. J. Am. Oil Chem. Soc. ,1999,76(1): 76

[43] De B K, Bhattacharrya K K. Physical refining of rice bran oil in relation to degumming and dewaxing [J]. J. Am. Oil Chem. Soc. ,1998,75(11): 1683 - 1686

[44] D. H. Hildebrand. Phospholipids plus Tocopherols Increase Soybean Oil Stability[J]. J. Am. Oil Chem. Soc. ,1961,84: 552 - 555

[45] Douglas B. S. , Heruig K. , et al. Cheo-Enymatic synthesis of disaccharide fatty acid esters[J]. J. Am. Oil Chem. Soc. ,1994,71(7),711 - 714

[46] D. R. Erickson, E. H. Pryde. Handbook of Soy Oil Processing and Utilization[M]. American Soybean Association and American Oil Chemists' Society, Chanign, III. ,1980

[47] Du G. , Tekin A. , Hammond E. G. , et al. Catalytic epoxidation of methyl linoleate[J]. J. Am. Oil Chem. Soc. , 2004,81(5): 477 - 480

[48] I E Danhof. Comparative flatulence activity of beans and bean fractions for man and rat[J]. J. Nutr. 1977, 107: 68 - 72

[49]Elin Kulas, Robert G. Ackman. Protection of α - Tocopherol in Nonpurified and Purified Fish Oil [J]. J. Am. Oil Chem. Soc. ,2001,78: 197 - 202

[50] E. L. Syvaoja, V. Piironen, P. Koivistoinen. Tocopherols and Tocotrienols in Finish Foods: Oils and Fats[J]. J. Am. Oil Chem. Soc. ,1986,63: 328 - 329

[51] Erhan S. Z. , et al. Industrial uses of vegetable oils[M]. Illinois: AOCS Press, 2005

[52] Ernst Grant, Frederick R. High-performance liquid chromatography method for the Determination of phate[J]. Analytical biochemistry. 1982,119: 413

[53] E. Yuki, Y. Ishikawa. Tocophrol Contents of Nine Vegetable Frying Oils, and Their Changes under Simulated Deep-Fat Frying Conditions[J]. J. Am. Oil Chem. Soc. ,1976,53: 673 - 676

[54] Fan T. Y. , Sosulski F. W. , Hamon N. W. . New techniques for preparation of improved sunflower protein concentrates[J]. Cereal Chem. , 1975, 53(1): 118 - 125

[55] Feuge R. O. , Zeringue H. J. , Weiss T. J. , et al. Preparation of sucrose esters by interesterification[J]. J. Am. Oil Chem. Soc. ,1970,47(2),56 - 60

[56] Firedman I. H. , Nylund B. . Intestinal Fat Digestion Absorption and Transport[J]. Am. J. Clin. Nutr. ,1980,33: 1108 - 1139

[57] Fizet, Christian [to Hoffmann-La Roche Inc. (Nutley, NJ)], Process for tocopherols and sterols from natural sources[P]. US5487817,1996 - 01 - 30

[58] F. J. Munoa, R. Pares. Selective medium for isolation and enumeration of bifidobacterium Spp [J]. Applied and Environment Microbiology. 1988,7: 1715 - 1718

[59] Frank J. Flider. in Lecithins. American Oil Chemist's Society. 1985: 25

[60] Fregapane G. , Douglas B. S. , Evgeny N. V. . Enzymic solvent-free synthesis of sugar acetal fatty acid esters[J]. Enayme Microb. Technol. ,1991,13(10), 796 - 800

[61] Gassmann B. . Preparation and application of vegetable proteins, especially proteins from sunflower seed, for human consumption[M]. An approach Nahrung/Food, 1983, 27(4): 351 - 369

[62] G. B. Ansell, J. N. Hawthone. Phospholipids, Chemistry, Metabolism and Function. Elsevier Publishing Company, New York,1964

[63] G. Dieckelman, H. J. Heinz. The Basics of Industrial Oleochemistry A Comprehensive Survey of

Selected Technologies Based on Natural Oils and Fats[M]. Printer and Editor Peter pomp Gmbh,1989

[64] Gennadios Aristippos, Brandenburg Alice H, Weller Curtis L, et a1. Effects of pH on Properties of Wheat Gluten and Soy Protein Iso-late Film[J]. Journal of Agriculture and Food Chemistry,1993,41(11):1835－1839

[65] G. E. Onibi, J. R. Scaife, L. Murray. Use of α－Tocopherol Acetate to Improve Fresh Pig Meat Quality of Full-Fat Rapeseed-Fed Pigs[J]. J. Am. Oil Chem. Soc. ,1998,75: 189－198

[66] Gerbase A. E. , Gergorio J. R. , Martinelli M. , et al. Epoxidation of soybean oil by the methyltrioxorhenium-CH_2Cl_2/H_2O_2 catalytic biphasic system[J]. J. Am. Oil Chem. , 2002,79(2): 179－181

[67] Ghosh, D. K. Bhattacharyya. Isolation of Tocopherol and Sterol Concentrate from Sunflower Oil Deodoriser Distillate[J]. J. Am. Oil Chem. Soc. ,1996,73: 1271－1274

[68] G K Nagesha, R Subramanian, K Udaya Sankar. Processing of Tocopherol and FA Systems Using a Nonporous Denser Polymeric Membrane[J]. J. Am. Oil Chem. Soc. ,2003,80: 397－402

[69] Gluseppe F. , Douglas B. S. , et al. Enzymatic synthesis of monosaccharide fatty acid esters and their comparison with conventional products[J]. J. Am. Oil Chem. Soc. ,1994,71(1), 87－91

[70] González-Pérez S. , Merck K. B. , Vereijken J. M. , et al. Isolation and characterization of undenatured chlorogenic acid free sunflower (*Helianthus annuus*) proteins[J]. J. Agric. Food Chem. , 2002, 50(6): 1713－1719

[71] González-Pérez S, Vereijken J M. Sunflower proteins: overview of their physicochemical, structural and functional properties[J]. J. Sci. Food Agric. , 2007, 87(12): 2173－2191

[72] Gopala Krishna A G. Effect of crude rice bran oil on the retention of oryzanol in the refined oil[J]. J. Am. Oil Chem. Soc. ,2001,78(2): 127－131

[73] G. R. List, J. M. Avellaneda, T. L. Mounts. Effect of Degumming Condition on Removal and Quality of Soybean Lecithin[J]. J. Am. Oil Chem. Soc. ,1981,58: 892－898

[74] Gudmandur G. Haraldsson, et al. Preparation of phospholipids highly enriched with n-3 polyunsaturated fatty acids by lipase [J]. J. Am. Oil Chem. Soc. ,1999(10): 1143－1149

[75] Guidotti M. , Psaro R. , Ravasio N. , et al. Titanium-silica catalysts for the production of fully epoxidised fatty acid methyl esters[J]. Catal. Lett. , 2008,122(1－2): 53－56

[76] Gunstone F D, Hamilton R J, et al. Oleochemical manufacture and applications[M]. Sheffield: Sheffield Academic Press Ltd. , 2001

[77] Haas, M. J. , K. scott, G. Janssen. Enzymatic Phophatidylcholine Hydroysis in Organic Solvents: An Examination of Selected Cmmercially Available Lipase[J]. J. Am. Oil Chem. Soc. ,1994, 71: 483－490

[78] Halling, P. J. Protein-stabilized foams and emulsiors[J], CRC crit. Rev Food Sci. Nutr. ,1981,15: 155－203

[79] Hamunen, Antti, et al. Process for the purification of sterols from hydrocarbon extracts using evaporative fractionation[P]. US 20050033068, 2005

[80] Hamunen. Process for the purification of β-sitosterol isolated from the unsaponifiables in crude soap from the sulphate cellulose process [P]. US 4 422 974,1983

[81] Hanahan D T, Chaikoffl L L. Lecithinase system sin carrot[J]. J. Biol. Chem. ,1947,169(4): 699

[82] Ha. rrod M, Elfman I. Enzymatic synthesis of phosphatidylcholine with fatty acids, isooctane, carbon dioxide, and propane as solvent[J]. J. Am. Oil Chem. Soc. , 1995,72: 641－646

[83] Hartman J R. Removal of phytate from soy protein[J]. J. Amer. Oil Chem. Sco. , 1979. 56(2): 731－735

[84] Herman R L. Effects of gossypol on rainbow trout, Salmo gairdneir[J]. J. Fish Biol, 1970. 2(4):

293－304

[85] Hideo Tomomatsu. Health Effects of Oligosaccharides[J]. Food Technology，1994,10：61－65

[86] Hiromi Yoshida,Mikiko Tatsumi,Goro Kajimoto. Influence of Fatty Acids on the Tocophero Stability in Vegetable Oils During Microwave Heating[J]. J. Am. Oil Chem. Soc. ,1992,69：119－125

[87] Hiromi Yoshida,Mikiko Tatsumi,Goro Kajimoto. Relationship Between Oxidative Stability of Vitamin E and Production of Fatty Acids in Oils During Microwave Heating[J]. J. Am. Oil Chem. Soc. ,1991,68：566－570

[88] Hiromi Yoshida，Sachiko Takagi，Sayaka Mitsuhashi. Tocopherol Distribution and Oxidative Stability of Oils Prepared from the Hypocotyl of Soybeans Roasted in a Microwave Oven[J]. J. Am. Oil Chem. Soc. ,1999,76：915－920

[89] Hitotsumatsu H,Takeshita Y. Process for producing rice bran oil[P]. US：5 290 579,1994

[90] H. Lee，B. H. Chung，Y. H. Park. Concentration of Tocopherols from Soybean Sludge by Supercritical Carbon Dioxide[J]. J. Am. Oil Chem. Soc. ，1991,68：571－573

[91] Hongtao Wang，Motonobu Goto，Mitsuru Sasaki，Tsutomu Hirose. Separation of α－Tocopherol and Squalene by Pressure Swing Adsorption in Supercritical Carbon Dioxide[J]. Ind. Eng. Chem. Res. ，2004,43：2753－2758

[92] Hosny M H，Rosazza P N. Novel isoflavone，cinnamic acid and triterpenoid glycosides in soybean molasses[J]. J. Nutr. Prod. ,1999,62：853－858

[93] Huibers，Derk T. A. ，et al. Method for separating sterols from tall oil[P]. US 20 01 0 007 906

[94] Ikeda T. ,Udyama M. ,Okawa M. ，et al. Partial Hydrolysis of Soyasaponin I and the Hepatoprotective Effects of the Hydrolytic Products. Study of the Stucture-Hepatoprotective relationship of Soyasapogenol B Analogs[J]. Chem. Pharm. Bull. ,1998,46(2)：359－361

[95] Industrial and nonedible products from oils and fats. //Shahidi F，et al. Bailey's industrial oil and fat products[M]. New Jersey：John Wiley & Sons，Inc. ，2005

[96] Janice Griewaha,B. F. Daubert. Delta-Tocopherol as on Antioxidant in Lard[J]. J. Am. Oil Chem. Soc. ,1948,25：26－28

[97] J. B. Harborne. The flavonoids[M]. Chapman and Hall Ltd,1988,125－204

[98] Johansson,et al. Process for the separation of sterols [P]. US 4 044 031,1977

[99] John R. Froines C，Yvonne Shuster and Harold S Olcott. Phospholipids of menhaden muscle[J]. J. Am. oil chem. Soc. ,1965,42：887－888

[100] John R. W. ，Fritz E. ，et al. Fatty acid in industry-processes，properties，derivatives，applications[M]. New York：Marcel Deker Inc. ，1989

[101] Johnsson P. Kamal-Eldin A，Lundgren L N，et al. HPLC method for analysis of secoisolariciresinol diglucoside in flaxseeds[J]. Journal of Agricultural and Food Chemistry,2000，48：5216－5219

[102] Juhan Kim,Byung-Gee Kim. Lipase-Catalyzed Synthesis of Lysophophatidy lcholine Using Organic Cosolvent for in situ Water Activity Control[J] J. Am. Oil Chem. Soc. ,2000,77(7)：791－797

[103] Kamata K. ，Yonehara K，Sumida K. ，et al. Efficient epoxidation of olefins with ≥99% selectivity and use of hydrogen peroxide[J]. Science，2003,300：964－961

[104] Kanae Yamashita，Yoshie lizuka，Tomoko lmai，et al. Sesame Seed and its Lignans Produce Marked Enhancement of Vitamin E Activity in Rats Fed a Low α－Tocopherol Diet[J]. Lipids，1998，33(6)：567－572

[105] Katha D. Arunachalam. Role of bifidobacteria in nutrition,medicine and technology [J]. Nutrition Rsearch，1999,(19)11：559－1597

[106] Katsuragi Y, Yasukawa T, Matsuo N, et al. Diacylglycerol oil[M] Illinois: AOCS Press, 2004

[107] K. Decroos, J. P. Vincken, et al. Simultaneous quantification of differently glycosylated, acetylated, and 2,3 - dihydro - 2,5 - dihydroxy - 6 - methyl - 4H - pyran - 4 - one - conjugated soyasaponins using reversed-phase high-performance liquid chromatography with evaporative light scattering detection[J]. Journal of Chromatography A, 2005, 1072,185 - 193

[108] Keith R. P. ,Fenwick G. R. , Jurzysta M. Soyasapogenols-separation, analysis and interconversions[J]. J. Sci. Food Agric. ,1986,37,1027 - 1034

[109] Kitagawa I. , Saito M. , Taniyama T. , et al. Saponin and sapogenol: Structure of soyasaponin A2, a bisdesmoside of soyasapogenol A from soybean, the seed of Glycine max Merrill[J]. Chem. Pharm. Bull. , 1985,33(2): 598 - 608

[110] Kitagawa I. ,Taniyama T. ,Saito M. , et al. Structure of acetyl-soyasaponin A1,A2 and A3 astringent partially acetylated bisdesmoside of soyasapogenol A from American soybean, the seed of Glycine max MERRILL[J]. Chem. Pharm. Bull. ,1988,36(8): 2819 - 2828

[111] Knothe G. , Van Gerpen J. , Krahl J. , et al. The biodiesel handbook[M]. Illinois: AOCS Press, 2005

[112] Koskenniska. Process for the isolation of β-sitosterol [P]. US 4 298 539,1981

[113] Koskkenniska,et al. Process for the isolation of β-sitosterol containing a low percentage of α -sitosterol [P]. US 4 265 824,1981

[114] Kubo M, Matsuda H, Tanj T. Effects of soyasaponinson expertimental disseminated intravascular coagulation [J]. Chem. Pharm. Bull. , 1984, 32: 1467

[115] Kudou S. ,Tonomura M. ,Tsukamoto C, et al. Isolation and structural elucidation of DDMP - Conjugated soyasaponins as genuine saponins from soybean seeds[J]. Biosci. Biotech. Biochem. ,1993,57 (4): 546 - 550

[116] Kudou S,Tonomura M,Tsukamoto C, et al. Isolation and structural elucidation of the major genuine soybean saponins[J]. Biosci. Biotech. Biochem. , 1992,56(1): 142 - 143

[117] Kudou S, Tonomura M, Tsukamoto C, et al. Structural elucidation and physiological properties of genuine soybean saponins. ACS Symp. 1994, 547,340 - 348

[118] Kurti K S. Cottonseed chemistry and technology[M]. The Publication and Information Directorate, New Delhi,1975: 49

[119] Kweon M. R. ,Park C. S. , et al. Phospholipid Hydrolyste and Antistaling Amylase Effects on Retrogradation of Starch in Bread[J]. Journal of Food Science,1994, 59(5): 1072—1089

[120] Lamminkari,et al. Process for the recovery of β-sitosterol [P]. US 4 153 622,1979

[121] Lehner R. , A. Kuskis, Y. Itabashi. Stereospecificity of Monoacylglycerol and Diacylglycerol Acyltransferases from Rat Intestine as Determined by Chiral Phase High-Performance Liquid Chromatography[J]. Lipids, 1993,28: 29 - 34

[122] Leung J, Fenton T W, Cladinin D R. Phenolic Components of Sunflower Flour[J]. J. Food Sci. , 1981, 46(5): 1386 - 1388

[123] Levince J,Chengappa K. N. ,Reddy R. . Acute myo-inositol enhances swimming activity in goldfish[J]. J. Neural Trasm,1999,106(5 - 6): 433 - 441

[124] L. G. Trugo. Oligosaccharide Distribution in Brazilian Soybean Cultivates Food Chemistry[J]. 1995,52(4): 385 - 387

[125] Lifeng Peng. Xuebing Xu. Huiling Mu. et al. Production of structured phospholipids by lipase-catalyzed acidolysis: optimization using response surface methodology[J]. Enzyme and Microbial Technolo-

gy[J], 2002, 31: 523-532

[126] Lin Young C,Chetcharoenthum M. Effect of gossypol on thyroid hormones in young female rates [J],Contraception,1990,41(4): 431-440

[127] Liu X. R., Gong L. H., Xin M., et al. The synthesis of sucrose ester and selection of its catalyst[J]. J. Mol. Catal. A: Chem.,1999,147,37-40

[128] L. Normand,N. A. M. Eskin,R. Przybylski. Effect of Tocophrols on the Frying Stability of Regular and Modified Canola Oils[J]. J. Am. Oil Chem. Soc.,2001,78: 369-373

[129] Maga J. Phytase: its chemistry, occurrence, food interactional significance and methods of analysis[J]. J. Agric. Food Chem., 1982,(30): 1

[130] Masakazu Yamaoka,Maria Josette H. Carrillo,Toro Nakahara. Antioxidative Activities of Tocotrienols on Phospholipid Liposomes[J]. J. Am. Oil Chem. Soc.,1991,68: 114-118

[131] Massai T.,Wada K,Hayakawa K.,et al. Effects of soybean oligosaccharides on human intestinal flora and metabolic activities[J]. J. B acteriol, 1987,42(1): 313-317

[132] McCurry, Patrick M J R, et al. (to Cognis Corporation 2500 Renaissance Blvd., Suite 200 Gulph Mills, PA19406),Processes for the purification of tocopherol and/or sterol compounds and compositions containing orthoborate ester mixtures[P]. 20020072620,2002-01-13

[133] Mendes M F,Pesson F L P,Uller A M C. An Economic evaluation based on an experimental study of the Vitamin E concentration present in dedorizer distillate of soybean oil using supercritical CO_2[J]. J. Supercrit. Fluids,2002,23: 257

[134] Mervat A. Soliman,Abd Alla A. El-Sawy,Hoda M. Fadel, et al. Effect of Antioxidants on the Volatiles of Roasted Sesame Seeds[J]. J. Agric. Food Chem.,1985,(33): 523-528

[135] Mitsuo Namiki. The Chemistry and Physiological Functions of Sesamin[J]. Food Review International, 1995, 11(2): 281-329

[136] M. Kuchmak, L. R. Dugan J R. Phospholipids of pork muscle tissues[J]. J. Am. oil chem. Soc., 1963,40: 734-736

[137] Molteni A.,Brizio-molteni L., Persky V.. In vitro hormonal effects of soybean isoflavones[J]. J. Nutri.,1995,152,751-756

[138] Morigaki E, Miura Y, Takahata et al. Enzymatic preparation of sphingosine 1-phosphate[J]. J. Chem. Res. Synop, 1998,12: 774-775

[139] M Shimoyamada,K Harada,O Kazuyoshi. Saponin composition in developing soybean seed[J]. Agric. Biol. Chem., 1991,55(5): 1403-1405

[140] Mungroo R., Pradhan N. C., Goud V. V., et al. Epoxidation of canola oil with hydrogen peroxide catalyzed by acidic ion exchange resin[J]. J. Am. Oil Chem. Soc., 2008,85(9): 887-896

[141] Murata M., K. Hara, T. Ide. Alteration by Diacylglycerols of the Transport and Fatty Acid Composition of Lymph Chylomicon in Rats[J]. Bio. Biosci. Biotechnol. Biochem., 1994,58: 1416-1419

[142] Murata M., T. Ide, K. Hara. Reciprocal Responses to Dietary Diacylglycerol of Hepatic Enzymes of Fatty Acid Synthesis and Oxidation in the Rat[J]. Br. J. Nutr., 1997,77: 107-121

[143] Murphy P. A.,Song T. T.,Buseman G.,et al. Isoflavones in retail and institutional soy foods [J]. J. Agric. Food Chem.,1999,47: 2697-2704

[144] Na A, Eriksson C, Erikson S, et al. Synthesis of phosphatidylcholine with (n—3) fatty acids by phospholipase A2 in microemulsion[J]. J. Am. Oil Chem. Soc., 1990,67: 766-770

[145] Naim M.,Gestetner B.,Kirson I.,et al. A new isoflavone from soybeans [J]. Phytochemistry, 1973,12: 169-170

[146] Narcisa M. Bandarra, Regina M. Campos, Irineu Batista. Antioxidant Synergy of α－Tocopherol and Phospholipids [J]. J. Am. Oil Chem. Soc., 1999, 76: 905－913

[147] Ni Rong. Oryganol decreases cholesterol absorption and aortic fatty streaks in hamsters[J]. Lipids, 1997, 32(3): 303－309

[148] Noboru Matsuo, Ichiro Tokimitsu. Metabolic Characteristics of Diacylglycerol[J]. Iinform, 2001, 12(11): 1098－1102

[149] Norio Ishibashi, Seiichi Shimamura. Bifidobacteria: research and development in Japan[J]. Food Technology. 1993, 6: 128－134

[150] Norris F. A.. Bailey's Industrial Oil and Fat Products[M]. John Wiley Interscience, NY, 1964: 731－733

[151] Noyori R, Aoki M, Sato K. Green oxidation with aqueous hydrogen peroxide[J]. Chem. Commun., 2003, 21(16): 1977－1986

[152] Ock-Sook YI, Daeseok Han, Hyun-Kyung Shin. Synergistic Antioxidative Effects of Tocopherol and Ascorbic Acid in Fish Oil/Lecithin/Water System [J]. J. Am. Oil Chem. Soc., 1991, 68: 881－883

[153] O'Dell BL, et al. Complexation of phytate with protein and cations in corn germ and oilseed meals[J]J. Agric. Food chem., 1976, 24 (4): 804－808

[154] Ohshima Yukio. Isolation and high performance liquid chromatography(HPLC) of isoflvonoids form the Pueraria root[J]. Planta Medica, 1998, 54, 250－254

[155] Osipow L. I., Willam R.. Micro-emulsion process for the preparation of sucrose esters[J]. J. Am. Oil Chem. Soc., 1967, 44(5), 307－309

[156] O. S. Privert, K. A. Dougherty, W. L. Erdahl, A. Stolyhwo. Studies on the Lipid Composition of Developing Soybeans[J]. J. Am. Oil Chem. Soc., 1973, 50: 516

[157] Oyinlola A, Ojo A, Adekoya L O. Development of a Laboratory Model Screw Press for Peanut Oil Expression[J]. Journal of Food Engineering, 2004, 64: 221－227

[158] Pamdjaitan N, Hettiarachchy N, Ju Z Y, et al. Evaluation of genitain and genistein contents in soybean varieties and soy protein concebtrate prepared with 3 basic methods[J]. J. Food Sci., 2000, 5(3): 399－402

[159] Park C W, Kwon S J, Han J J, et al. Transesterification of phosphatidylcholine with eicosapentaenoic acid ether ester using phospholipase A2 in organic solvent[J]. Biotechnol Lett, 2000, 22: 147－150

[160] P. Chattopadhyay, S. E. Besra, Agomes. Anti-Inflammatory activlty of tearoot extract[J]. Life Science, 2004, (74): 1839－1845

[161] P. F. Martins, V. M. Ito, C. B. Batistella, M. R. W. Maciel. Free Fatty Acid Separation from Vegetable Oil Deodorizer Distillate Using Molecular Distillation Process[J]. Separation and Purification Technology, 2006, 48: 78－84

[162] Piazza G. J., Nuñez A., Foglia T. A.. Epoxidation of fatty acids, fatty methyl esters, and alkenes by immobilized oat seed peroxygenase[J]. J. Mol. Catal. B: Enzym., 2003, 21(3): 143－151

[163] Que-King Wei, Tong-Rong Chen, yun-Ting Chen. Using of Lactobacillus and Bifidobacterium to product the isoflavone aglycones in fermented soymilk [J]. International Journal of Food Microbiology, 2007, (117): 120－124

[164] Rahma E H, Narasingo Rao M S. Gossypol removal and Functional Properties of Protein Produced by Extraction of Glanded Cottonseed with Different Solvents[J]. J. Food Sci., 1984, 49, 1057－1060

[165] Ralph L Tracy, Miller Place N Y. Process for Extracting Pyrethrin Synergists from Sesame Oil [P]. United States: 2 837 534. June 3, 1958

[166] Rao A V, Sung M K. Saponins as anticarcinogens[J]. J Nutri. 1995,125,171-724

[167] Rao A V,Gurfinkel D M. Saponins in Food[J]. Feedstuffs and Medicinal Plants,2000,255-270

[168]R. B. Alfin-Slater,R. B. Morris,L. Aftergood. Dietary Fat Composition and Tocopherol Requirement: Ⅱ. Nutritional Status of Heated and Unheated Vegetable Oils of Different Ratios of Unsaturated Fatty Acids and Vitamin E[J]. J. Am. Oil Chem. Soc. ,1969,46: 657-661

[169] Ready N R, Sathe S K,Salaunke D K. Phytates in legumes and cereals[J]. Advances in Food Research,1982, (28): 1-92

[170] Reddy N R,Pierson M D,Sathe S K, Salunkhe D K. Chemical,nutritional and Physiological aspects of dry bean carbohydrates[J]. Food chemistry, 1984,13(1)

[171] Rizzi G. P. , Taylor H. M.. A solvent-free synthesis of sucrose polyesters[J]. J. Am. Oil Chem. Soc. ,1978,55(3),398-401

[172] R. J. Hamilton,C. Kalu,G. P. Mcneill. Effects of Tocopherols, Ascorbyl Palmitate,and Lecithin on Autoxidation of Fish Oil[J]. J. Am. Oil Chem. Soc. ,1998,75: 813-822

[173] R. M. Parkhurst,W. A. Skinner,Priscilla A. Sturm. The Effects of Various Concentrations of Tocopherols and Tocopherol Mixtures on the Oxidative Stability of A Sample of Lard[J]. J. Am. Oil Chem. Soc. ,1968,45: 641-642

[174] Robinson P H,Getachew G,De Peters E J,et al. Influence of Variety and Storage for up to 22 Days on Nutrient Composition and Gossypol level of Pima Cottonseed (Gossypium spp.) [J]. Animal Feed Sci. Technol. , 2001, 91, 149-156

[175] Roehm J N, Lee D J, Sinnhuber R O. Accumulation and elimination of dietary gossypol in the organs of rainbow trout[J]. J. Nutr. , 1967,92, 425-428

[176] R. W. Johnson, E. Fritz. Fatty Acids in Industry-Processes,Properties,derivatives, applications [M]. Published by Marcel Dekker Inc,New York, 1989

[177] Ryo Yamauchi, Hiroki Noro, Makoto Shimoyamada. Analysis of Vitamin E and Its Oxidation Products by HPLC with Electrochemical Detection[J]. Lipids,2002,37: 515-522

[178] Saeed M. , Cheryan M. Sunflower Protein Concentrates and Isolates' Low in Polyphenols and Phytate[J]. J. Food Sci. ,1988, 53(4): 1127-1131

[179] Sagesaka M. Y, Uemura T. , Sazuki Y. , et al. Anti microbial and anti-inflammatory actions of tea-leaf saponin[J]. Yakugaku Zassi, 1996,116(3): 238-243

[180] Saito M, Yamauchi Y,Inomata K. Enrichment of tocopherols in wheat germ by directly coupled supercritical fluid extraction with semi-preparative supercritical fluid chromatography[J]. J. Chromatogr. Sci. , 1989,27: 79

[181] Sakayu Shimizu,Kengo Akimoto,Yoshifumi Shinmen, et al. Sesamin Is a Potent and Specific Inhibitor of Δ5 Desaturase in Polyunsaturated Fatty Acid Biosynthesis[J]. Lipids, 1991,26(7): 512-515

[182] Satio M, Yamauchi Y. Isolation of tocopherols from wheat germ by recycle semi-preparative supercritical fluid chromatography. J. Chromatogr. 1990,505: 257

[183] Shamanthaka Sastry M. C. , Subramanian N.. Effect of heat processing on phenolic constituents and nutritional quality of sunflower flours[J]. J. Am. Oil Chem. Soc. , 1985, 62(7): 1131-1133

[184] Shamanthaka Sastry M. C. , Subramanian N.. Preliminary studies on processing of sunflower seed to obtain edible protein concentrates[J]. 1984, 61(6): 1039-1042

[185] Sheng X Q, Lu Z Z, Lumonadio L, et al. Isolation and characterization of flaxseed constituents [J]. Pharmaceutical Biology,1999, 37 (1): 1-7

[186] Shimoyamada M. ,Kudo S. ,Okubo K, et al. Distributions of saponin constituents in some varie-

ties of soybean plant[J]. Agric. Biol. Chem, 1990, 54, 77 - 81

[187] Shiraiwa M. , Harada K. , Okudo K. Composition and content of saponins in soybean seed according to variety, cultivation year and maturity[J]. Agric. biol. chem. , 1991: 55, 323 - 331

[188] Shiraiwa M. , Harada K. , Okubo K, et al. Composition and structure of "group B saponin" in soybean seed[J]. Agric. Biol. Chem. , 1991, 55(4): 911 - 917

[189] Shiraiwa M. , Shigemitsu K. , Shimoyamada M, et al. Composition and structure of "group A saponin" in soybean seed[J]. Agric. Biol. Chem. , 1991, 55(2): 315 - 322

[190] Shizumasa Kijima, Nakayama-cho, Ichikawa, Koji Naito, et al. Purification Process of Tocopherol Containing Materials[P]. US3122565, 1964 - 02 - 25

[191] S. K. Rise, et al. A New Naturally Occurring Plant Growth Regulator[J]. Science, 1977, 195: 1339 - 1341

[192] Song T. , T. Gendrich S. , Murphy P. A. Estrogenic activity of glycitein, a soy isoflavone [J]. J. Agric. Food Chem. , 1999, 47: 1607 - 1610

[193] Steiner S, Lester R L. Studies on the diversity of inositol-containing yeast phospholipids: incorporation of 2 - Deoxyglucose into lipid[J]. J Bacteriol. , 1972, 109(1): 81 - 88

[194] Strive. Process for isolating sterols from fat processing residues [P]. US 4 148 810, 1979

[195] Struve, et al. Sterol concentrates, the preparation thereof, and their use in the transformation of sterols by fermentation [P]. US 4 374 776, 1983

Hamunen. Process for the separation of sterols or mixtures of sterols[P]. US 4 420 427, 1983

[196] Suja K P, Abraham J T, Thamizh S N, et al. Antioxidant efficacy of sesame cake extract in vegetable oil protection [J]. Food Chem. , 2004, 84 (3): 393 - 400

[197] Suna Kim, Wansoo Kim&InK. Hwang. Optimization of the extraction and purification of oligosaccharides from defatted soybean meal[J]. International Journal of Food Science and Technology, 2003, 38, 337 -342

[198] Suresh Ramamurthi, Alan R. McCurdy. Enzymatic Pretreatment of Deodorizer Distillate for Concentration of Sterols Tocopherols[J]. J. Am. Oil Chem. Soc. , 1993, 70: 287 - 295

[199] Taha F. S. , Abbasy M. , El - Nockrashy A. S. , et al. Countercurrent extraction - isoelectric precipitation of sunflower seed protein isolates[J]. J. Sci. Food Agric. , 1981, 32(2), 166 - 174

[200] Takagi, et al. (to The Nisshim Oil Mill, Ltd.), Process for Preparation Tocopherol Concentrates [P]. US4454329, 1984 - 06 - 12

[201] Takami M, Suzuki Y. Synthesis of novel phosphatidyldihydroxyacetone via transphosphatidylation reaction by phospholipase D[J]. Bioscience, Biotechnology, and Biochemistry, 1994, 58 (12): 2136 -2139

[202] Tashiro T, Fukuda, et al. Oil Contents of Seeds and Minor Components in the Oil of Sesame(Sesamum Indicum L.)as Affected by Capsual Position[J]. Nippon Shokuhin Kogyo Gakkaishi, 1991, 60(1): 116 -121

[203] T. D. Simpson. Phospholipase D Activity in Hexane [J]. J. Am. oil chem. Soc. , 1991, 68(3): 176 - 178

[204] Teruo Nakurulei. Oligosaccharides: Production properties and Applications [M]. Switzerland: Gordon and Breach Science Publishers, 1993, 287 - 293

[205] T. H. Applewhite. Bailey's Industrial Oil and Fat Products[M]. A Wiley-Interscience Publication John Wiley & Son, New York, 1985

[206] Tomioka, F. Studies on the Brown Discoloration of Heated Phospholipids Ⅲ [J]. Yukagaku,

1976,25：784

[207] Top, et al.(to Bioindustry Development Center and Palm Oil Reaserch & Development Board), Production of High Concentration Tocopherols and Trienols from Palm-oil By-products [P]. US5190618, 1993-03-02

[208] Toshihiro Nagao, Takashi Kobayashi, Yoshinori Hirota, et al. Improvement of a Process for Purification of Tocopherols and Sterols from Soybean Oil Deodorizer Distillate [J]. Journal of Molecular Catalysis B: Enzymatic, 2005, 37: 56-62

[209] Tulay P., Hélène G. B., Robert J. L.. Enzyme catalyzed regioselective synthesis of sucrose fatty ester surfactants[J]. J. Carbohydrate Chem., 1997, 16(9), 1319-1325

[210] Ukkonen, et al. Process for the preparation of a β-sitosterol concentrate containing less than 5% by weight of α-sitosterol [P]. US 4 279 827, 1981

[211] Vandenbosch K A, et al. A Peanut Nodule Lectin in infected Cells and In Vacuoles and the Extracellular Matrix of Nodule Parenchymal[J]. Plant Physiol, 1994, 104: 327-337

[212] Van Nieuwenhuyzen, W. Effect of Degumming Conditions on Removal and Quality of Soybean Lecithin[J]. J. Am. Oil Chem. Soc., 1976, 53: 425

[213] Vix H L E, et al. Ultrastructure Related to Cottonseed and Peanut Processing and Products. Symposium: Seed Proteins[M]. USA: The AVI Publishing Company, Inc. 1972. 212-230

[214] Tomáš Vlek, Zoran S. Petrovic. Optimization of the chemoenzymatic epoxidation of soybean oil [J]. J. Am. Oil Chem. Soc., 2006, 83(3): 247-252

[215] Voae L G, Marek M L, Oertner R. On the pharmacology of tea-seed-saponins of a saponin mixture fromn Thea sinensis L [J]. A rzneinittelforschunff, 1968, 18(11)1466-1467

[216] Vucenik L, zhang Z S, Shamsuddin A M. IP_6 in treatment of liver cancer Ⅱ [J]. Anticancer Res., 1998, (18): 4091-4096

[217] Walter E D. Genistin and its aglucone, genistein, from soybeans[J]. J. Am. Chem. Soc., 1941, 63, 3273-3276

[218] Wang H J, Murphy P A. Isoflavone content of commercial soybean foods[J]. J. Agric. Food Chem., 1994, 42: 1666-1673

[219] Wang H J, Rosazza P A. Isoflavone composition of American and Japanese soybeans in lowa: effects of variey, crop year and location[J]. J. Agric. Food Chem., 1994, 42: 1674-1677

[220] Ward O P, Fang J W, Li Z G. Lipase-catalyzed synthesis of a sugar ester containing aracharidonic acid[J]. Enzyme Microb. Technol., 1997, 2(1), 52-56

[221] W. E. Hoover, M. E. Ginn, E. Jungermann. An Automated Method for Determing Free Alkalinity or Acidity in Soap[J]. J. Am. Oil Chem. Soc., 1968, 45

[222] Westcott. Process for extracting lignans from flaxseed[P]. 1995. United State Patent

[223] Whitehurst R J, et al. Emulfifiers in food technology [M]. Oxford: Blackwell Publishing Ltd., 2004

[224] Witold Mazar, Fotsis T., Herman Adlercreutz. Isotope dilution gas chromatographic-mass spectrometric method for the determination of isoflavonoids, coumestrol and lignans in food samples[J]. Analytical Chemistry, 1996, 233: 169-180

[225] Witold M M, Duke J A, wahala K, Adlercretz H. Isofiavonoids and liganas in legumes: nutritional and health aspects in humans[J]. J. Nutri. Biochem., 1998, 9: 193-200

[226] Wunsch Le, Keller V, Flament L. Combination of supercritical fluid chromatography with thin-

layer chromatography on a semi-preparative Scale[J]. J. Chromatogra. ,1991,552：539

[227] Yagi T, Nakanishi T, Yoshizawa Y, Fukui F. The enzymatic acyl exchange of phospholipids with lipases[J]. J. Ferment Bioeng, 1990,69：23－25

[228]Yan-Hwa Chu. Effects of Soybean Pretreatments on Crude Oil Quality[J]. J. Am. Oil Chem. Soc. , 1995,72：177－181

[229] Yasukawa T, Yasunaga K. Nutritional Functions of Dietary Diacylglycerols[J]. J. Oleo Sci. , 2001,50(5)：427－432

[230] Yasuk Fukuda. Food Chemical Studies on the Antioxidants in Sesame Seed[J]. Nippon Shokuhin Kogyo Gakkaishi, 1990,37(6)：484－492

[231] Y Birk. Toxic constituents of plant Foodstuffs[M]. By I. E. Liener, Academic Press, New York, 1969, 169

[232] Yomin Watanabe, Toshihiro Nagao, Yoshinori Hirota, et al. Purification of Tocopherols and Phytosterols by a two -step in situ enzymatic reaction [J]. J. Am. Oil Chem. Soc. , 2004, 81：339－345

[233] York John D,Guo Shuling, Odom Audrey, et al. An expanded view of inositol signaling[J]. Advances in enzyme Regulation,2001,(1)：57－71

[234] Young C T, Pattee H E, et al. Microstructure of Peanut(Arachis hypogaea L. cv. ') Cotyledons during Development. Lebensm. -Wissen. -Technol. , 2004, 37：439－445

[235] Yu J M, Ahmedna M, et al. Peanut Protein Concentrate：Production and Functional Properties as Affected by Processing. Food Chemistry,2007,103：121－129

[236] Yu J M, Ahmedna M, Goktepe I. Effects of Processing Methods and Extraction Solvents on Concentration and Antioxidant Activity of Peanut Skin Phenolics. Food Chemistry, 2005, 90：199－206

[237] Yuji Shimada, Seiichi Nakai, Masaharu Suenaga. Facile Purification of Tocopherols from Soybean Oil Deodorizer Distillate in High Yield Using Lipase[J]. J. Am. Oil Chem. Soc. ,2000,77：1009－1013

[238] 包宗宏,傅新,邹芳. 从双液相溶剂棉仁浸取液中提纯棉酚[J]. 中国油脂, 2006, 31(5)：49－52

[239] 曹万新,陈燕,周伯川,等. 超滤膜法提取精制油茶皂苷的生产工艺. 中国,951009257[P]

[240] 曹万新,武丽荣,史宣明,等. 超滤膜法提取精制油茶皂苷的研究[J]. 中国油脂,2002,27(5)：55－57

[241] 陈大洤,倪培德. 植物蛋白的加工和利用[M]. 北京：中国食品出版社,1988

[242] 陈德军. 混合溶剂浸取油茶籽及大孔树脂纯化茶皂苷的研究：[硕士学位论文]. 南京：南京工业大学,2005

[243] 陈芳,廖晓军,汪政富,等. 分子蒸馏工艺参数对高碳脂肪醇提取物精制效果的研究[J]. 中国农业工程学报,2005,11：189－191

[244] 陈芳,闫红,蔡同一. 气相色谱法测定糠蜡提取物中的二十八烷醇和三十烷醇[J]. 食品科学, 2003,24(4)：119－121

[245] 陈福明,孙登文. 双甘酯的生产与应用[J]. 中国油脂,1997,22(6)：49－51

[246] 陈复生,刘景顺. 新型天然营养保鲜剂(CASP)的研制[J]. 郑州粮食学院学报,1992(3)：1－14

[247] 陈宏艳. 从米糠蜡中提取分离高级脂肪醇的研究：[硕士学位论文]. 杭州：浙江大学,2003

[248] 陈见南. 国外亚麻籽保健作用综合研究和应用近况[J]. 中国医药情报,2001,7(3)：54－56

[249] 陈庆庆,夏黎明. 固定化β-葡萄糖苷酶转化糖苷型异黄酮的研究[J]. 2007,21(2)：305－306

[250] 陈庆庆,夏黎明. 纤维素酶对豆粕异黄酮提取的影响[J]. 2007,58(1)：136－140

[251] 陈睿,宋光泉. 米糠的综合利用[J]. 粮食与饲料工业,1999(2)：33－36

[252] 陈三凤,深泽亲房. 大豆 11S 球蛋白 Gy5(A_3B_4)的基因克隆和序列分析[J]. 生物工程学报, 2000, (2)：216－217

[253] 陈少洲，吕飞杰，台建祥. 葵粕中绿原酸的研究进展与应用前景[J]. 食品与发酵工业，2002，28(11)：51-55

[254] 陈绍华，王亚琴，罗立新. 天然产物绿原酸的研究进展[J]. 食品科技，2008，33(2)：195-199

[255] 陈文麟. 植酸的结构、资源和应用. 粮食与饲料工业[J]. 1994，(4)：41-43

[256] 陈业高，魏均娴，肖倬殷. 豆类作物中的大豆皂苷研究概况[J]. 中国药学杂志，1993，28(4)：204

[257] 陈永，曹红霞，苏岩. 麸皮生产菲汀新工艺研究[J]. 化学工程师，2004，100(1)：61-63

[258] 陈永胜，李志光，董建国. 酶解法提取葵花粕绿原酸工艺研究[J]. 食品科学，2008，29(2)：202-204

[259] 程翠林，石彦同. 大豆蛋白亚基组成对其功能特性的影响[J]. 食品科学，2006，(3)：70-74

[260] 程丽姣，丁羽佳，翟永功，等. 植物中新的木脂素类化合物及其生物活性[J]. 国外医药·植物药分册，2006，21(3)：93-100

[261] 崔洪斌，李百祥，刘颖，等. 大豆生物活性物质的开发与利用[M]. 北京：中国轻工业出版社，2001

[262] 崔杨棣，马茂高，王春芳，等. 米糠蜡中制取三十烷醇[J]. 油脂科技，1981(增刊)：526-534

[263] 戴传波，李建桥，李健秀. 植酸制取的研究进展[J]. 食品工业科技，2007，28(2)：239-241

[264] 戴永东，刘晓庚. 从米糠油皂脚中非极性溶剂提取谷维素研究[J]. 粮食与油脂，2001(3)：8—9

[265] 雕鸿荪，华聘聘. 丙酮—水稀释工艺法制取醋酸棉酚：中国，CN 85108568[P]，1987

[266] 雕鸿荪，华聘聘. 提取棉酚的新工艺——水稀释法的研究[J]. 中国油脂，1982，3(1)：30-32

[267] 杜长安，陈复生. 植物蛋白工艺学[M]. 北京：中国商业出版社，1995

[268] 杜长安，冯仁栋，张文堂. 溶剂法萃取谷维素生产新工艺的研究[J]. 中国油脂，2003，28(11)：78-82

[269] 杜延兵，裘爱泳，逯昕. 葵花粕中绿原酸提取工艺的研究[J]. 中国油脂，2006，31(2)：73-76

[270] 范友灵，万金梅，莫荣喜. 天然维生素 E 的提取新工艺：中国，CN 1683364A[P]，2005-10-18

[271] 范远景，王俊伟. 大豆皂苷的提取和纯化工艺研究[J]. 安徽农业科学，2007，35(35)：1135-11367

[272] 豊田佳子. ゴマリゲナン「セサミン」の生理活性[J]. ジャパンフードサイエンス，2000，1：41-45

[273] 冯瑞红. 砂地柏中木脂素类化合物的分离及杀虫活性研究[D]. 杨凌：西北农林科技大学，2007

[274] 冯志勇. 芝麻油中抗氧化物质的提取、分离及其抗氧化性能的研究[D]. 郑州：河南工业大学，2004

[275] 高贵清，等. 中草药[M]. 北京：人民卫生出版社，1980

[276] 葛发欢，曹梅. 超临界二氧化碳萃取维生素 E 的研究[J]. 粮食与油脂，1996，(3)：10-13

[277] 葛文光. 利用棉油脚生产脂肪酸后的废水回收甘油[J]. 中国油脂，1998 (8)

[278] 葛毅强，孙爱东，等. 麦胚中天然维生素 E 的 SFE-CO_2 最佳提取工艺的研究[J]. 中国油脂，2001，26(5)：52

[279] 谷克仁，梁少华，等. 植物油料资源综合利用[M]. 北京：中国轻工业出版社，2001

[280] 谷克仁. 水化脱胶工艺条件对大豆磷脂及油品质量的影响[J]. 郑州粮食学院学报，1994，15(4)：87-92

[281] 谷克仁. 脱胶剂对大豆油脱胶效果及磷脂质量的影响[J]. 郑州粮食学院学报，1995，1：57-61

[282] 谷利伟. 大豆异黄酮和皂苷的研究与分离提取[D]. 无锡：无锡轻工业大学，2000

[283] 谷泽久之. 日本第 15 回和汉药シニボシウム. 1982：119-124

[284] 迪克曼 G.，海因茨 H. J. 编著. 顾季寅，谢安君等译. 工业油化学基础——天然油脂技术综论[M]. 北京：中国轻工业出版社，1995

[285] 顾芝萍，章仁安. 低剂量棉酚男性避孕效果和副作用的临床观察[J]. 生殖与避孕，1994，14(1)：

13 - 18

[286] 关鹏博主编. 脂肪醇的制造与应用[M]. 北京：中国轻工业出版社，1985

[287] 管伟举，谷克仁，李永端. 磷脂酶 A1 水解大豆浓缩磷脂的研究[J]. 中国粮油学会油脂专业分会论文选集，2005：136 - 140

[288] 郭瑞华，刘正猛，翟丽，等. 永川豆豉中大豆异黄酮的提取工艺研究及成分分析[J]. 时珍国医国药，2006，77 (3)：378 - 379

[289] 韩国麒，徐学兵，李桂华. 维生素 E：Ⅰ. 维生素 E 的类型、结构和功能[J]. 郑州粮食学院学报. 1993(1)：94 - 101

[290] 韩国麒，徐学兵，李桂华. 维生素 E：Ⅱ. 维生素 E 的来源和分离分析[J]. 郑州粮食学院学报. 1993(3)：97 - 102

[291] 韩慧英，王玉玲. 棉籽油中游离棉酚含量的调查分析[J]. 中国卫生检疫杂志，2005，15(3)：378

[292] 韩军. 从葵花籽油脱臭馏出物中提取植物甾醇的研究[J]. 中国油脂，2004，27(12)：62 - 65

[293] 郝红英. 从米糠中微波辅助提取植酸的研究[D]. 郑州：郑州大学，2006

[294] 郝青南，马超，马兵钢. 大豆异黄酮的生理功能及其分离检测方法研究进展[J]. 中国医药生物技术，2007，2(5)：383 - 386

[295] 何国菊，李学刚，赵海伶. 菜籽饼粕中植酸新提取方法研究[J]. 中国粮油学报，2004，19(1)：57 - 59

[296] 何解生. 谷维素的临床新用途[J]. 实用药物与临床，2006，9(2)：110 - 111

[297] 何欣，计成，丁丽敏，等. 植酸及其测定方法[J]. 中国饲料，1998(3)：30 - 32

[298] 贺东海，赵光辉，聂圣才. 木糖的功能特性及应用[J]. 中国食物与营养，2006(3)：27 - 28

[299] 贺国文. 茶籽饼中茶皂苷的提取纯化研究[D]. 长沙：中南大学，2007

[300] 侯东军，张健. 超滤法制取大豆浓缩蛋白[J]. 粮油加工与食品机械，2002(8)：44 - 45

[301] 侯红利，罗宇良. 棉酚毒性研究的回顾[J]. 水利渔业，2005，25(6)：100 - 104

[302] 侯如燕. 茶皂苷提取纯化及其抗菌活性研究[D]. 合肥：安徽农业大学，2002

[303] 侯如燕，宛晓春，文汉. 茶皂苷的化学结构及生物活性研究进展(综述)[J]. 安徽农业大学学报，2005，32(3)：369 - 372

[304] 侯宗福. 二十八烷醇的制备、纯化及应用研究[D]. 南昌：南昌大学，2007

[305] 胡晓荣. 大豆中异黄酮、低聚糖及皂甙的提取与纯化[D]. 郑州：河南工业大学. 2005

[306] 胡学烟. 高品质大豆皂苷、大豆异黄酮的制备研究[D]. 无锡：江南大学，2001

[307] 胡学烟，王兴国. 大豆皂苷的研究进展(1)[J]. 中国油脂，2001，26(4)：29 - 33

[308] 花廷钊. 一种三十烷醇提取新方法：中国，CN85103562A[P]

[309] 黄才欢，汪勇，欧什益，等. 无机膜超滤法制备大豆异黄酮的研究[J]. 中国油脂，2006，31(4)：53 - 55

[310] 黄进，夏继涛，张声华. 大豆异黄酮、皂甙和低聚糖提取工艺研究[J]. 粮食饲料工业，2002(9)：36 - 38

[311] 黄丽，李风贤. 双歧杆菌活菌制剂治疗腹泻的临床疗效观察[J]. 中国微生态学杂志，1999，11(2)

[312] 黄曼，卞科. 大豆蛋白在工业上的开发利用及理化改性研究进展[J]. 郑州工程学报，2002(1)：61 - 64

[313] 黄贤校. 大豆低温脱溶粕中异黄酮、皂甙和低聚糖的提取与分离[D]. 郑州：河南工业大学，2005

[314] 黄贤校，谷克仁，周菲. 紫外分光光度法测定大豆皂甙含量[J]. 粮食与油脂，2005(10)：44 - 45

[315] 黄友如，裘爱泳，华欲飞. 大豆蛋白结构与功能的关系[J]. 中国油脂，2004(11)：24 - 27

[316] 黄泽兴，何淑琼，王善韦，等. 相转移催化从米糠蜡中制取三十烷醇的研究[J]. 化学试剂，1987，9

(5)：299－301

[317] 黄祖德.混合溶剂一次浸出棉仁脱酚[J].中国油脂，1994，19(2)：25－27

[318] 获野珍吉.鱼类的营养和饲料[M].北京：海洋出版社，1987，270

[319] 计石祥.中国洗涤用品工业和油脂化学工业的现状[J].日用化学品科学，2004，27(8)

[320] 江志伟，沈蓓英.蛋白质加工技术[M].北京：化学工业出版社，2003

[321] 姜国平，吴冰炜.蔗糖酯新合成工艺的研究[J].精细化工，1991，8(3)，1－3

[322] 姜绍通，邵平，潘丽军，等.植物油脱臭馏出物中维生素 E、甾醇及甾醇酯分离新工艺：中国，CN 1693472A[P]，2005－10－03

[323] 姜守霞，孙微.分子蒸馏分离天然维生素 E[J].化学研究与应用，2005，17(2)：125－126

[324] 蒋崇文.超临界流体色谱法分离与制备天然维生素 E 的研究[D].杭州：浙江大学，2003

[325] 蒋丽华，华欲飞.超滤技术纯化大豆糖蜜中低聚糖的研究[J]. 中国油脂，2007，32(6)：58－60

[326] 金宝渊，等.从长白山蜂蜡中分离制备二十八烷醇[J].延边医学学院学报，1989，12 (4)

[327] 金华丽.大豆低聚糖制取与纯化工艺的研究[J]. 郑州工程学院院报，2001，22(2)：35－38

[328] 金建忠主编.制皂工艺[M]. 北京：中国轻工业出版社，2001

[329] 金青哲，刘元法，王兴国. 芝麻素抗氧化性的初步研究[J].中国粮油学报，2005，20(4)：89－92

[330] 金月庆，郑竞成，桂小华.水提发酵法纯化茶皂苷的工艺研究[J]. 粮食与食品工业，2008，15(4) 34－37

[331] 靳莉，等.大豆总皂苷抗衰老作用的研究[J].食品工业科技，1999(增刊)

[332] 康文通，张向京.药用植酸钙生产新工艺的研究[J].河北科技大学学报，1999，20(1)：47－49

[333] 康宇杰，欧仕益.食性大豆分离蛋白膜的研究进展[J].中国粮油学报，2003(4)：38－41

[334] 寇明钰，阚健全，赵国华，等.植物甾醇来源、提取、分析技术及其食品开发[J].粮食与油脂，2004，(8)：9－13

[335] 雷少华. 一种由蔗蜡制取高级脂肪醇混合物的方法：中国，CN 1321627[P]

[336] 李长彪，赵秀红，刘英杰，等.脱脂大豆粕中提取大豆蛋白异黄酮、低聚糖和皂苷的工艺方法研究[J]. 中国油脂，2006，31(6)：66－69

[337] 李桂华，钱向明.精制糠蜡的制取工艺研究[J].中国粮油学报，2003，18(5)：58－60

[338] 李桂华.油料油脂检验与分析[M].北京：化学工业出版社，2006

[339] 李红权.油茶粕综合利用的研究[D].上海：上海水产大学，2005

[340] 李华，孙江伟.微波辅助法从大豆废料中提取分离大豆皂苷的实验研究[J].食品科技，2007，(4)：230－233

[341] 李健芳，汪童，王金玲，等.超声波酸浸法提取米糠中植酸钙的研究[J].中国粮油学报，2006，21(5)：17－19

[342] 李静.从稻壳中提取肌醇的工艺及工程数据测定[D].郑州：郑州大学，2007

[343] 李里特，王海主编.功能性大豆食品[M]. 北京：中国轻工业出版社，2002：306－307

[344] 李晓东.改性大豆低聚糖功能性的研究及大豆低聚糖在食品中的应用[D].哈尔滨：东北农业大学，2001

[345] 李晓霞.大豆异黄酮和皂苷的提取与纯化工艺研究[D].郑州：郑州工程学院，2003

[346] 李欣，衰建平，刘听，等.木脂素——一类重要的天然植物雌激素[J]. 中国中药杂志，2006，31(24)，2021－2023

[347] 李燕华，安英娣.谷维素调脂作用临床观察[J].临床荟萃，2003，18(5)：274

[348] 李志光，陈永胜，萨日娜，等. 葵花脱脂粕中绿原酸醇提工艺研究[J]. 内蒙古民族大学学报(自然科学版)，2008，23(2)：560－563

[349] 李祖义，施邑屏.均相无溶剂法生产蔗糖酯：中国，CN 1232036A[P]

[350] 梁歧，王利，陶红. 大豆磷脂酶水解技术研究[J]. 中国油脂，2003，28(7)：58-60

[351] 梁少华，董彩文，戴荣昌，等. 酸化油水解废水净化与甘油回收工艺研究[J]. 中国油脂，2007，32(4)

[352] 梁少华，马传国，王群学. 米糠深加工技术的分析与评价(Ⅱ)[J]. 中国油脂，2005(11)

[353] 梁少华. 酸化油水解废水采用 $FeCl_3$ 脱胶工艺的研究[J]. 中国油脂，2000(4)

[354] 梁少华，翟俊仁，林敏刚，等. 植酸提取方法的研究[J]. 郑州粮食学院学报，1997，18(3)：86-88

[355] 梁冰，熊德鑫. 双歧杆菌 QJ405、乳杆菌 QJ405 在试管内对肠道致病菌抑杀效果的初步报告[J]. 中国微生态杂志，2000，12(5)：269-271

[356] 凌秀菊. 膜技术在大豆乳清废水及油脂精炼中的应用[D]. 武昌：湖北工业大学，2006

[357] 刘昌盛，黄凤洪，夏伏建，等. 超声波法提取茶皂苷的工艺研究[J]. 中国油料作物学报，2006，28(2)：203-206

[358] 刘长军，侯嵩生. 抗癌活性物质鬼臼类木脂素的研究进展[J]. 天然产物研究与开发，1997，19(3)：81

[359] 刘大川，庞美霞，吴波. 亚麻木脂素的开发研究[J]. 中国油脂，2001，26(6)：38-40

[360] 刘大川，庞美霞，吴波. 亚麻籽木脂素——开环异落叶松树脂酚二葡萄糖苷提取工艺的研究[J]. 中国油脂，2002，27(5)：83-85

[361] 刘大川，阎杰. 溶剂法浸出棉籽油和脱除棉酚的工艺研究[J]. 中国油脂，1999，24(4)：6-8

[362] 刘凤萍，戴华，李拥军，等. 高效液相色谱-蒸发光散射检测器测定五种甾醇含量[J]. 分析科学学报，2002，18(3)：230-232

[363] 刘红梅. 茶皂苷提取工艺及分析方法研究[D]. 长沙：湖南农业大学，2007

[364] 刘红，田晶. 茶皂苷的化学结构及生物活性最新研究进展[J]. 食品科技，2008，(5)：16-19

[365] 刘杰，封禄田. 糠醛生产方法及产品开发[J]. 辽宁化工，1999(2)

[366] 刘军海. 毛米糠油精炼对谷维素含量的影响[J]. 四川粮油科技，2002(4)：13—16

[367] 刘军，栾居科，李文涛. 大豆低聚糖、乳清蛋白的提取[J]. 中国油脂，2002，27(4)：45-46

[368] 刘蕾，陈星，李晓丽，等. 分光光度法测定大豆总甾醇含量的研究[J]. 中国油脂，30(4)：45-47

[369] 刘莉. 超滤膜法处理大豆乳清废水工艺的研究[D]. 哈尔滨：哈尔滨工业大学，2003

[370] 刘美正，郭忠武，惠永正. 皂苷研究——糖链的作用[J]. 有机化学，1997，(17)307

[371] 刘名治，刘燕燕. 从米糠油二次皂脚中制取谷维素的研究[J]. 天然产物研究与开发，1997，9(3)：77-80

[372] 刘淑华，琛维钧，高大维. 蔗糖脂在化妆品中的应用研究[J]. 日用化学工业，1996(5)，12-14

[373] 刘祥，余倩，等. 大豆低聚糖对肠道菌群结构调节的研究[J]. 中国微生态学杂志，2003，15(1)：10-12

[374] 刘延奇，梁少华，等. 酸化油水解废水利用过程中脱酸工艺的研究[J]. 郑州粮食学院学报，1999 (3)

[375] 刘艳. 应用谷维素治疗室性期前收缩的临床价值[J]. 实用心电学杂志，2007(1)：12

[376] 刘玉兰，汪学德，马传国，等. 油脂制取与加工工艺学[M]. 北京：科学出版社，2003

[377] 刘元法，王兴国，金青哲. 芝麻油中芝麻素提取物的纯化与检测[J]. 中国油脂，2004，29(3)：48-50

[378] 刘云. 超临界 CO_2 等技术萃取大豆胚芽活性成分的研究：[博士学位论文]. 杭州：浙江大学，2006

[379] 刘云，丁霄霖，朱丹华. 超临界 CO_2 萃取天然维生素 E 的研究[J]. 化学工程，2006，34(4)：59-65

[380] 卢彤岩，富惠光，等. 棉酚对鲤鱼急性中毒的研究[J]. 水产学杂志，1994，7(1)：45-48

[381] 鲁志成. 从大豆油脱臭馏出物中提取维生素 E 的工艺研究[D]. 郑州：河南工业大学，2004

[382] 鲁志成，谷克仁，邓芳. 天然维生素 E 的抗氧化性及其影响因素的分析与探讨[J]. 中国油脂，

2003,28(8)：56—58

[383] 鲁志成，谷克仁. 皂化工艺对生育酚含量及其异构体变化影响研究[J]. 粮食与油脂，2004(12)：23 - 25

[384] 陆亚东，贲晓明，喻文亮，等. 配方奶添加半乳糖-低聚糖改善婴儿肠道微生态和发酵的研究[J]. 现代医学，2007(6)

[385] 栾礼侠，许松林，任艳奎. 分子蒸馏技术提纯天然维生素的工艺研究[J]. 中国粮油学报，2006，21(1)：100 - 103

[386] 罗洪中. 提高脱臭蒸馏物中生育酚含量方法的探讨[J]. 中国油脂，1998，23(4)：43 - 44

[387] 罗宁刚. 棉粕中棉子糖的回收与利用[D]. 上海：上海大学，2004

[388] 马传国，张永太，梁少华，等. 油脂深加工与制品[M]. 北京：中国商业出版社，2002

[389] 马杰. 高含量大豆皂苷制备和分离工艺研究[D]. 杭州：浙江大学，2007

[390] 马莺. 大豆低聚糖的提取及酶改性的研究[D]. 哈尔滨：东北农业大学，2000

[391] 闵嘉霖. 大豆异黄酮萃取的实验研究[D]. 天津：天津大学，2006

[392] 牟爱民，张守爱. 大剂量谷维素治疗心律失常 46 例分析[J]. 临床荟萃，1996，11(3)：135

[393] 南京林产工业学院. 林产化学工业手册[M]. 北京：中国林业出版社，1980

[394] 宁正祥. 食品成分分析手册[M]. 北京：中国轻工业出版社，1998

[395] 彭莺，刘福祯. 水对植物甾醇在结晶分离中的影响[J]. 中国油脂，2002，27(4)：50 - 51

[396] 钱仁渊，陈德军，包宗宏. 甲醇- 6 号溶剂-水混合溶剂浸提油茶籽油的研究[J]. 中国油脂，2005，30(10)：36 - 38

[397] 青岛幸弘，中井正晃. 异芝麻素的精制方法：Japanese，200610138252[P]. 6 Nov，2006

[398] 裘爱泳，吴时敏. 脱臭馏出物中植物甾醇的回收[J]. 中国油脂，1997，22(3)：49 - 50

[399] 全学军，王万能，陆天健. 超声提取植物有效成分的动力学研究[J]. 化学反应工程与工艺，2005，21(1)：321 - 325

[400] 任传英. 高纯度植酸的制备及其抗氧化活性研究[D]. 大庆：黑龙江八一农垦大学，2007

[401] 任鸿均. 木糖醇的生产新技术及其应用[J]. 化工科技市场，2005(2)：1 - 6

[402] [日]渡边笃二主编，周奇文等译. 新蛋白食品知识[M]. 北京：中国食品出版社，1987

[403] 日用化学品科学编辑部. 我国洗涤用品行业的回顾及可持续发展[J]. 日用化学品科学，2008，31(1)

[404] 沈报春，赵静峰，胡玮，等. 五味子中木脂素的药理活性及临床应用[J]. 昆明医学院学报，2005(1)：102 - 104

[405] 沈金玉，李利军，高春满. 蔗糖多酯的研究与开发[J]. 清华大学学报(自然科学版)，1999，39(12)，16 - 18，22

[406] 盛益民，胡跃福. 谷维素捕集过程分析及改进[J]. 中国油脂，1995，20(1)：60—61

[407] 施春辉. 国内甘油工业现状及展望[J]. 山东化工，1997 (3)

[408] 施念康，顾锡芳. 食品乳化剂——蔗糖脂肪酸酯的研制[J]. 日用化学工业，1986(6)：7 - 9

[409] 石军，陈安国，张云刚. 植物甾醇制备、生理功能及应用研究进展[J]. 粮食与油脂，2002(5)：38

[410] 石彦国，任莉编著. 大豆制品工艺学[M]. 北京：中国轻工业出版社出，1993：52

[411] 宋纲. 新型复合调味品生产与配方[M]. 北京：中国轻工业出版社，2000

[412] 宋建华，刘正阳，陈建新，等. 新型健康食品添加剂二十八烷醇的开发研究[J]. 厦门大学学报(自然科学版)，1998，37(3)：414 - 418

[413] 宋俊梅，鞠洪荣. 新编大豆食品加工技术[M]. 济南：山东大学出版社，2002

[414] 宋小平，韩长日编. 香料与食品添加剂制造技术[M]. 北京：科学技术文献出版社，2000，601 - 605

[415] 宋晓燕，杨天奎. 天然维生素 E 的功能及应用[J]. 中国油脂，2000，25(6)：45 - 47

[416] 苏宝根，马杰，吴彩娟，等. 高含量大豆皂苷的制备工艺研究[J]. 农业工程学报，2007，23(10)：241 - 245

[417] 苏毅，黄静，杨亚玲. 天然维生素 E 的药效作用及提取工艺研究进展[J]. 天然产物研究与开发，2001，13(6)：79 - 81

[418] 孙超，高景颖，张文晋. 不同水平肌醇对黑白花奶牛牛乳成分的影响[J]. 西北农林科技大学学报(自然科学版)，2001，29(1)：100 - 102

[419] 孙大志. 玉米浸渍水水解制取环己六醇的反应动力学研究[D]. 大连：大连理工大学，2006

[420] 孙德文，詹勇，许梓荣. 功能性低聚糖对动物免疫功的影响[J]. 中国饲料，2003(8)：12 - 13

[421] 孙冀平. 茶叶籽中皂苷及多糖的研究[D]. 无锡：江南大学，2003

[422] 孙冀平，裘爱泳，汪勇，等. 茶皂苷水提液超滤过程的传质特性研究[J]. 中国油脂，2002，27(5)：66 - 67

[423] 孙君明，丁安林. 大豆异黄酮含量及影响因素的评价[J]. 中国粮油，1998，13(2)：10 - 13

[424] 孙丽艳，门声明，崔洪斌. 大豆皂苷中间试验及工业化生产研究[J]. 大豆通报，2004(4)：13 - 15

[425] 孙体健，工浩江，曹晓峰，等. 发酵法水解大豆异黄酮提取条件的研究[J]. 食品研究与开发，2006，27 (4)：11 - 12

[426] 孙学斌. 大豆皂苷及其抗肿瘤作用[J]. 木本植物研究，2000，20(3)：37 - 40

[427] 孙艳梅，张永忠，许晶，等. 黑曲霉 β 葡萄糖苷酶水解大豆异黄酮糖苷研究[J]. 东北农业大学学报，2007，38 (1) ：9 - 12

[428] 谭世语，黄诚. 木糖生产工艺的研究进展[J]. 食品科技，2006(12)：103 - 105

[429] 汤逢. 油脂化学. 南昌：江西科学出版社，1986

[430] 唐传核，彭志英. 大豆皂苷最新研究概况[J]. 大豆科学，2001，20(1)：61 - 65

[431] 唐传核. 植物功能性食品[M]. 北京：化学工业出版社，2004：336 - 337

[432] 田晶. 大豆皂苷的提取、分离及酶解[D]. 大连：大连理工大学，2001

[433] 田晶，翟滨，徐龙权，等. 两种大豆皂苷提取方法的比较[J]. 大连轻工业学院学报，2002，21(3)：173 - 175

[434] 万素英等编. 食品抗氧化剂[M]. 北京：中国轻工业出版社，1998：47 - 58

[435] 汪海波. 黄爱妮. 超声波辅助水解法制备高纯度大豆异黄酮工艺研究[J]. 粮食与油脂，2008(3)：18 - 20

[436] 汪勇，王兴国. 浓缩磷脂的酶法改性研究[J]. 中国油脂，2002，27(2)：83 - 86

[437] 王超，王民登. 大剂量谷维素和维生素 B1 治疗功能性消化不良[J]. 医学文选，2003(3)：18

[438] 王传杰. 利用膜技术分离纯化大豆低聚糖工艺的研究[D]. 沈阳：沈阳农业大学，2007

[439] 王东冬. 大豆皂苷的提取纯化与分离检测[D]. 上海：上海交通大学，2006

[440] 王尔惠. 大豆蛋白质生产新技术[M]. 北京：中国轻工业出版社，1999

[441] 王风翼. 大豆蛋白质生产与应用[M]. 北京：中国轻工业出版社，2004

[442] 王宏雁. 河南蜂蜡中高级脂肪醇的提取与分离工艺研究[D]. 郑州：河南工业大学，2008

[443] 王岚. 棉酚研究的新动态[J]. 国外医学：计划生育分册，2000，19 (3)：129 - 131

[444] 王汝龙，原正平编. 化工产品手册——药物[M]. 北京：化学工业出版社，1999：810 - 813

[445] 王蕊. 功能性甜味剂木糖醇及在食品加工中的应用[J]. 江苏食品与发酵，2008(2)：18 - 20

[446] 王树林，李宗文，张梅香. 维生素 E 延长新鲜牦牛肉货架期的研究[J]. 中国草食动物，1999(5)：41 - 43

[447] 王素敏，刘福英，徐增年，等. 大豆低聚糖对大鼠血脂和抗氧化作用的影响[J]. 营养学报，1997，19(4)：468 - 469

[448] 王薇. 国内外植物蛋白生产加工现状[J]. 食品科学，1997，18(8)：3－7

[449] 王文侠，蒋继丰，张慧君. 离子吸脱法从脱脂米糠中提取植酸的研究[J]. 齐齐哈尔大学学报，2005，21(1)：19－21

[450] 王宪楷. 天然药物化学[M]. 北京：人民卫生出版社，1988：506

[451] 王兴国，刘元法. 一种米糠生物活性物质二十八烷醇的制备方法：中国，CN 1439625[P]，2003－03－17

[452] 王秀华. 酶催化分子蒸馏提取天然维生素 E 的工艺研究[D]. 郑州：河南工业大学，2005

[453] 王娅芳，孙晓红，吴国华，等. 不同膳食中大豆低聚糖对肠道益生菌及短链脂肪酸的影响[J]. 预防医学情报杂志，2007，23(5)：540－542

[454] 王瑛瑶，王璋，许时婴. 水酶法从花生中提取油和水解蛋白[J]. 中国粮油学报，2004，19(5)：59－63

[455] 王璋主编. 食品酶学[M]. 北京：中国轻工业出版社，1990：203－222

[456] 王志刚. 油菜籽饼粕中植酸的提取及其结构鉴定研究[D]. 杭州：浙江大学，2005

[457] 王子涵. 溶剂法萃取谷维素生产新工艺的研究[D]. 杨凌：西北农林科技大学，2007

[458] 魏安池. 萃取法提取谷维素的研究[J]. 中国油脂，2000，25(2)：49－50

[459] 吴定，路桂红. 大豆皂苷研究初步[J]. 食品研究与开发，1996，17(3)：47－49

[460] 吴侯，翁新楚，邱祺宏. 脲包-皂化法提取大豆油脱臭馏出物中的生育酚[J]. 上海大学学报(自然科学版)，2001，7(4)：331－333

[461] 吴季勤. 茶皂苷及提取茶皂苷后的油茶饼粕应用研究[D]. 武汉：华中农业大学，2005

[462] 吴时敏. 功能性油脂[M]. 北京：中国轻工业出版社，2001

[463] 吴卫华，康桢，欧阳冬生，等. 绿原酸的药理学研究进展[J]. 天然产物研究与开发，2006，18(4)：691－694

[464] 吴伟，李维琳，等. 大豆卵磷脂的酶法改性研究[J]. 中国粮油学报，2005，20(6)：71－75

[465] 吴向明，雕鸿荪. 大豆蛋白加工功能性改善及应用[J]. 浙江工业大学学报，2000(3)：256－259

[466] 伍军. 利用膜技术分离大豆乳清的研究[D]. 北京：中国农业大学，2003

[467] 小野寺俊，清野盛荣(申请人 昭和电工株式会社). 高纯度トコフェロールの制造方法[P]. 特开昭 60－48981，1985－03－16

[468] 肖军霞. 大豆皂苷的结构鉴定及其生物活性研究[D]. 武汉：华中农业大学，2006

[469] 谢春英，袁雨婕，宁德山，等. 超临界 CO_2 萃取芝麻油及芝麻素的工艺研究[J]. 中药材，2007，30(9)：1163－1165

[470] 谢德明，郑建仙，高大维. 相转移催化合成蔗糖酯研究[J]. 中国油脂，1998，23(4)，60－61

[471] 谢明杰，宋明，邹翠霞，等. 超声波提取大豆异黄铜[J]. 大豆科学，2004，23(1)：75－76

[472] 熊文淑. 中国化学会第四届全国农副产品综合利用化学学术会论文集. 1991：853

[473] 徐超斗，梁爱君，祝业，等. 大豆低聚糖对免疫功能的促进作用[J]. 解放军药学学报，2004，21(1)：37－39

[474] 徐明全. 从蜂蜡中分离三十烷醇[J]. 广东化工，1991(4)：19－20

[475] 徐任生，叶阳，赵维民. 天然产物化学[M]. 北京：科学出版社，2004

[476] 徐世江，魏光静. 碱性缓冲液提取棉酚新法介绍[J]. 地方病通报，2006，21(4)：152

[477] 许大申，毕震. 大豆皂苷对大鼠的急性毒理实验[J]. 中国公共卫生，2001，17(6)：574

[478] 许晖，孙兰萍. 亚麻籽木脂素的研究[J]. 农产品加工(学刊)，2007(9)：17－19

[479] 许金林，许杰，汪远金. 膜分离技术制备植酸的研究[J]. 中国医药工业杂志，1994，25(4)：150－152

[480] 许牡丹，王振磊，毛跟年，等. 超声波浸提法制备大豆胚芽油对异黄酮和皂苷提取率的影响[J].

食品科技，2006(3)：41-44

[481] 许牡丹，杨伟东. 大豆胚芽中异黄酮和皂苷同步提取工艺的研究[J]. 粮油食品科技，2006，27(6)：67-69

[482] 许强，白枚. 高质量植酸制备工艺的研究[J]. 化学世界，1994(10)：543-545

[483] 许仁溥. 米糠油综合利用与制取工艺研究[J]. 粮食与油脂，2005(2)：39—40

[484] 许文林，黄一波，等. 结晶法分离精制混合植物甾醇中β-谷甾醇和豆甾醇[J]. 过程工程学报，2003(1)：73

[485] 许文林，王雅琼. 脱臭馏出物中植物甾醇的回收和精制[J]. 过程工程学报，2002(2)：73—79

[486] 许显滨，大池昶威，大九保一良. 大豆皂苷化学生理作用及呈味研究[J]. 中国调味品，1997(7)：2-4

[487] 杨春梅. 棉酚光学异构体的拆分研究[D]. 石河子：石河子大学，2007

[488] 杨宏志. 亚麻籽中木脂素提取工艺的研究[J]. 农产品加工，2005(4)：18-20

[489] 杨锦竹. 从麦胚油中提取药用植物甾醇的研究[J]. 长春中医学院学报，1997(2)：49

[490] 杨伟华，冯新爱，戚延香，等. 几种测定游离棉酚方法的比较[J]. 中国棉花，1995，22 (2)：13-14

[491] 杨亦文. 高含量天然生育酚提取新工艺研究[D]. 杭州：浙江大学，2004

[492] 杨玉红. 低聚糖饮品对肠道益生菌的调节作用研究[J]. 安徽农业科学，2008，36(17)：7262-7263

[493] 杨云，等. 天然药物化学成分提取分离手册[M]. 北京：中国中医药出版社，1998

[494] 杨宗熙. 蔗糖酯的特性与应用[J]. 食品工业月刊(台湾)，1998(7)：11-18

[495] 姚穆，来侃. 大豆和大豆蛋白质组成与结构的研究[J]. 棉纺织技术，2002(9)：33-35

[496] 姚忠，吴守一，马海乐. 超临界 CO_2 浓缩α-生育酚的试验研究[J]. 江苏理工大学学报，1999，20(6)：1

[497] 叶桂安，杨希山，郑跃杰，等. 双歧杆菌及肠致病性大肠杆菌黏附的细胞膜通透性研究[J]. 中国微生态学杂志，2000，12(3)：132-133

[498] 亦森. 植物甾醇和植物甾烷醇的生理功能[J]. 粮食与油脂，1999(1)：46-47

[499] 尹国. 茶皂苷提取及膜滤精制研究[D]. 广州：华南理工大学，2002

[500] [英]G 诺顿著；殷蔚荑，等译. 植物蛋白[M]. 北京：科学出版社，1983

[501] 尤新，李明杰编著. 木糖与木糖醇的生产技术及其应用[M]. 北京：中国轻工业出版社，2006

[502] 尤新. 木糖醇及其功能[J]. 食品工业科技，2003，24(8)：87-88

[503] 于阿娟，谷克仁，冶保献. 大豆异黄酮的精制工艺研究[J]. 中国油脂，2004，29(4)：29-31

[504] 于平主编. 油脂制取加工技术、工艺流程、质量检测与生产管理、包装储藏实务全书[M]. 北京：金版电子出版公司，2002

[505] 余虹宇. 醋酸棉酚的制备研究[D]. 长沙：湖南大学，2001

[506] 余剑，段正康，杨运泉，等. 吸附法精制天然维生素 E[J]. 中国油脂，2006，10(31)：47—49

[507] 郁军. 用超临界技术综合开发大豆胚芽[D]. 无锡：无锡轻工大学，1999

[508] 郁利平. 大豆皂苷对小鼠抑制肿瘤生长的影响[J]. 中国癌症杂志，1996，6 (3)：186

[509] 袁其朋，等. 发酵法精制大豆低聚糖的研究[J]. 微生物学报，2001(6)：56-60

[510] 早川利郎. ウフイチン酸の构造と机能[J]. Nippon shokuhin Kyogo Gnkkaishi，1992，39(7)：647-655

[511] 曾益冲，张根旺. 我国油脂化工、精细化工生产现状与发展建议[J]. 中国油脂，2005，30(5)：5-10

[512] 张炳文，宋永生，郝征红，等. 发酵处理对大豆制品中异黄酮含量与组分的影响[J]. 食品与发酵工业，2002，28 (7)：6-9

[513] 张根旺，刘景顺. 油脂工业副产品综合利用[M]. 北京：中国财政经济出版社，1988

[514] 张根旺，刘景顺. 植物油副产品的综合利用[M]. 郑州：河南科学技术出版社，1982

[515] 张金廷编著. 脂肪酸及其深加工手册[M]. 北京：化学工业出版社，2002

[516] 张可，钱和，张添，等. 油茶饼粕中茶皂苷提取工艺的研究[J]. 食品科技，2002(10)：68-70

[517] 张连成，贾首时，王超众. HPLC法测定谷维素片含量[J]. 中国药品标准，2008，9(3)：237-239

[518] 张令莉，郑永杰，任桂兰. CO_2 超临界萃取芝麻油中芝麻素含量的 GC-MS 测定[J]. 齐齐哈尔大学学报，2006，22 (5)：28-30

[519] 张嫱. 用大豆胚芽制备胚芽油、异黄酮和皂苷的工艺研究[D]. 西安：陕西科技大学，2005

[520] 张树清，李小成，孙玉华. 大豆低聚糖对小鼠体液免疫功能的影响试验研究[J]. 微生物学杂志，2007，27(2)：97-99

[521] 张文斌，许时婴. 亚麻木酚素的微波辅助提取工艺研究[J]. 天然产物研究与开发，2006(2)：286-290

[522] 张西宁，许培雅. 从米糠油中提取谷维素的新工艺的研究[J]. 粮食与饲料工业，1997(9)：36-37

[523] 张晓红，于殿宇，周凤超，等. 制备大豆异黄酮苷的方法[J]. 食品科学，2006，27(11)：583-585

[524] 张毅方. 功能性大豆浓缩蛋白改性机理与加工技术[J]. 大豆通报，2002(4)：21-22

[525] 张永忠，石冬冬. 微波法预处理提取大豆异黄酮的研究[J]. 粮油食品科技，2003(3)：8-10

[526] 张友飞，玉米浸泡提取菲汀探讨[J]. 安徽农业技术师范学院学报，1998(12)：100

[527] 赵斌，张文. 茶皂甙提取及精制的研究[J]. 郑州工程学院学报，2001，22(3)：47-49

[528] 赵贵兴，陈霞，刘忠云. 大豆低聚糖制备工艺的研究[J]. 黑龙江农业科学，2001(2)：13-15

[529] 赵秀红. 高功能性大豆低聚糖的制备及功效研究[D]. 沈阳：沈阳农业大学，2007

[530] 赵秀红，李长彪，刘长江，等. 酶法改性大豆低聚糖免疫功能的研究[J]. 食品科学，2006，27(11)：495-497

[531] 赵学敬. 蓖麻饼粕中植酸钙与肌醇的制取[J]. 粮食流通技术，2008(1)：45-46

[532] 赵亚杰，杨艳晖. 大豆低聚糖对高脂血症患者血脂调节作用的随机双盲对照试验[J]. 现代生物医学进展，2007(10)

[533] 赵亚平，丁萧霖. 超临界 CO_2 萃取植物甾醇的研究[J]. 中国油脂，1999，24(4)：41-42

[534] 赵亚平，王大璞. 超临界流体萃取提取天然维生素 E 的新工艺：中国，CN 1253951[P]，1999-05-24

[535] 赵彦彦，袁其朋. 有机相纳滤分离过程中浓度、电荷、溶剂对溶质截留行为的影响[J]. 膜科学与技术，2006，26(5)：32-35

[536] 正井辉久. 大豆低聚糖的特性及应用[J]. 食品科学，1988(11)：98-103

[537] 郑建仙. 功能性食品[M]. 北京：中国轻工业出版社，1995：429-440

[538] 郑建仙主编. 新型糖类制品生产关键技术与典型范例[M]. 北京：科技文献出版社，2006

[539] 郑连英，朱江峰，仇德乐，等. 食用植酸钙镁的分析方法研究[J]. 食品工业科技，2001，22(5)：71-72

[540] 郑学玲，朱永义，李利民. 米糠半纤维素提取工艺参数的研究（Ⅰ）[J]. 中国粮油学报，1998，13(5)：38-41

[541] 钟科贤. 茶籽油及茶皂素加工技术[J]. 中国油脂，2002，27(5)：92-95

[542] 钟穗生. 棉子糖酸性催化水解动力学[J]. 食品科学，1989(6)：1-4

[543] 钟正升. 植酸钙的提取及固定化细胞植酸酶酶解[J]. 食品科学，2003，24(7)：108-110

[544] 周宝兰. 植物甾醇的应用[J]. 中国油脂，1992，17(4)：33-37

[545] 周兰芳. 醋酸棉酚长期给药的进一步观察[J]. 药学学报，1982，17(4)

[546] 周泉城，申德超，区颖刚. 超声波辅助提取大豆皂苷工艺优化[J]. 农业机械学报，2008，39(6)：

198 - 210

[547] 周瑞宝，等. 水剂法制油和饲用菜籽浓缩蛋白中试[J]. 郑州粮食学院学报，1991(3)：1 - 13

[548] 周瑞宝. 植物蛋白功能原理与工艺[M]. 北京：化学工业出版社，2008

[549] 周瑞宝. 中国花生生产、加工产业现状及发展建议[J]. 中国油脂，2005，30(2)：5 - 9

[550] 周瑞宝，周兵. 大豆 7S 和 11S 球蛋白的结构和功能性质[J]. 中国粮油学报，1998(6)：39 - 42

[551] 周苏文. 醋酸棉酚对人的子宫内膜性甾体激素受体含量的影响[J]. 中华妇产科杂志，1981，16(3)

[552] 周玉杰，戴玲妹，等. 高速逆流色谱法分离 β-谷甾醇和菜油甾醇的研究[J]. 精细化工，2002(3)

[553] 朱翠萍，刘国庆，罗敏，等. 大孔吸附树脂对大豆皂苷的吸附研究[J]. 离子交换与吸附，2003，19(4)：318 - 323

[554] 朱念东，原玉明，陈慎意，等. 大豆异黄酮提取过程中大豆蛋白变性的研究[J]. 北京大学学报(自然科学版)，2002，38(2)：181 - 184

[555] 朱全芬，夏春华，樊兴土，等. 茶皂苷的鱼毒活性及其应用的研究[J]. 茶叶科学，1993，13(1)：69 - 78

[556] 朱仕房，王善利，魏东芝，等. 大豆异黄酮提取条件的研究[J]. 食品科学，2001，22(3)：54 - 55

[557] 祝水金. 棉花色素腺体及棉酚的生物学特性研究[D]. 杭州：浙江大学，1999

[558] 庄玉九，金凤鸣. 肥皂、甘油及常用原料分析汇编[M]. 北京：中国轻工业出版社，1995

[559] 邹宗柏，屈军民，佘健. 棉籽饼中植酸存在形态的研究[J]. 中国粮油学报，1995，10(1)：57 - 60